• D30-4 •

전기공사산업기사 실기

과년도 문제

엔트미디어

머리말

국가 기초 산업의 중추적인 역할을 담당하고 있는 전기 분야에서 자신의 능력을 충분히 발휘하고 활동 영역을 확대하기 위해서는 어느 타 분야에 비해 전기 분야에서의 자격증 취득은 무엇보다 중요하며 필수적인 사항입니다.

따라서 가장 단시간만에 쉽게 자격증을 취득하기 위해서는 먼저 기 출제된 문제를 철저하게 분석하여 시험범위 및 난이도를 분석하여 그에 맞도록 준비하는 것이 가장 중요하다고 할 수 있습니다.

이에 따라 본서는 다음 사항에 중점을 두었습니다.

첫째 : 최근 33년간 기 출제된 문제를 순차적으로 수록

둘째 : 2024년 변경된 출제기준에 맞게 수정·보완 하였습니다.

셋째 : 각각의 문제에 기 출제된 연도와 배점을 표시하여 문제의 중요도를 쉽게 파악할 수 있도록 하였으며

넷째 : 철저한 검증을 통한 답안작성 및 해설을 통하여 수험생 여러분들이 완벽하게 이해할 수 있도록 준비하였습니다.

따라서 본 수험서를 충분히 이해한다면 단시간에 자격증 취득이 가능할 뿐만 아니라 현업에서 즉시 사용될 수 있도록 준비하였습니다.

끝으로 본 수험서로 실기 시험을 준비하시는 여러분들에게 깊은 감사를 드리며 출판과정에서 발생할 수 있는 오·탈자 및 오답이 발견될 경우 연락주시면 수정토록하여 보다 나은 수험서가 되도록 노력하겠습니다. 또한 본 수험서에 잘못된 내용은 인터넷 홈페이지 고객센터 / 정오게시판에 게시할 예정이오니 많은 참고바랍니다.

인터넷 주소 : www.ent1.co.kr

저자

차 례

D30-4 핵심 요점정리

최근 기출문제

수험자 유의사항

1. 시험문제지를 받는 즉시 응시하고자 하는 종목의 문제지가 맞는지 여부를 확인하여야 합니다.
2. 시험문제지 총면수, 문제번호 순서, 인쇄상태 등을 확인하고, 수험번호 및 성명을 답안지에 기재하여야 합니다.
3. 부정행위 방지를 위하여 답안작성(계산식 포함)은 흑색 또는 청색 필기구만 사용하되, 동일한 한 가지 색의 필기구만 사용하여야 하며 흑색, 청색을 제외한 유색 필기구 또는 연필류를 사용하거나 2가지 이상의 색을 혼합 사용하였을 경우 그 문항은 0점 처리됩니다.
4. 답란에는 문제와 관련없는 불필요한 낙서나 특이한 기록사항 등을 기재하여서는 안되며 부정의 목적으로 특이한 표식을 하였다고 판단될 경우에는 모든 득점이 0점 처리됩니다.
5. 답안을 정정할 때에는 반드시 정정부분을 두 줄로 그어 표시하여야 하며, 두 줄로 긋지 않은 답안은 정정하지 않은 것으로 간주합니다.
6. 계산문제는 반드시 「계산과정」과 「답」란에 계산과정과 답을 정확히 기재하여야 하며 계산과정이 틀리거나 없는 경우 0점 처리됩니다. (단, 계산연습이 필요한 경우는 연습란을 이용하여야 하며, 연습란은 채점 대상이 아닙니다.)
7. 계산문제는 최종 결과 값(답)에서 소수 셋째자리에서 반올림하여 둘째자리까지 구하여야 하나 개별 문제에서 소수 처리에 대한 요구사항이 있을 경우 그 요구사항에 따라야 합니다. (단, 문제의 특수한 성격에 따라 정수로 표기하는 문제도 있으며, 반올림한 값이 0이 되는 경우는 첫 유효숫자까지 기재하되 반올림하여 기재하여야 합니다.
8. 답에 단위가 없으면 오답으로 처리됩니다. (단, 문제의 요구사항에 단위가 주어졌을 경우는 생략되어도 무방합니다.)
9. 문제에서 요구한 가지 수(항수) 이상을 답란에 표기한 경우에는 답란기재순으로 요구한 가지 수(항수)만 채점하여 한 항에 여러 가지를 기재하더라도 한 가지로 보며 그 중 정답과 오답이 함께 기재되어 있을 경우 오답으로 처리합니다.
10. 한 문제에서 소문제로 파생되는 문제나, 가지수를 요구하는 문제는 대부분의 경우 부분배점을 적용합니다.
11. 부정 또는 불공정한 방법으로 시험을 치른 자는 부정행위자로 처리되어 당해 시험을 중지 또는 무효로 하고, 3년간 국가기술자격시험의 응시자격이 정지됩니다.
12. 복합형 시험의 경우 시험의 전 과정(필답형, 작업형)을 응시하지 않은 경우 채점대상에서 제외합니다.
13. 저장용량이 큰 전자계산기 및 유사 전자제품 사용시에는 반드시 저장된 메모리를 초기화한 후 사용하여야 하며 시험 위원이 초기화 여부를 확인할 시 협조하여야 한다. 초기화되지 않은 전자계산기 및 유사 전자제품을 사용하여 적발시에는 부정행위로 간주합니다.
14. 시험위원이 시험 중 신분확인을 위하여 신분증과 수험표를 요구할 경우 반드시 제시하여야 합니다.
15. 시험 중에는 통신기기 및 전자기기(휴대용 전화기 등)를 지참하거나 사용할 수 없습니다.
16. 문제 및 답안(지), 채점기준은 일체 공개하지 않습니다.

D30-4 전기공사산업기사 실기

핵심 요점정리

1장 15년 기출문제 출제분석

2장 기초 전기 수학

3장 기호 및 약호

4장 핵심 요점정리

Chap. 1 15년 기출문제 출제분석

15년 기출문제 출제분석

번호	항 목	중점 내용
1	전선 및 옥내 배선용 기호	1. 전선 약호 및 명칭 2. 배선 기호 3. 조명등, 점멸기, 콘센트 및 기타 기기 심벌 및 명칭
2	변전실 위치 및 사용전 검사	1. 변전실 위치 선정시 고려사항 2. 전기 공작물 사용전 검사 항목
3	코로나	1. 코로나 현상, 미치는 영향 및 대책
4	가공 전선로	1. 연선의 구성, 단면적, 지름 계산 2. 전선의 굵기를 선정하는데 있어 고려사항 3. 이도 및 장력 계산 4. 전선의 실제 길이 5. 가공 전선에 가해지는 하중의 종류 6. 지지물의 종류 7. 철탑의 종류 8. 가공 전선로의 이격거리 및 지면상 높이 9. 바인드 선의 굵기 및 바인드법 10. 안전율 11. 지선의 설치 목적 12. 지선의 종류 및 설치 기준 13. 지선 가닥수 계산 14. 가공 전선로의 각 부 명칭 15. 애자 장치 각 부의 명칭 16. 애자의 종류 17. 근가 설치 방법
5	지중 전선로	1. 고압 케이블 단말 처리의 목적 및 방법 2. 지중 케이블의 인입 방향
6	수변전 설비의 구성 기기	1. 각 기기 명칭 및 기기 정격 2. 단선도 및 복선도 3. 간이 수전설비의 적용 기준 및 기기 정격
7	개폐기 및 차단기	1. 차단기 기호 및 명칭 2. 차단기의 종류 3. 차단기 용량 계산 4. 기준 용량에 대한 %Z 환산 5. 차단기와 개폐기와의 조작 순서

번호	항 목	중점 내용
8	피뢰기 및 피뢰침 설비	1. 피뢰기의 구비 조건 2. 피보호 기기와 피뢰기와의 허용 이격거리 3. 피뢰기 정격전압 4. 피뢰기 시공흐름도
9	전력 퓨즈	1. 퓨즈 용량 산정 2. 퓨즈 설치 기준 3. 퓨즈의 구비 조건
10	계기용 변성기	1. 과전류 계전기 전류탭 선정 2. 변류비 계산 3. 지락 과전압 계전기의 목적 4. 지락 사고시 영상 전압 검출하는 계기 종류 5. 변류기 차동 결합시 전류계에 흐르는 전류 계산
11	보호 계전기	1. 보호 계전기의 기호 및 명칭 2. 모선 보호용 변류기 선정시 고려사항 3. 비율차동 계전기 결선도 4. 보조 변류기의 용도
12	부하 관계 용어 및 변압기 용량산정	1. 부등률 계산 2. 부하율의 정의 3. 소요 변압기 용량 계산
13	변압기	1. 각 변압기 결선별 특성 2. V 결선시 출력 3. 변압기 병렬 운전 가능 결선법의 종류 4. 변압기 설치 전·후 점검사항
14	역률 개선	1. 소요 콘덴서 용량 계산 2. 방전 코일의 설치 목적 3. 직렬 리액터의 목적 4. 콘덴서 군별 분리 기준
15	예비 전원 설비	1. 비상 발전기 용량 계산 2. 축전지 용량 계산 3. 부동 충전 방식에서 충전기 2차측 전류 계산 4. UPS 사용 목적
16	전력의 측정 및 오차	1. 적산 전력계 결선도 2. 계기 정수 및 실사용 전력 계산
17	저항 및 접지저항 측정법	1. 콜라우시 브리지법 2. 저항 측정 방법 선정
18	부하의 상정 및 분기회로	1. 건물 종류별 표준 부하밀도 2. 표준 부하에 의한 부하 용량산정
19	간선 및 분기회로	1. 최소 분기 회로수 계산
20	전압 강하	1. 전압 강하를 고려한 전선의 굵기 선정
21	불평형률	1. 설비 불평형률 계산
22	접촉 전압의 계산	1. 지락 사고시 대지전압 및 인체에 흐르는 전류 계산

번호	항 목	중점 내용
23	접지공사	1. 접지 시공 기준 2. 중성점 접지 목적 3. 케이블 차폐용의 접지선 설치 방법 4. 접지 저항 저감 방법 5. 접지극 설치 기준
24	누전 차단기 및 전로의 절연	1. 허용 누설 전류 범위 계산 2. 전압별 전로와 대지간의 절연저항
25	옥내 배선	1. 전선의 가닥수 산정 2. 후강전선관 규격 및 굵기 선정 3. 전선관의 두께 4. 허용 전류 감소 계수 5. 버스 덕트의 종류 및 시공 방법 6. 특수 전기설비(전기 욕실, 전극식 온수조) 7. 노멀 밴드의 종류 8. 간선의 허용 전류 9. 전압 강하 계산 10. 전선 병렬 사용 조건
26	조명	1. 실지수 계산 2. 소요 등기구 계산 3. 조도 계산 4. 램프의 효율 5. 조명 기구를 직선 도로에 배치하는 방법 6. 등기구 사이의 간격
27	시퀀스	1. AND/OR/NOT 회로 2. 접점 회로를 무접점 회로로 변환 3. 논리 변환과 연산 4. 인터록 회로 5. 신입 신호 우선 회로 6. 동작 우선 회로 7. 시한 동작/복구 회로 8. 전동기 운전 회로 9. 전동기 정역회로 10. 전동기 Y-△ 회로 11. 타임 차트 및 로직 회로
28	견적	1. 굴착량 계산 2. 할증률 3. 견적의 종류 4. 일반관리비 및 간접 노무비 계산 5. 소운반 6. 기기 설치 인건비 산정 7. 공사원가 구성 비목
29	공사 재료	1. 금속관공사 재료 및 용도 2. 작업 공기구의 종류 및 용도

Chap. 2

기초 전기 수학

1. 삼각함수

(1) 삼각비의 정의

직각삼각형에서 한 예각(∠B)이 결정되면 임의의 2변의 비는 삼각형의 크기에 관계없이 일정하다. 이들 비를 그 각의 삼각비라한다.

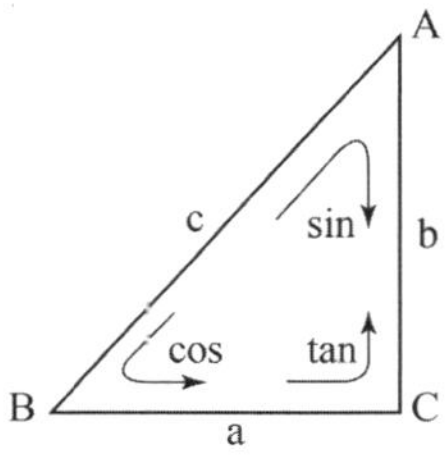

1) 사인(sine) : 빗변에 대한 높이의 비

$$\sin B = \frac{\text{높이}}{\text{빗변}} = \frac{b}{c}$$

2) 코사인(cosine) : 빗변에 대한 밑변의 비

$$\cos B = \frac{\text{밑변}}{\text{빗변}} = \frac{a}{c}$$

3) 탄젠트(tangent) : 밑변에 대한 높이의 비

$$\tan B = \frac{\text{높이}}{\text{밑변}} = \frac{b}{a}$$

(2) 특수각의 삼각비

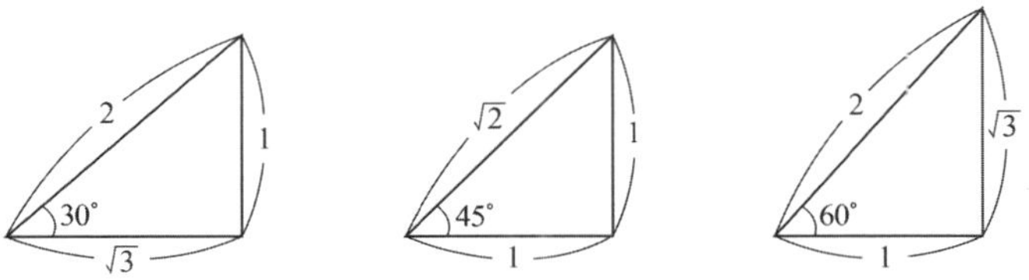

삼각비 \ θ	30°	45°	60°
$\sin\theta$	$\frac{1}{2}$	$\frac{1}{\sqrt{2}}$	$\frac{\sqrt{3}}{2}$
$\cos\theta$	$\frac{\sqrt{3}}{2}$	$\frac{1}{\sqrt{2}}$	$\frac{1}{2}$
$\tan\theta$	$\frac{1}{\sqrt{3}}$	1	$\sqrt{3}$

(3) 삼각비의 상호관계

1) 예각의 삼각비

① $\sin(90° - A) = \cos A$ ② $\cos(90° - A) = \sin A$

③ $\tan(90° - A) = \dfrac{1}{\tan A}$

2) 보각의 삼각비

① $\sin(180° - A) = \sin A$ ② $\cos(180° - A) = -\cos A$

③ $\tan(180° - A) = -\tan A$

3) 같은 각의 삼각비

① $\sin^2 A + \cos^2 A = 1$ ② $\tan A = \dfrac{\sin A}{\cos A}$

③ $1 + \tan^2 A = \dfrac{1}{\cos^2 A}$

2. 제곱근 계산

$a > 0$, $b > 0$ 일 때

① $(\sqrt{a})^2 = a$ ② $\sqrt{a}\sqrt{b} = \sqrt{ab}$

③ $a\sqrt{b} = \sqrt{a^2 b}$ ④ $\dfrac{\sqrt{b}}{\sqrt{a}} = \sqrt{\dfrac{b}{a}}$

⑤ $\dfrac{\sqrt{b}}{\sqrt{a}} = \dfrac{\sqrt{ab}}{a}$ ⑥ $\dfrac{1}{\sqrt{a} + \sqrt{b}} = \dfrac{\sqrt{a} - \sqrt{b}}{a - b}$

⑦ $a > 0$ 일 때 $\sqrt{a^2} = a$, $a < 0$ 일 때 $\sqrt{a^2} = -a$

3. 지수법칙

① $a^m a^n = a^{m+n}$ ② $(a^m)^n = a^{mn}$

③ $(ab)^m = a^m b^m$ ④ $\dfrac{a^m}{a^n} = a^{m-n}$

⑤ $a^{-n} = \dfrac{1}{a^n}$ ⑥ $a^0 = 1$

4. 곱셈 공식, 인수분해 공식

① $m(a+b-c) = ma+mb-mc$

② $(a+b)^2 = a^2+2ab+b^2$

③ $(a-b)^2 = a^2-2ab+b^2$

④ $(a+b)(a-b) = a^2-b^2$

⑤ $(x+a)(x+b) = x^2+(a+b)x+ab$

⑥ $(ax+b)(cx+d) = acx^2+(bc+ad)x+bd$

5. 분수식

① 약분 : $\frac{bc}{ac} = \frac{b}{a}$

② 통분 : $\frac{b}{a} + \frac{d}{c} = \frac{bc}{ac} + \frac{ad}{ac}$

③ 덧셈, 뺄셈 : $\frac{b}{a} \pm \frac{d}{c} = \frac{bc \pm ad}{ac}$

④ 곱셈 : $\frac{b}{a} \times \frac{d}{c} = \frac{bd}{ac}$

⑤ 나눗셈 : $\frac{b}{a} \div \frac{d}{c} = \frac{b}{a} \times \frac{c}{d} = \frac{bc}{ad}$

6. 복소수

(1) 복소수의 정의

방정식 $x^2+1=0$의 근의 하나인 $\sqrt{-1}$을, 즉 제곱해서 -1이 되는 수를 편의상 기호로서

$$j = \sqrt{-1}$$

로 표시하며, 이것을 허수 단위(imaginary part)라고 한다.

일반적으로 복소수는 $a+jb$형으로 사용하는데 a는 실수부(real part), b는 허수부(imaginary part)라 한다.

(2) 복소수의 사칙연산

$Z_1 = a + jb$, $Z_2 = c + jd$라 하면

1) 더하기, 빼기

$$Z_1 \pm Z_2 = (a + jb) \pm (c + jd) = (a \pm c) + j(b \pm d)$$

2) 곱하기

$$Z_1 Z_2 = (a + jb)(c + jd) = (ac - bd) + j(ad + bc)$$

3) 나누기

$$\frac{Z_1}{Z_2} = \frac{a + jb}{c + jd} = \frac{(a + jb)(c - jd)}{(c + jd)(c - jd)} = \frac{ac + bd}{c^2 + d^2} + j\frac{bc - ad}{c^2 + d^2}$$

(단, $c^2 + d^2 \neq 0$)

(3) 공액복소수의 성질

$Z = a + jb$에 대하여 $\overline{Z} = a - jb$인 복소수를 Z의 공액복소수라 하며, Z와 $\overline{Z}$는 서로 공액(conjugate)이라고 한다. 따라서,

$$Z = a + jb, \ \overline{Z} = a - jb$$

이다.

1) $Z + \overline{Z}$ = 실수

$\because \ (a + jb) + (a - jb) = 2a$

2) $Z \cdot \overline{Z}$ = 실수

$\because \ (a + jb)(a - jb) = a^2 + b^2$

(4) 복소수의 극형식

복소수 $Z = a + jb$를 표시하는 점을 P라 하고, $\mathrm{OP} = r$, $\angle POA = \theta$라 하면, 다음과 같이 표시한다.

$$r = |Z| = \sqrt{a^2 + b^2}$$

$$\theta = \arg|Z| = \tan^{-1}\frac{b}{a}$$

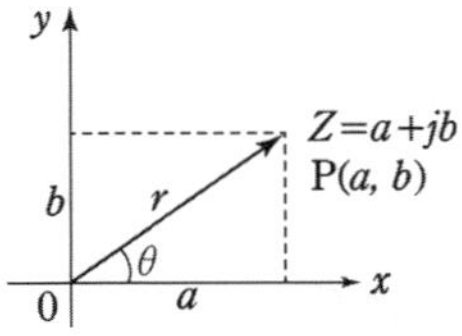

위의 식에서 복소수 $Z = a + jb$는 r의 θ를 사용해서

$$Z = a + jb = r\cos\theta + jr\sin\theta = r(\cos\theta + j\sin\theta)$$

로 된다. 이것을 복소수 Z의 극형식(polar form)이라고 한다.

(5) 지수함수

복소수 $Z = a + jb$에 대한 지수는 e^Z로 나타내고 다음과 같이 표시한다.

$$e^Z = e^a(\cos y + j\sin y) = \exp Z$$

따라서, 복소수 $a + jb$의 극형식이 다음과 같이 표시됨을 알 수 있다.

$$Z = r(\cos\theta + j\sin\theta) = re^{j\theta}$$

그러므로, 공액복소수 $\overline{Z}$의 경우도 같은 방법에 의하여

$$\overline{Z} = a - jb = r(\cos\theta - j\sin\theta) = re^{-j\theta}$$

로 된다.

7. 미분

① $y = C$ (C는 상수)	$y' = 0$
② $y = x^m$	$y' = mx^{m-1}$
③ $y = f(x)g(x)$	$y' = f'(x)g(x) + f(x)g'(x)$
④ $y = \dfrac{f(x)}{g(x)}$	$y' = \dfrac{f'(x)g(x) - f(x)g'(x)}{g(x)^2}$
⑤ $y = \epsilon^{ax}$	$y' = a\epsilon^{ax}$
⑥ $y = \sin x$	$y' = \cos x$
⑦ $y = \cos x$	$y' = -\sin x$
⑧ $y = \tan x$	$y' = \sec^2 x = \dfrac{1}{\cos^2 x}$

8. 적분

① $n \neq -1$일 때 $\int x^n dx = \dfrac{1}{n+1}x^{n+1} + C$

② $n = -1$일 때 $\int x^{-1} dx = \int \dfrac{1}{x} dx = \ln x + C$

③ $\int \sin x \, dx = -\cos x + C$

④ $\int \sin ax \, dx = -\dfrac{1}{a}\cos ax + C$

⑤ $\int \cos x \, dx = \sin x + C$

⑥ $\int \cos ax \, dx = \frac{1}{a} \sin ax + C$

⑦ $\int \sec^2 ax \, dx = \frac{1}{a} \tan ax + C$

⑧ $\int k f(x) dx = k \int f(x) dx$

⑨ $\int [f(x) \pm g(x)] dx = \int f(x) dx \pm \int g(x) dx$

Chap. 3

기호 및 약호

1. 전선 약호

약 호	명 칭
ACSR	강심 알루미늄 연선
ACSR-DV	인입용 강심 알루미늄도체 비닐절연전선
ACSR-OC	옥외용 강심 알루미늄도체 가교 폴리에틸렌 절연전선
CCV	0.6/1 [kV] 제어용 가교 폴리에틸렌 절연 비닐 시스 케이블
CN-CV	동심중성선 차수형 전력케이블
CN-CV-W	동심중성선 수밀형 전력케이블
CV1	0.6/1 [kV] 가교 폴리에틸렌 절연 비닐 시스 케이블
CVV	0.6/1 [kV] 비닐 절연 비닐 시스 제어 케이블
CVT	6/10 [kV] 트리플렉스형 가교 폴리에틸렌 절연 비닐 시스 케이블
DV	인입용 비닐절연전선
EE	폴리에틸렌 절연 폴리에틸렌 시스 케이블
EV	폴리에틸렌 절연 비닐 시스 케이블
FL	형광방전등용 비닐 전선
FR CNCO-W	동심중성선 수밀형 저독성 난연 전력케이블
HR(0.5)	500 [V] 내열성 고무 절연전선(110 [℃])
HR(0.75)	750 [V] 내열성 고무 절연전선(110 [℃])
MI	미네랄 인슈레이션 케이블
NR	450/750 [V] 일반용 단심 비닐 절연전선
NV	비닐 절연 네온 전선
OC	옥외용 가교 폴리에틸렌 절연전선
OE	옥외용 폴리에틸렌 절연전선
PV	0.6/1 [kV] EP 고무절연 비닐 시스 케이블
VCT	0.6/1 [kV] 비닐 절연 비닐 캡타이어 케이블
VV	0.6/1 [kV] 비닐 절연 비닐 시스 케이블

2. 점멸기

명 칭	그림기호	적 요
점멸기	●	① 용량의 표시 방법은 다음과 같다. • 10 [A]는 방기하지 않는다. • 15 [A] 이상은 전류값을 방기한다. $●_{15A}$ ② 극수의 표시 방법은 다음과 같다. • 단극은 방기하지 않는다. • 2극 또는 3로, 4로는 각각 2P 또는 3, 4의 숫자를 방기한다. [보기] $●_{2P}$ $●_{3}$ ③ 방수형은 WP를 방기한다. $●_{WP}$ ④ 방폭형은 EX를 방기한다. $●_{EX}$ ⑤ 타이머 붙이는 T를 방기한다. $●_{T}$
조광기	↗●	용량을 표시하는 경우는 방기한다. [보기] ↗$●_{15A}$
리모콘 스위치	$●_{R}$	① 파일럿 램프 붙이는 ○을 병기한다. [보기] ○$●_{R}$ ② 리모콘 스위치임이 명백한 경우는 R를 생략하여도 좋다.
셀렉터 스위치	⊗	① 점멸 회로수를 방기한다. [보기] $⊗_{9}$ ② 파일럿 램프 붙이는 L을 방기한다. [보기] $⊗_{9L}$
리모콘 릴레이	▲	리모콘 릴레이를 집합하여 부착하는 경우는 [▲▲▲] 를 사용하고 릴레이 수를 방기한다. [보기] $[▲▲▲]_{10}$

3. 등기구

명 칭	그림기호	적 요
일반용 조 명 백열등 HID등	○	① 벽붙이는 벽 옆을 칠한다. ◐ ② 걸림 로제트만 ⓞ ③ 팬던트 ⊖ ④ 실링·직접 부착 (CL) ⑤ 샹들리에 (CH) ⑥ 매입 기구 (DL) (◎로 하여도 좋다.) ⑦ 옥외등은 ⊗로 하여도 좋다. ⑧ HID등의 종류를 표시하는 경우는 용량 앞에 다음 기호를 붙인다. 수은등 H 메탈 헬라이드등 M 나트륨등 N [보기] H_{400}

명 칭	그림기호	적 요
형광등	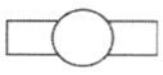	① 용량을 표시하는 경우는 램프의 크기(형)×램프 수로 표시한다. 또, 용량 앞에 F를 붙인다. [보기] F40 F40×2 ② 용량 외에 기구수를 표시하는 경우는 램프의 크기(형)×램프 수 − 기구 수로 표시한다. [보기] F40−2 F40×2−3
비상용 조명 (건축기준법에 따르는 것) 백열등		① 일반용 조명 백열등의 적요를 준용한다. 다만, 기구의 종류를 표시하는 경우는 방기한다. ② 일반용 조명 형광등에 조립하는 경우는 다음과 같다. 
형광등		① 일반용 조명 백열등의 적요를 준용한다. 다만, 기구의 종류를 표시하는 경우는 방기한다. ② 계단에 설치하는 통로 유도등과 겸용인 것은 로 한다.
유도등 (소방법에 따르는 것) 백열등		① 일반용 조명 백열등의 적요를 준용한다. ② 객석 유도등인 경우는 필요에 따라 S를 방기한다. 

4. 콘센트

명칭	그림 기호	적 요
콘센트		① 천장에 부착하는 경우는 다음과 같다.  ② 바닥에 부착하는 경우는 다음과 같다.  ③ 용량의 표시 방법은 다음과 같다. • 15[A]는 방기하지 않는다. • 20[A] 이상은 암페어 수를 방기한다. [보기]  ④ 2구 이상인 경우는 구수를 방기한다. [보기]  ⑤ 3극 이상인 것은 극수를 방기한다. [보기]  ⑥ 종류를 표시하는 경우는 다음과 같다. 빠짐 방지형  걸림형  접지극붙이  접지단자붙이  누전 차단기붙이  ⑦ 방수형은 WP를 방기한다.  ⑧ 방폭형은 EX를 방기한다.  ⑨ 의료용은 H를 방기한다. 

5. 기기

명칭	그림기호	적요
룸 에어컨	RC	① 옥외 유닛에는 O을, 옥내 유닛에는 I를 방기한다. RC $_O$ RC $_I$ ② 필요에 따라 전동기, 전열기의 전기 방식, 전압, 용량 등을 방기한다.
소형 변압기	Ⓣ	① 필요에 따라 용량, 2차 전압을 방기한다. ② 필요에 따라 벨 변압기는 B, 리모콘 변압기는 R, 네온 변압기는 N, 형광등용 안정기는 F, HID등(고효율 방전등)용 안정기는 H를 방기한다. Ⓣ$_B$ Ⓣ$_R$ Ⓣ$_N$ Ⓣ$_F$ Ⓣ$_H$ ③ 형광등용 안정기 및 HID등용 안정기로서 기구에 넣는 것은 표시하지 않는다.

6. 전력량계, 경보기

명 칭	그림 기호	적 요
전력량계	(Wh)	
전력량계 (상자들0 또는 후드붙이)	WH	
변류기(상자들이)	CT	
전류 제한기	Ⓛ	
누전 경보기	 G	
누전 화재 경보기 (소방법에 따르는 것)	 F	

7. 배전반, 분전반, 제어반

명칭	그림기호	적 요
배전반 분전반 및 제어반	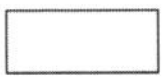	① 종류를 구별하는 경우는 다음과 같다. 배전반  분전반  제어반  ② 직류용은 그 뜻을 방기한다.

명칭	그림기호	적 요
		③ 재해 방지 전원 회로용 배전반 등인 경우는 2중 틀로 하고 필요에 따라 종별을 방기한다. [보기] 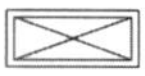1종 2종

8. 경보, 호출 표시 장치

명 칭	그림기호	적 요
손잡이 누름 버튼	◉	간호부 호출용은 $◉_N$ 또는 Ⓝ 로 한다.
벨		경보용, 시보용을 구별하는 경우는 다음과 같다. 경보용  시보용 
버저		경보용, 시보용을 구별하는 경우는 다음과 같다. 경보용  시보용 

9. 배선

명 칭	그림기호	적 요
천장 은폐 배선 바닥 은폐 배선 노출 배선	———————— – – – – – – - - - - - - - - -	① 천장 은폐 배선 중 천장 속의 배선을 구별하는 경우는 천장 속의 배선에 —·—·—·—·- 를 사용하여도 좋다. ② 노출 배선 중 바닥면 노출 배선을 구별하는 경우는 바닥면 노출 배선에 —··—··—··· 를 사용하여도 좋다. ③ 전선의 종류를 표시할 필요가 있는 경우는 기호를 기입한다. ④ 배관은 다음과 같이 표시한다. 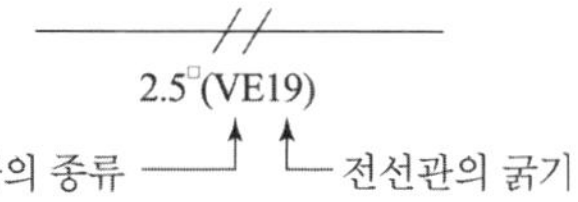 전선관의 종류 • 강제전선관은 별도의 표기없음 • VE : 경질비닐전선관 • F_2 : 2종 금속제 가요전선관 • PF : 합성수지제 가요관 ⑤ 절연 전선의 굵기 및 전선수는 다음과 같이 기입한다. 단위가 명백한 경우는 단위를 생략하여도 좋다.

[예]

① 

2.5[mm^2], 450/750[V] 일반용 단심 비닐 절연 전선 3본과 접지선 2.5[mm^2] 1본을 금속 전선관 22[mm]속에 넣어 천장 은폐 배선을 할 경우

② 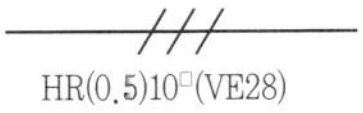

천장 은폐 배선에 있어서 지름 28[mm]의 합성 수지관에 단면적 10[mm^2]의 500[V] 내열성 고무 절연 전선 3본을 사용할 경우

③ 

: 라이팅 덕트

④ 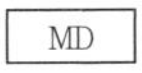

: 금속 덕트

⑤  : 정크션 박스(접속함·조인트 박스)

⑥ 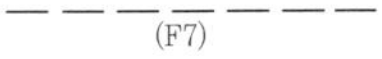

: 플로어 덕트

⑦ 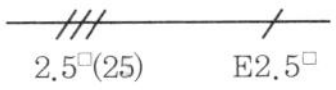

25[mm] 박강 전선관에 천장 은폐 배선으로 2.5[mm^2] 절연전선 3가닥과 접지선 2.5[mm^2] 1 가닥을 넣는 경우

10. 전선의 식별

(1) **전선의 색상은 표에 따른다.**

상(문자)	색상
L1	갈색
L2	검은색
L3	회색
N	파란색
보호도체	녹색-노란색

(2) 색상 식별이 종단 및 연결 지점에서만 이루어지는 **나도체 등은 전선 종단부에 색상이 반영구적으로 유지될 수 있는 도색, 밴드, 색 테이프 등의 방법으로 표시**해야 한다.

Chap. 4

핵심 요점정리

1. 전압의 구분

분 류	전압의 범위
저 압	• 직류 : 1.5[kV] 이하 • 교류 : 1[kV] 이하
고 압	• 직류 : 1.5[kV]를 초과하고, 7[kV] 이하 • 교류 : 1[kV]를 초과하고, 7[kV] 이하
특고압	7[kV]를 초과

2. 전압을 위한 보호

(1) 감전에 대한 보호

1) 기본보호

기본보호는 일반적으로 직접접촉을 방지하는 것으로, 전기설비의 충전부에 인축이 접촉하여 일어날 수 있는 위험으로부터 보호되어야 한다. **기본보호는 다음 중 어느 하나**에 적합하여야 한다.

① **인축의 몸을 통해 전류가 흐르는 것을 방지**

② **인축의 몸에 흐르는 전류를 위험하지 않는 값 이하로 제한**

2) 고장 보호

고장 보호는 일반적으로 **기본절연의 고장에 의한 간접접촉을 방지**하는 것이다.

① 노출도전부에 인축이 접촉하여 일어날 수 있는 위험으로부터 보호되어야 한다.

② **고장 보호**는 다음 중 어느 하나에 적합하여야 한다.

- 인축의 몸을 통해 **고장전류가 흐르는 것을 방지**
- 인축의 몸에 흐르는 **고장전류를 위험하지 않는 값 이하로 제한**
- 인축의 몸에 흐르는 **고장전류의 지속시간을 위험하지 않은 시간까지로 제한**

(2) 과전류에 대한 보호

① 도체에서 발생할 수 있는 **과전류에 의한 과열 또는 전기·기계적 응력**에 의한 위험으로부터 인축의 상해를 방지하고 재산을 보호하여야 한다.

② 과전류에 대한 보호는 과전류가 흐르는 것을 방지하거나 과전류의 지속시간을 위험하지 않는 시간까지로 제한함으로써 보호할 수 있다.

(3) 고장전류에 대한 보호

① 고장전류가 흐르는 도체 및 다른 부분은 **고장전류로 인해 허용온도 상승 한계에 도달하지 않도록** 하여야 한다.

② 도체는 고장으로 인해 발생하는 과전류에 대하여 보호되어야 한다.

(4) 전원공급 중단에 대한 보호

전원공급 중단으로 인해 위험과 피해가 예상되면, 설비 또는 설치기기에 적절한 보호장치를 구비하여야 한다.

3. 변전실 위치 선정시 고려사항

(1) 부하 중심에 가까울 것(전압강하, 전력손실, 배선비 절감)
(2) 인입선의 인입이 쉽고 보수유지 및 점검이 용이한 곳
(3) 간선처리 및 증설이 용이한 곳
(4) 기기 반출입에 지장이 없을 것
(5) 침수, 기타 재해 발생의 우려가 적은 곳
(6) 화재, 폭발 위험성이 적을 것
(7) 습기, 먼지가 적은 곳
(8) 열해, 유독가스의 발생이 적을 것
(9) 발전기, 축전지실이 가급적 인접한 곳
(10) 장래 부하 증설에 대비한 면적 확보가 용이한 곳

4. 코로나

(1) 파열극한 전위경도

공기는 보통 절연물로 취급하고 있지만 실제에는 그 절연 내력의 한도가 있다. 즉, 기온 기압이 표준상태(20[℃], 1기압(760[mmHg]))에 있어서 직류에서는 약 30[kV/cm],

교류(실효값)에서는 약 21[kV/cm]의 전위경도를 가하면 절연이 파괴되는데, 이것을 파열극한 전위경도라 한다.

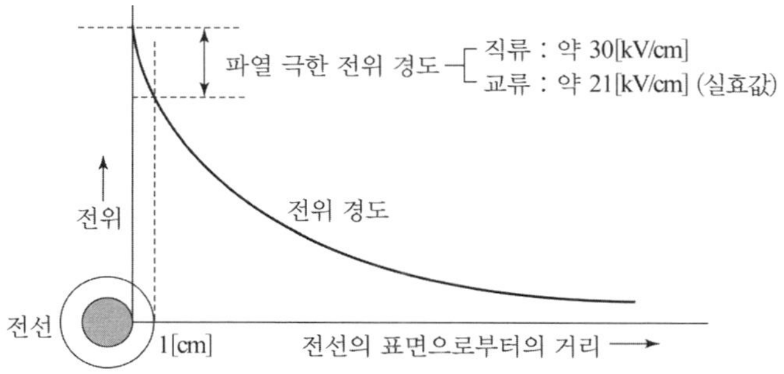

(2) 코로나 현상

전선로나 애자 부근에 임계 전압 이상의 전압이 가해지면 공기의 절연이 부분적으로 파괴되어 낮은 소리나 엷은 빛을 내면서 방전되는 현상

(3) 코로나 임계현상

$$E_0 = 24.3 m_0 m_1 \delta d \log_{10} \frac{D}{r} \text{ [kV]}$$

여기서, m_0 : 전선의 표면 상태에 따라 정해지는 계수

d : 전선의 지름 [cm]　　　m_1 : 날씨에 관계되는 계수

D : 등가 선간 거리 [cm]　　　δ : 상대 공기 밀도

r : 전선의 반지름 [cm]

(4) 코로나 현상에 대한 영향

① 코로나 손실 발생 및 송전 효율의 저하

② 코로나 잡음

③ 통신선 유도장해

④ 소호 리액터의 소호 능력 저하

⑤ 전선의 부식 촉진

(5) 코로나 발생 방지 대책

기본대책 : 코로나 임계전압을 상규 전압 이상으로 높여 준다.

① 굵은 전선을 사용한다.

② 전선의 바깥 지름을 크게 한다(복도체 방식 채용).

③ 가선금구를 개량한다.

5. 가공전선로

(1) 지지물

1) 가공 전선로 지지물의 종류

① 철탑
② 철근 콘크리트주
③ 철주
④ 목주

2) 철주, 철근 콘크리트주 또는 철탑의 종류

특별 고압 가공 전선로의 지지물로 사용하는 B종 철주, B종 철근 콘크리트주 또는 철탑의 종류는 다음과 같다.

① 직선형 : 전선로의 직선 부분(3도 이하의 수평 각도를 이루는 곳을 포함)에 사용하는 것으로 내장형과 보강형은 제외한다.
② 각도형 : 전선로 중 3도를 넘는 수평 각도를 이루는 곳에 사용하는 것
③ 인류형 : 전가섭선을 인류하는 곳에 사용하는 것
④ 내장형 : 선로의 직선부분에서 보강용으로 세워지는 것으로서 직선 철탑 10기 이하마다 1기 비율로 설치한다.

3) 가공전선로 지지물의 기초의 안전율

가공전선로의 지지물에 하중이 가하여지는 경우에 그 하중을 받는 **지지물의 기초의 안전율은 2이상 (단, 이상시 상정하중에 대한 철탑의 기초에 대하여는 1.33)**이어야 한다. 다만, 땅에 묻히는 깊이를 다음의 표에서 정한 값 이상의 깊이로 시설하는 경우에는 그러하지 아니하다.

설계하중 / 전장	6.8 [kN] 이하	6.8 [kN] 초과 ~ 9.8 [kN] 이하	9.81 [kN] 초과 ~ 14.72 [kN] 이하
15[m] 이하	전장×1/6[m] 이상	전장×1/6+0.3[m] 이상	전장×1/6+0.5[m] 이상
15[m] 초과~16[m] 이하	2.5[m] 이상	2.8[m] 이상	–
16[m] 초과~20[m] 이하	2.8[m] 이상	–	–
15[m] 초과~18[m] 이하	–	–	3[m] 이상
18[m] 초과	–	–	3.2[m] 이상

4) 전주 근입시 전주의 지표면 지름

$$D[\text{cm}] = d[\text{cm}] + H \times \frac{1}{75} \times 100$$

여기서, D : 지표면에서의 전주의 지름 [cm]

d : 전주 말구 지름 [cm]

H : 전주의 지표면상 길이 [m]

$$\text{전주의 지름 증가율} \begin{cases} \text{목주} : \dfrac{9}{1000} \\ \text{CP주} : \dfrac{1}{75} \end{cases}$$

5) 철탑 각 부의 명칭

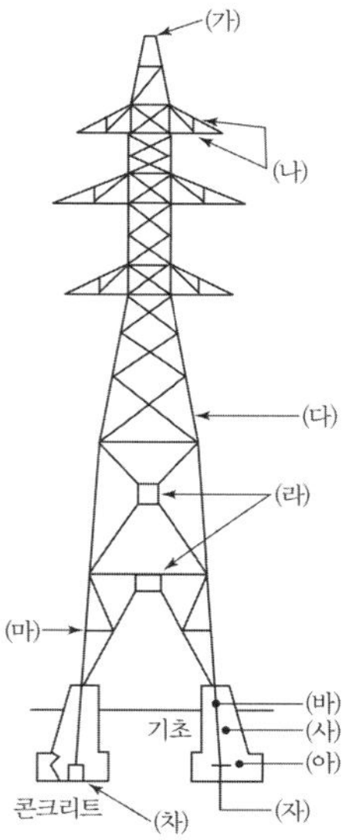

(가) 철탑정부
(나) 암
(다) 주주재
(라) 거싯플레이트
(마) 사재
(바) 주각재
(사) 주체부
(아) 상판부
(자) 앵커재
(차) 앵커블록

6) Bleich 결구(브레히 결구)

강도 자체의 경제성으로 현재 가장 많이 사용되는 결구

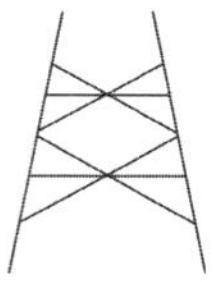

7) 각입

철탑 기초재와 주각재, 앵커재를 조립 후 소정의 콘크리트 블록 위에 설치하는 것

(2) 전선

1) 전선의 구비 조건

① 도전율이 클 것
② 기계적 강도가 클 것
③ 신장률이 적절할 것
④ 내구성이 클 것
⑤ 비중이 작을 것
⑥ 가격이 저렴할 것
⑦ 가선 작업이 용이할 것

2) 연선(stranded wire)의 구성

① 연선의 지름 $D=(2n+1)\cdot d$

여기서, n : 층수

d : 소선 1가닥의 지름 [mm]

② 총 소선수 $N=3n(n+1)+1$

※ 1층$(n=1)$: $N=7$(본)

2층$(n=2)$: $N=19$(본)

3층$(n=3)$: $N=37$(본)

③ 연선의 단면적 $A=\frac{\pi d^2}{4}\times N\ [\mathrm{mm}^2]$

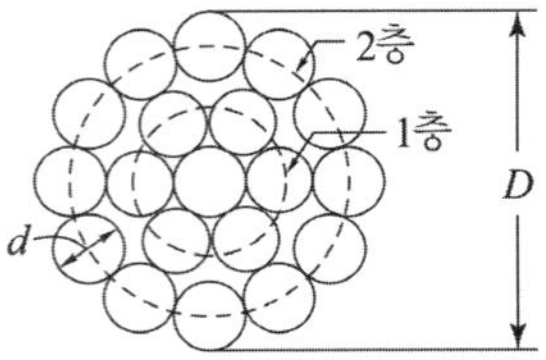

2층 구조의 연선

3) 전선의 굵기를 결정하는 요소

① 허용전류

② 전압강하

③ 기계적 강도

④ 전력손실

⑤ 코로나

4) 가공전선에 가해지는 하중

① 전선자체의 중량(W_c)

② 빙설 하중(W_i)

③ 풍압하중(W_w)

여기서, 전선에 가해지는 합성하중은

$$\text{합성하중 } W = \sqrt{(W_c+W_i)^2+W_w^2}$$

(3) 전선의 이도 및 실제 길이

1) 이도의 전선로에 대한 영향

① 이도의 대소는 지지물의 높이를 좌우한다.

② 이도가 너무 크면 전선은 그 만큼 좌우로 크게 진동하여 다른 相의 전선에 접촉하거나 수목에 접촉해서 위험을 준다.

③ 이도가 너무 작으면 이것에 반비례해서 전선의 장력이 증가하여 심할 경우에는 전선이 단선되기도 한다.

2) 전선의 이도

이도 $D=\dfrac{WS^2}{8(T/f)}$[m]

여기서, W : 전선의 중량[kg/m]

S : 경간(span)[m]

T : 전선의 수평장력[kg]

f : 안전율

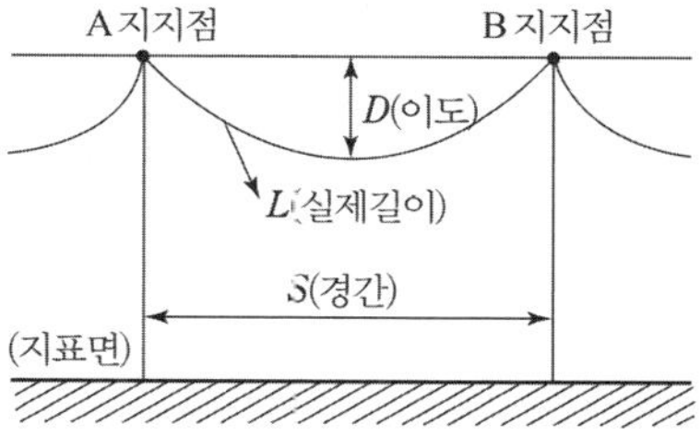

3) 전선의 실제 길이 실장 $L=S+\dfrac{8D^2}{3S}$[m]

4) 전선의 평균 높이 $h=h'-\dfrac{2}{3}D$

여기서, h' : 지지점의 높이, D : 이도

(4) 지선

1) 지선의 시설 목적

① 지지물의 강도를 보강하고자 할 경우

② 전선로의 안전성을 증대하고자 할 경우

③ 불평형 하중에 대한 평형을 이루고자 할 경우

④ 전선로가 건조물 등과 접근할 때 보안상 필요한 경우

2) 지선의 종류

지선을 사용 목적에 따라 형태별로 분류하면 다음과 같다.

① 보통 지선

용도 : 불평형 장력이 크지 않은 일반적인 장소에 시설한다.

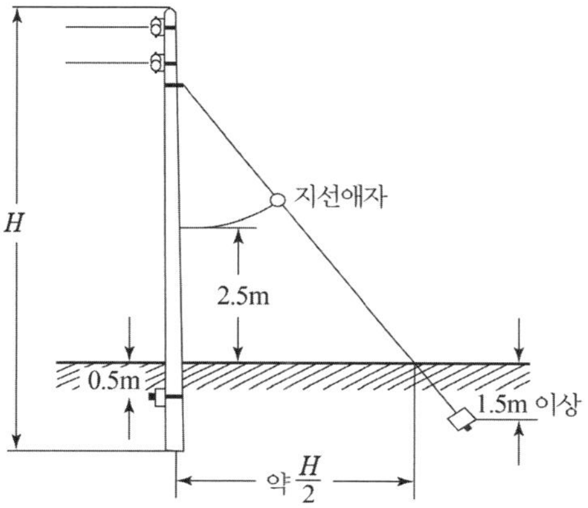

② 수평 지선

용도 : 토지의 상황이나 기타 사유로 인하여 보통 지선을 시설할 수 없는 경우

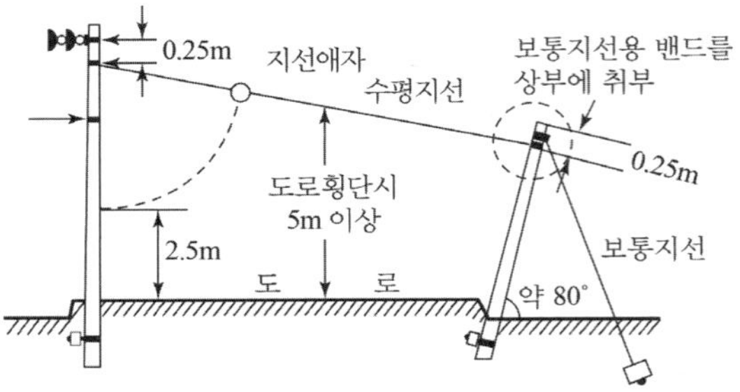

③ 공동 지선

용도 : 지지물 상호간의 거리가 비교적 접근하여 있을 경우에 시설한다.

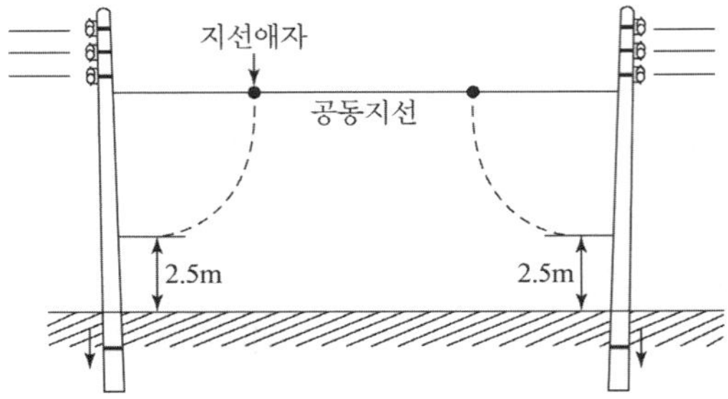

④ Y지선

용도 : 다단의 완금이 설치되거나 또한 장력이 큰 경우에 시설한다.

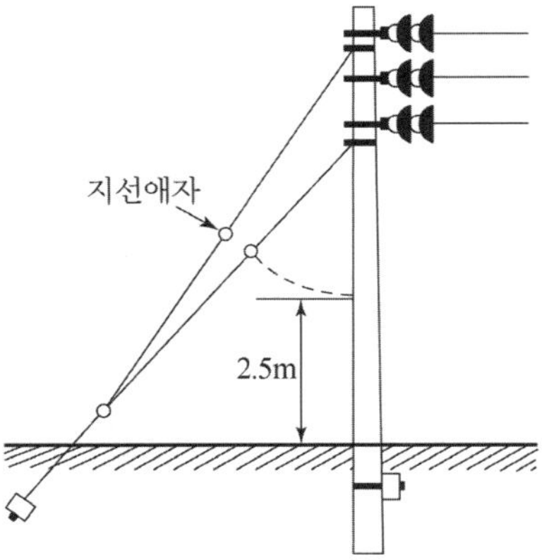

⑤ 궁지선

용도 : 비교적 장력이 작고 다른 종류의 지선을 시설할 수 없는 경우에 시설한다.

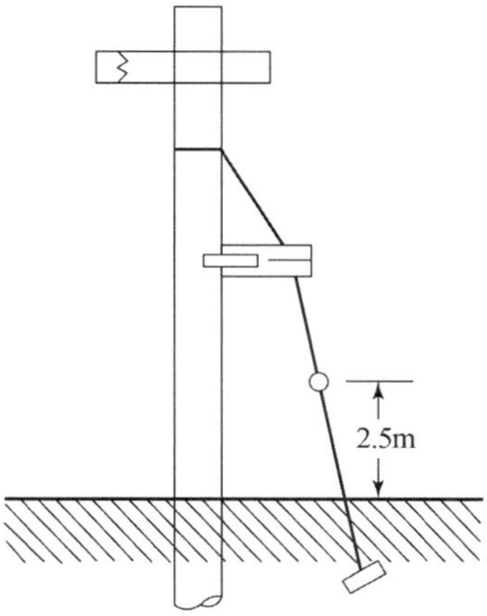

(a) A형 궁지선

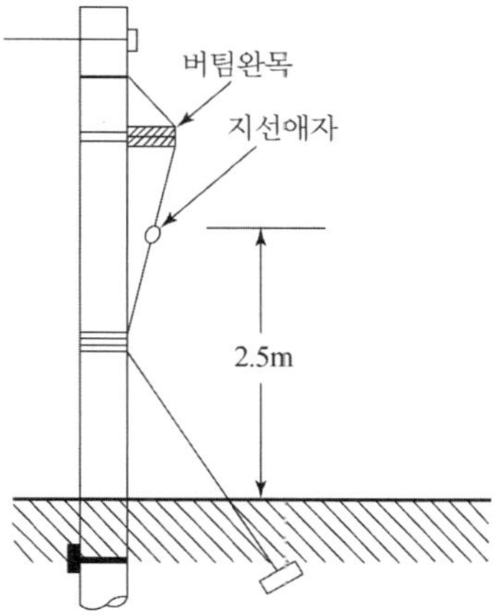

(b) R형 궁지선

3) 지선의 설치 방법

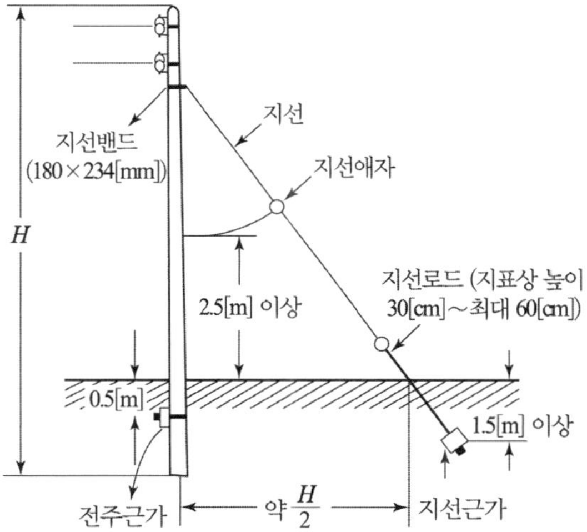

4) 지선의 굵기 및 시공방법

① 지선의 안전율은 2.5 이상일 것. 이 경우에 허용 인장하중의 최저는 4.31[kN]으로 한다.

② 지선에 연선을 사용할 경우에는 다음에 의할 것
- 소선 3가닥 이상의 연선일 것
- 소선의 지름이 2.6[mm] 이상의 금속선을 사용한 것일 것. 다만, 소선의 지름이 2[mm] 이상인 아연도강연선으로서 소선의 인장강도가 0.68[kN/mm^2] 이상인 것을 사용하는 경우에는 그러하지 아니하다.

③ 지중부분 및 지표상 30[cm]까지의 부분에는 내식성이 있는 것 또는 아연도금을 한 철봉을 사용하고 쉽게 부식되지 아니하는 근가에 견고하게 붙일 것. 다만, 목주에 시설하는 지선에 대해서는 그러하지 아니하다.

④ 지선근가는 지선의 인장하중에 충분히 견디도록 시설할 것

(5) 애자

1) 2련 내장 애자장치

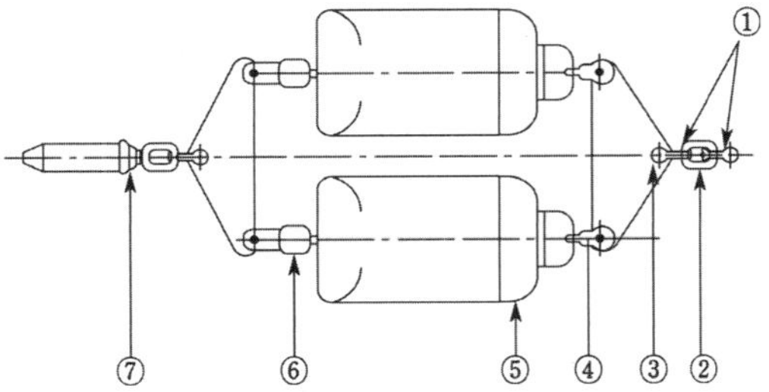

① 앵커쇄클
② 체인링크
③ 삼각요크
④ 볼크레비스
⑤ 현수애자
⑥ 소켓 크레비스
⑦ 압축형 인류 클램프

2) 1련 내장 애자 장치(역조형)

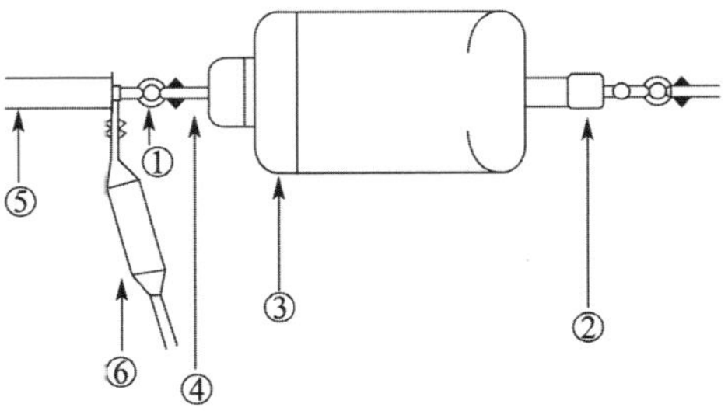

① 앵커 쇄클
② 소켓 아이
③ 현수 애자
④ 볼 크레비스
⑤ 압축형 인류 클램프
⑥ 점프 터미널

3) 1련 내장 애자 장치(역조형)

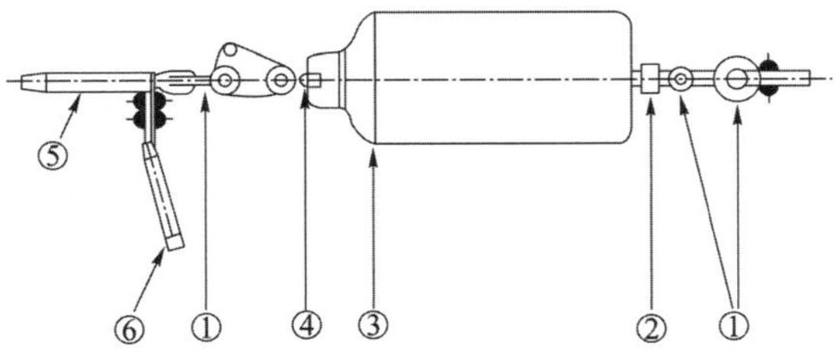

① 앵커 쇄클
② 소켓 아이
③ 현수 애자
④ 볼 크레비스
⑤ 압축형 인류 클램프
⑥ 점프 터미널

4) 154 [kV] 송전선로의 1련 현수애자 장치도

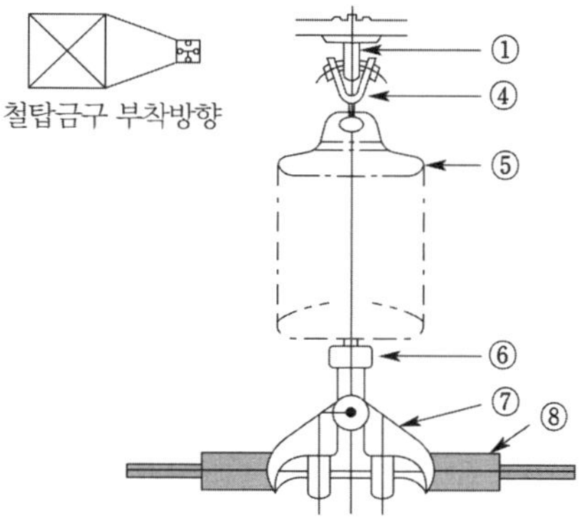

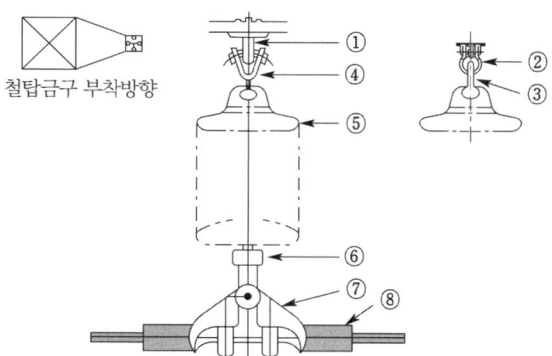

① 애자장치 U볼트
② 앵커쇄클
③ 볼아이
④ Y크레비스볼
⑤ 현수애자
⑥ 소켓아이
⑦ 현수클램프
⑧ 아마롯드

5) 밴드를 이용한 애자 설치

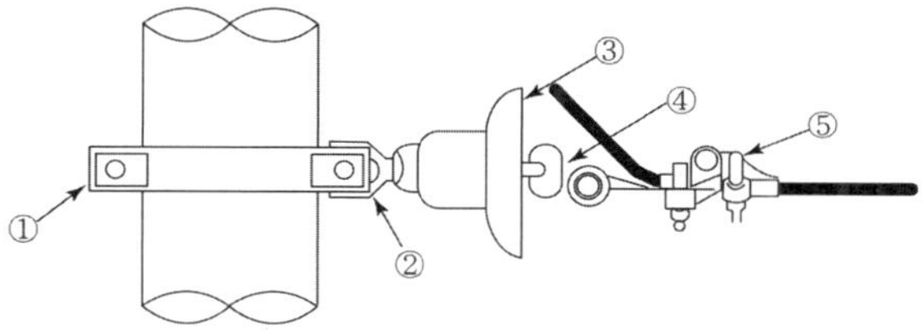

① 지선 밴드
② 볼 아이
③ 현수 애자
④ 소켓 아이
⑤ 데드엔드클램프

6) 장간형 현수애자 ㄱ형 완철 애자

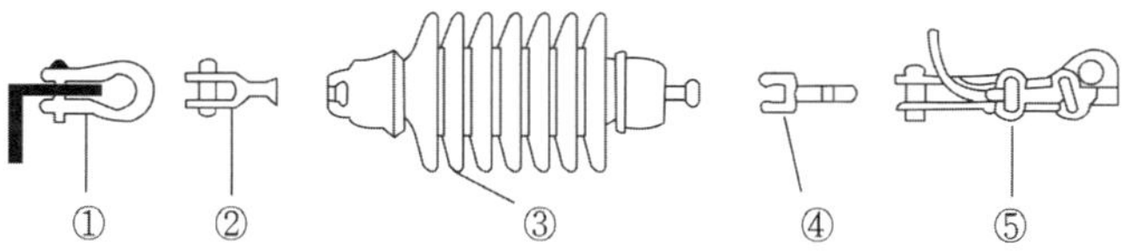

① 앵카쇄클
② 볼크레비스
③ 현수애자
④ 소켓아이
⑤ 데드엔드클램프

7) 경완철에서 현수애자 설치

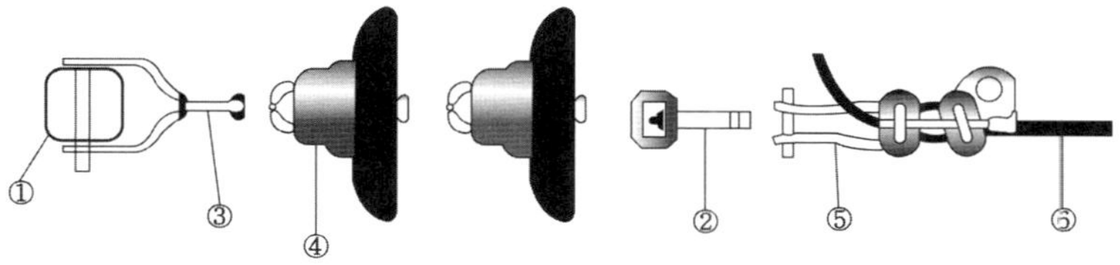

① 경완철	② 소켓아이	③ 볼쇄클
④ 현수애자	⑤ 데드엔드클램프	⑥ 전선

8) 가공 배전선로에 쓰이는 애자의 종류 4가지
① 핀애자 : 직선 선로에 사용
② 현수애자 : 인류 및 내장 개소에 사용
③ 라인포스트 애자 : 절연전선 및 B급 이상의 염진해 지역
④ 인류 애자 : 인류 개소 및 배전선로의 중성선

9) 가공전선을 애자에 바인드 하는 방법
① 인류 바인드법
② 측부 바인드법
③ 두부 바인드법

10) 초호각 또는 초호환의 설치 목적
① 애자련의 각 애자에 걸리는 분담 전압 균일화
② 외뢰 및 내뢰에 대한 섬락사고로부터 애자련의 보호

(6) 장주도

1) 장주도 각 부의 명칭

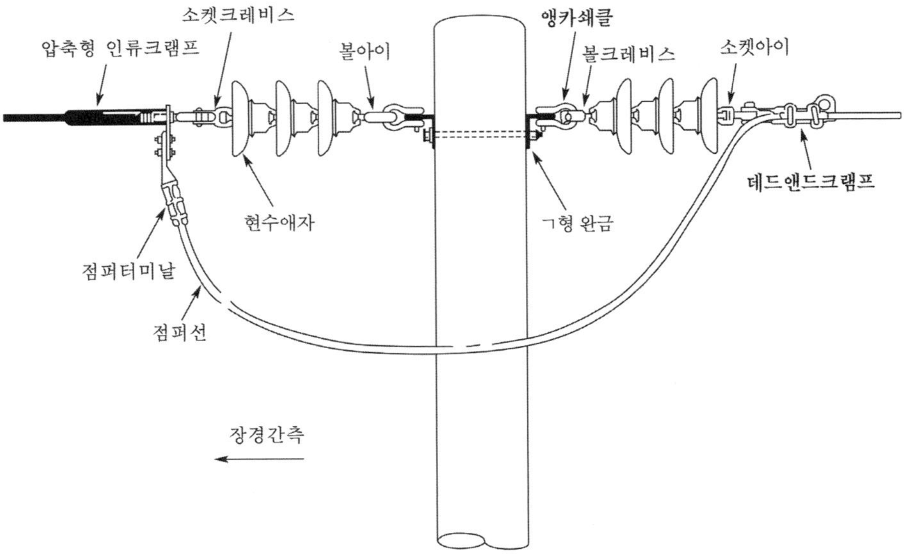

2) 특고압 가공전선로 각부 명칭

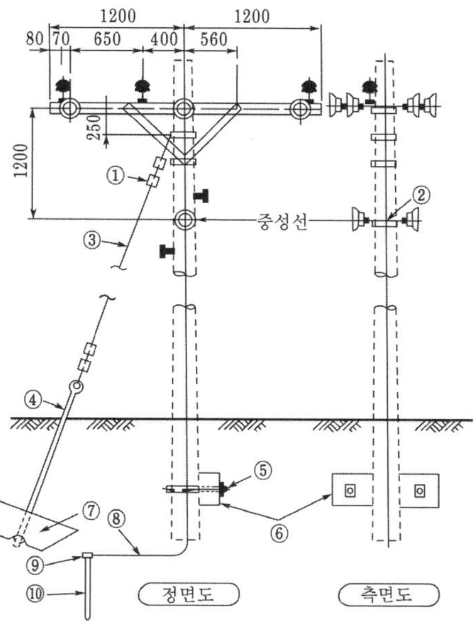

① 지선 클램프
② 랙 밴드
③ 지선
④ 지선로드
⑤ 근가용 U볼트
⑥ 근가
⑦ 지선 근가
⑧ 접지 전선
⑨ 접지 동봉용 클램프
⑩ 접지 동봉

(7) 가공전선로 설치 예

1) 시가지에 시설한 전선로

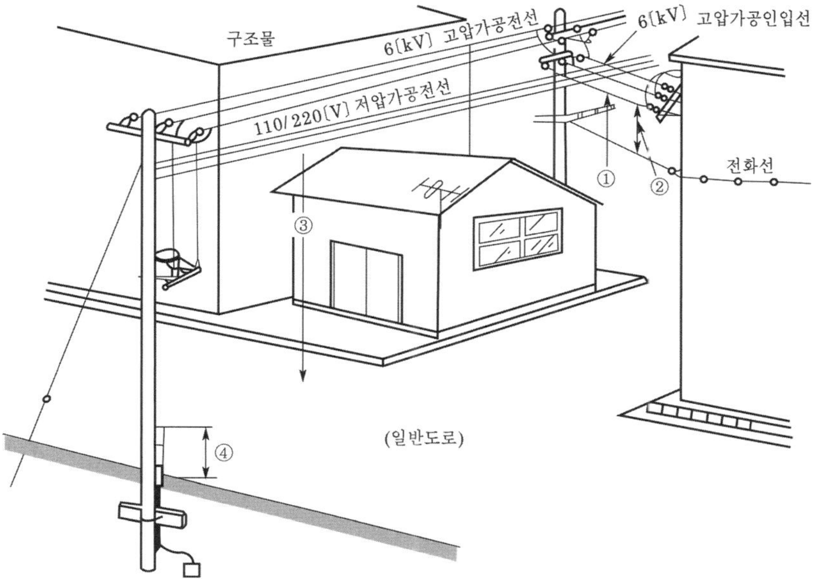

시가지에 시설한 전선로

① 고압 절연 전선(경동선)의 최소 굵기 : 5[mm]
② 고압 가공 인입선과 전화선과의 최소 이격 거리 : 0.8[m]
③ 저압 가공 전선의 지표상의 최소 높이 : 6[m]
④ 합성 수지관의 지표상 최소 높이 : 2[m]

2) 전력회사의 고압가공 전선로로부터 자가용 수용가 구내 기둥을 거쳐 수변전설비에 이르는 지중인입선의 시설도

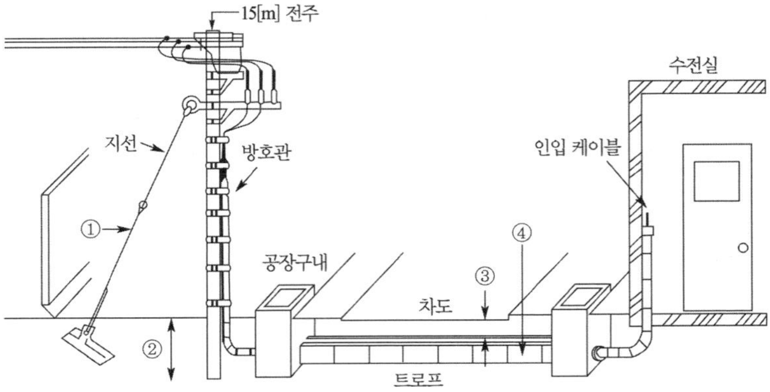

① 지선에 사용하는 소선 지름의 최소값 : 2.6[mm]
(단, [mm^2]당 0.68[kN]의 인장력을 가지는 2.0[mm]도 사용 가능)

② 전주 15[m]의 최소 근입 깊이 : $15 \times \frac{1}{6} = 2.5$[m]

③ 차도 부분 매설 깊이 : 1[m]
(차량, 기타의 압력을 받을 우려가 있는 장소)

④ 매설방법
- 케이블을 콘크리트제 트로프에 넣어 시설
- 케이블의 바로 위 지표면에 표식을 설치
- 위 매설방법은 직접 매설식이다.

3) 시가지에 시설한 고압가공 인입선의 구체적인 예와 지표상 높이 및 이격거리의 예

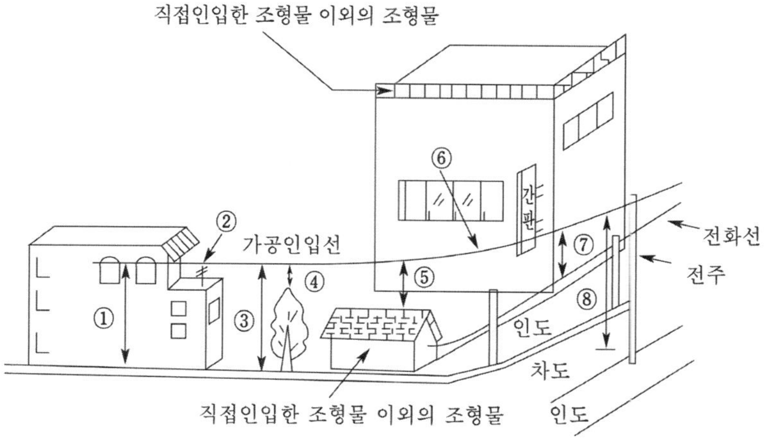

① 전선 아래에 위험 표시를 하는 경우 : 인입선의 높이는 지표상 3.5[m]까지 감할 수 있다.

② 안테나와의 이격거리 0.8[m] 이상

③ 일반장소의 지표상 높이 5[m] 이상

④ 수목과의 이격거리는 상시 불고 있는 바람에 접촉하지 않으면 된다.

⑤ 조영물 상방의 이격거리 2[m] 이상

⑥ 간판과의 이격거리 0.8[m] 이상

⑦ 전화선과의 이격거리 0.8[m] 이상

⑧ 도로 횡단 개소의 노면상으로부터의 높이 6[m] 이상

4) 구내고압 전로의 케이블 입상부의 실제도이다.
(단, 전주의 전장은 16[m]이고, 설계하중 6.8[kN] 이하의 철근 콘크리트 주이다.)

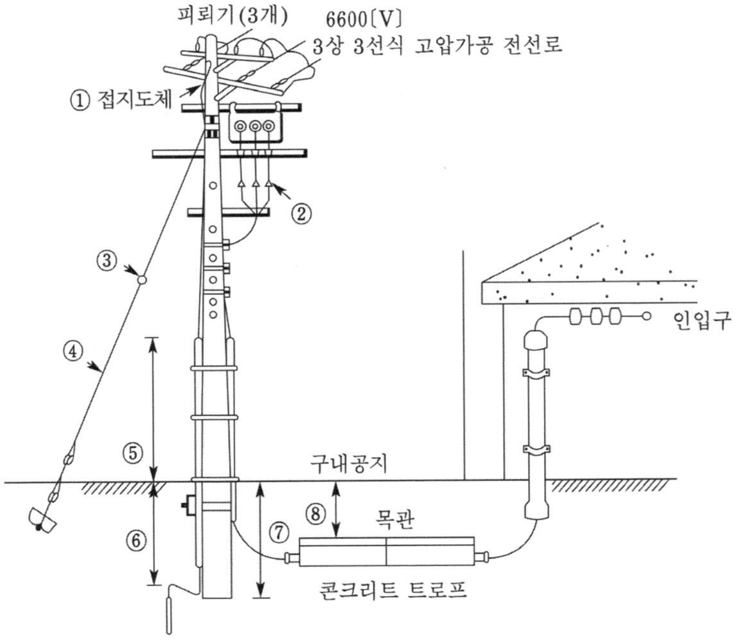

① 접지도체의 최소 굵기 6[mm^2] 이상
② 케이블헤드
③ 지선애자(옥애자)
④ 지선
⑤ 지표상에서 최소 2[m]의 높이(케이블 보호관임)
⑥ 접지극 매설의 최소 깊이 0.75[m] 이상
⑦ 땅 속으로 묻히는 최소 깊이 2.5[m] 이상
⑧ 이 부분의 목관의 최소 깊이 0.6[m] 이상
(단, 중량물에 의한 압력은 안 받는다.)

(8) 가공전선공사 흐름도

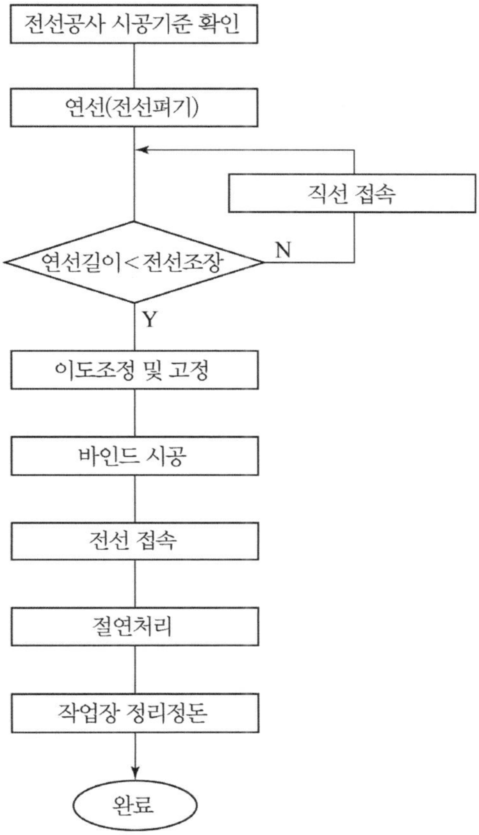

전선공사 시공기준 확인
연선(전선펴기)
직선 접속
연선길이＜전선조장
N
Y
이도조정 및 고정
바인드 시공
전선 접속
절연처리
작업장 정리정돈
완료

(9) 가공배전선로의 인입선 공사 시공흐름도

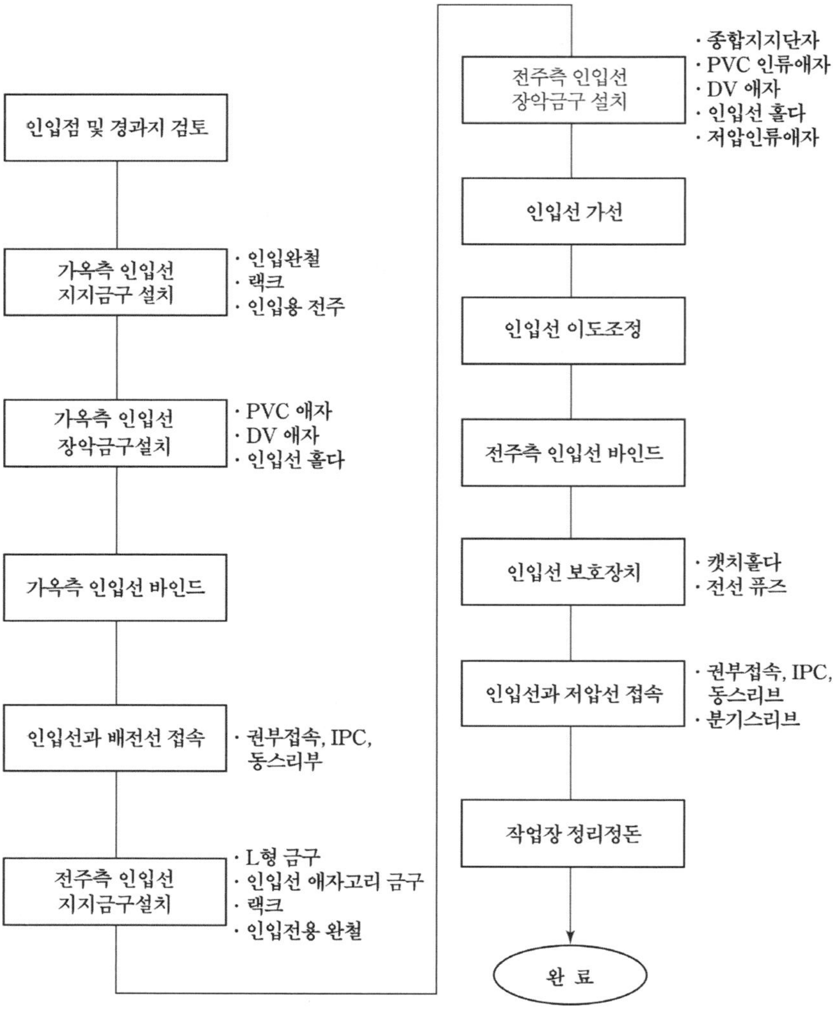

6. 지중전선로

(1) 지중 cable 인입 시공

1) 고저차가 있는 cable 인입방향

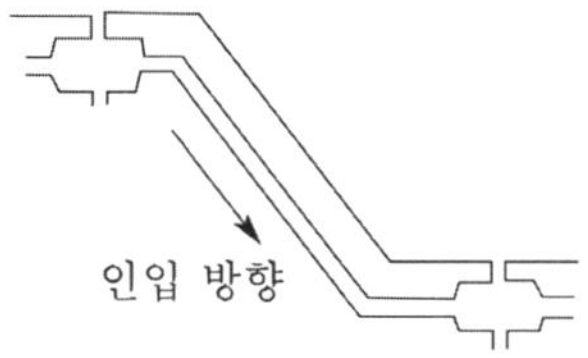

2) 굴곡 개소가 있는 cable 인입방향

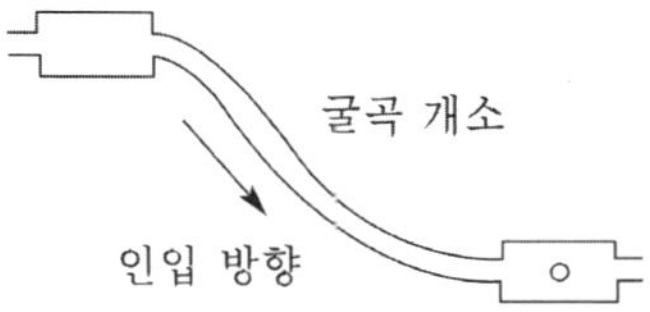

3) 맨홀 길이에 따른 cable 인입 방향

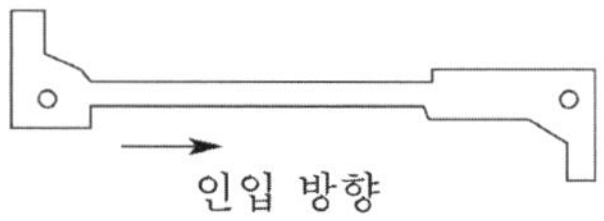

(2) 단말처리

1) 고압케이블에서 단말처리의 주목적

케이블 내부로의 습기 및 먼지의 침입으로 인한 절연 열화 방지

2) 케이블의 단말처리와 단면도

① 케이블의 도체와 단자와의 접속법 : 압축접속공법

② 절연 테이프의 명칭 : 점착성 폴리에틸렌 절연테이프

③ 최외각 층 테이프 감는 방법 : 하부에서 상부로 향해서 감는다.

④ 테이프 용도 : 상색별 구별

⑤ 무슨 선인지? : 접지도체

⑥ 케이블의 단말처리시 곡률 반지름

3심 일괄(외부 피복이 붙은 것)	완성 바깥지름의 10배
절연체를 노출할 때	완성 바깥지름의 8배

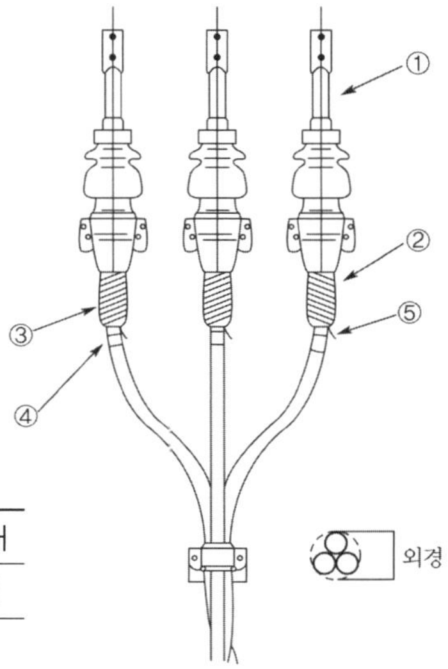

케이블 단면도

3) 3심 가교 폴리에틸렌 절연 비닐 외장 케이블(CV)의 옥외 종단개소의 처리

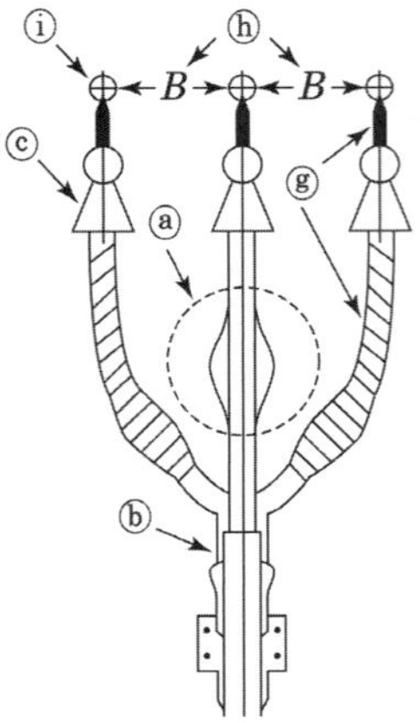

B 의 표준치수 : 200 [mm]

ⓐ 재료 명칭 : 스트레스콘, 목적 : 전계의 세기 완화

ⓑ 재료 명칭 : 3분지관

ⓒ 용도 : 빗물막이

ⓖ 테이프 감는 방법 : 아래에서 위로 감는다.

(3) 지중배선 공사의 현장 시험항목

① 절연저항측정

② 절연내력시험

③ 검상

④ 접지저항측정

⑤ 상일치 확인

7. 수변전설비의 구성기기

명 칭	약 호	심벌(단선도)	용도(역할)
케이블 헤드	CH		가공전선과 케이블 단말(종단) 접속
단로기	DS		무부하 전류 개폐, 회로의 접속 변경, 기기를 전로로부터 개방
피뢰기	LA	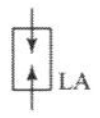	뇌전류를 대지로 방전하고 속류 차단
전력 퓨즈	PF		단락 전류 차단, 부하 전류 통전
전력 수급용 계기용 변성기	MOF	MOF	전력량을 적산하기 위하여 고전압과 대전류를 저전압, 소전류로 변성
영상 변류기	ZCT	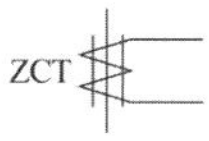	지락전류의 검출
계기용 변압기	PT		고전압을 저전압으로 변성
교류 차단기	CB	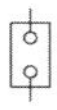	부하 전류 및 사고 전류의 차단
트립 코일	TC		보호 계전기 신호에 의해 차단기 개로
계기용 변류기	CT	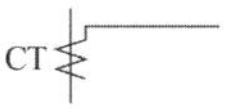	대전류를 소전류로 변성
접지 계전기	GR	GR	영상 전류에 의해 동작하며, 차단기 트립 코일 여자
과전류 계전기	OCR	OCR	과전류에 의해 동작하며, 차단기 트립 코일 여자
전압계용 전환 개폐기	VS		1대의 전압계로 3상 전압을 측정하기 위하여 사용하는 전환 개폐기
전류계용 전환 개폐기	AS		1대의 전류계로 3상 전류를 측정하기 위하여 사용하는 전환 개폐기
전압계	V		전압 측정
전류계	A		전류 측정
전력용 콘덴서	SC	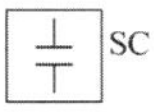	진상 무효 전력을 공급하여 역률 개선
방전 코일	DC		잔류 전하 방전
직렬 리액터	SR		제5고조파 제거
컷아웃 스위치	COS		기계 기구(변압기)를 과전류로부터 보호

8. 수전설비 표준결선도

(1) 특별고압 수전설비 표준결선도-1

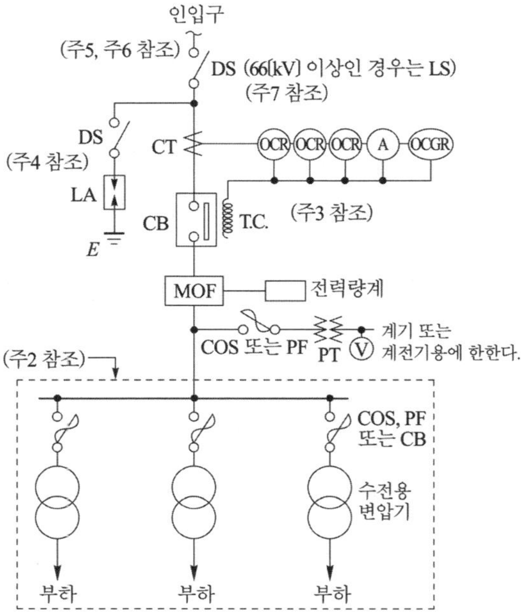

약 호	명 칭
DS	단로기
LA	피뢰기
CT	변류기
CB	차단기
TC	트립 코일
OCR	과전류 계전기
GR	지락 계전기
MOF	전력 수급용 계기용 변성기
COS	컷아웃 스위치
PF	전력 퓨즈
PT	계기용 변압기

[주1] 22.9 [kV - Y] 1000 [kVA] 이하인 경우에는 간이 수전 설비 결선도에 의할 수 있다.

[주2] 결선도 중 점선 내의 부분은 참고용 예시이다.

[주3] 차단기의 트립 전원은 직류(DC) 또는 콘덴서 방식(CTD)이 바람직하며 66 [kV] 이상의 수전 설비에는 직류(DC)이어야 한다.

[주4] LA용 DS는 생략할 수 있으며 22.9 [kV - Y]용의 LA는 Disconnector(또는 Isolator) 붙임형을 사용하여야 한다.

[주5] 인입선을 지중선으로 시설하는 경우로서 공동 주택 등 사고시 정전 피해가 큰 수전 설비 인입선은 예비선을 포함하여 2회선으로 시설하는 것이 바람직하다.

[주6] 지중인입선의 경우에 22.9 [kV-Y] 계통은 CNCV-W 케이블(수밀형) 또는 TR CNCV-W 케이블(트리억제형)을 사용하여야 한다. 다만, 전력구·공동구·덕트·건물구내 등 화재의 우려가 있는 장소에서는 FR CNCO-W 케이블(난연)을 사용하는 것이 바람직하다.

[주7] DS 대신 자동고장구분 개폐기(7000 [kVA] 초과시에는 Sectionalizer)를 사용할 수 있으며 66 [kV] 이상의 경우는 LS를 사용하여야 한다.

(2) 특별고압 수전설비 표준 결선도-2

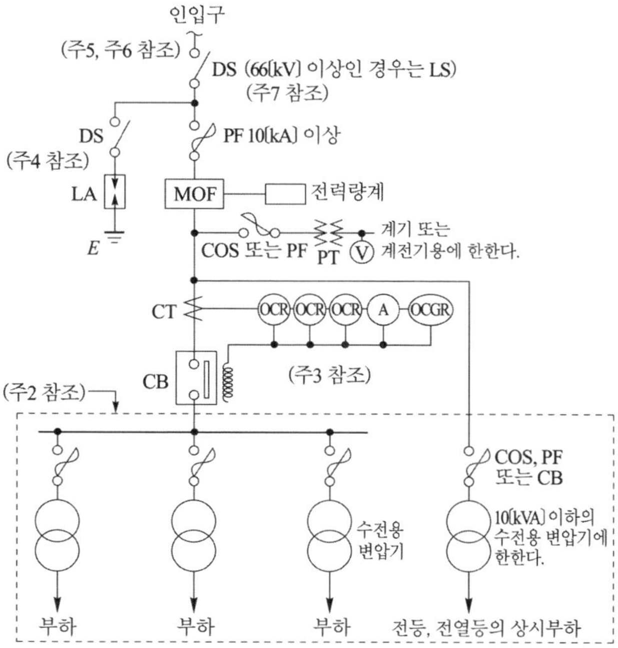

약호	명 칭
DS	단로기
LA	피뢰기
CT	변류기
CB	차단기
TC	트립 코일
OCR	과전류 계전기
GR	지락 계전기
MOF	전력 수급용 계기용 변성기
COS	컷아웃 스위치
PF	전력 퓨즈
PT	계기용 변압기

[주1] 22.9 [kV - Y] 1000 [kVA] 이하인 경우에는 간이 수전 설비 결선도에 의할 수 있다.

[주2] 결선도 중 점선내의 부분은 참고용예시이다.

[주3] 차단기의 트립 전원은 직류(DC) 또는 콘덴서 방식(CTD)이 바람직하며 66 [kV] 이상의 수전 설비에는 직류(DC)이어야 한다.

[주4] LA용 DS는 생략할 수 있으며 22.9 [kV - Y]용의 LA는 Disconnector(또는 Isolator) 붙임형을 사용하여야 한다.

[주5] 인입선을 지중선으로 시설하는 경우로서 공동 주택 등 사고시 정전 피해가 큰 수전 설비 인입선은 예비선을 포함하여 2회선으로 시설하는 것이 바람직하다.

[주6] 지중인입선의 경우에 22.9 [kV-Y] 계통은 CNCV-W 케이블(수밀형) 또는 TR CNCV-W 케이블(트리억제형)을 사용하여야 한다. 다만, 전력구·공동구·덕트·건물구내 등 화재의 우려가 있는 장소에서는 FR CNCO-W 케이블(난연)을 사용하는 것이 바람직하다.

[주7] DS 대신 자동고장구분 개폐기(7000 [kVA] 초과시에는 Sectionalizer)를 사용할 수 있으며 66 [kV] 이상의 경우는 LS를 사용하여야 한다.

(3) 특별고압 수전설비 표준 결선도-3

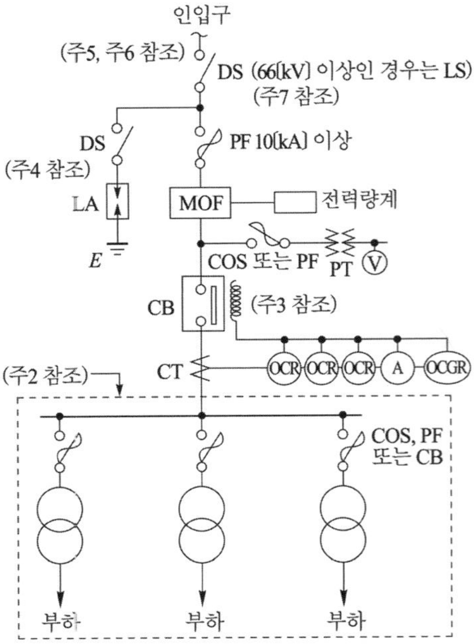

약 호	명 칭
DS	단로기
LA	피뢰기
CT	변류기
CB	차단기
TC	트립 코일
OCR	과전류 계전기
GR	지락 계전기
MOF	전력 수급용 계기용 변성기
COS	컷아웃 스위치
PF	전력 퓨즈
PT	계기용 변압기

[주1] 22.9 [kV－Y] 1000 [kVA] 이하인 경우에는 간이 수전 설비 결선도에 의할 수 있다.

[주2] 결선도 중 점선내의 부분은 참고용 예시이다.

[주3] 차단기의 트립 전원은 직류(DC) 또는 콘덴서 방식(CTD)이 바람직하며 66 [kV] 이상의 수전 설비에는 직류(DC)이어야 한다.

[주4] LA용 DS는 생략할 수 있으며 22.9 [kV－Y]용의 LA는 Disconnector(또는 Isolator) 붙임형을 사용하여야 한다.

[주5] 인입선을 지중선으로 시설하는 경우로서 공동 주택 등 사고시 정전 피해가 큰 수전 설비 인입선은 예비선을 포함하여 2회선으로 시설하는 것이 바람직하다.

[주6] 지중인입선의 경우에 22.9 [kV－Y] 계통은 CNCV－W 케이블(수밀형) 또는 TR CNCV－W 케이블(트리억제형)을 사용하여야 한다. 다만, 전력구·공동구·덕트·건물구내 등 화재의 우려가 있는 장소에서는 FR CNCO－W 케이블(난연)을 사용하는 것이 바람직하다.

[주7] DS 대신 자동고장구분 개폐기(7000 [kVA] 초과시에는 Sectionalizer)를 사용할 수 있으며 66 [kV] 이상의 경우는 LS를 사용하여야 한다.

(4) 특별고압 간이 수전설비 표준 결선도

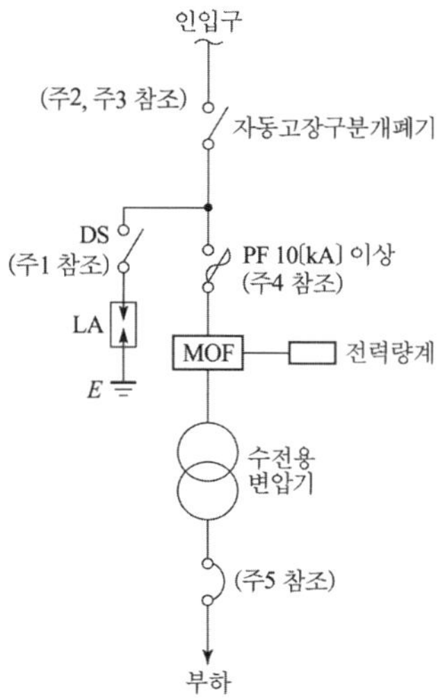

약 호	명 칭
DS	단로기
ASS	자동고장 구분 개폐기
LA	피뢰기
MOF	전력 수급용 계기용 변성기
COS	컷아웃 스위치
PF	전력 퓨즈

[주1] LA용 DS는 생략할 수 있으며 22.9 [kV－Y]용의 LA는 Disconnectcr(또는 Isolator) 붙임형을 사용하여야 한다.

[주2] 인입선을 지중선으로 시설하는 경우로서 공동 주택 등 사고시 정전 피해가 큰 수전 설비 인입선은 예비선을 포함하여 2회선으로 시설하는 것이 바람직하다.

[주3] 지중인입선의 경우에 22.9 [kV–Y] 계통은 CNCV–W 케이블(수밀형) 또는 TR CNCV–W 케이블(트리억제형)을 사용하여야 한다. 다만, 전력구·공동구·덕트·건물구내 등 화재의 우려가 있는 장소에서는 FR CNCO–W 케이블(난연)을 사용하는 것이 바람직하다.

[주4] 300 [kVA] 이하인 경우 PF대신 COS(비대칭 차단 전류 10 [kA] 이상의 것)을 사용할 수 있다.

[주5] 간이 수전 설비는 PF의 용단 등에 의한 결상 사고에 대한 대책이 없으므로 변압기 2차측에 설치되는 주차단기에는 결상 계전기 등을 설치하여 결상 사고에 대한 보호 능력이 있도록 함이 바람직하다.

9. 개폐기 및 차단기의 종류

(1) 차단기 및 단로기의 적용 기준

1) 차단기(CB)

평상시에는 부하 전류, 선로의 충전 전류, 변압기의 여자 전류 등을 개폐하고, 고장 시에는 보호 계전기의 동작에서 발생하는 신호를 받아 단락 전류, 지락 전류, 고장 전류 등을 차단한다.

2) 단로기(DS)

기기와 선로 또는 모선 등의 점검 및 수리시 특히 충전 가압을 막을 수 있고 단로 구간을 확실하게 하여 정전 개소를 확보하며, 전력 계통을 분리, 송전 및 수전 계통을 변경할 수 있다. 즉, 단로기는 부하 전류의 개폐를 하지 않는 것을 원칙을 하나 선로의 충전전류와 변압기의 여자 전류 및 경부하 전류 등의 미약한 전류를 개폐할 경우에 사용된다.

(2) 소호 원리에 따른 차단기

종 류		소 호 원 리
명 칭	약어	
유입 차단기	OCB	소호실에서 아크에 의한 절연유 분해 가스의 열전도 및 압력에 의한 blast을 이용해서 차단
기중 차단기	ACB	대기 중에서 아크를 길게 해서 소호실에서 냉각 차단 (저압에서만 사용)
자기 차단기	MBB	대기중에서 전자력을 이용하여 아크를 소호실 내로 유도해서 냉각 차단
공기 차단기	ABB	압축된 공기를 아크에 불어 넣어서 차단
진공 차단기	VCB	고진공 중에서 전자의 고속도 확산에 의해차단
가스 차단기	GCB	고성능 절연 특성을 가진 특수 가스(SF_6)를 이용해서 차단

(3) SF_6 가스의 특징

1) 물리적, 화학적 성질

① 열 전달성이 뛰어나다(공기의 약 1.6배)

② 화학적으로 불활성이므로 매우 안정된 gas이다.

③ 무색, 무취, 무해, 불연성의 gas이다.

④ 열적 안정성이 뛰어나다. (용매가 없는 상태에서는 약 500 [℃]까지 분해되지 않는다.)

2) 전기적 성질

① 절연 내력이 높다(평등 전계 중에서는 1기압에서 공기의 2.5배~3.5배, 3기압에서는 기름과 같은 level의 절연 내력을 갖고 있음).

② 소호 성능이 뛰어나다.

③ arc가 안정되어 있다.

④ 절연 회복이 빠르다.

(4) 차단기와 단로기의 조작 순서

1) DS 및 CB로 구성

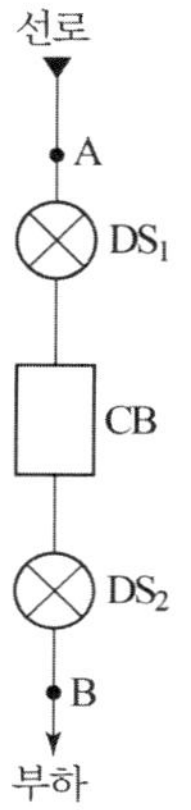

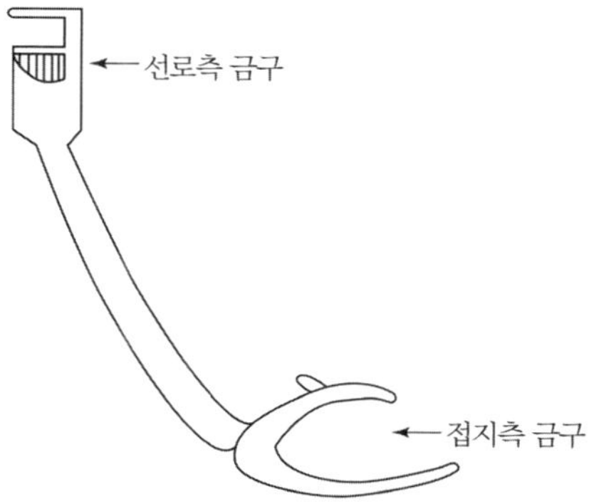

① 접지 순서 : 대지에 먼저 연결 후 선로에 연결

② 접지 개소 : 선로측 A와 부하측 B

③ 개로시 조작 순서 : CB(OFF) → DS_2(OFF) → DS_1(OFF)

④ 폐로시 조작 순서 : DS_2(ON) → DS_1(ON) → CB(ON)

2) 2중모선

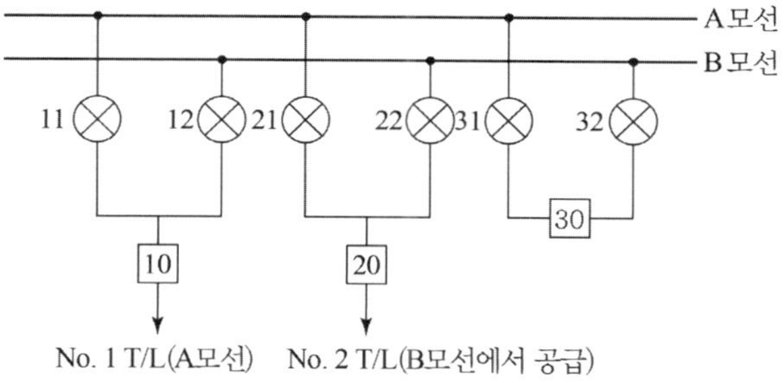

단로기는 부하전류의 개폐가 곤란하다. 따라서, A모선과 B모선을 병렬로 접속하면 A, B 모선의 전압이 동일하게 되어 단로기(11, 12, 21, 22) 개폐시에도 단로기에는 전류가 흐르지 않게 되므로, 모선연락용 차단기 쪽을(31, 32, 30) 먼저 투입 후 단로기(11, 12, 21, 22)를 조작하여야 한다.

① B 모선을 점검하기 위한 절체 순서
31(ON) – 32(ON) – 30(ON) – 21(ON) – 22(OFF) – 30(OFF) – 31(OFF) – 32(OFF)

② B 모선을 점검 후 원상 복구 순서
31(ON) – 32(ON) – 30(ON) – 22(ON) – 21(OFF) – 30(OFF) – 31(OFF) – 32(OFF)

10. 차단기의 정격

(1) 정격 차단 용량

정격 차단 용량 [MVA] = $\sqrt{3}$ ×정격 전압[kV]×정격 차단 전류[kA]

(2) 차단기의 정격 전압

차단기에 부과할 수 있는 사용 회로 전압의 상한을 말하며 그 크기는 선간 전압의 실효값으로 나타낸다.

$$정격\ 전압 = 공칭\ 전압 \times \frac{1.2}{1.1}$$

(3) 표준 전압

표준 전압에는 공칭 전압과 최고 전압이 있다.

① 공칭 전압 : 전선로로 대표하는 선간 전압

② 최고 전압 : 전선로에 통상 발생하는 최고의 선간 전압

$$최고\ 전압 = 공칭\ 전압 \times \frac{1.15}{1.1}$$

공칭 전압 [kV]	최고 전압 [kV]	공칭 전압 [kV]	최고 전압 [kV]
6.6	6.9	154	170
22.9	23.8	345	362
66	69	765	800

(4) 정격

1) 정격 전류

정격 전압, 정격 주파수 하에서 정해진 일정한 온도 상승 한도를 초과하지 않고 그 차단기에 흘릴 수 있는 전류를 말한다.

2) 정격 차단 전류

규정된 회로 조건하에서 규정값의 표준 동작 책무 및 동작 상태를 수행할 수 있는 차단 전류의 한도를 말하며 교류 전류 실효값을 나타낸다.

3) 정격 투입 전류

모든 정격 및 규정의 회로 조건하에서 규정의 표준 동작 책무 및 동작 상태에 따라 투입할 수 있는 투입 전류의 한도를 말하며, 투입 전류의 최초 주파수에서 순시 최대값으로 나타내며 정격 차단전류(실효값)의 2.5배를 표준으로 한다.

4) 정격 단시간 전류

규정된 회로 조건하에서 1초 동안 차단기에 흘렸을 때 이상이 발생하지 않는 최대 한도의 전류로 차단기의 정격 차단 전류와 같은 실효값으로 하며 최대 파고값은 정격값의 2.5배로 한다.

5) 정격 차단 시간

정격 차단 전류를 모든 정격 및 규정의 회로 조건하에서 규정의 표준 동작 책무 및 동작 상태에 따라 차단할 때의 차단 시간 한도를 말하며 정격 개극 시간 + 아크 시간을 말한다.

6) 표준 동작 책무

차단기가 계통에 사용될 때 "차단 – 투입 – 차단"의 동작을 반복하게 되는데 그 시간 간격을 나타낸 일련의 동작을 규정한 것

11. 단락용량 계산 방법

(1) 단위법 (P.U법 : Per Unit method)

어떤 양을 나타내는데 있어서 그 절대량이 아니고 기준량에 대한 비로서 나타내는 방법

(2) 옴법 (Ohm's method)

$$I_s = \frac{E}{Z} = \frac{E}{Z_g + Z_t + Z_l} \text{ [A]}$$

여기서, I_s : 단락 전류 [A]

E : 고장점에서의 고장 직전의 상전압 [V]

Z_g : 전압 E를 기준으로 한 발전기 임피던스 [Ω]

Z_t : 전압 E를 기준으로 한 변압기 임피던스 [Ω]

Z_l : 전압 E를 기준으로 한 선로 임피던스 [Ω]

(3) %법 (Percent method)

1) $\%Z = \dfrac{ZP}{10V^2}$ [%]

2) $I_s = \dfrac{100}{\%Z} I_n$ [A]

3) $P_s = \dfrac{100}{\%Z} P_n$ [kVA]

여기서, $\%Z$: 퍼센트 임피던스 [%]

I_s : 단락 전류 [A] I_n : 정격 전류 [A]

P_s : 단락 용량 [kVA] P_n : 기준 용량 [kVA]

4) 계산 순서

첫째 : 기준 용량 P_n을 선정

둘째 : 기준 용량에 대한 %Z 환산

$$\text{기준 용량에 대한 } \%Z = \frac{\text{기준용량}}{\text{자기용량}} \times \text{자기 용량에 대한 } \%Z$$

셋째 : 고장점까지의 %Z 합산

넷째 : I_s, P_s 계산

12. 피뢰기 및 피뢰시스템

(1) 피뢰기

1) 피뢰기의 기능

피뢰기는 이상 전압이 전기 시설물에 침입할 때에 그 파고값을 감소하도록 임펄스 전류를 대지를 통하여 방전시켜 기기의 절연 파괴를 방지하며, 방전에 의하여 생기는 속류를 고속 차단하여, 원래의 상태로 회복시키는 장치이다.

2) 피뢰기의 제1 보호 대상

전력용 변압기

3) 피뢰기의 구성 요소

① 직렬갭 : 뇌전류를 대지로 방전시키고 속류를 차단한다.

② 특성 요소 : 뇌전류 방전시 피뢰기 자신의 전위 상승을 억제하여 자신의 절연 파괴를 방지한다.

4) 피뢰기의 구비조건

① 상용 주파 방전 개시 전압이 높을 것

② 충격 방전 개시 전압이 낮을 것

③ 제한 전압이 낮을 것

④ 속류 차단 능력이 클 것

5) 피뢰기 설치 장소

① 가능한 한 피보호 기기의 가까운 곳에 설치하는 것이 바람직하며 다음과 같은 이격 거리 이내에 설치

공칭 전압 [kV]	이격 거리 [m]
345	85
154	65
66	45
22	20
22.9	20

② 피뢰기의 시설

㉮ 발전소, 변전소의 가공 전선 인입구 및 인출구

㉯ 특고압 가공전선로에 접속하는 배전용 변압기의 고압측 및 특고압측

㉰ 고압 및 특별 고압 가공 전선로로부터 공급을 받는 수용가의 인입구

㉱ 가공 전선로와 지중 전선로가 접속되는 곳

6) 피뢰기의 정격 전압

속류를 차단할 수 있는 최고 교류 전압으로 다음과 같다.

피뢰기의 정격 전압 [kV]=접지계수×유도×계통의 최고 전압

피뢰기 정격 전압

전력 계통		피뢰기 정격 전압 [kV]	
전압 [kV]	중성점 접지 방식	변전소	배전 선로
345	유효접지	288	–
154	유효접지	144	–
66	PC접지 또는 비접지	72	–
22	PC접지 또는 비접지	24	–
22.9	3상 4선 다중접지	21	18

[주] 전압 22.9[kV-Y] 이하의 배전선로에서 수전하는 설비의 피뢰기 정격전압 [kV]은 배전선로용을 적용한다.

7) 피뢰기의 방전 전류

갭의 방전에 따라 피뢰기를 통해서 대지로 흐르는 충격 전류를 말한다.

설치 장소별 피뢰기의 공칭 방전 전류

공칭 방전 전류	설치 장소	적용 조건
10000 [A]	변전소	1. 154 [kV] 이상 계통 2. 66 [kV] 및 그 이하 계통에서 뱅크 용량이 3000 [kVA]를 초과하거나 특히 중요한 곳 3. 장거리 송전선 케이블(배전피더 인출용 단거리 케이블 제외) 및 콘덴서 뱅크를 개폐하는 곳
5000 [A]	변전소	66[kV] 및 그 이하 계통에서 뱅크 용량이 3000 [kVA] 이하인 곳
2500 [A]	선 로	배전 선로

[주] 전압 22.9[kV-Y] 이하 (22[kV] 비접지 제외)의 배전선로에서 수전하는 설비의 피뢰기 공칭방전전류는 일반적으로 2500[A]의 것을 적용한다.

8) 충격파 방전 개시 전압

피뢰기 단자간에 충격 전압을 인가하였을 경우 방전을 개시하는 전압

9) 상용주파 방전 개시 전압

피뢰기 단자간에 상용 주파수의 전압을 인가하였을 경우 방전을 개시하는 전압 (실효값)

10) 제한 전압

피뢰기 방전 중 피뢰기 단자간에 남게 되는 충격 전압(피뢰기가 처리하고 남은 전압)

11) 속류

방전 전류에 이어서 전원으로부터 공급되는 상용 주파수의 전류가 직렬갭을 통하여 대지로 흐르는 전류

12) 갭레스(Gapless) 피뢰기

① 구조 : 비직선성이 뛰어난 ZnO를 특성 요소로 사용하여 직렬갭을 없앤 구조의 피뢰기

② 특성

㉮ 직렬갭이 없으므로 구조가 간단하고 소형 경량화 할 수 있다.

㉯ 급준파 응답이 이론적으로 뛰어나다.

㉰ 오손에 강하다.

13) 피뢰기 공사의 시공흐름도

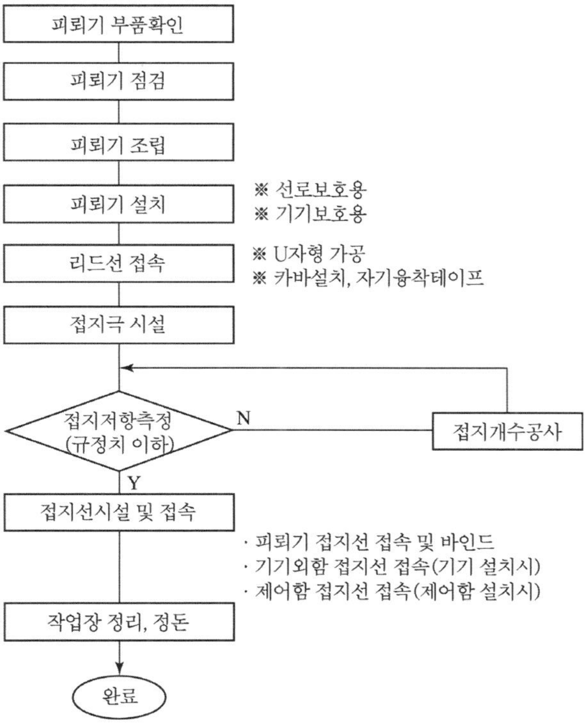

14) 피뢰기 설치 전 점검사항

① 피뢰기 애자 부분의 손상 여부를 점검한다.

② 피뢰기 1, 2차측 단자 및 단자볼트 이상유무를 점검한다.

③ 피뢰기의 절연저항을 측정한다.

15) 피뢰기 절연저항 측정 방법

① 1000 [V] 메가를 준비한다.

② 메가로 피뢰기 1, 2차 양단자간 금속부분의 절연저항을 측정한다.

③ 측정한 절연저항값을 확인하여 1000 [MΩ] 이상이면 양호하다.

(2) 피뢰시스템

1) 적용범위

다음에 시설되는 피뢰시스템에 적용한다.

① 전기전자설비가 설치된 건축물·구조물로서 낙뢰로부터 보호가 필요한 것 또는 **지상으로부터 높이가 20[m] 이상**인 것

② 전기설비 및 전자설비 중 낙뢰로부터 보호가 필요한 설비

2) 외부피뢰시스템은 수뢰부시스템, 인하도선시스템 및 접지극시스템으로 구성된다.

① 수뢰부시스템

수뢰부시스템의 선정은 돌침, 수평도체, 메시도체의 요소 중에 한 가지 또는 이를 조합한 형식으로 시설하여야 한다.

- 보호각법, 회전구체법, 메시법 중 하나 또는 조합된 방법으로 배치하여야 한다.
- 건축물·구조물의 뾰족한 부분, 모서리 등에 우선하여 배치한다.

② 인하도선시스템

수뢰부시스템과 접지시스템을 연결하는 것으로 다음에 의한다.

- 복수의 인하도선을 병렬로 구성해야 한다. 다만, 건축물·구조물과 분리된 피뢰시스템인 경우 예외로 한다.
- 도선경로의 길이가 최소가 되도록 한다.
- 경로는 가능한 한 루프 형성이 되지 않도록 하고, 최단거리로 곧게 수직으로 시설하여야 하며, 처마 또는 수직으로 설치된 홈통 내부에 시설하지 않아야 한다.
- 철근콘크리트 구조물의 철근을 자연적구성부재의 인하도선으로 사용하기 위해서는 해당 철근 전체 길이의 전기저항 값은 0.2[Ω] 이하가 되어야한다.
- 시험용 접속점을 접지극시스템과 가까운 인하도선과 접지극시스템의 연결부분에 시설하고, 이 접속점은 항상 폐로 되어야 하며 측정 시에 공구 등으로 만 개방할 수 있어야 한다.

③ 접지극시스템

- 뇌전류를 대지로 방류시키기 위한 접지극시스템은 A형 접지극(수평 또는 수직접지극) 또는 B형 접지극(환상도체 또는 기초접지극) 중 하나 또는 조합하여 시설할 수 있다.
- 접지극은 동결심도를 고려하여 지표면에서 0.75[m] 이상 깊이로 매설 하여야 한다.
- 대지가 암반지역으로 대지저항이 높거나 건축물·구조물이 전자통신시스템을 많이 사용하는 시설의 경우에는 환상도체접지극 또는 기초접지극으로 한다.

13. 전력 퓨즈(PF : Power Fuse)

(1) 기능

전력 회로에 사용되는 퓨즈로서 주로 고전압 회로 및 기기의 단락 보호용으로 차단기와 같은 과전류 보호장치이다.

① 부하 전류는 안전하게 통전
② 이상 전류(과전류)는 차단(한류형 퓨즈의 경우 과부하 전류에 용단되어서는 안된다.)

(2) 퓨즈 선정시 고려사항

① 과부하 전류에 동작하지 말 것
② 변압기 여자 돌입 전류에 동작하지 말 것
③ 충전기 및 전동기 기동 전류에 동작하지 말 것
④ 보호기기와 협조를 가질 것

(3) 퓨즈의 특성

① 용단 특성
② 단시간 허용 특성
③ 전차단 특성

(4) 퓨즈와 각종 개폐기 및 차단기와의 기능 비교

능력 / 기능	회로 분리		사고 차단	
	무부하	부하	과부하	단락
퓨 즈	○			○
차단기	○	○	○	○
개폐기	○	○	○	
단로기	○			
전자 접촉기	○	○	○	

(5) 고압 퓨즈의 규격

① 과전류 차단기로 시설하는 퓨즈 중 고압 전로에 사용하는 포장 퓨즈는 정격 전류의 1.3배의 전류에 견디고 또한 2배의 전류에서 120분 이내 용단되는 것일 것
② 과전류 차단기로 시설하는 퓨즈 중 고압 전로에 사용하는 비포장 퓨즈는 정격 전류의 1.25배의 전류에 견디고 또한 2배의 전류에서 2분 이내 용단되는 것이어야 한다.

14. 계기용 변성기

(1) 계기용 변압기(PT : Potential Transformer)

1) 목적

고전압을 저전압으로 변성하여 계기나 계전기에 공급하기 위한 목적으로 사용

2) 용도

배전반의 전압계, 전력계, 주파수계, 역률계, 보호 계전기, 부족 전압계전기 및 표시등의 전원으로 사용

3) 정격 부담

변성기의 2차측 단자간에 접속되는 부하의 한도를 말하며 [VA]로 표시한다.

4) 퓨즈 설치

계기용 변압기 1차측과 2차측에는 반드시 퓨즈를 부착하여, 계기용 변압기 및 부하측에 고장 발생시 이를 고압 회로로부터 분리하여 사고의 확대를 방지하도록 하여야 한다.

(2) 계기용 변류기(CT : Current Transformer)

1) 목적

회로의 대전류를 소전류로 변성하여 계기나 계전기에 공급하기 위한 목적으로 사용

2) 용도

배전반의 전류계, 전력계, 역률계, 보호 계전기 및 차단기 트립 코일의 전원으로 사용

3) 정격 부담

변류기 2차측 단자간에 접속되는 부하의 한도를 말하며 [VA]로 표시한다.

4) 2차측 개방 불가

변류기 2차측을 개방하면 1차 전류가 모두 여자전류가 되어 2차측에 과전압 유기 및 절연이 파괴되어 소손될 우려가 있으므로 CT 2차측 기기를 교체하고자 하는 경우는 반드시 CT 2차측을 단락시켜야 한다.

5) 변류비 선정

① 변압기 회로

$$\text{변류비} = \frac{\text{CT 1차측 전류} \times (1.25 \sim 1.5)}{\text{CT 2차측 전류}} = \frac{\text{최대 부하 전류} \times (1.25 \sim 1.5)[\text{A}]}{5[\text{A}]}$$

② 전동기 회로

$$변류비 = \frac{\text{CT 1차측 전류} \times (1.5 \sim 2.0)}{\text{CT 2차측 전류}} = \frac{\text{최대 부하 전류} \times (1.5 \sim 2.0)[A]}{5[A]}$$

③ 전력 수급용 계기용 변성기 (MOF)

$$변류비 = \frac{\text{CT 1차측 정격전류}}{\text{CT 2차측 전류}}$$

즉, MOF용 변류기의 변류비 선정시에는 여유를 고려하지 않는다.

6) 변류비 및 부담

① 1차 전류 : 5, 10, 15, 20, 30, 40, 50, 75, 100, 150, 200, 300, 400, 500[A]

② 2차 전류 : 5[A]

③ 정격 부담 : 5, 10, 15, 25, 40, 100[VA]

7) 변류기 결선

① 가동 접속 (정상 접속)

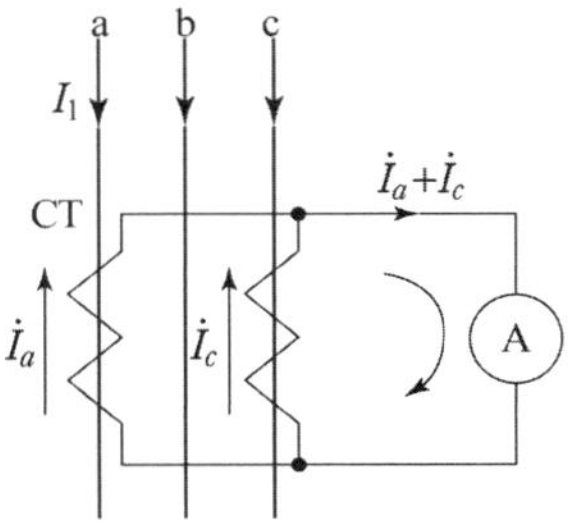

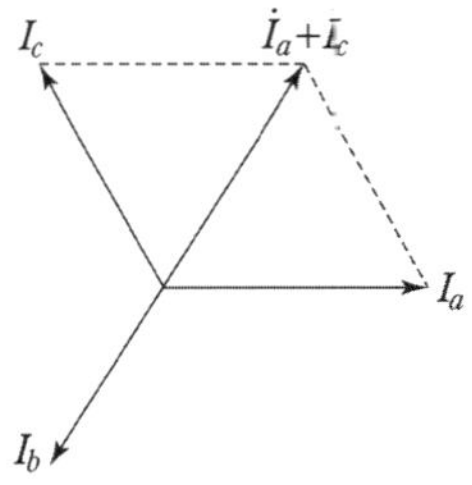

여기서, I_1 : 부하 전류

$\dot{I}_a$, $\dot{I}_b$, $\dot{I}_c$: CT 2차 전류

$\dot{I}_a + \dot{I}_c$: 전류계 Ⓐ의 지시값, 즉 Ⓐ의 지시는 CT 2차 전류와 같은 크기의 전류값 지시(I_b상)

② 차동 접속 (교차 접속)

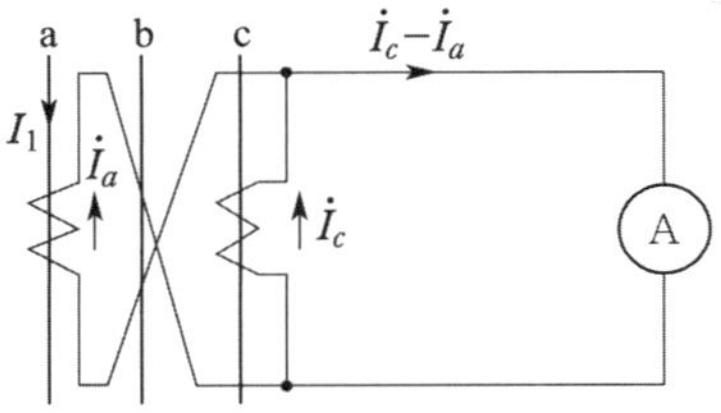

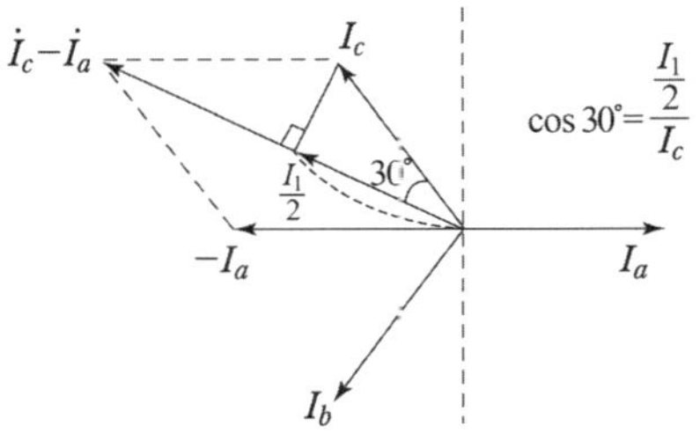

여기서, $\dot{I}_a - \dot{I}_c$: 전류계 Ⓐ 지시값

즉, Ⓐ의 지시는 CT 2차 전류의 $\sqrt{3}$배 지시

$$I_1 = \text{전류계 Ⓐ지시값} \times \frac{1}{\sqrt{3}} \times \text{CT비}$$

(3) 전력 수급용 계기용 변성기 (MOF : Metering Out Fit)

계기용 변압기와 변류기를 조합한 것으로 전력 수급용 전력량을 측정하며, 또한 옥내 수전실 또는 옥내 큐비클 등 밀폐된 공간에 설치하는 전력 수급계기용 변성기는 난연성(에폭시몰드 및 가스 절연 또는 실리콘 절연 등)제품을 사용하는 것이 바람직하다.

(4) 영상 변류기 (ZCT : Zerophase Current Transformer)

지락 사고시 지락 전류(영상 전류)를 검출하는 것으로 지락 계전기와 조합하여 차단기를 차단시킨다.

(5) 접지형 계기용 변압기 (GPT : Ground Potential Transformer)

1) 목적

비접지 계통에서 지락 사고시의 영상 전압 검출

2) 회로

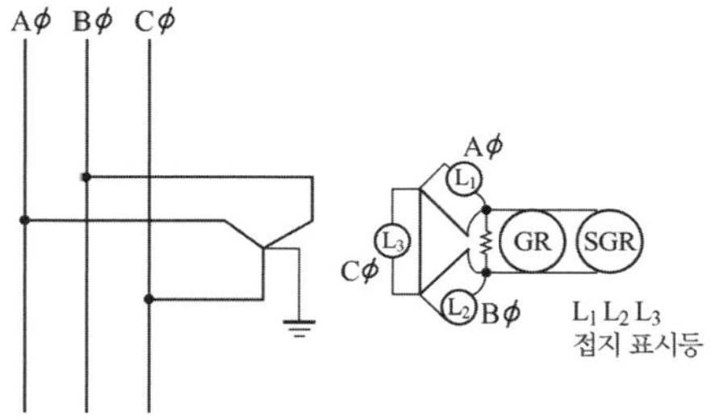

3) GPT 2차측 전압 및 접지 표시등

① 정상 상태

정상 상태에서는 GPT 2차측 각상의 전압은 $110/\sqrt{3}$ [V]이며 이때 접지 표시등 L_1, L_2, L_3의 밝기가 동일하다.

② a상 완전 지락 사고시

a상에서 지락 사고시 GPT 2차측 a상의 전압은 0 [V], b상 및 c상의 전압은 $110/\sqrt{3}$ [V]에서 110 [V]로 상승하게 되며, 이 때 접지 표시등 L_1은 소등, L_2, L_3의 밝기는 정상 상태보다 밝아진다.

4) 한류 저항기(CLR)의 용도 : 지락 사고시 영상전압 크기 조절

15. 보호 계전기

(1) 보호 계전기 동작요소

요 소	종 류	계전기 명
단일 전류 요소	전류계전기	OCR, UCR, OCGR
단일 전압 요소	전압계전기	OVR, UVR, OVGR
전압, 전류 요소	방향지락계전기	DOCGR, SGR
	방향단락계전기	DOCR, OCR with voltage res
	전력계전기	조류계전기
2전류 요소	기기보호용	비율차동계전기(% Diff)
기타요소	한시계전기	A.C Timer
	보조계전기	A.C Aux relay

(2) 계전기 적용

1) 과전류 계전기 (Over Current Relay : OCR)

일정값 이상의 전류가 흘렀을 때 동작하며 일명 과부하 계전기라 불려진다.

2) 과전압 계전기 (Over Voltage Relay : OVR)

일정값 이상의 전압이 걸렸을 때 동작한다.

3) 부족 전압 계전기 (Under Voltage Relay : UVR)

전압이 일정값 이하로 떨어졌을 경우, 예를 들면 대형 유도 전동기 등에서 갑자기 공급 전압이 내려갔을 때 지나친 과전류가 흐르지 않게끔 동작하는 것이다.

4) 단락 방향 계전기 (Directional Short Circuit Relay : DOCR, DSR)

어느 일정한 방향으로 일정값 이상의 단락 전류가 흘렀을 경우 동작하는 것

5) 선택 단락 계전기 (Selective Short Circuit Relay : SSR)

병행 2회선 송전 선로에서 한쪽의 1회선에 단락 사고가 발생하였을 때 2중 방향 동작 계전기를 사용해서 고장 회선을 선택 차단 할 수 있는 것

6) 거리 계전기 (Distance Relay : ZR)

계전기가 설치된 위치로부터 고장점 까지의 전기적 거리에 비례하여 한시 동작하는 것으로 복잡한 계통의 단락 보호에 과전류 계전기의 대용으로 쓰인다.

$$Z_{RY} = \frac{V_2}{I_2} = \frac{V_1 \times \frac{1}{PT\text{비}}}{I_1 \times \frac{1}{CT\text{비}}} = \frac{V_1}{I_1} \times \frac{CT\text{비}}{PT\text{비}} = Z_1 \times \frac{CT\text{비}}{PT\text{비}}$$

여기서, Z_{RY} : 계전기측 임피던스 [Ω]

Z_1 : 계전기 설치점에서 고장점까지의 임피던스 [Ω]

7) 과전류 지락 계전기 (Over Current Ground Relay : OCGR)

과전류 계전기의 동작 전류를 특별히 작게 한 것으로 지락 고장 보호용으로 사용한다.

8) 방향 지락 계전기 (Directional Ground Relay : DGR)

과전류 지락 계전기에 방향성을 준 것

9) 선택 지락 계전기 (Selective Ground Relay : SGR)

병행 2회선 송전 선로에서 한쪽의 1회선에 지락 사고가 일어났을 경우 이것을 검출하여 고장 회선만을 선택 차단할 수 있게끔 선택 단락 계전기의 동작 전류를 특별히 작게 한 것

(3) 비율 차동 계전기(Percentage Differential Relay)

1) 결선도

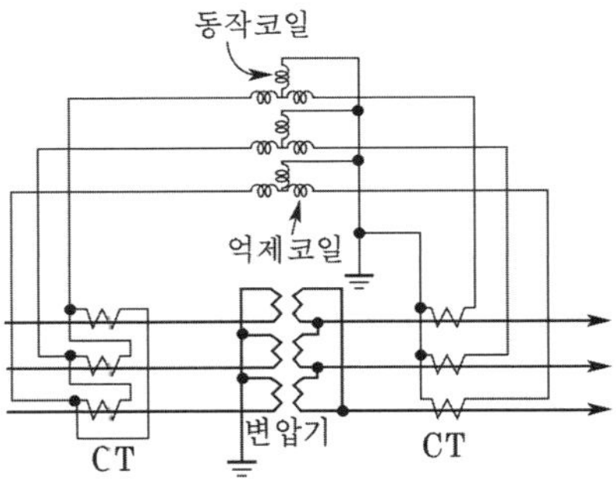

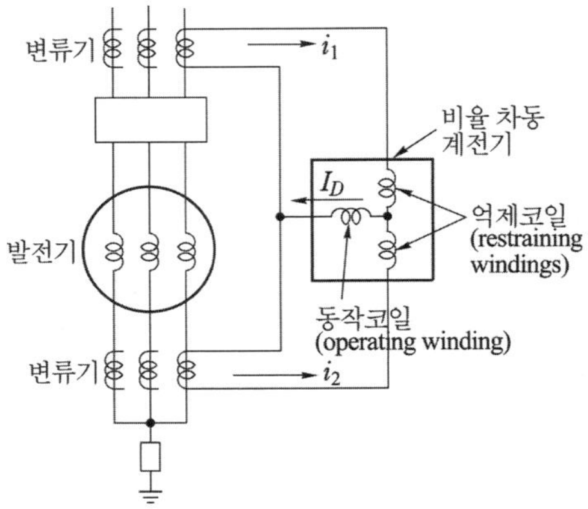

2) 용도

발전기나 변압기의 내부 고장에 대한 보호용으로 사용

3) 동작원리

정상 상태에서는 1, 2차측 변류기의 2차전류 I_1, I_2의 크기는 같아서 동작 코일에는 전류가 흐르지 않는다($I_D = I_1 - I_2 = 0$). 그러나, 발전기 또는 변압기 내부 고장이 발생하면 1, 2차측 변류기 1차 전류의 크기가 변화하고 그에 따라 변류기 2차측 전류 I_1, I_2의 크기가 변하게 되어 동작 코일에는 $I_1 - I_2$의 차 전류가 흐르게 되어 보호 계전기가 동작하게 된다.

4) 비율 차동 계전기 결선

변압기의 결선이 Y－△ 또는 △－Y인 경우 변압기 1, 2차측 변류기의 2차 전류 I_1, I_2의 크기 및 위상을 동일하게 하기 위해 비율 차동 계전기용 변류기의 결선은 변압기 결선과 반대로 한다.

변압기 결선	변류기 결선
Y－△ △－Y	△－Y Y－△

5) 계전기 고유번호

- 87 : 전류차동계전기(비율차동계전기)
- 87B : 모선보호 차동계전기
- 87G : 발전기용 차동계전기
- 87T : 주변압기 차동계전기

6) 보조 변류기의 역할

정상 운전시 전류 차동 계전기의 1차 전류와 2차 전류의 차이를 보정하기 위하여 사용

(4) 모선보호용 변류기 설치시 유의사항

① 모선보호용 변류기는 전용으로 설치
② 모선보호용 변류기는 각 계열마다 독립하여 설치
③ 모선보호용 변류기는 외부 사고에 오동작 되지 않도록 포화 특성에 유의하여 선택
④ 보호 맹점이 발생하지 않도록 설치 위치에 유의
⑤ 전압차동 모선보호 방식에서 각 변류기는 가능한 동일 특성의 동일 변류비로 사용

(5) 변전소 모선 보호 방식

① 전류 차동 계전 방식
② 전압 차동 계전 방식
③ 위상 비교 계전 방식
④ 방향 비교 계전 방식

16. 부하 관계 용어 및 변압기 용량 선정

(1) 변압기 용량 P[kVA]

$$\text{변압기 용량}\,[\text{kVA}] \geq \text{합성 최대 수용 전력}$$
$$= \frac{\text{개별 부하의 최대 수용 전력의 합계}}{\text{부등률}}$$
$$= \frac{\text{설비 용량}\,[\text{kVA}]\times\text{수용률}}{\text{부등률}}$$
$$= \frac{\text{설비 용량}\,[\text{kW}]\times\text{수용률}}{\text{부등률}\times\text{역률}}$$

(2) 부하 관계 용어

1) 수용률 (Demand Factor)

수용 설비가 동시에 사용되는 정도를 나타내며 주상 변압기 등의 적정공급 설비 용량을 파악하기 위하여 사용한다.

$$\text{수용률} = \frac{\text{최대 수용 전력}\,[\text{kW}]}{\text{총부하 설비 용량}\,[\text{kW}]}\times 100[\%]$$

2) 부등률 (Diversity Factor)

각 수용가에서의 최대 수용 전력의 발생 시각은 시간적으로 차이가 있으며 이 경우에 배전 변압기 또는 간선에서의 합성 최대 수용 전력은 각 수용가에서의 최대 수용 전력의 합보다 적게 되는데 이 비를 부등률이라 하며 이 값은 항상 1보다 크고 수용률과 더불어 배전 변압기 또는 배전 간선 등의 공급 설비 계획 자료로 사용된다.

$$\text{부등률} = \frac{\text{수용 설비 각각의 최대 수용 전력의 합}[\text{kW}]}{\text{합성 최대 수용 전력}[\text{kW}]}$$

① 수전 설비 용량 산정에 사용
② 부등률은 항상 1보다 크다.
③ 부등률이 클수록 설비의 이용률이 크므로 유리

3) 부하율

공급 설비가 어느 정도 유효하게 사용되는가를 나타내며 부하율이 클수록 공급 설비가 유효하게 사용된다.

$$\text{부하율} = \frac{\text{평균 수용 전력}\,[\text{kW}]}{\text{합성 최대 수용 전력}\,[\text{kW}]}\times 100[\%]$$

17. 변압기 효율 및 시험

(1) 변압기의 효율

$$\eta = \frac{\text{출력}}{\text{출력} + \text{손실}} \times 100$$
$$= \frac{\text{출력}}{\text{출력} + \text{철손} + \text{동손}} \times 100[\%]$$
$$= \frac{V_2 I_2 \cos\theta_2}{V_2 I_2 \cos\theta_2 + P_i + I^2 r} \times 100[\%]$$

(2) 변압기 최대 효율 조건

변압기의 최대 효율은 "철손 = 동손"일 때 발생한다.

1) 전부하시 최대 효율 조건

$P_i = P_c$

2) 부하율 m으로 운전시 최대 효율 조건

$$P_i = m^2 P_c$$

여기서, P_i : 철손, P_c : 동손, m : 부하율

(3) 변압기 효율이 저하하는 경우

① 부하 역률이 저하되는 경우

② 경부하 운전 하는 경우

③ 부하 변동이 심한 경우

(4) 대용량 변압기의 보호 장치

① 유온계

② 충격압력 계전기

③ 브흐홀쯔 계전기

④ 비율차동 계전기

⑤ 방압장치

(5) 변압기 절연 내력 시험

1) 회로도

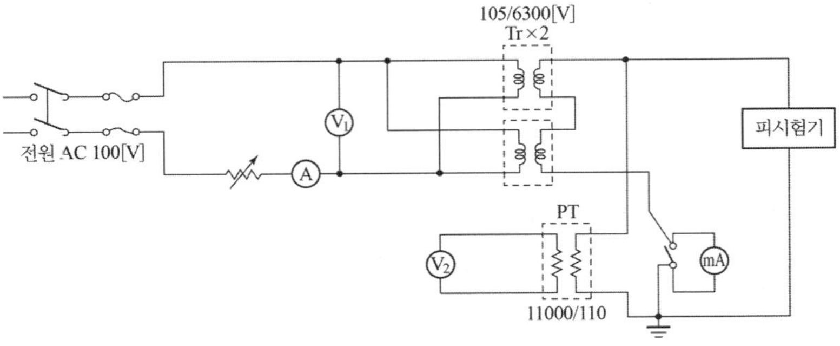

2) 절연내력(7[kV] 이하인 경우)

최대 사용 전압(최대 사용 전압 = 공칭 전압×1.15/1.1)의 1.5배(단, 7[kV] 초과 25[kV] 이하 다중접지의 경우 최대 사용 전압의 0.92배)의 전압에 연속 10분간 견디어야 한다.

$$시험전압 = \left(공칭\ 전압 \times \frac{1.15}{1.1}\right) \times 1.5$$

(단, 7[kV] 초과 25[kV] 이하 다중접지의 경우 0.92)

3) 각 기기의 용도

① Ⓥ1에 인가되는 전압

$$V_1 = \frac{1}{2} \times 시험\ 전압 \times \frac{n_1}{n_2}$$

② Ⓥ2 에 인가되는 전압

$$V_2 = 시험\ 전압 \times \frac{1}{PT비}$$

③ mA 전류계

절연 내력 시험시 피시험 기기의 누설 전류를 측정하여 절연 강도를 판정

④ PT의 설치 목적

피시험 기기에 인가되는 절연 내력 시험 전압 측정

18. 변압기 결선

(1) △-△ 결선

1) 결선도

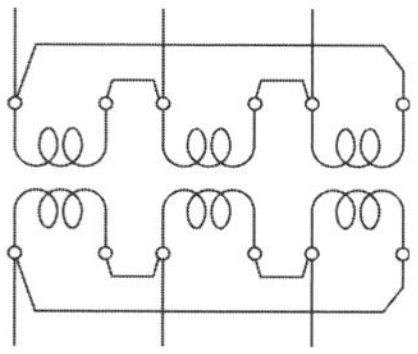

2) 전압, 전류

① 선간 전압(V_l), 상전압(V_p)

선간 전압과 상전압은 크기가 같고 동상이 된다.

$$V_l = V_p \angle 0°$$

② 선전류(I_l), 상전류(I_p)

선전류는 상전류에 비해 크기가 $\sqrt{3}$ 배이고 위상은 30° 뒤진다.

$$I_l = \sqrt{3}\, I_p \angle -30°$$

3) 장·단점

① 장점

㉮ 제3고조파 전류가 △결선 내를 순환하므로 정현파 교류 전압을 유기하여 기전력의 파형이 왜곡되지 않는다.

㉯ 1상분이 고장이 나면 나머지 2대로써 V결선 운전이 가능하다.

㉰ 각 변압기의 상전류가 선전류의 $1/\sqrt{3}$ 이 되어 대전류에 적당하다.

② 단점

㉮ 중성점을 접지할 수 없으므로 지락 사고의 검출이 곤란하다.

㉯ 권수비가 다른 변압기를 결선 하면 순환 전류가 흐른다.

㉰ 각 상의 임피던스가 다를 경우 3상 부하가 평형이 되어도 변압기의 부하 전류는 불평형이 된다.

(2) Y-Y 결선

1) 결선도

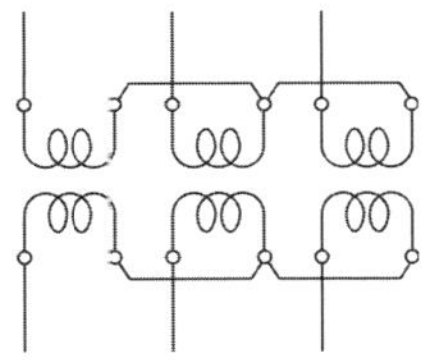

2) 전압, 전류

① 선간 전압(V_l), 상전압(V_p)

선간 전압은 상전압에 비해 크기가 $\sqrt{3}$ 배이고 위상은 30° 앞선다.

$$V_l = \sqrt{3}\, V_p \angle 30°$$

② 선전류(I_l), 상전류(I_p)

선전류는 상전류와 크기가 같고 위상이 동상이 된다.

$$I_l = I_p \angle 0°$$

3) 장·단점

① 장점

㉮ 1차 전압, 2차 전압 사이에 위상차가 없다.

㉯ 1차, 2차 모두 중성점을 접지할 수 있으며 고압의 경우 이상 전압을 감소시킬 수 있다.

㉰ 상전압이 선간 전압의 $1/\sqrt{3}$ 배이므로 절연이 용이하여 고전압에 유리하다.

② 단점

㉮ 제3고조파 전류의 통로가 없으므로 기전력의 파형이 제3고조파를 포함한 왜형파가 된다.

㉯ 중성점을 접지하면 제3고조파 전류가 흘러 통신선에 유도 장해를 일으킨다.

㉰ 부하의 불평형에 의하여 중성점 전위가 변동하여 3상 전압이 불평형을 일으키므로 송·배전 계통에 거의 사용하지 않는다.

※ Y－Y－△의 3권선 변압기에서 3권선의 용도는
① 제3고조파 제거
② 조상 설비 설치
③ 소내 전력 공급용으로 쓰인다.

(3) Y-△, △-Y 결선

1) 결선도 (△ - Y)

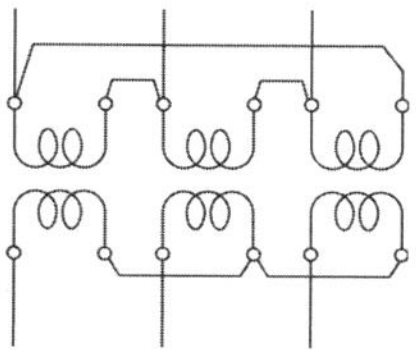

2) 장·단점

① 장점

㉮ 한 쪽 Y결선의 중성점을 접지 할 수 있다.

㉯ Y결선의 상전압은 선간 전압의 $1/\sqrt{3}$ 이므로 절연이 용이하다.

㉰ 1, 2차 중에 △결선이 있어 제3고조파의 장해가 적고, 기전력의 파형이 왜곡되지 않는다.

㉱ Y - △ 결선은 강압용으로, △ - Y 결선은 승압용으로 사용할 수 있어서 송전계통에 융통성 있게 사용된다.

② 단점

㉮ 1, 2차 선간전압 사이에 30°의 위상차가 있다.

㉯ 1상에 고장이 생기면 전원 공급이 불가능해진다.

㉰ 중성점 접지로 인한 유도 장해를 초래한다.

(4) V-V 결선

1) 결선도

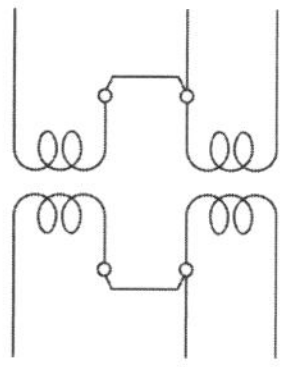

출력 $P_V = \sqrt{3}\,P_1$

여기서, P_V : V결선시의 출력

P_1 : 단상 변압기 1대의 용량

2) 장·단점

① 장점

㉮ △ - △ 결선에서 1대의 변압기 고장시 2대만으로도 3상 부하에 전력을 공급할 수 있다.

㉯ 설치 방법이 간단하고, 소용량이면 가격이 저렴하므로 3상 부하에 널리 이용된다.

② 단점

㉮ 설비의 이용률이 86.6 [%]로 저하된다.

㉯ △결선에 비해 출력이 57.7 [%]로 저하된다.

㉰ 부하의 상태에 따라서, 2차 단자 전압이 불평형이 될 수 있다.

19. 변압기 병렬 운전

(1) 단상 변압기 병렬 운전 조건

1) 각 변압기의 극성이 같을 것

극성이 같지 않을 경우 2차 권선의 순환 회로에 2차 기전력의 합이 가해지고 권선의 임피던스는 작으므로 큰 순환 전류가 흘러 권선을 소손시킨다.

2) 각 변압기의 권수비 및 1차, 2차 정격 전압이 같을 것

2차 기전력의 크기가 다르면 순환 전류가 흘러 권선을 과열시킨다.

3) 각 변압기의 %임피던스 강하가 같을 것

%임피던스 강하가 다르면 부하 분담이 각 변압기의 용량의 비가 되지 않아 부하 분담의 균형을 이룰 수 없다.

4) 각 변압기의 저항과 누설 리액턴스 비가 같을 것

변압기간의 저항과 누설 리액턴스 비가 다르면 각 변압기의 전류간에 위상차가 생기기 때문에 동손이 증가한다.

(2) 3상 변압기 병렬 운전 조건

3상 변압기의 병렬 운전 조건은 단상 변압기의 병렬 운전 조건 이외의 다음 조건을 만족해야 한다.

① 상회전 방향이 같을 것

② 위상 변위가 같을 것

(3) 3상 변압기 병렬 운전의 결선 조합

병렬 운전 가능	병렬 운전 불가능
△-△ 와 △-△	△-△ 와 △-Y
Y-△ 와 Y-△	△-Y 와 Y-Y
Y-Y 와 Y-Y	
△-Y 와 △-Y	
△-△ 와 Y-Y	
△-Y 와 Y-△	
V-V 와 V-V	

(4) 변압기 공사 시공흐름도

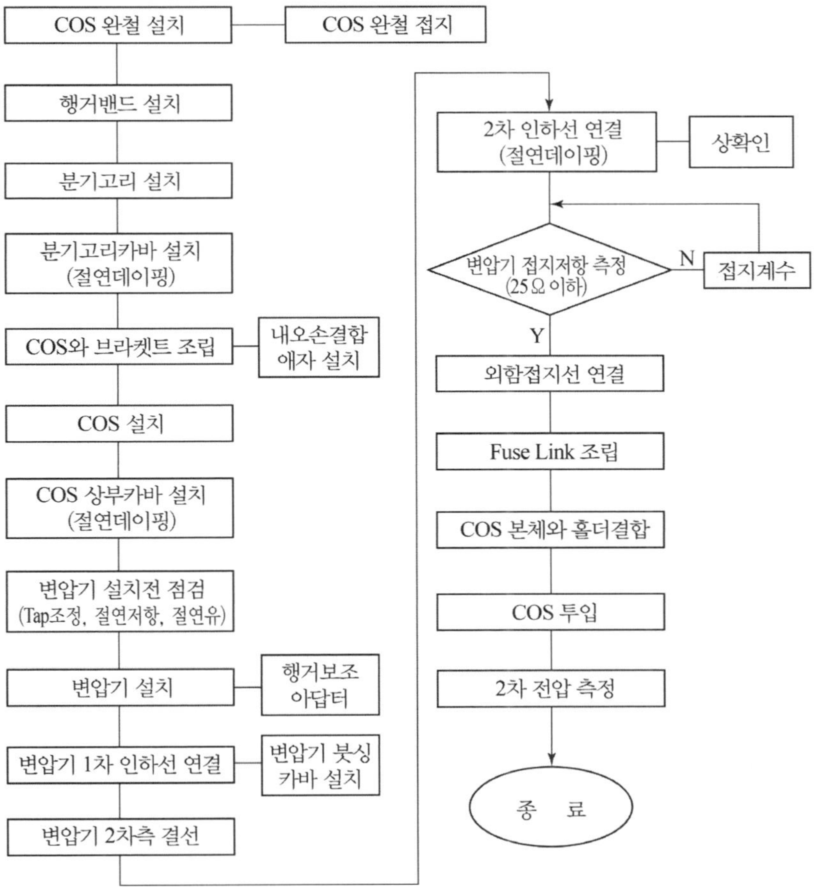

(5) 주상변압기 설치 전·후 점검사항

1) 주상변압기 설치 전 점검사항
   ① 절연저항 측정
   ② 절연유 상태(유량, 누유 상태)
   ③ 외관 상태(부싱의 손상유무), 핸드홀 커버 조임 상태
   ④ Tap changer의 위치(1차와 2차의 전압비)
   ⑤ 변압기 명판 확인

2) 주상변압기 설치 후 점검사항
   ① 2차 전압 측정
   ② 상측정
   ③ 변압기 이상유무 확인
   ④ 점검 및 측정결과 기록

(6) 유입변압기의 주요보수 점검사항

① 외관점검 : 절연유의 온도, 이상 소음, 냄새 및 누유여부 점검
② 절연유의 점검 : 절연유의 양 및 절연유의 절연파괴전압, 산가 및 고유저항 측정
③ 접속부위 열화 및 접속 상태 점검
④ 취부품 상태 점검 : 온도계, 유면계 및 흡습 호흡기 등의 상태 점검
⑤ 권선의 절연저항 측정

20. 역률 개선

(1) 역률

피상 전력에 대한 유효 전력의 비를 말하며 전압과 전류 사이의 위상차의 정현값과 같다.

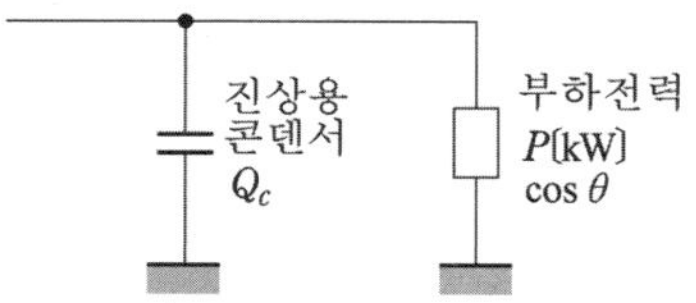

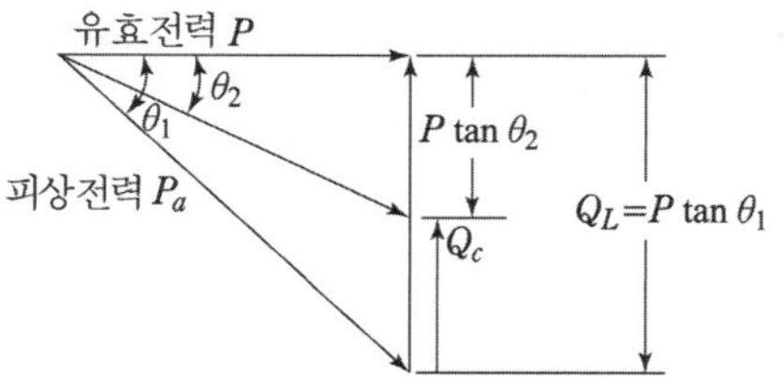

$$
\begin{aligned}
\text{콘덴서 용량 } Q_c &= P\tan\theta_1 - P\tan\theta_2 = P(\tan\theta_1 - \tan\theta_2) \\
&= P\left(\frac{\sin\theta_1}{\cos\theta_1} - \frac{\sin\theta_2}{\cos\theta_2}\right) \\
&= P\left(\frac{\sqrt{1-\cos\theta_1^2}}{\cos\theta_1} - \frac{\sqrt{1-\cos\theta_2^2}}{\cos\theta_2}\right)
\end{aligned}
$$

여기서, $\cos\theta_1$: 개선 전 역률

$\cos\theta_2$: 개선 후 역률

(2) 역률 개선의 효과

① 변압기와 배전선의 전력 손실 경감

② 전압 강하의 감소

③ 설비 용량의 여유 증가

④ 전기 요금의 감소

(3) 콘덴서 회로의 부속기기

1) 방전 코일 (DC : Discharge Coil)

① 콘덴서에 축적된 잔류 전하를 방전하여 감전 사고 방지

② 선로에 재투입시 콘덴서에 걸리는 과전압 방지

2) 직렬 리액터 (SR : Series Reactor)

제5고조파로부터 전력용 콘덴서 보호 및 파형 개선의 목적으로 사용된다. 직렬 리액터의 용량은 다음과 같다.

① 이론적 : 콘덴서 용량 ×4 [%]

② 실제상 : 콘덴서 용량 ×6 [%]

(4) 콘덴서 설비의 주요 사고 원인

① 콘덴서 설비의 모선 단락 및 지락

② 콘덴서 소체 파괴 및 층간 절연 파괴

③ 콘덴서 설비내의 배선 단락

(5) 역률 과보상시 발생하는 현상

① 역률의 저하 및 손실의 증가

② 단자 전압 상승

③ 계전기 오동작

(6) 콘덴서 군

① 300 [kVA] 이하 : 1군

② 300 [kVA] 초과 600 [kVA] 이하 : 2군

③ 600 [kVA] 초과 : 3군

21. 예비 전원 설비

(1) 자가 발전 설비

1) 자가 발전 설비의 출력 결정

① 단순 부하의 경우 (전부하 정상 운전시의 소요 입력에 의한 용량)

$$발전기의\ 출력\ P = \frac{\sum W_L \times L}{\cos\theta} [\text{kVA}]$$

여기서, $\sum W_L$: 부하 입력 총계

L : 부하 수용률 (비상용일 경우 1.0)

$\cos\theta$: 발전기의 역률 (통상 0.8)

② 기동용량이 큰 부하가 있을 경우 (전동기 시동에 대처하는 용량)

자가 발전 설비에서 전동기를 기동할 때에는 큰 부하가 발전기에 갑자기 걸리게 되므로 발전기의 단자전압이 순간적으로 저하하여 개폐기의 개방 또는 엔진의 정지 등이 야기되는 수가 있다. 이런 경우를 방지하기 위한 발전기의 정격 출력 [kVA]은

$$발전기\ 정격\ 출력\ P[\text{kVA}] > \left(\frac{1}{허용\ 전압\ 강하} - 1\right) \times X_d \times 기동[\text{kVA}]$$

여기서, X_d : 발전기의 과도 리액턴스 (보통 25~30 [%])

허용 전압 강하 : 20~30 [%]

③ 단순 부하와 기동 용량이 큰 부하가 있을 경우 (순시 최대 부하에 대한 용량)

$$P > \frac{\sum W_o + \{Q_{Lmax} \times \cos\theta_{GL}\}}{K\cos\theta_G} [\text{kVA}]$$

여기서, $\sum W_o$: 기운전중인 부하의 합계

Q_{Lmax} : 시동 돌입 부하

$\cos\theta_{GL}$: 최대 시동 돌입 부하 시동시 역률

K : 원동기 기관의 과부하 내량

$\cos\theta_G$: 발전기 역률

2) 발전기와 부하 사이에 설치하는 기기

① 과전류 차단기 및 개폐기 : 각 극에 설치

② 전압계 : 각상의 전압을 읽을 수 있도록 설치

③ 전류계 : 각선의 전류(중성선 제외)를 읽을 수 있도록 설치

3) 발전기 병렬 운전 조건

① 기전력의 크기가 같을 것

② 기전력의 주파수가 같을 것

③ 기전력의 위상이 같을 것

④ 기전력의 파형이 같을 것

(2) **무정전 전원 장치**(UPS : Uninterruptible Power Supply)

1) 개요

UPS는 축전지, 정류 장치(Converter)와 역변환 장치(Inverter)로 구성되어 있으며 선로의 정전이나 입력 전원에 이상 상태가 발생하였을 경우에도 정상적으로 전력을 부하측에 공급하는 설비를 UPS라 한다.

2) UPS의 구성도

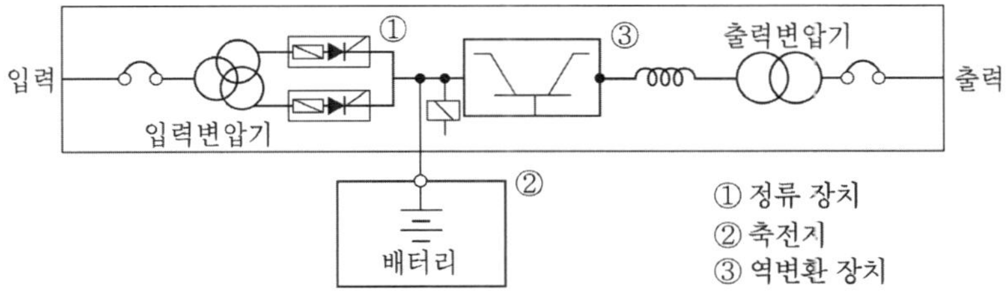

3) 기능

① 정류 장치(Converter) : 교류를 직류로 변환

② 축전지 : 정류 장치에 의해 변환된 직류 전력을 저장

③ 역변환 장치(Inverter) : 직류를 사용 주파수의 교류 전압으로 변환

4) 비상 전원으로 사용되는 UPS의 블록 다이어그램

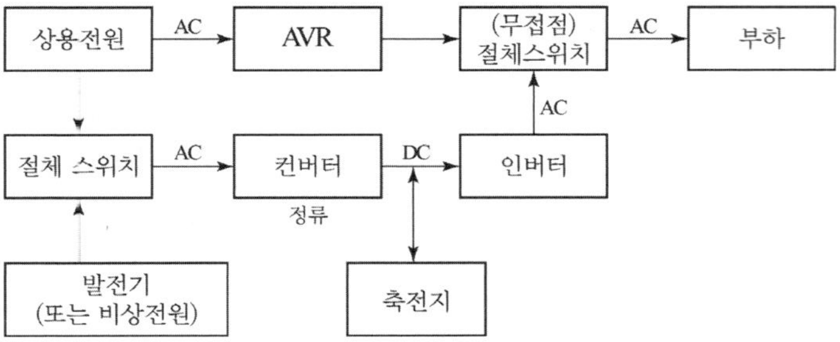

(3) 축전지 설비

1) 축전지설비의 구성요소

① 축전지　② 충전 장치

③ 보안 장치　④ 제어 장치

2) 축전지의 종류

① 연축전지

㉮ 화학 반응식

$$PbO_2 + 2H_2SO_4 + Pb \underset{\text{충전}}{\overset{\text{방전}}{\rightleftarrows}} PbSO_4 + 2H_2O + PbSO_4$$

양극　전해액　음극　양극　전해액　음극

㉯ 특성

- 공칭 전압 : 2.0[V/cell]
- 공칭 용량 : 10시간율[Ah]
- 부동 충전 전압　CS형(클래드식 : 완 방전형) → 2.15[V]
  HS형(페이스트식 : 급 방전형) → 2.18[V]
- 방전 종료 전압 : 1.8[V]

② 알칼리 축전지

㉮ 화학 반응식

$$2NiOOH + 2H_2O + Cd \underset{\text{충전}}{\overset{\text{방전}}{\rightleftarrows}} 2Ni(OH)_2 + Cd(OH)_2$$

양극　음극　양극　음극

㉯ 특성

- 공칭 전압 : 1.2 [V/cell]
- 공칭 용량 : 5 시간율 [Ah]

3) 알칼리 축전지의 특성

① 장점

㉮ 수명이 길다 (납 축전지의 3~4배)

㉯ 진동과 충격에 강하다.

㉰ 충·방전 특성이 양호하다.

㉱ 방전시 전압 변동이 작다.

㉲ 사용 온도 범위가 넓다.

② 단점

㉮ 납축전지보다 공칭 전압이 낮다.

㉯ 가격이 비싸다.

(4) 충전 방식 및 직류 전원의 접지 유무 판별법

1) 충전 방식

축전지의 충전에는 충전 목적, 시기 등에 따라 사용하기 시작할 때의 초기 충전과 사용중의 충전으로 나눌 수 있다.

① 초기 충전

축전지에 전해액을 넣지 아니한 미충전 상태의 전지에 전해액을 주입하여 처음으로 행하는 충전이다.

② 사용중의 충전

㉮ 보통 충전 : 필요할 때마다 표준 시간율로 소정의 충전을 하는 방식이다.

㉯ 급속 충전 : 비교적 단시간에 보통 전류의 2~3배의 전류로 충전하는 방식이다.

㉰ 부동 충전 : 축전지의 자기 방전을 보충함과 동시에 상용 부하에 대한 전력 공급은 충전기가 부담하도록 하되 충전기가 부담하기 어려운 일시적인 대전류 부하는 축전지로 하여금 부담하게 하는 방식이다.

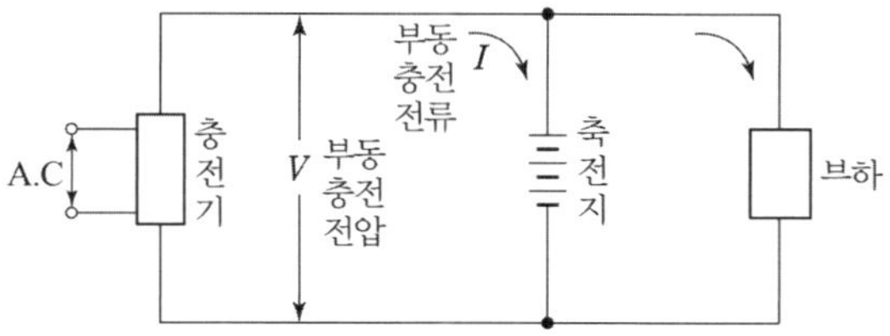

$$충전기\ 2차\ 충전\ 전류\ [A] = \frac{축전지\ 용량\ [Ah]}{정격\ 방전율\ [h]} + \frac{상시\ 부하\ 용량\ [VA]}{표준\ 전압\ [V]}$$

㉱ 세류 충전 : 자기 방전량만을 항시 충전하는 부동 충전 방식의 일종이다.

㉤ 균등 충전 : 부동 충전 방식에 의하여 사용할 때 각 전해조에서 일어나는 전위차를 보정하기 위하여 1～3개월 마다 1회씩 정전압으로 10～12시간 충전하여 각 전해조의 용량을 균일화하기 위한 방식이다.

2) 축전지의 허용 최저 전압

$$V = \frac{V_a + V_e}{n}[\text{V/cell}]$$

여기서, V_a : 부하의 허용 최저 전압

V_e : 축전지와 부하간의 전압 강하

n : 직렬로 접속된 셀 수

3) 직류전원의 접지 유무 판별법

① 회로도

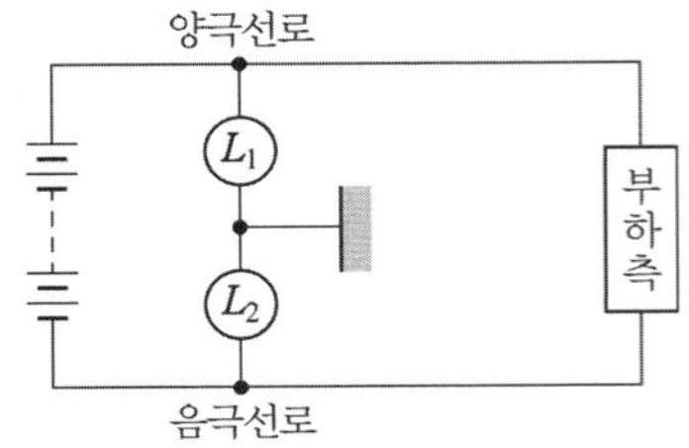

② 접지 판별법

㉮ 양극측 선로 접지

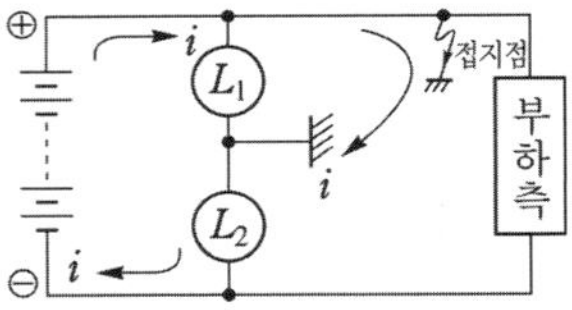

전류 i는 접지점을 통해 흐르므로 (L_1)소등 (L_2)는 밝아진다.
((L_2)에 전전압 인가)

㉯ 음극측 선로 접지

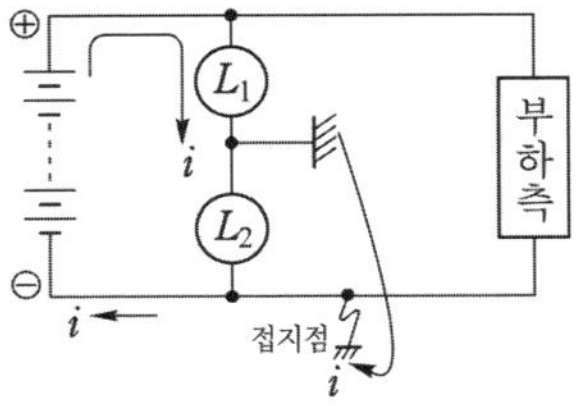

전류 i는 (L_1)을 통해 접지점에 흐르므로 (L_1)은 밝아지고((L_1)에 전전압 인가) (L_2)는 소등된다.

㉰ 양극측과 음극측 모두 접지

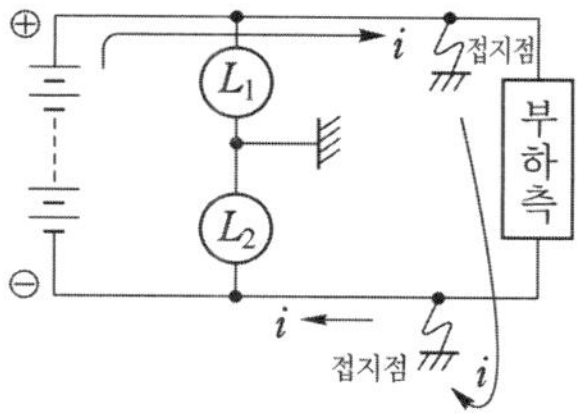

전류 i는 Ⓛ₁, Ⓛ₂을 통하지 않고 접지점을 통해 흐르게 되므로 Ⓛ₁, Ⓛ₂ 모두 소등

(5) 축전지 용량 산출

1) 축전지 용량 산출에 필요한 조건
   ① 부하의 크기와 성질
   ② 예상 정전시간
   ③ 순시 최대 방전전류의 세기
   ④ 제어 케이블에 의한 전압강하
   ⑤ 경년에 의한 용량의 감소
   ⑥ 온도 변화에 의한 용량 보정

2) 시간의 경과와 함께 방전 전류가 증가하는 부하

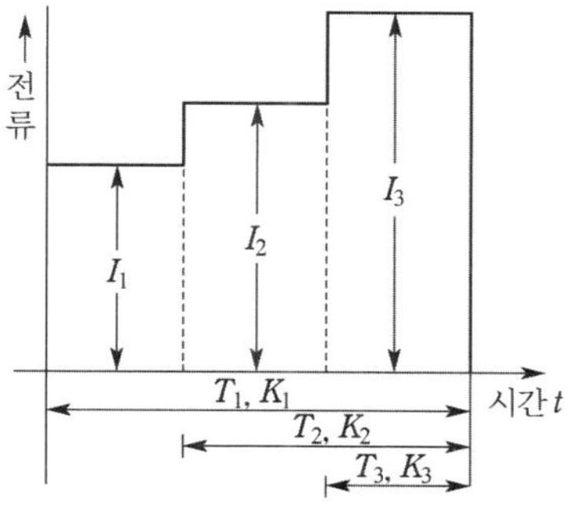

① 계산 방법 : 전구간 일괄 계산
② 축전지 용량

$$C = \frac{1}{L}[K_1 I_1 + K_2(I_2 - I_1) + K_3(I_3 - I_2)]\ [\mathrm{Ah}]$$

여기서, C : 축전지 용량 [Ah]
L : 보수율 (축전지 용량 변화의 보정값)

K : 용량 환산 시간

I : 방전 전류 [A]

3) 시간 경과와 함께 방전전류가 감소하는 부하

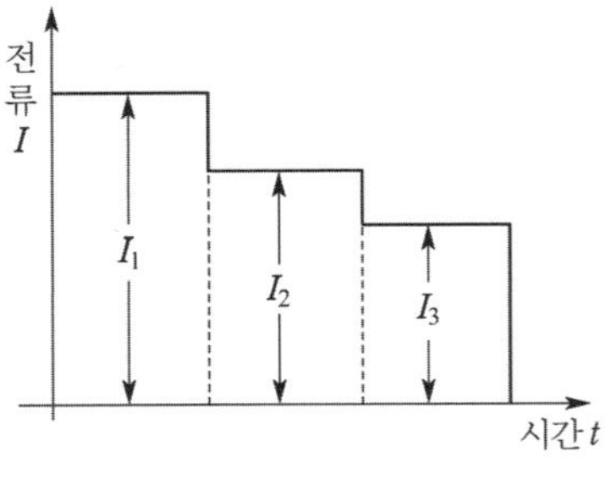

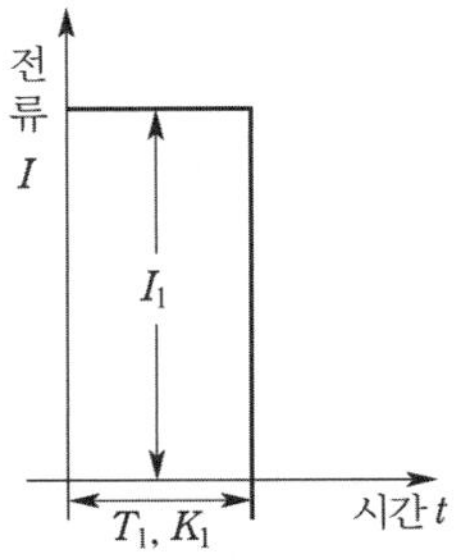

(1) $C_A = \frac{1}{L} K_1 I_1$

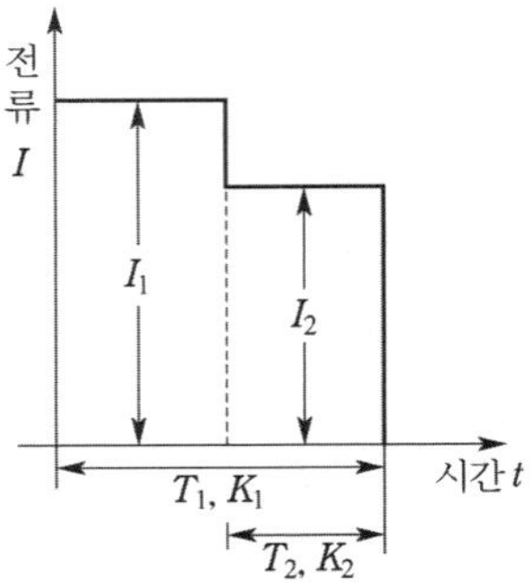

(2) $C_B = \frac{1}{L}[K_1 I_1 + K_2 (I_2 - I_1)]$

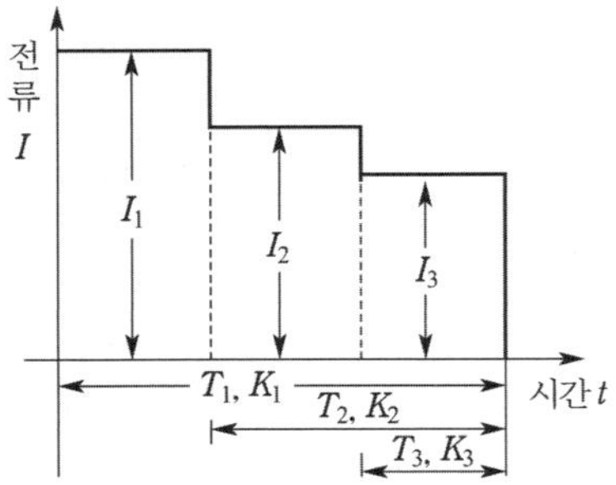

(3) $C_C = \frac{1}{L}[K_1 I_1 + K_2 (I_2 - I_1) + K_3 (I_3 - I_2)]$

① 계산 방법 : 각 구간별로 구분 계산 후 그중 최대의 값을 선정

② 축전지 용량은 각 구간별로 구분 계산한 값 C_A, C_B, C_C 중에서 제일 큰 값 선정
(이때, C_A, C_B, C_C를 구할 때 각각의 K_1값은 서로 다른 값임)

4) 요약

축전지 용량은 축전지 방전 곡선의 면적을 구하는 것과 같다.

① 방전전류가 증가하는 부하

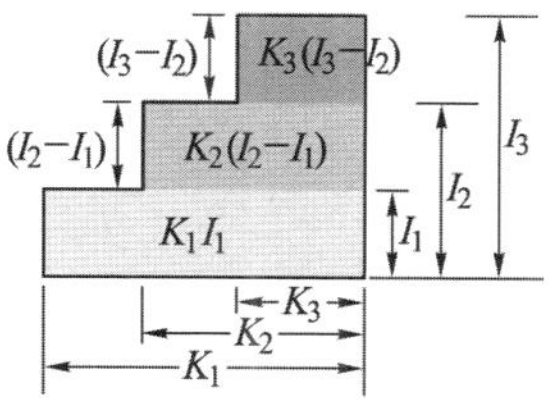

즉, $C = \frac{1}{L}[K_1I_1 + K_2(I_2 - I_1) + K_3(I_3 - I_2)]$

② 방전전류가 감소하는 부하

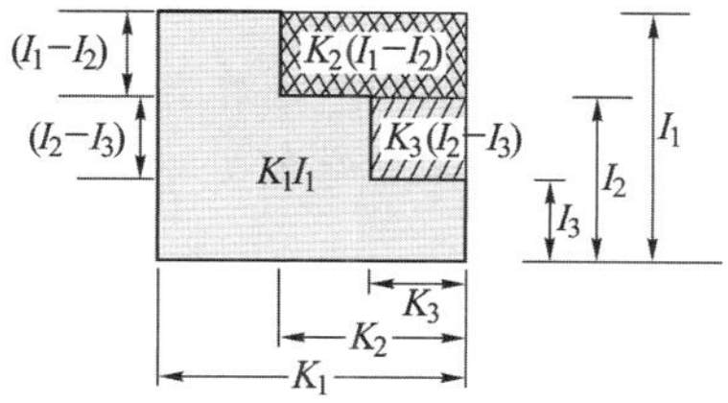

면적은 K_1I_1에서 $K_2(I_1 - I_2)$와 $K_3(I_2 - I_3)$를 빼면되므로

$$C = \frac{1}{L}[K_1I_1 - K_2(I_1 - I_2) - K_3(I_2 - I_3)]$$

$= \frac{1}{L}[K_1I_1 + K_2(I_2 - I_1) + K_3(I_3 - I_2)]$가 된다.

③ K값이 각 구간별로 주어진 경우

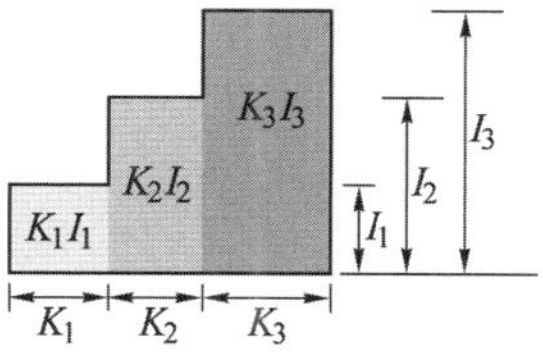

즉, $C = \frac{1}{L}[K_1I_1 + K_2I_2 + K_3I_3]$가 된다.

(6) 축전지 고장의 원인과 현상

1) 설페이션(Sulfation) 현상

납 축전지를 방전 상태에서 오랫동안 방치하여 두면 극판의 황산납이 회백색으로 변하고(황산화 현상) 내부 저항이 대단히 증가하여 충전시 전해액의 온도 상승이 크고 황산의 비중 상승이 낮으며 가스 발생이 심하게 되며 전지의 용량이 감퇴하고 수명이 단축되는 이러한 현상을 설페이션 현상이라 한다.

① 원인

㉮ 방전 상태에서 장시간 방치하는 경우

㉯ 방전 전류가 대단히 큰 경우

㉰ 불충분한 충전을 반복하는 경우

② 현상

㉮ 극판이 회백색으로 변하고 극판이 휘어진다.

㉯ 충전시 전해액의 온도 상승이 크고 비중 상승이 낮으며 가스의 발생이 심하다.

2) 축전지의 용량과 수명

① 축전지의 용량

완전히 충전된 축전지를 일정한 전류로 연속 방전시켜 방전중의 단자전압이 방전 종료전압에 도달할 때까지 축전지에서 나오는 총 전기량을 말한다.

축전지의 용량[Ah] = 방전 전류[A]×방전 시간[h]

② 축전지의 수명

축전지의 용량이 규정 용량의 80～90[%]로 저하될 때까지의 총 방전횟수로 표시한다.

22. 전력의 측정 및 오차

(1) 3전압계법

$$P=\frac{1}{2R}\left(V_3^2-V_1^2-V_2^2\right)[\mathrm{W}]$$

즉, $P=\dfrac{V^2}{R}$의 형태임.

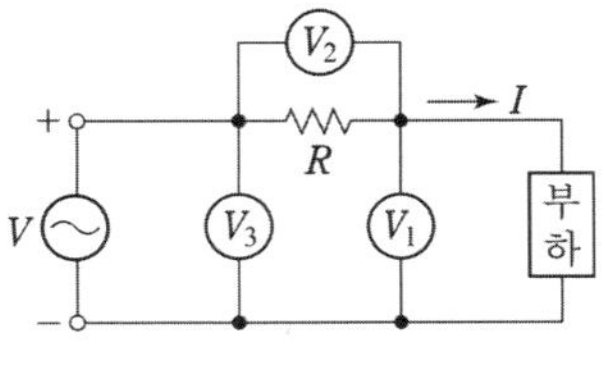

(2) 3전류계법

$$P=\frac{R}{2}\left(A_3^2-A_1^2-A_2^2\right)[\mathrm{W}]$$

즉, $P=I^2R$의 형태임.

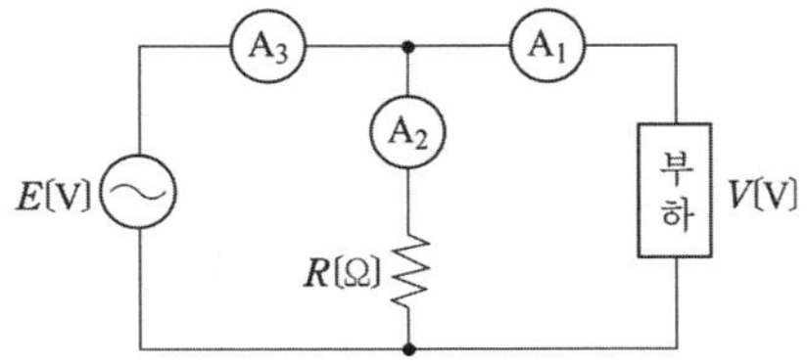

(3) 2전력계법

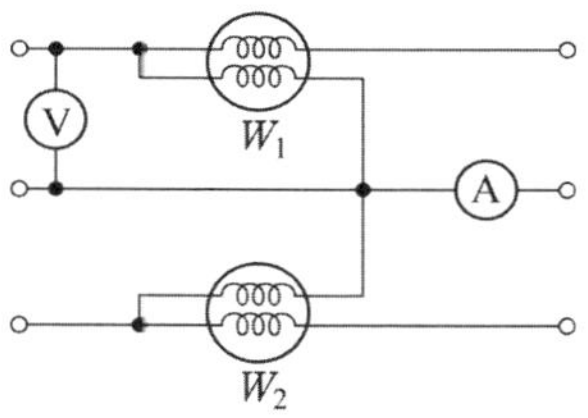

① 유효 전력 : $P = W_1 + W_2$ [W]

② 무효 전력 : $P_r = \sqrt{3}(W_1 - W_2)$ [VAR]

③ 피상 전력 : $P_a = 2\sqrt{W_1^2 + W_2^2 - W_1 W_2}$ [VA]

$P_a = \sqrt{3}\, VI$ [VA]

④ 역률 : $\cos\theta = \dfrac{W_1 + W_2}{2\sqrt{W_1^2 + W_2^2 - W_1 W_2}} = \dfrac{W_1 + W_2}{\sqrt{3}\, VI}$

(4) 적산전력계의 측정값

$$P = \frac{3600 \cdot n}{t \cdot k} \times \text{CT 비} \times \text{PT 비} \; [\text{kW}]$$

여기서, n : 회전수 [회], t : 시간 [sec], k : 계기정수 [rev/kWh]

(5) 오차

$$\epsilon = \frac{M - T}{T} \times 100 \; [\%]$$

여기서, M : 측정값, T : 참값

(6) 적산전력계의 구비 조건

① 내부 손실이 적을 것

② 온도나 주파수 변화에 보상이 되도록 할 것

③ 기계적 강도가 클 것

④ 부하 특성이 좋을 것

⑤ 과부하 내량이 클 것

(7) 적산전력계의 잠동

1) 잠동 현상

무부하 상태에서 정격 주파수 및 정격 전압의 110[%]를 인가하여 계기의 원판이 1 회전 이상 회전하는 현상

2) 방지 대책

① 원판에 작은 구멍을 뚫는다.

② 원판에 소철편을 붙인다.

(8) 계기의 급수

종 류	오차 계급
대형 부 표준기	0.2
휴대용 계기 (정밀급)	0.5
소형 휴대용계기(정밀측정)	1.0
배전반용 계기(공업용 보통 측정)	1.5
배전반용(소형계기)	2.5

(9) 적산전력계의 결선 (단독계기)

1) 단상 2선식

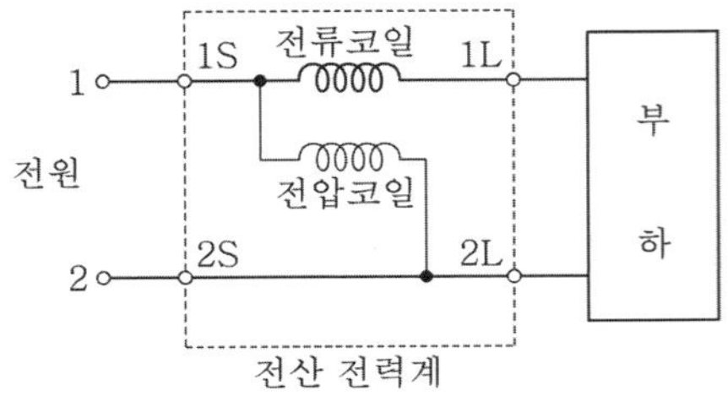

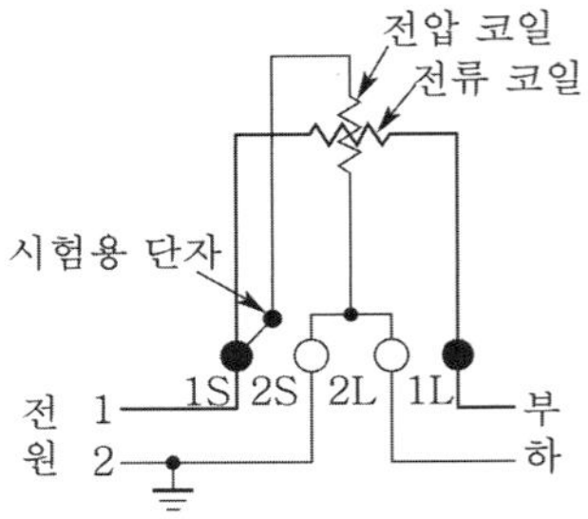

2) 3상 3선식 (1,2,3은 상순 표시), 단상 3선식(2는 중성선 표시)

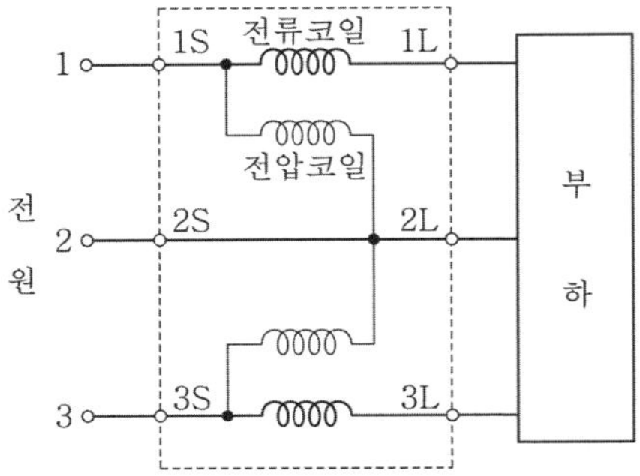

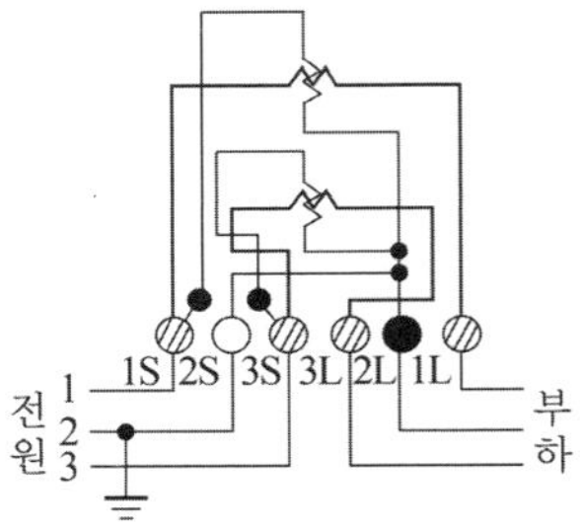

3) 3상 4선식 (1,2,3은 상순, 0은 중성선)

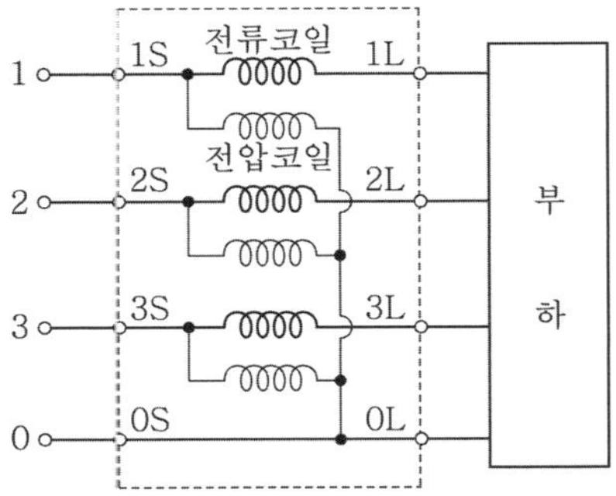

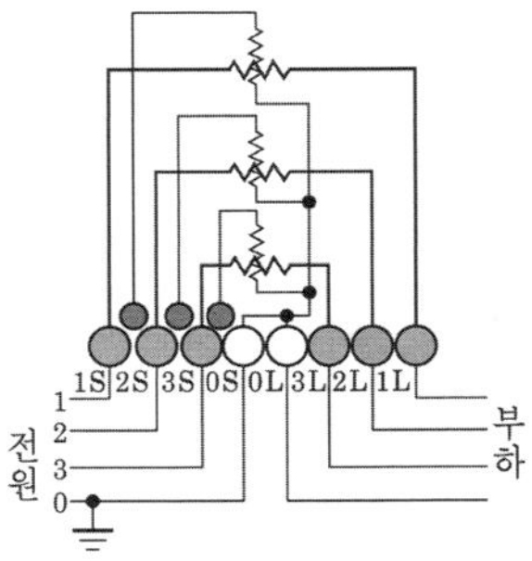

(10) 적산전력계 결선(변성기 사용)

상선	변류기 부속	계기용 변압기 및 변류기 부속
단상 2선식	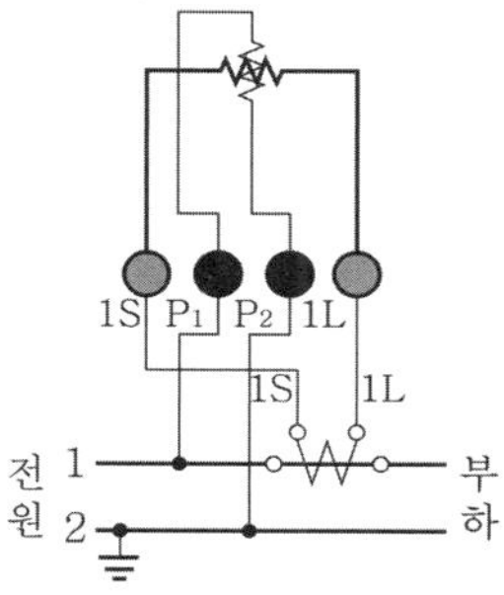	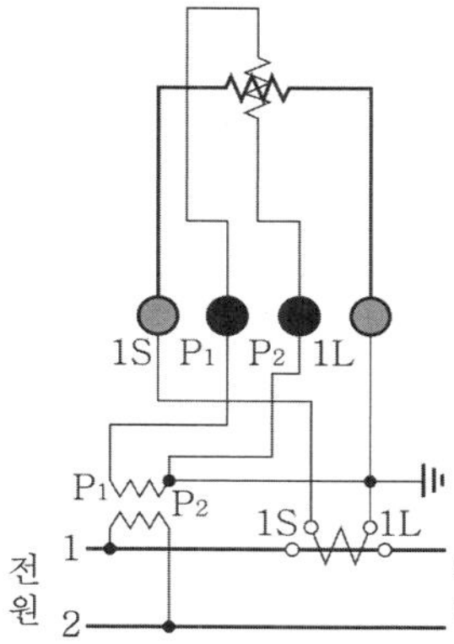
3상 3선식 단상 3선식	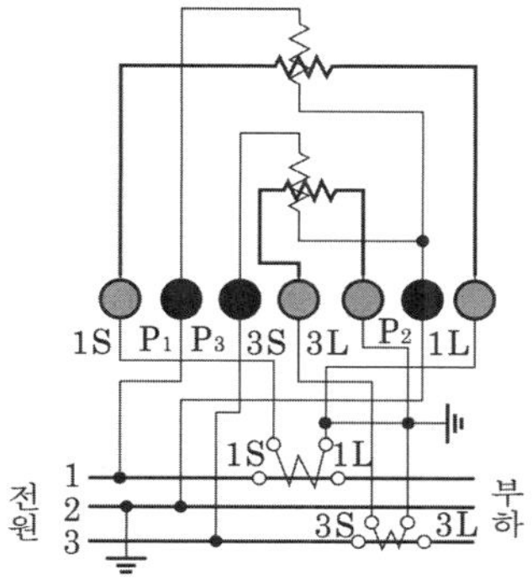	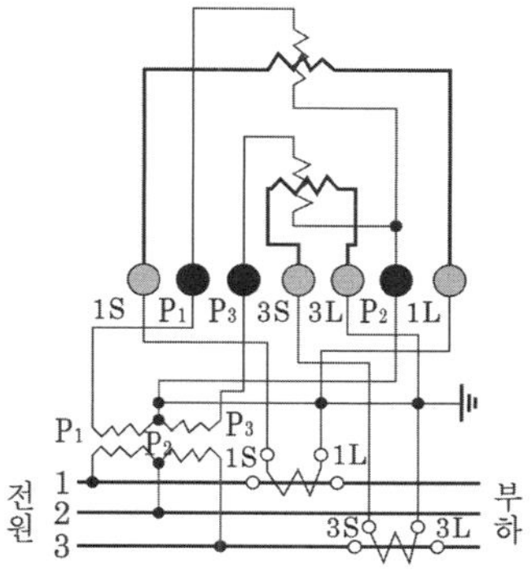
3상 4선식	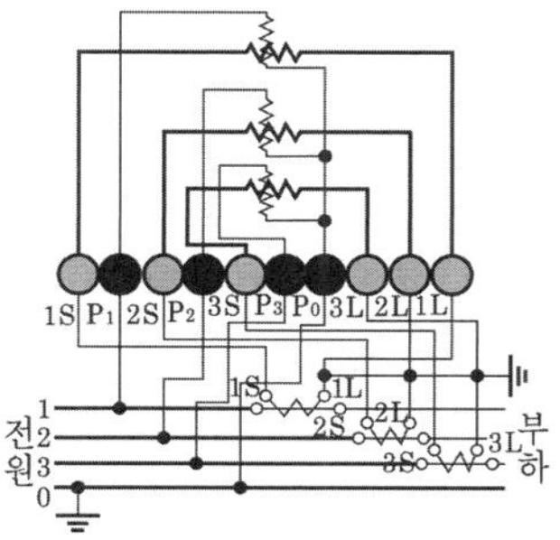	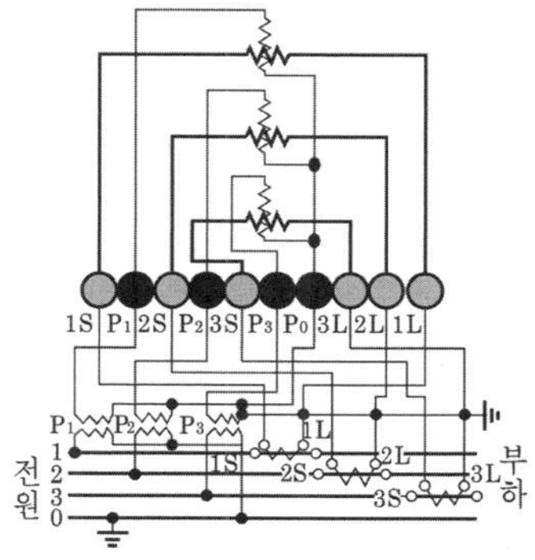

23. 저항 및 접지저항 측정법

(1) 저항측정

1) 저 저항 측정(1[Ω] 이하)
   켈빈더블 브리지법 : $10^{-5} \sim 1[\Omega]$ 정도의 저 저항 정밀 측정에 사용된다.

2) 중 저항 측정 (1[Ω]~10[kΩ] 정도)
   ① 전압 강하법의 전압 전류계법 : 백열 전구의 필라멘트 저항 측정 등에 사용된다.
   ② 휘트스톤 브리지법

3) 특수 저항 측정
   ① 검류계의 내부 저항 : 휘트스톤 브리지법
   ② 전해액의 저항 : 콜라우시 브리지법
   ③ 접지 저항 : 콜라우시 브리지법

(2) 콜라우시 브리지법에 의한 접지 저항 측정

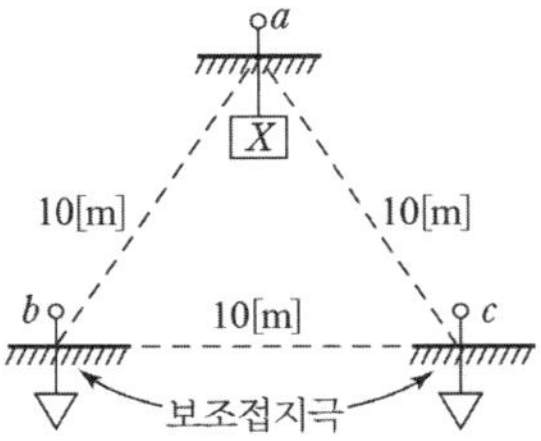

$$R_a + R_b = R_{ab} \text{ ---------------- ①}$$
$$R_b + R_c = R_{bc} \text{ ---------------- ②}$$
$$R_c + R_a = R_{ca} \text{ ---------------- ③}$$

① + ② + ③

$$2(R_a + R_b + R_c) = R_{ab} + R_{bc} + R_{ca}$$
$$2(R_a + R_{bc}) = R_{ab} + R_{bc} + R_{ca}$$
$$R_a = \frac{1}{2}(R_{ab} + R_{ca} - R_{bc})\ [\Omega]$$

여기서, R_{ab} : 본 접지극 a와 보조 접지극 b 사이의 저항
R_{bc} : 보조 접지극 bc 상호간의 저항
R_{ca} : 본 접지극 a와 보조 접지극 c 사이의 저항

24. 부하의 상정 및 분기 회로

(1) 표준 부하

1) 건축물의 종류에 따른 표준 부하

건축물의 종류	표준 부하 [VA/m^2]
공장, 공회당, 사원, 교회, 극장, 영화관, 연회장 등	10
기숙사, 여관, 호텔, 병원, 학교, 음식점, 다방, 대중 목욕탕	20
사무실, 은행, 상점, 이발소, 미장원	30
주택, 아파트	40

2) 건축물 중 별도 계산할 부분의 표준부하 (주택, 아파트는 제외)

건축물의 부분	표준부하 [VA/m^2]
복도, 계단, 세면장, 창고, 다락	5
강당, 관람석	1C

3) 표준부하에 따라 산출한 수치에 가산하여야 할 [VA]수

① 주택, 아파트(1세대 마다)에 대하여는 500～1000[VA]
② 상점의 진열창에 대하여는 진열창 폭 1[m]에 대하여 30C[VA]
③ 옥외의 광고등, 전광사인, 네온사인등의 [VA]수

(2) 부하의 상정

$$부하\ 설비\ 용량 = PA + QB + C$$

여기서, P : 건축물의 바닥 면적 [m^2] (Q 부분 면적 제외)
Q : 별도 계산할 부분의 바닥면적 [m^2]
A : P 부분의 표준부하 [VA/m^2]
B : Q 부분의 표준부하 [VA/m^2]
C : 가산해야 할 부하 [VA]

(3) 분기 회로수

$$분기\ 회로수 = \frac{표준\ 부하\ 밀도\ [VA/m^2] \times 바닥\ 면적\ [m^2]}{전압\ [V] \times 분기\ 회로의\ 전류\ [A]}$$

[주1] 계산결과에 소수가 발생하면 절상한다.
[주2] • 최대상정부하 = 바닥면적×표준부하 + 룸에어콘 + 가산부하
• 분기회로수 산정시 소수가 발생되면 무조건 절상하여 산출한다.

• 220[V]에서 3[kW] (110[V]때는 1.5[kW]) 이상인 냉방기기, 취사용 기기 등 대형 전기 기계 기구를 사용하는 경우에는 단독분기회로를 사용하여야 한다.

25. 과전류에 대한 보호

(1) 과부하 전류에 대한 보호

1) 도체와 과부하 보호장치 사이의 협조

$$I_B \leq I_n \leq I_Z\ ,\quad I_2 \leq 1.45 \times I_Z$$

- I_B : 회로의 설계전류
- I_Z : 케이블의 허용전류
- I_n : 보호장치의 정격전류
- I_2 : 보호장치가 규약시간 이내에 유효하게 동작하는 것을 보장하는 전류
- $1.45 I_Z$ (도체의 과부하 보호점) : 케이블에 허용전류의 1.45배의 전류가 60분간 지속적으로 흐를 때 연속사용온도에 도달하는 지점

[참고] $I_2 \leq 1.45 I_Z$의 요구조건
과부하전류가 도체의 허용전류(I_Z)보다 크고 I_2 미만의 전류가 지속적으로 흐르는 경우에는 도체가 과전류보호장치에 의하여 보호되지 않을 수도 있다. 따라서 과부하전류에 의하여 도체가 장시간에 걸쳐 열적손상에 의한 피해를 방지하기 위하여 가능한 도체의 허용전류 선정은 과부하 차단기 정격전류의 1.25배 이상 되도록 선정하는 것이 바람직하다.

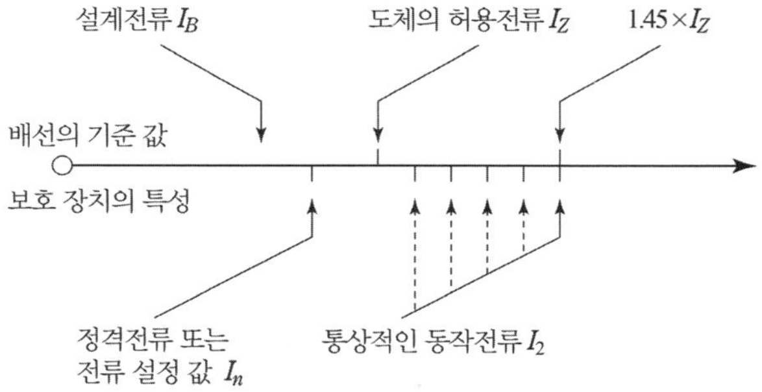

2) 과부하 보호장치의 설치 위치 : 도체의 허용전류 값이 줄어드는 곳에 설치

(2) 단락보호장치의 설치위치

단락전류 보호장치는 분기점(O)에 설치해야 한다.

단, 분기회로의 단락보호장치 설치점(B)과 분기점(O) 사이에 다른 분기회로 또는 콘센트의 접속이 없는 경우

① 단락, 화재 및 인체에 대한 위험이 최소화될 경우 분기 회로의 단락 보호장치 P_2는 분기점(O)으로 부터 3[m]까지 이동하여 설치할 수 있다.

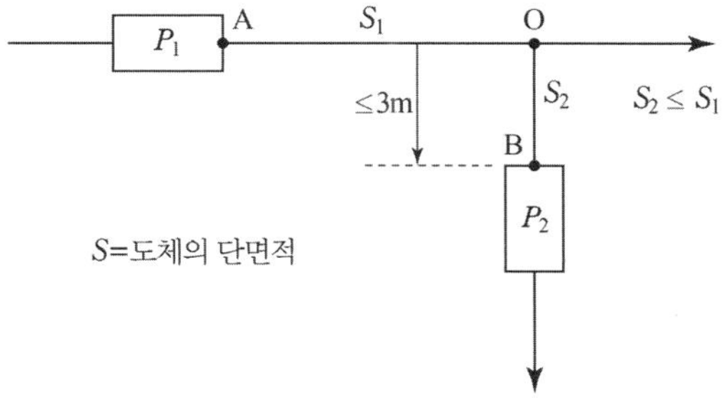

② 분기회로의 시작점(O)과 이 분기회로의 단락보호장치(P_2) 사이에 있는 도체가 전원측에 설치되는 보호장치(P_1)에 의해 단락보호가 되는 경우 P_2의 설치위치는 분기점(O)로부터 거리제한이 없이 설치할 수 있다.

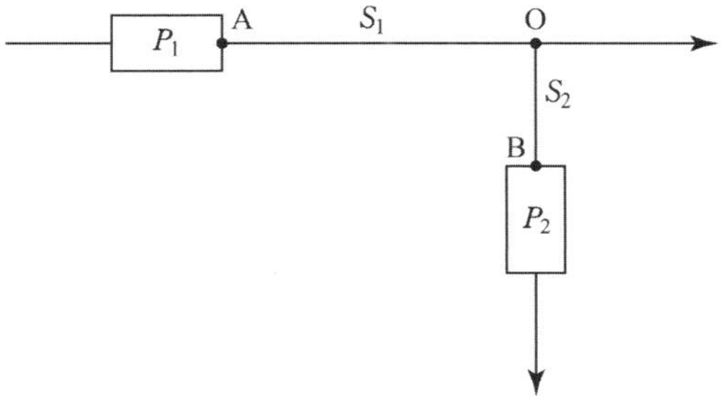

(3) 저압전로 중의 전동기 보호용 과전류보호장치의 시설

옥내에 시설하는 전동기에는 전동기가 손상될 우려가 있는 과전류가 생겼을 때에 자동적으로 이를 저지하거나 이를 경보하는 장치를 하여야 한다. 다만, 다음의 어느 하나에 해당하는 경우에는 그러하지 아니하다.

① 전동기를 운전 중 상시 취급자가 감시할 수 있는 위치에 시설하는 경우

② 전동기의 구조나 부하의 성질로 보아 전동기가 손상될 수 있는 과전류가 생길 우려가 없는 경우

③ 단상전동기로써 그 전원측 전로에 시설하는 과전류 차단기의 정격전류가 16[A](배선용 차단기는 20[A]) 이하인 경우

④ 정격 출력이 0.2[kW] 이하인 것

26. 전압 강하

(1) 허용 전압 강하

수용가설비의 전압강하

설비의 유형	조명 (%)	기타 (%)
A – 저압으로 수전하는 경우	3	5
B – 고압 이상으로 수전하는 경우[a]	6	8

a 가능한 한 최종회로 내의 전압강하가 A 유형의 값을 넘지 않도록 하는 것이 바람직하다. 사용자의 배선설비가 100[m]를 넘는 부분의 전압강하는 미터 당 0.005% 증가할 수 있으나 이러한 증가분은 0.5[%]를 넘지 않아야 한다.

(2) 전압 강하 및 전선의 단면적 계산

[조건]
- 교류의 경우 역률 $\cos\theta = 1$
- 각상 부하 평형
- 전선의 도전율은 97[%]

$$e_1 = IR = I \times \rho \frac{L}{A} = I \times \frac{1}{58} \times \frac{100}{C} \times \frac{L}{A}$$

$$= I \times \frac{1}{58} \times \frac{100}{97} \times \frac{L}{A} = 0.0178 \times \frac{L}{A} = \frac{17.8LI}{1000A}$$

전기 방식	전압 강하		전선 단면적
단상 3선식 직류 3선식 3상 4선식	$e_1 = IR$	$e_1 = \dfrac{17.8LI}{1000A}$	$A = \dfrac{17.8LI}{1000e_1}$
단상 2선식 및 직류 2선식	$e_2 = 2IR = 2e_1$	$e_2 = \dfrac{35.6LI}{1000A}$	$A = \dfrac{35.6LI}{1000e_2}$
3상 3선식	$e_3 = \sqrt{3}IR = \sqrt{3}e_1$	$e_3 = \dfrac{30.8LI}{1000A}$	$A = \dfrac{30.8LI}{1000e_3}$

여기서, A : 전선의 단면적 [mm^2]

e_1 : 외측선 또는 각 상의 1선과 중성선 사이의 전압 강하 [V]

e_2, e_3 : 각 선간의 전압 강하 [V]

L : 전선 1본의 길이 [m]

C : 전선의 도전율(97 [%])

(3) Cable 규격

KSC IEC 규격 단위 [mm^2]

1.5	2.5	4
6	10	16
25	35	50
70	95	120
150	185	240
300	400	500
630		

27. 단상 3선식과 단상 2선식의 비교

(1) 회로도

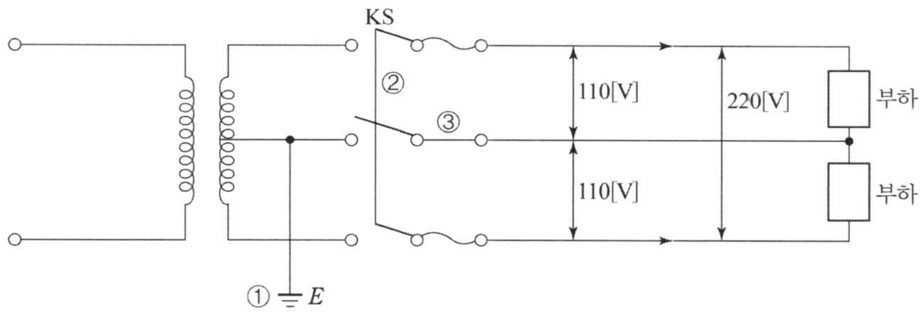

① 변압기 2차측 1단자는 계통접지공사를 한다.

② 2차측 개폐기는 동시 동작형이어야 한다.

③ 중성선에는 퓨즈를 삽입할 수 없다.

(2) 중성선 단선시 부하측 단자 전압

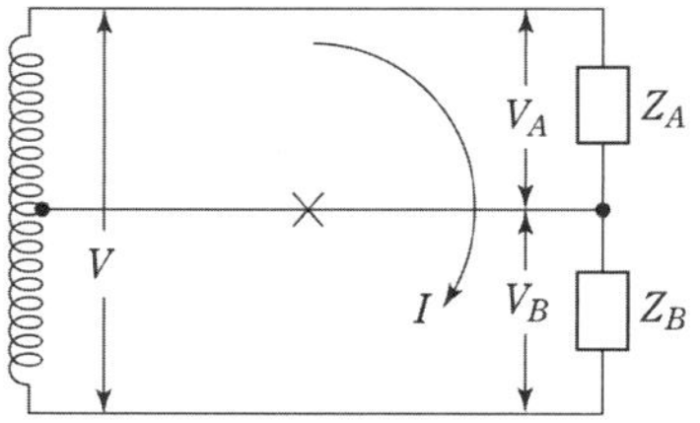

$$I = \frac{V}{Z_A + Z_B}$$

$$V_A = I Z_A = \frac{V}{Z_A + Z_B} Z_A$$

$$V_B = I Z_B = \frac{V}{Z_A + Z_B} Z_B$$

(3) 부하 불평형시 중성선에 흐르는 전류

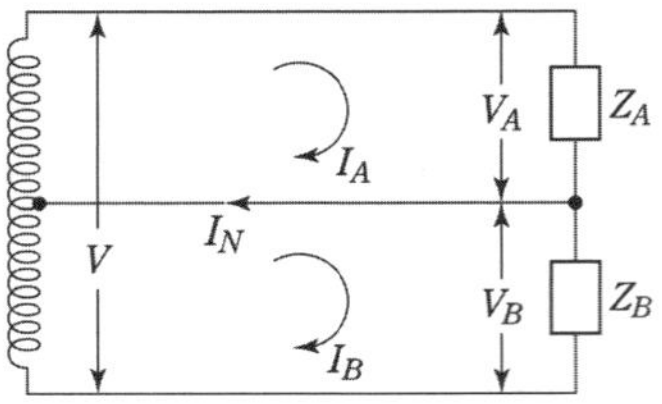

$$\dot{I} = \dot{I}_A - \dot{I}_B$$

※ Z_A 부하와 Z_B 부하의 역률이 서로 다른 경우
중성선에 흐르는 전류는 vector로 계산 즉, 실수부 허수부 구분하여 계산

28. 불평형률

(1) 저압 수전의 단상 3선식

$$\text{설비불평형률} = \frac{\text{중성선과 각 전압측 전선간에 접속되는 부하설비용량 [kVA]의 차}}{\text{총 부하 설비 용량 [kVA]의 1/2}} \times 100[\%]$$

여기서, 불평형률은 40 [%] 이하이어야 한다.

(2) 저압, 고압 및 특별고압 수전의 3상 3선식 또는 3상 4선식

$$\text{설비불평형률} = \frac{\text{각 선간에 접속되는 단상부하 총 부하설비용량[kVA]의 최대와 최소의 차}}{\text{총 부하 설비 용량 [kVA]의 1/3}} \times 100[\%]$$

여기서, 불평형률은 30[%] 이하이어야 한다. 다만, 다음 각 호의 경우에는 이 제한을 따라지 않을 수 있다.

① 저압 수전에서 전용 변압기 등으로 수전하는 경우
② 고압 및 특고압 수전에서 100[kVA]([kW]) 이하의 단상 부하의 경우
③ 고압 및 특고압 수전에서 단상 부하 용량의 최대와 최소의 차가 100 [kVA]([kW]) 이하인 경우
④ 특고압 수전에서 100[kVA]([kW]) 이하의 단상 변압기 2대로 역 V결선하는 경우

※ 설비 불평형률의 계산식에서 부하설비용량의 단위는 반드시 [kVA]의 수치로 계산하여야 한다.

즉, $\frac{[\text{kW}]}{\cos\theta}$ = [kVA]를 적용한다.

29. 접촉 전압의 계산

(1) 대지전압

① 접지식 전로 : 전선과 대지 사이의 전압

② 비접지식 전로 : 전선과 그 전로 중의 임의의 다른 전선 사이의 전압

(2) 지락 사고시 지락 전류 및 접촉 전압

그림과 같이 전동기에서 완전지락 된 경우 지락 전류와 접촉 전압은 다음과 같다.

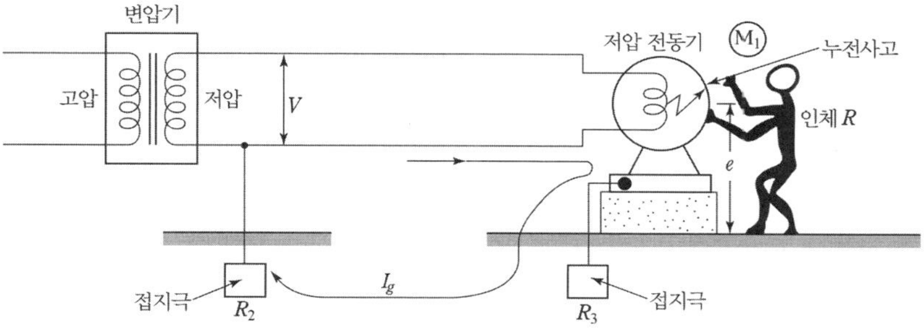

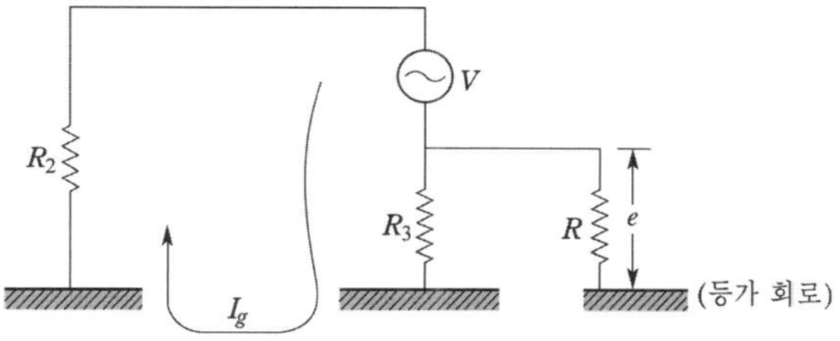

1) 인체 비 접촉시

① 지락 전류 $I_g = \dfrac{V}{R_2 + R_3}$

② 대지 전압 $e = I_g R_3 = \dfrac{V}{R_2 + R_3} R_3$

2) 인체 접촉시

① 인체에 흐르는 전류

$$I = \frac{V}{R_2 + \dfrac{RR_3}{R + R_3}} \times \frac{R_3}{R + R_3} = \frac{R_3}{R_2(R + R_3) + RR_3} \times V$$

② 접촉 전압

$$E_t = IR = \frac{RR_3}{R_2(R+R_3)+RR_3} \times V$$

여기서, E_2 : 계통접지
E_3 : 보호접지
R_2 : 중성점 접지저항
R_3 : 보호접지저항
R : 인체 저항

30. 접지공사

(1) 중성점 접지의 목적

1) 중성점 접지의 목적
① 지락 고장시 건전상의 대지 전위 상승을 억제하여 전선로 및 기기의 절연 레벨을 경감시킨다.
② 뇌, 아크 지락, 기타에 의한 이상 전압의 경감 및 발생을 방지한다.
③ 지락 고장시 접지 계전기의 동작을 확실하게 한다.
④ 소호 리액터 접지 방식에서는 1선 지락시의 아크 지락을 재빨리 소멸시켜 그대로 송전을 계속할 수 있게 한다.

2) 배전용 변전소의 각 종 전기시설물에 대한 접지
① 접지목적
㉮ 감전방지
㉯ 기기의 손상 방지
㉰ 보호 계전기의 확실한 동작
② 접지개소
㉮ 전기기기의 금속제 프레임 또는 외함
㉯ 금속제의 전선관, 덕트 등
㉰ 케이블의 금속피복
㉱ 전로의 중성점 또는 1단자
㉲ 피뢰기의 접지 단자
㉳ 변성기의 2차측 접지단자
㉴ 기타 접지의 목적물

(2) 접지시스템의 구분 및 종류

1) 접지시스템의 분류

① 계통접지

전력계통에서 돌발적으로 발생하는 이상현상에 대비하여 대지와 계통을 연결하는 것으로, 중성점을 대지에 접속하는 것을 말한다.

② 보호접지

고장 시 감전에 대한 보호를 목적으로 기기의 한 점 또는 여러 점을 접지하는 것을 말한다.

③ 피뢰시스템 접지

2) 접지시스템의 시설 종류

① 단독접지

고압, 특고압계통의 접지극과 저압계통의 접지극을 독립적으로 설치하는 것

② 공통접지

등전위가 형성되도록 고압, 특고압계통과 저압접지계통을 공통으로 접지하는 것

③ 통합접지

전기설비 접지계통, 피뢰설비 및 전기통신설비 등의 접지극을 통합하여 접지시스템을 구성하는 것을 말하며, 설비 사이의 전위차를 해소하여 등전위를 형성하는 접지방식으로 서지보호장치를 시설하여야 할 필요가 있다.

(3) 접지시스템의 구성요소 및 요구사항

1) 접지시스템은 접지극, 접지도체, 보호도체 및 기타 설비로 구성된다.

2) 접지극은 접지도체를 사용하여 주 접지단자에 연결하여야 한다.

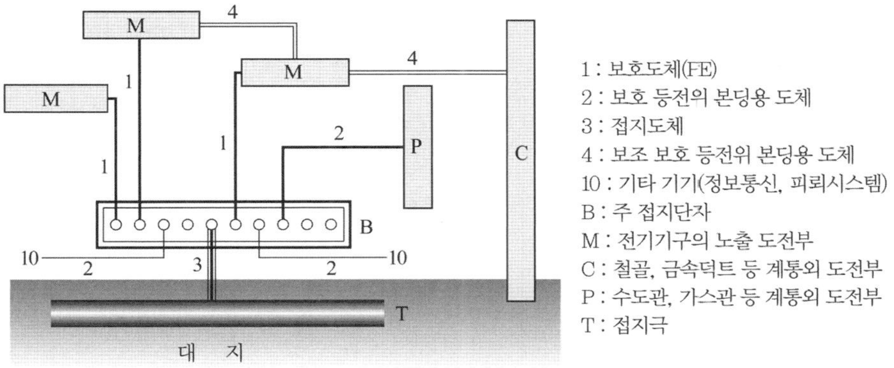

(4) 변압기 중성점 접지저항

접지공사의 종류	접지저항값
변압기 중성점 접지	$R_2 = \dfrac{150}{\text{변압기의 고압측 또는 특고압측의 1선 지락전류}}[\Omega]$ 단, 변압기의 고압·특고압측 전로 또는 사용전압이 35[kV]이하의 특고압전로가 저압측 전로와 혼촉하고 저압전로의 대지전압이 150[V]를 초과하는 경우 저항 값은 다음에 의한다. ① 1초를 초과하고 2초 이내에 차단하는 장치가 있는 경우 $R_2 = \dfrac{300}{\text{변압기의 고압측 또는 특고압측의 1선 지락전류}}[\Omega]$ ② 1초 이내에 차단하는 장치가 있는 경우 $R_2 = \dfrac{600}{\text{변압기의 고압측 또는 특고압측의 1선 지락전류}}[\Omega]$

(5) 케이블 차폐 접지

1) ZCT를 전원측에 설치시 전원측 케이블 차폐의 접지는 ZCT를 관통시켜 접지한다.

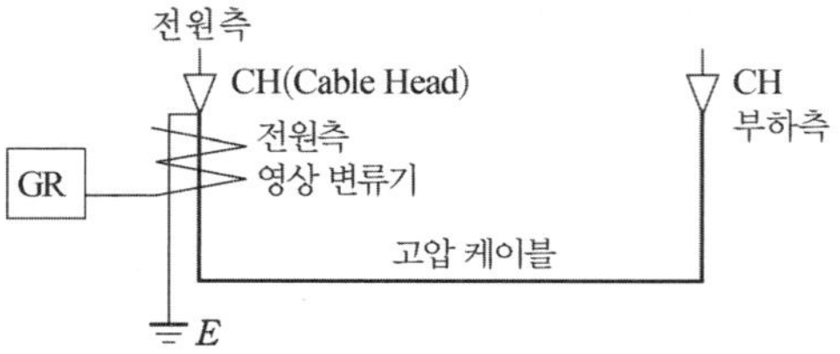

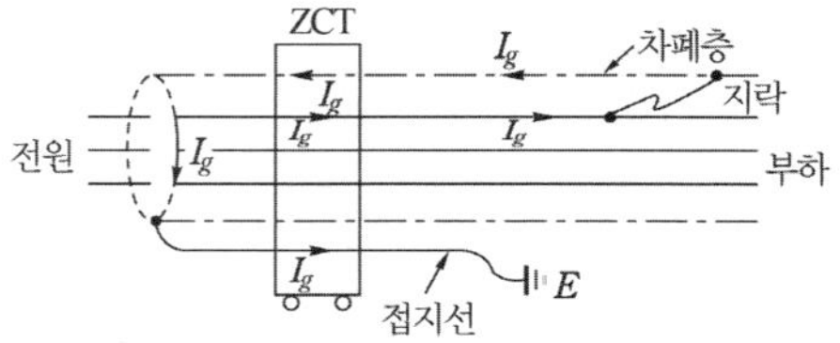

접지선을 ZCT 내로 관통시켜야만 ZCT는 지락전류 I_g를 검출할 수 있다.

$$I_g - I_g + I_g = I_g$$

2) ZCT를 부하측에 설치시 케이블 차폐의 접지는 ZCT를 관통시키지 않고 접지한다.

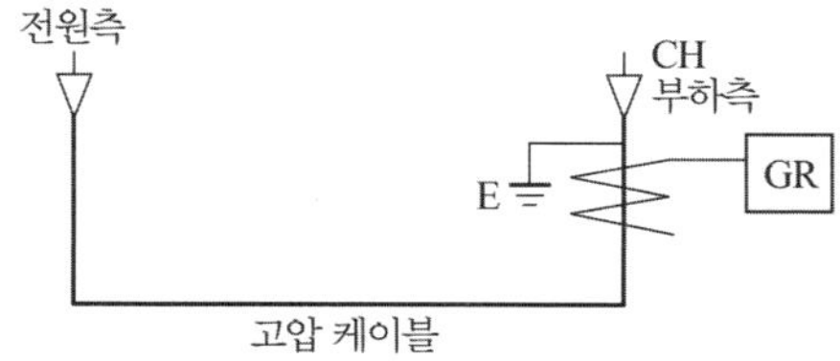

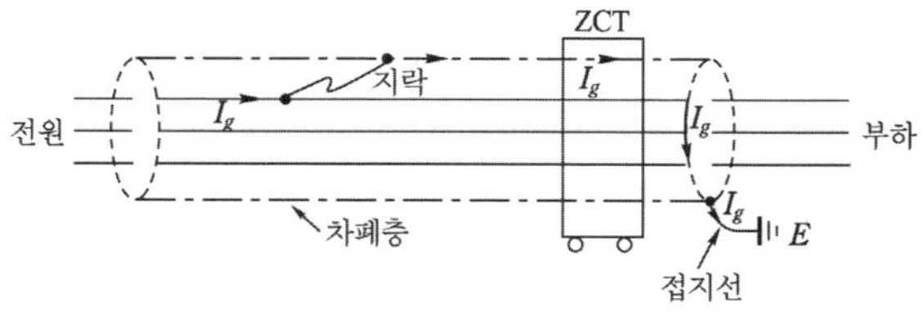

접지선을 ZCT 내로 관통시키지 않아야 지락전류 I_g를 검출할 수 있다.

(6) 접지도체 및 보호도체

1) 접지선의 굵기를 결정하는 3대 요소

① 전류 용량

② 기계적 강도

③ 내식성

2) 보호도체의 최소 단면적

① 보호도체의 최소 단면적은 계산하거나 표에 따라 선정할 수 있다.

선도체의 단면적 S ([mm^2], 구리)	보호도체의 최소 단면적([mm^2], 구리)	
	보호도체의 재질	
	선도체와 같은 경우	선도체와 다른 경우
$S \leq 16$	S	$(k_1/k_2) \times S$
$16 < S \leq 35$	16[a]	$(k_1/k_2) \times 16$
$S > 35$	S [a/2]	$(k_1/k_2) \times (S/2)$

여기서, k_1 : 도체 및 절연의 재질에 따른 선도체에 대한 k 값

k_2 : 선정된 보호도체에 대한 k 값

a : PEN 도체의 최소단면적은 중성선과 동일하게 적용한다

② 차단시간이 5초 이하인 경우에만 다음 계산식을 적용한다.

$$S = \frac{\sqrt{I^2 t}}{k}$$

여기서, S : 단면적[mm^2]

I : 보호장치를 통해 흐를 수 있는 예상 고장전류 실효값(A)

t : 자동차단을 위한 보호장치의 동작시간(s)

k : 보호도체, 절연, 기타 부위의 재질 및 초기온도와 최종 온도에 따라 정해지는 계수

(7) 접지를 하여야 할 개소

1) 전기기기의 금속제 프레임 또는 외함

2) 금속제의 전선관, 덕트 등

3) 케이블의 금속피복

4) 전로의 중성점 또는 1단자

5) 피뢰기의 접지 단자

6) 변성기의 2차측 접지단자

7) 기타 접지의 목적물

(8) 접지 저항 저감 방법

1) 도전율이 양호한 접지재료 사용
2) 화학적 저감제(아스론, 하이드라라드 석고)를 사용하여 접지저항을 줄인다.
3) 심타법, 메쉬접지법, 매설지선, 접지극의 병렬 접속

(9) 가공 지선이 있는 지지물 표준접지

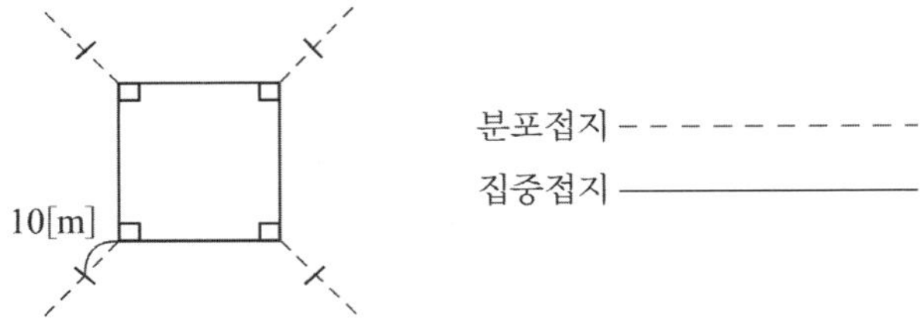

1) 분포접지 : 탑각에서 방사형으로 매설 지선을 포설하는 방식
2) 집중접지 : 탑각에서 10[m] 떨어진 지점의 분포접지에 대해 직각 방향으로 접지하는 방식

31. 계통접지의 방식

(1) 계통접지 구성

1) 저압전로의 보호도체 및 중성선의 접속 방식에 따라 접지계통은 다음과 같이 분류한다.

① TN 계통

전원측의 한 점을 직접접지하고 설비의 노출도전부를 보호도체로 접속시키는 방식

- TN-S 계통 : 계통 전체에 대해 별도의 중성선 또는 PE 도체를 사용하는 방식
- TN-C 계통 : 그 계통 전체에 대해 중성선과 보호도체의 기능을 동일도체로 겸용한 PEN 도체를 사용하는 방식
- TN-C-S계통 : 계통의 일부분에서 PEN 도체를 사용하거나, 중성선과 별도의 PE 도체를 사용하는 방식

② TT 계통

전원의 한 점을 직접 접지하고 설비의 노출도전부는 전원의 접지전극과 전기적으로 독립적인 접지극에 접속시킨 방식

③ IT 계통

충전부 전체를 대지로부터 절연시키거나, 한 점을 임피던스를 통해 대지에 접속시킨 방식으로 전기설비의 노출도전부를 단독 또는 일괄적으로 계통의 PE 도체에 접속시킨다.

2) 계통접지에서 사용되는 문자의 정의는 다음과 같다.

① 제1문자 – 전원계통과 대지의 관계

T : 한 점을 대지에 직접 접속

I : 모든 충전부를 대지와 절연시키거나 높은 임피던스를 통하여 한 점을 대지에 직접 접속

② 제2문자 – 전기설비의 노출도전부와 대지의 관계

T : 노출도전부를 대지로 직접 접속. 전원계통의 접지와는 무관

N : 노출도전부를 전원계통의 접지점(교류 계통에서는 통상적으로 중성점, 중성점이 없을 경우는 선도체)에 직접 접속

③ 그 다음 문자(문자가 있을 경우) – 중성선과 보호도체의 배치

S : 중성선 또는 접지된 선도체 외에 별도의 도체에 의해 제공되는 보호 기능

C : 중성선과 보호 기능을 한 개의 도체로 겸용(PEN 도체)

3) 각 계통에서 나타내는 그림의 기호는 다음과 같다.

기호 설명	
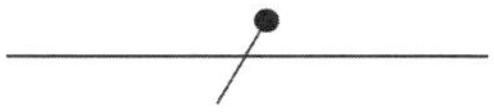	중성선(N), 중간도체(M)
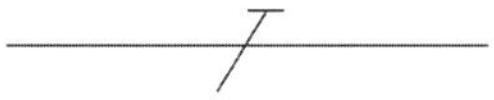	보호도체(PE)
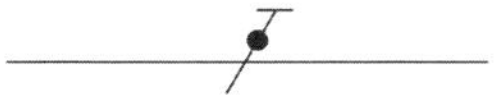	중성선과 보호도체겸용(PEN)

32. 누전차단기 및 전로의 절연

(1) 전로의 절연 및 누전 차단기

1) 절연에 대한 신뢰도 산정법

① 절연 내력 시험 방법

그 전로의 최대 사용 전압을 기준으로 하여 정해진 시험 전압을 10분간 가했을 때 이상이 생기는 지의 여부를 확인하는 방법

② 절연 저항 측정 방법
그 전로의 절연 저항이 몇 [MΩ]인가를 측정하여 사용 상태에서의 누설 전류의 크기를 확인하는 방법

2) 저압 전로의 절연 성능

① 전기사용 장소의 사용전압이 저압인 전로의 전선 상호간 및 전로와 대지 사이의 절연저항은 개폐기 또는 과전류차단기로 구분할 수 있는 전로마다 다음 표에서 정한 값 이상이어야 한다.

전로의 사용전압[V]	DC 시험전압[V]	절연저항[MΩ]
SELV 및 PELV	250	0.5
FELV, 500[V] 이하	500	1.0
500[V] 초과	1,000	1.0

[주] 특별저압(extra low voltage : 2차 전압이 AC 50[V], DC 120[V] 이하)으로 SELV(비접지회로 구성) 및 PELV(접지회로 구성)은 1차와 2차가 전기적으로 절연된 회로, FELV는 1차와 2차가 전기적으로 절연되지 않은 회로

② 전선 상호간의 절연저항은 기계기구를 쉽게 분리가 곤란한 분기회로의 경우 기기 접속 전에 측정할 수 있다.

③ 측정 시 영향을 주거나 손상을 받을 수 있는 SPD 또는 기타 기기 등은 측정 전에 분리시켜야 하고, 부득이하게 분리가 어려운 경우에는 시험전압을 250[V] DC로 낮추어 측정할 수 있지만 절연저항 값은 1[MΩ] 이상이어야 한다.

④ 옥외 배선에서 절연 부분의 전선과 대지 사이의 절연저항은 사용전압에 대한 누설 전류가 최대 공급전류의 1/2000(1조 당)을 초과하지 아니하도록 유지하여야 한다.

[주] 단상 2선식인 경우는 전선을 일괄한 것과 대지 사이의 절연 저항은 사용 전압에 대한 누설 전류가 최대 공급 전류의 1/1000 이하이어야 한다.

(2) 누전 차단기

1) 누전 차단기의 설치

① 사람이 쉽게 접촉될 우려가 있는 장소에 시설하는 사용 전압이 60[V]를 초과하는 저압의 금속제 외함을 가지는 기계 기구에 전기를 공급하는 전로에 지기가 발생하였을 때 자동적으로 전로를 차단하는 누전차단기 등을 설치하여야 한다.

② 주택의 구내에 시설하는 대지 전압 150[V] 초과 300[V] 이하의 저압 전로 인입구에는 인체 감전 보호용 누전 차단기를 설치한다.

2) 누전 차단기 시설 예

기계기구의 시설장소 / 전로의 대지전압	옥내		옥측		옥외	물기가 있 는 장 소
	건조한 장 소	습기가 많은 장소	우선내	우선외		
150 [V] 이하	×	×	×	□	□	○
150 [V] 초과 300 [V] 이하	△	○	×	○	○	○

[비고] 표에 표시한 기호의 뜻은 다음과 같다.
○ : 누전 차단기를 시설할 곳
△ : 주택에 기계 기구를 시설하는 경우에는 누전 차단기 시설할 것
□ : 주택구내 또는 도로에 접한면에 룸 에어컨디셔너, 아이스박스, 진열창, 자동판매기 등 전동기를 부품으로 한 기계 기구를 시설하는 경우 누전 차단기를 시설하는 것이 바람직한 곳
× : 누전차 단기를 설치하지 않아도 되는 곳

3) 누전 차단기의 선정

저압 전로에 시설하는 누전차단기는 전류 동작형으로 다음 각 호에 적합한 것이어야 한다.

① 누전 차단기의 종류

구 분		정격 감도 전류 [mA]	동 작 시 간
고감도형	고 속 형	5, 10, 15, 30	·정격감도전류에서 0.1초 이내, 인체 감전 보호용은 0.03초 이내
	시 연 형		·정격감도전류에서 0.1초 초과 2초이내
	반한시형		·정격감도전류에서 0.2초를 초과하고 1초 이내 ·정격감도전류 1.4배의 전류에서 0.1초를 초과하고 0.5초 이내 ·정격감도전류 4.4배의 전류에서 0.05초 이내
중감도형	고 속 형	50, 100, 200, 500, 1000	·정격감도전류에서 0.1초 이내
	시 연 형		·정격감도전류에서 0.1초를 초과하고 2초이내
저감도형	고 속 형	3000, 5000 10,000, 20,000	·정격감도전류에서 0.1초 이내
	시 연 형		·정격감도전류에서 0.1초를 초과하고 2초 이내

② 인입구 장치 등에 시설하는 누전 차단기는 충격파 부동작형일 것

③ 누전차단기의 조작용 손잡이 또는 누름단추는 트립프리(Trip Free) 기구이어야 한다.

④ 감전방지를 목적으로 시설하는 누전차단기는 고감도 고속형일 것

⑤ 누전 차단기의 적색 버튼과 녹색 버튼의 차이점

- 적색 버튼 : 누전 및 과전류 차단기능
- 녹색 버튼 : 누전 차단 기능

33. 정전 및 활선작업

(1) 정전의 5단계

1단계 : 작업전 전원 차단

2단계 : 전원 투입의 방지(시건장치 및 통전금지 표지판 설치)

3단계 : 작업 장소의 무전압 여부 확인(잔류 전하 방전 ⇒ 검전기 사용)

4단계 : 단락 접지(단락 접지 기구 사용)

5단계 : 작업 장소의 보호

(2) 활선작업공구

① 고무브랑켓트 : 활선 작업시 작업자에게 위험한 충전 부분을 절연하기에 아주 편리한 고무판으로써 접거나 둘러 쌓을 수도 있고 걸어 놓을 수도 있는 다목적 절연 보호장구이다. 주로 변압기 1, 2차측 내장애자개소, COS 등 덮개류로 절연하기 어려운 여러 가지 개소에 사용한다.

② 고무소매 : 방전 고무장갑과 더불어 작업자의 팔과 어깨가 충전부에 접촉되지 않도록 착용하는 절연장구

③ 그립올 크램프 스틱 : 활선 바인드 작업시 전선의 진동방지 및 절단된 전선을 슬리브에 삽입할 때 전선이 빠지지 않도록 잡아주며, 간접 작업시 활선장구류(덮개)의 설치 및 제거 등 여러 용도로 사용되는 절연봉

④ 나선형 링크스틱 : 작업 장소가 좁아서 스트레인 링크스틱을 직접 손으로 안전하게 설치할 수 없을 때 사용하는 절연 장구

⑤ 데드앤드 덮개 : 활선 작업시 작업자가 현수애자 및 데드앤드 클램프에 접촉되는 것을 방지하기 위하여 사용되는 절연장구

⑥ 전선 커버 : 활선 작업자가 활선에 접촉되는 것을 방지하고자 사용하는 절연체

⑦ 라쳇트형 전선커터 : 이 전선 절단기는 아주 제한된 작업 구간 내에서 전선, 점퍼선, 바인드선 등을 절단할 수 있는 절연장구

⑧ 롤러링크 스틱 : 전주 교체시 전주에 전선이 닿지 않도록 전선을 벌려 주어야 할 때 봉의 밑고리에 로우프를 매어 양편으로 잡아당겨 전선 간격을 벌려주어 전주 교체 작업이 수월하도록 사용되는 절연장구

⑨ 바이패스 점퍼스틱 : 활선작업시 점퍼선을 절단할 필요가 있을 때 정전되지 않도록 전류를 바이패스 시켜주는 절연봉과 케이블, 클램프로 구성된 장구

⑩ 애자덮개 : 활선 작업시 특고핀 및 라인포스트 애자를 절연하여 작업자의 부주의로 접촉되더라도 안전사고가 발생하지 않도록 사용되는 절연 덮개

⑪ 와이어 홀딩스틱 : 점퍼선 작업시 형태잡기, 구부리기, 위치 잡아주기 등 기타 작업시에 전선을 다각도에서 잡아주는 데 편리하고 안전하게 작업할 수 있는 장구

⑫ 와이어 통 : 핀 애자나 현수애자의 장주에서 활선을 작업권 밖으로 밀어낼 때 사용하는 절연봉

⑬ 절연고무장화 : 활선작업시 작업자가 전기적 충격을 방지하기 위하여 고무장갑과 더불어 이중절연의 목적으로 작업화 위에 신고 작업할 수 있는 절연장구

⑭ 핫스틱 텐션풀러 : 내장형 장주에서 현수애자 교체 또는 이도 조정 작업시 전선의 장력을 잡아주는 라쳇트(기계식)식으로 된 절연장구

⑮ 회전 갈퀴형 바인드 스틱 : 주로 바인드 선을 감거나 풀 때 많이 사용되는 봉으로써 전선에 캄아롱을 부착할 때도 고리에 갈퀴를 걸어 사용한다.

34. 전기 사용전 검사

(1) 공사 계획에 의한 수전 설비의 일부가 완성되어 그 완성된 설비만을 사용하고자 할 때, 전기 설비 검사 항목 처리 지침서에 의한 검사 항목

① 외관검사
② 접지저항 측정
③ 계측 장치 설치 상태
④ 보호 장치 설치 및 동작 상태
⑤ 절연유 내압 및 산가 측정
⑥ 절연 내력 시험
⑦ 절연저항 측정

(2) 변전설비에서 차단기 사용전 검사 항목을 전기 설비 검사 업무 처리 지침서에 의거한 검사항목

① 외관 검사
② 접지 저항 측정
③ 절연 저항 측정
④ 절연 내력 시험
⑤ 보호 장치 설치 및 동작 상태

(3) 공사계획에 의한 발전설비에서 변압기 설비가 완료되었을 때 검사항목

① 외관검사
② 절연 저항 측정
③ 접지 저항 측정
④ 절연 내력시험
⑤ 보호 계전기 설치 및 동작상태 검사
⑥ 계측 장치 설치 및 동작상태 검사
⑦ 절연유 내압시험 및 산가측정

35. 옥내 배선

(1) 각종 배선도와 전선 접속도

	배선도	전선 접속도
(1) 1등을 스위치 하나로 점멸한다.	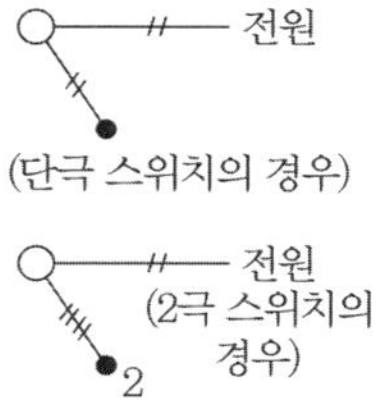	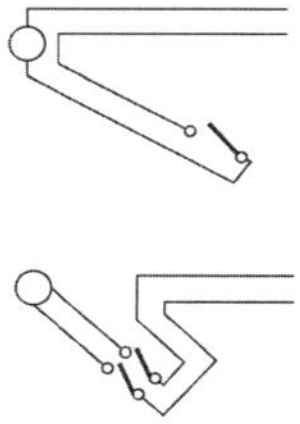
(2) 2등을 하나의 스위치로 동시에 점멸한다.	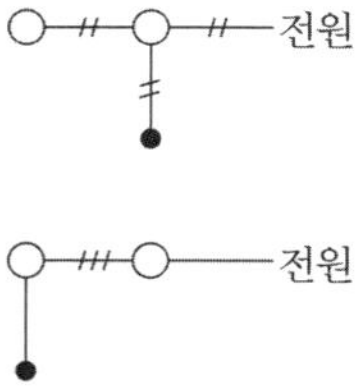	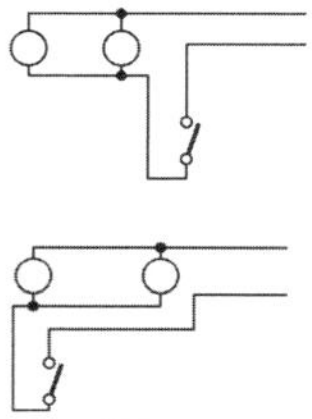
(3) (2)의 예에 콘센트(점멸하지 않음)가 있는 경우	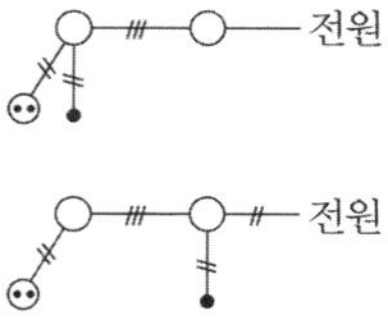	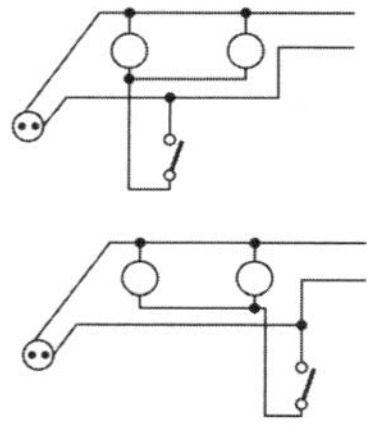
(4) 2등을 별개의 스위치로 점멸하는 경우	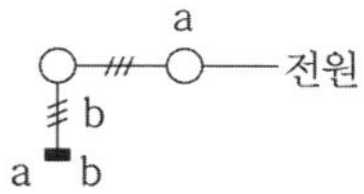	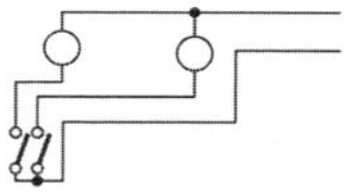
(5) 1등을 2개소에서 점멸하는 경우	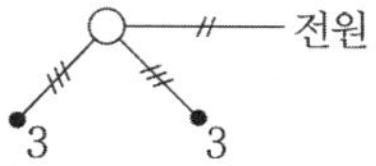	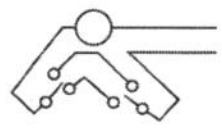
(6) 2등을 동시에 2개소에서 점멸하는 경우	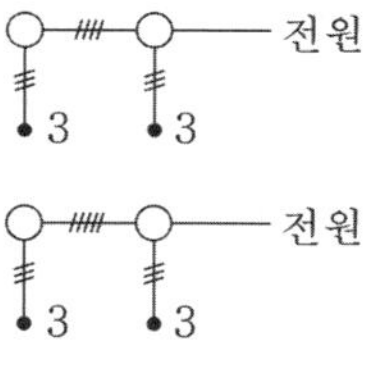	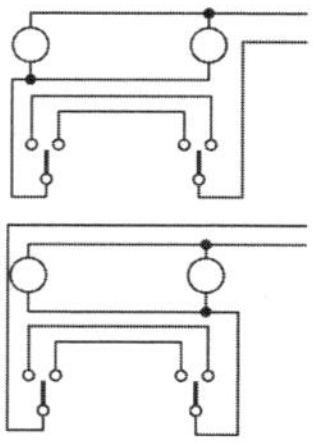
(7) 1등을 3개소에서 점멸하는 경우	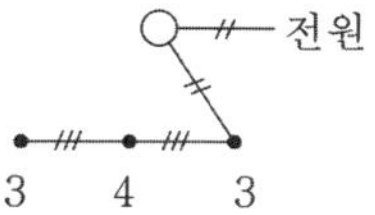	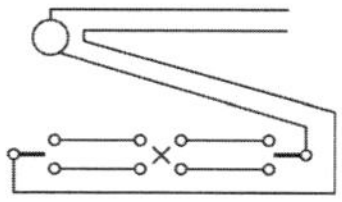

○ : 전등
● : 점멸기(첨자가 없는 것은 단극, 2P는 2극, 3은 3로, 4는 4로)
⊙ : 콘센트

(2) 배선 공사시 주의사항

1) 금속관 배선에는 절연 전선을 사용하여야 한다.
2) 전선은 단면적 6 [mm^2](알루미늄 전선은 단면적 16 [mm^2])을 초과할 경우에는 연선을 사용하여야 한다.
3) 금속관 내에는 전선의 접속점을 만들어서는 안된다.
4) 배선에 사용되는 전선은 단면적 2.5 [mm^2] 이상의 연동선이어야 한다.

(3) 금속관 및 버스 덕트 공사

1) 금속관 (Steel Pipe)

① 금속관의 종류

종 류	관의 호칭 [호]
후강 전선관(근사내경, 짝수)	16 22 28 36 42 54 70 82 92 104
박강 전선관(근사외경, 홀수)	19 25 31 39 51 63 75
나사없는 전선관	박강 전선관과 치수가 같다.

② 금속관 굵기의 선정

㉮ 금속관의 굵기는 전선의 피복 절연물을 포함한 단면적의 총합계가 관 내단면적의 1/3 이하가 되도록 선정하는 것이 바람직하다.

㉯ 금속관의 두께는 콘크리트에 매입할 경우에는 1.2[mm] 이상일 것

2) 버스 덕트

① 도체의 최소 굵기

형 태	재 료	
	동	알루미늄
띠 모양 관 또는 둥근 막대모양	20 [mm^2] 이상 5 [mm] 이상	30 [mm^2] 이상 –

② 지지점 간격은 3[m](수직 배선 등은 6[m]) 이하

③ 버스 덕트의 종류는 다음 표와 같다.

명 칭	형 식		설 명
피더 버스 덕트	옥내용	환 기 형 비환기형	도중에 부하를 접속하지 아니한 것
	옥외용	환 기 형 비환기형	
익스팬션 버스 덕트	옥내용	비환기형	열 신축에 따른 변화량을 흡수하는 구조인 것
탭붙이 버스 덕트			종단 및 중간에서 기기 또는 전선 등과 접속시키기 위한 탭을 가진 버스 덕트

명 칭	형 식		설 명
트랜스포지션 버스 덕트	옥내용	비환기형	각 상의 임피던스를 평균시키기 위해서 도체 상호의 위치를 관로 내에서 교체시키도록 만든 버스 덕트
플러그인 버스 덕트	옥내용	환 기 형 비환기형	도중에 부하 접속용으로 꽂음 플러그를 만든 것

3) 전선의 병렬 사용

교류 회로에서 전선을 병렬로 사용하는 경우에는 "전선의 병렬사용"의 규정에 따르며, 관 내에 전자적 불평형이 생기지 아니하도록 시설하여야 한다.

① 금속관 배선에서 전선을 병렬로 사용하는 경우의 예는 다음 그림과 같다.

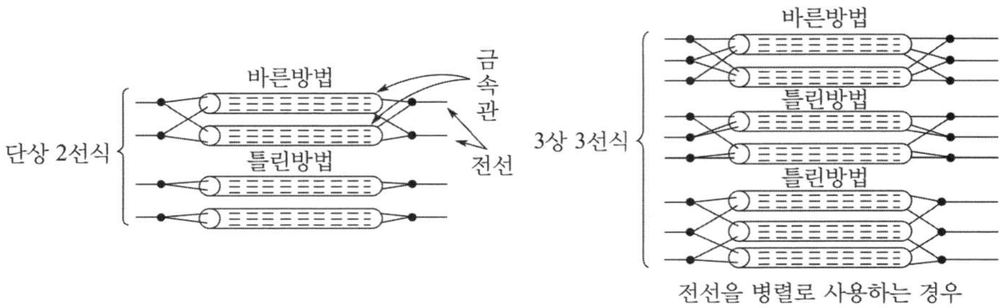

전선을 병렬로 사용하는 경우

② 전선의 병렬 사용 규정

㉮ 병렬로 사용하는 각 전선의 굵기는 동은 50[mm^2] 이상, 알루미늄은 70[mm^2] 이상이고 또한 동일한 도체, 굵기, 길이이어야 한다.

㉯ 전선의 접속은 동일한 터미널 러그에 완전히 접속시킬 것

㉰ 동극인 각 전선의 터미널 러그는 동일한 도체에 2개 이상의 리벳 또는 2개 이상의 나사로 확실하게 접속할 것

㉱ 병렬로 사용하는 전선에는 각각에 퓨즈를 설치하지 말 것

㉲ 전류의 불평형이 발생하지 않도록 할 것

(4) 시설장소에 따른 저압 배선 방법

표1. 시설 장소와 배선 방법(400[V] 초과)

배선 방법		시설의 가능							
		옥 내						옥측 옥외	
		노출 장소		은폐 장소					
				점검 가능		점검 불가능			
		건조한 장소	습기가 많은 장소 또는 수분이 있는 장소	건조한 장소	습기가 많은 장소 또는 수분이 있는 장소	건조한 장소	습기가 많은 장소 또는 수분이 있는 장소	우선 내	우선 외
애자공사		○	○	○	○	×	×	①	①
금속관공사		○	○	○	○	○	○	○	○
합성수지관공사 (CD관 제외)		○	○	○	○	○	○	○	○
가요 전선관 공사	1종 가요전선관	②	×	②	×	×	×	×	×
	비닐피복1종 가요전선관	②	②	②	②	×	×	×	×
	2종 가요전선관	○	×	○	×	○	×	○	×
	비닐피복2종 가요전선관	○	○	○	○	○	○	○	○
금속덕트공사		○	×	○	×	×	×	×	×
버스덕트공사		○	×	○	×	×	×	×	×
케이블공사		○	○	○	○	○	○	○	○

[비고] 1) ○ : 시설할 수 있다.
× : 시설할 수 없다.
2) ①은 노출 장소 및 점검할 수 있는 은폐 장소에 한하여 시설할 수 있다.
②는 전동기에 접속하는 짧은 부분으로 가요성을 필요로 하는 부분의 배선에 한하여 시설할 수 있다.

표2. 시설 장소와 배선 방법(400[V] 이하)

배선 방법		옥내						옥측 옥외	
		노출 장소		은폐 장소					
				점검 가능		점검 불가능			
		건조한 장 소	습기가 많은 장소 또는 수분이 있는 장소	건조한 장 소	습기가 많은 장소 또는 수분이 있는 장소	건조한 장소	습기가 많은 장소 또는 수분이 있는 장소	우선 내	우선 외
애자공사		○	○	○	○	×	×	①	①
금속관공사		○	○	○	○	○	○	○	○
합성수지관공사 (CD관 제외)		○	○	○	○	○	○	○	○
가 요 전선관 공 사	1종 가요전선관	○	×	○	×	×	×	×	×
	비닐피복1종 가요전선관	○	○	○	○	×	×	×	×
	2종 가요전선관	○	×	○	×	○	×	○	×
	비닐피복2종 가요전선관	○	○	○	○	○	○	○	○
금속몰드공사		○	×	○	×	×	×	×	×
합성수지몰드공사		○	×	○	×	×	×	×	×
플로어덕트공사		×	×	×	×	③	×	×	×
셀룰라덕트공사		×	×	○	×	③	×	×	×
금속덕트공사		○	×	○	×	×	×	×	×
라이팅덕트공사		○	×	○	×	×	×	×	×
버스덕트공사		○	×	○	×	×	×	④	④
케이블공사		○	○	○	○	○	○	○	○
케이블트레이공사		○	○	○	○	○	○	○	○

[비고] 1) ○ : 시설할 수 있다.
× : 시설할 수 없다.
2) ① 은 노출 장소 및 점검할 수 있는 은폐 장소에 한하여 시설할 수 있다.
③ 은 콘크리트 등의 바닥 내에 한한다.
④ 는 옥외용 덕트를 사용하는 경우에 한하여(점검할 수 없는 은폐장소를 제외한다.)시설할 수 있다.

36. 조명

(1) 조명 계산의 기본

1) 광속 : F [lm]

복사 에너지를 눈으로 보아 빛으로 느끼는 크기로서 나타낸 것으로 광원으로부터 발산되는 빛의 양이다.

2) 광도 : I [cd]

광원에서 어떤 방향에 대한 단위 입체각당 발산되는 광속으로서 광원의 능력을 나타낸다.

3) 조도 : E [lx]

어떤 면의 단위 면적당의 입사 광속으로서 피조면의 밝기를 나타낸다.

4) 휘도 : B [sb]

광원의 임의의 방향에서 본 단위 투영 면적당의 광도로서 광원의 빛나는 정도를 나타낸다.

휘도의 단위

1[sb] = 1[cd/cm^2]
1[nt] = 1[cd/m^2]
→ 1 [sb] = 10^4[nt], 1 [nt] = 10^{-4}[sb]

5) 광속발산도 : R [rlx]

광원의 단위 면적으로부터 발산하는 광속으로서 광원 혹은 물체의 밝기를 나타낸다.

$$R = \pi B = \rho E = \tau E$$

(반사면) (투과면)

6) 조명률

조명률이란 사용 광원의 전 광속과 작업면에 입사하는 광속의 비를 말한다.

$$U = \frac{F}{F_o} \times 100[\%]$$

여기서, F : 작업면에 입사하는 광속 [lm]

F_o : 광원의 총 광속 [lm]

7) 감광보상률

조명설계를 할 때 점등 중에 광속의 감소를 미리 예상하여 소요 광속의 여유를 두는 정도를 말하며 항상 1보다 큰 값이다. 그리고, 감광보상률의 역수를 유지율 혹은 보수율이라고 한다.

$$M = \frac{1}{D}$$

여기서, M : 유지율(보수율), D : 감광보상률($D > 1$)

8) 램프의 효율

$$\text{효율 [lm/W]} = \frac{\text{광속 [lm]}}{\text{소비 전력 [W]}}$$

(2) 광원의 종류

1) HID(High Intensity Discharge Lamp)의 종류

① 고압 수은등
② 고압 나트륨등
③ 메탈 할라이드 등
④ 초고압 수은등
⑤ 고압 크세논 방전등

2) 형광등이 백열등에 비하여 우수한 점

① 효율이 높다.
② 수명이 길다.
③ 열방사가 적다.
④ 필요로 하는 광색을 쉽게 얻을 수 있다.

3) 열음극 형광등과 슬림라인(Slim line) 형광등의 장단점 비교

열음극 형광등은 음극을 가열시킨 후 기동하나 슬림 라인 형광등은 고전압을 가하여 냉음극인 상태에서 기동한다. 그러나 점등을 할 때는 양자가 다같이 열음극이 되어 있다. 또한 슬림 라인의 특징은 다음과 같다.

① 장점

㉮ 필라멘트를 예열할 필요가 없어 점등관등 기동장치가 불필요하다.
㉯ 순시 기동으로 점등에 시간이 걸리지 않는다.
㉰ 점등 불량으로 인한 고장이 없다.
㉱ 관이 길어 양광주가 길고 효율이 좋다.
㉲ 전압 변동에 의한 수명의 단축이 없다.

② 단점

㉮ 점등 장치가 비싸다.

㉯ 전압이 높아 기동시에 음극이 손상하기 쉽다.

㉰ 전압이 높아 위험하다.

4) 백열 전구의 필라멘트 구비 조건

① 융해점이 높을 것

② 고유 저항이 클 것

③ 선팽창 계수가 적을 것

④ 온도 계수가 정확할 것

⑤ 가공이 용이할 것

⑥ 높은 온도에서 증발(승화)이 적을 것

⑦ 고온에서 기계적 강도가 감소하지 않을 것

5) 광원의 효율

램 프	효율 [lm/W]	램 프	효율 [lm/W]
나트륨 램프	80~150	수은 램프	35~55
메탈 할라이드 램프	75~105	할로겐 램프	20~22
형광 램프	48~80	백열 전구	7~22

(3) 조명 설계

1) 명시 조명의 요건

① 광속발산도 분포균일(시야 내의 조도차)

② 용도에 맞는 광색

③ 눈부심이 없어야 한다. (글래어가 일어나지 않도록)

④ 심리적 안정을 주어야 한다.

⑤ 경제성이 있어야 한다.

⑥ 미적효과(광원, 기구의 디자인 및 위치)

⑦ 적당한 그림자 유지

2) 조명기구 선정시 고려하여야 할 사항

① 설치 장소의 특성

② 휘도

③ 그림자

④ 의장(design)

⑤ 효율 및 유지관리

3) 옥내 조명 설계

① 조명 기구의 배치 결정

㉮ 광원의 높이

H =천장의 높이 – 작업면의 높이

㉯ 등기구의 간격

- 등기구~등기구 : $S \leq 1.5H$ (직접, 전반조명의 경우)
- 등기구~벽면 : $S_o \leq \frac{1}{2}H$ (벽면을 사용하지 않을 경우)

  $S_o \leq \frac{1}{3}H$ (벽면을 사용하는 경우)

② 실지수(Room Index)의 결정

광속의 이용에 대한 방의 크기의 척도로 나타낸다.

$$R \cdot I = \frac{X \cdot Y}{H(X+Y)}$$

여기서, H : 작업면으로부터 광원의 높이 [m]
X : 방의 가로 길이 [m]
Y : 방의 세로 길이 [m]

③ 광속의 결정

광속법에 따라 다음 식에 의하여 소요되는 총 광속의 산정

$$NF = \frac{EAD}{U} = \frac{EA}{UM} \text{[lm]}$$

여기서, N : 광원의 수, F : 광속, E : 조도
D : 감광보상률, U : 조명률, M : 유지율

④ 건축화 조명

㉮ 천장면 매입방식

- 매입 형광등 방식
- 다운라이트(down light) 방식
- 핀 홀 라이트(pin hole light) 방식
- 코퍼 라이트(coffer light) 방식
- 라인 라이트(line light) 방식

㉯ 천장 이용 방식

- 광천장 조명
- 루버 조명
- 코브 조명

㉰ 벽면 이용 방식

- 밸런스 조명
- 코너 조명
- 코니스 조명
- 광창 조명

4) 도로 조명 설계

조명 기구의 배치 방법에 의한 분류

① 도로 중앙 배열 $A = B \cdot S\,[\mathrm{m}^2]$

② 도로 편측 배열 $A = B \cdot S\,[\mathrm{m}^2]$

③ 도로 양측으로 대칭 배열 $A = \frac{1}{2}B \cdot S\,[\mathrm{m}^2]$

④ 도로 양측으로 지그재그 배열 $A = \frac{1}{2}B \cdot S\,[\mathrm{m}^2]$

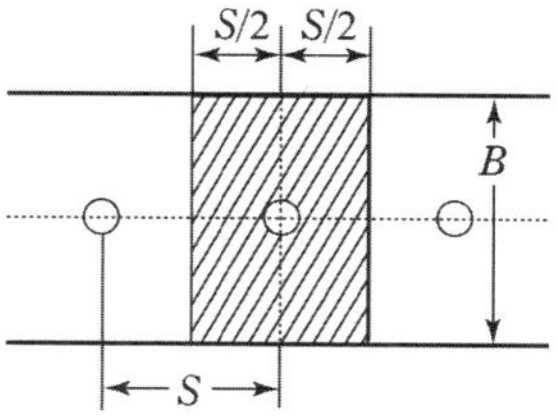

도로 중앙배열

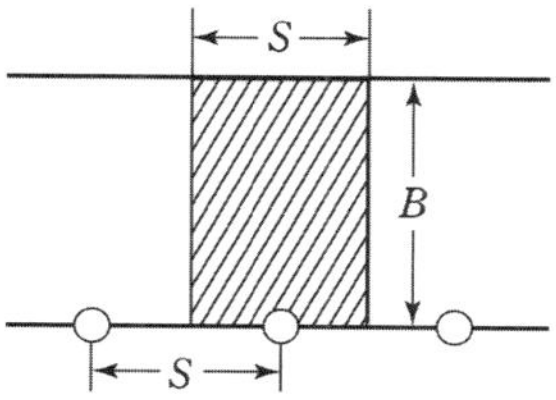

도로 편측배열

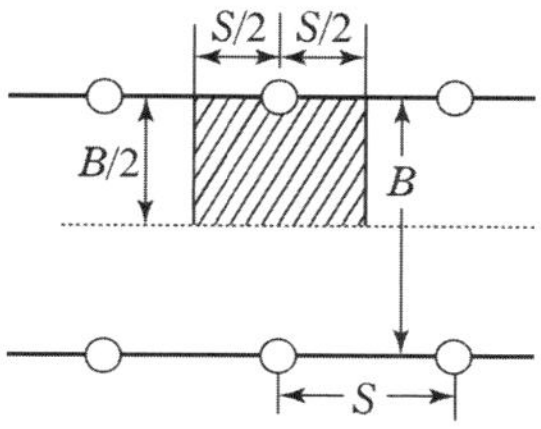

도로 양측으로 대칭배열

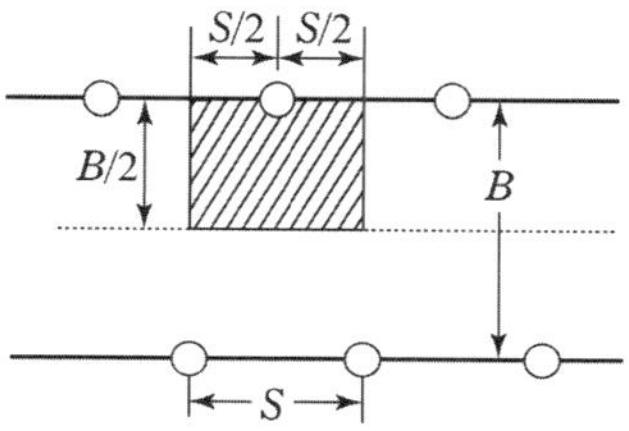

도로 양측으로 지그재그 배열

5) 조명 설비에서 에너지 절약 방안

① 고효율 등기구 채택

② 고조도 저휘도 반사갓 채택

③ 슬림라인 형광등 및 안정기 내장형 램프 채택

④ 창측 조명기구 개별점등

⑤ 재실감지기 및 카드키 채택

⑥ 적절한 조광제어실시

⑦ 전반조명과 국부조명의 적절한 병용 (TAL조명)

⑧ 고역률 등기구 채택

⑨ 등기구의 격등제어 회로구성

⑩ 등기구의 보수 및 유지관리

6) 조도 계산

① 조도계산을 하기 전에 건축도면을 입수하여 검토하여야 할 사항

㉮ 방의 마감상태(천장, 벽, 바닥 등의 반사율)

㉯ 방의 사용목적과 작업내용

㉰ 방의 크기(가로, 세로, 높이)

㉱ 보와 기둥의 간격, 공조 덕트 등 설비와 천장 내부의 상태

② 거리 역제곱의 법칙

$$E = \frac{I}{r^2}\ [\mathrm{lx}]$$

즉, 조도 E는 광도 I에 비례하고 거리 r의 제곱에 반비례한다.

③ 입사각 여현의 법칙

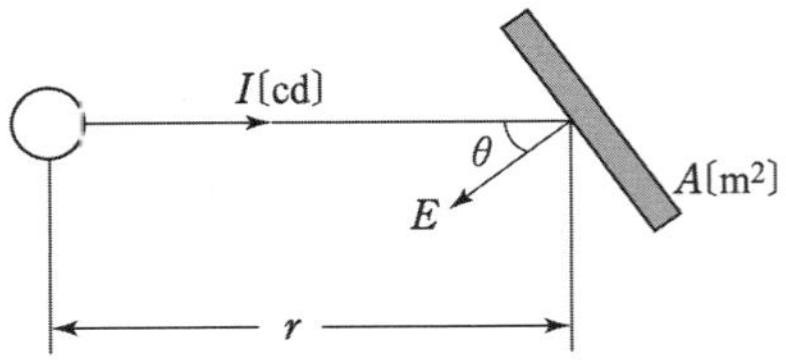

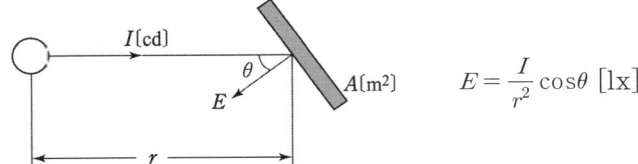

$$E = \frac{I}{r^2}\cos\theta\ [\mathrm{lx}]$$

④ 조도의 구분

㉮ 법선 조도 : $E_n = \dfrac{I}{r^2}$

㉯ 수평면 조도 : $E_h = E_n\cos\theta = \dfrac{I}{r^2}\cos\theta = \dfrac{I}{h^2}\cos^3\theta$

㉰ 수직면 조도 : $E_v = E_n\sin\theta = \dfrac{I}{r^2}\sin\theta = \dfrac{I}{d^2}\sin^3\theta$

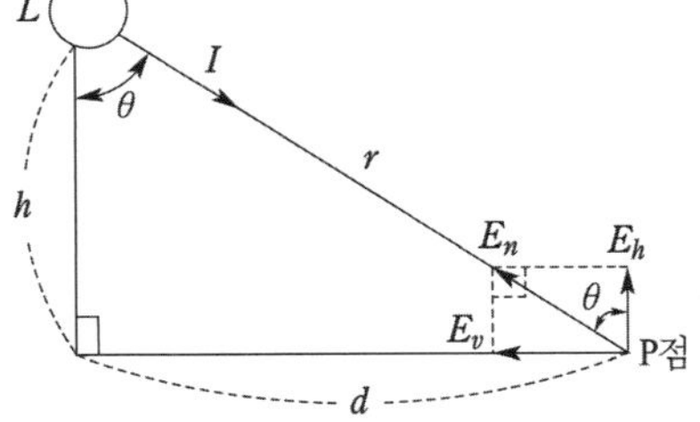

37. 시퀀스

(1) 회로 소자

1) AND 회로

① 기능

회로그림에서 입력 A, B가 동시에 있을 때 출력 X가 생기는 회로

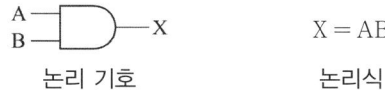

㉮ 논리곱 회로

㉯ 직렬 논리 회로

② 논리기호와 논리식

논리 기호

X = AB

논리식

③ 회로와 타임 차트

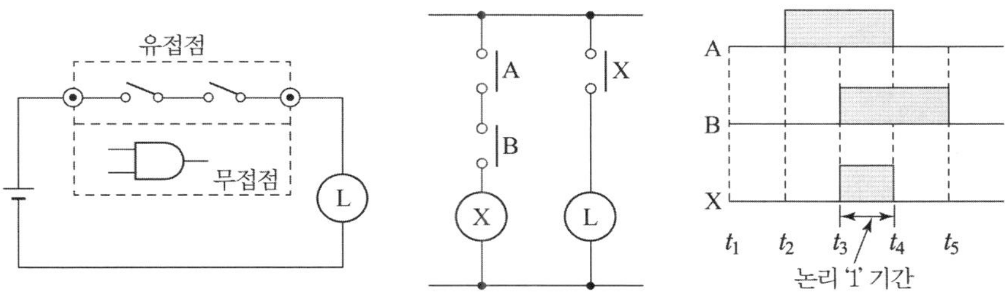

④ 진리표

A	B	X
0	0	0
0	1	0
1	0	0
1	1	1

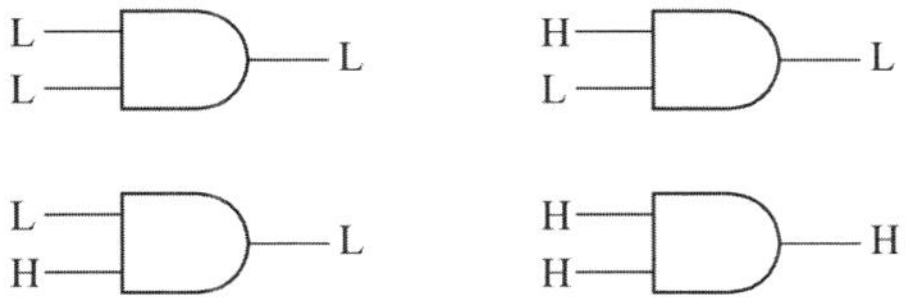

2) OR 회로

① 기능

그림에서 입력 A, B 중 한 입력만 있어도 출력 X가 생기는 회로

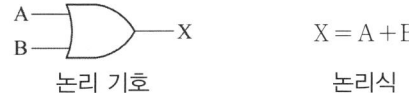

㉮ 논리합 회로

㉯ 병렬 논리 회로

② 논리 기호와 논리식

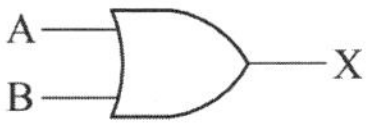

논리 기호

X = A + B

논리식

③ 회로와 타임 차트

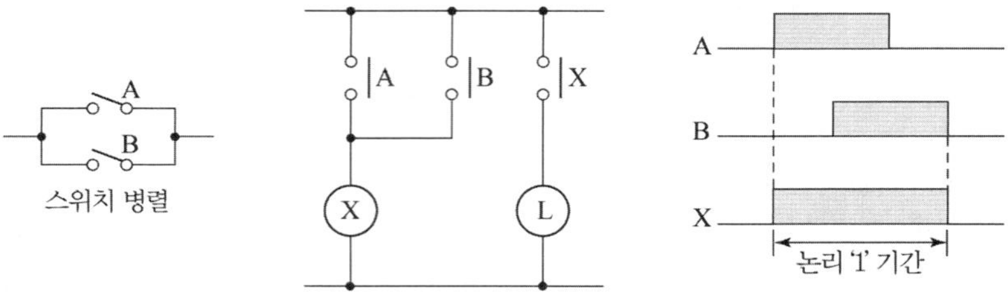

④ 진리표

A	B	X
0	0	0
0	1	1
1	0	1
1	1	1

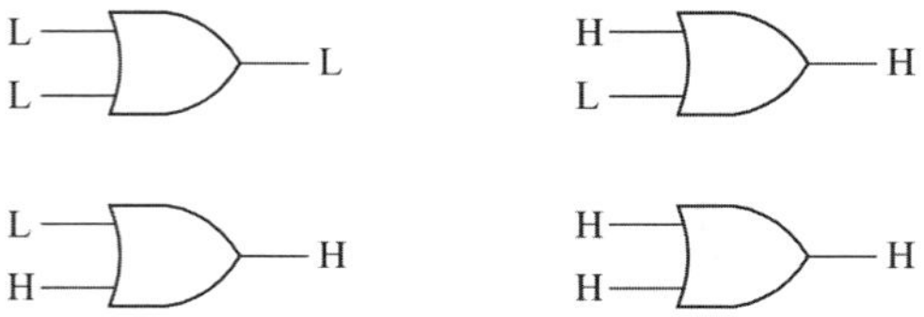

3) NOT 회로

① 기능

입력과 출력의 상태가 반대로 되는 상태 반전 회로, 즉 부정의 판단 기능을 갖는 회로

② 논리 기호와 논리식

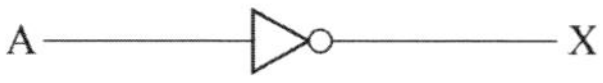

③ 회로와 타임 차트

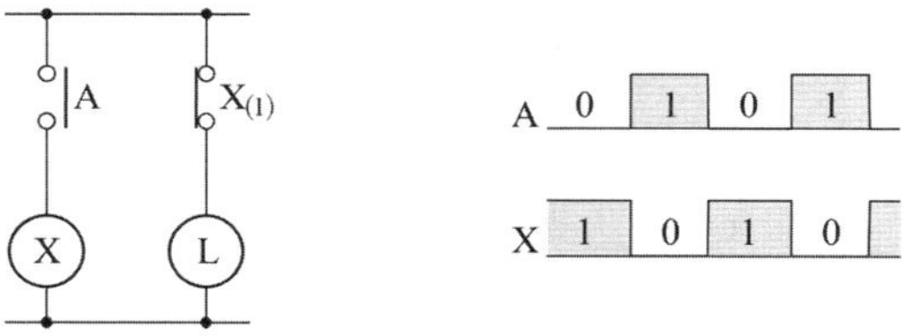

④ 진리표

A	X
0	1
1	0

4) NAND 회로

① 기능

AND 회로를 부정하는 판단 기능을 갖는 회로

- AND + NOT 로 구성

② 논리 기호와 논리식

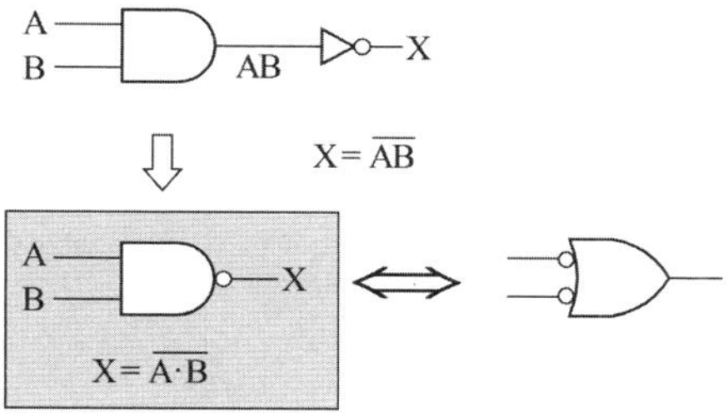

③ 진리표

A	B	X
0	0	1
0	1	1
1	0	1
1	1	0

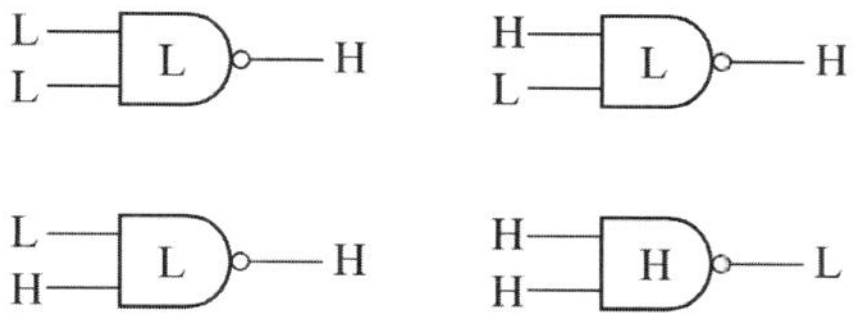

5) NOR 회로

① 기능

OR 회로를 부정하는 판단 기능을 갖는 회로

• OR + NOT로 구성

② 논리 기호와 논리식

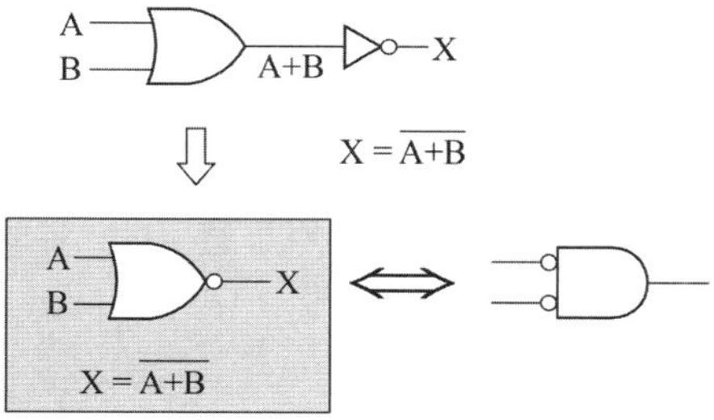

③ 진리표

A	B	X
0	0	1
0	1	0
1	0	0
1	1	0

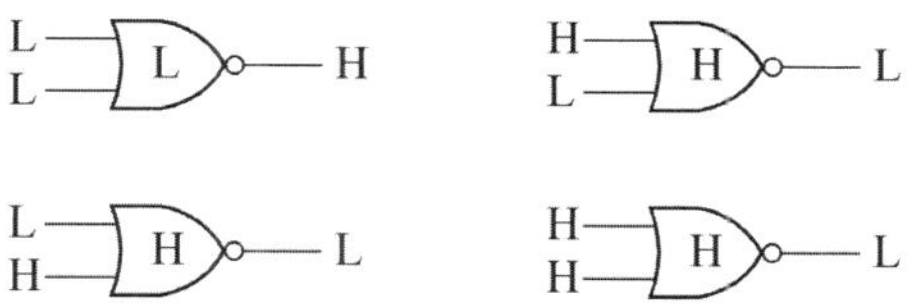

(2) 논리 변환과 논리 연산

1) 분배 법칙

$A+(B\cdot C)=(A+B)\cdot(A+C)$

$A\cdot(B+C)=A\cdot B+A\cdot C$

2) 2진수(0과 1)에서

① $A+0=A$ ② $A+A=A$ ③ $A+1=1$

$A\cdot 1=A$ $A\cdot A=A$ $A+\overline{A}=1$

④ $A\cdot 0=0$ ⑤ $0+0=0,\ 0+1=1,\ \overline{0}=1$

$A\cdot\overline{A}=0$ $0\cdot 1=0,\ 1\cdot 1=1,\ \overline{1}=0$

3) De Morgan의 정리

$\overline{A+B}=\overline{A}\ \overline{B}$ $A+B=\overline{\overline{A}\ \overline{B}}$

$\overline{AB}=\overline{A}+\overline{B}$ $AB=\overline{\overline{A}+\overline{B}}$

4) 동일 법칙

$A\cdot A=A$ $\overline{A}\cdot A=0$

$\overline{A}\cdot\overline{A}=\overline{A}$ $A\cdot\overline{A}=0$

(3) XOR (Exclusive OR)

1) 기능

두 입력의 상태가 다를 때에만 출력이 생기는 판단 기능을 갖는 회로

2) 논리 기호와 논리식

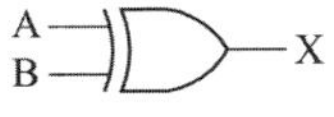

XOR 회로

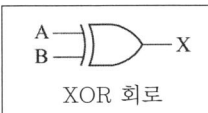

$$X=A\overline{B}+\overline{A}B$$
$$=A\oplus B$$

논리식

3) 회로

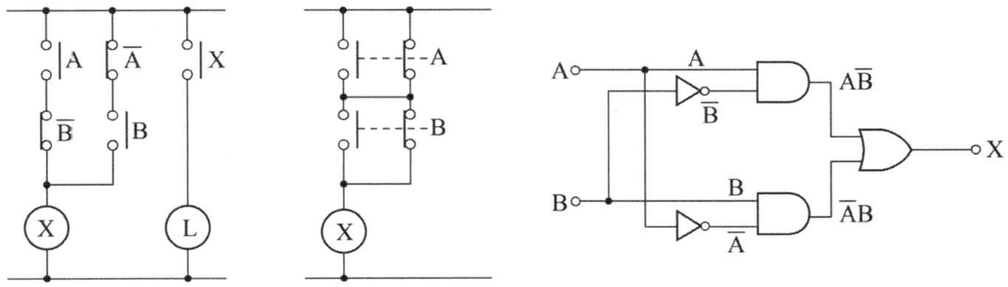

4) 타임 차트와 진리표

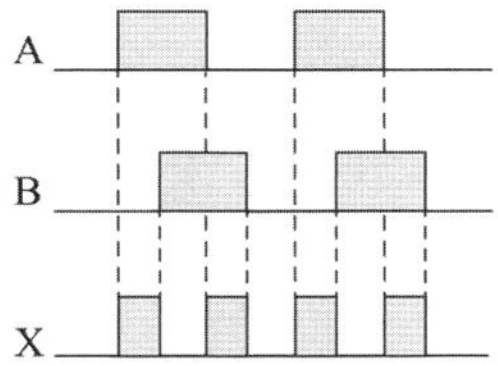

A	B	X
0	0	0
0	1	1
1	0	1
1	1	0

(4) 인터록 회로(interlock)

1) 기능

한쪽이 동작하면 다른 한쪽은 동작할 수 없는 논리

2) 회로 및 타임 차트

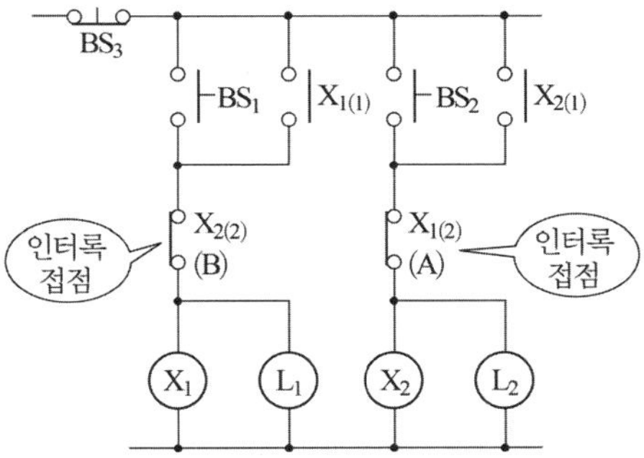

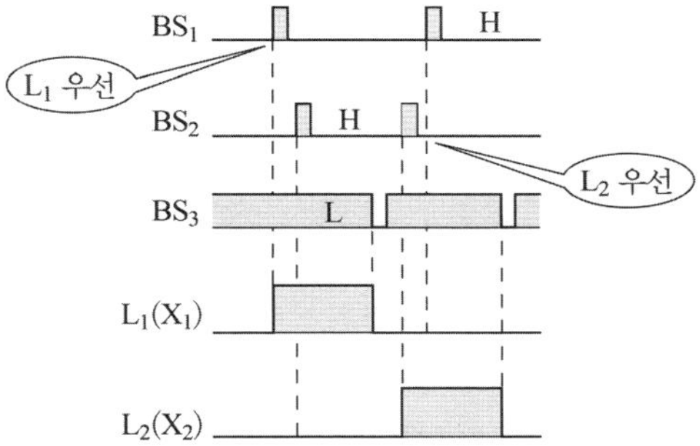

3) 동작 설명

BS_1을 먼저 누르면 $L_1(X_1)$이 동작 유지하고 인터록 접점 $X_{1(2)}$(A)가 열린다. 따라서 이후 BS_2를 눌러도 $L_2(X_2)$가 동작할 수 없다. 또 BS_2를 먼저 주면 $L_2(X_2)$가 동작하고 인터록 접점 $X_{2(2)}$(B)가 열린다. 따라서 이후 BS_1을 눌러도 $L_1(X_1)$이 동작할 수 없다.

(5) 신입 신호 우선 회로

1) 기능

한쪽이 동작하면 다른 한쪽이 복구되는 논리

2) 회로 및 타임 차트

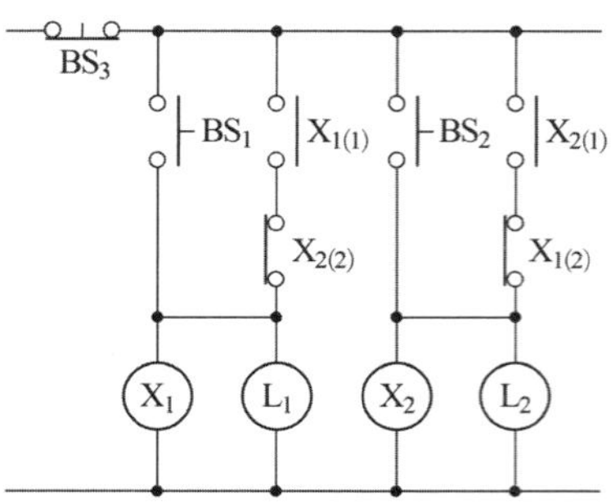

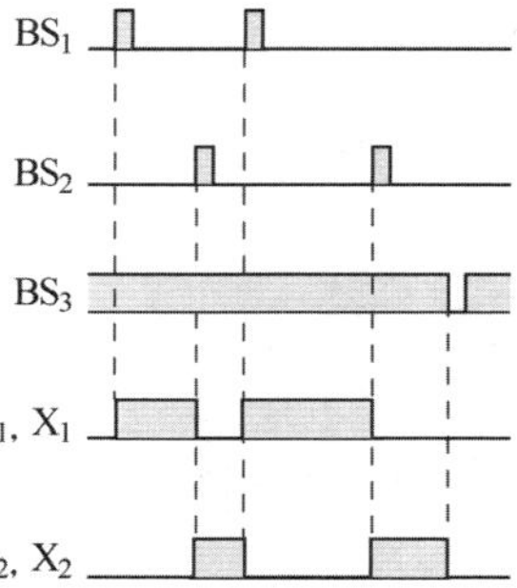

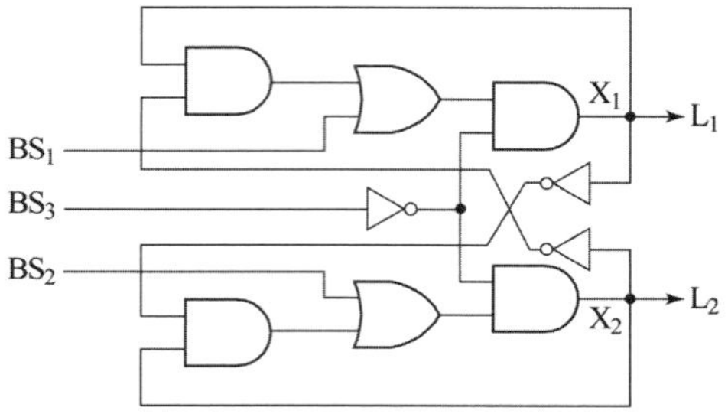

3) 동작 설명

BS_1을 주면 $L_1(X_1)$이 동작하고 동작 중인 X_2의 유지 회로의 직렬 b 접점 $X_{1(2)}$가 열려 $L_2(X_2)$가 복구한다. 다음 BS_2를 주면 $L_2(X_2)$가 동작하고 X_1의 유지 회로의 직렬 b접점 $X_{2(2)}$가 열려 동작 중인 $L_1(X_1)$이 복구한다. 이하 반복 동작된다.

(6) 동작 우선 회로

1) 기능

정해진 순서대로 동작되는 회로의 예이다.

2) 회로 및 타임차트

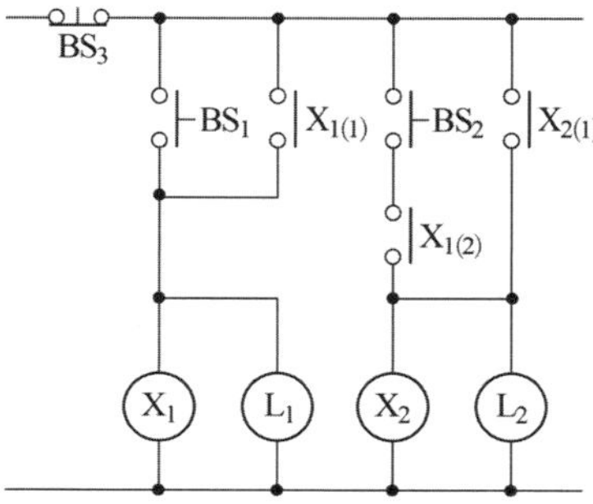

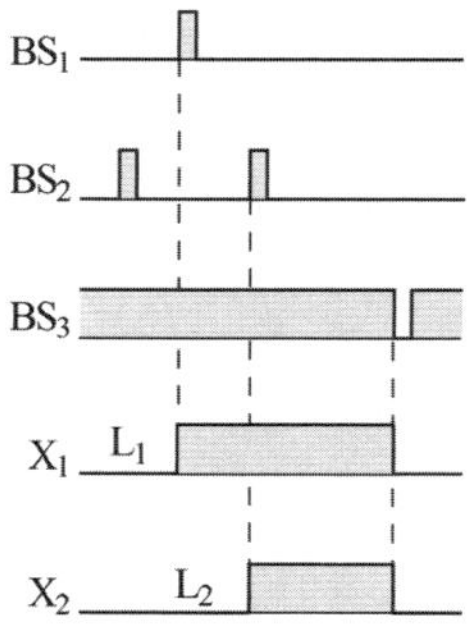

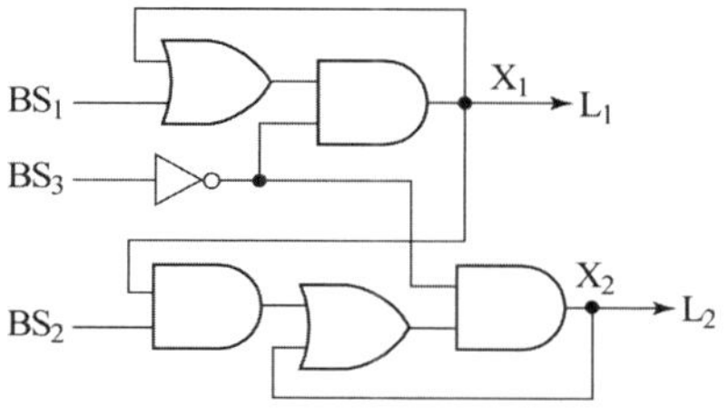

3) 동작 설명

BS_1을 주면 $L_1(X_1)$이 동작하고 접점 $X_{1(2)}$가 닫혀 $L_2(X_2)$의 기동 회로를 준비한다. 다음 BS_2를 주면 $L_2(X_2)$가 동작하며 L_2가 먼저 동작할 수 없다.

(7) 시한 회로(On delay timer : Ton)

1) 기능

입력을 주면 설정 시간(t)이 지난 후 출력이 동작한다.

2) 기호

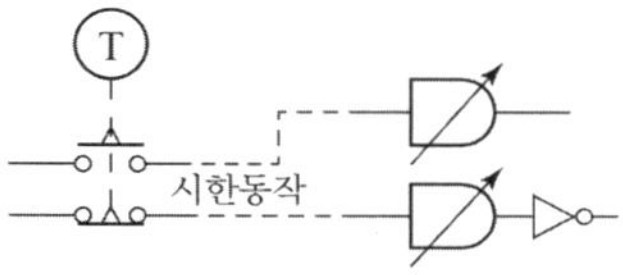

3) 회로 및 타임 차트

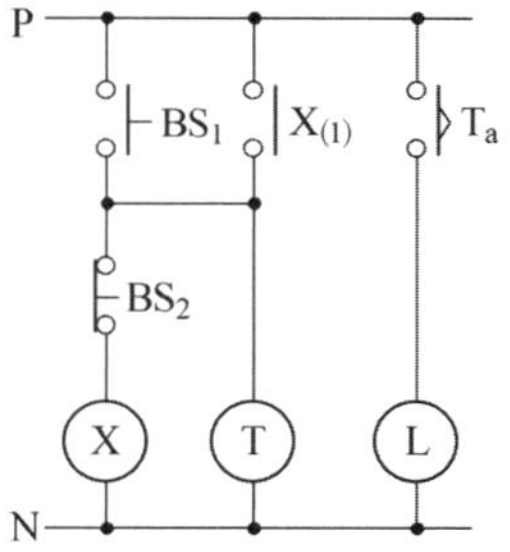

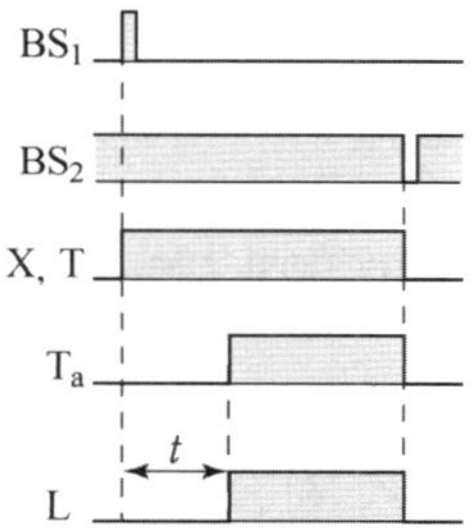

4) 동작 설명

유지 회로 $X_{(1)}$에 의하여 시한 동작 타이머 Ⓣ가 여자되고 t초 후에 시한 동작 접점 T_a가 닫혀서 출력 Ⓛ이 생긴다.

(8) 시한 복구 회로(Off delay timer Toff)

1) 기능

정지 입력을 주면 설정 시간(t)이 지난 후 출력이 복구한다.

2) 기호

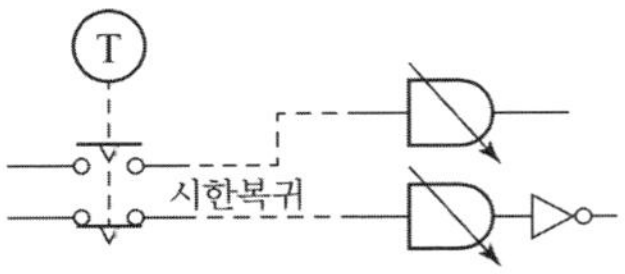

3) 회로 및 타임 차트

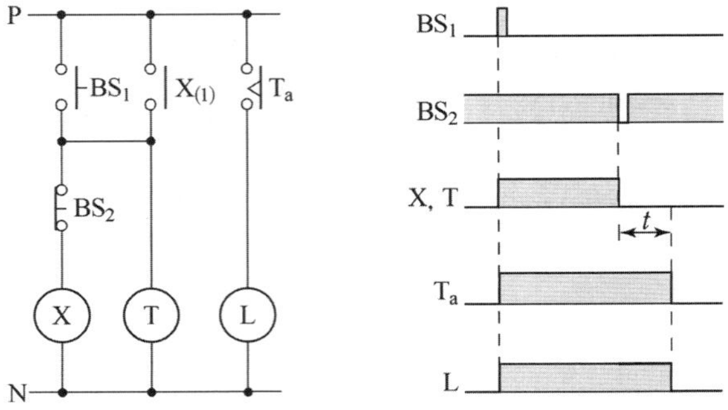

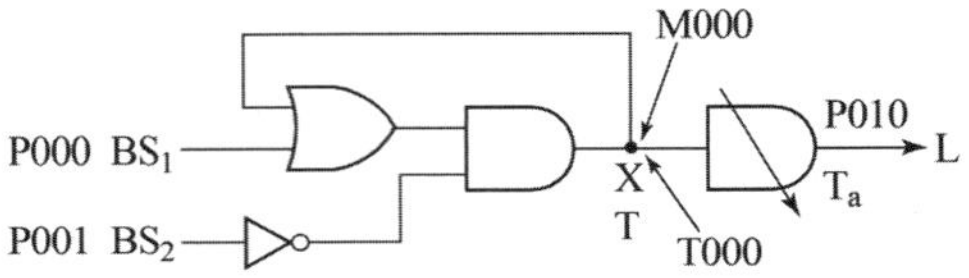

4) 동작 설명

유지 회로 $X_{(1)}$로 시한 복구 타이머 Ⓣ가 동작되고 출력 Ⓛ이 생긴다. 정지 신호를 주면 t초 후에 시한 복구 접점 T_a가 열려 출력 Ⓛ이 없어진다.

(9) 단안정 회로(monostable)

1) 기능

정해진(설정 시간) 시간 동안만 출력이 생기는 회로

2) 회로 및 타임 차트

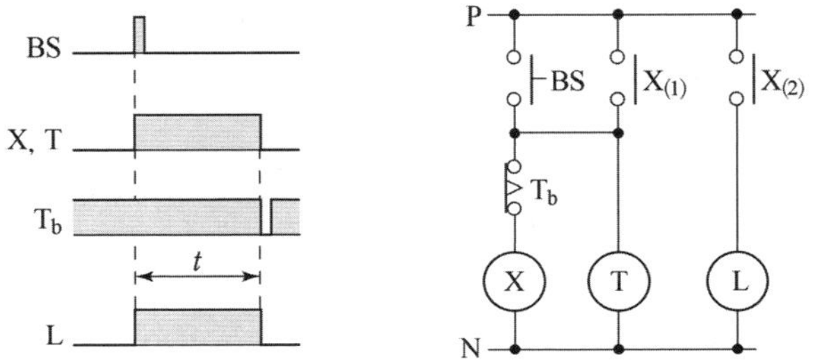

3) 동작 설명

유지 회로 $X_{(1)}$로 시한 동작 타이머 Ⓣ가 여자되고 시한 동작 b접점으로 회로를 복구시킨다.

(10) 전동기 운전 회로

1) 구동 회로

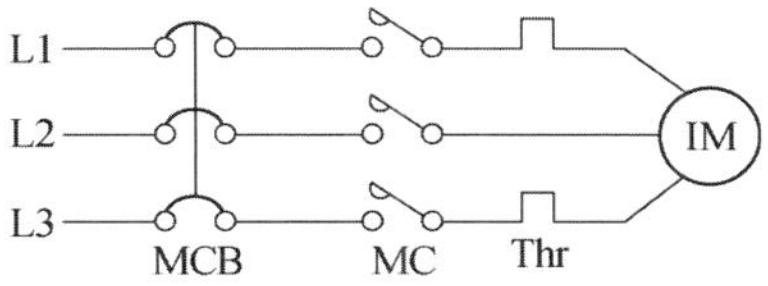

MC의 주접점이 닫히면 전동기 Ⓜ이 구동된다. 열동 계전기 Thr을 접속한다.

여기서, MCB : Molded case circuit Breaker

MC : magnetic contact

MS : magnetic switch

MS = MC + Thr

Thr : thermal relay

2) 회로 및 타임 차트

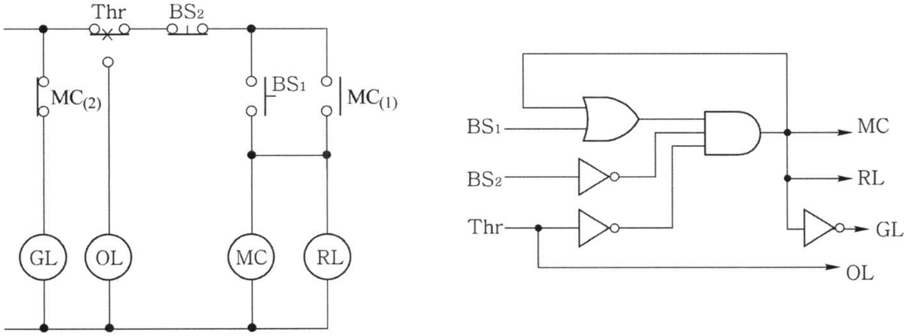

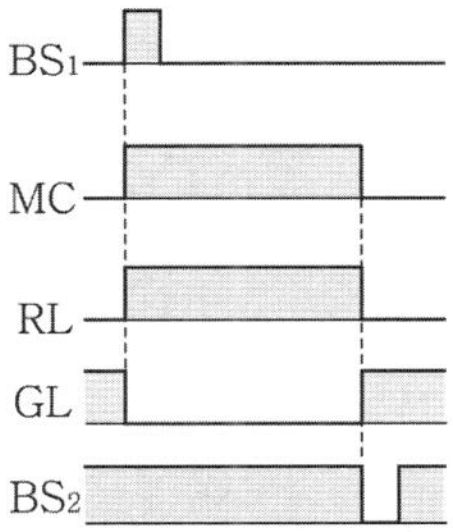

3) 동작 설명

① 기동 (동작 기구 : MC, RL, Ⓜ)

전원을 투입(MCB)하면 정지 표시 램프 GL이 점등한다. 기동 입력 BS_1을 주면 전자 접촉기 $MC_{(1)}$가 동작 유지하고 구동 회로의 주접점 MC가 닫혀 전동기 Ⓜ이 기동한다. 동시에 GL이 소등되고, 운전 표시 램프 RL이 점등한다.

② 정지 (동작기구 : GL)

정지 입력 BS_2를 주면 $MC_{(1)}$가 복구하여 구동 회로의 주접점 MC가 열려 전동기 Ⓜ이 정지하고 동시에 GL이 점등되고 RL이 소등된다.

③ 고장 및 복구 (고장중 동작기구 : OL, GL, Thr)

운전 중 이상 전류가 흘러 열동 계전기 Thr이 트립되면 $MC_{(1)}$가 복구하고 Ⓜ이 정지하며 RL 소등, GL 점등과 동시에 경보 표시 램프 OL이 점등한다.

고장이 회복되면 수동, 혹은 자동으로 Thr이 회복되고 OL램프가 소등된다.

(11) 전동기 정·역 운전 회로

1) 구동 회로

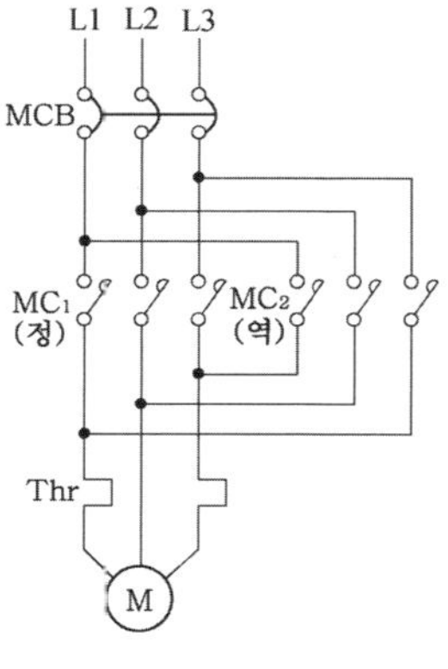

전동기의 정·역 회전은 회전 자장의 방향을 바꾼다.

- 3상 : 전원의 3단자 중 2단자의 접속을 바꾼다.
- 단상 : 기동 권선의 접속을 바꾼다.

2) 회로 및 타임차트

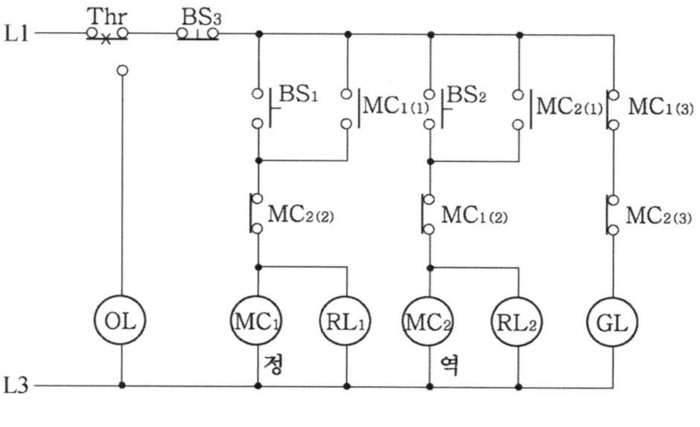

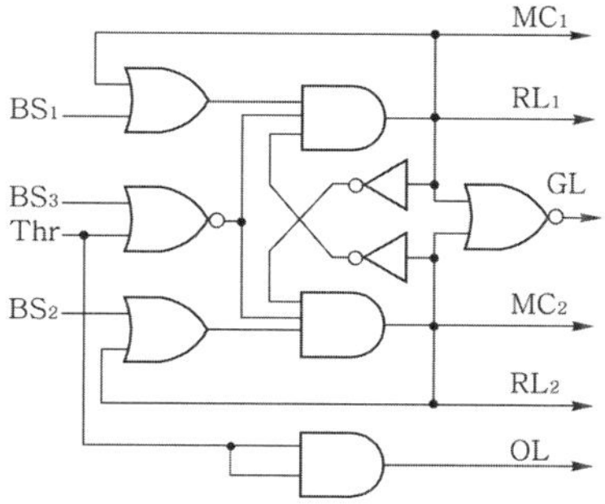

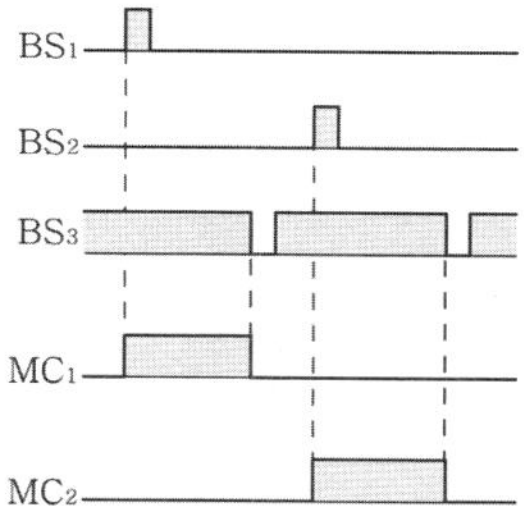

여기서, 입력 기구 : BS_1, BS_2

출력 기구 : MC_1, MC_2

구동 기계 : Ⓜ(전동기)

경보 기구 : Thr

정지 표시 램프 : GL

운전 표시 램프 : RL_1, RL_2

고장 표시 램프 : OL

3) 동작 설명

① 정회전 (동작 기구 : MC_1, RL_1, Ⓜ)

BS_1을 주면 MC_1이 동작 유지하고 구동 회로의 주접점 MC_1이 닫혀 전동기 Ⓜ이 정회전 기동한다. 동시에 GL이 소등되고, RL_1이 점등한다. 인터록 접점 $MC_{1(2)}$는 MC_2에 인터록을 건다.

② 역회전 (동작 기구 : MC_2, RL_2, Ⓜ)

BS_2를 주면 MC_2가 동작 유지하고 구동 회로의 주접점 MC_2가 닫혀 전동기 Ⓜ이 역회전 기동한다. 동시에 GL이 소등되고, RL_2가 점등한다. 인터록 접점 $MC_{2(2)}$는 MC_1에 인터록을 건다.

③ 정지 (동작 기구 : GL)

BS_3을 주면 MC_1(MC_2)이 복구하고 구동 회로의 주접점 MC_1(MC_2)이 열려 전동기 Ⓜ이 정지한다. 동시에 GL이 점등되고 RL_1(RL_2)이 소등된다.

④ 고장 및 복구 (고장중 동작기구 : OL(GL), Thr)

운전 중 이상 전류가 흘러 열동 계전기 Thr이 트립되면 MC_1(MC_2)이 복구하고 Ⓜ이 정지하며, RL_1(RL_2)이 소등되고, GL이 소등됨과 동시에 경보 표시 램프 OL이 점등한다. 고장이 회복되면 수동, 혹은 자동으로 Thr이 회복되고 OL 램프가 소등된다.

(12) 전동기 Y-△ 기동 회로

전동기의 기동 전류를 줄이기 위하여 Y결선 기동하고 기동이 끝나면 △결선으로 운전한다.

1) 구동 회로

① 전전압 기동시 기동 전류는 정격 전류의 6~7배 정도

② Y-△ 기동시 전전압 기동 전류의 1/3배, 즉 정격의 2배

③ 모선 접속

<Type 1>

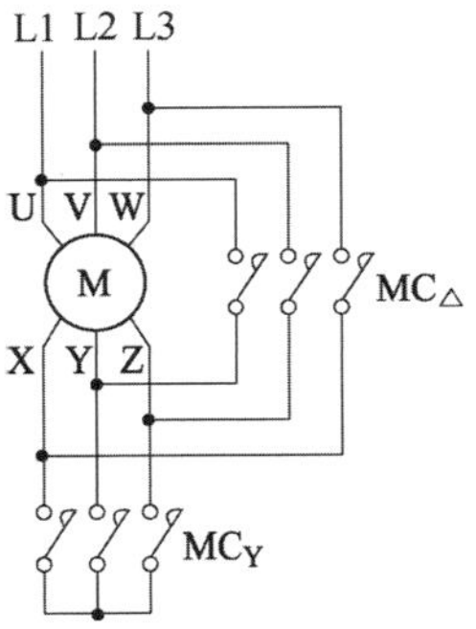

<Type 2>

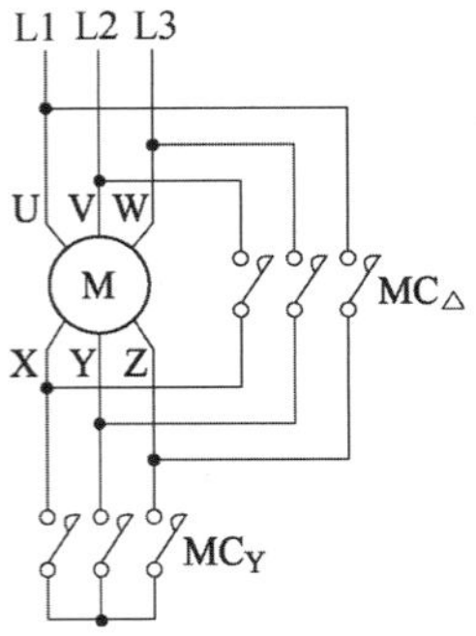

Type 1 또는 Type 2 모두 사용되나 기동 순간의 과도(돌입) 전류를 감소시키기 위하여 현재는 Type 1이 많이 사용된다.

2) 회로 및 타임 차트

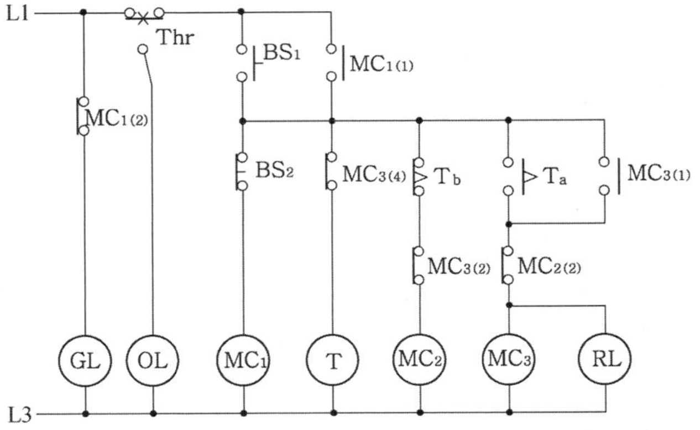

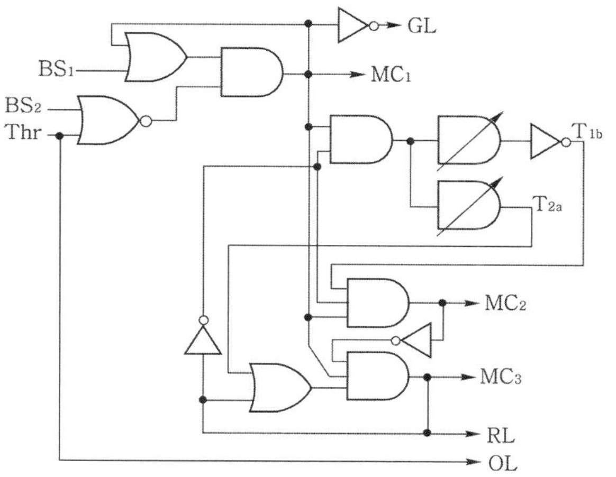

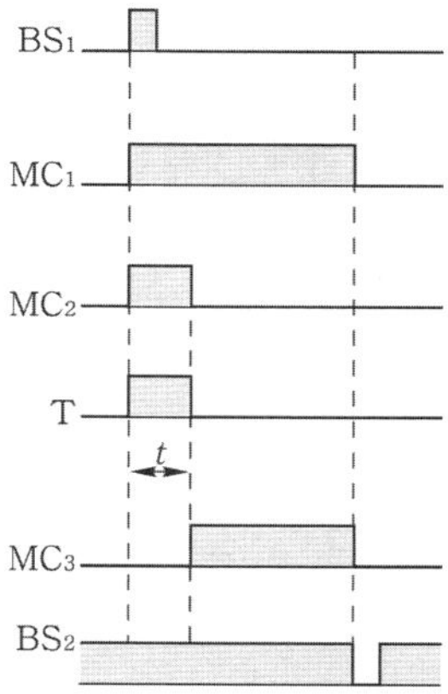

3) 동작 설명

① 전원을 투입(MCB)하면 정지 표시 램프 GL이 점등한다. BS_1을 주면 MC_1이 동작 유지하고 GL이 소등된다. 또 MC_2가 동작하고 타이머 Ⓣ가 여자된다.

② 모선 접속 – 구동 회로의 주접점 MC_1이 닫혀 모선을 접속한다.

③ Y기동 – 구동 회로의 주접점 MC_2가 닫혀 전동기 Ⓜ이 기동한다. 또 접점 $MC_{2(2)}$는 MC_3에 인터록을 건다.

④ 설정 시간(약 7초)이 되면 시한 동작 타이머의 접점 T_b로 MC_2가 복구하여 Y기동이 끝난다. 이어 접점 T_a로 MC_3이 동작하고 RL이 점등한다.

⑤ △ 운전 – 구동 회로의 주접점 MC_3이 닫혀 전동기 Ⓜ이 운전된다. 또 접점 $MC_{3(2)}$는 MC_2에 인터록을 건다. 접점 $MC_{3(4)}$는 운전 중 타이머 Ⓣ를 복구시킨다.

⑥ BS_2를 주면 MC_1이 복구하고 구동 회로의 주접점 MC_1이 열려 전동기 Ⓜ이 정지한다. 이어 MC_3이 복구하며 또한 GL이 점등되고 RL이 소등된다.

⑦ 운전 중 이상 전류가 흘러 열동 계전기 Thr이 트립되면 MC1과 MC_3이 복구하여 Ⓜ이 정지하며, RL이 소등하고 GL이 점등함과 동시에 OL이 점등한다. 고장이 회복되면 수동, 혹은 자동으로 Thr이 회복되고 OL램프가 소등된다.

38. 견적 및 공정관리

(1) 상세 견적

주어진 도면 또는 사양서 등의 설계도면 및 자료에 의해 재료와 공법 등 관계 법령을 이해하고 현장 상황을 파악하여 상세하게 견적을 계산하는 것

(2) 견적도

일반적으로 구조, 치수를 나타내는 개요도, 외형도 정도의 것을 사용하는 도면으로 견적서에 첨부하여 피조회자에게 첨부되는 도면

(3) 발주자 및 수주자 입장에서 본 견적 흐름도

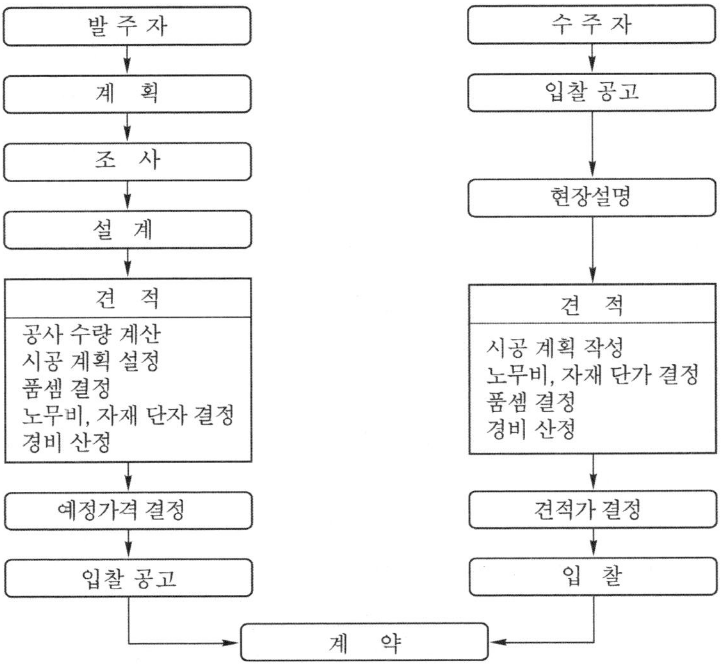

(4) 설계서의 작성순서에서 변경설계순서

표지 - 목차 - 변경이유서 - 일반시방서 - 특별시방서 - 예정공정표 - 동원인원 계획표 - 내역서 - 이하생략

(5) 시방서(Specification)를 작성할 때 요구되는 전문성

1) 설계도서 구성 및 작성에 대한 이해
2) 계약수립 및 관리 과정에 관한 지식
3) 설계도서의 활용에 대한 이해
4) 공사개시 전 준비단계에 대한 이해
5) 공사 추진 과정의 단계별 활용에 대한 이해
6) 공사 완성 단계의 업무에 대한 이해
7) 법적, 기술적 책임한계를 명확하게 표현할 수 있는 지식

(6) 공사원가의 계산

공사 원가라 함은 공사 시공 과정에서 발생한 재료비, 노무비, 경비의 합계액을 말한다.(준칙 제13조)

- 총원가
  - 공사(제조)원가
    - 재료비
      - 직접 재료비 : 주재료비, 부분 품비
      - 간접 재료비 : 소모 재료비, 소모 공구, 기구, 비품비, 포장재료비(제조), 가설 재료비(공사) 등
    - 노무비
      - 직접 노무비 : 기본급, 제수당, 상여금, 퇴직급여 충당금
      - 간접 노무비 : 직접 노무비×간접 노무 비율

        (※ 간접 노무비율= $\frac{\text{간접 노무비}}{\text{직접노무비}}$)
    - 경비 : 전력비등 21개 비목
  - 일반 관리비 – 공사 또는 제조원가×일정률(6 ~ 14 [%])
  - 이윤 – (노무비+경비+일반관리비)×일정률(제조 25 [%], 공사 15 [%])

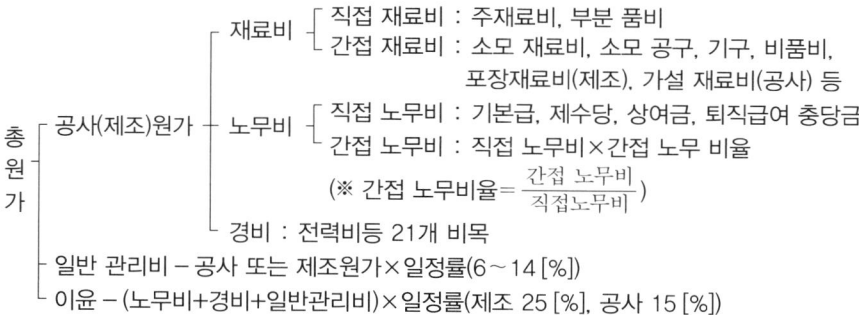

※ 예정 가격 = 총원가 + 부가가치세(10 [%])

1) 일반 관리비의 계상 방법

전문, 전기, 전기 통신 공사	
공사 원가	일반 관리 비율
5억원 미만	6[%]
5억원 ~ 30억원 미만	5.5[%]
30억원 이상	5[%]

2) 이윤

영업 이익을 말하며 공사 원가 중 노무비, 경비와 일반 관리비의 합계액(이 경우 기술료 및 외주 가공비는 제외한다)에 이윤을 15 [%]를 초과하여 계상할 수 없다.

3) 간접노무비율

$$\text{간접노무비율} = \frac{\text{공사종류별 간접노무비율+공사규모별 간접노무비율+공사기간별 간접노무비율}}{3}$$

4) 공구손료

공구 손료는 일반 공구 및 시험 검사용 일반 계측 기구류의 손료로서 공사중 상시 일반적으로 사용하는 것을 말하며 직접 노무비(제수당 상여금 또는 퇴직 급여 충당금을 제외)의 3[%]를 계상할 수 있다.

(7) 터파기 계산 방법

1) 독립기초파기

$$\text{터파기량 [A]} = \frac{h}{6}\{(2a+a')b+(2a'+a)b'\}$$

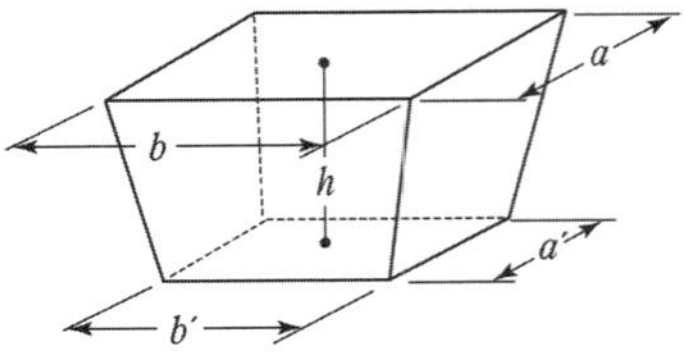

2) 줄기초파기

$$\text{터파기량 [A]} = \left(\frac{a+b}{2}\right)h \times \text{줄기초길이}$$

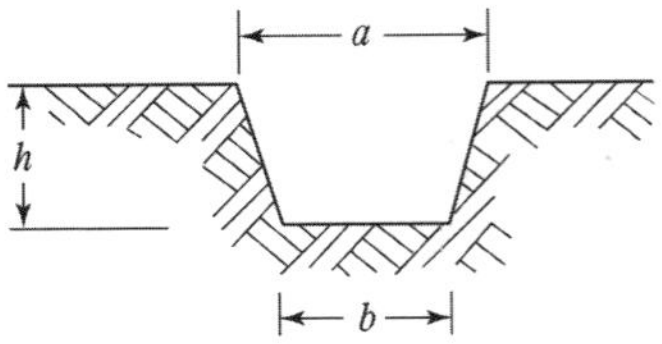

3) 철탑기초파기

터파기량 = 가로×세로×H×1.21 (※ 휴지각 = 1.1×1.1 = 1.21)

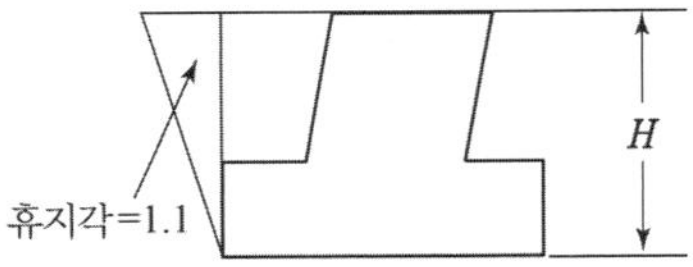

(8) 재료의 할증률

종 류	할증률 [%]
옥외 전선	5
옥내 전선	10
cable(옥외)	3
cable(옥내)	5
전선관(옥외)	5
전선관(옥내)	10

(9) 가공 배전 선로의 전선 가선시 실소요량 산출

① 일반적으로 선로가 평탄할 때 : 선로긍장×전선조수×1.02

② 선로 고저차가 심할 때 : 선로긍장×전선조수×1.03

(10) 표준품셈

1) 시공직종

직 종	작 업 구 분
플랜트전공	발·변전 설비 및 중공업설비의 시공 및 보수
송 전 전 공	철탑 및 송전설비의 시공 및 보수
계 장 공	플랜트 프로세스의 자동제어장치, 공업제어장치, 공업계측 및 컴퓨터 등 설비의 시공 및 보수
배 전 전 공	전주 및 배전설비의 시공 및 보수
내 선 전 공	옥내배관, 배선 및 등구류설비의 시공 및 보수
특고압케이블전공	특고압케이블 설비의 시공 및 보수(7 [kV] 초과)
고압케이블전공	고압케이블 설비의 시공 및 보수 (교류 600 [V] 초과 7 [kV] 이하, 직류 750 [V] 초과)
저압케이블전공	저압 및 제어용 케이블 설비의 시공 및 보수 (교류 600 [V] 이하, 직류 750 [V] 이하)
송 전 활 선 전 공	송전전공으로서 활선작업을 하는 전공
배 전 활 선 전 공	배전전공으로서 활선작업을 하는 전공
전기공사기사	전기공사업법에 의한 전기기술자
전기공사산업기사	전기공사업법에 의한 전기기술자

2) 소운반

20[m] 이내의 수평거리를 말하며, 경사면의 소운반 거리는 직고 1[m], 수평거리 6[m]의 비율로 본다.

3) 인력 운반 및 적상하 시간 기준

인부(지게) 운반과 장대물·중량물 등 목도 운반비 산출 공식

$$\text{운반비} = \frac{A}{T} \times M \times \left(\frac{60 \times 2 \times L}{V} + t \right)$$

여기서, A : 목도공의 노임(인부(지게) 운반일 경우 보통 인부의 노임)

M : 필요한 목도공의 수

$$M = \frac{\text{총 운반량 [kg]}}{\text{1인당 1회 운반량 [kg]}}$$

여기서, L : 운반 거리 [km]

V : 왕복 평균속도 [km/hr]

T : 1일 실작업 시간 [분]

t : 준비 작업 시간 (2분), (1회 운반량은 40 [kg/인])

4) 할증의 중복 가산 요령

$$W = P \times (1 + a_1 + a_2 + \cdots + a_n)$$

여기서, W : 할증이 포함된 품

P : 기본품 또는 각장 해설란의 필요한 증감 요소가 감안된 품

$a_1 \sim a_n$: 품 할증요소

(11) 공정계획시 검토할 주요사항

① 대관 인허가 사항

② 가설 운반 계획

③ 작업 인력 동원 계획

④ 장비, 기계 동원 계획

⑤ 안전관리 사항

39. 공사 재료

(1) 금속관 공사

명 칭	그 림	용 도
로그너트		금속관 배관 공사에서 복스에 금속관을 고정할 때 사용되며, 6각형과 톱니형이 있다.
부싱		전선의 절연 피복을 보호하기 위하여 금속관 끝에 취부하여 사용
엔트런스 캡		인입구, 인출구의 금속관 관단에 설치하여 빗물침입 방지, 금속관 공사에서 수직배관의 상부에 사용되어 비의 침입을 막는 데 가장 좋은 부품
터미널 캡 (서비스캡)	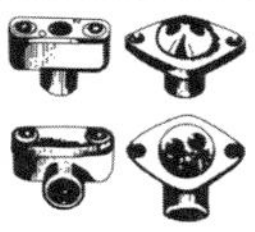	저압 가공 인입선에서 금속관 공사로 옮겨지는 곳 또는 금속관으로부터 전선을 뽑아 전동기 단자 부분에 접속할 때 사용 A형, B형이 있다.
플로어 박스		바닥 밑으로 매입 배선할 때 사용 및 바닥 밑에 콘센트를 접속할 때 사용
유니온 커플링		금속관 상호 접속용으로 관이 고정되어 있을 때 사용

명 칭	그 림	용 도
픽 스 쳐 스터드와 히 키		무거운 기구를 박스에 취부할 때 사용하는 재료
노 멀 밴 드		배관의 직각 굴곡 부분에 사용 노멀 밴드(전선관용)의 종류 : 후강 전선관용, 박강 전선관용, 나사없는 전선관용
유니버셜 엘 보		노출 배관 공사에서 관을 직각으로 굽히는 곳에 사용.강제전선관 공사중 노출배관 공사에서 관을 직각으로 굽히는 곳에사용한다. 3방향으로 분기할 수 있는 T형과 4방향으로 분기할 수 있는 크로스(cress)형이 있다.

(2) 배전선로 및 기타

① 데드앤드 클램프 : 현수애자를 설치한 가공 AL 배전선의 인류 및 내장개소에 AL전선을 현수애자에 설치하기 위해 사용하는 금구류

② EDB (Electrical Duct Bank) : 지하 매설용 전선 집합관

③ 이도조정금구 : 긴선 작업 후 전선의 높이를 미세조정하는 기구

④ 룰링스펜(Ruling Span) : 기하학적 등가 경간장 또는 내장주와 내장주 사이

⑤ 랙(rack) : 저압 가공전선을 수직 배열하는데 사용된다.

⑥ 브랭크 와셔(Blank Washer) : 박스에 덕트를 접속치 않는 곳에 수분 및 먼지의 침입을 막기 위하여 사용되는 재료

⑦ 클리퍼 : 굵은 전선(22 $[mm^2]$ 이상) 또는 철선을 절단할 때 사용하는 공구

⑧ 캣치홀더 : 배전선로의 보안장치로서 주상 변압기의 저압측에 설치

⑨ 프레셔투울 : 전선을 솔더리스 터미널에 입력하고 접속하여 사용하는 공구

⑪ 단로기 : 전선로나 전기기계의 수리 점검을 하는 경우 차단기로 차단된 전로를 확실하게 열기(open)위하여 사용되는 개폐기의 명칭

⑫ 인류 스트랍 : 저압 인류애자와 결합하여 인입선 가선공사에 사용하는 금구

⑬ 근가용 U볼트 : 전주에 근가를 취부할 때 근가를 고정시켜주는 볼트

⑭ 토-크 렌치(Torque 렌치) : 철탑 조립시 볼트의 조임 정도를 측정하는 기구

⑮ 송전선로의 가선 시공에서 조립식 가선공법 : 가선 구간별로 전선을 구매하여 지상에서 현수 애자에 압축형 인류 크램프를 사용하여 전선을 압축 시공 후 장비를 사용하여 철탑에 가선하는 공법

⑯ 버어니어 켈리퍼스 : 둥근 물건의 외경이나 파이프 등의 내경 또는 가공물의 깊이 등을 측정하며, 본척, 부척에 의하여 1/10[mm] 또는 1/20[mm]까지 측정할 수 있는 측정한다.

MEMO

D30-4

1992년도 전기공사산업기사 실기

- ▸ 92년 제 1 회 전기공사산업기사
- ▸ 92년 제 3 회 전기공사산업기사
- ▸ 92년 제 5 회 전기공사산업기사
- ▸ 92년 제 7 회 전기공사산업기사

국가기술자격검정 실기시험문제 및 답안지

1992년도 산업기사 일반검정 제 1 회			수험번호	성 명	감독위원 확 인
자격종목(선택분야)	시험시간	형별			
전기공사산업기사	2시간 00분				

※ 다음 물음에 답을 해당 답란에 답하시오.(배점 : 100점)

문제 01 ▸출제년도 : 92. ▸점수 : 5점

그림과 같이 고저차가 없고 같은 경간에 전선이 가설되어 있다. 지금 가운데 지지점 B에서 전선이 지지점으로부터 떨어졌다고 하면 전선의 딥(dip)은 전선이 떨어지기 전의 몇 배로 되는가?

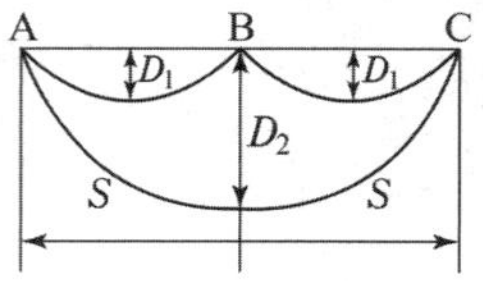

답안작성

계산 : 전선의 전체 길이는 변함이 없으므로

$$L = \left(S + \frac{8D_1^2}{3S}\right) \times 2 = 2S + \frac{8D_2^2}{3 \times 2S} \qquad \therefore\ D_2 = 2D_1$$

답 : 2배

문제 02 ▸출제년도 : 92. ▸점수 : 5점

지중전선로 공사를 하기 위하여 그림과 같이 줄 기초 터파기를 하려면 (1) 인부 (2)인이 필요하며, 노임은 (3) 원이 필요한가? 단, 지중전선로 길이는 80 [m]이며, 되메우기 및 잔토처리는 계산하지 않는다. 인부는 1 [m^3]당 0.2 인으로 하고 보통 토사를 기준으로 하고 해당되는 노임은 30,000원이다.

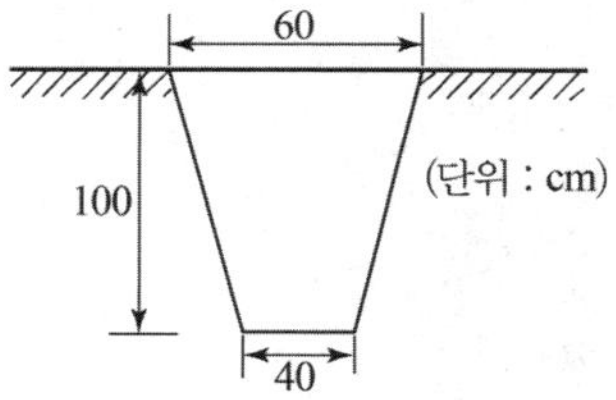

답안작성

(1) 보통 인부

(2) 계산 : 터파기량 $= \left(\dfrac{0.6+0.4}{2}\right) \times 1 \times 80 = 40\ [m^3]$

답 : 인공은 1 [m^3]당 0.2인이므로 $40 \times 0.2 = 8$[인]

(3) 노임 $= 30{,}000 \times 8 = 240{,}000$[원]

해 설

(2) 터파기량 $= \left(\dfrac{a+b}{2}\right) \times H \times$ 줄 기초 길이

문제 03 ▸ 출제년도 : 92. ▸ 점수 : 5점

금속관을 구부릴 때 굴곡 바깥 반지름은 관 안지름의 몇 배 이상이 되어야 하는가?

답안작성

6배

문제 04 ▸ 출제년도 : 88. 92. ▸ 점수 : 10점

다음 그림과 같이 두 개의 맨홀 사이에 지중 전선관로를 시설하려고 한다. 참고 자료를 이용하여 다음 물음에 답하시오.

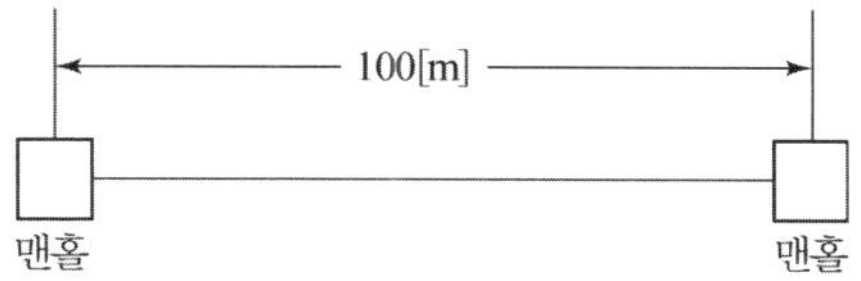

(1) 200 [mm] PVC 전선관 3열을 설치하고 6.6 [kV] 1C 150 [mm^2] 케이블을 각 열에 3 조씩 포설하는 경우 공사에 소요되는 공구 손료를 포함한 직접 인건비계를 산출하시오.

단, ① 토목 공사는 고려하지 않으며, 인공 계산은 소수 셋째자리까지만 구하며, 인건비는 원 이하는 버린다.

② 계산 과정을 모두 답안지에 기입하여야 한다. 고압 케이블 전공 노임은 18,900원이며 보통 인부 노임은 8,150원, 배관공 노임은 20,050원이다.

(2) 배전 선로용 전기 맨홀내에 시설되는 부속품의 종류를 아는대로 열거하시오.

[참고자료]

[표 1] 전력 케이블 신설 (km당)

PVC 고무절연 외장케이블류	케이블공	보통인부
저압 5.5 [mm^2] 이하 3심	10	10
14 〃	11	11
22 〃	14	11
38 〃	15	14
60 〃	17	17
100 〃	23	22
150 〃	29	29
200 〃	35	34
325 〃	50	49
400 [mm^2] 이하 단심	25	25
500 〃	27	27
600 〃	31	31
800 〃	38	38
1000 〃	45	45

[해설] ① 드럼 다시감기 소운반품 포함
② 지하관내 부설기준, Cu, Al 도체 공용
③ 트라프내 설치 110 [%], 2심 70 [%], 단심 50 [%], 직매 80 [%](장애물 없을 때)
④ 가공 케이블(조가선 불포함, Hanger품 불포함)은 이 품의 130 [%]
⑤ 연피 및 벨트지 케이블은 이 품의 120 [%], 강대개장 150 [%], 수저케이블 200 [%], 동심중성선형케이블(CNCV) 110 [%]
⑥ 가공시 이도 조정만 할 때는 가설품의 20 [%]
⑦ 철거 50 [%], 재사용 철거(단, 드럼감기품 포함) 90 [%]
⑧ 단말처리, 직선접속 및 접지공사 불포함(600V 8 [mm^2] 이하의 단말처리 및 직선 접속품 포함)
⑨ 관내 기설케이블 정리가 필요할 때는 10 [%] 가산
⑩ 선로 횡단개소 및 커브 개소에는 개소당 0.056인 가산
⑪ 케이블만의 임시부설 30 [%]
⑫ 터파기, 되메우기, 트라프관 설치품 제외
⑬ 2열 동시 180 [%], 3열 260 [%], 4열 340 [%], 수저부설 200 [%]
⑭ 단심케이블을 동일 공내에서 2조 이상 포설시 1조 추가마다 이 품의 80 [%]씩 가산(관로식일 경우만 해당)
⑮ 송·배전 전력케이블 포설시 구내 부분은 이 품에 50 [%] 가산
⑯ 전압에 대한 가산율 적용

600 [V]	이하	0 [%]
3.3 [kV]	〃	10 [%] 증
6.6 [kV]	〃	20 [%] 〃
11 [kV]	〃	30 [%] 〃
22 [kV]	〃	50 [%] 〃
66 [kV]	〃	80 [%] 〃

⑰ 공동구(전력구 포함)의 경우는 이 품의 125% 적용
⑱ 사용케이블의 공칭전압에 따라 케이블공 직종을 구분 적용함

[표 2] 강관부설 (m당)

강관	배관공
ϕ75 [mm] 이하	0.13
ϕ100 [mm] 이하	0.152
ϕ150 [mm] 이하	0.188
ϕ200 [mm] 이하	0.222
ϕ250 [mm] 이하	0.299
ϕ300 [mm] 이하	0.330

[해설] ① 5-34~37까지 이 해설을 적용하며 터파기, 되메우기 및 잔토처리는 별도 계상. 이때 잔토처리를 현장 밖으로 처리할 경우 운반비 및 적상, 적하비용을 별도 계한다.
② 반매입, 지표식, 지중식 공히 준용함.
③ 철거 50 [%]
④ 2열 동시 180 [%], 3열 260 [%], 4열 340 [%], 6열 420 [%], 8열 500 [%], 10열 580 [%]
⑤ 접합품 포함
⑥ PVC관은 강관의 60 [%]
⑦ 이 공사에 부수되는 토건공사 품셈 적용시 지세별 할증률 적용

답안작성

(1) 표 2에서 배관공 : $0.222 \times 100 \times 2.6 \times 0.6 = 34.632$ [인]

표 1에서

케이블공 : $\dfrac{100}{1,000} \times 29 \times 0.5(1+0.8+0.8) \times 1.2 \times 2.6 = 11.762$ [인]

보통인부 : $\frac{100}{1,000}\times 29\times 0.5(1+0.8+0.8)\times 1.2\times 2.6=11.762$ [인]

인건비 : $34.632\times 20,050$원 $+11.762\times 18,900$원 $+11.762\times 8,150$원 $=1,012,530$ [원]

공구 손료 : 인건비 $\times 0.03=1,012,530\times 0.03=30,370$ [원]

인건비 합계 : $1,012,530+30,370=1,042,900$ [원]

(2) 사다리, 접지 연결 동봉, 훅크, 행가, 크리트, 지지대, 맨홀뚜껑, 발판볼트

해 설

(1) ① 표 2에서 배관공 0.222인, 3열 260 [%], PVC 60 [%] 적용
② 표 1에서 각각 인공 29 [인], 단심 50 [%], 3조 260 [%], 3열 260 [%], 전압 할증 20 [%] 적용

문제 05

▸ 출제년도 : 92. 98. 05. ▸ 점수 : 20점

다음 그림은 고압수전설비 결선도이다. 물음에 답하시오.

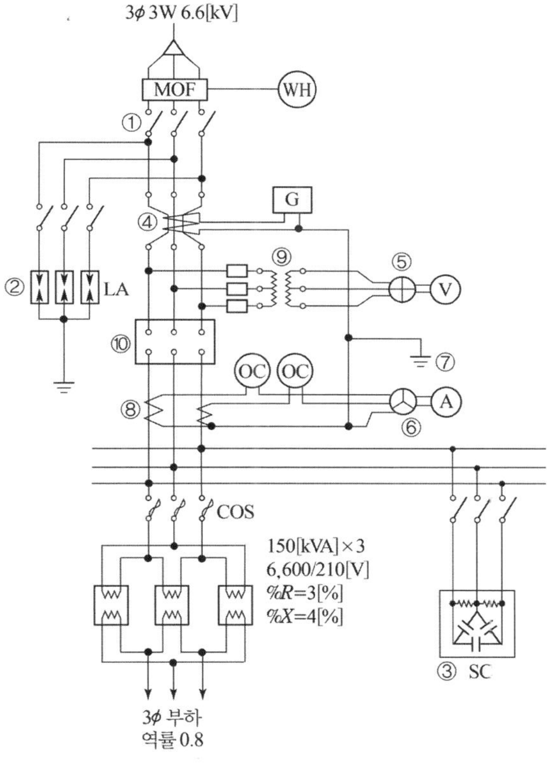

(1) ①의 기기 명칭은?

(2) ②의 기기 명칭은?

(3) ③의 SC는 무엇을 말하는가?

(4) ④의 기기 명칭은?

(5) ⑤의 기기 명칭은?

(6) ⑥의 기기 명칭은?

(7) ⑧의 기기 명칭은?

(8) ⑨의 기기 명칭은?
(9) ⑩의 기기 명칭은?

답안작성

(1) 단로기
(2) 피뢰기
(3) 전력용 콘덴서
(4) 영상 변류기
(5) 전압계용 전환개폐기
(6) 전류계용 전환개폐기
(7) 계기용 변류기
(8) 계기용 변압기
(9) 교류 차단기

문제 06

▸ 출제년도 : 92. ▸ 점수 : 10점

다음 그림은 22.9 [kV-Y] 가공 전선로로부터 자가용 수용가의 구내에 있는 전주를 거쳐 지중을 통과하여 건물의 옥상에 있는 수전 설비까지의 전로를 나타낸 것이다. 이 그림을 참조하여 문제 ①~⑩에 답하여라.

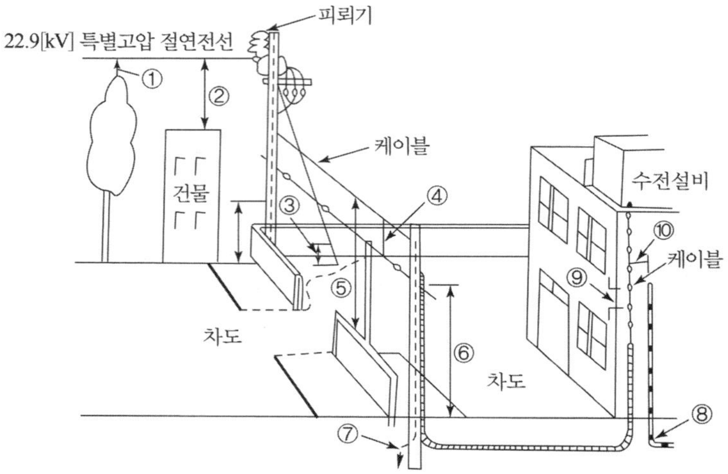

(1) 22.9 [kV] 가공 전선으로 케이블을 사용하는 경우 식물과의 이격 거리는 다음 중 어느 것에 해당하는가? 단, 1.2 [m] 이상 이격하여야 한다. 2.0 [m] 이상 이격하여야 한다. 접촉하지 않도록 한다. (도면에 표시된 ①참조)
(2) 22.9 [kV-Y] 가공 전선(특고압 절연 전선)이 건물의 위쪽으로 통과할 때 그 이격 거리의 최소값[m]은? (도면에 표시된 ②참조)
(3) 지선의 지표 부근에 시설하는 지선봉의 표면상 높이의 최소값은? (도면에 표시된 ③참조)
(4) 22.9 [kV-Y] 가공 전선(케이블)과 전화선(통신용 케이블)과의 이격 거리의 최소값[m]은? (도면에 표시된 ④참조)
(5) 22.9 [kV-Y] 가공 전선(케이블)이 도로를 횡단할 경우 지표상 높이의 최소값[m]은? (도면에 표시된 ⑤참조)

(6) 케이블이 손상을 받을 우려가 있는 곳에 시설하는 경우 케이블의 보호관의 지표상 높이의 최소값은 몇 [m] 이상으로 하여야 하는가? (도면에 표시된 ⑥참조)

(7) 케이블 보호관의 접지 공사의 접지극으로 내경 75 [mm] 이상의 금속제 수도관을 대용하는 경우 수도관의 접지 저항의 최대값[Ω]은? (도면에 표시된 ⑧ 참조)

답안작성

(1) 접촉하지 않도록 한다.
(2) 2.5 [m]
(3) 0.3 [m]
(4) 0.5 [m]
(5) 6 [m]
(6) 2 [m]
(7) 3 [Ω]

해 설

KEC 333.32 25[kV] 이하인 특고압 가공전선로의 시설

(1) 특고압 가공전선과 식물 사이의 이격거리는 1.5[m] 이상일 것. 다만, 특고압 가공전선이 특고압 절연전선이거나 케이블인 경우로서 특고압 가공전선을 식물에 접촉하지 아니하도록 시설하는 경우에는 그러하지 아니하다.

(2) 특고압 가공전선(다중접지를 한 중성선을 제외한다. 이하 같다) 이 건조물과 접근하는 경우에 특고압 가공전선과 건조물의 조영재 사이의 이격거리는 표 에서 정한 값 이상일 것.

건조물의 조영재	접근형태	전선의 종류	이격거리
상부 조영재	위쪽	나전선	3.0[m]
		특고압 절연전선	2.5[m]
		케이블	1.2[m]
	옆쪽 또는 아래쪽	나전선	1.5[m]
		특고압 절연전선	1.0[m]
		케이블	0.5[m]
기타의 조영재		나전선	1.5[m]
		특고압 절연전선	1.0[m]
		케이블	0.5[m]

(4) 특고압 가공전선이 가공약전류전선 등 · 저압 또는 고압의 가공전선 · 안테나저압 또는 고압의 전차선(이하"저고압 가공전선 등"이라 한다)과 접근 또는 교차하는 경우에는 다음에 의할 것.

구분	가공전선의 종류	이격(수평이격)거리
가공약전류전선 등 · 저압 또는 고압의 가공전선 · 저압 또는 고압의 전차선 · 안테나	나전선	2.0[m]
	특고압 절연전선	1.5[m]
	케이블	0.5[m]

(5) KEC 333.7 특고압 가공전선의 높이
특고압 가공전선의 지표상(철도 또는 궤도를 횡단하는 경우에는 레일면상, 횡단보도교를 횡단하는 경우에는 그 노면상)의 높이는 표에서 정한 값 이상이어야 한다.

전압의 범위	일반장소	도로횡단	철도 또는 궤도횡단	횡단보도교
35 [kV] 이하	5 [m]	6 [m]	6.5 [m]	4 [m] (특고압절연전선 또는 케이블 사용)

(8) KEC 142.2 접지극의 시설 및 접지저항
지중에 매설되어 있고 대지와의 전기저항 값이 3[Ω] 이하의 값을 유지하고 있는 금속제 수도관로는 접지극으로 사용이 가능하다.

문제 07 ▸ 출제년도 : 92. ▸ 점수 : 5점

합성수지관 공사에서 관 상호 및 관과 박스와의 접속시에 삽입하는 깊이를 관 바깥지름의 몇 배 이상으로 하여야 하는가? 단, 접착제를 사용하지 않는 경우이다.

답안작성

1.2배

해 설

합성수지관 공사에서 관 상호 및 관과 박스와의 접속시에 삽입하는 깊이
- 접착제를 사용하는 경우 : 0.8배
- 접착제를 사용하지 않는 경우 : 1.2배

문제 08 ▸ 출제년도 : 92. ▸ 점수 : 5점

발변전 설비 및 중공업 설비의 시공 및 보수는 어떤 전공이 필요한가?

답안작성

플랜트 전공

문제 09 ▸ 출제년도 : 92. ▸ 점수 : 5점

그림과 같이 계전기 M_1, M_2, M_3, M_4의 a 접점 m_1, m_2, m_3, m_4를 입력으로 하고 출력을 램프 L로 한 접점회로에서 출력 L을 입력인 m_1, m_2, m_3, m_4의 논리식으로 표시하시오. 단, 계전기 M_1, M_2, M_3, M_4는 각각 푸시 버튼 스위치 PB_1, PB_2, PB_3, PB_4로 직접 제어되는 것으로 한다.

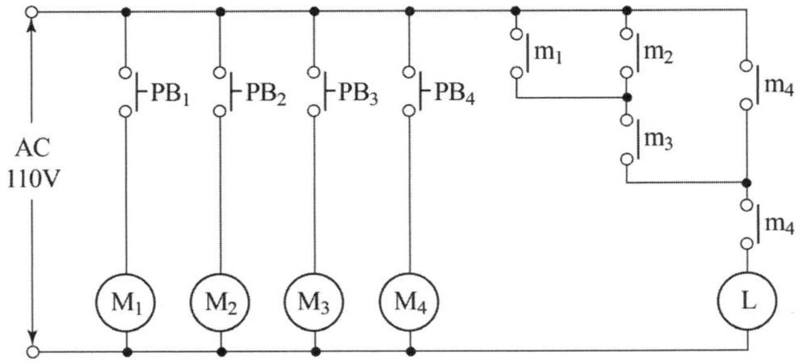

답안작성

$L = m_4 \cdot (m_4 + m_3(m_1 + m_2)) = m_4$

문제 10 ▸ 출제년도 : 92. ▸ 점수 : 5점

노출 배선의 심벌은?

답안작성

- - - - - - - - - - - - - -

문제 11 ▸ 출제년도 : 92. 97. 03. ▸ 점수 : 10점

그림은 신호 회로를 조합한 시퀀스 회로이다. 누름 버튼 스위치(PB)는 20초 동안 누르고, 접점 F는 전원 투입 3초 후 동작하며 10초 동안 유지하며 설정시간은 T_1은 7초, T_2는 5초이고, 기타의 시간 늦음은 없다. 다음 물음에 답하여라.

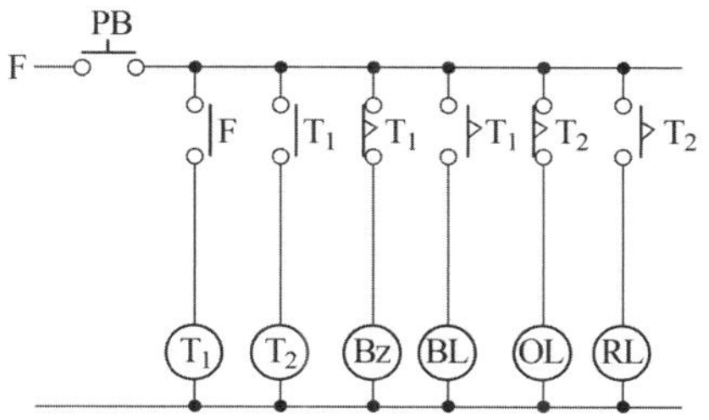

(1) 답란에 주어진 타임 차트를 그려라.

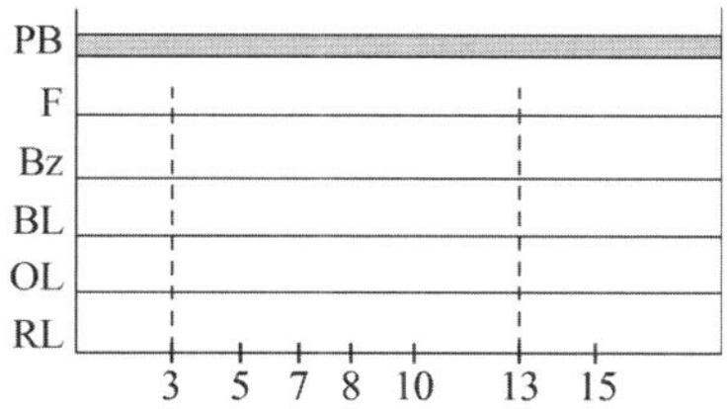

(2) 답란에 주어진 기호로 회로를 그리고 논리식을 써라.

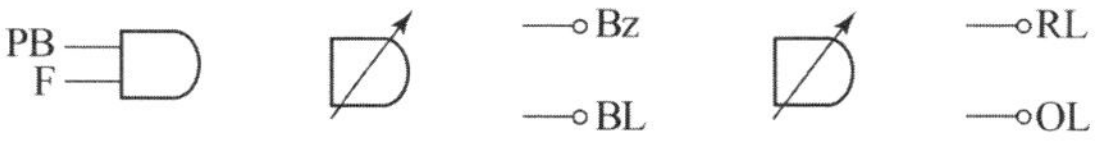

답안작성

(1)

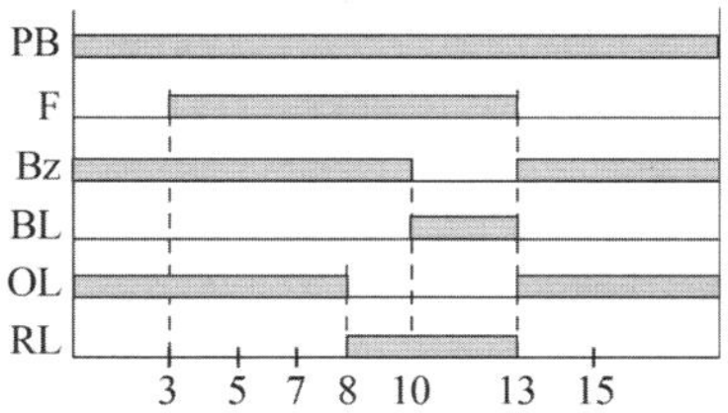

(2)

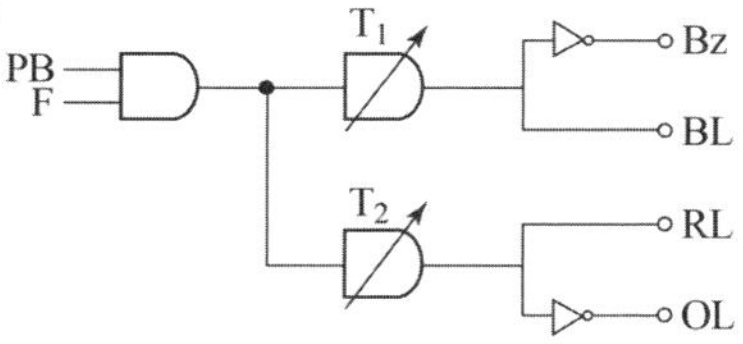

$T_1 = PB \cdot F$

$T_2 = T_1$(여자)$= PB \cdot F$

$Bz = \overline{T}_1$, $BL = T_1$

$RL = T_2$, $OL = \overline{T}_2$

해 설

PB를 주면 Bz, OL이 점등된다. 3초 후 F를 주면 T_1, T_2가 여자된다. 5초 후(시간 8초) T_2 접점으로 OL이 소등되고 RL이 점등되며 이어 2초 후(여자 후 7초, 시간 10초)에 T_1 접점으로 Bz이 복구하고 BL이 점등된다. 이어 3초 후(시간 13초) F가 열리면 BL, RL은 소등되고 BZ, OL은 점등(동작)된다.

문제 12 ▸ 출제년도 : 92. 04. ▸ 점수 : 10점

그림은 직류 전동기의 기동 회로도이다. 다음 물음에 답하시오.

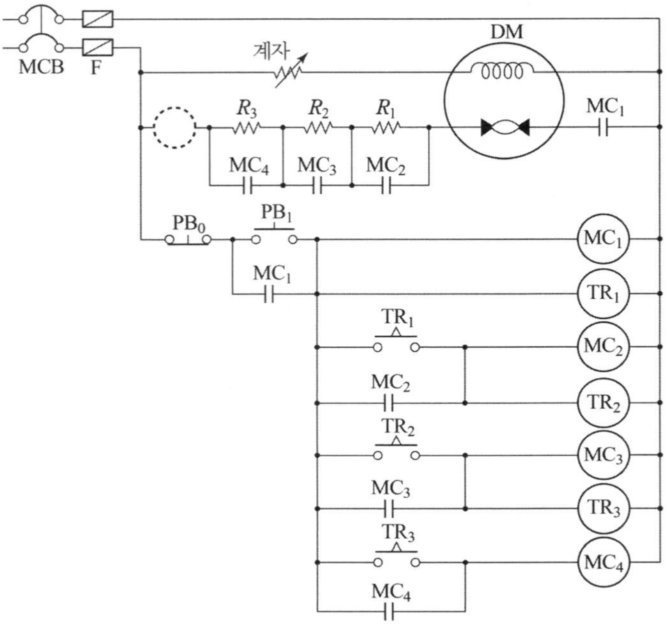

(1) 그림에서 ◌ 으로 표시한 곳에 올바른 도면이 되도록 접점을 그리고 기호를 쓰시오.
(예 : —⧸⊢— MC_4, —| |— MC_3)

(2) 답란의 타임 차트에서 미완성 부분을 완성하시오.

답안작성

(1)

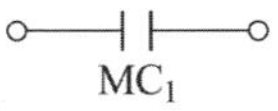

(2)

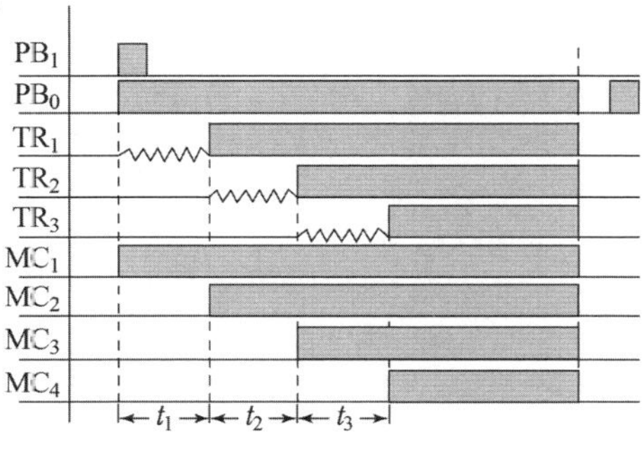

해 설

전기자의 직렬 저항 $(R_1+R_2+R_3)$을 3단계로 줄이면서 기동하고 운전 중에는 전부 단락 상태가 된다.

출제기준 변경 및 개정된 관계법규에 따라 삭제된 문제가 있어 배점의 합계가 100점이 안됩니다.

국가기술자격검정 실기시험문제 및 답안지

1992년도 산업기사 일반검정 제 3 회			수험번호	성 명	감독위원 확 인
자격종목(선택분야)	시험시간	형별			
전기공사산업기사	2시간 00분				

※ 다음 물음에 답을 해당 답란에 답하시오.(배점 : 100점)

문제 01 ▸ 출제년도 : 92. 93. ▸ 점수 : 10점

장주 공사에 관한 물음이다. 옳으면 ○표, 틀리면 ×표를 하여라.

(1) ㄱ형 완금에는 900 [mm], 1400 [mm], 1800 [mm], 2400 [mm], 2600 [mm], 3200 [mm]가 있다.

(2) 경완금에는 900 [mm], 1400 [mm], 1400 [mms], 1800 [mm], 1800 [mms], 2400 [mm]가 있다.

(3) 암타이는 평암타이, 각암타이가 있다.

(4) 암타이 및 랙크 밴드에는 1방 및 2방, 각 2호～6호가 있다.

(5) 랙크에는 1선용, 2선용, 3선용, 4선용이 있다.

(6) 인류 스트랍은 ACSR 중성선의 인류 및 내장 개소에 적용한다.

(7) 가공지선 지지대에는 직선용과 내장용이 있다.

(8) 저압핀 애자 및 인류 애자 접지측에는 녹색을 사용한다.

(9) CP 주의 1단 장주는 말구에서 250 [mm] 지점에 시설한다.

(10) ㄴ볼트를 사용하여 편출 장주로 할 수 있는 완금은 ㄱ형 완금 2600 [mm], 경완금 2400 [mm] 2종 뿐이다.

답안작성

(1) × (2) ○ (3) ○ (4) ○ (5) ○
(6) ○ (7) ○ (8) ○ (9) ○ (10) ×

해 설

(1) ㄱ형 완금 : 배전용 (900 [mm], 1400 [mm], 1800 [mm], 2400 [mm], 2600 [mm] 5종)
송전용 : 3200 [mm], 3400 [mm], 5400 [mm] 3종

(4) 암타이 및 랙크밴드에는 1방 및 2방이 있으며 각 2호(180 [mm])～6호(280 [mm]) 10종을 표준규격으로 사용

문제 02 ▸ 출제년도 : 92. ▸ 점수 : 5점

연접인입선이라 함은 어떤 용어인가 간단하게 쓰시오.

답안작성

수용장소의 인입구에서 분기하여 지지물을 거치지 아니하고 다른 수용장소의 인입구에 접속점에 이르는 부분의 전선

해 설

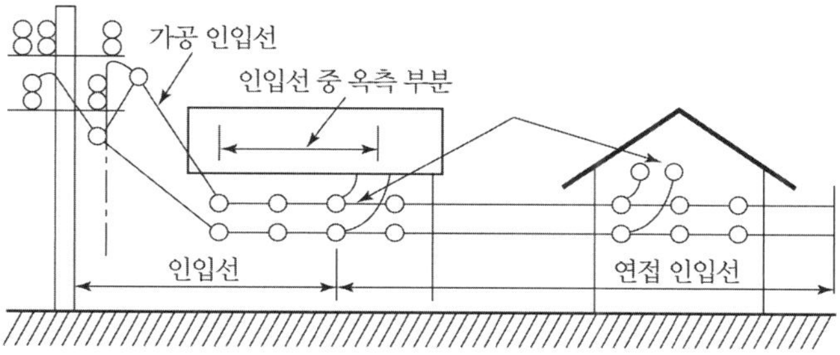

문제 03 ▸ 출제년도 : 92. ▸ 점수 : 15점

15 [m] 전주에 설치된 도면을 보고 다음 물음에 답하시오.

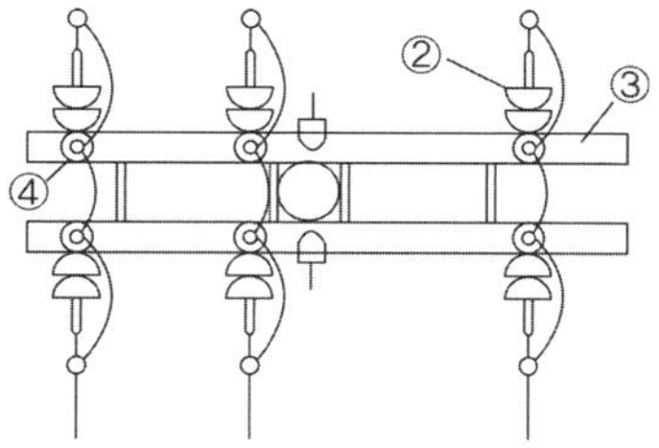

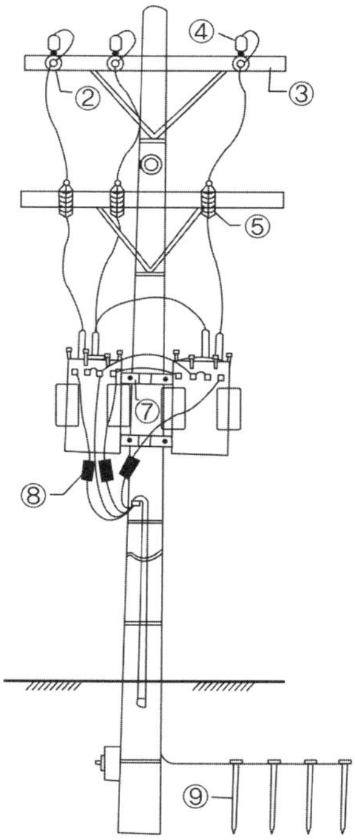

(1) 도면에 표시된 ④의 규격이 23 [kV] 56-2호이다. 특고압 핀애자는 몇 개인가?
(2) 도면에 표시된 ⑤의 품명은 무엇인가?
(3) 도면에 표시된 ⑦의 품명은 정확히 무엇인가?
(4) 도면에 표시된 ⑧의 품명은 무엇이며, 수량은 몇 개인가?
(5) 그림에 표시된 ⑨의 명칭은?

답안작성

(1) 6개
(2) COS
(3) 행거밴드
(4) 품명 : 캣치 홀더, 수량 : 3개
(5) 접지봉

문제 04 ▸ 출제년도 : 89. 92. 98. 01. 07. ▸ 점수 : 14점

도면과 같이 구내 각 공장에 케이블을 포설하고자 한다. 도면을 숙독하고 유의사항을 참고하여 총수량을 주어진 답안지에 계산하여 답하시오.

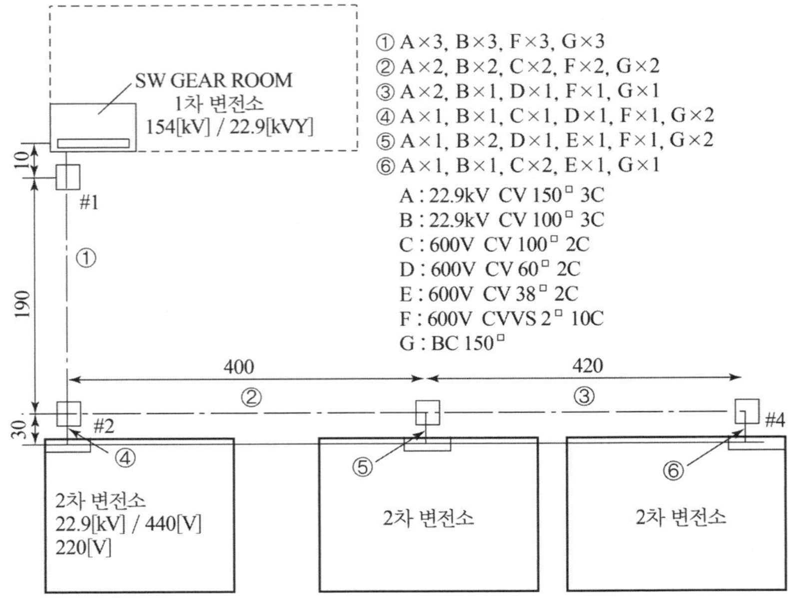

[유의사항]

① 생략된 도면과 문제지에 나타나 있지 않은 사항은 임의로 생각하지 말고 도면대로 할 것
② MANHOLE과 관로는 완성되어 있다.
③ MANHOLE에서 S.W GEAR ROOM과 2차 변전소간의 거리는 표시된 숫자만큼만 계산한다.
④ #맨홀 표시
⑤ 케이블 수량을 구한 후 3 [%] 할증을 적용하여 소수점 미만은 버리시오.

번 호	품 명	규 격	단 위	수 량
(1)	케 이 블	22.9 [kV], CV 150□ 3C	[m]	
(2)	케 이 블	22.9 [kV], CV 100□ 3C	[m]	
(3)	케 이 블	600 [V], CV 100□ 2C	[m]	
(4)	케 이 블	600 [V], CV 60□ 2C	[m]	
(5)	케 이 블	600 [V], CV 38□ 2C	[m]	
(6)	케 이 블	600 [V], CVVS 2□ 10C	[m]	
(7)	케 이 블	B.C. 150□ 나연동	[m]	

답안작성

(1) $(200\times 3+400\times 2+420\times 2+30\times 3)\times 1.03=2330\times 1.03=2399$ [m]

(2) $(200\times 3+400\times 2+420+30\times 4)\times 1.03=1940\times 1.03=1998$[m]

(3) $(400\times 2+30+60)\times 1.03=890\times 1.03=916$[m]

(4) $(420+30\times 2)\times 1.03=480\times 1.03=494$[m]

(5) $(30\times 2)\times 1.03=60\times 1.03=61$[m]

(6) $(200\times 3+400\times 2+420+30\times 2)\times 1.03=1880\times 1.03=1936$[m]

(7) $(200\times 3+400\times 2+420+30\times 5)\times 1.03=1970\times 1.03=2029$[m]

문제 05

▸ 출제년도 : 92. 99. ▸ 점수 : 14점

도면에 표시된 1, 2, 3, 4, 5, 6, 7의 품명(명칭)을 정확하게 주어진 답안지에 답하여라.

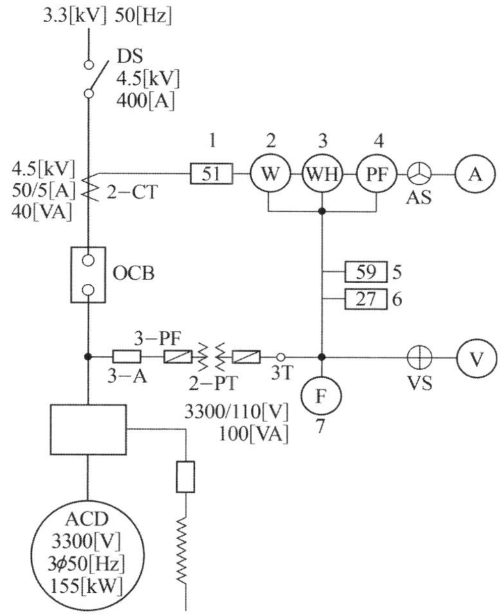

답안작성

1. [51] : OCR(교류 과전류 계전기)
2. (W) : 전력계
3. (WH) : 적산 전력량계
4. (PF) : 역률계
5. [59] : OVR(교류 과전압 계전기)
6. [27] : UVR(교류 부족 전압 계전기)
7. (F) : 주파수계

문제 06

▸ 출제년도 : 92. 94. 98. 00. 01.　▸ 점수 : 6점

4.5 [m]×4.5 [m]인 엘리베이터 홀에 down light 조명을 하려고 한다. 이 홀의 실지수를 구하시오.(단, 천장의 높이는 3 [m]이고, 천장면의 반사율은 70 [%]이다.)

답안작성

계산 : 실지수 $R \cdot I = \dfrac{X \cdot Y}{H(X+Y)} = \dfrac{4.5 \times 4.5}{3(4.5+4.5)} = 0.75$

답 : 0.75

문제 07

▸ 출제년도 : 92. 97.　▸ 점수 : 5점

피뢰기를 시설해야 하는 곳을 4개소로 요약하여 열거하시오.

답안작성

① 발전소 · 변전소 또는 이에 준하는 장소의 가공전선 인입구 및 인출구
② 특고압 가공전선로에 접속하는 배전용 변압기의 고압측 및 특고압측
③ 고압 및 특고압 가공전선로로부터 공급을 받는 수용장소의 인입구
④ 가공전선로와 지중전선로가 접속되는 곳

해 설

KEC 341.13 피뢰기의 시설
고압 및 특고압의 전로 중 다음에 열거하는 곳 또는 이에 근접한 곳에는 피뢰기를 시설하여야 한다.
1) 발전소 · 변전소 또는 이에 준하는 장소의 가공전선 인입구 및 인출구
2) 특고압 가공전선로에 접속하는 배전용 변압기의 고압측 및 특고압측
3) 고압 및 특고압 가공전선로로부터 공급을 받는 수용장소의 인입구
4) 가공전선로와 지중전선로가 접속되는 곳

문제 08

▸ 출제년도 : 88. 92.　▸ 점수 : 8점

램프 L을 두 곳에서 점멸할 수 있는 회로 설계도이다. 다음 물음에 주어진 답안지에 답하시오.
(1) X, L의 식을 쓰시오.
(2) 답안지의 무접점 회로를 완성하시오.

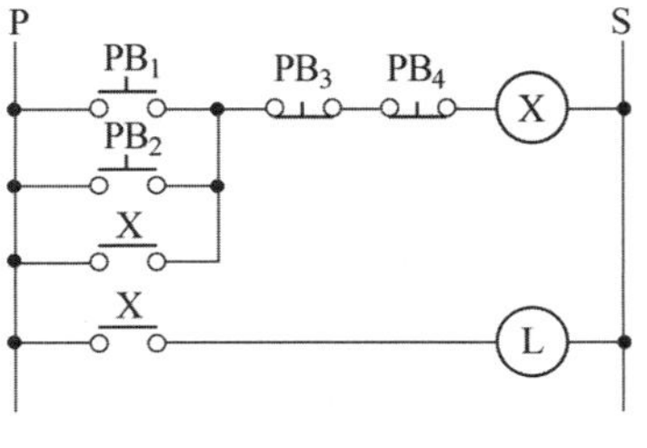

답안작성

(1) $X = (PB_1 + PB_2 + X\text{-}a) \cdot \overline{PB}_3 \cdot \overline{PB}_4$
　 $L = X$

(2)

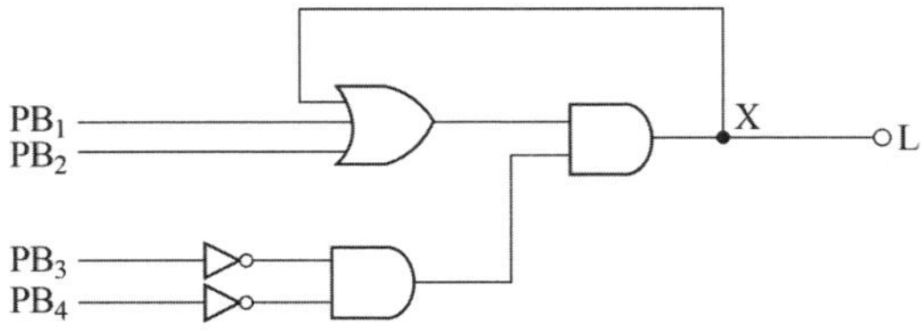

문제 09 ▸ 출제년도 : 92. 03. ▸ 점수 : 8점

아래 회로는 압력 스위치(PS)를 이용한 경보 회로로 압력 스위치가 닫히면 부저(BZ)가 울리고 타이머에 의하여 부저가 정지한다. 다음 물음에 답하여라.

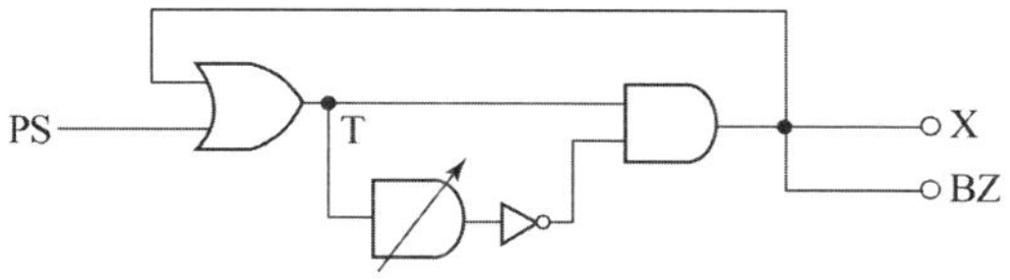

(1) 답란에 주어진 릴레이 회로를 완성하여라.

(2) 답란에 주어진 논리식을 써라.

답안작성

(1)

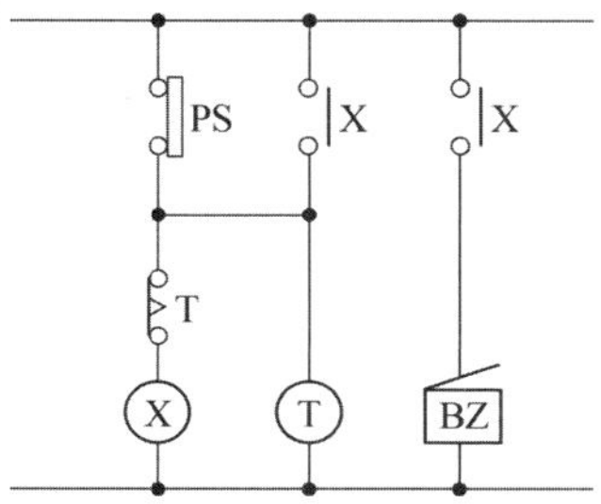

(2) $X = (PS + X) \cdot \overline{T}$

$T = PS + X$

$BZ = X$

문제 10 ▸ 출제년도 : 92. ▸ 점수 : 15점

다음 동작을 읽고 물음에 답하시오.

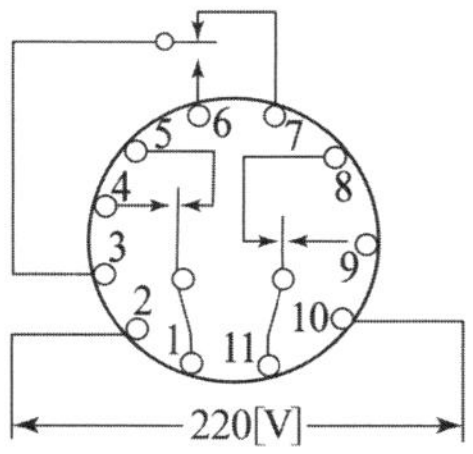

릴레이 내부 결선도

[참고] 다음 심벌을 참고하시오.

릴레이 Ⓧ, 표시등 (PL)

전 등 Ⓛ, 부 저 (BZ), 콘센트 Ⓔ

푸시 버튼 스위치 : Pb

커버나이프 스위치 : CKS

단로 스위치 : S1

[동작설명]

1. 전등 및 전열회로 (단상 220[V])

• 2P CKS_1이 ON 상태에서

(1) C에 전원이 직접 걸린다.

(2) ⓐ S_{1-1} ON 하고 S_{1-2}, S_{1-3}가 OFF 상태에서 L_1, L_2, L_3가 직렬점등된다.

ⓑ S_{1-1}을 ON 상태에서 S_{1-2}를 ON 하면 L_2, L_3가 직렬점등되다.

ⓒ S_{1-1}을 ON 상태에서 S_{1-2}를 OFF하고 S_{1-3}을 ON 하면 L_1, L_2가 직렬 점등 된다.

ⓓ S_{1-1}을 ON 상태에서 S_{1-2}를 ON하고 S_{1-3}을 ON하면 L_2만 점등된다.

2. 신호회로(단상 110 [V])

•2P CKS_2이 ON 상태에서

(1) PL이 점등된다. X_1, X_2, X_3 중 1개라도 동작되면 PL은 소등된다.

(2) PB_1을 누르는 순간만 X_1이 동작, X_1에 의하여 BZ_2, BZ_3가 동작된다.

(3) PB_2를 누르는 순간만 X_2가 동작, X_2에 의하여 BZ_1, BZ_3가 동작된다.

(4) PB_3를 누르는 순간만 X_3가 동작, X_3에 의하여 BZ_1, BZ_2가 동작된다.

(5) PB_4을 누르는 순간만 X_4와 BZ_4가 동작되는 동시에 X_1, X_2, X_3가 동작 BZ_1, BZ_2, BZ_3, BZ_4가 동작된다.

[물음]

(1) 주어진 동작설명에 의하여 전등, 전열회로 및 신호 회로도를 각각 완성하시오.

(2) 완성된 회로도에 의하여 아래 배관도의 (A)부분에는 최소 몇 가닥의 전선이 들어가야 되는지 답하시오.

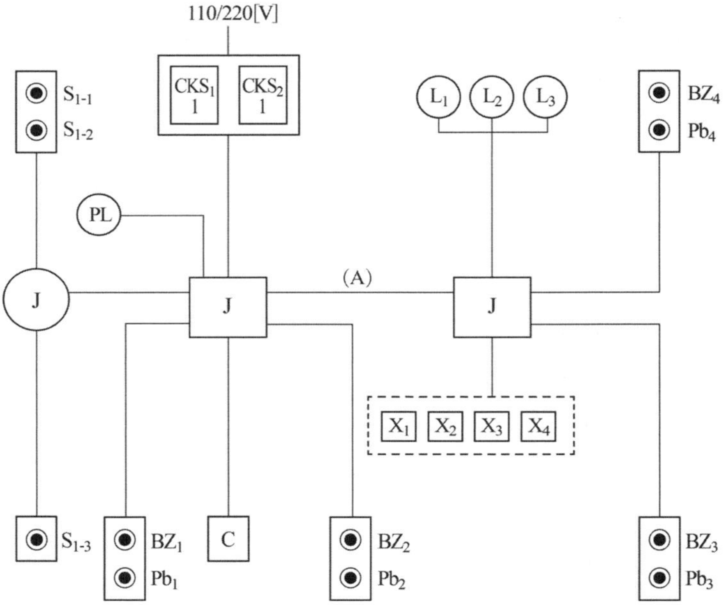

답안작성

(1) ① 전등 및 전열회로

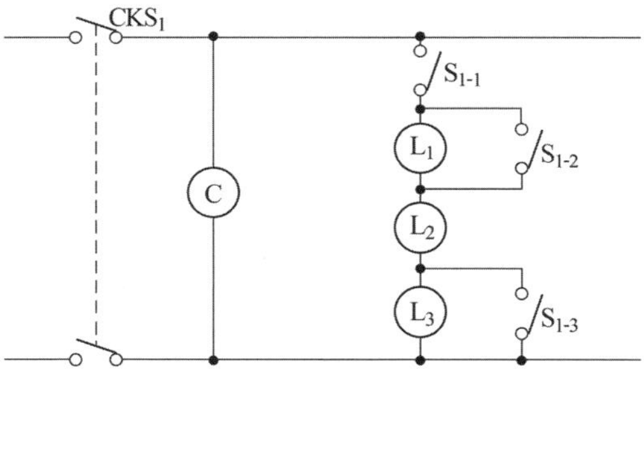

② 제어회로

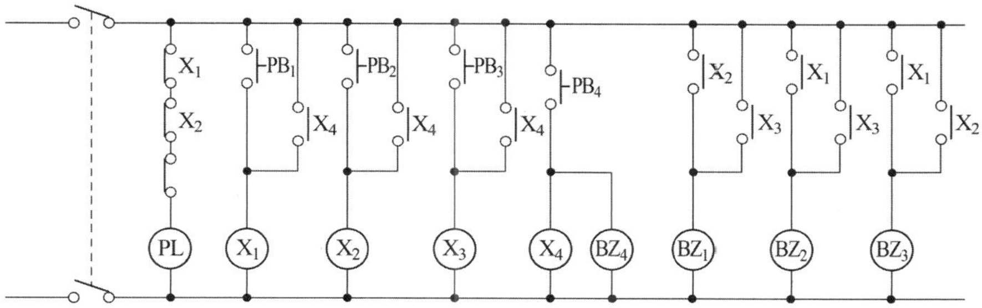
X1
X2
PB1
X4
PB2
X4
PB3
X4
PB4
X2
X3
X1
X3
X1
X2
PL
X1
X2
X3
X4
BZ4
BZ1
BZ2
BZ3

(2) 11가닥

국가기술자격검정 실기시험문제 및 답안지

1992년도 산업기사 일반검정 제 5 회			수험번호	성 명	감독위원 확 인
자격종목(선택분야)	시험시간	형별			
전기공사산업기사	2시간 00분				

※ 다음 물음에 답을 해당 답란에 답하시오.(배점 : 100점)

문제 01 ▸ 출제년도 : 92. ▸ 점수 : 8점

접지공사에 사용하는 접지선을 사람이 접촉할 우려가 있는 장소에 시설할 경우 공사방법을 4가지로 쓰시오.

답안작성

① 접지극은 동결 깊이를 감안하여 시설하되 매설깊이는 지표면으로부터 지하 0.75[m] 이상으로 한다.
② 접지선은 접지극에서 지표상 60 [cm]까지의 부분에는 절연전선, 캡타이어 케이블, 케이블을 사용할 것
③ 접지선의 지표면하 75 [cm]에서 지표상 2 [m]까지 부분에는 합성수지관 또는 이와 동등이상의 절연효력 및 강도가 있는 것으로 덮을 것
④ 접지선을 사람이 접촉될 우려가 있는 장소의 철주 등 금속체에 따라서 매설하는 경우에 접지극을 금속체로부터 1 [m] 이상 이격할 것

해 설

접지공사

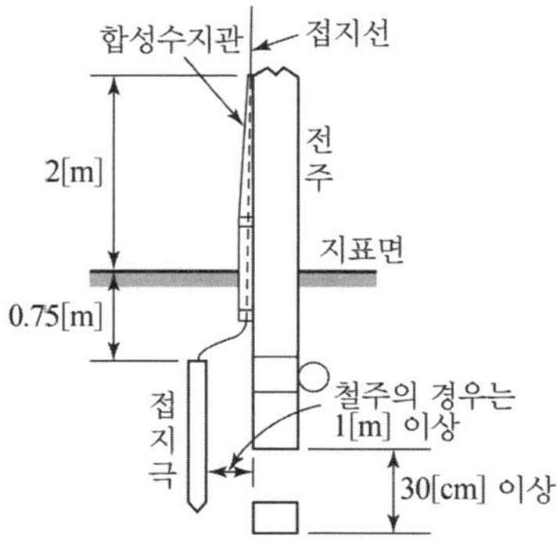

문제 02 ▸ 출제년도 : 92. ▸ 점수 : 6점

배전반의 전선 접속도에 있어서 다음과 같은 기호가 있다. 이것의 명칭은 각각 무엇인가?

(1)  (2) 

답안작성

(1) 시험용 전압 단자 (2) 시험용 전류 단자

문제 03 ▸ 출제년도 : 92. 93. 96. ▸ 점수 : 4점

견적도란 무엇인가 간단하게 쓰시오.

답안작성

일반적으로 구조 치수를 나타내는 개요도, 외형도 정도의 것을 사용하는 도면으로 견적서에 첨부하여 피조회자에게 첨부되는 도면

문제 04 ▸ 출제년도 : 90. 92. 96. 98. 00. ▸ 점수 : 21점

다음 문제를 읽고(필요시는 참고자료 이용) 주어진 식과 답을 쓰시오.

(1) DV 5.5 [mm^2]×2C 가공인입 3조를 시설할 때 1경간의 소요인공을 계산하시오.

(2) PVC 전선관 36 [mm], 150 [m]를 콘크리트 매입 시공하고 후강전선관 36 [mm], 250 [m]를 철강조 노출로 시공할 때의 소요인공을 계산하고 계를 구하시오.

(3) 주택가에서 배전 선로 공사를 할 때 지세별 할증률은 몇 [%]로 적용하는가?

(4) NR 전선 25 [mm^2]가 바닥면에 1200 [m], 천장에 2400 [m], 벽면에 400 [m] 시설된다. 전체 소요전선의 수량을 계산하시오.

(5) 35[mm^2] NR 전선 6본과 25[mm^2] 1본을 같은 후강전선관에 수용시공할 때 전선관의 굵기는? (단, 절연체 두께를 포함한 전선의 바깥지름은 35[mm^2]는 10.9[mm]이고, 25[mm^2]은 9.7[mm]임, 전선관내 단면적의 32[%] 수용이고, 표 이외의 사항은 무시한다.)

(6) 콘크리트주 12 [m] 12본과 지선 St 7/2.8 4본을 교체하는 데 필요한 소요 인공을 계산하고 계를 각각 구하시오.

[참고자표]

[표 1] 전선관 배관 [m 당]

박강(迫鋼) 및 PVC 전선관			후강 전선관	
규 격		내선전공	규 격	내선전공
박 강	PVC			
	14 [mm]	0.04	16 [mm](1/2 [mm])	0.08
15 [mm]	16 [mm]	0.05	22 [mm](3/4 [mm])	0.11
19 [mm]	22 [mm]	0.06	28 [mm](1 [mm])	0.14
25 [mm]	28 [mm]	0.08	36 [mm](11/4 [mm])	0.20
31 [mm]	36 [mm]	0.10	42 [mm](11/2 [mm])	0.25
39 [mm]	42 [mm]	0.13	54 [mm](1/2 [mm])	0.34
51 [mm]	54 [mm]	0.19	70 [mm](2 [mm])	0.44
63 [mm]	70 [mm]	0.28	82 [mm](2 1/2 [mm])	0.54
75 [mm]	82 [mm]	0.37	90 [mm](3 [mm])	0.60
	100 [mm]	0.45	104 [mm](4 [mm])	0.71
	104 [mm]	0.46		

[해설] ① 콘크리트 매입 기준임
② 철근 콘크리트 노출 및 블록칸막이 벽 내는 120 [%], 목조 건물은 110 [%], 철강조 노출은 125 [%]
③ 기설 콘크리트 노출공사시 앵커볼트 매입깊이가 10 [cm] 이상인 경우는 앵커볼트 매입품을 별도 계상하고 전선관 설치품은 매입품으로 계상한다.
④ 천장 속, 마루 밑 공사 130 [%]

[표 2] 건주공사

규 격	주입목주		콘크리트주	
	배전전공	보통인부	배전전공	보통인부
6 [m] 이하	0.64	0.72	0.72	0.81
7	0.68	0.77	1.23	1.40
8	0.83	0.94	1.66	1.88
9	0.93	1.03	1.68	2.13
10	1.03	1.12	2.01	2.55
11	1.24	1.31	2.50	2.63
12	1.44	1.50	2.86	3.00
14	1.82	2.12	3.60	4.24
16	2.50	2.60	5.10	5.20
17	3.15	3.37	6.50	6.74

[해설] ① 단굴토, 매토품 포함, 완목, 완철 설치품 불포함, 암반터파기는 별도 가산
② 틀 1본 포함, 1본 추가마다 10 [%] 가산
③ 지주공사는 건주공사품을 적용
④ 불주입주 이 품의 80 [%]
⑤ 묻음은 길이의 1/6 이상임
⑥ 철거 : 콘크리트주 50 [%](재사용 가능품 : 80 [%]), 목주, 50 [%], 목주 잘라냄 35 [%]

[표 3] 지선신설

규 격	배전전공	보통인부
4.0 [mm] 철선		
깊이(1.2 [m]) 4조 이하	0.45	0.34
(1.5 [m]) 6조 이하	0.57	0.43
(〃) 8조 이하	0.75	0.56
(1.7 [m]) 10조 이하	1.11	0.83
(〃) 12조 이하	1.54	1.16
(〃) 15조 이하	1.90	1.43
(1.8 [m]) 18조 이하	2.35	1.73
연선		
7/2.3 [mm] 이하	0.35	0.26
7/2.6~7/2.9 〃	0.50	0.38
7/3.2 〃	0.70	0.45
7/4.0 〃	0.70	0.45
7/4.5 〃	0.70	0.45
7/5.0 〃	0.73	0.45
7/5.5 〃	0.73	0.46
7/6.5 〃	0.73	0.47

[해설] ① 틀 포함(길이 1.2 [m] 이상)
② 터파기, 되메우기 및 틀 매설품 포함
③ 애자 삽입시는 배전전공 0.08인 가산
④ 장력조정은 이품의 10 [%]
⑤ 절단 철거는 이품의 10 [%]
⑥ 철거는 이품의 30 [%]
⑦ 수평지선, 공동지선은 이품의 160 [%]
⑧ Y지선은 이품의 120 [%]
⑨ 2단 지선은 이품의 150 [%]
⑩ 이설은 이품의 130 [%]
⑪ 수평지선의 지주설치는 지주품에 준함

[표 4] 인입선 배선

구 분	배전전공
OW 8 [mm²] 이하×2C	0.25
14 〃	0.32
22 〃	0.42
30 〃	0.51
38 〃	0.65
60 〃	0.85
100 〃	1.15
200 〃	2.00

[해설] ① 철거는 50 [%] 교체 150 [%]
② DV선 80 [%]
③ 가공인입선 3조일 때는 130 [%], 가공인입선 4조일 때는 150 [%]

[표 5] 후강전선관의 내단면적의 32[%] 및 48[%]

전선관의 굵기[호]	내단면적의 32 [%] [mm²]	내단면적의 48 [%] [mm²]	전선관의 굵기 [호]	내단면적의 32 [%] [mm²]	내단면적의 48 [%] [mm²]
16	67	101	54	732	1098
22	120	180	70	1216	1825
28	201	301	82	1701	2552
36	342	513	92	2205	3308
42	460	690	104	2843	4265

답안작성

(1) 표 4에서 배전전공 : $0.25 \times 1.3 \times 0.8 = 0.26$ [인]
(2) 표 1에서 내선전공 : $0.1 \times 150 + 0.2 \times 1.25 \times 250 = 77.5$ [인]
(3) 10 [%]
(4) $(1200 + 2400 + 400) \times 1.1 = 4400$ [m]
(5) 전선의 총 단면적 $= \frac{\pi}{4} d^2 \times n = \frac{\pi}{4} \times 10.9^2 \times 6 + \frac{\pi}{4} \times 9.7^2 = 633.78[\text{mm}^2]$

표 5에서 전선관 내단면적의 32 [%]가 633.78 [mm²]를 초과하는 732 [mm²]인 54 [호] 후강전선관 선정

(6) ① 표 2에서 콘크리트 전주 : 배전전공 $2.86 \times 1.5 \times 12 = 51.48$[인]
보통인부 $3.0 \times 1.5 \times 12 = 54$ [인]
② 지선 : 배전전공 $0.5 \times 4 \times 1.3 = 2.6$ [인]
보통인부 $0.38 \times 4 \times 1.3 = 1.98$ [인]
계 : 배전전공 $51.48 + 2.6 = 54.08$ [인]
보통인부 $54 + 1.98 = 55.98$ [인]

문제 05 ▸ 출제년도 : 92. 94. 98. ▸ 점수 : 6점

다음 단선도를 복선도로 그리시오.

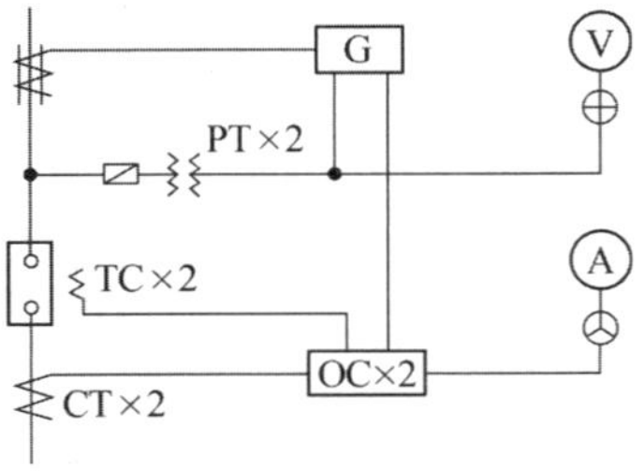

답안작성

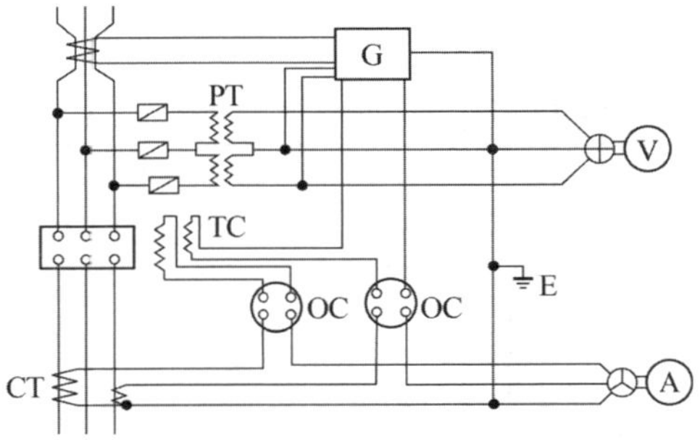

문제 06 ▸ 출제년도 : 92. ▸ 점수 : 5점

분전반에서 25 [m]의 거리에 2 [kW]의 교류 단상 100 [V] 전열기를 설치하였다. 배선 방법을 금속관 공사로 하고 전압강하를 2 [%] 이하로 하기 위해서 전선의 굵기를 얼마로 선정하는 것이 적당한가?

답안작성

계산 : $I = \frac{P}{V} = \frac{2 \times 10^3}{100} = 20$ [A]

$e = 100 \times 0.02 = 2$ [V]

$A = \frac{35.6LI}{1000 \cdot e} = \frac{35.6 \times 25 \times 20}{1000 \times 2} = 8.9$ [mm^2]

답 : 10 [mm^2]

해 설

전선 규격 단위 [mm^2]

1.5	2.5	4
6	10	16
25	35	50
70	95	120
150	185	240
300	400	500
630		

문제 07 ▸ 출제년도 : 92. ▸ 점수 : 6점

그림은 어떤 Fuse인가 용어를 쓰고, 차단용량이 큰 퓨즈로서 공칭전압은 최소 몇 [kV]이상 교류 회로에 사용되는가?

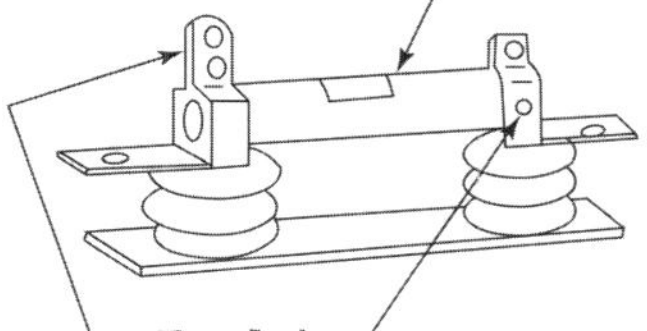

답안작성

- 용어 : 전력 퓨즈
- 전압 : 3.3 [kV]

문제 08 ▸ 출제년도 : 92. ▸ 점수 : 6점

변압기의 결선에서 일반적으로 계통에 많이 쓰이는 3상 2권선 변압기의 결선방법 (1) Y-Y 결선, (2) △-△ 결선, (3) Y-△ 결선, (4) △-Y 결선 방법을 그리시오.

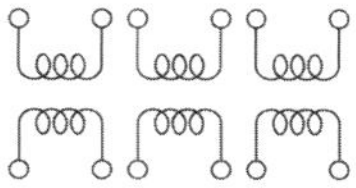

답안작성

(1)

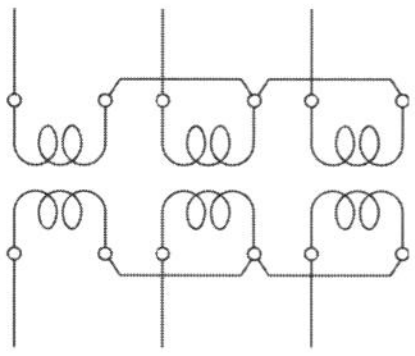

Y-Y 결선

(2)

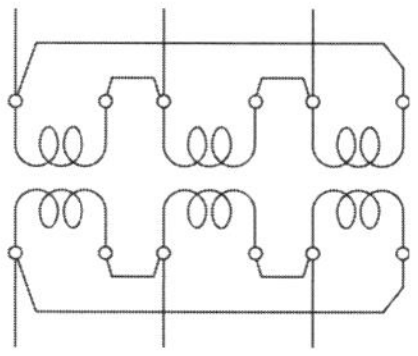

△-△ 결선

(3)

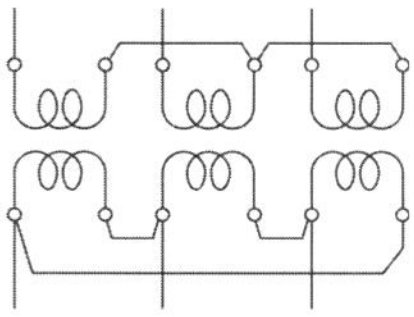

Y-△ 결선

(4)

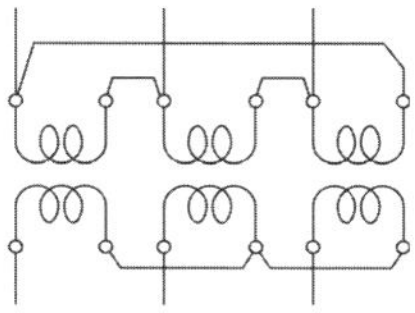

△-Y 결선

문제 09 ▸ 출제년도 : 92. 98. 02. 05. ▸ 점수 : 10점

다음은 금속관 공사에 필요한 재료들이다. 보기를 참고하여 정확한 답안을 찾아 물음에 답하여라.

> [보기] 유니버셜 엘보, 앤트렌스 캡, 노멀 밴드, 링리듀셔, 픽스쳐 스터드와 히키

(1) 저압 가공 인입구에 사용하는 재료는?
(2) 배관을 직각으로 굽히는 곳에 관 상호간의 접속하는 재료는?
(3) 노출 배관 공사시 관을 직각으로 굽히는 곳에 사용하는 재료는?
(4) 무거운 기구를 박스에 취부할 때 사용하는 재료는?

(5) 금속관을 아우트렛 박스에 로크 너트만으로 고정하기 어려울 때 보조적으로 사용하는 재료는?

답안작성

(1) 앤트렌스 캡　(2) 노멀 밴드　(3) 유니버셜 엘보
(4) 픽스쳐 스터드와 히키　(5) 링리듀셔

문제 10　▸ 출제년도 : 92. 99.　▸ 점수 : 10점

그림은 1련 내장 애자 장치(역조형)이다. 그림에 ①, ②, ③, ④, ⑤의 명칭을 주어진 답안지에 답하시오.

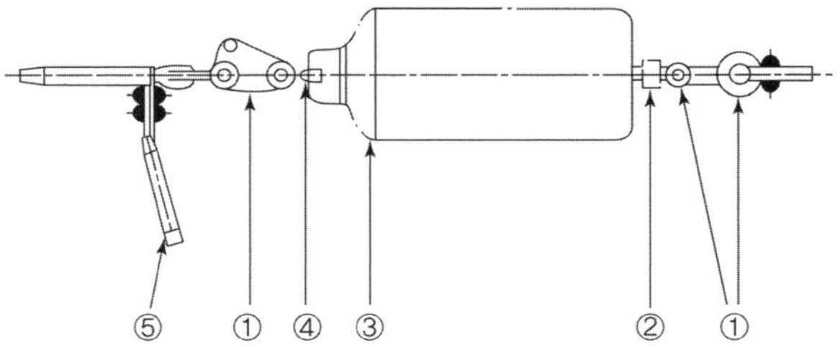

답안작성

① 앵커 쇄클　② 소켓 아이　③ 현수애자　④ 볼 크레비스　⑤ 점프 터미널

문제 11　▸ 출제년도 : 92. 93.　▸ 점수 : 8점

3상 유도 전동기의 기동회로이다. 무접점 회로를 보고 주어진 물음에 답하시오.

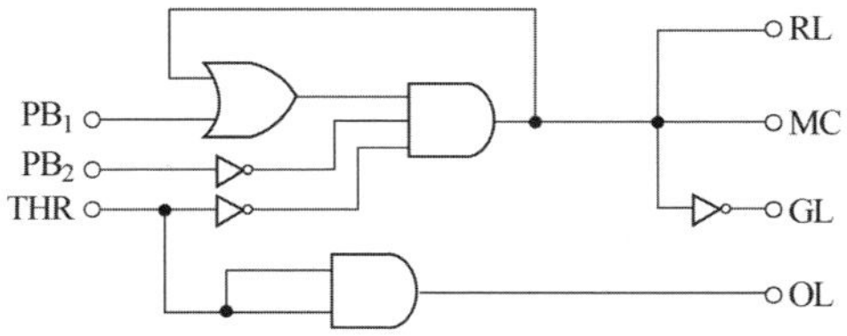

(1) 답란의 시퀀스를 완성하시오.
(2) 답란의 출력식을 쓰시오.

답안작성

(1)

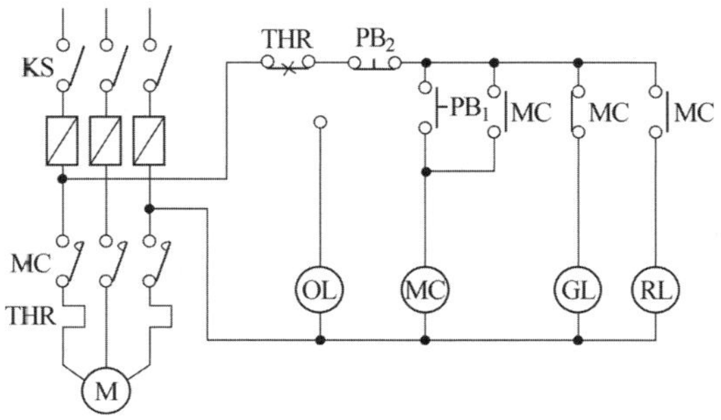

(2) ① $OL = THR$

② $MC = (PB_1 + MC) \cdot \overline{PB_2} \cdot \overline{THR}$

출제기준 변경 및 개정된 관계법규에 따라 삭제된 문제가 있어 배점의 합계가 100점이 안됩니다.

국가기술자격검정 실기시험문제 및 답안지

1992년도 산업기사 일반검정 제 7 회

자격종목(선택분야)	시험시간	형별	수험번호	성 명	감독위원 확 인
전기공사산업기사	2시간 00분				

※ 다음 물음에 답을 해당 답란에 답하시오.(배점 : 100점)

문제 01 ▸ 출제년도 : 92. ▸ 점수 : 4점

CD 케이블을 구부리는 경우에는 CD 케이블의 덕트를 손상하지 아니하도록 하고 그 굴곡 부분에 굴곡 반경은 원칙적으로 덕트의 바깥지름이 35 [mm] 미만일 경우에는 몇 배 이상을 하며, 35 [mm] 이상일 경우는 몇 배 이상으로 하여야 하는가?

답안작성

- 35 [mm] 미만 : 6배
- 35 [mm] 이상 : 10배

문제 02 ▸ 출제년도 : 92. ▸ 점수 : 6점

답란의 그림에서 적산 전력계의 결선을 완성하시오.

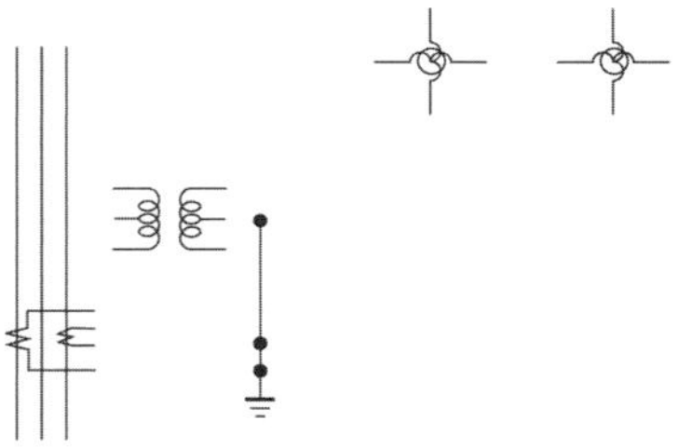

답안작성

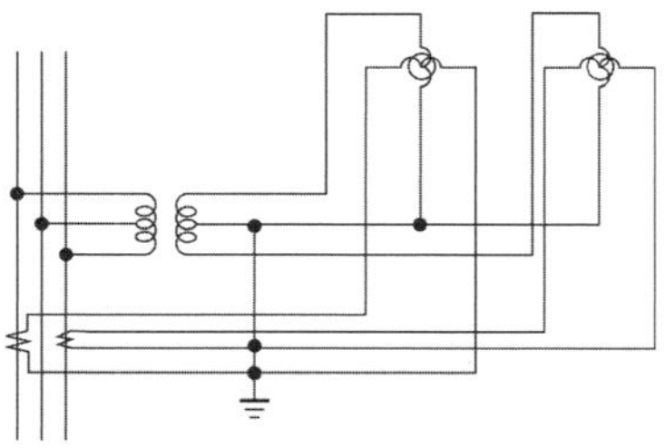

문제 03 ▸ 출제년도 : 92. 93. ▸ 점수 : 10점

다음 문제를 읽고 옳으면 ○표, 틀리면 ×표를 하시오.

(1) 노브애자의 일자 바인드에서 바인드선을 약 40 [cm] 길이로 자르고 전선(2.6 [mm])을 노브애자의 홈에 대고 바인드 할 위치에 정한다.

(2) 금속 몰드 공사에서 동일면에서 직각 굴곡시 엑스터미널 엘보를 사용한다.

(3) 커플링에 들어가는 관의 길이는 관 바깥 지름의 1.2배 이상으로 하고 접착제를 사용할 때에는 0.8배 이상이어야 한다.

(4) 노크아우트가 없는 박스를 사용할 때에는 합성수지관용 호올소(hole saw)를 사용해서 구멍을 뚫어야 한다.

(5) 나이프 스위치는 전선의 접속단자 위치에 따라 표면 접속형과 이면 접속형이 있고 접속 전선 수에 따라 단극, 2극, 3극의 구별이 있으며 각각 1P, 2P, 3P 또는 SP, DP, TP로 나타낸다.

답안작성

(1) ○ (2) ○ (3) ○ (4) ○ (5) ○

문제 04 ▸ 출제년도 : 92. ▸ 점수 : 4점

송전 계통에 사용되는 차단기중 기중 차단기의 약어를 쓰시오. (KSC 0103에 의거)

답안작성

ACB

해 설

소호원리에 따른 차단기의 종류

종 류		소 호 원 리
명 칭	약어	
유입 차단기	OCB	소호실에서 아크에 의한 절연유 분해 가스의 열전도 및 압력에 의한 blast을 이용해서 차단
기중 차단기	ACB	대기 중에서 아크를 길게 해서 소호실에서 냉각 차단 (저압에서만 사용)
자기 차단기	MBB	대기중에서 전자력을 이용하여 아크를 소호실 내로 유도해서 냉각 차단
공기 차단기	ABB	압축된 공기를 아크에 불어 넣어서 차단
진공 차단기	VCB	고진공 중에서 전자의 고속도 확산에 의해차단
가스 차단기	GCB	고성능 절연 특성을 가진 특수 가스(SF_6)를 이용해서 차단

문제 05 ▸ 출제년도 : 92. ▸ 점수 : 4점

우리나라 한전선로 (22.9 [kV])에서 자가용 선로로 분기되는 곳에서 COS (Cut Out Switch)의 정격 차단 전류는 얼마인가?

답안작성

10 [kA]

문제 06 ▸ 출제년도 : 92. 98. 05. ▸ 점수 : 10점

주어진 물가 자료에 의거 다음 물음에 답하시오.

(1) 경동선 2.0 [mm], 2 [km]와 연동선 2.0 [mm], 2 [km]의 구입비(원)는 얼마인가?

(2) AC 440 [V] 3상 3선식 동력 배선에 3C 22 [mm^2] 케이블 150 [m]를 구입하려고 한다. PE 절연 비닐시이스 케이블(EV)과 가교 PE 절연 비닐시이스 케이블(CV) 중 어떤 케이블을 사용하면 구입비는 얼마나 경감하는가?

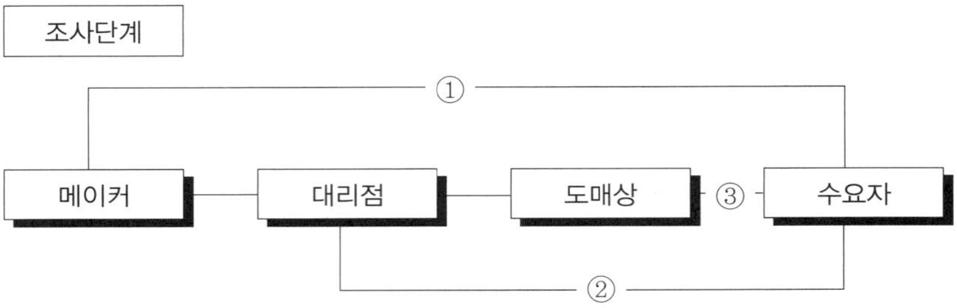

(1) 전기용 나동선(Bare Copper Wire for Electrical Purpose) (단위 : [m])

품명	단면적	중량	최대저항	가격 ②
■ 경동선	[mm^2]	[kg/km]	[Ω/km]	
1.0 [mm]	0.785	6.98	22.87	27
1.2	1.131	10.05	15.88	41
1.6	2.011	17.88	8.931	76
2.0	3.142	27.93	5.657	116
2.3	4.155	36.94	4.278	142
■ 연동선				
1.0	0.785	6.98	21.95	27
1.2	1.131	10.05	15.21	41
1.6	2.011	17.88	8.753	76
2.0	3.142	27.93	5.487	116
2.3	4.155	36.94	4.149	142

(2) PE절연비닐시이스 전력케이블(EV)

(단위 : [m])

품명	소선수/소선경	중량	가격②
■ 600 [V]		[kg/km]	
3심 2.0 [mm^2]	7/0.6	170	565
3.5	7/0.8	240	791
5.5	7/1.0	320	1,121
8.0	7/1.2	415	1,465
14	7/1.6	640	2,120
22	7/2.0	955	3,173
30	7/2.3	1,200	4,006

(3) 가교PE절연비닐시이스 케이블(CV)

(단위 : [m])

품명	소선수/소선경	중량	가격②
■ 600 [V] [CV]		[kg/km]	
3심 2.0 [mm^2]	7/0.6	155	595
3.5	7/0.8	215	832
5.5	7/1.0	295	1,211
8.0	7/1.2	385	1,625
14	7/1.6	595	2,352
22	7/2.0	880	3,332
30	7/2.3	–	4,208

답안작성

(1) $(116+116)\times 2000=464{,}000$[원]

(2) EV : $3173\times 150=475{,}950$[원]

CV : $3332\times 150=499{,}800$[원]

가격차 $499{,}800-475{,}950=23{,}850$[원]

EV가 23,850 [원] 경감

문제 07 ▸ 출제년도 : 92. ▸ 점수 : 4점

Still의 식은 송전선로에서 무엇을 구하기 위한 실험식인가?

답안작성

경제적인 송전전압의 결정

해 설

스틸의 식 : $V_s\,[\text{kV}]=5.5\sqrt{0.6l\,[\text{km}]+\frac{P\,[\text{kW}]}{100}}$

문제 08 ▸ 출제년도 : 92. 98. ▸ 점수 : 16점

다음은 전동기의 결선도이다. 물음에 답하시오.

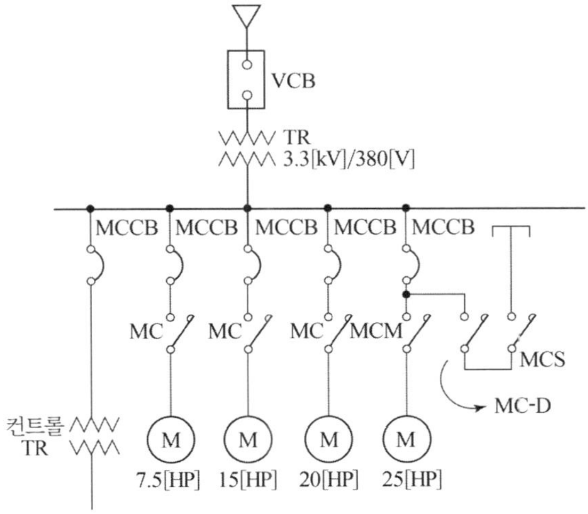

(1) 3상 교류 유도 전동기이다. 20 [HP] 전동기의 분기회로의 케이블 선정시 허용전류를 계산하시오.

• 계산 : • 답 :

(2) 상기 결선도의 3상 교류 유도 전동기의 변압기 용량을 계산하시오. ((1), (2)항의 수용률은 0.65이고, 역률 0.9, 효율은 0.8이다.)

(3) 25 [HP] 3상 농형 유도 전동기의 3선 결선도를 작성하시오.

(4) CONTROL TR(제어용 변압기)의 목적은?

답안작성

(1) • 계산 : $P = \dfrac{0.746 \times 마력}{역률 \times 효율} = \dfrac{0.746 \times 20}{0.9 \times 0.8} = 20.72$ [kVA]

설계전류 $I_B = \dfrac{P}{\sqrt{3}\,V} = \dfrac{20.72}{\sqrt{3} \times 0.38} = 31.48$ [A]

$I_B \le I_n \le I_Z$의 조건을 만족하는 전선의 허용전류 $I_Z \ge 31.48$[A]

• 답 : 31.48[A]

(2) $P_{ㄱ} = \dfrac{(7.5+15+20+25) \times 0.65 \times 0.746}{0.9 \times 0.8} = 45.46$ [kVA]

(3)

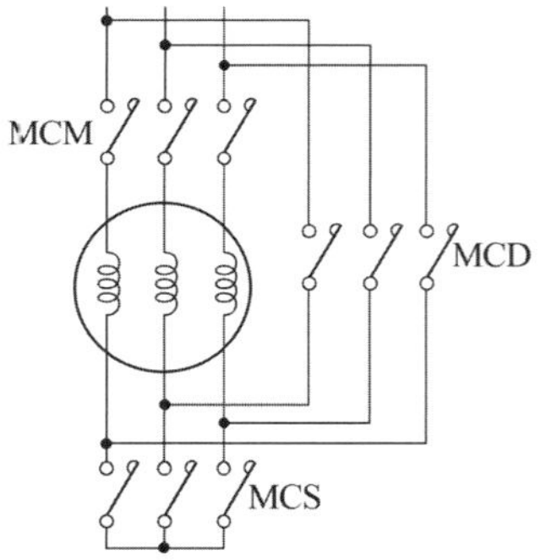

(4) 높은 전압을 제어기기에 적합한 저전압으로 변성하여 제어기기의 조작 전원으로 공급

해 설

(1) KEC 212.4.1 도체와 과부하 보호장치 사이의 협조

과부하에 대해 케이블(전선)을 보호하는 장치의 동작특성은 다음의 조건을 충족해야 한다.

$I_B \le I_n \le I_Z$, $\quad I_2 \le 1.45 \times I_Z$

I_B : 회로의 설계전류(선도체를 흐르는 설계전류 또는 함유율이 높은 영상분 고조파, 특히 제3고조파가 지속적으로 흐르는 경우 중성선에 흐르는 전류이다.)

I_Z : 케이블의 허용전류

I_n : 보호장치의 정격전류(사용현장에 적합하게 조정된 전류의 설정 값)

I_2 : 보호장치가 규약시간 이내에 유효하게 동작하는 것을 보장하는 전류

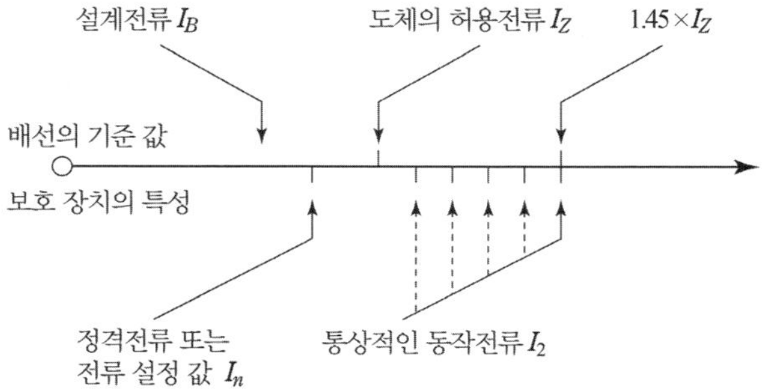

과부하 보호 설계 조건도

(2) • 변압기 용량 [kVA] ≥ 합성 최대 수용 전력

$= \dfrac{설비\ 용량\ [kVA] \times 수용률}{부등률} = \dfrac{설비\ 용량\ [kW] \times 수용률}{부등률 \times 역률}$

- 1 [HP] = 746 [W] = 0.746 [kW]
- 부하의 효율이 주어지면 효율을 고려하여야 한다.

(3) Y-△ 기동회로

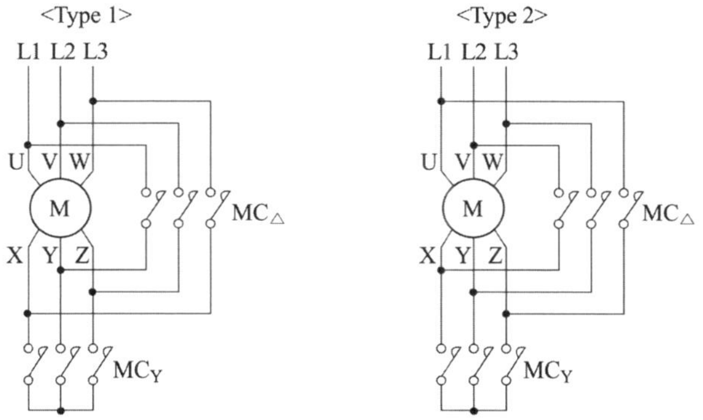

Type 1 또는 Type 2 모두 사용되나 기동 순간의 과도(돌입) 전류를 감소시키기 위하여 현재는 Type 1이 많이 사용된다.

문제 09

▸ 출제년도 : 92. 95. 99. ▸ 점수 : 6점

다음 결선도를 보고 잘못된 부분을 규정에 맞게 재작도 하시오. 단, CB 1set, DS 2set를 추가로 사용하여 그려라.

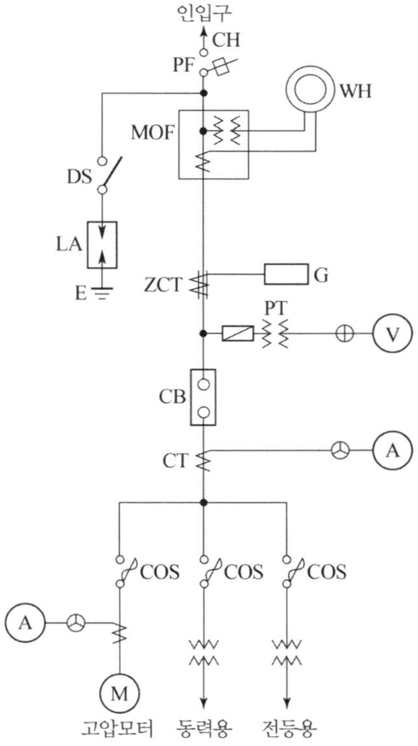

답안작성

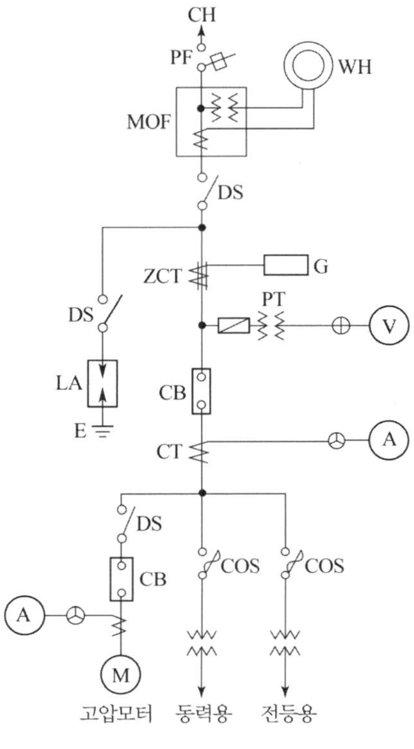

문제 10 ▸ 출제년도 : 92. ▸ 점수 : 5점

다음의 22.9 [kV-Y] CP장주도를 보고 각 기호에 해당되는 자재 명칭을 기입하시오.

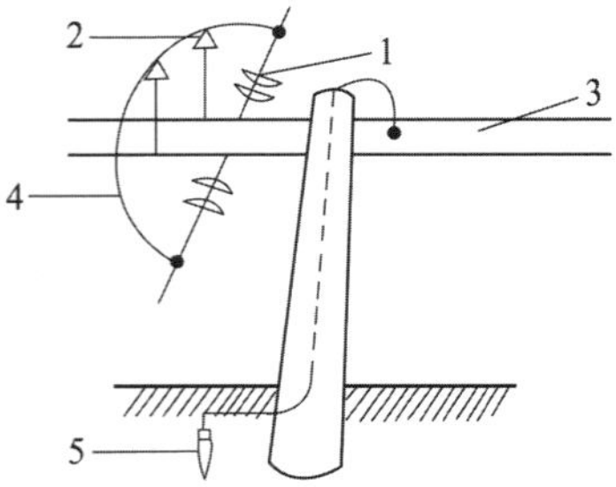

답안작성

1. 특고압 현수애자 2. 특고압 핀애자 3. 완금 4. 가공전선(점퍼선) 5. 접지봉

문제 11 ▸ 출제년도 : 92. ▸ 점수 : 4점

전선로의 풍압하중 계산시 빙설이 부착된 상태에 대하여 계산하는 하중의 종류는 무엇인가?

답안작성

을종풍압하중

문제 12 ▸ 출제년도 : 92. 98. ▸ 점수 : 3점

다음 심벌에 대한 명칭은?

(1) 

(2) 

(3) 

답안작성

(1) 백열등 유도등 (2) 전자 개폐기 (3) 조광기

문제 13 ▸ 출제년도 : 92. ▸ 점수 : 4점

특고압 옥내배선에서 최대 사용전압은 몇 [V] 이하인가?

답안작성

100,000 [V]

해 설

KEC 342.4 특고압 옥내 전기설비의 시설

특고압 옥내배선은 다음에 따르고 또한 위험의 우려가 없도록 시설하여야 한다.

1) 사용전압은 100[kV] 이하일 것. 다만, 케이블트레이공사에 의하여 시설하는 경우에는 35[kV] 이하일 것.
2) 전선은 케이블일 것.
3) 관 그 밖에 케이블을 넣는 방호장치의 금속제 부분·금속제의 전선 접속함 및 케이블의 피복에 사용하는 금속체에는 규정에 의한 접지공사를 하여야 한다.

문제 14 ▸ 출제년도 : 92. 95. ▸ 점수 : 6점

바닥면적 200 [m²]의 교실에 전광속 2500 [lm]의 40 [W] 형광등을 시설하여 평균조도 150 [lx]로 하자면 설치할 등 수는 몇 등인가? 단, 조명율은 50 [%], 감광보상률은 1.25로 하고 기타 제시하지 않은 사항은 생략한다.

답안작성

계산 : 전등수 $N = \dfrac{EAD}{FU} = \dfrac{150 \times 200 \times 1.25}{0.5 \times 2500} = 30$ [등]

답 : 30 [등]

문제 15 ▸ 출제년도 : 92. 06. 07. ▸ 점수 : 4점

고압 이상의 피복 전선을 전기가 공급되는 활선상태에서 피복을 제거하는 공구의 명칭은 무엇인가?

답안작성

활선용 피박기

해 설

전선의 피복을 벗길 때 사용하는 장구로써 본체와 절단칼, 3개의 회전용 핸들링으로 구성되어 있는 간접 활선용 장구

문제 16 ▸ 출제년도 : 92. 04. ▸ 점수 : 5점

그림은 직류 전동기의 기동 회로도이다. 다음 물음에 답하시오.

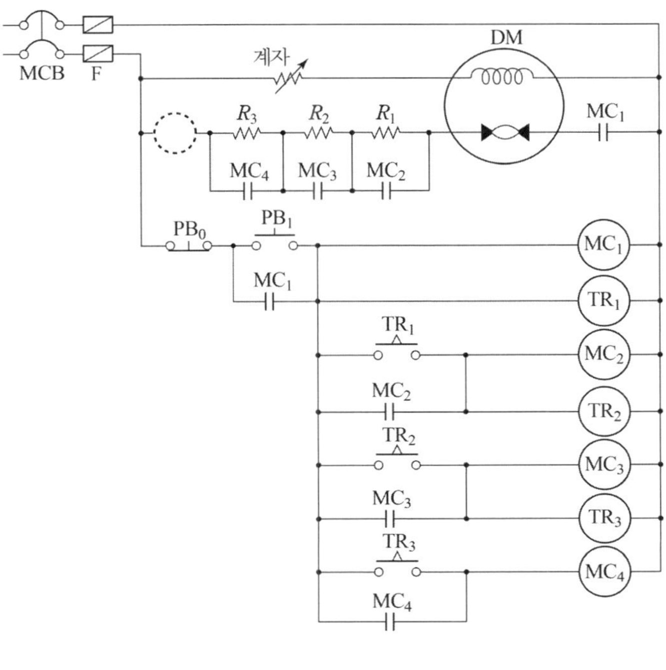

(1) 그림에서 ◌ 으로 표시한 곳에 올바른 도면이 되도록 접점을 그리고 기호를 쓰시오.
(예 : —|/|— MC_4, —| |— MC_3)

(2) 답란의 타임 차트에서 미완성 부분을 완성하시오.

답안작성

(1) 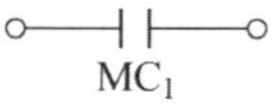

(2)
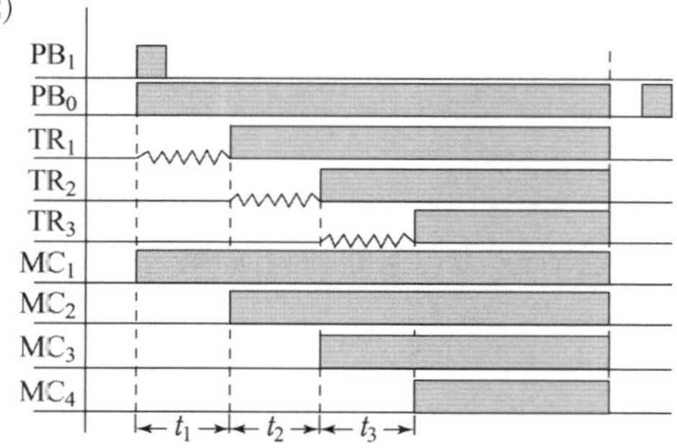

해 설

전기자의 직렬 저항 $(R_1+R_2+R_3)$을 3단계로 줄이면서 기동하고 운전 중에는 전부 단락 상태가 된다.

문제 17 ▸ 출제년도 : 92. ▸ 점수 : 5점

다음 그림은 화물 리프트(Lift)의 자동 반전 회로이다. 이 회로를 보고 물음에 답하여라.

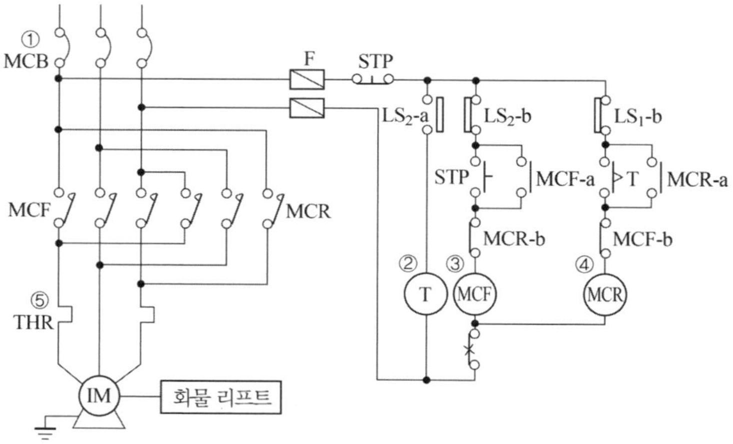

(1) 회로에 표시한 번호 ①~⑤의 명칭과 그 용도 또는 역할을 간단히 설명하여라.

(2) 화물 리프트의 상승 동작을 순서에 의하여 5개항으로 나누어서 정확히 써라.

답안작성

(1) ① MCB(배선용 차단기) : 주전원 ON, OFF
② 시한 동작 타이머 : 설정 시간 후 MCR 기동

③ MCF(전자 접촉기) : 정방향(상승)용 전자 접촉기
④ MCR(전자 접촉기) : 역방향(하강)용 전자 접촉기
⑤ THR(열동 계전기) : 과부하 차단

(2) ① MCB ON후 ST를 ON
② (MCF) 동작
③ (MCF)의 주접점 동작(IM 기동 운전)
④ (MCF)의 보조 a접점 자기 유지 및 b접점 인터록
⑤ 화물 리프트 상승

MEMO

D30-4

1993년도
전기공사산업기사 실기

- 93년 제 1 회 전기공사산업기사
- 93년 제 2 회 전기공사산업기사
- 93년 제 4 회 전기공사산업기사
- 93년 제 6 회 전기공사산업기사

국가기술자격검정 실기시험문제 및 답안지

1993년도 산업기사 일반검정 제 1 회			수험번호	성 명	감독위원 확 인
자격종목(선택분야)	시험시간	형별			
전기공사산업기사	2시간 00분				

※ 다음 물음에 답을 해당 답란에 답하시오.(배점 : 100점)

문제 01 ▸ 출제년도 : 92. 93. 96. ▸ 점수 : 5점

견적도란 무엇인가 간단하게 쓰시오.

답안작성

일반적으로 구조 치수를 나타내는 개요도, 외형도 정도의 것을 사용하는 도면으로 견적서에 첨부하여 피조회자에게 첨부되는 도면

문제 02 ▸ 출제년도 : 93. 06. ▸ 점수 : 6점

전선을 접속할 때 주의사항 3가지를 쓰시오.

답안작성

① 전선의 세기를 20 [%] 이상 감소시키지 아니할 것
② 접속부분은 접속관 기타의 기구를 사용하거나 납땜을 할 것
③ 전선의 전기적 저항을 증가시키지 아니하도록 할 것

해 설

KEC 123 전선의 접속

전선을 접속하는 경우에는 전선의 전기저항을 증가시키지 아니하도록 접속하여야 하며, 또한 다음에 따라야 한다.

1) 절연전선 상호 · 절연전선과 코드, 캡타이어 케이블과 접속하는 경우에는
   가. 전선의 세기를 20[%] 이상 감소시키지 아니할 것.
   나. 접속부분은 접속관 기타의 기구를 사용할 것.
   다. 접속부분의 절연전선에 절연전선의 절연물과 동등 이상의 절연효력이 있는 것으로 충분히 피복할 것.
2) 코드 상호, 캡타이어 케이블 상호 또는 이들 상호를 접속하는 경우에는 코드 접속기 · 접속함 기타의 기구를 사용할 것. 다만 공칭단면적이 10[mm^2] 이상인 캡타이어 케이블 상호를 규정에 준하여 접속하는 경우에는 기구를 사용하지 않을 수 있다.
3) 도체에 알루미늄(알루미늄 합금을 포함한다.)을 사용하는 전선과 동(동합금을 포함한다.)을 사용하는 전선을 접속하는 등 전기 화학적 성질이 다른 도체를 접속하는 경우에는 접속부분에 전기적 부식이 생기지 않도록 할 것.

문제 03 ▸ 출제년도 : 88. 93. 00. ▸ 점수 : 16점

다음 문제를 읽고 주어진 답안지에 답하시오.

(1) 2차 전류 200 [A]인 아크 용접기의 2차측 전선의 굵기 [mm^2]는 얼마인가?

(2) 전기 배선용 도식 기호 중 방수용 스위치의 기호를 그리시오.

(3) 최대 상정 부하 전류가 100 [A]인 간선에서 과전류 차단기의 정격 용량 [A]는 얼마인가?

(4) 22.9 [kV−Y] 다중 접지 배전 선로의 전로와 대지간의 시험 전압은 최대 사용 전압의 몇 배의 전압인가?

(5) 을종 풍압 하중 계산 시 가섭선의 주위에 부착한 빙설의 두께 [mm]와 비중은 각각 얼마인가? (단, 빙설이 부착한 상태에서)

(6) 고압 보안 공사에 있어서 B종 철근 콘크리트주의 경간은 몇 [m] 이하로 하는가?

(7) 교류 전기 철도용 전차 선로의 흡상 변압기 설치 높이[m]는 얼마 이상인가?

답안작성

(1) 35 [mm^2]　　(2) ●$_{WP}$

(3) 100 [A]　　(4) 0.92배

(5) 두께 : 6 [mm], 비중 : 0.9

(6) 150 [m]　　(7) 5 [m]

해 설

(1) 아크 용접기의 2차측 전선의 굵기

2차 전류[A]	100 이하	150 이하	250 이하	400 이하	600 이하
전선 굵기 [mm^2]	16	25	35	70	95

(3) KEC 212.4.1 도체와 과부하 보호장치 사이의 협조

과부하에 대해 케이블(전선)을 보호하는 장치의 동작특성은 다음의 조건을 충족해야 한다.

$$I_B \le I_n \le I_Z, \qquad I_2 \le 1.45 \times I_Z$$

I_B : 회로의 설계전류(선도체를 흐르는 설계전류 또는 함유율이 높은 영상분 고조파, 특히 제3고조파가 지속적으로 흐르는 경우 중성선에 흐르는 전류이다.)

I_Z : 케이블의 허용전류

I_n : 보호장치의 정격전류(사용현장에 적합하게 조정된 전류의 설정 값)

I_2 : 보호장치가 규약시간 이내에 유효하게 동작하는 것을 보장하는 전류

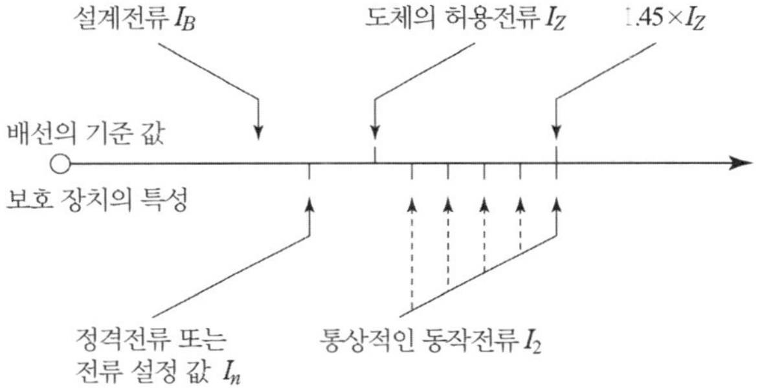

과부하 보호 설계 조건도

(4) KEC 132 전로의 절연저항 및 절연내력

전로의 종류	접지방식	시험전압 (최대사용 전압의 배수)	최저 시험전압
1. 7 [kV] 이하인 전로		1.5배	
2. 7 [kV] 초과 25 [kV] 이하	다중접지	0.92배	
3. 7 [kV] 초과 60 [kV] 이하 (2란의 것을 제외한다.)		1.25배	10.5[kV]
4. 60 [kV] 초과 (전위 변성기를 사용하여 접지하는 것을 포함한다)	비 접 지	1.25배	
5. 60 [kV] 초과 (전위 변성기를 사용하여 접지하는 것 및 6란과 7란의 것을 제외한다)	접 지 식	1.1배	75[kV]
6. 60 [kV] 초과 (7란의 것을 제외한다)	직접접지	0.72배	
7. 170 [kV] 초과 (발전소 또는 변전소 혹은 이에 준하는 장소에 시설하는 것.)	직접접지	0.64배	

(5) KEC 331.6 풍압하중의 종별과 적용

- 을종 풍압하중 : 전선 기타의 가섭선 주위에 두께 6[mm], 비중 0.9의 빙설이 부착된 상태에서 수직 투영면적 372[Pa](다도체를 구성하는 전선은 333[Pa]), 그 이외의 것은 갑종풍압하중의 2분의 1을 기초로 하여 계산한 것.

(6) KEC 332.10 고압 보안공사

고압 보안공사 경간 제한

지지물의 종류	인장강도8.01 [kN] 이상 또는 지름 5[mm]이상의 경동선
목주 · A종 철주 또는 A종 철근 콘크리트주	100 [m]이하
B종 철주 또는 B종 철근 콘크리트주	150 [m]이하
철탑	400 [m]이하

문제 04 ▸ 출제년도 : 93. 96. 04. ▸ 점수 : 5점

3상 3선식, 6.6 [kV] 가공배선 선로에 접속된 주상 변압기의 저압측에 시설될 중성점 접지공사의 저항값을 구하시오. (단, 1초 초과 2초 이내에 자동적으로 고압전로를 차단할 수 있게 되어 있으며, 고압측 1선지락전류는 5[A]라고 한다.)

계산 : 답 :

답안작성

계산 : 중성점 접지저항 $R = \dfrac{300}{I_g} = \dfrac{300}{5} = 60\ [\Omega]$ 답 : 60 [Ω]

해 설

중성점 접지공사의 접지저항

① 자동차단장치가 없는 경우 $R_2 = \dfrac{150}{1\text{선 지락전류}}\ [\Omega]$

② 2초 이내에 동작하는 자동차단장치가 있는 경우 $R_2 = \dfrac{300}{1\text{선 지락전류}}\ [\Omega]$

③ 1초 이내에 동작하는 자동차단장치가 있는 경우 $R_2 = \dfrac{600}{1\text{선 지락전류}}\ [\Omega]$

문제 05 ▸ 출제년도 : 93. 95. 97. 02. ▸ 점수 : 20점

다음은 옥외간이 수변전 설비에 대한 단선도이다. 그림을 보고 다음 물음에 답하시오. 단, 참고 자료 필요시는 참고 자료를 이용할 것, 변압기 이외의 시설은 주상에 설치하는 것임

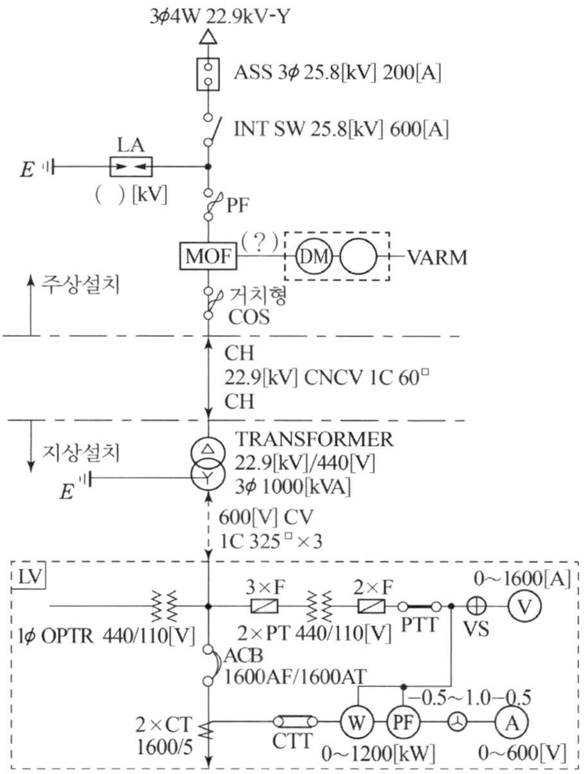

(1) 단선도상의 LA의 정격 전압은 몇 [kV]인가?

(2) MOF와 DM, VARH METER간 연결된 전선의 가닥수는?

(3) OPTR의 설치 목적은 무엇인가?

(4) 그림과 같이 수전하는 방식을 무엇이라고 하는가?

(5) 그림과 같은 방식으로 수전 가능한 최대 용량은 몇 [kVA]인가?

(6) 부하 용량 증설로 인하여 변압기를 2000 [kVA]로 교체하는 경우 소요 인공을 구하시오. 단, 철거 변압기는 차후에 대비하여 보관하는 것임.

(7) 아래 자재를 설치하는 데 소요되는 인공을 각각 구하시오.

① 자동 고장 구분 개폐기(ASS)

② 인터럽트 스위치(interrupt switch)(가대 포함)

③ 피뢰기

④ 전력 수급용 계기용 변성기(MOF) 현수용

[참고자료]

[표 1] 22 [kV] 변압기

용량	공종	프랜트전공	비계공	특별인부	기계설치공	목도공
100 [kVA] 이 하	운반설치	1.0	0.5	1.2	-	0.7
	O T처리	1.0	-	1.2	-	-
	점 검	0.6	-	0.6	-	-
	계	2.6	0.5	3.0	-	0.7
150 [kVA] 이 하	운반설치	1.2	0.5	1.3	-	0.9
	O T처리	1.2	-	1.3	-	-
	점 검	0.7	-	0.7	-	-
	계	3.1	0.5	3.3	-	0.9
200 [kVA] 이 하	운반설치	1.2	0.6	1.5	-	0.9
	O T처리	1.3	-	1.5	-	-
	점 검	0.8	-	0.8	-	-
	계	3.3	0.6	3.8	-	0.9
250 [kVA] 이 하	운반설치	1.4	0.6	1.6	-	1.0
	O T처리	1.5	-	1.6	-	-
	점 검	0.9	-	0.9	-	-
	계	3.8	0.6	4.1	-	1.0
300 [kVA] 이 하	운반설치	1.5	0.7	1.7	-	1.1
	O T처리	1.5	-	1.7	-	-
	점 검	0.9	-	0.9	-	-
	계	3.9	0.7	4.3	-	1.1
400 [kVA] 이 하	운반설치	1.8	0.8	2.0	-	1.3
	O T처리	1.8	-	2.0	-	-
	점 검	1.1	-	1.1	-	-
	계	4.7	0.8	5.1	-	1.3
500 [kVA] 이 하	소운반설치	2.2	0.9	2.5	-	1.6
	O T 처리	2.3	-	2.5	-	-
	점 검	1.4	-	1.4	-	-
	계	5.9	0.9	6.4	-	1.6
750 [kVA] 이 하	소운반설치	2.0	1.0	2.3	-	1.6
	O T 처리	2.3	-	2.5	-	-
	부속품부침	2.6	-	2.6	-	-
	점 검	1.4	-	1.4	-	-
	계	8.3	1.0	8.8	-	1.6

용량	공종	프랜트전공	비계공	특별인부	기계설치공	목도공
1,000 [kVA] 이 하	소운반설치	2.3	1.1	2.7	–	1.7
	O T 처리	2.3	–	2.7	–	–
	부속품부침	3.1	–	3.1	–	–
	점 검	1.4	–	1.4	–	–
	계	9.1	1.1	9.9	–	1.7
1,500 [kVA] 이 하	소운반설치	2.5	1.2	3.0	–	1.8
	O T 처리	2.6	–	3.0	–	–
	부속품부침	3.5	–	3.5	–	–
	점 검	1.6	–	1.6	–	–
	계	10.2	1.2	11.1	–	1.8
2,000 [kVA] 이 하	소운반설치	2.9	1.3	3.3	–	2.1
	O T 처리	3.0	–	3.3	–	–
	부속품부침	3.9	–	3.9	–	–
	점 검	1.8	–	1.8	–	–
	계	11.6	1.3	12.3	–	2.1

[해설] ① 이 품은 1ϕ 기준으로 소운반, 점검, 결선 및 Megger Test를 포함한 품임
② 15,000 [kVA]는 10,000 [kVA]의 120 [%]로 함
③ 20,000 [kVA]는 10,000 [kVA]의 150 [%]로 함
④ 장비를 사용할 때는 운반설치, 라지에이터부침, 콘서베이터부침, 붓싱부침 및 각 부분품부침 품의 35 [%]로 하고 장비의 제경비를 별도 가산함
⑤ 철거 50 [%], 750 [kVA] 이상의 재사용 철거 80 [%](철거 해당분 품에 한함)
⑥ 기타는 건식변압기 해설준용
⑦ 몰드 변압기도 이 품을 적용(다만, OT 처리품 제외)
⑧ 3상 130 [%]

[표 2] 차단기 신설 (개당)

공 종	배전전공	보통인부
22.9 [kV] Recloser	2.7	2.7
22.9 [kV] Sectionalizer	2.7	2.7
22.9 [kV] 자동 고장 구분 개폐기	2.7	2.7
22.9 [kV] 자동 부하 절체 개폐기(A.L.T.S)	6.85	6.85
22.9 [kV] 가공선용 가스절연 부하 개폐기(SF_6 GAS)	1.57	1.06

[해설] ① 3상 주상 설치기준
② 단상은 40 [%]
③ 철거 50 [%]
④ 11.4 [kV]용 Sectionalizer는 60 [%]
⑤ 리드선(인하선) 접속, 기기장치대(행거밴드) 설치 별도 가산
⑥ 자동부하 절체개폐기는 H주 3상 설치기준임.

[표 3] 단로기

종 별	용 량	배전전공
DS HOOK 형(1P)	400 [A] 이하	0.80
	800 [A] 이하	1.00
	1200 [A] 이하	1.20
FDS (1P)	30 [A] 이하	0.80
〃	200 [A] 이하	1.00
LS LEVER 형(3P)	400 [A] 이하	4.80
	800 [A] 이하	5.00
	1200 [A] 이하	5.30

[해설] ① 1P는 3P의 40 [%]
② 2P는 3P의 70 [%]
③ 인터럽터 SW는 레버형에 준함
④ 철거 50 [%]
⑤ 주상 설치 120 [%]
⑥ 가대 설치시는 개당 1.5 [인] 가산하며, 인터럽터 SW의 가대 설치는 별도 계상
⑦ 리드선 압축 접속은 별도 계상
⑧ 부하 개폐기는 LS Lever 형에 준함(퓨즈 부 공용)

[표 4] 피뢰침 및 피뢰기 신설 (개당)

구 분	전 공	비 고
피뢰침 설치 높이 7.5[m] 이하	1.50	내선전공
10 [m] 〃	1.90	〃
15 [m] 〃	2.60	배전전공
20 [m] 〃	3.40	〃
25 [m] 〃	4.10	〃
30 [m] 〃	4.80	〃
35 [m] 〃	5.50	〃
40 [m] 〃	6.20	〃
피뢰기 직류 1,500 [V]용	0.40	〃
〃 교류 3~11.4 [kV]용	0.17	〃
〃 교류 22.9 [kV]용	0.24	〃

[해설] ① 구조물로서 발판이 좋은 곳(철탑 등)은 60 [%]
② 배선 포함, 접지 불포함
③ 철거 30 [%]
④ 높이 40 [m] 이상은 매 5 [m]마다 1.0인 가산
⑤ 피뢰기는 접지 완철, 하부배선 불포함, 상부배선은 포함되었으며 리드선 압축 접속시는 별도 계상
⑥ 다수의 피뢰침을 동일 옥상에 분포형으로 설비할 경우는 돌침(Air Terminal) 1개 증가에 대해 1.0 공량을 가산하고 접지선을 Netting Connection하는 배선의 공량을 가산할 것(발·변전분야 접지공사 분기선 접속 참조)
⑦ 전주에 설치하는 피뢰기는 배전전공이 시공한다.

[표 5] 잡기기 신설 (대당)

종 별	내 선 전 공
전열기 3 [kW] 이하	0.40
5 〃	0.60
10 〃	1.00
10 초과	1.40
벨	0.1
부 저	0.08
도어폰 (주기)	0.11
〃 (자기)	0.10
가스 배출기	0.20
선풍기 날개 직경 30 [cm] 이하(벽면)	0.20
〃 〃 〃 (천정면)	0.50
환풍기 〃 30 [cm] 기준(벽면)	0.48
〃 〃 50 [cm] 기준(천정면)	0.80
적산전력계 1ϕ2W 용	0.14
〃 1ϕ3W 용 및 3ϕ3W 용	0.21
〃 3ϕ4W 용	0.3
CT 설치(저고압)	0.4
PT 설치(〃)	0.4
현수용 M.O.F 설치(고압·특고압)	3.0
거치용 〃 〃	2.0
계기함 설치	0.30
특수계기함 설치	0.45
변성기함 설치(저·고압)	0.60
플로어 플레이트(수평고저 조정커버부)	0.135
전극봉 지지기(3P)	0.80
〃 (4P)	0.85
〃 (5P)	1.10

[해설] ① 철거 30 [%], 재사용 철거 50 [%], 단 실효계기 교체에 따른 철거 반입분이 수리 가능 품목일 경우에는 재사용 적용
② 방폭 200 [%]
③ 아파트 등 공동주택 및 기타 이와 유사한 집단지역의 동일구내(한건물내)에서 10대 초과의 적산전력계 설치시에는 70 [%] 적용
④ 특수계기함이라 함은 3종 계기함, 농사용 철제 계기함, 집합계기함 및 저압 변류기용 계기함을 말한다.
⑤ 거치용 MOF를 주상에 설치시에는 이품의 170 [%]로서 배전전공 적용 (설치대 조립품 포함)
⑥ 전극봉 지지기에는 전극봉의 설치 및 조정품 포함. 다만, 보호함의 취부품은 별도 계상하며, 보호함의 설치품은 풀박스 취부품에 준한다.

답안작성

(1) 18 [kV]
(2) 7가닥
(3) 변전실내의 수배전반 신호 램프, 차단기 등의 조작용 110 [V] 전원 전압을 얻기 위한 소형 변압기
(4) 간이 수전 방식
(5) 1,000 [kVA]
(6) 1,000 [kVA]는 철거, 2,000 [kVA]는 신설하므로

플랜트 전공 : $(9.1 \times 0.8 + 11.6) \times 1.3 = 24.54$ [인]
비계공 : $(1.1 \times 0.8 + 1.3) \times 1.3 = 2.83$ [인]
특별 인부 : $(9.9 \times 0.8 + 12.3) \times 1.3 = 26.29$ [인]
목도공 : $(1.7 \times 0.8 + 2.1) \times 1.3 = 4.5$ [인]

(7) ① 자동고장 구분 개폐기 : 배전 전공 : 2.7 [인], 보통 인부 : 2.7 [인]
② 인터럽터 스위치 : 배전 전공 : $5 \times 1.2 + 1.5 = 7.5$ [인]
③ 피뢰기 : 배전 전공 : $3 \times 0.24 = 0.72$ [인]
④ 계기용 변성기 : 내선 전공 : 3 [인]

해 설

(1) 피뢰기 정격 전압

전력 계통		피뢰기 정격 전압 [kV]	
전압 [kV]	중성점 접지 방식	변전소	배전 선로
345	유효접지	288	–
154	유효접지	144	–
66	PC접지 또는 비접지	72	–
22	PC접지 또는 비접지	24	–
22.9	3상 4선 다중접지	21	18

[주] 전압 22.9 [kV-Y] 이하의 배전선로에서 수전하는 설비의 피뢰기 정격전압 [kV]은 배전선로용을 적용한다.

(6) 표 1에서 철거 재사용 80 [%], 3상 130 [%] 적용

문제 06

▸ 출제년도 : 89. 93. 95. 97. 04. ▸ 점수 : 4점

다음 옥내 배선용 심벌(symbol)에 대한 명칭을 쓰시오.

(1) 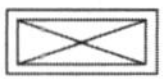 (2)  (3)  (4) 

답안작성

(1) 재해방지 전원회로용 배전반 (2) 스피커
(3) 온기 감지기 (4) 벽붙이 백열등 (혹은 표시등)

해 설

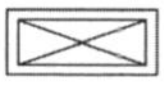 : 재해방지 전원회로용 배전반 또는 통신신호 분야에서는 교환기

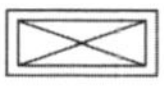 1종 : 1종 재해방지 전원회로용 배전반

문제 07

▸ 출제년도 : 93. 96. 98. 99. 01. 07. ▸ 점수 : 4점

38 [mm²]의 경동연선을 사용해서 높이가 같고 경간이 300 [m]인 철탑에 가선하는 경우 이도는 얼마인가? (단, 이 경동연선의 인장하중은 1480 [kg], 안전율은 2.2이고 전선 자체의 무게는 0.334 [kg/m]라고 한다.)

답안작성

계산 : $D = \dfrac{WS^2}{8T} = \dfrac{0.334 \times 300^2}{8 \times \dfrac{1480}{2.2}} = 5.59$ [m]

답 : 5.59 [m]

문제 08 ▸ 출제년도 : 93. 99. 01. ▸ 점수 : 4점

다음 표시 기호를 보고 물음에 답하시오.

(1) 배선 공사명 (2) 전선의 종류

(3) 전선의 굵기 (4) 전선수

답안작성

(1) 천장 은폐 배선 (2) 450/750 [V] 일반용 단심 비닐 절연 전선

(3) 25 [mm^2] (4) 4가닥(4본)

문제 09 ▸ 출제년도 : 93. 94. ▸ 점수 : 6점

가공전선을 애자에 바인드 하는 방법은 어떤 바인드법이 있는가 3가지를 쓰시오.

답안작성

① 인류 바인드법 ② 측부 바인드법 ③ 두부 바인드법

문제 10 ▸ 출제년도 : 91. 93. 95. 97. ▸ 점수 : 5점

3상 3선식 회로에서 구내배선의 긍장이 45 [m], 부하의 최대 전류 300 [A] 배선의 전압강하는 6 [V]로 하고자 하는 경우 전선의 굵기는?

•계산 : •답 :

답안작성

계산 : $A = \dfrac{30.8 \cdot LI}{1000 \cdot e} = \dfrac{30.8 \times 45 \times 300}{1000 \times 6} = 69.3$ [mm^2]

답 : 70 [mm^2]

해 설

•전선규격

1.5, 2.5, 4, 6, 10, 16, 25, 35, 50, 70, 95, 120, 150, 185, 240, 300, 400, 500, 630[mm^2]

문제 11 ▸ 출제년도 : 92. 93. ▸ 점수 : 8점

아래 회로도를 보고 물음에 답하시오.

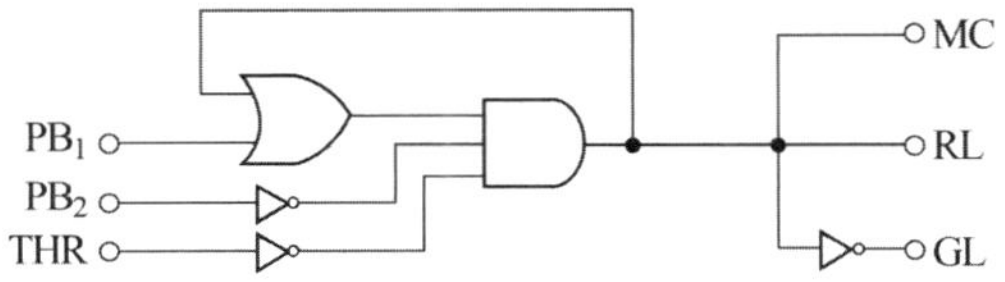

(1) 답안지의 시퀀스 회로도를 완성하시오.

(2) 답란의 출력식을 쓰시오.

답안작성

(1)

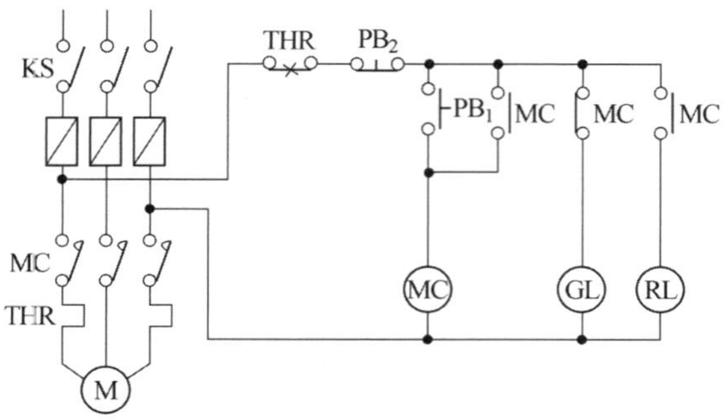

(2) $MC = (PB_1 + MC) \cdot \overline{PB_2} \cdot \overline{THR}$

$GL = \overline{MC}$

$RL = MC$

문제 12 ▸ 출제년도 : 93. ▸ 점수 : 5점

다음 도면은 펌프 설비의 운전 제어회로이다. 도면을 보고 주어진 답안지에타임차트를 완성하시오.

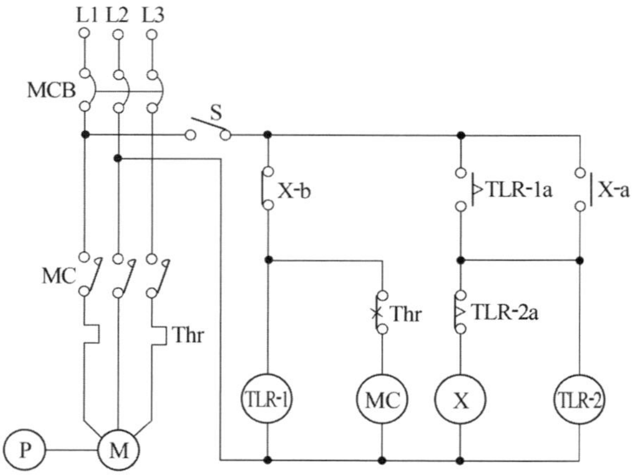

답안작성

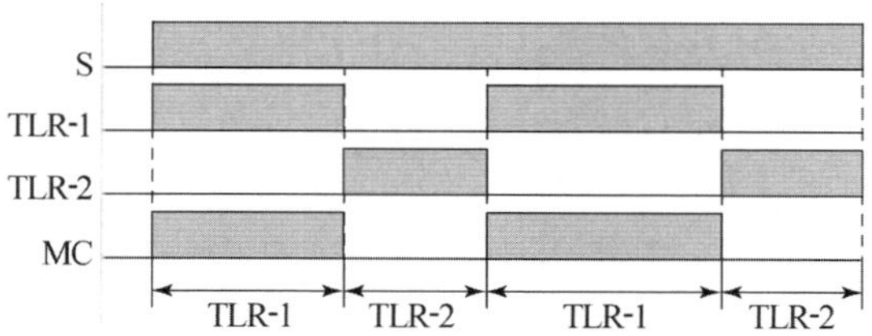

문제 13 ▸ 출제년도 : 93. ▸ 점수 : 8점

다음은 전동기의 정·역회전 회로도이다. 회로를 이해하고 질문에 답하시오.

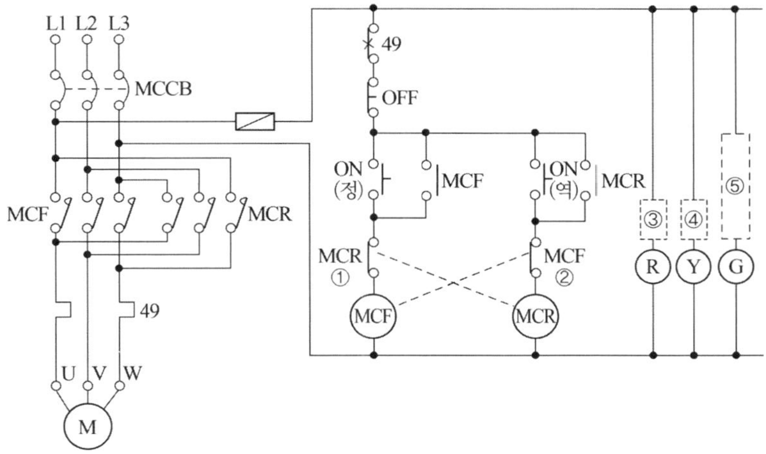

(1) ①, ②의 접점의 목적은?

(2) 전동기의 정지상태에서 ON(정), ON(역)을 동시에 누르면 전동기의 회전은?

(3) 정회전에 Ⓡ, 역회전에 Ⓨ, 정, 역 모두 정지시 Ⓖ Lamp가 동작되려면 점선안에 연결되어야 하는 접점은?

(4) 답란의 타임차트를 완성하시오.

답안작성

(1) 인터록 접점으로 MCF와 MCR의 동시투입을 방지하여 단락사고를 예방

(2) 회전하지 않는다.

(3)

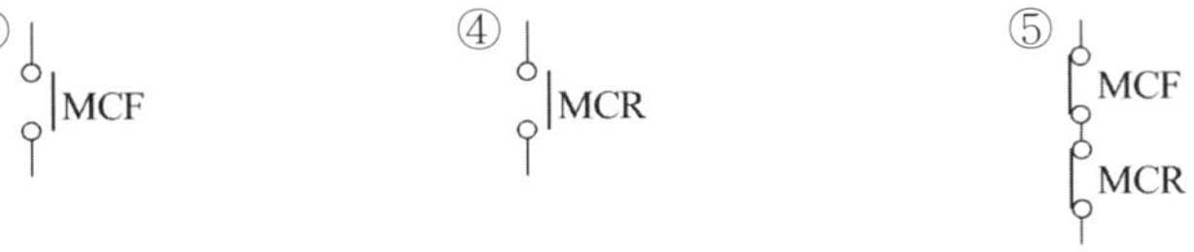

(4)

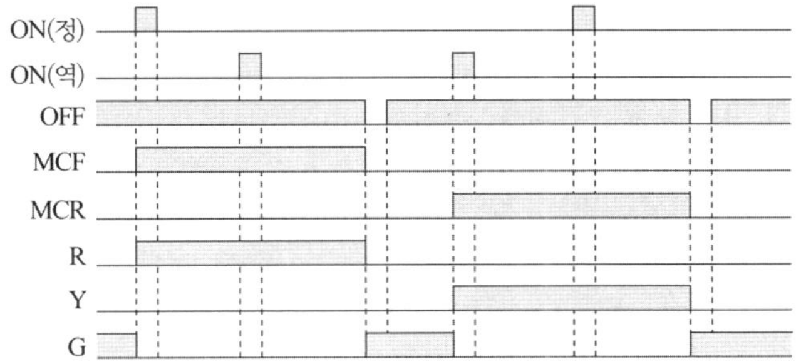

출제기준 변경 및 개정된 관계법규에 따라 삭제된 문제가 있어 배점의 합계가 100점이 안됩니다.

국가기술자격검정 실기시험문제 및 답안지

1993년도 산업기사 일반검정 제 2 회

자격종목(선택분야)	시험시간	형별	수험번호	성 명	감독위원 확 인
전기공사산업기사	2시간 00분				

※ 다음 물음에 답을 해당 답란에 답하시오.(배점 : 100점)

문제 01 ▸ 출제년도 : 93. ▸ 점수 : 4점

네온 전선을 조영재에 지지하는 애자는 특캡애자, 노브 서포트, 코드 서포트, 고압핀 애자 중 어떤 애자를 써야 하는가?

답안작성

코드 서포트

문제 02 ▸ 출제년도 : 93. ▸ 점수 : 4점

답란의 미완성 도면에서 3상 적산 전력계의 결선도를 완성하시오. 단, 접지가 필요한 곳에는 접지를 표현하도록 한다.

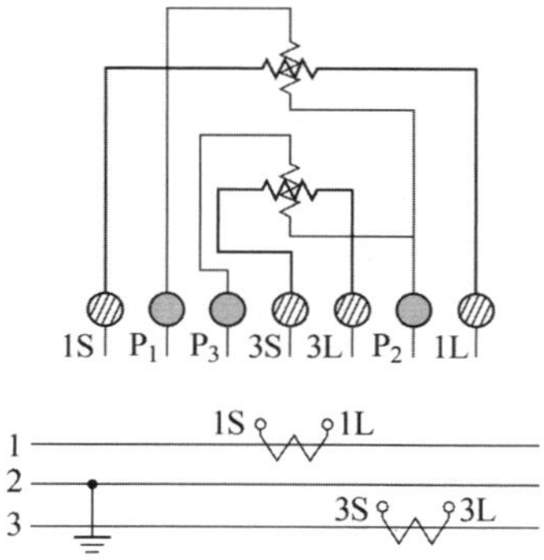

답안작성

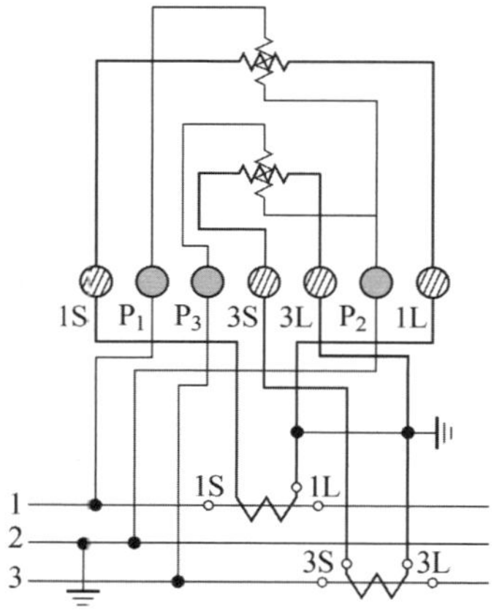

문제 03 ▸ 출제년도 : 93. 98. ▸ 점수 : 5점

저압 뱅킹 배전방식에서 캐스케이딩(cascading) 현상이란 무엇인가 간단하게 쓰시오.

답안작성

변압기 또는 선로 사고의 파급효과에 의해 뱅킹 내의 건전한 변압기의 일부 또는 전부가 연쇄적으로 차단되는 현상

문제 04 ▸ 출제년도 : 93. 96. 99. ▸ 점수 : 10점

다음 주어진 물음에 답하시오.

(1) 3상 수직 배치인 선로에서 오프셋을 주는 이유는 무엇을 방지하기 위한 것인가?

(2) 가공공동지선의 굵기[mm]는?

(3) 초호각의 역할은 무엇인가?

(4) 가공선로용의 경동선에 안전율의 최저값은 얼마인가?

(5) 지선으로 사용되는 전선의 종류는 어떤 철선인가?

답안작성

(1) 전선의 도약에 따른 상부전선과의 접촉에 의한 단락 사고 방지
(2) 4 [mm]
(3) 섬락시 애자련 보호, 애자련의 전압분포 개선
(4) 2.2
(5) 아연도금철선 또는 아연도금 강연선

해 설

(2) KEC 322.1 고압 또는 특고압과 저압의 혼촉에 의한 위험방지 시설
가공공동지선은 인장강도 5.26[kN] 이상 또는 지름 4[mm] 이상의 경동선을 사용하여 저압가공전선에 관한 규정에 준하여 시설할 것.

(4) KEC 332.4 고압 가공전선의 안전율, 222.6 저압 가공전선의 안전율
가공전선이 케이블 이외인 경우 안전율이 다음 이상이 되는 이도로 시설하여야 한다.
1) 경동선 또는 내열 동합금선 : 2.2 이상
2) 그 밖의 전선 : 2.5

문제 05 ▸ 출제년도 : 93. ▸ 점수 : 4점

특고압 또는 고압회로 및 기기의 단락보호능력을 갖는 퓨즈는 어느것 인가 보기에서 골라 쓰시오.

[보기] 플러그 퓨즈, 전력 퓨즈, 통형 퓨즈, 고리 퓨즈

답안작성

전력퓨즈

문제 06 ▸ 출제년도 : 93. ▸ 점수 : 5점

다음 보기에 나타난 항목의 전선 명칭을 표시 기호로 주어진 답안지에 답하시오.

[보기] (1) 옥외용 비닐절연전선
(2) 300/500 [V] 내열성 범용 비닐 시스 코드
(3) 미네랄 인슈레이션 케이블
(4) 0.6/1 [kV] 비닐 절연 비닐 시스 케이블
(5) 450/750 [V] 일반용 단심 비닐 절연 전선

답안작성

(1) OW (2) HOPC (3) MI (4) VV (5) NR

문제 07 ▸ 출제년도 : 93. ▸ 점수 : 4점

수전설비를 하는데 순공사비 원가합계가 200,000,000 [원]이었다. 이때의 일반관리비는 얼마인가?

답안작성

계산 : $200,000,000 \times \frac{6}{100} = 12,000,000$ [원]

답 : 12,000,000 [원]

해 설

전문, 전기, 전기 통신 공사	
공사 원가	일반 관리 비율
5억원 미만	6 [%]
5억원~30억원 미만	5.5 [%]
30억원 이상	5 [%]

문제 08 ▸ 출제년도 : 93. 95. 99. ▸ 점수 : 4점

22.9 [kV] 3상4선식 배전선로에서 2400 [mm] 완금을 사용한 직선주를 위에서 본 다음 그림을 참고로 하여 지지물 상부만의 장주도를 답안지에 작성하시오. 단, 지선의 위치 및 중성선의 애자도 표시하시오.

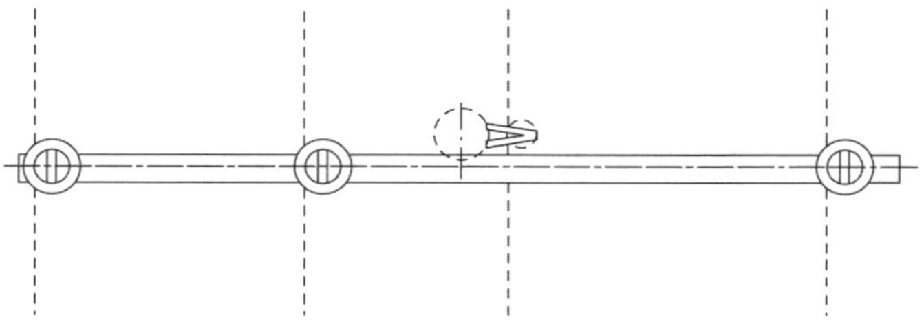

답안작성

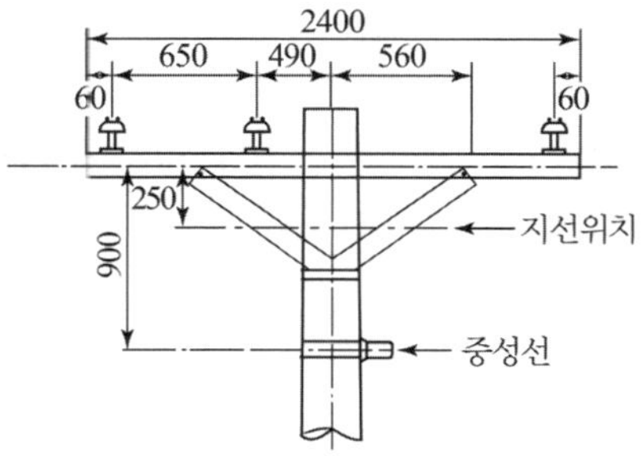

문제 09 ▸ 출제년도 : 93. ▸ 점수 : 20점

다음 도면은 어느 상점 옥내의 전등 및 콘센트 배선 평면도이다. 주어진 조건을 읽고 ①~⑳까지의 답란의 빈칸을 채우시오.

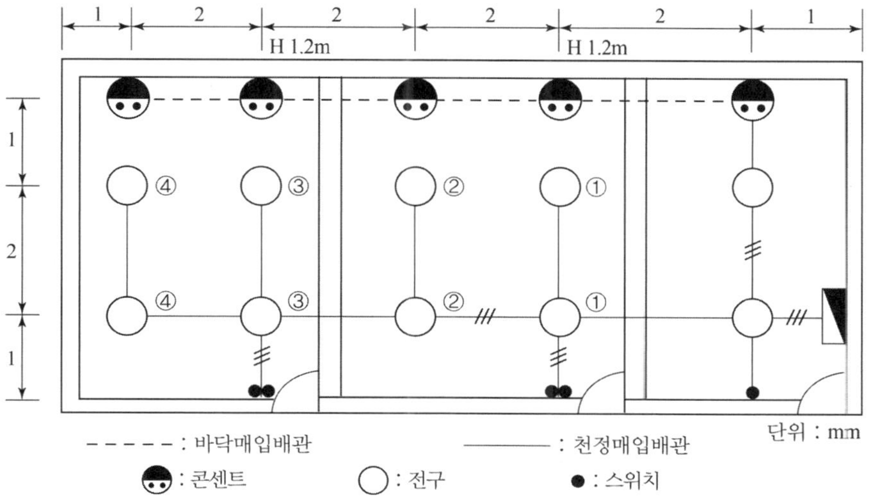

1. 유의 사항
   ① 바닥에서 천장 스라브까지는 2.5 [m]임.
   ② 전선은 600 [V] IV 전선으로 전등, 전열 1.6 [mm]를 사용한다.
   ③ 전선관은 후강 전선관으로 사용하고 특기 없는 것은 16 [mm]임.
   ④ 4조이상의 배관과 접속하는 박스는 4각 박스를 사용한다. 단, 콘센트는 전부 4각 박스를 사용한다.
   ⑤ 스위치의 설치 높이는 1.2 [m]임. (바닥에서 중심까지)
   ⑥ 특기없는 콘센트의 높이는 0.3 [m]임. (바닥에서 중심까지)
   ⑦ 분전반의 설치높이는 1.8 [m]임. 단, 바닥에서 하단까지 0.5 [m]를 기준으로 한다.
2. 재료의 산출
   ① 분전함 내부에서 배선 여유는 전선 1본당 0.5 [m]로 한다.
   ② 자재 산출 시 산출 수량과 할증 수량은 소수점 이하도 기록하고, 자재별 총 수량(산출 수량+할증 수량)은 소수점 이하는 반올림한다.
   ③ 배관 및 배선 이외의 자재는 할증을 보지 않는다.(배관 및 배선의 할증은 10 [%]로 한다.)
   ④ 콘센트용 박스는 4각 박스로 본다.
3. 인건비 산출 조건
   ① 재료의 할증분에 대해서는 품셈을 적용하지 않는다.
   ② 소수점 이하 한자리 까지 계산한다.
   ③ 품셈은 아래표의 품셈을 적용한다.

품셈 보기

자재명 및 규격		단위	내선 전공
후강전선관	16 [mm]	[m]	0.08
관내 배선	5.5 [mm^2] 이하	[m]	0.01
매입 스위치		개	0.056
매입 콘센트	2P, 15 [A]	개	0.056
아우트렛 박스	4각	개	0.12
아우트렛 박스	8각	개	0.12
스위치 박스	1개용	개	0.2
스위치 박스	2개용	개	0.2

자재명	규격	단위	산출수량	할증수량	총수량 (산출수량+할증수량)	내선 전공(인) (수량×인공수)
후강 전선관	16 [mm]	[m]	①		③	⑭
600 [V] 비닐 절연 전선	1.6 [mm]	[m]	②		④	⑮
스위치	300 [V], 10 [A]	개			⑤	⑯
스위치 플레이트	1개용	개			⑥	
스위치 플레이트	2개용	개			⑦	
매입 콘센트	300 [V] 15 [A] 2개용	개			⑧	⑰
4각 박스		개			⑨	⑱
8각 박스		개			⑩	
스위치 박스	1개용	개			⑪	⑲
스위치 박스	2개용	개			⑫	⑳
콘센트 플레이트	2개구용	개			⑬	

답안작성

자재명	규격	단위	산출수량	할증수량	총수량 (산출수량+할증수량)	내선 전공(인) (수량×인공수)
후강 전선관	16 [mm]	[m]	43.8	4.38	48	3.5
600 [V] 비닐 절연 전선	1.6 [mm]	[m]	99.4	9.94	109	0.9
스위치	300 [V], 10 [A]	개			5	0.2
스위치 플레이트	1개용	개			1	
스위치 플레이트	2개용	개			2	
매입 콘센트	300 [V] 15 [A] 2개용	개			5	0.2
4각 박스		개			8	0.9
8각 박스		개			7	
스위치 박스	1개용	개			1	0.2
스위치 박스	2개용	개			2	0.4
콘센트 플레이트	2개구용	개			5	

해 설

① 후강전선관(16C)

분전반 : 2.5 − 1.8 = 0.7[m]

콘센트 : 1 + (2.5 − 0.3) + 0.3 + 1.2 × 2 × 2 + 0.3 × 2 + 2 × 4 + 0.3 = 17.2[m]

전 구 : 2 × 9 + 1 = 19[m]

스위치 : 1 × 3 + (2.5 − 1.2) × 3 = 6.9[m]

計 : 0.7 + 17.2 + 19 + 6.9 = 43.8[m]

② 전선관 길이×2+전선 3가닥 입선되는 전선관 길이+분전반 내부여유

= 43.8 × 2 + 2 + 2 + 2 + 1 × 3 + (2.5 − 1.2) × 2 + (2.5 − 1.8) × 1 + 0.5 × 3 = 99.4[m]

문제 10 ▸출제년도 : 93. 96. 99. 01. ▸점수 : 10점

간이수전설비에 대한 단선 결선도이다. 다음 물음에 답하시오.

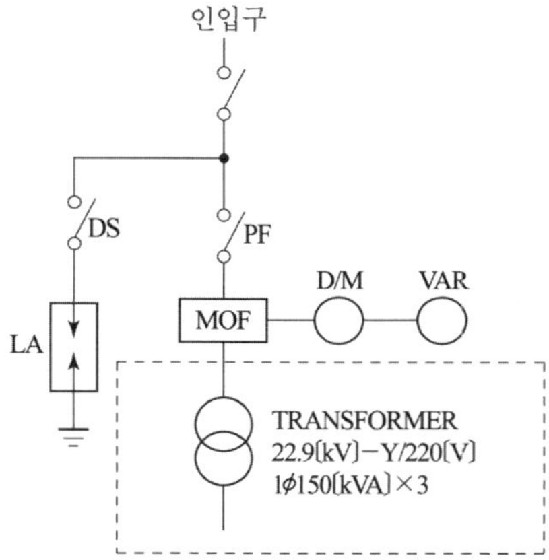

(1) 그림에서 피뢰기의 적당한 규격[kV]은?

(2) 그림에서 피뢰기의 설치 수량은?

(3) 일반적으로 발전기, 변압기, 조상기모선 또는 이를 지지하는 애자는 어떠한 전류에 의하여 생기는 기계적 충격에 견디는 것이어야 하는가?

(4) 22.9 [kV−Y] 가공전선로의 중성선에 ACSR을 사용하는 경우의 최대 굵기는 몇 [mm^2]인가?

답안작성

(1) 18 [kV]

(2) 3개

(3) 단락 전류

(4) 95 [mm^2]

해 설

(1) 피뢰기 정격 전압

전력 계통		피뢰기 정격 전압 [kV]	
전압 [kV]	중성점 접지 방식	변전소	배전 선로
345	유효접지	288	−
154	유효접지	144	−
66	PC접지 또는 비접지	72	−
22	PC접지 또는 비접지	24	−
22.9	3상 4선 다중접지	21	18

[주] 전압 22.9 [kV−Y] 이하의 배전선로에서 수전하는 설비의 피뢰기 정격전압 [kV]은 배전선로용을 적용한다.

(4) 중성선의 최소 굵기 : ACSR 32 [mm^2]

중성선의 최대 굵기 : ACSR 95 [mm^2]

문제 11 ▸ 출제년도 : 93. ▸ 점수 : 5점

전선로의 애자가 구비하여야 하는 조건을 아는대로 5가지만 쓰시오.

답안작성

① 절연저항, 절연내력이 클 것
② 기계적 강도가 클 것
③ 내구성이 뛰어날 것
④ 충분한 전기적 표면 저항을 가지고 누설전류가 적을 것
⑤ 애자 표면에 아크라든지 코로나가 일어나도 그에 의해서 파괴되거나 상처를 남기지 않을 것

문제 12 ▸ 출제년도 : 93. ▸ 점수 : 5점

수전 설비 공사에서 차단기의 정격 차단 용량 식과 차단기 종류를 4가지만 쓰시오.

답안작성

계산식 : $P_s = \sqrt{3} \times$정격 전압$\times$정격 차단 전류
차단기의 종류 : 유입 차단기, 진공 차단기, 자기 차단기, 가스 차단기

문제 13 ▸ 출제년도 : 93. 97. ▸ 점수 : 5점

다음 그림은 지지물에 대한 기호이다. 명칭을 주어진 답안지에 쓰시오.

(1) 
(2) 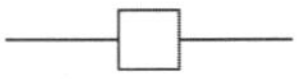
(3) 
(4) 
(5) 

답안작성

(1) 철탑 (2) 철주 (3) 철근 콘크리트주 (4) 지선 (5) 지주

문제 14 ▸ 출제년도 : 92. 93. ▸ 점수 : 10점

접지공사 시공시 유의 사항에 관한 사항이다. 옳으면 ○표, 틀리면 ×표를 주어진 답안지에 답하시오.

(1) 접지선은 반드시 600 [V] 비닐 전선을 사용할 것
(2) 접지선 부설시 가능한 한 중간 접속은 하지 말 것
(3) 접지극은 전주에서 1.0 [m] 정도 이격시켜 심타법으로 시공할 것
(4) 접지선과 접지극 리드 단자의 연결은 동슬리브 또는 이와 동등한 방법으로 시공할 것
(5) 접지극은 지하 75 [cm] 이상 깊이에 시설할 것
(6) 피뢰기의 접지는 피보호 기기의 접지 저항값 이하가 되도록 시공하여야 하며, 특히 피뢰기 접지는 중성선과 분리하여 접지 시공하고 접지극도 피보호 기기 접지극과 1.0 [m] 이상 이격시켜야 한다.
(7) 접지선 부설은 반드시 CP주의 접지선 인입구 및 인출구를 통하여 시공하여야 한다.

(8) AL 중성선과 접지선의 연결은 분기 슬리브를 사용하여 과열에 의한 탈락 사고를 방지하도록 예방하여야 한다.
(9) 접지극을 병렬로 시공할 경우 접지극 간의 이격 거리는 2.0 [m] 정도가 적당하다.
(10) 1선 지락 전류가 25 [A]인 고압 전로에 접속하는 3000/100 [V] 변압기의 중성점 접지 공사의 접지 저항값은 10 [Ω] 이하로 하여야 한다.

답안작성

(1) ×　　(2) ○　　(3) ○　　(4) ○　　(5) ○
(6) ×　　(7) ○　　(8) ○　　(9) ○　　(10) ×

해 설

(1) 반드시 600 [V] 비닐 전선을 사용할 필요는 없다.
(10) $R_2 = \dfrac{150}{I_g} = \dfrac{150}{25} = 6\ [\Omega]$ 이하

문제 15

▸ 출제년도 : 93. 97.　▸ 점수 : 5점

답란의 회로도는 전동기의 정·역회전할 수 있는 주회로이다. 동작설명에 의하여 제어회로를 다음 기호 및 약호를 참고로 하여 주어진 답안지에 완성하시오.

[참고사항] 다음 기호 및 약호를 참고로 하여 그리시오.

전자개폐기 : (MC)　　릴레이 : (X)　　타이머 : (T)
표시등 : (PL)　　누름 버튼 스위치 : (Pb)　　퓨즈 : (f)
셀렉터 스위치(S.S) : 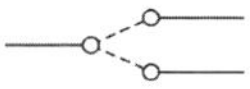

[동작]

1. NFB를 ON하고, 전원이 f_1과 f_2를 통하여 들어오면 MC_1과 MC_2가 동작하지 않을 때 PL_1이 점등된다. MC_1이나 MC_2가 동작하면, PL_1은 소등된다.
2. 셀렉터 스위치가 H(수동) 방향에서
   ① PB_2를 누르면 PL_2가 점등, MC_1이 동작, MC_1의 접점에 의하여 자기유지되며, 모터는 정회전한다. PB_1을 누르면 MC_1의 동작이 멈추게 되며, PL_2가 소등, 모터는 정지한다.
   ② PB_4를 누르면 PL_3가 점등, MC_2가 동작, MC_2의 접점에 의하여 자기유지되며, 모터는 역회전한다. PB_3을 누르면 MC_2의 동작이 멈추게 되며, PL_3가 소등, 모터는 정지한다.
   ※ MC_1과 MC_2의 여자코일에 인터록 회로를 이용하며, 동작의 안정성을 높이도록 한다.
3. 셀렉터 스위치가 A(자동) 방향에서
   ① PB_5을 누르면 T_1과 X_1이 동작되어 T_1 접점에 의하여 자기유지되며, X_1 접점에 의하여 MC_1이 동작, 정회전한다. T_1의 설정시간 후 X_1과 T_1 동작이 멈추게 되어 MC_1에 의한 전동기는 정지한다.

② PB_6를 누르면 X_2와 T_2에 의해 자기유지되며 X_2 접점에 의해 MC_2가 동작, 전동기는 역회전한다. T_2의 설정시간 후 X_2와 T_2가 동작이 멈추게 되어 MC_2에 의한 전동기는 정지한다.

※ X_1과 X_2의 여자 코일에 인터록 회로를 사용하여 안정된 동작이 되도록 한다.

4. 전동기의 과부하로 인하여 Thr이 동작되면 PL_0와 BZ가 동작되면 PL_1이 점등된다.

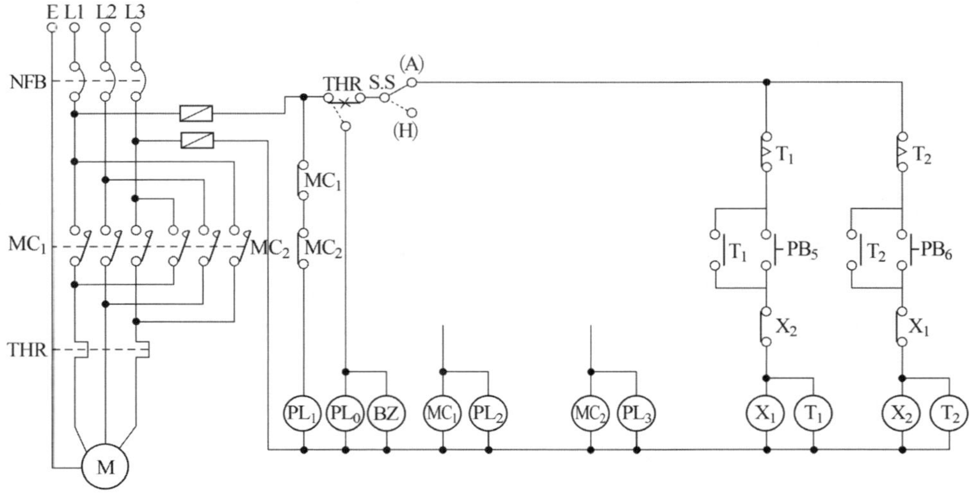

답안작성

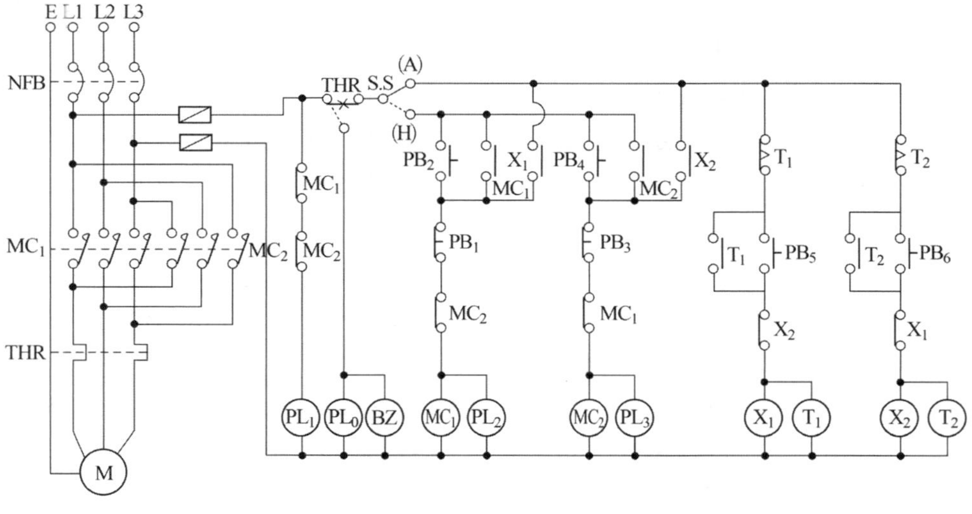

국가기술자격검정 실기시험문제 및 답안지

1993년도 산업기사 일반검정 제 4 회

자격종목(선택분야)	시험시간	형별	수험번호	성 명	감독위원 확 인
전기공사산업기사	2시간 00분				

※ 다음 물음에 답을 해당 답란에 답하시오.(배점 : 100점)

문제 01 ▸ 출제년도 : 93. 97. 99. 04. ▸ 점수 : 15점

다음은 22.9 [kV] 수변전설비 결선도이다. 물음에 답하시오.

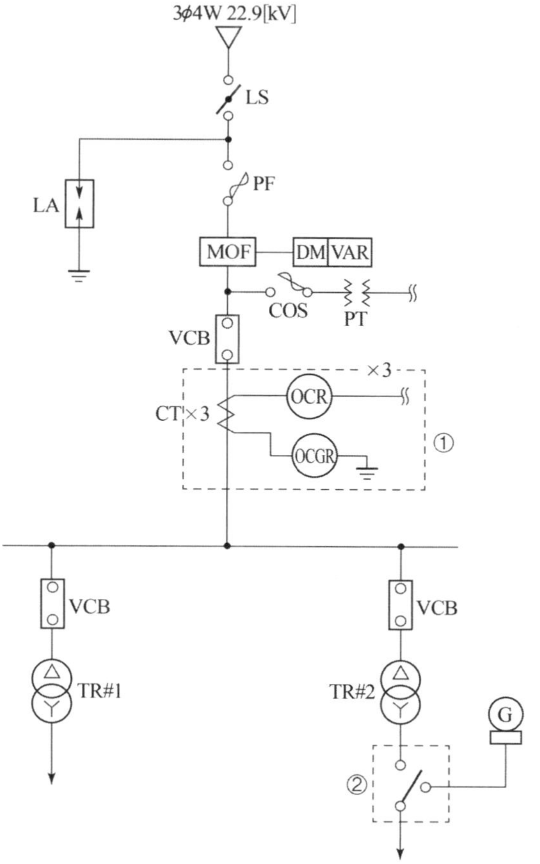

(1) 피뢰기의 전압값을 계산에 의하여 구하고, 최종답은 정격전압 값을 쓰시오.

•계산 : •답 :

(2) P.T의 전압비는?

(3) 점선 ①의 3선결선도를 그리시오.

(4) 변압기 #1에 부하용량이 300 [kW]이고 역률 및 효율이 각각 0.8일 때 변압기 용량 [kVA]를 선정하시오. (단, 수용률은 0.6으로 한다.)

• 계산 : • 답 :

(5) 점선 ②의 명칭은? (단, 정전시 자동으로 절체되도록 한다.)

답안작성

(1) 계산 : $E_R = \alpha\beta\frac{V_m}{\sqrt{3}} = 1.1 \times 1.15 \times \frac{1.2}{1.1} \times \frac{V}{\sqrt{3}} = 0.8 \times V = 0.8 \times 22.9 = 18.32$ [kV]

답 : 18 [kV]

(2) $\frac{22900}{\sqrt{3}} / \frac{190}{\sqrt{3}}$

(3)

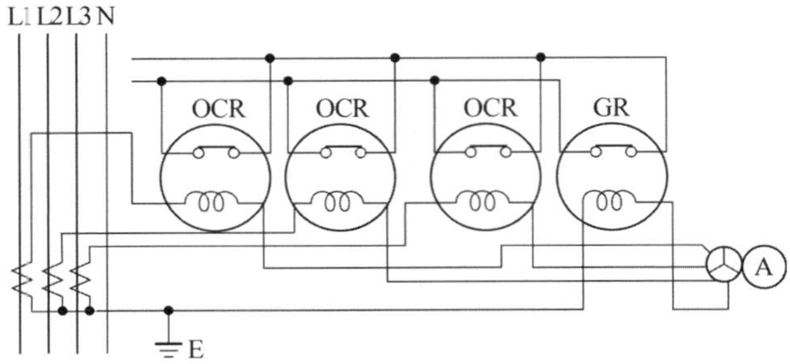

(4) 계산 : 변압기 용량$= \frac{300 \times 0.6}{0.8 \times 0.8} = 281.25$ [kVA]

답 : 300 [kVA] 선정

(5) 자동 절환 개폐장치

해 설

(1) $E_R = \alpha\beta\frac{V_m}{\sqrt{3}}$

여기서, E_R : 피뢰기 정격전압, α : 접지계수 (1.1~1.3), β : 유도

V_m : 계통의 최고 선간 전압 $\left(V_m = V \times \frac{1.2}{1.1}\right)$

(4) • 변압기 용량 [kVA] ≥ 합성 최대 수용 전력

$= \frac{\text{설비 용량 [kVA]} \times \text{수용률}}{\text{부등률}} = \frac{\text{설비 용량 [kW]} \times \text{수용률}}{\text{부등률} \times \text{역률}}$

• 효율이 주어지면 효율 감안하여 변압기 용량 선정
• 부등률이 주어지지 않으면 부등률을 1로 적용

(5) KEC 244.2.1 비상용 예비전원의 시설

상용전원의 정전으로 비상용전원이 대체되는 경우에는 상용전원과 병렬운전이 되지 않도록 다음 중 하나 또는 그 이상의 조합으로 격리조치를 하여야 한다.

1) 조작기구 또는 절환 개폐장치의 제어회로 사이의 전기적, 기계적 또는 전기 기계적 연동
2) 단일 이동식 열쇠를 갖춘 잠금 계통
3) 차단-중립-투입의 3단계 절환 개폐장치
4) 적절한 연동기능을 갖춘 자동 절환 개폐장치
5) 동등한 동작을 보장하는 기타 수단

문제 02 ▸ 출제년도 : 93. 05. ▸ 점수 : 6점

애자는 사용 전압에 따라 원칙적으로 하는 색채가 있다. 주어진 답안지의 사용 전압을 보고 답안지에 색채를 답하시오.

애자 종류	색 별
특고압용 핀 애자	(1)
저압용 애자(접지측 애자)	(2)
접지측 애자	(3)

답안작성

(1) 갈색 (2) 백색 (3) 청색

문제 03 ▸ 출제년도 : 93. 94. ▸ 점수 : 5점

방의 가로 3 [m], 세로 7 [m], 광원의 높이는 작업면까지 3 [m]인 경우 조명률을 알기 위한 실지수 K를 구하시오.

답안작성

계산 : $K = \dfrac{XY}{H(X+Y)} = \dfrac{3\times 7}{3\times(3+7)} = 0.7$

답 : 0.7

문제 04 ▸ 출제년도 : 92. 93. 94. 96. 97. 04. ▸ 점수 : 5점

심선 1선의 지름이 2.3 [mm]이고 소선수가 37인 연선의 공칭단면적은?

답안작성

계산 : 공칭단면적 $A = \dfrac{1}{4}\pi d^2 N = \dfrac{1}{4}\times\pi\times 2.3^2\times 37 = 150[\text{mm}^2]$

답 : 150 [mm^2]

해 설

연선의 단면적 = 소선 1개의 단면적×총 소선수

문제 05 ▸ 출제년도 : 93. ▸ 점수 : 10점

그림과 같이 22.9 [kV] 가설 전선로에 분기 선로를 추가하기 위한 직접 노무비계를 참고 자료를 이용하여 구하시오.

단, ① 배전선 가설품은 고려하지 않으며, 지선은 분기 선로 반대 방향에 7/2.3 [mm] 연선을 이용하여 설치한다

② 공구 손료는 제외한다.

③ 노무비에서 원 이하는 버린다.

④ 배전 전공 노임 단가는 15,860 [원], 보통 인부 노임 단가는 6,520 [원]이다.

※ 직접 노무비를 구할 때는 주어진 참고 자료내의 재료만 적용할 것.

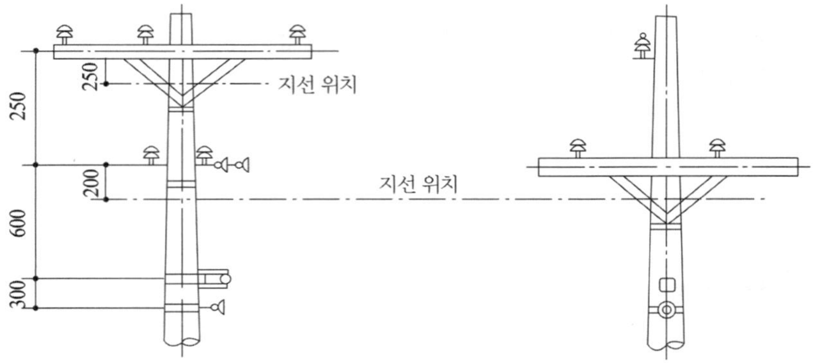

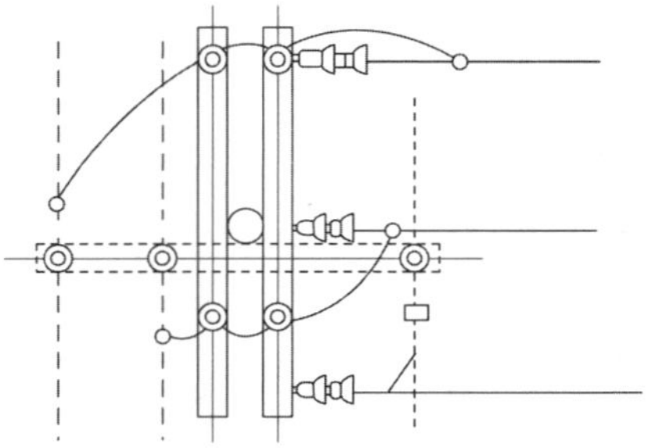

[참고자료]

[표 1] 지선신설

규격	배전전공	보통인부
4.0 [mm] 철선		
깊이(1.2 [m]) 4조 이하	0.45	0.34
(1.5 [m]) 6조 이하	0.57	0.43
(〃) 8조 이하	0.75	0.56
(1.7 [m]) 10조 이하	1.11	0.83
(〃) 12조 이하	1.54	1.16
(〃) 15조 이하	1.90	1.43
(1.8 [m]) 18조 이하	2.35	1.73
연선		
7/2.3 [mm] 이하	0.35	0.26
7/2.6~7/2.9 〃	0.50	0.38
7/3.2 〃	0.70	0.45
7/4.0 〃	0.70	0.45
7/4.5 〃	0.70	0.45
7/5.0 〃	0.73	0.45
7/5.5 〃	0.73	0.46
7/6.5 〃	0.73	0.47

[해설] ① 틀 포함(길이 1.2 [m] 이상)
② 터파기, 되메우기 및 틀 매설품 포함
③ 애자 삽입시는 배전전공 0.08인 가산
④ 장력조정은 이품의 10 [%]
⑤ 절단 철거는 이품의 10 [%]
⑥ 철거는 이품의 30 [%]
⑦ 수평지선, 공동지선은 이품의 160 [%]
⑧ Y지선은 이품의 120 [%]
⑨ 2단 지선은 이품의 150 [%]
⑩ 이설은 이품의 130 [%]
⑪ 수평지선의 지주설치는 지주품에 준함

[표 2] 배전용 완철신설 (본당)

규격	배전전공	보통인부
1 [m] 이하	0.09	0.09
2 [m] 이하	0.10	0.10
3 [m] 이하	0.13	0.13
4 [m] 초과	0.17	0.17

[해설] ① 완목 및 경완철은 이 품의 80 [%]
② 배전용 완철은 철거 30 [%]
③ 이설, 교환 130 [%]
④ Armtie 설치품 포함
⑤ 완철이란 완금을 우리말로 고친 것임
⑥ 편출공사는 본 품의 20 [%] 가산

[표 3] 배전용 애자 및 랙크(Rack) 신설 (개당)

종별	배전 전공	보통 인부
특고압용 핀 애자	0.064	0.126
고압 및 특고압 현수 애자	0.065	0.05
고압용 핀 애자	0.044	–
인류 애자	0.056	–
내장 애자	0.035	0.083
저압용 핀 애자	0.034	–
저압용 인류 애자	0.044	–
랙크 1선용	0.125	–
랙크 2선용	0.20	–
랙크 3선용	0.275	–
랙크 4선용	0.350	–

[해설] ① 애자 철거 50 [%](재사용 80 [%])
② 애자 교환 또는 갈아 끼우기 : 150 [%]
③ 인류 애자는 다대 애자를 고친 것임.
④ 애자 닦기
가. 주상(탑상) 손 닦기 : 신설품의 50 [%]
나. 주상(탑상) 기계 닦기 : 기계 손료만 계상(인건비 포함)
다. 발췌 손 닦기는 신설품의 170 [%]
⑤ 특고압용 라인 포스트 애자 취급품은 특고압용 핀애자 취급품에 준함
⑥ 랙크 철거는 이 품의 30 [%](재사용 50 [%]) 적용함

답안작성

① 지선 신설
배전 전공 : 0.35 [인]
보통 인부 : 0.26 [인]

② 특고압 핀 애자 신설
배전 전공 : $0.064 \times 4 = 0.26$ [인]
보통 인부 : $0.126 \times 4 = 0.5$ [인]

③ 특고 현수 애자 신설
배전 전공 : $0.065 \times 7 = 0.46$ [인]
보통 인부 : $0.05 \times 7 = 0.35$ [인]

④ 완철 설치
배전 전공 : $0.13 \times 2 = 0.26$ [인]
보통 인부 : $0.13 \times 2 = 0.26$ [인]

⑤ 배전 전공의 합 : 0.35+0.26+0.46+0.26=1.33 [인]
보통 인부의 합 : 0.26+0.5+0.35+0.26=1.37 [인]
⑥ 노무비
배전전공 : 1.33×15,860=21,090 [원]
보통인부 : 1.37×6,520=8,930 [원]
계 : 21,090+8,930=30,020 [원]
답 : 30,020 [원]

해 설

인공산출에 필요한 재료
① 완금 (2400 [mm])×2 ② 특고압용 핀애자×4
③ 특고압용 현수애자×7 ④ 지선 (7/2.3 [mm])×1

문제 06

▸출제년도 : 89. 93. 95. 03. ▸점수 : 6점

가공 지선이 있는 지지물 표준 접지 시공에 관한 그림이다. 그림을 참고로 하여 답란의 물음을 간단하게 쓰시오.

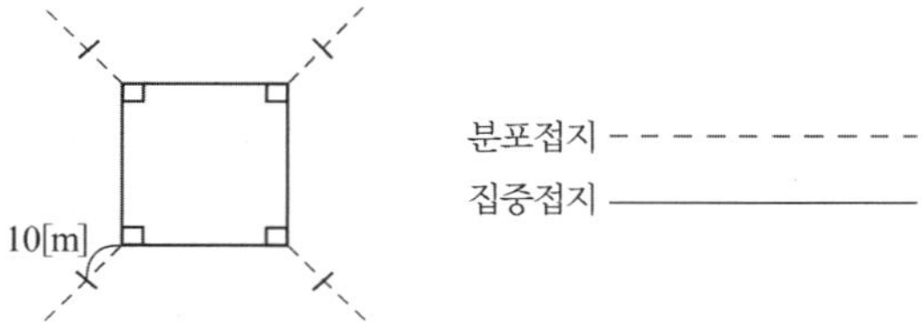

(1) 분포 접지란?
(2) 집중 접지란?

답안작성

분포 접지 : 탑각에서 방사형으로 매설 지선을 포설하여 접지하는 방식
집중 접지 : 탑각에서 10 [m] 떨어진 지점에서 분포접지에 직각 방향으로 접지하는 방식

문제 07

▸출제년도 : 93. 06. ▸점수 : 5점

그림과 같이 외등용 전선관을 지중에 매설하려고 한다. 터파기(흙파기)량은 얼마인가? 단, 매설 거리는 70 [m]이고, 전선관의 면적은 무시한다.

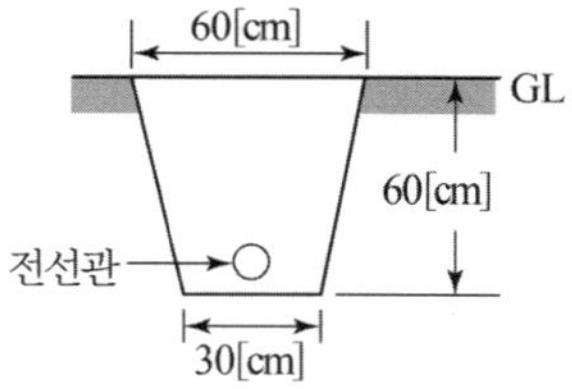

답안작성

계산 : 줄기초 파기이므로

$$V_o = \frac{0.6+0.3}{2} \times 0.6 \times 70 = 18.9\ [\mathrm{m}^3]$$

답 : 18.9 [m^3]

해 설

$$V_o = \frac{A+B}{2} \times hL$$

문제 08

▸ 출제년도 : 93. ▸ 점수 : 5점

다음의 스위치 심벌의 명칭은 무엇인가?

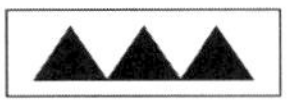

답안작성

리모콘 릴레이를 집합하여 부착하는 경우

해 설

리모콘 릴레이를 집합하여 사용하는 경우이며 릴레이 수를 방기한다.

ex)  10

문제 09

▸ 출제년도 : 93. ▸ 점수 : 6점

그림의 출력 X_1~X_6를 보고 답란의 타임 차트에 각각 그려 넣고 논리식을 각각 쓰시오.

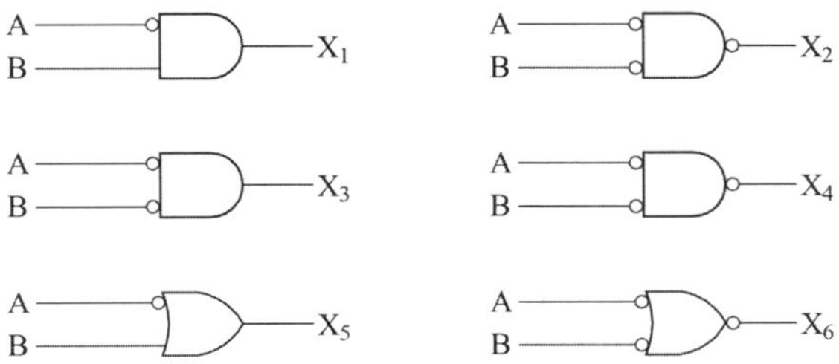

답안작성

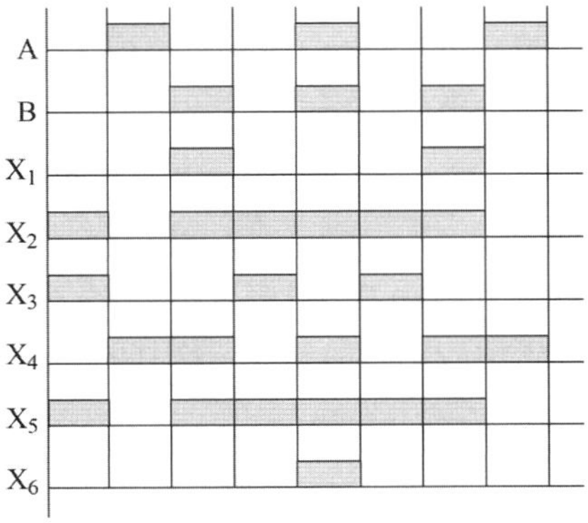

$X_1 = \overline{A} \cdot B$

$X_2 = \overline{A \cdot \overline{B}} = \overline{A} + B$

$X_3 = \overline{A} \cdot \overline{B} = \overline{A + B}$

$X_4 = \overline{\overline{A} \cdot \overline{B}} = A + B$

$X_5 = \overline{A} + B$

$X_6 = \overline{\overline{A} + \overline{B}} = A \cdot B$

문제 10

▸ 출제년도 : 93. 96. ▸ 점수 : 7점

그림은 일정 시간 살수하면 자동적으로 정지하고 일정 시간 후에 다시 살수하는 스프링 쿨러의 자동 살수 장치의 로직 시퀀스의 일부이다. 릴레이 시퀀스를 주어진 답안지에 그리시오.

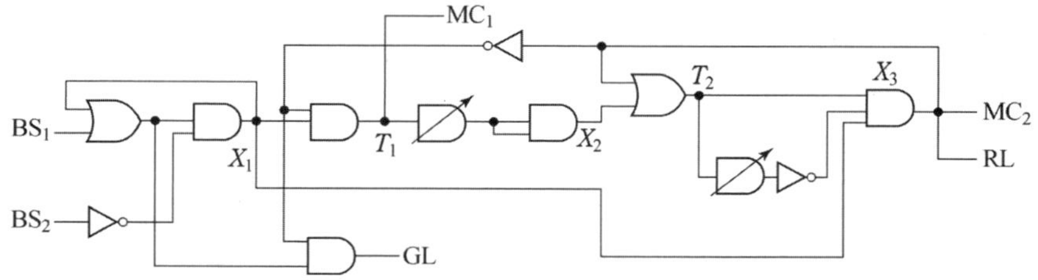

답안작성

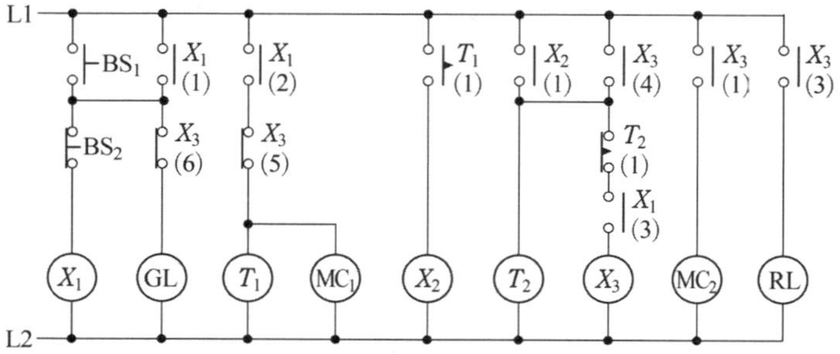

문제 11 ▸ 출제년도 : 89. 93. 98. ▸ 점수 : 15점

다음은 Y-△ 기동회로에 관한 동작 설명이다. 동작 설명과 참고를 이해하고 주어진 답안지의 물음에 답하시오.

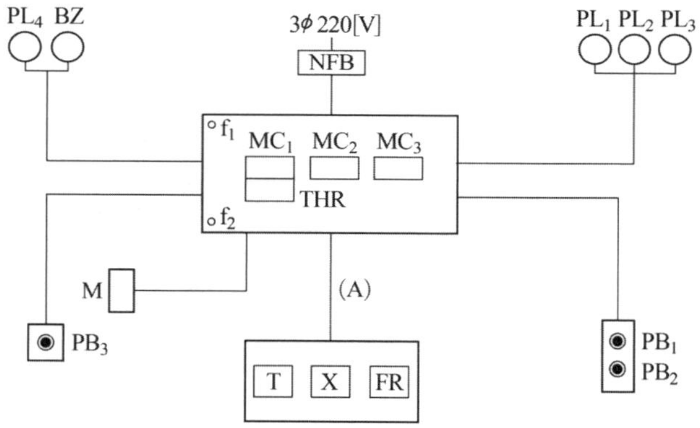

전자 개폐기 : MC, 타이머 : T, 후리커 릴레이 : FR 릴레이 : X,
부저 : BZ, 푸시 버튼 스위치 : Pb, 표시등 : PL, 배선용 차단기 : NFB

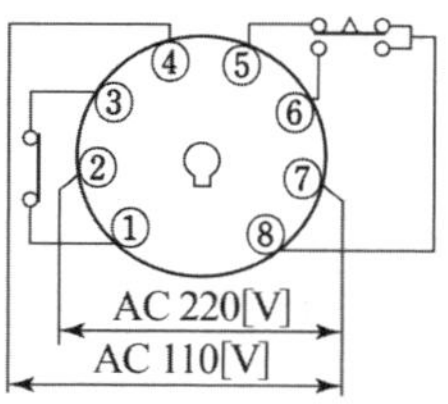

타이머 내부 접속도

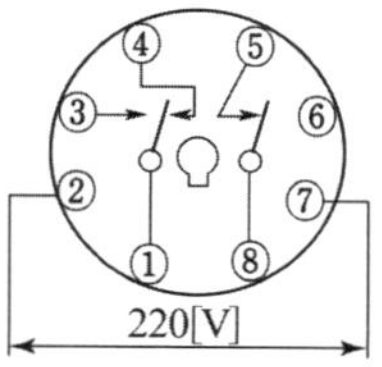

릴레이 내부 접속도

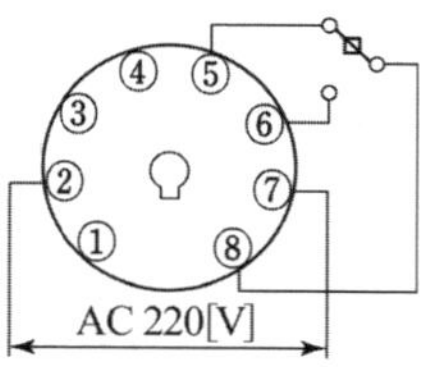

후리커 릴레이 내부 접속도

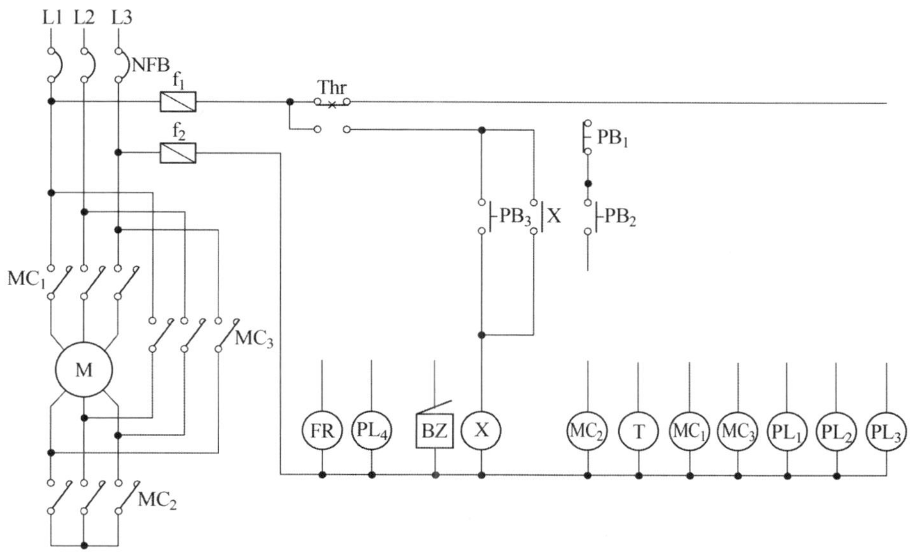

[동작설명]

① NFB를 ON하면 포장 퓨즈(f_1)과 (f_2)를 통하여 PL_1이 점등된다. MC_1이 동작되면 PL_1은 소등된다.

② Pb_2를 누르면 MC_1과 MC_2 및 T가 동작되는 동시에 PL_2가 점등되며, MC_1의 접점에 의하여 자기 유지되며 모터는 Y기동하게 된다. 이때, T의 설정된 시간 후에 MC_2 및 PL_2가 동작을 멈추게 되며, MC_3가 동작, PL_3가 점등되며, 모터는 △운전하게 된다. PB_1을 누르면 위의 동작은 멈추게 된다.

※ MC_2와 MC_3의 여자 코일에 인터록 회로를 이용하여 동작의 안정성을 높이도록 한다.

③ 모터의 과부하로 인하여 Thr이 동작되면 MC_1, MC_2, MC_3, T, PL_1, PL_2, PL_3는 OFF되며, FR이 동작 PL_4와 BZ가 교대로 동작된다. 이때, PB_3에 의해 X가 자기 유지되며 FR 및 PL_4, BZ의 동작은 멈춘다.

[물음]

(1) 동작 설명에 의하여 주어진 답안지 주회로에 제어회로를 완성하시오.

(2) 배치도에 표시된 (A)부분의 전선관 속에는 접지선을 제외하고 최소 몇 가닥이 들어가야 하는가?

답안작성

(1)

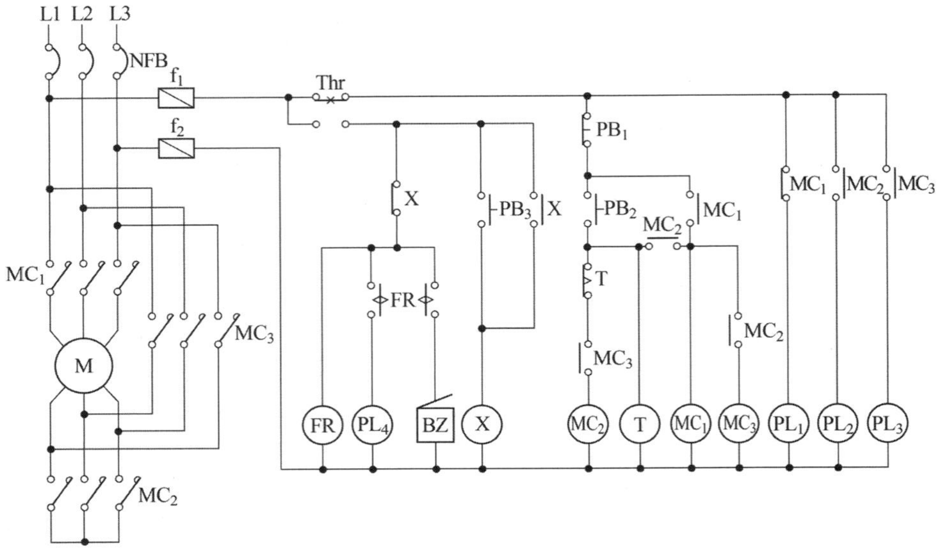

(2) 7가닥

해 설

(1) Y－△ 기동회로

<Type 1>

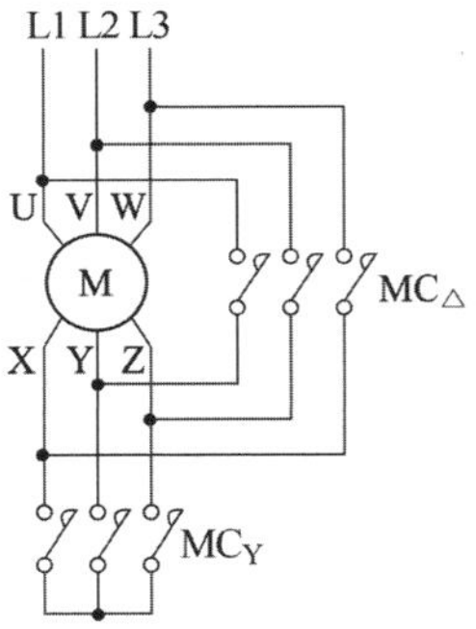

<Type 2>

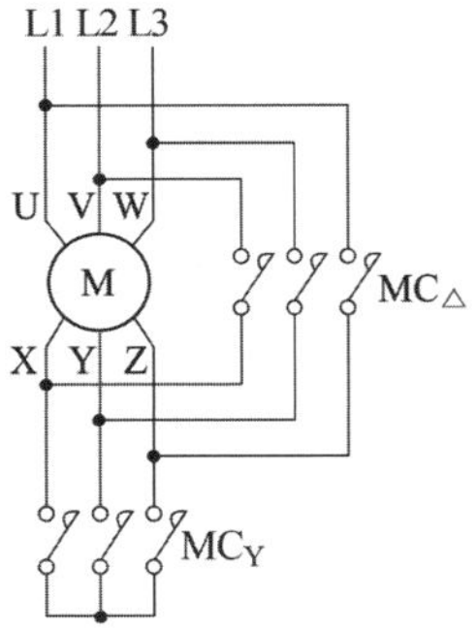

Type 1 또는 Type 2 모두 사용되나 기동 순간의 과도(돌입) 전류를 감소시키기 위하여 현재는 Type 1이 많이 사용된다.

출제기준 변경 및 개정된 관계법규에 따라 삭제된 문제가 있어 배점의 합계가 100점이 안됩니다.

국가기술자격검정 실기시험문제 및 답안지

1993년도 산업기사 일반검정 제 6 회

자격종목(선택분야)	시험시간	형별	수험번호	성 명	감독위원 확 인
전기공사산업기사	2시간 00분				

※ 다음 물음에 답을 해당 답란에 답하시오.(배점 : 100점)

문제 01 ▸ 출제년도 : 93. 97. 04. ▸ 점수 : 5점

굵은 전선(22 [mm^2] 이상) 또는 철선을 절단할 때 사용하는 공구는?

답안작성

클리퍼

문제 02 ▸ 출제년도 : 93. ▸ 점수 : 5점

후강전선관의 규격이 16 [호]부터 104 [호]까지의 규격이 있다. 이들 사이에 해당하는 후강전선관의 규격을 모두 나열하시오.

답안작성

22, 28, 36, 42, 54, 70, 82, 92 [호]

해 설

종 류	관의 호칭 [호]
후강 전선관(근사내경, 짝수)	16 22 28 36 42 54 70 82 92 104
박강 전선관(근사외경, 홀수)	19 25 31 39 51 63 75
나사없는 전선관	박강 전선관과 치수가 같다.

문제 03 ▸ 출제년도 : 93. 99. ▸ 점수 : 5점

배관 및 배선공사를 하기 위한 터파기 수량산출을 하고자 한다. 그림과 같은 길이 L[m]에 대한 줄 기초파기의 굴착량을 구하는 식은?

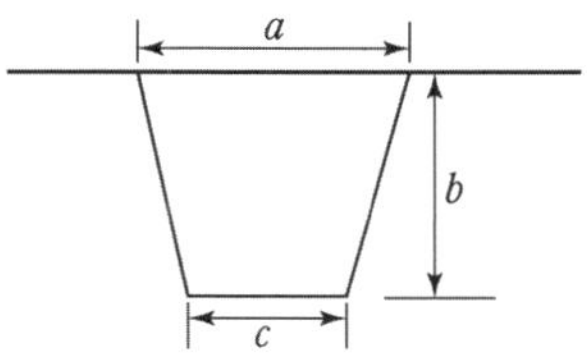

답안작성

굴착량 $= \dfrac{a+c}{2} \times b \times L$ [m^3]

문제 04 ▸ 출제년도 : 93. ▸ 점수 : 18점

3ϕ3W Line에 WHM을 접속하여 전력량을 적산하기 위한 결선도이다. 다음 물음에 주어진 답안지에 계산식과 답을 쓰시오.

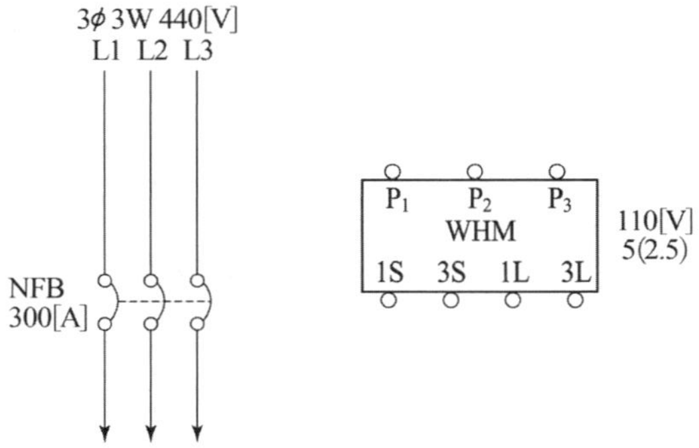

① 계산 중 발생되는 소숫점 둘째 자리 이하는 버릴 것
② [rpm]=계기 정수×전력

(1) WHM가 정상적으로 적산이 가능하도록 변성기를 추가하여 결선도를 완성하시오.
(2) WHM 형식 표기중 정격 전류 5(2.5) [A]는 무엇을 의미하는가?
(3) 이 WHM의 계기 정수는 1600 [Rev/kWh]이다. 지금 부하 전류가 100 [A]에서 변동 없이 지속되고 있다면 원판의 1분간 회전수는?
단, CT비 : 200/5 [A] $\cos\theta = 1$
(4) WHM의 승률은? 단, CT비는 200/5로 한다.

답안작성

(1)

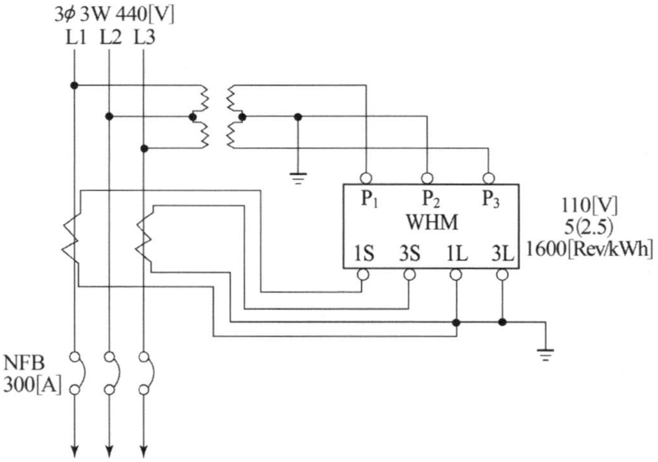

(2) Ⅱ형 계기로써 정격전류 5 [A]에 대하여 $\frac{1}{20}$까지 그 정밀도를 보장한다는 것

(3) 1분간의 회전수 : $n[\text{rpm}]$ = 계기 정수×전력

$$= 1600 \times \frac{\sqrt{3} \times 110 \times \left(100 \times \frac{5}{200}\right) \times 10^{-3}}{60} = 12.7[\text{회}]$$

(4) 승률(=배율) : m =CT 비×PT 비$=\frac{200}{5}\times\frac{440}{110}=160$ [배]

문제 05

▸ 출제년도 : 90. 93.　▸ 점수 : 5점

조광기의 전기 심벌을 KSC 0301에 의거 그리시오.

답안작성

문제 06

▸ 출제년도 : 93.　▸ 점수 : 5점

답란의 미완성 도면에서 3상 적산 전력계의 결선도를 완성하시오. 단, 접지가 필요한 곳에는 접지를 표현하도록 한다.

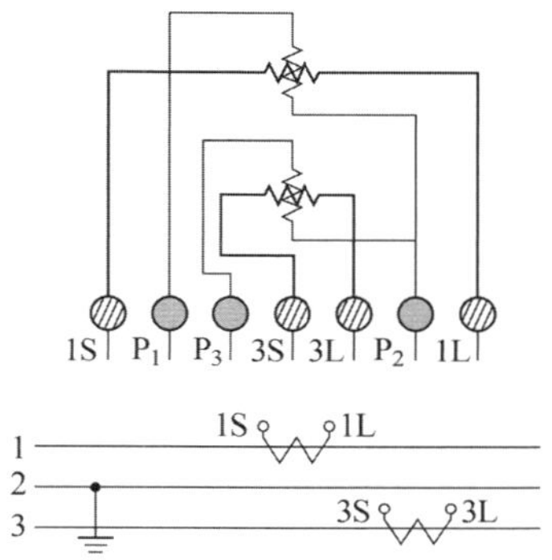

답안작성

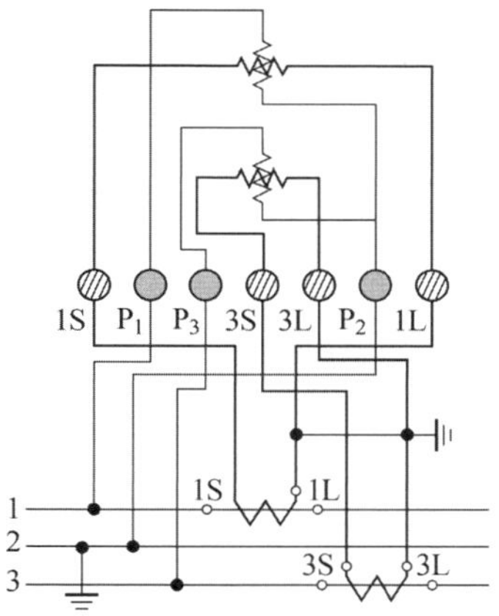

문제 07

▸ 출제년도 : 93.　▸ 점수 : 5점

답란의 단상 변압기 3대의 그림을 △-△결선하시오. 단, 중성점 접지할 곳을 표시하시오.

답안작성

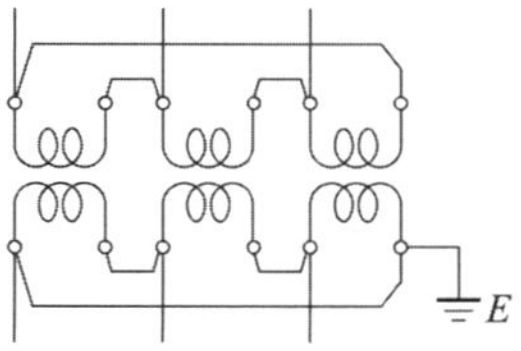

해 설

KEC 322.1 고압 또는 특고압과 저압의 혼촉에 의한 위험방지 시설

고압전로 또는 특고압전로와 저압전로를 결합하는 변압기의 저압측의 중성점에는 규정에 의하여 계산한 값이 10[Ω]을 넘을 때에는 접지저항치가 10[Ω] 이하가 되도록 할 것.
(단, 사용전압이 35[kV] 이하의 특고압전로로서 전로에 지락이 생겼을 때에 1초 이내에 자동적으로 이를 차단하는 장치가 되어 있는 것 및 사용전압이 25 [kV] 이하인 특고압 가공전선로로서 중성선 다중접지식의 것으로서 전로에 지락이 생겼을 때 2초 이내에 자동적으로 이를 전로로부터 차단하는 장치가 되어 있는 것은 제외한다.)
다만, 그 접지공사를 변압기의 중성점에 하기 어려울 때에는 저압전로의 사용전압이 300[V] 이하인 경우에 한해 저압 측의 1단자에 시행할 수 있다.

문제 08 ▸ 출제년도 : 93. ▸ 점수 : 5점

그림과 같이 고저차가 없는 3 지지물 사이에 전선이 가선되어 있다. 지지물 B의 지지점에서 전선이 떨어지는 경우 A, C간의 전선 이도 D_x는 떨어지기 전 A, B간 전선 이도 D_1의 몇 배가 되는가?

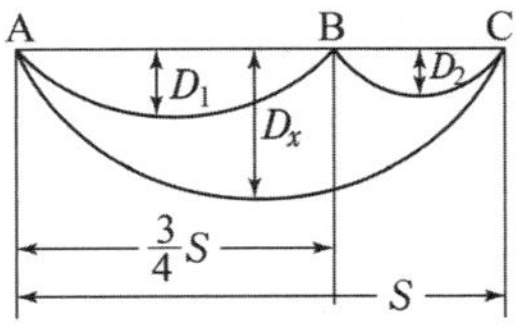

•계산 : •답 :

답안작성

계산 : 이도 $D=\dfrac{WS^2}{8T}$ 에서 $D \propto S^2$

$\therefore\ D_1 : D_2 = \left(\dfrac{3}{4}S\right)^2 : \left(\dfrac{1}{4}S\right)^2 = 9 : 1$

여기서, $D_2 = \dfrac{1}{9}D_1$

$D_x^2 = \left(1+\sqrt{\dfrac{D_2}{D_1}}\right)\cdot D_1^2 + \left(1+\sqrt{\dfrac{D_1}{D_2}}\right)\cdot D_2^2$ 식에 대입하면

$= \left(1+\sqrt{\dfrac{1}{9}}\right)\cdot D_1^2 + (1+\sqrt{9})\cdot\left(\dfrac{1}{9}D_1\right)^2 = 1.38D_1^2$

$\therefore\ D_x = 1.17D_1$

답 : 1.17배

문제 09 ▸ 출제년도 : 93. ▸ 점수 : 5점

평균조도 300 [lx]의 전반조명을 한 144 [m2]의 방이 있다. 조명기구 1대당 4600 [lm], 조명률 0.5, 감광보상율 1.25로 되어 있을 때 조명기구당 소비전력이 80 [W]로 할 경우 이 방에서 24시간 연속 점등을 한다면 소비전력[kWh]는?

답안작성

계산 : 전등수 $N=\dfrac{EAD}{FU}=\dfrac{300\times144\times1.25}{4600\times0.5}=23.47$ [등]

절상하면 24 [등]

소비전력량 $W=Pt=80\times24\times24\times10^{-3}=46$ [kWh]

답 : 46 [kWh]

문제 10

▸ 출제년도 : 93. 04. 05. 07. ▸ 점수 : 5점

외부피뢰시스템의 수뢰부시스템 형식 3가지를 쓰시오.

답안작성

① 돌침방식
② 수평도체방식
③ 메시도체방식

해 설

KEC 152.1 수뢰부시스템
수뢰부시스템의 선정은 돌침, 수평도체, 메시도체의 요소 중에 한 가지 또는 이를 조합한 형식으로 시설하여야 한다.

문제 11

▸ 출제년도 : 93. ▸ 점수 : 12점

다음 도면은 어느 수용가의 3ϕ4W, 22.9 [kV] 전용 배전선로이다. 참고 사항을 보고 물음에 답하시오.

[참고사항]

① 도면에 표시된 치수는 [m]임.
② 책임 분계점 전주는 제외한다.
③ 자재 산출시 옥외전선은 3 [%] 할증을 본다. 단, 인공산출시 재료할증은 제외한다.
④ 전주용 근가는 2개씩 보고 지주용 근가는 1개씩만 계산한다.
⑤ 표준 품셈은 오른쪽 표와 같다. 단, CONC 전주는 근가 1개 포함이며 1개 추가시 10 [%] 추가한다.

	배전전공	보통인부
ACSR 58 [mm^2] (100 [m]당)	0.44	0.88
CONC 전주 9 [m]	1.68	2.13
CONC 전주 12 [m]	2.86	3

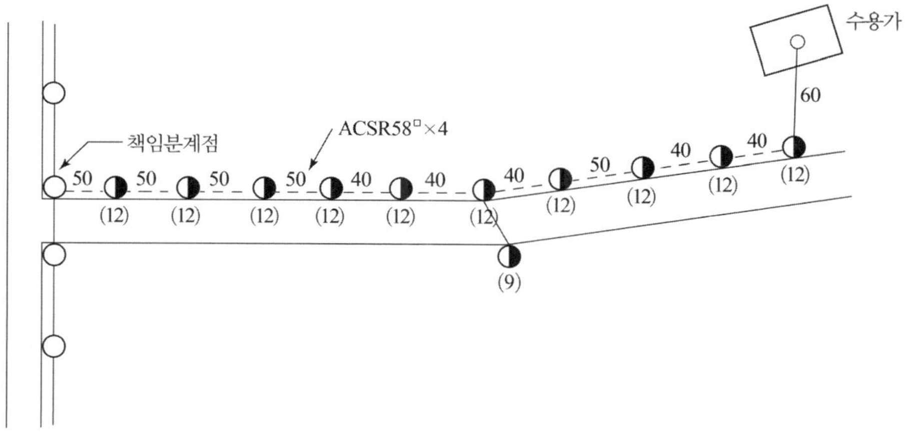

(1) ACSR 58 [mm^2]의 총 수량을 산출하시오.

(2) CONC 전주 12 [m]와 9 [m] 짜리는 각각 몇 본인가?

(3) CONC 전주용 근가는 모두 몇 개인가?

(4) 가공배전선을 신설하는 인공계를 구하시오.

(5) CONC 전주 12 [m]용을 설치하는데 필요한 인공계를 구하시오.

(6) CONC 전주 9 [m]용을 설치하는데 필요한 인공계를 구하시오.

답안작성

(1) $(50 \times 5 + 40 \times 5 + 60) \times 4 = 2040[\text{m}]$

3 [%] 할증을 주면 $2040 \times 1.03 = 2101.2$ [m]

(2) 12 [m] : 10본　　　9 [m] : 1본

(3) 21개

(4) 배전전공 : $\dfrac{0.44}{100} \times 2040 = 8.98$ [인]

보통인부 : $\dfrac{0.88}{100} \times 2040 = 17.95$ [인]

(5) 배전전공 : $2.86 \times 1.1 \times 10 = 31.46$ [인]

보통인부 : $3.0 \times 1.1 \times 10 = 33$ [인]

(6) 배전전공 : 1.68 [인]

보통인부 : 2.13 [인]

문제 12 ▸ 출제년도 : 93. 95. 96. ▸ 점수 : 5점

그림과 같이 30 [kW], 40 [kW], 60 [kW]의 부하설비의 수용률이 각각 50 [%], 60 [%], 90 [%]로 되어 있는 경우 이것에 공급할 용량을 결정하시오. (단, 부등률은 1.1, 부하의 종합역률은 85 [%]로 한다.)

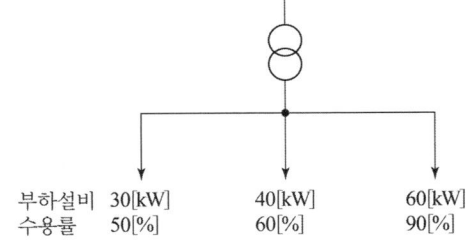

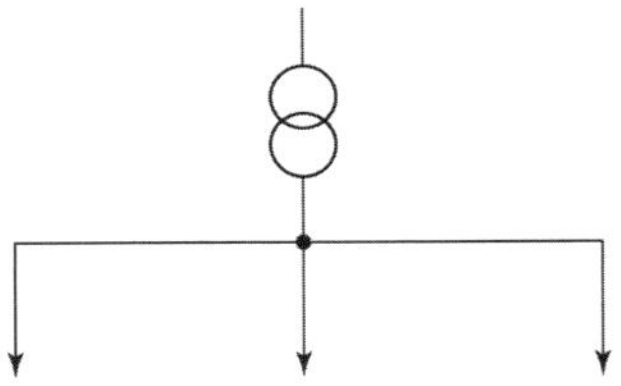

답안작성

계산 : $P_a = \dfrac{30 \times 0.5 + 40 \times 0.6 + 60 \times 0.9}{0.85 \times 1.1} = 99.47$ [kVA]

답 : 100 [kVA]

해 설

변압기 용량 [kVA] ≥ 합성 최대 수용 전력

$= \dfrac{\text{설비 용량 [kVA]} \times \text{수용률}}{\text{부등률}}$

$= \dfrac{\text{설비 용량 [kW]} \times \text{수용률}}{\text{부등률} \times \text{역률}}$ [kVA]

문제 13 ▸ 출제년도 : 93. 05. ▸ 점수 : 5점

단상 2선식 저압 배전선의 길이 100 [m], 부하전류 10 [A]인 경우 선간 전압강하를 1 [V]로 유지하기 위해 필요한 전선 단면적을 선정하시오.

답안작성

계산 : 전선의 단면적 $A = \frac{35.6LI}{1000e} = \frac{35.6 \times 100 \times 10}{1000 \times 1} = 35.6\ [\text{mm}^2]$

답 : 50 [mm²]

해 설

• 전선규격

1.5, 2.5, 4, 6, 10, 16, 25, 35, 50, 70, 95, 120, 150, 185, 240, 300, 400, 500, 630[mm²]

문제 14 ▸ 출제년도 : 93. ▸ 점수 : 5점

그림은 콤프레셔에서 압력 제어회로의 로직시퀀스의 일부이다. 수동조작은 BS_1으로, 자동조작은 하한압력에서 LS_1이 닫히고, 압력이 조금 증가하면 LS_1은 개방된다. 상한압력에서 LS_2가 열린다. 주어진 답안지에 시퀀스도를 그리시오.

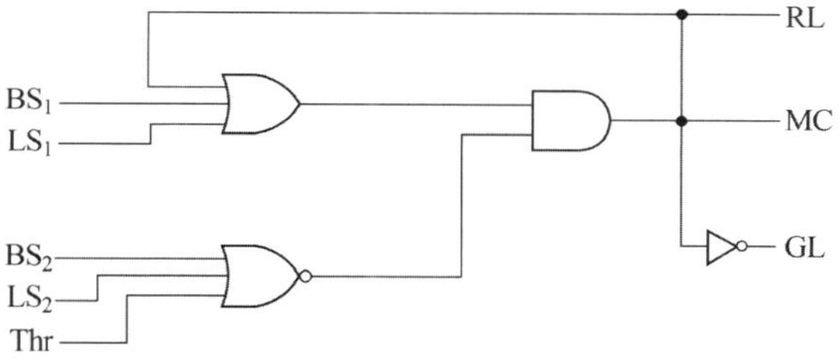

답안작성

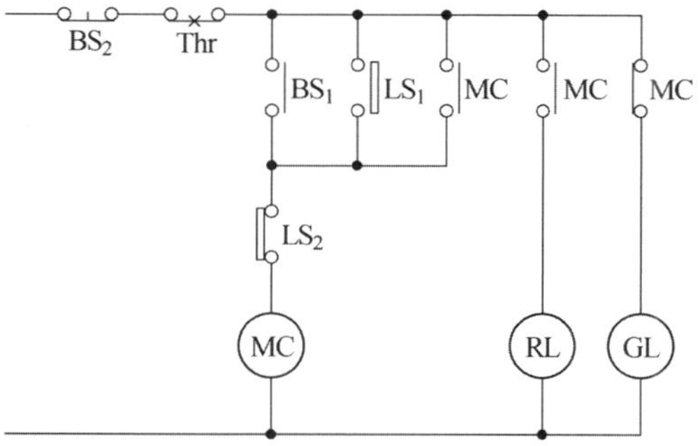

문제 15 ▸출제년도 : 93. ▸점수 : 10점

다음 동작 설명을 읽고 물음에 답하시오.

릴레이 Ⓧ 타이머 Ⓣ 표시등 (PL) 부저 (BZ)

전등 Ⓛ 콘센트 Ⓒ 누름 버튼 스위치 (pb)

릴레이 내부 회로도

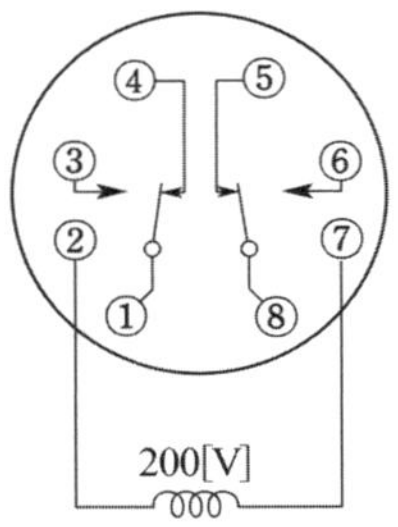

타이머 내부 회로도

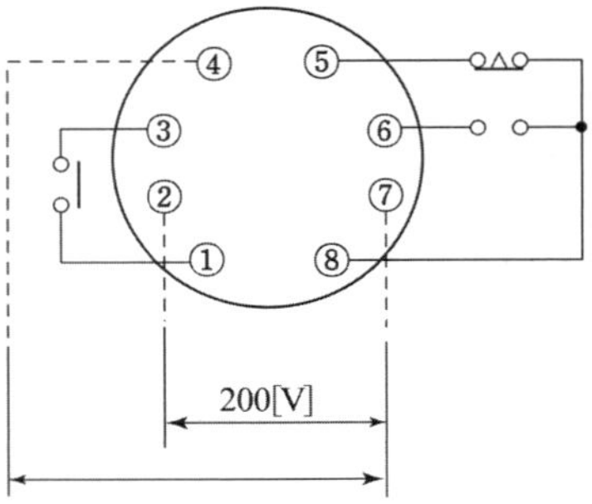

[전원] 단상 3선식(R, N, T상의 단상 3선식 110/220 [V])

[동작]

1. 전등 및 전열회로 (110 [V] R, N상 사용)
   - 3P CKS(커버나이프 스위치)가 ON 상태에서
     ⓐ C(콘센트)에는 전원이 직접 걸린다.
     ⓑ S_{3-1}(3로 스위치)과 S_{3-2}(3로 스위치)로 L_1(전등)을 2개소에서 자유롭게 점멸할 수 있다.
2. 타이머 회로(110 [V] T, N상 사용)
   - 3P CKS(커버나이프 스위치)가 ON 상태에서
     ⓐ S_1(단로 스위치)을 ON하면 L_2, L_3(전등)가 직렬 점등한다.
     ⓑ pb_1(누름 버튼 스위치)을 누르면 T(타이머)가 동작되어 설정된 시간 후에는 L_2는 소등되고 L_3만 점등된다.
3. 신호회로(220 [V] R, T상 사용)
   - 3P CKS(커버나이프 스위치)가 ON 상태에서
     ⓐ pb_2(누름 버튼 스위치)을 누르는 순간만 PL_1(표시등)이 점등, X_1(릴레이)이 동작하며, X_1에 의해 BZ(부저)가 동작한다. pb_2에서 손을 놓으면 PL_1, X_1, BZ의 동작은 멈추게 된다.
     ⓑ pb_3(누름 버튼 스위치)을 누르는 순간만 PL_2(표시등)가 점등, X_2(릴레이)가 동작하며, X_2에 의해 BZ(부저)가 동작한다. pb_3에서 손을 놓으면 PL_2, X_2, BZ의 동작은 멈추게 된다.
     ※ X_1이나 X_2중 어느 한쪽 동작이 이루어지면 다른 쪽의 동작은 이루어지지 않는다. 단, X_1이나 X_2중 어느 한쪽만이라도 동작되면 BZ는 동작된다.

(1) 주어진 동작 설명에 의하여 회로도를 답안지에 각각 완성하시오.

(2) 완성된 회로에 의하여 배치도에 표시된 (A) 부분에는 최소 몇 가닥의 전선이 들어가야 하는지 답하시오. 단, 같은 상은 공통으로 접속하여 사용할 수 있음.

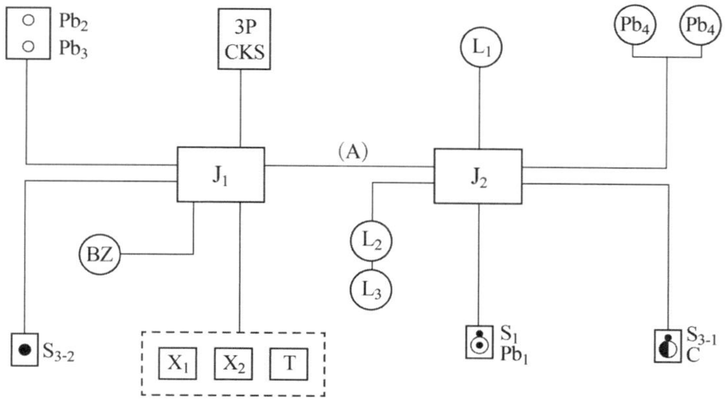

답안작성

(1) ① 전등 및 전열회로

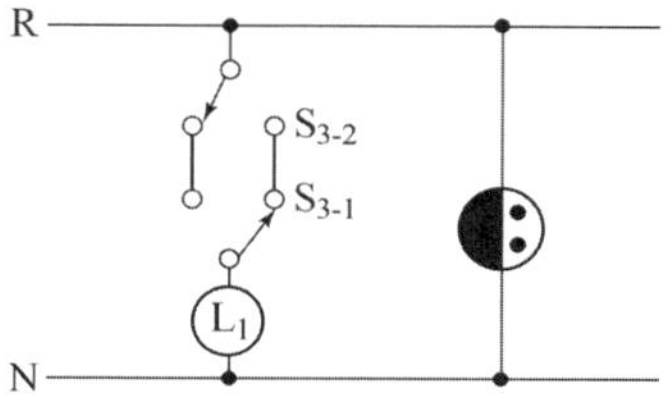

② 타이머 회로

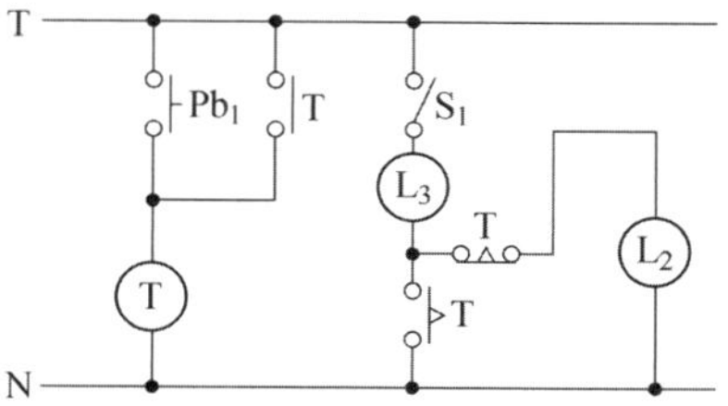

③ 신호회로

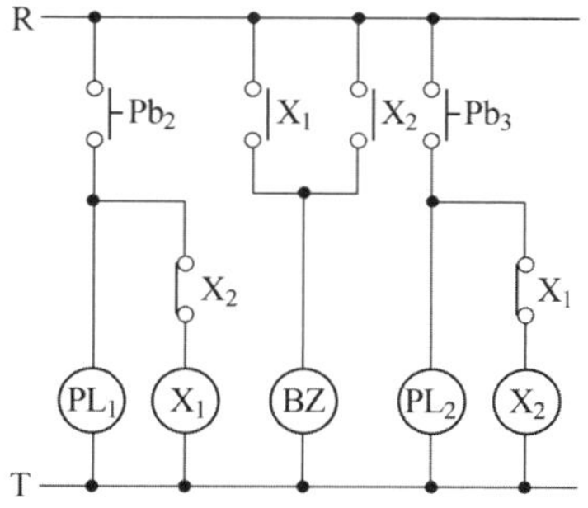

(2) 10가닥

MEMO

D30-4

1994년도
전기공사산업기사 실기

국가기술자격검정 실기시험문제 및 답안지

1994년도 **산업기사** 일반검정 제 **1** 회			수험번호	성 명	감독위원 확 인
자격종목(선택분야)	시험시간	형별			
전기공사산업기사	2시간 00분				

※ 다음 물음에 답을 해당 답란에 답하시오.(배점 : 100점)

문제 01 ▸ 출제년도 : 94. 96. ▸ 점수 : 5점

균일한 배광을 갖는 광원을 실내 조명에 사용할 경우 그 최대 간격을 결정하시오.
단, S는 등기구 간격, H는 천장 높이

(1) 기구와 기구 사이 $S \leqq (\quad)H$

(2) 기구와 벽 사이 $S \leqq (\quad)H$ (단, 벽을 사용하지 않을 때)

답안작성

(1) 1.5배

(2) 1/2 배

문제 02 ▸ 출제년도 : 94. 98. 03. ▸ 점수 : 5점

그림과 같은 3상 3선식 3300 [V] 배전선로에서 단상 및 3상 변압기에 전력을 공급하고자 한다. 선로의 불평형률은 몇 [%]인가? (단, 소수점 1자리까지 적으시오.)

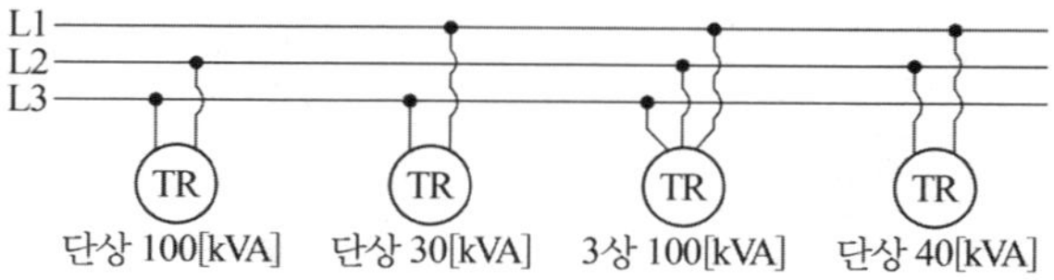

답안작성

계산 : $불평형률 = \dfrac{100-30}{\dfrac{1}{3}(100+30+100+40)} \times 100 \fallingdotseq 77.8[\%]$

답 : 77.8 [%]

해 설

3상에서 설비불평형률

$$불평형률 = \frac{\text{각 선간에 접속되는 단상부하 총부하 설비용량 [kVA]의 최대와 최소의 차}}{\text{총부하설비용량 [kVA]} \times 1/3} \times 100[\%]$$

여기서, 설비불평형률은 30[%] 이하이어야 한다.

문제 03 ▸ 출제년도 : 90. 94. 05. ▸ 점수 : 5점

그림과 같은 철탑 기초의 굴착량을 산출하려고 한다. 철탑의 굴착량 식은?

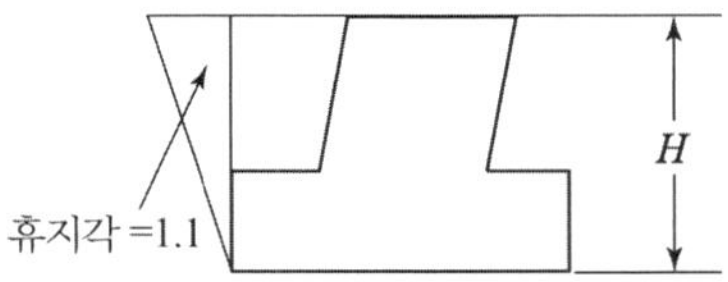

답안작성

터파기량 = 가로×세로×H×1.21

해 설

※ 휴지각= 1.1 × 1.1 = 1.21

문제 04 ▸ 출제년도 : 94. 96. 99. 03. ▸ 점수 : 5점

전력 퓨즈와 고압 개폐기를 포함한 고압 수전 변전소의 배치도이다. 그림을 보고 점선 이하의 배치도를 단선도로 그리시오.

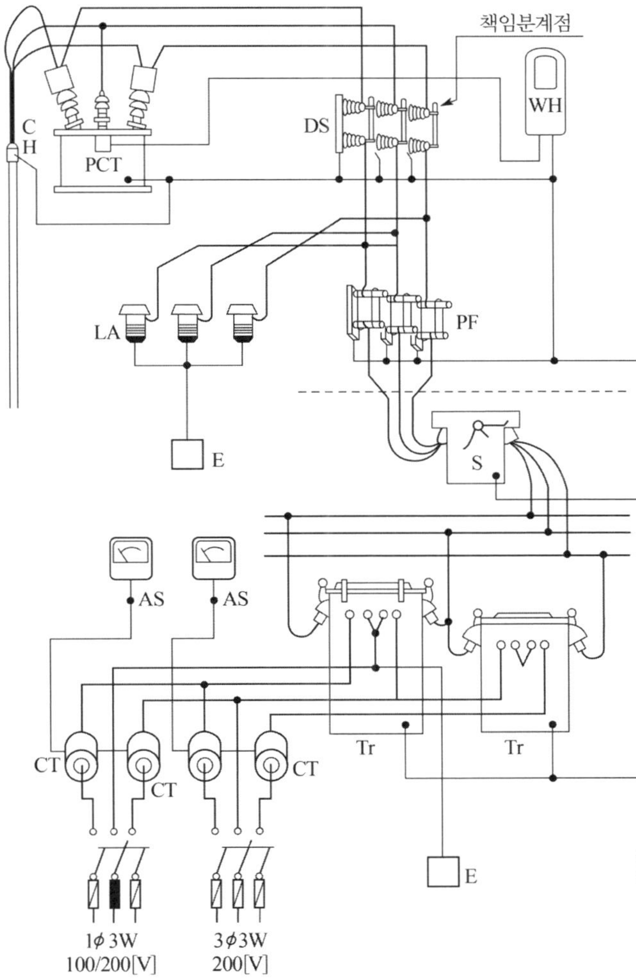

답안작성

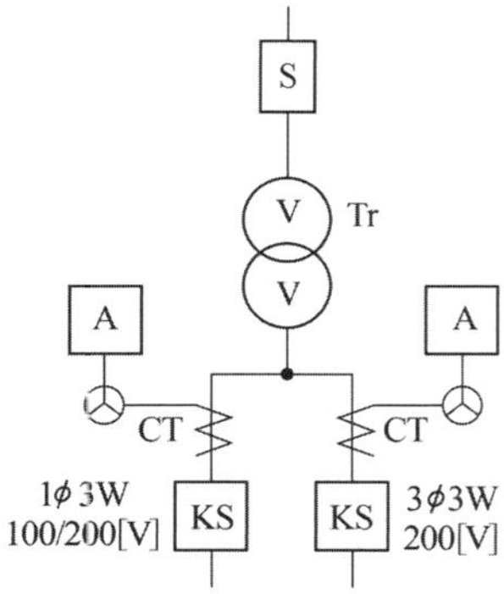

문제 05 ▸ 출제년도 : 91. 94. ▸ 점수 : 15점

다음 결선도를 보고 주어진 답안지에 식과 답을 쓰시오.

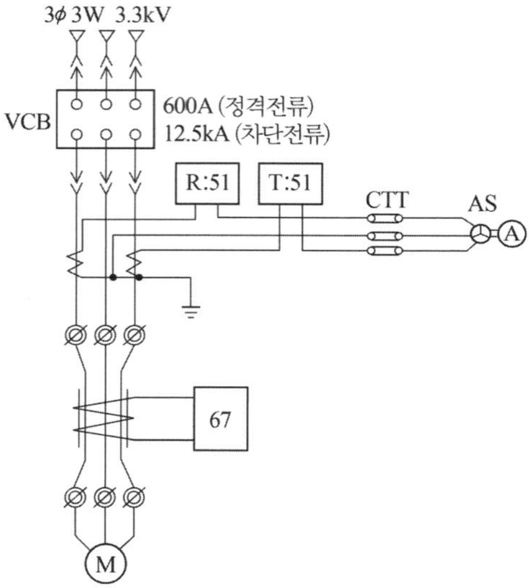

(1) VCB의 정격전압과 차단용량을 산출하시오.

(2) Device Function Number별 Device Name을 우리말과 영어로 쓰시오.

ex) 52 : 교류차단기 (AC Circuit Breaker)

① 51 :

② 67 :

(3) Device Function No.67과 접속된 변성기의 명칭은?

답안작성

(1) 정격 전압 : $V = 3.3 \times \frac{1.2}{1.1} = 3.6$ [kV]

차단 용량 : $P_S = \sqrt{3} \times 3600 \times 12500 \times 10^{-6} = 77.94$ [MVA]

(2) ① 51 : 교류 과전류 계전기 (AC Over Current Relay)
② 67 : 지락 방향 계전기 (Directional Ground Relay)
(3) 영상 변류기

해 설

(1) 정격 전압 = 공칭 전압 $\times \dfrac{1.2}{1.1}$
차단 용량 = $\sqrt{3}\times$정격 전압$\times$정격 차단 전류

문제 06 ▸출제년도 : 94. 96. ▸점수 : 15점

도면은 22.9 [kV−Y]간이 수변전 설비도이다. 도면을 이해하고 물음에 주어진 답안지에 답하시오.

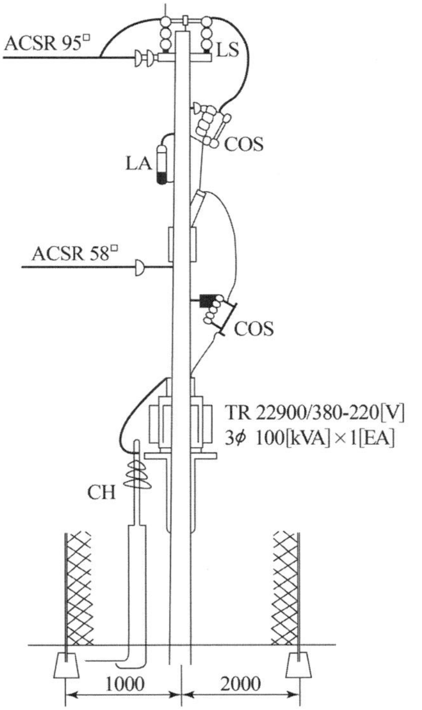

(측면도)

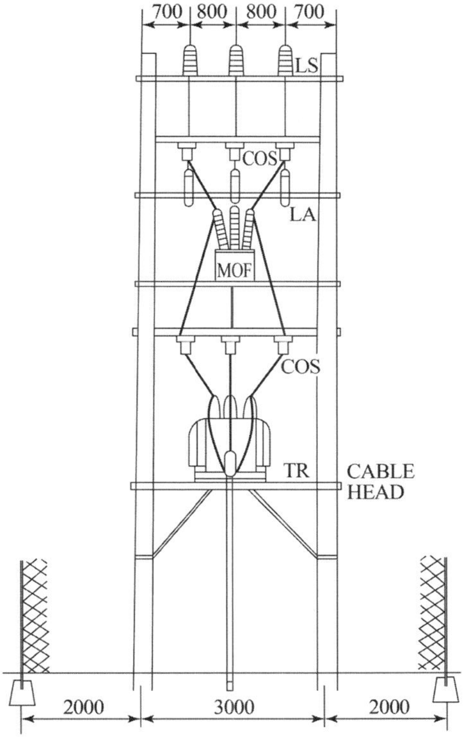

(정면도)

(1) 12 [m] 콘크리트 전주의 표준 근입은 몇 [m]인가?
단, 설계하중은 6.8 [kN] 이라고 한다.
(2) 현수 애자 254 [mm]는 용도로 무엇을 지지하는가?
(3) 피뢰기 수량은 몇 개인가?
(4) COS의 수량은 몇 개인가?
(5) 현수 애자 191 [mm]는 용도로 무엇을 지지하는가?

답안작성

(1) $12 \times \frac{1}{6} = 2[m]$
(2) COS 지지
(3) 3개
(4) 6개
(5) 증성선지지

해 설

(1) KEC 331.7 가공전선로 지지물의 기초의 안전율
가공전선로의 지지물에 하중이 가하여지는 경우에 그 하중을 받는 지지물의 기초의 안전율은 2이상(단, 이상시 상정하중에 대한 철탑의 기초에 대하여는 1.33)이어야 한다. 다만, 땅에 묻히는 깊이를 다음의 표에서 정한 값 이상의 깊이로 시설하는 경우에는 그러하지 아니하다.

설계하중 / 전장	6.8 [kN] 이하	6.8 [kN] 초과 ~ 9.8 [kN] 이하	9.81 [kN] 초과 ~ 14.72 [kN] 이하
15[m] 이하	전장×1/6[m] 이상	전장×1/6+0.3[m] 이상	전장×1/6+0.5[m] 이상
15[m] 초과~16[m]이하	2.5[m] 이상	2.8[m] 이상	–
16[m] 초과~20[m] 이하	2.8[m] 이상	–	–
15[m] 초과~18[m] 이하	–	–	3[m] 이상
18[m] 초과	–	–	3.2[m] 이상

문제 07

▸ 출제년도 : 94. 95. ▸ 점수 : 5점

어느 공장의 수전 설비 공사를 시행하는데 재료비 20,000,000원, 노무비 15,000,000원, 경비 10,000,000원이었다. 이 공사를 공사 원가 계산 방법에 의하여 일반 관리비와 이윤을 계산하시오. 단, 일반 관리비 6 [%], 이윤은 15 [%]로 보고 계산한다.

답안작성

일반 관리비 $= (20,000,000 + 15,000,000 + 10,000,000) \times 6[\%] = 2,700,000$[원]
이윤 $= (15,000,000 + 10,000,000 + 2,700,000) \times 15[\%] = 4,155,000$[원]

해 설

① 일반관리비
일반관리비 = (재료비 + 노무비+ 경비)×일반 관리 비율

전문, 전기, 전기 통신 공사	
공사 원가	일반 관리 비율
5억원 미만	6 [%]
5억원~30억원 미만	5.5 [%]
30억원 이상	5 [%]

② 이윤 (공사의 경우)
이윤 = (노무비+경비+일반관리비)×15 [%]

문제 08

▸ 출제년도 : 94. 97.　▸ 점수 : 5점

동작 설명을 읽고 제어회로를 그리시오.

① S_1을 OFF 상태에서 S_{3-1}을 ON하면 R_1이 점등되고, S_{3-2}를 ON하면 R_2가 점등된다.

② S_{3-1}을 OFF하고 S_{3-2}을 OFF한 상태에서 S_1을 ON하면 R_1, R_2가 병렬점등된다.

③ PB를 누르면 타이머 T가 동작하여 R_3가 점등되고 일정시간 후 R_3가 소등되며 R_4가 점등된다.

답안작성

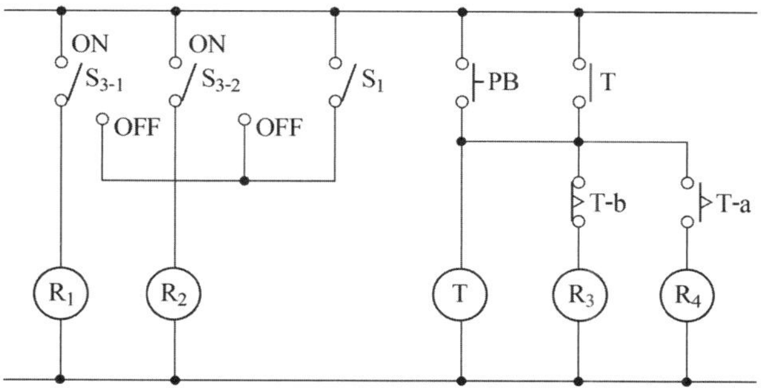

문제 09

▸ 출제년도 : 94. 95. 99.　▸ 점수 : 15점

그림 (a)~(c)는 서로 등가이다. 물음에 답하시오.

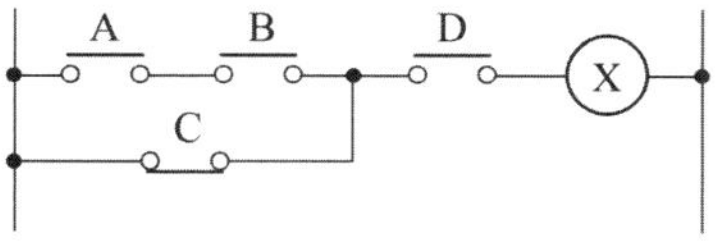

(a)

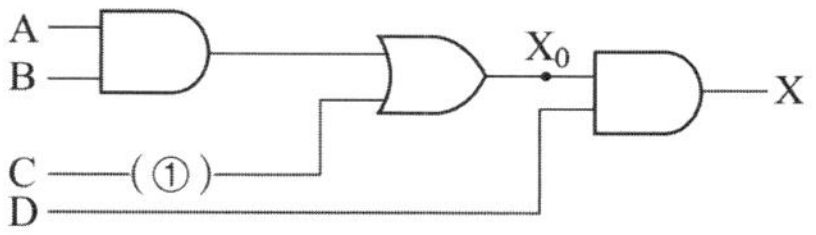

(b)

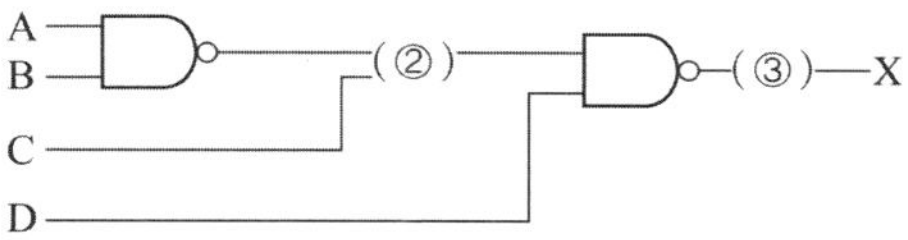

(c)

(1) ①에 알맞은 논리회로의 이름을 쓰시오. (예 : AND 등)

(2) ②와 ③에 알맞은 논리회로를 각각 그리시오. (예 : 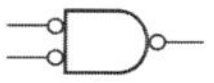 등)

(3) 그림 (b)의 X와 X_0의 논리식을 각각 쓰시오.

답안작성

(1) NOT 회로 (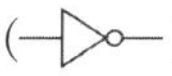)

(2) ② 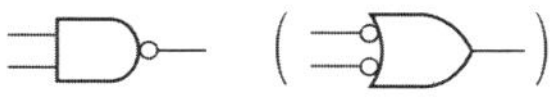　③ 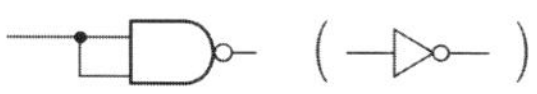

(3) $X = (AB + \overline{C}) \cdot D$,　$X_0 = AB + \overline{C}$

문제 10 ▸ 출제년도 : 89. 91. 94. ▸ 점수 : 10점

PBS로 Pump가 조작되는 양수설비이다. 다음 물음에 답하시오.

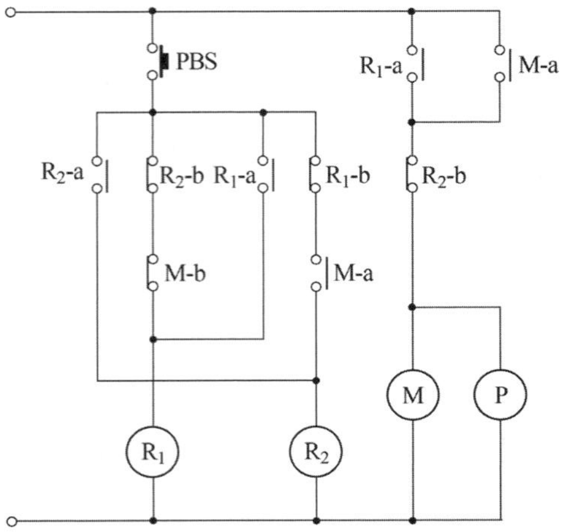

(1) R_1, R_2, M+P의 식을 쓰시오.

(2) 답안지의 Time chart를 완성하시오.

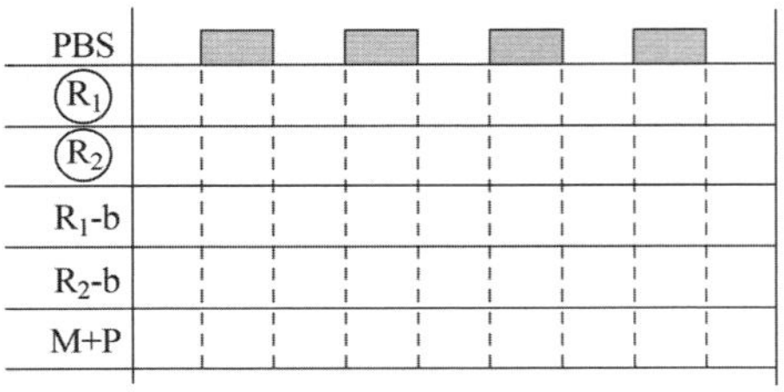

답안작성

(1) $R_1 = PBS \cdot (\overline{R_2} \cdot \overline{M} + R_1)$

$R_2 = PBS \cdot (\overline{R_1} \cdot M + R_2)$

$M + P = (R_1 + M) \cdot \overline{R_2}$

(2)

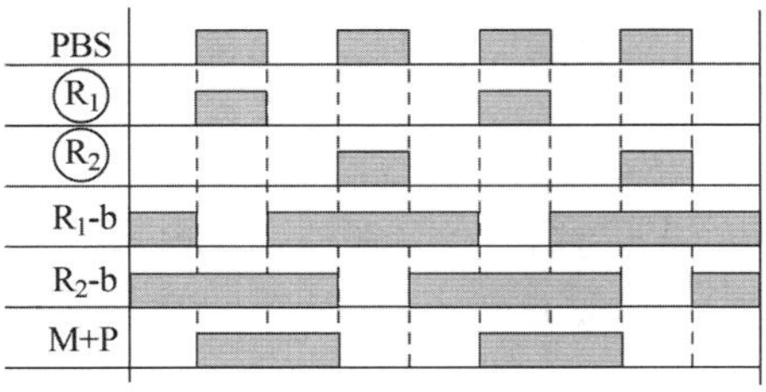

문제 11 ▸ 출제년도 : 94. ▸ 점수 : 5점

도면의 (a), (b)는 어떤 회로인가?

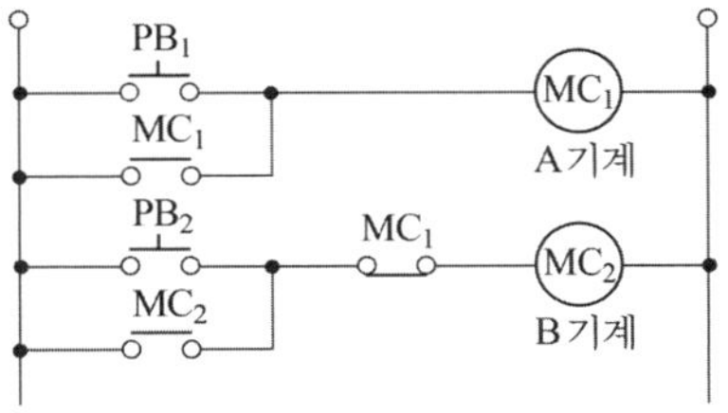

(a)

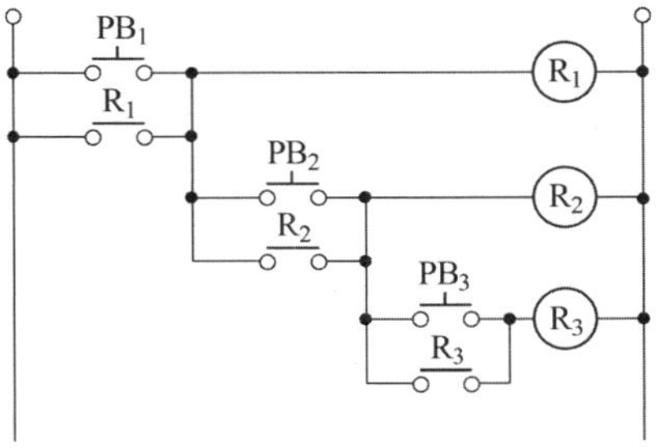

(b)

답안작성

(a) A기계 우선 회로
(b) 순차 제어(직렬 우선) 회로

출제기준 변경 및 개정된 관계법규에 따라 삭제된 문제가 있어 배점의 합계가 100점이 안됩니다.

국가기술자격검정 실기시험문제 및 답안지

1994년도 산업기사 일반검정 제 3 회

자격종목(선택분야)	시험시간	형별	수험번호	성 명	감독위원 확 인
전기공사산업기사	2시간 00분				

※ 다음 물음에 답을 해당 답란에 답하시오.(배점 : 100점)

문제 01 ▸출제년도 : 94. ▸점수 : 5점

앵글베이스 (또는 U좌금)의 용도를 간단히 쓰시오.

답안작성

고저압 배전선로에서 핀애자를 ㄱ형 완금에 사용할 때 애자의 동요를 방지하는 금구류

문제 02 ▸출제년도 : 94. ▸점수 : 4점

CV1 cable 절연체의 재질은 무엇인가?

답안작성

가교 폴리에틸렌

문제 03 ▸출제년도 : 89. 94. ▸점수 : 4점

송전계통의 변압기 중성점 접지 방식 4종류를 쓰시오.

답안작성

① 비접지 방식
② 직접 접지 방식
③ 저항 접지 방식
④ 소호 리액터 접지 방식

문제 04 ▸출제년도 : 92. 94. 98. 00. 01. ▸점수 : 5점

4.5 [m]×4.5 [m]인 엘리베이터 홀에 down light 조명을 하려고 한다. 이 홀의 실지수를 구하시오.(단, 천장의 높이는 3 [m]이고, 천장면의 반사율은 70 [%]이다.)

답안작성

계산 : 실지수 $R \cdot I = \dfrac{X \cdot Y}{H(X+Y)} = \dfrac{4.5 \times 4.5}{3(4.5+4.5)} = 0.75$

답 : 0.75

문제 05 ▸ 출제년도 : 94. ▸ 점수 : 10점

어느 건물 내의 접지공사용 공량이 다음과 같다. 이때 직접노무비 소계, 간접노무비, 공구 손료 계를 구하시오. (단, 공구 손료는 3 [%], 간접노무비 15 [%]로 보고 계산한다. 노임단가 내선 전공은 12,410원, 보통인부 6,520원이다. 인공을 산출한 후 이를 합계하여 노임단가를 적용하여 원 이하는 버린다.)

[접지공사용 용량]

- 접지봉(2 [m]), 15개(1개소에 1개씩 설치)
- 접지선 매설 60□, 300 [m]
- 후강전선관 28ϕ, 250 [m](콘크리트 매입)

[표 1] 접지공사

구 분	단위	전공	보통인부
접지봉(지하 0.75 [m] 기준)			
길이 1~2 [m]×1본	개소	0.20	0.10
×2본 연결		0.30	0.15
×3본 연결		0.45	0.23
동판 매설(지하 1.5 [m] 기준)			
0.3 [m]×0.3 [m]	매	0.30	0.30
1.0 [m]×1.5 [m]	〃	0.50	0.50
1.0 [m]×2.5 [m]	〃	0.80	0.80
접지 동판 가공	〃	0.16	
접지선 부설 600 [V] 비닐 전선	개소	0.05	0.025
완금 접지 2.9(11.4 [kV-Y]) D/L	〃	0.05	
접지선 매설			
14 [mm^2] 이하	m	0.010	
38 〃	〃	0.012	
80 〃	〃	0.015	
150 〃	〃	0.020	
200 〃 이상	〃	0.025	
접속 및 단자 설치			
압축	개	0.15	
압축 평행	〃	0.13	
납땜 또는 용접	〃	0.19	
압축 단자	〃	0.03	
체부형	〃	0.05	

[표 2] 전선관 공사

박강 및 PVC 전선관			후강 전선관	
규격		내선 전공	규격	내선 전공
박강	PVC			
15 [mm]	14 [mm]	0.01	16 [mm](1/2")	0.08
19 [mm]	16 [mm]	0.05	22 [mm](3/4")	0.11
25 [mm]	22 [mm]	0.06	28 [mm](1")	0.14
31 [mm]	28 [mm]	0.08	36 [mm](1 1/4")	0.20
39 [mm]	36 [mm]	0.10	42 [mm](1 1/2")	0.25
51 [mm]	42 [mm]	0.13	54 [mm](2")	0.31
63 [mm]	51 [mm]	0.19	70 [mm](2 1/2")	0.41
75 [mm]	70 [mm]	0.28	82 [mm](3")	0.51
	82 [mm]	0.37	90 [mm](3 1/2")	0.60
	100 [mm]	0.45	104 [mm](1")	0.71
	104 [mm]	0.46		

[해설] ① 콘크리트 매입 기준임
② 철근 콘크리트 노출 및 블록 칸막이 경매는 12 [%], 목조 건물은 121 [%], 철강조 노출은 120 [%]
③ 기설 콘크리트 노출 공사시 앵커 볼트 매입 깊이가 10 [cm] 이상인 경우는 앵커 볼트 매입품을 별도 계상하고 전선관 설치품은 매입품으로 계상한다.
④ 천장속 마루밑 공사 130 [%]

답안작성

① 내선전공 : $(0.2\times15)+(0.015\times300)+(0.14\times250)=42.5$ [인]
인 건 비 : $42.5\times12{,}410=527{,}420$ [원]
보통인부 : $0.1\times15=1.5$ [인]
인 건 비 : $1.5\times6{,}520=9{,}780$ [원]
따라서 직접 노무비 = 내선전공+보통인부
$=527{,}420+9{,}780=537{,}200$[원]
② 간접 노무비 = 직접 노무비×15 [%]$=537{,}200\times0.15=80{,}580$ [원]
③ 공구 손료 = 직접 노무비×3 [%] $=537{,}200\times0.03=16{,}110$ [원]
④ 계 : $537{,}200+80{,}580+16{,}110=633{,}890$ [원]

문제 06 ▸출제년도 : 94. ▸점수 : 5점

———C——— (19) 은 일반 배선(배관, 금속선용, 덕트 등)용 옥내 배선 심벌이다. KSC 규정에 의한 명칭을 간단히 설명하시오.

답안작성

19[mm] 박강 전선관으로 전선관 내에 전선이 들어있지 않은 경우

해 설

- ———C——— : 전선이 들어있지 않는 전선관
- (19) : 19 [mm] 박강전선관
(박강은 홀수, 후강은 짝수, 따라서, 전선관의 굵기가 홀수이므로 박강전선관임을 알 수 있다.)

문제 07 ▸ 출제년도 : 94. 99. ▸ 점수 : 10점

다음 그림은 빌딩의 고압수전설비 기기 배치도(단면도)이다. 도면의 번호에 맞는 기기 명칭을 보기에서 골라 답란에 문자기호로 쓰시오.

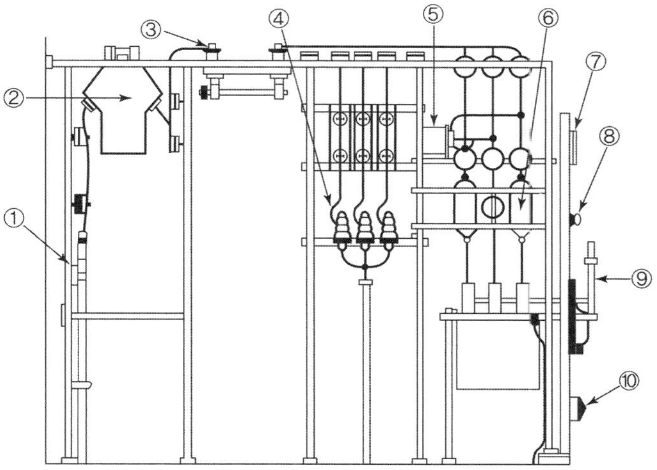

[보기]

① CT	② VS	③ OCR	④ LA	⑤ DS
⑥ ZCT	⑦ A	⑧ MOF	⑨ OCB	⑩ PT

답안작성

① ZCT	② MOF	③ DS	④ LA	⑤ PT
⑥ CT	⑦ A	⑧ VS	⑨ OCB	⑩ OCR

문제 08 ▸ 출제년도 : 94. ▸ 점수 : 5점

저압 전선로중 절연부분의 전선과 대지간의 절연저항은 사용전압에 대한 누설전류는 최대공급전류의 얼마를 넘어서는 안되는가?

답안작성

$$\frac{1}{2000}$$

문제 09 ▸ 출제년도 : 94. ▸ 점수 : 10점

할로겐 램프에 대하여 물음에 답하시오.

(1) 용량의 범위는 최소 몇 [W]에서 최대 몇 [W]인가?

(2) 효율의 범위는 최소 몇 [lm/W]부터 최대 몇 [lm/W]까지 인가?

(3) 수명의 범위는?

(4) 용도는?

(5) 점등부속장치는 필요한가? 불필요한가?

답안작성

(1) 35～1500
(2) 15～34 [lm/W]
(3) 50～3000 [시간]
(4) 일반조명용, 자동차용, 영사기용, 광학기기용, 터널, 안개등
(5) 불필요하다.

문제 10 ▸ 출제년도 : 94. ▸ 점수 : 5점

천정 은폐 배선에 있어서 6[mm^2]의 450/750[V] 일반용 단심 비닐 절연 전선 3본을 후강전선관 19[mm]를 이용하고자 한다. 이러한 뜻이 포함된 배선용 심벌을 표시하시오.

답안작성

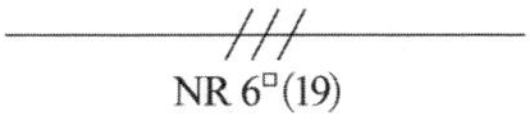

문제 11 ▸ 출제년도 : 94. 98. 00. ▸ 점수 : 4점

그림과 같이 시설하는 지선의 명칭은?

(1)

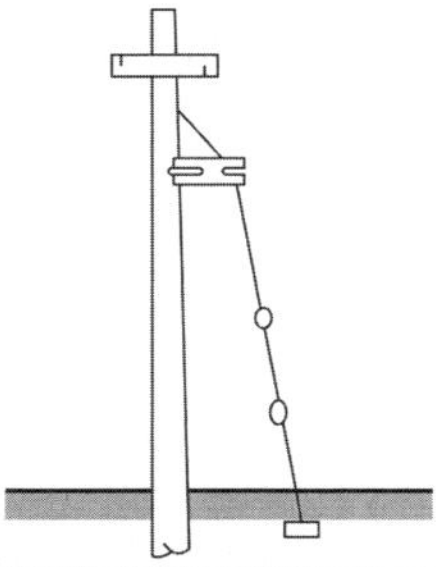

(2)

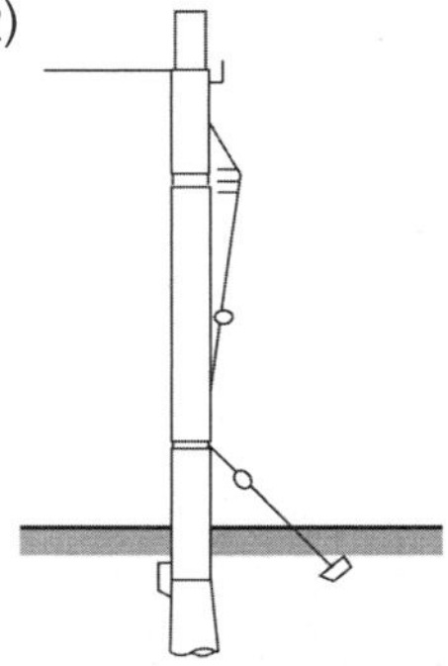

답안작성

(1) A형 궁지선　　　(2) R형 궁지선

문제 12 ▸ 출제년도 : 89. 94. 02. ▸ 점수 : 4점

가로등용 기초를 설치하기 위하여 아래 그림과 같이 굴착을 해야 한다. 이 때의 터파기량은 몇 [m^3]인가 ? 단, 소수 3째 자리에서 반올림 할 것.

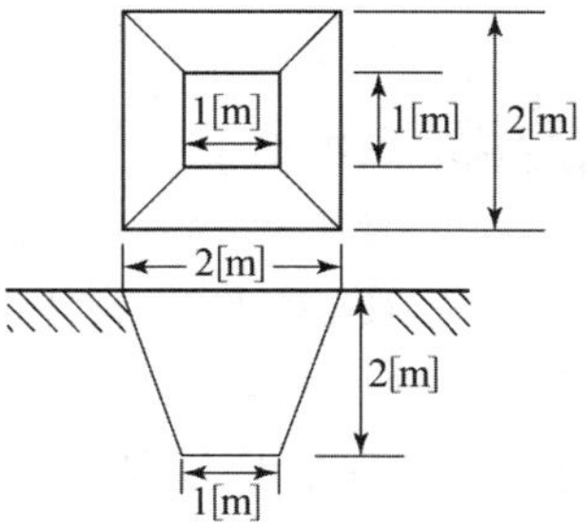

답안작성

계산 : 터파기량 $= \frac{2}{3}(1+\sqrt{1\times4}+4) = 4.67$ [m^3]

답 : 4.67 [m^3]

해 설

$V_0 = \frac{H}{3}(A_1+\sqrt{A_1A_2}+A_2)$ 에서

$A_1 = 1 \times 1 = 1$ [m²]

$A_2 = 2 \times 2 = 4$ [m²]

문제 13 ▸ 출제년도 : 94. 00. ▸ 점수 : 10점

배전선로의 보안장치로서 주상 변압기의 저압측에 설치되는 것은?

답안작성

캣치 홀더

문제 14 ▸ 출제년도 : 94. ▸ 점수 : 4점

강제전선관 공사중 노출배관 공사에서 관을 직각으로 굽히는 곳에사용한다. 3방향으로 분기할 수 있는 T형과 4방향으로 분기할 수 있는 크로스(cress)형이 있는 자재는?

답안작성

유니버셜 엘보우

문제 15 ▸ 출제년도 : 94. ▸ 점수 : 5점

두 그림에서 출력 Q_1, Q_2의 동작 시간을 예와 같이 쓰시오. 단, FF는 $\overline{R}\,\overline{S}$-latch이고, 555는 IC 타이머 소자이다. (예 : $t_1 \sim t_2$)

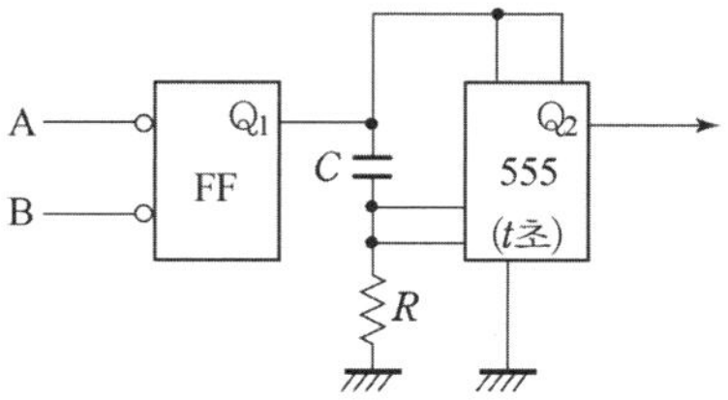

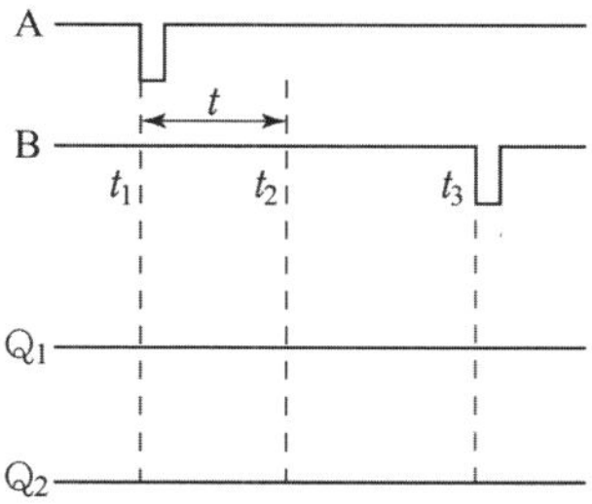

답안작성

Q_1 : $t_1 \sim t_3$ Q_2 : $t_2 \sim t_3$

해 설

A로 t_1초에 FF가 세트되면 t초로 (설정 시간 $t_2 \sim t_1$)에 555가 세트된다. B로 t_3초에 FF가 리셋되면 555도 리셋된다.

출제기준 변경 및 개정된 관계법규에 따라 삭제된 문제가 있어 배점의 합계가 100점이 안됩니다.

국가기술자격검정 실기시험문제 및 답안지

1994년도 산업기사 일반검정 제 5 회

자격종목(선택분야)	시험시간	형별	수험번호	성　명	감독위원 확　인
전기공사산업기사	2시간 00분				

※ 다음 물음에 답을 해당 답란에 답하시오.(배점 : 100점)

문제 01 ▸ 출제년도 : 94. 02. 06. ▸ 점수 : 6점

피뢰기의 구비 조건을 아는대로 쓰시오.

답안작성

① 충격 방전 개시 전압이 낮을 것　② 상용주파 방전 개시 전압이 높을 것
③ 제한전압이 낮을 것　④ 속류차단 능력이 클 것

문제 02 ▸ 출제년도 : 94. 96. ▸ 점수 : 5점

다음 그림은 154 [kV]를 수전하는 어느 공장의 옥외수전 설비에 대한 단선도(single line diagram)이다. 품셈표 및 그림을 보고 주어진 물음에 답하시오.

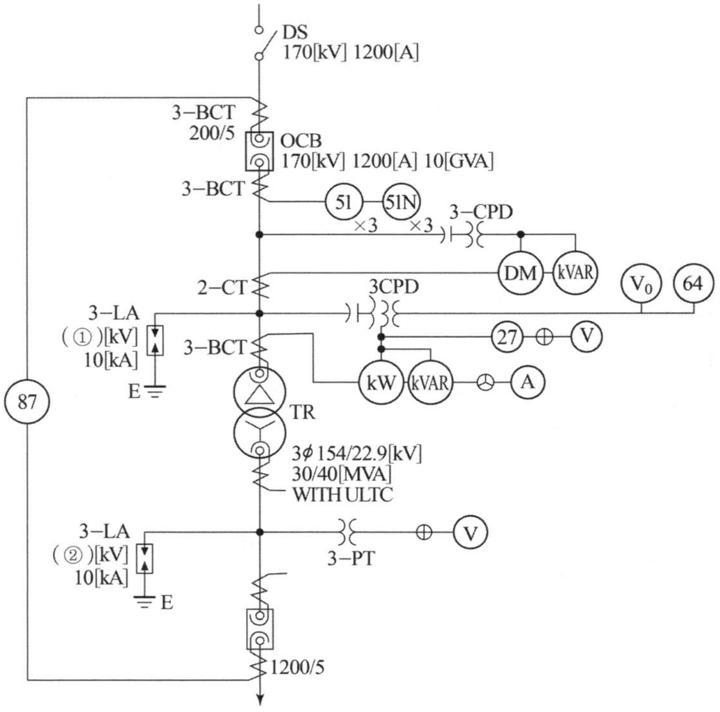

애자형 계기용 변압기 및 CPD

구 분	공 종	플랜트 전공	비계공	특별 인부	목도공
345 [kV]	소운반, 포장 해체 및 준비	2.9	−	3.0	4.4
	본체 설치	2.7	1.75	2.8	−
	시험	0.5	−	0.3	−
	기타 작업	0.8	−	0.5	−
	계	6.9	1.75	6.6	4.4
154 [kV]	소운반, 포장 해체 및 준비	1.8	−	1.8	2.7
	본체 설치	1.7	1.1	1.7	−
	시험	0.3	−	0.2	−
	기타 작업	0.5	−	0.3	−
	계	4.3	1.1	4.0	2.7
66 [kV]	소운반, 포장 해체 및 준비	1.3	−	1.3	1.9
	본체 설치	1.2	0.8	1.7	1.9
	시험	0.2	−	0.1	−
	기타 작업	0.4	−	0.2	−
	계	3.1	0.8	2.8	3.8
22 [kV]	소운반, 포장 해체 및 준비	0.7	−	0.7	1.0
	본체 설치	0.6	0.4	0.6	−
	시험	0.1	−	0.1	−
	기타 작업	0.2	−	0.1	−
	계	1.6	0.4	1.5	1.0

[해설] ① 통신용 CPD도 본 품셈에 적용
② 기타는 탱크형 변류기 해설 준용
③ 장비를 사용할 때는 소운반, 포장 해체 및 준비와 본체 설치품의 35 [%]로 하고 장비의 제경비를 별도 가산한다.

[물음]

단선도상에 표시된 CPD를 장비를 사용, 설치하는데 소요되는 인공 소계를 각각 구하시오.

답안작성

구 분	내 용	소 계
플랜트 전공	$(1.8+1.7)\times0.35\times3\times2+(0.3+0.5)\times3\times2$	12.15 [인]
비 계 공	$1.1\times0.35\times3\times2$	2.31 [인]
특별 인부	$(1.8+1.7)\times0.35\times3\times2+(0.2+0.3)\times3\times2$	10.35 [인]
목 도 공	$2.7\times0.35\times3\times2$	5.67 [인]

문제 03 ▸ 출제년도 : 94. ▸ 점수 : 5점

간접 노무비는 공사원가 계산시 어떻게 계산하는가?

답안작성

간접 노무비 = 직접 노무비×간접 노무 비율 (15 [%] 이하)

문제 04 ▸ 출제년도 : 94. 99. ▸ 점수 : 10점

주어진 도면과 DS, F, PT, A, OCB, TC, CT, IVR, TR 등 심벌을 이용하여 배선접속도를 그리시오.

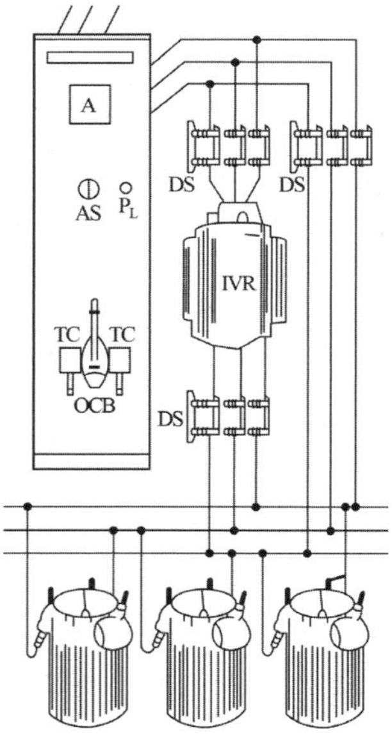

답안작성

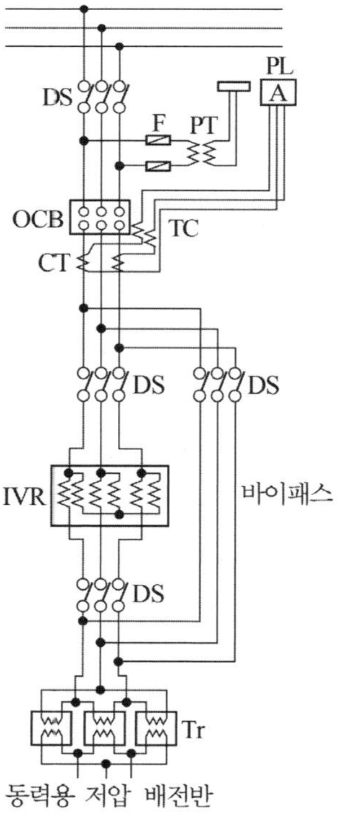

문제 05 ▸ 출제년도 : 94. ▸ 점수 : 10점

미완성 도면은 특고압 수전설비 표준 결선도이다. 단선결선도에서 □ 안에 주어진 번호를 표준심벌을 사용하여 그리고 약호, 명칭을 쓰고 용도 또는 역할에 대하여 간단히 설명하시오.

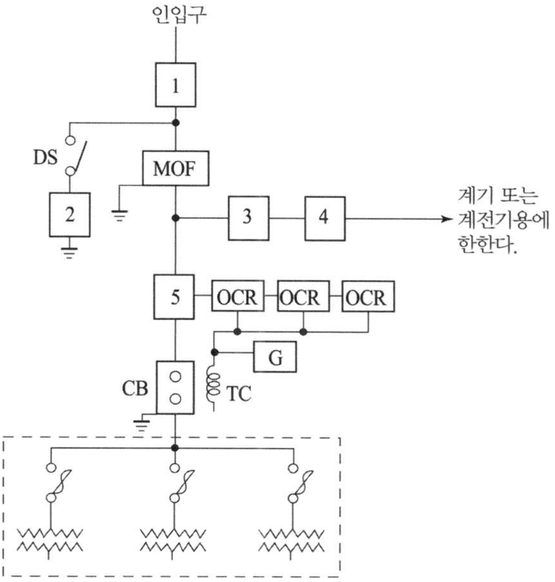

답안작성

번호	심벌	약호	명칭	용도 또는 역할
①		PF	전력용 퓨 즈	단락 전류 및 고장 전류 차단
②		LA	피뢰기	이상 전압 침입시 이를 대지로 방전시키며 속류를 차단한다.
③		COS	컷아웃 스위치	계기용 변압기 및 부하측에 고장 발생시 이를 고압회로로부터 분리하여 사고의 확대를 방지한다.
④	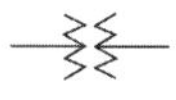	PT	계기용 변압기	고전압을 저전압(정격 110 [V])로 변성한다.
⑤	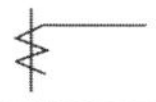	CT	변류기	대전류를 소전류(정격 5 [A])로 변성한다.

문제 06 ▸ 출제년도 : 94. 00. ▸ 점수 : 6점

그림을 보고 (1) 단상 유도 전압 조정기 (2) 3상 유도 전압 조정기의 복선도용 심벌을 그리시오.

(1)

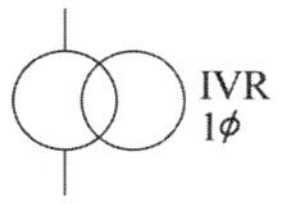

(2)

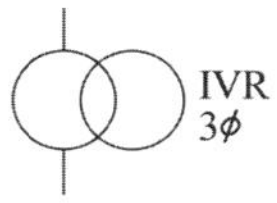

답안작성

(1)

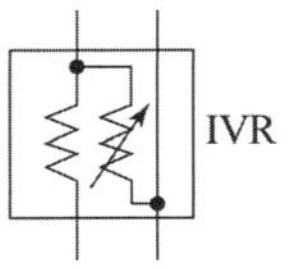

(2)

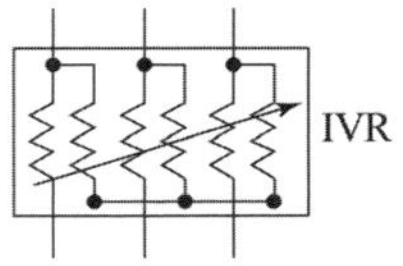

문제 07 ▸ 출제년도 : 94. ▸ 점수 : 5점

다음 결선도는 유도전동기의 기동장치 결선도이다. 결선도의 기동방법을 무슨 기동방식이라 하는가?

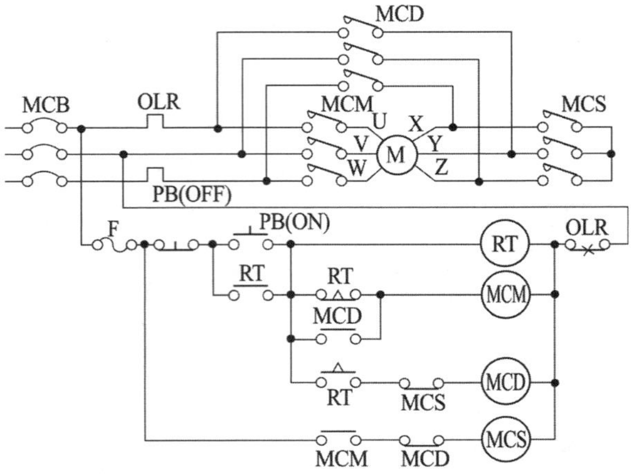

답안작성

Y−△ 기동방식

문제 08 ▸ 출제년도 : 94. ▸ 점수 : 12점

다음 물음에 답하시오.

(1) 3 [kV] 및 6 [kV]인 피뢰기의 접지저항은 몇 [Ω] 이하인가?

(2) 배전선로에 보통 사용되는 피뢰기는?

(3) 주로 20 [kV] 미만의 옥내용에 사용하는 변류기는 주로 어떤 형을 사용하는가?

(4) 한류 리액터의 사용 목적은?

(5) 차동 전류 계전기, 과전류 계전기, 비율 차동 계전기, 온도 계전기중 발전기나 주변압기 내부고장에 대한 보호용으로 가장 적합한 것은?

답안작성

(1) 10 [Ω] 이하
(2) 갭레스형 피뢰기
(3) 몰드형
(4) 단락 전류 제한
(5) 비율 차동 계전기

문제 09 ▸ 출제년도 : 94. 04. 07. ▸ 점수 : 5점

배전 변전소 또는 발전소로부터 배전간선에 이르기까지의 도중에 부하가 접속되어 있지 않은 선로를 무엇이라 하는가?

답안작성

Feeder(급전선)

문제 10 ▸ 출제년도 : 94. 00. ▸ 점수 : 10점

다음 ( )안에 알맞는 답을 쓰시오.

(1) 애자공사에서 전선과 조영재와의 이격 거리는 400 [V] 이하인 경우에는 ( ) [cm] 이상이어야 한다.

(2) 합성 수지 몰드 공사에서 합성 수지 몰드는 홈의 폭 및 깊이가 3.5 [cm] 이하, 두께가 2 [mm] 이상인 것일 것. 다만, 사람이 쉽게 접촉할 우려가 없도록 시설하는 경우에는 폭이 ( ) [cm] 이하이어야 한다.

(3) 라이팅 덕트 공사에서 덕트의 지지점간의 거리는 ( ) [m] 이하로 하여야 한다.

(4) 고압 가공 전선로의 경간에서 철탑은 경간이 ( ) [m] 이하여야 한다.

(5) 소세력 회로의 시설에서 전자 개폐기의 조작 회로 또는 초인벨, 경보벨 등에 접속하는 전로로써 최대 사용 전압이 ( ) [V] 이하인 것을 사용하여야 한다.

(6) 특고압 가공 전선이 삭도와 제2차 접근 상태로 시설할 경우에 특고압 가공 전선로는 ( ) 보안 공사를 하여야 한다.

답안작성

(1) 2.5　　(2) 5
(3) 2　　(4) 600
(5) 60　　(6) 제2종 특고압

해 설

(1) KEC 232.56 애자공사
이격거리

<table>
<tr><th colspan="2" rowspan="2">전 압</th><th colspan="2" rowspan="2">전선과 조영재와의 이격 거리</th><th rowspan="2">전선 상호 간격</th><th colspan="2">전선 지지점간의 거리</th></tr>
<tr><th>조영재의 윗면 또는 옆면에 따라 시설</th><th>조영재에 따라 시설하지 않는 경우</th></tr>
<tr><td rowspan="3">저압</td><td>400[V] 이하</td><td colspan="2">2.5 [cm] 이상</td><td rowspan="3">6 [cm] 이상</td><td rowspan="3">2 [m] 이하</td><td>–</td></tr>
<tr><td rowspan="2">400[V] 초과</td><td>건조한 장소</td><td>2.5[cm] 이상</td><td rowspan="2">6 [m] 이하</td></tr>
<tr><td>기타의 장소</td><td>4.5[cm] 이상</td></tr>
</table>

(2) KSC 232.21 합성수지몰드공사
합성수지몰드는 홈의 폭 및 깊이가 35 [mm] 이하, 두께는 2 [mm] 이상의 것일 것. 다만, 사람이 쉽게 접촉할 우려가 없도록 시설하는 경우에는 폭이 50 [mm] 이하, 두께 1 [mm] 이상의 것을 사용할 수 있다.

(3) KEC 232.71 라이팅덕트공사
① 덕트의 지지점 간의 거리는 2[m] 이하로 할 것.
② 덕트의 끝부분은 막을 것.
③ 덕트의 개구부(開口部)는 아래로 향하여 시설할 것. 다만, 사람이 쉽게 접촉할 우려가 없는 장소에서 덕트의 내부에 먼지가 들어가지 아니하도록 시설하는 경우에 한하여 옆으로 향하여 시설할 수 있다.

(4) KEC 332.9 고압 가공전선로 경간의 제한
고압 가공전선로의 경간은 표에서 정한 값 이하이어야 한다.

지지물의 종류	경 간
목주 · A종 철주 또는 A종 철근 콘크리트주	150[m]
B종 철주 또는 B종 철근 콘크리트주	250[m]
철 탑	600[m]

(5) KEC 241.14 소세력 회로
전자 개폐기의 조작회로 또는 초인벨 · 경보벨 등에 접속하는 전로로서 최대 사용전압이 60[V] 이하인 것

(6) KEC 333.25 특고압 가공전선과 삭도의 접근 또는 교차
① 특고압 가공전선이 삭도와 제1차 접근상태로 시설되는 경우에는 특고압 가공전선로는 제3종 특고압 보안공사에 의할 것.
② 특고압 가공전선이 삭도와 제2차 접근상태로 시설되는 경우에는 특고압 가공전선로는 제2종 특고압 보안공사에 의할 것.

문제 11

▸ 출제년도 : 94. ▸ 점수 : 5점

6/10[kV] 고압 인하용 가교 폴리에틸렌 절연 전선의 약호는 무엇인가?

답안작성

PDC

문제 12

▸ 출제년도 : 94. 02. ▸ 점수 : 5점

그림은 콘센트의 종류를 표시한 옥내배선용 그림 기호이다. 각 그림기호는 어떤 의미를 가지고 있는지 설명하시오.

(1) LK (2) ET (3) EL (4) E (5) T

답안작성

(1) LK : 빠짐 방지형
(2) ET : 접지 단자붙이
(3) EL : 누전 차단기 붙이
(4) E : 접지극 붙이
(5) T : 걸림형

문제 13 ▸ 출제년도 : 94. 00. 02. ▸ 점수 : 5점

계기의 급별에서 용도에 따라 급별을 쓰시오.

(1) 대형 부표준기

(2) 휴대용 계기(정밀급)

(3) 소형 휴대용 계기(정밀 측정)

(4) 배전반용 계기(공업용 보통 측정)

(5) 배전반용 소형 계기

답안작성

(1) 0.2급 (2) 0.5급 (3) 1.0급 (4) 1.5급 (5) 2.5급

문제 14 ▸ 출제년도 : 94. ▸ 점수 : 6점

대형 방전램프의 종류를 3가지만 쓰시오.

답안작성

고압 수은등, 고압 나트륨등, 메탈 할라이드등

문제 15 ▸ 출제년도 : 94. 97. 00. 01. ▸ 점수 : 5점

그림은 릴레이 동작체크 회로이다. 릴레이 X, Y, Z 중 하나만 동작하는 경우와 모두 동작하는 경우 논리시퀀스 회로를 그리시오.

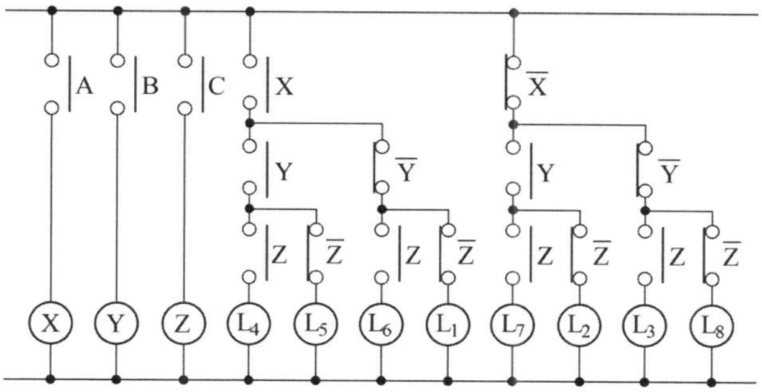

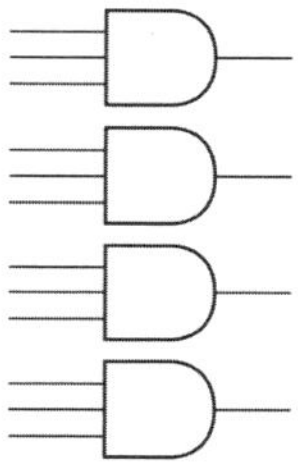

답안작성

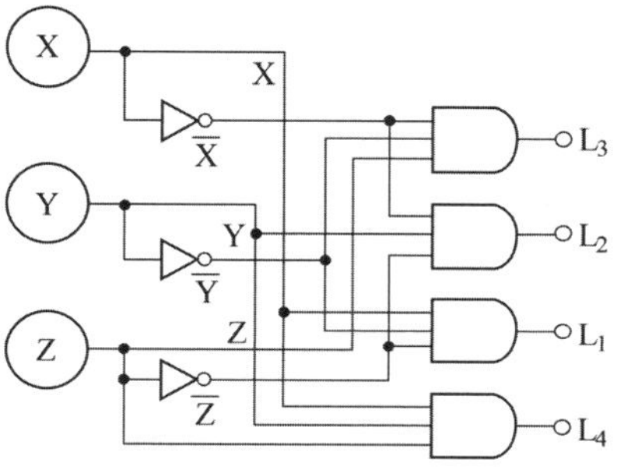

국가기술자격검정 실기시험문제 및 답안지

1994년도 산업기사 일반검정 제 7 회

자격종목(선택분야)	시험시간	형별	수험번호	성 명	감독위원 확 인
전기공사산업기사	2시간 00분				

※ 다음 물음에 답을 해당 답란에 답하시오.(배점 : 100점)

문제 01

▸ 출제년도 : 93. 94. ▸ 점수 : 6점

가공전선을 애자에 바인드 하는 방법은 어떤 바인드 법이 있는가 3가지를 쓰시오.

답안작성

① 인류 바인드
② 측부 바인드
③ 두부 바인드

문제 02

▸ 출제년도 : 94. ▸ 점수 : 6점

비접지식 6.6 [kV] 변전소에서 3상 3선식 선로에 접속하는 주상 변압기 중성점 접지 공사의 저항값 [Ω]은 얼마인가? 단, 고압측 1선지락전류는 10[A] 라고 한다.

답안작성

계산 : 중성점 접지저항 $R_2 = \frac{150}{10} = 15[\Omega]$

답 : 15[Ω]

해 설

KEC 142.5 변압기 중성점 접지
변압기의 중성점접지 저항 값은 다음에 의한다.
1) 일반적으로 변압기의 고압 · 특고압측 전로 1선 지락전류로 150을 나눈 값과 같은 저항 값 이하

$$R = \frac{150}{\text{변압기의 고압측 또는 특고압측의 1선 지락전류}}[\Omega]$$

2) 변압기의 고압 · 특고압측 전로 또는 사용전압이 35 [kV] 이하의 특고압전로가 저압측 전로와 혼촉하고 저압전로의 대지전압이 150 [V]를 초과하는 경우는 저항 값은 다음에 의한다.
가. 1초 초과 2초 이내에 고압 · 특고압 전로를 자동으로 차단하는 장치를 설치할 때는 300을 나눈 값 이하

$$R = \frac{300}{\text{변압기의 고압측 또는 특고압측의 1선 지락전류}}[\Omega]$$

나. 1초 이내에 고압 · 특고압 전로를 자동으로 차단하는 장치를 설치할 때는 600을 나눈 값 이하

$$R = \frac{600}{\text{변압기의 고압측 또는 특고압측의 1선 지락전류}}[\Omega]$$

문제 03 ▸ 출제년도 : 94. 97. 99. 03. ▸ 점수 : 6점

도면은 어느 수용가의 옥외간이 수전설비이다. 다음 물음에 답하시오.

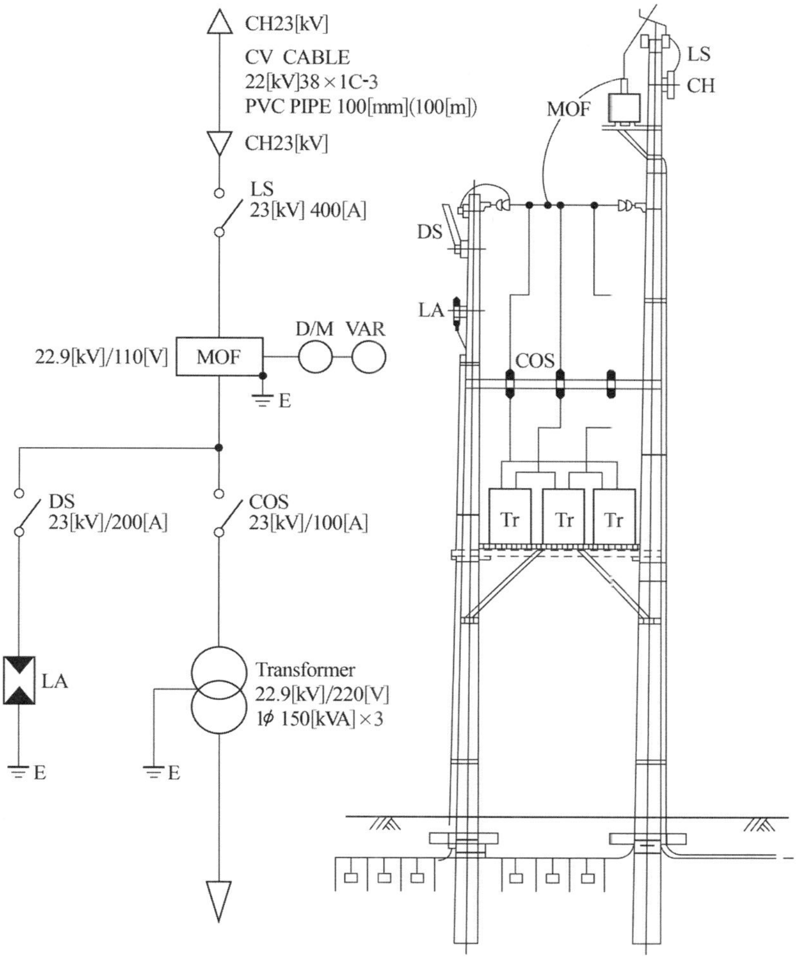

(1) MOF에서 부하용량에 적당한 CT비를 산출하시오. 단, CT 1차측 전류의 여유율은 1.25배로 한다.

(2) LA의 정격전압은 얼마인가?

(3) 도면에서 D/M, VAR는 무엇인지 쓰시오.

답안작성

(1) 계산 : $I = \dfrac{150 \times 3 \times 10^3}{\sqrt{3} \times 22900} = 11.35$ [A]

여유율이 1.25이므로 11.35×1.25=14.19, 즉 15 [A]로 선정한다.

답 : 15/5

(2) 18 [kV]

(3) D/M : 최대 수요전력량계, VAR : 무효전력량계

해 설

(1) 변류비 및 부담

① 1차 전류 : 5, 10, 15, 20, 30, 40, 50, 75, 100, 150, 200, 300, 400, 500 [A]

② 2차 전류 : 5 [A]

③ 정격 부담 : 5, 10, 15, 25, 40, 100 [VA]

(2) 피뢰기 정격 전압

전력 계통		피뢰기 정격 전압 [kV]	
전압 [kV]	중성점 접지 방식	변전소	배전 선로
345	유효접지	288	-
154	유효접지	144	-
66	PC접지 또는 비접지	72	-
22	PC접지 또는 비접지	24	-
22.9	3상 4선 다중접지	21	18

[주] 전압 22.9 [kV-Y] 이하의 배전선로에서 수전하는 설비의 피뢰기 정격전압 [kV]은 배전선로용을 적용한다.

문제 04 ▸ 출제년도 : 92. 94. 98. ▸ 점수 : 6점

다음 단선도를 복선도로 그리시오.

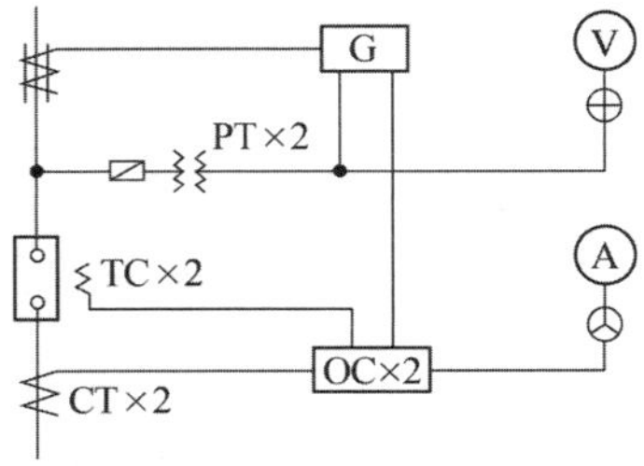

답안작성

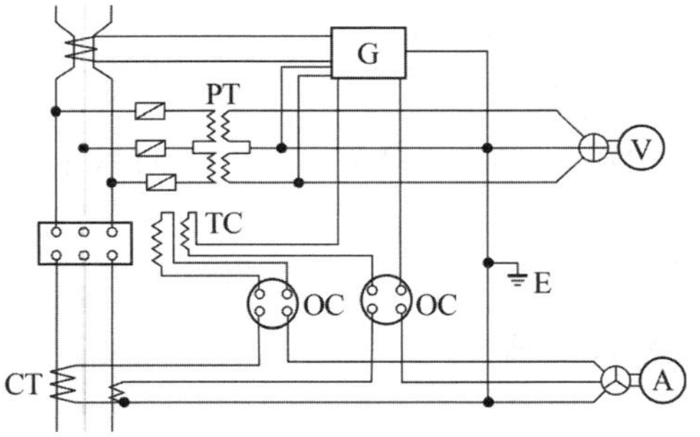

문제 05 ▸ 출제년도 : 93. 94. ▸ 점수 : 5점

방의 가로 3 [m], 세로 7 [m], 광원의 높이는 작업면까지 3 [m]인 경우 조명률을 알기 위한 실지수 K를 구하시오.

답안작성

계산 : $K = \dfrac{XY}{H(X+Y)} = \dfrac{3\times7}{3\times(3+7)} = 0.7$

답 : 0.7

문제 06

▸ 출제년도 : 89. 91. 94. 98. ▸ 점수 : 6점

어떤 심벌의 명칭인지 정확하게 답하시오.

(1) 　　(2) 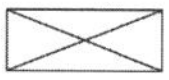　　(3) 

(4) 　　(5) ———　　(6) 

답안작성

(1) 분전반　　(2) 배전반

(3) 제어반　　(4) 매입 기구

(5) 천장 은폐 배선　　(6) 벽붙이 콘센트

해 설

(4) 매입 기구는 (DL)로 표시하여도 됨.

문제 07

▸ 출제년도 : 94. 97. ▸ 점수 : 16점

다음 그림은 시가지에 시설한 고압 전선로에서 자가용 수용가에 구내 전주를 경유해서 옥외 수전 설비에 이르는 전선로 및 시설의 실체도이다. 물음에 답하시오.

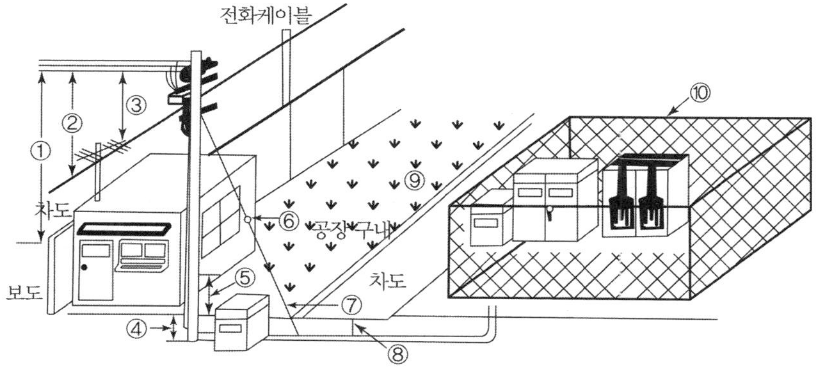

(1) 그림에 표시된 ①에서 고압 가공전선이 차도를 횡단하는 경우 지표상의 높이는 몇 [m] 이상인가?

(2) 그림에 표시된 ②에서 고압 가공전선과 전화 케이블의 이격거리는 몇 [cm] 이상인가?

(3) 그림에 표시된 ③에서 고압 가공전선과 TV 안테나의 이격거리는 몇 [cm] 이상인가?

(4) 그림에 표시된 ④에서 전주가 땅에 묻히는 길이는 몇 [m]인가? (단, 인입주는 전장 15 [m]의 콘크리트주이고 설계하중은 6.8 [kN]이다.)

(5) 그림에 표시된 ⑤에서 발판 볼트의 지표상 높이는 몇 [m]인가?
(6) 그림에 표시된 ⑥에서 이 물품의 사용 목적은 무엇인가?
(7) 그림에 표시된 ⑦에서 사용되는 소선의 가닥수는 얼마인가?
(8) 그림에 표시된 ⑧에서 지중 전선로의 차도에서의 매설 깊이는 몇 [m] 이상인가?

답안작성

(1) 6 [m]
(2) 80 [cm]
(3) 80 [cm]
(4) 땅에 묻히는 깊이 $= 15 \times \frac{1}{6} = 2.5$[m]
(5) 1.8 [m]
(6) 감전 사고 방지
(7) 3가닥
(8) 1 [m]

해 설

(1) KEC 332.5 고압 가공전선의 높이

설치장소		가공전선의 높이
도로횡단 (번잡하지 않은 도로 제외)		지표상 6 [m] 이상
철도 또는 궤도 횡단		레일면상 6.5 [m] 이상
횡단보도교위	저압	노면상 3.5 [m] 이상(단, 절연전선의 경우 3 [m] 이상)
	고압	노면상 3.5 [m] 이상
일반장소		지표상 5 [m] 이상. 단, 저압의 경우 절연전선 또는 케이블을 사용하여 교통에 지장이 없도록 하여 옥외조명용에 공급하는 경우 4 [m]까지 감할 수 있다.
다리의 하부 기타 이와 유사한 장소		저압의 전기철도용 급전선은 지표상 3.5 [m] 까지로 감할 수 있다.

(2) KEC 332.13 고압 가공전선과 가공약전류전선 등의 접근 또는 교차
저·고압 가공전선과 가공약전류 전선과의 이격거리는 표 에서 정한 값 이상일 것.

가공 약전류 전선	저압 가공전선		고압 가공전선	
	저압 절연전선	고압 절연전선 또는 케이블	절연전선	케이블
일반	0.6 [m]	0.3 [m]	0.8 [m]	0.4 [m]
절연전선 또는 통신용 케이블인 경우	0.3 [m]	0.15 [m]		

(3) KEC 332.14 고압 가공전선과 안테나의 접근 또는 교차
가공전선과 안테나 사이의 이격거리

	가공전선로 전선	저압	고압
안테나	일반적인 경우	0.6 [m]	0.8 [m]
	고압·특고압 절연전선	0.3 [m]	0.8 [m]
	케이블	0.3 [m]	0.4 [m]

(4) KEC 331.7 가공전선로 지지물의 기초의 안전율
가공전선로의 지지물에 하중이 가하여지는 경우에 그 하중을 받는 지지물의 기초의 안전율은 2이상(단, 이상시 상정하중에 대한 철탑의 기초에 대하여는 1.33)이어야 한다. 다만, 땅에 묻히는 깊이를 다음의 표에서 정한 값 이상의 깊이로 시설하는 경우에는 그러하지 아니하다.

(5) KEC 331.4 가공전선로 지지물의 철탑오름 및 전주오름 방지
가공전선로의 지지물에 취급자가 오르고 내리는데 사용하는 발판 볼트 등을 지표상 1.8 [m] 미만에 시설하여서는 아니 된다.

설계하중 / 전장	6.8 [kN] 이하	6.8 [kN] 초과 ~ 9.8 [kN] 이하	9.81 [kN] 초과 ~ 14.72 [kN] 이하
15[m] 이하	전장×1/6[m] 이상	전장×1/6+0.3[m] 이상	전장×1/6+0.5[m] 이상
15[m] 초과~16[m]이하	2.5[m] 이상	2.8[m] 이상	–
16[m] 초과~20[m] 이하	2.8[m] 이상	–	–
15[m] 초과~18[m] 이하	–	–	3[m] 이상
18[m] 초과	–	–	3.2[m] 이상

(8) KEC 334.1 지중전선로의 시설
① 지중 전선로는 전선에 케이블을 사용하고 또한 관로식 · 암거식(暗渠式) 또는 직접 매설식에 의하여 시설하여야 한다.
② 지중 전선로를 관로식 또는 암거식에 의하여 시설하는 경우에는 다음에 따라야 한다.
가. 관로식에 의하여 시설하는 경우에는 매설 깊이를 1.0[m] 이상으로 하되, 매설 깊이가 충분하지 못한 장소에는 견고하고 차량 기타 중량물의 압력에 견디는 것을 사용할 것. 다만 중량물의 압력을 받을 우려가 없는 곳은 0.6[m] 이상으로 한다.
나. 암거식에 의하여 시설하는 경우에는 견고하고 차량 기타 중량물의 압력에 견디는 것을 사용할 것.
③ 지중 전선로를 직접 매설식에 의하여 시설하는 경우에는 매설 깊이를 차량 기타 중량물의 압력을 받을 우려가 있는 장소에는 1.0[m] 이상, 기타 장소에는 0.6[m] 이상으로 하고 또한 지중 전선을 견고한 트라프 기타 방호물에 넣어 시설하여야 한다.

문제 08
▸ 출제년도 : 94. 97. ▸ 점수 : 5점

재폐로 계전기 : 79, 경보 표시용 보조 계전기 : 37, 비율 차동 계전기 : 87, LOCK OUT SW용 보조 계전기 : 86 중 계전기 자동 제어 기구 번호 표시가 틀린 것은?

답안작성

37

해 설

37 : 부족 전류 계전기

문제 09
▸ 출제년도 : 94. ▸ 점수 : 6점

호텔의 부하 밀도가 전등 30 [VA/m^2], 일반 동력 40 [VA/m^2], 냉방 동력 30 [VA/m^2]이고 면적이 20,000 [m^2]일 때 부하 설비 용량[kVA]는?

• 계산 : • 답 :

답안작성

계산 : 전등 부하 $= 30 \times 20000 \times 10^{-3} = 600[\text{kVA}]$

일반 동력 $= 40 \times 20000 \times 10^{-3} = 800[\text{kVA}]$

냉방 동력 $= 30 \times 20000 \times 10^{-3} = 600[\text{kVA}]$

부하 설비 용량 $P = 600 + 800 + 600 = 2000[\text{kVA}]$

답 : 2000 [kVA]

문제 10 ▸ 출제년도 : 94. 97. 99. 00. 01. 02. ▸ 점수 : 10점

ACSR 38 [mm²] 전선으로 전력을 공급하는 긍장 1 [km]인 3상 2회선의 배전선로를 포설하기 위한 직접 인건비계는 얼마인가? 단, 노임단가, 배전전공은 35000원, 보통인부는 25000원이다.

[표] 배전선 가선 100 [m]당

규	격	배전전공	보통인부
나동선	14 [mm²] 이하	0.20	0.10
	22 [mm²] 이하	0.32	0.16
	30 [mm²] 이하	0.40	0.20
	38 [mm²] 이하	0.52	0.26
	60 [mm²] 이하	0.76	0.38
	100 [mm²] 이하	0.08	0.54
	150 [mm²] 이하	0.32	0.66
	200 [mm²] 이하	1.44	0.72
	200 [mm²] 초과	1.52	0.76
ACSR, ASC	38 [mm²] 이하	0.60	0.30
	58 [mm²] 이하	0.88	0.44
	95 [mm²] 이하	1.28	0.64
	160 [mm²] 이하	1.56	0.78
	240 [mm²] 이하	1.8	0.9

[해설] ① 이품은 1선당 수작업으로 연선, 긴선, 이도 조정품 포함
② 애자에 묶는 품 포함
③ 피복선 120 [%]
④ 기설선로 상부 가설 120 [%]
⑤ 장력조정만 할 때 120 [%]
⑥ 철거 50 [%], 재사용 철거 80 [%]
⑦ 가공지선 80 [%]
⑧ 재사용 전선 110 [%]
⑨ m당으로 환산시는 본품을 100으로 나누어 산출
⑩ 22 [kV], 66 [kV], HDCC 송전선 1회선 가선품은 본품의 300 [%]
⑪ 66 [kV], HDCC 송전선 가선은 송전전공이 시공한다.
⑫ 배전선을 가로수 또는 수목과 접촉하여 설치작업시는 수목으로 인한 장애를 감안하여 이품의 120 [%] 적용

답안작성

• 선로 신설 : 배전 전공 : $\frac{0.6}{100} \times 1000 \times 3 \times 2 = 36$ [인]

보통 인부 : $\frac{0.3}{100} \times 1000 \times 3 \times 2 = 18$ [인]

• 직접 노무비 : 배전 전공 : $36 \times 35,000 = 1,260,000$ [원]

보통 인부 : $18 \times 25,000 = 450,000$ [원]

•계 : $1,260,000 + 450,000 = 1,710,000$ [원]

답 : 1,710,000 [원]

문제 11 ▸ 출제년도 : 94. 98. 01. 03. 04. 07. ▸ 점수 : 6점

'공사원가'라 함은 공사 시공 과정에서 발생한 무엇의 합계액을 말하는가?

답안작성

재료비+노무비+경비

문제 12 ▸ 출제년도 : 94. ▸ 점수 : 10점

그림은 사무실용 FAN–HEATER 회로의 일부이다. 물음에 답하시오.

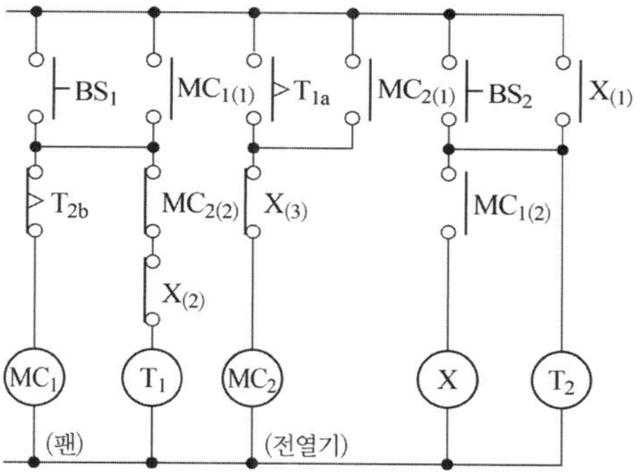

(1) 동작 과정을 동작(↑), 복구(↓)의 기호를 사용할 때 ( )안에 알맞은 MC를(↑ ↓)기호와 함께 차례로 쓰시오.($t_1 < t_2$)

BS_1↑(↓) – (①), T_1 여자 – t_1초 – (②), T_1(↓)

BS_2↑(↓) – X↑, T_2 여자 – (③), t_2초 – (④) – X↓ – T_2↓

(2) 유지기능 접점 3개를, 정지기능 접점 4개를 쓰시오.

답안작성

(1) ① MC_1(↑) ② MC_2(↑) ③ MC_2(↓) ④ MC_1(↓)

(2) 유지 기능 : $MC_{1(1)}$, $MC_{2(1)}$, $X_{(1)}$

정지 기능 : $T_{(2)}$, $MC_{2(2)}$, $X_{(2)}$, $X_{(3)}$

문제 10 ▸ 출제년도 : 94. 00. 06. ▸ 점수 : 6점

그림은 BS를 눌렀다 놓으면 t_1초 후에 MC가 작동하고 T_1이 복구하며 t_2초 후에 MC와 T_2가 복구한다. A～C에 보기에서 알맞은 논리 기호를 찾아 그리시오.

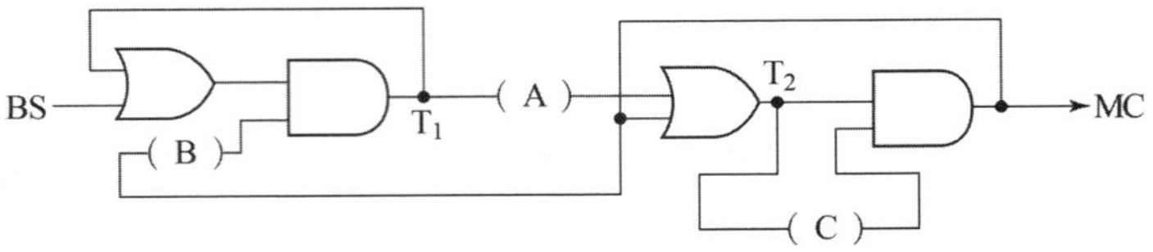

[보기]

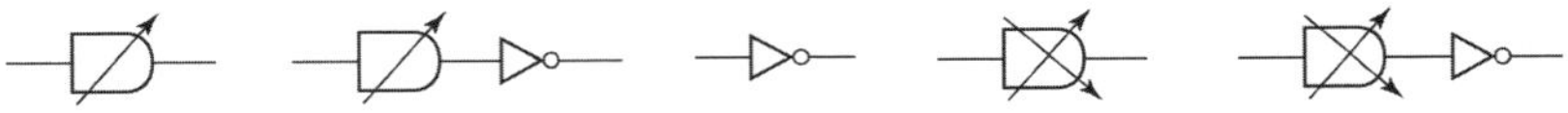

답안작성

(A) 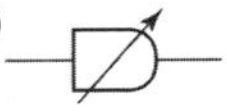

(B) 

(C) 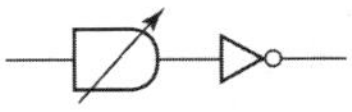

출제기준 변경 및 개정된 관계법규에 따라 삭제된 문제가 있어 배점의 합계가 100점이 안됩니다.

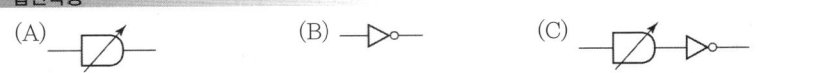

D30-4

1995년도 전기공사산업기사 실기

- 95년 제 1 회 전기공사산업기사
- 95년 제 2 회 전기공사산업기사
- 95년 제 4 회 전기공사산업기사
- 95년 제 5 회 전기공사산업기사
- 95년 제 7 회 전기공사산업기사

국가기술자격검정 실기시험문제 및 답안지

1995년도 **산업기사** 일반검정 제 1 회			수험번호	성 명	감독위원 확인
자격종목(선택분야)	시험시간	형별			
전기공사산업기사	2시간 00분				

※ 다음 물음에 답을 해당 답란에 답하시오.(배점 : 100점)

문제 01 ▸ 출제년도 : 95. ▸ 점수 : 10점

보기와 같은 특고압 기기류를 참고하여 다음 각 물음에 답하시오.

명 칭	약 호	심 벌	단 위	수 량	비 고
단로기	①		조	1	
변류기	②	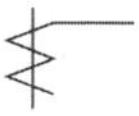	대	3	
피뢰기	③	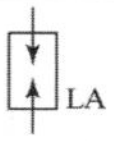	조	1	
과전류 계전기	OCR	OCR	대	3	
지락 계전기	GR	GR	대	1	
트립 코일	④		개소	1	
차단기	CB	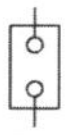	대	1	
전력 수급용 계기용 변성기	MOF	MOF	대	1	
수전 변압기	TR	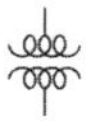	대	1	
접지공사	E		개소	3	
계기용 변압기	⑤		대	1	
컷아웃 스위치	⑥		조	1	

(1) ①~⑥까지의 약호는?

(2) 심벌을 이용하여 22.9 [kV-Y] 수전 설비 단선 결선도를 완성하시오.

(3) 상기 결선의 변압기에 80 [kW], 50 [kW], 100 [kW]의 부하가 접속되어 있다. 부하 간의 부등률은 1.2 부하 역률은 90 [%], 수용률은 80 [kW], 50 [kW] 부하에서는 60 [%], 100 [kW]에서는 55 [%]라면 변압기의 최대 수용 전력은 몇 [kVA]인가?

(4) 계기용 변압기 및 변류기의 2차측 정격 전압 및 정격 전류의 값은 얼마인가?

답안작성

(1) ① DS ② CT ③ LA ④ TC ⑤ PT ⑥ COS

(2)

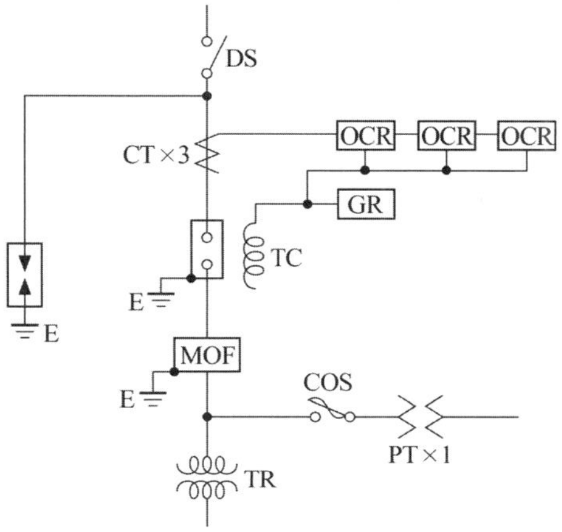

(3) 최대 수용 전력 $= \dfrac{(80+50)\times 0.6 + 100\times 0.55}{1.2\times 0.9} = 123.2$ [kVA]

답 : 123.2 [kVA]

(4) ① 계기용 변압기 : 110 [V] ② 변류기 : 5 [A]

해 설

최대 수용 전력 [kVA] $= \dfrac{\text{설비 용량 [kW]}\times\text{수용률}}{\text{부등률}\times\text{역률}}$

문제 02 ▸ 출제년도 : 93. 95. 96. ▸ 점수 : 4점

그림과 같이 50 [kW], 30 [kW], 15 [kW], 25 [kW]의 부하 설비의 수용률이 각각 50 [%], 65 [%], 75 [%], 60 [%]라고 할 경우 변압기 용량을 결정하시오. 단, 부등률은 1.2, 종합 부하 역률은 80 [%]로 한다.

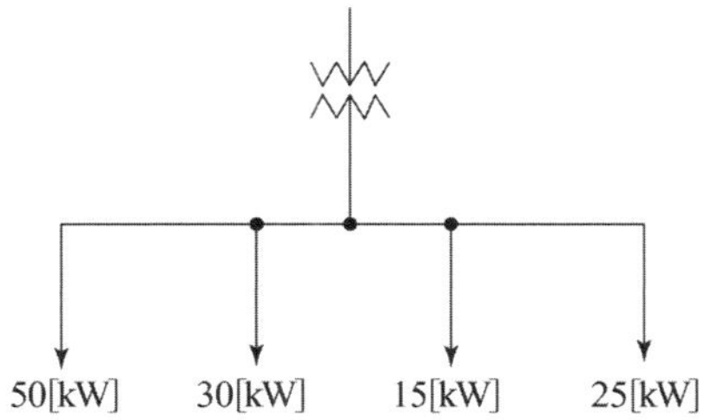

변압기 표준 용량 [kVA]						
25	30	50	75	100	150	200

답안작성

계산 : 변압기의 용량 $= \dfrac{50\times0.5+30\times0.65+15\times0.75+25\times0.6}{1.2\times0.8} = 73.7$ [kVA]

답 : 75 [kVA]

해 설

변압기 용량 [kVA] ≥ 합성 최대 수용 전력

$= \dfrac{\text{설비 용량 [kVA]}\times\text{수용률}}{\text{부등률}} = \dfrac{\text{설비 용량 [kW]}\times\text{수용률}}{\text{부등률}\times\text{역률}}$ [kVA]

문제 03

▸ 출제년도 : 95. ▸ 점수 : 4점

거리 계전기의 설치점에서 고장점까지의 임피던스를 70 [Ω]이라고 하면 계전기측에서 본 임피던스는 몇 [Ω]인가? 단, PT의 변압비는 154,000/110 [V]이고, CT의 변류비는 500/5라고 한다.

답안작성

계산 : 거리 계전기측에서 본 임피던스(Z_R)=선로 임피던스 $\times \dfrac{1}{PT\text{비}} \times CT\text{비}$ [Ω]

$\therefore\ Z_R = 70 \times \dfrac{110}{154{,}000} \times \dfrac{500}{5} = 5$ [Ω]

답 : 5 [Ω]

해 설

$$Z_R = \frac{V_2}{I_2} = \frac{\dfrac{1}{PT\text{비}}\times V_1}{\dfrac{1}{CT\text{비}}\times I_1} = \frac{CT\text{비}}{PT\text{비}}\times\frac{V_1}{I_1} = \frac{CT\text{비}}{PT\text{비}}\times Z_1 = \frac{110}{154000}\times\frac{500}{5}\times 70 = 5[\Omega]$$

문제 04

▸ 출제년도 : 95. ▸ 점수 : 5점

다음 그림은 3상 4선식 배전선로에서 단상 변압기 2대가 있는 미완성 회로도이다. 이것을 역V결선하여 2차에 3상 배선방식으로 결선하여라.

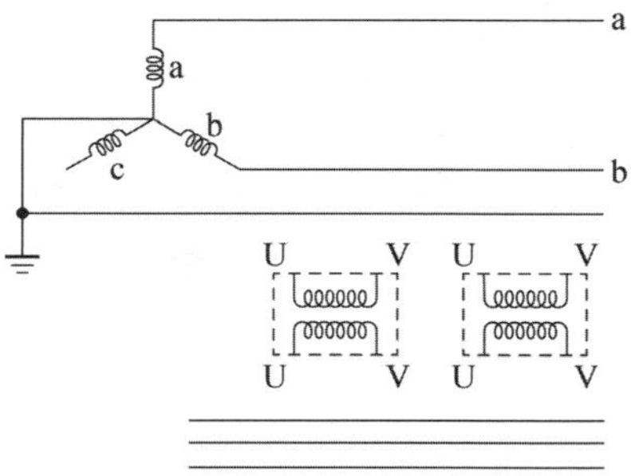

답안작성

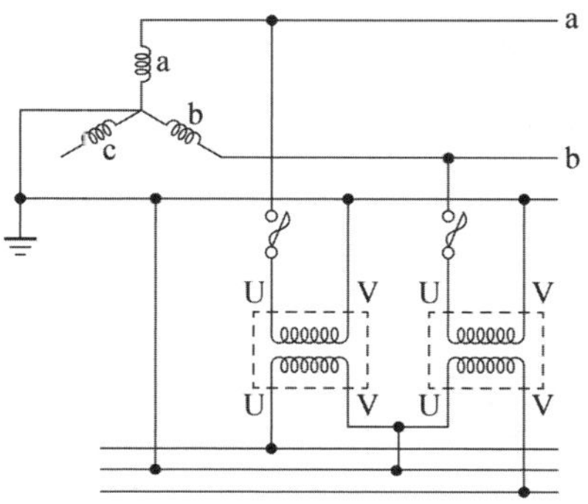

문제 05 ▸ 출제년도 : 95. ▸ 점수 : 8점

다음 그림은 여러 가지 지선의 종류이다.

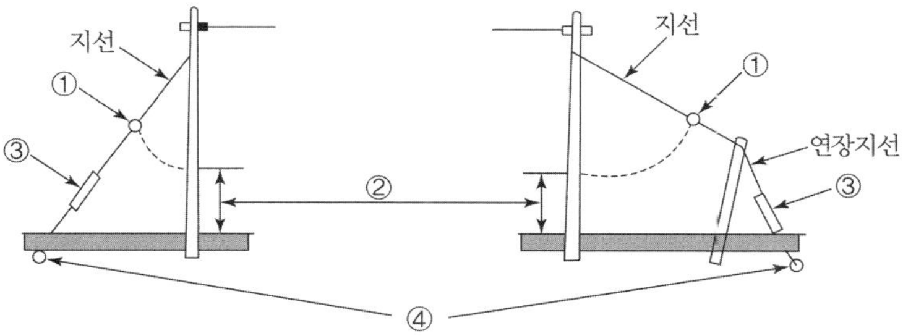

[그림 1] 보통 지선　　　　[그림 2] 수평 지선

(1) 그림 1, 2에서 ①로 표시되어 있는 지선 재료의 명칭은 무엇인가?

(2) 그림 1, 2의 ②로 표시되어 있는 부분은 지표상 몇 [m]인가?

(3) 그림 1, 2의 지선이 외부로부터 손상을 받을 우려가 있을 때 사용된다. ③의 명칭은?

(4) 1, 2에서 ④ 로 표시된 것은 무엇인가?

답안작성

(1) 지선 애자　　　(2) 2.5 [m]

(3) 지선 커버　　　(4) 지선 근가

해 설

지선의 설치 방법

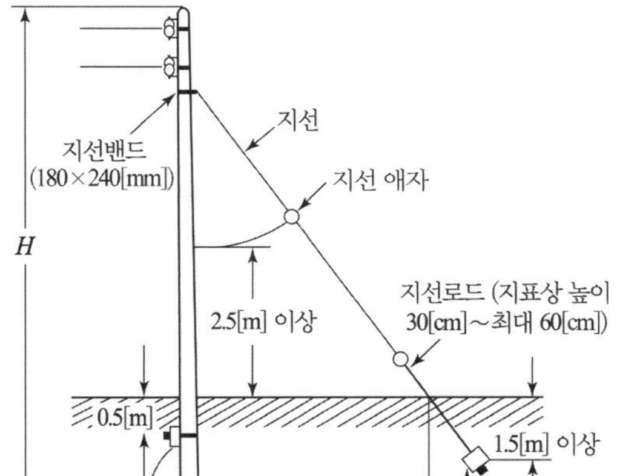

문제 06 ▸ 출제년도 : 91. 93. 95. 97. ▸ 점수 : 5점

3상 3선식 회로에서 구내배선의 긍장이 45 [m], 부하의 최대 전류 300 [A] 배선의 전압강하는 6 [V]로 하고자 하는 경우 전선의 굵기는?

•계산 :　　　　　　　　　　　•답 :

답안작성

계산 : $A = \dfrac{30.8 \cdot LI}{1000 \cdot e} = \dfrac{30.8 \times 45 \times 300}{1000 \times 6} = 69.3 \ [\text{mm}^2]$ 답 : 70 $[\text{mm}^2]$

해 설

KSC IEC 전선규격

1.5, 2.5, 4, 6, 10, 16, 25, 35, 50, 70, 95, 120, 150, 185, 240, 300, 400, 500, 630$[\text{mm}^2]$

문제 07

▸ 출제년도 : 95. ▸ 점수 : 4점

어느 공장의 구내 도로의 폭이 15 [m]이며 양쪽에 전등 전주를 지그재그로 배치하고 6300 [lm]의 광속을 갖는 300 [W]의 백열 전구로 도로면의 평균조도가 7 [lx]가 되게 하려면 전등 전주간의 거리[m]는 얼마로 하여야 하는가? 단, 감광보상률은 1.25, 조명률은 15 [%]로 본다.

답안작성

계산 : 총광속 $F = \dfrac{EAD}{U}$ 에서 $A = \dfrac{FU}{ED} = \dfrac{1}{2}BS$

따라서, $S = \dfrac{2FU}{EDB} = \dfrac{2 \times 6300 \times 0.15}{7 \times 1.25 \times 15} = 14.4$

답 : 14.4 [m]

해 설

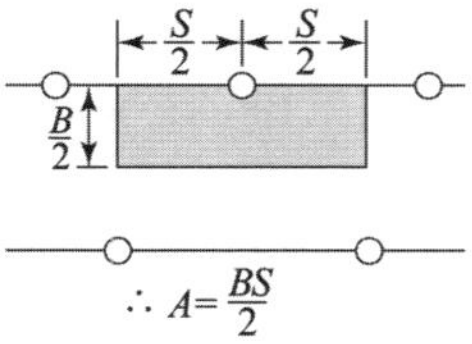

문제 08

▸ 출제년도 : 95. ▸ 점수 : 4점

다음 기호를 보고 어떤 종류의 케이블인지 그 종류를 쓰시오.

(1) AWP (2) AWR

(3) VCT (4) VV

답안작성

(1) 크로롤프렌, 천연합성고무 시스 용접용 케이블
(2) 고무 시스 용접용 케이블
(3) 0.6/1 [kV] 비닐 절연 비닐 캡타이어 케이블
(4) 0.6/1 [kV] 비닐 절연 비닐 시스 케이블

문제 09

▸ 출제년도 : 95. 98. ▸ 점수 : 5점

건평 2000$[\text{m}^2]$인 건물이 있다. 이 건물에 FAN용 전동기 1.5[kW]가 10대 Pump용 전동기 5 [kW]가 5대가 있다면 사용하는 총 부하는 몇 [kW]인가? 단, FAN용 전동기의 수용률은 80[%], Pump용 전동기의 수용률은 70[%], 전등 전열용 동력은 25 $[\text{W/m}^2]$ 이다.

답안작성

계산 : P=설비용량×수용률 에서

$$P = 1.5 \times 10 \times 0.8 + 5 \times 5 \times 0.7 + 2000 \times 25 \times 10^{-3} = 79.5 \text{ [kW]}$$

답 : 79.5 [kW]

문제 10

▸ 출제년도 : 95. ▸ 점수 : 4점

시공상에서 210/105 [V]의 변압기를 그림과 같이 결선하고 고압측에 200 [V]의 전압을 가하면 전압계의 지시는 몇 [V]인가? 단, 감극성 표준으로 할 것

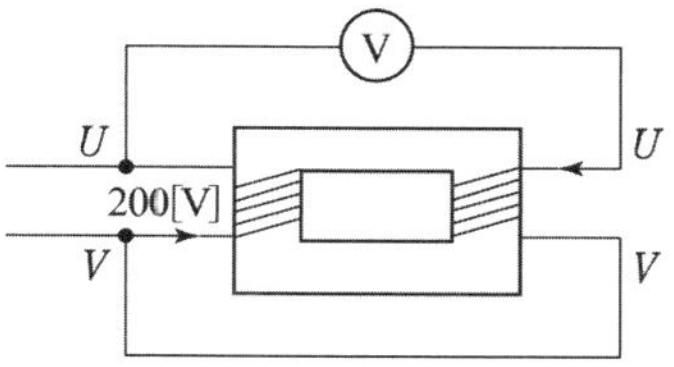

답안작성

계산 : $V = V_1 - V_2 = 200 - 200 \times \dfrac{105}{210} = 100$ [V]

답 : 100 [V]

문제 11

▸ 출제년도 : 89. 93. 95. 97. 04. ▸ 점수 : 4점

다음 옥내 배선용 심벌(symbol)에 대한 명칭을 쓰시오.

(1) 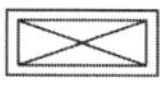　(2) 　(3) 　(4) 

답안작성

(1) 재해방지 전원회로용 배전반
(2) 스피커
(3) 연기 감지기
(4) 벽붙이 백열등 (혹은 표시등)

해 설

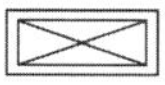 : 재해방지 전원회로용 배전반 또는 통신신호 분야에서는 교환기

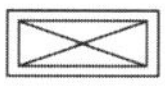 1종 : 1종 재해방지 전원회로용 배전반

문제 12

▸ 출제년도 : 89. 95. ▸ 점수 : 6점

가로 20 [m], 세로 30 [m], 천장 높이 4.5 [m]인 사무실에 그림과 같이 전등 설비를 하고자 한다. 실지수를 구하여라.

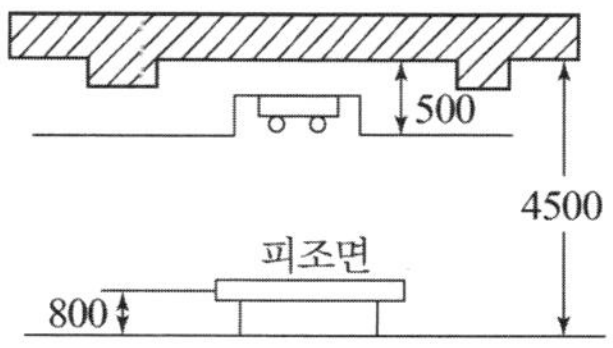

답안작성

계산 : 실지수$(R \cdot I) = \dfrac{XY}{H(X+Y)}$

$$= \frac{20 \times 30}{(4.5 - 0.5 - 0.8) \times (20 + 30)} = 3.75$$

답 : 3.75

문제 13 ▸ 출제년도 : 95. ▸ 점수 : 12점

그림은 화재 경보기의 일부이다. F_1과 F_2는 화재 감지기이며, 화재 발견자에 의하여 PB_1과 PB_2의 조작으로 동작할 수 있다.

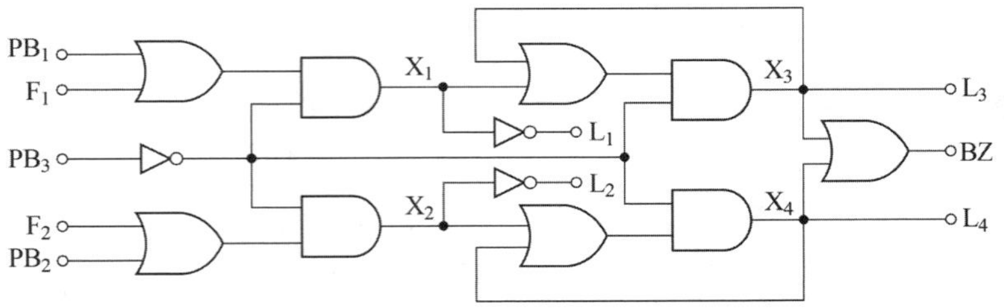

(1) 답란에 주어진 시퀀스 회로를 완성하시오.

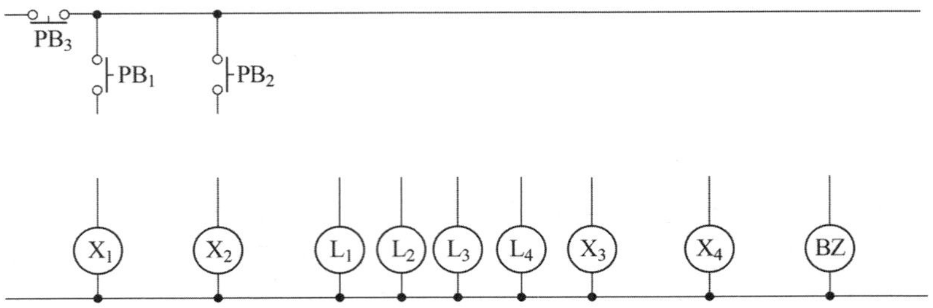

(2) 답란에 주어진 타임 차트를 그리시오.

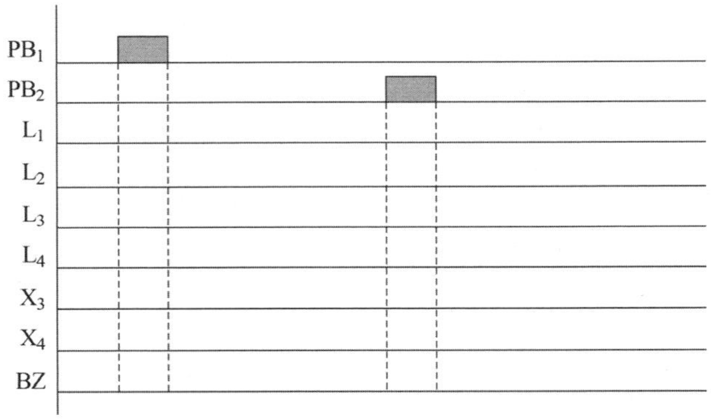

(3) 답란에 주어진 출력식을 쓰시오.

답안작성

(1)

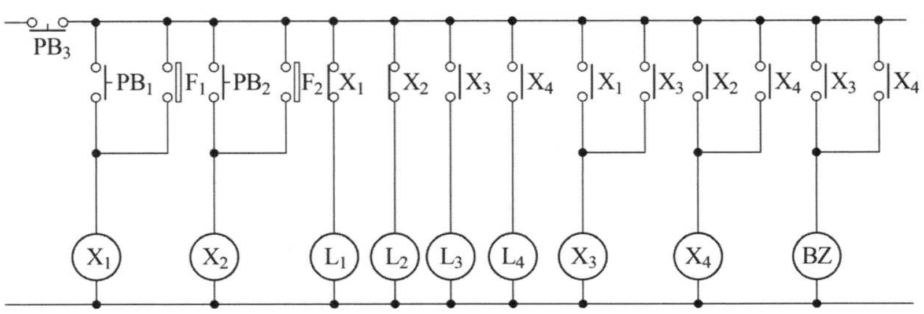

(2)

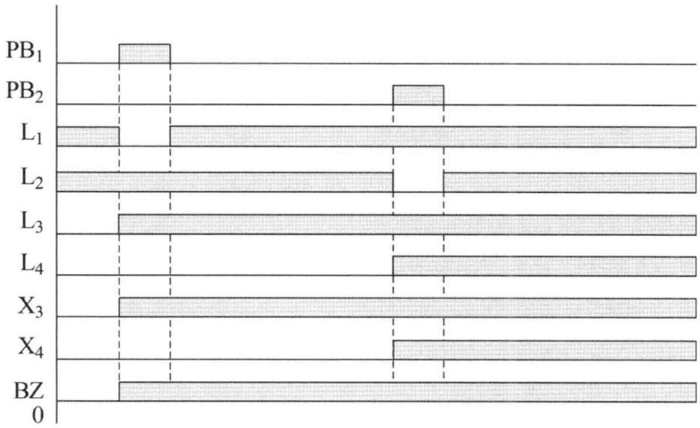

(3) ① $X_1 = \overline{PB}_3(PB_1 + F_1)$ ② $X_2 = \overline{PB}_3(PB_2 + F_2)$

③ $X_3 = \overline{PB}_3(X_1 + X_3)$ ④ $X_4 = \overline{PB}_3(X_2 + X_4)$

⑤ $BZ = \overline{PB}_3(X_3 + X_4)$

문제 14 ‣ 출제년도 : 95. ‣ 점수 : 10점

그림은 3대의 전동기를 순서에 따라 기동정지를 하는 시퀀스 회로의 일부이다. 물음에 답하시오.

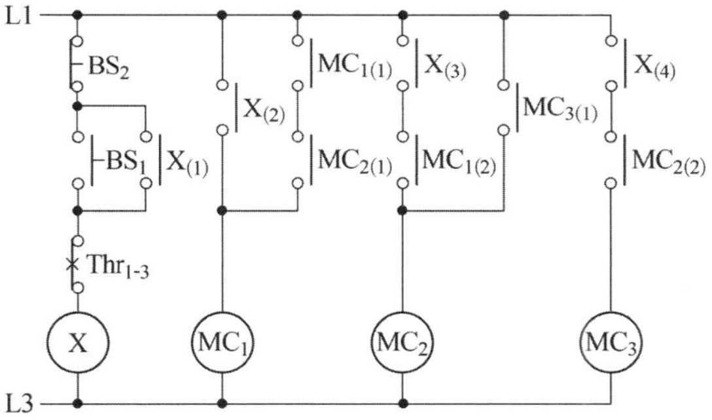

stop	명령	번지
생략	R	㉮
	㉯	3.1
	A	㉰
	O	MRG
	W	3.1
	R	8.0
	A	㉱
	O	㉲
	W	3.2

[참고]
$BS_1(0.1)$
$BS_2(0.2)$
$MC_1(3.1)$
$MC_2(3.2)$
$MC_3(3.3)$
X(8.0)
R : (입력)
W : (출력)
A : (직렬)
O : (병렬)

(1) 주어진 답안지 로직회로를 각각 2입력 AND, OR회로로 완성하시오.

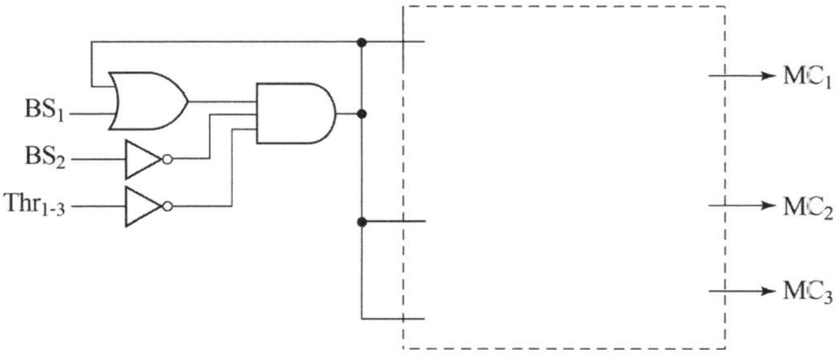

(2) (b)의 PLC프로그램을 ㉮～㉮항까지를 완성하시오.

(3) 그림 (a)에서 자기 유지 접점 2개를 쓰시오. (예 : $MC_{3(1)}$ 등)

(4) 그림 (a)에서 MC_1의 정지 기능 접점을 쓰시오. (예 : $MC_{1(1)}$ 등)

(5) MC_1～MC_3의 정지 순서를 차례로 쓰시오.

답안작성

(1)

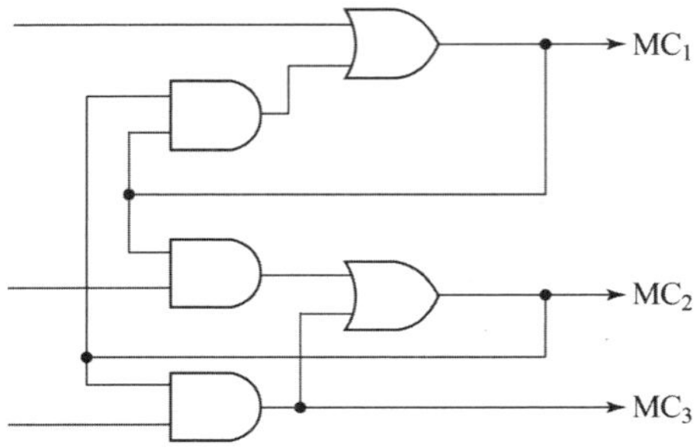

(2) ㉮ 8.0 ㉯ R ㉰ 3.2 ㉱ 3.1 ㉲ 3.3

(3) $X_{(1)}$, $MC_{1(1)}$

(4) $MC_{2(1)}$

(5) $MC_3 \rightarrow MC_2 \rightarrow MC_1$

해 설

(5) •기동순서 : $MC_1 \rightarrow MC_2 \rightarrow MC_3$

•정지순서 : $MC_3 \rightarrow MC_2 \rightarrow MC_1$

문제 15

▸ 출제년도 : 94. 95. 99. ▸ 점수 : 6점

그림 (a)～(c)는 서로 등가이다. 물음에 답하시오.

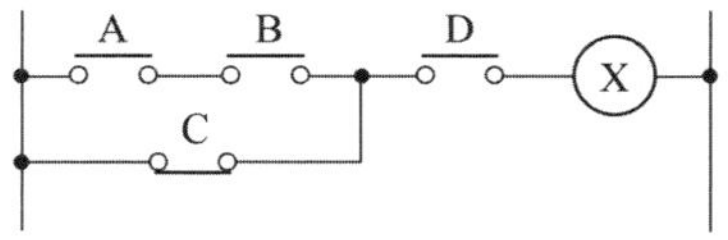

(a)

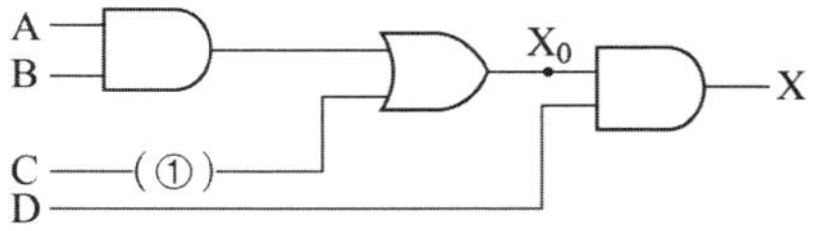

(b)

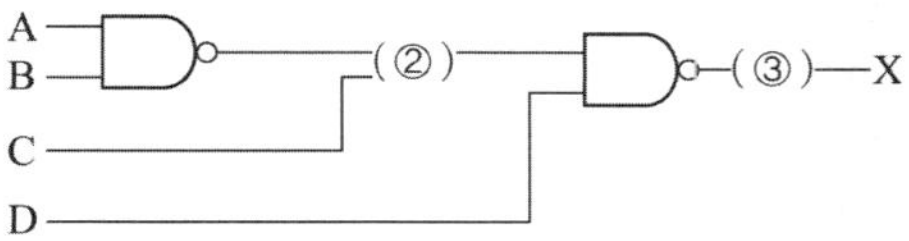

(c)

(1) ①에 알맞은 논리회로의 이름을 쓰시오. (예 : AND 등)

(2) ②와 ③에 알맞은 논리회로를 각각 그리시오. (예 :  등)

(3) 그림 (b)의 X와 X_0의 논리식을 각각 쓰시오.

답안작성

(1) NOT 회로 (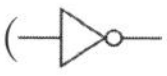)

(2) ② 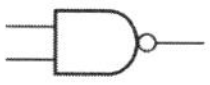 (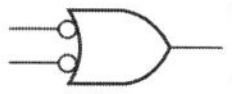) ③ 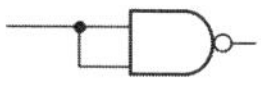 (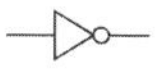)

(3) $X = (AB + \overline{C}) \cdot D$, $X_0 = AB + \overline{C}$

출제기준 변경 및 개정된 관계법규에 따라 삭제된 문제가 있어 배점의 합계가 100점이 안됩니다.

국가기술자격검정 실기시험문제 및 답안지

1995년도 산업기사 일반검정 제 2 회			수험번호	성 명	감독위원 확 인
자격종목(선택분야)	시험시간	형별			
전기공사산업기사	2시간 00분				

※ 다음 물음에 답을 해당 답란에 답하시오.(배점 : 100점)

문제 01 ▸ 출제년도 : 95. 07. ▸ 점수 : 5점

전선의 구비조건을 간단하게 5가지만 나열하시오.

답안작성

① 도전율이 클 것 ② 기계적 강도가 클 것
③ 가격이 저렴할 것 ④ 가요성이 클 것
⑤ 비중이 작고 내구성이 있을 것

문제 02 ▸ 출제년도 : 95. ▸ 점수 : 6점

그림은 전동기의 주회로도를 표시한 것이다. 회로도에서 표시된 51F 및 52F는 무엇을 의미하는 기구의 명칭인가?

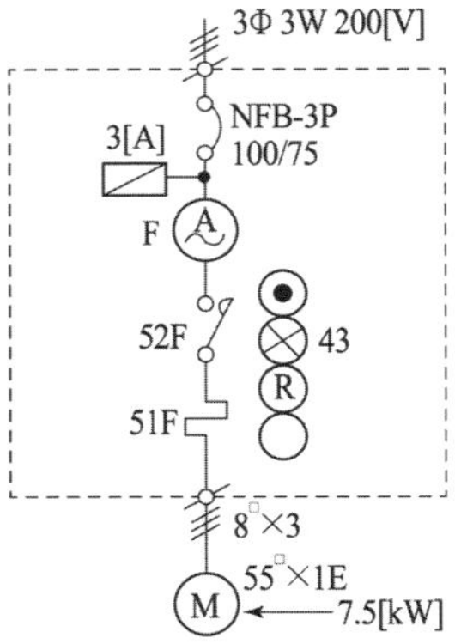

답안작성

51F : 과전류 계전기
52F : 교류차단기 또는 접촉기

문제 03 ▸ 출제년도 : 95. ▸ 점수 : 5점

우리나라 154 [kV] 송전선로의 중성점 접지방식은?

답안작성

직접 접지방식 (유효 접지방식)

문제 04 ▸ 출제년도 : 95. 06. ▸ 점수 : 5점

정격전압 450/750[V] 이하 염화비닐절연 케이블의 4심은 어떤 색깔로 구성되어 있는지 그 구성 색깔을 모두 쓰시오.

답안작성

녹색-노란색, 갈색, 흑색, 회색 또는 청색, 갈색, 흑색, 회색

해 설

KS C IEC 60227-1 (정격전압 450/750[V] 이하 염화비닐절연 케이블)
및 KS C IEC 60245-1 (정격전압 450/750[V] 이하 고무절연 케이블) 에 대한 색상

선심수	KS C IEC 60227-1 및 KS C IEC 60245-1에 따른 선심 색상
단심 케이블	권장색 구분없음
2심 케이블	권장색 구분없음
3심 케이블	녹색-노란색, 청색, 갈색 또는 갈색, 흑색, 회색
4심 케이블	녹색-노란색, 갈색, 흑색, 회색 또는 청색, 갈색, 흑색, 회색
5심 케이블	녹색-노란색, 청색, 갈색, 흑색, 회색 또는 청색, 갈색, 흑색, 회색, 흑색

문제 05 ▸ 출제년도 : 95. ▸ 점수 : 15점

도면은 간이 수전설비의 단선 결선도이다. 그림을 보고 물음에 답하시오.

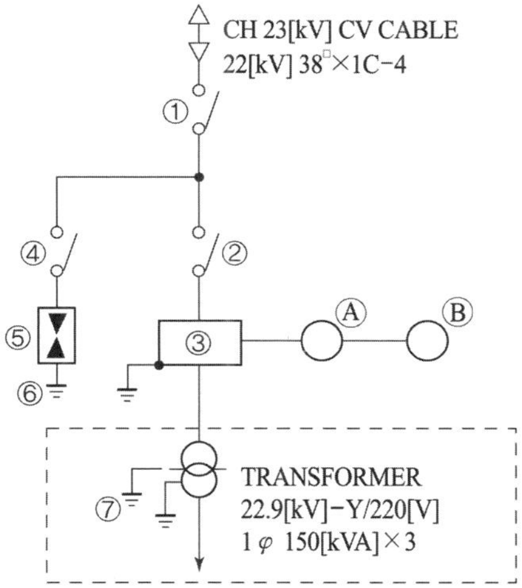

(1) ①부터 ⑤까지의 기기 명칭을 한글로 답하시오.

(2) Ⓐ 와 Ⓑ에 설치할 계기명칭을 한글로 답하시오.

(3) ⑦번의 접지하는 이유는 무엇인가?

(4) ②번, ⑤번의 설치 수량은 각각 몇 개인가?

답안작성

(1) ① 자동고장 구분개폐기 ② 전력용 퓨즈
③ 전력 수급용 계기용 변성기 ④ 단로기 ⑤ 피뢰기

(2) Ⓐ 최대수요 전력량계　　　　　Ⓑ 무효 전력량계
(3) 고저압 혼촉사고시 저압측 전위상승 억제
(4) ② 3개　　　　　　　　　　　⑤ 3개

해 설

간이수전설비 표준결선도

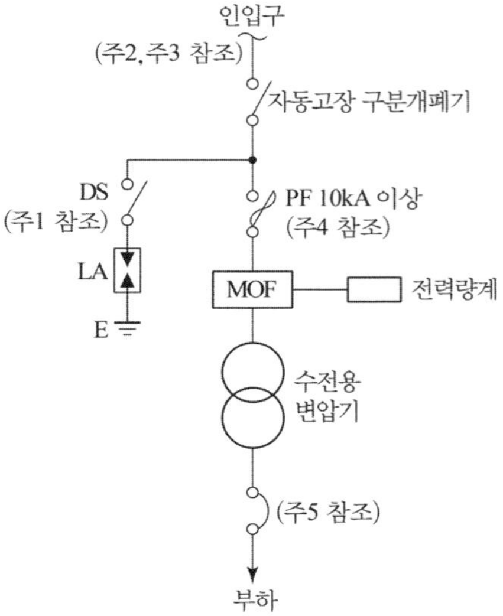

약 호	명 칭
DS	단로기
ASS	자동고장 구분 개폐기
LA	피뢰기
MOF	전력 수급용 계기용 변성기
COS	컷아웃 스위치
PF	전력 퓨즈

[주1] LA용 DS는 생략할 수 있으며 22.9 [kV-Y]용의 LA는 Disconnector(또는 Isolator) 붙임형을 사용하여야 한다.
[주2] 인입선을 지중선으로 시설하는 경우로서 공동 주택 등 사고시 정전 피해가 큰 수전 설비 인입선은 예비선을 포함하여 2회선으로 시설하는 것이 바람직하다.
[주3] 지중인입선의 경우에 22.9 [kV-Y] 계통은 CNCV-W 케이블(수밀형) 또는 TR CNCV-W 케이블(트리억제형)을 사용하여야 한다. 다만, 전력구·공동구·덕트·건물구내 등 화재의 우려가 있는 장소에서는 FR CNCO-W 케이블(난연)을 사용하는 것이 바람직하다.
[주4] 300 [kVA] 이하인 경우 PF대신 COS(비대칭 차단 전류 10 [kA] 이상의 것)을 사용할 수 있다.
[주5] 간이 수전 설비는 PF의 용단 등에 의한 결상 사고에 대한 대책이 없으므로 변압기 2차측에 설치되는 주차단기에는 결상 계전기 등을 설치하여 결상 사고에 대한 보호 능력이 있도록 함이 바람직하다.

문제 06 ▸ 출제년도 : 95. ▸ 점수 : 6점

다음 (　) 안에 옳은 답을 쓰시오.
절연 내력 시험시 최대 사용 전압이 6만 볼트를 넘는 중성점 비접지식 선로는 최대 사용 전압의 (①)배의 전압을 가하여 (②)분간 견디어야 한다. 직류로 할 경우 (③)배의 전압을 가하여야 한다.

답안작성

① 1.25
② 10
③ 교류시험전압의 2배

해 설

KEC 132 전로의 절연저항 및 절연내력

고압 및 특고압의 전로는 표 에서 정한 시험전압을 전로와 대지 사이(다심케이블은 심선 상호 간 및 심선과 대지 사이)에 연속하여 10분간 가하여 절연내력을 시험하였을 때에 이에 견디어야 한다. 다만, 전선에 케이블을 사용하는 교류 전로로서 표 에서 정한 시험전압의 2배의 직류전압을 전로와 대지 사이에 연속하여 10분간 가하여 절연내력을 시험하였을 때에 이에 견디는 것에 대하여는 그러하지 아니하다.

전로의 종류	접지방식	시험전압 (최대사용 전압의 배수)	최저 시험전압
1. 7 [kV] 이하인 전로		1.5배	
2. 7 [kV] 초과 25 [kV] 이하	다중접지	0.92배	
3. 7 [kV] 초과 60 [kV] 이하 (2란의 것을 제외한다.)		1.25배	10.5[kV]
4. 60 [kV] 초과 (전위 변성기를 사용하여 접지하는 것을 포함한다)	비 접 지	1.25배	
5. 60 [kV] 초과 (전위 변성기를 사용하여 접지하는 것 및 6란과 7란의 것을 제외한다)	접 지 식	1.1배	75[kV]
6. 60 [kV] 초과 (7란의 것을 제외한다)	직접접지	0.72배	
7. 170 [kV] 초과 (발전소 또는 변전소 혹은 이에 준하는 장소에 시설하는 것.)	직접접지	0.64배	

문제 07 ▸ 출제년도 : 95. ▸ 점수 : 5점

그림과 같은 교류 단상 3선식 전로에서 잘못된 곳을 고쳐서 다시 그리시오.

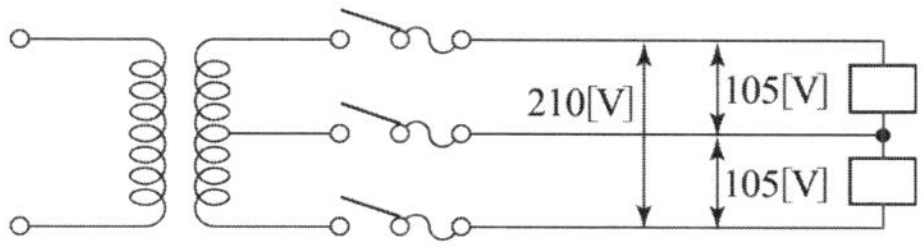

답안작성

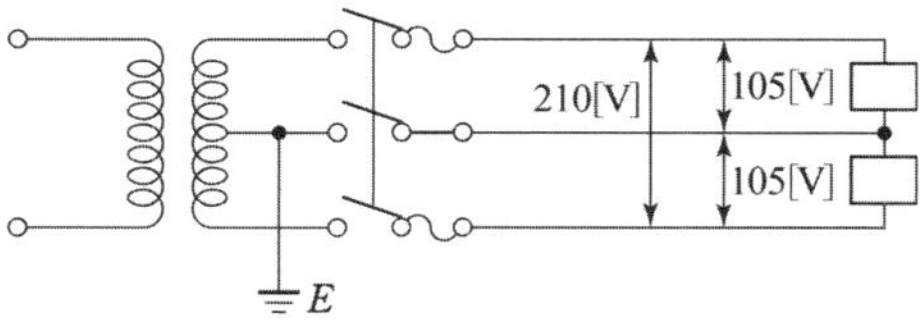

해 설

단상 3선식

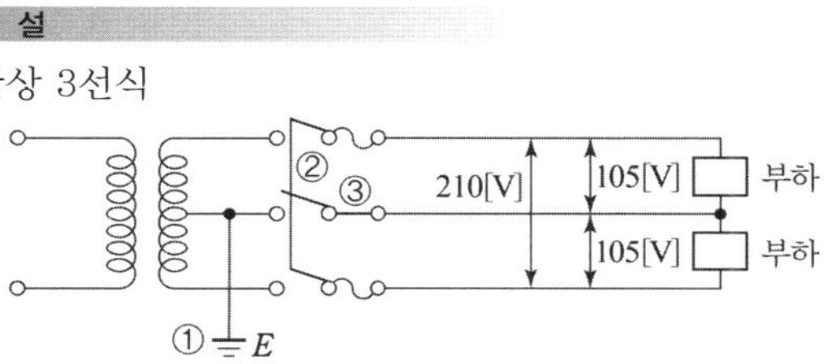

① 변압기 2차측 1단자는 중성점 접지공사를 한다.

② 2차측 개폐기는 동시 동작형이어야 한다.

③ 중성선에는 퓨즈를 삽입할 수 없다.

문제 08 ▸ 출제년도 : 95. 97. 99. ▸ 점수 : 6점

수전전압이 22.9 [kV]이고 전력회사와의 계약종별이 산업용 전력인 어느 공장의 전력 요금 계량장치를 주상 및 별도 계량기함에 설치하기 위한 노무비(직접, 간접 포함) 합계는 얼마인가? 잡기기 신설표를 이용하여 구하시오.

단, • MOF와 계량기 간의 배관, 배선은 무시하며 MOF는 거치형임
- 산업용 전력(을)은 3종 계기를 설치
- 3종 계기 및 무효 전력량계를 설치
- 간접 노무비는 15 [%] (가정)로 보고 적용한다.
- 내선 전공 노임 단가는 12410 [원] (가정)으로 본다.
- 노무비 및 인건비 합계에서 소수점 이하는 버림

[표] 잡기기 신설 (대당)

종 별	내선전공
전열기 3 [kW] 이하	0.40
5 〃	0.60
10 〃	1.00
10 초과	1.40
벨	0.1
부 저	0.08
도어폰 (주기)	0.11
〃 (자기)	0.10
가스 배출기	0.20
선풍기 날개 직경 30 [cm] 이하(벽면)	0.20
〃 〃 〃 (천정면)	0.50
환풍기 〃 30 [cm] 기준(벽면)	0.48
〃 〃 50 [cm] 기준(천정면)	0.80
적산전력계 1ϕ2W 용	0.14
〃 1ϕ3W 용 및 3ϕ3W 용	0.21
〃 3ϕ4W 용	0.3
CT 설치(저고압)	0.4
PT 설치(〃)	0.4
현수용 M.O.F 설치(고압·특고압)	3.0
거치용 〃 〃	2.0
계기함 설치	0.30
특수계기함 설치	0.45
변성기함 설치(저·고압)	0.60
플로어 플레이트(수평고저 조정커버부)	0.135
전극봉 지지기(3P)	0.80
〃 (4P)	0.85
〃 (5P)	1.10

[해설] ① 철거 30 [%], 재사용 철거 50 [%], 단 실효계기 교체에 따른 철거 반입분이 수리 가능 품목일 경우에는 재사용 적용
② 방폭 200 [%]
③ 아파트 등 공동주택 및 기타 이와 유사한 집단지역의 동일구내(한건물내)에서 10대 초과의 적산전력계 설치시에는 70 [%] 적용

④ 특수계기함이라 함은 3종 계기함, 농사용 철제 계기함, 집합계기함 및 저압 변류기용 계기함을 말한다.
⑤ 거치용 MOF를 주상에 설치시에는 이품의 180 [%]로서 배전전공 적용 (설치대 조립품 포함)
⑥ 전극봉 지지기에는 전극봉의 설치 및 조정품 포함. 다만, 보호함의 취부품은 별도 계상하며, 보호함의 설치품은 풀박스 취부품에 준한다.

답안작성

- MOF 설치 ; 내선 전공 : $2.0 \times 1.8 = 3.6$[인]
- 특수 계기함 설치 ; 내선 전공 : 0.45[인]
- 3종 계기 및 무효 전력량계 설치 ; 내선 전공 : 0.3[인]$\times 2 = 0.6$[인]

직접 노무비 ; $(3.6 + 0.45 + 0.6) \times 12{,}410 = 57{,}706$[원]
간접 노무비 ; $57{,}706 \times 0.15$[%]$= 8{,}655$[원]
인건비 합계 ; $57{,}706 + 8{,}655 = 66{,}361$[원]

문제 09 ▸ 출제년도 : 95. ▸ 점수 : 5점

주어진 도면을 보고 DS, F, PT, OCB, CT, TC, CH, M, ST 등의 심벌을 이용하여 그림의 전선접속도를 주어진 답안지에 완성하시오.

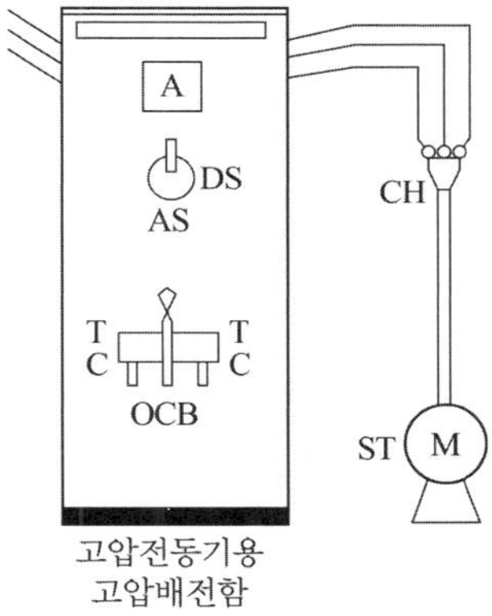

답안작성

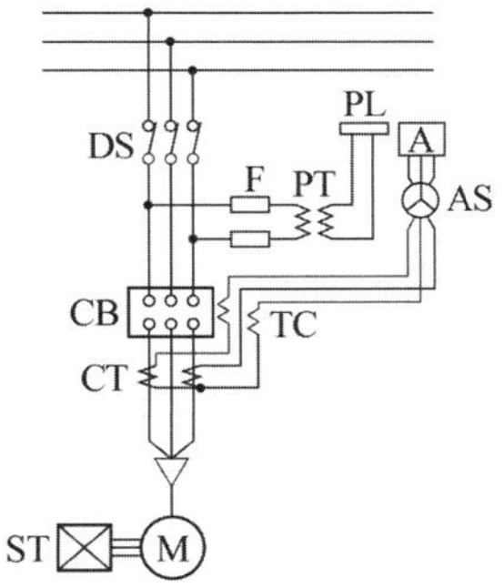

문제 10 ▸ 출제년도 : 89. 91. 95. ▸ 점수 : 5점

답안지와 같이 단상 변압기 3대가 있는 미완성 회로도가 있다. 이것을 1차 Y, 2차 △결선하시오.

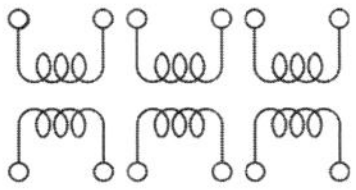

답안작성

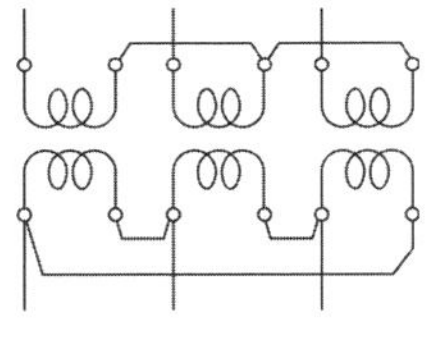

문제 11 ▸ 출제년도 : 95. 00. ▸ 점수 : 5점

다음 로직 시퀀스를 이해하고 미완성된 릴레이 시퀀스도를 완성하시오.

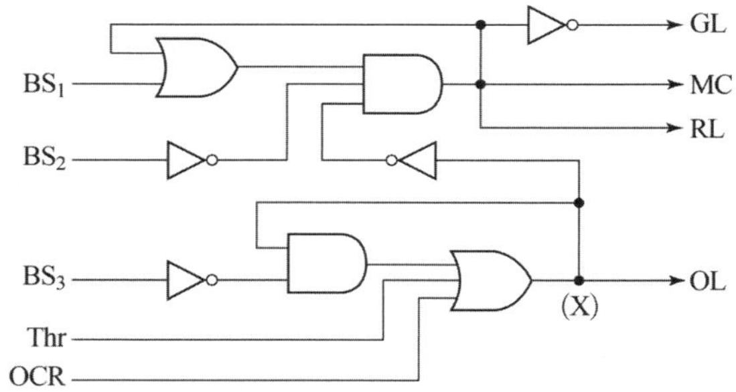

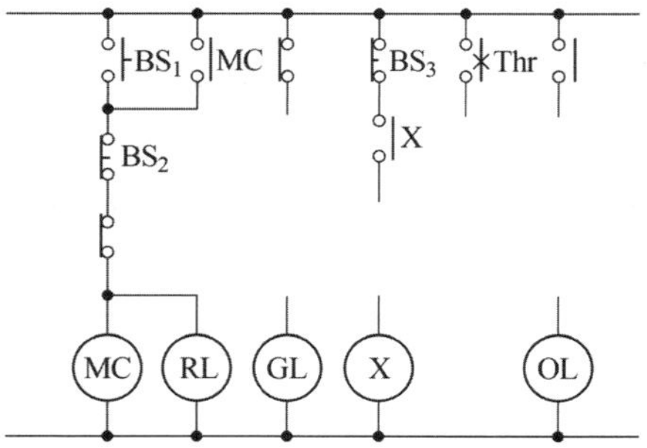

답안작성

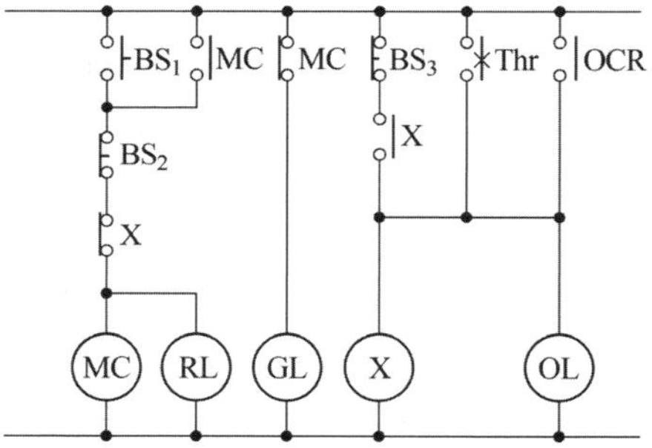

해 설

출력식 $X = \overline{BS_3} \cdot X + Thr + OCR$

$OL = X$

$MC = (BS_1 + MC) \cdot \overline{BS_2} \cdot \overline{X}$

$RL = MC$

$GL = \overline{MC}$

문제 12 ▸ 출제년도 : 95. ▸ 점수 : 12점

다음 릴레이 동작체크 회로이다. 물음에 답하시오.

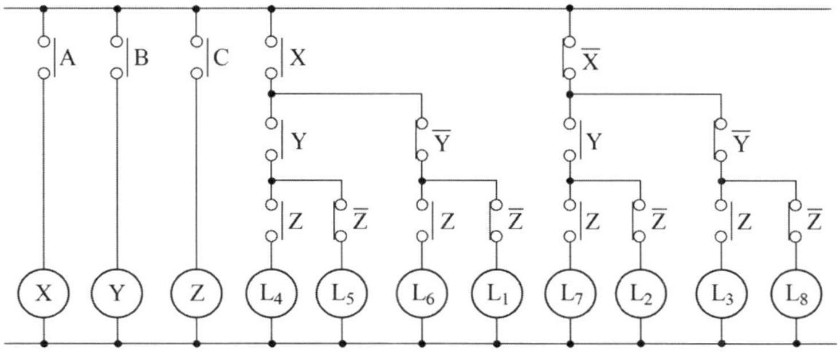

(1) 램프 출력 $L_1 \sim L_8$ 까지 논리식으로 나타내시오.

(2) 논리식 $L_1 + L_2 + L_3 + L_4 + L_5 + L_6 + L_7 + L_8$을 계산하시오.

(3) 릴레이 X, Y, Z가 동시에 동작하면 어떤 램프가 켜지는가?

(4) 릴레이 X, Y가 동시에 동작하면 어떤 램프가 켜지는가?

(5) 램프 L_3가 켜지면 어떤 릴레이가 동작하는가?

(6) 램프 L_6가 켜지면 어떤 릴레이가 동작하는가?

답안작성

(1) $L_1 = X\overline{Y}\,\overline{Z}$ $L_2 = \overline{X}Y\overline{Z}$ $L_3 = \overline{X}\,\overline{Y}Z$ $L_4 = XYZ$

$L_5 = XY\overline{Z}$ $L_6 = X\overline{Y}Z$ $L_7 = \overline{X}YZ$ $L_8 = \overline{X}\,\overline{Y}\,\overline{Z}$

(2) $X\overline{Y}\,\overline{Z} + \overline{X}Y\overline{Z} + \overline{X}\,\overline{Y}Z + XYZ + XY\overline{Z} + X\overline{Y}Z + \overline{X}YZ + \overline{X}\,\overline{Y}\,\overline{Z} = 1$

(3) L_4 (4) L_5 (5) Z (6) X와 Z

문제 13 ▸ 출제년도 : 95. ▸ 점수 : 6점

다음 논리식과 같은 유접점 동작 회로도(sequence diagram)를 그리시오.

(1) $X_1 = A \cdot \overline{B} + (\overline{A} + B) \cdot \overline{C}$ (2) $X_2 = \overline{A} \cdot B + (A \cdot \overline{B}) + C$

(3) $X_3 = A \cdot B \cdot C$ (4) $X_4 = \overline{A} + \overline{B} + \overline{C}$

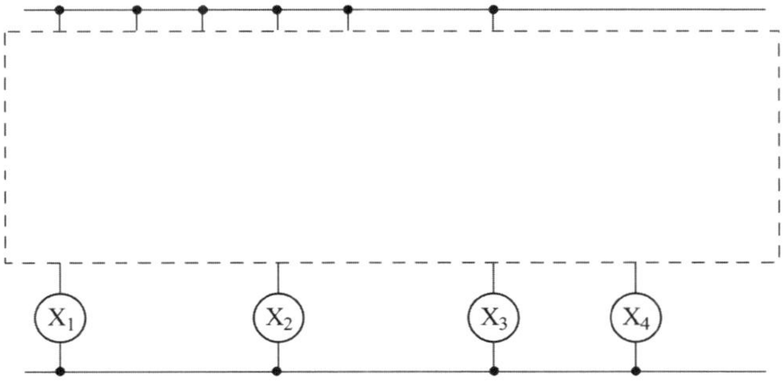

답안작성

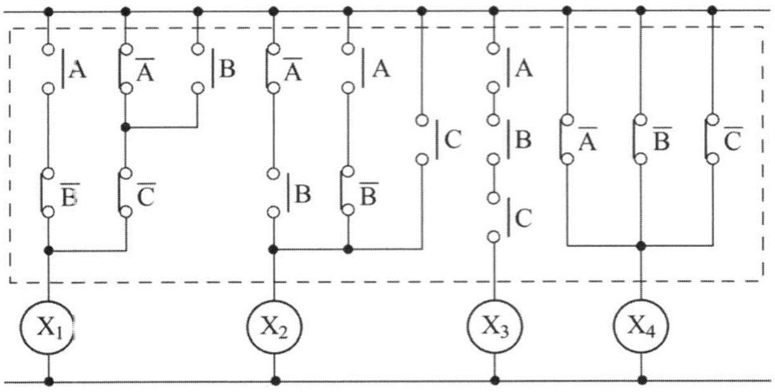

해 설

(1) $A\overline{B}$ 직렬, $\overline{A}+B$ 병렬에 $\overline{C}$ 직렬, 두 직렬의 병렬
(2) $\overline{A}B$ 직렬, $A\overline{B}$ 직렬, C의 3병렬
(3) A, B, C의 3직렬
(4) $\overline{A}$, $\overline{B}$, $\overline{C}$의 3병렬
※ 여기서 bar(−)는 b접점 표시이다.

문제 14 ▸ 출제년도 : 95. 04. ▸ 점수 : 4점

그림은 LED 점등회로이다. 물음에 답하시오. 단, 여기서 H는 5[V] 레벨, L은 0[V] 레벨이다.

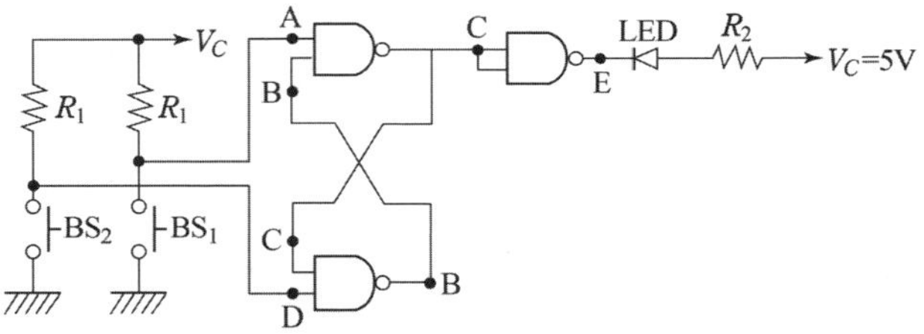

(1) 전원(V_c)를 연결한 상태에서 LED는 소등상태이다. A~E중 "L" 레벨인 점을 1곳만 쓰시오.
(2) BS_1을 눌렀다. 이때 LED가 점등했다. A~E중 "L" 레벨인 점 2곳을 쓰시오.

답안작성

(1) C
(2) E, B

출제기준 변경 및 개정된 관계법규에 따라 삭제된 문제가 있어 배점의 합계가 100점이 안됩니다.

국가기술자격검정 실기시험문제 및 답안지

1995년도 **산업기사** 일반검정 제 **4** 회			수험번호	성 명	감독위원 확 인
자격종목(선택분야)	시험시간	형별			
전기공사산업기사	2시간 00분				

※ 다음 물음에 답을 해당 답란에 답하시오.(배점 : 100점)

문제 01 ▸ 출제년도 : 95. 98. 00. 01. ▸ 점수 : 9점

22.9 [kV] 배전선로이다. 그림과 참고표를 이용하여 물음에 답하시오.

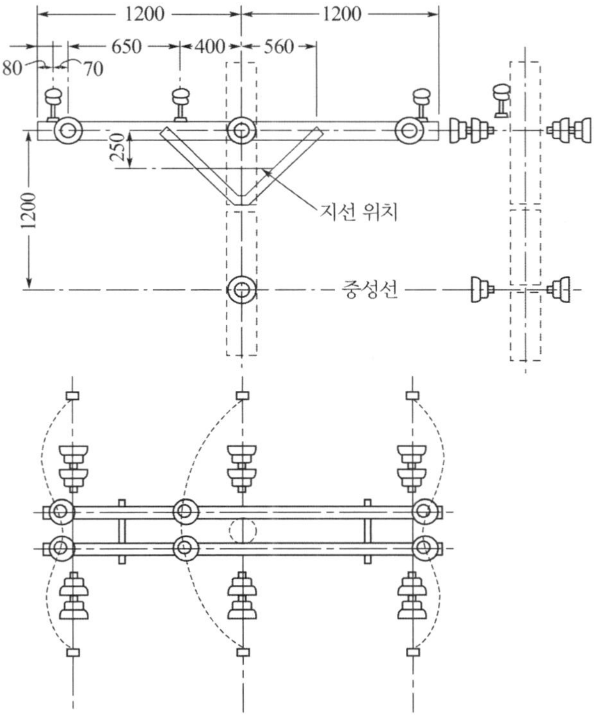

[물음]

그림의 애자를 노후로 인하여 교체하는 경우 총 인건비(직접 노무비 포함)는 얼마인가?

단, • 간접 노무비를 15 [%](가정)로 계산한다.

• 노임단가는 배전전공 15860원, 보통인부 6520원이다. (가정)

• 소수점은 넷째 자리에서 반올림하여 셋째 자리까지 구한다.

• 인공을 산출한 후 이를 합계하여 노임단가를 적용하여 원까지만 구하고 소수점 이하는 버린다.

• 애자 노후로 인하여 교체되어야 할 애자 종류 및 수량은 다음과 같다.
① 특고압용 현수 애자 : 14개
② 특고압용 핀 애자 : 6개

배전용 애자 및 랙크(Rack) 신설 (개당)

종　별	배전 전공	보통 인부
특고압용 핀 애자	0.064	0.126
고압 및 특고압 현수 애자	0.065	0.05
고압용 핀 애자	0.044	–
인류 애자	0.056	–
내장 애자	0.035	0.083
저압용 핀 애자	0.034	–
저압용 인류 애자	0.044	–
랙크 1선용	0.125	–
랙크 2선용	0.20	–
랙크 3선용	0.275	–
랙크 4선용	0.350	–

[해설] ① 애자 철거 50 [%](재사용 80 [%])
② 애자 교환 또는 갈아 끼우기 : 150 [%]
③ 인류 애자는 다대 애자를 고친 것임.
④ 애자 닦기
가. 주상(탑상) 손 닦기 : 신설품의 50 [%]
나. 주상(탑상) 기계 닦기 : 기계 손료만 계상(인건비 포함)
다. 발췌 손 닦기는 신설품의 170 [%]
⑤ 특고압용 라인 포스트 애자 취급품은 특고압용 핀애자 취급품에 준함
⑥ 랙크 철거는 이 품의 30 [%](재사용 50 [%]) 적용함

답안작성

배전전공 : $0.065 \times 14 \times 1.5 + 0.064 \times 6 \times 1.5 = 1.941$[인]
보통인부 : $0.05 \times 14 \times 1.5 + 0.126 \times 6 \times 1.5 = 2.184$[인]
배전전공 노임 : $1.941 \times 15860 = 30,784$[원]
보통인부 노임 : $2.184 \times 6520 = 14,239$[원]
직접 노무비 $= 30,784 + 14,239 = 45,023$[원]
간접 노무비 $= 45,023 \times 0.15 = 6,753$[원]
노무비계 $= 45,023 + 6,753 = 51,776$[원]
답 : 51,776 [원]

문제 02 ▸ 출제년도 : 95. 97. ▸ 점수 : 10점

사용 전압이 105 [V] 최대 공급 전류가 50 [A]인 단상 2선식 가공전선로에서 2선을 합한 것과 대지간의 절연저항은 얼마인가?

답안작성

계산 : 누설 전류 $i = 50 \times \dfrac{1}{1000} = 0.05$ [A]

절연 저항 $R = \dfrac{105}{0.05} = 2100$ [Ω]

답 : 2100 [Ω]

해 설

단상 2선식의 경우 전선을 일괄한 것과 대지 사이의 절연저항은 사용전압에 대한 누설전류가 최대공급 전류의 $\frac{1}{1000}$ 이하가 되도록 하여야 한다.

문제 03

▸ 출제년도 : 95. ▸ 점수 : 5점

금속관 배관 공사에서 복스에 금속관을 고정할 때 관상호간을 접속할 때 주로 사용되며, 6각형과 톱니형이 있다. 이것을 무엇이라 하는가?

답안작성

로크너트

문제 04

▸ 출제년도 : 92. 95. 99. ▸ 점수 : 6점

다음 결선도를 보고 잘못된 부분을 규정에 맞게 재작도 하시오. 단, CB 1set, DS 2set를 추가로 사용하여 그려라.

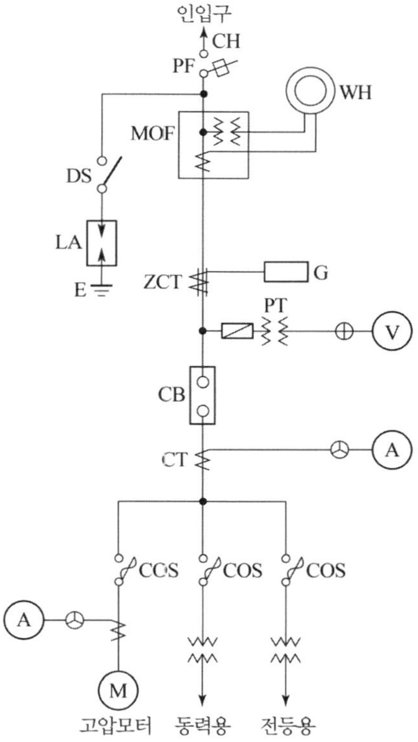

답안작성

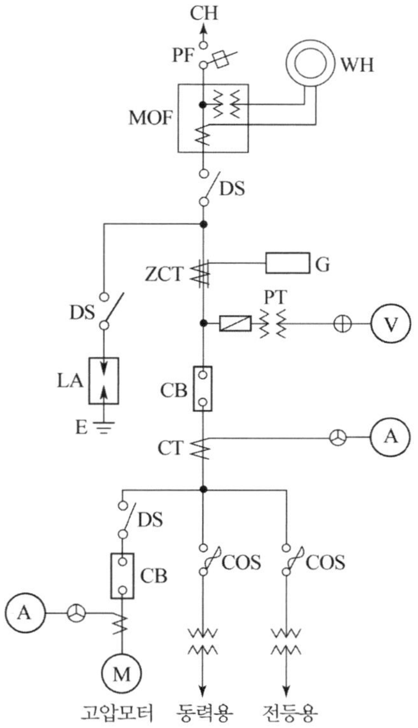

문제 05

▸ 출제년도 : 95. ▸ 점수 : 5점

계기의 종류에서 가동 코일형의 기호를 작성하시오.

답안작성

문제 06 ▸ 출제년도 : 95. ▸ 점수 : 5점

바닥 밑으로 매입 배선할 때 사용하는 박스는?

답안작성

플로어 박스

문제 07 ▸ 출제년도 : 95. 96. ▸ 점수 : 5점

보호도체는 원칙적으로 어떤 색으로 표시하여야 하는가?

답안작성

녹색-노란색

해 설

KEC 121.2 전선의 식별

1) 전선의 색상은 표에 따른다.

상(문자)	색상
L1	갈색
L2	검은색
L3	회색
N	파란색
보호도체	녹색-노란색

2) 색상 식별이 종단 및 연결 지점에서만 이루어지는 나도체 등은 전선 종단부에 색상이 반영구적으로 유지될 수 있는 도색, 밴드, 색 테이프 등의 방법으로 표시해야 한다.

문제 08 ▸ 출제년도 : 95. ▸ 점수 : 5점

룸 에어콘의 심벌을 그리시오.

답안작성

RC

문제 09 ▸ 출제년도 : 95. 02. ▸ 점수 : 5점

수은구, 저압 나트륨구, 메탈 할라이트구, 형광등 중 가장 효율이 좋은 전구는 어느 것인가?

답안작성

저압 나트륨구

문제 10 ▸ 출제년도 : 95. 99. ▸ 점수 : 5점

3상 3선식 380 [V] 회로에 그림과 같이 2.2 [kW], 7.5 [kW], 50 [kW]의 전동기와 5 [kW]의 전열기가 접속되어 있다. 간선의 소요 허용 전류[A]를 구하시오. 단, 전동기의 평균 역률은 75 [%]이다.

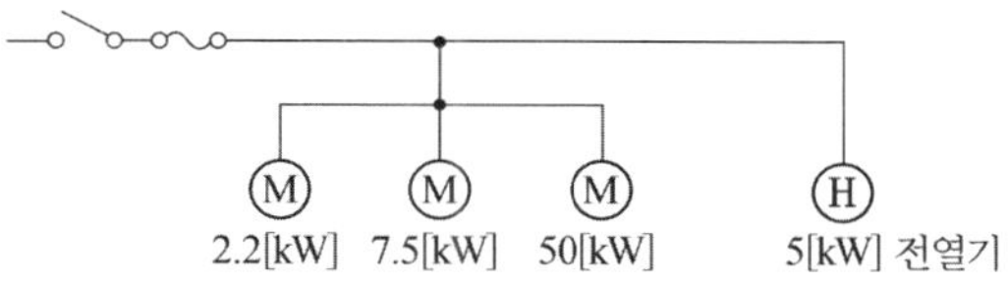

• 계산 : • 답 :

답안작성

계산 : $I_M = \dfrac{(2.2+7.5+50)\times 10^3}{\sqrt{3}\times 380\times 0.75} = 120.94$ [A]

$I_H = \dfrac{5\times 10^3}{\sqrt{3}\times 380} = 7.6$ [A]

전동기의 유효 전류 $I_r = 120.94\times 0.75 = 90.71$ [A]

전동기의 무효 전류 $I_q = 120.94\times \sqrt{1-0.75^2} = 79.99$ [A]

설계전류 $I_B = \sqrt{\text{유효분}^2 + \text{무효분}^2}$

$= \sqrt{(90.71+7.6)^2 + 79.99^2} = 126.74$ [A]

따라서, $I_B \le I_n \le I_Z$의 조건을 만족하는 전선의 허용전류 $I_Z \ge 126.74$[A]

답 : 126.74[A]

해 설

① KEC 212.4.1 도체와 과부하 보호장치 사이의 협조

과부하에 대해 케이블(전선)을 보호하는 장치의 동작특성은 다음의 조건을 충족해야 한다.

$I_B \le I_n \le I_Z, \quad I_2 \le 1.45\times I_Z$

I_B : 회로의 설계전류(선도체를 흐르는 설계전류 또는 함유율이 높은 영상분 고조파, 특히 제3고조파가 지속적으로 흐르는 경우 중성선에 흐르는 전류이다.)

I_Z : 케이블의 허용전류

I_n : 보호장치의 정격전류(사용현장에 적합하게 조정된 전류의 설정 값)

I_2 : 보호장치가 규약시간 이내에 유효하게 동작하는 것을 보장하는 전류

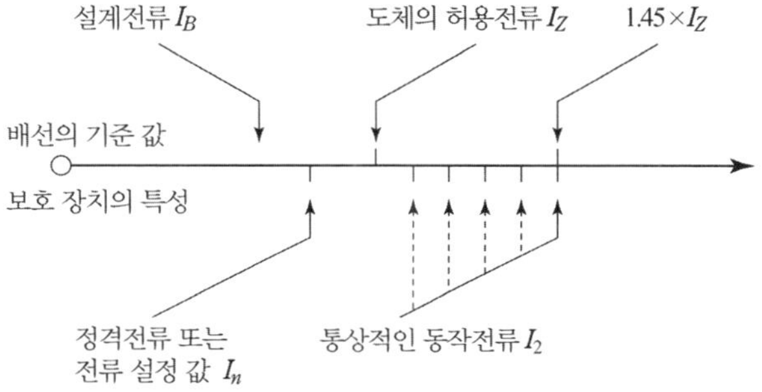

과부하 보호 설계 조건도

② 전열기의 역률은 100[%], 전동기의 평균 역률은 75[%]이므로 전류의 합은 Vector로 구해야 한다.

문제 11 ▸ 출제년도 : 95. ▸ 점수 : 13점

다음 그림은 전자식 접지 저항계를 사용하여 접지극의 접지 저항을 측정하기 위한 배치도이다. 물음에 답하시오.

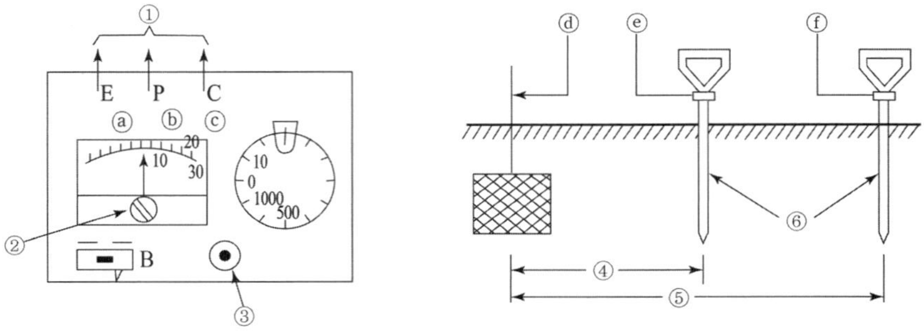

(1) 그림에서 ①의 측정 단자의 각 접지극의 접속은?
(2) 그림에서 ②의 명칭은?
(3) 그림에서 ③의 명칭은?
(4) 그림에서 ④의 거리는 몇 [m] 이상인가?
(5) 그림에서 ⑤의 거리는 몇 [m] 이상인가?
(6) 그림에서 ⑥의 명칭은?

답안작성

(1) ⓐ → ⓓ, ⓑ → ⓔ, ⓒ → ⓕ
(2) 영점 조정 단자
(3) 누름 버튼
(4) 10 [m]
(5) 20 [m]
(6) 보조 접지극

문제 12 ▸ 출제년도 : 95. 96. ▸ 점수 : 10점

그림의 릴레이 시퀀스를 보고 물음에 답하시오.
(단, A, B는 입력, X는 출력이다.)

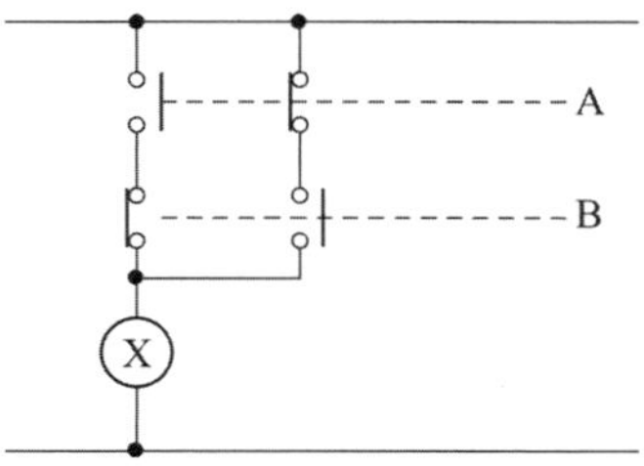

(1) 논리식을 쓰시오.
(2) 타임차트를 완성하시오.
(3) 2입력 AND, 2입력 OR, NOT 기호를 사용하여 로직회로를 완성하시오.
(4) 이 시퀀스를 하나의 로직기호로 나타내시오.
(5) 이 시퀀스의 명칭(회로명)을 쓰시오.

답안작성

(1) $X = A\overline{B} + \overline{A}B$

(2)

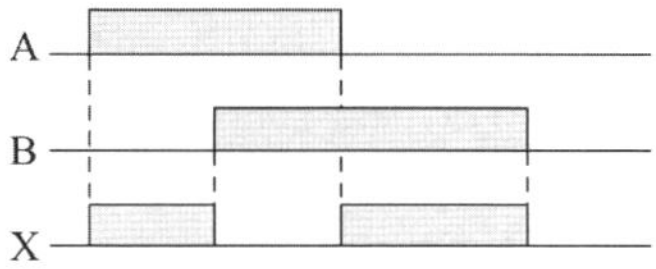

(3)

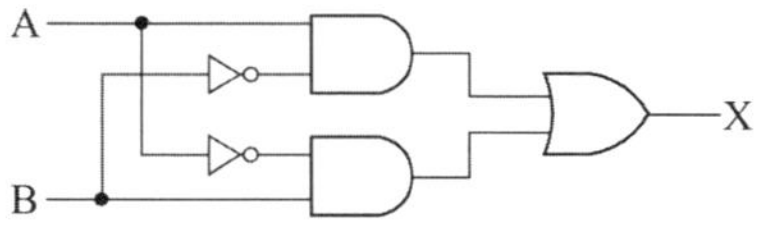

(4)

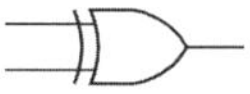

(5) 배타적 논리합 회로(Exclusive－OR)

문제 13 ▸출제년도 : 95. 98. ▸점수 : 12점

그림 (a)는 "L" 입력형 로직 회로의 타임 차트이다. 물음에 답하시오.

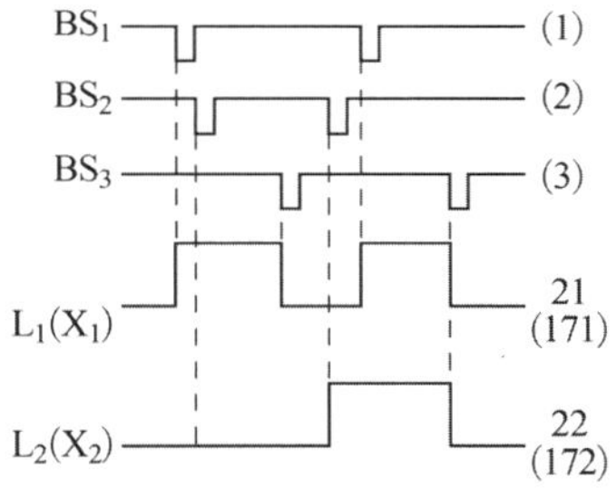

(a)

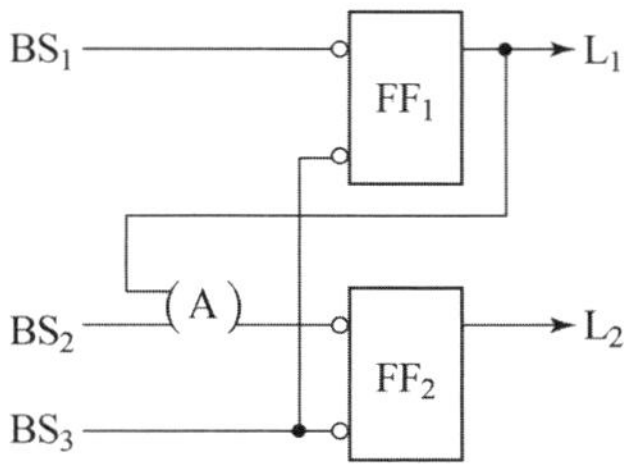

(b)

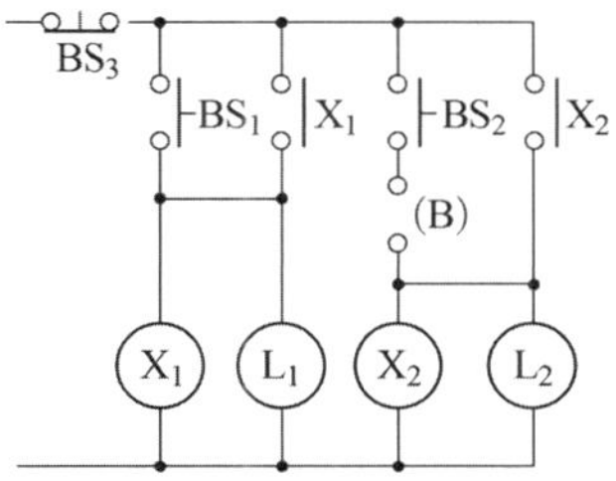

(c)

(1) 그림 (b)의 (A)에 접속될 로직 기호를 예와 같이 그리시오. 단, FF는 $\overline{R}\ \overline{S}$－latch이다.(예 : )

(2) 그림 (c)의 (B)에 알맞은 접점 기호를 그리고 문자 기호를 적으시오.

(3) BS_1을 준 후 BS_2를 주면 어떤 램프가 점등되는가?

(4) BS_2를 준 후 BS_1을 주면 어떤 램프가 점등되는가?

(5) 부하 L_1과 L_2 중 어느 것이 우선이라 생각되는가?

(6) 그림 (c)에서 (B)는 어떤 기능 조건인가? 보기에서 고르시오.

[보기] 기동, 유지, 운전, 정지

(7) 그림 (c)에서 접점 기구 중 기동 기능, 유지 기능, 정지 기능을 각각 1개씩만 적으시오. (예 : X_1 등)

답안작성

(1) 

(2) 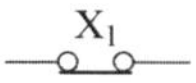

(3) L_1

(4) L_1, L_2

(5) L_1

(6) 기동

(7) 기동 기능 – BS_1, BS_2, B 중에서 1개
유지 기능 – X_1, X_2 중 1개
정지 기능 – BS_3

해 설

(1) $L_2(FF_2)$의 동작(기동) 조건은 L_1이 동작하지 않을 때와 BS_2를 주어야 하는 2가지가 동시에 만족해야 하므로 AND 조건이고 L입력형에 유의한다.

(2) $L_1(X_1)$이 먼저 동작하면 $X_2(L_2)$가 기동하지 않으므로 X_1의 b접점이다.

(5) L_1이 동작하면 L_2가 동작되지 않으므로 L_1이 우선이다.

(6) $X_1(L_1)$이 동작하지 않을 때 X_2가 기동되므로 기동 조건이다.

출제기준 변경 및 개정된 관계법규에 따라 삭제된 문제가 있어 배점의 합계가 100점이 안됩니다.

국가기술자격검정 실기시험문제 및 답안지

1995년도 산업기사 일반검정 제 5 회

자격종목(선택분야)	시험시간	형별	수험번호	성 명	감독위원 확 인
전기공사산업기사	2시간 00분				

※ 다음 물음에 답을 해당 답란에 답하시오.(배점 : 100점)

문제 01 ▸ 출제년도 : 93. 95. 99. ▸ 점수 : 6점

22.9 [kV] 3상4선식 배전선로에서 2400 [mm] 완금을 사용한 직선주를 위에서 본 다음 그림을 참고로 하여 지지물 상부만의 장주도를 답안지에 작성하시오. 단, 지선의 위치 및 중성선의 애자도 표시하시오.

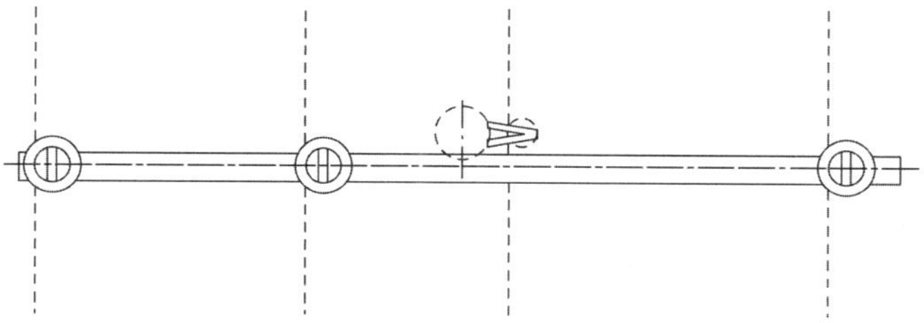

답안작성

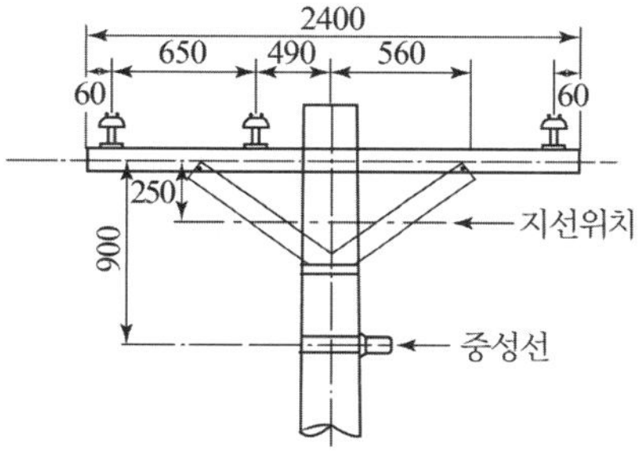

문제 02 ▸ 출제년도 : 95. 99. 00. 03. ▸ 점수 : 4점

바닥 면적이 30 [m^2]인 방에 전광속 2400 [lm]의 40 [W] 형광등을 4등 시설하면 평균조도는 얼마나 되는가? 단, 조명률 65 [%], 유지율 0.84로 계산한다.

답안작성

계산 : $E = \dfrac{NFU}{AD} = \dfrac{4 \times 2400 \times 0.65}{30 \times \dfrac{1}{0.84}} = 174.72\ [\text{lx}]$

답 : 174.72 [lx]

문제 03 ▸ 출제년도 : 94. 95. ▸ 점수 : 5점

어떤 대형 공장의 수전 설비 공사를 시행하는데 순공사 원가 합계가 284,000,000원이었다. 이때의 일반 관리비를 계산하여라.

답안작성

계산 : 일반 관리비 $= 284,000,000 \times \frac{6}{100} = 17,040,000$ [원]

답 : 17,040,000 [원]

해 설

일반관리비 = (재료비 + 노무비+ 경비)×일반 관리 비율

전문, 전기, 전기 통신 공사	
공사 원가	일반 관리 비율
5억원 미만	6 [%]
5억원~30억원 미만	5.5 [%]
30억원 이상	5 [%]

문제 04 ▸ 출제년도 : 95. 96. 97. 01. ▸ 점수 : 5점

총 공사비가 32억 원이고 공사 기간이 18개월인 전기공사의 간접 노무비율[%]을 참고자료에 의거 계산하시오.

공사 종류 등에 따른 간접 노무비율 (단위 : [%])

구분		간접 노무비율
공사 종류별	건축 공사	14.5
	토목 공사	15
	특수 공사(포장, 준설 등)	15.5
	기타(전문, 전기, 통신 등)	15
공사 규모별 (* 품셈에 의하여 산출되는 공사 원가 기준)	50억원 미만	14
	50~300억 미만	15
	300억 이상	16
공사 기간별	6개월 미만	13
	6~12개월 미만	15
	12개월 이상	17

답안작성

계산 : 간접 노무비율 $= \frac{15+14+17}{3} = 15.33$ [%]

답 : 15.33 [%]

해 설

$$\text{간접 노무비율} = \frac{\text{공사 종류별 [\%] + 공사 규모별 [\%] + 공사 기간별 [\%]}}{3}$$

문제 05 ▸ 출제년도 : 95. 98. ▸ 점수 : 10점

그림은 3상 4선식 중성점 다중 접지방식의 22.9 [kV−Y] 배전선로에서 수전하기 위한 단선결선도이다. 다음 물음에 답하시오.

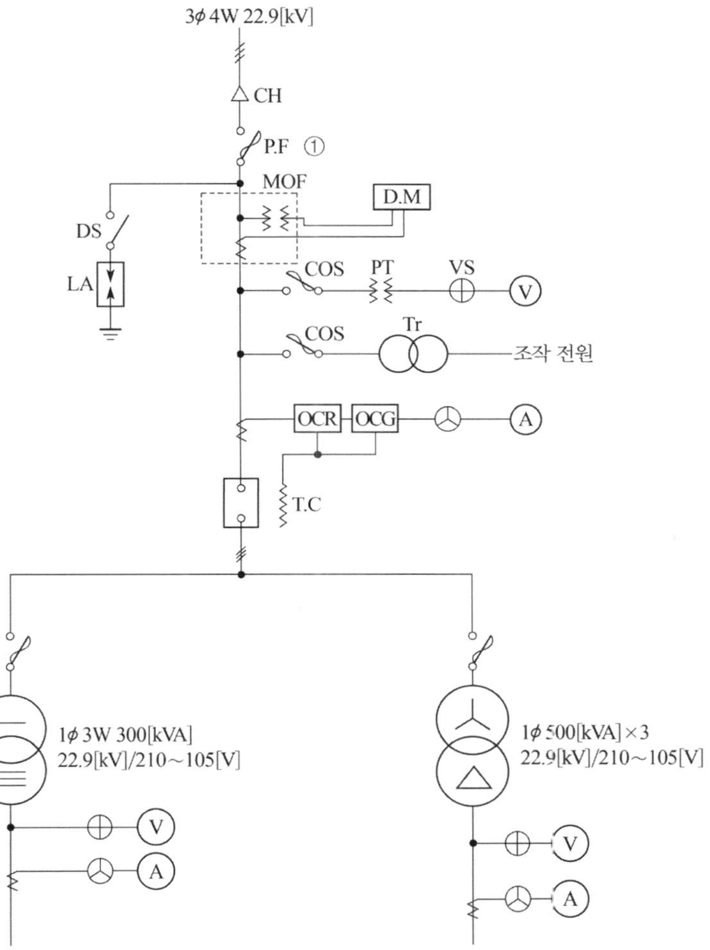

(1) MOF에 연결되어 있는 DM은 무엇인지 명칭을 정확히 쓰시오.

(2) DS의 정격전압은 몇 [kV]인가?

(3) LA의 정격전압은 몇 [kV]인가?

(4) ①의 PF의 퓨즈를 변압기 전부하 전류의 2배로 선정한다면 퓨즈의 용량[A]은?
(단, 평균역률은 90 [%]로 가정)

(5) 전력 수급용 계기용 변성기(MOF)의 변류비는? (단, 평균역률은 90 [%]로 가정한다. 전류의 과전류를 150 [%]로 하고 전압변동은 고려하지 않는다.)

(6) OCGR의 정확한 명칭은?

(7) 변압기와 피뢰기의 최대 유효 이격거리[m]는?

(8) 변압기 Y-△ 접속의 복선도를 그리시오.

(9) 계기용 변성기의 복선도를 그리시오.

(10) 절환 스위치(AS)의 용도는?

답안작성

(1) 최대 수요 전력량계

(2) 25.8 [kV]

(3) 18 [kV]

(4) 계산 : $I=\left(\dfrac{300}{22.9}+\dfrac{500\times 3}{\sqrt{3}\times 22.9}\right)\times 2=101.84$ [A]　　답 : 규격품인 125 [A] 선정

(5) 계산 : $I=\left(\dfrac{300}{22.9}+\dfrac{500\times 3}{\sqrt{3}\times 22.9}\right)\times 1.5=76.38$ [A]　　답 : 75/5

(6) 지락 과전류 계전기

(7) 20 [m]

(8)

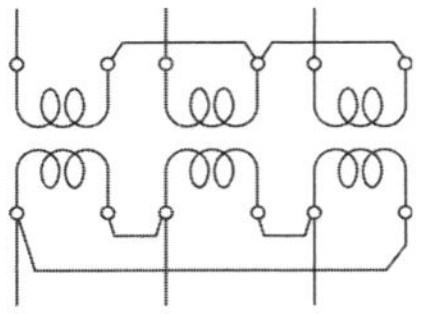

(9)

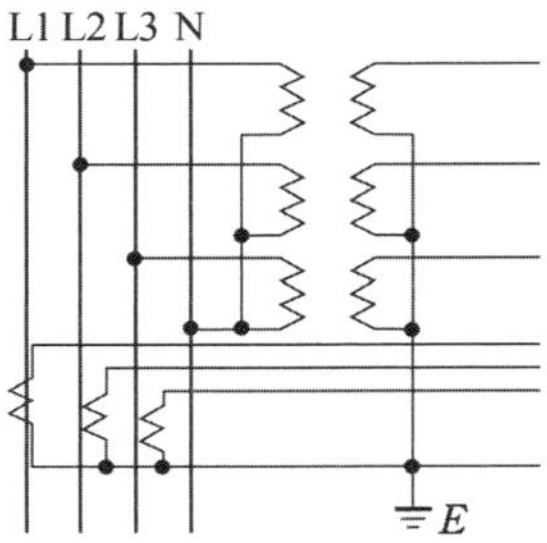

(10) 1대의 전류계로 3상 각 선의 전류를 측정하기 위한 절환 스위치

해 설

(3) 피뢰기 정격 전압

전력 계통		피뢰기 정격 전압 [kV]	
전압 [kV]	중성점 접지 방식	변전소	배전 선로
345	유효접지	288	-
154	유효접지	144	-
66	PC접지 또는 비접지	72	-
22	PC접지 또는 비접지	24	-
22.9	3상 4선 다중접지	21	18

[주] 전압 22.9 [kV-Y] 이하의 배전선로에서 수전하는 설비의 피뢰기 정격전압 [kV]은 배전선로용을 적용한다.

(7) 피뢰기는 피보호 기기의 가까운 곳에 설치하는 것이 바람직하며 다음과 같은 이격 거리 이내에 설치

공칭 전압 [kV]	이격 거리 [m]
345	85
154	65
66	45
22	20
22.9	20

문제 06 ▸ 출제년도 : 95. ▸ 점수 : 5점

바닥면 노출배선을 표시하는 심벌을 그리시오.

답안작성

——‥——‥——‥——

해 설

———————— : 천장 은폐 배선

— — — — — : 바닥 은폐 배선

- - - - - - - - - - - - - : 노출 배선

——‥——‥—— : 바닥면 노출 배선

문제 07 ▸ 출제년도 : 95. 98. ▸ 점수 : 10점

건평 8000 [m^2]인 건물이 있다. 이 건물에 FAN용 전동기 1.5 [kW]가 20대, 펌프용 전동기 7.5 [kW]가 15대를 사용하고자 다음과 같은 인입변대를 설비 시공하여 원활히 전기를 수급하고자 한다. 다음 물음에 답하여라. 단, FAN용 전동기 역률은 80 [%], 펌프용 전동기 역률 70 [%], 부하의 수용률은 70 [%], 전등, 전열용 전력은 25 [VA/m^2]

(1) 다음 도면을 보고 단선도를 그리고, 접지와 변압기 결선 방법을 표기하여라. 단, 전압은 380/220을 동시에 얻고자 한다.

(2) 도면에 단상 변압기 용량을 산정하시오.

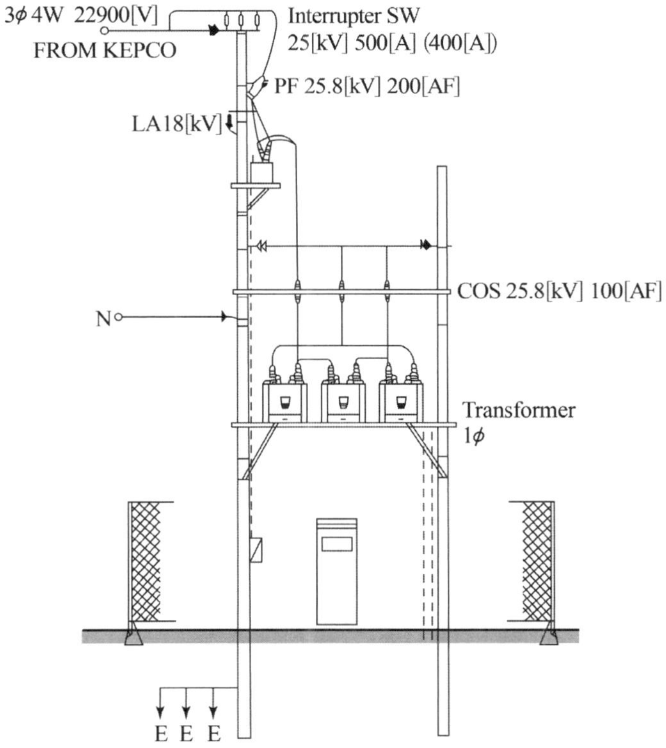

답안작성

(1)

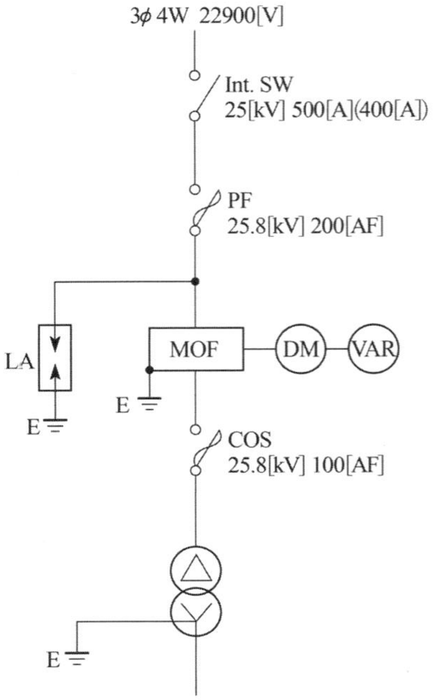

(2) 계산 : ① Fan 유효 전력 : $P_1 = 1.5 \times 20 = 30[\text{kW}]$

무효 전력 : $Q_1 = \frac{1.5}{0.8} \times 0.6 \times 20 = 22.5[\text{kVar}]$

② Pump 유효 전력 : $P_2 = 7.5 \times 15 = 112.5[\text{kW}]$

무효 전력 : $Q_2 = \frac{7.5}{0.7} \times \sqrt{1-0.7^2} \times 15 = 114.77[\text{kVar}]$

③ 전등 및 전열 : $P_3 = 25 \times 8000 \times 10^{-3} = 200[\text{kW}]$

④ 전체 부하 용량

$P_a = \sqrt{(P_1 + P_2 + P_3)^2 + (Q_1 + Q_2)^2} \times$수용률

$= \sqrt{(30 + 112.5 + 200)^2 + (22.5 + 114.77)^2} \times 0.7 = 258.29[\text{kVA}]$

⑤ 단상 변압기 1대의 용량

$\text{Tr} = \frac{1}{3} \times 258.29 = 86.1[\text{kVA}]$

답 : 표준 용량의 100 [kVA] 단상 변압기 3대 선정

해 설

전등 및 전열의 역률은 문제에서 주어지지 않아 1로 계산하였음.

문제 08

▸ 출제년도 : 95. ▸ 점수 : 5점

22.9 [kV] 특고압 배전에서 단상 변압기 3개를 사용하여 3상 440 [V]의 전동기에 공급하려고 할 때 변압기 2차측 결선 방법은 무슨 결선으로 하는가?

답안작성

△결선

문제 09 ▸ 출제년도 : 95. 96. ▸ 점수 : 5점

단상전압 210 [V] 전동기의 전압측 리드선과 전동기 외함 사이가 완전히 지락되었다. 변압기의 저압측은 중성점 접지로 저항이 30 [Ω], 전동기의 저항은 보호 접지공사로 40 [Ω]이라 하고, 변압기 및 선로의 임피던스를 무시한 경우에 접촉한 사람에게 위험을 줄 대지전압은?

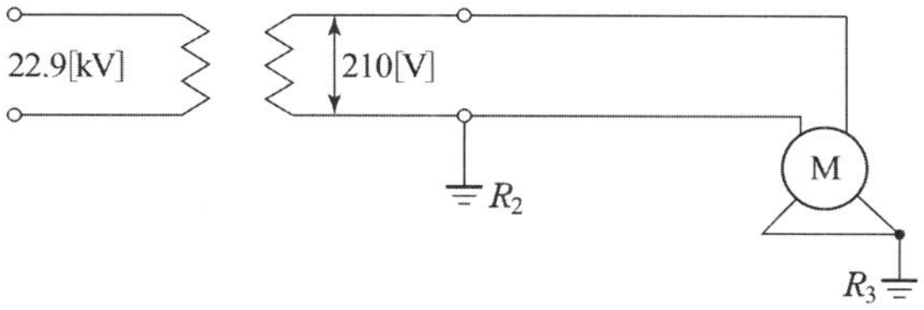

답안작성

계산 : $V_g = \dfrac{210}{30+40} \times 40 = 120[\text{V}]$

답 : 120 [V]

해 설

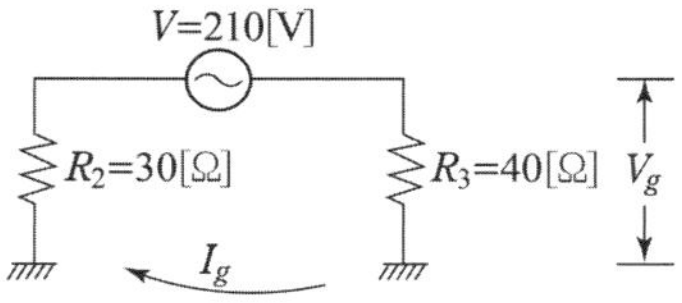

$$I_g = \frac{V}{R_2 + R_3}$$

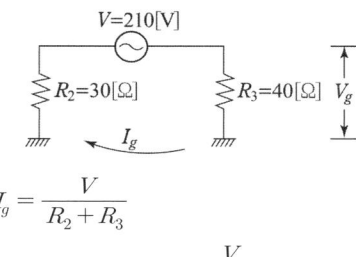

$$\therefore \ V_g = I_g \times R_3 = \frac{V}{R_2 + R_3} \times R_3$$

문제 10 ▸ 출제년도 : 89. 93. 95. 03. ▸ 점수 : 6점

가공 지선이 있는 지지물 표준 접지 시공에 관한 그림이다. 그림을 참고로 하여 답란의 물음을 간단하게 쓰시오.

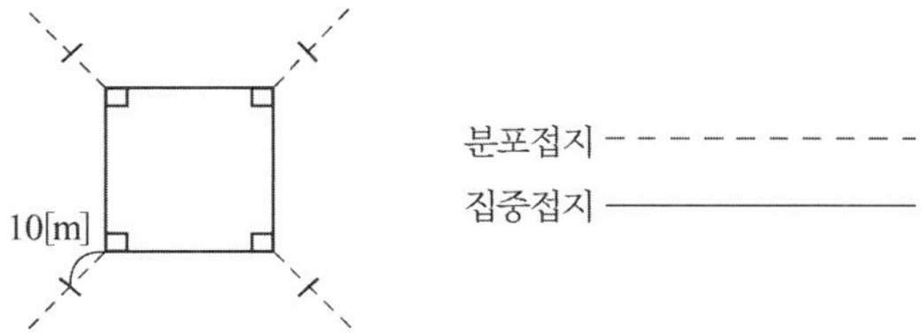

(1) 분포 접지란?

(2) 집중 접지란?

답안작성

분포 접지 : 탑각에서 방사형으로 매설 지선을 포설하여 접지하는 방식

집중 접지 : 탑각에서 10 [m] 떨어진 지점에서 분포접지에 직각 방향으로 접지하는 방식

문제 11

▸ 출제년도 : 93. 95. 96. ▸ 점수 : 5점

20 [kW], 30 [kW], 20 [kW]인 부하설비의 수용률이 각각 50 [%], 75 [%], 60 [%]이다. 이것에 공급할 변압기의 표준용량을 구하시오. 단, 부등률은 1.1 종합 부하의 역률은 81 [%] 이다.

답안작성

계산 : $P_a = \dfrac{20\times 0.5 + 30\times 0.75 + 20\times 0.6}{1.1\times 0.81} = 49.94$ [kVA]

답 : 50 [kVA]

해 설

변압기 용량 [kVA] ≥ 합성 최대 수용 전력

$$= \frac{\text{설비 용량 [kVA]}\times\text{수용률}}{\text{부등률}} = \frac{\text{설비 용량 [kW]}\times\text{수용률}}{\text{부등률}\times\text{역률}} \text{ [kVA]}$$

문제 12

▸ 출제년도 : 95. ▸ 점수 : 8점

그림 (a)는 반가산기의 로직 회로이다. 출력 X_1, X_2의 논리식을 쓰고 그림 (b)란에 논리 기호 2개를 사용하여 등가 논리 회로를 완성하시오. 또 (c)란에 릴레이 회로를, (d)란에 타임 차트를 완성하시오.

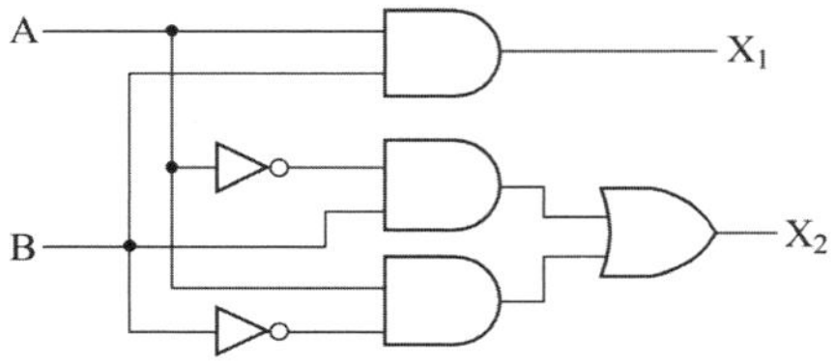

(a)

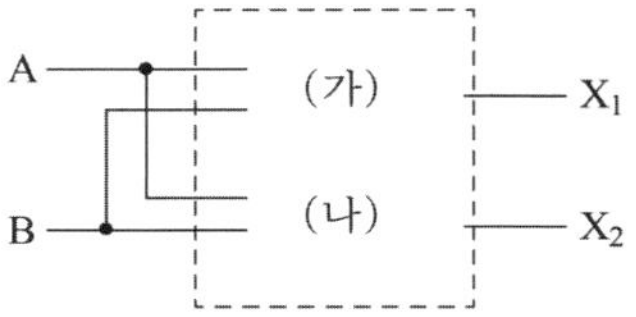

(b)

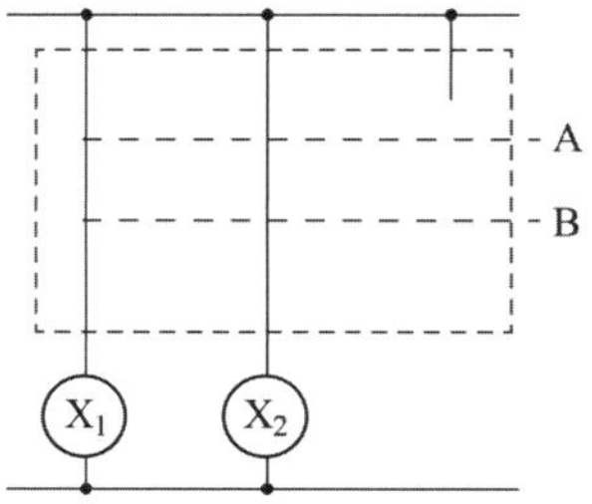

(c)

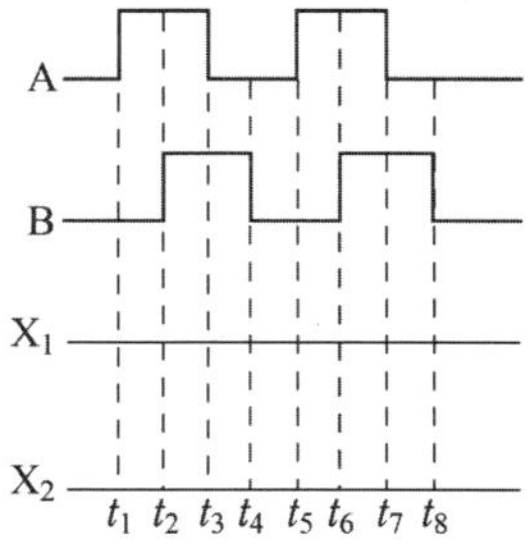

(d)

답안작성

(a) $X_1 = AB$, $X_2 = \overline{A}B + A\overline{B}$ 혹은 $X_2 = A\oplus B$

(b) (가) 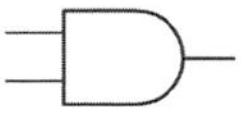 (나) 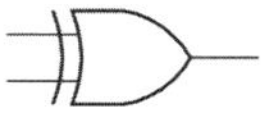 혹은 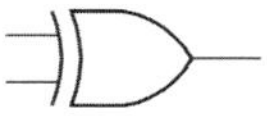

(c)

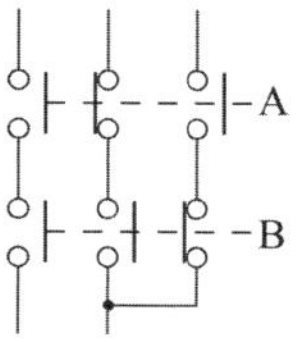

(d) X_1 : $t_2 \sim t_3$, $t_6 \sim t_7$

X_2 : $t_1 \sim t_2$, $t_3 \sim t_4$, $t_5 \sim t_6$, $t_7 \sim t_8$

해 설

X_1은 A와 B가 모두 있을 때 출력이 생기고(AND 회로), X_2는 A, 혹은 B 중 하나만 있을 때 출력이 생기는 배타 논리합(XOR) 회로이다.

문제 13

▸ 출제년도 : 95. 02. 07. ▸ 점수 : 16점

릴레이 X(M004)가 접점 A, B, C의 함수로서 $X=(A+B)(\overline{B}\,\overline{C}+C)$일 때 다음 물음에 답하시오.

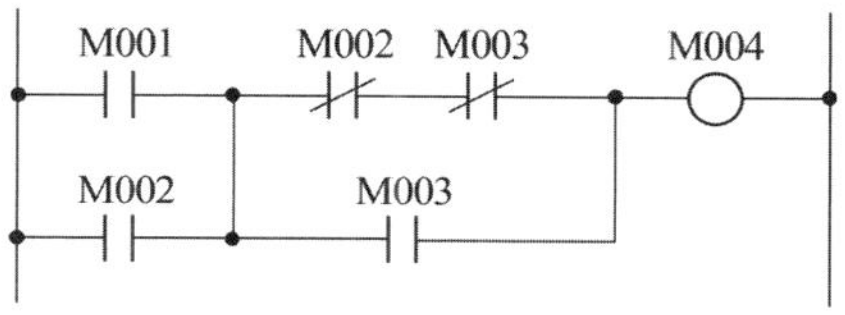

(1) PLC 프로그램의 ㉮~㉲를 완성하시오. 여기서 명령어는 LOAD, AND, NOT, OR, OUT를 사용한다.

스텝	명령	번지
0000	LOAD	M001
0001	㉮	M002
0002	㉯	M002
0003	㉰	M003
0004	㉱	M003
0005	AND LOAD	−
0006	OUT	㉲

(2) 릴레이 회로를 완성하시오. (접점 A, B, C)

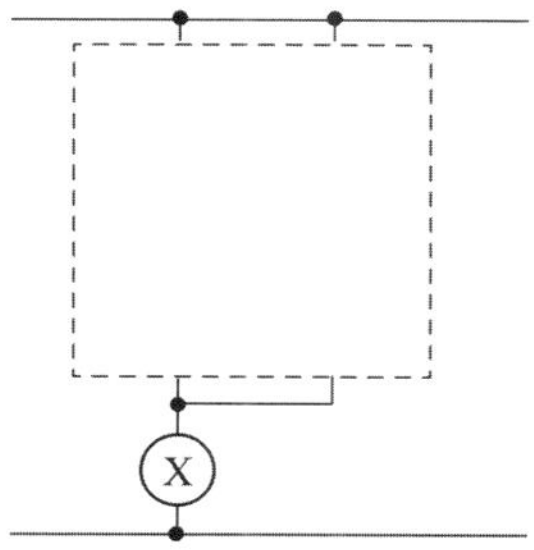

(3) AND, OR, NOT 기호를 사용하여 로직 회로를 완성하시오.

(4) 2입력 NOR 회로만의 등가 로직 회로를 완성하시오.

답안작성

(1) ㉮ OR
  ㉯ LOAD NOT
  ㉰ AND NOT
  ㉱ OR
  ㉲ M004

(2)

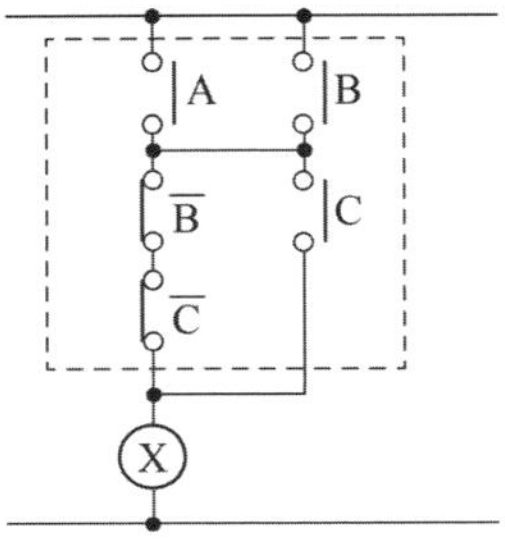

(3)

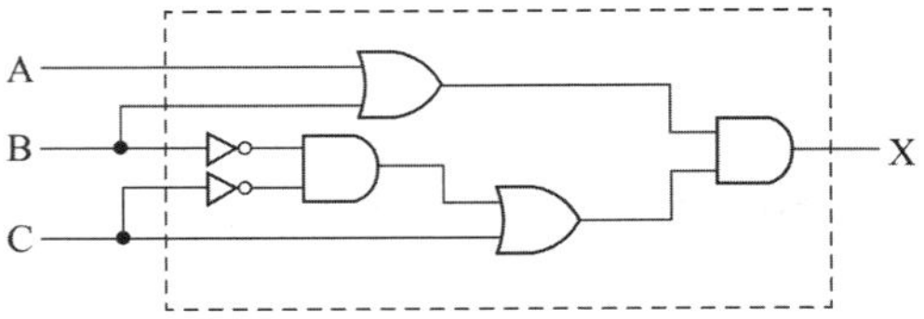

(4)

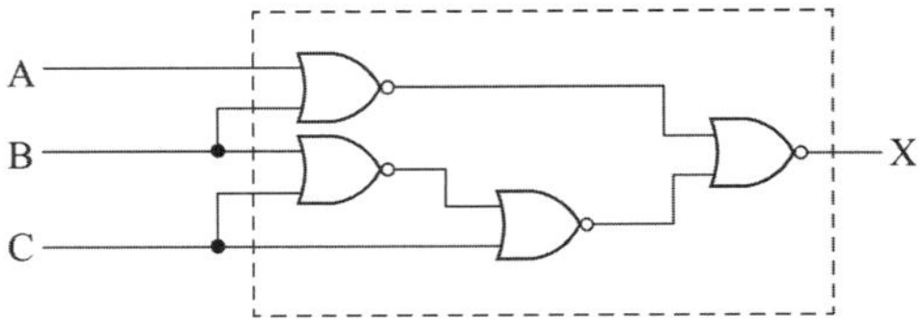

출제기준 변경 및 개정된 관계법규에 따라 삭제된 문제가 있어 배점의 합계가 100점이 안됩니다.

국가기술자격검정 실기시험문제 및 답안지

1995년도 **산업기사** 일반검정 제 7 회			수험번호	성 명	감독위원 확 인
자격종목(선택분야)	시험시간	형별			
전기공사산업기사	2시간 00분				

※ 다음 물음에 답을 해당 답란에 답하시오.(배점 : 100점)

문제 01 ▸ 출제년도 : 95. ▸ 점수 : 4점

단상 3선식 배선공사에서 갈색, 검은색, 파란색 전선이 있을 때 중성선은 어느 색깔을 사용하면 좋은가?

답안작성

파란색

해 설

KEC 121.2 전선의 식별

1) 전선의 색상은 표 에 따른다.

상(문자)	색상
L1	갈색
L2	검은색
L3	회색
N	파란색
보호도체	녹색-노란색

2) 색상 식별이 종단 및 연결 지점에서만 이루어지는 나도체 등은 전선 종단부에 색상이 반영구적으로 유지될 수 있는 도색, 밴드, 색 테이프 등의 방법으로 표시해야 한다.

문제 02 ▸ 출제년도 : 95. 03. ▸ 점수 : 5점

클리퍼, 플라이어, 프레셔투울 중에서 전선을 솔더리스 터미널에 압착하고 접속하여 사용하는 공구는?

답안작성

프레셔투울

문제 03 ▸ 출제년도 : 95. 00. ▸ 점수 : 3점

 심벌의 명칭은?

답안작성

누름 버튼 스위치

문제 04 ▸ 출제년도 : 93. 95. 97. 02. ▸ 점수 : 17점

다음은 옥외간이 수변전 설비에 대한 단선도이다. 그림을 보고 다음 물음에 답하시오. 단, 참고 자료 필요시는 참고 자료를 이용할 것, 변압기 이외의 시설은 주상에 설치하는 것임

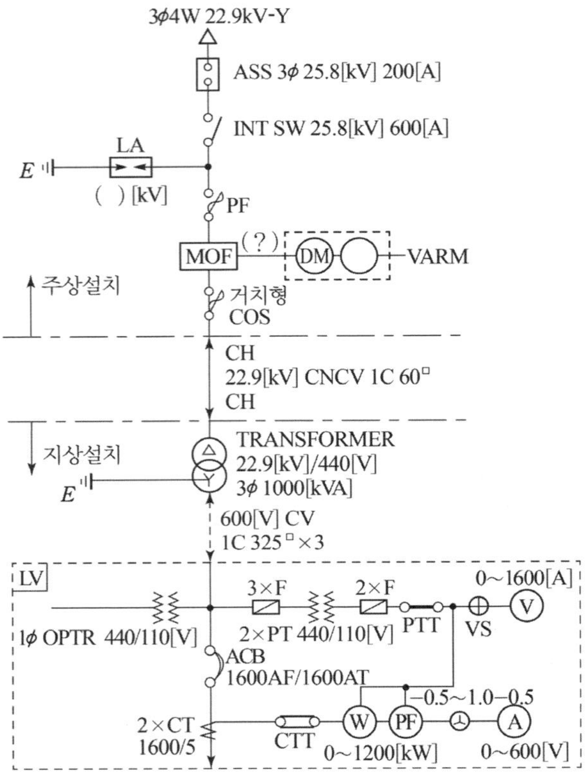

(1) 단선도상의 LA의 정격 전압은 몇 [kV]인가?

(2) MOF와 DM, VARH METER간 연결된 전선의 가닥수는?

(3) OPTR의 설치 목적은 무엇인가?

(4) 그림과 같이 수전하는 방식을 무엇이라고 하는가?

(5) 그림과 같은 방식으로 수전 가능한 최대 용량은 몇 [kVA]인가?

(6) 부하 용량 증설로 인하여 변압기를 2000 [kVA]로 교체하는 경우 소요 인공을 구하시오. 단, 철거 변압기는 차후에 대비하여 보관하는 것임.

(7) 아래 자재를 설치하는 데 소요되는 인공을 각각 구하시오.

① 자동 고장 구분 개폐기(ASS)

② 인터럽트 스위치(interrupt switch)(가대 포함)

③ 피뢰기

④ 전력 수급용 계기용 변성기 (MOF) 현수용

[참고자료]

[표 1] 22 [kV] 변압기

용량	공 종	프랜트전공	비계공	특별인부	기계설치공	목도공
100 [kVA] 이 하	운반설치	1.0	0.5	1.2	−	0.7
	O T처리	1.0	−	1.2	−	−
	점 검	0.6	−	0.6	−	−
	계	2.6	0.5	3.0	−	0.7
150 [kVA] 이 하	운반설치	1.2	0.5	1.3	−	0.9
	O T처리	1.2	−	1.3	−	−
	점 검	0.7	−	0.7	−	−
	계	3.1	0.5	3.3	−	0.9
200 [kVA] 이 하	운반설치	1.2	0.6	1.5	−	0.9
	O T처리	1.3	−	1.5	−	−
	점 검	0.8	−	0.8	−	−
	계	3.3	0.6	3.8	−	0.9
250 [kVA] 이 하	운반설치	1.4	0.6	1.6	−	1.0
	O T처리	1.5	−	1.6	−	−
	점 검	0.9	−	0.9	−	−
	계	3.8	0.6	4.1	−	1.0
300 [kVA] 이 하	운반설치	1.5	0.7	1.7	−	1.1
	O T처리	1.5	−	1.7	−	−
	점 검	0.9	−	0.9	−	−
	계	3.9	0.7	4.3	−	1.1
400 [kVA] 이 하	운반설치	1.8	0.8	2.0	−	1.3
	O T처리	1.8	−	2.0	−	−
	점 검	1.1	−	1.1	−	−
	계	4.7	0.8	5.1	−	1.3
500 [kVA] 이 하	소운반설치	2.2	0.9	2.5	−	1.6
	O T 처리	2.3	−	2.5	−	−
	점 검	1.4	−	1.4	−	−
	계	5.9	0.9	6.4	−	1.6
750 [kVA] 이 하	소운반설치	2.0	1.0	2.3	−	1.6
	O T 처리	2.3	−	2.5	−	−
	부속품부침	2.6	−	2.6	−	−
	점 검	1.4	−	1.4	−	−
	계	8.3	1.0	8.8	−	1.6

용량	공종	프랜트전공	비계공	특별인부	기계설치공	목도공
1,000 [kVA] 이 하	소운반설치	2.3	1.1	2.7	–	1.7
	O T 처리	2.3	–	2.7	–	–
	부속품부침	3.1	–	3.1	–	–
	점 검	1.4	–	1.4	–	–
	계	9.1	1.1	9.9	–	1.7
1,500 [kVA] 이 하	소운반설치	2.5	1.2	3.0	–	1.8
	O T 처리	2.6	–	3.0	–	–
	부속품부침	3.5	–	3.5	–	–
	점 검	1.6	–	1.6	–	–
	계	10.2	1.2	11.1	–	1.8
2,000 [kVA] 이 하	소운반설치	2.9	1.3	3.3	–	2.1
	O T 처리	3.0	–	3.3	–	–
	부속품부침	3.9	–	3.9	–	–
	점 검	1.8	–	1.8	–	–
	계	11.6	1.3	12.3	–	2.1

[해설] ① 이 품은 1ϕ 기준으로 소운반, 점검, 결선 및 Megger Test를 포함한 품임
② 15,000 [kVA]는 10,000 [kVA]의 120 [%]로 함
③ 20,000 [kVA]는 10,000 [kVA]의 150 [%]로 함
④ 장비를 사용할 때는 운반설치, 라지에이터부침, 콘서베이터부침, 붓싱부침 및 각 부분품부침 품의 35 [%]로 하고 장비의 제경비를 별도 가산함
⑤ 철거 50 [%], 750 [kVA] 이상의 재사용 철거 80 [%](철거 해당분 품에 한함)
⑥ 기타는 건식변압기 해설준용
⑦ 몰드 변압기도 이 품을 적용(다만, OT 처리품 제외)
⑧ 3상 130 [%]

[표 2] 차단기 신설 (개당)

공 종	배전전공	보통인부
22.9 [kV] Recloser	2.7	2.7
22.9 [kV] Sectionalizer	2.7	2.7
22.9 [kV] 자동 고장 구분 개폐기	2.7	2.7
22.9 [kV] 자동 부하 절체 개폐기(A.L.T.S)	6.85	6.85
22.9 [kV] 가공선용 가스절연 부하 개폐기(SF_6 GAS)	1.57	1.06

[해설] ① 3상 주상 설치기준
② 단상은 40 [%]
③ 철거 50 [%]
④ 11.4 [kV]용 Sectionalizer는 60 [%]
⑤ 리드선(인하선) 접속, 기기장치대(행거밴드) 설치 별도 가산
⑥ 자동부하 절체개폐기는 H주 3상 설치기준임.

[표 3] 단로기

종 별	용 량	배전전공
DS HOOK 형(1P)	400 [A] 이하 800 [A] 이하 1200 [A] 이하	0.80 1.00 1.20
FDS (1P) 〃	30 [A] 이하 200 [A] 이하	0.80 1.00
LS LEVER 형(3P)	400 [A] 이하 800 [A] 이하 1200 [A] 이하	4.80 5.00 5.30

[해설] ① 1P는 3P의 40 [%]
② 2P는 3P의 70 [%]
③ 인터럽터 SW는 레버형에 준함
④ 철거 50 [%]
⑤ 주상 설치 120 [%]
⑥ 가대 설치시는 개당 1.5 [인] 가산하며, 인터럽터 SW의 가대 설치는 별도 계상
⑦ 리드선 압축 접속은 별도 계상
⑧ 부하 개폐기는 LS Lever 형에 준함(퓨즈 부 공용)

[표 4] 피뢰침 및 피뢰기 신설 (개당)

구 분	전 공	비 고
피뢰침 설치 높이 7.5 [m] 이하	1.50	내선전공
10 [m] 〃	1.90	〃
15 [m] 〃	2.60	배전전공
20 [m] 〃	3.40	〃
25 [m] 〃	4.10	〃
30 [m] 〃	4.80	〃
35 [m] 〃	5.50	〃
40 [m] 〃	6.20	〃
피뢰기 직류 1,500 [V]용	0.40	〃
〃 교류 3～11.4 [kV]용	0.17	〃
〃 교류 22.9 [kV]용	0.24	〃

[해설] ① 구조물로서 발판이 좋은 곳(철탑 등)은 60 [%]
② 배선 포함, 접지 불포함
③ 철거 30 [%]
④ 높이 40 [m] 이상은 매 5 [m]마다 1.0인 가산
⑤ 피뢰기는 접지 완철, 하부배선 불포함, 상부배선은 포함되었으며 리드선 압축 접속시는 별도 계상
⑥ 다수의 피뢰침을 동일 옥상에 분포형으로 설비할 경우는 돌침(Air Terminal) 1개 증가에 대해 1.0 공량을 가산하고 접지선을 Netting Connection하는 배선의 공량을 가산할 것(발·변전분야 접지공사 분기선 접속 참조)
⑦ 전주에 설치하는 피뢰기는 배전전공이 시공한다.

[표 5] 잡기기 신설 (대당)

종 별	내선전공
전열기 3 [kW] 이하	0.40
5 〃	0.60
10 〃	1.00
10 초과	1.40
벨	0.1
부 저	0.08
도어폰 (주기)	0.11
〃 (자기)	0.10
가스 배출기	0.20
선풍기 날개 직경 30 [cm] 이하(벽면)	0.20
〃 〃 〃 (천정면)	0.50
환풍기 〃 30 [cm] 기준(벽면)	0.48
〃 〃 50 [cm] 기준(천정면)	0.80
적산전력계 1ϕ2W 용	0.14
〃 1ϕ3W 용 및 3ϕ3W 용	0.21
〃 3ϕ4W 용	0.3
CT 설치(저고압)	0.4
PT 설치(〃)	0.4
현수용 M.O.F 설치(고압·특고압)	3.0
거치용 〃 〃	2.0
계기함 설치	0.30
특수계기함 설치	0.45
변성기함 설치(저·고압)	0.60
플로어 플레이트(수평고저 조정커버부)	0.135
전극봉 지지기(3P)	0.80
〃 (4P)	0.85
〃 (5P)	1.10

[해설] ① 철거 30 [%], 재사용 철거 50 [%], 단 실효계기 교체에 따른 철거 반입분이 수리 가능 품목일 경우에는 재사용 적용
② 방폭 200 [%]
③ 아파트 등 공동주택 및 기타 이와 유사한 집단지역의 동일구내(한건물내)에서 10대 초과의 적산전력계 설치시에는 70 [%] 적용
④ 특수계기함이라 함은 3종 계기함, 농사용 철제 계기함, 집합계기함 및 저압 변류기용 계기함을 말한다.
⑤ 거치용 MOF를 주상에 설치시에는 이품의 170 [%]로서 배전전공 적용 (설치대 조립품 포함)
⑥ 전극봉 지지기에는 전극봉의 설치 및 조정품 포함. 다만, 보호함의 취부품은 별도 계상하며, 보호함의 설치품은 풀박스 취부품에 준한다.

답안작성

(1) 18 [kV]
(2) 7가닥
(3) 변전실내의 수배전반 신호 램프, 차단기 등의 조작용 110 [V] 전원 전압을 얻기 위한 소형 변압기
(4) 간이 수전 방식
(5) 1,000 [kVA]

(6) 1,000 [kVA]는 철거, 2,000 [kVA]는 신설하므로

플랜트 전공 : $(9.1 \times 0.8 + 11.6) \times 1.3 = 24.54$ [인]

비계공 : $(1.1 \times 0.8 + 1.3) \times 1.3 = 2.83$ [인]

특별 인부 : $(9.9 \times 0.8 + 12.3) \times 1.3 = 26.29$ [인]

목도공 : $(1.7 \times 0.8 + 2.1) \times 1.3 = 4.5$ [인]

(7) ① 자동고장 구분 개폐기 : 배전 전공 : 2.7 [인], 보통 인부 : 2.7 [인]

② 인터럽터 스위치 : 배전 전공 : $5 \times 1.2 + 1.5 = 7.5$ [인]

③ 피뢰기 : 배전 전공 : $3 \times 0.24 = 0.72$ [인]

④ 계기용 변성기 : 내선 전공 : 3 [인]

해 설

(1) 피뢰기 정격 전압

전력 계통		피뢰기 정격 전압 [kV]	
전압 [kV]	중성점 접지 방식	변전소	배전 선로
345	유효접지	288	–
154	유효접지	144	–
66	PC접지 또는 비접지	72	–
22	PC접지 또는 비접지	24	–
22.9	3상 4선 다중접지	21	18

[주] 전압 22.9 [kV-Y] 이하의 배전선로에서 수전하는 설비의 피뢰기 정격전압 [kV]은 배전선로용을 적용한다.

(6) 표 1에서 철거 재사용 80 [%], 3상 130 [%] 적용

문제 05 ▸ 출제년도 : 95. ▸ 점수 : 6점

건축 단면적 440 [m^2]의 주택에 다음과 같은 전기설비를 시설하고자 한다. 이때 분전반에 사용할 분기회로 수는 몇 개인가?

•계산 : •답 :

[다음]

- 전등, 전열용 부하 25 [VA/m^2]
- 3000 [VA] 용량의 에어콘 2대
- 예비부하 4500 [VA]

단, 에어콘은 각각 30 [A] 전용회선으로 하고 기타는 20 [A] 회선으로 한다. 그리고 전압은 220 [V]를 사용한다.

답안작성

계산 : 상정부하 $= 25 \times 440 + 4500 = 15500$ [VA]

20 [A] 분기회로 수 $= \dfrac{15500}{220 \times 20} = 3.5$ [회로]

에어콘 전용 30 [A] 전용 분기회로 = 2 [회로]

답 : 20 [A] 분기 4회로, 30 [A] 분기 2회로

문제 06 ▸ 출제년도 : 95. 99. 02. ▸ 점수 : 10점

다음 그림은 저압전로에 있어서의 지락고장을 표시한 그림이다. 그림의 전동기 (M_1) (단상 110 [V])의 내부와 외함간에 누전으로 지락사고를 일으킨 경우 변압기 저압측 전로의 1선은 전기설비기술 기준령에 의하여 고·저압 혼촉시의 대지전위 상승을 억제하기 위한 접지공사를 하도록 규정하고 있다. 다음 물음에 답하시오.

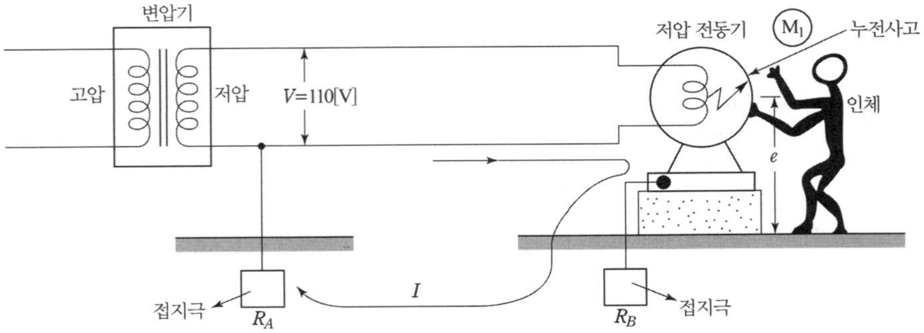

(1) 앞의 그림에 대한 등가회로를 그리면 아래와 같다. 물음에 답하시오.

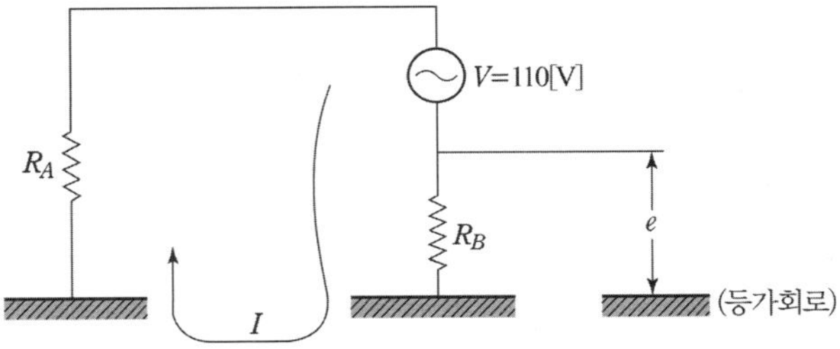

① 등가회로상의 e는 무엇을 의미하는가?

② 등가회로상의 e의 값을 표시하는 수식을 표시하시오.

③ 저압회로의 지락전류 $I = \dfrac{V}{R_A + R_B}$ [A]로 표시할 수 있다. 고압측 전로의 중성점이 비접지식인 경우에 고압측 전로의 1선 지락전류가 4 [A]라고 하면 변압기의 2차측(저압측)에 대한 접지 저항값은 얼마인가? 또, 위에서 구한 접지 저항값 (R_A)을 기준으로 하였을 때의 R_B의 값을 구하고 위 등가회로상의 I, 즉 저압측 전로의 1선 지락전류를 구하시오. 단, e의 값은 25 [V]로 제한하도록 한다.

(2) 접지극의 매설 깊이는 얼마 이하로 하는가?

(3) 변압기 2차측의 접지선 굵기는 몇 [mm^2] 이상의 연동선이나 이와 동등 이상의 세기 및 굵기의 것을 사용하는가?

답안작성

(1) ① 접촉전압

② $e = \dfrac{R_B}{R_A + R_B} \times V$

③ $R_A = \dfrac{150}{I} = \dfrac{150}{4} = 37.5\ [\Omega]$

$25 = \dfrac{R_B}{37.5 + R_B} \times 110$

$R_B = 11.03 \fallingdotseq 11\ [\Omega]$

$I = \dfrac{V}{R_A + R_B} = \dfrac{110}{37.5 + 11} = 2.27\ [\text{A}]$

$R_B = 11\ [\Omega]$, $I = 2.27\ [\text{A}]$

(2) 75 [cm]

(3) 6 [mm^2]

해 설

(1) ③ KEC 142.5 변압기 중성점 접지

변압기의 중성점접지 저항 값은 다음에 의한다.

1) 일반적으로 변압기의 고압 · 특고압측 전로 1선 지락전류로 150을 나눈 값과 같은 저항 값 이하

$$R = \frac{150}{\text{변압기의 고압측 또는 특고압측의 1선 지락전류}}\ [\Omega]$$

2) 변압기의 고압 · 특고압측 전로 또는 사용전압이 35 [kV] 이하의 특고압전로가 저압측 전로와 혼촉하고 저압전로의 대지전압이 150 [V]를 초과하는 경우는 저항 값은 다음에 의한다.

가. 1초 초과 2초 이내에 고압 · 특고압 전로를 자동으로 차단하는 장치를 설치할 때는 300을 나눈 값 이하

$$R = \frac{300}{\text{변압기의 고압측 또는 특고압측의 1선 지락전류}}\ [\Omega]$$

나. 1초 이내에 고압 · 특고압 전로를 자동으로 차단하는 장치를 설치할 때는 600을 나눈 값 이하

$$R = \frac{600}{\text{변압기의 고압측 또는 특고압측의 1선 지락전류}}\ [\Omega]$$

(2) KEC 142.2 접지극의 시설 및 접지저항

접지극은 지표면으로부터 지하 0.75[m] 이상으로 하되 동결 깊이를 감안하여 매설 깊이를 정해야 한다.

(3) KEC 142.3 접지도체 · 보호도체

접지도체의 굵기는 고장 시 흐르는 전류를 안전하게 통할 수 있는 것으로서 다음에 의한다.

1) 특고압 · 고압 전기설비용 접지도체 : 단면적 6[mm^2] 이상의 연동선

2) 중성점 접지용 접지도체 : 공칭단면적 16[mm^2] 이상의 연동선

다만, 다음의 경우에는 공칭단면적 6[mm^2] 이상의 연동선을 사용 할 수 있다.

가. 7[kV] 이하의 전로

나. 사용전압이 25[kV] 이하인 특고압 가공전선로

(다만, 중성선 다중접지식의 것으로서 전로에 지락이 생겼을 때 2초 이내에 자동적으로 이를 전로로부터 차단하는 장치가 되어 있는 것.)

문제 07 ▸ 출제년도 : 95. ▸ 점수 : 4점

전선로나 전기기계의 수리 점검을 하는 경우 차단기로 차단된 전로를 확실하게 열기(open)위하여 사용되는 개폐기의 명칭은?

답안작성

단로기

문제 08 ▸ 출제년도 : 95. 98. 00. 01. ▸ 점수 : 10점

22.9 [kV] 배전 선로이다. 그림과 참고표를 이용하여 물음에 답하시오.

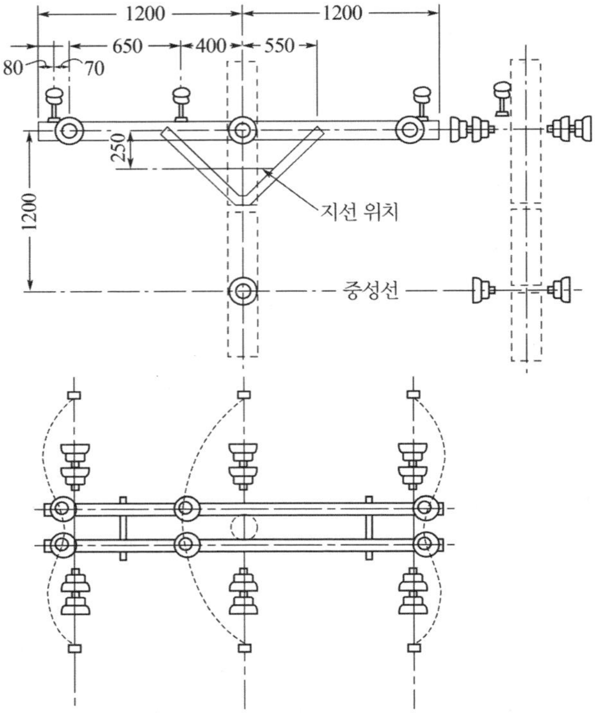

[물음]

위의 그림과 같이 12m(CP) 전주를 설치하는 경우 총 인건비(직접 노무비, 간접 노무비 포함)는 얼마인가?

단, • 간접 노무비는 15 [%](가정)로 계산한다.
- 전주용 근가는 1개이다.
- 노임 단가는 배전 전공 15,860원, 보통 인부 6,520원이다(가정).
- 인공을 산출한 후 이를 합계하여 노임 단가를 적용하여 계산하고 소수점 이하는 버림.

[표 1] 건주 공사

규 격	주입목주		콘크리트주	
	배전전공	보통인부	배전전공	보통인부
6 [m] 이하	0.64	0.72	0.72	0.81
7 [m] 이하	0.68	0.77	1.23	1.40
8 [m] 이하	0.83	0.94	1.66	1.88
9 [m] 이하	0.93	1.03	1.68	2.13
10 [m] 이하	1.03	1.12	2.01	2.55
11 [m] 이하	1.24	1.31	2.50	2.63
12 [m] 이하	1.44	1.50	2.86	3.00
14 [m] 이하	1.82	2.12	3.60	4.24
16 [m] 이하	2.50	2.60	5.10	5.20
17 [m] 이하	3.15	3.37	6.50	6.74

[해설] ① 단굴토, 매토품 포함, 완목, 완철 설치품 불포함, 암반터파기는 별도 가산
② 틀 1본 포함, 1본 추가마다 10 [%] 가산
③ 지주공사는 건주공사품을 적용
④ 불주입주 이 품의 80 [%]
⑤ 묻음은 길이의 1/6 이상임.
⑥ 철거 : 콘크리트 주 50 [%](재사용 가능품 : 80 [%]), 목주 50 [%], 목주 잘라냄 35 [%]
⑦ 이설 : 목주는 150 [%], CP는 180 [%], 경사주의 건기는 30 [%]
⑧ H주 건주 200 [%], A주 건주 160 [%]
⑨ 3각주 건주 300 [%], 4각주 건주 400 [%]
⑩ 단계주의 건주 및 인자형 계주의 건주는 각기 단주 건주품을 합한 품으로 한다.
⑪ 판자 마스트주는 주입목주의 50 [%]
⑫ 주의표 및 번호표 설치품은 1매당 보통인부 0.08인, 기입만 할 때는 보통인부 0.05인 계상
⑬ 현장내에서 잔토처리를 할 경우에는 [m^3]당 보통인부 0.2인을 별도 가산하며, 현장 밖으로 잔토처리시는 운반비 및 적상, 적하에 따른 비용을 별도 계상
⑭ 조립식 강관주는 콘크리트주 품을 적용하며, 조립후의 전장길이를 기준으로 한다. 다만, 17 [m] 초과 강관주는 m당 배전전공 1.04인, 보통인부 1.13을 가산한다(1 [m] 미만은 사사오입한다.)
⑮ 콘크리트주 불량품 파괴처리시 콘크리트주 건주 보통인부 품의 60 [%] (현장 정리품 포함)
⑯ 전주와의 차량충돌 예방용으로 설치되는 전주 도색판 설치품은 1매당 보통 인부 0.18인 계상 적용, 철거 30 [%], 이설 130 [%] 적용
⑰ 기설 전주에 전주를 높이는데 사용되는 계주용 강판주는 본당 배전전공 0.252 [%]인, 보통인부 0.195 [%]인 계상 적용, 철거 50 [%], 이설 150 [%] 적용
⑱ 전주 철거 후 되메우기에 따른 토사를 외부에서 반입시 토사비용과 적상·하 및 운반비 별도 계상

[표 2] 배전용 완철 신설

규 격	배전전공	보통인부
배선용 완철 1 [m] 이하	0.09	0.09
2 [m] 이하	0.10	0.10
3 [m] 이하	0.13	0.13
3 [m] 초과	0.17	0.17
가공지선 지지대(내장·직선용)	0.19	0.12

[해설] ① 완목 및 경완철은 이 품의 80 [%]
② 배전용 완철은 철거 30 [%](재사용 50 [%])
③ Arm Tie 설치품 포함
④ 완철이란 완금을 우리말로 고친 것임.
⑤ 편출공사는 이 품의 20 [%] 가산
⑥ 가공지선 지지대란 배전선로에서 가공지선을 지지하여 주는 장치대를 말하며, 철거는 이 품의 50 [%] 적용

[표 3] 배선용 애자 및 래크 신설

종 별	배전전공	보통인부
특 고 압 용 핀 애자	0.064	0.126
고압 및 특고압현수애자	0.065	0.05
고 압 용 핀 애자	0.044	–
〃 인류 애자	0.056	–
〃 내장 애자	0.035	0.083
저 압 용 핀 애자	0.034	–
저 압 용 인류 애자	0.044	–
래 크 1 선 용	0.125	–
래 크 2 선 용	0.20	–
래 크 3 선 용	0.275	–
래 크 4 선 용	0.350	–

[해설] ① 애자 철거 50 [%](재사용시 80 [%])
② 애자 교환 및 또는 갈아끼우기 : 150 [%]
③ 인류애자는 다대 애자를 고친 것임.
④ 애자 닦기
(가) 주상(탑상) 손닦기 : 신설품의 50 [%]
(나) 주상(탑상) 기계닦기 : 기계손료만 계상(인건비 포함)
(다) 발췌 손닦기는 신설품의 170 [%]
⑤ 특고압용 Line Post 애자 취부품은 특고압용 핀애자 설치품에 준함.
⑥ 래크 철거는 이 품의 30 [%](재사용 50 [%]) 적용함.

답안작성

배전 전공 : $2.86+0.13\times2+0.065\times14+0.064\times6=4.414$ [인]
보통 인부 : $3+0.13\times2+0.05\times14+0.126\times6=4.716$ [인]
직접노무비 : $4.414\times15860+4.716\times6520=100{,}754$ [원]
간접노무비 : $100{,}754\times0.15=15{,}113$ [원]
총인건비 : $100{,}754+15{,}113=115{,}867$ [원]

해 설

자재산출
- 특고압 현수애자 : 14개
- 특고압 핀애자 : 6개
- 완금(2400 [mm]) : 2개
- 전주 12 [m] : 1본

문제 09 ▸ 출제년도 : 92. 95. ▸ 점수 : 6점

바닥면적 200 [m^2]의 교실에 전광속 2500 [lm]의 40 [W] 형광등을 시설하여 평균조도 150 [lx]로 하자면 설치할 등 수는 몇 등인가? 단, 조명율은 50 [%], 감광보상률은 1.25로 하고 기타 제시하지 않은 사항은 생략한다.

답안작성

계산 : 전등수 $N=\dfrac{EAD}{FU}=\dfrac{150\times200\times1.25}{0.5\times2500}=30$ [등]

답 : 30 [등]

문제 10

▸ 출제년도 : 95. ▸ 점수 : 5점

0.2급, 0.5급, 1.0급, 1.5급에서 배전반에 취부하는 지시계기 기호로 일반적으로 많이 사용되는 것은 몇 급인가?

답안작성

1.5급

문제 11

▸ 출제년도 : 95. 06. ▸ 점수 : 5점

배전용 변전소에 있어서 중요 접지개소 5개소를 쓰시오.

답안작성

① 일반기기 및 제어반의 외함
② 피뢰기 및 피뢰침
③ 케이블의 차폐선
④ 계기용 변성기의 2차측
⑤ 다선식 전로의 중성선

해 설

이외에도 ⑥ 옥외 철구

문제 12

▸ 출제년도 : 95. ▸ 점수 : 5점

설비용량 300 [kW], 수용률 60 [%], 부하율 45 [%], 수용가의 1개월간의 사용 전력량은 몇 [kWh]인가? 단, 1개월은 30일간으로 계산한다.

답안작성

계산 : $W = Pt = 300 \times 0.6 \times 0.45 \times 30 \times 24 = 58320$ [kWh]
답 : 58320 [kWh]

해 설

전력량 = 평균전력×사용시간
평균전력 = 부하율×최대전력 = 부하율×설비용량×수용률

문제 13

▸ 출제년도 : 95. ▸ 점수 : 6점

접점 심벌을 보고 논리 심벌을 그리시오.

신 호		접점 심벌	논리 심벌
입력신호(코일)		(1)	
시한동작회로	a 접점	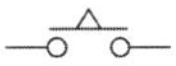	(2)
	b 접점		(3)
시한복귀회로	a 접점		(4)
	b 접점	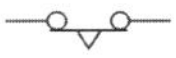	(5)
뒤진회로	a 접점	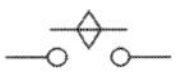	(6)
	b 접점		(7)

답안작성

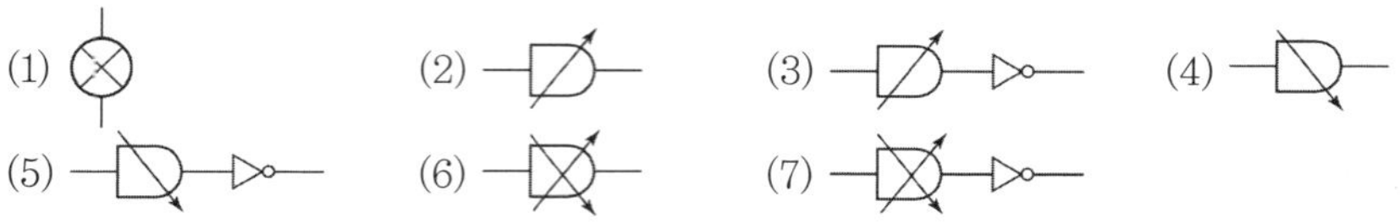

문제 14 ▸ 출제년도 : 95. ▸ 점수 : 6점

도면을 보고 물음에 답하시오.

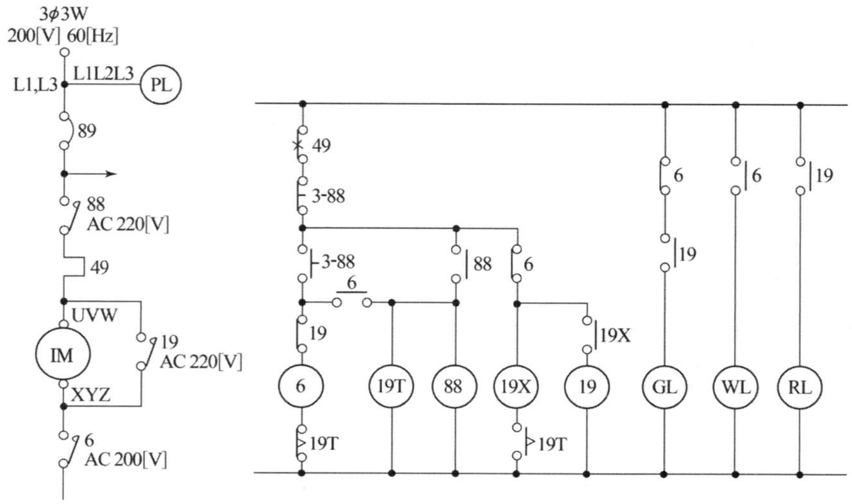

(1) 주회로도를 보고 복선도를 그리시오.

(2) 회로에 표시된 기구 번호의 명칭을 정확히 한글로 답하시오.

답안작성

(1)

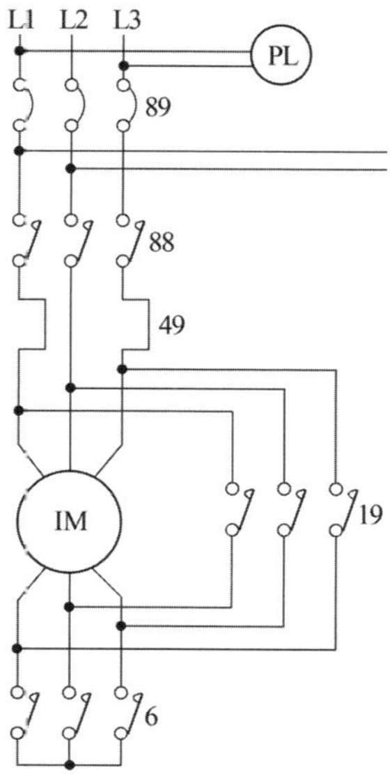

(2) 6, 88, 19 : 전자 개폐기(접촉기)
19T : 타이머 릴레이(시한 릴레이)
19X : 보조 릴레이
49 : 열동 계전기
89 : 단로기(주로 MCB)
3 − 88 : 푸시 버튼 스위치

해 설

(1) Y-△ 기동회로

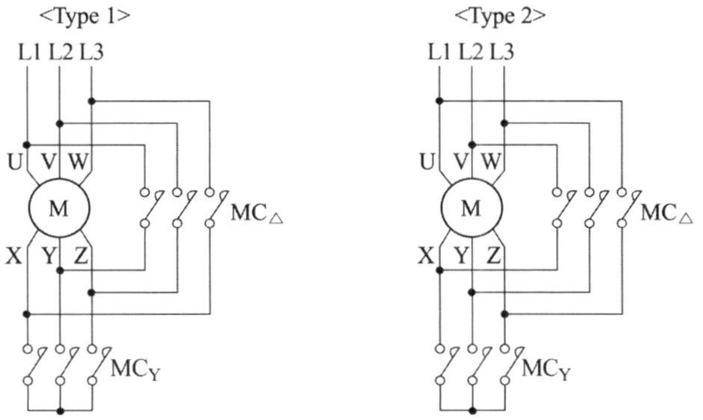

Type 1 또는 Type 2 모두 사용되나 기동 순간의 과도(돌입) 전류틀 감소시키기 위하여 현재는 Type 1이 많이 사용된다.

문제 15

▸ 출제년도 : 95. 98. 02. 05. ▸ 점수 : 8점

그림의 로직 회로는 지하철역의 무인 개찰 회로의 일부이다.

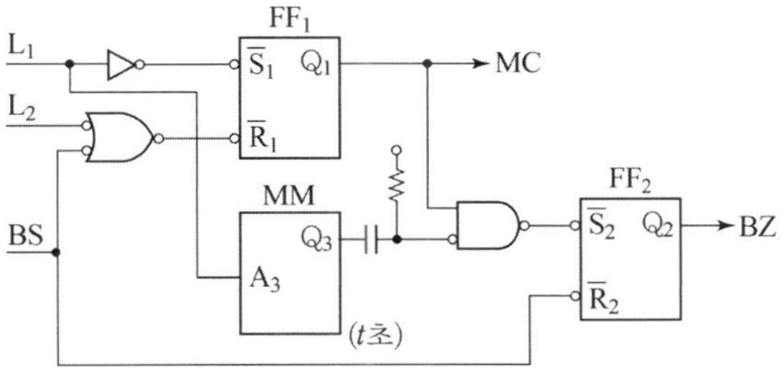

[보기] OR, AND, FF_1, FF_2, MM, MC, NOT (중복도 가함)

다음 동작 개요의 ( )에 보기 중에서 골라 넣으시오.

(1) 차표를 넣으면 L_1이 검출하여 (①)가 세트되고 (②)가 동작하여 차표 투입구를 닫는다. t초 후 차표가 배출구로 나오면 L_2가 검출하여 (③)가 리셋되고 (④)가 복귀하여 투입구를 연다.

(2) 차표를 넣은 후 T초가 되어도($T > t$) 차표가 나오지 않으면 (⑤)의 출력과 (⑥)의 출력의 (⑦) 회로에 의하여 (⑧)가 동작하고 부저가 울린다. 이때 BS를 누르면 모두 복귀한다. 여기서 FF는 $\overline{R}\,\overline{S}$-latch이고 MM은 단안정 IC 소자이며 L_1은 H레벨 입력이다.

답안작성

① FF_1 ② MC ③ FF_1 ④ MC ⑤ FF_1 ⑥ MM ⑦ AND ⑧ FF_2

MEMO

D30-4

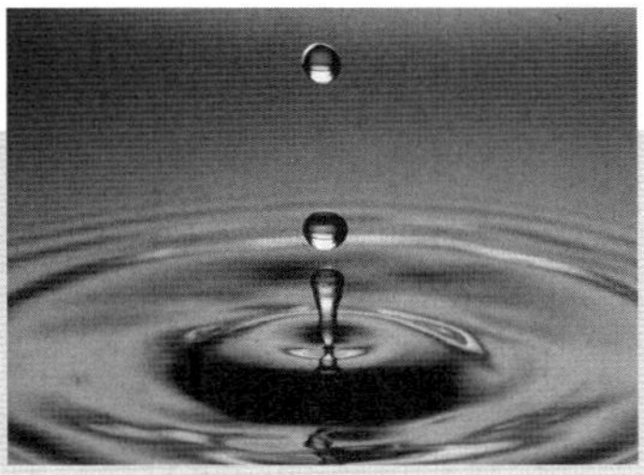

1996년도 전기공사산업기사 실기

▸ 96년 제 1 회 전기공사산업기사

▸ 96년 제 2 회 전기공사산업기사

▸ 96년 제 4 회 전기공사산업기사

▸ 96년 제 5 회 전기공사산업기사

▸ 96년 제 7 회 전기공사산업기사

국가기술자격검정 실기시험문제 및 답안지

1996년도 산업기사 일반검정 제 1 회			수험번호	성 명	감독위원 확 인
자격종목(선택분야)	시험시간	형별			
전기공사산업기사	2시간 00분				

※ 다음 물음에 답을 해당 답란에 답하시오.(배점 : 100점)

문제 01 ▸ 출제년도 : 95. 96. ▸ 점수 : 5점

단상전압 210 [V] 전동기의 전압측 리드선과 전동기 외함 사이가 완전히 지락되었다. 변압기의 저압측은 중성점 접지저항이 30[Ω], 전동기의 저항은 보호접지공사로 40[Ω]이라 하고, 변압기 및 선로의 임피던스를 무시한 경우에 접촉한 사람에게 위험을 줄 대지전압은?

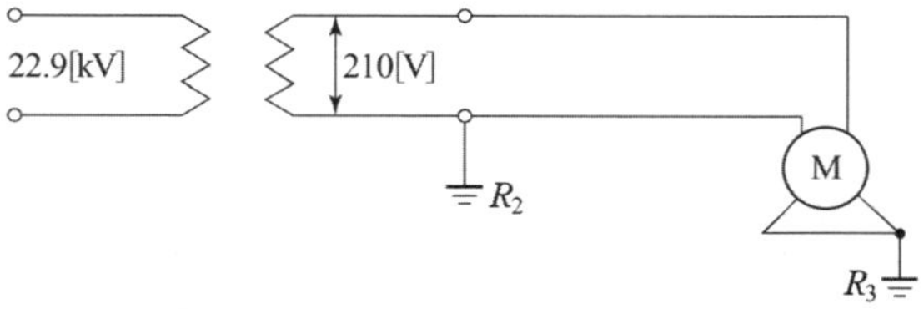

답안작성

계산 : $V_g = \dfrac{210}{30+40} \times 40 = 120[\text{V}]$

답 : 120 [V]

해 설

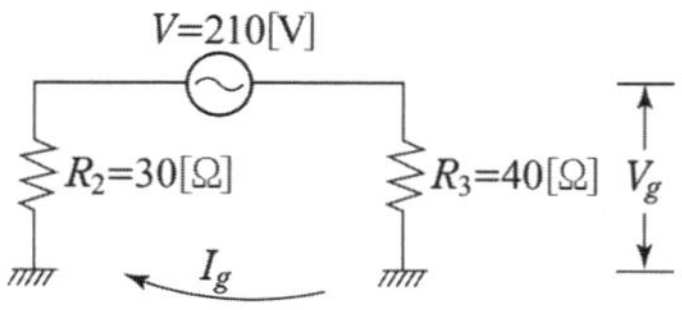

$I_g = \dfrac{V}{R_2 + R_3}$ $\quad \therefore\ V_g = I_g \times R_3 = \dfrac{V}{R_2 + R_3} \times R_3$

문제 02 ▸ 출제년도 : 96. 99. ▸ 점수 : 5점

부하율(load factor)를 간단히 설명하시오.

답안작성

$\text{부하율} = \dfrac{\text{부하의 평균전력}}{\text{최대 수용 전력}} \times 100\ [\%]$

문제 03 ▸ 출제년도 : 90. 92. 96. 98. 00. ▸ 점수 : 18점

다음 문제를 읽고(필요시는 참고자료 이용) 주어진 식과 답을 쓰시오.

(1) DV 5.5 [mm^2]×2C 가공인입 3조를 시설할 때 1경간의 소요인공을 계산하시오.

(2) PVC 전선관 36 [mm], 150 [m]를 콘크리트 매입 시공하고 후강전선관 36 [mm], 250 [m]를 철강조 노출로 시공할 때의 소요인공을 계산하고 계를 구하시오.

(3) 주택가에서 배전 선로 공사를 할 때 지세별 할증률은 몇 [%]로 적용하는가?

(4) NR 전선 25 [mm^2]가 바닥면에 1200 [m], 천장에 2400 [m], 벽면에 400 [m] 시설된다. 전체 소요전선의 수량을 계산하시오.

(5) 35 [mm^2] NR 전선 6본과 25 [mm^2] 1본을 같은 후강전선관에 수용시공할 때 전선관의 굵기는? (단, 절연체 두께를 포함한 전선의 바깥지름은 35 [mm^2]는 10.9 [mm]이고, 25 [mm^2]은 9.7 [mm]임, 전선관내 단면적의 32 [%] 수용이고, 표 이외의 사항은 무시한다.)

(6) 콘크리트주 12 [m] 12본과 지선 St 7/2.8 4본을 교체하는 데 필요한 소요 인공을 계산하고 계를 각각 구하시오.

[참고자표]

[표 1] 전선관 배관 (m당)

박강(迫鋼) 및 PVC 전선관			후강 전선관	
규 격		내선전공	규 격	내선전공
박 강	PVC			
	14 [mm]	0.04	16 [mm](1/2 [mm])	0.08
15 [mm]	16 [mm]	0.05	22 [mm](3/4 [mm])	0.11
19 [mm]	22 [mm]	0.06	28 [mm](1 [mm])	0.14
25 [mm]	28 [mm]	0.08	36 [mm](11/4 [mm])	0.20
31 [mm]	36 [mm]	0.10	42 [mm](11/2 [mm])	0.25
39 [mm]	42 [mm]	0.13	54 [mm](1/2 [mm])	0.34
51 [mm]	54 [mm]	0.19	70 [mm](2 [mm])	0.44
63 [mm]	70 [mm]	0.28	82 [mm](2 1/2 [mm])	0.54
75 [mm]	82 [mm]	0.37	90 [mm](3 [mm])	0.60
	100 [mm]	0.45	104 [mm](4 [mm])	0.71
	104 [mm]	0.46		

[해설] ① 콘크리트 매입 기준임
② 철근 콘크리트 노출 및 블록칸막이 벽 내는 120 [%], 목조 건물은 110 [%], 철강조 노출은 125 [%]
③ 기설 콘크리트 노출공사시 앵커볼트 매입깊이가 10 [cm] 이상인 경우는 앵커볼트 매입품을 별도 계상하고 전선관 설치품은 매입품으로 계상한다.
④ 천장 속, 마루 밑 공사 130 [%]

[표 2] 건주공사

규 격	주입목주		콘크리트주	
	배전전공	보통인부	배전전공	보통인부
6 [m] 이하	0.64	0.72	0.72	0.81
7	0.68	0.77	1.23	1.40
8	0.83	0.94	1.66	1.88
9	0.93	1.03	1.68	2.13
10	1.03	1.12	2.01	2.55
11	1.24	1.31	2.50	2.63
12	1.44	1.50	2.86	3.00
14	1.82	2.12	3.60	4.24
16	2.50	2.60	5.10	5.20
17	3.15	3.37	6.50	6.74

[해설] ① 단굴토, 매토품 포함, 완목, 완철 설치품 불포함, 암반터파기는 별도 가산
② 틀 1본 포함, 1본 추가마다 10 [%] 가산
③ 지주공사는 건주공사품을 적용
④ 불주입주 이 품의 80 [%]
⑤ 묻음은 길이의 1/6 이상임
⑥ 철거 : 콘크리트주 50[%](재사용 가능품 : 80[%]), 목주, 50[%], 목주 잘라냄 35[%]

[표 3] 지선신설

규 격	배전전공	보통인부
4.0 [mm] 철선		
깊이(1.2 [m]) 4조 이하	0.45	0.34
(1.5 [m]) 6조 이하	0.57	0.43
(〃) 8조 이하	0.75	0.56
(1.7 [m]) 10조 이하	1.11	0.83
(〃) 12조 이하	1.54	1.16
(〃) 15조 이하	1.90	1.43
(1.8 [m]) 18조 이하	2.35	1.73
연선		
7/2.3 [mm] 이하	0.35	0.26
7/2.6~7/2.9 〃	0.50	0.38
7/3.2 〃	0.70	0.45
7/4.0 〃	0.70	0.45
7/4.5 〃	0.70	0.45
7/5.0 〃	0.73	0.45
7/5.5 〃	0.73	0.46
7/6.5 〃	0.73	0.47

[해설] ① 틀 포함(길이 1.2 [m] 이상)
② 터파기, 되메우기 및 틀 매설품 포함
③ 애자 삽입시는 배전전공 0.08인 가산
④ 장력조정은 이품의 10 [%]
⑤ 절단 철거는 이품의 10 [%]
⑥ 철거는 이품의 30 [%]
⑦ 수평지선, 공동지선은 이품의 160 [%]
⑧ Y지선은 이품의 120 [%]
⑨ 2단 지선은 이품의 150 [%]
⑩ 이설은 이품의 130 [%]
⑪ 수평지선의 지주설치는 지주품에 준함

[표 4] 인입선 배선

구 분	배전전공
OW 8 [mm^2] 이하×2C	0.25
14 〃	0.32
22 〃	0.42
30 〃	0.51
38 〃	0.65
60 〃	0.85
100 〃	1.15
200 〃	2.00

[해설] ① 철거는 50 [%] 교체 150 [%]
② DV선 80 [%]
③ 가공인입선 3조일 때는 130 [%], 가공인입선 4조일 때는 150 [%]

[표 5] 후강전선관의 내단면적의 32 [%] 및 48 [%]

전선관의 굵기[호]	내단면적의 32 [%] [mm^2]	내단면적의 48 [%] [mm^2]	전선관의 굵기 [호]	내단면적의 32 [%] [mm^2]	내단면적의 48 [%] [mm^2]
16	67	101	54	732	1098
22	120	180	70	1216	1825
28	201	301	82	1701	2552
36	342	513	92	2205	3308
42	460	690	104	2843	4265

답안작성

(1) 표 4에서 배전전공 : $0.25 \times 1.3 \times 0.8 = 0.26$ [인]
(2) 표 1에서 내선전공 : $0.1 \times 150 + 0.2 \times 1.25 \times 250 = 77.5$ [인]
(3) 10 [%]
(4) $(1200 + 2400 + 400) \times 1.1 = 4400$ [m]
(5) 전선이 총 단면적$= \frac{\pi}{4} d^2 \times n = \frac{\pi}{4} \times 10.9^2 \times 6 + \frac{\pi}{4} \times 9.7^2 = 633.78$[$mm^2$]

표 5에서 전선관 내단면적의 32 [%]가 633.78 [mm^2]를 초과하는 732 [mm^2]인 54 [호] 후강전선관 선정

(6) ① 표 2에서 콘크리트 전주 : 배전전공 $2.86 \times 1.5 \times 12 = 51.48$[인]
보통인부 $3.0 \times 1.5 \times 12 = 54$ [인]
② 지선 : 배전전공 $0.5 \times 4 \times 1.3 = 2.6$ [인]
보통인부 $0.38 \times 4 \times 1.3 = 1.98$ [인]
計 : 배전전공 $51.48 + 2.6 = 54.08$ [인]
보통인부 $54 + 1.98 = 55.98$ [인]

문제 04 ▸ 출제년도 : 96. 99. ▸ 점수 : 5점

무거운 기구를 박스에 취부할 때 사용하는 재료는?

답안작성

픽스쳐스터드와 히키

문제 05 ▸ 출제년도 : 96. 00. 01. ▸ 점수 : 10점

그림은 CB형 고압 자가용 수변전 설비의 주회로 복선 결선도이다. 다음 질문에 답하시오. (단, 도면에서 질문에 직접 관계없는 부분은 생략 또는 간략화하였다.)

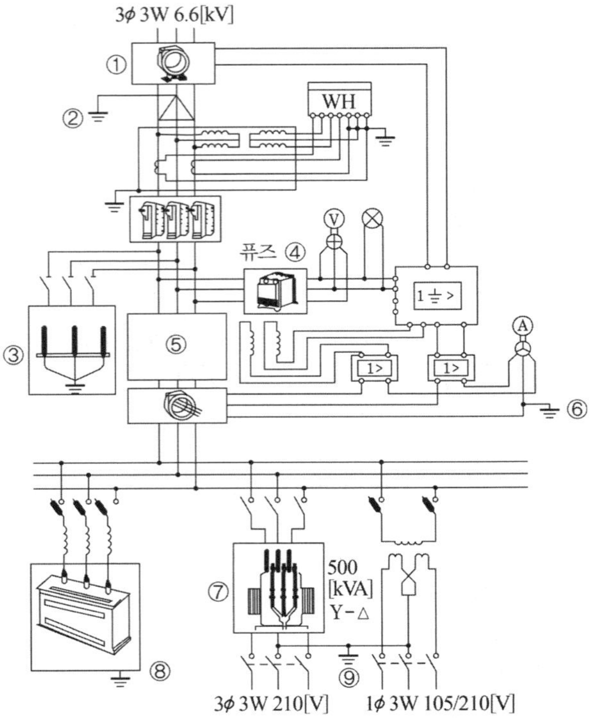

(1) ①의 기기의 명칭은?

(2) ①의 기능은?

(3) ③의 피뢰기는 고압 가공 전선로에서 공급을 받는 수전 전력 용량 몇 [kW] 이상인 수용 장소 인입구에 시설하는가?

(4) ④의 기기에 퓨즈를 사용하는 목적은?

(5) ⑤에 설치하는 기기로서 가장 적당한 차단기는?

(6) ⑦에 설치하는 기기의 복선도용 기호는?

답안작성

(1) 영상 변류기

(2) 영상 전류의 검출

(3) 용량에 관계없이 설치한다.

(4) 계기용 변압기 및 부하측에 사고 발생시 이를 고압회로로부터 분리함으로써 PT 보호 및 사고 확대를 방지

(5) 진공 차단기

(6)

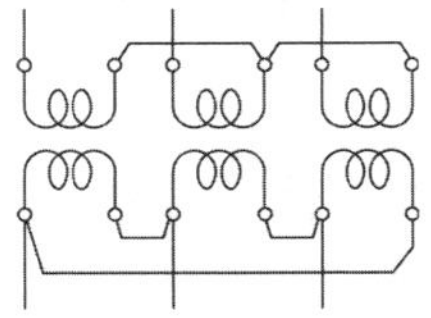

해 설

(3) KEC 341.13 피뢰기의 시설

고압 및 특고압의 전로 중 다음에 열거하는 곳 또는 이에 근접한 곳에는 피뢰기를 시설하여야 한다.

1) 발전소 · 변전소 또는 이에 준하는 장소의 가공전선 인입구 및 인출구
2) 특고압 가공전선로에 접속하는 배전용 변압기의 고압측 및 특고압측
3) 고압 및 특고압 가공전선로로부터 공급을 받는 수용장소의 인입구
4) 가공전선로와 지중전선로가 접속되는 곳

문제 06

▸ 출제년도 : 93. 95. 96. ▸ 점수 : 5점

그림과 같이 30 [kW], 40 [kW], 60 [kW]의 부하설비의 수용률이 각각 50 [%], 60 [%], 90 [%]로 되어 있는 경우 이것에 공급할 용량을 결정하시오. (단, 부등률은 1.1, 부하의 종합역률은 85 [%]로 한다.)

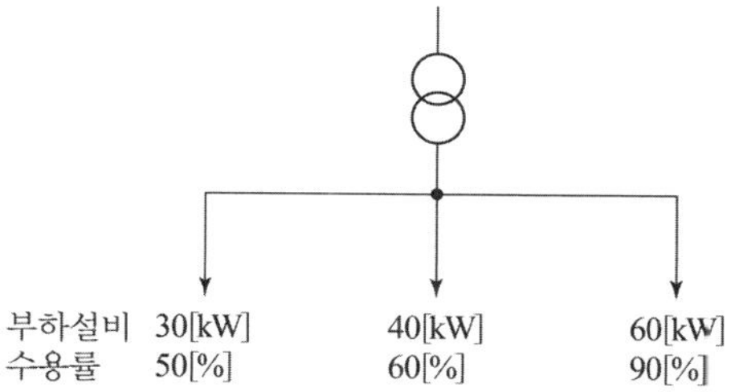

답안작성

계산 : $P_a = \dfrac{30 \times 0.5 + 40 \times 0.6 + 60 \times 0.9}{0.85 \times 1.1} = 99.47$ [kVA]

답 : 100 [kVA]

해 설

변압기 용량 [kVA] ≥ 합성 최대 수용 전력

$$= \frac{\text{설비 용량 [kVA]} \times \text{수용률}}{\text{부등률}} = \frac{\text{설비 용량 [kW]} \times \text{수용률}}{\text{부등률} \times \text{역률}} \text{ [kVA]}$$

문제 07

▸ 출제년도 : 96. 00. ▸ 점수 : 5점

수전전압 13.2/22.9 [kV-Y]에 진공차단기와 몰드 변압기를 사용시 어떤 흡수기를 사용하여 이상전압으로부터 변압기를 보호하는가?

답안작성

서지흡수기

문제 08

▸ 출제년도 : 96. 00. ▸ 점수 : 5점

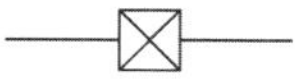 심벌의 명칭은?

답안작성

철탑

문제 09 ▸ 출제년도 : 96. 99. ▸ 점수 : 5점

수전 전압 6600 [V], 수전 전력 450 [kW](역률 0.8)인 고압 수용가의 수전용 차단기에 사용하는 과전류 계전기의 사용탭은 몇 [A]인가? 단, CT의 변류비는 75/5로 하고 탭 설정값은 부하 전류의 150 [%]로 한다.

답안작성

계산 : 정격 2차 전류 $I_1 = \dfrac{450 \times 10^3}{\sqrt{3} \times 6600 \times 0.8} = 49.2$ [A]

탭 설정값은 부하 전류의 150 [%]이므로

$49.2 \times 1.5 \times \dfrac{5}{75} = 4.92$ [A]

답 : 5 [A]

문제 10 ▸ 출제년도 : 94. 96. ▸ 점수 : 5점

균일한 배광을 갖는 광원을 실내 조명에 사용할 경우 그 최대 간격을 결정하시오.
단, S는 등기구 간격, H는 천장 높이

(1) 기구와 기구 사이 $S \leqq (\quad)H$

(2) 기구와 벽 사이 $S \leqq (\quad)H$ (단, 벽을 사용하지 않을 때)

답안작성

(1) 1.5배 (2) 1/2 배

문제 11 ▸ 출제년도 : 96. 99. ▸ 점수 : 5점

콘덴서 회로에 방전코일을 넣는 목적은 무엇인가?

답안작성

콘덴서에 축적된 잔류 전하 방전

문제 12 ▸ 출제년도 : 96. 00. 01. ▸ 점수 : 5점

배전설계의 긍장이 45 [m] 부하의 최대 사용 전류는 150 [A], 배전설계의 전압강하는 4 [V]이다. 이 때, 3상 3선식 저압회로의 공칭단면적을 구하시오.
(단, 공칭단면적은 35 [mm²], 50 [mm²], 70 [mm²], 95 [mm²] 등이 있다.)

답안작성

계산 : 3상 3선식 회로에서의 전선의 단면적은

$$A = \frac{30.8LI}{1000e} = \frac{30.8 \times 45 \times 150}{1000 \times 4} = 51.98\ [\text{mm}^2]$$

답 : 70 [mm²]

해 설

- 전선규격

1.5, 2.5, 4, 6, 10, 16, 25, 35, 50, 70, 95, 120, 150, 185, 240, 300, 400, 500, 630[mm²]

문제 13

▸ 출제년도 : 96. 00. ▸ 점수 : 5점

수천 옴의 가는 전선의 저항을 측정할 때 가장 적당한 측정 방법은?

답안작성

휘이스톤 브리지

문제 14

▸ 출제년도 : 96. 00. ▸ 점수 : 10점

그림은 PLC 시퀀스 회로의 일부를 그린 것이다. 입력 P000을 주면 출력 P011이 동작하고 이어 P012가 동작한다. 5초 후 T000이 동작하여 P012가 정지된다. P001은 정지 신호이고, 시간 단위는 0.1초이다. 프로그램의 괄호((1)~(5))에 알맞은 것을 답안지에 적으시오.

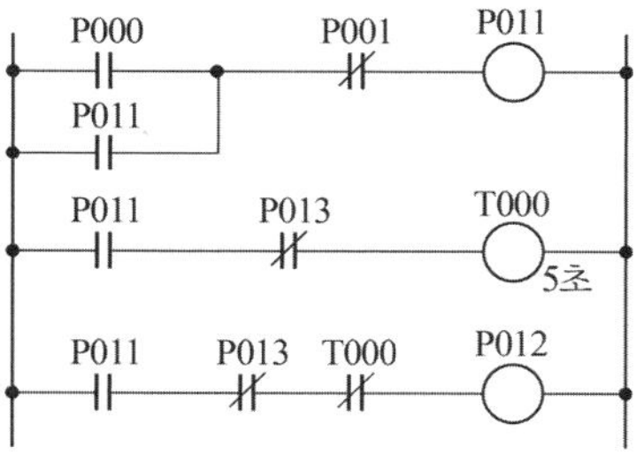

STEP	OP	add	ENT
생략	LOAD	P000	ENT
	OR	(1)	이하 생략
	(2)	P001	
	OUT	P011	
	LOAD	P011	
	AND NOT	P013	
	TMR	T000	
	(DATA)	(3)	
	(4)	P011	
	AND NOT	P013	
	AND NOT	T000	
↓	(5)	P012	↓

답안작성

(1) P011 (2) AND NOT
(3) 50 (4) LOAD
(5) OUT

문제 15

▸ 출제년도 : 93. 96. ▸ 점수 : 7점

그림은 일정 시간 살수하면 자동적으로 정지하고 일정 시간 후에 다시 살수하는 스프링쿨러의 자동 살수 장치의 로직 시퀀스의 일부이다. 릴레이 시퀀스를 주어진 답안지에 그리시오.

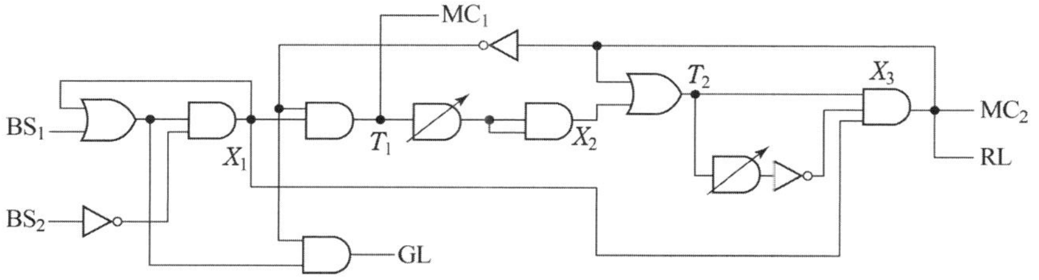

답안작성

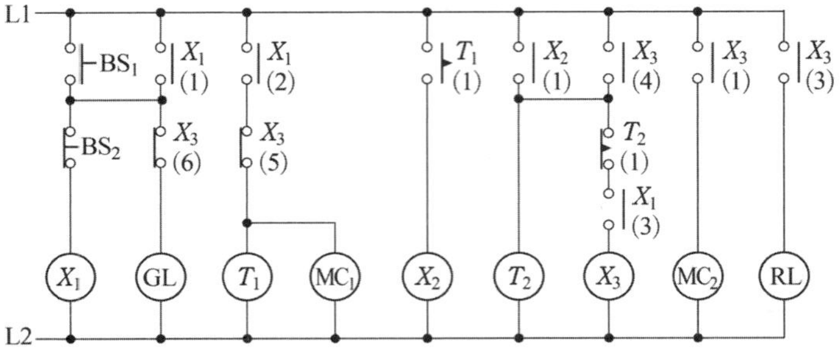
L1
L2
BS1
BS2
X1 (1)
X1 (2)
X3 (6)
X3 (5)
T1 (1)
X2 (1)
X3 (4)
T2 (1)
X1 (3)
X3 (1)
X3 (3)
X1
GL
T1
MC1
X2
T2
X3
MC2
RL

국가기술자격검정 실기시험문제 및 답안지

1996년도 산업기사 일반검정 제 2 회

자격종목(선택분야)	시험시간	형별	수험번호	성 명	감독위원 확 인
전기공사산업기사	2시간 00분				

※ 다음 물음에 답을 해당 답란에 답하시오.(배점 : 100점)

문제 01 ▸ 출제년도 : 93. 96. 98. 99. 01. 07. ▸ 점수 : 6점

38 [mm²]의 경동연선을 사용해서 높이가 같고 경간이 300 [m]인 철탑에 가선하는 경우 이도는 얼마인가? (단, 이 경동연선의 인장하중은 1480 [kg], 안전율은 2.2이고 전선 자체의 무게는 0.334 [kg/m]라고 한다.)

답안작성

계산 : $D=\dfrac{WS^2}{8T}=\dfrac{0.334\times300^2}{8\times\dfrac{1480}{2.2}}=5.59[\text{m}]$ 답 : 5.59 [m]

문제 02 ▸ 출제년도 : 96. ▸ 점수 : 12점

다음 그림은 누전차단기의 구조를 나타낸 결선도이다. 물음에 답하시오.

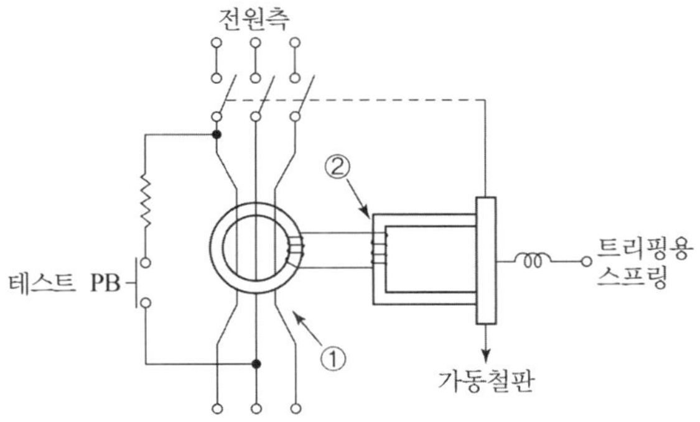

(1) 그림에서 ①의 우리말 명칭은?

(2) 그림에서 ②의 코일은?

(3) 이 그림은 무슨 형의 누전 차단기인가?

(4) 누전 차단기의 사용 목적은?

답안작성

(1) 영상 변류기 (2) 트립 코일

(3) 전류동작형 (4) 지락 전류를 차단하여 감전사고 및 화재 방지

문제 03

▸ 출제년도 : 96. 00.　▸ 점수 : 15점

천장높이가 10 [m]인 창고건물에 노출형 차동식 열감지기 40개와 P형 1급(15회로) 수신기를 설치한 후 시험까지 시행하기 위하여 필요한 인공을 참고표를 이용하여 구하시오.

공종	단위	내선전공	비　고
SPOT형 감지기 (차동식, 정온식, 보상식) 노출형	개	0.13	(1) 천장높이는 4 [m] 기준 1 [m] 증가시마다 5 [%] 증 (2) 매입형 또는 특수구조의 것은 조건에 따라서 산정할 것
시험기(공기관 포함)	개	0.15	상동
분포형의 공기관 (열전대선 감지선)	m	0.025	(1) 상동 (2) 상동
검출기	개	0.30	(1) 상동
공기관식의 Booster	개	0.10	(2) 상동
발신기 P-1	개	0.30	1급(방수형)
발신기 P-2	개	0.30	2급(보통형)
발신기 P-3	개	0.20	3급(푸시버튼만으로 응답 확인 없는 것)
회로시험기	개	0.10	
수신기 P-1(기본공수) (회선수공산수출가산요)	대	6.0	회선수에 대한 산정 매 1회선에 대해서
수신기 P-2(기본공수)	대	4.0	(아래 표)
부수신기(기본공수)	대	3.0	
소화전, 기동 릴레이	대	1.5	참고 : 산정예(P-1의 10회분 기본공수는 6인, 회선당 할증수는 10×0.3=3) ∴ 6+3=9인
전령(電令)	개	0.15	수신기에 내장되지 않은 것으로 별개로 취부할 경우에 적용
표시등	개	0.20	
표시등	개	0.15	

형식 \ 직종	내선전공
P-1	0.3
P-2	0.2
부수신기	0.10

[해설] 시험공량은 총공량의 10 [%]로 하되 최소치를 3인으로 함

답안작성

감지기 : 내선전공 : $0.13 \times 40 \times (1 + 6 \times 0.05) = 6.76$ [인]
수신기 : 내선전공 : $6.0 + (15 \times 0.3) = 10.5$ [인]
시험시 공량 : $(6.76 + 10.5) \times 0.1 = 1.726$ [인]이지만 최소 3 [인]
∴ 계 : $6.76 + 10.5 + 3 = 20.26$ [인]
답 : 20.26 [인]

문제 04

▸ 출제년도 : 96.　▸ 점수 : 5점

금속관 공사에서 수직배관의 상부에 사용되어 비의 침입을 막는 데 가장 좋은 부품의 명칭은?

답안작성

엔트랜스캡

문제 05 ▸ 출제년도 : 93. 96. 99. 01. ▸ 점수 : 15점

간이수전설비에 대한 단선 결선도이다. 다음 물음에 답하시오.

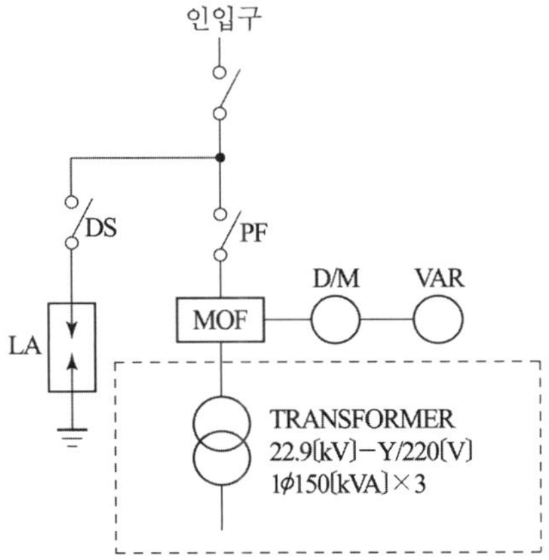

(1) 그림에서 피뢰기의 적당한 규격[kV]은?

(2) 그림에서 피뢰기의 설치 수량은?

(3) 일반적으로 발전기, 변압기, 조상기모선 또는 이를 지지하는 애자는 어떠한 전류에 의하여 생기는 기계적 충격에 견디는 것이어야 하는가?

(4) 22.9 [kV−Y] 가공전선로의 중성선에 ACSR을 사용하는 경우의 최대 굵기는 몇 [mm^2]인가?

답안작성

(1) 18 [kV]

(2) 3개

(3) 단락 전류

(4) 95 [mm^2]

해 설

(1) 피뢰기 정격 전압

전력 계통		피뢰기 정격 전압 [kV]	
전압 [kV]	중성점 접지 방식	변전소	배전 선로
345	유효접지	288	−
154	유효접지	144	−
66	PC접지 또는 비접지	72	−
22	PC접지 또는 비접지	24	−
22.9	3상 4선 다중접지	21	18

[주] 전압 22.9 [kV−Y] 이하의 배전선로에서 수전하는 설비의 피뢰기 정격전압 [kV]은 배전선로용을 적용한다.

(4) 중성선의 최소 굵기 : ACSR 32 [mm^2]
중성선의 최대 굵기 : ACSR 95 [mm^2]

문제 06

▸ 출제년도 : 96. ▸ 점수 : 5점

답안지의 그림에서 적산전력계를 결선하여 완성하시오.

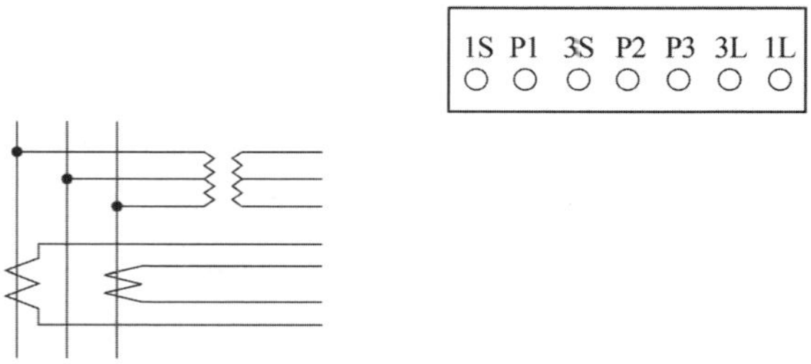

답안작성

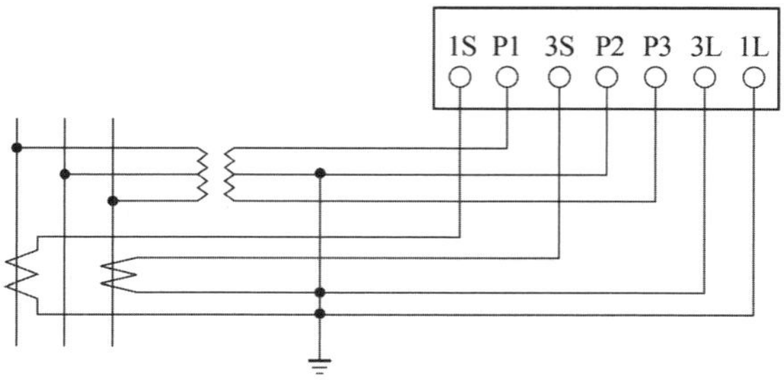

문제 07

▸ 출제년도 : 95. 96. ▸ 점수 : 5점

특별한 경우를 제외하고는 보호도체는 원칙적으로 어떤 색으로 표시하여야 하는가?

답안작성

녹색-노란색

해 설

KEC 121.2 전선의 식별

1) 전선의 색상은 표에 따른다.

상(문자)	색상
L1	갈색
L2	검은색
L3	회색
N	파란색
보호도체	녹색-노란색

2) 색상 식별이 종단 및 연결 지점에서만 이루어지는 나도체 등은 전선 종단부에 색상이 반영구적으로 유지될 수 있는 도색, 밴드, 색 테이프 등의 방법으로 표시해야 한다.

문제 08

▸ 출제년도 : 96. 99. ▸ 점수 : 5점

 심벌에 대한 명칭은?

답안작성

재해방지 전원 회로용 분전반

문제 09 ▸ 출제년도 : 96. ▸ 점수 : 5점

EV 16 [mm^2]×3C로 표시되어 있는 것 중에서 EV의 정확한 명칭은?

답안작성

폴리에틸렌 절연 비닐 시스 케이블

문제 10 ▸ 출제년도 : 96. 00. ▸ 점수 : 10점

그림은 PLC 시퀀스 회로의 일부를 그린 것이다. 입력 P000을 주면 출력 P011이 동작하고 이어 P012가 동작한다. 5초 후 T000이 동작하여 P012가 정지된다. P001은 정지 신호이고, 시간 단위는 0.1초이다. 프로그램의 괄호((1)~(5))에 알맞은 것을 답안지에 적으시오.

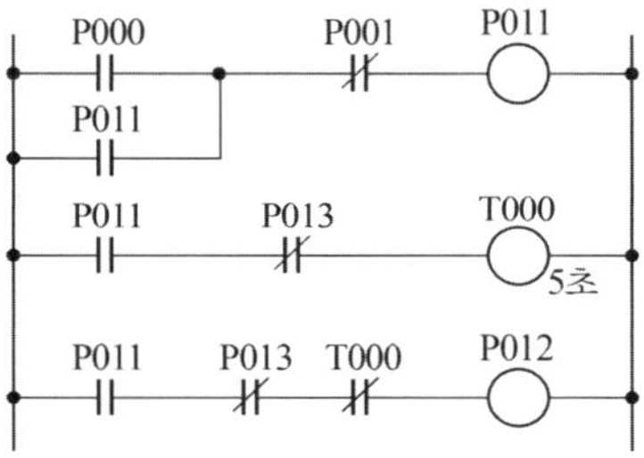

STEP	OP	add	ENT
생략	LOAD	P000	ENT
	OR	(1)	이하 생략
	(2)	P001	
	OUT	P011	
	LOAD	P011	
	AND NOT	P013	
	TMR	T000	
	(DATA)	(3)	
	(4)	P011	
	AND NOT	P013	
	AND NOT	T000	
↓	(5)	P012	↓

답안작성

(1) P011　(2) AND NOT　(3) 50　(4) LOAD　(5) OUT

문제 11 ▸ 출제년도 : 96. 98. 01. ▸ 점수 : 8점

그림은 3상 유도전동기의 정·역회로의 일부를 그린 것으로 출력회로 등을 생략한 것이다. 다음 물음을 답안지에 답하시오. (단, GL : 정지표시 램프)

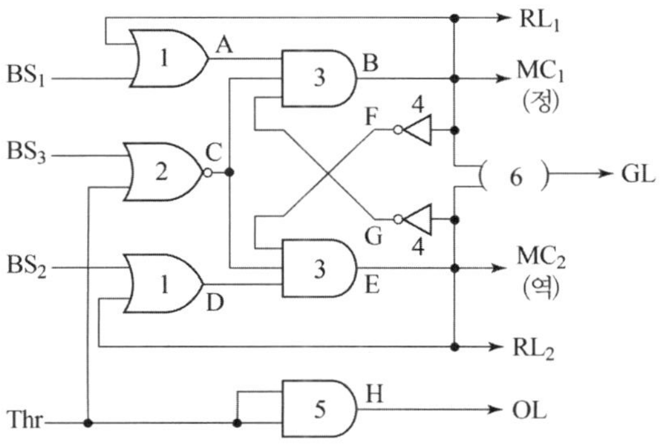

(a)

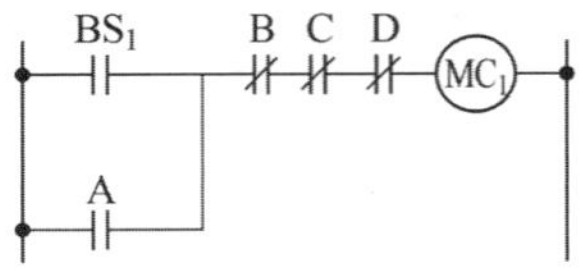

(b)

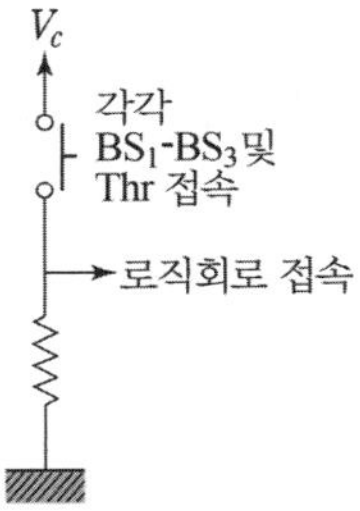

(c)

(1) 유지회로의 기능을 갖는 로직소자는 1~6번 중 어느 것인지 1개만 답하시오.

(2) 인터록 기능의 로직소자는 1~6번 중 어느 것인지 1개만 답하시오.

(3) OL램프가 점등 중이라면 H레벨 출력이 되는 소자는 1~6번 중 어느 것인지 3개만 답하시오.

(4) Thr이 작동하였다. MC와 램프 중 출력이 생기는 기구는 어느 것인지 2개만 답하시오.

(5) MC_1 혹은 MC_2가 동작하면 GL은 소등된다. (6)의 로직 기호를 그리시오.

(6) MC_1이 동작 중이다. A~G 중에서 H(전압) 레벨인 곳 4곳을 답하시오.

(7) BS_3를 누르고 있을 때 C점은 H레벨인가 L레벨인가?

(8) 그림 (b)에서 B는 BS_3, C는 Thr을 나타낸다면 A와 D는 각각 무엇을 나타내는가? 기호로 표시하고 기능을 한마디로 쓰시오.

답안작성

(1) 1　　　(2) 4

(3) 4, 5, 6　　　(4) OL, GL

(5) 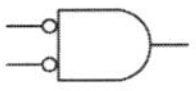 또는 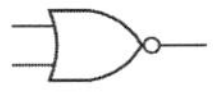

(6) A, B, C, G　　　(7) L

(8) A : MC_1, 유지　　　D : MC_2, 인터록

문제 12 ▸ 출제년도 : 96. ▸ 점수 : 9점

회로는 전자계산기의 접점의 논리회로이다. (1), (2), (3)은 어떤 회로인가 보기에서 찾으시오.

[보기] ON, AND, NOT, OR, NOR

(1)
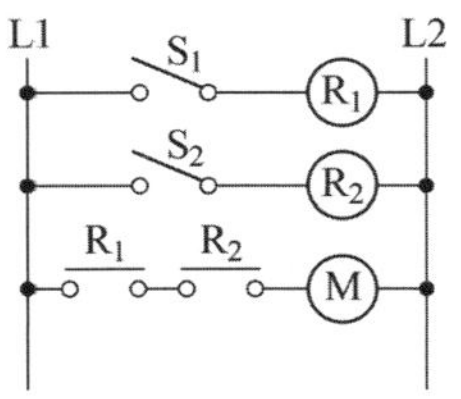

(2)
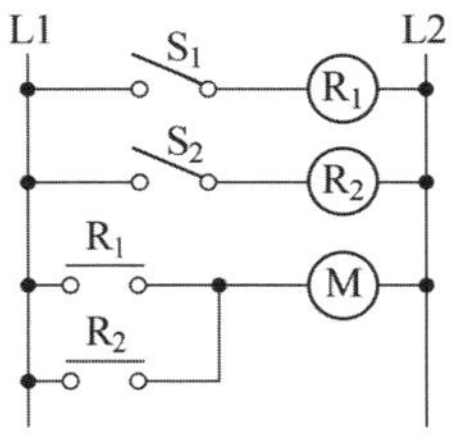

(3)
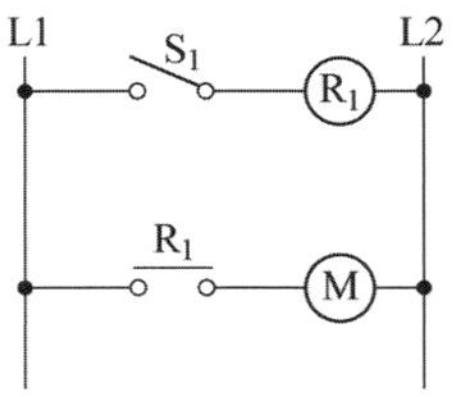

답안작성

(1) AND 회로　　　(2) OR 회로　　　(3) NOT 회로

국가기술자격검정 실기시험문제 및 답안지

1996년도 산업기사 일반검정 제 4 회

자격종목(선택분야)	시험시간	형별	수험번호	성 명	감독위원 확 인
전기공사산업기사	2시간 00분				

※ 다음 물음에 답을 해당 답란에 답하시오.(배점 : 100점)

문제 01 ▸출제년도 : 91. 96. 97. 03. ▸점수 : 5점

어떤 변전소로부터 3.3[kV], 3상 3선식 비접지 배전선이 8회선 나와 있다. 이 배전선에 접속된 주상 변압기의 중성점 접지 저항값의 허용값은 얼마인가? 단, 고압측 1선 지락전류는 4[A] 라고 한다.

답안작성

계산 : 중성점 접지 저항값 $R_2 = \frac{150}{I_g} = \frac{150}{4} = 37.5[\Omega]$ 이하

답 : 37.5 [Ω] 이하

해 설

KEC 142.5 변압기 중성점 접지

변압기의 중성점접지 저항 값은 다음에 의한다.

1) 일반적으로 변압기의 고압 · 특고압측 전로 1선 지락전류로 150을 나눈 값과 같은 저항 값 이하

$$R = \frac{150}{\text{변압기의 고압측 또는 특고압측의 1선 지락전류}}[\Omega]$$

2) 변압기의 고압 · 특고압측 전로 또는 사용전압이 35 [kV] 이하의 특고압전로가 저압측 전로와 혼촉하고 저압전로의 대지전압이 150 [V]를 초과하는 경우는 저항 값은 다음에 의한다.

가. 1초 초과 2초 이내에 고압 · 특고압 전로를 자동으로 차단하는 장치를 설치할 때는 300을 나눈 값 이하

$$R = \frac{300}{\text{변압기의 고압측 또는 특고압측의 1선 지락전류}}[\Omega]$$

나. 1초 이내에 고압 · 특고압 전로를 자동으로 차단하는 장치를 설치할 때는 600을 나눈 값 이하

$$R = \frac{600}{\text{변압기의 고압측 또는 특고압측의 1선 지락전류}}[\Omega]$$

문제 02 ▸출제년도 : 96. 07. ▸점수 : 4점

전기 배선도 도면을 작성할 때 사용하는 방수용 콘센트의 표준 심벌을 그리시오.

답안작성

WP

문제 03 ▸ 출제년도 : 96. 99. 04. ▸ 점수 : 6점

특고압 22.9 [kV]-Y로 수전하는 경우의 단선결선도이다. 물음에 답하시오.

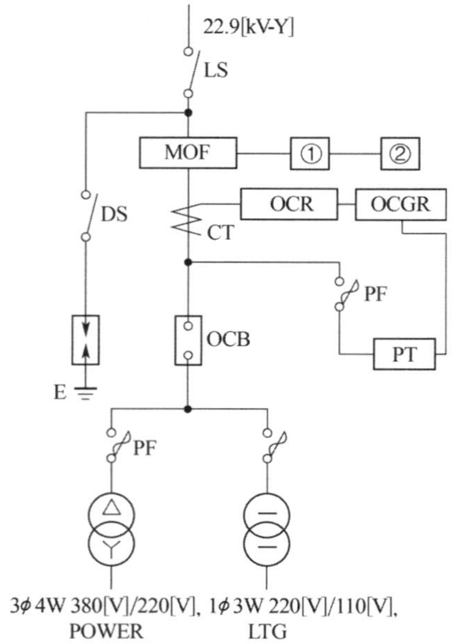

(1) 그림에 표시된 ①과 ②의 부분에는 어떤 기기가 필요한가?

(2) 변압기 2차측의 3상 결선용 변압기의 중성점을 접지하는 것이 좋은가 아니면 않는 것이 좋은가 판별하시오.

(3) 그림에서 △-Y의 단선도를 복선도용으로 그리시오.

(4) O.C.R의 명칭은?

답안작성

(1) ① 최대 수요 전력량계
② 무효 전력량계

(2) 접지하는 것이 좋다.

(3)

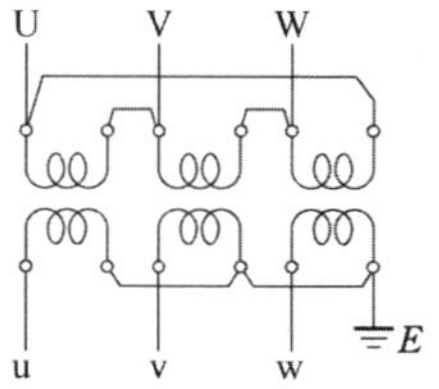

(4) 과전류 계전기

해 설

(2) KEC 322.1 고압 또는 특고압과 저압의 혼촉에 의한 위험방지 시설
고압전로 또는 특고압전로와 저압전로를 결합하는 변압기의 저압측의 중성점에는 규정에 의하여 계산한 값이 10[Ω]을 넘을 때에는 접지저항치가 10[Ω] 이하가 되도록 할 것.
(단, 사용전압이 35[kV] 이하의 특고압전로로서 전로에 지락이 생겼을 때에 1초 이내에 자동적으로 이를 차단하는 장치가 되어 있는 것 및 사용전압이 25 [kV] 이하인 특고압 가공전선로로서 중성선 다중접지식의 것으로서 전로에 지락이 생겼을 때 2초 이내에 자동적으로 이를 전로로부터 차단하는 장치가 되어 있는 것은 제외한다.)
다만, 그 접지공사를 변압기의 중성점에 하기 어려울 때에는 저압전로의 사용전압이 300[V] 이하인 경우에 한해 저압 측의 1단자에 시행할 수 있다.

문제 04 ▸ 출제년도 : 94. 96. ▸ 점수 : 10점

다음 그림은 154 [kV]를 수전하는 어느 공장의 옥외수전 설비에 대한 단선도(single line diagram)이다. 품셈표 및 그림을 보고 주어진 물음에 답하시오.

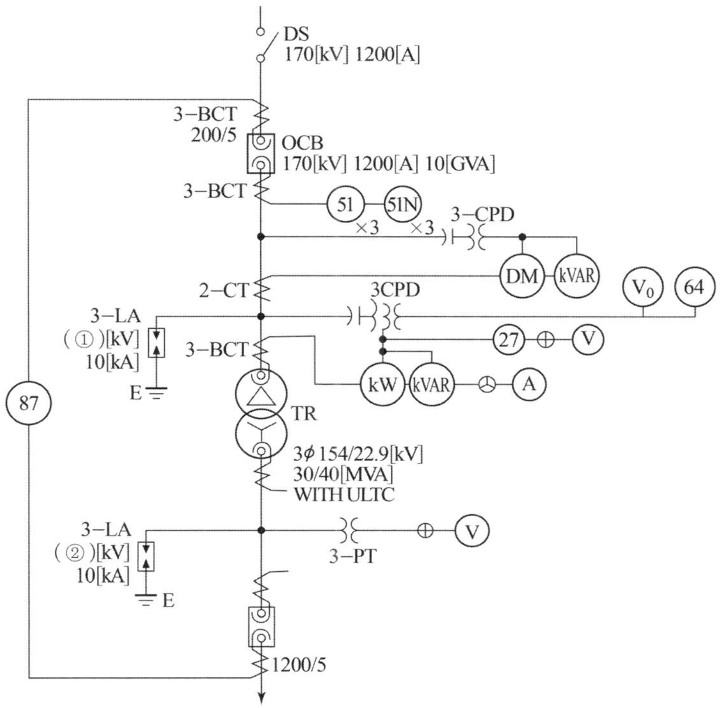

애자형 계기용 변압기 및 CPD

구 분	공 종	플랜트 전공	비계공	특별 인부	목도공
345 [kV]	소운반, 포장 해체 및 준비	2.9	−	3.0	4.4
	본 체 설 치	2.7	1.75	2.8	−
	시 험	0.5	−	0.3	−
	기 타 작 업	0.8	−	0.5	−
	계	6.9	1.75	6.6	4.4
154 [kV]	소운반, 포장 해체 및 준비	1.8	−	1.8	2.7
	본 체 설 치	1.7	1.1	1.7	−
	시 험	0.3	−	0.2	−
	기 타 작 업	0.5	−	0.3	−
	계	4.3	1.1	4.0	2.7
66 [kV]	소운반, 포장 해체 및 준비	1.3	−	1.3	1.9
	본 체 설 치	1.2	0.8	1.7	1.9
	시 험	0.2	−	0.1	−
	기 타 작 업	0.4	−	0.2	−
	계	3.1	0.8	2.8	3.8

구 분	공 종	플랜트 전공	비계공	특별 인부	목도공
22 [kV]	소운반, 포장 해체 및 준비	0.7	–	0.7	1.0
	본 체 설 치	0.6	0.4	0.6	–
	시 험	0.1	–	0.1	–
	기 타 작 업	0.2	–	0.1	–
	계	1.6	0.4	1.5	1.0

[해설] ① 통신용 CPD도 본 품셈에 적용
② 기타는 탱크형 변류기 해설 준용
③ 장비를 사용할 때는 소운반, 포장 해체 및 준비와 본체 설치품의 35 [%]로 하고 장비의 제경비를 별도 가산한다.

[물음]

단선도상에 표시된 CPD를 장비를 사용, 설치하는데 소요되는 인공 소계를 각각 구하시오.

답안작성

구 분	내 용	소 계
플랜트 전공	$(1.8+1.7)\times0.35\times3\times2+(0.3+0.5)\times3\times2$	12.15 [인]
비 계 공	$1.1\times0.35\times3\times2$	2.31 [인]
특별 인부	$(1.8+1.7)\times0.35\times3\times2+(0.2+0.3)\times3\times2$	10.35 [인]
목 도 공	$2.7\times0.35\times3\times2$	5.67 [인]

문제 05

▸ 출제년도 : 96. ▸ 점수 : 12점

다음 문제를 읽고 ( )을 채우시오.

(1) 특고압 가공전선은 케이블인 경우를 제외하고 단면적(①)의 (②) 또는 이와 동등 이상의 인장강도를 갖는 (③)이어야 한다.

(2) 지중전선로는 전선에 케이블을 사용하고 또한 (④) (⑤) 또는 (⑥)에 의하여 시설하여야 한다.

(3) 수용장소에 시설하는 비상용 예비전원은 (⑦)이 정전되었을 때 (⑧) 이외의 전로에 전력이 공급되지 않도록 시설하여야 한다.

(4) 고압 또는 특고압의 전로중에 있어서 (⑨) 및 (⑩)을 보호하기 위하여 필요한 곳에는 과전류 차단기를 시설하여야 한다.

답안작성

(1) ① 22 [mm^2] ② 경동연선 ③ 절연전선
(2) ④ 관로식 ⑤ 암거식 ⑥ 직접매설식
(3) ⑦ 상용전원 ⑧ 수용장소
(4) ⑨ 기계기구 ⑩ 전선

해 설

(1) KEC 333.4 특고압 가공전선의 굵기 및 종류
특고압 가공전선은 케이블인 경우 이외에는 인장강도 8.71 [kN] 이상의 연선 또는 단면적이 22 [mm^2] 이상의 경동연선 또는 동등이상의 인장강도를 갖는 알루미늄 전선이나 절연전선이어야 한다.

(2) KEC 334.1 지중전선로의 시설

지중 전선로는 전선에 케이블을 사용하고 또한 관로식 · 암거식(暗渠式) 또는 직접 매설식에 의하여 시설하여야 한다.

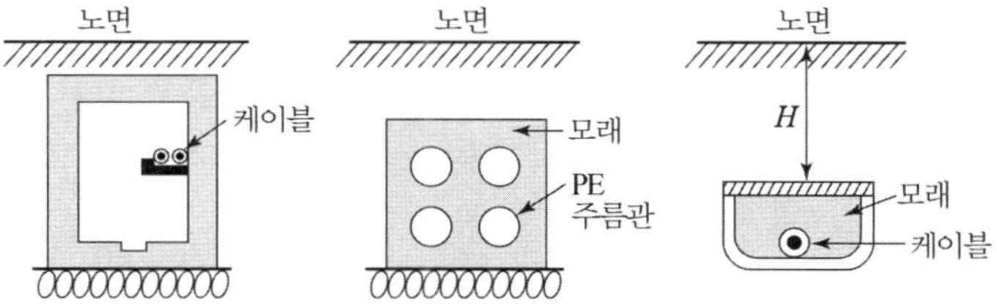

(a) 암거식 (b) 관로식 (c) 직접 매설식

문제 06 ▸ 출제년도 : 96. 98. ▸ 점수 : 8점

보통지선을 그린 다음 도면을 보고 물음에 답하시오.

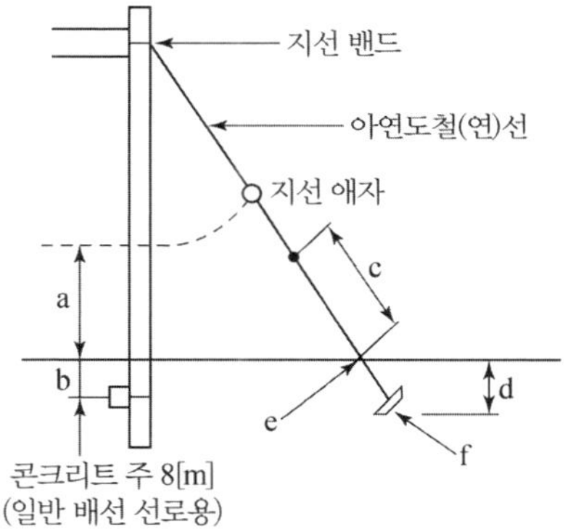

(1) 지선밴드의 규격은 몇 [mm]인가?

(2) 지선으로 쓰이는 아연도철(연)선의 종류 2가지를 쓰시오.

(3) a의 높이는 몇 [m]인가?

(4) b의 깊이는 몇 [m]인가?

(5) c의 최고한도는 몇 [cm]인가?

(6) d의 깊이는 몇 [m]인가?

(7) e의 명칭은 무엇인가?

(8) f의 규격은 몇 [mm]인가? (일반적으로 쓰이는 지선근가로서)

답안작성

(1) 180×240 [mm]

(2) ① 4.0 [mm] 아연도철선 3조 이상 ② 아연도철연선 7/2.6 [mm]

(3) 2.5 [m]

(4) 0.5 [m]

(5) 60 [cm]

(6) 1.5 [m]

(7) 지선로드

(8) 700 [mm]

해 설

지선의 설치 방법

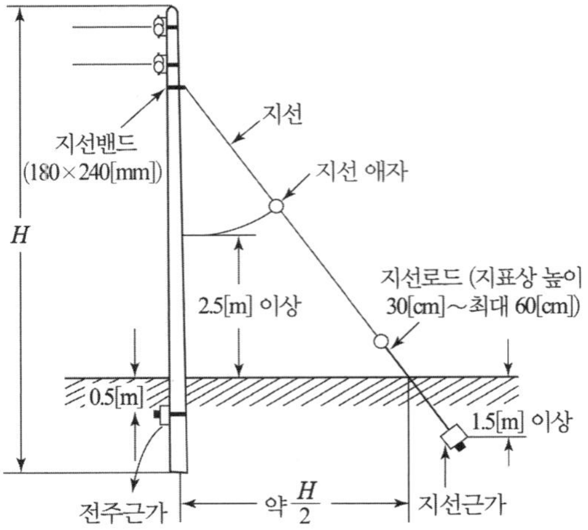

문제 07 ▸ 출제년도 : 96. ▸ 점수 : 4점

피뢰기의 구비조건을 다음 물음에 답하시오.

(1) 충격방전 개시전압이 높아야 하는가, 낮아야 하는가?

(2) 상용주파방전 개시전압은 높아야 하는가, 낮아야 하는가?

답안작성

(1) 낮아야 한다.

(2) 높아야 한다.

해 설

피뢰기의 구비조건

① 상용 주파 방전 개시 전압이 높을 것

② 충격 방전 개시 전압이 낮을 것

③ 제한 전압이 낮을 것

④ 속류 차단 능력이 클 것

문제 08 ▸ 출제년도 : 96. ▸ 점수 : 5점

3상 4선식 380/220 [V] 구내배선 긍장이 100 [m], 부하의 최대전류는 200 [A]인 배선에서 대지간 전압강하를 7 [V]로 하고자 하는 경우에 사용하는 전선의 공칭단면적 [mm^2]은 얼마인가?

답안작성

계산 : $A = \dfrac{17.8LI}{1000e} = \dfrac{17.8 \times 100 \times 200}{1000 \times 7} = 50.86\ [\text{mm}^2]$

답 : 70 [mm^2]

해 설

• 전선규격

1.5, 2.5, 4, 6, 10, 16, 25, 35, 50, 70, 95, 120, 150, 185, 240, 300, 400, 500, 630[mm^2]

문제 09

▸ 출제년도 : 96. ▸ 점수 : 4점

옥내간선, 옥내분기선, 고정전열기배선, 이동용 기계기구 배선 공사중 캡타이어 케이블을 사용할 곳은?

답안작성

이동용 기계기구 배선

문제 10

▸ 출제년도 : 95. 96. ▸ 점수 : 10점

그림의 릴레이 시퀀스를 보고 물음에 답하시오.

(단, A, B는 입력, X는 출력이다.)

(1) 논리식을 쓰시오.

(2) 타임차트를 완성하시오.

(3) 2입력 AND, 2입력 OR, NOT 기호를 사용하여 로직회로를 완성하시오.

(4) 이 시퀀스를 하나의 로직기호로 나타내시오.

(5) 이 시퀀스의 명칭(회로명)을 쓰시오.

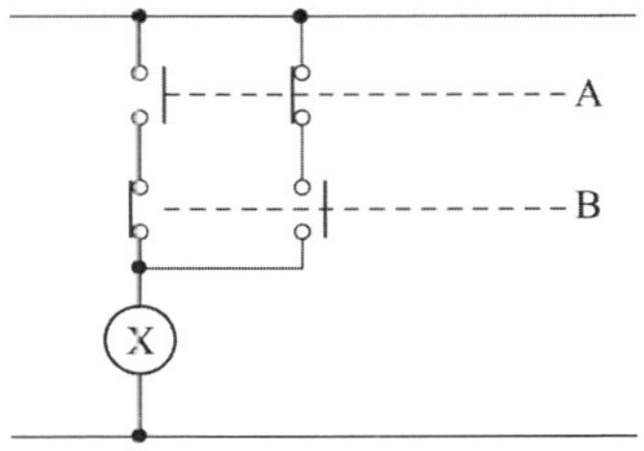

답안작성

(1) $X = A\overline{B} + \overline{A}B$

(2)

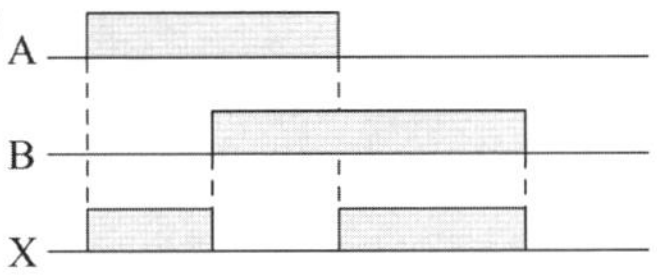

(3)

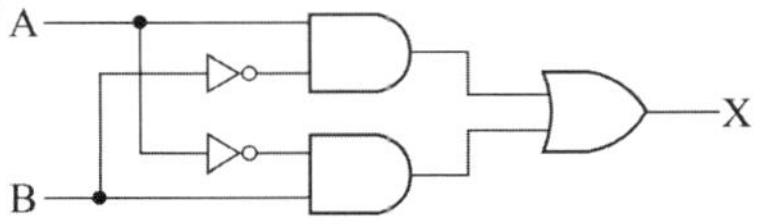

(4)

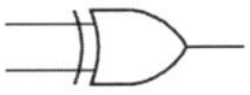

(5) 배타적 논리합 회로(Exclusive－OR)

문제 11

▸ 출제년도 : 96. 99. ▸ 점수 : 9점

신호등 회로의 일부를 로직 시퀀스로 그린 회로이다. 다음 물음에 답하시오.

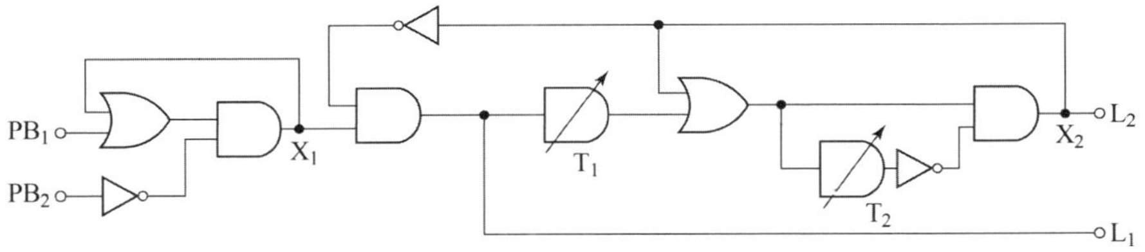

(1) 답란에 주어진 회로도를 완성하시오.

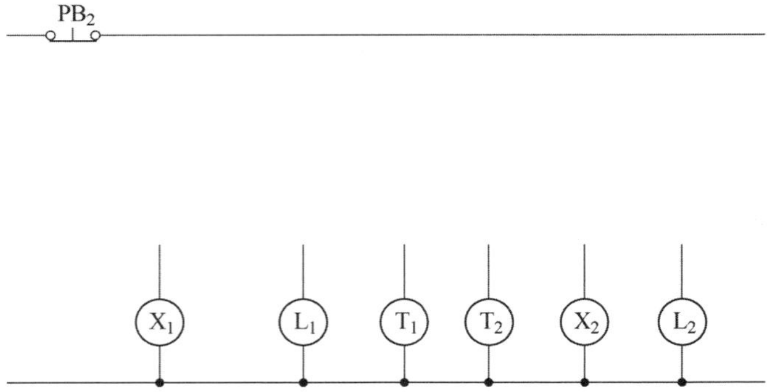

(2) 답란에 주어진 출력식을 쓰시오.

① $X_1 =$　　　　② $X_2 =$

③ $L_1 =$　　　　④ $L_2 =$

⑤ $T_1 =$　　　　⑥ $T_2 =$

답안작성

(1)

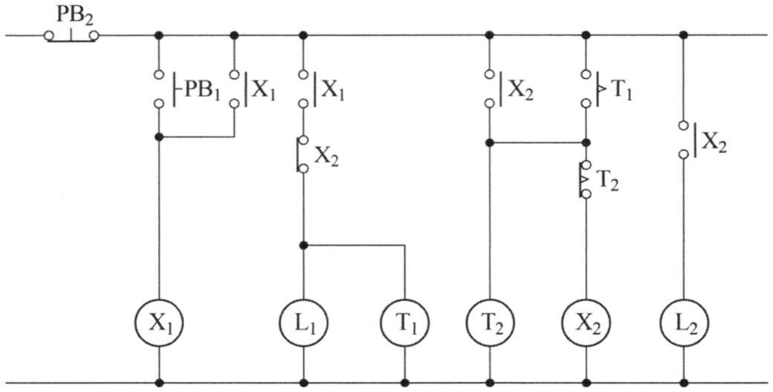

(2) ① $X_1 = (PB_1 + X_1) \cdot \overline{PB_2}$　　② $X_2 = (X_2 + T_1) \cdot \overline{T_2} \cdot \overline{PB_2}$

③ $L_1 = X_1 \cdot \overline{X_2} \cdot \overline{PB_2}$　　④ $L_2 = X_2 \cdot \overline{PB_2}$

⑤ $T_1 = X_1 \cdot \overline{X_2} \cdot \overline{PB_2}$　　⑥ $T_2 = (X_2 + T_1) \cdot \overline{PB_2}$

문제 12 ‣ 출제년도 : 96. 00. ‣ 점수 : 9점

도면을 이해하고 물음에 답하시오.

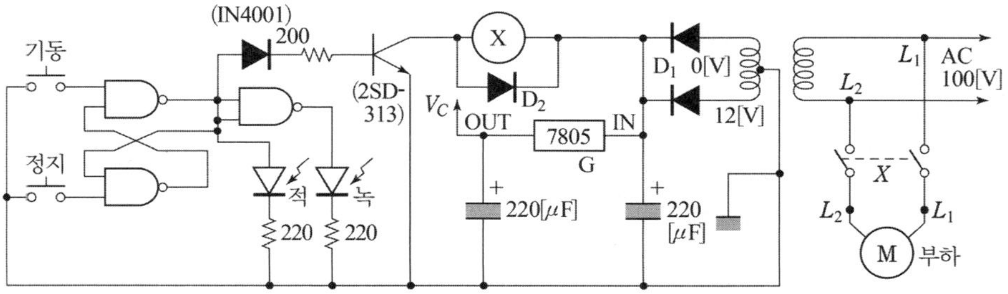

(1) 전원을 투입하면 어떤 LED가 점등하는가?

(2) 기동 스위치를 누르면 어떤 LED가 점등되고, X 가 동작하면 어떤 LED가 소등하는 가?

(3) 정지 스위치를 누르면 어떤 LED가 점등하고, X 가 정지하면서 어떤 LED가 소등되는가?

답안작성

(1) 녹색

(2) 적색 · 녹색

(3) 녹색 · 적색

출제기준 변경 및 개정된 관계법규에 따라 삭제된 문제가 있어 배점의 합계가 100점이 안됩니다.

국가기술자격검정 실기시험문제 및 답안지

<table>
<tr><td colspan="3">1996년도 산업기사 일반검정 제 5 회</td><td>수험번호</td><td>성 명</td><td>감독위원 확 인</td></tr>
<tr><td>자격종목(선택분야)</td><td>시험시간</td><td>형별</td><td rowspan="2"></td><td rowspan="2"></td><td rowspan="2"></td></tr>
<tr><td>전기공사산업기사</td><td>2시간 00분</td><td></td></tr>
</table>

※ 다음 물음에 답을 해당 답란에 답하시오.(배점 : 100점)

문제 01 ▸ 출제년도 : 93. 96. 04. ▸ 점수 : 5점

3상 3선식 선로의 길이가 90 [km], 단상 2선식 15 [km]의 6.6 [kV] 가공배선 선로에 접속된 주상 변압기의 저압측에 시설될 중성점 접지공사의 저항값을 구하시오. (단, 1초 초과, 2초 이내에 자동적으로 고압전로를 차단할 수 있게 되어 있으며, 고압측 1선지락 전류는 5[A]라고 한다.)

답안작성

계산 : 1초 초과 2초 이내에 고압 · 특고압 전로를 자동으로 차단하는 장치가 되어 있으므로

$$R=\frac{300}{I_g}=\frac{300}{5}=60[\Omega]$$

답 : 60 [Ω]

해 설

KEC 142.5 변압기 중성점 접지

변압기의 중성점접지 저항 값은 다음에 의한다.

1) 일반적으로 변압기의 고압 · 특고압측 전로 1선 지락전류로 150을 나눈 값과 같은 저항 값 이하

$$R=\frac{150}{\text{변압기의 고압측 또는 특고압측의 1선 지락전류}}[\Omega]$$

2) 변압기의 고압 · 특고압측 전로 또는 사용전압이 35 [kV] 이하의 특고압전로가 저압측 전로와 혼촉하고 저압전로의 대지전압이 150 [V]를 초과하는 경우는 저항 값은 다음에 의한다.

가. 1초 초과 2초 이내에 고압 · 특고압 전로를 자동으로 차단하는 장치를 설치할 때는 300을 나눈 값 이하

$$R=\frac{300}{\text{변압기의 고압측 또는 특고압측의 1선 지락전류}}[\Omega]$$

나. 1초 이내에 고압 · 특고압 전로를 자동으로 차단하는 장치를 설치할 때는 600을 나눈 값 이하

$$R=\frac{600}{\text{변압기의 고압측 또는 특고압측의 1선 지락전류}}[\Omega]$$

문제 02 ▸ 출제년도 : 96. ▸ 점수 : 5점

CN-CV-W 케이블의 명칭과 용도에 대하여 간략하게 쓰시오.

답안작성

명칭 : 동심중성선 수밀형 전력 케이블

용도 : 22.9 [kV] 다중접지 선로

문제 03 ▸ 출제년도 : 96. 99. 02. ▸ 점수 : 8점

아래 표시된 그림은 구내고압 전로의 케이블 입상부의 실제도이다. 그림 ①~⑧에 대한 물음에 답하시오. (단, 전주의 전장은 16 [m]이고, 설계하중 6.8 [kN] 이하의 철근 콘크리트 주이다.)

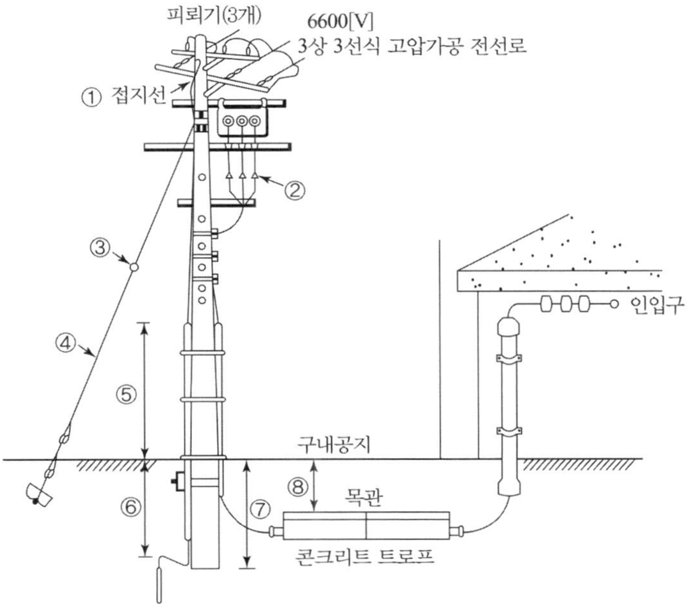

(1) 그림 ①에 표시된 접지선의 최소 굵기[mm^2]는?

(2) 그림 ②로 표시된 부분의 명칭은?

(3) 그림 ③에 표시된 재료의 명칭은?

(4) 그림 ④에 표시된 명칭은?

(5) 그림 ⑤는 지표상에서 최소 몇 [m]의 높이인가? (케이블 보호관임)

(6) 그림 ⑥에서 접지극 매설의 최소 깊이[m]는?

(7) 그림 ⑦에서 땅 속으로 묻히는 최소 깊이[m]는?

(8) 그림 ⑧에서 이 부분의 토관의 최소 깊이[m]는? (단, 중량물에 의한 압력은 안 받는다.)

답안작성

(1) 6 [mm^2] (2) 케이블 헤드
(3) 지선애자(옥애자) (4) 지선
(5) 2 [m] (6) 0.75 [m] 이상
(7) 2.5 [m] 이상 (8) 0.6 [m] 이상

해 설

(1) KEC 142.3 접지도체 · 보호도체
접지도체의 굵기는 고장 시 흐르는 전류를 안전하게 통할 수 있는 것으로서 다음에 의한다.
1) 특고압 · 고압 전기설비용 접지도체 : 단면적 6[mm^2] 이상의 연동선
2) 중성점 접지용 접지도체 : 공칭단면적 16[mm^2] 이상의 연동선

(5), (6)

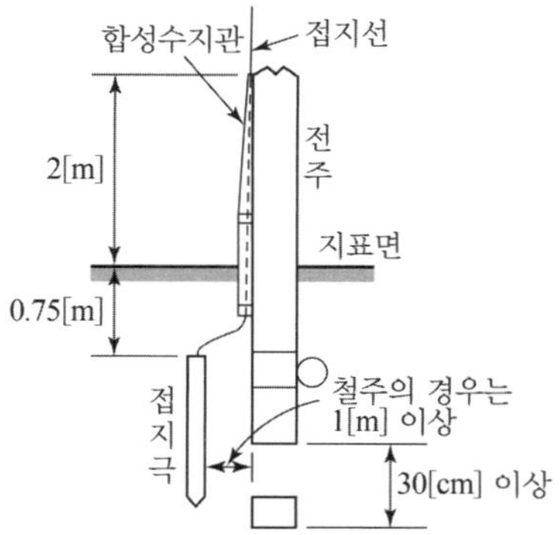

(7) KEC 331.7 가공전선로 지지물의 기초의 안전율

가공전선로의 지지물에 하중이 가하여지는 경우에 그 하중을 받는 지지물의 기초의 안전율은 2이상(단, 이상시 상정하중에 대한 철탑의 기초에 대하여는 1.33)이어야 한다. 다만, 땅에 묻히는 깊이를 다음의 표에서 정한 값 이상의 깊이로 시설하는 경우에는 그러하지 아니하다.

설계하중 / 전장	6.8 [kN] 이하	6.8 [kN] 초과 ~ 9.8 [kN] 이하	9.81 [kN] 초과 ~ 14.72 [kN] 이하
15[m] 이하	전장×1/6[m] 이상	전장×1/6+0.3[m] 이상	전장×1/6+0.5[m] 이상
15[m] 초과~16[m]이하	2.5[m] 이상	2.8[m] 이상	–
16[m] 초과~20[m] 이하	2.8[m] 이상	–	–
15[m] 초과~18[m] 이하	–	–	3[m] 이상
18[m] 초과	–	–	3.2[m] 이상

(8) KEC 334.1 지중전선로의 시설

1) 지중 전선로는 전선에 케이블을 사용하고 또한 관로식 · 암거식(暗渠式) 또는 직접 매설식에 의하여 시설하여야 한다.

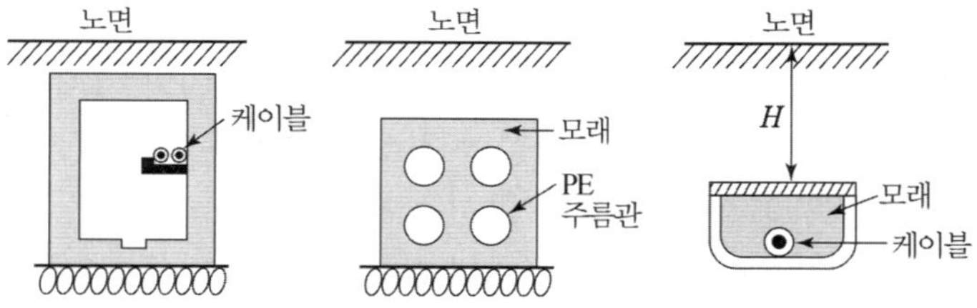

(a) 암거식 (b) 관로식 (c) 직접 매설식

2) 지중 전선로를 직접 매설식에 의하여 시설하는 경우에는 매설 깊이를 차량 기타 중량물의 압력을 받을 우려가 있는 장소에는 1.0[m] 이상, 기타 장소에는 0.6[m] 이상으로 하고 또한 지중 전선을 견고한 트라프 기타 방호물에 넣어 시설하여야 한다.

문제 04 ▸ 출제년도 : 92. 93. 96. ▸ 점수 : 5점

견적도란 무엇인가 간단하게 쓰시오.

답안작성

일반적으로 구조 치수를 나타내는 개요도, 외형도 정도의 것을 사용하는 도면으로 견적서에 첨부하여 피조회자에게 첨부되는 도면

문제 05 ▸ 출제년도 : 94. 96. 99. 03. ▸ 점수 : 6점

전력 퓨즈와 고압 개폐기를 포함한 고압 수전 변전소의 배치도이다. 그림을 보고 점선 이하의 배치도를 단선도로 그리시오.

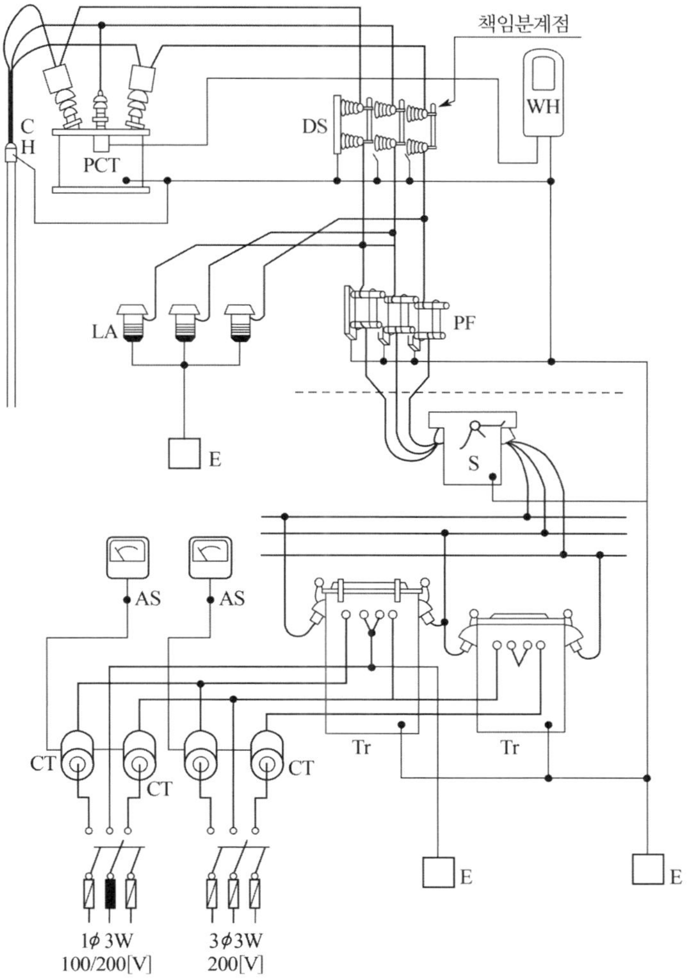

답안작성

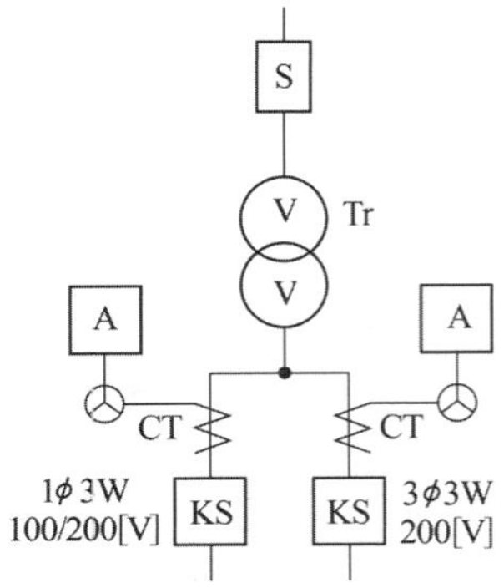

문제 06 ▸ 출제년도 : 96. 99. 01. 02. ▸ 점수 : 4점

3상 4선식 접속의 경우에 그림과 같이 전압선의 표시가 L1상, N상, L3상, L2상으로 표시되었다. L1, N, L3, L2의 전선의 색별은?

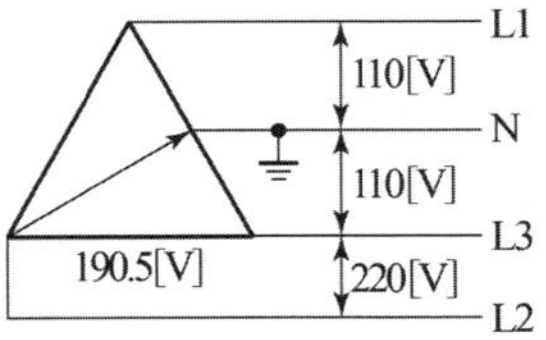

답안작성

- L1상 : 갈색
- L2상 : 검은색
- L3상 : 회색
- N상 : 파란색

해 설

KEC 121.2 전선의 식별

1) 전선의 색상은 표에 따른다.

상(문자)	색상
L1	갈색
L2	검은색
L3	회색
N	파란색
보호도체	녹색-노란색

2) 색상 식별이 종단 및 연결 지점에서만 이루어지는 나도체 등은 전선 종단부에 색상이 반영구적으로 유지될 수 있는 도색, 밴드, 색 테이프 등의 방법으로 표시해야 한다.

문제 07 ▸ 출제년도 : 96. ▸ 점수 : 5점

진상용 콘덴서 선정방법에서 콘덴서의 용량은 평균 사용상태에서 역률이 몇 [%] 정도 되게 선정하는 것이 바람직하며, 콘덴서의 용량은 어떤 식으로 구할 수 있는가 식으로 표시하시오.

답안작성

역률 : 90 [%] 이상

계산식 : $Q_c = P(\tan\theta_1 - \tan\theta_2)$

문제 08 ▸ 출제년도 : 94. 96. ▸ 점수 : 10점

도면은 22.9 [kV-Y]간이 수변전 설비도이다. 도면을 이해하고 물음에 주어진 답안지에 답하시오.

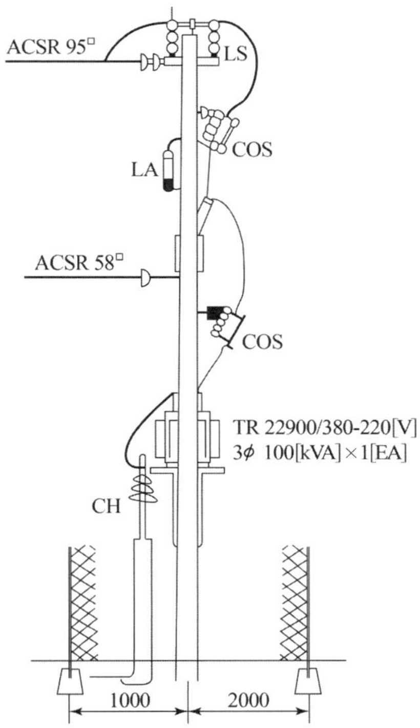

(측면도)

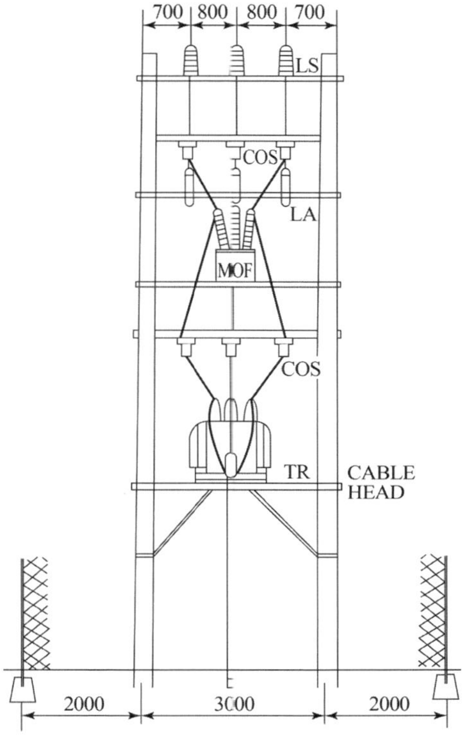

(정면도)

(1) 12 [m] 콘크리트 전주의 표준 근입은 몇 [m]인가?

(2) 현수 애자 254 [mm]는 용도로 무엇을 지지하는가?

(3) 피뢰기 수량은 몇 개인가?

(4) COS의 수량은 몇 개인가?

(5) 현수 애자 191 [mm]는 용도로 무엇을 지지하는가?

답안작성

(1) $12 \times \frac{1}{6} = 2[\text{m}]$

(2) COS 지지

(3) 3개

(4) 6개

(5) 중성선지지

문제 09 ▸ 출제년도 : 93. 96. 99. ▸ 점수 : 10점

다음 주어진 물음에 답하시오.

(1) 3상 수직 배치인 선로에서 오프셋을 주는 이유는 무엇을 방지하기 위한 것인가?

(2) 가공공동지선의 굵기[mm]는?

(3) 초호각의 역할은 무엇인가?

(4) 가공선로용의 경동선에 안전율의 최저값은 얼마인가?

(5) 지선으로 사용되는 전선의 종류는 어떤 철선인가?

답안작성

(1) 전선의 도약에 따른 상부전선과의 접촉에 의한 단락 사고 방지
(2) 4 [mm]
(3) 섬락시 애자련 보호, 애자련의 전압분포 개선
(4) 2.2
(5) 아연도금철선 또는 아연도금 강연선

문제 10 ▸ 출제년도 : 96. 99. ▸ 점수 : 5점

다음 심벌의 WP 명칭과 설치시 바닥면상 몇 [cm] 이상으로 해야 하는가?

답안작성

명칭 : 방수형 콘센트
위치 : 80 [cm]

해 설

방수형 콘센트는 80 [cm] 이상 높이에 취부

문제 11 ▸ 출제년도 : 96. 98. 01. 03. ▸ 점수 : 5점

그림과 같은 철탑을 무슨 철탑이라 하는가?

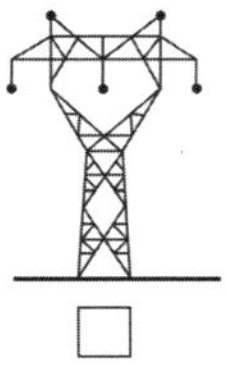

답안작성

우두형 철탑

문제 12 ▸ 출제년도 : 96. ▸ 점수 : 12점

그림은 Y−△ 회로의 일부이다. P010은 모선 접속, P011은 Y 기동용이며 $t=7$초 후 P012로 △운전되며 운전시는 타이머 기구는 복구된다.

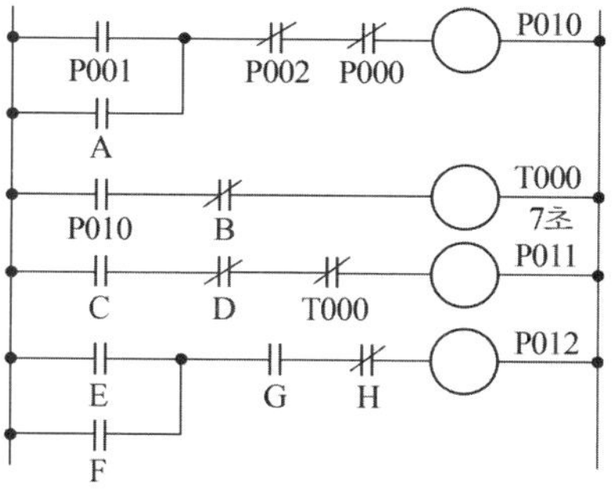

(a)

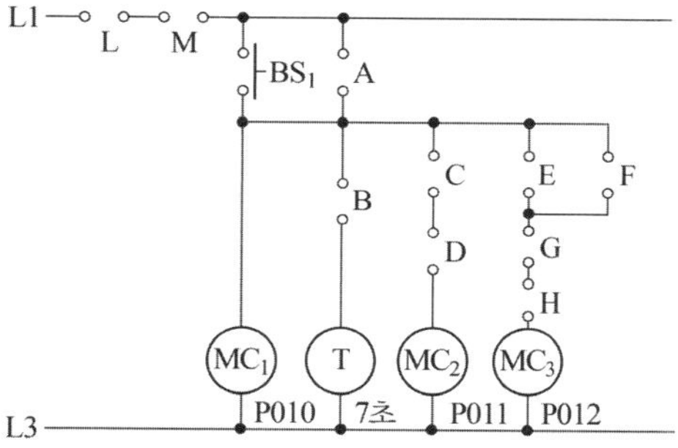

(b)

스텝	명령어	번지
생략	LOAD	P001
	가	A
	AND NOT	P002
	AND NOT	P000
	OUT	P010
	나	P010
	AND NOT	B
	TMR	T000
	〈DATA〉	70
	LOAD	C
	AND NOT	D
	다	T000
	라	P011
	LOAD	E
	OR	F
	마	G
	AND NOT	H
	OUT	P012

(1) 그림 (a)에서 A～H에 알맞은 번지를 쓰시오. 중복이 있다.

(2) 가～마에 알맞은 명령어를 쓰시오.

(3) A～H 중 유지 기능으로만 사용된 것 2개를 쓰시오.

(4) A～H 중 인터록 기능의 것 2개를 쓰시오.

(5) A～H 중 정지 기능으로 사용된 것 2개를 쓰시오.

(6) A～H 중 P001과 같이 기동 기능이 있는 것 1개를 고르시오.

(7) 회로 전체를 정지시킬 수 있는 기능의 기구 2개의 번지를 쓰시오.

(8) 릴레이 시퀀스를 완성하시오. 여기서 T000 —|/|—과 같은 기능이 K이고, M(P002)은 버튼 스위치이며, L은 Thr이다. 타이머의 지연 접점은 각각 독립 단자이다.

답안작성

(1) A : P010　B : P012　C : P010　D : P012
　E : T000　F : P012　G : P010　H : P011

(2) 가 : OR　나 : LOAD　다 : AND NOT　라 : OUT　마 : AND

(3) A, F　(4) D, H

(5) B, G　(6) E

(7) P002, P000

(8)

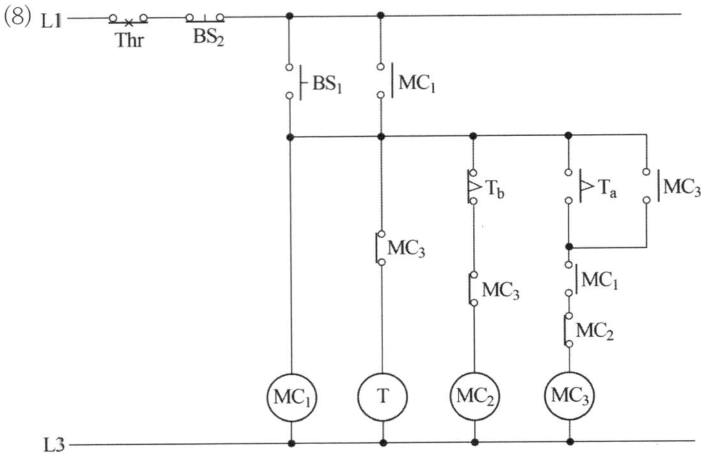

문제 13 ▸ 출제년도 : 96. 99. ▸ 점수 : 4점

다음 도면을 보고 물음에 답하시오.

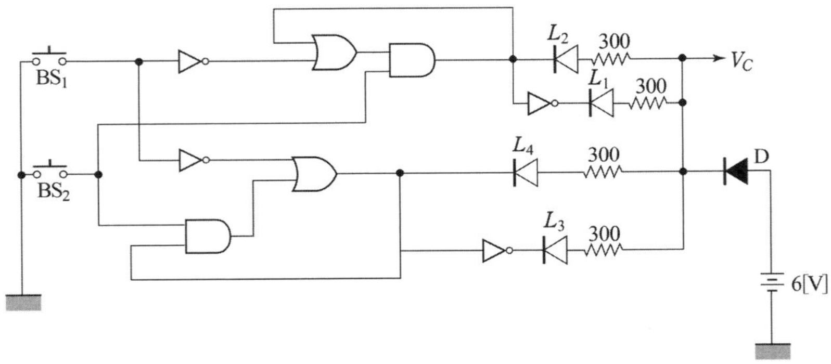

(1) BS_1을 누르면 ( )과 ( )이 점등하고 ( )와 ( )가 소등된다.

(2) BS_2을 누르면 ( )과 ( )가 소등하고 ( )와 ( )이 점등된다(기타 사항 무시함).

답안작성

(1) L_1, L_3, L_2, L_4

(2) L_1, L_3, L_2, L_4

출제기준 변경 및 개정된 관계법규에 따라 삭제된 문제가 있어 배점의 합계가 100점이 안됩니다.

국가기술자격검정 실기시험문제 및 답안지

1996년도 **산업기사** 일반검정 제 7 회			수험번호	성 명	감독위원 확 인
자격종목(선택분야)	시험시간	형별			
전기공사산업기사	2시간 00분				

※ 다음 물음에 답을 해당 답란에 답하시오.(배점 : 100점)

문제 01 ▸출제년도 : 88. 96. 97. 99. ▸점수 : 12점

그림은 6600 [V] CV10 3C×35 [mm^2] 케이블의 단말처리와 단면도이다. 물음에 답하시오.

(1) 도면에서 ①의 부분에 케이블의 도체와 단자의 접속을 할 때 가장 적합한 공법은?

(2) 도면에서 ②의 부분에 사용하는 절연테이프의 명칭은?

(3) 도면에서 ③의 부분에 최외각층의 테이프를 감는 방법은?

(4) 도면에서 ④의 부분에 감은 테이프의 용도는?

(5) 도면에서 ⑤의 부분은 무슨 선인가?

(6) CV의 허용 구부림 반경의 최소치는 케이블 외경의 몇 배인가?

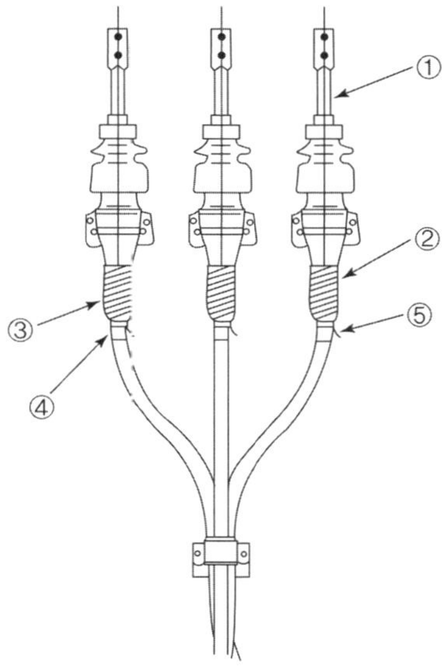

답안작성

(1) 압축 접속 공법

(2) 점착성 폴리에틸렌 절연테이프

(3) 하부에서 상부로 향해서 감는다.

(4) 상색별 구별

(5) 접지도체

(6) 8배

해 설

케이블의 단말처리시 곡률 반지름

3심 일괄(외부 피복이 붙은 것)	완성 바깥지름의 10배
절연체를 노출할 때	완성 바깥지름의 8배

문제 02 ▸출제년도 : 96. 98. 01. ▸점수 : 10점

그림은 154 [kV]를 수전하는 어느 공장의 옥외 수전설비에 대한 단선도이다. 물음에 답하시오.

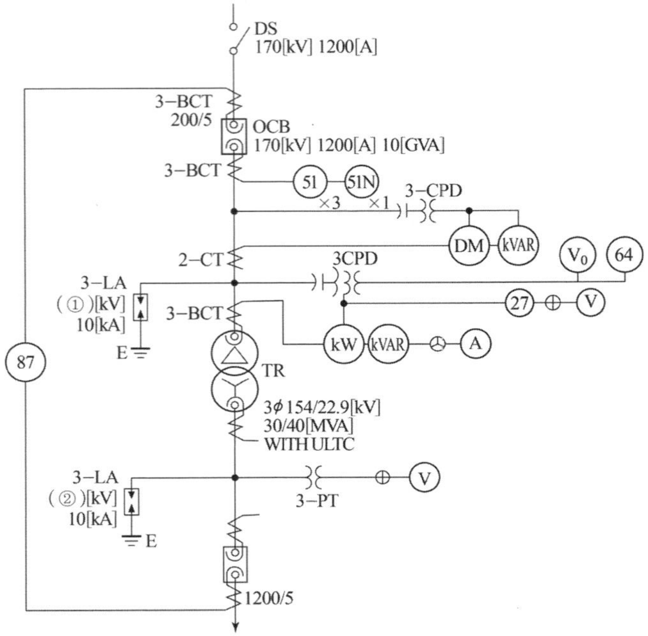

(1) 도면에 표시된 ①의 피뢰기 정격전압은?

(2) 도면에 표시된 ②의 피뢰기 정격전압은?

(3) 도면에 표시된 64의 명칭은?

(4) 도면에 표시된 87의 명칭은?

(5) 도면에 표시된 3상변압기를 복선도로 그리시오.

답안작성

(1) 144 [kV]

(2) 21 [kV]

(3) 지락 과전압 계전기

(4) 전류 차동 계전기 (비율 차동 계전기)

(5)

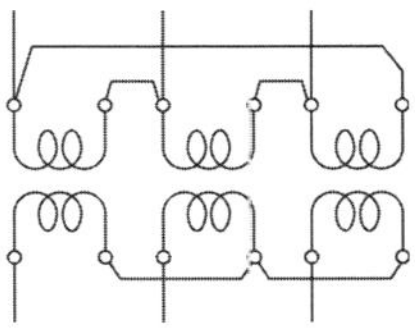

해 설

(1) 피뢰기 정격 전압

전력 계통		피뢰기 정격 전압 [kV]	
전압 [kV]	중성점 접지 방식	변전소	배전 선로
345	유효접지	288	−
154	유효접지	144	−
66	PC접지 또는 비접지	72	−
22	PC접지 또는 비접지	24	−
22.9	3상 4선 다중접지	21	18

[주] 전압 22.9 [kV−Y] 이하의 배전선로에서 수전하는 설비의 피뢰기 정격전압 [kV]은 배전선로용을 적용한다.

(4) 계전기 고유번호

- 87 : 전류 차동계전기 (비율 차동 계전기)
- 87B : 모선 보호 차동계전기
- 87G : 발전기용 차동계전기
- 87T : 주변압기 차동계전기

문제 03 ▸ 출제년도 : 96. ▸ 점수 : 5점

수변전 설비에서 주로 사용하는 특고압의 차단기 종류를 아는 대로 5가지만 쓰시오.

답안작성

① 진공 차단기 ② 유입 차단기
③ 가스 차단기 ④ 공기 차단기
⑤ 자기 차단기

해 설

① 소호 원리에 따른 차단기의 종류

종 류		소 호 원 리
명 칭	약어	
유입 차단기	OCB	소호실에서 아크에 의한 절연유 분해 가스의 열전도 및 압력에 의한 blast을 이용해서 차단
자기 차단기	MBB	대기중에서 전자력을 이용하여 아크를 소호실 내로 유도해서 냉각 차단
공기 차단기	ABB	압축된 공기를 아크에 불어 넣어서 차단
진공 차단기	VCB	고진공 중에서 전자의 고속도 확산에 의해차단
가스 차단기	GCB	고성능 절연 특성을 가진 특수 가스(SF_6)를 이용해서 차단

② 기중 차단기(ACB)는 저압에 사용되는 차단기임.

문제 04 ▸ 출제년도 : 96. 99. ▸ 점수 : 5점

그림과 같이 3대의 주상변압기의 접지저항이 각각 20, 40, 50 [Ω]이다. 가공공동지선을 설치하는 경우 접지저항은 몇 [Ω]이 되는가?

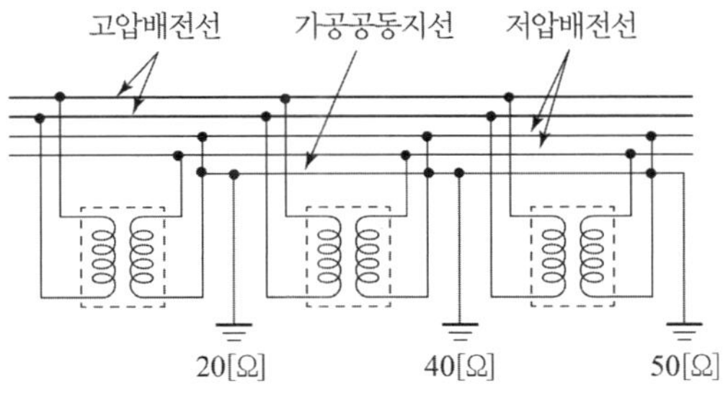

답안작성

계산 : $R = \dfrac{1}{\dfrac{1}{R_1} + \dfrac{1}{R_2} + \cdots + \dfrac{1}{R_n}} = \dfrac{1}{\dfrac{1}{20} + \dfrac{1}{40} + \dfrac{1}{50}} = 10.53\ [\Omega]$

답 : 10.53 [Ω]

문제 05 ▸ 출제년도 : 96. ▸ 점수 : 5점

다음 표준심벌(symbol)의 명칭을 쓰고 이의 복선도를 표시하시오.(단, 전기방식은 3상3선식이다.)

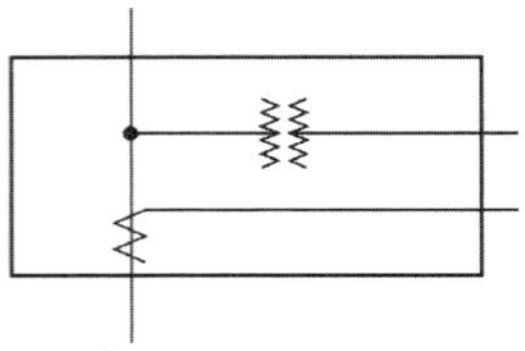

답안작성

•명 칭 : 계기용 변성기

•복선도 :

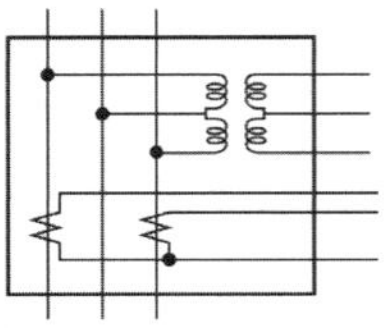

문제 06 ▸ 출제년도 : 95. 96. 97. 01. ▸ 점수 : 5점

전기공사의 간접노무비율이 15 [%], 공사규모 10억 원의 간접노무비율이 14 [%], 공사기간 12개월 이상의 간접노무비율이 17 [%]이다. 이때 간접노무비율은 얼마인가?

답안작성

계산 : 간접 노무비율$=\dfrac{15+14+17}{3}=15.33$ [%]

답 : 15.33 [%]

해 설

간접 노무비율 $=\dfrac{\text{공사 종류별 [\%] + 공사 규모별 [\%] + 공사 기간별 [\%]}}{3}$

문제 07 ▸ 출제년도 : 96. 00. 04. ▸ 점수 : 20점

그림은 램프 회로의 일부로서 서로 등가이다.

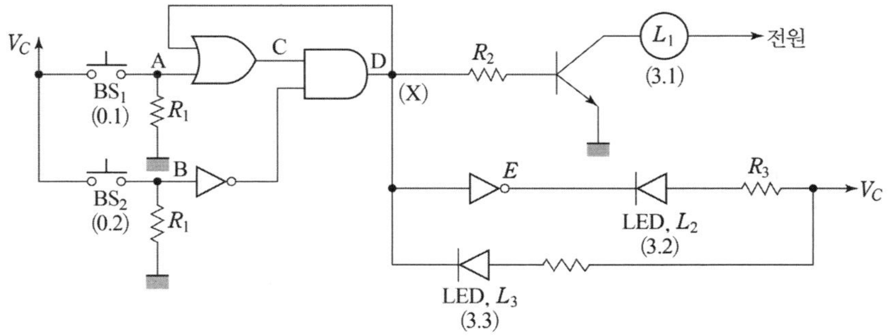

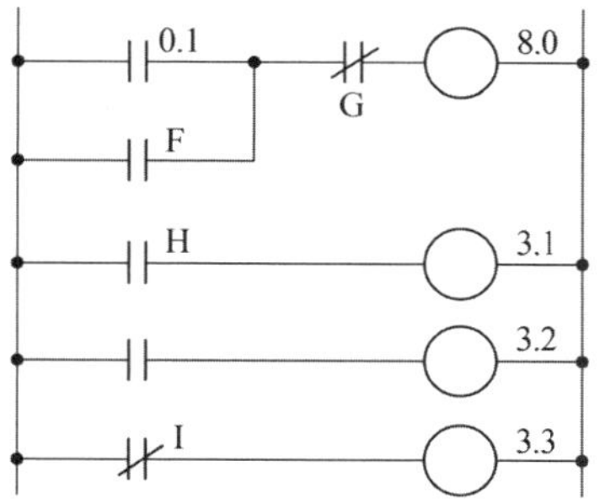

스텝	명령	번지	스텝	명령	번지
0	R	0.1	5	W	3.1
1	(가)	(나)	6	R	(사)
2	(다)	(라)	7	(아)	3.2
3	W	8.0	8	(자)	(차)
4	(마)	(바)	9	W	3.3

(1) X의 논리식을 찾으시오.

① $(A+D)\overline{B}$ ② $\overline{A}\,\overline{D}+B$

③ $AD+\overline{B}$ ④ $B+C$

(2) 램프 L_3이 동작하는 논리식을 (1)번 식에서 찾는다면 어느 것이냐?

(3) PLC 시퀀스에서 F, G, H, I의 번지를 차례로 적으시오.

(4) PLC 프로그램을 완성하시오. 단, 명령은 입력 시작(R), 출력(W), AND(A), OR (O), NOT(N)이다.

(5) BS_1을 눌렀다 놓으면 램프 L_1, L_2가 점등한다. C점, E점의 레벨을 차례로 쓰시오.

(6) 전원을 넣은 상태(정지 상태)에서 A～E 중 H레벨인 점을 찾으시오.

(7) 램프 L_1, L_2가 점등 상태에서 A～E 중 H레벨인 점을 찾으시오.

(8) L_1, L_2가 점등 중 BS_2를 눌렀다 놓았다. 이후 C, D, E점의 레벨 상태를 차례로 표시하시오. (예 : HLH 등)

(9) BS_1을 준 후 다시 BS_2를 주었다. 점등되는 램프는 어느 것이냐?

(10) LED 램프(L_2, L_3)에 흐르는 전류를 무슨 전류라 하느냐?

답안작성

(1) ①

(2) ②

(3) 8.0, 0.2, 8.0, 8.0

(4) (가) O (나) 8.0 (다) AN (라) 0.2 (마) R
(바) 8.0 (사) 8.0 (아) W (자) RN (차) 8.0

(5) H, L

(6) E

(7) C, D

(8) LLH

(9) L_3

(10) 싱크(sink) 전류

문제 08 ▸ 출제년도 : 96. ▸ 점수 : 9점

다음 회로와 타임차트에서 출력 Q의 타임차트를 각각 완성하시오. 여기서 FF는 $\overline{R}\,\overline{S}$ -latch, SMV는 단안정 IC 소자, 555는 타이머용 IC 소자이다.

(1)

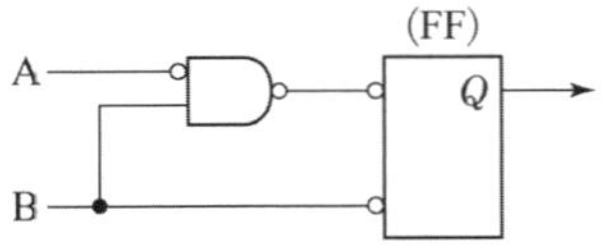

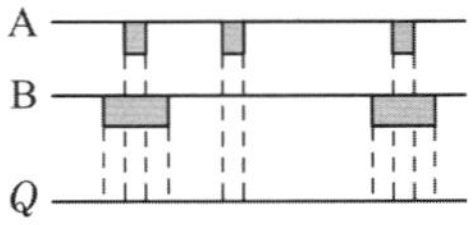

(2)

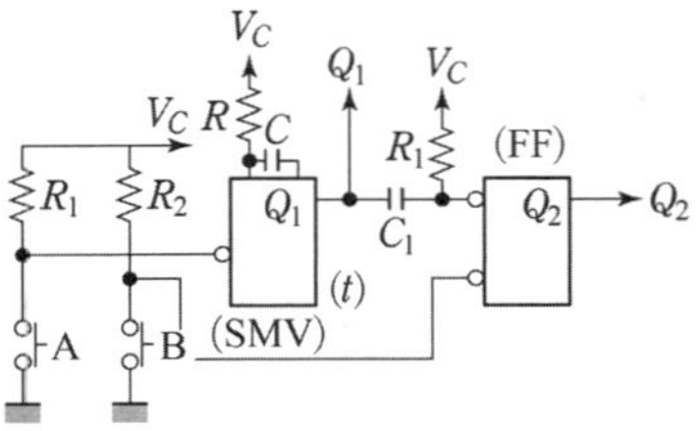

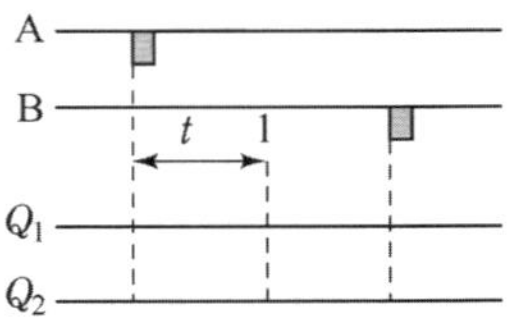

(3)

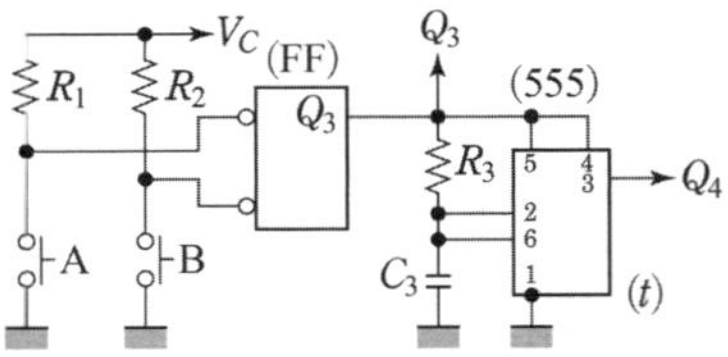

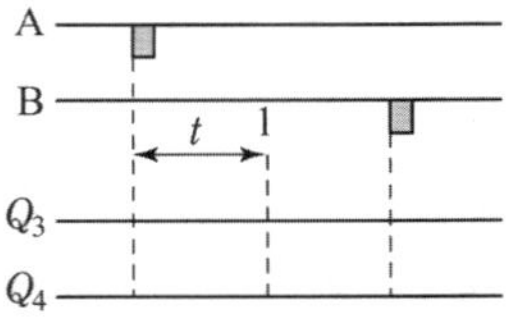

답안작성

(1)

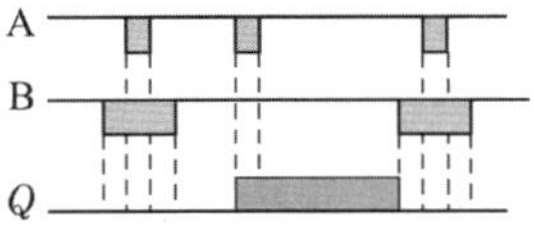

(2)

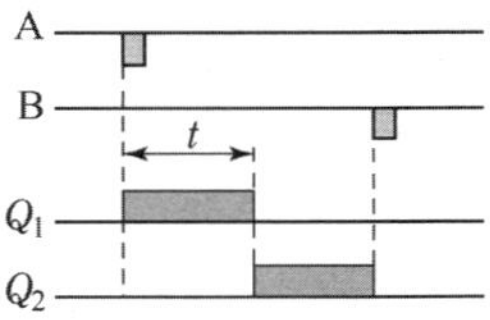

(3)

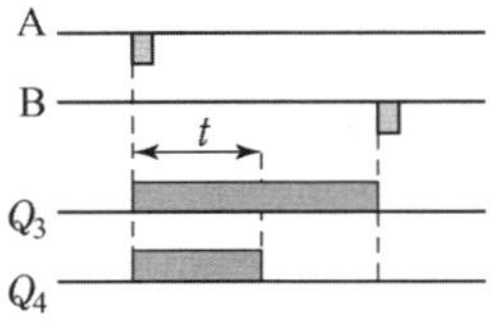

출제기준 변경 및 개정된 관계법규에 따라 삭제된 문제가 있어 배점의 합계가 100점이 안됩니다.

D30-4

1997년도 전기공사산업기사 실기

▸ 97년 제 1 회 전기공사산업기사

▸ 97년 제 2 회 전기공사산업기사

▸ 97년 제 4 회 전기공사산업기사

▸ 97년 제 5 회 전기공사산업기사

▸ 97년 제 7 회 전기공사산업기사

국가기술자격검정 실기시험문제 및 답안지

1997년도 산업기사 일반검정 제 1 회			수험번호	성 명	감독위원 확 인
자격종목(선택분야)	시험시간	형별			
전기공사산업기사	2시간 00분				

※ 다음 물음에 답을 해당 답란에 답하시오.(배점 : 100점)

문제 01 ▸ 출제년도 : 97. ▸ 점수 : 5점

부등률에 대하여 식으로 간단히 설명하시오.

답안작성

$$\text{부등률} = \frac{\text{각각의 최대 수용전력의 합계}}{\text{합성 최대 수용전력}}$$

문제 02 ▸ 출제년도 : 97. ▸ 점수 : 5점

100/5 [A]의 변류기(CT)와 5 [A] 전류계를 이용해서 부하전류를 측정한 경우 전류계의 지시가 4 [A]이었다. 이 때 부하전류는 몇 [A]인가?

답안작성

계산 : $I_1 = 4 \times \frac{100}{5} = 80[\text{A}]$ 답 : 80 [A]

문제 03 ▸ 출제년도 : 97. ▸ 점수 : 5점

가정용 100 [V] 전압을 220 [V]로 승압할 경우 저압전선에 나타나는 효과로서 전압강하율의 감소는 몇 [%]인가?

답안작성

계산 : $\text{전압강하율} \propto \frac{1}{V^2}$ 이므로 $\frac{1}{\left(\frac{220}{100}\right)^2} = 0.2066$

$\therefore \text{전압강하율} = 1 - 0.2066 = 0.7934 = 79.34[\%]$

답 : 79.34 [%] 감소

문제 04 ▸ 출제년도 : 97. ▸ 점수 : 5점

옥내에 사용되는 전선은 절연전선으로 전기용품 안전관리법에 의한 안전인증을 받은 전선으로서 공칭단면적 몇 [mm^2] 이하를 사용해야 하는가?

답안작성

100 [mm^2]

문제 05 ▸ 출제년도 : 93. 97. 99. 04. ▸ 점수 : 15점

다음은 22.9 [kV] 수변전설비 결선도이다. 물음에 답하시오.

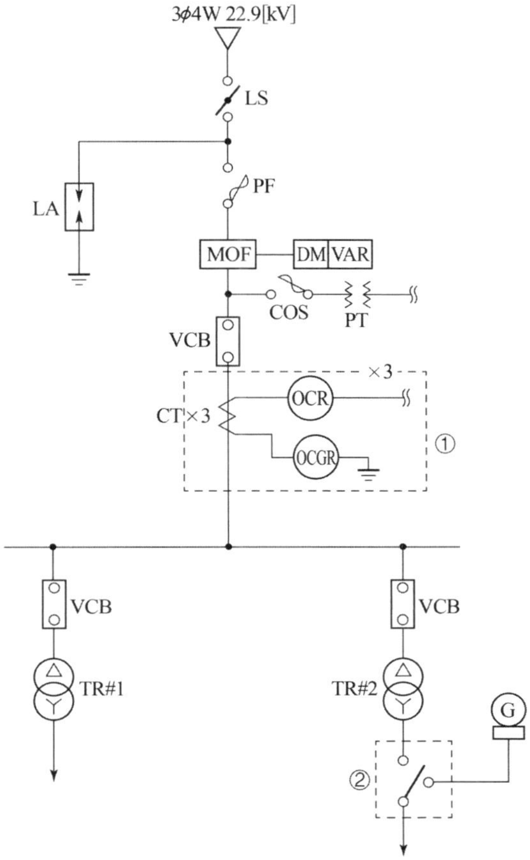

(1) 피뢰기의 전압값을 계산에 의하여 구하고, 최종답은 정격전압 값을 쓰시오.

•계산 : •답 :

(2) P.T의 전압비는?

(3) 점선 ①의 3선결선도를 그리시오.

(4) 변압기 #1에 부하용량이 300 [kW]이고 역률 및 효율이 각각 0.8일 때 변압기 용량 [kVA]를 선정하시오. (단, 수용률은 0.6으로 한다.)

•계산 : •답 :

(5) 점선 ②의 명칭은? (단, 정전시 자동으로 절체되도록 한다.)

답안작성

(1) 계산 : $E_R = \alpha\beta\dfrac{V_m}{\sqrt{3}} = (1.1 \sim 1.3) \times 1.15 \times \dfrac{1.2}{1.1} \times \dfrac{V}{\sqrt{3}} = 0.8 \times 22.9 = 18.32$ [kV]

답 : 18 [kV]

(2) $\dfrac{22900}{\sqrt{3}} \Big/ \dfrac{190}{\sqrt{3}}$

(3)

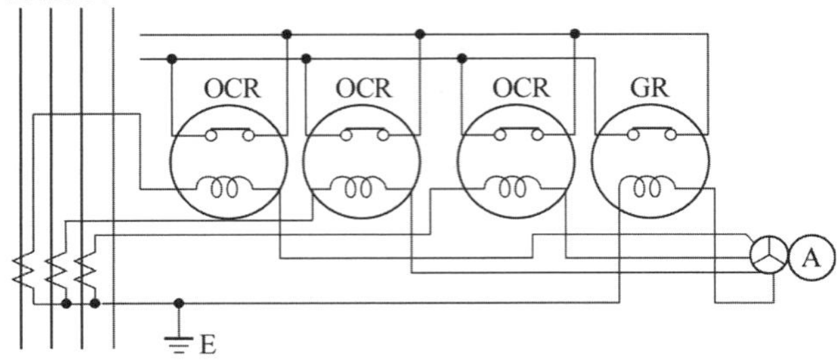

(4) 계산 : 변압기 용량 $= \dfrac{300 \times 0.6}{0.8 \times 0.8} = 281.25$ [kVA] 답 : 300 [kVA] 선정

(5) 자동 절환 개폐장치

해 설

(1) $E_R = \alpha \beta \dfrac{V_m}{\sqrt{3}}$

여기서, E_R : 피뢰기 정격전압, α : 접지계수 (1.1~1.3), β : 유도

V_m : 계통의 최고 선간 전압 $\left(V_m = V \times \dfrac{1.2}{1.1} \right)$

(4) •변압기 용량 [kVA] ≥ 합성 최대 수용 전력

$$= \frac{\text{설비 용량 [kVA]} \times \text{수용률}}{\text{부등률}} = \frac{\text{설비 용량 [kW]} \times \text{수용률}}{\text{부등률} \times \text{역률}}$$

•효율이 주어지면 효율 감안하여 변압기 용량 선정

•부등률이 주어지지 않으면 부등률을 1로 적용

(5) KEC 244.2.1 비상용 예비전원의 시설

상용전원의 정전으로 비상용전원이 대체되는 경우에는 상용전원과 병렬운전이 되지 않도록 다음 중 하나 또는 그 이상의 조합으로 격리조치를 하여야 한다.

1) 조작기구 또는 절환 개폐장치의 제어회로 사이의 전기적, 기계적 또는 전기 기계적 연동
2) 단일 이동식 열쇠를 갖춘 잠금 계통
3) 차단-중립-투입의 3단계 절환 개폐장치
4) 적절한 연동기능을 갖춘 자동 절환 개폐장치
5) 동등한 동작을 보장하는 기타 수단

문제 06 ▸출제년도 : 88. 97. ▸점수 : 5점

최대전류 40 [A]의 특고압 수전의 변류기가 60/5 [A]로 되어 있다. 최대전류의 1.2 배에서 차단기를 동작시키자면 과전류 계전기의 전류탭을 어느 것에 설정하겠는가? 계산식을 쓰고 택하시오. (단, 과전류 계전기의 전류탭은 4 [A], 5 [A], 6 [A], 7 [A], 8 [A], 10 [A], 12 [A]로 되어 있다.)

•계산 : •답 :

답안작성

계산 : $I_t = 40 \times \dfrac{5}{60} \times 1.2 = 4$ [A] 답 : 4 [A]

문제 07 ▸ 출제년도 : 97. ▸ 점수 : 5점

S 그림 기호의 정확한 명칭은?

답안작성

개폐기

문제 08 ▸ 출제년도 : 97. 00. ▸ 점수 : 12점

폭연성 분진이 있는 곳의 금속관 공사이다. 물음에 답하시오.

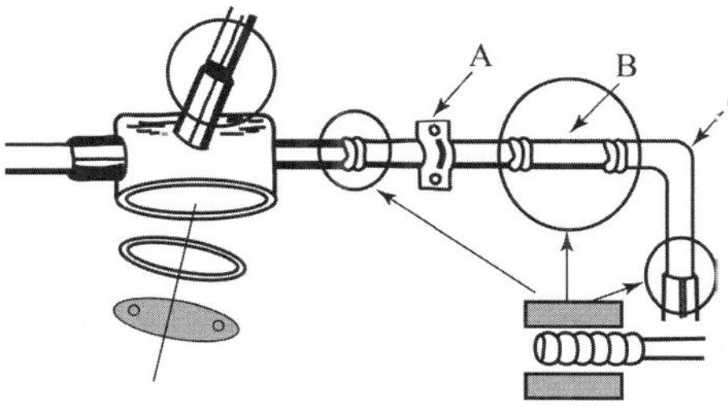

(1) 그림에서 A로 표시된 전선관 부속품의 명칭은?

(2) 그림에서 B로 표시된 전선관 부속품의 명칭은?

(3) 그림에서 C로 표시된 전선관 부속품의 명칭은?

(4) 박스 기타의 부속품 및 풀박스는 쉽게 마모, 부식 기타의 손상을 일으킬 우려가 없도록 하기 위해 쓰이는 재료는?

(5) 그림에서 관상호간 및 관과 박스 기타의 부속품, 풀 박스 또는 전기 기계 기구와는 몇 턱이상 나사 죄임을 하여야 하는가?

(6) 폭연성 분진이란 무엇인가 간단하게 설명하시오.

답안작성

(1) 새들 (2) 커플링 (3) 노멀밴드 (4) 패킹, 부싱, 절연부싱 (5) 5턱

(6) 마그네슘, 알루미늄 등의 먼지가 쌓인 상태에서 착화되었을 때 폭발할 우려가 있는 분진

해 설

(5) KEC 242.2.1 폭연성 분진 위험장소

폭연성 분진 또는 화약류의 분말이 전기설비가 발화원이 되어 폭발할 우려가 있는 곳에 시설하는 저압 옥내 전기설비(사용전압이 400[V] 초과인 방전등을 제외한다.)는 다음에 따르고 또한 위험의 우려가 없도록 시설하여야 한다.

1) 저압 옥내배선, 저압 관등회로 배선, 소세력 회로의 전선은 금속관공사 또는 케이블공사(캡타이어 케이블을 사용하는 것을 제외한다)에 의할 것.

2) 금속관공사에 의하는 때에는 다음에 의하여 시설할 것.

가. 금속관은 박강 전선관 또는 이와 동등 이상의 강도를 가지는 것일 것.

나. 관 상호 간 및 관과 박스 기타의 부속품 · 풀박스 또는 전기기 계기구와는 5턱 이상 나사조임으로 접속할 것

3) 케이블공사에 의하는 때에는 전선은 개장된 케이블 또는 미네럴인슈레이션 케이블을 사용하는 경우 이외에는 관 기타의 방호 장치에 넣어 사용할 것.

4) 이동 전선은 "0.6/1[kV] EP 고무절연 클로로프렌 캡타이어 케이블을 사용하고 또한 손상을 받을 우려가 없도록 시설할 것.

문제 09 ▸ 출제년도 : 97. 99. 02. ▸ 점수 : 6점

다음 문제를 읽고 참고표를 이용하여 주어진 답안지에 식과 답을 쓰시오.

(1) 35 [mm²] NR 전선 6본과 25 [mm²] 1본을 같은 후강전선관에 수용 시공할 때 전선관의 굵기는? (단, 절연체 두께를 포함한 전선의 외경은 35 [mm²]는 10.9 [mm]이고, 25 [mm²]는 9.7 [mm]임. 전선관내 단면적의 32 [%] 수용이고, 표 이외의 기타 사항은 무시한다.)

(2) 어느 건물의 보수 공사를 하는데 전기설비중 형광등 반매입 40 [W]×1, 20등, 선풍기 천장면 4대를 교체하였다. 소요 인공계를 소수점까지 모두 산출하시오. (단, 임의로 소수점 반올림하지 말 것)

[표 1] 형광등 기구 신설 (등당 : 내선 전공)

종별	직부형	팬던트형	반매입 및 매입형	매입아크릴 커버형
10 [W]×1	0.135	0.165	0.20	0.217
20 [W]×1	0.155	0.185	0.235	0.250
〃 ×2	0.195	0.235	0.30	0.32
〃 ×3	0.245	–	–	–
〃 ×4	0.355	–	0.538	0.570
〃 ×5	0.360	–	–	0.581
30 [W]×1	0.165	0.195	0.25	0.266
〃 ×2	–	–	0.34	0.36
40 [W]×1	0.245	0.295	0.375	0.399
〃 ×2	0.305	0.365	0.460	0.488
〃 ×3	0.395	0.475	0.60	0.640
〃 ×4	0.515	–	0.78	0.83
〃 ×5	0.520	–	–	–
〃 ×6	0.525		0.796	0.844
110 [W]×1	0.455	0.545	0.69	0.73
〃 ×2	0.555	0.665	0.84	0.89

[해설] ① 기구 설치, 결선, 지지류 설치, 장내 소운반 및 잔재 정리 포함.
② 매입 또는 반매입 등구의 천장 구멍뚫기 및 후에 설치 별도 가산
③ 광천형 방식은 직부등 적용
④ 철거 30 [%], 재사용 50 [%]
⑤ 방폭형 200 [%]
⑥ Pole Light 등 취부는 직부등 적용
⑦ 형광등 안정기 교환은 대당 등기구 신설품의 110 [%] 적용. 다만, 펜던트형은 직부형 등에 준함.
⑧ 아크릴 간판등(형광등)의 안정기 교환은 매입 커버형 신설등의 110 [%] 적용

[표 2] 후강전선관 신설

전선관의 굵기[호]	내단면적의 32 [%] [mm²]	내단면적의 48 [%] [mm²]	전선관의 굵기[호]	내단면적의 32 [%] [mm²]	내단면적의 48 [%] [mm²]
16	67	101	54	732	1098
22	120	180	70	1216	1825
28	201	301	82	1701	2552
36	342	513	92	2205	3308
42	460	690	104	2843	4265

[표 3] 잡기기 신설 (대당)

종 별	내선 전공
전열기 3 [kW] 이하	0.40
〃 4 [kW] 〃	0.60
〃 10 [kW] 〃	1.00
〃 10 [kW] 초과	1.40
벨	0.1
부저	0.08
도어폰(무기)	0.11
〃 (자기)	0.10
가스 배출기	0.20
선풍기 날개직경 30 [cm] 이하(벽면)	0.20
〃 30 [cm] 이하(천장면)	0.50
환풍기 날개직경 30 [cm] 기준(벽면)	0.48
〃 50 [cm] 기준(천장면)	0.80
적산 전력계 $1\phi 2W$용	0.14
〃 $1\phi 3W$용, $3\phi 3W$	0.21
〃 $3\phi 4W$용	0.32
CT 설치(저고압)	0.4
PT 설치(〃)	0.4
현수용 MOF 설치(고압·복고압)	3.0
거치용 MOF 설치(고압·특고압)	2.0
계기함 설치	0.30
특수 계기함 설치	0.45

[해설] ① 철거 30 [%](재사용 60 [%] 단, 실효 계기 교체에 따른 철거 반입품이 수리 가능 품목일 경우에는 재사용 적용)
② 방폭 200 [%]
③ 아파트등 공동 주택 및 이와 유사한 집단 지역의 동일 구내(현 건물내)에서 10호 이상의 적산전력계 설치시에는 70 [%]
④ 특수 계기함이라 함은 3종 계기함, 농사용 철제 계기함, 집합 계기함 및 저압 변류기용 계기함을 말한다.
⑤ 거치용 MOF를 주상에 설치시에는 본품의 180 [%](설치대 조립품 포함)
⑥ 전극봉 지지기에는 전극봉의 취부 및 조정률 포함. 다만, 보호함의 취급품은 별도 계상하며, 보호함의 취부품은 풀박스 취부품에 준한다.

답안작성

(1) 총 단면적 $= \frac{\pi}{4}d^2 \times n$에서

$$= \frac{\pi}{4} \times 10.9^2 \times 6 + \frac{\pi}{4} \times 9.7^2 = 633.78[\text{mm}^2]$$

표 2 내단면적의 32 [%] 난에서 633.78 [mm^2]를 초과하는 732 [mm^2]인 54 [호] 선정

(2) 형광등 : 표 1에서 내선전공 : $20 \times (0.3+1) \times 0.375 = 9.75$ [인]

선풍기 : 표 3에서 내선전공 : $4 \times (0.3+1) \times 0.5 = 2.6$ [인]

답 : 계 : $9.75 + 2.6 = 12.35$ [인]

문제 10 ▸ 출제년도 : 88. 96. 97. 99. ▸ 점수 : 6점

그림은 6600 [V] CV10 3C×35 [mm^2] 케이블의 단말처리와 단면도이다. 물음에 답하시오.

(1) 도면에서 ①의 부분에 케이블의 도체와 단자의 접속을 할 때 가장 적합한 공법은?

(2) 도면에서 ②의 부분에 사용하는 절연테이프의 명칭은?

(3) 도면에서 ③의 부분에 최외각층의 테이프를 감는 방법은?

(4) 도면에서 ④의 부분에 감은 테이프의 용도는?

(5) 도면에서 ⑤의 부분은 무슨 선인가?

(6) CV의 허용 구부림 반경의 최소치는 케이블 외경의 몇 배인가?

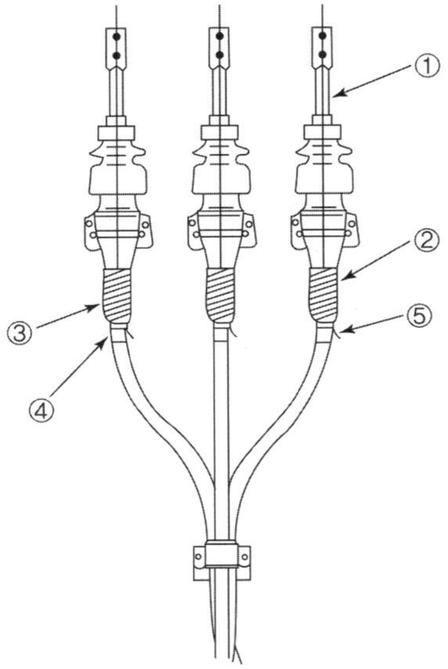

답안작성

(1) 압축 접속 공법
(2) 점착성 폴리에틸렌 절연테이프
(3) 하부에서 상부로 향해서 감는다.
(4) 상색별 구별
(5) 접지도체
(6) 8배

해 설

케이블의 단말처리시 곡률 반지름

3심 일괄(외부 피복이 붙은 것)	완성 바깥지름의 10배
절연체를 노출할 때	완성 바깥지름의 8배

문제 11 ▸ 출제년도 : 97. ▸ 점수 : 5점

특고압 선로 25000 [V] 이하에 쓰이는 CN-CV-W 전력케이블은 어떤 계통의 선로에 주로 쓰이는가?

답안작성

다중접지계통(Y계통)

문제 12 ▸ 출제년도 : 97. 00. 05. ▸ 점수 : 16점

도면은 리액터 기동회로의 일부를 그린 것이다. 물음에 답하시오.

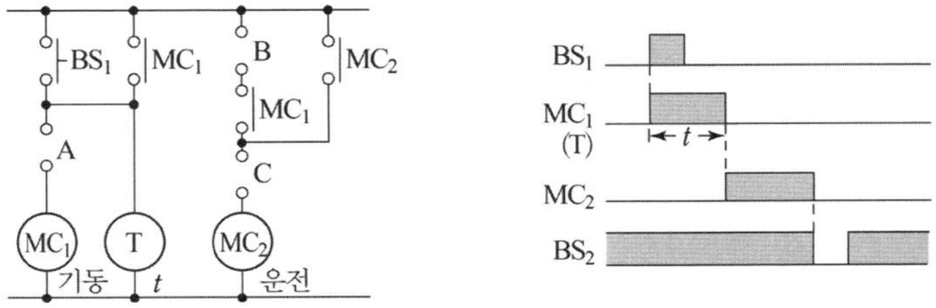

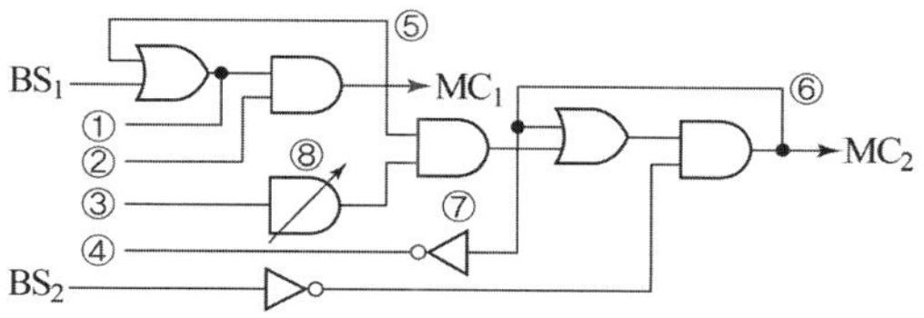

(1) 릴레이 회로의 A, B, C를 각각의 접점기구를 그리고 이름을 쓰시오.

(2) 로직회로의 ①~④중에서 서로 연결하여 회로를 완성하시오.

(3) 로직회로의 ⑤~⑧과 같은 기능을 릴레이 회로에서 찾아 접점 이름(예 : $MC_{1(a)}$, A)를 각각 쓰시오.

(4) 릴레이 회로의 접점기구는 7개이다. 여기서 기동 기능은 (가), (나) 정지기능은 (다), (라) 유지기능은 (마), (바) 기동준비 기능은 (사)이다. ( )안에 각각 접점 이름을 쓰시오. (예 : $MC_{1(a)}$, A)

답안작성

(1) A : 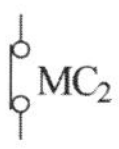

B : 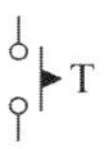

C : 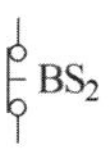

(2) ① - ③, ② - ④

(3) ⑤ $MC_{1(a)}$　⑥ $MC_{2(a)}$　⑦ $MC_{2(b)}$　⑧ $T_{(a)}$

(4) (가) BS_1　(나) B　(다) A　(라) C

(마) $MC_{1(a)}$　(바) $MC_{2(a)}$　(사) $MC_{1(a)}$

문제 13 ▸출제년도 : 97. 00. ▸점수 : 5점

다음 그림은 물건을 오르내리는 소형 호이스트의 로직회로이다. 다음 물음에 답하시오. (단, AND(A), OR(O), NOT(N), R(시작), W(출력) 명령어이다. 또, BS를 먼저 그린다.)

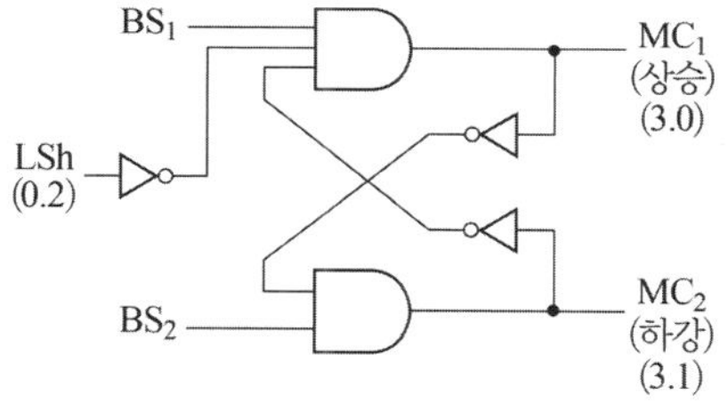

(a)

step	op	add
0	R	0.0
1	( )	0.2
2	( )	3.1
3	W	3.0
4	R	0.1
5	( )	3.0
6	R	3.1

(b)

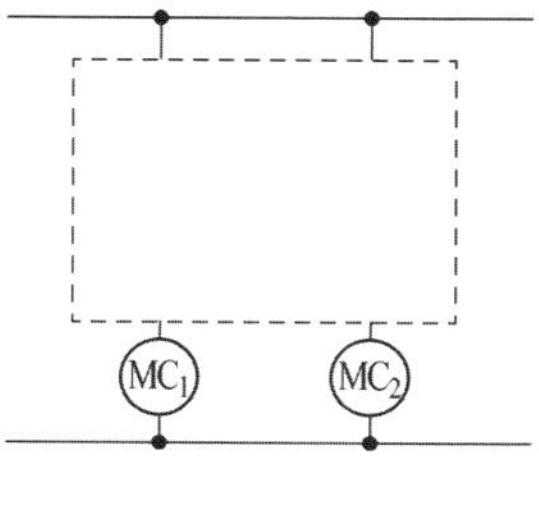

(c)

(1) (b) 그림의 PLC 프로그램의 (　　) 안에 알맞은 명령어를 쓰시오.

(2) (c) 그림의 릴레이 시퀀스를 답란에 완성하고, 문자기호를 쓰시오.

답안작성

(1) ① AN　　② AN　　③ AN

(2)

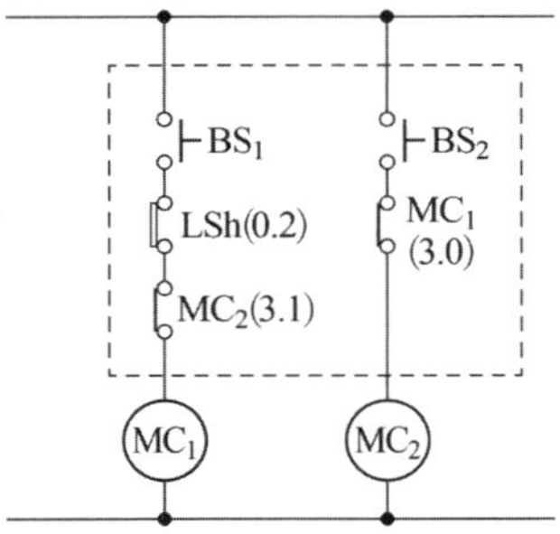

문제 14 ▸ 출제년도 : 94. 97. 00. 01. ▸ 점수 : 5점

그림은 릴레이 동작체크 회로이다. 릴레이 X, Y, Z 중 하나만 동작하는 경우와 모두 동작하는 경우 논리시퀀스 회로를 그리시오.

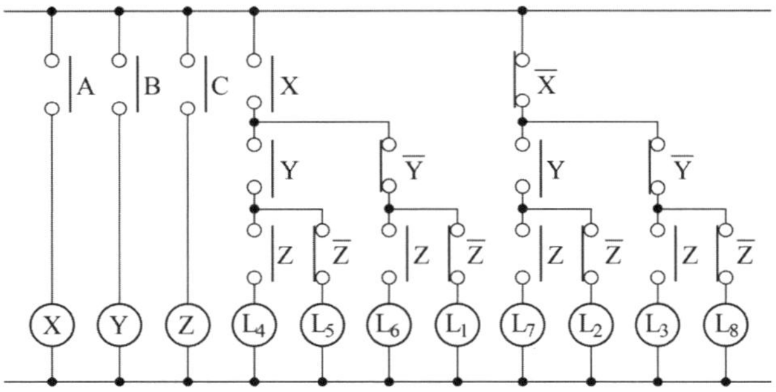

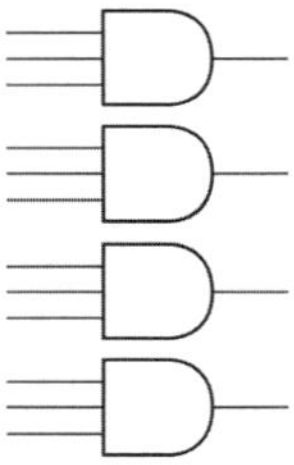

답안작성

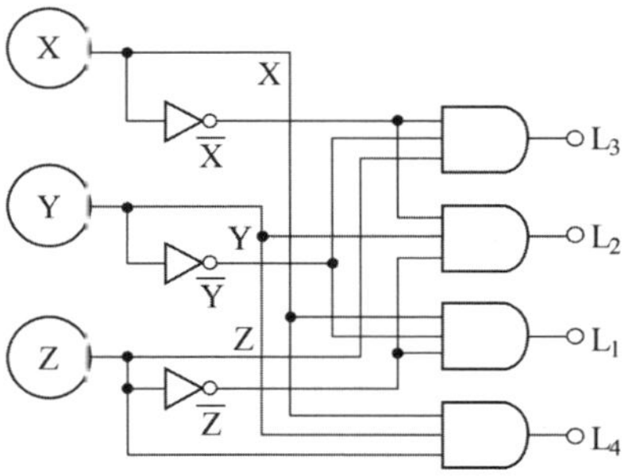

국가기술자격검정 실기시험문제 및 답안지

1997년도 산업기사 일반검정 제 2 회

자격종목(선택분야)	시험시간	형별	수험번호	성 명	감독위원 확 인
전기공사산업기사	2시간 00분				

※ 다음 물음에 답을 해당 답란에 답하시오.(배점 : 100점)

문제 01 ▸ 출제년도 : 97. ▸ 점수 : 5점

계기용 변류기를 사용하여 전류계를 접속하려 한다.
다음 그림을 완성하고 전류의 방향을 표시 하시오.
단, 전류계의 전전류는 I_2로 한다.

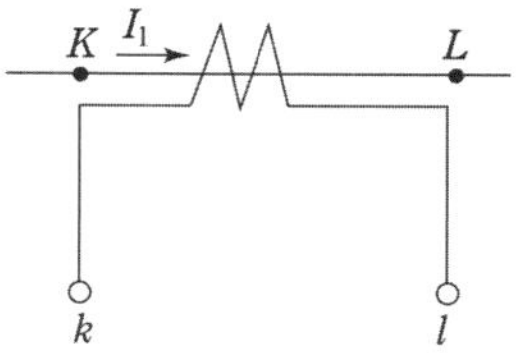

답안작성

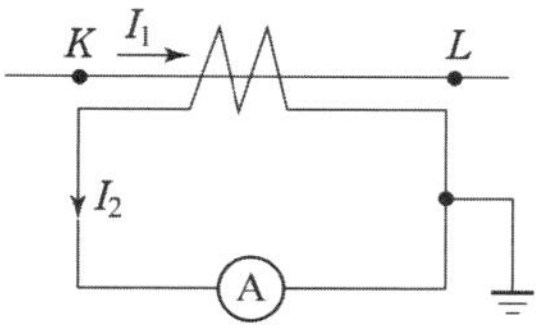

문제 02 ▸ 출제년도 : 93. 97. ▸ 점수 : 5점

다음 그림은 지지물에 대한 기호이다. 명칭을 주어진 답안지에 쓰시오.

(1) 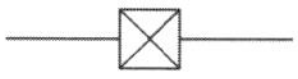

(2) 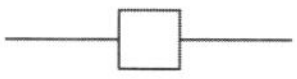

(3) 

(4) 

(5) 

답안작성

(1) 철탑
(2) 철주
(3) 철근 콘크리트주
(4) 지선
(5) 지주

문제 03 ▸ 출제년도 : 97. ▸ 점수 : 5점

22.9 [kV] 선로의 저압 인입장주도에서 인류 스트랍이란 자재가 있다. 어디에 쓰이는 자재인가 간단하게 쓰시오.

답안작성

저압 인류애자와 함께 인입선 가선공사에 사용하는 금구

문제 04 ▸ 출제년도 : 97. 99. ▸ 점수 : 8점

6.6 [kV] 325□ 3C 가교 폴리에틸렌 케이블 100 [m]를 구내(옥외)의 기존 전선관 내에 포설하려고 한다. 케이블에 대한 재료비와 인공과 공구 손료를 구하시오. 단, 케이블 1 [m]당 가격은 52,540원이고, 해당되는 노임 단가는 50,000원이다.

전력 케이블 신설 (m당)

P.V.C 및 고무절연외장 케이블	케이블공
600 [V] 14 [mm^2] 1C	0.020
〃 22 〃	0.026
〃 30 〃	0.030
600 [V] 38 [mm^2] 1C	0.036
〃 50 〃	0.043
〃 60 〃	0.049
〃 80 〃	0.060
〃 100 〃	0.071
〃 125 〃	0.084
150 〃	0.097
〃 200 〃	0.117
〃 250 〃	0.142
〃 325 〃	0.172
〃 400 〃	0.205
〃 500 〃	0.240
〃 600 〃	0.277
〃 725 〃	0.319
〃 850 〃	0.359
〃 1,000 〃	0.406

[해설] ① 전선관, Rack, Duct, Pit, 공동구, Saddle부설 기준
② 600 [V] 8 [mm^2] 이하는 제어용케이블 신설 준용
③ 직매시 80 [%]
④ 철거 50 [%], 재사용 철거(단, 드럼감기품 포함) 90 [%]
⑤ 2심은 140 [%], 3심은 200 [%], 4심은 260 [%]
⑥ 연피벨트지 케이블 120 [%]
⑦ 강대개장 케이블은 150 [%], 동심중성선형 케이블(CNCV) 110 [%]
⑧ 전압에 대한 가산률 적용
3.3 [kV] 10 [%] 증
6.6 〃 20 〃
11 〃 30 〃
22 〃 50 〃
66 〃 80 〃
⑨ 사용 케이블의 공칭전압에 따라 케이블공 직종을 구분 적용한다.
⑩ 부하용 변압기 2차측에 사용되는 케이블 포설은 이 품을 적용한다.

답안작성

재 료 비 : $100 \times 1.03 \times 52{,}540 = 5{,}411{,}620$ [원]

인 공 : $100 \times 0.172 \times 2 \times (1+0.2) = 41.28$ [인]

공구손료 : $41.28 \times 50{,}000 \times 0.03 = 61{,}920$ [원]

문제 05 ▸ 출제년도 : 97. 02. ▸ 점수 : 8점

수변전 설비에서 CT와 PT에 대하여 물음에 답하시오.

(1) PT의 1차측과 2차측에 퓨즈를 접속해야 하는 이유를 간단히 설명하시오.

(2) CT의 1차측에 퓨즈를 접속할 수 없는 이유는?

답안작성

(1) 부하측 및 PT에 고장이 발생하였을 경우 이를 고압 회로로부터 분리함으로써 PT 보호 및 사고 확대를 방지하기 위하여

(2) CT 1차측에 퓨즈를 넣으면 과전류가 흐를 때 단선되어 OCR이 동작되지 않아 차단기를 동작시킬 수 없게 된다.

문제 06 ▸ 출제년도 : 94. 97. ▸ 점수 : 16점

다음 그림은 시가지에 시설한 고압 전선로에서 자가용 수용가에 구내 전주를 경유해서 옥외 수전 설비에 이르는 전선로 및 시설의 실체도이다. 물음에 답하시오.

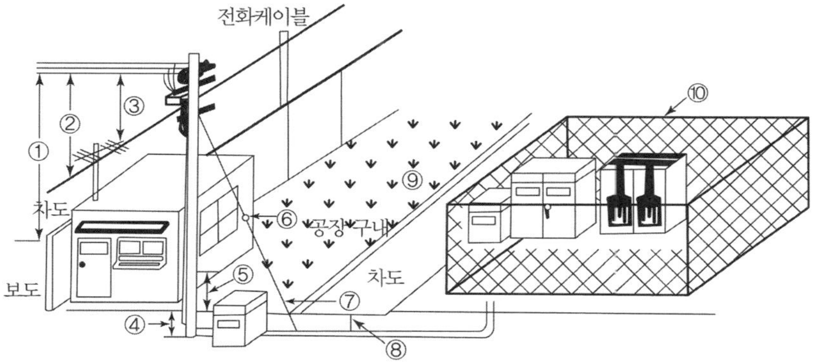

(1) 그림에 표시된 ①에서 고압 가공전선이 차도를 횡단하는 경우 지표상의 높이는 몇 [m] 이상인가?

(2) 그림에 표시된 ②에서 고압 가공전선과 전화 케이블의 이격거리는 몇 [cm] 이상인가?

(3) 그림에 표시된 ③에서 고압 가공전선과 TV 안테나의 이격거리는 몇 [cm] 이상인가?

(4) 그림에 표시된 ④에서 전주가 땅에 묻히는 길이는 몇 [m]인가? (단, 인입주는 전장 15 [m]의 콘크리트주이고 설계하중은 6.8 [kN]이다.)

(5) 그림에 표시된 ⑤에서 발판 볼트의 지표상 높이는 몇 [m]인가?

(6) 그림에 표시된 ⑥에서 이 물품의 사용 목적은 무엇인가?

(7) 그림에 표시된 ⑦에서 사용되는 소선의 가닥수는 얼마인가?

(8) 그림에 표시된 ⑧에서 지중 전선로의 차도에서의 매설 깊이는 몇 [m] 이상인가?

답안작성

(1) 6 [m]　　(2) 80 [cm]　　(3) 80 [cm]

(4) 땅에 묻히는 깊이 $= 15 \times \frac{1}{6} = 2.5$[m]　　(5) 1.8 [m]

(6) 감전 사고 방지　　(7) 3가닥　　(8) 1 [m]

해 설

(1) KEC 332.5 고압 가공전선의 높이

설치장소		가공전선의 높이
도로횡단 (번잡하지 않은 도로 제외)		지표상 6 [m] 이상
철도 또는 궤도 횡단		레일면상 6.5 [m] 이상
횡단보도교위	저압	노면상 3.5 [m] 이상(단, 절연전선의 경우 3 [m] 이상)
	고압	노면상 3.5 [m] 이상
일반장소		지표상 5 [m] 이상. 단, 저압의 경우 절연전선 또는 케이블을 사용하여 교통에 지장이 없도록 하여 옥외조명용에 공급하는 경우 4 [m]까지 감할 수 있다.
다리의 하부 기타 이와 유사한 장소		저압의 전기철도용 급전선은 지표상 3.5 [m] 까지로 감할 수 있다.

(2) KEC 332.13 고압 가공전선과 가공약전류전선 등의 접근 또는 교차
저·고압 가공전선과 가공약전류 전선과의 이격거리는 표 에서 정한 값 이상일 것.

가공 약전류 전선	저압 가공전선		고압 가공전선	
	저압 절연전선	고압 절연전선 또는 케이블	절연전선	케이블
일반	0.6 [m]	0.3 [m]	0.8 [m]	0.4 [m]
절연전선 또는 통신용 케이블인 경우	0.3 [m]	0.15 [m]		

(3) KEC 332.14 고압 가공전선과 안테나의 접근 또는 교차
가공전선과 안테나 사이의 이격거리

	가공전선로 전선	저압	고압
안테나	일반적인 경우	0.6 [m]	0.8 [m]
	고압·특고압 절연전선	0.3 [m]	0.8 [m]
	케이블	0.3 [m]	0.4 [m]

(4) KEC 331.7 가공전선로 지지물의 기초의 안전율
가공전선로의 지지물에 하중이 가하여지는 경우에 그 하중을 받는 지지물의 기초의 안전율은 2이상(단, 이상시 상정하중에 대한 철탑의 기초에 대하여는 1.33)이어야 한다. 다만, 땅에 묻히는 깊이를 다음의 표에서 정한 값 이상의 깊이로 시설하는 경우에는 그러하지 아니하다.

(5) KEC 331.4 가공전선로 지지물의 철탑오름 및 전주오름 방지
가공전선로의 지지물에 취급자가 오르고 내리는데 사용하는 발판 볼트 등을 지표상 1.8 [m] 미만에 시설하여서는 아니 된다.

설계하중 / 전장	6.8 [kN] 이하	6.8 [kN] 초과 ~ 9.8 [kN] 이하	9.81 [kN] 초과 ~ 14.72 [kN] 이하
15[m] 이하	전장×1/6[m] 이상	전장×1/6+0.3[m] 이상	전장×1/6+0.5[m] 이상
15[m] 초과~16[m]이하	2.5[m] 이상	2.8[m] 이상	−
16[m] 초과~20[m] 이하	2.8[m] 이상	−	−
15[m] 초과~18[m] 이하	−	−	3[m] 이상
18[m] 초과	−	−	3.2[m] 이상

(8) KEC 334.1 지중전선로의 시설

① 지중 전선로는 전선에 케이블을 사용하고 또한 관로식 · 암거식(暗渠式) 또는 직접 매설식에 의하여 시설하여야 한다.

② 지중 전선로를 관로식 또는 암거식에 의하여 시설하는 경우에는 다음에 따라야 한다.

가. 관로식에 의하여 시설하는 경우에는 매설 깊이를 1.0[m] 이상으로 하되, 매설 깊이가 충분하지 못한 장소에는 견고하고 차량 기타 중량물의 압력에 견디는 것을 사용할 것. 다만 중량물의 압력을 받을 우려가 없는 곳은 0.6[m] 이상으로 한다.

나. 암거식에 의하여 시설하는 경우에는 견고하고 차량 기타 중량물의 압력에 견디는 것을 사용할 것.

③ 지중 전선로를 직접 매설식에 의하여 시설하는 경우에는 매설 깊이를 차량 기타 중량물의 압력을 받을 우려가 있는 장소에는 1.0[m] 이상, 기타 장소에는 0.6[m] 이상으로 하고 또한 지중 전선을 견고한 트라프 기타 방호물에 넣어 시설하여야 한다.

문제 07

▸ 출제년도 : 92. 97. ▸ 점수 : 5점

피뢰기를 시설해야 하는 곳을 4개소로 요약하여 열거하시오.

답안작성

① 발전소 · 변전소 또는 이에 준하는 장소의 가공전선 인입구 및 인출구
② 특고압 가공전선로에 접속하는 배전용 변압기의 고압측 및 특고압측
③ 고압 및 특고압 가공전선로로부터 공급을 받는 수용장소의 인입구
④ 가공전선로와 지중전선로가 접속되는 곳

해 설

KEC 341.13 피뢰기의 시설
고압 및 특고압의 전로 중 다음에 열거하는 곳 또는 이에 근접한 곳에는 피뢰기를 시설하여야 한다.
1) 발전소 · 변전소 또는 이에 준하는 장소의 가공전선 인입구 및 인출구
2) 특고압 가공전선로에 접속하는 배전용 변압기의 고압측 및 특고압측
3) 고압 및 특고압 가공전선로로부터 공급을 받는 수용장소의 인입구
4) 가공전선로와 지중전선로가 접속되는 곳

문제 08

▸ 출제년도 : 97. 05. ▸ 점수 : 5점

배선심벌은 2.5 [mm^2] NR 전선 2가닥으로 천정은폐 배선한 방식이다. 어떤 배관으로 시공되었는지 표시하시오.

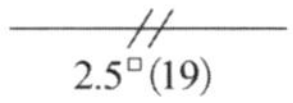

답안작성

19 [호] 박강전선관

해 설

금속관의 종류

종 류	관의 호칭 [호]
후강 전선관(근사내경, 짝수)	16 22 28 36 42 54 70 82 92 104
박강 전선관(근사외경, 홀수)	19 25 31 39 51 63 75
나사없는 전선관	박강 전선관과 치수가 같다.

문제 09 ▸ 출제년도 : 91. 93. 95. 97. ▸ 점수 : 5점

3상 3선식 회로에서 구내배선의 긍장이 45 [m], 부하의 최대 전류 300 [A] 배선의 전압 강하는 6 [V]로 하고자 하는 경우 전선의 굵기는?

•계산 : •답 :

답안작성

계산 : $A=\dfrac{30.8\cdot LI}{1000\cdot e}=\dfrac{30.8\times 45\times 300}{1000\times 6}=69.3\ [\text{mm}^2]$

답 : 70 [mm²]

해 설

•전선규격

1.5, 2.5, 4, 6, 10, 16, 25, 35, 50, 70, 95, 120, 150, 185, 240, 300, 400, 500, 630 $[\text{mm}^2]$

문제 10 ▸ 출제년도 : 92. 93. 94. 96. 97. 04. ▸ 점수 : 5점

심선 1선의 지름이 2.3 [mm]이고 소선수가 37인 연선의 공칭단면적은?

답안작성

계산 : 공칭단면적 $A=\dfrac{1}{4}\pi d^2 N=\dfrac{1}{4}\times\pi\times 2.3^2\times 37=150[\text{mm}^2]$

답 : 150 $[\text{mm}^2]$

해 설

연선의 단면적 = 소선 1개의 단면적×총 소선수

문제 11 ▸ 출제년도 : 89. 97. 00. 04. 07. ▸ 점수 : 5점

경간 200 [m]인 가공 송전선로가 있다. 전선 1 [m]당 무게는 2.0 [kg]이고 풍압 하중이 없다고 한다. 인장 강도 4000 [kg]의 전선을 사용할 때 딥과 전선의 실제 길이를 구하시오. 단, 안전율은 2.2로 한다.

답안작성

① 딥

계산 : $D=\dfrac{WS^2}{8T}=\dfrac{2.0\times 200^2}{8\times 4000/2.2}=5.5\ [\text{m}]$

답 : 5.5 [m]

② 전선의 실제 길이

계산 : $L=S+\dfrac{8D^2}{3S}=200+\dfrac{8\times 5.5^2}{3\times 200}=200.4\ [\text{m}]$

답 : 200.4 [m]

문제 12 ▸ 출제년도 : 93, 97. ▸ 점수 : 5점

다음 동작설명과 참고표를 이용하여 주어진 답안지에 회로도를 작성하시오.

[참고사항] 다음 기호 및 약호를 참고로 하여 그리시오.

전자 개폐기 : (MC)　　릴레이 : (X)　　타이머 : (T)

표시등 : (PL)　　누름 버튼 스위치 : (Pb)　　퓨즈 : (f)

셀렉터 스위치(S.S) : —o<

[동작]

1. 3상 전원(RST)에 NFB와 MC_1, MC_2, Thr를 이용하여 전동기의 정·역운전이 되도록 주회로를 완성하시오.
2. 전원이 제어회로 (f_1)과 (f_2)를 통해 들어오면 PL_1이 점등된다. 이때 MC_1이나 MC_2가 동작되면 PL_1이 소등된다.
3. SS가 H(수동) 상태에서
   ⓐ Pb_2를 누르면 PL_2가 점등되며, MC_1이 동작, 자기유지 되며 전동기는 정회전한다. 이때 Pb_1을 누르면 PL_2가 소등되며 MC_1의 동작을 멈추게 되어 전동기는 정지한다.
   ⓑ Pb_4를 누르면 PL_3가 점등되며 MC_2가 동작, 자기유지 되며 전동기는 역회전한다. 이때 Pb_3를 누르면 PL_3가 소등되며 MC_2의 동작이 멈추게 되어 전동기는 정지한다.
   ※ 전동기의 동작이 안정되게 하기 위하여 MC_1과 MC_2의 여자 코일에 인터록 회로를 사용하도록 한다.
4. SS가 A(자동) 상태에서
   ⓐ Pb_5를 누르면 X_1과 T_1이 동작, T_1에 의하여 자기유지 되며 X_1 접점에 의하여 MC_1이 동작, 전동기는 정회전한다. T_1의 설정된 시간 후 X_1과 T_1 동작이 멈추게 되어 MC_1에 의해 전동기는 정지한다.
   ⓑ Pb_6을 누르면 X_2와 T_2에 의하여 자기유지 되며 X_2 접점에 의하여 MC_2가 동작, 전동기는 역회전한다. T_2의 설정된 시간 후 X_2와 T_2가 동작이 멈추게 되어 MC_2에 의한 전동기는 정지한다.
   ※ X_1과 X_2의 여자코일에 인터로크 회로를 사용하여 안정된 동작이 되도록 한다.
5. 전동기의 과부하로 Thr이 동작되면 PL_0와 BZ가 동작되며 PL_1이 점등된다.

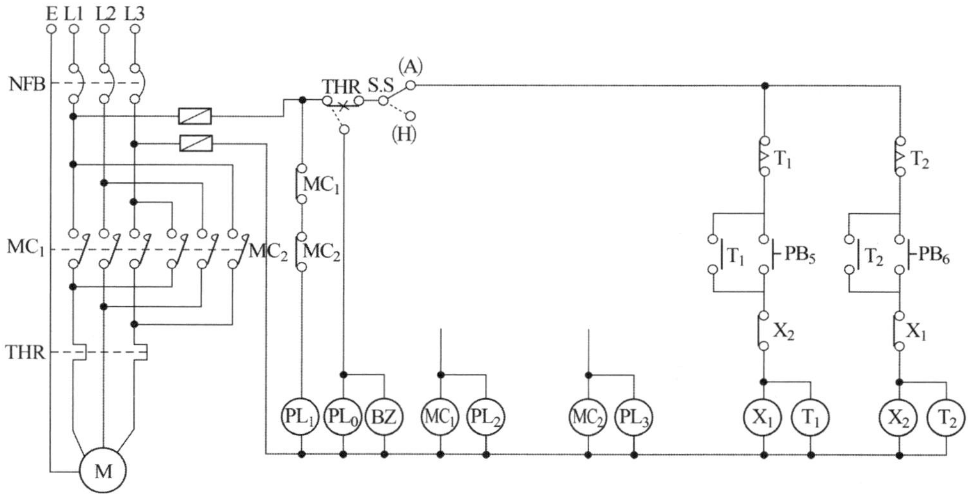

답안작성

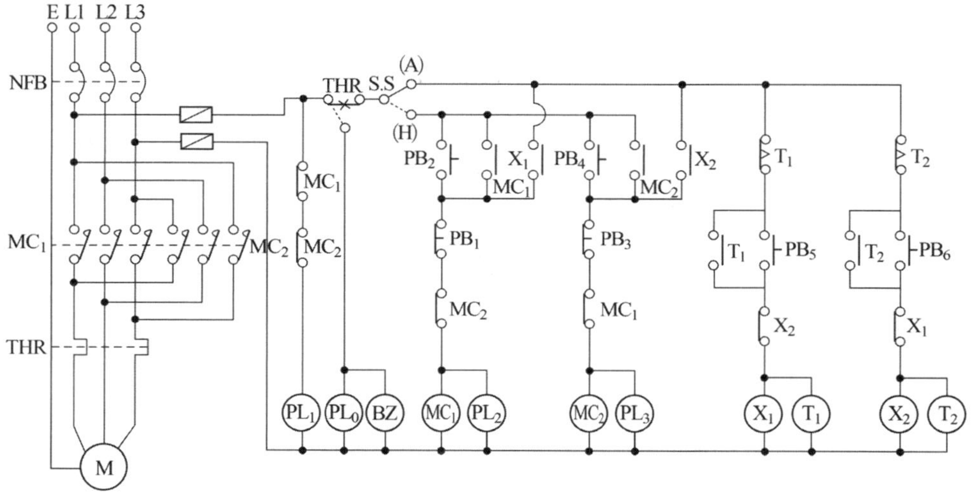

문제 13 ▸ 출제년도 : 92. 97. 03. ▸ 점수 : 10점

그림은 신호 회로를 조합한 시퀀스 회로이다. 누름 버튼 스위치(PB)는 20초 동안 누르고, 접점 F는 전원 투입 3초 후 동작하며 10초 동안 유지하며 설정시간은 T_1은 7초, T_2는 5초이고, 기타의 시간 늦음은 없다. 다음 물음에 답하여라.

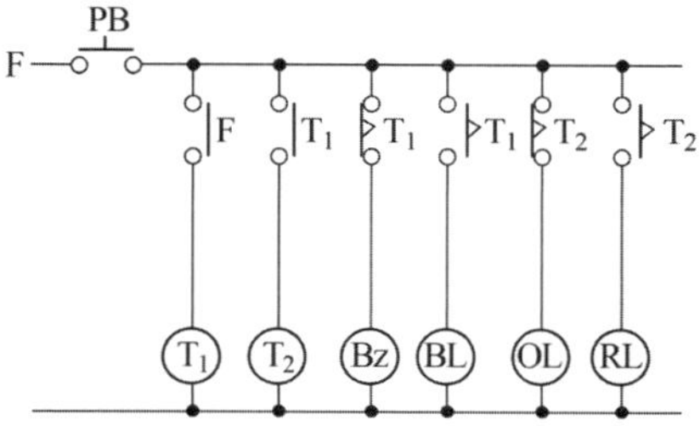

(1) 답란에 주어진 타임 차트를 그려라.

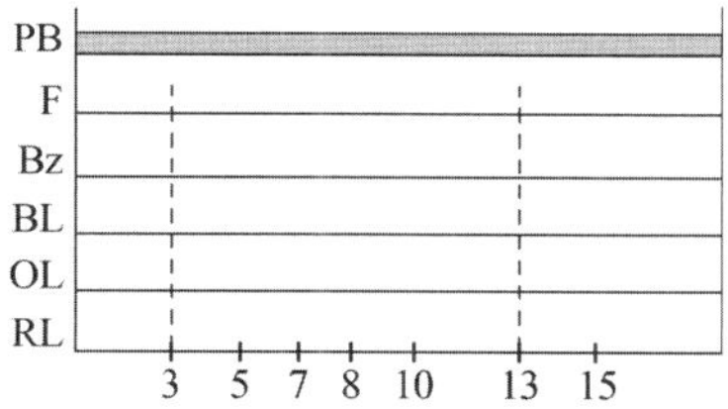

(2) 답란에 주어진 기호로 회로를 그리고 논리식을 써라.

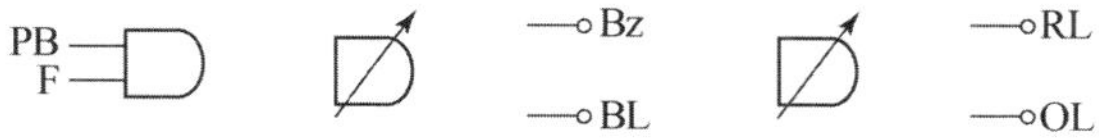

답안작성

(1)

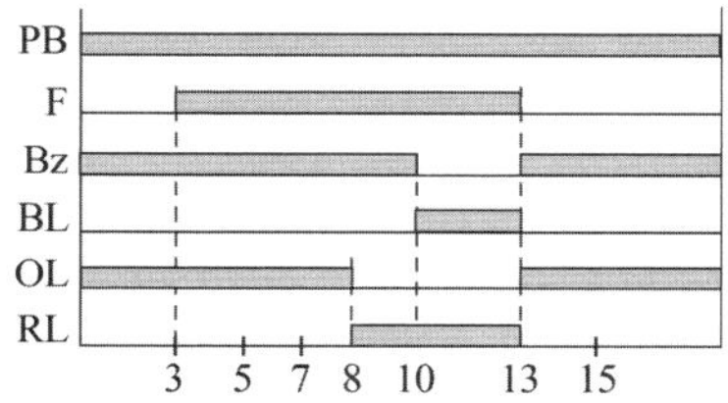

(2)

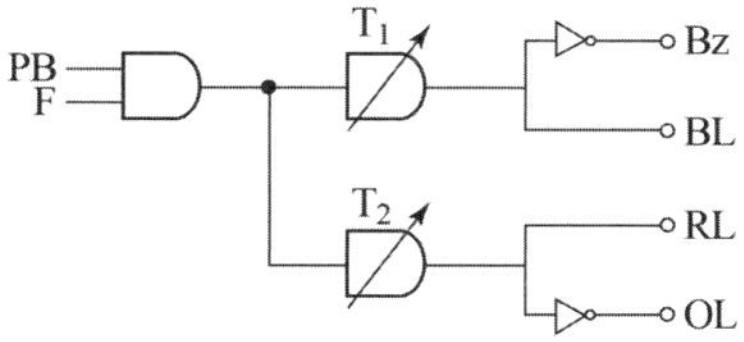

$T_1 = PB \cdot F$

$T_2 = T_1$(여자) $= PB \cdot F$

$Bz = \overline{T}_1$, $BL = T_1$

$RL = T_2$, $OL = \overline{T}_2$

해 설

PB를 주면 Bz, OL이 점등된다. 3초 후 F를 주면 T_1, T_2가 여자된다. 5초 후(시간 8초) T_2 접점으로 OL이 소등되고 RL이 점등되며 이어 2초 후(여자 후 7초, 시간 10초)에 T_1 접점으로 Bz이 복구하고 BL이 점등된다. 이어 3초 후(시간 13초) F가 열리면 BL, RL은 소등되고 BZ, OL은 점등(동작)된다.

문제 14

▸ 출제년도 : 97. ▸ 점수 : 8점

그림과 같은 로직회로를 보고 물음에 답하시오.

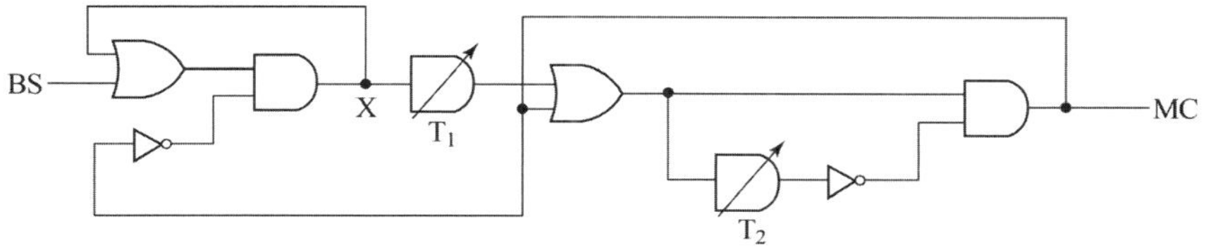

(1) PLC 시퀀스에 번지 대신에 문자를 적어 넣으시오. (예 : T_1, MC 등)

(2) 타임차트에 X, MC를 그리시오. X는 보조릴레이 기능이고, MC는 전자접촉기이다. 또, $t_1 = 5$초, $t_2 = 10$초로 한다.

답안작성

(1)

번 지	명령어	데이터	번 지	명령어	데이터
01	LOAD	BS	09	OR	MC
02	OR	X	10	TMR	T_2
03	AND NOT	MC	11	DATA	100
04	OUT	X	12	LOAD	T_1
05	LOAD	X	13	OR	MC
06	TMR	T_1	14	AND NOT	T_2
07	DATA	50	15	OUT	MC
08	LOAD	T_1			

(2)

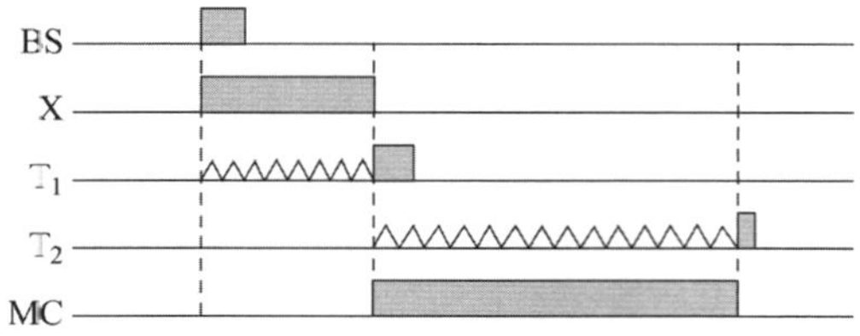

출제기준 변경 및 개정된 관계법규에 따라 삭제된 문제가 있어 배점의 합계가 100점이 안됩니다.

국가기술자격검정 실기시험문제 및 답안지

1997년도 산업기사 일반검정 제 4 회			수험번호	성 명	감독위원 확 인
자격종목(선택분야)	시험시간	형별			
전기공사산업기사	2시간 00분				

※ 다음 물음에 답을 해당 답란에 답하시오.(배점 : 100점)

문제 01 ▸ 출제년도 : 95. 96. 97. 01. ▸ 점수 : 6점

총 공사비가 32억원이고 공사 기간이 18개월인 전기공사의 간접 노무비율[%]을 참고자료에 의거 계산하시오.

공사 종류 등에 따른 간접 노무비율 (단위 : [%])

구 분		간접 노무비율
공사 종류별	건축 공사	14.5
	토목 공사	15
	특수 공사(포장, 준설 등)	15.5
	기타(전문, 전기, 통신 등)	15
공사 규모별 (* 품셈에 의하여 산출되는 공사 원가 기준)	50억원 미만	14
	50~300억 미만	15
	300억 이상	16
공사 기간별	6개월 미만	13
	6~12개월 미만	15
	12개월 이상	17

답안작성

계산 : $\text{간접 노무비율} = \dfrac{15+14+17}{3} = 15.33\ [\%]$

답 : 15.33 [%]

해 설

$$\text{간접 노무비율} = \frac{\text{공사 종류별 [\%]} + \text{공사 규모별 [\%]} + \text{공사 기간별 [\%]}}{3}$$

문제 02 ▸ 출제년도 : 93. 97. 04. ▸ 점수 : 4점

굵은 전선(22 [mm^2] 이상) 또는 철선을 절단할 때 사용하는 공구는 어떤 것이 있는가?

답안작성

클리퍼

문제 03 ▸출제년도 : 97. ▸점수 : 4점

단상 부하용량이 6.6 [kVA], 220 [V] 회로에 전류계용 CT를 60/5의 것을 사용하였다. 조작전류의 설정값은 과부하를 고려하여 최대 부하전류의 125 [%]로 하면 과전류 계전기의 탭전류는 몇 [A]인가 ?

답안작성

계산 : 부하전류 $I = \dfrac{6600}{220} = 30$ [A]

과전류 계전기의 탭 $I = 30 \times 1.25 \times \dfrac{5}{60} = 3.13$ [A]

∴ 3 [A] 탭 선정

답 : 3 [A]

문제 04 ▸출제년도 : 91. 96. 97. 03. ▸점수 : 6점

3상 3선식 중성점 비접지식 6600 [V] 가공전선로가 있다. 이 전로에 접속된 주상변압기 100 [V]측 그 1단자에 중성점 접지공사를 할 때 접지 저항값은 얼마 이하로 유지하여야 하는가? (단, 이 전선로는 고저압 혼촉시 2초 이내에 자동 차단하는 장치가 있으며, 고압측 1선지락 전류는 5[A]라고 한다.)

답안작성

계산 : 2초 이내 자동 차단하는 장치가 있으므로

$$R_2 = \frac{300}{I_g} = \frac{300}{5} = 60[\Omega]$$

답 : 60 [Ω]

해 설

KEC 142.5 변압기 중성점 접지

변압기의 중성점접지 저항 값은 다음에 의한다.

가. 일반적으로 변압기의 고압 · 특고압측 전로 1선 지락전류로 150을 나눈 값과 같은 저항 값 이하

$$R = \frac{150}{\text{변압기의 고압측 또는 특고압측의 1선 지락전류}} [\Omega]$$

나. 변압기의 고압 · 특고압측 전로 또는 사용전압이 35 [kV] 이하의 특고압전로가 저압측 전로와 혼촉하고 저압전로의 대지전압이 150 [V]를 초과하는 경우는 저항 값은 다음에 의한다.

(1) 1초 초과 2초 이내에 고압 · 특고압 전로를 자동으로 차단하는 장치를 설치할 때는 300을 나눈 값 이하

$$R = \frac{300}{\text{변압기의 고압측 또는 특고압측의 1선 지락전류}} [\Omega]$$

(2) 1초 이내에 고압 · 특고압 전로를 자동으로 차단하는 장치를 설치할 때는 600을 나눈 값 이하

$$R = \frac{600}{\text{변압기의 고압측 또는 특고압측의 1선 지락전류}} [\Omega]$$

문제 05 ▸ 출제년도 : 94. 97. 99. 00. 01. 02. ▸ 점수 : 10점

ACSR 38 [mm^2] 전선으로 전력을 공급하는 긍장 1 [km]인 3상 2회선의 배전선로를 포설하기 위한 직접 인건비계는 얼마인가? 단, 노임단가, 배전전공은 35000원, 보통인부는 25000원이다.

[표] 배전선 가선 100 [m]당

규	격	배전전공	보통인부
나동선	14 [mm^2] 이하	0.20	0.10
	22 [mm^2] 이하	0.32	0.16
	30 [mm^2] 이하	0.40	0.20
	38 [mm^2] 이하	0.52	0.26
	60 [mm^2] 이하	0.76	0.38
	100 [mm^2] 이하	0.08	0.54
	150 [mm^2] 이하	0.32	0.66
	200 [mm^2] 이하	1.44	0.72
	200 [mm^2] 초과	1.52	0.76
ACSR, ASC	38 [mm^2] 이하	0.60	0.30
	58 [mm^2] 이하	0.88	0.44
	95 [mm^2] 이하	1.28	0.64
	160 [mm^2] 이하	1.56	0.78
	240 [mm^2] 이하	1.8	0.9

[해설] ① 이품은 1선당 수작업으로 연선, 긴선, 이도 조정품 포함
② 애자에 묶는 품 포함
③ 피복선 120 [%]
④ 기설선로 상부 가설 120 [%]
⑤ 장력조정만 할 때 120 [%]
⑥ 철거 50 [%], 재사용 철거 80 [%]
⑦ 가공지선 80 [%]
⑧ 재사용 전선 110 [%]
⑨ m당으로 환산시는 본품을 100으로 나누어 산출
⑩ 22 [kV], 66 [kV], HDCC 송전선 1회선 가선품은 본품의 300 [%]
⑪ 66 [kV], HDCC 송전선 가선은 송전전공이 시공한다.
⑫ 배전선을 가로수 또는 수목과 접촉하여 설치작업시는 수목으로 인한 장애를 감안하여 이품의 120 [%] 적용

답안작성

- 선로 신설 : 배전 전공 : $\frac{0.6}{100} \times 1000 \times 3 \times 2 = 36$ [인]

  보통 인부 : $\frac{0.3}{100} \times 1000 \times 3 \times 2 = 18$ [인]
- 직접 노무비 : 배전 전공 : $36 \times 35{,}000 = 1{,}260{,}000$ [원]

  보통 인부 : $18 \times 25{,}000 = 450{,}000$ [원]
- 계 : $1{,}260{,}000 + 450{,}000 = 1{,}710{,}000$ [원]

답 : 1,710,000 [원]

문제 06 ▸ 출제년도 : 97. 99. 01. ▸ 점수 : 10점

도면은 어느 154 [kV] 수용가의 수전설비 단선결선도의 일부분이다. 물음에 답하시오.

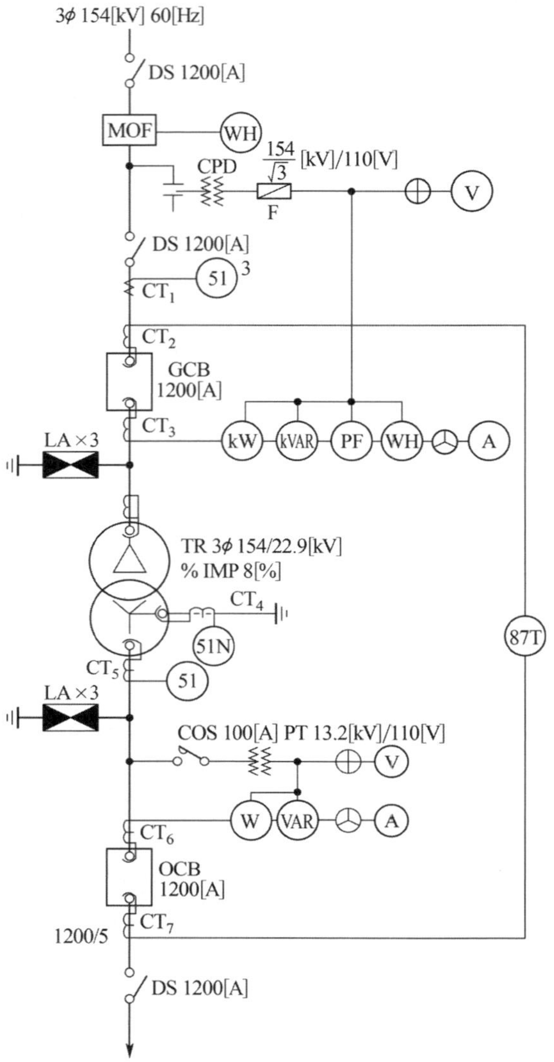

(1) 변압기 2차 부하설비 용량 51 [MW], 수용률 70 [%], 부하 역률 90 [%]일 때 도면의 변압기 용량은 몇 [MVA]인가?

•계산 : •답 :

(2) 변압기 1차측 DS의 정격 전압은?

(3) GCB 내에 사용되는 가스로 주로 어떤 것을 사용하는가?

(4) 87T에서 87의 명칭은?

(5) 51의 명칭은?

답안작성

(1) 계산 : $STr = \dfrac{51 \times 0.7}{0.9} = 39.67$ [MVA]　　　답 : 40 [MVA]

(2) 170 [kV]

(3) SF_6

(4) 전류 차동 계전기 (비율 차동 계전기)

(5) 교류 과전류 계전기

해 설

(1) 변압기 용량 [kVA] ≥ 합성 최대 수용 전력

$$= \frac{\text{설비 용량 [kVA]} \times \text{수용률}}{\text{부등률}} = \frac{\text{설비 용량 [kW]} \times \text{수용률}}{\text{부등률} \times \text{역률}}$$

(4) 계전기 고유번호
- 87 : 전류 차동계전기 (비율 차동 계전기)
- 87B : 모선 보호 차동계전기
- 87G : 발전기용 차동계전기
- 87T : 주변압기 차동계전기

문제 07

▸ 출제년도 : 97.　▸ 점수 : 4점

주어진 답안지에 CT부 3상 전력계의 결선도를 완성하시오.

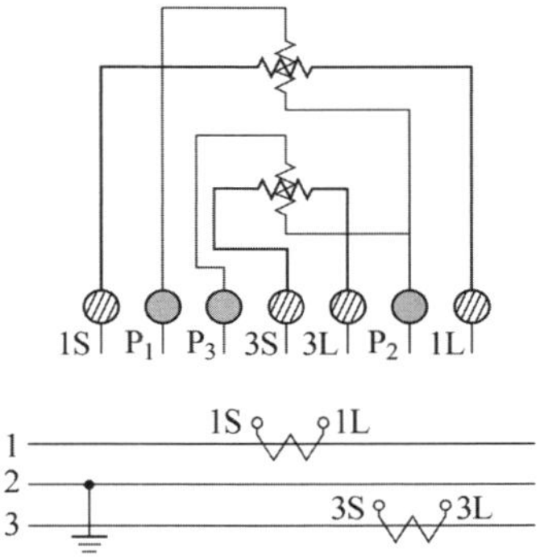

답안작성

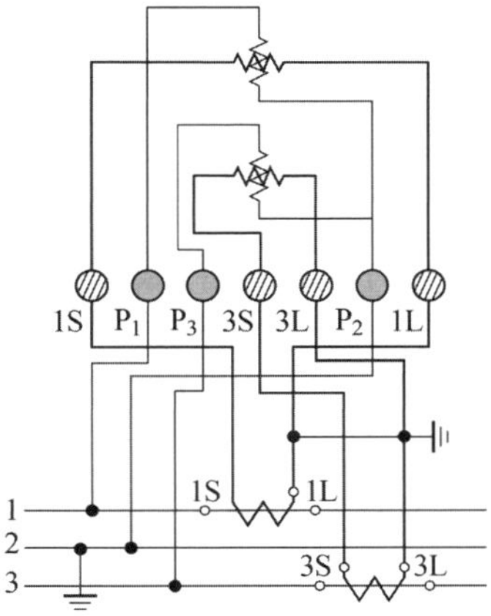

문제 08

▸ 출제년도 : 97.　▸ 점수 : 4점

[콘덴서 심벌] 의 심벌은 전력용 콘덴서이다. 복선도를 그리시오.

답안작성

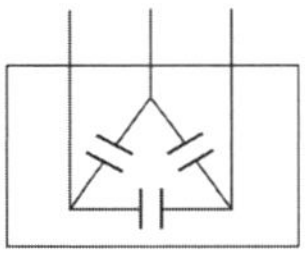

문제 09 ▸ 출제년도 : 94. 97. 99. 03. ▸ 점수 : 9점

도면은 어느 수용가의 옥외간이 수전설비이다. 다음 물음에 답하시오.

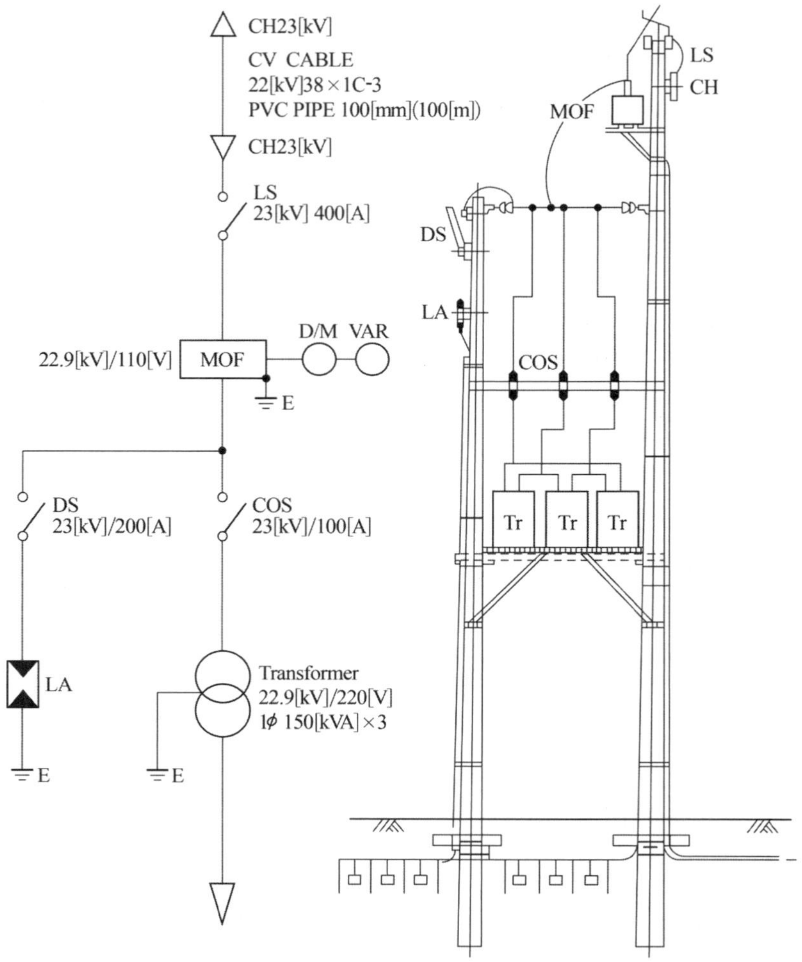

(1) MOF에서 부하용량에 적당한 CT비를 산출하시오. 단, CT 1차측 전류의 여유율은 1.25배로 한다.

(2) LA의 정격전압은 얼마인가?

(3) 도면에서 D/M, VAR는 무엇인지 쓰시오.

답안작성

(1) 계산 : $I = \dfrac{150 \times 3 \times 10^3}{\sqrt{3} \times 22900} = 11.35$ [A]

여유율이 1.25이므로 11.35×1.25=14.19, 즉 15 [A]로 선정한다.

답 : 15/5

(2) 18 [kV]

(3) D/M : 최대 수요전력량계, VAR : 무효전력량계

해 설

(1) 변류비 및 부담

① 1차 전류 : 5, 10, 15, 20, 30, 40, 50, 75, 100, 150, 200, 300, 400, 500 [A]

② 2차 전류 : 5 [A]

③ 정격 부담 : 5, 10, 15, 25, 40, 100 [VA]

(2) 피뢰기 정격 전압

전력 계통		피뢰기 정격 전압 [kV]	
전압 [kV]	중성점 접지 방식	변전소	배전 선로
345	유효접지	288	–
154	유효접지	144	–
66	PC접지 또는 비접지	72	–
22	PC접지 또는 비접지	24	–
22.9	3상 4선 다중접지	21	18

[주] 전압 22.9 [kV–Y] 이하의 배전선로에서 수전하는 설비의 피뢰기 정격전압 [kV]은 배전선로용을 적용한다.

문제 10

▸ 출제년도 : 97. 03. ▸ 점수 : 5점

다음 설명을 잘 이해한 후 어떤 결선 방식인가 답하고 결선도를 그리시오.

• 2차 권선의 전압이 선간전압의 $\frac{1}{\sqrt{3}}$이고 승압용에 적당하다.

• 즉, △- △ 결선과 Y- Y 결선의 장점을 갖고 있다.

• 30° 위상변위가 있어서 한 대가 고장이 나면 전원공급이 불가능한 결선이다.

답안작성

•결선방식 : △- Y 결선

•결선도 :

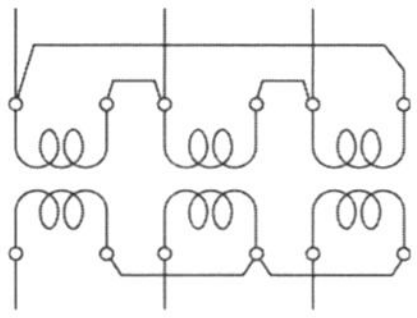

문제 11

▸ 출제년도 : 97. 03. ▸ 점수 : 6점

어느 빌딩의 수전 설비를 계획하고자 한다. 이 빌딩에 예측되는 부하밀도는 조명전용 20 [VA/m^2], 일반동력 35 [VA/m^2], 냉방동력 40 [VA/m^2]이다. 이 빌딩의 건평이 60,000 [m^2]일 경우 부하설비의 용량은 몇 [kVA]인가?

•계산 : •답 :

답안작성

계산 : 조명설비 $= 20 \times 60000 \times 10^{-3} = 1200$ [kVA]

일반동력설비 $= 35 \times 60000 \times 10^{-3} = 2100$ [kVA]

냉방설비 $= 40 \times 60000 \times 10^{-3} = 2400$ [kVA]

부하설비 $= 1200 + 2100 + 2400 = 5700$ [kVA]

답 : 5700 [kVA]

문제 12

▸ 출제년도 : 97. ▸ 점수 : 4점

그림과 같은 접속은 어떤 접속인가?

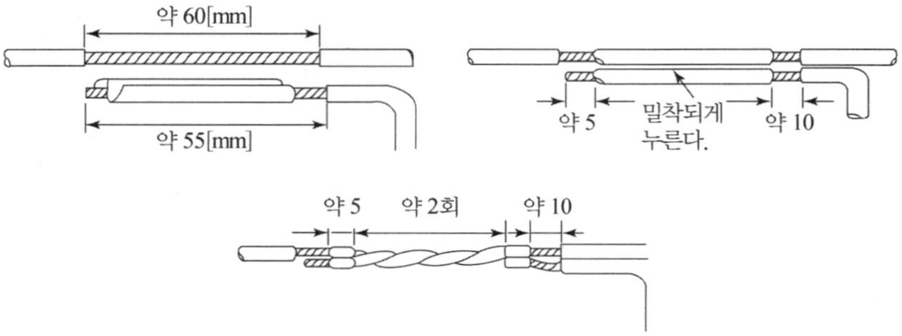

답안작성

S형 슬리브에 의한 분기 접속

문제 13

▸ 출제년도 : 97. ▸ 점수 : 10점

그림의 PLC 시퀀스에서 프로그램의 (가)~(마)를 주어진 답안지에 완성하시오. 여기서 명령어는 다음과 같다.

- LOAD : 시작입력
- OUT : 출력 및 내부 출력
- AND LOAD : 그룹간의 직렬
- OR LOAD : 그룹간의 병렬
- AND : 직렬
- OR : 병렬
- NOT : 부정

주소	명령어	데이터	주소	명령어	데이터
0	LOAD	P001	4	(나)	−
1	AND	M001	5	OUT	(다)
2	(가)	M000	6	(라)	P016
3	AND NOT	P017	7	OUT	(마)

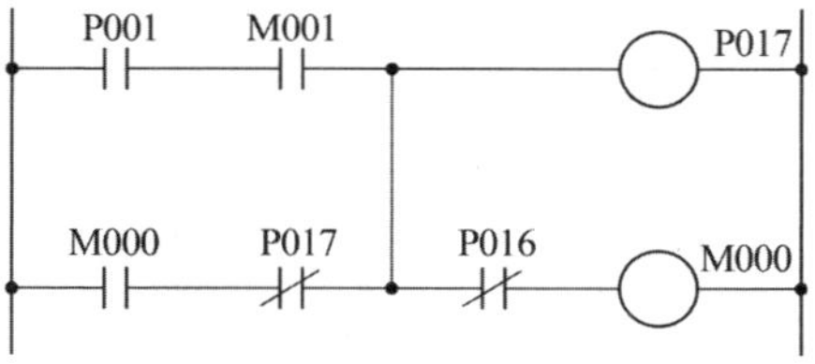

답안작성

(가) LOAD
(나) CR LOAD
(다) P017
(라) AND NOT
(마) M000

문제 14 ▸ 출제년도 : 97. ▸ 점수 : 8점

도면을 잘 숙지한 다음 물음에 답하시오.

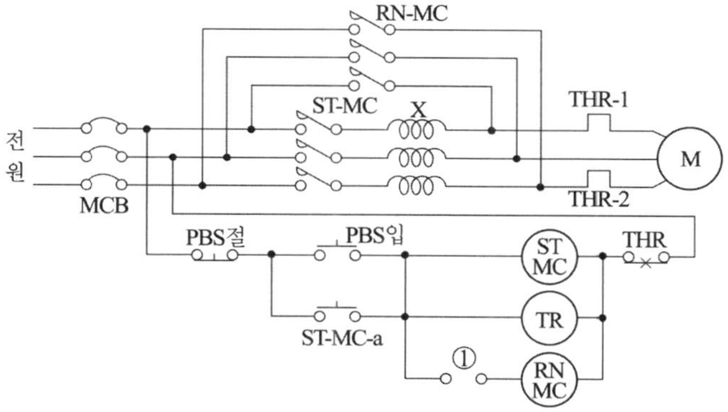

(1) 리액터 시동 제어회로에 대하여 설명하시오.

(2) 도면에서 ①로 표시된 곳에 알맞은 접점은?

답안작성

(1) 리액터를 전동기 권선에 직렬로 접속하고 시동 후 리액터를 단락시키는 방법으로 리액터의 전압강하에 의거 전동기에 걸리는 전압을 감소시켜 기동하는 감압기동의 일종이다.

(2)

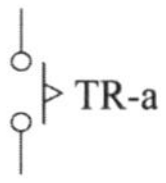

출제기준 변경 및 개정된 관계법규에 따라 삭제된 문제가 있어 배점의 합계가 100점이 안됩니다.

국가기술자격검정 실기시험문제 및 답안지

1997년도 산업기사 일반검정 제 5 회

자격종목(선택분야)	시험시간	형별	수험번호	성 명	감독위원 확 인
전기공사산업기사	2시간 00분				

※ 다음 물음에 답을 해당 답란에 답하시오.(배점 : 100점)

문제 01

▸ 출제년도 : 97. 04. 07. ▸ 점수 : 6점

지표상 8 [m]의 점에 400 [kg]의 수평 장력을 받는 경사진 전주가 있다. 그림과 같은 지선을 시설할 경우 지선이 받는 장력 T [kg]는 얼마인가? 기타는 무시한다.

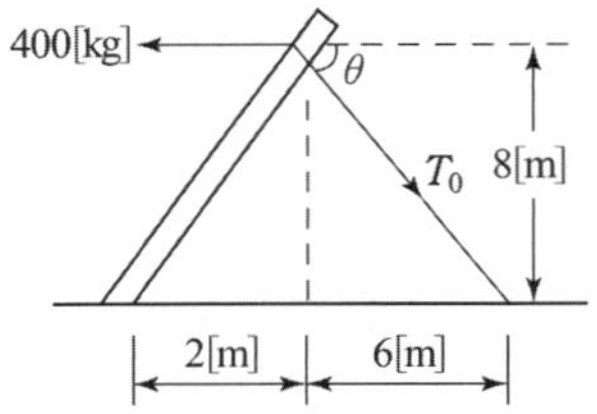

답안작성

계산 : 경사진 전주에서의 지선이 받는 장력

$$T_0 = \frac{\sqrt{b^2+H^2}}{a+b} \times T = \frac{\sqrt{6^2+8^2}}{2+6} \times 400 = 500 \text{ [kg]}$$

답 : 500 [kg]

문제 02

▸ 출제년도 : 97. ▸ 점수 : 5점

답안지 그림을 보고 모선과 단상 변압기 3대와의 결선을 기입하여 완성하고, 필요한 접지를 기입하시오. 1ϕ3W의 중성선에는 퓨즈를 넣어서는 안된다.

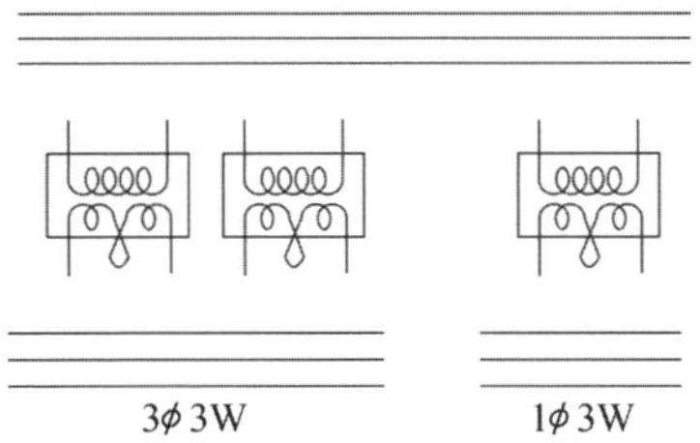

답안작성

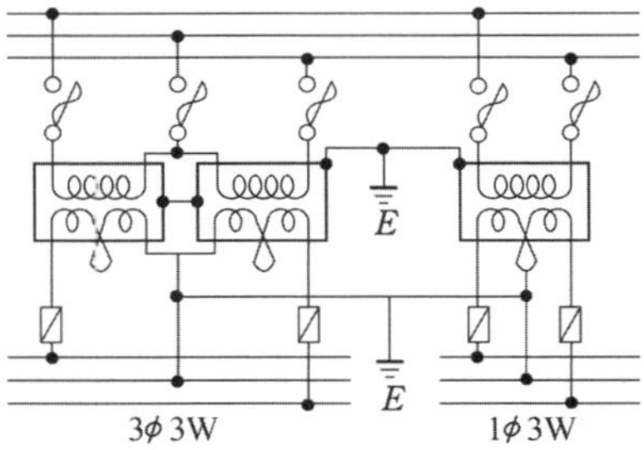

문제 03 ▸출제년도 : 97. ▸점수 : 10점

다음은 특고압 (22.9 [kV−Y]) 간이 수전방식의 표준 결선도이다. 그림을 보고 물음에 답하시오.

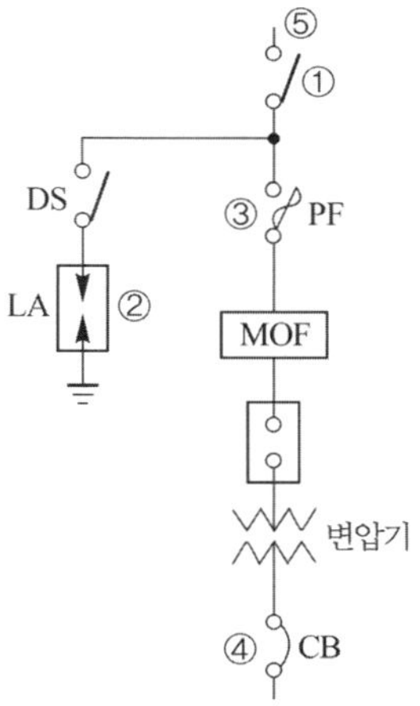

(1) 변압기 용량 500 [kVA]이다. 이 때 ①(수전단 개폐기)의 종류는?

(2) 피뢰기 ②의 정격전압은?

(3) 변압기 용량 300 [kVA]인 경우 ③(PF)대신 사용 가능 기기는?

(4) 변압기 2차측 CB 설치시에는 과전류 보호 이외에 어떤 (④) 보호능력을 갖도록 하는 것이 바람직한가?

(5) 지중인입선의 경우 인입선로 (⑤)의 종류는?

답안작성

(1) 자동 고장 구분 개폐기
(2) 18 [kV]
(3) COS
(4) 결상사고 보호능력
(5) CNCV−W 케이블(수밀형)

해 설

간이수전설비 표준결선도

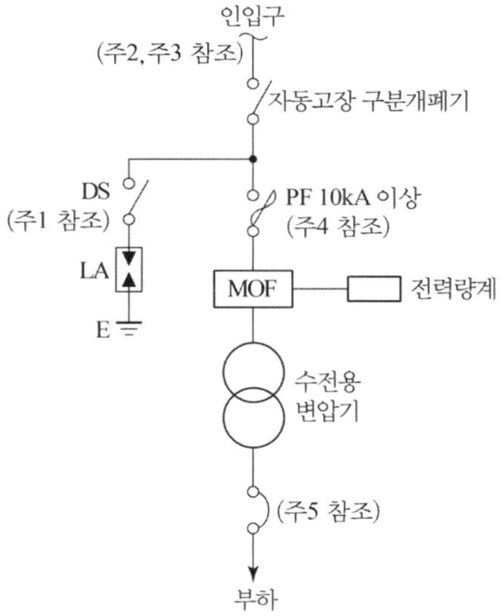

약 호	명 칭
DS	단로기
ASS	자동고장 구분 개폐기
LA	피뢰기
MOF	전력 수급용 계기용 변성기
COS	컷아웃 스위치
PF	전력 퓨즈

[주1] LA용 DS는 생략할 수 있으며 22.9 [kV−Y]용의 LA는 Disconnector(또는 Isolator) 붙임형을 사용하여야 한다.

[주2] 인입선을 지중선으로 시설하는 경우로서 공동 주택 등 사고시 정전 피해가 큰 수전 설비 인입선은 예비선을 포함하여 2회선으로 시설하는 것이 바람직하다.

[주3] 지중인입선의 경우에 22.9 [kV−Y] 계통은 CNCV−W 케이블(수밀형) 또는 TR CNCV−W 케이블(트리억제형)을 사용하여야 한다. 다만, 전력구·공동구·덕트·건물구내 등 화재의 우려가 있는 장소에서는 FR CNCO−W 케이블(난연)을 사용하는 것이 바람직하다.

[주4] 300 [kVA] 이하인 경우 PF대신 COS(비대칭 차단 전류 10 [kA] 이상의 것)을 사용할 수 있다.
[주5] 간이 수전 설비는 PF의 용단 등에 의한 결상 사고에 대한 대책이 없으므로 변압기 2차측에 설치되는 주차단기에는 결상 계전기 등을 설치하여 결상 사고에 대한 보호 능력이 있도록 함이 바람직하다.

문제 04

▸ 출제년도 : 97. ▸ 점수 : 10점

도면은 주택의 평면도이다. 도면에 표시된 번호에 대하여 다음 물음에 답하시오. 단, 명시하지 않은 옥내배선은 NR 전선이고, 굵기 및 가닥수는 생략하고 조명기와 점멸기에 표기한 a, b, c 등의 문자는 조명기구와 점멸기의 관계를 나타낸다.

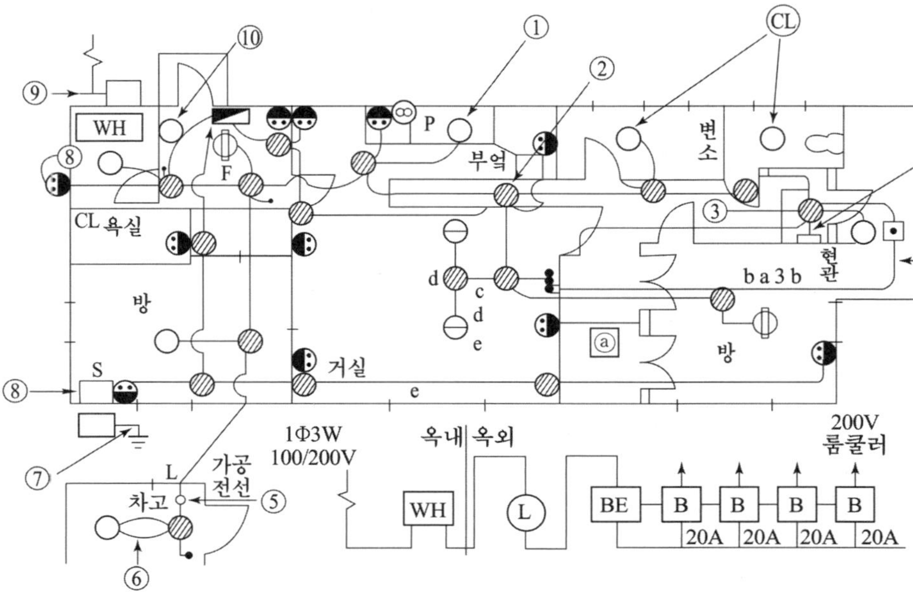

(1) ①에 벽에 붙이는 형광등을 설치하려고 한다. 심벌을 그리시오.
(2) ⑥에 노출배선을 하는 경우의 배선 심벌을 그리시오.
(3) ⑧의 심벌 명칭은?
(4) ⑩의 욕실 환풍기에 파일럿 램프가 내장된 점멸기를 설치하려고 한다. 심벌을 정확하게 그리시오.

답안작성

(1) 
(2) - - - - - - - - - -
(3) 개폐기
(4) 

문제 05 ▸ 출제년도 : 97. 99. 01. ▸ 점수 : 12점

다음 물음에 답하시오.

(1) 저압옥내배선에 사용되는 연동선의 최소 굵기는?

(2) 저압의 범위를 쓰시오.

(3) 수중조명 회로의 절연변압기의 2차측 전로의 사용전압은?

(4) 고감도 누전차단기의 정격감도 전류의 최대값은?

(5) 지반이 약한 도로에서 전장 15 [m]의 철근콘크리트주를 건주할 때 근입 길이는? 단, 설계하중은 6.8 [kN] 이하로 한다.

(6) 주택에 있어서 단위면적 1 [m^2]당 표준부하는?

(7) 소형 전등 수구 또는 콘센트 1개의 예상부하는?

답안작성

(1) 2.5 [mm^2]

(2) 교류 : 1000 [V] 이하, 직류 : 1500 [V] 이하

(3) 150 [V] (4) 30 [mA]

(5) $15 \times \frac{1}{6} = 2.5$ [m] (6) 40 [VA] (7) 150 [VA]

해 설

(1) KEC 231.3.1 저압 옥내배선의 사용전선

1) 저압 옥내배선의 전선 : 단면적 2.5 [mm^2] 이상의 연동선

2) 옥내배선의 사용 전압이 400[V] 이하인 경우는 다음에 의하여 시설할 수 있다.

가. 전광표시 장치 또는 제어 회로

- 단면적 1.5[mm^2] 이상의 연동선
- 단면적 0.75 [mm^2] 이상인 다심케이블 또는 다심 캡타이어 케이블을 사용하고 또한 과전류가 생겼을 때에 자동적으로 전로에서 차단하는 장치를 시설

나. 진열장 또는 이와 유사한 것의 내부 배선 : 단면적 0.75 [mm^2] 이상인 코드 또는 캡타이어 케이블

(2) KEC 111 통칙

이 규정에서 적용하는 전압의 구분은 다음과 같다.

분 류	전압의 범위
저 압	• 직류 : 1.5 [kV] 이하 • 교류 : 1 [kV] 이하
고 압	• 직류 : 1.5 [kV]를 초과하고, 7 [kV] 이하 • 교류 : 1 [kV]를 초과하고, 7 [kV] 이하
특고압	7 [kV]를 초과

(3) KEC 234.14 수중조명등

수영장 기타 이와 유사한 장소에 사용하는 수중조명등에 전기를 공급하기 위해서는 절연변압기를 사용하고, 그 사용전압은 다음에 의하여야 한다.

1) 절연변압기의 1차측 전로의 사용전압은 400[V] 이하일 것.

2) 절연변압기의 2차측 전로의 사용전압은 150[V] 이하일 것.

(4) 누전 차단기의 종류

구 분		정격 감도 전류[mA]	동 작 시 간
고감도형	고 속 형	5, 10, 15, 30	· 정격 감도 전류에서 0.1초 이내, 인체 감전 보호용은 0.03초 이내
	시 연 형		· 정격감도전류에서 0.1초 초과 2초이내
	반한시형		· 정격 감도 전류에서 0.2초를 초과하고 1초 이내 · 정격 감도 전류 1.4배의 전류에서 0.1초를 초과하고 0.5초 이내 · 정격 감도 전류 4.4배의 전류에서 0.05초 이내
중감도형	고 속 형	50, 100, 200, 500, 1000	· 정격 감도 전류에서 0.1초 이내
	시 연 형		· 정격 감도 전류에서 0.1초를 초과하고 2초이내
저감도형	고 속 형	3000, 5000 10,000, 20,000	· 정격 감도 전류에서 0.1초 이내
	시 연 형		· 정격 감도 전류에서 0.1초를 초과하고 2초 이내

(5) KEC 331.7 가공전선로 지지물의 기초의 안전율

가공전선로의 지지물에 하중이 가하여지는 경우에 그 하중을 받는 지지물의 기초의 안전율은 2이상(단, 이상시 상정하중에 대한 철탑의 기초에 대하여는 1.33)이어야 한다. 다만, 땅에 묻히는 깊이를 다음의 표에서 정한 값 이상의 깊이로 시설하는 경우에는 그러하지 아니하다.

설계하중 / 전장	6.8 [kN] 이하	6.8 [kN] 초과 ~ 9.8 [kN] 이하	9.81 [kN] 초과 ~ 14.72 [kN] 이하
15[m] 이하	전장×1/6[m] 이상	전장×1/6+0.3[m] 이상	전장×1/6+0.5[m] 이상
15[m] 초과~16[m]이하	2.5[m] 이상	2.8[m] 이상	–
16[m] 초과~20[m] 이하	2.8[m] 이상	–	–
15[m] 초과~18[m] 이하	–	–	3[m] 이상
18[m] 초과	–	–	3.2[m] 이상

(6) 표준부하

건축물의 종류	표준부하 [VA/m²]
공장, 공회당, 사원, 교회, 극장, 영화관, 연회장 등	10
기숙사, 여관, 호텔, 병원, 학교, 음식점, 다방, 대중 목욕탕	20
사무실, 은행, 상점, 이발소, 미용원	30
주택, 아파트	40

문제 06 ▸ 출제년도 : 97. 03. ▸ 점수 : 5점

최근에 대용량 초고압 송전선이나 지중 송전선(cable)의 확장에 따라 전력계통에 분로 리액터(shunt reactor)를 설치하고 있다. 설치 목적은?

답안작성

페란티 현상 방지

문제 07 ▸ 출제년도 : 95. 97. 99. ▸ 점수 : 10점

수전전압이 22.9 [kV]이고 전력회사와의 계약종별이 산업용 전력인 어느 공장의 전력 요금 계량장치를 주상 및 별도 계량기함에 설치하기 위한 노무비(직접, 간접 포함) 합계는 얼마인가? 잡기기 신설표를 이용하여 구하시오.

단, • MOF와 계량기 간의 배관, 배선은 무시하며 MOF는 거치형임
- 산업용 전력(을)은 3종 계기를 설치
- 3종 계기 및 무효 전력량계를 설치
- 간접 노무비는 15 [%] (가정)로 보고 적용한다.
- 내선 전공 노임 단가는 12410 [원] (가정)으로 본다.
- 노무비 및 인건비 합계에서 소수점 이하는 버림

[표] 잡기기 신설 (대당)

종 별	내선전공
전열기 3 [kW] 이하	0.40
5 〃	0.60
10 〃	1.00
10 초과	1.40
벨	0.1
부 저	0.08
도어폰 (주기)	0.11
〃 (자기)	0.10
가스 배출기	0.20
선풍기 날개 직경 30 [cm] 이하(벽면)	0.20
〃 〃 〃 (천정면)	0.50
환풍기 〃 30 [cm] 기준(벽면)	0.48
〃 〃 50 [cm] 기준(천정면)	0.80
적산전력계 1φ2W 용	0.14
〃 1φ3W 용 및 3φ3W 용	0.21
〃 3φ4W 용	0.3
CT 설치(저고압)	0.4
PT 설치(〃)	0.4
현수용 M.O.F 설치(고압·특고압)	3.0
거치용 〃 〃	2.0
계기함 설치	0.30
특수계기함 설치	0.45
변성기함 설치(저·고압)	0.60
플로어 플레이트(수평고저 조정커버부)	0.135
전극봉 지지기(3P)	0.80
〃 (4P)	0.85
〃 (5P)	1.10

[해설] ① 철거 30 [%], 재사용 철거 50 [%], 단 실효계기 교체에 따른 철거 반입분이 수리 가능 품목일 경우에는 재사용 적용
② 방폭 200 [%]

③ 아파트 등 공동주택 및 기타 이와 유사한 집단지역의 동일구내(한건물내)에서 10대 초과의 적산전력계 설치시에는 70 [%] 적용
④ 특수계기함이라 함은 3종 계기함, 농사용 철제 계기함, 집합계기함 및 저압 변류기용 계기함을 말한다.
⑤ 거치용 MOF를 주상에 설치시에는 이품의 180 [%]로서 배전전공 적용 (설치대 조립품 포함)
⑥ 전극봉 지지기에는 전극봉의 설치 및 조정품 포함. 다만, 보호함의 취부품은 별도 계상하며, 보호함의 설치품은 풀박스 취부품에 준한다.

답안작성

- MOF 설치 ; 내선 전공 : $2.0 \times 1.8 = 3.6$[인]
- 특수 계기함 설치 ; 내선 전공 : 0.45[인]
- 3종 계기 및 무효 전력량계 설치 ; 내선 전공 : 0.3[인]×2 = 0.6[인]

직접 노무비 ; $(3.6+0.45+0.6) \times 12{,}410 = 57{,}706$[원]
간접 노무비 ; $57{,}706 \times 0.15$[%] = 8,655[원]
인건비 합계 ; $57{,}706 + 8{,}655 = 66{,}361$[원]

문제 08

▸ 출제년도 : 89. 97. ▸ 점수 : 5점

고압전로와 저압전로를 결합하는 3300/210 [V]의 △-△ 결선 3상 변압기가 있다. 고압 1선 지락전류가 10 [A]일 때 저압전로에 접속하는 기기의 접촉전압(누전시 외피의 대지전압)을 30 [V]로 하려면 보호 접지공사의 저항값은 얼마로 하여야 하는가?

답안작성

계산 : 중성점 접지 저항값 $R_2 = \dfrac{150}{10} = 15\ [\Omega]$

전류 $I = \dfrac{210}{15+R_3}$

접촉전압 $V_g = \dfrac{210}{15+R_3} \times R_3 = 30$

$\therefore\ 450 + 30R_3 = 210R_3$

$\therefore\ R_3 = \dfrac{450}{180} = 2.5[\Omega]$

답 : 2.5 [Ω]

해 설

① 중성점 접지공사의 접지저항

$$R_2 = \frac{150}{I_g} = \frac{150}{10} = 15[\Omega]$$

②

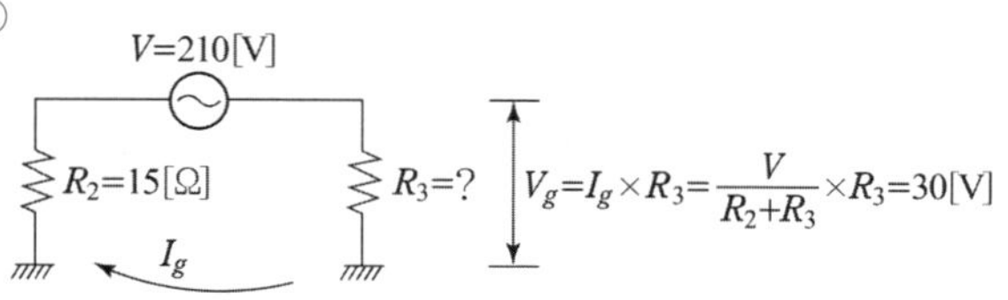

문제 09

▸ 출제년도 : 89. 93. 95. 97. 04.　▸ 점수 : 5점

[S] 는 자동화재 경보설비의 옥내배선용 심벌이다. 이것의 명칭은 무엇인가?

답안작성

연기 감지기

문제 10

▸ 출제년도 : 91. 97.　▸ 점수 : 5점

가공 배전 선로에 주로 쓰이는 애자의 종류 4가지를 쓰시오.

답안작성

① 핀애자
② 라인포스트 애자
③ 현수애자
④ 저압 인류 애자

문제 11

▸ 출제년도 : 97.　▸ 점수 : 6점

연접 인입선 시설제한에 대하여 간단하게 쓰시오.

답안작성

① 옥내를 관통하지 아니할 것
② 폭 5 [m]를 넘는 도로를 횡단하지 아니할 것
③ 처음 인입선의 분기점으로 100 [m] 넘는 지역에 미치지 아니할 것

해 설

KEC 221.1.2 연접 인입선의 시설
저압 연접인입선은 다음에 따라 시설하여야 한다.
1) 전선은 절연전선 또는 케이블일 것.
2) 전선이 절연전선인 경우
　가. 경간이 15[m] 초과 : 인장강도 2.30[kN] 이상의 것 또는 지름 2.6[mm] 이상의 인입용 비닐절연전선일 것.
　나. 경간이 15[m] 이하 : 인장강도 1.25[kN] 이상의 것 또는 지름 2[mm] 이상의 인입용 비닐절연전선일 것.
3) 인입선에서 분기하는 점으로부터 100[m]를 초과하는 지역에 미치지 아니할 것.
4) 폭 5[m]를 초과하는 도로를 횡단하지 아니할 것.
5) 옥내를 통과하지 아니할 것.

문제 12

▸ 출제년도 : 97. 99. 05.　▸ 점수 : 6점

35 [mm^2] NR 전선 6본과 25 [mm^2] 1본을 같은 후강전선관에 수용 시공할 때 전선관의 굵기는? 단, 절연물을 포함한 직경은 35 [mm^2]은 10.9 [mm]이고 25 [mm^2]은 9.7 [mm]이다. 전선관 내 단면적은 32 [%] 수용

• 계산 :　　　　　　　　　　　　• 답 :

답안작성

계산 : $A=\left(\frac{10.9}{2}\right)^2\pi\times 6+\left(\frac{9.7}{2}\right)^2\pi\times 1=633.78[\text{mm}^2]$

전선관 내 단면적 32 [%] 이하 수용하므로

$0.32\times\pi\times\left(\frac{d}{2}\right)^2 \geq 633.78[\text{mm}^2]$에서 $d \geq 50.22[\text{mm}]$

답 : 54 [호]

해 설

금속관의 종류

종 류	관의 호칭 [호]
후강 전선관(근사내경, 짝수)	16 22 28 36 42 54 70 82 92 104
박강 전선관(근사외경, 홀수)	19 25 31 39 51 63 75
나사없는 전선관	박강 전선관과 치수가 같다.

문제 13 ▸ 출제년도 : 94. 97. ▸ 점수 : 6점

동작 설명을 읽고 제어회로를 그리시오.

① S_1을 OFF 상태에서 S_{3-1}을 ON하면 R_1이 점등되고, S_{3-2}를 ON하면 R_2가 점등된다.

② S_{3-1}을 OFF하고 S_{3-2}을 OFF한 상태에서 S_1을 ON하면 R_1, R_2가 병렬점등된다.

③ PB를 누르면 타이머 T가 동작하여 R_3가 점등되고 일정시간 후 R_3가 소등되며 R_4가 점등된다.

• 제어회로도

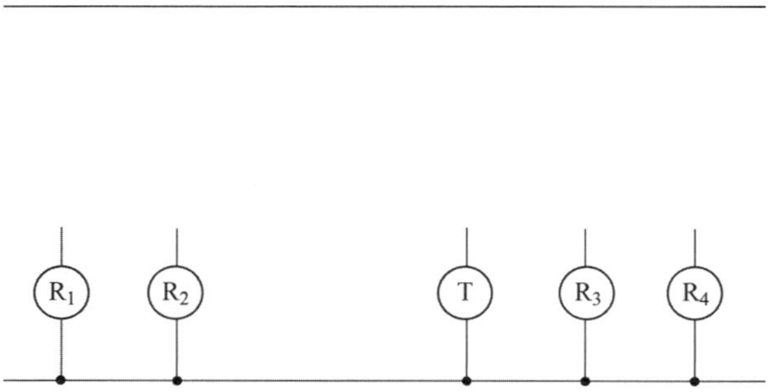

답안작성

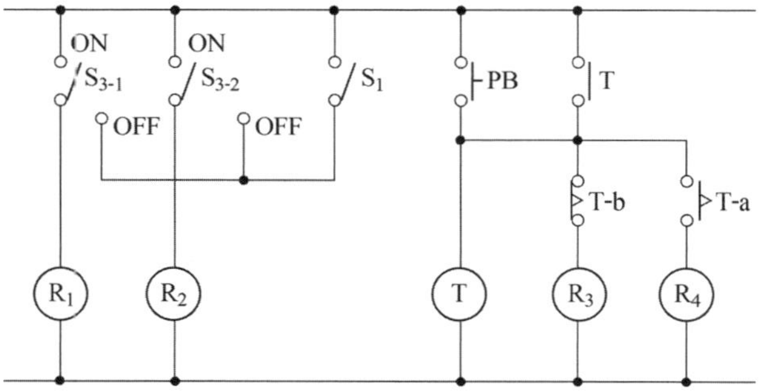

문제 14 ▸ 출제년도 : 97. 99. ▸ 점수 : 9점

그림은 배타 논리합 회로를 나타낸 유접점 제어회로이다. 물음에 답하여라.

(1) 입력이 A, B일 때 출력 Y의 논리식을 표현하여라.

(2) AND 2개, NOT 2개, OR 1개를 이용하여 배타 논리합 회로의 무접점 회로를 그려라.

(3) 배타 논리합 회로의 진리표와 타임 차트를 각각 완성하여라.

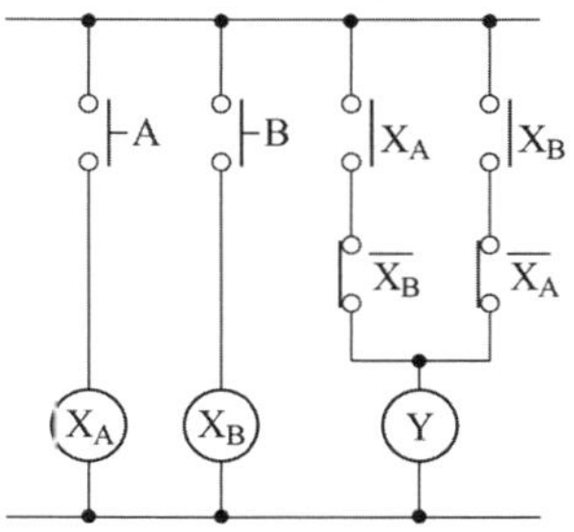

답안작성

(1) $Y = X_A\overline{X}_B + \overline{X}_AX_B$

(2)

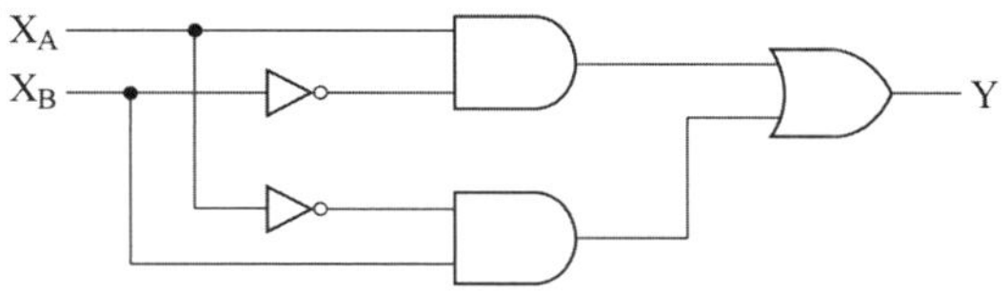

(3)

입력		출력
X_A	X_B	Y
0	0	0
0	1	1
1	0	1
1	1	0

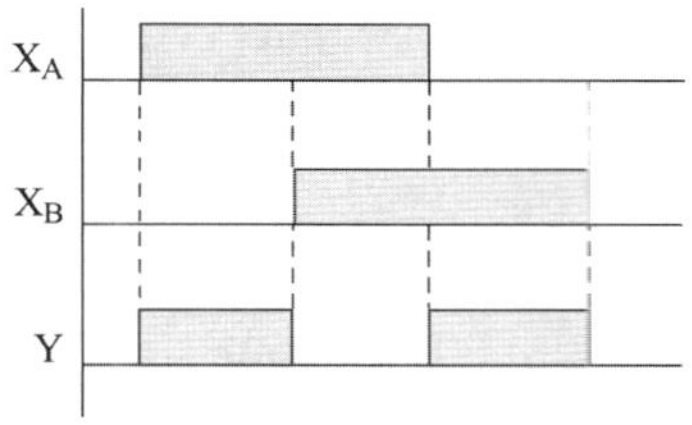

국가기술자격검정 실기시험문제 및 답안지

1997년도 산업기사 일반검정 제 7 회			수험번호	성 명	감독위원 확 인
자격종목(선택분야)	시험시간	형별			
전기공사산업기사	2시간 00분				

※ 다음 물음에 답을 해당 답란에 답하시오.(배점 : 100점)

문제 01 ▸ 출제년도 : 95. 97. ▸ 점수 : 5점

사용 전압이 105 [V] 최대 공급 전류가 50 [A]인 단상 2선식 가공전선로에서 2선을 합한 것과 대지간의 절연저항은 얼마인가?

답안작성

계산 : 누설 전류 $i = 50 \times \frac{1}{1000} = 0.05$ [A]

절연 저항 $R = \frac{105}{0.05} = 2100$ [Ω]

답 : 2100 [Ω]

해 설

단상 2선식의 경우 전선을 일괄한 것과 대지 사이의 절연저항은 사용전압에 대한 누설전류가 최대공급 전류의 $\frac{1}{1000}$ 이하가 되도록 하여야 한다.

문제 02 ▸ 출제년도 : 97. ▸ 점수 : 5점

지선에 가해지는 장력이 860 [kg]이라면 3.2 [mm]의 철선 몇 가닥을 사용해야 하는가? 단, 철선의 단위 면적당 인장 강도는 35 [kg/mm^2], 안전율은 2.5로 한다.

•계산 : •답 :

답안작성

계산 : 지선의 장력$(T_0) = \frac{\text{소선 1가닥의 인장 강도} \times \text{소선수}}{\text{안전율}}$ 에서

소선수 $n = \frac{860 \times 2.5}{35 \times \frac{\pi}{4} \times 3.2^2} = 7.64$

답 : 8본

문제 03 ▸ 출제년도 : 97. 06. ▸ 점수 : 5점

버스 덕트(Bus-duct)에서 중간에 부하를 접속하지 아니하는 구조의 덕트는?

답안작성

피더 버스 덕트

해 설

버스 덕트의 종류

명 칭	형 식		설 명
피더 버스 덕트	옥내용	환 기 형 비환기형	도중에 부하를 접속하지 아니한 것
	옥외용	환 기 형 비환기형	
익스팬션 버스 덕트	옥내용	비환기형	열 신축에 따른 변화량을 흡수하는 구조인 것
탭붙이 버스 덕트			종단 및 중간에서 기기 또는 전선 등과 접속시키기 위한 탭을 가진 버스 덕트
트랜스포지션 버스 덕트			각 상의 임피던스를 평균시키기 위해서 도체 상호의 위치를 관로 내에서 교체시키도록 만든 버스 덕트
플러그인 버스 덕트	옥내용	환 기 형 비환기형	도중에 부하 접속용으로 꽂음 플러그를 만든 것

문제 04 ▸ 출제년도 : 97. ▸ 점수 : 6점

그림과 같이 지락에 의한 인체 감전이 발생되었을 때 인체 통과 전류[A]는 대략 얼마인가? 단, 인체 저항과 발(신발)의 저항은 각각 1000 [Ω]과 500 [Ω]으로 한다.

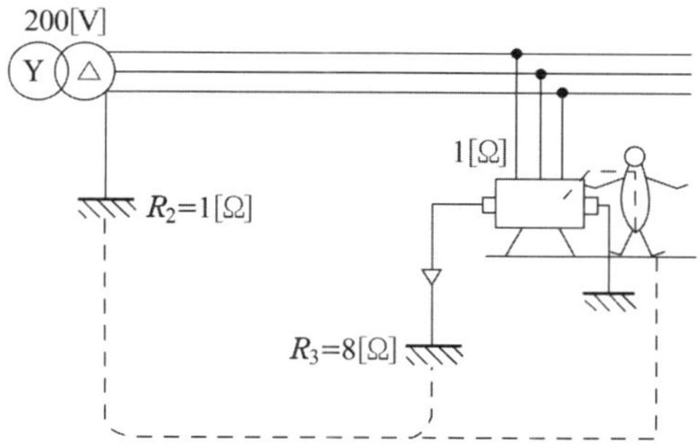

답안작성

계산 : 인체저항과 신발의 합성저항 $R = 1000 + \dfrac{500}{2} = 1250$ [Ω]

인체에 흐르는 전류 $I = \dfrac{200}{1+1+\dfrac{8\times 1250}{8+1250}} \times \dfrac{8}{8+1250} = 0.1278$ [A]

답 : 0.13 [A]

해 설

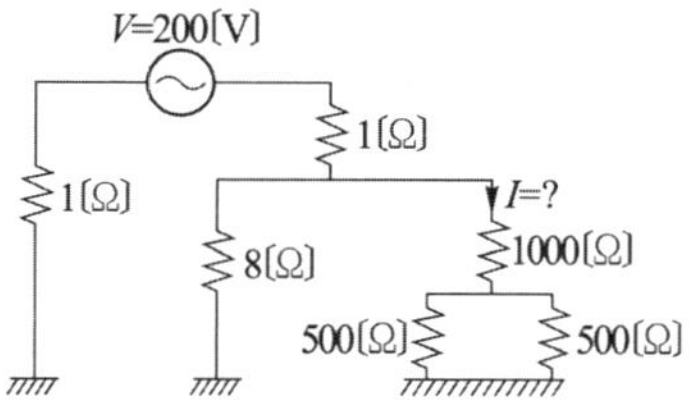

문제 05 ▸ 출제년도 : 97. 99. 01. 03. ▸ 점수 : 6점

다음 그림은 심야전력기기의 인입구 장치 부근의 배선을 나타낸 것이다. 이 그림은 어떤 경우의 시설을 나타낸 것인가?

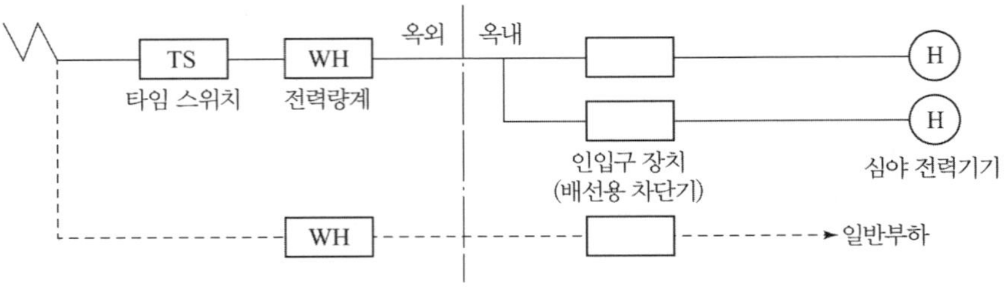

답안작성

종량제

해 설

(1) 정액제의 경우

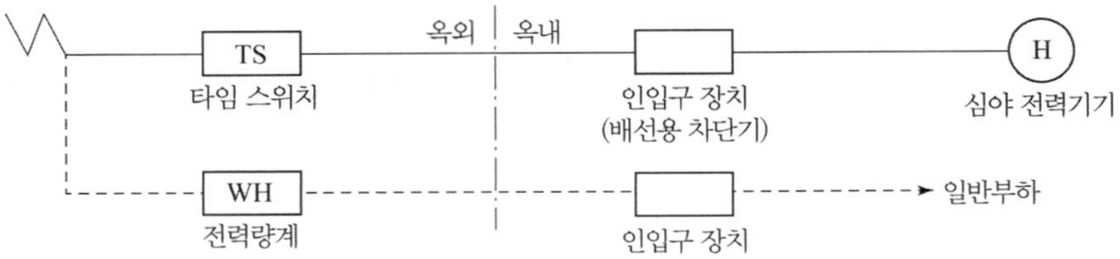

(2) 종량제의 경우

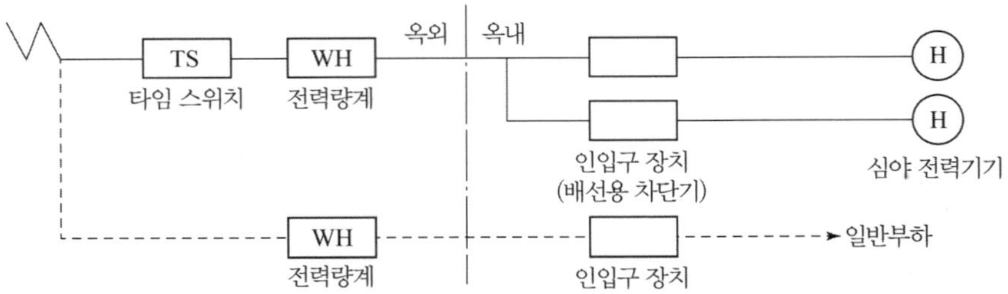

(3) 정액제·종량제 병용의 경우

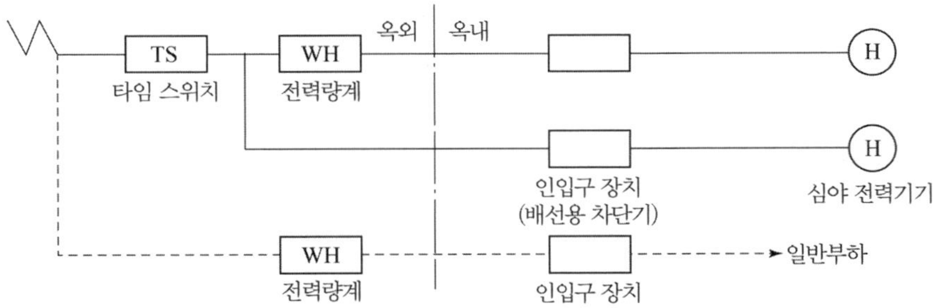

문제 06 ▸ 출제년도 : 97. ▸ 점수 : 5점

아래 심벌은 무엇을 뜻하는가?

(1) ◉LF (2) ●A

답안작성

(1) 플로트리스 스위치 전극

(2) 자동 점멸기

문제 07 ▸ 출제년도 : 93. 95. 97. 02. ▸ 점수 : 10점

다음은 옥외간이 수변전 설비에 대한 단선도이다. 그림을 보고 다음 물음에 답하시오. 단, 참고 자료 필요시는 참고 자료를 이용할 것, 변압기 이외의 시설은 주상에 설치하는 것임

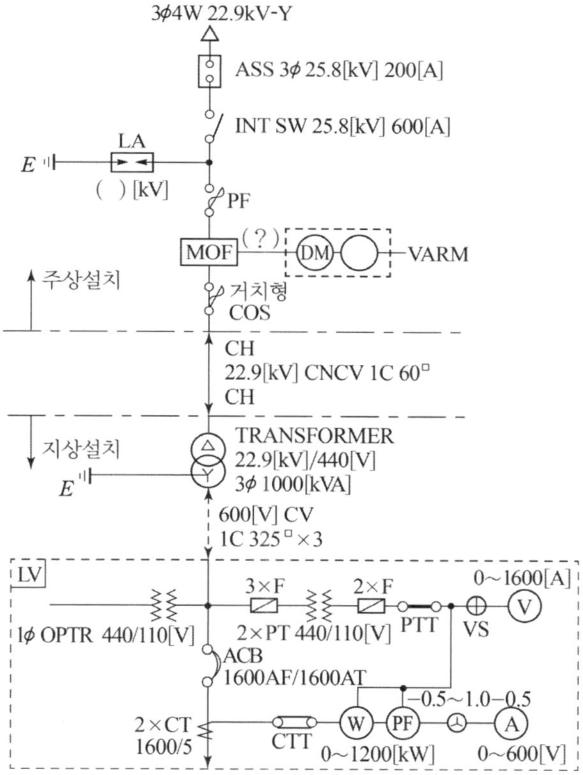

(1) 단선도상의 LA의 정격 전압은 몇 [kV]인가?

(2) MOF와 DM, VARH METER간 연결된 전선의 가닥수는?

(3) OPTR의 설치 목적은 무엇인가?

(4) 그림과 같이 수전하는 방식을 무엇이라고 하는가?

(5) 그림과 같은 방식으로 수전 가능한 최대 용량은 몇 [kVA]인가?

답안작성

(1) 18 [kV]
(2) 7가닥
(3) 변전실내의 수배전반 신호 램프, 차단기 등의 조작용 110 [V] 전원 전압을 얻기 위한 소형 변압기
(4) 간이 수전 방식
(5) 1,000 [kVA]

해 설

(1) 피뢰기 정격 전압

전력 계통		피뢰기 정격 전압 [kV]	
전압 [kV]	중성점 접지 방식	변전소	배전 선로
345	유효접지	288	–
154	유효접지	144	–
66	PC접지 또는 비접지	72	–
22	PC접지 또는 비접지	24	–
22.9	3상 4선 다중접지	21	18

[주] 전압 22.9 [kV-Y] 이하의 배전선로에서 수전하는 설비의 피뢰기 정격전압 [kV]은 배전선로용을 적용한다.

문제 08 ▸ 출제년도 : 97. 99. ▸ 점수 : 8점

다음은 복도 조명의 배선도이다. 물음에 답하시오.

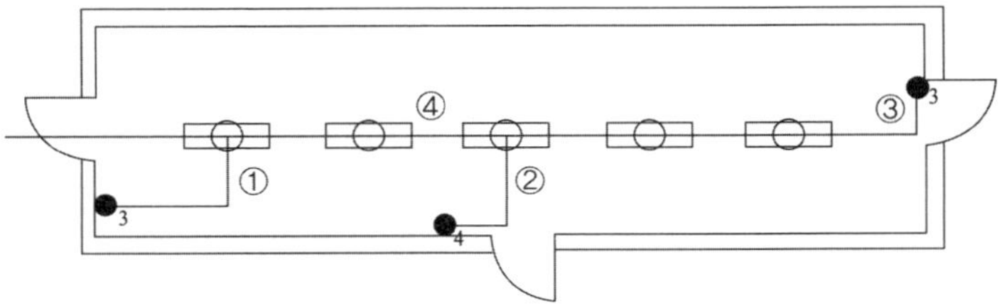

(1) ①, ②, ③, ④의 최소 배선수는 얼마인지 순서대로 쓰시오. 단, 접지선은 제외한다.
(2) 사용심벌(▭○▭, ———, ●3, ●4)의 명칭을 순서대로 쓰시오.

답안작성

(1) ① 3가닥 ② 4가닥 ③ 3가닥 ④ 4가닥
(2) 형광등, 천장 은폐 배선, 3로 점멸기(스위치), 4로 점멸기(스위치)

해 설

배선 실체도

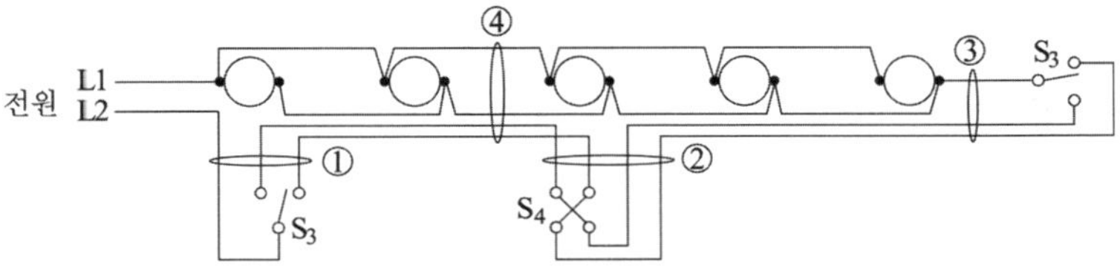

문제 09 ▸ 출제년도 : 97. ▸ 점수 : 5점

예산예규에서 일반관리비는 시행규칙 제8조에 규정된 일반관리비를 몇 [%]를 초과하여 계상할 수 없는가?

답안작성

전문, 전기, 전기 통신 공사	
공사 원가	일반 관리 비율
5억원 미만	6 [%]
5억원~30억원 미만	5.5 [%]
30억원 이상	5 [%]

문제 10 ▸ 출제년도 : 97. ▸ 점수 : 6점

공사 원가 계산(총원가)시 원가계산의 비목(구성)을 쓰시오. (5가지)

답안작성

재료비, 노무비, 경비, 일반관리비, 이윤

문제 11 ▸ 출제년도 : 94. 97. ▸ 점수 : 5점

재폐로 계전기 : 79, 경보 표시용 보조 계전기 : 37, 비율 차동 계전기 : 87, LOCK OUT SW용 보조 계전기 : 86 중 계전기 자동 제어 기구 번호 표시가 틀린 것은?

답안작성

37

해 설

37 : 부족 전류 계전기

문제 12 ▸ 출제년도 : 97. ▸ 점수 : 6점

그림의 PLC 시퀀스에 대해 다음 물음에 답하시오.

주소	명령어	번지	주소	명령어	번지
0	STR	170	5	AND	174
1	OR	171	6	OR	175
2	AND	172	7	AND STR	
3	OR NOT	173	8	OUT	175
4	OR		9	OUT	20

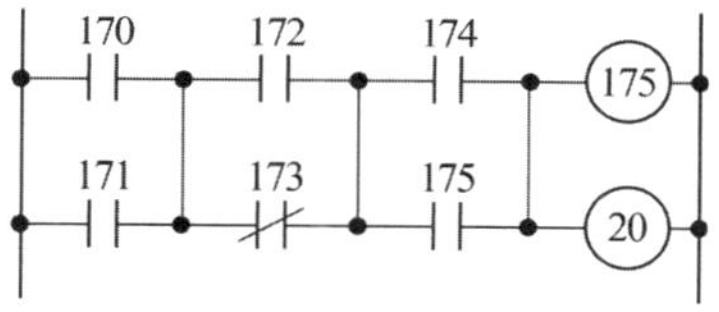

(1) 2입력 OR 회로 3개, 2입력 AND 회로 2개, NOT 회로 1개를 사용하여 로직회로를 그리시오.

(2) PLC 프로그램에서 명령어 부분이 잘못된 곳이 3군데 있다. 찾아서 번지를 쓰고 정답을 쓰시오. (예 : 3 – OR) 여기서, AND STR : 그룹간 직렬접속, OR STR : 그룹간 병렬접속, AND : 직렬, OR : 병렬, NOT : 부정, OUT : 출력 및 내부출력, STR : 시작입력이다.

답안작성

(1)

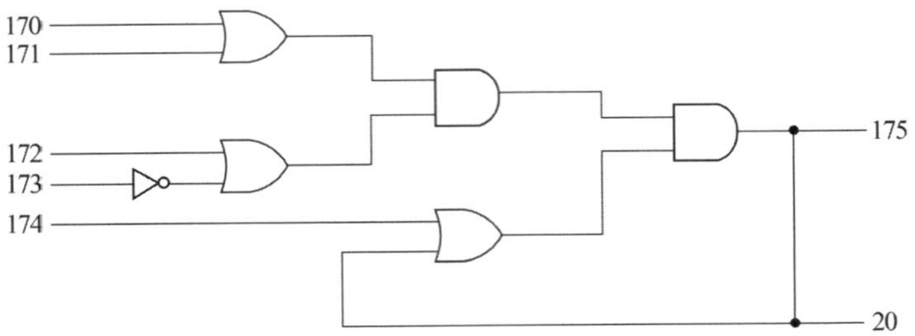

(2) 2-STR 4-AND STR 5- STR

문제 13 ▸ 출제년도 : 91. 97. 04. ▸ 점수 : 12점

도면은 단상 220 [V] 금속관 공사로 내선공사를 하려고 한다. 도면과 타임차트를 정확히 이해하고 답란에 다음 물음에 답하시오. 단, SW는 OFF상태임.

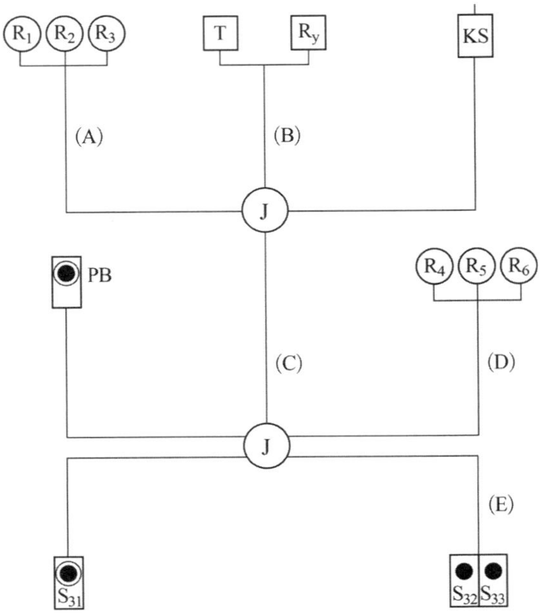

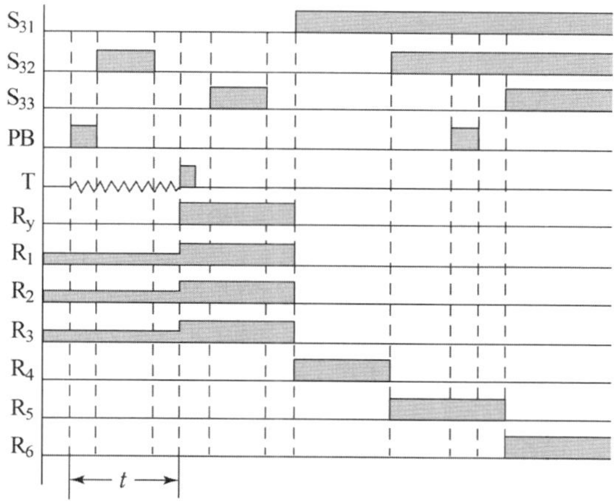

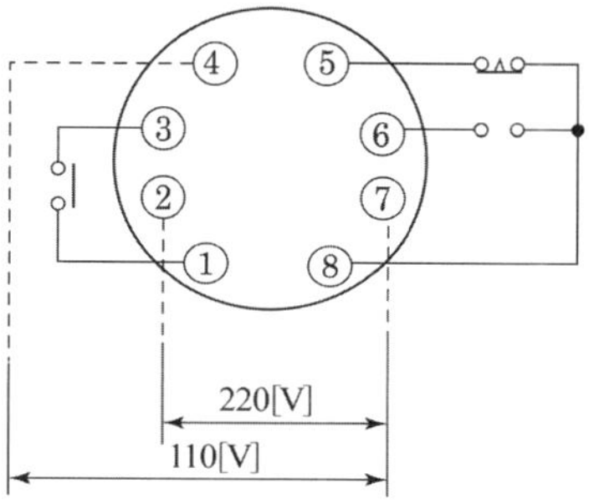

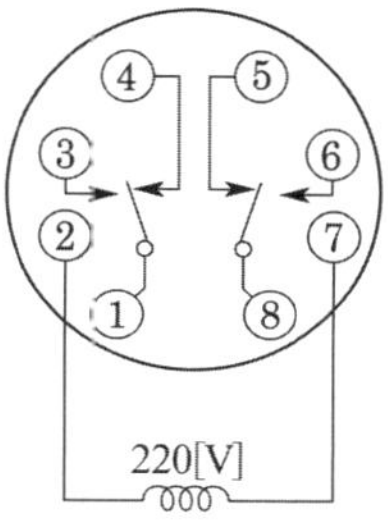

타이머 내부 회로도 **릴레이 내부 결선도**

(1) 답란의 미완성된 회로도를 타임차트와 같이 동작되도록 회로도를 완성하시오.

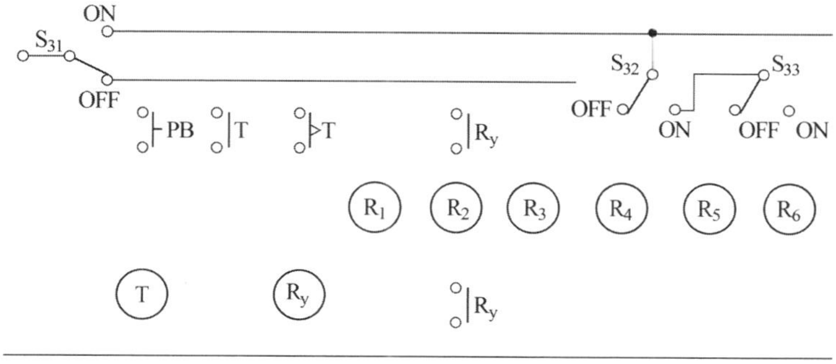

(2) 도면에서 A로 표시된 전선관에 최소 몇 가닥 들어가는가?

(3) 도면에서 B로 표시된 전선관에 최소 몇 가닥 들어가는가?

(4) 도면에서 C로 표시된 전선관에 최소 몇 가닥 들어가는가?

(5) 도면에서 D로 표시된 전선관에 최소 몇 가닥 들어가는가?

(6) 도면에서 E로 표시된 전선관에 최소 몇 가닥 들어가는가?

답안작성

(1)

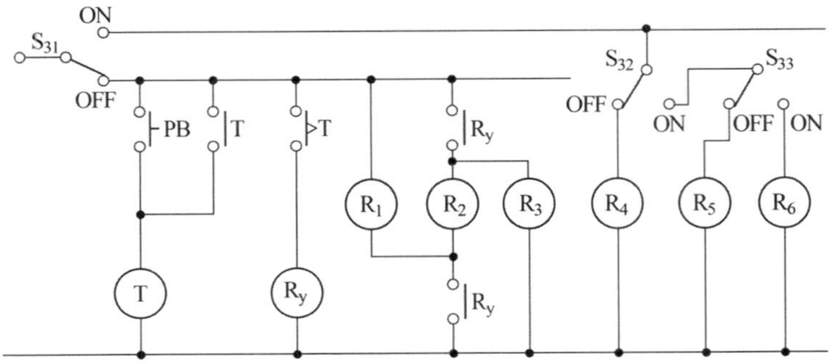

(2) 4가닥　　(3) 5가닥　　(4) 4가닥　　(5) 4가닥　　(6) 4가닥

문제 14 ▸ 출제년도 : 97.　▸ 점수 : 6점

그림과 같은 릴레이 시퀀스에서 A, B, C, D는 보조 릴레이 접점이고 ⓧ는 릴레이, Ⓛ은 부하이다. (1)~(3)번의 물음에 답하시오.

(1) 논리식을 쓰시오. (X = 　　　　)

(2) 논리 회로(2입력 AND, OR, NOT 기호 사용)를 그리시오.

(3) 그림 (a)의 쌍대회로를 (b)의 점선란에 완성하시오.

여기서, $L = \overline{X} = \overline{A \cdot \overline{B} + C + D}$ 이다.

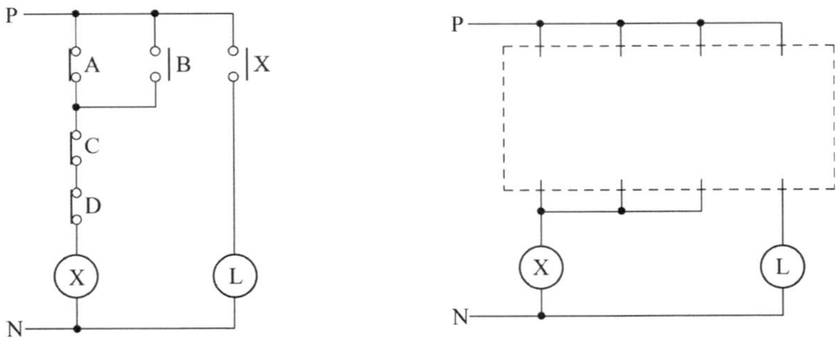

(a)　　　　(b)

답안작성

(1) $X = (\overline{A} + B)\overline{C}\,\overline{D}$

(2)

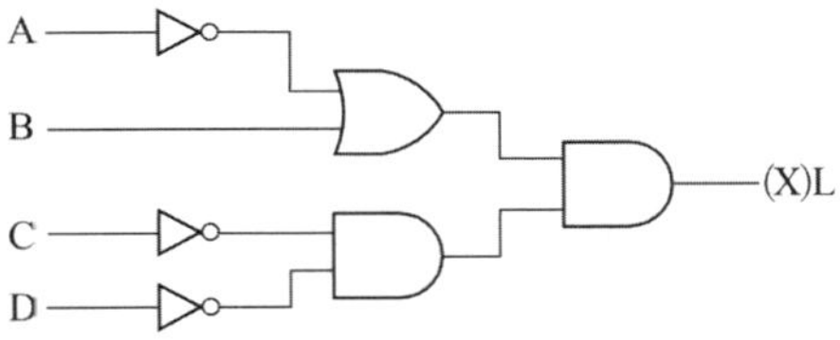

혹은

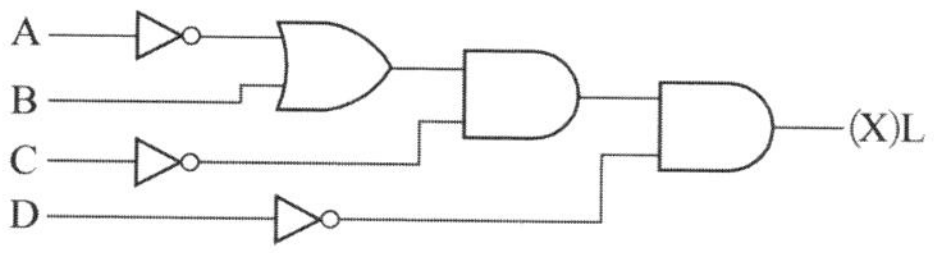

(3)

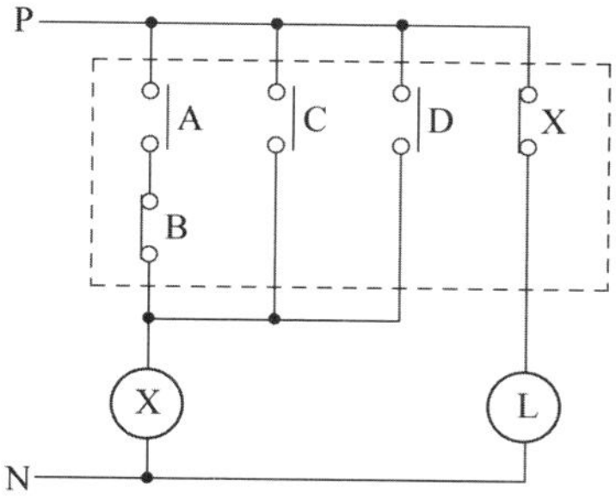

해 설

(1) b접점 A와 B는 병렬이므로 $\overline{A}+B$이고 여기에 b 접점 C와 D가 각각 직렬이므로
$X=(\overline{A}+B)\overline{C}\ \overline{D}$ 이다.

(2) A NOT와 B는 병렬(OR)이고 여기서 C NOT와 D NOT가 각각 직렬(AND)이다.

(3) 쌍대 회로는 a접점과 b접점을 서로 바꾸고, 또 직렬과 병렬을 서로 바꾼다.

출제기준 변경 및 개정된 관계법규에 따라 삭제된 문제가 있어 배점의 합계가 100점이 안됩니다.

MEMO

D30-4

1998년도
전기공사산업기사 실기

국가기술자격검정 실기시험문제 및 답안지

1998년도 산업기사 일반검정 제 1 회

자격종목(선택분야)	시험시간	형별	수험번호	성 명	감독위원 확 인
전기공사산업기사	2시간 00분				

※ 다음 물음에 답을 해당 답란에 답하시오.(배점 : 100점)

문제 01 ▸ 출제년도 : 98. ▸ 점수 : 6점

다음 심벌에 대한 배선 명칭을 구분하여 쓰시오.

(1) ────────── (2) - (3) — — — — — — — — —

답안작성

(1) 천장 은폐 배선 (2) 노출 배선 (3) 바닥 은폐 배선

문제 02 ▸ 출제년도 : 98. 00. 04. 07. ▸ 점수 : 6점

다음 물음에 답하시오.

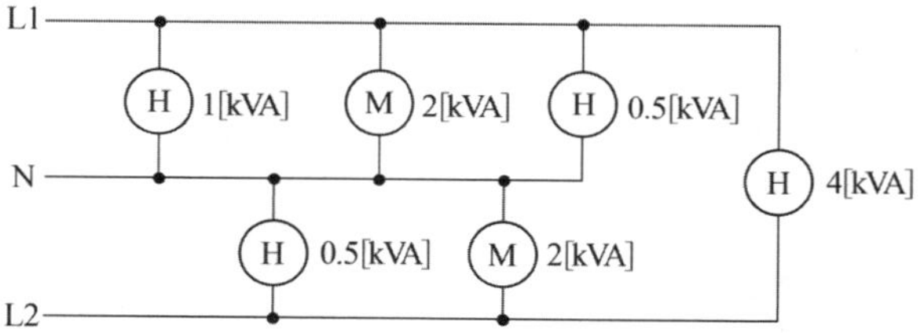

(1) 설비의 불평형률을 구하시오.

(2) 기준에 따른 적정, 부적정 여부를 판단하시오.

답안작성

(1) 계산 : 설비 불평형률$=\dfrac{(1+2+0.5)-(0.5+2)}{\frac{1}{2}(1+2+0.5+0.5+2+4)}\times 100=20$ [%]

답 : 20 [%]

(2) 설비 불평형률이 40 [%] 이하이므로 양호함

해 설

(1) 단상 3선식에서의 설비불평형률

설비불평형률 $=\dfrac{\text{중성선과 각 전압측 전선간에 접속되는 부하 설비용량[kVA]의 차}}{\text{총 부하 설비용량의 1/2}}\times 100$ [%]

여기서, 불평형률은 40 [%] 이하이어야 한다.

문제 03 ▸ 출제년도 : 95. 98. ▸ 점수 : 10점

그림은 3상 4선식 중성점 다중 접지방식의 22.9 [kV–Y] 배전선로에서 수전하기 위한 단선결선도이다. 다음 물음에 답하시오.

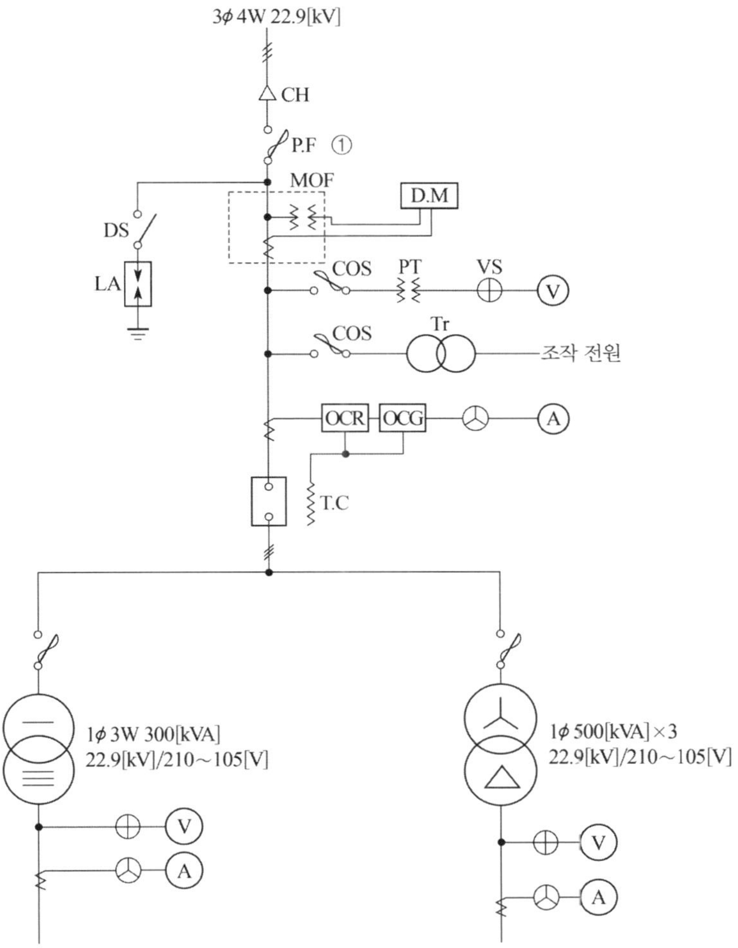

(1) MOF에 연결되어 있는 DM은 무엇인지 명칭을 정확히 쓰시오.

(2) DS의 정격전압은 몇 [kV]인가?

(3) LA의 정격전압은 몇 [kV]인가?

(4) ①의 PF의 퓨즈를 변압기 전부하 전류의 2배로 선정한다면 퓨즈의 용량[A]은?
(단, 평균역률은 90 [%]로 가정)

(5) 전력 수급용 계기용 변성기(MOF)의 변류비는? (단, 평균역률은 90 [%]로 가정한다. 전류의 과전류를 150 [%]로 하고 전압변동은 고려하지 않는다.)

(6) OCGR의 정확한 명칭은?

(7) 변압기와 피뢰기의 최대 유효 이격거리[m]는?

(8) 변압기 Y-△ 접속의 복선도를 그리시오.

(9) 계기용 변성기의 복선도를 그리시오.

(10) 절환 스위치(AS)의 용도는?

답안작성

(1) 최대 수요 전력량계

(2) 25.8 [kV]

(3) 18 [kV]

(4) 계산 : $I=\left(\frac{300}{22.9}+\frac{500\times 3}{\sqrt{3}\times 22.9}\right)\times 2=101.84$ [A] 답 : 규격품인 125 [A] 선정

(5) 계산 : $I=\left(\frac{300}{22.9}+\frac{500\times 3}{\sqrt{3}\times 22.9}\right)\times 1.5=76.38$ [A] 답 : 75/5

(6) 지락 과전류 계전기

(7) 20 [m]

(8)

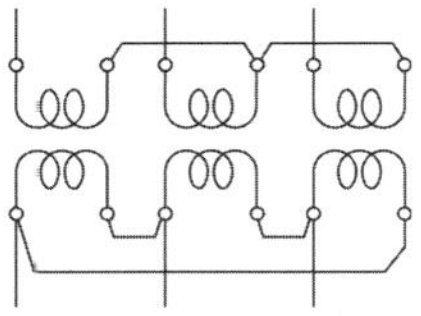

(9)

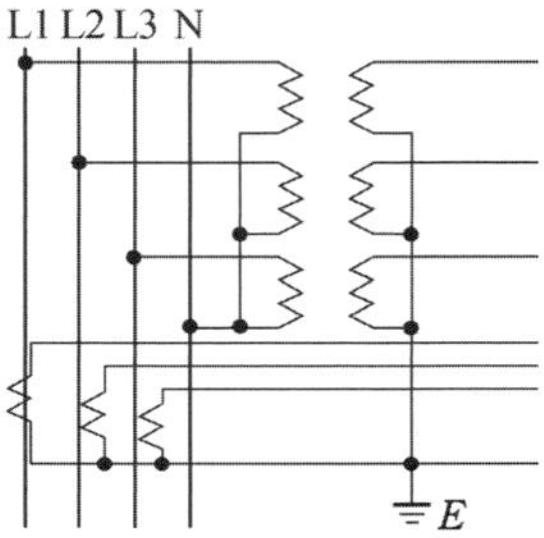

(10) 1대의 전류계로 3상 각 선의 전류를 측정하기 위한 절환 스위치

해 설

(3) 피뢰기 정격 전압

전력 계통		피뢰기 정격 전압[kV]	
전압[kV]	중성점 접지 방식	변전소	배전 선로
345	유효접지	288	-
154	유효접지	144	-
66	PC접지 또는 비접지	72	-
22	PC접지 또는 비접지	24	-
22.9	3상 4선 다중접지	21	18

[주] 전압 22.9 [kV-Y] 이하의 배전선로에서 수전하는 설비의 피뢰기 정격전압 [kV]은 배전선로용을 적용한다.

(7) 피뢰기는 피보호 기기의 가까운 곳에 설치하는 것이 바람직하며 다음과 같은 이격 거리 이내에 설치

공칭 전압[kV]	이격 거리[m]
345	85
154	65
66	45
22	20
22.9	20

문제 04 ▸ 출제년도 : 92. 94. 98. 00. 01. ▸ 점수 : 6점

방의 가로 길이가 12 [m], 세로 길이가 18 [m], 방바닥에서 천장까지의 높이가 3.85 [m]인 방에서 조명기구를 천장에 직접 취부하고자 한다. 이 방의 실지수를 구하시오.
(단, 작업면은 방바닥에서 0.85 [m]이다.)

답안작성

계산 : 실지수 $R \cdot I = \dfrac{X \cdot Y}{H(X+Y)} = \dfrac{12 \times 18}{(3.85 - 0.85)(12+18)} = 2.4$

답 : 2.4

문제 05 ▸ 출제년도 : 95. 98. 00. 01. ▸ 점수 : 9점

22.9 [kV] 배전선로이다. 그림과 참고표를 이용하여 물음에 답하시오.

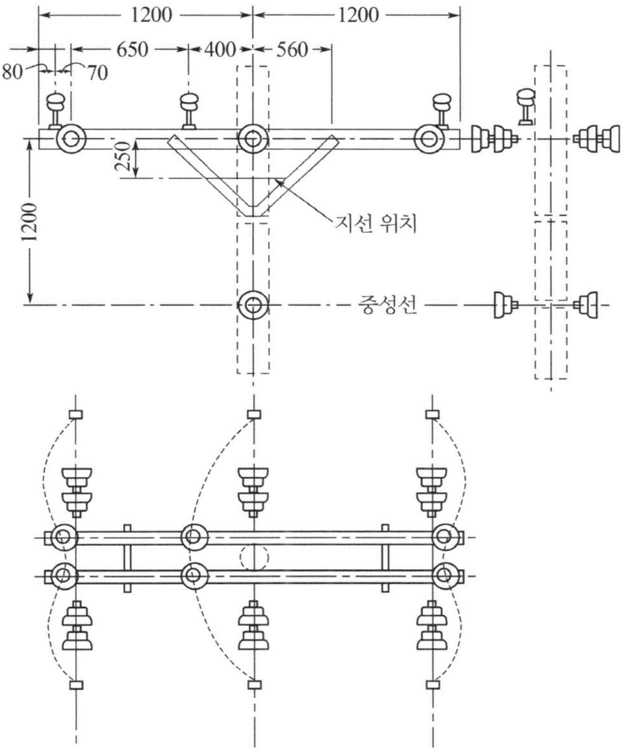

[물음]

그림의 애자를 노후로 인하여 교체하는 경우 총 인건비(직접 노무비 포함)는 얼마인가?

단, • 간접 노무비를 15 [%](가정)로 계산한다.
- 노임단가는 배전전공 15860원, 보통인부 6520원이다. (가정)
- 소수점은 넷째 자리에서 반올림하여 셋째 자리까지 구한다.
- 인공을 산출한 후 이를 합계하여 노임단가를 적용하여 원까지만 구하고 소수점 이하는 버린다.

• 애자 노후로 인하여 교체되어야 할 애자 종류 및 수량은 다음과 같다.
① 특고압용 현수 애자 : 14개
② 특고압용 핀 애자 : 6개

배전용 애자 및 랙크(Rack) 신설 (개당)

종　　별	배전 전공	보통 인부
특고압용 핀 애자	0.064	0.126
고압 및 특고압 현수 애자	0.065	0.05
고압용 핀 애자	0.044	–
인류 애자	0.056	–
내장 애자	0.035	0.083
저압용 핀 애자	0.034	–
저압용 인류 애자	0.044	–
랙크 1선용	0.125	–
랙크 2선용	0.20	–
랙크 3선용	0.275	–
랙크 4선용	0.350	–

[해설] ① 애자 철거 50 [%](재사용 80 [%])
② 애자 교환 또는 갈아 끼우기 : 150 [%]
③ 인류 애자는 다대 애자를 고친 것임.
④ 애자 닦기
가. 주상(탑상) 손 닦기 : 신설품의 50 [%]
나. 주상(탑상) 기계 닦기 : 기계 손료만 계상(인건비 포함)
다. 발췌 손 닦기는 신설품의 170 [%]
⑤ 특고압용 라인 포스트 애자 취급품은 특고압용 핀애자 취급품에 준함
⑥ 랙크 철거는 이 품의 30 [%](재사용 50 [%]) 적용함

답안작성

배전전공 : $0.065 \times 14 \times 1.5 + 0.064 \times 6 \times 1.5 = 1.941$ [인]
보통인부 : $0.05 \times 14 \times 1.5 + 0.126 \times 6 \times 1.5 = 2.184$ [인]
배전전공 노임 : $1.941 \times 15860 = 30{,}784$ [원]
보통인부 노임 : $2.184 \times 6520 = 14{,}239$ [원]
직접 노무비 $= 30{,}784 + 14{,}239 = 45{,}023$ [원]
간접 노무비 $= 45{,}023 \times 0.15 = 6{,}753$ [원]
노무비계 $= 45{,}023 + 6{,}753 = 51{,}776$ [원]
답 : 51,776 [원]

문제 06 ▸ 출제년도 : 93. 96. 98. 99. 01. 07. ▸ 점수 : 6점

38 [mm^2]의 경동연선을 사용해서 높이가 같고 경간이 300 [m]인 철탑에 가선하는 경우 이도는 얼마인가? (단, 이 경동연선의 인장하중은 1480 [kg], 안전율은 2.2이고 전선 자체의 무게는 0.334 [kg/m]라고 한다.)

답안작성

계산 : $D = \dfrac{WS^2}{8T} = \dfrac{0.334 \times 300^2}{8 \times \dfrac{1480}{2.2}} = 5.59$[m]　　답 : 5.59 [m]

문제 07

▸ 출제년도 : 98. ▸ 점수 : 6점

옥내배선도에서 (1), (2), (3) 부분의 전선가닥수를 표시하시오.

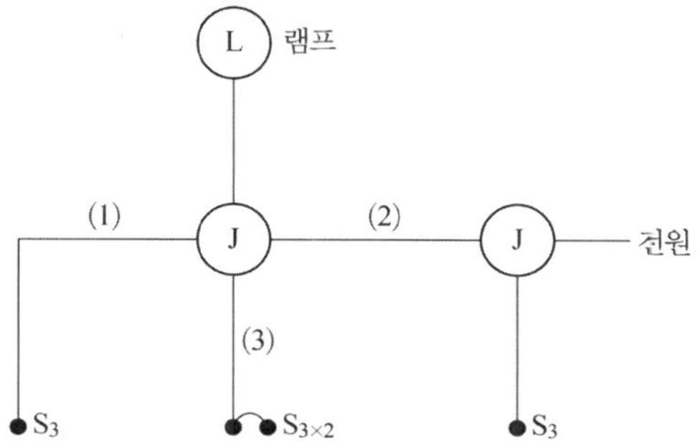

답안작성

(1) 3가닥
(2) 3가닥
(3) 4가닥

문제 08

▸ 출제년도 : 98. 01. ▸ 점수 : 6점

그림과 같은 저압기기의 지락사고시 기기에 접촉된 사람의 인체에 흐르는 전류를 구하시오. (단, 중성점 접지저항값 $R_2 = 50[\Omega]$, 보호 접지저항값 $R_3 = 100[\Omega]$, 인체의 접지저항 및 접촉저항값 $R_m = 1000[\Omega]$이다.)

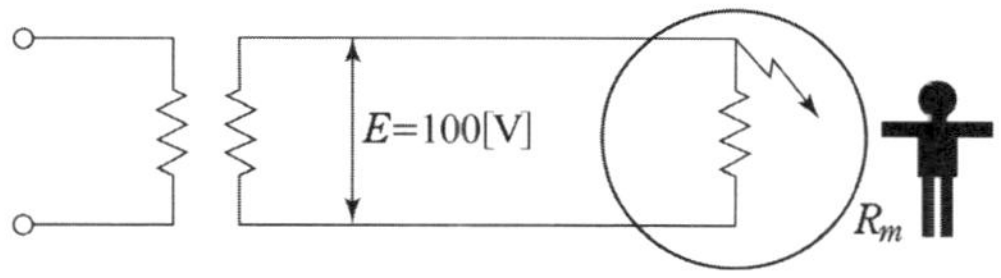

답안작성

계산 : $I_m = \dfrac{100}{50 + \dfrac{100 \times 1000}{100 + 1000}} \times \dfrac{100}{100 + 1000} = 0.0645\ [\mathrm{A}] = 64.5\ [\mathrm{mA}]$

답 : 64.5 [mA]

해 설

문제의 조건을 등가회로로 변경하면 아래와 같다.

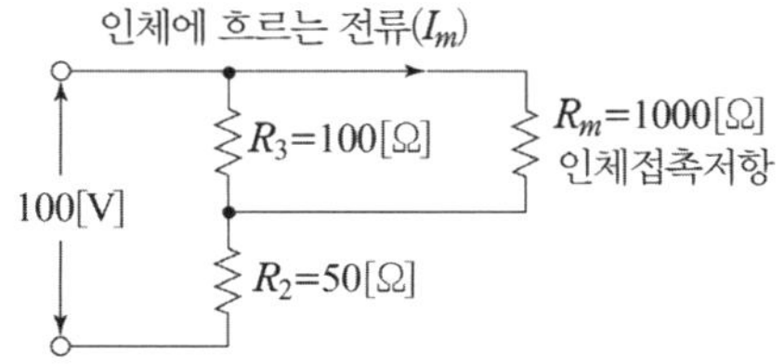

문제 09 ▸ 출제년도 : 98. 00. ▸ 점수 : 6점

다음 결선과 같은 단상변압기 3대가 있다. 물음의 조건으로 결선하시오.

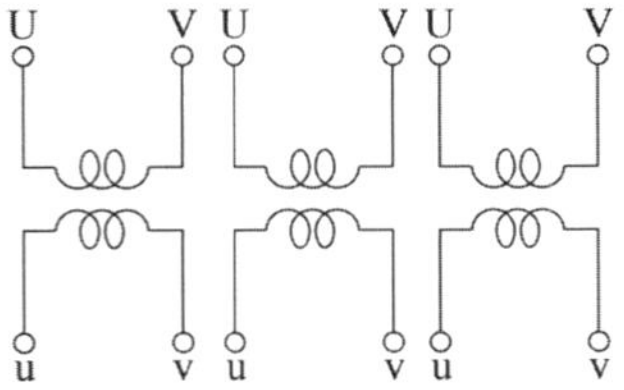

(1) STAR−STAR결선(Y−Y)

(2) STAR−DELTA결선(Y−△)

답안작성

(1)

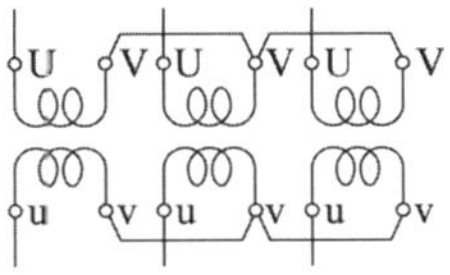

(2)

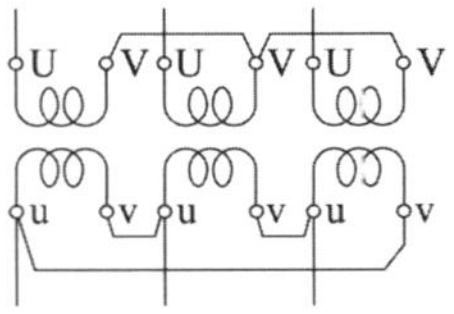

문제 10 ▸ 출제년도 : 98. ▸ 점수 : 6점

서지 흡수기(Surge Absorber)의 기능을 쓰시오.

답안작성

개폐서지 등 이상전압으로부터 변압기 등 기기보호

해 설

서지 흡수기는 LA와 같은 구조와 특성을 지니고 있으며 선로에서 발생할 수 있는 개폐서지, 순간 과도전압 등의 이상전압이 2차 기기에 영향을 미치는 것을 방지함

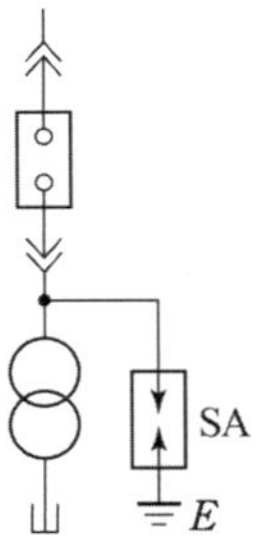

문제 11 ▸ 출제년도 : 98. 00. ▸ 점수 : 6점

변압기 2차 단자에서 25 [m] 거리에 있는 교류 단상 220 [V], 4.4 [kW] 부하에 전압강하를 2 [%] 이하로 제한하기 위한 공급전선의 굵기를 산정하시오.

답안작성

계산 : 부하전류 $I = \dfrac{4400}{220} = 20[\text{A}]$

$$A = \frac{35.6 \cdot L \cdot I}{1000 \cdot e} = \frac{35.6 \times 25 \times 20}{1000 \times 220 \times 0.02} = 4.05\ [\text{mm}^2]$$

답 : 6 [mm²]

문제 12 ▸ 출제년도 : 98. ▸ 점수 : 5점

전선표시 기호 명칭인 RIF 케이블은 무엇을 뜻하는가?

답안작성

300/300 [V] 유연성 고무 절연 고무 시스 코드

해 설

- RICLF : 300/300 [V] 유연성 고무 절연 가교 폴리에틸렌 비닐 시스 코드
- RL : 300/500 [V] 고무 시스 리프트 케이블

문제 13 ▸ 출제년도 : 95. 98. ▸ 점수 : 12점

그림 (a)는 “L” 입력형 로직 회로의 타임 차트이다. 물음에 답하시오.

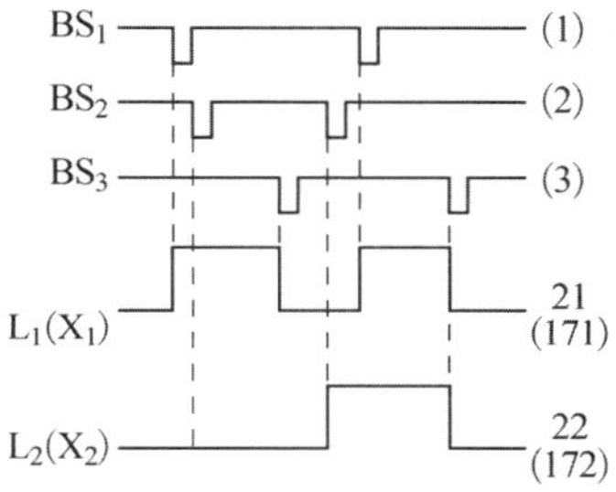

(a)

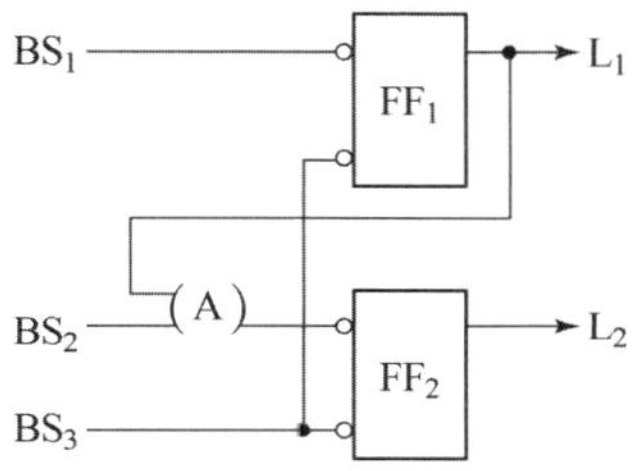

(b)

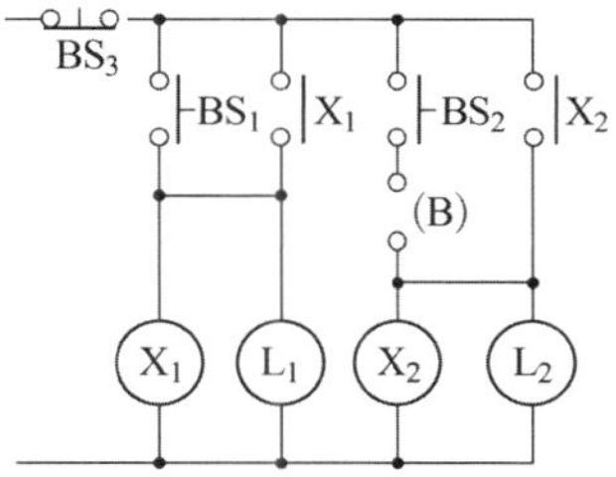

(c)

(1) 그림 (b)의 (A)에 접속될 로직 기호를 예와 같이 그리시오. 단, FF는 $\overline{R}\ \overline{S}-\text{latch}$이다.(예 : 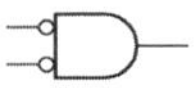)

(2) 그림 (c)의 (B)에 알맞은 접점 기호를 그리고 문자 기호를 적으시오.

(3) BS_1을 준 후 BS_2를 주면 어떤 램프가 점등되는가?

(4) BS_2를 준 후 BS_1을 주면 어떤 램프가 점등되는가?

(5) 부하 L_1과 L_2 중 어느 것이 우선이라 생각되는가?

(6) 그림 (c)에서 (B)는 어떤 기능 조건인가? 보기에서 고르시오.

[보기] 기동, 유지, 운전, 정지

(7) 그림 (c)에서 접점 기구 중 기동 기능, 유지 기능, 정지 기능을 각각 1개씩만 적으시오. (예 : X_1 등)

답안작성

(1) 

(2) 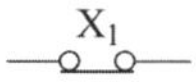

(3) L_1

(4) L_1, L_2

(5) L_1

(6) 기동

(7) 기동 기능 – BS_1, BS_2, B 중에서 1개
   유지 기능 – X_1, X_2 중 1개
   정지 기능 - BS_3

해 설

(1) L_2(FF_2)의 동작(기동) 조건은 L_1이 동작하지 않을 때와 BS_2를 주어야 하는 2가지가 동시에 만족해야 하므로 AND 조건이고 L입력형에 유의한다.

(2) L_1(X_1)이 먼저 동작하면 X_2(L_2)가 기동하지 않으므로 X_1의 b접점이다.

(5) L_1이 동작하면 L_2가 동작되지 않으므로 L_1이 우선이다.

(6) X_1(L_1)이 동작하지 않을 때 X_2가 기동되므로 기동 조건이다.

출제기준 변경 및 개정된 관계법규에 따라 삭제된 문제가 있어 배점의 합계가 100점이 안됩니다.

국가기술자격검정 실기시험문제 및 답안지

1998년도 산업기사 일반검정 제 3 회

자격종목(선택분야)	시험시간	형별	수험번호	성 명	감독위원 확 인
전기공사산업기사	2시간 00분				

※ 다음 물음에 답을 해당 답란에 답하시오.(배점 : 100점)

문제 01 ▸ 출제년도 : 89. 91. 94. 98. ▸ 점수 : 6점

어떤 심벌의 명칭인지 정확하게 답하시오.

(1)  (2) 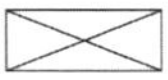 (3) 

(4)  (5)  (6) 

답안작성

(1) 분전반 (2) 배전반
(3) 제어반 (4) 매입 기구
(5) 천장 은폐 배선 (6) 벽붙이 콘센트

해 설

(4) 매입 기구는 ⒹⓁ로 표시하여도 됨.

문제 02 ▸ 출제년도 : 94. 98. 03. ▸ 점수 : 5점

그림과 같은 3상 3선식 3300 [V] 배전선로에서 단상 및 3상 변압기에 전력을 공급하고자 한다. 선로의 불평형률은 몇 [%]인가? (단, 소수점 1자리까지 적으시오.)

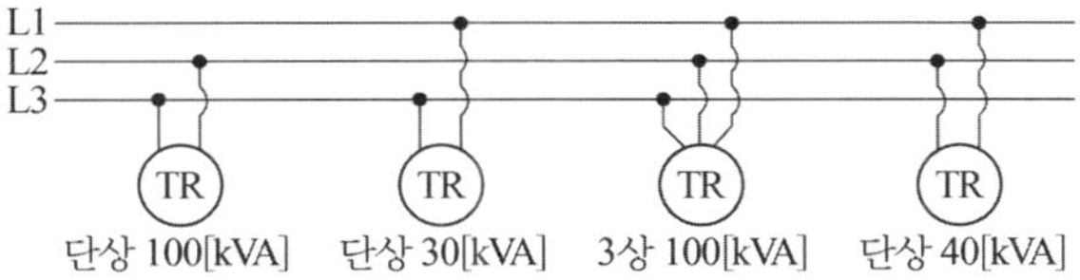

답안작성

계산 : 불평형률 $= \dfrac{100-30}{\dfrac{1}{3}(100+30+100+40)} \times 100 \fallingdotseq 77.8$ [%]

답 : 77.8 [%]

해 설

3상에서 설비불평형률

$$불평형률 = \frac{\text{각 선간에 접속되는 단상부하 총부하 설비용량 [kVA]의 최대와 최소의 차}}{\text{총부하설비용량 [kVA]} \times 1/3} \times 100\ [\%]$$

여기서, 설비불평형률은 30[%] 이하이어야 한다.

문제 03 ▸ 출제년도 : 89. 92. 98. 01. 07. ▸ 점수 : 14점

도면과 같이 구내 각 공장에 케이블을 포설하고자 한다. 도면을 숙독하고 유의사항을 참고하여 총수량을 주어진 답안지에 계산하여 답하시오.

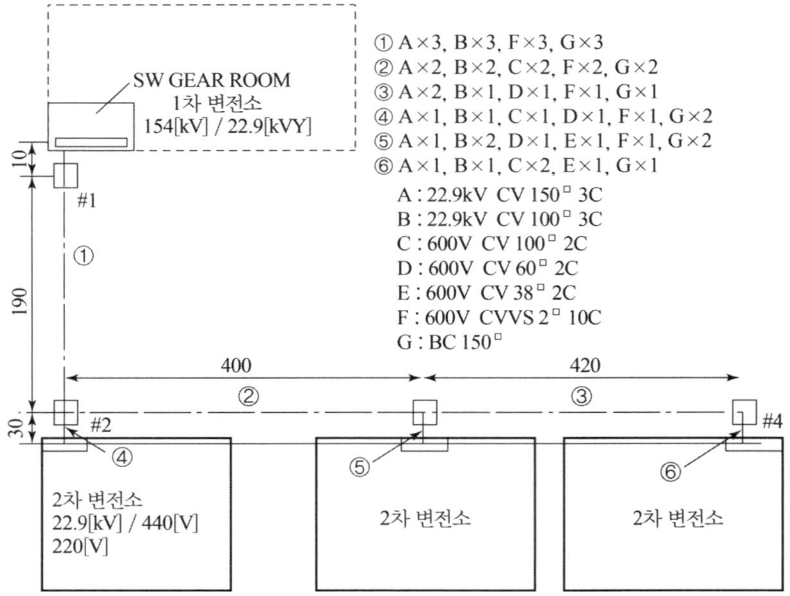

[유의사항]

① 생략된 도면과 문제지에 나타나 있지 않은 사항은 임의로 생각하지 말고 도면대로 할 것

② MANHOLE과 관로는 완성되어 있다.

③ MANHOLE에서 S.W GEAR ROOM과 2차 변전소간의 거리는 표시된 숫자만큼만 계산한다.

④ #맨홀 표시

⑤ 케이블 수량을 구한 후 3 [%] 할증을 적용하여 소수점 미만은 버리시오.

번 호	품 명	규 격	단 위	수 량
(1)	케이블	22.9 [kV], CV 150□ 3C	[m]	
(2)	케이블	22.9 [kV], CV 100□ 3C	[m]	
(3)	케이블	600 [V], CV 100□ 2C	[m]	
(4)	케이블	600 [V], CV 60□ 2C	[m]	
(5)	케이블	600 [V], CV 38□ 2C	[m]	
(6)	케이블	600 [V], CVVS 2□ 10C	[m]	
(7)	케이블	B.C. 150□ 나연동	[m]	

답안작성

(1) $(200\times3+400\times2+420\times2+30\times3)\times1.03=2330\times1.03=2399$ [m]
(2) $(200\times3+400\times2+420+30\times4)\times1.03=1940\times1.03=1998$[m]
(3) $(400\times2+30+60)\times1.03=890\times1.03=916$[m]
(4) $(420+30\times2)\times1.03=480\times1.03=494$[m]
(5) $(30\times2)\times1.03=60\times1.03=61$[m]
(6) $(200\times3+400\times2+420+30\times2)\times1.03=1880\times1.03=1936$[m]
(7) $(200\times3+400\times2+420+30\times5)\times1.03=1970\times1.03=2029$[m]

문제 04 ▸출제년도 : 98. ▸점수 : 14점

다음의 배선도와 결선도를 잘 숙지하고 물음에 답하시오.

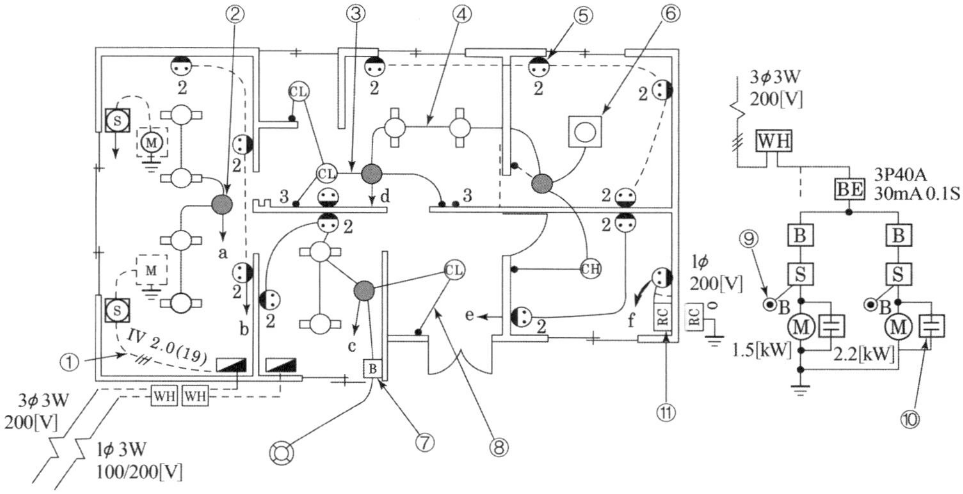

(1) ④부분의 배선 방법은?
(2) ②의 기기 명칭은 무엇이라 하는가?
(3) ⑩의 기기 역할은 무엇인가?
(4) ⑦의 기기 명칭은 무엇이라 하는가?
(5) ①의 배선 방법은?
(6) ⑤의 배선 기호를 보고 기기의 명칭과 취부 위치를 말하시오.
(7) ⑪의 기기 명칭은?

답안작성

(1) 천장 은폐 배선
(2) VVF용 조인트 박스
(3) 역률 개선
(4) 배선용 차단기
(5) 바닥 은폐 배선
(6) 명칭 : 2구 콘센트 , 취부위치 : 바닥으로부터 30 [cm] 높이
(7) 룸 에어컨디셔너

문제 05 ▸ 출제년도 : 94. 98. 00. ▸ 점수 : 8점

그림과 같이 시설하는 지선의 명칭은?

(1)

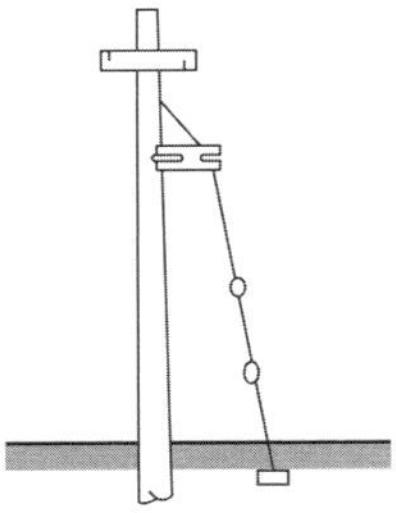

(2)

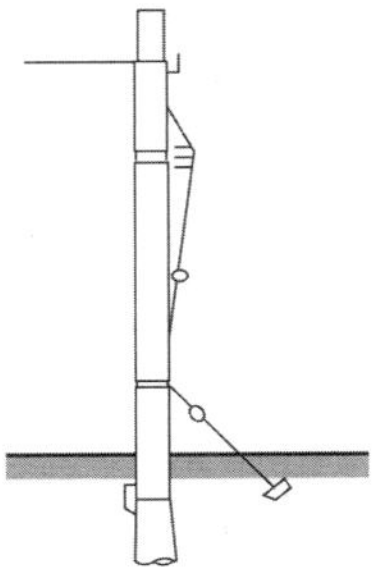

답안작성

(1) A형 궁지선　　　　(2) R형 궁지선

문제 06 ▸ 출제년도 : 95. 98. ▸ 점수 : 7점

건평 8000 [m²]인 건물이 있다. 이 건물에 FAN용 전동기 1.5 [kW]가 20대, 펌프용 전동기 7.5 [kW]가 15대를 사용하고자 다음과 같은 인입변대를 설비 시공하여 원활히 전기를 수급하고자 한다. 다음 물음에 답하여라. 단, FAN용 전동기 역률은 80 [%], 펌프용 전동기 역률 70 [%], 부하의 수용률은 70 [%], 전등, 전열용 전력은 25 [VA/m²]

(1) 다음 도면을 보고 단선도를 그리고, 접지와 변압기 결선 방법을 표기하여라.
　단, 전압은 380/220을 동시에 얻고자 한다.

(2) 도면에 단상 변압기 용량을 산정하시오.

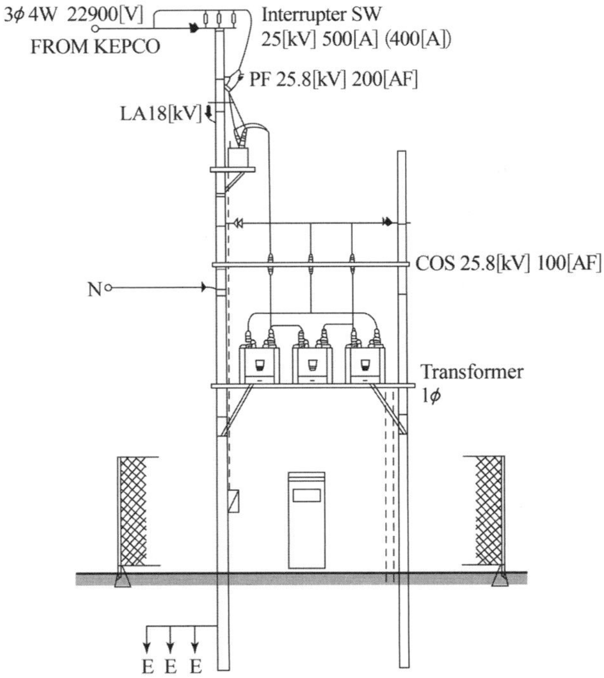

답안작성

(1)

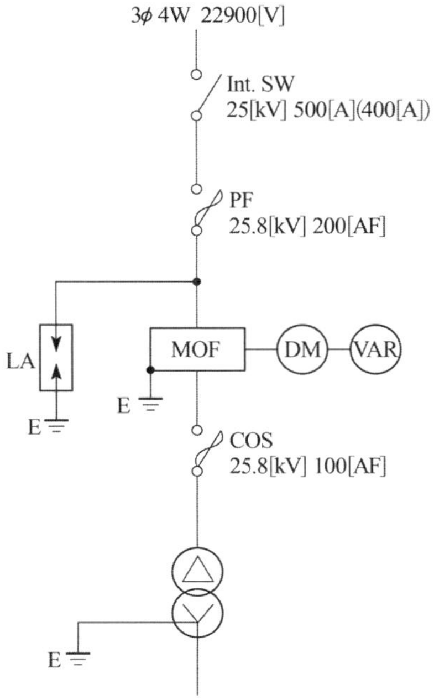

(2) 계산 : ① Fan 유효 전력 : $P_1 = 1.5 \times 20 = 30$ [kW]

무효 전력 : $Q_1 = \dfrac{1.5}{0.8} \times 0.6 \times 20 = 22.5$ [kVar]

② Pump 유효 전력 : $P_2 = 7.5 \times 15 = 112.5$ [kW]

무효 전력 : $Q_2 = \dfrac{7.5}{0.7} \times \sqrt{1-0.7^2} \times 15 = 114.77$ [kVar]

③ 전등 및 전열 : $P_3 = 25 \times 8000 \times 10^{-3} = 200$ [kW]

④ 전체 부하 용량

$P_a = \sqrt{(P_1+P_2+P_3)^2+(Q_1+Q_2)^2} \times$ ~~수용률~~

$= \sqrt{(30+112.5+200)^2+(22.5+114.77)^2} \times 0.7 = 258.29$ [kVA]

⑤ 단상 변압기 1대의 용량

$\mathrm{Tr} = \dfrac{1}{3} \times 258.29 = 86.1$[kVA]

답 : 표준 용량의 100 [kVA] 단상 변압기 3대 선정

해 설

전등 및 전열의 역률은 문제에서 주어지지 않아 1로 계산하였음.

문제 07 ▸ 출제년도 : 98. ▸ 점수 : 5점

폭 30 [m]인 도로의 양쪽에 지그재그식으로 250 [W] 고압나트륨등을 배치하여 도로의 평균조도를 10 [Lux]로 하려면 조명기구의 배치 간격은 몇 [m]로 하여야 하는가?
(단, 가로등 기구 조명률 20[%], 감광보상률 1.4, 고압나트륨등의 광속은 25,000[lm]이며, 최종 답을 할 경우 소수점 이하는 버릴 것.)

답안작성

계산 : $F \cdot U \cdot N = E \cdot A \cdot D$

$$A = \frac{FUN}{ED} = \frac{a \times b}{2} \quad (a : \text{간격},\ b : \text{폭})$$

$$\frac{30 \cdot a}{2} = \frac{25000 \times 0.2 \times 1}{10 \times 1.4} \qquad \therefore\ a = 23.8\ [\text{m}]$$

답 : 23 [m]

문제 08 ▸ 출제년도 : 98. ▸ 점수 : 5점

계기용 변성기에서 백턴(Back turn)하는 목적은? (간단히 답하시오.)

답안작성

오차를 보상하기 위해

문제 09 ▸ 출제년도 : 98. 00. 07. ▸ 점수 : 8점

다음 그림은 변전설비의 단선결선도이다.
물음에 답하시오.

(1) 부등률이란? (식으로 나타내시오.)
(2) 부등률 적용 변압기는?
(3) Tr_1의 부등률은 얼마인가?
  (단, 최대 합성 전력은 1,320 [kVA])
(4) Tr_1의 표준 용량은 몇 [kVA]인가?

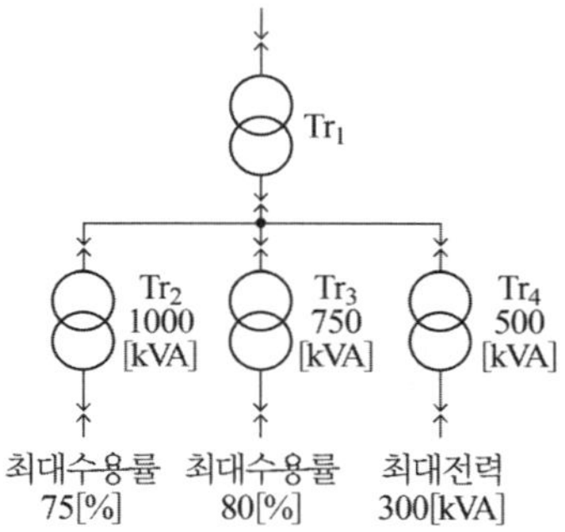

답안작성

(1) $\text{부등률} = \dfrac{\text{각 개 최대 수용 전력의 합}}{\text{합성 최대 수용 전력}}$

(2) Tr_1

(3) 계산 : $\text{부등률} = \dfrac{1000 \times 0.75 + 750 \times 0.8 + 300}{1320} = 1.25$ 답 : 1.25

(4) 최대 전력이 1320 [kVA]이므로 1500 [kVA]로 선정 답 : 1500 [kVA]

해 설

$$\text{부등률} = \frac{\text{각 개 최대 수용 전력의 합}}{\text{합성 최대 수용 전력}} = \frac{\Sigma\text{부하 설비 용량 [kVA]} \times \text{수용률}}{\text{합성 최대 수용 전력}}$$

$$= \frac{\Sigma\text{부하 설비 용량 [kVA]} \times \text{수용률}}{\text{합성 최대 수용 전력}} = \frac{\Sigma\text{부하 설비 용량 [kW]} \times \text{수용률}}{\text{합성 최대 수용 전력} \times \text{역률}}$$

문제 10 ▸ 출제년도 : 98. 03. ▸ 점수 : 5점

후강전선관에서 굵기가 36 [호]보다는 크고 54 [호]보다는 적은 것은 어느 크기로 선정해야 되는가?

답안작성

42 [호]

해 설

금속관의 종류

종 류	관의 호칭 [호]
후강 전선관(근사내경, 짝수)	16 22 28 36 42 54 70 82 92 104
박강 전선관(근사외경, 홀수)	19 25 31 39 51 63 75
나사없는 전선관	박강 전선관과 치수가 같다.

문제 11

▸ 출제년도 : 98. ▸ 점수 : 5점

다음 그림 A, B 중 실지수가 큰 것은?

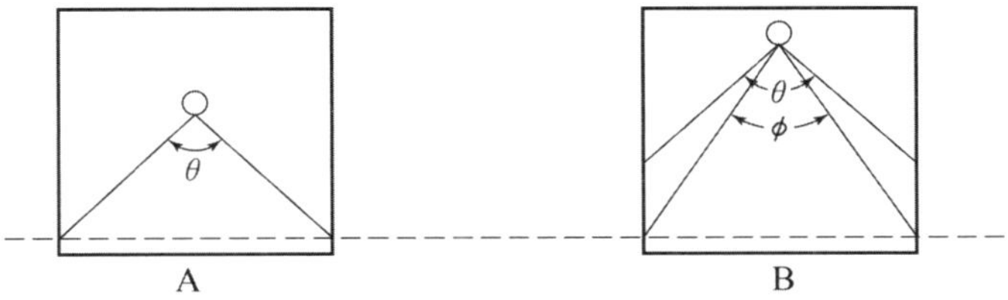

답안작성

A

해 설

실지수$=\dfrac{X\cdot Y}{H(X+Y)}$에서 실지수는 H(등기구로부터 피조면까지의 거리)에 반비례 한다.

문제 12

▸ 출제년도 : 95. 98. 02. 05. ▸ 점수 : 8점

그림의 로직 회로는 지하철역의 무인 개찰 회로의 일부이다.

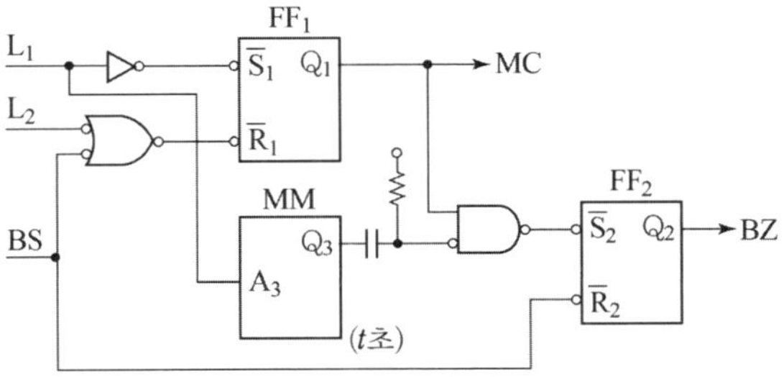

[보기] OR, AND, FF₁, FF₂, MM, MC, NOT (중복도 가함)

다음 동작 개요의 ( )에 보기 중에서 골라 넣으시오.

(1) 차표를 넣으면 L_1이 검출하여 (①)가 세트되고 (②)가 동작하여 차표 투입구를 닫는다. t초 후 차표가 배출구로 나오면 L_2가 검출하여 (③)가 리셋되고 (④)가 복귀하여 투입구를 연다.

(2) 차표를 넣은 후 T초가 되어도($T > t$) 차표가 나오지 않으면 (⑤)의 출력과 (⑥)의 출력의 (⑦) 회로에 의하여 (⑧)가 동작하고 부저가 울린다. 이때 BS를 누르면 모두 복귀한다. 여기서 FF는 $\overline{R}\,\overline{S}$-latch이고 MM은 단안정 IC 소자이며 L_1은 H레벨 입력이다.

답안작성

① FF_1　② MC　③ FF_1　④ MC
⑤ FF_1　⑥ MM　⑦ AND　⑧ FF_2

문제 13 ▸ 출제년도 : 98. ▸ 점수 : 5점

푸시 버튼 스위치 PB_A, PB_B, PB_C에 의하여 직접 제어되는 계전기 A, B, C가 있고, 출력으로는 전등 R, Y, G가 있다. 동작표를 보고 최소 접점수로 회로를 그리시오.

동작표

입력			출력		
a	b	c	R	Y	G
0	0	0	0	0	1
0	0	1	0	0	1
0	1	0	0	0	1
0	1	1	0	1	0
1	0	0	0	1	0
1	0	1	1	0	0
1	1	0	1	0	0
1	1	1	1	0	0

출력 램프 R에 대한 논리식 : $R = a \cdot c + a \cdot b = a(b + c)$

출력 램프 Y에 대한 논리식 : $Y = \overline{a} \cdot b \cdot c + a \cdot \overline{b} \cdot \overline{c}$

출력 램프 G에 대한 논리식 : $G = \overline{a} \cdot \overline{b} + \overline{a} \cdot \overline{c} = \overline{a} \cdot (\overline{b} + \overline{c})$이다.

답안작성

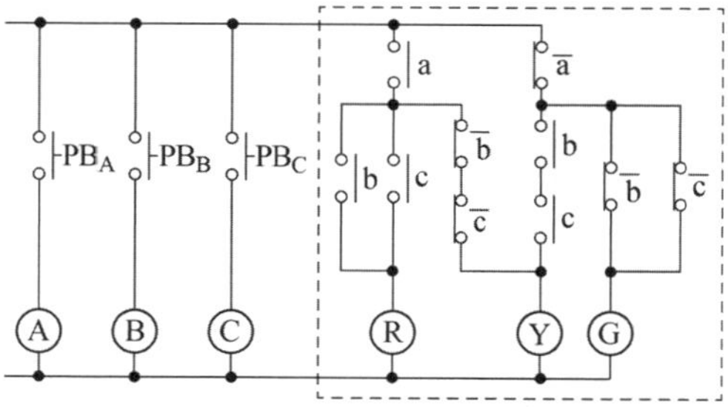

출제기준 변경 및 개정된 관계법규에 따라 삭제된 문제가 있어 배점의 합계가 100점이 안됩니다.

국가기술자격검정 실기시험문제 및 답안지

1998년도 **산업기사** 일반검정 제 **4** 회			수험번호	성 명	감독위원 확 인
자격종목(선택분야)	시험시간	형별			
전기공사산업기사	2시간 00분				

※ 다음 물음에 답을 해당 답란에 답하시오.(배점 : 100점)

문제 01 ▸ 출제년도 : 98. ▸ 점수 : 4점

154 [kV] 송전 선로에 쓰이는 현수애자 일련의 개수는 대략 몇 개까지인가? 단, 청정지역을 기준으로 한다.

답안작성

10～11개

해 설

전압에 따른 현수애자(250 [mm])의 연결개수

전압 [kV]	66	154	220	345	765
수량	4～6	10～11	12～13	18～20	40～45

문제 02 ▸ 출제년도 : 92. 94. 98. ▸ 점수 : 6점

다음 단선도를 복선도로 그리시오.

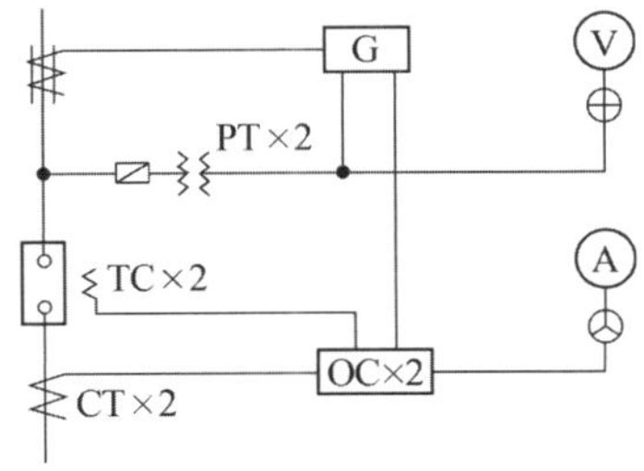

답안작성

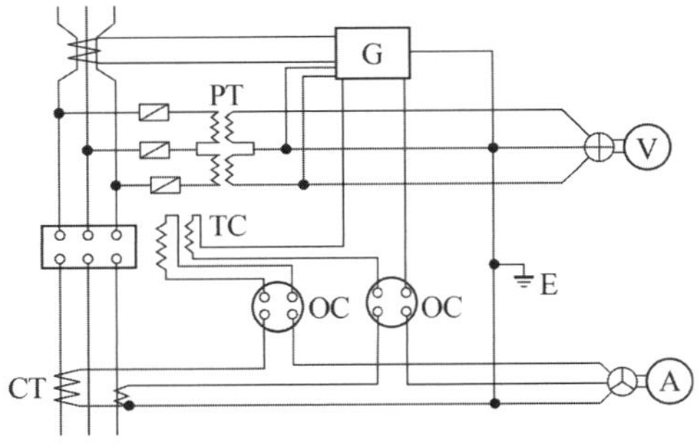

문제 03 ▸ 출제년도 : 98. 00. ▸ 점수 : 10점

다음 시가지에 있어서 6600 [V]의 고압가공 전선로(OC선)에서 지중 케이블에 의해 자가용 변전소에 인입되는 경우의 배치도이다. 다음 (1)~(5)의 질문에 답하여라.

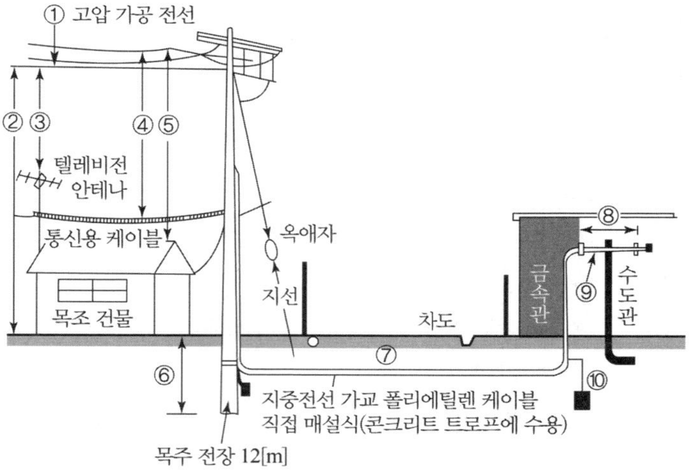

(1) ⑥으로 표시된 전주의 매입되는 깊이는? 단, 전주의 설계하중은 6.8 [kN]라고 한다.
(2) ⑦로 표시된 고압케이블의 매설 깊이는 얼마인가?
(3) ①로 표시된 고압가공전선에 경동선을 사용하는 경우 전선의 최소 굵기는?
(4) ⑤로 표시된 고압가공전선과 지붕과의 최소 이격 거리는?

답안작성

(1) $12\,[\mathrm{m}] \times \frac{1}{6} = 2[\mathrm{m}]$

(2) 1 [m] (3) 5.0 [mm] (4) 2 [m]

해 설

(1) KEC 331.7 가공전선로 지지물의 기초의 안전율
가공전선로의 지지물에 하중이 가하여지는 경우에 그 하중을 받는 지지물의 기초의 안전율은 2이상(단, 이상시 상정하중에 대한 철탑의 기초에 대하여는 1.33)이어야 한다. 다만, 땅에 묻히는 깊이를 다음의 표에서 정한 값 이상의 깊이로 시설하는 경우에는 그러하지 아니하다.

설계하중 / 전장	6.8 [kN] 이하	6.8 [kN] 초과 ~ 9.8 [kN] 이하	9.81 [kN] 초과 ~ 14.72 [kN] 이하
15[m] 이하	전장×1/6[m] 이상	전장×1/6+0.3[m] 이상	전장×1/6+0.5[m] 이상
15[m] 초과~16[m]이하	2.5[m] 이상	2.8[m] 이상	–
16[m] 초과~20[m] 이하	2.8[m] 이상	–	–
15[m] 초과~18[m] 이하	–	–	3[m] 이상
18[m] 초과	–	–	3.2[m] 이상

(2) KEC 334.1 지중전선로의 시설
지중 전선로를 직접 매설식에 의하여 시설하는 경우에는 매설 깊이를 차량 기타 중량물의 압력을 받을 우려가 있는 장소에는 1.0[m] 이상, 기타 장소에는 0.6[m] 이상으로 하고 또한 지중 전선을

견고한 트라프 기타 방호물에 넣어 시설하여야 한다.

(3) KEC 332.3 고압 가공전선의 굵기 및 종류
고압 가공전선은 인장강도 8.01[kN] 이상의 고압 절연전선, 특고압 절연전선 또는 지름 5[mm] 이상의 경동선의 고압 절연전선, 특고압 절연전선을 사용하여야 한다.

(4) KEC 332.11 고압 가공전선과 건조물의 접근, 222.11 저압 가공전선과 건조물의 접근
저압 가공전선 또는 고압 가공전선이 건조물과 접근상태로 시설되는 경우에는 다음에 따라야 한다.
가. 고압 가공전선로는 고압 보안공사에 의할 것.
나. 저·고압 가공전선과 건조물의 조영재 사이의 이격거리는 표에서 정한 값 이상일 것.

사용 전압 부분 공작물의 종류			저압[m]	고압[m]
건조물	상부 조영재 위쪽	일반적인 경우	2	2
		전선이 고압절연전선	1	2
		전선이 케이블인 경우	1	1
	기타 조영재 또는 상부조영재의 옆쪽 또는 아래쪽	일반적인 경우	1.2	1.2
		전선이 고압절연전선	0.4	1.2
		전선이 케이블인 경우	0.4	0.4
		사람이 쉽게 접근 할 수 없도록 시설한 경우	0.8	0.8

문제 04

▸ 출제년도 : 98. ▸ 점수 : 5점

비접지 3상 결선 방법 중 중성점 접지를 할 수 없고 1상에 고장이 발생하면 V결선이 가능한 결선 방법은?

답안작성

△-△ 결선

문제 05

▸ 출제년도 : 92. 98. 02. 05. ▸ 점수 : 10점

다음은 금속관 공사에 필요한 재료들이다. 보기를 참고하여 정확한 답안을 찾아 물음에 답하여라.

[보기] 유니버셜 엘보, 앤트렌스 캡, 노멀 밴드, 링리듀셔, 픽스쳐 스터드와 히키

(1) 저압 가공 인입구에 사용하는 재료는?
(2) 배관을 직각으로 굽히는 곳에 관 상호간의 접속하는 재료는?
(3) 노출 배관 공사시 관을 직각으로 굽히는 곳에 사용하는 재료는?
(4) 무거운 기구를 박스에 취부할 때 사용하는 재료는?
(5) 금속관을 아우트렛 박스에 로크 너트만으로 고정하기 어려울 때 보조적으로 사용하는 재료는?

답안작성

(1) 앤트렌스 캡 (2) 노멀 밴드
(3) 유니버셜 엘보 (4) 픽스쳐 스터드와 히키
(5) 링리듀셔

문제 06 ▸ 출제년도 : 94. 98. 01. 03. 04. 07. ▸ 점수 : 5점

공사 예정 가격 산출에 있어서 "공사원가"를 구성하는 비목에 대하여 간단히 쓰시오.

답안작성

재료비, 노무비, 경비

해 설

공사 원가는 순공사 원가를 말하며 공사 시공과정에서 발생한 재료비, 노무비, 경비의 합계를 말한다. 여기에 일반 관리비, 이윤을 더하면 총원가가 되고, 총원가에 부가가치세를 합하면 예정 가격이 된다. (준칙 13조)

문제 07 ▸ 출제년도 : 92. 98. ▸ 점수 : 16점

다음은 전동기의 결선도이다. 물음에 답하시오.

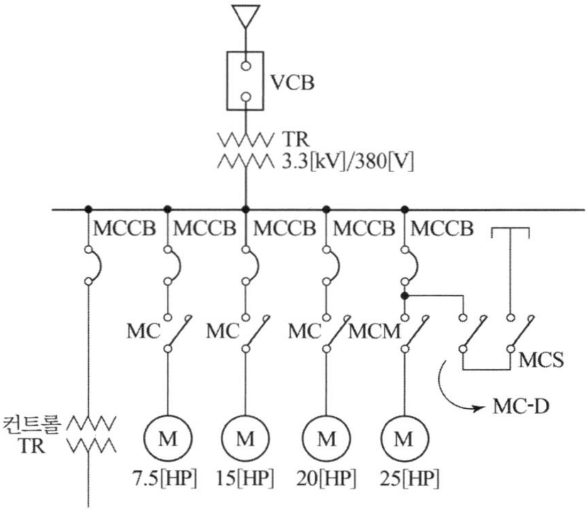

(1) 3상 교류 유도 전동기이다. 20 [HP] 전동기의 분기회로의 케이블 선정시 허용전류를 계산하시오.

• 계산 • 답

(2) 상기 결선도의 3상 교류 유도 전동기의 변압기 용량을 계산하시오.
((1), (2)항의 수용률은 0.65이고, 역률 0.9, 효율은 0.8이다.)

(3) 25 [HP] 3상 농형 유도 전동기의 3선 결선도를 작성하시오.

(4) CONTROL TR(제어용 변압기)의 목적은?

답안작성

(1) • 계산 : $P = \dfrac{0.746 \times \text{마력}}{\text{역률} \times \text{효율}} = \dfrac{0.746 \times 20}{0.9 \times 0.8} = 20.72\ [\text{kVA}]$

설계전류 $I_B = \dfrac{P}{\sqrt{3}\,V} = \dfrac{20.72}{\sqrt{3} \times 0.38} = 31.48\ [\text{A}]$

$I_B \le I_n \le I_Z$의 조건을 만족하는 전선의 허용전류 $I_Z \ge 31.48[\text{A}]$

• 답 : 31.48[A]

(2) $P_a = \dfrac{(7.5+15+20+25)\times 0.65\times 0.746}{0.9\times 0.8} = 45.46$ [kVA]

(3)

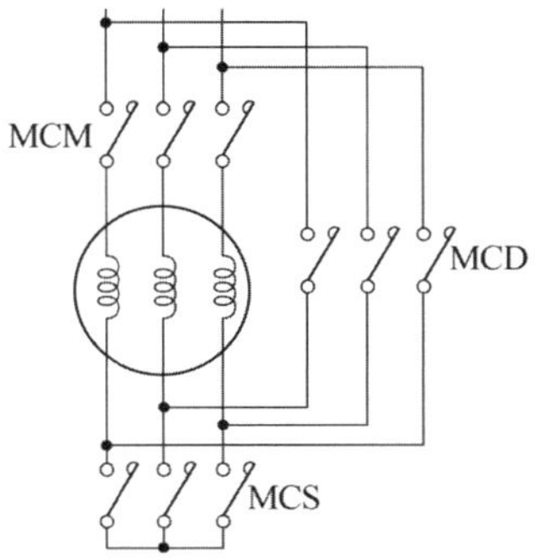

(4) 높은 전압을 제어기기에 적합한 저전압으로 변성하여 제어기기의 조작 전원으로 공급

해 설

(1) KEC 212.4.1 도체와 과부하 보호장치 사이의 협조

과부하에 대해 케이블(전선)을 보호하는 장치의 동작특성은 다음의 조건을 충족해야 한다.

$$I_B \le I_n \le I_Z, \qquad I_2 \le 1.45 \times I_Z$$

I_B : 회로의 설계전류(선도체를 흐르는 설계전류 또는 함유율이 높은 영상분 고조파, 특히 제3고조파가 지속적으로 흐르는 경우 중성선에 흐르는 전류이다.)

I_Z : 케이블의 허용전류

I_n : 보호장치의 정격전류(사용현장에 적합하게 조정된 전류의 설정 값)

I_2 : 보호장치가 규약시간 이내에 유효하게 동작하는 것을 보장하는 전류

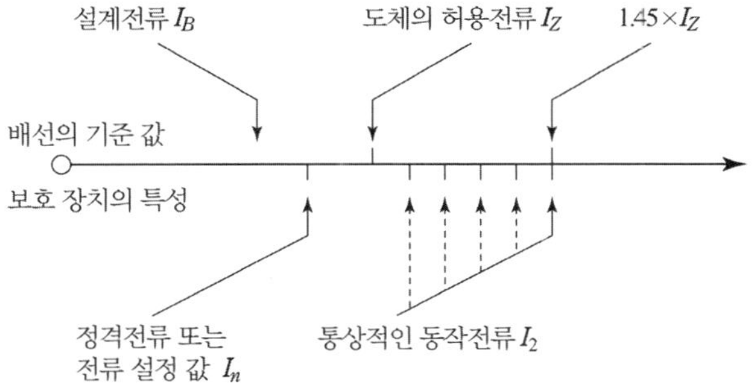

과부하 보호 설계 조건도

(2) • 변압기 용량 [kVA] ≥ 합성 최대 수용 전력

$$= \frac{\text{설비 용량 [kVA]}\times\text{수용률}}{\text{부등률}}$$

$$= \frac{\text{설비 용량 [kW]}\times\text{수용률}}{\text{부등률}\times\text{역률}}$$

• 1 [HP] = 746 [W] = 0.746 [kW]

• 부하의 효율이 주어지면 효율을 고려하여야 한다.

(3) Y-△ 기동회로

<Type 1>

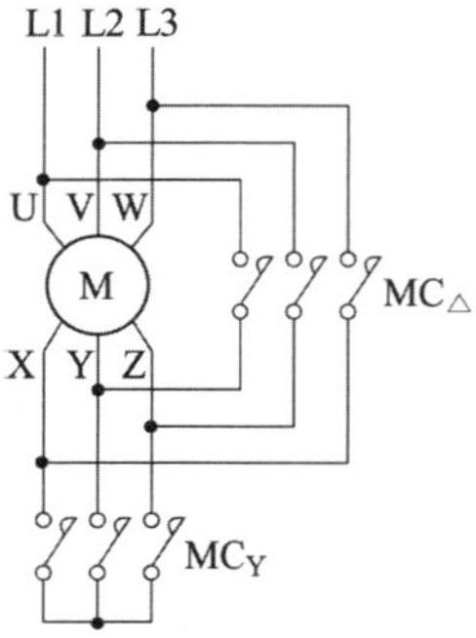

<Type 2>

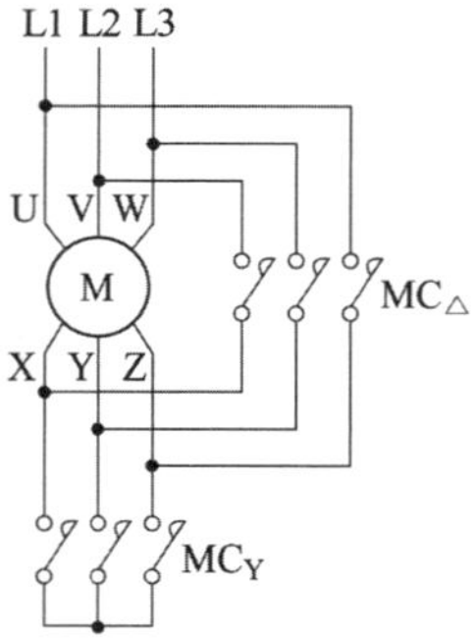

Type 1 또는 Type 2 모두 사용되나 기동 순간의 과도(돌입) 전류를 감소시키기 위하여 현재는 Type 1이 많이 사용된다.

문제 08

▸ 출제년도 : 98. 02. 06. ▸ 점수 : 5점

버스 덕트의 종류 3가지를 들고 간단히 설명하시오.

답안작성

(1) 피더 버스 덕트 : 도중에 부하를 접속하지 아니한 것
(2) 플러그 인 버스 덕트 : 도중에 부하 접속용으로 꽂음 플러그를 만든 것
(3) 익스팬션 버스 덕트 : 열 신축에 따른 변화량을 흡수하는 구조인 것

해 설

버스 덕트의 종류

명 칭	형 식		설 명
피더 버스 덕트	옥내용	환 기 형	도중에 부하를 접속하지 아니한 것
		비환기형	
	옥외용	환 기 형	
		비환기형	
익스팬션 버스 덕트	옥내용	비환기형	열 신축에 따른 변화량을 흡수하는 구조인 것
탭붙이 버스 덕트			종단 및 중간에서 기기 또는 전선 등과 접속시키기 위한 탭을 가진 버스 덕트
트랜스포지션 버스 덕트			각 상의 임피던스를 평균시키기 위해서 도체 상호의 위치를 관로 내에서 교체시키도록 만든 버스 덕트
플러그인 버스 덕트	옥내용	환 기 형 비환기형	도중에 부하 접속용으로 꽂음 플러그를 만든 것

문제 09

▸ 출제년도 : 98. ▸ 점수 : 5점

올 커버 스위치(All Cover SWitch)를 간단히 쓰시오.

답안작성

옥내어서 교류 250 [V] 이하에 사용되는 절연 커버가 된 스위치

문제 10 ▸ 출제년도 : 91. 98. ▸ 점수 : 5점

그림과 같이 330 [mm^2]의 ACSR을 300 [m]의 경간에 가설하려 한다. 이 전선의 이도는 계산으로는 10 [m]였지만, 가설 후 실측해보니 9 [m]였기 때문에 1 [m] 증가시켜 주어야 하는데, 전선을 경간에 얼마[m]만큼 밀어 넣어 주어야 하는가?

•계산 : •답 :

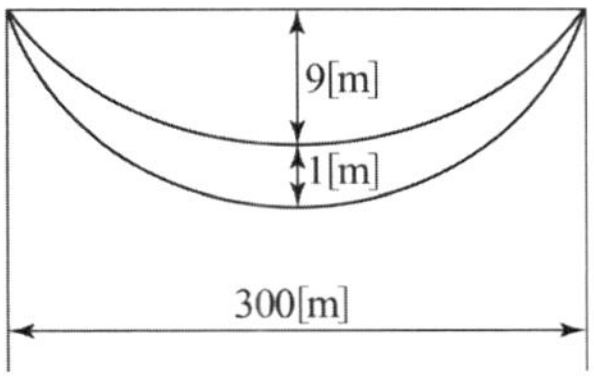

답안작성

계산 : 이도 10 [m]일 때 전선의 길이 $L_1 = 300 + \dfrac{8 \times 10^2}{3 \times 300} = 300.89$ [m]

이도 9 [m]일 때 전선의 길이 $L_2 = 300 + \dfrac{8 \times 9^2}{3 \times 300} = 300.72$ [m]

$\therefore\ L_1 - L_2 = 0.17$ [m]

답 : 0.17 [m]

문제 11 ▸ 출제년도 : 92. 94. 98. 00. 01. ▸ 점수 : 5점

4.5 [m]×4.5 [m]인 엘리베이터 홀에 down light 조명을 하려고 한다. 이 홀의 실지수를 구하시오.(단, 천장의 높이는 3 [m]이고, 천장면의 반사율은 70 [%]이다.)

답안작성

계산 : 실지수 $R \cdot I = \dfrac{X \cdot Y}{H(X+Y)} = \dfrac{4.5 \times 4.5}{3(4.5+4.5)} = 0.75$

답 : 0.75

문제 12 ▸ 출제년도 : 98. 00. ▸ 점수 : 5점

1차 전압 6600 [V] 2차 전압 210 [V]일 때, 용량이 15 [kVA]의 단상변압기에서 누설전류의 최소값은?

답안작성

계산 : $I_g = \dfrac{15 \times 10^3}{210} \times \dfrac{1}{2000} = 0.03571$[A]

답 : 35.71 [mA]

해 설

최대 누설 전류 한도

저압 전선로 중 절연부분의 전선과 대지간 및 전선의 심선 상호간의 절연저항은 사용전압에 대한 누설전류(I_g)가 최대 공급 전류의 1/2000을 넘지 않도록 유지하여야 한다.

즉, 허용 누설 전류 ≤ 최대 공급 전류× $\dfrac{1}{2000}$

문제 13 ▸출제년도 : 98. ▸점수 : 5점

다음에 나타낸 항목을 전선의 표시 기호로 주어진 답안지에 답하시오.

[보기] (1) 옥외용 비닐 절연 전선

(2) 300/500 [V] 내열성 범용 비닐 시스 코드

(3) 미네랄 인슈레이션 케이블

(4) 0.6/1 [kV] 비닐 절연 비닐 시스 케이블

(5) 450/750 [V] 일반용 단심 비닐 절연 전선

답안작성

(1) OW (2) HOPC (3) MI (4) VV (5) NR

문제 14 ▸출제년도 : 89. 93. 98. ▸점수 : 9점

다음은 Y−△ 기동회로에 관한 동작 설명이다. 동작 설명과 참고를 이해하고 주어진 답안지의 물음에 답하시오.

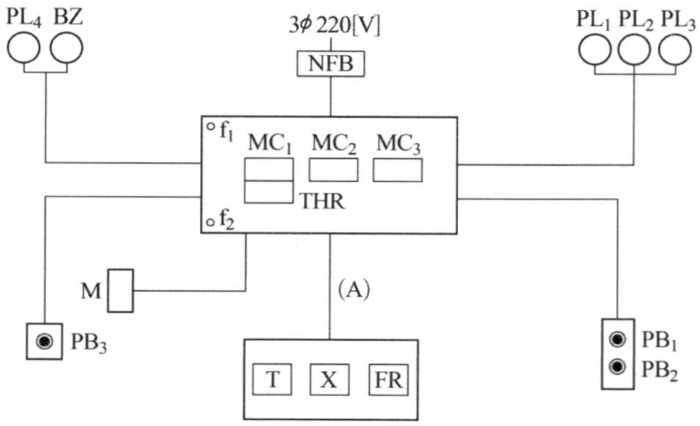

전자 개폐기 : MC, 타이머 : T, 후리커 릴레이 : FR

릴레이 : X, 부저 : BZ, 푸시 버튼 스위치 : Pb

표시등 : PL, 배선용 차단기 : NFB

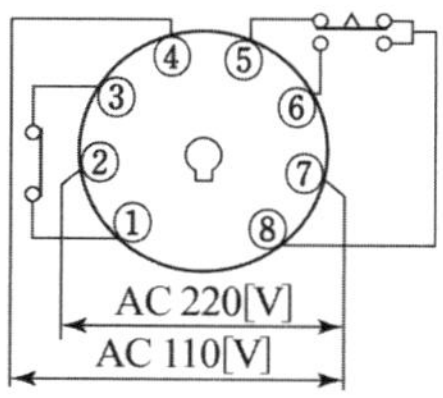

타이머 내부 접속도

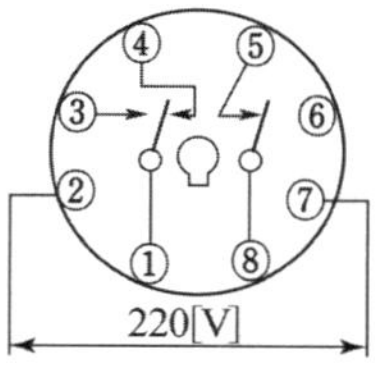

릴레이 내부 접속도

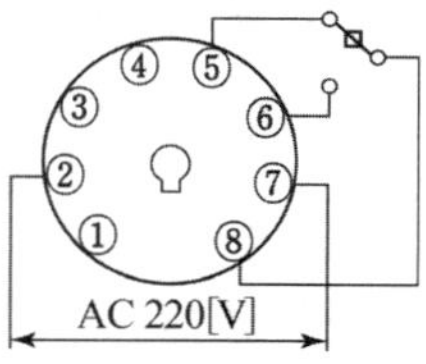

후리커 릴레이 내부 접속도

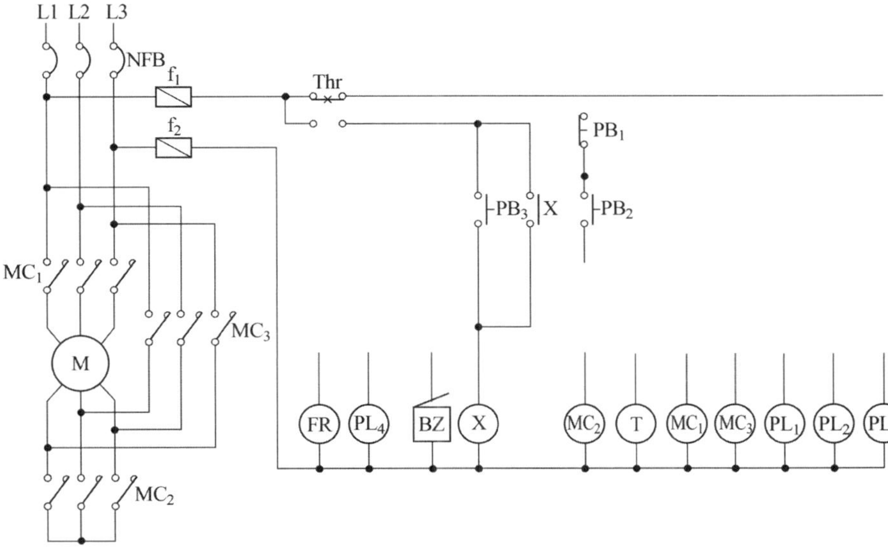

[동작설명]

① NFB를 ON하면 포장 퓨즈(f_1)과 (f_2)를 통하여 PL_1이 점등된다. MC_1이 동작되면 PL_1은 소등된다.

② Pb_2를 누르면 MC_1과 MC_2 및 T가 동작되는 동시에 PL_2가 점등되며, MC_1의 접점에 의하여 자기 유지되며 모터는 Y기동하게 된다. 이때, T의 설정된 시간 후에 MC_2 및 PL_2가 동작을 멈추게 되며, MC_3가 동작, PL_3가 점등되며, 모터는 △운전하게 된다. PB_1을 누르면 위의 동작은 멈추게 된다.

※ MC_2와 MC_3의 여자 코일에 인터록 회로를 이용하여 동작의 안정성을 높이도록 한다.

③ 모터의 과부하로 인하여 Thr이 동작되면 MC_1, MC_2, MC_3, T, PL_1, PL_2, PL_3는 OFF되며, FR이 동작 PL_4와 BZ가 교대로 동작된다. 이때, PB_3에 의해 X가 자기 유지되며 FR 및 PL_4, BZ의 동작은 멈춘다.

[물음]

(1) 동작 설명에 의하여 주어진 답안지 주회로에 제어회로를 완성하시오.

(2) 배치도에 표시된 (A)부분의 전선관 속에는 접지선을 제외하고 최소 몇 가닥이 들어가야 하는가?

답안작성

(1)

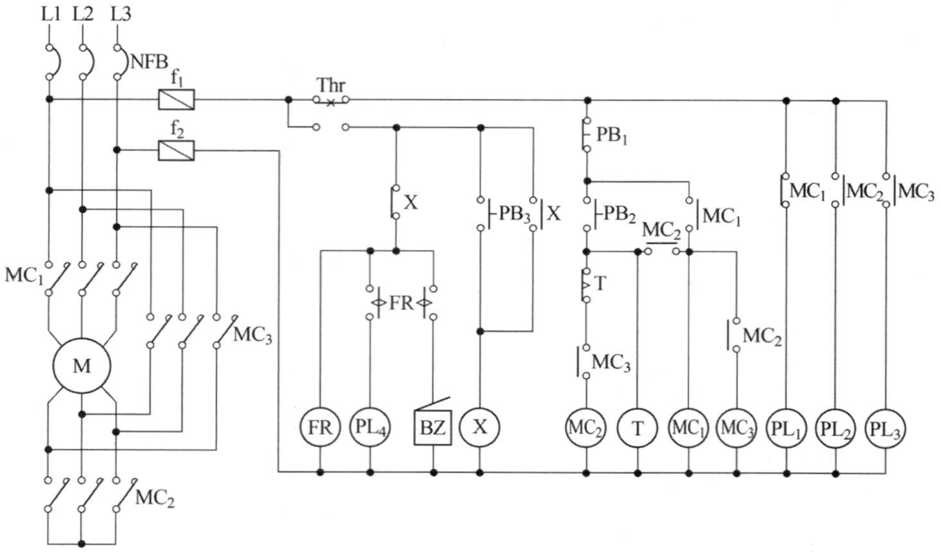

(2) 7가닥

해 설

(1) Y－△ 기동회로

<Type 1>

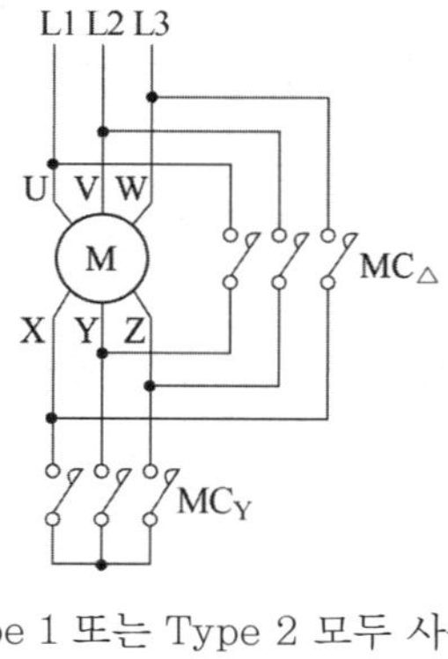

<Type 2>

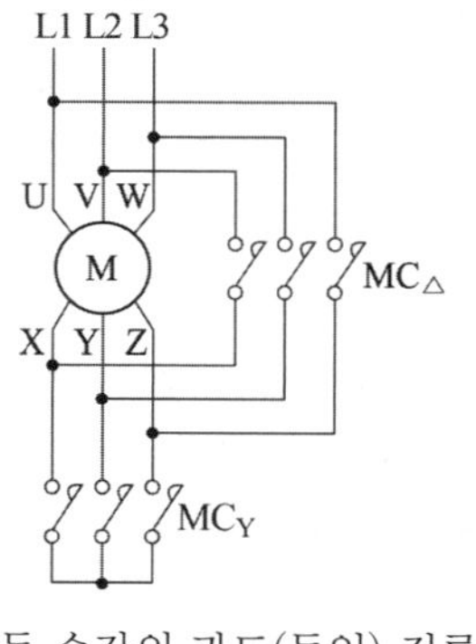

Type 1 또는 Type 2 모두 사용되나 기동 순간의 과도(돌입) 전류를 감소시키기 위하여 현재는 Type 1이 많이 사용된다.

출제기준 변경 및 개정된 관계법규에 따라 삭제된 문제가 있어 배점의 합계가 100점이 안됩니다.

국가기술자격검정 실기시험문제 및 답안지

1998년도 **산업기사** 일반검정 제 5 회			수험번호	성 명	감독위원 확인
자격종목(선택분야)	시험시간	형별			
전기공사산업기사	2시간 00분				

※ 다음 물음에 답을 해당 답란에 답하시오.(배점 : 100점)

문제 01 ▸ 출제년도 : 98. 00. 04. 07. ▸ 점수 : 4점

다음의 회로와 같은 단상 3선식 100/200 [V]로 전열기 및 전동기에 전기를 공급하는 경우 설비의 불평형률을 구하시오.

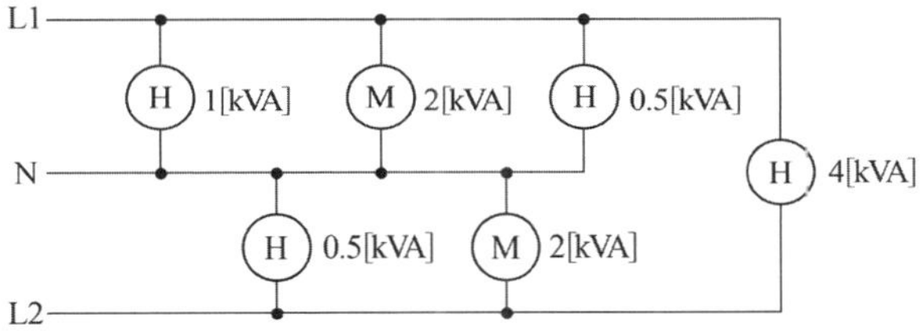

답안작성

계산 : $\text{설비불평형률} = \dfrac{(1+2+0.5)-(2+0.5)}{\frac{1}{2}(1+2+0.5+4+0.5+2)} \times 100 = 20[\%]$

답 : 20 [%]

해 설

(1) 단상 3선식에서의 설비불평형률

$$\text{설비불평형률} = \frac{\text{중성선과 각 전압측 전선간에 접속되는 부하 설비용량[kVA]의 차}}{\text{총 부하 설비용량의 } 1/2} \times 100\ [\%]$$

여기서, 불평형률은 40[%] 이하이어야 한다.

문제 02 ▸ 출제년도 : 98. ▸ 점수 : 4점

총 설비용량 100 [kW], 수용률 80 [%], 부하율 65 [%]인 부하의 평균전력은?

답안작성

계산 : 평균 전력=설비용량×수용률×부하율 $= 100 \times 0.8 \times 0.65 = 52[\text{kW}]$

답 : 52 [kW]

해 설

- 부하율 $= \dfrac{\text{평균전력}}{\text{최대전력}} \times 100[\%]$
- 최대 전력 = 설비 용량 ×수용률

문제 03 ▸ 출제년도 : 90. 92. 96. 98. 00. ▸ 점수 : 17점

다음 문제를 읽고(필요시는 참고자료 이용) 주어진 식과 답을 쓰시오.

(1) DV 5.5 [mm^2]×2C 가공인입 3조를 시설할 때 1경간의 소요인공을 계산하시오.

(2) PVC 전선관 36 [mm], 150 [m]를 콘크리트 매입 시공하고 후강전선관 36 [mm], 250 [m]를 철강조 노출로 시공할 때의 소요인공을 계산하고 계를 구하시오.

(3) 주택가에서 배전 선로 공사를 할 때 지세별 할증률은 몇 [%]로 적용하는가?

(4) NR 전선 25 [mm^2]가 바닥면에 1200 [m], 천장에 2400 [m], 벽면에 400 [m] 시설된다. 전체 소요전선의 수량을 계산하시오.

(5) 35 [mm^2] NR 전선 6본과 25 [mm^2] 1본을 같은 후강전선관에 수용시공할 때 전선관의 굵기는? (단, 절연체 두께를 포함한 전선의 바깥지름은 35 [mm^2]는 10.9 [mm]이고, 25 [mm^2]은 9.7 [mm]임, 전선관내 단면적의 32 [%] 수용이고, 표 이외의 사항은 무시한다.)

(6) 콘크리트주 12 [m] 12본과 지선 St 7/2.8 4본을 교체하는 데 필요한 소요 인공을 계산하고 계를 각각 구하시오.

[참고자료]

[표 1] 전선관 배관 (m 당)

박강(迫鋼) 및 PVC 전선관			후강 전선관	
규 격		내선전공	규 격	내선전공
박 강	PVC			
	14 [mm]	0.04	16 [mm](1/2 [mm])	0.08
15 [mm]	16 [mm]	0.05	22 [mm](3/4 [mm])	0.11
19 [mm]	22 [mm]	0.06	28 [mm](1 [mm])	0.14
25 [mm]	28 [mm]	0.08	36 [mm](11/4 [mm])	0.20
31 [mm]	36 [mm]	0.10	42 [mm](11/2 [mm])	0.25
39 [mm]	42 [mm]	0.13	54 [mm](1/2 [mm])	0.34
51 [mm]	54 [mm]	0.19	70 [mm](2 [mm])	0.44
63 [mm]	70 [mm]	0.28	82 [mm](2 1/2 [mm])	0.54
75 [mm]	82 [mm]	0.37	90 [mm](3 [mm])	0.60
	100 [mm]	0.45	104 [mm](4 [mm])	0.71
	104 [mm]	0.46		

[해설] ① 콘크리트 매입 기준임
② 철근 콘크리트 노출 및 블록칸막이 벽 내는 120 [%], 목조 건물은 110 [%], 철강조 노출은 125 [%]
③ 기설 콘크리트 노출공사시 앵커볼트 매입깊이가 10 [cm] 이상인 경우는 앵커볼트 매입품을 별도 계상하고 전선관 설치품은 매입품으로 계상한다.
④ 천장 속, 마루 밑 공사 130 [%]

[표 2] 건주공사

규 격	주입목주		콘크리트주	
	배전전공	보통인부	배전전공	보통인부
6 [m] 이하	0.64	0.72	0.72	0.81
7	0.68	0.77	1.23	1.40
8	0.83	0.94	1.66	1.88
9	0.93	1.03	1.68	2.13
10	1.03	1.12	2.01	2.55
11	1.24	1.31	2.50	2.63
12	1.44	1.50	2.86	3.00
14	1.82	2.12	3.60	4.24
16	2.50	2.60	5.10	5.20
17	3.15	3.37	6.50	6.74

[해설] ① 단굴토, 매토품 포함, 완목, 완철 설치품 불포함, 암반터파기는 별도 가산
② 틀 1본 포함, 1본 추가마다 10 [%] 가산
③ 지주공사는 건주공사품을 적용
④ 불주입주 이 품의 80 [%]
⑤ 묻음은 길이의 1/6 이상임
⑥ 철거 : 콘크리트주 50 [%](재사용 가능품 : 80 [%]), 목주, 50 [%], 목주 잘라냄 35 [%]

[표 3] 지선신설

규 격	배전전공	보통인부
4.0 [mm] 철선		
깊이(1.2 [m]) 4조 이하	0.45	0.34
(1.5 [m]) 6조 이하	0.57	0.43
(〃) 8조 이하	0.75	0.56
(1.7 [m]) 10조 이하	1.11	0.83
(〃) 12조 이하	1.54	1.16
(〃) 15조 이하	1.90	1.43
(1.8 [m]) 18조 이하	2.35	1.73
연선		
7/2.3 [mm] 이하	0.35	0.26
7/2.6~7/2.9 〃	0.50	0.38
7/3.2 〃	0.70	0.45
7/4.0 〃	0.70	0.45
7/4.5 〃	0.70	0.45
7/5.0 〃	0.73	0.45
7/5.5 〃	0.73	0.46
7/6.5 〃	0.73	0.47

[해설] ① 틀 포함(길이 1.2 [m] 이상)
② 터파기, 되메우기 및 틀 매설품 포함
③ 애자 삽입시는 배전전공 0.08인 가산
④ 장력조정은 이품의 10 [%]
⑤ 절단 철거는 이품의 10 [%]
⑥ 철거는 이품의 30 [%]
⑦ 수평지선, 공동지선은 이품의 160 [%]
⑧ Y지선은 이품의 120 [%]
⑨ 2단 지선은 이품의 150 [%]
⑩ 이설은 이품의 130 [%]
⑪ 수평지선의 지주설치는 지주품에 준함

[표 4] 인입선 배선

구 분	배전전공
OW 8 [mm^2] 이하×2C	0.25
14 〃	0.32
22 〃	0.42
30 〃	0.51
38 〃	0.65
60 〃	0.85
100 〃	1.15
200 〃	2.00

[해설] ① 철거는 50 [%] 교체 150 [%]
② DV선 80 [%]
③ 가공인입선 3조일 때는 130 [%], 가공인입선 4조일 때는 150 [%]

[표 5] 후강전선관의 내단면적의 32[%] 및 48[%]

전선관의 굵기[호]	내단면적의 32 [%] [mm^2]	내단면적의 48 [%] [mm^2]	전선관의 굵기 [호]	내단면적의 32 [%] [mm^2]	내단면적의 48 [%] [mm^2]
16	67	101	54	732	1098
22	120	180	70	1216	1825
28	201	301	82	1701	2552
36	342	513	92	2205	3308
42	460	690	104	2843	4265

답안작성

(1) 표 4에서 배전전공 : $0.25 \times 1.3 \times 0.8 = 0.26$ [인]
(2) 표 1에서 내선전공 : $0.1 \times 150 + 0.2 \times 1.25 \times 250 = 77.5$ [인]
(3) 10 [%]
(4) $(1200 + 2400 + 400) \times 1.1 = 4400$ [m]
(5) 전선의 총 단면적 $= \frac{\pi}{4} d^2 \times n = \frac{\pi}{4} \times 10.9^2 \times 6 + \frac{\pi}{4} \times 9.7^2 = 633.78 [mm^2]$

표 5에서 전선관 내단면적의 32 [%]가 633.78 [mm^2]를 초과하는 732 [mm^2]인 54 [호] 후강전선관 선정

(6) ① 표 2에서 콘크리트 전주 : 배전전공 $2.86 \times 1.5 \times 12 = 51.48$[인]
보통인부 $3.0 \times 1.5 \times 12 = 54$ [인]
② 지선 : 배전전공 $0.5 \times 4 \times 1.3 = 2.6$ [인]
보통인부 $0.38 \times 4 \times 1.3 = 1.98$ [인]

계 : 배전전공 $51.48 + 2.6 = 54.08$ [인]
보통인부 $54 + 1.98 = 55.98$ [인]

문제 04 ▸ 출제년도 : 98. ▸ 점수 : 8점

도면을 보고 도면에 표시된 ①, ③, ④, ⑤, ⑧, ⑪, ⑫의 품명을 쓰시오.

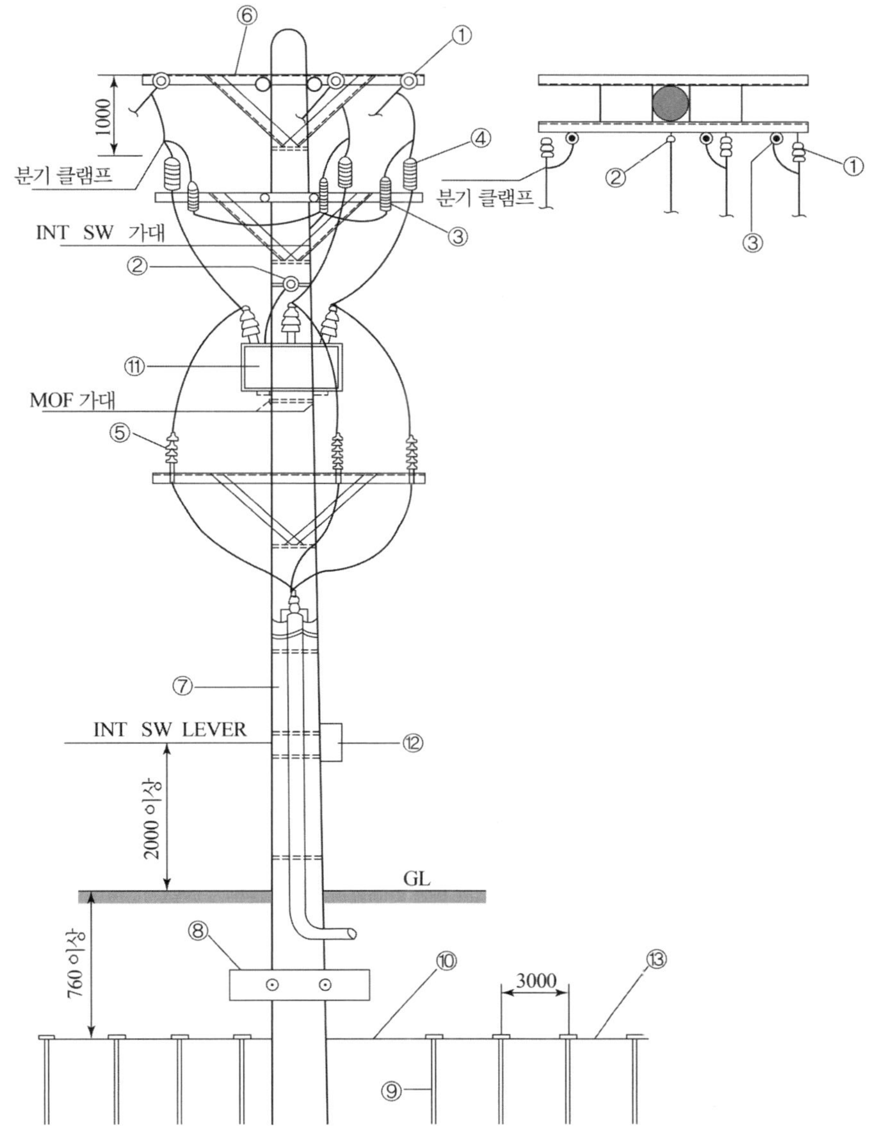

답안작성

① 현수애자　　③ 피뢰기(LA)

④ 전력 퓨즈　　⑤ 케이블 헤드(CH)

⑧ 근가　　⑪ 전력 수급용 계기용 변성기(MOF)

⑫ DM 및 VAR 함

문제 05 ▸ 출제년도 : 96. 98. ▸ 점수 : 8점

보통지선을 그린 다음 도면을 보고 물음에 답하시오.

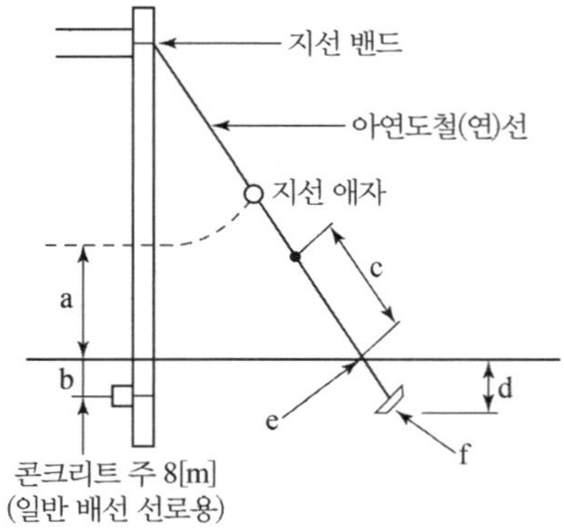

(1) 지선밴드의 규격은 몇 [mm]인가?
(2) 지선으로 쓰이는 아연도철(연)선의 종류 2가지를 쓰시오.
(3) a의 높이는 몇 [m]인가?
(4) b의 깊이는 몇 [m]인가?
(5) c의 최고한도는 몇 [cm]인가?
(6) d의 깊이는 몇 [m]인가?
(7) e의 명칭은 무엇인가?
(8) f의 규격은 몇 [mm]인가? (일반적으로 쓰이는 지선근가로서)

답안작성

(1) 180×240 [mm]
(2) ① 4.0 [mm] 아연도철선 3조 이상 ② 아연도철연선 7/2.6 [mm]
(3) 2.5 [m]
(4) 0.5 [m]
(5) 60 [cm]
(6) 1.5 [m]
(7) 지선로드
(8) 700 [mm]

해 설

지선의 설치 방법

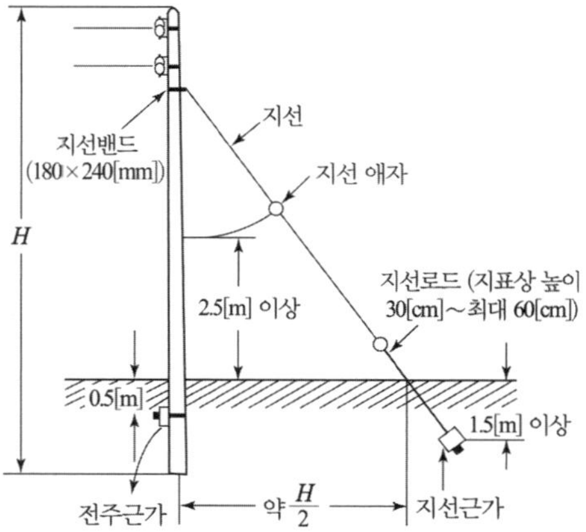

문제 06 ▸ 출제년도 : 96. 98. 01. ▸ 점수 : 10점

그림은 154 [kV]를 수전하는 어느 공장의 옥외 수전설비에 대한 단선도이다. 물음에 답하시오.

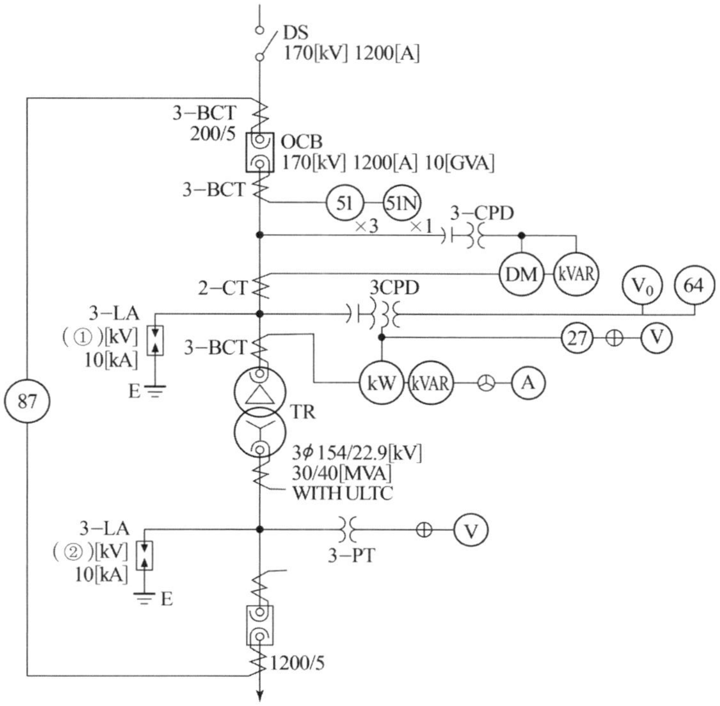

(1) 도면에 표시된 ①의 피뢰기 정격전압은?

(2) 도면에 표시된 ②의 피뢰기 정격전압은?

(3) 도면에 표시된 64의 명칭은?

(4) 도면에 표시된 87의 명칭은?

(5) 도면에 표시된 3상변압기를 복선도로 그리시오.

답안작성

(1) 144 [kV]

(2) 21 [kV]

(3) 지락 과전압 계전기

(4) 전류 차동 계전기 (비율 차동 계전기)

(5)

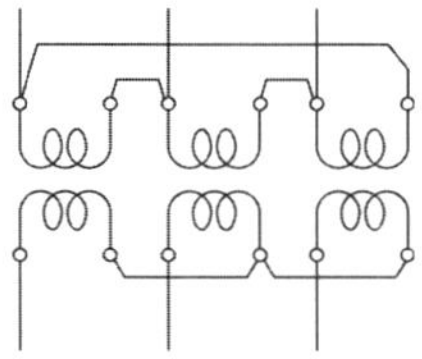

해 설

(1) 피뢰기 정격 전압

전력 계통		피뢰기 정격 전압 [kV]	
전압 [kV]	중성점 접지 방식	변전소	배전 선로
345	유효접지	288	–
154	유효접지	144	–
66	PC접지 또는 비접지	72	–
22	PC접지 또는 비접지	24	–
22.9	3상 4선 다중접지	21	18

[주] 전압 22.9 [kV-Y] 이하의 배전선로에서 수전하는 설비의 피뢰기 정격전압 [kV]은 배전선로용을 적용한다.

(4) 계전기 고유번호
- 87 : 전류 차동계전기 (비율 차동 계전기)
- 87B : 모선 보호 차동계전기
- 87G : 발전기용 차동계전기
- 87T : 주변압기 차동계전기

문제 07

▸ 출제년도 : 98. ▸ 점수 : 4점

가공송배전선로 및 변전소의 현수애자 취부개소에 사용되는 것으로 현수애자와 클램프(내장, 서스펜스, 압축용 인류클램프) 사이를 연결하는 금구류의 자재명은?

답안작성

소켓 아이

해 설

154[kV] 송전선로의 1련 현수애자 장치도

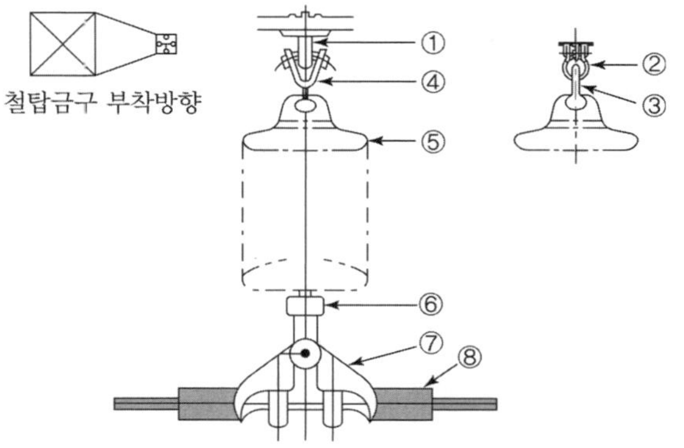

① 애자장치 U볼트
② 앵커쇄클
③ 볼아이
④ Y크레비스볼
⑤ 현수애자
⑥ 소켓아이
⑦ 현수클램프
⑧ 아마롯드

문제 08

▸ 출제년도 : 98. ▸ 점수 : 4점

다음 ( )안에 알맞은 말은?

축전지의 설비는 ((1)) ((2)) ((3)) ((4))로 구성되어 있다.

답안작성

(1) 축전지　(2) 충전장치　(3) 보안장치　(4) 제어장치

문제 09

▸ 출제년도 : 98. 00. 02. ▸ 점수 : 4점

분전반에서 40 [m] 떨어진 회로의 끝에서 단상 2선식 220 [V] 전열기 8800 [W] 2대 사용시, NR 전선의 굵기는? (단, 전압강하는 2 [%] 이내로 하고 전류감소계수는 없는 것으로 하고 최종 답은 공칭단면적 값을 쓰시오.)

답안작성

계산 : $A=\dfrac{35.6LI}{1000\cdot e}=\dfrac{35.6\times 40\times \dfrac{8800\times 2}{220}}{1000\times 220\times 0.02}=25.89\ [\text{mm}^2]$

답 : $35\ [\text{mm}^2]$

해 설

• 전선규격

1.5, 2.5, 4, 6, 10, 16, 25, 35, 50, 70, 95, 120, 150, 185, 240, 300, 400, 500, 630[mm^2]

문제 10

▸ 출제년도 : 98. 01. ▸ 점수 : 4점

옥내 배선용에서 ●$_R$은 무엇을 나타내는가?

답안작성

리모콘 스위치

문제 11

▸ 출제년도 : 96. 98. 01. 03. ▸ 점수 : 5점

그림과 같은 철탑을 무슨 철탑이라 하는가?

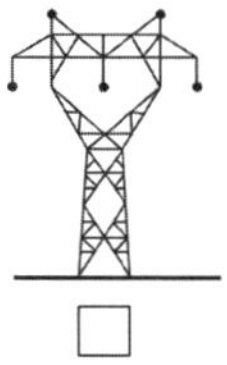

답안작성

우두형 철탑

문제 12

▸ 출제년도 : 96. 98. 01. ▸ 점수 : 14점

그림은 3상 유도전동기의 정·역회로의 일부를 그린 것으로 출력회로 등을 생략한 것이다. 다음 물음을 답안지에 답하시오. (단, GL : 정지표시 램프)

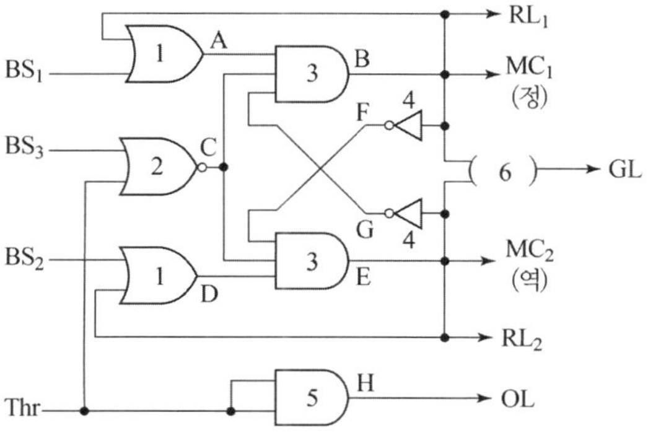

(a)

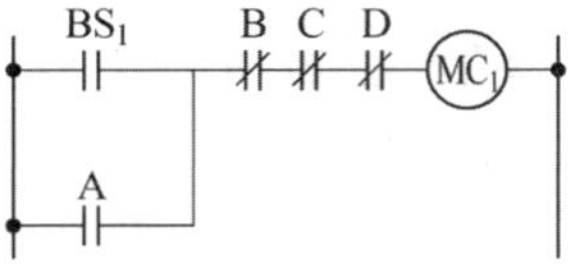

(b)

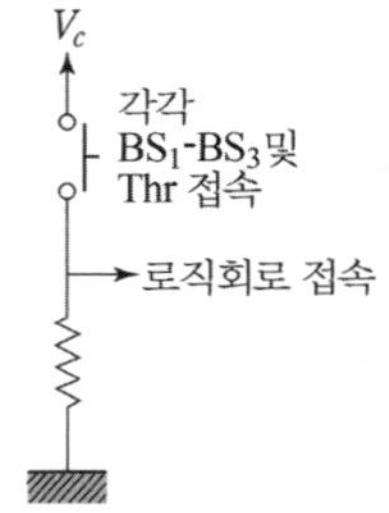

(c)

(1) 유지회로의 기능을 갖는 로직소자는 1～6번 중 어느 것인지 1개만 답하시오.

(2) 인터록 기능의 로직소자는 1～6번 중 어느 것인지 1개만 답하시오.

(3) OL램프가 점등 중이라면 H레벨 출력이 되는 소자는 1～6번 중 어느 것인지 3개만 답하시오.

(4) Thr이 작동하였다. MC와 램프 중 출력이 생기는 기구는 어느 것인지 2개만 답하시오.

(5) MC_1 혹은 MC_2가 동작하면 GL은 소등된다. (6)의 로직 기호를 그리시오.

(6) MC_1이 동작 중이다. A～G 중에서 H(전압) 레벨인 곳 4곳을 답하시오.

(7) BS_3를 누르고 있을 때 C점은 H레벨인가 L레벨인가?

(8) 그림 (b)에서 B는 BS_3, C는 Thr을 나타낸다면 A와 D는 각각 무엇을 나타내는가? 기호로 표시하고 기능을 한마디로 쓰시오.

답안작성

(1) 1

(2) 4

(3) 4, 5, 6

(4) OL, GL

(5) 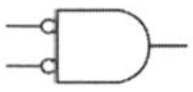 또는 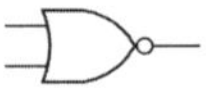

(6) A, B, C, G

(7) L

(8) A : MC_1, 유지

D : MC_2, 인터록

문제 13 ▸ 출제년도 : 98. ▸ 점수 : 4점

다음의 프로그램은 어떤 전동기 회로의 일부를 나타낸 것이다. 프로그램의 차례대로 PLC시퀀스(래더 다이어그램)를 그리시오. 여기서 시작 입력 LOAD, 출력 OUT, 타이머 TMR, 설정시간 DATA, 직렬 AND, 병렬 OR, 부정 NOT의 명령을 사용하며, P010~P012는 전자접촉기 MC를 각각 나타내며, P001과 P002는 버튼 스위치를 표시한 것이다.

	명 령	번 지		명 령	번 지
생략	LOAD OR AND NOT OUT	P001 P010 P002 P010	생략	LOAD AND NOT AND NOT OUT	P010 T000 P012 P011
생략	LOAD AND NOT TMR (DATA)	P010 P012 T000 70	생략	LOAD OR AND NOT AND OUT	T000 P012 P011 P010 P012

답안작성

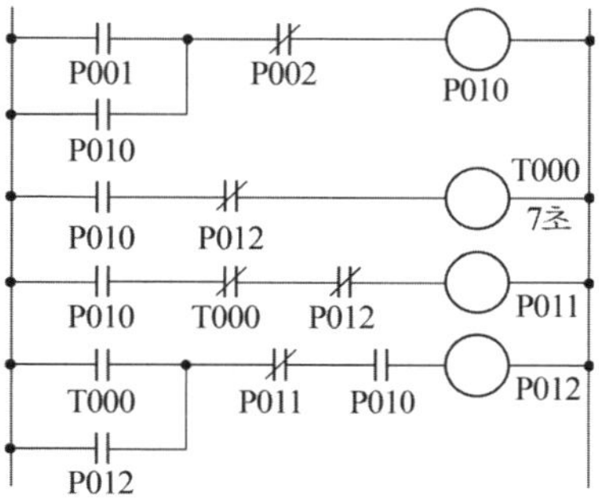

출제기준 변경 및 개정된 관계법규에 따라 삭제된 문제가 있어 배점의 합계가 100점이 안됩니다.

국가기술자격검정 실기시험문제 및 답안지

1998년도 산업기사 일반검정 제 7 회

자격종목(선택분야)	시험시간	형별	수험번호	성 명	감독위원 확인
전기공사산업기사	2시간 00분				

※ 다음 물음에 답을 해당 답란에 답하시오.(배점 : 100점)

문제 01 ▸ 출제년도 : 93. 98. ▸ 점수 : 6점

저압 뱅킹 배전방식에서 캐스케이딩(cascading) 현상이란 무엇인가 간단하게 쓰시오.

답안작성

변압기 또는 선로 사고의 파급효과에 의해 뱅킹 내의 건전한 변압기의 일부 또는 전부가 연쇄적으로 차단되는 현상

문제 02 ▸ 출제년도 : 98. ▸ 점수 : 8점

다음은 공사 방법에 대한 설명이다. 문제를 읽고 ( )안에 적당한 용어 또는 숫자를 기입하시오.

(1) 금속관을 구부릴 경우 금속관의 단면이 심하게 변형되지 아니하도록 구부려야 하며, 그 안측의 반지름은 관의 안지름의 (①)배 이상이 되어야 한다.

(2) 굴곡개소가 많은 경우 또는 관의 길이가 (②) [m]를 초과하는 경우에는 풀박스를 설치한다.

(3) 금속관 상호는 (③)으로 접속할 것

(4) 금속관과 박스를 접속할 때 틀어끼우는 방법에 의하지 않을 경우 (④)를 2개 사용하여 박스 양측을 조일 것

(5) 금속관을 조영재에 따라 시공할 때는 (⑤)등으로 견고하게 지지하고, 그 간격을 (⑥) [m] 이하로 한다.

(6) 케이블의 굴곡반경은 원칙적으로 케이블 완성품의 외경을 기준하여 단심인 것은 (⑦)배, 다심인 것은 (⑧)배 이상으로 하여야 한다.

답안작성

(1) ① 6배
(2) ② 30 [m]
(3) ③ 커플링
(4) ④ 로크너트
(5) ⑤ 행거, ⑥ 2 [m]
(6) ⑦ 8배, ⑧ 6배

문제 03 ▸ 출제년도 : 92. 98. 05. ▸ 점수 : 10점

다음 그림은 고압수전설비 결선도이다. 물음에 답하시오.

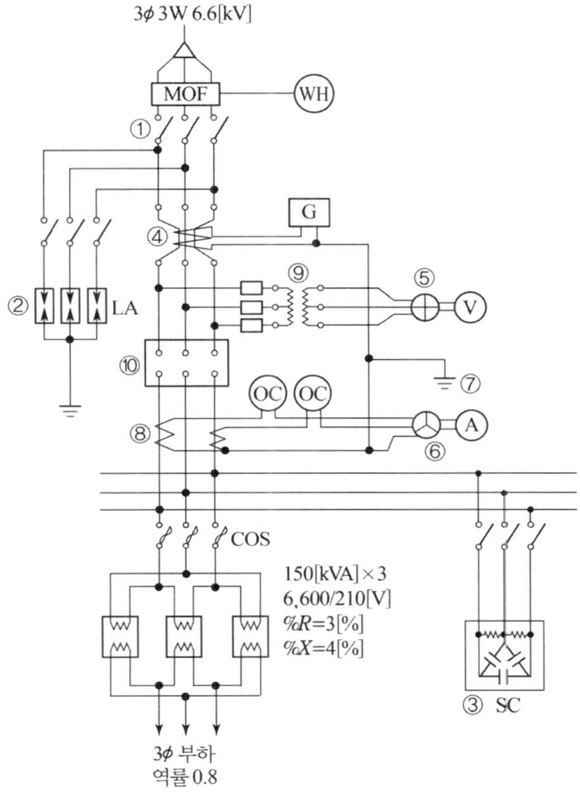

(1) ①의 기기 명칭은?

(2) ②의 기기 명칭은?

(3) ③의 SC는 무엇을 말하는가?

(4) ④의 기기 명칭은?

(5) ⑤의 기기 명칭은?

(6) ⑥의 기기 명칭은?

(7) ⑧의 기기 명칭은?

(8) ⑨의 기기 명칭은?

(9) ⑩의 기기 명칭은?

답안작성

(1) 단로기
(2) 피뢰기
(3) 전력용 콘덴서
(4) 영상 변류기
(5) 전압계용 전환개폐기
(6) 전류계용 전환개폐기
(7) 계기용 변류기
(8) 계기용 변압기
(9) 교류 차단기

문제 04 ▸ 출제년도 : 98. ▸ 점수 : 10점

다음 그림은 목조형 주택 및 가게의 배선도로 전기방식은 단상 3선식 220/110[V] 이다. 다음 10개소((1)~(10)) 질문에 답하시오.

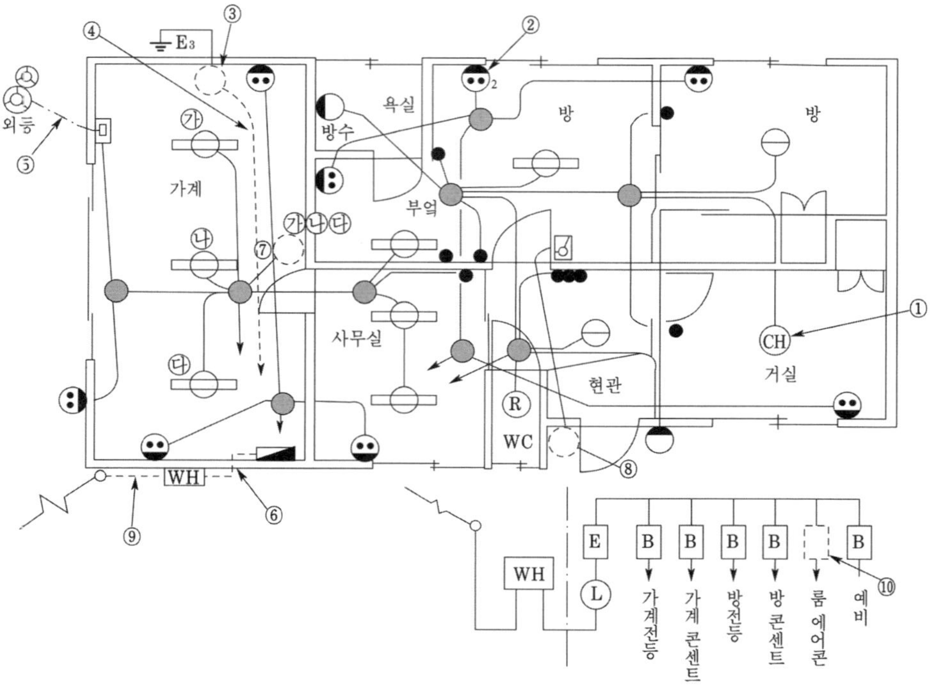

(1) ① 조명기구의 명칭은 무엇인가?

(2) ② 심벌에 방기된 2의 의미는 무엇인가?

(3) ③ 룸에어컨 심벌을 그리시오.

(4) ④ 배선의 명칭은 무엇인가?

(5) ⑤ 배선의 명칭은 무엇인가?

(6) ⑥ 부분의 명칭은 무엇인가?

(7) ⑦ 스위치용 전선의 심선수는 몇가닥인가? (㈎, ㈏, ㈐)

(8) ⑧ 취부해야할 누름 스위치의 심벌을 그리시오.

(9) ⑨의 공사방법 종류는?

(10) ⑩부분에 취부할 수 있는 개폐기의 종류는 다음 중 어느 것인가? (단, 2극 1소자 배선용 차단기, 2극 1소자 전류제한기, 2극 2소자 배선용 차단기, 2극 2소자 전류제한기)

답안작성

(1) 상데리아

(2) 수구(2구 콘센트)

(3) RC

(4) 바닥 은폐 배선

(5) 지중 매설 배선

(6) 인입구

(7) 4가닥

(8) 

(9) 저압 케이블 공사

(10) 2극 2소자 배선용 차단기

문제 05 ▸ 출제년도 : 92. 98. 05. ▸ 점수 : 10점

주어진 물가 자료에 의거 다음 물음에 답하시오.

(1) 경동선 2.0 [mm], 2 [km]와 연동선 2.0 [mm], 2 [km]의 구입비(원)는 얼마인가?

(2) AC 440 [V] 3상 3선식 동력 배선에 3C 22 [mm^2] 케이블 150 [m]를 구입하려고 한다. PE 절연 비닐시이스 케이블(EV)과 가교 PE 절연 비닐시이스 케이블(CV) 중 어떤 케이블을 사용하면 구입비는 얼마나 경감하는가?

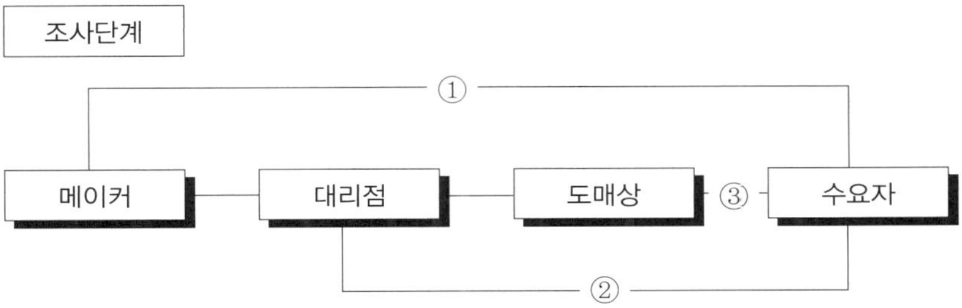

(1) 전기용 나동선(Bare Copper Wire for Electrical Purpose) (단위 : [m])

품명	단면적	중량	최대저항	가격 ②
■ 경동선	[mm^2]	[kg/km]	[Ω/km]	
1.0 [mm]	0.785	6.98	22.87	27
1.2	1.131	10.05	15.88	41
1.6	2.011	17.88	8.931	76
2.0	3.142	27.93	5.657	116
2.3	4.155	36.94	4.278	142
■ 연동선				
1.0	0.785	6.98	21.95	27
1.2	1.131	10.05	15.21	41
1.6	2.011	17.88	8.753	76
2.0	3.142	27.93	5.487	116
2.3	4.155	36.94	4.149	142

(2) PE절연비닐시이스 전력케이블(EV)

(단위 : [m])

품명	소선수/소선경	중량	가격②
■ 600 [V]		[kg/km]	
3심 2.0 [mm^2]	7/0.6	170	565
3.5	7/0.8	240	791
5.5	7/1.0	320	1,121
8.0	7/1.2	415	1,465
14	7/1.6	640	2,120
22	7/2.0	955	3,173
30	7/2.3	1,200	4,006

(3) 가교PE절연비닐시이스 케이블(CV)

(단위 : [m])

품명	소선수/소선경	중량	가격②
■ 600 [V] [CV]		[kg/km]	
3심 2.0 [mm^2]	7/0.6	155	595
3.5	7/0.8	215	832
5.5	7/1.0	295	1,211
8.0	7/1.2	385	1,625
14	7/1.6	595	2,352
22	7/2.0	880	3,332
30	7/2.3	–	4,208

답안작성

(1) $(116+116)\times 2000 = 464{,}000$[원]

(2) EV : $3173\times 150 = 475{,}950$[원]

CV : $3332\times 150 = 499{,}800$[원]

가격차 $499{,}800 - 475{,}950 = 23{,}850$[원]

EV가 23,850 [원] 경감

문제 06

▸ 출제년도 : 98. 00. ▸ 점수 : 6점

그림의 수전설비에서 [59]가 OVR(과전압 계전기)이면 [51]과 [27]은 각각 무엇인지 영문약자 표기로 답하시오.

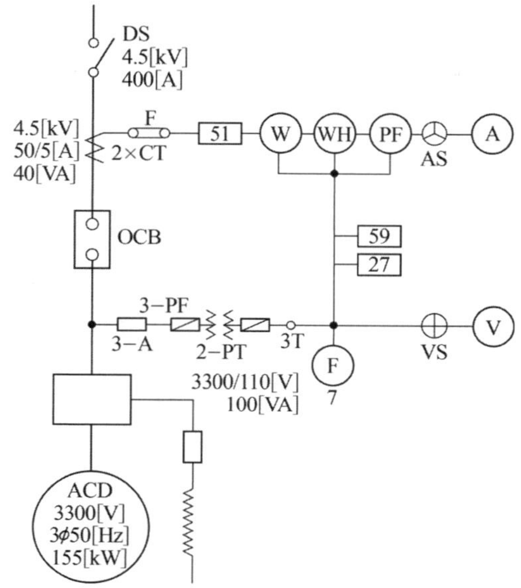

답안작성

- [51] : OCR
- [27] : UVR

해 설

- [51] : 과전류 계전기(OCR)
- [27] : 부족전압 계전기(UVR)

문제 07

▸ 출제년도 : 92. 98. ▸ 점수 : 4점

다음 심벌에 대한 명칭은?

(1)  (2)  (3) 

답안작성

(1) 백열등 유도등

(2) 전자 개폐기

(3) 조광기

문제 08 ▸ 출제년도 : 98. ▸ 점수 : 6점

3상 3선식 6 [kV] 수전점에서 50/5 [A] CT 2대, 6600/110 [V] PT 2대를 사용하여 CT 및 PT의 2차측에서 측정한 전력이 500 [W]로 되면, 수전한 전력은 몇 [kW]인가? (단, CT 및 PT의 전력손실은 무시한다.)

답안작성

계산 : $\text{수전전력} = 500 \times \frac{50}{5} \times \frac{6600}{110} \times 10^{-3} = 300[\text{kW}]$

답 : 300 [kW]

문제 09 ▸ 출제년도 : 98. ▸ 점수 : 5점

다음 약어의 명칭을 쓰시오.

(1) UVR
(2) OPR
(3) CLR
(4) OVGR
(5) POR

답안작성

(1) 부족 전압 계전기
(2) 결상 계전기
(3) 한류 저항기
(4) 지락과전압 계전기
(5) 위치 계전기(Position Relay)

문제 10 ▸ 출제년도 : 98. 00. 05. ▸ 점수 : 5점

피뢰기를 설치하여야 할 개소 중 IKL(Isokeraunic-level)이 11일 이상인 지역에서는 전선로 매 500 [m]이내마다 LA를 설치하고 있다. 여기에서 IKL이란?

답안작성

연간 뇌우 발생 일수

문제 11 ▸ 출제년도 : 98. 00. ▸ 점수 : 6점

변압기 2차 단자에서 25 [m] 거리에 있는 교류 단상 220 [V], 4.4 [kW] 부하에 전압강하를 2 [%] 이하로 제한하기 위한 공급전선의 굵기를 산정하시오.

답안작성

계산 : 부하전류 $I = \frac{4400}{220} = 20[\text{A}]$

$$A = \frac{35.6 \cdot L \cdot I}{1000 \cdot e} = \frac{35.6 \times 25 \times 20}{1000 \times 220 \times 0.02} = 4.05\ [\text{mm}^2]$$

답 : 6 [mm^2]

문제 12 ▸ 출제년도 : 98. ▸ 점수 : 6점

그림의 타임차트와 같이 버튼 스위치 BS_1을 주면 MC_1이 동작하여 전동기가 정회전한다. 버튼 스위치 BS_2(연동)를 주면 MC_1이 복구하여 전동기는 정지하며, 타이머가 여자된다. 설정시간 t초 후 MC_2가 동작하여 전동기는 역회전한다. 이때, 타이머는 복구된다. 릴레이 회로를 그리시오. 타임차트에 표시된 이외의 기구는 사용하지 않는다.

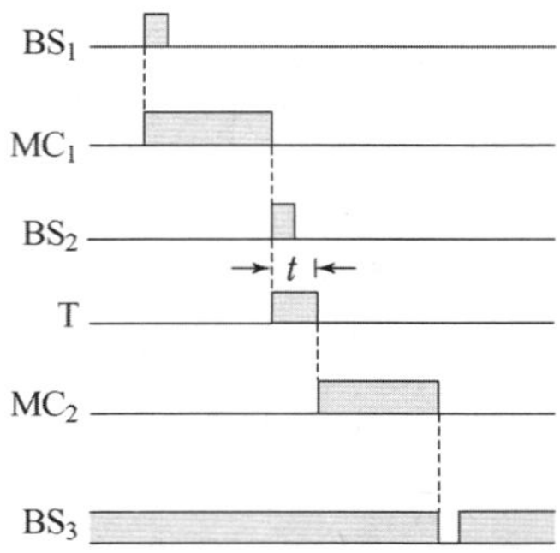

답안작성

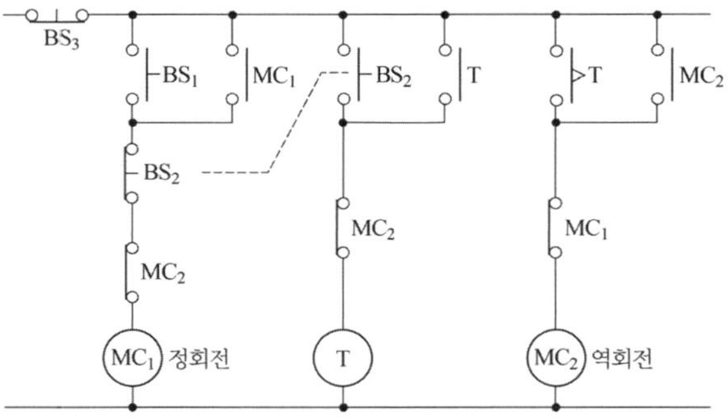

문제 13 ▸ 출제년도 : 98. ▸ 점수 : 8점

논리식 $X = \overline{A}BC + A\overline{B}C + AB\overline{C}$에 대한 로직 시퀀스를 그리고 또 NAND gate만의 로직 시퀀스를 그리시오.

답안작성

(1)

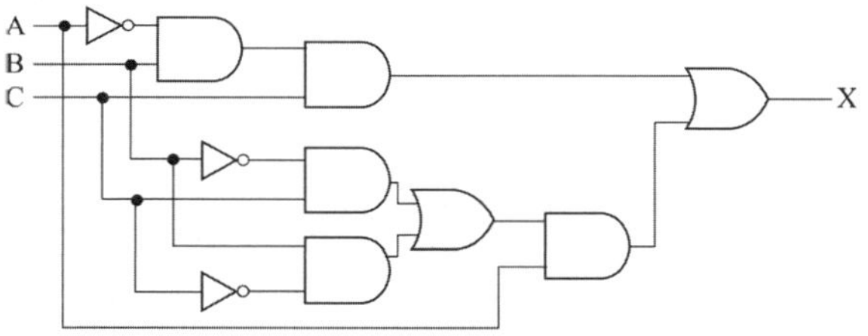

(2)

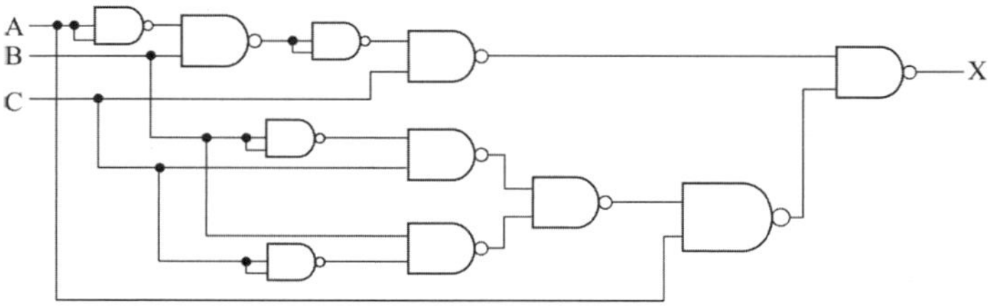

출제기준 변경 및 개정된 관계법규에 따라 삭제된 문제가 있어 배점의 합계가 100점이 안됩니다.

D30-4

1999년도 전기공사산업기사 실기

국가기술자격검정 실기시험문제 및 답안지

1999년도 산업기사 일반검정 제 1 회

자격종목(선택분야)	시험시간	형별	수험번호	성 명	감독위원 확 인
전기공사산업기사	2시간 00분				

※ 다음 물음에 답을 해당 답란에 답하시오.(배점 : 100점)

문제 01 ▸ 출제년도 : 96. 99. ▸ 점수 : 5점

그림과 같이 3대의 주상변압기의 접지저항이 각각 20, 40, 50 [Ω]이다. 가공공동지선을 설치하는 경우 접지저항은 몇 [Ω]이 되는가?

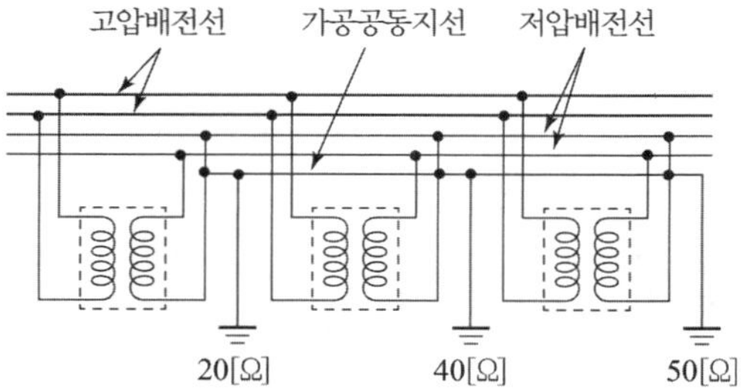

답안작성

계산 : $R = \dfrac{1}{\dfrac{1}{R_1}+\dfrac{1}{R_2}+\cdots+\dfrac{1}{R_n}} = \dfrac{1}{\dfrac{1}{20}+\dfrac{1}{40}+\dfrac{1}{50}} = 10.53\ [\Omega]$ 답 : 10.53 [Ω]

문제 02 ▸ 출제년도 : 99. 04. ▸ 점수 : 5점

그림과 같은 건물의 표준부하는 몇 [VA]인가?

단, • 주택에 대한 가산부하는 내선규정에 의한 최고치로 한다.
- 점포 및 주택표준 부하는 30 [VA/m^2]
- 창고 표준 부하는 5 [VA/m^2]
- 진열장은 1 [m]에 300 [VA] 가산

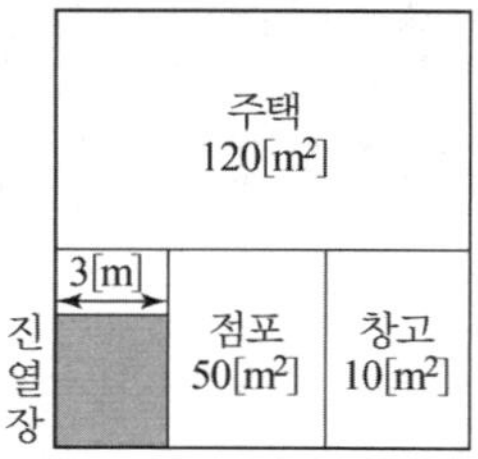

답안작성

계산 : 표준 부하 $= 120 \times 30 + 3 \times 300 + 50 \times 30 + 10 \times 5 + 1000 = 7050$[VA]

답 : 7050 [VA]

해 설

설비부하용량 = 바닥면적 [m^2]×표준부하 [VA/m^2]+가산부하 [VA]

문제 03 ▸ 출제년도 : 99. ▸ 점수 : 5점

사무실의 크기가 6 [m]×6 [m]이다. 이 사무실의 평균조도를 350 [lux] 이상으로 하고자 한다. 이곳에 다운라이트(백열전구 150 [W] 사용)로 배치하고자 할 때, 시설하여야 할 최소등기구 수량을 구하시오. 단, 백열등 150 [W]의 전광속은 2450 [lm], 기구의 조명률은 0.6, 보수율은 0.9로 한다.

답안작성

계산 : $N = \frac{EAD}{FU} = \frac{350 \times 6 \times 6}{2450 \times 0.6 \times 0.9} = 9.52$ [등]

답 : 10 [등]

문제 04 ▸ 출제년도 : 99. 02. 05. 07. ▸ 점수 : 10점

그림 중 [ ] 내의 기기 명칭을 기호로 써 넣으시오.

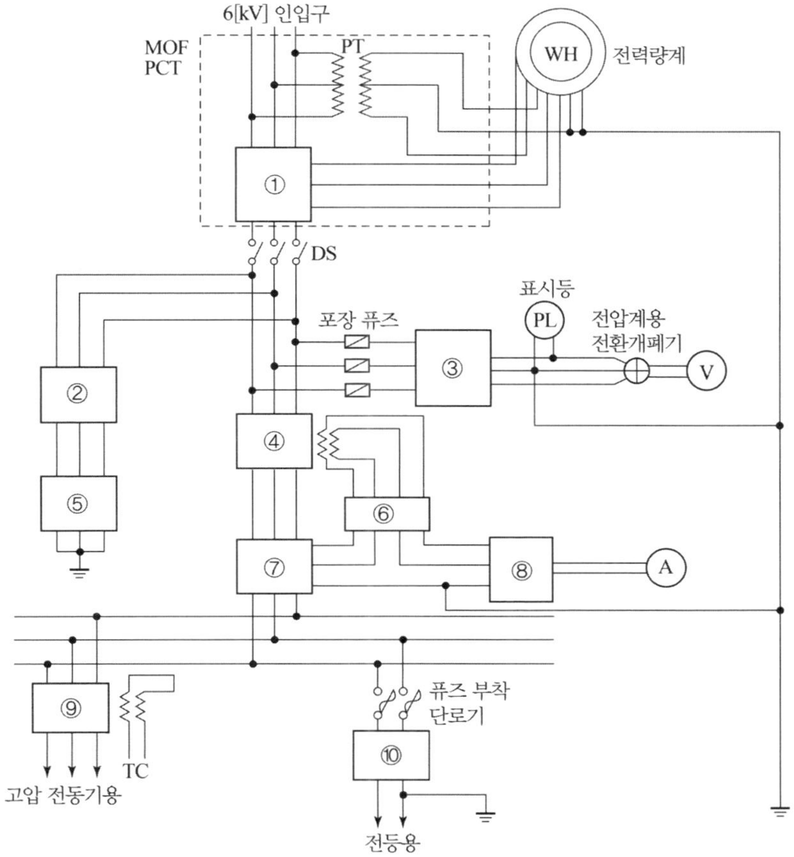

답안작성

① CT	② DS	③ PT	④ CB	⑤ LA
⑥ OCR	⑦ CT	⑧ AS	⑨ CB	⑩ TR

해 설

① CT(계기용 변류기) ② DS(단로기)
③ PT(계기용 변압기) ④ CB(교류 차단기)
⑤ LA(피뢰기) ⑥ OCR(과전류 계전기)
⑦ CT(계기용 변류기) ⑧ AS(전류계용 전환개폐기)
⑨ CB(교류 차단기) ⑩ TR(변압기)

문제 05 ▸출제년도 : 99. ▸점수 : 5점

그림과 같은 분기회로 전선의 단면적을 산출하여 굵기를 산정하시오.
단, • 배전방식은 단상 2선식, 교류 100 [V]로 한다.
• 사용전선은 NR 전선이다.
• 전선관은 후강전선관이며, 전압강하는 최원단에서 2 [%]로 한다.

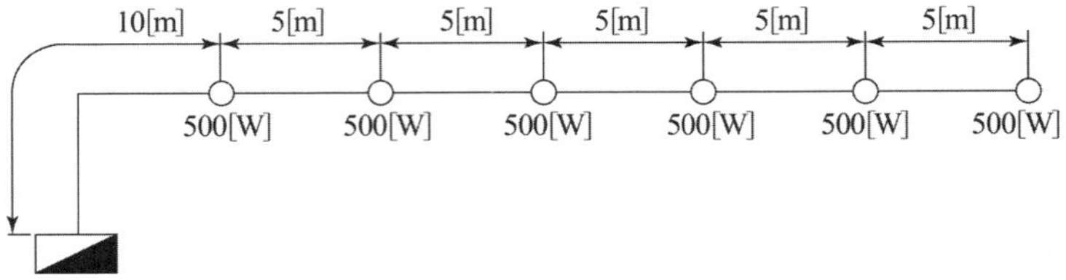

답안작성

계산 : 부하 중심점 : $L=\dfrac{i_1 l_1 + i_2 l_2 + i_3 l_3 + \cdots + i_n l_n}{i_1 + i_2 + i_3 + \cdots + i_n}$

$$L=\frac{5\times10+5\times15+5\times20+5\times25+5\times30+5\times35}{5+5+5+5+5+5}=22.5\ [\text{m}]$$

부하 전류 : $I=\dfrac{500\times6}{100}=30[\text{A}]$

∴ 전선의 굵기 $A=\dfrac{35.6LI}{1000e}=\dfrac{35.6\times22.5\times30}{1000\times2}=12.02\ [\text{mm}^2]$

답 : 16 [mm^2]

해 설

① 부하가 분포되어 있을 경우에는 부하 중심점을 찾아서 부하 중심점에 전체 부하가 집중되어 있다고 가정하고 계산
•전선규격
1.5, 2.5, 4, 6, 10, 16, 25, 35, 50, 70, 95, 120, 150, 185, 240, 300, 400, 500, 630[mm^2]

문제 06 ▸출제년도 : 96. 99. ▸점수 : 5점

다음 심벌의 ◐$_{WP}$ 명칭과 설치시 바닥면상 몇 [cm] 이상으로 해야 하는가?

답안작성

명칭 : 방수형 콘센트, 위치 : 80 [cm]

해 설

방수형 콘센트는 80 [cm] 이상 높이에 취부

문제 07 ▸ 출제년도 : 91. 99. ▸ 점수 : 20점

다음 문제를 읽고 주어진 답란에 알맞은 답을 답하시오.

(1) 합성수지관 공사에서 관 상호 및 관과 박스와는 관을 삽입하는 깊이를 관 외경의 1.2배 이상으로 하여야 하고 접착제를 사용하는 경우에는 몇 배 이상으로 하여야 하는가?

(2) 연피 또는 알루미늄 피를 가지는 케이블을 배선할 때 그 굴곡부의 곡률반경은 원칙적으로 케이블 바깥지름의 몇 배 이상으로 하여야 하는가?

(3) 연피케이블과 절연전선과의 접속점에는 특별한 경우를 제외하고 어떤 기구를 사용하여 접속하여야 하는가?

(4) 구내 저압가공 전선로 및 인입선의 중성선 또는 접지측 전선을 애자공사로 하는 경우 중성선 및 접지선은 원칙적으로 어떤 색깔의 애자로 지지하여야 하는가?

(5) 수구수에 의해 예상부하를 선정하는 경우 공칭지름이 26 [mm]의 베이스인 전등수구의 예상부하는 몇 [VA]인가?

(6) 6600 [V] 고압옥내 배선에 사용하는 절연전선의 최소 굵기[mm^2]는 얼마인가?

(7) 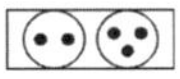 전기 배선용 도식기호의 정확한 명칭은?

(8) 옥내에서 사용하는 저압용 이동전선의 최소 단면적 [mm^2]은 얼마인가?

(9) 특고압 옥외 배전 변압기의 총 출력[kVA]은 얼마 이하로 제한되어 있는가?

답안작성

(1) 0.8배　(2) 12배　(3) 케이블 헤드　(4) 녹색

(5) 150 [VA]　(6) 6 [mm^2]　(7) 비상 콘센트

(8) 0.75 [mm^2]　(9) 1000 [kVA]

해 설

(1) KSC 232.11 합성수지관공사

1) 관 상호 간 및 박스와는 관을 삽입하는 깊이를 관의 바깥지름의 1.2배(접착제를 사용하는 경우에는 0.8배) 이상으로 하고 또한 꽂음 접속에 의하여 견고하게 접속할 것.

2) 관의 지지점 간의 거리는 1.5[m] 이하로 하고, 또한 그 지지점은 관의 끝· 관과 박스의 접속점 및 관 상호 간의 접속점 등에 가까운 곳에 시설할 것.

(2) 굴곡부분의 곡률반경

알루미늄 피복 또는 연피를 갖는 케이블의 굴곡부의 내측 반경은 마무리 외경의 12배 이상, 연피를 갖지 않는 케이블의 경우는 5배 이상으로 하는 것이 바람직하다.

(5) 소형 : 공칭 지름이 26 [mm]의 베이스인 것, 예상부하 150 [VA/개]

대형 : 공칭 지름이 39 [mm]의 베이스인 것, 예상부하 300 [VA/개]

(6) KEC 342.1 고압 옥내배선 등의 시설

고압 옥내배선의 전선은 공칭단면적 6[mm^2] 이상의 연동선 또는 고압 절연전선이나 특고압 절연전선 또는 규정하는 인하용 고압 절연전선일 것.

(8) KEC 234.3 코드 및 이동전선

① 조명용 전원코드 또는 이동전선은 단면적 0.75[mm^2] 이상의 코드 또는 캡타이어케이블을 용도에 따라서 선정하여야 한다.

② 옥내에서 조명용 전원코드 또는 이동전선을 습기가 많은 장소에 시설할 경우에는 고무코드(사용전압이 400[V] 이하인 경우에 한함) 또는 0.6/1 [kV] EP 고무 절연 클로로프렌캡타이어케이블로서 단면적이 0.75[mm^2] 이상인 것이어야 한다.

문제 08 ▸출제년도 : 95. 99. 02. ▸점수 : 10점

다음 그림은 저압전로에 있어서의 지락고장을 표시한 그림이다. 그림의 전동기 (M_1) (단상 110 [V])의 내부와 외함간에 누전으로 지락사고를 일으킨 경우 변압기 저압측 전로의 1선은 전기설비기술 기준령에 의하여 고·저압 혼촉시의 대지전위 상승을 억제하기 위한 접지공사를 하도록 규정하고 있다. 다음 물음에 답하시오.

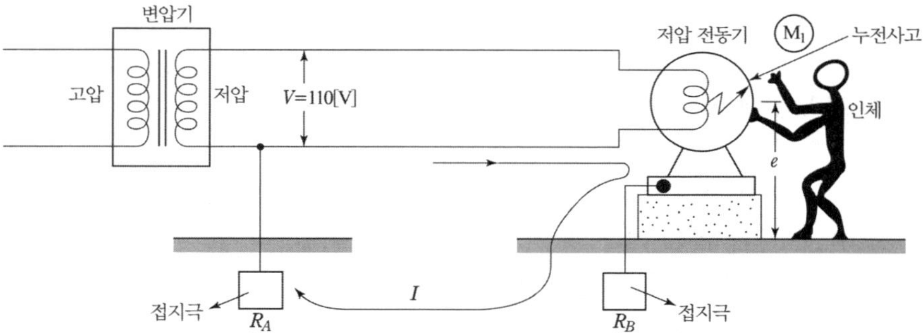

(1) 앞의 그림에 대한 등가회로를 그리면 아래와 같다. 물음에 답하시오.

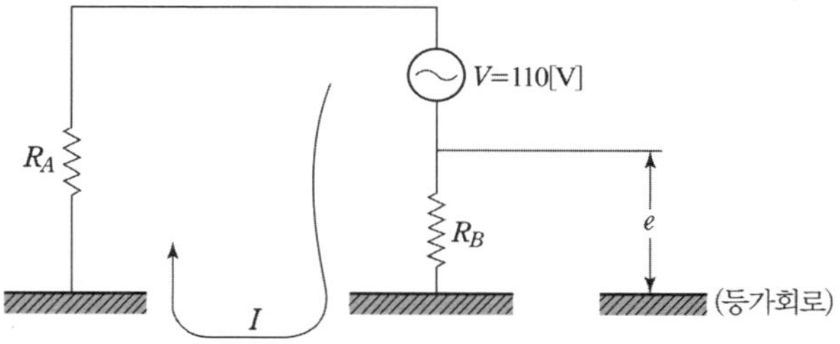

① 등가회로상의 e는 무엇을 의미하는가?

② 등가회로상의 e의 값을 표시하는 수식을 표시하시오.

③ 저압회로의 지락전류 $I = \dfrac{V}{R_A + R_B}$ [A]로 표시할 수 있다. 고압측 전로의 중성점이 비접지식인 경우에 고압측 전로의 1선 지락전류가 4 [A]라고 하면 변압기의 2차측(저압측)에 대한 접지 저항값은 얼마인가? 또, 위에서 구한 접지 저항값 (R_A)을 기준으로 하였을 때의 R_B의 값을 구하고 위 등가회로상의 I, 즉 저압측 전로의 1선 지락전류를 구하시오. 단, e의 값은 25 [V]로 제한하도록 한다.

(2) 접지극의 매설 깊이는 얼마 이하로 하는가?

(3) 변압기 2차측의 접지선 굵기는 몇 [mm^2] 이상의 연동선이나 이와 동등 이상의 세기 및 굵기의 것을 사용하는가?

답안작성

(1) ① 접촉전압

② $e = \dfrac{R_B}{R_A + R_B} \times V$

③ $R_A = \dfrac{150}{I} = \dfrac{150}{4} = 37.5\ [\Omega]$

$25 = \dfrac{R_B}{37.5 + R_B} \times 110$

$R_B = 11.03 \fallingdotseq 11\ [\Omega]$

$I = \dfrac{V}{R_A + R_B} = \dfrac{110}{37.5 + 11} = 2.27\ [\mathrm{A}]$

$R_B = 11\ [\Omega]$, $I = 2.27\ [\mathrm{A}]$

(2) 75 [cm]

(3) 6 [mm^2]

해 설

(1) ③ KEC 142.5 변압기 중성점 접지

변압기의 중성점접지 저항 값은 다음에 의한다.

가) 일반적으로 변압기의 고압 · 특고압측 전로 1선 지락전류로 150을 나눈 값과 같은 저항 값 이하

$$R = \frac{150}{\text{변압기의 고압측 또는 특고압측의 1선 지락전류}}\ [\Omega]$$

나) 변압기의 고압 · 특고압측 전로 또는 사용전압이 35 [kV] 이하의 특고압전로가 저압측 전로와 혼촉하고 저압전로의 대지전압이 150 [V]를 초과하는 경우는 저항 값은 다음에 의한다.

- 1초 초과 2초 이내에 고압 · 특고압 전로를 자동으로 차단하는 장치를 설치할 때는 300을 나눈 값 이하

$$R = \frac{300}{\text{변압기의 고압측 또는 특고압측의 1선 지락전류}}\ [\Omega]$$

- 1초 이내에 고압 · 특고압 전로를 자동으로 차단하는 장치를 설치할 때는 600을 나눈 값 이하

$$R = \frac{600}{\text{변압기의 고압측 또는 특고압측의 1선 지락전류}}\ [\Omega]$$

(4) KEC 142.2 접지극의 시설 및 접지저항

접지극은 지표면으로부터 지하 0.75[m] 이상으로 하되 동결 깊이를 감안하여 매설 깊이를 정해야 한다.

(3) KEC 142.3 접지도체 · 보호도체

접지도체의 굵기는 고장 시 흐르는 전류를 안전하게 통할 수 있는 것으로서 다음에 의한다.

1) 특고압 · 고압 전기설비용 접지도체 : 단면적 6[mm^2] 이상의 연동선

2) 중성점 접지용 접지도체 : 공칭단면적 16[mm^2] 이상의 연동선

다만, 다음의 경우에는 공칭단면적 6[mm^2] 이상의 연동선을 사용 할 수 있다.

가. 7[kV] 이하의 전로

나. 사용전압이 25[kV] 이하인 특고압 가공전선로

(다만, 중성선 다중접지식의 것으로서 전로에 지락이 생겼을 때 2초 이내에 자동적으로 이를 전로로부터 차단하는 장치가 되어 있는 것.)

문제 09 ▸ 출제년도 : 99. 01. ▸ 점수 : 5점

그림은 특고압 가공전선로 일부의 평면도이다. ①, ②, ③, ④, ⑤의 명칭을 정확하게 쓰시오.

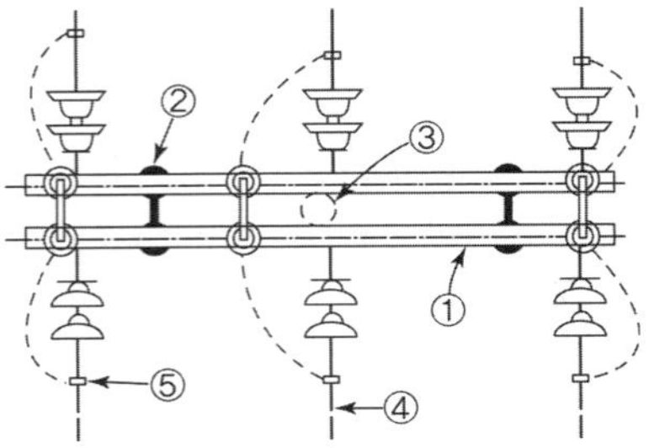

답안작성

① 완금 ② 머신 볼트 ③ 완금밴드 ④ 전선 ⑤ 데드 앤드 크램프

문제 10 ▸ 출제년도 : 99. 01. ▸ 점수 : 5점

전기 공사 금액이 3억원 미만일 때 일반 관리비 비율은 얼마인가?

답안작성

6[%]

해 설

전문, 전기, 전기 통신 공사	
공사 원가	일반 관리 비율
5억원 미만	6 [%]
5억원~30억원 미만	5.5 [%]
30억원 이상	5 [%]

문제 11 ▸ 출제년도 : 99. 01. ▸ 점수 : 5점

그림은 콘크리트 매입배관에서 박스에 파이프를 부착하는 방법이다. 물음에 답하시오.

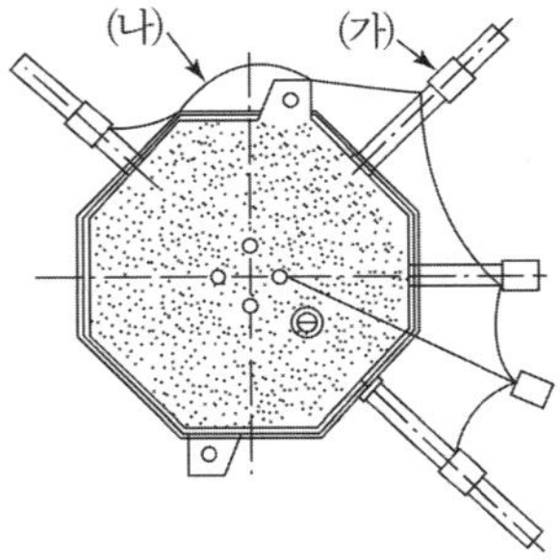

(1) 그림에 표시된 (가)의 재료 명칭은?

(2) 그림에 표시된 (나)의 전선은 무슨 선인가?

답안작성

(1) 접지 클램프

(2) 본딩도체(접지도체)

문제 12

▸ 출제년도 : 94. 95. 99. ▸ 점수 : 5점

그림 (a)~(c)는 서로 등가이다. 물음에 답하시오.

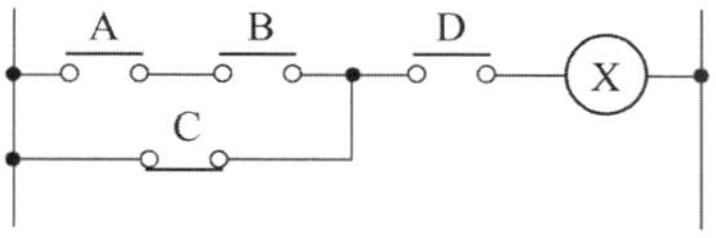

(a)

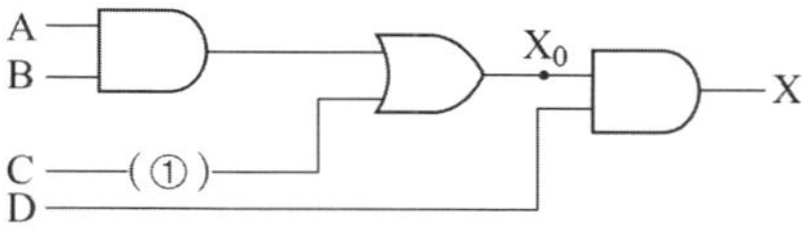

(b)

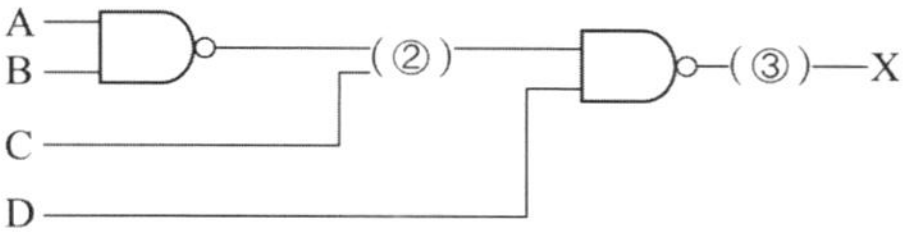

(c)

(1) ①에 알맞은 논리회로의 이름을 쓰시오. (예 : AND 등)

(2) ②와 ③에 알맞은 논리회로를 각각 그리시오. (예 : 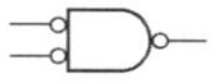 등)

(3) 그림 (b)의 X와 X_0의 논리식을 각각 쓰시오.

답안작성

(1) NOT 회로 (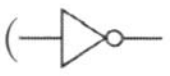)

(2) ② 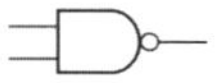 (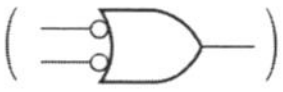) ③ 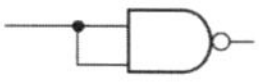 (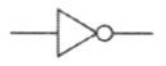)

(3) $X = (AB + \overline{C}) \cdot D$, $X_0 = AB + \overline{C}$

문제 13

▸ 출제년도 : 99. ▸ 점수 : 5점

그림은 농형유도 전동기의 1차 저항 기동제어회로의 주회로의 일부이다. 버튼 스위치 BS_1을 주면 MC_1이 동작하여 $(r_1 + r_2)$로 전동기가 기동하며, 타이머 T_1이 여자된다. t_1초 후 MC_2가 동작하여 저항 r_1이 단락하여 T_2가 여자된다. t_2초 후에 MC가 동작하여 전저항 $(r_1 + r_2)$을 단락하여 전동기는 정상운전에 들어간다. 한편 MC에 의하여 MC_1, MC_2, T_1, T_2는 복구되고, 저항은 개방된다. 운전 중에는 MC만 동작되며, BS_2는 비상정지를 겸한다. AND, OR, NOT, 타이머 로직 기호를 사용하여 로직회로를 그리시오. 단, AND 회로는 2입력용이고, MCB, Thr은 생략한다.

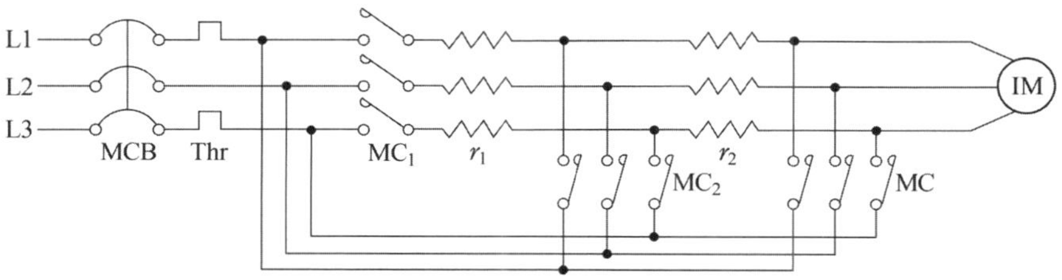

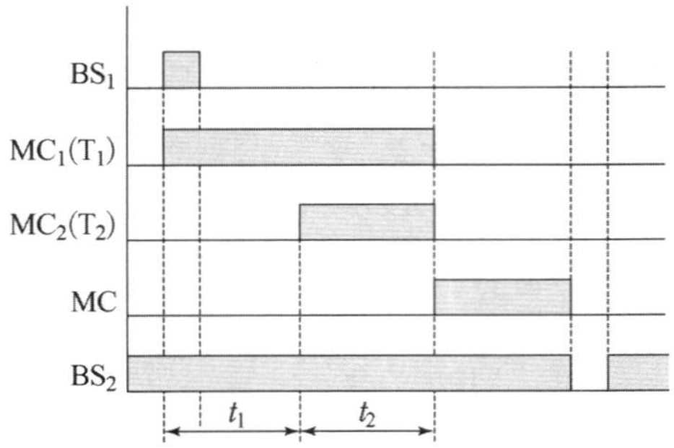

답안작성

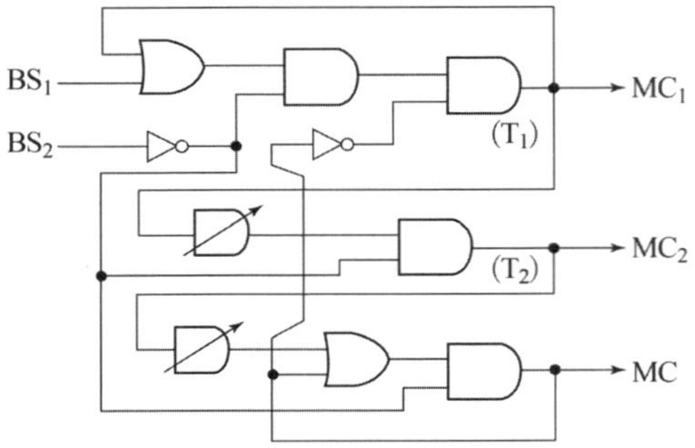

해 설

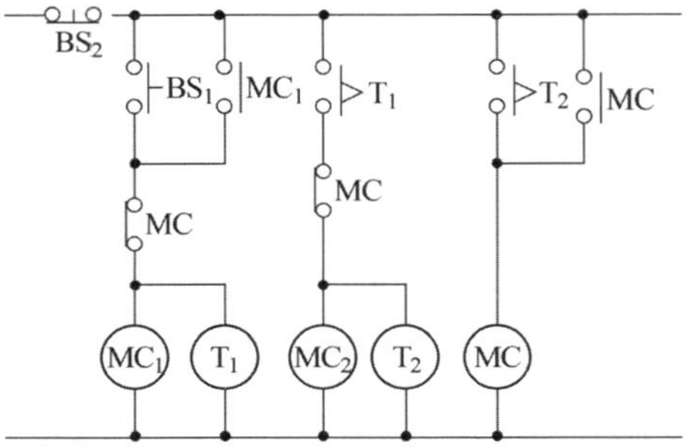

이때의 논리식을 표현하면

$MC_1 = (BS_1 + MC_1) \cdot \overline{BS_2} \cdot \overline{MC}$　　$T_1 = MC_1$

$MC_2 = T_1 \cdot \overline{BS_2} \cdot \overline{MC}$　　$T_2 = MC_2$

$MC = (T_2 + MC) \cdot \overline{BS_2}$와 같다.

출제기준 변경 및 개정된 관계법규에 따라 삭제된 문제가 있어 배점의 합계가 100점이 안됩니다.

국가기술자격검정 실기시험문제 및 답안지

1999년도 **산업기사** 일반검정 제 **3** 회			수험번호	성 명	감독위원 확 인
자격종목(선택분야)	시험시간	형별			
전기공사산업기사	2시간 00분				

※ 다음 물음에 답을 해당 답란에 답하시오.(배점 : 100점)

문제 01 ▸ 출제년도 : 96. 99. ▸ 점수 : 5점

무거운 기구를 박스에 취부할 때 사용하는 재료는?

답안작성

픽스쳐스터드와 히키

문제 02 ▸ 출제년도 : 88. 96. 97. 99. ▸ 점수 : 12점

그림은 6600 [V] CV10 3C×35 [mm²] 케이블의 단말처리와 단면도이다. 물음에 답하시오.

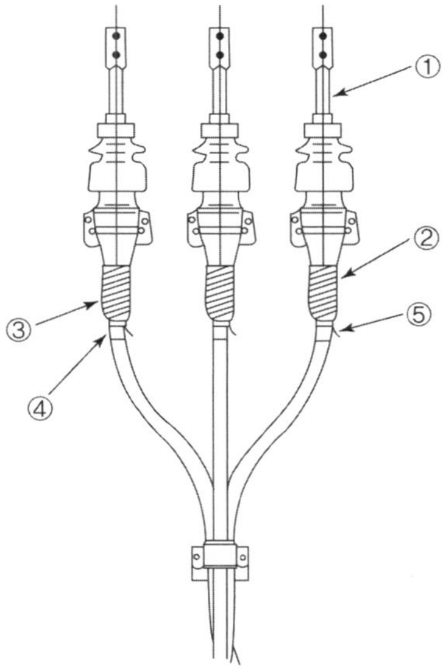

(1) 도면에서 ①의 부분에 케이블의 도체와 단자의 접속을 할 때 가장 적합한 공법은?

(2) 도면에서 ②의 부분에 사용하는 절연테이프의 명칭은?

(3) 도면에서 ③의 부분에 최외각층의 테이프를 감는 방법은?

(4) 도면에서 ④의 부분에 감은 테이프의 용도는?

(5) 도면에서 ⑤의 부분은 무슨 선인가?

(6) CV의 허용 구부림 반경의 최소치는 케이블 외경의 몇 배인가?

답안작성

(1) 압축 접속 공법
(2) 점착성 폴리에틸렌 절연테이프
(3) 하부에서 상부로 향해서 감는다.
(4) 상색별 구별
(5) 접지도체
(6) 8배

해 설

케이블의 단말처리시 곡률 반지름

3심 일괄(외부 피복이 붙은 것)	완성 바깥지름의 10배
절연체를 노출할 때	완성 바깥지름의 8배

문제 03 ▸ 출제년도 : 96. 99. 04. ▸ 점수 : 12점

특고압 22.9 [kV]-Y로 수전하는 경우의 단선결선도이다. 물음에 답하시오.

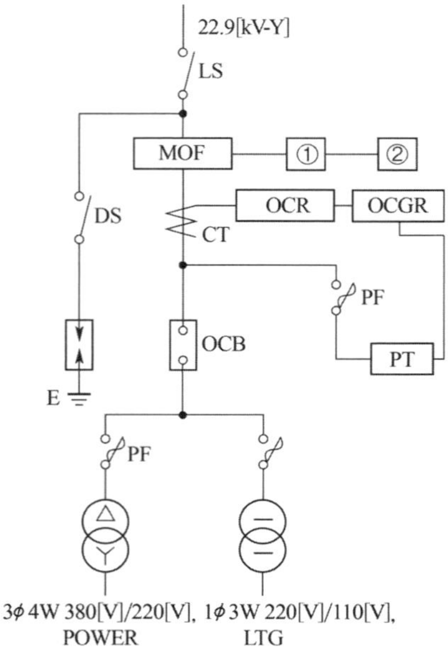

(1) 그림에 표시된 ①과 ②의 부분에는 어떤 기기가 필요한가?

(2) 변압기 2차측의 3상 결선용 변압기의 중성점을 접지하는 것이 좋은가 아니면 않는 것이 좋은가 판별하시오.

(3) 그림에서 △-Y의 단선도를 복선도용으로 그리시오.

(4) O.C.R의 명칭은?

답안작성

(1) ① 최대 수요 전력량계
② 무효 전력량계

(2) 접지하는 것이 좋다.

(3)

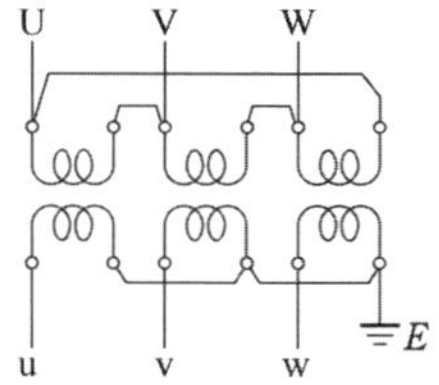

(4) 과전류 계전기

해 설

(2) KEC 322.1 고압 또는 특고압과 저압의 혼촉에 의한 위험방지 시설
고압전로 또는 특고압전로와 저압전로를 결합하는 변압기의 저압측의 중성점에는 규정에 의하여 계산한 값이 10[Ω]을 넘을 때에는 접지저항치가 10[Ω] 이하가 되도록 할 것.
(단, 사용전압이 35[kV] 이하의 특고압전로로서 전로에 지락이 생겼을 때에 1초 이내에 자동적으로 이를 차단하는 장치가 되어 있는 것 및 사용전압이 25 [kV] 이하인 특고압 가공전선로로서 중성선 다중접지식의 것으로서 전로에 지락이 생겼을 때 2초 이내에 자동적으로 이를 전로로부터 차단하는 장치가 되어 있는 것은 제외한다.)
다만, 그 접지공사를 변압기의 중성점에 하기 어려울 때에는 저압전로의 사용전압이 300[V] 이하인 경우에 한해 저압 측의 1단자에 시행할 수 있다.

문제 04 ▸ 출제년도 : 94. 97. 99. 00. 01. 02. ▸ 점수 : 5점

ACSR 38 [mm^2] 전선으로 전력을 공급하는 긍장 1 [km]인 3상 2회선의 배전선로를 포설하기 위한 직접 인건비계는 얼마인가? 단, 노임단가, 배전전공은 35000원, 보통인부는 25000원이다.

[표] 배전선 가선 100 [m]당

규 격		배전전공	보통인부
나동선	14 [mm^2] 이하	0.20	0.10
	22 [mm^2] 이하	0.32	0.16
	30 [mm^2] 이하	0.40	0.20
	38 [mm^2] 이하	0.52	0.26
	60 [mm^2] 이하	0.76	0.38
	100 [mm^2] 이하	0.08	0.54
	150 [mm^2] 이하	0.32	0.66
	200 [mm^2] 이하	1.44	0.72
	200 [mm^2] 초과	1.52	0.76
ACSR, ASC	38 [mm^2] 이하	0.60	0.30
	58 [mm^2] 이하	0.88	0.44
	95 [mm^2] 이하	1.28	0.64
	160 [mm^2] 이하	1.56	0.78
	240 [mm^2] 이하	1.8	0.9

[해설] ① 이품은 1선당 수작업으로 연선, 긴선, 이도 조정품 포함
② 애자에 묶는 품 포함
③ 피복선 120 [%]
④ 기설선로 상부 가설 120 [%]
⑤ 장력조정만 할 때 120 [%]
⑥ 철거 50 [%], 재사용 철거 80 [%]
⑦ 가공지선 80 [%]
⑧ 재사용 전선 110 [%]
⑨ m당으로 환산시는 본품을 100으로 나누어 산출
⑩ 22 [kV], 66 [kV], HDCC 송전선 1회선 가선품은 본품의 300 [%]
⑪ 66 [kV], HDCC 송전선 가선은 송전전공이 시공한다.
⑫ 배전선을 가로수 또는 수목과 접촉하여 설치작업시는 수목으로 인한 장애를 감안하여 이품의 120 [%] 적용

답안작성

• 선로 신설 : 배전 전공 : $\frac{0.6}{100} \times 1000 \times 3 \times 2 = 36$ [인]

보통 인부 : $\frac{0.3}{100} \times 1000 \times 3 \times 2 = 18$ [인]

• 직접 노무비 : 배전 전공 : $36 \times 35,000 = 1,260,000$ [원]

보통 인부 : $18 \times 25,000 = 450,000$ [원]

• 계 : $1,260,000 + 450,000 = 1,710,000$ [원]

답 : 1,710,000 [원]

문제 05 ▸ 출제년도 : 97. 99. 01. ▸ 점수 : 11점

다음 물음에 답하시오.

(1) 저압옥내배선에 사용되는 연동선의 최소 굵기는?

(2) 저압의 범위를 쓰시오.

(3) 수중조명 회로의 절연변압기의 2차측 전로의 사용전압은?

(4) 고감도 누전차단기의 정격감도 전류의 최대값은?

(5) 지반이 약한 도로에서 전장 15 [m]의 철근콘크리트주를 건주할 때 근입 길이는?
단, 설계하중은 6.8 [kN] 이하로 한다.

(6) 주택에 있어서 단위면적 1 [m^2]당 표준부하는?

(7) 소형 전등 수구 또는 콘센트 1개의 예상부하는?

답안작성

(1) 2.5 [mm^2]

(2) 교류 : 1000 [V] 이하, 직류 : 1500 [V] 이하

(3) 150 [V]

(4) 30 [mA]

(5) $15 \times \frac{1}{6} = 2.5$ [m]

(6) 40 [VA] (7) 150 [VA]

해 설

(1) KEC 231.3.1 저압 옥내배선의 사용전선
1) 저압 옥내배선의 전선 : 단면적 2.5 [mm^2] 이상의 연동선
2) 옥내배선의 사용 전압이 400[V] 이하인 경우는 다음에 의하여 시설할 수 있다.
가. 전광표시 장치 또는 제어 회로
• 단면적 1.5[mm^2] 이상의 연동선
• 단면적 0.75 [mm^2] 이상인 다심케이블 또는 다심 캡타이어 케이블을 사용하고 또한 과전류가 생겼을 때에 자동적으로 전로에서 차단하는 장치를 시설
나. 진열장 또는 이와 유사한 것의 내부 배선 : 단면적 0.75 [mm^2] 이상인 코드 또는 캡타이어 케이블

(2) KEC 111 통칙
이 규정에서 적용하는 전압의 구분은 다음과 같다.

분 류	전압의 범위
저 압	• 직류 : 1.5 [kV] 이하 • 교류 : 1 [kV] 이하
고 압	• 직류 : 1.5 [kV]를 초과하고, 7 [kV] 이하 • 교류 : 1 [kV]를 초과하고, 7 [kV] 이하
특고압	7 [kV]를 초과

(3) KEC 234.14 수중조명등
수영장 기타 이와 유사한 장소에 사용하는 수중조명등에 전기를 공급하기 위해서는 절연변압기를 사용하고, 그 사용전압은 다음에 의하여야 한다.
1) 절연변압기의 1차측 전로의 사용전압은 400[V] 이하일 것.
2) 절연변압기의 2차측 전로의 사용전압은 150[V] 이하일 것.

(4) 누전 차단기의 종류

구 분		정격 감도 전류 [mA]	동 작 시 간
고감도형	고 속 형	5, 10, 15, 30	· 정격 감도 전류에서 0.1초 이내, 인체 감전 보호용은 0.03초 이내
	시 연 형		· 정격감도전류에서 0.1초 초과 2초이내
	반한시형		· 정격 감도 전류에서 0.2초를 초과하고 1초 이내 · 정격 감도 전류 1.4배의 전류에서 0.1초를 초과하고 0.5초 이내 · 정격 감도 전류 4.4배의 전류에서 0.05초 이내
중감도형	고 속 형	50, 100, 200, 500, 1000	· 정격 감도 전류에서 0.1초 이내
	시 연 형		· 정격 감도 전류에서 0.1초를 초과하고 2초이내
저감도형	고 속 형	3000, 5000 10,000, 20,000	· 정격 감도 전류에서 0.1초 이내
	시 연 형		· 정격 감도 전류에서 0.1초를 초과하고 2초 이내

(5) KEC 331.7 가공전선로 지지물의 기초의 안전율

가공전선로의 지지물에 하중이 가하여지는 경우에 그 하중을 받는 지지물의 기초의 안전율은 2이상(단, 이상시 상정하중에 대한 철탑의 기초에 대하여는 1.33)이어야 한다. 다만, 땅에 묻히는 깊이를 다음의 표에서 정한 값 이상의 깊이로 시설하는 경우에는 그러하지 아니하다.

설계하중 / 전장	6.8 [kN] 이하	6.8 [kN] 초과 ~ 9.8 [kN] 이하	9.81 [kN] 초과 ~ 14.72 [kN] 이하
15[m] 이하	전장×1/6[m] 이상	전장×1/6+0.3[m] 이상	전장×1/6+0.5[m] 이상
15[m] 초과~16[m]이하	2.5[m] 이상	2.8[m] 이상	–
16[m] 초과~20[m] 이하	2.8[m] 이상	–	–
15[m] 초과~18[m] 이하	–	–	3[m] 이상
18[m] 초과	–	–	3.2[m] 이상

(6) 표준부하

건축물의 종류	표준부하 [VA/m^2]
공장, 공회당, 사원, 교회, 극장, 영화관, 연회장 등	10
기숙사, 여관, 호텔, 병원, 학교, 음식점, 다방, 대중 목욕탕	20
사무실, 은행, 상점, 이발소, 미용원	30
주택, 아파트	40

문제 06 ▸ 출제년도 : 93. 96. 98. 99. 01. 07. ▸ 점수 : 5점

38 [mm^2]의 경동연선을 사용해서 높이가 같고 경간이 300 [m]인 철탑에 가선하는 경우 이도는 얼마인가? (단, 이 경동연선의 인장하중은 1480 [kg], 안전율은 2.2이고 전선 자체의 무게는 0.334 [kg/m]라고 한다.)

답안작성

계산 : $D = \dfrac{WS^2}{8T} = \dfrac{0.334 \times 300^2}{8 \times \dfrac{1480}{2.2}} = 5.59$ [m]

답 : 5.59 [m]

문제 07 ▸ 출제년도 : 94. 97. 99. 03. ▸ 점수 : 12점

도면은 어느 수용가의 옥외간이 수전설비이다. 다음 물음에 답하시오.

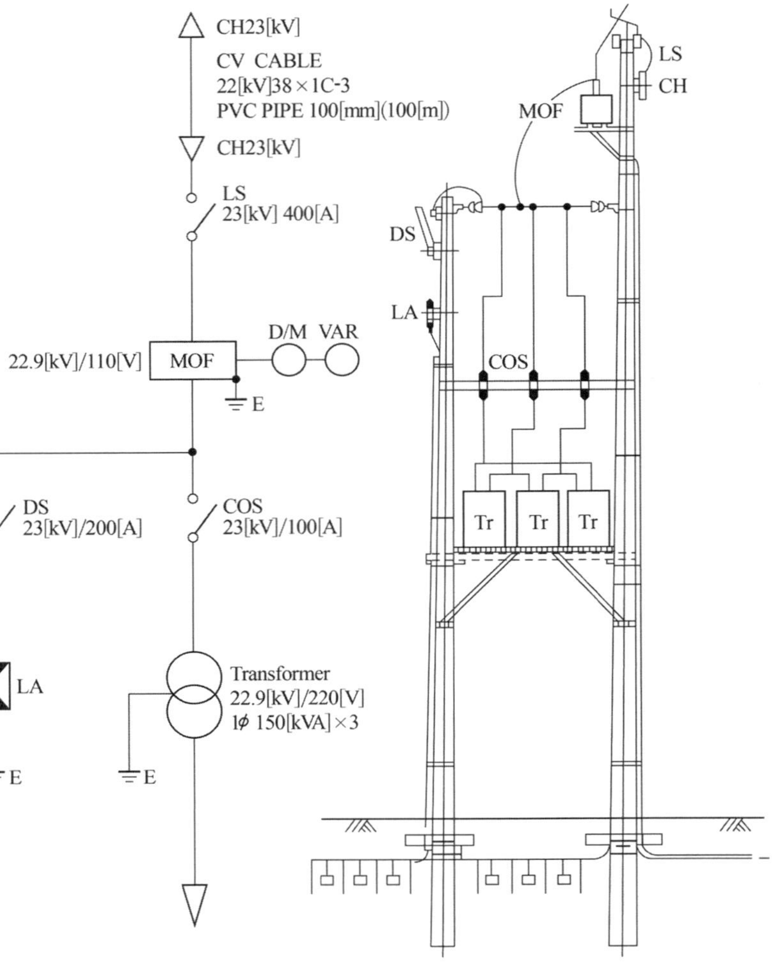

(1) MOF에서 부하용량에 적당한 CT비를 산출하시오. 단, CT 1차측 전류의 여유율은 1.25배로 한다.

(2) LA의 정격전압은 얼마인가?

(3) 도면에서 D/M, VAR는 무엇인지 쓰시오.

답안작성

(1) 계산 : $I = \dfrac{150 \times 3 \times 10^3}{\sqrt{3} \times 22900} = 11.35$ [A]

여유율이 1.25이므로 11.35×1.25=14.19, 즉 15 [A]로 선정한다.

답 : 15/5

(2) 18 [kV]

(3) D/M : 최대 수요전력량계, VAR : 무효전력량계

해 설

(1) 변류비 및 부담

① 1차 전류 : 5, 10, 15, 20, 30, 40, 50, 75, 100, 150, 200, 300, 400, 500 [A]

② 2차 전류 : 5 [A]

③ 정격 부담 : 5, 10, 15, 25, 40, 100 [VA]

(2) 피뢰기 정격 전압

전력 계통		피뢰기 정격 전압 [kV]	
전압 [kV]	중성점 접지 방식	변전소	배전 선로
345	유효접지	288	−
154	유효접지	144	−
66	PC접지 또는 비접지	72	−
22	PC접지 또는 비접지	24	−
22.9	3상 4선 다중접지	21	18

[주] 전압 22.9 [kV−Y] 이하의 배전선로에서 수전하는 설비의 피뢰기 정격전압 [kV]은 배전선로용을 적용한다.

문제 08

▸ 출제년도 : 94. 99.　▸ 점수 : 6점

주어진 도면과 DS, F, PT, A, OCB, TC, CT, IVR, TR 등 심벌을 이용하여 배선접속도를 그리시오.

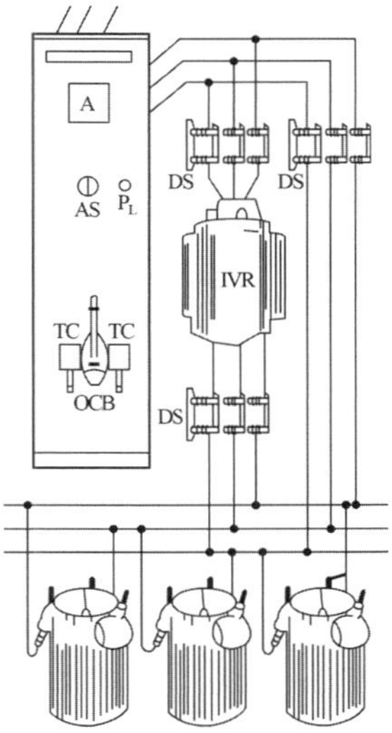

답안작성

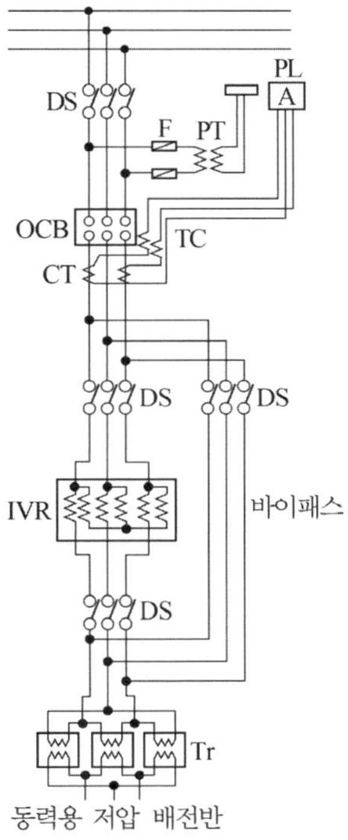

문제 09 ▸ 출제년도 : 95. 99. ▸ 점수 : 5점

3상 3선식 380 [V] 회로에 그림과 같이 2.2 [kW], 7.5 [kW], 50 [kW]의 전동기와 5 [kW]의 전열기가 접속되어 있다. 간선의 소요 허용 전류[A]를 구하시오. 단, 전동기의 평균 역률은 75 [%]이다.

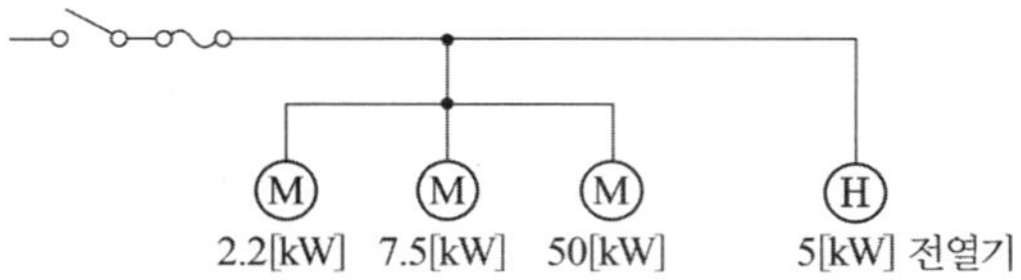

• 계산 : • 답 :

답안작성

계산 : $I_M = \dfrac{(2.2+7.5+50)\times 10^3}{\sqrt{3}\times 380\times 0.75} = 120.94$ [A]

$I_H = \dfrac{5\times 10^3}{\sqrt{3}\times 380} = 7.6$ [A]

전동기의 유효 전류 $I_r = 120.94\times 0.75 = 90.71$ [A]

전동기의 무효 전류 $I_q = 120.94\times \sqrt{1-0.75^2} = 79.99$ [A]

설계전류 $I_B = \sqrt{유효분^2 + 무효분^2}$

$= \sqrt{(90.71+7.6)^2 + 79.99^2} = 126.74$ [A]

따라서, $I_B \le I_n \le I_Z$의 조건을 만족하는 전선의 허용전류 $I_Z \ge 126.74$[A]

답 : 126.74[A]

해 설

① KEC 212.4.1 도체와 과부하 보호장치 사이의 협조

과부하에 대해 케이블(전선)을 보호하는 장치의 동작특성은 다음의 조건을 충족해야 한다.

$I_B \le I_n \le I_Z$, $I_2 \le 1.45\times I_Z$

I_B : 회로의 설계전류(선도체를 흐르는 설계전류 또는 함유율이 높은 영상분 고조파, 특히 제3고조파가 지속적으로 흐르는 경우 중성선에 흐르는 전류이다.)

I_Z : 케이블의 허용전류

I_n : 보호장치의 정격전류(사용현장에 적합하게 조정된 전류의 설정 값)

I_2 : 보호장치가 규약시간 이내에 유효하게 동작하는 것을 보장하는 전류

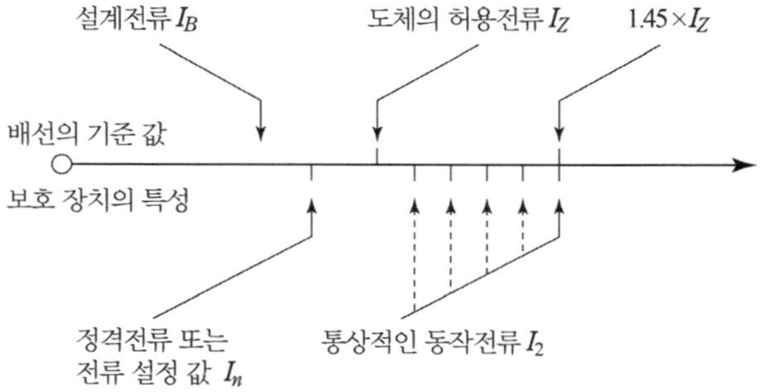

과부하 보호 설계 조건도

② 전열기의 역률은 100[%], 전동기의 평균 역률은 75[%]이므로 전류의 합은 Vector로 구해야 한다.

문제 10 ▸ 출제년도 : 93. 99. 01. ▸ 점수 : 4점

다음 표시 기호를 보고 물음에 답하시오.

(1) 배선 공사명　　　　(2) 전선의 종류

(3) 전선의 굵기　　　　(4) 전선수

답안작성

(1) 천장 은폐 배선　　　　(2) 450/750 [V] 일반용 단심 비닐 절연 전선

(3) 25 [mm^2]　　　　(4) 4가닥(4본)

문제 11 ▸ 출제년도 : 94. 99. ▸ 점수 : 10점

다음 그림은 빌딩의 고압수전설비 기기 배치도(단면도)이다. 도면의 번호에 맞는 기기 명칭을 보기에서 골라 답란에 문자기호로 쓰시오.

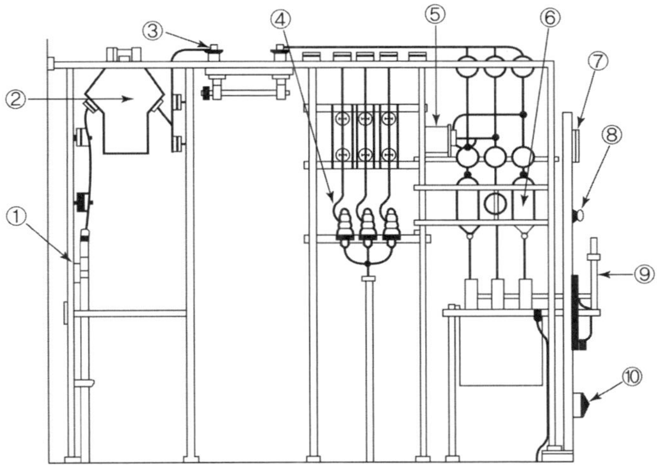

[보기]

① CT　② VS　③ OCR　④ LA　⑤ DS

⑥ ZCT　⑦ A　⑧ MOF　⑨ OCB　⑩ PT

답안작성

① ZCT　② MOF　③ DS　④ LA　⑤ PT

⑥ CT　⑦ A　⑧ VS　⑨ OCB　⑩ OCR

문제 12 ▸ 출제년도 : 99. ▸ 점수 : 4점

다음 심벌의 명칭을 쓰시오.

(1) 　(2) AMP　(3) 

　(4) 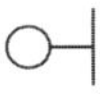

답안작성

(1) 버저　　　　(2) 증폭기

(3) 리모콘 스위치　　　　(4) 벽붙이 백열전등

문제 13 ▸ 출제년도 : 99. ▸ 점수 : 5점

다음의 램프에서 효율([lm/W])이 높은 것부터 나열하시오.

(1) 백열 전구

(2) 메탈 할라이드 램프

(3) 저압 나트륨 램프

(4) 할로겐 전구

답안작성

(3) → (2) → (4) → (1)

해 설

① 백열 전구 : 7∼22 [lm/W]

② 메탈 할라이드 램프 : 75∼105 [lm/W]

③ 저압 나트륨 램프 : 80∼150 [lm/W]

④ 할로겐 전구 : 16∼22 [lm/W]

문제 14 ▸ 출제년도 : 96. 99. ▸ 점수 : 4점

다음 도면을 보고 물음에 답하시오.

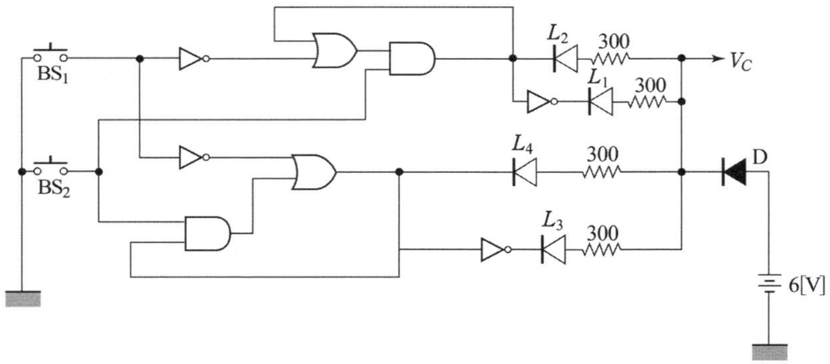

(1) BS_1을 누르면 ( )과 ( )이 점등하고 ( )와 ( )가 소등된다.

(2) BS_2을 누르면 ( )과 ( )가 소등하고 ( )와 ( )이 점등된다(기타 사항 무시함).

답안작성

(1) L_1, L_3, L_2, L_4

(2) L_1, L_3, L_2, L_4

국가기술자격검정 실기시험문제 및 답안지

1999년도 산업기사 일반검정 제 4 회			수험번호	성 명	감독위원 확 인
자격종목(선택분야)	시험시간	형별			
전기공사산업기사	2시간 00분				

※ 다음 물음에 답을 해당 답란에 답하시오.(배점 : 100점)

문제 01 ▸ 출제년도 : 96. 99. ▸ 점수 : 5점

수전 전압 6600 [V], 수전 전력 450 [kW](역률 0.8)인 고압 수용가의 수전용 차단기에 사용하는 과전류 계전기의 사용탭은 몇 [A]인가? 단, CT의 변류비는 75/5로 하고 탭 설정값은 부하 전류의 150 [%]로 한다.

답안작성

계산 : 정격 2차 전류 $I_1 = \dfrac{450 \times 10^3}{\sqrt{3} \times 6600 \times 0.8} = 49.2$ [A]

탭 설정값은 부하 전류의 150 [%]이므로

$49.2 \times 1.5 \times \dfrac{5}{75} = 4.92$ [A]

답 : 5 [A]

문제 02 ▸ 출제년도 : 93. 95. 99. ▸ 점수 : 6점

22.9 [kV] 3상4선식 배전선로에서 2400 [mm] 완금을 사용한 직선주를 위에서 본 다음 그림을 참고로 하여 지지물 상부만의 장주도를 답안지에 작성하시오. 단, 지선의 위치 및 중성선의 애자도 표시하시오.

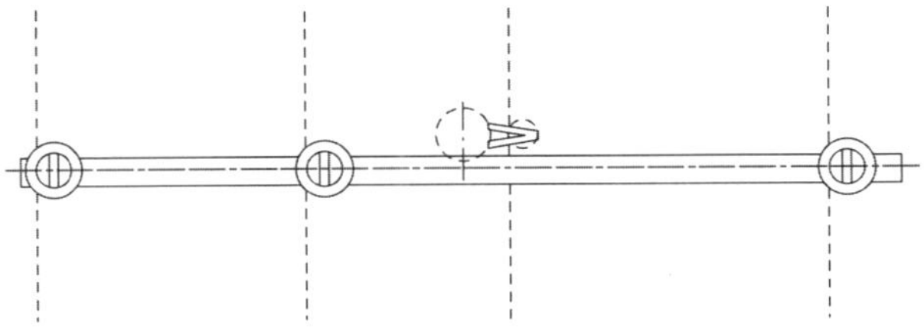

답안작성

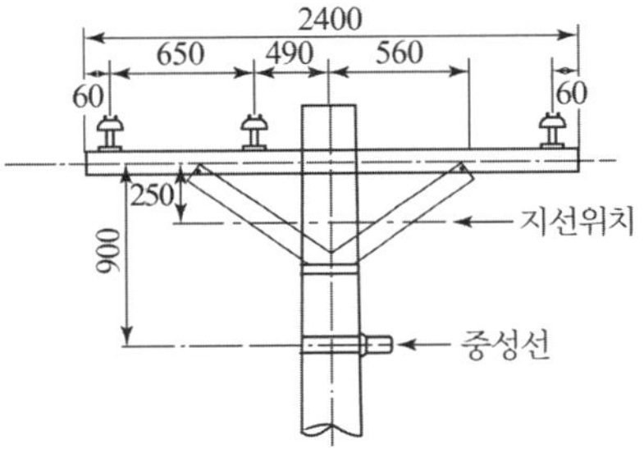

문제 03 ▸ 출제년도 : 95. 97. 99. ▸ 점수 : 7점

수전전압이 22.9 [kV]이고 전력회사와의 계약종별이 산업용 전력인 어느 공장의 전력요금 계량장치를 주상 및 별도 계량기함에 설치하기 위한 노무비(직접, 간접 포함) 합계는 얼마인가? 잡기기 신설표를 이용하여 구하시오.

단, • MOF와 계량기 간의 배관, 배선은 무시하며 MOF는 거치형임
- 산업용 전력(을)은 3종 계기를 설치
- 3종 계기 및 무효 전력량계를 설치
- 간접 노무비는 15 [%] (가정)로 보고 적용한다.
- 내선 전공 노임 단가는 12410 [원] (가정)으로 본다.
- 노무비 및 인건비 합계에서 소수점 이하는 버림

[표] 잡기기 신설 (대당)

종 별	내선전공
전열기 3 [kW] 이하	0.40
5 〃	0.60
10 〃	1.00
10 초과	1.40
벨	0.1
부 저	0.08
도어폰 (주기)	0.11
〃 (자기)	0.10
가스 배출기	0.20
선풍기 날개 직경 30 [cm] 이하(벽면)	0.20
〃 〃 〃 (천정면)	0.50
환풍기 〃 30 [cm] 기준(벽면)	0.48
〃 〃 50 [cm] 기준(천정면)	0.80
적산전력계 $1\phi 2W$ 용	0.14
〃 $1\phi 3W$ 용 및 $3\phi 3W$ 용	0.21
〃 $3\phi 4W$ 용	0.3
CT 설치(저고압)	0.4
PT 설치(〃)	0.4
현수용 M.O.F 설치(고압·특고압)	3.0
거치용 〃 〃	2.0
계기함 설치	0.30
특수계기함 설치	0.45
변성기함 설치(저·고압)	0.60
플로어 플레이트(수평고저 조정커버부)	0.135
전극봉 지지기(3P)	0.80
〃 (4P)	0.85
〃 (5P)	1.10

[해설] ① 철거 30 [%], 재사용 철거 50 [%], 단 실효계기 교체에 따른 철거 반입분이 수리 가능 품목일 경우에는 재사용 적용
② 방폭 200 [%]

③ 아파트 등 공동주택 및 기타 이와 유사한 집단지역의 동일구내(한건물내)에서 10대 초과의 적산전력계 설치시에는 70 [%] 적용
④ 특수계기함이라 함은 3종 계기함, 농사용 철제 계기함, 집합계기함 및 저압 변류기용 계기함을 말한다.
⑤ 거치용 MOF를 주상에 설치시에는 이품의 180 [%]로서 배전전공 적용 (설치대 조립품 포함)
⑥ 전극봉 지지기에는 전극봉의 설치 및 조정품 포함. 다만, 보호함의 취부품은 별도 계상하며, 보호함의 설치품은 풀박스 취부품에 준한다.

답안작성

- MOF 설치 ; 내선 전공 : $2.0 \times 1.8 = 3.6$[인]
- 특수 계기함 설치 ; 내선 전공 : 0.45[인]
- 3종 계기 및 무효 전력량계 설치 ; 내선 전공 : 0.3[인]$\times 2 = 0.6$[인]

직접 노무비 ; $(3.6 + 0.45 + 0.6) \times 12{,}410 = 57{,}706$[원]
간접 노무비 ; $57{,}706 \times 0.15$[%]$= 8{,}655$[원]
인건비 합계 ; $57{,}706 + 8{,}655 = 66{,}361$[원]

문제 04

▸ 출제년도 : 96. 99. 01. 02. ▸ 점수 : 4점

3상 4선식 접속의 경우에 그림과 같이 전압선의 표시가 L1상, N상, L3상, L2상으로 표시되었다. L1, N, L3, L2의 전선의 색별은?

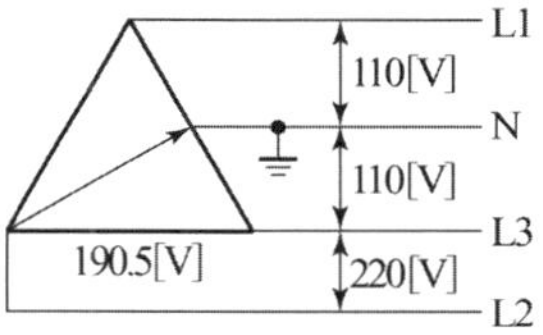

답안작성

- L1상 : 갈색
- L2상 : 검은색
- L3상 : 회색
- N상 : 파란색

해 설

KEC 121.2 전선의 식별
1) 전선의 색상은 표에 따른다.

상(문자)	색상
L1	갈색
L2	검은색
L3	회색
N	파란색
보호도체	녹색-노란색

2) 색상 식별이 종단 및 연결 지점에서만 이루어지는 나도체 등은 전선 종단부에 색상이 반영구적으로 유지될 수 있는 도색, 밴드, 색 테이프 등의 방법으로 표시해야 한다.

문제 05

▸ 출제년도 : 99. ▸ 점수 : 5점

가요전선관 공사에 사용되는 부품 중 가요전선관 상호간에 접속되는 연결구로 사용되는 부품의 명칭은?

답안작성

스플릿 커플링

문제 06 ▸ 출제년도 : 93. 96. 99. 01. ▸ 점수 : 10점

간이수전설비에 대한 단선 결선도이다. 다음 물음에 답하시오.

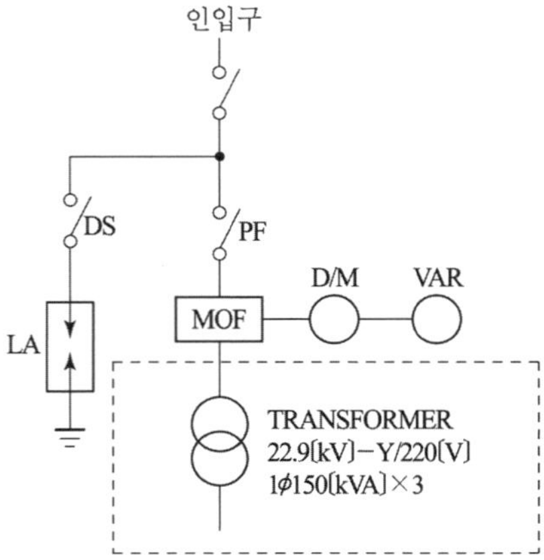

(1) 그림에서 피뢰기의 적당한 규격[kV]은?

(2) 그림에서 피뢰기의 설치 수량은?

(3) 일반적으로 발전기, 변압기, 조상기모선 또는 이를 지지하는 애자는 어떠한 전류에 의하여 생기는 기계적 충격에 견디는 것이어야 하는가?

(4) 22.9 [kV−Y] 가공전선로의 중성선에 ACSR을 사용하는 경우의 최대 굵기는 몇 [mm^2]인가?

답안작성

(1) 18 [kV]
(2) 3개
(3) 단락 전류
(4) 95 [mm^2]

해 설

(1) 피뢰기 정격 전압

전력 계통		피뢰기 정격 전압 [kV]	
전압 [kV]	중성점 접지 방식	변전소	배전 선로
345	유효접지	288	−
154	유효접지	144	−
66	PC접지 또는 비접지	72	−
22	PC접지 또는 비접지	24	−
22.9	3상 4선 다중접지	21	18

[주] 전압 22.9 [kV−Y] 이하의 배전선로에서 수전하는 설비의 피뢰기 정격전압 [kV]은 배전선로용을 적용한다.

(4) 중성선의 최소 굵기 : ACSR 32 [mm^2]
중성선의 최대 굵기 : ACSR 95 [mm^2]

문제 07

▸ 출제년도 : 99. 06.　▸ 점수 : 7점

배치도 및 시퀀스도와 동작설명을 보고 주어진 답안지에 실체도를 그리시오.

[배치도]

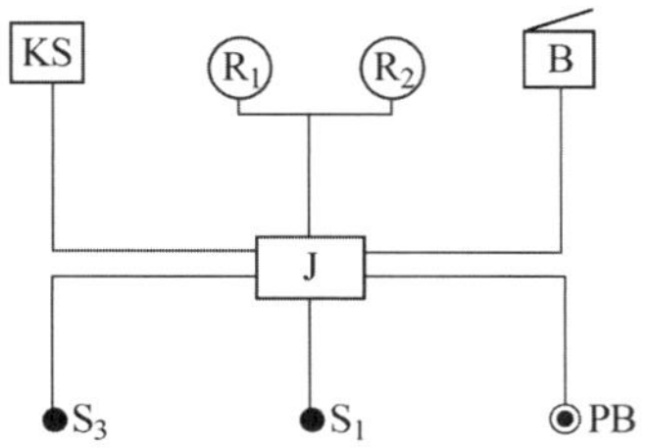

[시퀀스도]

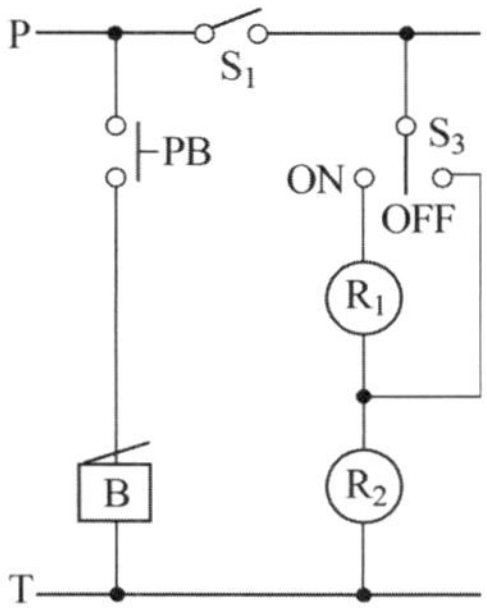

[동작설명]

① KS에 의해서 회로가 개폐된다.

② S_1을 ON하고 S_3를 ON하면 R_1, R_2 직렬 점등하고, OFF하면 R_2만 점등

③ PB에 의해 [B] 동작

답안작성

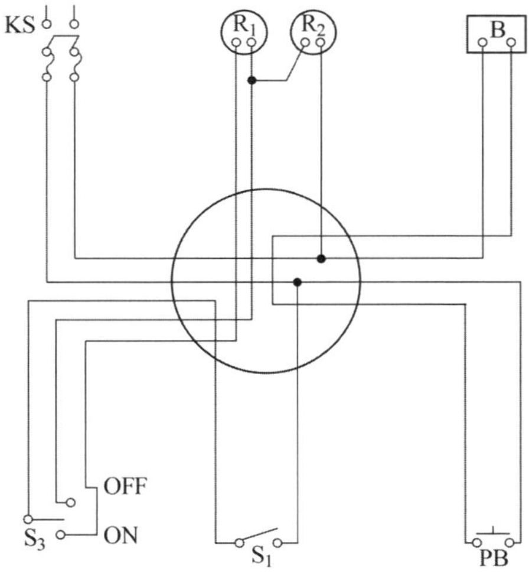

문제 08

▸ 출제년도 : 99.　▸ 점수 : 5점

비접지 방식에서 GPT를 사용하고 SGR을 동작시키는 데 필요한 유효전류를 발생시키고 open delta 결선의 각 상의 제3고조파 전압 발생을 방지하고 중성점 이상 전위 진동 및 중성점 불안정 현상 등의 이상현상을 제거하기 위해 부착되는 기기는?

답안작성

한류 저항기

문제 09 ▸ 출제년도 : 96. 99. 02. ▸ 점수 : 8점

아래 표시된 그림은 구내고압 전로의 케이블 입상부의 실제도이다. 그림 ①~⑧에 대한 물음에 답하시오. (단, 전주의 전장은 16 [m]이고, 설계하중 6.8 [kN] 이하의 철근 콘크리트 주이다.)

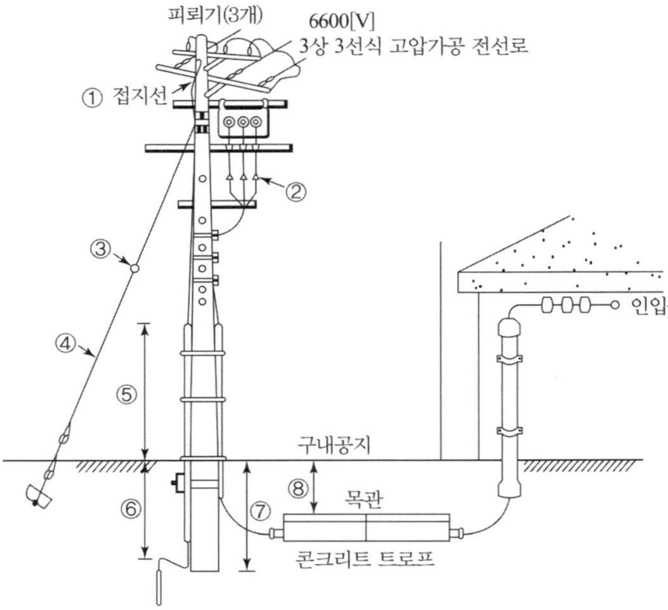

(1) 그림 ①에 표시된 접지선의 최소 굵기[mm^2]는?

(2) 그림 ②로 표시된 부분의 명칭은?

(3) 그림 ③에 표시된 재료의 명칭은?

(4) 그림 ④에 표시된 명칭은?

(5) 그림 ⑤는 지표상에서 최소 몇 [m]의 높이인가? (케이블 보호관임)

(6) 그림 ⑥에서 접지극 매설의 최소 깊이[m]는?

(7) 그림 ⑦에서 땅 속으로 묻히는 최소 깊이[m]는?

(8) 그림 ⑧에서 이 부분의 토관의 최소 깊이[m]는? (단, 중량물에 의한 압력은 안 받는다.)

답안작성

(1) 6 [mm^2]
(2) 케이블 헤드
(3) 지선애자(옥애자)
(4) 지선
(5) 2 [m]
(6) 0.75 [m] 이상
(7) 2.5 [m] 이상
(8) 0.6 [m] 이상

해 설

(1) KEC 142.3 접지도체 · 보호도체

접지도체의 굵기는 고장 시 흐르는 전류를 안전하게 통할 수 있는 것으로서 다음에 의한다.

① 특고압 · 고압 전기설비용 접지도체 : 단면적 6[mm^2] 이상의 연동선

② 중성점 접지용 접지도체 : 공칭단면적 16[mm^2] 이상의 연동선

(5), (6)

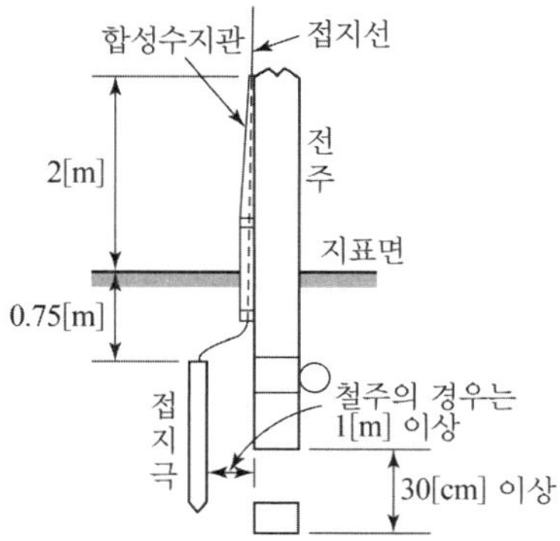

(7) KEC 331.7 가공전선로 지지물의 기초의 안전율

가공전선로의 지지물에 하중이 가하여지는 경우에 그 하중을 받는 지지물의 기초의 안전율은 2이상(단, 이상시 상정하중에 대한 철탑의 기초에 대하여는 1.33)이어야 한다. 다만, 땅에 묻히는 깊이를 다음의 표에서 정한 값 이상의 깊이로 시설하는 경우에는 그러하지 아니하다.

설계하중 / 전장	6.8 [kN] 이하	6.8 [kN] 초과 ~ 9.8 [kN] 이하	9.81 [kN] 초과 ~ 14.72 [kN] 이하
15[m] 이하	전장×1/6[m] 이상	전장×1/6+0.3[m] 이상	전장×1/6+0.5[m] 이상
15[m] 초과~16[m]이하	2.5[m] 이상	2.8[m] 이상	–
16[m] 초과~20[m] 이하	2.8[m] 이상	–	–
15[m] 초과~18[m] 이하	–	–	3[m] 이상
18[m] 초과	–	–	3.2[m] 이상

(8) KEC 334.1 지중전선로의 시설

① 지중 전선로는 전선에 케이블을 사용하고 또한 관로식 · 암거식(暗渠式) 또는 직접 매설식에 의하여 시설하여야 한다.

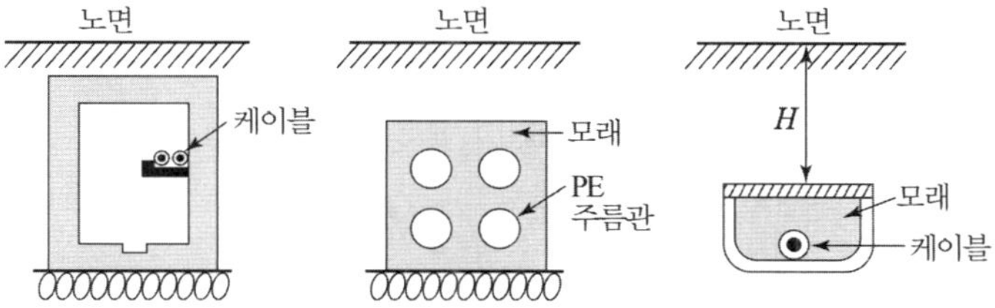

(a) 암거식 (b) 관로식 (c) 직접 매설식

② 지중 전선로를 직접 매설식에 의하여 시설하는 경우에는 매설 깊이를 차량 기타 중량물의 압력을 받을 우려가 있는 장소에는 1.0[m] 이상, 기타 장소에는 0.6[m] 이상으로 하고 또한 지중 전선을 견고한 트라프 기타 방호물에 넣어 시설하여야 한다.

문제 10 ▸ 출제년도 : 97. 99. 01. ▸ 점수 : 10점

도면은 어느 154 [kV] 수용가의 수전설비 단선결선도의 일부분이다. 물음에 답하시오.

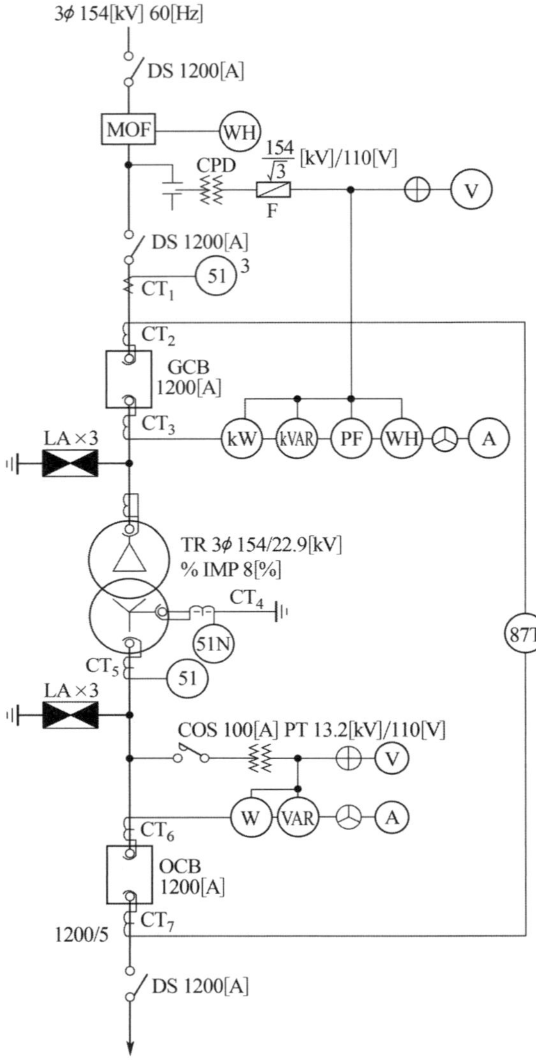

(1) 변압기 2차 부하설비 용량 51 [MW], 수용률 70 [%], 부하 역률 90 [%]일 때 도면의 변압기 용량은 몇 [MVA]인가?

• 계산 : • 답 :

(2) 변압기 1차측 DS의 정격 전압은?

(3) GCB 내에 사용되는 가스로 주로 어떤 것을 사용하는가?

(4) 87T에서 87의 명칭은?

(5) 51의 명칭은?

답안작성

(1) 계산 : $STr = \frac{51 \times 0.7}{0.9} = 39.67$ [MVA]　　　답 : 40 [MVA]

(2) 170 [kV]

(3) SF_6

(4) 전류 차동 계전기 (비율 차동 계전기)

(5) 교류 과전류 계전기

해 설

(1) 변압기 용량 [kVA] ≥ 합성 최대 수용 전력

$$= \frac{\text{설비 용량 [kVA]} \times \text{수용률}}{\text{부등률}} = \frac{\text{설비 용량 [kW]} \times \text{수용률}}{\text{부등률} \times \text{역률}}$$

(4) 계전기 고유번호

- 87 : 전류 차동계전기 (비율 차동 계전기)
- 87B : 모선 보호 차동계전기
- 87G : 발전기용 차동계전기
- 87T : 주변압기 차동계전기

문제 11

▸ 출제년도 : 96. 99.　▸ 점수 : 5점

 심벌에 대한 명칭은?

답안작성

재해방지 전원 회로용 분전반

문제 12

▸ 출제년도 : 99. 01. 07.　▸ 점수 : 6점

다음 그림의 릴레이 회로를 보고 물음에 답하시오.

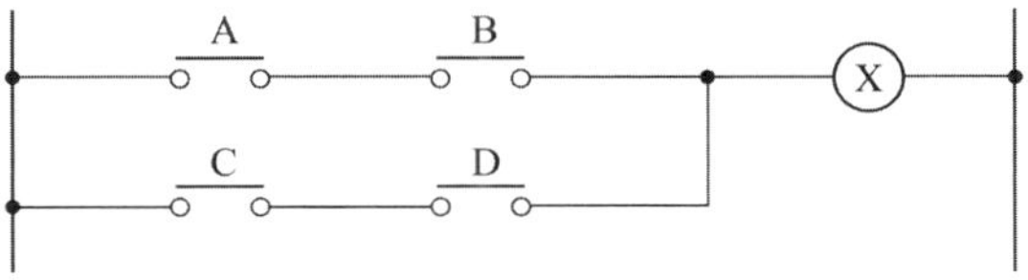

(1) 논리식을 쓰시오.

(2) 2입력 AND 소자, 2입력 OR 소자를 사용하여 로직 회로로 바꾸시오.

(3) 2입력 NAND 소자 만으로 회로를 바꾸시오.

답안작성

(1) Ⓧ = AB+CD

(2)

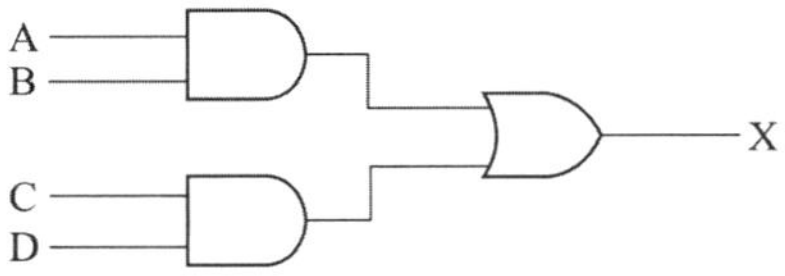

(3)

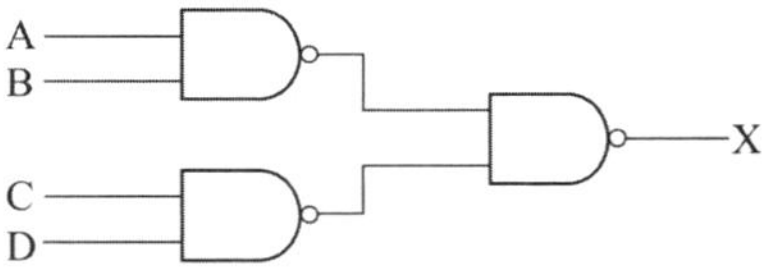

문제 13 ▸ 출제년도 : 99. 02. ▸ 점수 : 16점

그림은 Y-△ 기동회로의 일부인데 P010은 모선접속, P011은 Y 기동용이며, 7초 후 P012로 △운전되며, 운전시 타이머 기구는 복구된다. 여기서 BS_1 기능은 P001이다. 물음에 답하시오.

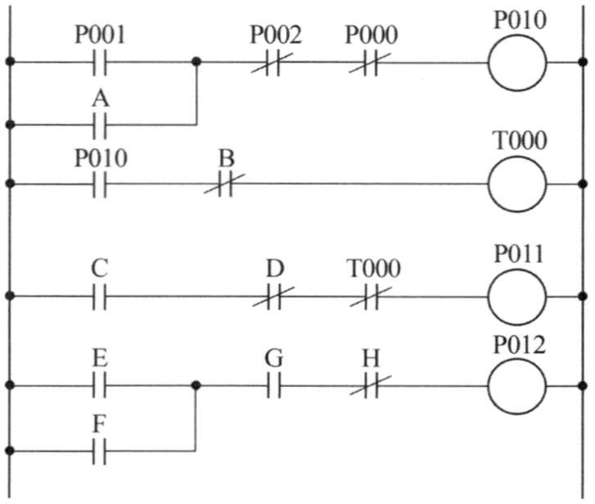

스탭	명령어	번지	스탭	명령어	번지
생략	LOAD	P001	생략	LOAD	C
	가	A		AND NOT	D
	AND NOT	P002		다	T000
	AND NOT	P000		라	P011
	OUT	P010	〃	LOAD	E
〃	나	P010		OR	F
	AND NOT	B		AND	P010
	TMR	T000		AND NOT	P011
	DATA	70		OUT	P012

(1) A～F에 알맞는 번지를 쓰시오.

(2) 가～라에 알맞는 명령어를 쓰시오.

(3) A～H 중 유지 기능으로 사용된 것 1개만 쓰시오.

(4) A～H 중 인터록 기능으로 사용된 것 1개만 쓰시오.

(5) A～H 중 정지 기능으로 사용된 것 1개만 쓰시오.

(6) A～H 중 P001과 같이 기동 기능이 있는 것 1개만 쓰시오.

(7) 회로 전체를 정지시킬 수 있는 기능의 기구를 2개의 번지를 쓰시오.

(8) T000 과 같은 기능의 릴레이(타이머) 접점을 그리시오.

답안작성

(1) A : P010 B : P012 C : P010 D : P012 E : T000 F : P012

(2) 가 : OR 나 : LOAD 다 : AND NOT 라 : OUT

(3) A(F)

(4) D(H)

(5) B(G)
(6) E
(7) P002, P000
(8) 

출제기준 변경 및 개정된 관계법규에 따라 삭제된 문제가 있어 배점의 합계가 100점이 안됩니다.

국가기술자격검정 실기시험문제 및 답안지

1999년도 산업기사 일반검정 제 5 회

자격종목(선택분야)	시험시간	형별	수험번호	성 명	감독위원 확 인
전기공사산업기사	2시간 00분				

※ 다음 물음에 답을 해당 답란에 답하시오.(배점 : 100점)

문제 01 ▸ 출제년도 : 99. ▸ 점수 : 5점

자가용 축전 설비에서 가장 많이 사용되는 충전 방식으로 자기 방전을 보충함과 동시에 사용 부하에 대한 전력 공급을 충전기가 부담하도록 하되 충전기가 부담하기 어려운 일시적인 대전류 부하는 축전지가 부담하게 하는 충전 방식은?

답안작성

부동 충전 방식

해 설

부동 충전 : 축전지의 자기 방전을 보충함과 동시에 상용 부하에 대한 전력 공급은 충전기가 부담하도록 하되 충전기가 부담하기 어려운 일시적인 대전류 부하는 축전지로 하여금 부담하게 하는 방식이다.

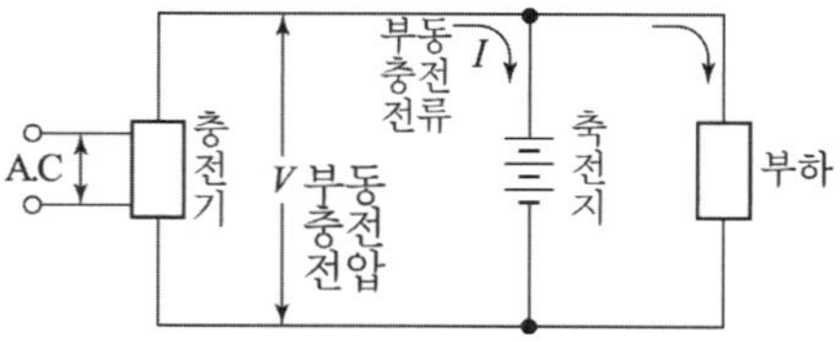

$$\text{충전기 2차 충전 전류 [A]} = \frac{\text{축전지 용량 [Ah]}}{\text{정격 방전율 [h]}} + \frac{\text{상시 부하 용량 [VA]}}{\text{표준 전압 [V]}}$$

문제 02 ▸ 출제년도 : 95. 99. 00. 03. ▸ 점수 : 5점

평균 구면 광도 100 [cd]의 전구 5개를 직경 10 [m]의 원형의 사무실에 점등할 때 조명률 0.4, 감광 보상률 1.6이라 하고, 사무실의 평균조도[lx]를 구하여라.

답안작성

계산 : 평균조도 $E = \dfrac{FUN}{AD} = \dfrac{4\pi \times 100 \times 0.4 \times 5}{\left(\dfrac{10}{2}\right)^2 \pi \times 1.6} = 20\,[\text{lx}]$

답 : 20 [lx]

해 설

$F = 4\pi I, \quad A = \left(\dfrac{d}{2}\right)^2 \pi$

문제 03 ▸ 출제년도 : 94. 96. 99. 03. ▸ 점수 : 5점

전력 퓨즈와 고압 개폐기를 포함한 고압 수전 변전소의 배치도이다. 그림을 보고 점선 이하의 배치도를 단선도로 그리시오.

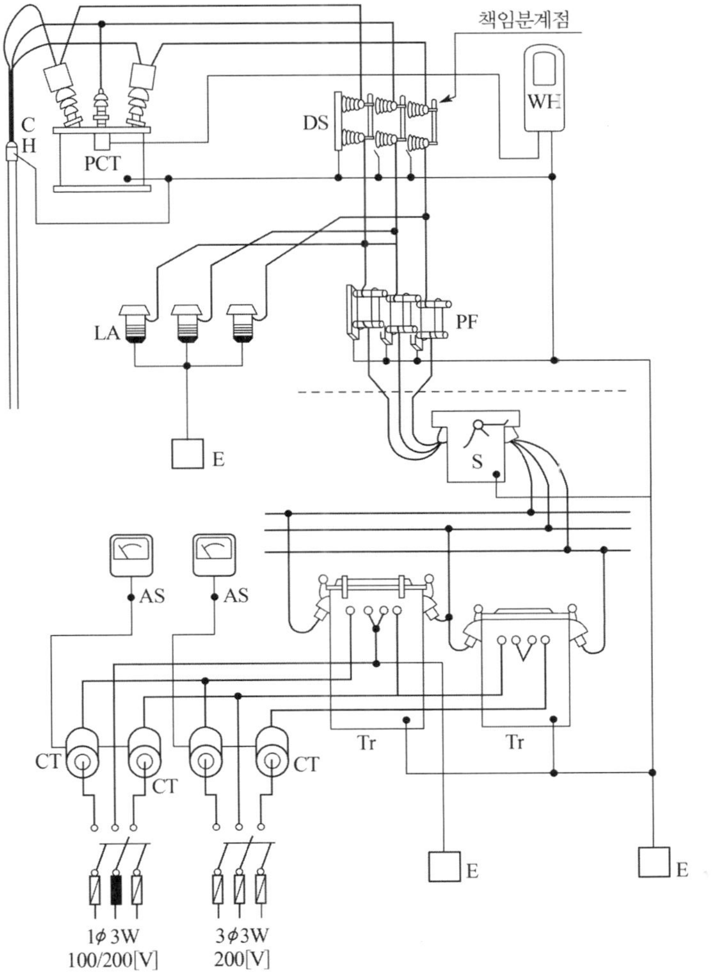

답안작성

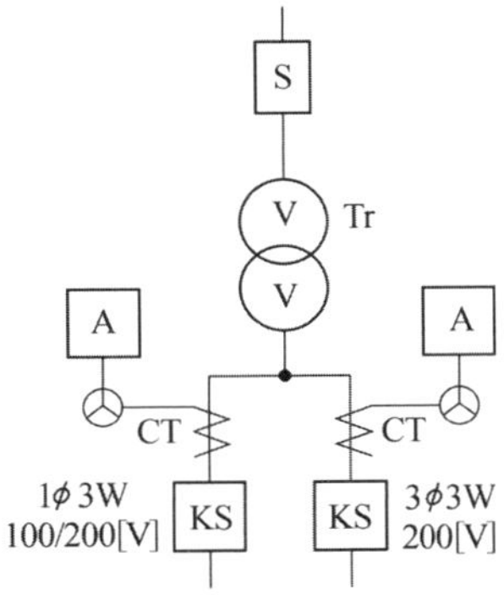

문제 04 ▸ 출제년도 : 99. ▸ 점수 : 5점

-----◎----- 그림과 같은 기호는 무엇을 표시하는 것인가?

답안작성

정크션 박스

문제 05 ▸ 출제년도 : 97. 99. 02. ▸ 점수 : 8점

다음 문제를 읽고 참고표를 이용하여 주어진 답안지에 식과 답을 쓰시오.

(1) 35 [mm^2] NR 전선 6본과 25 [mm^2] 1본을 같은 후강전선관에 수용 시공할 때 전선관의 굵기는? (단, 절연체 두께를 포함한 전선의 외경은 35 [mm^2]는 10.9 [mm]이고, 25 [mm^2]는 9.7 [mm]임. 전선관내 단면적의 32 [%] 수용이고, 표 이외의 기타 사항은 무시한다.)

(2) 어느 건물의 보수 공사를 하는데 전기설비중 형광등 반매입 40 [W]×1, 20등, 선풍기 천장면 4대를 교체하였다. 소요 인공계를 소수점까지 모두 산출하시오.
(단, 임의로 소수점 반올림하지 말 것)

[표 1] 형광등 기구 신설 (등당 : 내선 전공)

종별	직부형	팬던트형	반매입 및 매입형	매입아크릴 커버형
10 [W]×1	0.135	0.165	0.20	0.217
20 [W]×1	0.155	0.185	0.235	0.250
〃 ×2	0.195	0.235	0.30	0.32
〃 ×3	0.245	–	–	–
〃 ×4	0.355	–	0.538	0.570
〃 ×5	0.360	–	–	0.581
30 [W]×1	0.165	0.195	0.25	0.266
〃 ×2	–	–	0.34	0.36
40 [W]×1	0.245	0.295	0.375	0.399
〃 ×2	0.305	0.365	0.460	0.488
〃 ×3	0.395	0.475	0.60	0.640
〃 ×4	0.515	–	0.78	0.83
〃 ×5	0.520	–	–	–
〃 ×6	0.525		0.796	0.844
110 [W]×1	0.455	0.545	0.69	0.73
〃 ×2	0.555	0.665	0.84	0.89

[해설] ① 기구 설치, 결선, 지지류 설치, 장내 소운반 및 잔재 정리 포함.
② 매입 또는 반매입 등구의 천장 구멍뚫기 및 후에 설치 별도 가산
③ 광전형 방식은 직부등 적용
④ 철거 30 [%], 재사용 50 [%]
⑤ 방폭형 200 [%]
⑥ Pole Light 등 취부는 직부등 적용
⑦ 형광등 안정기 교환은 대당 등기구 신설품의 110 [%] 적용. 다만, 펜던트형은 직부형 등에 준함.
⑧ 아크릴 간판등(형광등)의 안정기 교환은 매입 커버형 신설등의 110 [%] 적용

[표 2] 후강전선관 신설

전선관의 굵기[호]	내단면적의 32 [%] [mm²]	내단면적의 48 [%] [mm²]	전선관의 굵기[호]	내단면적의 32 [%] [mm²]	내단면적의 48 [%] [mm²]
16	67	101	54	732	1098
22	120	180	70	1216	1825
28	201	301	82	1701	2552
36	342	513	92	2205	3308
42	460	690	104	2843	4265

[표 3] 잡기기 신설 (대당)

종별	내선 전공
전열기 3 [kW] 이하	0.40
〃 4 [kW] 〃	0.60
〃 10 [kW] 〃	1.00
〃 10 [kW] 초과	1.40
벨	0.1
부저	0.08
도어폰(무기)	0.11
〃 (자기)	0.10
가스 배출기	0.20
선풍기 날개직경 30 [cm] 이하(벽면)	0.20
〃 30 [cm] 이하(천장면)	0.50
환풍기 날개직경 30 [cm] 기준(벽면)	0.48
〃 50 [cm] 기준(천장면)	0.80
적산 전력계 $1\phi 2W$용	0.14
〃 $1\phi 3W$용, $3\phi 3W$	0.21
〃 $3\phi 4W$용	0.32
CT 설치(저고압)	0.4
PT 설치(〃)	0.4
현수용 MOF 설치(고압·복고압)	3.0
거치용 MOF 설치(고압·특고압)	2.0
계기함 설치	0.30
특수 계기함 설치	0.45

[해설] ① 철거 30 [%](재사용 60 [%] 단, 실효 계기 교체에 따른 철거 반입품이 수리 가능 품목일 경우에는 재사용 적용)
② 방폭 200 [%]
③ 아파트등 공동 주택 및 이와 유사한 집단 지역의 동일 구내(한 건물내)에서 10호 이상의 적산전력계 설치시에는 70 [%]
④ 특수 계기함이라 함은 3종 계기함, 농사용 철제 계기함, 집합 계기함 및 저압 변류기용 계기함을 말한다.
⑤ 거치용 MOF를 주상에 설치시에는 본품의 180 [%](설치대 조립품 포함)
⑥ 전극봉 지지기에는 전극봉의 취부 및 조정률 포함. 다만, 보호함의 취급품은 별도 계상하며, 보호함의 취부품은 풀박스 취부품에 준한다.

답안작성

(1) 총 단면적 $= \frac{\pi}{4} d^2 \times n$에서

$$= \frac{\pi}{4} \times 10.9^2 \times 6 + \frac{\pi}{4} \times 9.7^2 = 633.78 [\text{mm}^2]$$

표 2 내단면적의 32 [%] 난에서 633.78 [mm^2]를 초과하는 732 [mm^2]인 54 [호] 선정
(2) 형광등 : 표 1에서 내선전공 : $20 \times (0.3+1) \times 0.375 = 9.75$ [인]
선풍기 : 표 3에서 내선전공 : $4 \times (0.3+1) \times 0.5 = 2.6$ [인]
답 : 계 : $9.75 + 2.6 = 12.35$ [인]

문제 06 ▸ 출제년도 : 99. ▸ 점수 : 6점

다음 그림은 전력케이블에서 발생하는 사고 중 발생빈도가 가장 많은 1선 지락사고의 계통도이다. 이 계통에서 사고조사의 실측방법에 대하여 각 항의 빈칸에 적당히 답하시오.

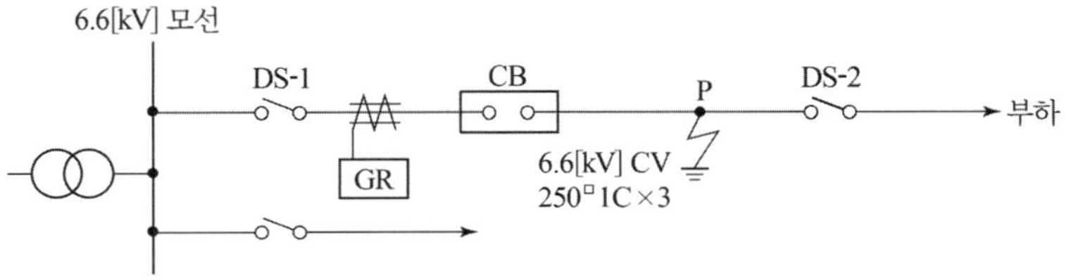

(1) (①)의 차단을 확인한 후 (②)을 개방한다.
(2) 먼저 차단기의 부하측 단자에서 (③)로 절연저항을 측정한다. 단상 케이블이므로 각 상에 대지간을 측정한다.

답안작성

(1) ① CB ② DS-2, DS-1
(2) ③ 절연저항계(메거)

해 설

(1) 단로기(DS)는 부하전류의 차단 능력이 없다.
- 투입시 : 단로기 투입 → 차단기 투입
- 개방시 : 차단기 개방 → 단로기 개방

문제 07 ▸ 출제년도 : 99. ▸ 점수 : 6점

다음은 용어에 관한 설명이다. ( ) 안에 알맞은 용어를 쓰시오.

(1) ( )이라 함은 가공전선로의 지지물에서 다른 지지물을 거치지 아니하고 수용장소의 인입선 접속점에 이르는 가공전선을 말한다.
(2) ( )이라 함은 지중전선로의 배전반 또는 가공전선로의 지지물에서 직접 수용장소에 이르는 지중전선로를 말한다.
(3) ( )이라 함은 하나의 수용장소의 인입선 접속점에서 분기하여 지지물을 거치지 아니하고 다른 수용장소의 인입선 접속점에 이르는 전선을 말한다.

답안작성

(1) 가공인입선
(2) 지중인입선
(3) 연접인입선

문제 08 ▸ 출제년도 : 93. 97. 99. 04. ▸ 점수 : 10점

다음은 22.9 [kV] 수변전설비 결선도이다. 물음에 답하시오.

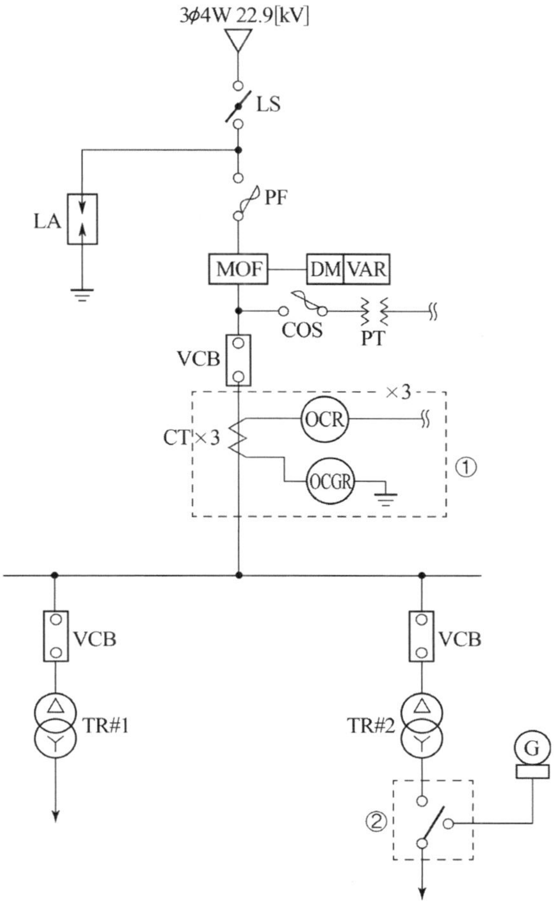

(1) 피뢰기의 전압값을 계산에 의하여 구하고, 최종답은 정격전압 값을 쓰시오.

• 계산 : • 답 :

(2) P.T의 전압비는?

(3) 점선 ①의 3선결선도를 그리시오.

(4) 변압기 #1에 부하용량이 300 [kW]이고 역률 및 효율이 각각 0.8일 때 변압기 용량 [kVA]를 선정하시오. (단, 수용률은 0.6으로 한다.)

• 계산 : • 답 :

(5) 점선 ②의 명칭은? (단, 정전시 자동으로 절체되도록 한다.)

답안작성

(1) 계산 : $E_R = \alpha\beta\dfrac{V_m}{\sqrt{3}} = 1.1 \times 1.15 \times \dfrac{1.2}{1.1} \times \dfrac{V}{\sqrt{3}} = 0.8 \times V = 0.8 \times 22.9 = 18.32$ [kV]

답 : 18 [kV]

(2) $\dfrac{22900}{\sqrt{3}} / \dfrac{190}{\sqrt{3}}$

(3)

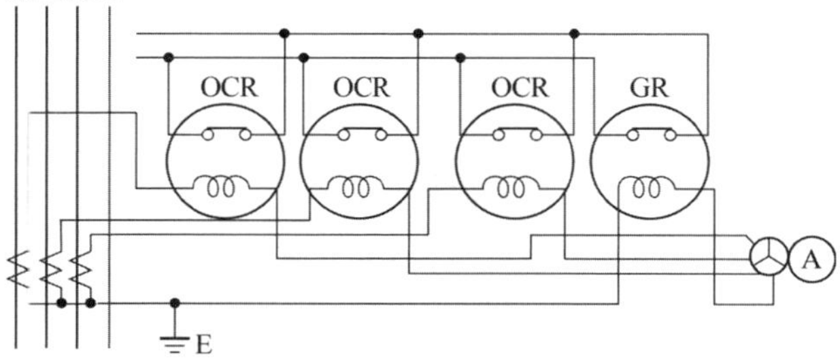

(4) 계산 : 변압기 용량 $= \dfrac{300 \times 0.6}{0.8 \times 0.8} = 281.25$ [kVA]　　　답 : 300 [kVA] 선정

(5) 자동 절환 개폐장치

해 설

(1) $E_R = \alpha\beta\dfrac{V_m}{\sqrt{3}}$

여기서, E_R : 피뢰기 정격전압, α : 접지계수 (1.1~1.3), β : 유도

V_m : 계통의 최고 선간 전압 $\left(V_m = V \times \dfrac{1.2}{1.1}\right)$

(4) • 변압기 용량 [kVA] ≥ 합성 최대 수용 전력

$= \dfrac{\text{설비 용량 [kVA]} \times \text{수용률}}{\text{부등률}} = \dfrac{\text{설비 용량 [kW]} \times \text{수용률}}{\text{부등률} \times \text{역률}}$

• 효율이 주어지면 효율 감안하여 변압기 용량 선정
• 부등률이 주어지지 않으면 부등률을 1로 적용

(5) KEC 244.2.1 비상용 예비전원의 시설

상용전원의 정전으로 비상용전원이 대체되는 경우에는 상용전원과 병렬운전이 되지 않도록 다음 중 하나 또는 그 이상의 조합으로 격리조치를 하여야 한다.

1) 조작기구 또는 절환 개폐장치의 제어회로 사이의 전기적, 기계적 또는 전기 기계적 연동
2) 단일 이동식 열쇠를 갖춘 잠금 계통
3) 차단-중립-투입의 3단계 절환 개폐장치
4) 적절한 연동기능을 갖춘 자동 절환 개폐장치
5) 동등한 동작을 보장하는 기타 수단

문제 09 ▸ 출제년도 : 99. ▸ 점수 : 5점

공급점에서 30 [m]의 지점에 80 [A], 35 [m]의 지점에 60 [A], 70 [m] 지점에 50 [A]의 부하가 걸려 있을 때 부하 중심까지의 거리는 몇 [m]인가? 답은 소수점 둘째 자리에서 반올림하여 계산할 것

답안작성

계산 : $L = \dfrac{l_1 i_1 + l_2 i_2 + l_3 i_3}{i_1 + i_2 + i_3} = \dfrac{30 \times 80 + 35 \times 60 + 70 \times 50}{80 + 60 + 50} = 42.11$ [m]

답 : 42.1 [m]

문제 10 ▸ 출제년도 : 99. 02. ▸ 점수 : 10점

다음 물음에 답하시오.

(1) 저압 전동기를 Star - Delta 기동기(Y- △ 기동)일 경우 기동전류는 전전압 기동의 몇 배가 흐르는가?

(2) Still의 식은 송전선로에서 무엇을 구하기 위한 실험인가?

(3) Y - Y 결선의 변압기와 Y - △ 결선의 변압기는 병렬운전할 수 없다. 그 이유를 설명하시오.

(4) 최대 사용전압이 6900 [V]일 때 절연내력 시험을 직류전압으로 하는 경우의 사용전압[V]은?

(5) 시험용 변압기에 의한 절연내력 시험에서 시험전압을 연속해서 인가하는 시간[분]은?

답안작성

(1) 1/3 배

(2) 경제적인 송전전압 결정

(3) 각 변위가 다르며, 2차 단자전압이 서로 다르기 때문

(4) $6900 \times 1.5 \times 2 = 20{,}700$[V]

(5) 10 [분]

해 설

(1) 가동시

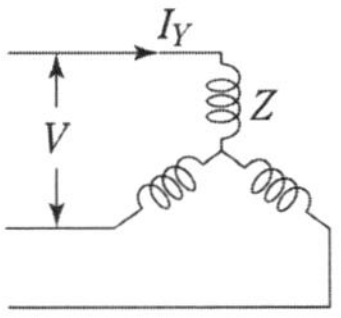

$I_Y = \dfrac{V}{\sqrt{3}\,Z}$

운전시

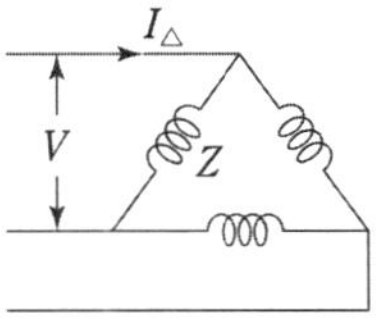

$I_\triangle$(선전류)$= \dfrac{V}{Z} \times \sqrt{3}$

$\therefore\ I_Y = \dfrac{1}{\sqrt{3}} \cdot \dfrac{I_\triangle}{\sqrt{3}} = \dfrac{1}{3} I_\triangle$

(4) 직류 시험전압은 교류 시험전압의 2배

문제 11 ▸ 출제년도 : 93. 96. 99. ▸ 점수 : 10점

다음 주어진 물음에 답하시오.

(1) 3상 수직 배치인 선로에서 오프셋을 주는 이유는 무엇을 방지하기 위한 것인가?

(2) 가공공동지선의 굵기[mm]는?

(3) 초호각의 역할은 무엇인가?

(4) 가공선로용의 경동선에 안전율의 최저값은 얼마인가?
(5) 지선으로 사용되는 전선의 종류는 어떤 철선인가?

답안작성

(1) 전선의 도약에 따른 상부전선과의 접촉에 의한 단락 사고 방지
(2) 4 [mm]
(3) 섬락시 애자련 보호, 애자련의 전압분포 개선
(4) 2.2
(5) 아연도금철선 또는 아연도금 강연선

해 설

(2) KEC 322.1 고압 또는 특고압과 저압의 혼촉에 의한 위험방지 시설
가공공동지선은 인장강도 5.26[kN] 이상 또는 지름 4[mm] 이상의 경동선을 사용하여 저압가공 전선에 관한 규정에 준하여 시설할 것.
(4) KEC 332.4 고압 가공전선의 안전율, 222.6 저압 가공전선의 안전율
가공전선이 케이블 이외인 경우 안전율이 다음 이상이 되는 이도로 시설하여야 한다.
① 경동선 또는 내열 동합금선 : 2.2 이상
② 그 밖의 전선 : 2.5

문제 12

▸ 출제년도 : 99. ▸ 점수 : 5점

단상 2선식 100 [V]의 옥내배선에서 소비전력 40 [W], 역률 75 [%]의 형광등 100 등을 설치하고자 한다. 이 때의 분기회로를 16 [A] 분기회로로 할 때 분기회로의 최소수는 몇 회선인가? 단, 1개 회로의 부하전류는 분기회로 용량의 90 [%]로 하고 수용률은 100 [%]로 한다.

답안작성

계산 : 분기회로 수 $= \dfrac{40 \times 100}{100 \times 16 \times 0.75 \times 0.9} = 3.7$[회로]

답 : 16 [A] 4회로(회선)

문제 13

▸ 출제년도 : 96. 99. ▸ 점수 : 5점

신호등 회로의 일부를 로직 시퀀스로 그린 회로이다. 다음 물음에 답하시오.

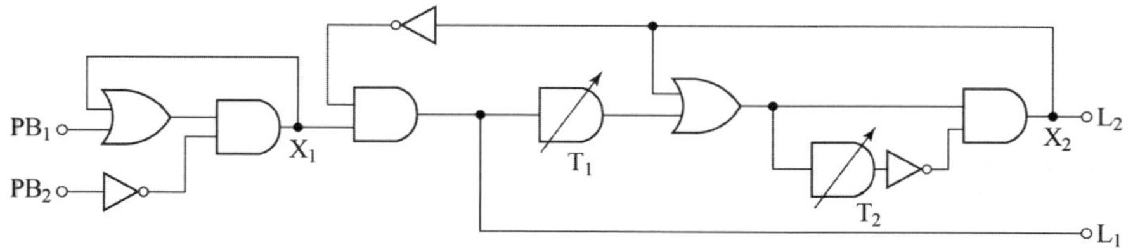

(1) 답란에 주어진 회로도를 완성하시오.

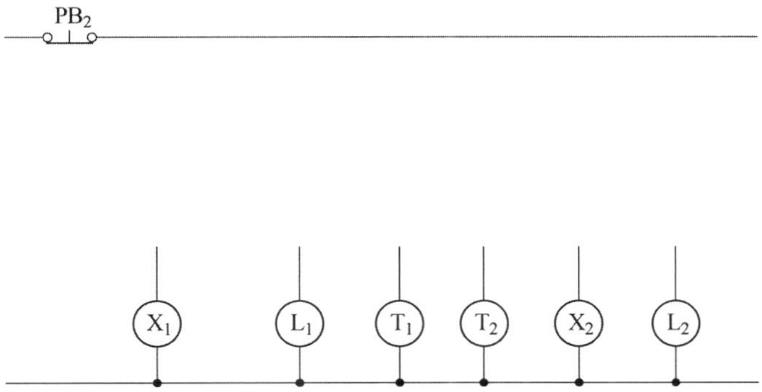

(2) 답란에 주어진 출력식을 쓰시오.

① $X_1 =$ ② $X_2 =$

③ $L_1 =$ ④ $L_2 =$

⑤ $T_1 =$ ⑥ $T_2 =$

답안작성

(1)

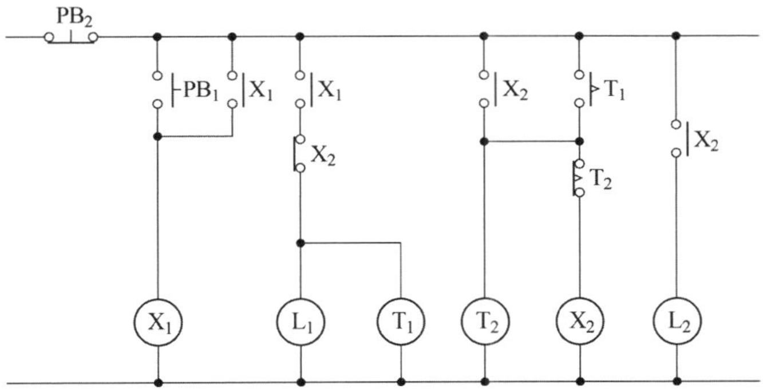

(2) ① $X_1 = (PB_1 + X_1) \cdot \overline{PB_2}$ ② $X_2 = (X_2 + T_1) \cdot \overline{T_2} \cdot \overline{PB_2}$

③ $L_1 = X_1 \cdot \overline{X_2} \cdot \overline{PB_2}$ ④ $L_2 = X_2 \cdot \overline{PB_2}$

⑤ $T_1 = X_1 \cdot \overline{X_2} \cdot \overline{PB_2}$ ⑥ $T_2 = (X_2 + T_1) \cdot \overline{PB_2}$

출제기준 변경 및 개정된 관계법규에 따라 삭제된 문제가 있어 배점의 합계가 100점이 안됩니다.

국가기술자격검정 실기시험문제 및 답안지

1999년도 산업기사 일반검정 제 7 회

자격종목(선택분야)	시험시간	형별	수험번호	성 명	감독위원 확 인
전기공사산업기사	2시간 00분				

※ 다음 물음에 답을 해당 답란에 답하시오.(배점 : 100점)

문제 01 ▸ 출제년도 : 97. 99. ▸ 점수 : 8점

다음은 복도 조명의 배선도이다. 물음에 답하시오.

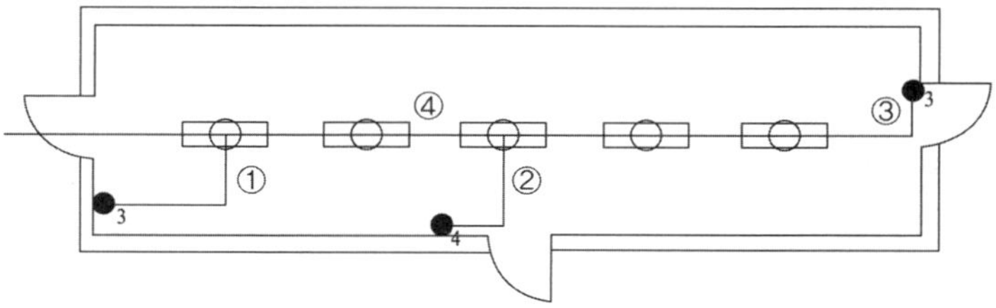

(1) ①, ②, ③, ④의 최소 배선수는 얼마인지 순서대로 쓰시오. 단, 접지도체는 제외한다.

(2) 사용심벌(▭◯▭, ———, ●$_3$, ●$_4$)의 명칭을 순서대로 쓰시오.

답안작성

(1) ① 3가닥 ② 4가닥 ③ 3가닥 ④ 4가닥

(2) 형광등, 천장 은폐 배선, 3로 점멸기(스위치), 4로 점멸기(스위치)

해 설

배선 실체도

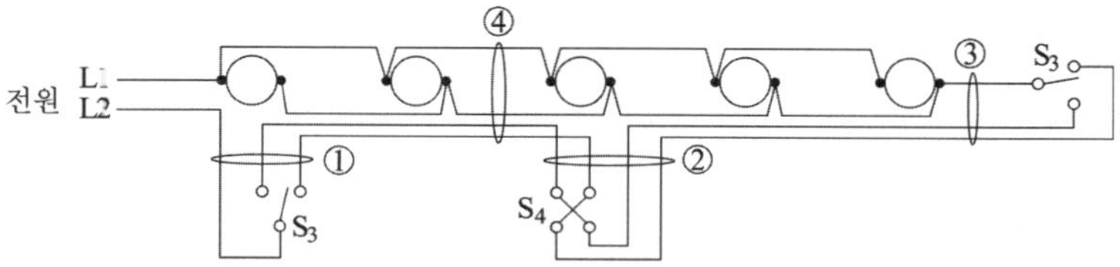

문제 02 ▸ 출제년도 : 96. 99. ▸ 점수 : 5점

부하율(load factor)를 간단히 설명하시오.

답안작성

$$부하율 = \frac{부하의\ 평균전력}{최대\ 수용\ 전력} \times 100\ [\%]$$

문제 03 ▸ 출제년도 : 97, 99. ▸ 점수 : 6점

6.6 [kV] 325□ 3C 가교 폴리에틸렌 케이블 100 [m]를 구내(옥외)의 기존 전선관 내에 포설하려고 한다. 케이블에 대한 재료비와 인공과 공구 손료를 구하시오. 단, 케이블 1[m]당 가격은 52,540원이고, 해당되는 노임 단가는 50,000원이다.

전력 케이블 신설 [m당]

P.V.C 및 고무절연외장 케이블	케이블공
600 [V] 14 [mm^2] 1C	0.020
〃 22 〃	0.026
〃 30 〃	0.030
600 [V] 38 [mm^2] 1C	0.036
〃 50 〃	0.043
〃 60 〃	0.049
〃 80 〃	0.060
〃 100 〃	0.071
〃 125 〃	0.084
150 〃	0.097
〃 200 〃	0.117
〃 250 〃	0.142
〃 325 〃	0.172
〃 400 〃	0.205
〃 500 〃	0.240
〃 600 〃	0.277
〃 725 〃	0.319
〃 850 〃	0.359
〃 1,000 〃	0.406

[해설] ① 전선관, Rack, Duct, Pit, 공동구, Saddle부설 기준
② 600 [V] 8 [mm^2] 이하는 제어용케이블 신설 준용
③ 직매시 80 [%]
④ 철거 50 [%], 재사용 철거(단, 드럼감기품 포함) 90 [%]
⑤ 2심은 140 [%], 3심은 200 [%], 4심은 260 [%]
⑥ 연피벨트지 케이블 120 [%]
⑦ 강대개장 케이블은 150 [%], 동심중성선형 케이블(CNCV) 110 [%]
⑧ 전압에 대한 가산률 적용

3.3 [kV]	10 [%] 증
6.6 〃	20 〃
11 〃	30 〃
22 〃	50 〃
66 〃	80 〃

⑨ 사용 케이블의 공칭전압에 따라 케이블공 직종을 구분 적용한다.
⑩ 부하용 변압기 2차측에 사용되는 케이블 포설은 이 품을 적용한다.

답안작성

재 료 비 : $100 \times 1.03 \times 52{,}540 = 5{,}411{,}620$ [원]
인 공 : $100 \times 0.172 \times 2 \times (1 + 0.2) = 41.28$ [인]
공구손료 : $41.28 \times 50{,}000 \times 0.03 = 61{,}920$ [원]

문제 04 ▸ 출제년도 : 97. 99. 01. 03. ▸ 점수 : 5점

다음 그림은 심야전력기기의 인입구 장치 부근의 배선을 나타낸 것이다. 이 그림은 어떤 경우의 시설을 나타낸 것인가?

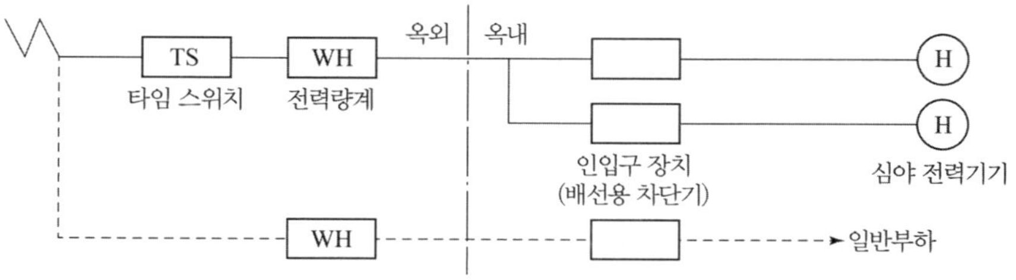

답안작성

종량제

해 설

(1) 정액제의 경우

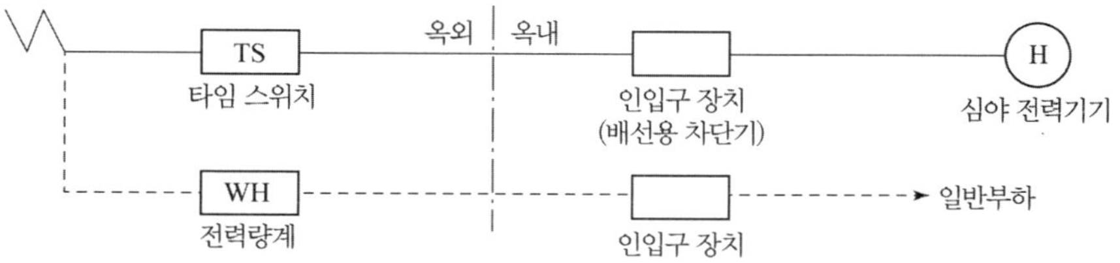

(2) 종량제의 경우

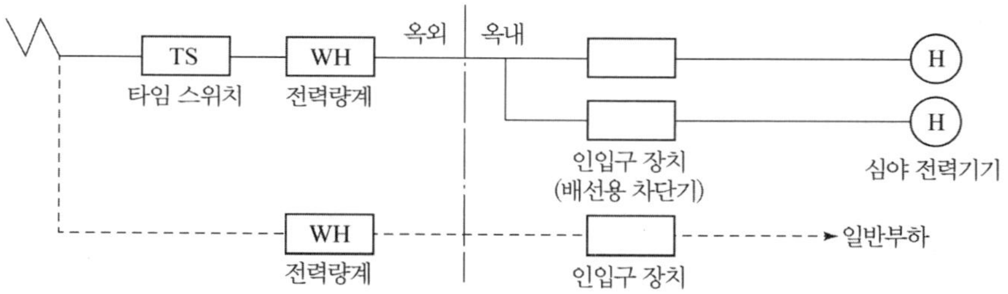

(3) 정액제·종량제 병용의 경우

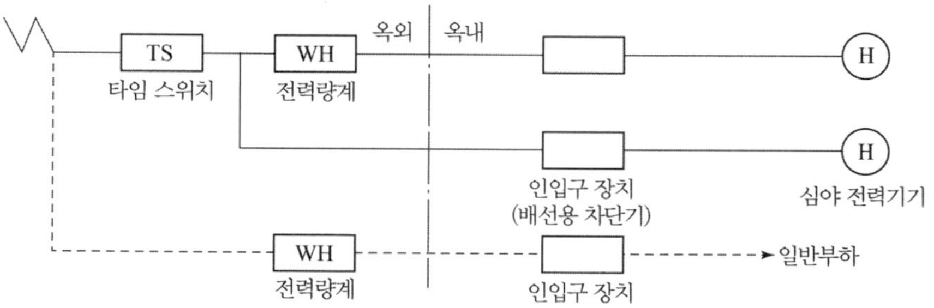

문제 05 ▸ 출제년도 : 92. 95. 99. ▸ 점수 : 6점

다음 결선도를 보고 잘못된 부분을 규정에 맞게 재작도 하시오. 단, CB 1set, DS 2set를 추가로 사용하여 그려라.

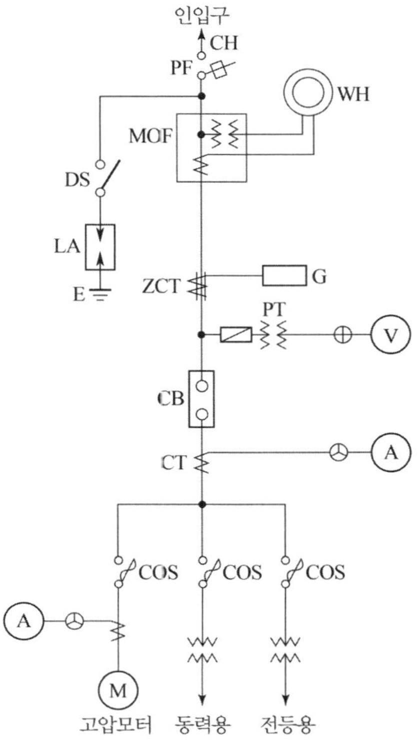

답안작성

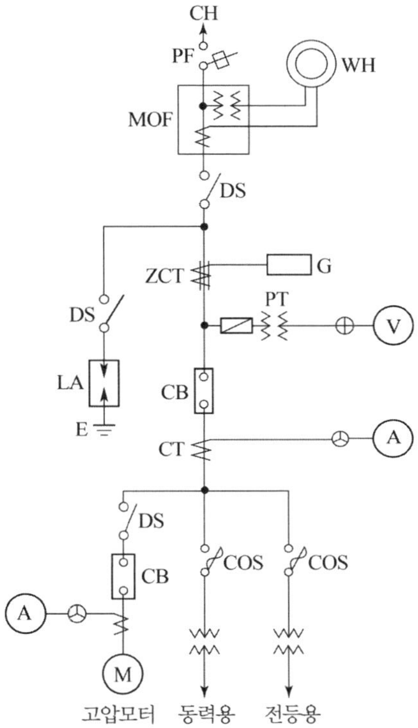

문제 06 ▸ 출제년도 : 97. 99. 05. ▸ 점수 : 5점

35 [mm²] NR 전선 6본과 25 [mm²] 1본을 같은 후강전선관에 수용 시공할 때 전선관의 굵기는? 단, 절연물을 포함한 직경은 35 [mm²]은 10.9 [mm]이고 25 [mm²]은 9.7 [mm] 이하. 전선관 내 단면적은 32 [%] 수용

• 계산 : • 답 :

답안작성

계산 : $A=\left(\frac{10.9}{2}\right)^2\pi\times6+\left(\frac{9.7}{2}\right)^2\pi\times1=633.78\ [\text{mm}^2]$

전선관 내 단면적 32 [%] 이하 수용하므로

$0.32\times\pi\times\left(\frac{d}{2}\right)^2 \geqq 633.78\ [\text{mm}^2]$에서 $d \geqq 50.22\ [\text{mm}]$

답 : 54 [호]

해 설

금속관의 종류

종 류	관의 호칭 [호]
후강 전선관(근사내경, 짝수)	16 22 28 36 42 54 70 82 92 104
박강 전선관(근사외경, 홀수)	19 25 31 39 51 63 75
나사없는 전선관	박강 전선관과 치수가 같다.

문제 07 ▸ 출제년도 : 96. 99. ▸ 점수 : 5점

콘덴서 회로에 방전코일을 넣는 목적은 무엇인가?

답안작성

콘덴서에 축적된 잔류 전하 방전

문제 08 ▸ 출제년도 : 92. 99. ▸ 점수 : 14점

도면에 표시된 1, 2, 3, 4, 5, 6, 7의 품명(명칭)을 정확하게 주어진 답안지에 답하여라.

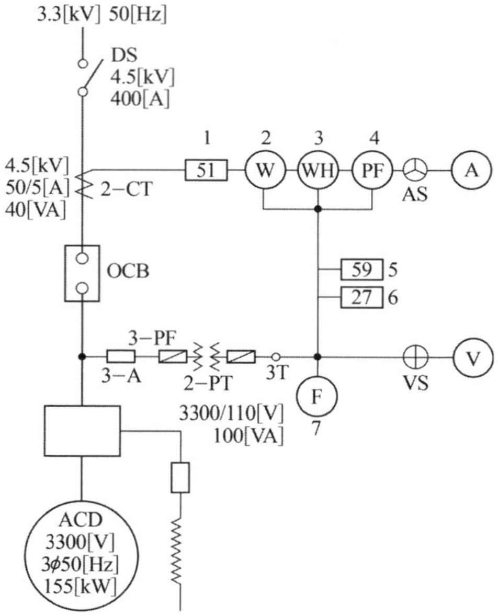

답안작성

1. [51] : OCR(교류 과전류 계전기)
2. (W) : 전력계
3. (WH) : 적산 전력량계
4. (PF) : 역률계
5. [59] : OVR(교류 과전압 계전기)
6. [27] : UVR(교류 부족 전압 계전기)
7. (F) : 주파수계

문제 09 ▸ 출제년도 : 93. 99. ▸ 점수 : 5점

배관 및 배선 공사를 하기 위한 터파기 수량산출을 하고자 한다. 그림과 같은 줄 기초파기의 굴착량 식은?

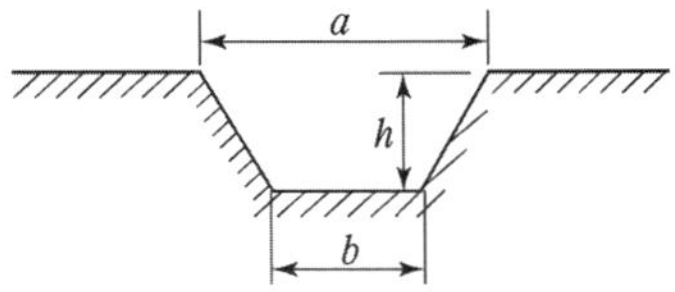

답안작성

$$A = \frac{(a+b)}{2} \times h \times \text{줄 기초길이 } [\mathrm{m}^3]$$

문제 10 ▸ 출제년도 : 92. 99. ▸ 점수 : 10점

그림은 1련 내장 애자 장치(역조형)이다. 그림에 ①, ②, ③, ④, ⑤의 명칭을 주어진 답안지에 답하시오.

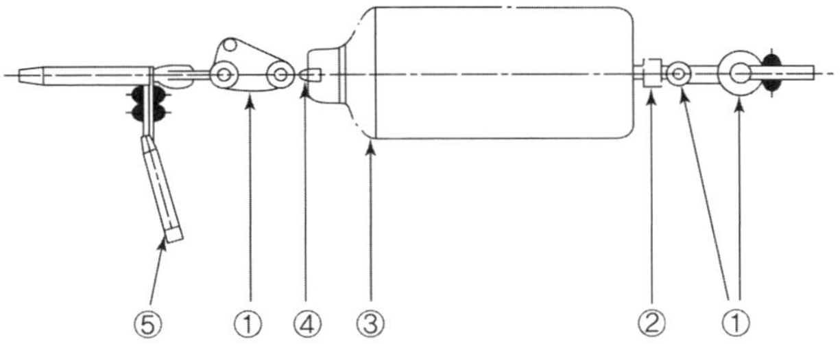

답안작성

① 앵커 쇄클 ② 소켓 아이 ③ 현수애자 ④ 볼 크레비스 ⑤ 점프 터미널

문제 11 ▸ 출제년도 : 99. ▸ 점수 : 4점

애자의 기계적 강도는 사용 형태에 따라 다음에 의하여야 하는데 ( ) 안에 알맞는 답을 쓰시오.

(1) 전선을 인유하는 애자는 전선의 상정 최대 장력에 의한 하중의 ( )배에 견딜 것

(2) 전선을 인유하는 애자 이외에 수직으로 설치되는 애자는 ( )에 견딜 것

(3) 전선을 인유하는 애자 이외에 수평으로 설치되는 애자는 ( ) 및 ( )에 견딜 것

답안작성

(1) 1.5배

(2) 수평횡하중

(3) 수평횡하중 및 수직하중

문제 12 ▸ 출제년도 : 99. 06. ▸ 점수 : 4점

축전지 설비의 구성 4가지를 쓰시오.

답안작성

① 축전지 ② 충전 장치 ③ 보안 장치 ④ 제어 장치

문제 13 ▸ 출제년도 : 90. 99. ▸ 점수 : 4점

3선 단락 기호의 복선도를 주어진 답안지에 답하시오.

답안작성

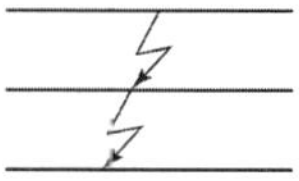

문제 14 ▸ 출제년도 : 96. 99. ▸ 점수 : 9점

신호등 회로의 일부를 로직 시퀀스로 그린 회로이다. 다음 물음에 답하시오.

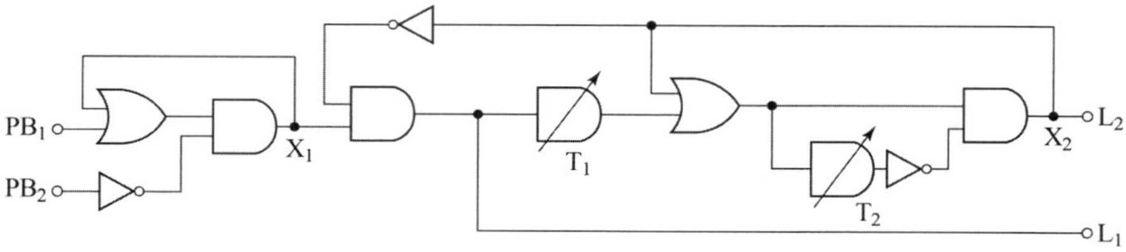

(1) 답란에 주어진 회로도를 완성하시오.

(2) 답란에 주어진 출력식을 쓰시오.

답안작성

(1)

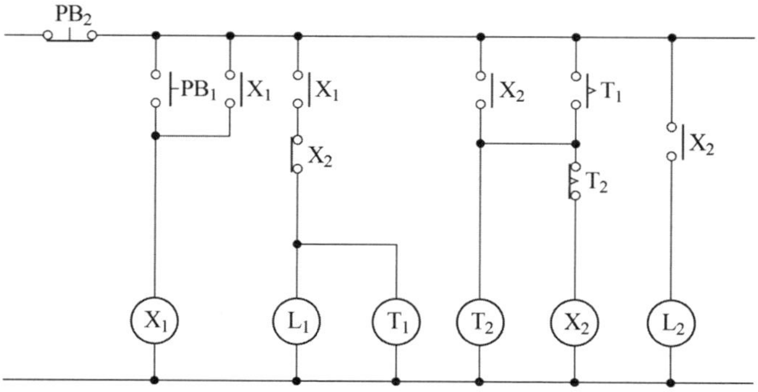

(2) ① $X_1 = (PB_1 + X_1) \cdot \overline{PB_2}$

② $X_2 = (X_2 + T_1) \cdot \overline{T_2} \cdot \overline{PB_2}$

③ $L_1 = X_1 \cdot \overline{X_2} \cdot \overline{PB_2}$

④ $L_2 = X_2 \cdot \overline{PB_2}$

⑤ $T_1 = X_1 \cdot \overline{X_2} \cdot \overline{PB_2}$

⑥ $T_2 = (X_2 + T_1) \cdot \overline{PB_2}$

문제 15

▸ 출제년도 : 97. 99. ▸ 점수 : 10점

그림은 배타 논리합 회로를 나타낸 유접점 제어회로이다. 물음에 답하여라.

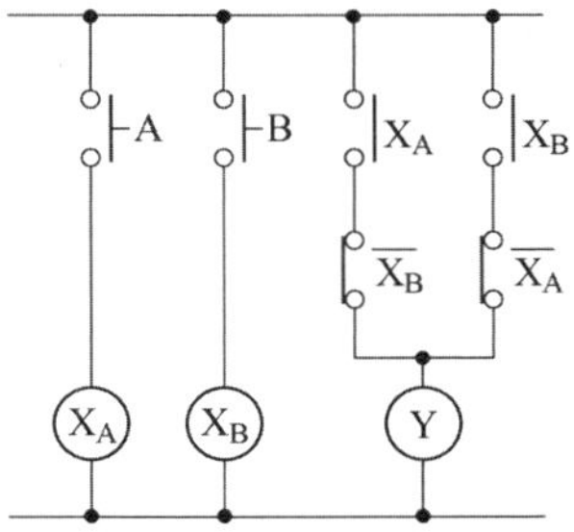

(1) 입력이 A, B일 때 출력 Y의 논리식을 표현하여라.

(2) AND 2개, NOT 2개, OR 1개를 이용하여 배타 논리합 회로의 무접점 회로를 그려라.

(3) 배타 논리합 회로의 진리표와 타임 차트를 각각 완성하여라.

답안작성

(1) $Y = X_A \overline{X}_B + \overline{X}_A X_B$

(2)

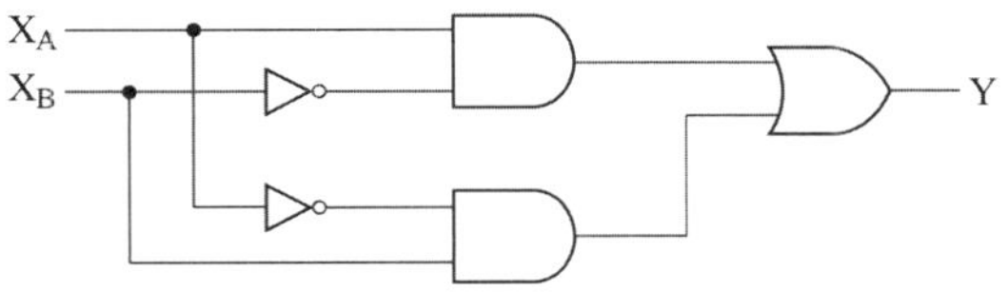

(3)

입력		출력
X_A	X_B	Y
0	0	0
0	1	1
1	0	1
1	1	0

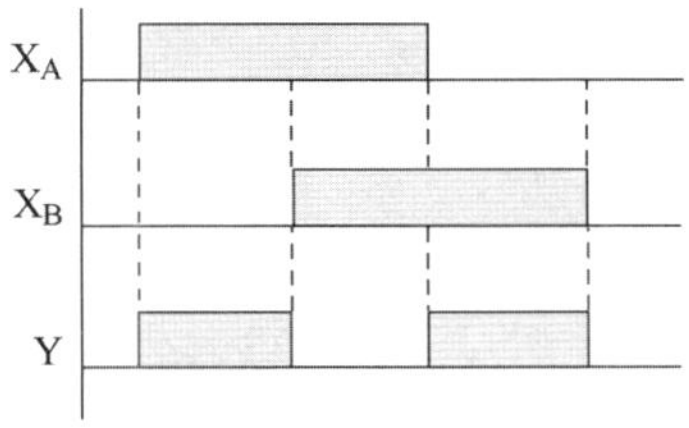

MEMO

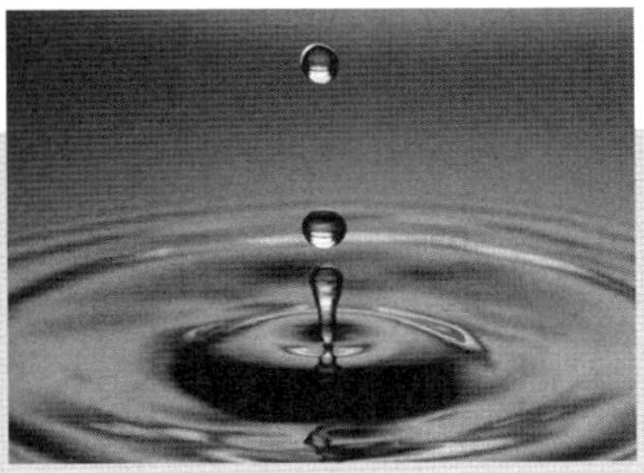

D30-4

2000년도
전기공사산업기사 실기

- 00년 제 1 회 전기공사산업기사
- 00년 제 2 회 전기공사산업기사
- 00년 제 3 회 전기공사산업기사
- 00년 제 5 회 전기공사산업기사
- 00년 제 6 회 전기공사산업기사

국가기술자격검정 실기시험문제 및 답안지

2000년도 산업기사 일반검정 제 1 회

자격종목(선택분야)	시험시간	형별	수험번호	성 명	감독위원 확 인
전기공사산업기사	2시간 00분				

※ 다음 물음에 답을 해당 답란에 답하시오.(배점 : 100점)

문제 01 ▸출제년도 : 95. 99. 00. 03. ▸점수 : 5점

폭 20 [m]의 가로 양쪽에 간격 20 [m]를 두고 맞보기 배열로 가로등이 점등되어 있다. 한등당 전광속이 15,000 [lm]이고, 조명율 30 [%], 감광 보상율이 1.4라면 이 도로의 평균조도는?

답안작성

계산 : $FUN = EAD$

$$E = \frac{FUN}{AD} = \frac{15000 \times 0.3 \times 1}{\frac{20 \times 20}{2} \times 1.4} = 16.07\ [\mathrm{lx}]$$

답 : 16.07 [lx]

문제 02 ▸출제년도 : 96. 00. 01. ▸점수 : 5점

배전설계의 긍장이 45 [m] 부하의 최대 사용 전류는 150 [A], 배전설계의 전압강하는 4 [V]이다. 이 때, 3상 3선식 저압회로의 공칭단면적을 구하시오.
(단, 공칭단면적은 35 [mm^2], 50 [mm^2], 70 [mm^2], 95 [mm^2] 등이 있다.)

답안작성

계산 : 3상 3선식 회로에서의 전선의 단면적은

$$A = \frac{30.8LI}{1000e} = \frac{30.8 \times 45 \times 150}{1000 \times 4} = 51.98\ [\mathrm{mm}^2]$$

답 : 70 [mm^2]

해 설

• 전선규격
1.5, 2.5, 4, 6, 10, 16, 25, 35, 50, 70, 95, 120, 150, 185, 240, 300, 400, 500, 630[mm^2]

문제 03 ▸출제년도 : 00. 05. ▸점수 : 5점

근가용 U볼트 용도는?

답안작성

전주에 근가를 취부할 때 근가를 고정시켜주는 볼트

문제 04 ▸ 출제년도 : 88. 93. 00. ▸ 점수 : 8점

다음 문제를 읽고 주어진 답안지에 답하시오.

(1) 2차 전류 200 [A]인 아크 용접기의 2차측 전선의 굵기 [mm^2]는 얼마인가?

(2) 전기 배선용 도식 기호 중 방수용 스위치의 기호를 그리시오.

(3) 최대 상정 부하 전류가 100 [A]인 간선에서 과전류 차단기의 정격 용량 [A]는 얼마인가?

(4) 22.9 [kV−Y] 다중 접지 배전 선로의 전로와 대지간의 시험 전압은 최대 사용 전압의 몇 배의 전압인가?

(5) 을종 풍압 하중 계산 시 가섭선의 주위에 부착한 빙설의 두께 [mm]와 비중은 각각 얼마인가? (단, 빙설이 부착한 상태에서)

(6) 고압 보안 공사에 있어서 B종 철근 콘크리트주의 경간은 몇 [m] 이하로 하는가?

(7) 교류 전기 철도용 전차 선로의 흡상 변압기 설치 높이[m]는 얼마 이상인가?

답안작성

(1) 35 [mm^2]
(2) ● WP
(3) 100 [A]
(4) 0.92배
(5) 두께 : 6 [mm], 비중 : 0.9
(6) 150 [m]
(7) 5 [m]

해 설

(1) 아크 용접기의 2차측 전선의 굵기

2차 전류[A]	100 이하	150 이하	250 이하	400 이하	600 이하
전선 굵기 [mm^2]	16	25	35	70	95

(3) KEC 212.4.1 도체와 과부하 보호장치 사이의 협조

과부하에 대해 케이블(전선)을 보호하는 장치의 동작특성은 다음의 조건을 충족해야 한다.

$$I_B \le I_n \le I_Z, \quad I_2 \le 1.45 \times I_Z$$

I_B : 회로의 설계전류(선도체를 흐르는 설계전류 또는 함유율이 높은 영상분 고조파, 특히 제3고조파가 지속적으로 흐르는 경우 중성선에 흐르는 전류이다.)

I_Z : 케이블의 허용전류

I_n : 보호장치의 정격전류(사용현장에 적합하게 조정된 전류의 설정 값)

I_2 : 보호장치가 규약시간 이내에 유효하게 동작하는 것을 보장하는 전류

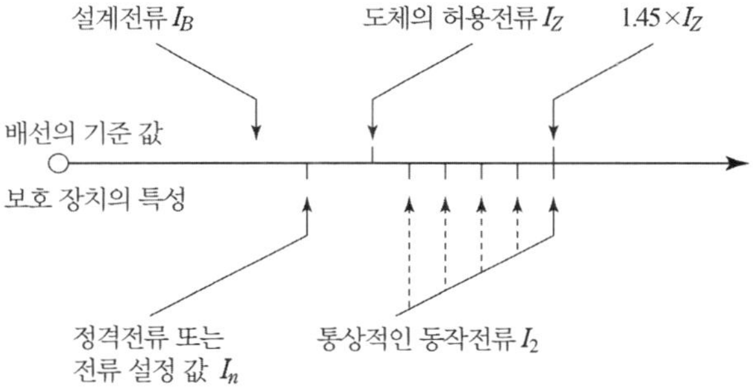

과부하 보호 설계 조건도

(4) KEC 132 전로의 절연저항 및 절연내력

전로의 종류	접지방식	시험전압 (최대사용 전압의 배수)	최저 시험전압
1. 7 [kV] 이하인 전로		1.5배	
2. 7 [kV] 초과 25 [kV] 이하	다중접지	0.92배	
3. 7 [kV] 초과 60 [kV] 이하 (2란의 것을 제외한다.)		1.25배	10.5[kV]
4. 60 [kV] 초과 (전위 변성기를 사용하여 접지 하는 것을 포함한다)	비 접 지	1.25배	
5. 60 [kV] 초과 (전위 변성기를 사용하여 접지 하는 것 및 6란과 7란의 것을 제외한다)	접 지 식	1.1배	75[kV]
6. 60 [kV] 초과 (7란의 것을 제외한다)	직접접지	0.72배	
7. 170 [kV] 초과 (발전소 또는 변전소 혹은 이에 준하는 장소에 시설하는 것.)	직접접지	0.64배	

(5) KEC 331.6 풍압하중의 종별과 적용
- 을종 풍압하중 : 전선 기타의 가섭선 주위에 두께 6[mm], 비중 0.9의 빙설이 부착된 상태에서 수직 투영면적 372[Pa](다도체를 구성하는 전선은 333[Pa]), 그 이외의 것은 갑종풍압하중의 2분의 1을 기초로 하여 계산한 것.

(6) KEC 332.10 고압 보안공사
고압 보안공사 경간 제한

지지물의 종류	인장강도 8.01 [kN] 이상 또는 지름 5 [mm] 이상의 경동선
목주 · A종 철주 또는 A종 철근 콘크리트주	100 [m] 이하
B종 철주 또는 B종 철근 콘크리트주	150 [m] 이하
철탑	400 [m] 이하

문제 05 ▸ 출제년도 : 00. ▸ 점수 : 5점

셀룰라 덕트(Cellular Duct)에서 셀룰라 덕트의 최대폭이 150 [mm] 이하시 판 두께는 얼마 이상이어야 하는가?

답안작성

판 두께 1.2 [mm] 이상

해 설

KEC 232.33 셀룰러덕트공사
1) 셀룰러덕트의 판 두께는 표 에서 정한 값 이상일 것.

셀룰러덕트의 선정

덕트의 최대 폭	덕트의 판 두께
150[mm] 이하	1.2[mm]
150[mm] 초과 200[mm] 이하	1.4[mm]
200[mm] 초과하는 것	1.6[mm]

2) 부속품의 판 두께는 1.6[mm] 이상일 것.

문제 06 ▸ 출제년도 : 94. 97. 99. 00. 01. 02. ▸ 점수 : 5점

ACSR 38 [mm^2] 전선으로 전력을 공급하는 긍장 1 [km]인 3상 2회선의 배전선로를 포설하기 위한 직접 인건비계는 얼마인가? 단, 노임단가, 배전전공은 35000원, 보통인부는 25000원이다.

[표] 배전선 가선 100 [m]당

규 격		배전전공	보통인부
나동선	14 [mm^2] 이하	0.20	0.10
	22 [mm^2] 이하	0.32	0.16
	30 [mm^2] 이하	0.40	0.20
	38 [mm^2] 이하	0.52	0.26
	60 [mm^2] 이하	0.76	0.38
	100 [mm^2] 이하	0.08	0.54
	150 [mm^2] 이하	0.32	0.66
	200 [mm^2] 이하	1.44	0.72
	200 [mm^2] 초과	1.52	0.76
ACSR, ASC	38 [mm^2] 이하	0.60	0.30
	58 [mm^2] 이하	0.88	0.44
	95 [mm^2] 이하	1.28	0.64
	160 [mm^2] 이하	1.56	0.78
	240 [mm^2] 이하	1.8	0.9

[해설] ① 이품은 1선당 수작업으로 연선, 긴선, 이도 조정품 포함
② 애자에 묶는 품 포함
③ 피복선 120 [%]
④ 기설선로 상부 가설 120 [%]
⑤ 장력조정만 할 때 120 [%]
⑥ 철거 50 [%], 재사용 철거 80 [%]
⑦ 가공지선 80 [%]
⑧ 재사용 전선 110 [%]
⑨ m당으로 환산시는 본품을 100으로 나누어 산출
⑩ 22 [kV], 66 [kV], HDCC 송전선 1회선 가선품은 본품의 300 [%]
⑪ 66 [kV], HDCC 송전선 가선은 송전전공이 시공한다.
⑫ 배전선을 가로수 또는 수목과 접촉하여 설치작업시는 수목으로 인한 장애를 감안하여 이품의 120 [%] 적용

답안작성

• 선로 신설 : 배전 전공 : $\frac{0.6}{100} \times 1000 \times 3 \times 2 = 36$ [인]

보통 인부 : $\frac{0.3}{100} \times 1000 \times 3 \times 2 = 18$ [인]

• 직접 노무비 : 배전 전공 : $36 \times 35{,}000 = 1{,}260{,}000$ [원]

보통 인부 : $18 \times 25{,}000 = 450{,}000$ [원]

• 계 : $1{,}260{,}000 + 450{,}000 = 1{,}710{,}000$ [원]

답 : 1,710,000 [원]

문제 07 ▸ 출제년도 : 96. 00. 01. ▸ 점수 : 10점

그림은 CB형 고압 자가용 수변전 설비의 주회로 복선 결선도이다. 다음 질문에 답하시오. (단, 도면에서 질문에 직접 관계없는 부분은 생략 또는 간략화하였다.)

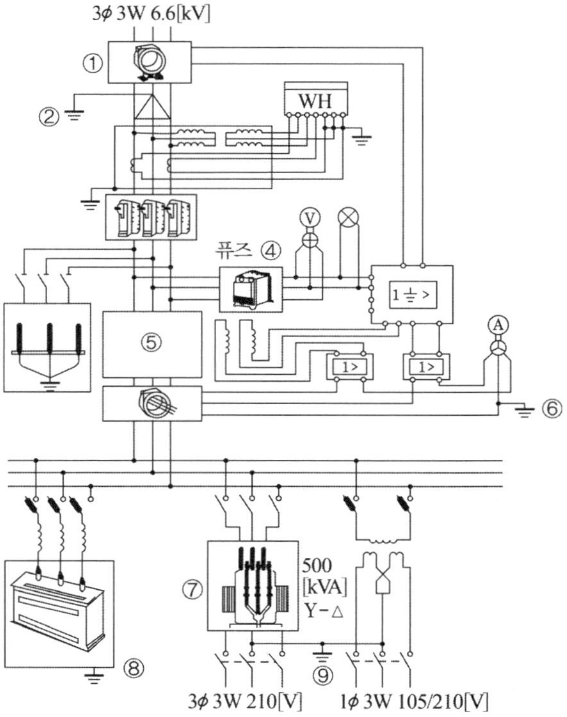

(1) ①의 기기의 명칭은?

(2) ①의 기능은?

(3) ③의 피뢰기는 고압 가공 전선로에서 공급을 받는 수전 전력 용량 몇 [kW] 이상인 수용 장소 인입구에 시설하는가?

(4) ④의 기기에 퓨즈를 사용하는 목적은?

(5) ⑤에 설치하는 기기로서 가장 적당한 차단기는?

(6) ⑦에 설치하는 기기의 복선도용 기호는?

답안작성

(1) 영상 변류기

(2) 영상 전류의 검출

(3) 용량에 관계없이 설치한다.

(4) 계기용 변압기 및 부하측에 사고 발생시 이를 고압회로로부터 분리함으로써 PT 보호 및 사고 확대를 방지

(5) 진공 차단기

(6)

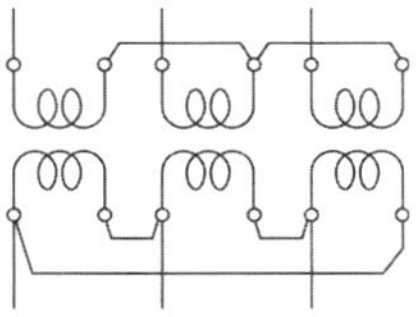

해 설

(3) KEC 341.13 피뢰기의 시설

고압 및 특고압의 전로 중 다음에 열거하는 곳 또는 이에 근접한 곳에는 피뢰기를 시설하여야 한다.

1) 발전소 · 변전소 또는 이에 준하는 장소의 가공전선 인입구 및 인출구
2) 특고압 가공전선로에 접속하는 배전용 변압기의 고압측 및 특고압측
3) 고압 및 특고압 가공전선로로부터 공급을 받는 수용장소의 인입구
4) 가공전선로와 지중전선로가 접속되는 곳

문제 08 ▸ 출제년도 : 00. ▸ 점수 : 10점

그림은 22.9 [kV-Y] 1000 [kVA] 이하에 적용 가능한 특고압 간이수전 설비 표준결선도이다. 물음에 답하시오.

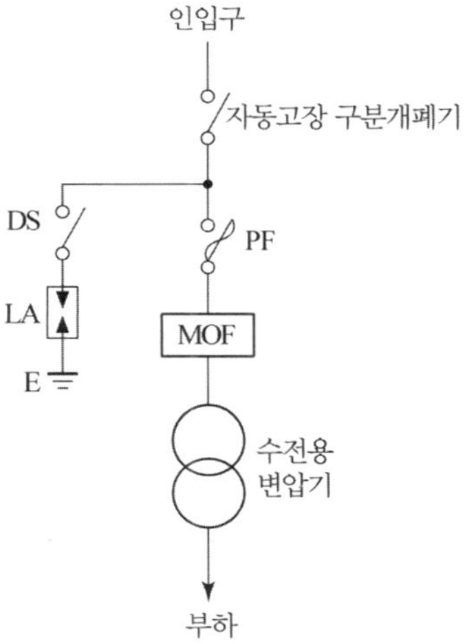

(1) 도면에서 생략할 수 있는 것은?

(2) 22.9 [kV-Y]용의 LA는(　　) 붙임형을 사용하여야 한다. (　　) 안에 알맞은 것은?

(3) 인입선을 지중선으로 시설하는 경우로서 공동 주택 등 사고시 정전 피해가 큰 수전설비 인입선은 예비선을 포함하여 몇 회선으로 시설하는 것이 바람직한가?

(4) 22.9 [kV-Y] 계통에서 지중인입선은 어떤 케이블을 사용하여야 하는가?

답안작성

(1) LA용 DS
(2) Disconnector 또는 Isolator
(3) 2회선
(4) CNCV-W 케이블 (수밀형)

해 설

간이수전설비 표준결선도

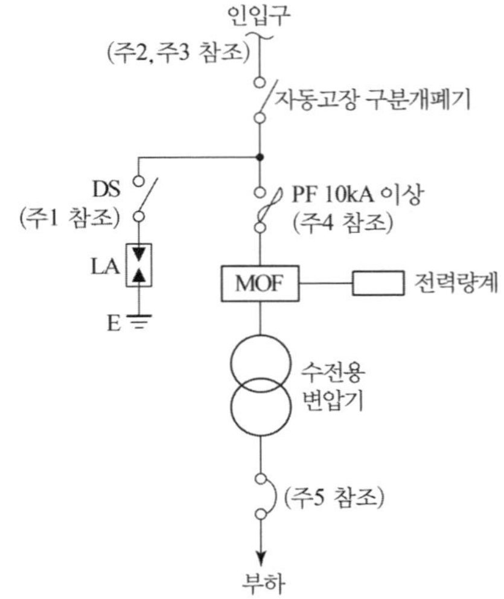

약 호	명 칭
DS	단로기
ASS	자동고장 구분 개폐기
LA	피뢰기
MOF	전력 수급용 계기용 변성기
COS	컷아웃 스위치
PF	전력 퓨즈

[주1] LA용 DS는 생략할 수 있으며 22.9 [kV-Y]용의 LA는 Disconnector(또는 Isolator) 붙임형을 사용하여야 한다.

[주2] 인입선을 지중선으로 시설하는 경우로서 공동 주택 등 사고시 정전 피해가 큰 수전 설비 인입선은 예비선을 포함하여 2회선으로 시설하는 것이 바람직하다.

[주3] 지중인입선의 경우에 22.9 [kV-Y] 계통은 CNCV-W 케이블(수밀형) 또는 TR CNCV-W 케이블(트리억제형)을 사용하여야 한다. 다만, 전력구·공동구·덕트·건물구내 등 화재의 우려가 있는 장소에서는 FR CNCO-W 케이블(난연)을 사용하는 것이 바람직하다.

[주4] 300 [kVA] 이하인 경우 PF대신 COS(비대칭 차단 전류 10 [kA] 이상의 것)을 사용할 수 있다.

[주5] 간이 수전 설비는 PF의 용단 등에 의한 결상 사고에 대한 대책이 없으므로 변압기 2차측에 설치되는 주차단기에는 결상 계전기 등을 설치하여 결상 사고에 대한 보호 능력이 있도록 함이 바람직하다.

문제 09

▸ 출제년도 : 00. 01. ▸ 점수 : 5점

예비 전원으로 이용되는 축전지에 대한 물음에 답하시오.

(1) 축전지 설비를 하려고 한다. 설비 구성 4가지를 쓰시오.

(2) 연축전지의 공칭 전압은 몇 [V]인가?

답안작성

(1) 축전지, 보안 장치, 제어 장치, 충전 장치

(2) 2 [V/cell]

문제 10

▸ 출제년도 : 00. 01. ▸ 점수 : 5점

지진 감지기 그림 기호를 그리시오.

답안작성

문제 11 ▸ 출제년도 : 90. 00. ▸ 점수 : 5점

변성기 사용계기(변류기만을 부속하는 경우)의 접속도를 주어진 답안지에 완성하시오. 단, 접지표시를 할 것

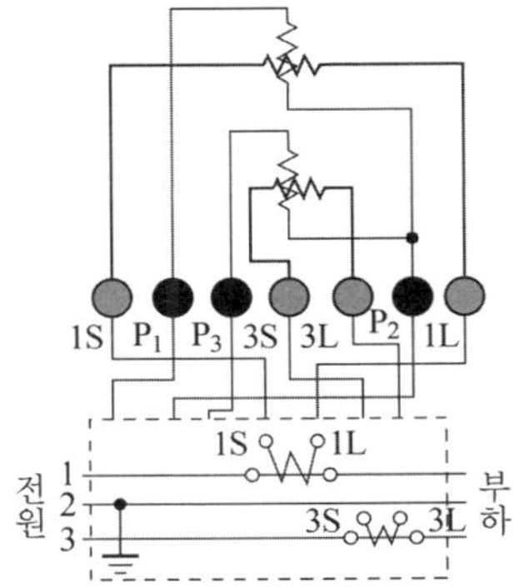

답안작성

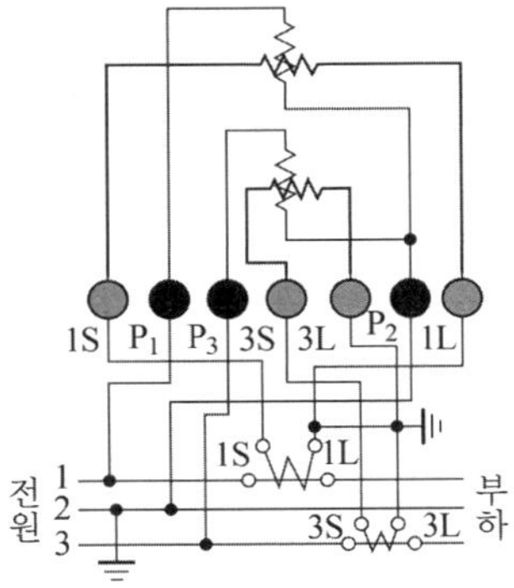

문제 12 ▸ 출제년도 : 96. 00. ▸ 점수 : 5점

수전 전압 13.2/22.9 [kV−Y]에 진공 차단기와 몰드 변압기를 사용시 어떤 흡수기를 사용하여 이상 전압으로부터 변압기를 보호하는가?

답안작성

서지 흡수기

문제 13 ▸ 출제년도 : 00. 01. 02. ▸ 점수 : 5점

한 개의 전등을 3개소에서 점멸하고자 할 때 소요되는 3로 스위치의 수는?

답안작성

4개

해 설

- 3로 스위치만을 사용하는 경우 : 4개
- 3로 스위치와 4로 스위치를 사용하는 경우 : 3로 스위치 2개, 4로 스위치 1개가 필요하다.

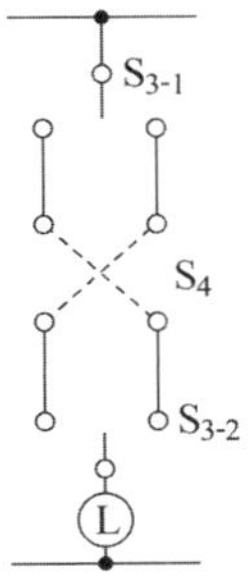

문제 14 ▸ 출제년도 : 96. 00. 04. ▸ 점수 : 17점

그림은 램프 회로의 일부로서 서로 등가이다.

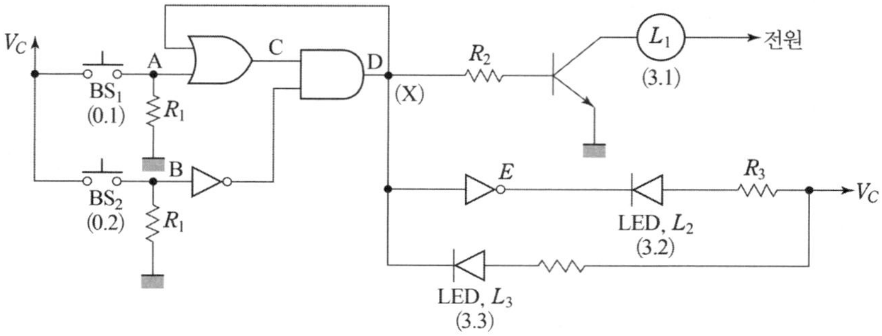

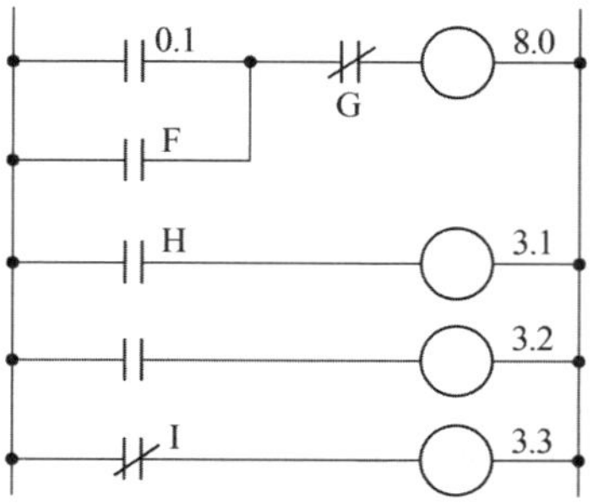

스텝	명령	번지	스텝	명령	번지
0	R	0.1	5	W	3.1
1	(가)	(나)	6	R	(사)
2	(다)	(라)	7	(아)	3.2
3	W	8.0	8	(자)	(차)
4	(마)	(바)	9	W	3.3

(1) X의 논리식을 찾으시오.

① $(A+D)\overline{B}$ ② $\overline{A}\,\overline{D}+B$

③ $AD+\overline{B}$ ④ $B+C$

(2) 람프 L_3이 동작하는 논리식을 (1)번 식에서 찾는다면 어느 것이냐?

(3) PLC 시퀀스에서 F, G, H, I의 번지를 차례로 적으시오.

(4) PLC 프로그램을 완성하시오. 단, 명령은 입력 시작(R), 출력(W), AND(A), OR (O), NOT(N)이다.

(5) BS_1을 눌렀다 놓으면 램프 L_1, L_2가 점등한다. C점, E점의 레벨을 차례로 쓰시오.

(6) 전원을 넣은 상태(정지 상태)에서 A~E 중 H레벨인 점을 찾으시오.

(7) 램프 L_1, L_2가 점등 상태에서 A~E 중 H레벨인 점을 찾으시오.

(8) L_1, L_2가 점등 중 BS_2를 눌렀다 놓았다. 이후 C, D, E점의 레벨 상태를 차례로 표시하시오. (예 : HLH 등)

(9) BS_1을 준 후 다시 BS_2를 주었다. 점등되는 램프는 어느 것이냐?

(10) LED 램프(L_2, L_3)에 흐르는 전류를 무슨 전류라 하느냐?

답안작성

(1) ① (2) ②

(3) 8.0, 0.2, 8.0, 8.0

(4) (가) O (나) 8.0 (다) AN (라) 0.2 (마) R
(바) 8.0 (사) 8.0 (아) W (자) RN (차) 8.0

(5) H, L
(6) E
(7) C, D
(8) LLH
(9) L_3
(10) 싱크(sink) 전류

문제 15 ▸ 출제년도 : 94. 97. 00. 01. ▸ 점수 : 5점

그림은 릴레이 동작 체크 회로이다. 입력이 X, Y, Z 중 2개가 동시에 동작하든가 모두 동작하지 않을 경우 논리 시퀀스 회로를 그리시오.

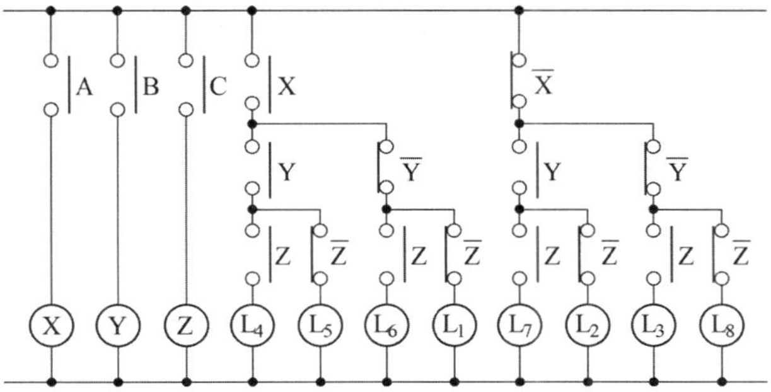

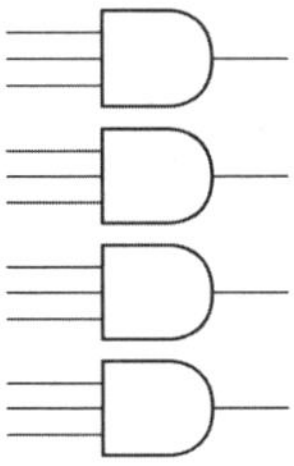

답안작성

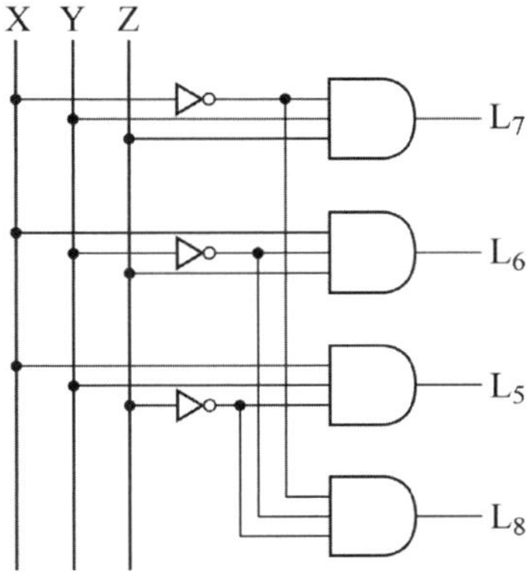

국가기술자격검정 실기시험문제 및 답안지

2000년도 산업기사 일반검정 제 2 회

자격종목(선택분야)	시험시간	형별	수험번호	성 명	감독위원 확 인
전기공사산업기사	2시간 00분				

※ 다음 물음에 답을 해당 답란에 답하시오.(배점 : 100점)

문제 01 ▸ 출제년도 : 94. 00. ▸ 점수 : 10점

다음 ( )안에 알맞는 답을 쓰시오.

(1) 애자공사에서 전선과 조영재와의 이격 거리는 400 [V] 이하인 경우에는 ( ) [cm] 이상이어야 한다.

(2) 합성 수지 몰드 공사에서 합성 수지 몰드는 홈의 폭 및 깊이가 3.5 [cm] 이하, 두께가 2 [mm] 이상인 것일 것. 다만, 사람이 쉽게 접촉할 우려가 없도록 시설하는 경우에는 폭이 ( ) [cm] 이하이어야 한다.

(3) 라이팅 덕트 공사에서 덕트의 지지점간의 거리는 ( ) [m] 이하로 하여야 한다.

(4) 고압 가공 전선로의 경간에서 철탑은 경간이 ( ) [m] 이하여야 한다.

(5) 소세력 회로의 시설에서 전자 개폐기의 조작 회로 또는 초인벨, 경보벨 등에 접속하는 전로로써 최대 사용 전압이 ( ) [V] 이하인 것을 사용하여야 한다.

(6) 특고압 가공 전선이 삭도와 제2차 접근 상태로 시설할 경우에 특고압 가공 전선로는 (   ) 보안 공사를 하여야 한다.

답안작성

(1) 2.5 (2) 5 (3) 2
(4) 600 (5) 60 (6) 제2종 특고압

해 설

(1) KEC 232.56 애자공사

이격거리

전 압		전선과 조영재와의 이격 거리		전선 상호 간격	전선 지지점간의 거리	
					조영재의 윗면 또는 옆면에 따라 시설	조영재에 따라 시설하지 않는 경우
저압	400[V] 이하	2.5 [cm] 이상		6 [cm] 이상	2 [m] 이하	–
	400[V] 초과	건조한 장소	2.5[cm] 이상			6 [m] 이하
		기타의 장소	4.5[cm] 이상			

(2) KSC 232.21 합성수지몰드공사
합성수지몰드는 홈의 폭 및 깊이가 35 [mm] 이하, 두께는 2 [mm] 이상의 것일 것. 다만, 사람이 쉽게 접촉할 우려가 없도록 시설하는 경우에는 폭이 50 [mm] 이하, 두께 1 [mm] 이상의 것을 사용할 수 있다.

(3) KEC 232.71 라이팅덕트공사
1) 덕트의 지지점 간의 거리는 2[m] 이하로 할 것.
2) 덕트의 끝부분은 막을 것.
3) 덕트의 개구부(開口部)는 아래로 향하여 시설할 것. 다만, 사람이 쉽게 접촉할 우려가 없는 장소에서 덕트의 내부에 먼지가 들어가지 아니하도록 시설하는 경우에 한하여 옆으로 향하여 시설할 수 있다.

(4) KEC 332.9 고압 가공전선로 경간의 제한
고압 가공전선로의 경간은 표에서 정한 값 이하이어야 한다.

지지물의 종류	경 간
목주 · A종 철주 또는 A종 철근 콘크리트주	150[m]
B종 철주 또는 B종 철근 콘크리트주	250[m]
철 탑	600[m]

(5) KEC 241.14 소세력 회로
전자 개폐기의 조작회로 또는 초인벨 · 경보벨 등에 접속하는 전로로서 최대 사용전압이 60[V] 이하인 것

(6) KEC 333.25 특고압 가공전선과 삭도의 접근 또는 교차
① 특고압 가공전선이 삭도와 제1차 접근상태로 시설되는 경우에는 특고압 가공전선로는 제3종 특고압 보안공사에 의할 것.
② 특고압 가공전선이 삭도와 제2차 접근상태로 시설되는 경우에는 특고압 가공전선로는 제2종 특고압 보안공사에 의할 것.

문제 02

▸ 출제년도 : 00. ▸ 점수 : 5점

특고압 가공 수전선로를 3상 4선식 (22.9[kV−Y])으로 공급받는 건물 내 변전소의 인입구에 설치하는 피뢰기의 정격 전압은?

답안작성

18[kV]

해 설

피뢰기 정격 전압

전력 계통		피뢰기 정격 전압 [kV]	
전압 [kV]	중성점 접지 방식	변전소	배전 선로
345	유효접지	288	−
154	유효접지	144	−
66	PC접지 또는 비접지	72	−
22	PC접지 또는 비접지	24	−
22.9	3상 4선 다중접지	21	18

[주] 전압 22.9 [kV−Y] 이하의 배전선로에서 수전하는 설비의 피뢰기 정격전압 [kV]은 배전선로용을 적용한다.

문제 03 ▸ 출제년도 : 96. 00. ▸ 점수 : 9점

천장높이가 10 [m]인 창고건물에 노출형 차동식 열감지기 40개와 P형 1급(15회로) 수신기를 설치한 후 시험까지 시행하기 위하여 필요한 인공을 참고표를 이용하여 구하시오.

공종	단위	내선전공	비 고
SPOT형 감지기 (차동식, 정온식, 보상식) 노출형	개	0.13	(1) 천장높이는 4 [m] 기준 1 [m] 증가시마다 5 [%] 증 (2) 매입형 또는 특수구조의 것은 조건에 따라서 산정할 것
시험기(공기관 포함)	개	0.15	상동
분포형의 공기관 (열전대선 감지선)	m	0.025	(1) 상동 (2) 상동
검출기	개	0.30	(1) 상동
공기관식의 Booster	개	0.10	(2) 상동
발신기 P-1	개	0.30	1급(방수형)
발신기 P-2	개	0.30	2급(보통형)
발신기 P-3	개	0.20	3급(푸시버튼만으로 응답 확인 없는 것)
회로시험기	개	0.10	
수신기 P-1(기본공수) (회선수공산수출가산요)	대	6.0	회선수에 대한 산정 매 1회선에 대해서
수신기 P-2(기본공수) 부수신기(기본공수)	대 대	4.0 3.0	형식 \ 직종 : 내선전공 P-1 : 0.3 P-2 : 0.2 부수신기 : 0.10
소화전, 기동 릴레이	대	1.5	참고 : 산정예(P-1의 10회분 기본공수는 6인, 회선당 할증수는 10×0.3=3) ∴ 6+3=9인
전령(電令) 표시등 표시등	개 개 개	0.15 0.20 0.15	수신기에 내장되지 않은 것으로 별개로 취부할 경우에 적용

[해설] 시험공량은 총공량의 10 [%]로 하되 최소치를 3인으로 함

답안작성

감지기 : 내선전공 : $0.13 \times 40 \times (1 + 6 \times 0.05) = 6.76$ [인]

수신기 : 내선전공 : $6.0 + (15 \times 0.3) = 10.5$ [인]

시험시 공량 : $(6.76 + 10.5) \times 0.1 = 1.726$ [인]이지만 최소 3 [인]

∴ 계 : $6.76 + 10.5 + 3 = 20.26$ [인]

답 : 20.26 [인]

문제 04 ▸ 출제년도 : 96. 00. ▸ 점수 : 5점

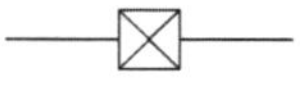 심벌의 명칭은?

답안작성

철탑

문제 05 ▸ 출제년도 : 00. ▸ 점수 : 6점

다음의 그림과 동작 사항을 보고 실제 결선도를 치수와 관계없이 그려라.

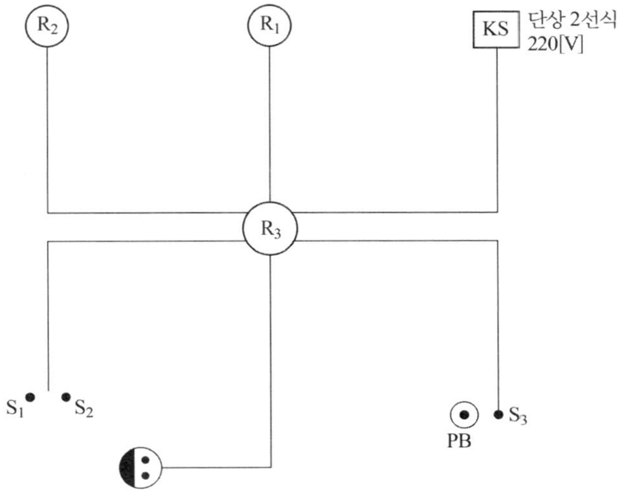

[동작사항]

① 3로 스위치 S_3를 위로 ON 했을 때 텀블러 스위치 S_1 및 S_2에 의해 해당되는 전등 R_1 및 R_2가 각각 점멸되도록 하여라.

② S_3를 아래로 OFF 했을 때 누름 버튼 스위치 PB에 의해 전등 R_3가 점멸되도록 한다.

③ 콘센트 C는 스위치 PB에 관계없이 전원이 항상 공급되도록 한다.

단, • 모든 결선은 □ 정크션 박스를 거쳐 결선하여라.

• 정크션 박스 안에서 접속점 표시를 할 것 (예, ┷)

• +는 접지되지 않은 선, −는 접지측 전선

답안작성

회로도

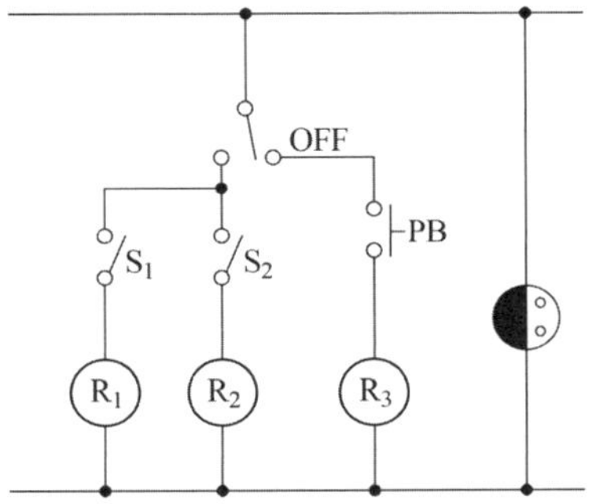

실제 배선도

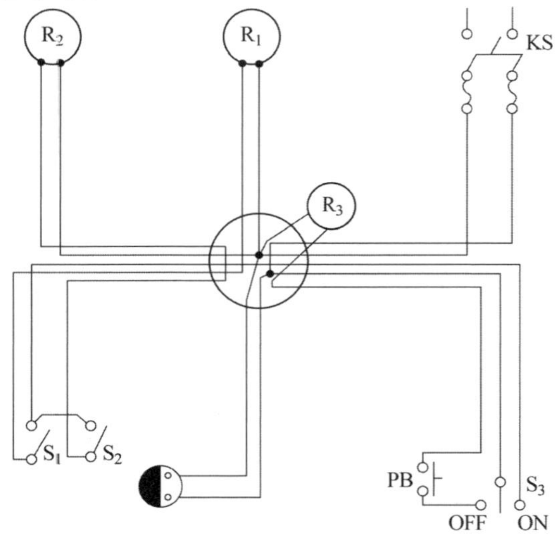

문제 06 ▸ 출제년도 : 00. ▸ 점수 : 5점

답란의 그림에서 적산전력계를 결선하여 완성하시오. (단, 접지표시를 할 것)

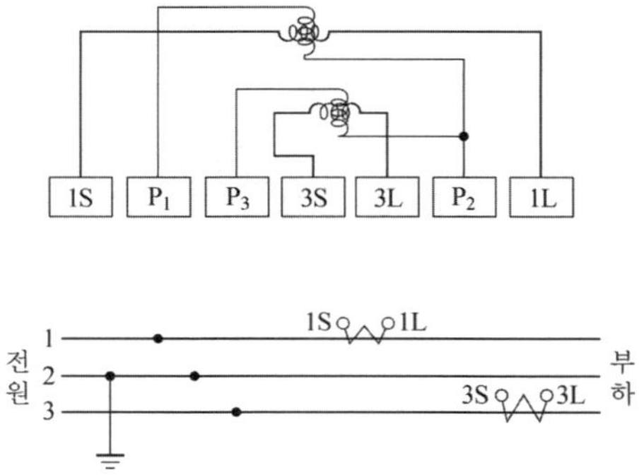

답안작성

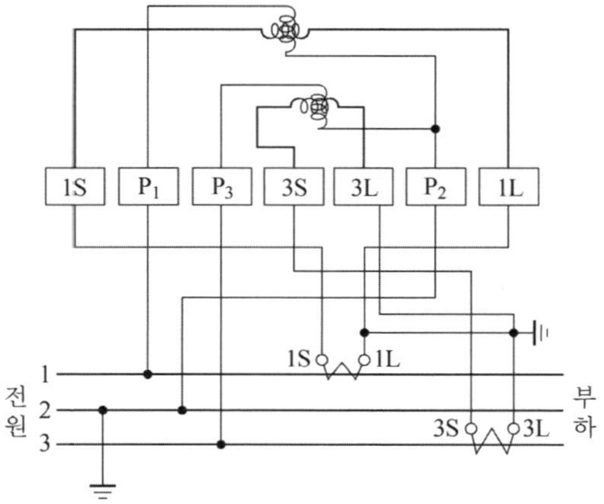

문제 07 ▸ 출제년도 : 00. ▸ 점수 : 5점

조명기구의 용도중 화학공장이나 화약 장소에 이용되는 형식은?

답안작성

전폐형

해 설

KEC 242.5 화약류 저장소 등의 위험장소

화약류 저장소 안에는 전기설비를 시설해서는 안 된다. 다만, 조명기구에 전기를 공급하기 위한 전기설비(개폐기 및 과전류 차단기를 제외한다)는 다음에 따라 시설하는 경우에는 그러하지 아니하다.
1) 전로에 대지전압은 300[V] 이하일 것.
2) 전기기계기구는 전폐형의 것일 것.
3) 금속관공사 또는 케이블공사(캡타이어 케이블을 사용하는 것을 제외한다)에 의할 것.

문제 08 ▸ 출제년도 : 00. ▸ 점수 : 5점

다음 그림과 같이 영상 변류기를 당해 케이블의 전원측에 설치하는 경우의 케이블 차폐층의 접지선은 어떻게 시설하는 것이 알맞은가? 접지선을 추가로 그리시오.

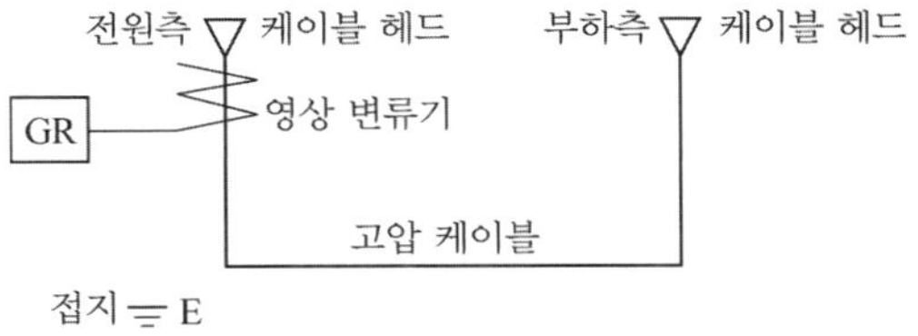

답안작성

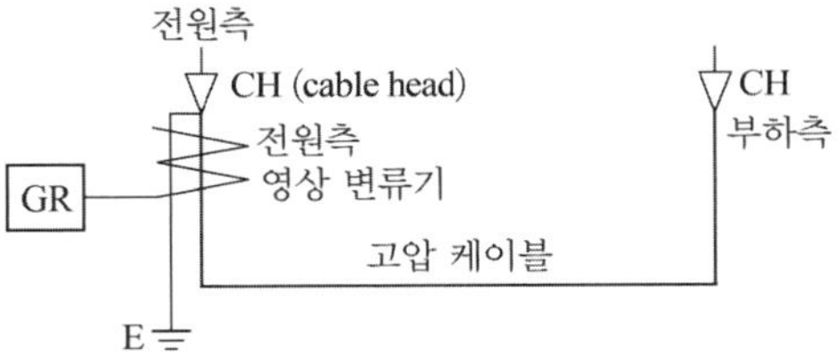

해 설

케이블 차폐 접지
(1) ZCT를 전원측에 설치시 전원측 케이블 차폐의 접지는 ZCT를 관통시켜 접지한다.

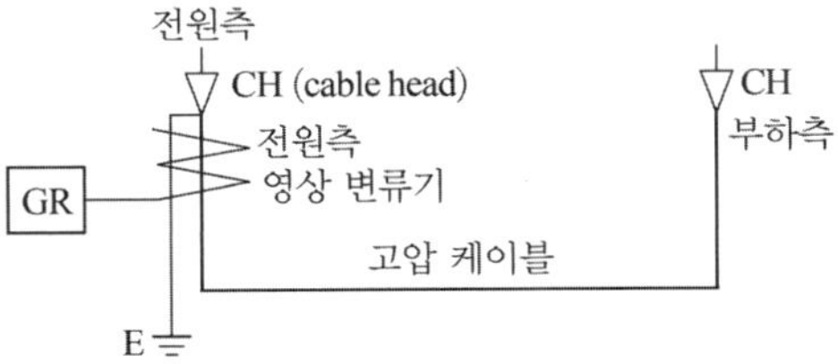

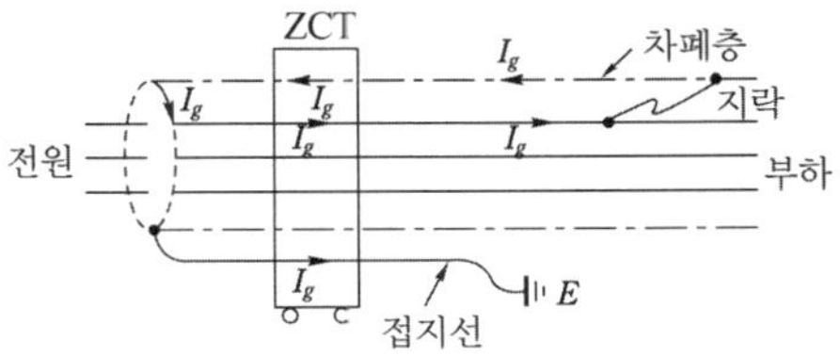

접지선을 ZCT 내로 관통시켜야만 ZCT는 지락전류 I_g를 검출할 스 있다.

$$I_g - I_g + I_g = I_g$$

(2) ZCT를 부하측에 설치시 케이블 차폐의 접지는 ZCT를 관통시키지 않고 접지한다.

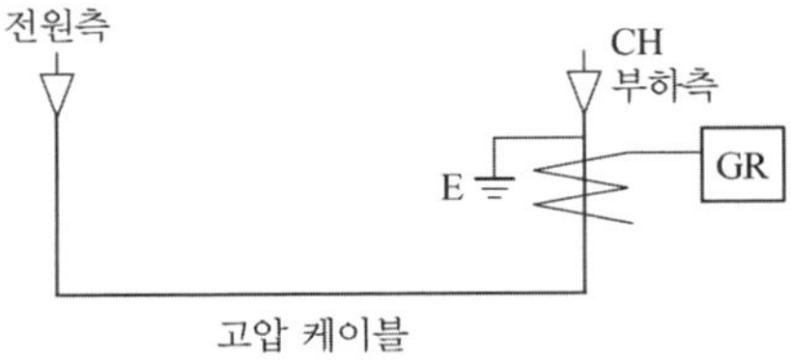

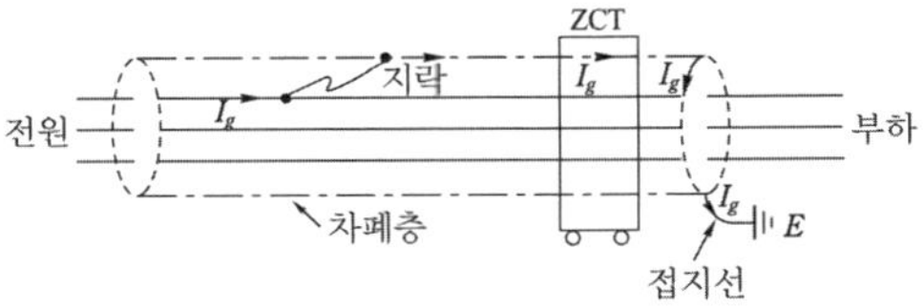

접지선을 ZCT 내로 관통시키지 않아야 지락전류 I_g를 검출할 수 있다.

문제 09 ▸ 출제년도 : 96. 00. ▸ 점수 : 5점

수천 옴의 가는 전선의 저항을 측정할 때 가장 적당한 측정 방법은?

답안작성

휘이스톤 브리지

문제 10 ▸ 출제년도 : 00. ▸ 점수 : 5점

5,000 [kVA] 이상의 변압기에서 내부 고장 검출 차단 방식으로 사용하는 계전기의 명칭은?

답안작성

비율차동계전기

문제 11 ▸ 출제년도 : 89. 97. 00. 04. 07. ▸ 점수 : 5점

가공전선로에서 전선지지점에 고저차가 없을 경우 330 [mm^2] ACSR선이 경간 600 [m]에서 이도가 8.6 [m]였다고 하면 전선의 실제 길이는? (단, 소수점 셋째자리까지 계산하시오.)

답안작성

계산 : $L = S + \dfrac{8D^2}{3S} = 600 + \dfrac{8 \times 8.6^2}{3 \times 600} = 600.329$ [m]

답 : 600.329 [m]

문제 12 ▸ 출제년도 : 96. 00. ▸ 점수 : 5점

그림은 PLC 시퀀스 회로의 일부를 그린 것이다. 입력 P000을 주면 출력 P011이 동작하고 이어 P012가 동작한다. 5초 후 T000이 동작하여 P012가 정지된다. P001은 정지 신호이고, 시간 단위는 0.1초이다. 프로그램의 괄호((1)~(5))에 알맞은 것을 답안지에 적으시오.

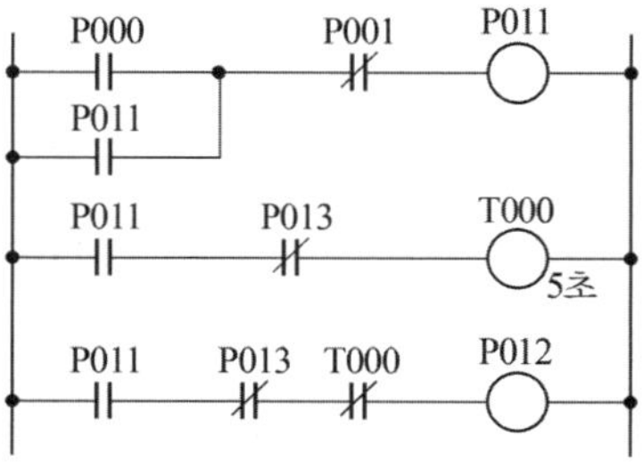

STEP	OP	add	ENT
생략	LOAD	P000	ENT
	OR	(1)	이하 생략
	(2)	P001	
	OUT	P011	
	LOAD	P011	
	AND NOT	P013	
	TMR	T000	
	(DATA)	(3)	
	(4)	P011	
	AND NOT	P013	
	AND NOT	T000	
↓	(5)	P012	↓

답안작성

(1) P011　　(2) AND NOT　　(3) 50　　(4) LOAD　　(5) OUT

문제 13

▸ 출제년도 : 96. 00.　　▸ 점수 : 9점

도면을 이해하고 물음에 답하시오.

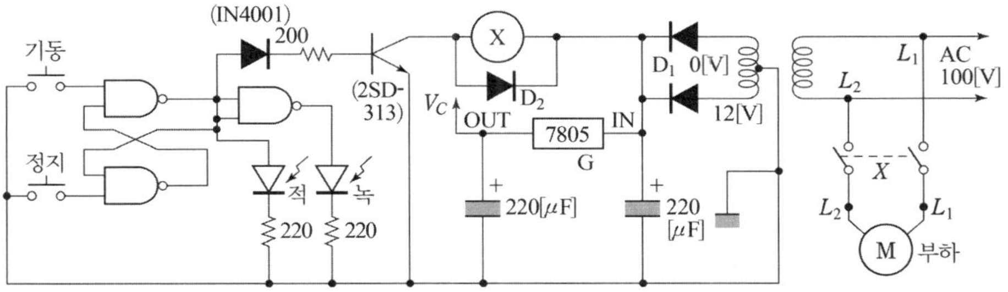

(1) 전원을 투입하면 어떤 LED가 점등하는가?

(2) 기동 스위치를 누르면 어떤 LED가 점등되고, X 가 동작하면 어떤 LED가 소등하는가?

(3) 정지 스위치를 누르면 어떤 LED가 점등하고, X 가 정지하면서 어떤 LED가 소등되는가?

답안작성

(1) 녹색

(2) 적색 · 녹색

(3) 녹색 · 적색

문제 14

▸ 출제년도 : 94. 00. 06.　　▸ 점수 : 6점

그림은 BS를 눌렀다 놓으면 t_1초 후에 MC가 작동하고 T_1이 복구하며 t_2초 후에 MC와 T_2가 복구한다. A~C에 보기에서 알맞은 논리 기호를 찾아 그리시오.

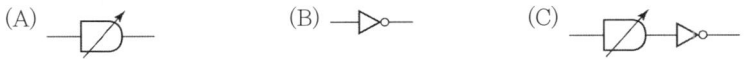

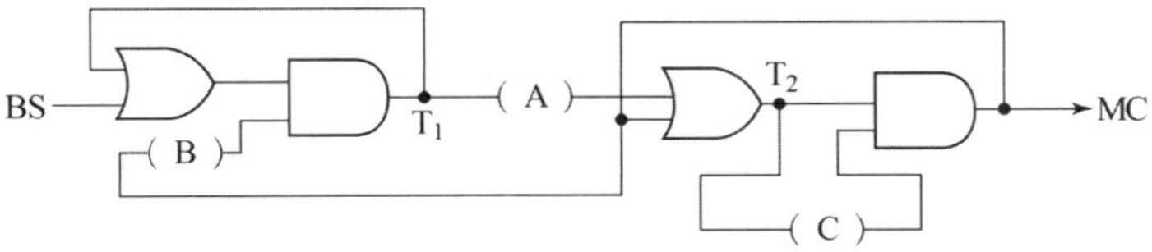

[보기]

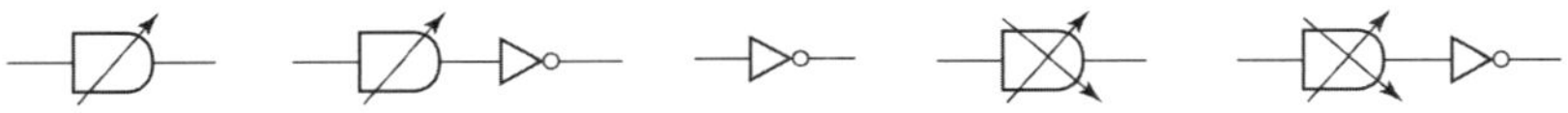

답안작성

(A) 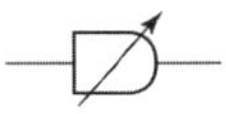　　(B) 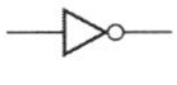　　(C) 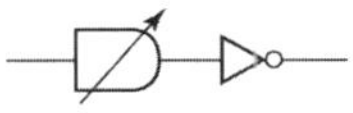

문제 15 ▸ 출제년도 : 89. 00. ▸ 점수 : 15점

PC의 프로그램을 보고 물음에 답하시오.

프로그램번지 (어드레스)	명령어	데이터	비고	프로그램번지 (어드레스)	명령어	데이터	비고
01	STR	001	W	07	ANDN	002	W
02	STR	003	W	08	OR	003	W
03	ANDN	002	W	09	OB		W
04	OB		W	10	OUT	200	W
05	OUT	100	W	11	END		W
06	STR	001	W				

단, ① STR : 입력 a접점(신호) ② STRN : 입력 b접점(신호)
③ AND : AND a접점 ④ ANDN : AND b접점
⑤ OR OR a접점 ⑥ ORN : OR b접점
⑦ OB : 병렬 접속점 ⑧ OUT : 출력
⑨ END : 끝 ⑩ W : 각 번지끝

(1) PLC의 프로그램에 맞는 접점 회로도를 답안지에 완성하시오.

(2) 001, 002, 003의 각각 1개의 접점만을 사용하여 답안지의 회로도를 완성하시오. 단, 접점의 양방향 신호의 흐름을 인정한다.

(3) 답안지의 무접점 회로를 완성하시오.

답안작성

(1)

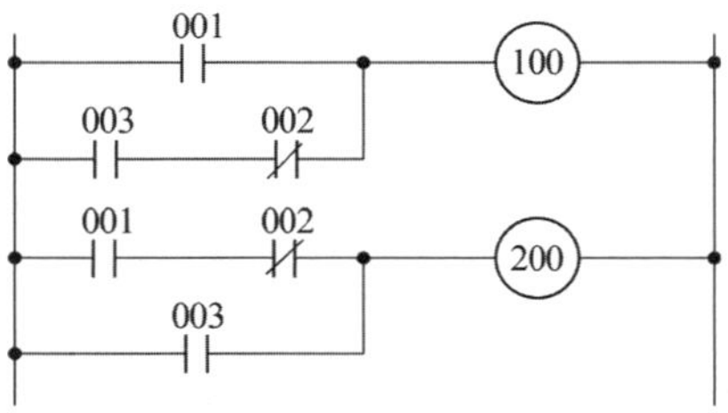

(2)

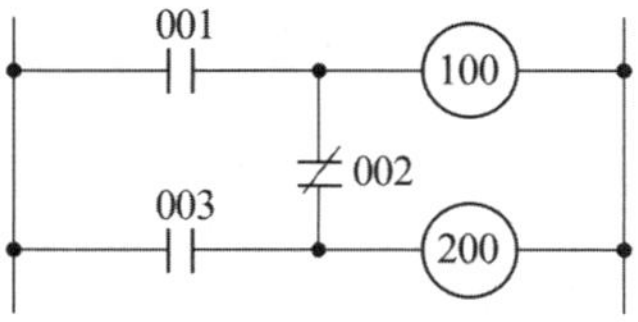

(3)

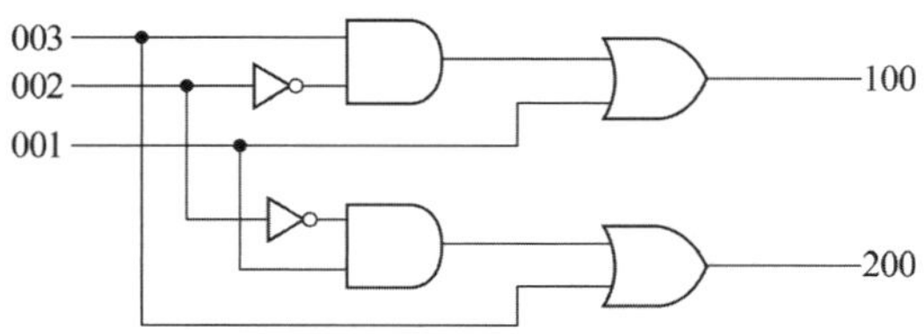

국가기술자격검정 실기시험문제 및 답안지

2000년도 산업기사 일반검정 제 3 회

자격종목(선택분야)	시험시간	형별	수험번호	성 명	감독위원 확 인
전기공사산업기사	2시간 00분				

※ 다음 물음에 답을 해당 답란에 답하시오.(배점 : 100점)

문제 01 ▸출제년도 : 97. 00. ▸점수 : 12점

폭연성 분진이 있는 곳의 금속관 공사이다. 물음에 답하시오.

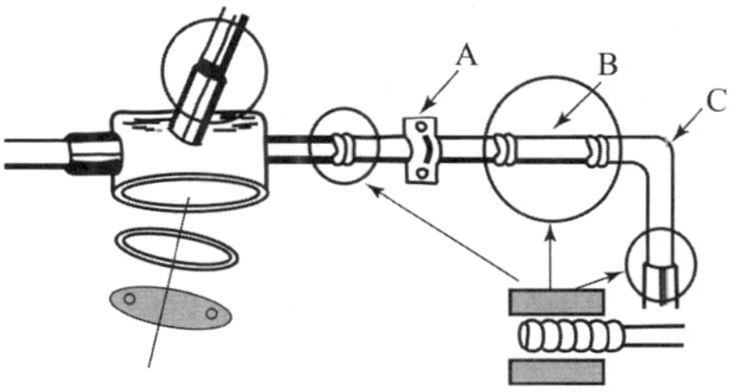

(1) 그림에서 A로 표시된 전선관 부속품의 명칭은?

(2) 그림에서 B로 표시된 전선관 부속품의 명칭은?

(3) 그림에서 C로 표시된 전선관 부속품의 명칭은?

(4) 박스 기타의 부속품 및 풀박스는 쉽게 마모, 부식 기타의 손상을 일으킬 우려가 없도록 하기 위해 쓰이는 재료는?

(5) 그림에서 관상호간 및 관과 박스 기타의 부속품, 풀 박스 또는 전기 기계 기구와는 몇 턱이상 나사 죄임을 하여야 하는가?

(6) 폭연성 분진이란 무엇인가 간단하게 설명하시오.

답안작성

(1) 새들 (2) 커플링 (3) 노멀밴드

(4) 패킹, 부싱, 절연부싱 (5) 5턱

(6) 마그네슘, 알루미늄 등의 먼지가 쌓인 상태에서 착화되었을 때 폭발할 우려가 있는 분진

해 설

(5) KEC 242.2.1 폭연성 분진 위험장소

폭연성 분진 또는 화약류의 분말이 전기설비가 발화원이 되어 폭발할 우려가 있는 곳에 시설하는 저압 옥내 전기설비(사용전압이 400[V] 초과인 방전등을 제외한다.)는 다음에 따르고 또한 위험의 우려가 없도록 시설하여야 한다.

1) 저압 옥내배선, 저압 관등회로 배선, 소세력 회로의 전선은 금속관공사 또는 케이블공사(캡타이어 케이블을 사용하는 것을 제외한다)에 의할 것.

2) 금속관공사에 의하는 때에는 다음에 의하여 시설할 것.
   가. 금속관은 박강 전선관 또는 이와 동등 이상의 강도를 가지는 것일 것.
   나. 관 상호 간 및 관과 박스 기타의 부속품 · 풀박스 또는 전기기계기구와는 5턱 이상 나사조임으로 접속할 것

문제 02

▸ 출제년도 : 00. ▸ 점수 : 3점

고압 케이블에서 단말 처리의 주목적은 무엇인가?

답안작성

수분 및 먼지 침입방지와 절연 강도 향상

문제 03

▸ 출제년도 : 00. ▸ 점수 : 8점

옥내 배선용 그림 기호에 대한 물음에 답하시오.

(1) 용량 15 [A]의 점멸기 심벌을 그리시오.

(2) 조명 기구의 그림 기호가 ◎로 표시되어 있다. 그림 기호의 의미는?

(3) 천장에 부착하는 경우의 콘센트 그림 기호를 그리시오.

(4) 15A 의 잘못된 부분을 고쳐 그리시오.

답안작성

(1) ●15A (2) 옥외등 (3)  (4) 

해 설

(1) ● : 점멸기
   • 10[A]는 표기하지 않는다.
   • 15[A] 이상은 전류치를 표기한다.

(4)  : 콘센트
   • 15 [A]는 표기하지 않는다.
   • 20 [A] 이상은 암페어수를 표기한다.

문제 04

▸ 출제년도 : 98. 00. ▸ 점수 : 5점

변압기 2차 단자에서 25 [m] 거리에 있는 교류 단상 220 [V], 4.4 [kW] 부하에 전압강하를 2 [%] 이하로 제한하기 위한 공급전선의 굵기를 산정하시오.

답안작성

계산 : 부하전류 $I=\dfrac{4400}{220}=20[\text{A}]$

$$A=\frac{35.6\cdot L\cdot I}{1000\cdot e}=\frac{35.6\times 25\times 20}{1000\times 220\times 0.02}=4.05\ [\text{mm}^2]$$

답 : 6 $[\text{mm}^2]$

문제 05

▸ 출제년도 : 00. ▸ 점수 : 10점

다음 물음에 답하시오.

(1) 고압 수은등에 역률 개선용 콘덴서를 접속하는 경우의 회로도를 그리시오.

(2) 축전지의 충전기에 가장 좋은 정류 방식은?

(3) 어떤 교류 3상 3선식 배전 선로에서 전압을 200 [V]에서 400 [V]로 승압하였을 때 전력 손실은? (단, 부하 용량은 같다)

(4) 어떤 공장의 수전 설비 공사를 시행하는데 순공사 원가 합계가 253,000,000원이었다. 이때 일반 관리비를 계산하시오.

답안작성

(1)

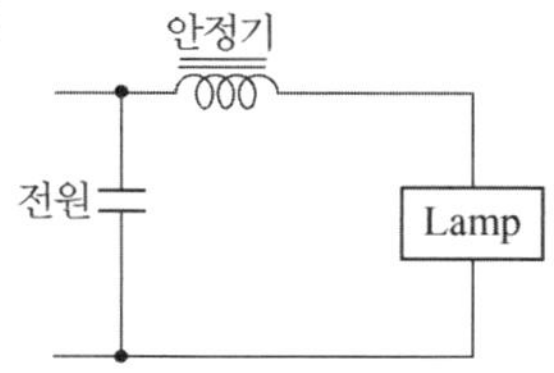

(2) 3상 전파 정류 방식

(3) $\frac{1}{4}$ 배

(4) 계산 : $253,000,000 \times 0.06 = 15,180,000$[원]
답 : 15,180,000 [원]

해 설

(2) 단상 반파 정류 방식 $E_0 = 0.45E_i$
단상 전파 정류 방식 $E_0 = 0.9E_i$
3상 반파 정류 방식 $E_0 = 1.17E_i$
3상 전파 정류 방식 $E_0 = 1.35E_i$

(3) 전력손실 $P_l = 3I^2R = 3\left(\frac{P}{\sqrt{3}\,V\cos\theta}\right)^2 \cdot R = \frac{RP^2}{V^2\cos^2\theta}$ 에서

$P_l \propto \frac{1}{V^2}$ 이므로

$P_l : P_l' = \frac{1}{200^2} : \frac{1}{400^2}$ $\quad \therefore P_l' = \left(\frac{200}{400}\right)^2 \times P_l = \frac{1}{4}P_l$

(4)

전문, 전기, 전기 통신 공사	
공사 원가	일반 관리 비율
5억원 미만	6 [%]
5억원~30억원 미만	5.5 [%]
30억원 이상	5 [%]

문제 06

▸ 출제년도 : 92. 94. 98. 00. 01. ▸ 점수 : 5점

4.5 [m]×4.5 [m]인 엘리베이터 홀에 down light 조명을 하려고 한다. 이 홀의 실지수를 구하시오.(단, 천장의 높이는 3 [m]이고, 천장면의 반사율은 70 [%]이다.)

답안작성

계산 : 실지수 $R \cdot I = \frac{X \cdot Y}{H(X+Y)} = \frac{4.5 \times 4.5}{3(4.5+4.5)} = 0.75$

답 : 0.75

문제 07 ▸ 출제년도 : 00. 07. ▸ 점수 : 8점

그림은 변류기를 영상 접속시켜 그 잔류 회로에 지락 계전기 DG를 삽입시킨 것이다. 선로의 전압은 66 [kV], 중성점에 300 [Ω]의 저항 접지로 하였고, 변류기의 변류비는 300/5 [A]이다. 송전 전력이 20,000 [kW], 역률이 0.8(지상)일 때 a상에 완전 지락 사고가 발생하였다. 물음에 답하시오. (단, 부하의 정상, 역상 임피던스 기타의 정수는 무시한다.)

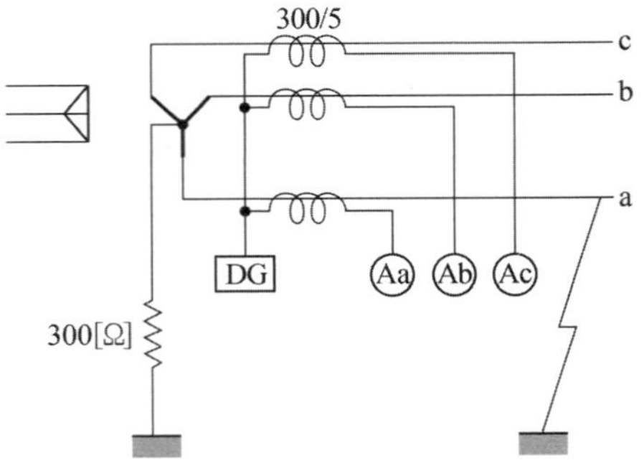

(1) 지락 계전기 DG에 흐르는 전류[A]값은?
  • 계산 : •답 :
(2) a상 전류계 Aa에 흐르는 전류[A]값은?
  • 계산 : •답 :
(3) b상 전류계 Ab에 흐르는 전류[A]값은?
  • 계산 : •답 :
(4) c상 전류계 Ac에 흐르는 전류[A]의 값은?
  • 계산 : •답 :

답안작성

(1) 계산 : 지락전류 $I_g = \dfrac{E}{R} = \dfrac{V}{\sqrt{3} \times R} = \dfrac{66000}{\sqrt{3} \times 300} = 127.02[\text{A}]$

지락계전기에 흐르는 전류 i_n

$i_n = I_g \times \dfrac{5}{300} = 127.02 \times \dfrac{5}{300} = 2.12[\text{A}]$

답 : 2.12[A]

(2) 계산 : 부하전류 $I_L = \dfrac{20000}{\sqrt{3} \times 66 \times 0.8} \times (0.8 - j0.6) = 175 - j131.2 = 218.7[\text{A}]$

지락전류 $I_g = \dfrac{66000}{\sqrt{3} \times 300} = 127[\text{A}]$

고장상 a에는 I_L과 I_g가 중첩해서 흐르므로

$I_a = I_L + I_g = 175 - j131.2 + 127 = 302 - j131.2 = 329.3[\text{A}]$

$A_a = I_a \times \dfrac{5}{300} = 329.3 \times \dfrac{5}{300} = 5.49[\text{A}]$

답 : 5.49 [A]

(3) 계산 : 부하전류 $I_L = \frac{20000}{\sqrt{3} \times 66 \times 0.8} \times (0.8 - j0.6) = 175 - j131.2 = 218.7[A]$

$$A_b = I_L \times \frac{5}{300} = 218.7 \times \frac{5}{300} = 3.65[A]$$

답 : 3.65 [A]

(4) 계산 : 부하전류 $I_L = \frac{20000}{\sqrt{3} \times 66 \times 0.8} \times (0.8 - j0.6) = 175 - j131.2 = 218.7[A]$

$$A_c = I_L \times \frac{5}{300} = 218.7 \times \frac{5}{300} = 3.65[A]$$

답 : 3.65 [A]

해 설

중성점 저항접지 방식이므로 지락사고시 a상에 흐르는 지락전류는 유효분만 존재한다.

문제 08

▸ 출제년도 : 00. ▸ 점수 : 5점

도면을 보고 다음 물음에 답하시오.

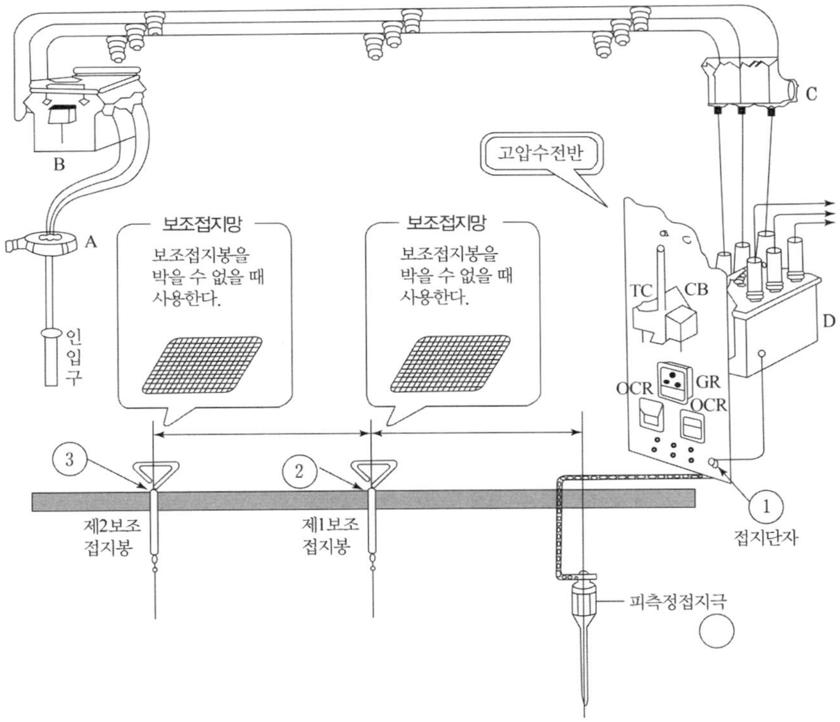

(1) 도면에 표시된 A의 명칭은?

(2) 도면에 표시된 B의 명칭은?

(3) 도면에 표시된 C의 명칭은?

(4) 도면에 표시된 D의 명칭은?

답안작성

(1) 영상 변류기 (2) 계기용 변성기 (3) 단로기 (4) 교류 차단기

문제 09 ▸ 출제년도 : 98. 00. 04. 07. ▸ 점수 : 4점

다음의 회로와 같은 단상 3선식 100/200 [V]로 전열기 및 전동기에 전기를 공급하는 경우 설비의 불평형률을 구하시오.

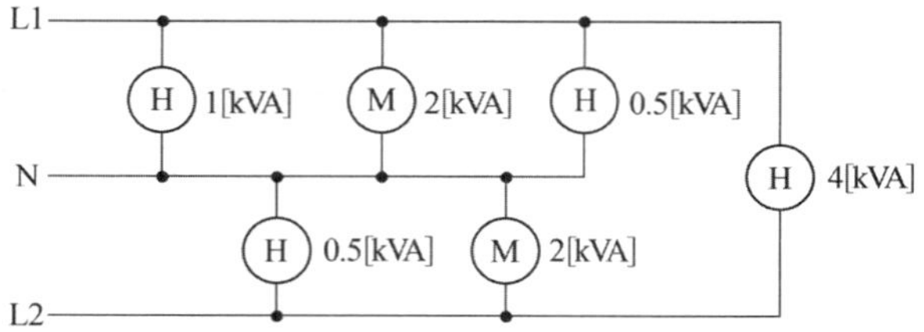

답안작성

계산 : 설비불평형률 $= \dfrac{(1+2+0.5)-(2+0.5)}{\frac{1}{2}(1+2+0.5+4+0.5+2)} \times 100 = 20$ [%] 답 : 20 [%]

해 설

단상 3선식에서의 설비불평형률

설비불평형률 $= \dfrac{\text{중성선과 각 전압측 전선간에 접속되는 부하 설비용량[kVA]의 차}}{\text{총 부하 설비용량의 } 1/2} \times 100$ [%]

여기서, 불평형률은 40 [%] 이하이어야 한다.

문제 10 ▸ 출제년도 : 88. 00. 04. 05. 07. ▸ 점수 : 4점

공구 손료는 일반 공구 및 시험 검사용 일반 계측 기구류의 손료로서 공사중 상시 일반적으로 사용하는 것을 말하며 직접 노무비(제수당 상여금 또는 퇴직 급여 충당금을 제외)의 몇 [%]를 계상할 수 있는가?

답안작성

3 [%]

문제 11 ▸ 출제년도 : 00. ▸ 점수 : 5점

메탈 할라이드 등의 특징을 5가지로 구분하여 쓰시오.

답안작성

① 휘도가 높다.
② 한등당 전력 및 광속이 크고 배광제어가 용이
③ 수명이 길고 효율이 전구에 비하여 높다.
④ 시동에 수분간 시간이 소요된다.
⑤ 수은등에 비해 연색성이 좋다.

문제 12 ▸ 출제년도 : 00. 02. ▸ 점수 : 5점

도면은 옥내 배선의 배치도이다. 범례와 동작 설명을 이해하고 결선도(시퀀스)를 주어진 답안지에 전기적으로 정확하게 그리시오.

[동작사항]

(1) 스위치 S를 ON하고 PB_1을 누르면 릴레이(Ry_1)가 여자되고 버저 B가 울림과 동시에 전등 R_1, R_2가 직렬로 점등된다. 다음 PB_2를 누르면 릴레이(Ry_1)가 소자되고 버저(B)가 정지함과 동시에 릴레이(Ry_2)가 여자되어 전등 R_1, R_2가 병렬 점등된다.

(2) 스위치 S를 OFF하면 모든 동작이 정지한다.

[범례]

Ry : 릴레이, PB : 누름 버튼, R : 램프, S : 스위치, B : 버저,

J : 정크션 박스, KS : 단투 커버 나이프이고 기타는 생략한다.

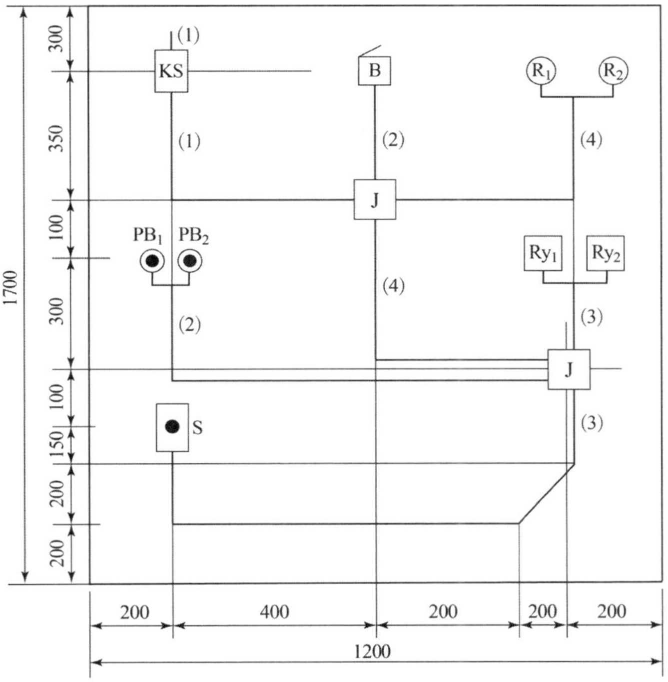

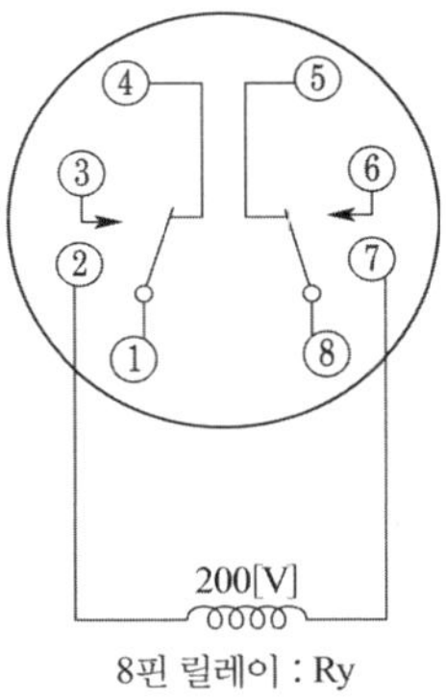

답안작성

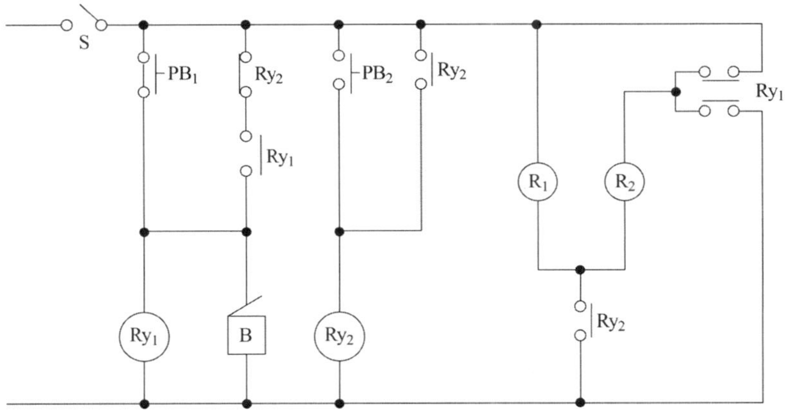

문제 13 ▸ 출제년도 : 97. 00. 05. ▸ 점수 : 16점

도면은 리액터 기동회로의 일부를 그린 것이다. 물음에 답하시오.

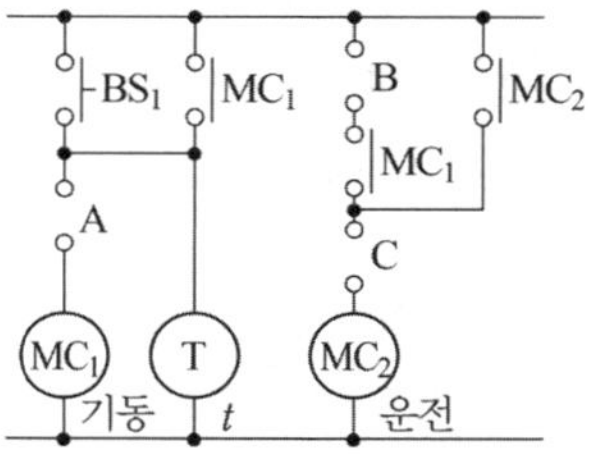

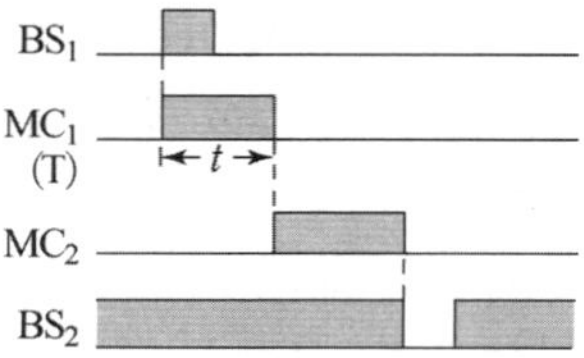

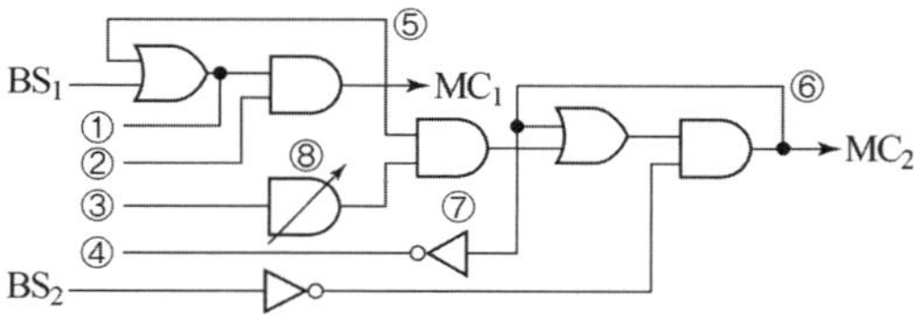

(1) 릴레이 회로의 A, B, C를 각각의 접점기구를 그리고 이름을 쓰시오.
   (예 : –o‾o– MC)

(2) 로직회로의 ①~④중에서 서로 연결하여 회로를 완성하시오.

(3) 로직회로의 ⑤~⑧과 같은 기능을 릴레이 회로에서 찾아 접점 이름(예 : $MC_{1(a)}$, A)를 각각 쓰시오.

(4) 릴레이 회로의 접점기구는 7개이다. 여기서 기동 기능은 (가), (나) 정지기능은 (다), (라) 유지기능은 (마), (바) 기동준비 기능은 (사)이다. ( )안에 각각 접점 이름을 쓰시오. (예 : $MC_{1(a)}$, A)

답안작성

(1) A : 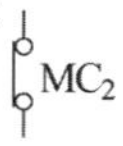

B : 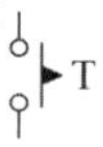

C : 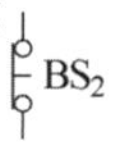

(2) ① – ③, ② – ④

(3) ⑤ $MC_{1(a)}$ ⑥ $MC_{2(a)}$ ⑦ $MC_{2(b)}$ ⑧ $T_{(a)}$

(4) (가) BS_1 (나) B (다) A (라) C
   (마) $MC_{1(a)}$ (바) $MC_{2(a)}$ (사) $MC_{1(a)}$

출제기준 변경 및 개정된 관계법규에 따라 삭제된 문제가 있어 배점의 합계가 100점이 안됩니다.

국가기술자격검정 실기시험문제 및 답안지

2000년도 **산업기사** 일반검정 제 **5** 회			수험번호	성 명	감독위원 확 인
자격종목(선택분야)	시험시간	형별			
전기공사산업기사	2시간 00분				

※ 다음 물음에 답을 해당 답란에 답하시오.(배점 : 100점)

문제 01 ▸ 출제년도 : 94. 00. 02. ▸ 점수 : 5점

계기의 급별에서 용도에 따라 급별을 쓰시오.

(1) 대형 부표준기

(2) 휴대용 계기(정밀급)

(3) 소형 휴대용 계기(정밀 측정)

(4) 배전반용 계기(공업용 보통 측정)

(5) 배전반용 소형 계기

답안작성

(1) 0.2급 (2) 0.5급 (3) 1.0급 (4) 1.5급 (5) 2.5급

문제 02 ▸ 출제년도 : 94. 00. ▸ 점수 : 6점

그림을 보고 (1) 단상 유도 전압 조정기 (2) 3상 유도 전압 조정기의 복선도용 심벌을 그리시오.

(1)

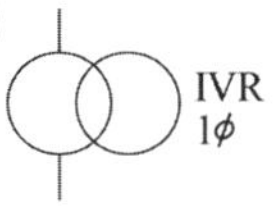

(2)

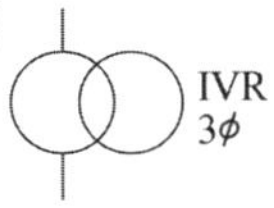

답안작성

(1)

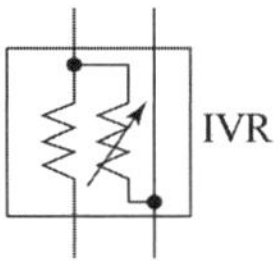

(2)

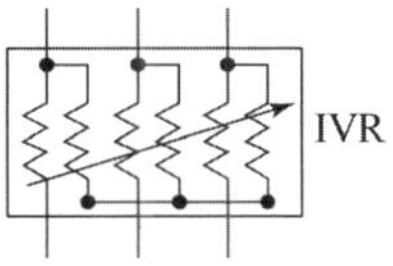

문제 03 ▸ 출제년도 : 00. ▸ 점수 : 5점

송전선로에서 매설 지선의 설치 목적은?

답안작성

철탑의 탑각 접지저항을 낮추어 역섬락 방지

문제 04 ▸ 출제년도 : 98. 00. ▸ 점수 : 5점

1차 전압 6600 [V], 2차 전압 210 [V]인 주상 변압기 용량이 15 [kVA]이다. 이 변압기에서 공급하는 저압 전선로 누설 전류[mA]의 최대 한도는?

답안작성

계산 : $I_g = \frac{15 \times 10^3}{210} \times \frac{1}{2000} = 0.03571\,[\mathrm{A}]$ 답 : 35.71 [mA]

해 설

최대 누설 전류 한도

저압 전선로 중 절연부분의 전선과 대지간 및 전선의 심선 상호간의 절연저항은 사용전압에 대한 누설전류(I_g)가 최대 공급 전류의 1/2000을 넘지 않도록 유지하여야 한다.

즉, 허용 누설 전류 ≤ 최대 공급 전류× $\frac{1}{2000}$

문제 05 ▸ 출제년도 : 00. 04. ▸ 점수 : 6점

우리나라 배전선로의 주된 배전전압과 배전방식에 대하여 정확히 쓰시오.

답안작성

- 주된 배전전압 : 22.9 [kV]
- 배전 방식 : 3상 4선식(3ϕ4W)

문제 06 ▸ 출제년도 : 00. ▸ 점수 : 5점

우리나라 지중배전선로에 주로 사용되는 케이블의 명칭은?

답안작성

동심중성선 수밀형 전력 케이블

해 설

CN-CV : 동심중성선 차수형 전력 케이블

CN-CV-W : 동심중성선 수밀형 전력 케이블

문제 07 ▸ 출제년도 : 00. ▸ 점수 : 5점

전기 통신 전문 공사에서 3억원 이상일 때 일반관리 비율은 몇 [%]인가?

답안작성

5 [%]

해 설

전문, 전기, 전기 통신 공사	
공사 원가	일반 관리 비율
5억원 미만	6 [%]
5억원~30억원 미만	5.5 [%]
30억원 이상	5 [%]

문제 08 ▸ 출제년도 : 90. 92. 96. 98. 00. ▸ 점수 : 12점

다음 문제를 읽고(필요시는 참고자료 이용) 주어진 식과 답을 쓰시오.

(1) DV 5.5 [mm^2]×2C 가공인입 3조를 시설할 때 1경간의 소요인공을 계산하시오.

(2) PVC 전선관 36 [mm], 150 [m]를 콘크리트 매입 시공하고 후강전선관 36 [mm], 250 [m]를 철강조 노출로 시공할 때의 소요인공을 계산하고 계를 구하시오.

(3) 주택가에서 배전 선로 공사를 할 때 지세별 할증률은 몇 [%]로 적용하는가?

(4) NR 전선 25 [mm^2]가 바닥면에 1200 [m], 천장에 2400 [m], 벽면에 400 [m] 시설된다. 전체 소요전선의 수량을 계산하시오.

(5) 35 [mm^2] NR 전선 6본과 25 [mm^2] 1본을 같은 후강전선관에 수용시공할 때 전선관의 굵기는? (단, 절연체 두께를 포함한 전선의 바깥지름은 35 [mm^2]는 10.9 [mm]이고, 25 [mm^2]은 9.7 [mm]임. 전선관내 단면적의 32 [%] 수용이고, 표 이외의 사항은 무시한다.)

(6) 콘크리트주 12 [m] 12본과 지선 St 7/2.8 4본을 교체하는 데 필요한 소요 인공을 계산하고 계를 각각 구하시오.

[참고자료]

[표 1] 전선관 배관 [m당]

박강(迫鋼) 및 PVC 전선관			후강 전선관	
규 격		내선전공	규 격	내선전공
박 강	PVC			
	14 [mm]	0.04	16 [mm](1/2 [mm])	0.08
15 [mm]	16 [mm]	0.05	22 [mm](3/4 [mm])	0.11
19 [mm]	22 [mm]	0.06	28 [mm](1 [mm])	0.14
25 [mm]	28 [mm]	0.08	36 [mm](11/4 [mm])	0.20
31 [mm]	36 [mm]	0.10	42 [mm](11/2 [mm])	0.25
39 [mm]	42 [mm]	0.13	54 [mm](1/2 [mm])	0.34
51 [mm]	54 [mm]	0.19	70 [mm](2 [mm])	0.44
63 [mm]	70 [mm]	0.28	82 [mm](2 1/2 [mm])	0.54
75 [mm]	82 [mm]	0.37	90 [mm](3 [mm])	0.60
	100 [mm]	0.45	104 [mm](4 [mm])	0.71
	104 [mm]	0.46		

[해설] ① 콘크리트 매입 기준임
② 철근 콘크리트 노출 및 블록칸막이 벽 내는 120 [%], 목조 건물은 110 [%], 철강조 노출은 125 [%]
③ 기설 콘크리트 노출공사시 앵커볼트 매입깊이가 10 [cm] 이상인 경우는 앵커볼트 매입품을 별도 계상하고 전선관 설치품은 매입품으로 계상한다.
④ 천장 속, 마루 밑 공사 130 [%]

[표 2] 건주공사

규 격	주입목주		콘크리트주	
	배전전공	보통인부	배전전공	보통인부
6 [m] 이하	0.64	0.72	0.72	0.81
7	0.68	0.77	1.23	1.40
8	0.83	0.94	1.66	1.88
9	0.93	1.03	1.68	2.13
10	1.03	1.12	2.01	2.55
11	1.24	1.31	2.50	2.63
12	1.44	1.50	2.86	3.00
14	1.82	2.12	3.60	4.24
16	2.50	2.60	5.10	5.20
17	3.15	3.37	6.50	6.74

[해설] ① 단굴토, 매토품 포함, 완목, 완철 설치품 불포함, 암반터파기는 별도 가산
② 틀 1본 포함, 1본 추가마다 10 [%] 가산
③ 지주공사는 건주공사품을 적용
④ 불주입주 이 품의 80 [%]
⑤ 묻음은 길이의 1/6 이상임
⑥ 철거 : 콘크리트주 50 [%](재사용 가능품 : 80 [%]), 목주, 50 [%], 목주 잘라냄 35 [%]

[표 3] 지선신설

규 격	배전전공	보통인부
4.0 [mm] 철선		
깊이(1.2 [m]) 4조 이하	0.45	0.34
(1.5 [m]) 6조 이하	0.57	0.43
(〃) 8조 이하	0.75	0.56
(1.7 [m]) 10조 이하	1.11	0.83
(〃) 12조 이하	1.54	1.16
(〃) 15조 이하	1.90	1.43
(1.8 [m]) 18조 이하	2.35	1.73
연선		
7/2.3 [mm] 이하	0.35	0.26
7/2.6~7/2.9 〃	0.50	0.38
7/3.2 〃	0.70	0.45
7/4.0 〃	0.70	0.45
7/4.5 〃	0.70	0.45
7/5.0 〃	0.73	0.45
7/5.5 〃	0.73	0.46
7/6.5 〃	0.73	0.47

[해설] ① 틀 포함(길이 1.2 [m] 이상)
② 터파기, 되메우기 및 틀 매설품 포함
③ 애자 삽입시는 배전전공 0.08인 가산
④ 장력조정은 이품의 10 [%]
⑤ 절단 철거는 이품의 10 [%]
⑥ 철거는 이품의 30 [%]
⑦ 수평지선, 공동지선은 이품의 160 [%]
⑧ Y지선은 이품의 120 [%]
⑨ 2단 지선은 이품의 150 [%]
⑩ 이설은 이품의 130 [%]
⑪ 수평지선의 지주설치는 지주품에 준함

[표 4] 인입선 배선

구 분	배전전공
OW 8 [mm^2] 이하×2C	0.25
14 〃	0.32
22 〃	0.42
30 〃	0.51
38 〃	0.65
60 〃	0.85
100 〃	1.15
200 〃	2.00

[해설] ① 철거는 50 [%] 교체 150 [%]
② DV선 80 [%]
③ 가공인입선 3조일 때는 130 [%], 가공인입선 4조일 때는 150 [%]

[표 5] 후강전선관의 내단면적의 32[%] 및 48[%]

전선관의 굵기[호]	내단면적의 32 [%] [mm^2]	내단면적의 48 [%] [mm^2]	전선관의 굵기 [호]	내단면적의 32 [%] [mm^2]	내단면적의 48 [%] [mm^2]
16	67	101	54	732	1098
22	120	180	70	1216	1825
28	201	301	82	1701	2552
36	342	513	92	2205	3308
42	460	690	104	2843	4265

답안작성

(1) 표 4에서 배전전공 : $0.25 \times 1.3 \times 0.8 = 0.26$ [인]

(2) 표 1에서 내선전공 : $0.1 \times 150 + 0.2 \times 1.25 \times 250 = 77.5$ [인]

(3) 10 [%]

(4) $(1200 + 2400 + 400) \times 1.1 = 4400$ [m]

(5) 전선의 총 단면적$= \frac{\pi}{4} d^2 \times n = \frac{\pi}{4} \times 10.9^2 \times 6 + \frac{\pi}{4} \times 9.7^2 = 633.78$[$mm^2$]

표 5에서 전선관 내단면적의 32 [%]가 633.78 [mm^2]를 초과하는 732 [mm^2]인 54 [호] 후강전선관 선정

(6) ① 표 2에서 콘크리트 전주 : 배전전공 $2.86 \times 1.5 \times 12 = 51.48$[인]
보통인부 $3.0 \times 1.5 \times 12 = 54$ [인]

② 지선 : 배전전공 $0.5 \times 4 \times 1.3 = 2.6$ [인]
보통인부 $0.38 \times 4 \times 1.3 = 1.98$ [인]

계 : 배전전공 $51.48 + 2.6 = 54.08$ [인]
보통인부 $54 + 1.98 = 55.98$ [인]

문제 09 ▸ 출제년도 : 98. 00. 05. ▸ 점수 : 5점

피뢰기를 설치하여야 할 개소 중 IKL(Isokeraunic-level)이 11일 이상인 지역에서는 전선로 매 500 [m]이내마다 LA를 설치하고 있다. 여기에서 IKL이란?

답안작성

연간 뇌우 발생 일수

문제 10 ▸ 출제년도 : 98. 00. 02. ▸ 점수 : 5점

분전반에서 40 [m] 떨어진 회로의 끝에서 단상 2선식 220 [V] 전열기 8800 [W] 2대 사용시, NR 전선의 굵기는? (단, 전압강하는 2 [%] 이내로 하고 전류감소계수는 없는 것으로 하고 최종 답은 공칭단면적 값을 쓰시오.)

답안작성

계산 : $A = \dfrac{35.6LI}{1000 \cdot e} = \dfrac{35.6 \times 40 \times \dfrac{8800 \times 2}{220}}{1000 \times 220 \times 0.02} = 25.89\ [\text{mm}^2]$

답 : 35 [mm²]

해 설

• 전선규격

1.5, 2.5, 4, 6, 10, 16, 25, 35, 50, 70, 95, 120, 150, 185, 240, 300, 400, 500, 630[mm²]

문제 11 ▸ 출제년도 : 94. 98. 00. ▸ 점수 : 6점

그림과 같이 시설하는 지선의 명칭은?

(1)

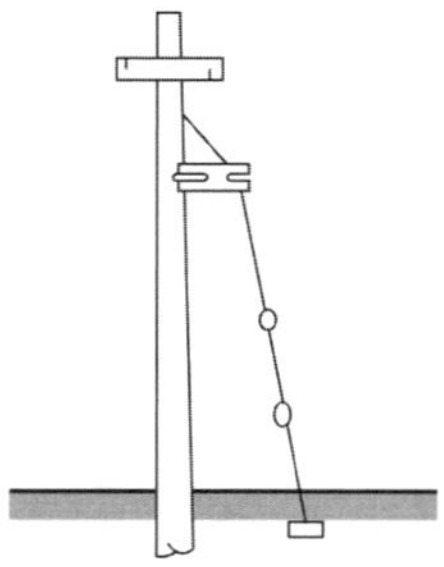

(2)

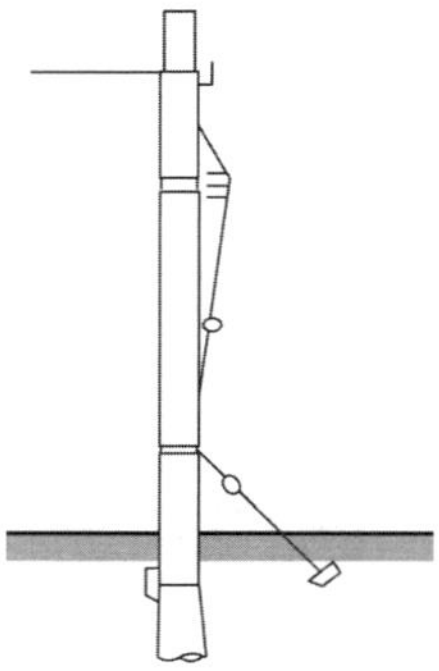

답안작성

(1) A형 궁지선

(2) R형 궁지선

문제 12 ▸ 출제년도 : 95. 00. ▸ 점수 : 5점

 심벌의 명칭은?

답안작성

벽붙이 누름 버튼

문제 13 ▸ 출제년도 : 00. ▸ 점수 : 5점

철탑 조립시 볼트의 조임 정도를 측정하는 기구는 무엇인가?

답안작성

토-크 렌치(Torque 렌치)

문제 14 ▸ 출제년도 : 00. ▸ 점수 : 5점

3상 154 [kV] 나 345 [kV] 선로에 주로 사용하는 접지 방식은?

답안작성

직접 접지 방식

문제 15 ▸ 출제년도 : 97. 00. ▸ 점수 : 5점

다음 그림은 물건을 오르내리는 소형 호이스트의 로직회로이다. 다음 물음에 답하시오. (단, AND(A), OR(O), NOT(N), R(시작), W(출력) 명령어이다. 또, BS를 먼저 그린다.)

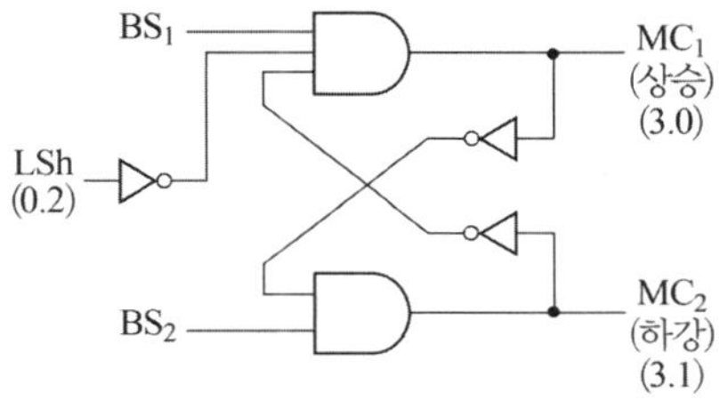

(a)

step	op	add
0	R	0.0
1	(　)	0.2
2	(　)	3.1
3	W	3.0
4	R	0.1
5	(　)	3.0
6	R	3.1

(b)

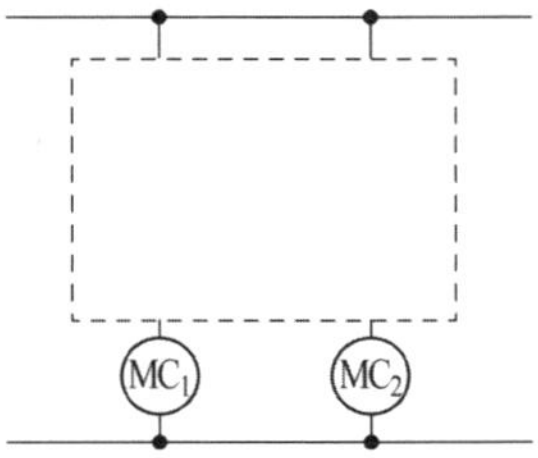

(c)

(1) (b) 그림의 PLC 프로그램의 (　　　) 안에 알맞은 명령어를 쓰시오.

(2) (c) 그림의 릴레이 시퀀스를 답란에 완성하고, 문자기호를 쓰시오.

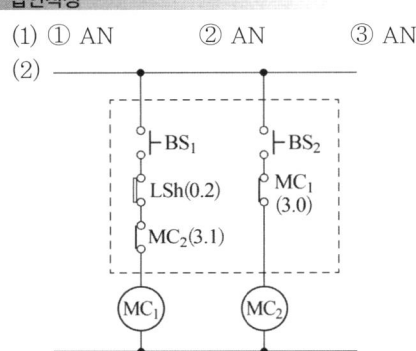

답안작성

(1) ① AN　② AN　③ AN

(2)

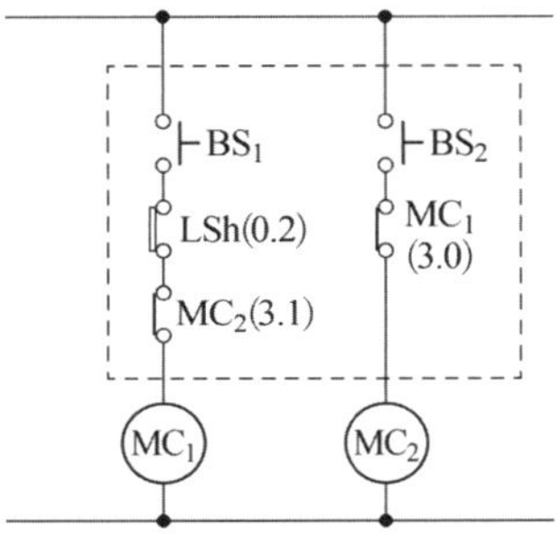

문제 16 ▸ 출제년도 : 94. 00. ▸ 점수 : 5점

주상 변압기의 2차측이나 저압 분기회로의 분기점등에 설치하는 것은?

답안작성

캣치 홀드

문제 17 ▸ 출제년도 : 00. ▸ 점수 : 10점

다음 동작 설명을 읽고 주어진 답안지 점선 안에 회로 결선을 완성하여라.
(단, 표기 방법은 범례를 준할 것.)

[동작사항]

① 나이프 스위치 KS를 ON하고, 스위치 S_1을 ON하면 R_2가 점등된다.

② PB를 누르면 타이머 T의 작용으로 MC가 동작되며, R_1이 점등되며 R_2가 소등되고 일정 시간 후(t초 후) T의 작용으로 MC가 정지하며 R_1이 소등되고 R_2와 R_3가 점등된다.

③ 열동 계전기(THR)가 동작하면 플리커 릴레이 FR이 동작하며, 전등 R_4, R_5가 교대로 파상적인 동작을 한다.

④ S_1을 OFF하면 회로는 차단된다.

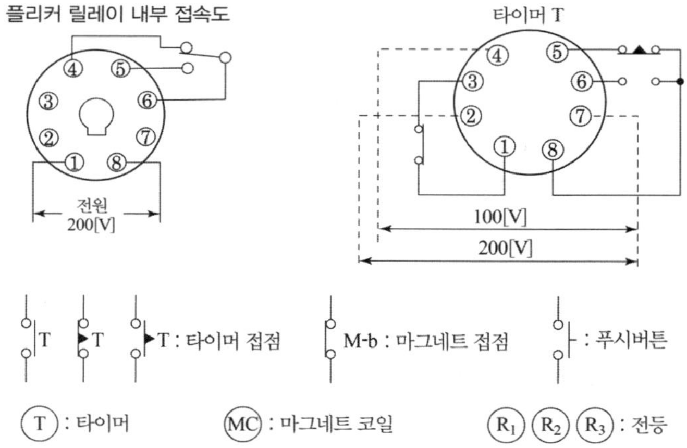

답안작성

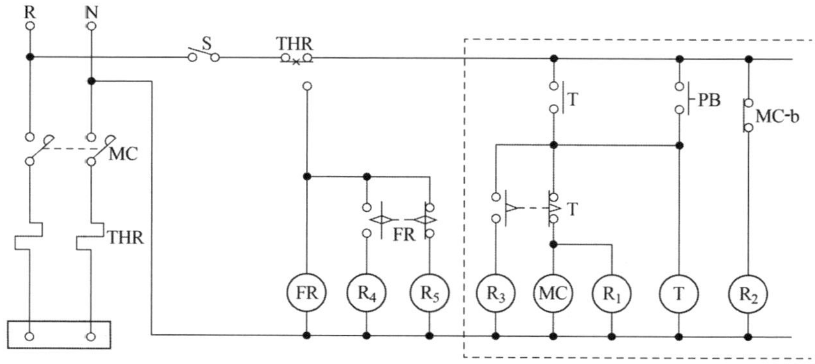

국가기술자격검정 실기시험문제 및 답안지

2000년도 산업기사 일반검정 제 6 회

자격종목(선택분야)	시험시간	형별	수험번호	성 명	감독위원 확 인
전기공사산업기사	2시간 00분				

※ 다음 물음에 답을 해당 답란에 답하시오.(배점 : 100점)

문제 01 ▸출제년도 : 98. 00. ▸점수 : 6점

그림의 수전설비에서 59가 OVR(과전압 계전기)이면 51과 27은 각각 무엇인지 영문약자 표기로 답하시오.

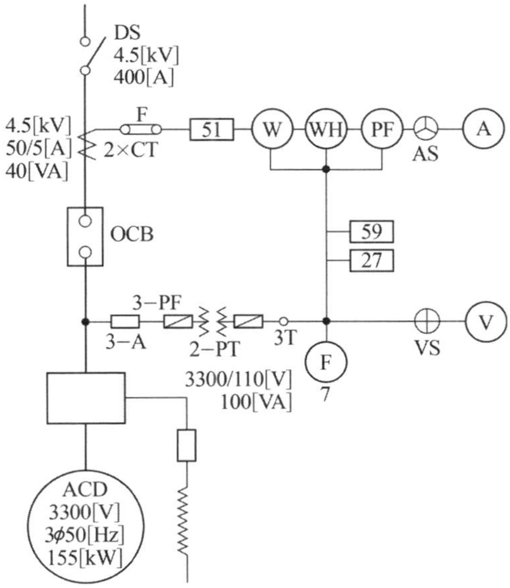

답안작성

- 51 : OCR
- 27 : UVR

해 설

- 51 : 과전류 계전기(OCR)
- 27 : 부족전압 계전기(UVR)

문제 02 ▸ 출제년도 : 98. 00. ▸ 점수 : 6점

다음 결선과 같은 단상변압기 3대가 있다. 물음의 조건으로 결선하시오.

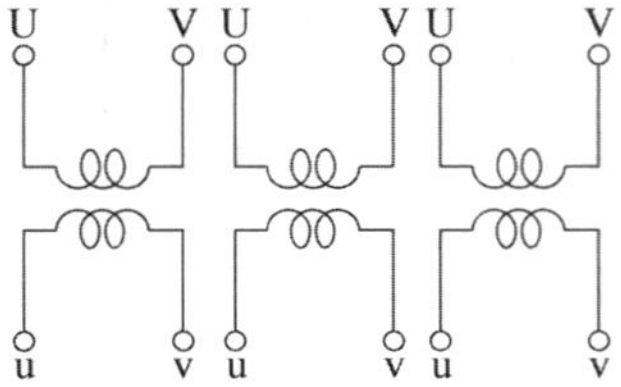

(1) STAR-STAR 결선 (Y-Y)

(2) STAR-DELTA 결선 (Y-△)

답안작성

(1)

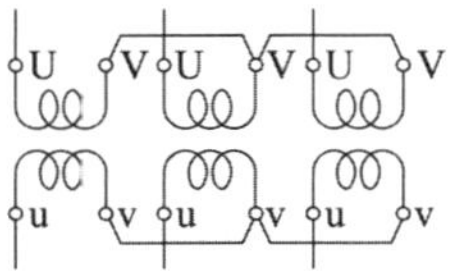

(2)

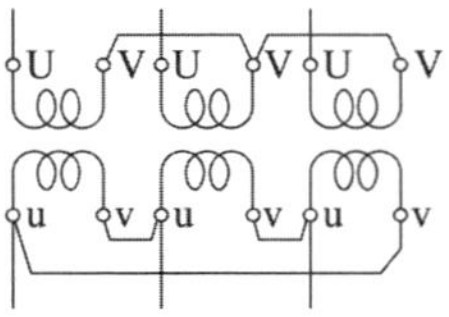

문제 03 ▸ 출제년도 : 95. 98. 00. 01. ▸ 점수 : 13점

22.9[kV] 배전선로이다. 그림과 참고표를 이용하여 물음에 답하시오.

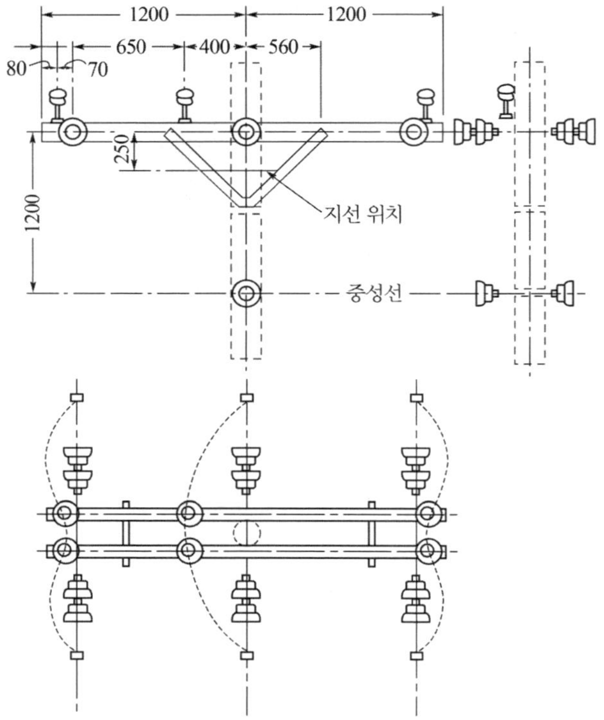

[물음]

그림의 애자를 노후로 인하여 교체하는 경우 총 인건비(직접 노무비 포함)는 얼마인가?

단, • 간접 노무비를 15 [%](가정)로 계산한다.

• 노임단가는 배전전공 15860원, 보통인부 6520원이다. (가정)

• 소수점은 넷째 자리에서 반올림하여 셋째 자리까지 구한다.

• 인공을 산출한 후 이를 합계하여 노임단가를 적용하여 원까지만 구하고 소수점 이하는 버린다.

• 애자 노후로 인하여 교체되어야 할 애자 종류 및 수량은 다음과 같다.

① 특고압용 현수 애자 : 14개

② 특고압용 핀 애자 : 6개

배전용 애자 및 랙크(Rack) 신설 (개당)

종 별	배전 전공	보통 인부
특고압용 핀 애자	0.064	0.126
고압 및 특고압 현수 애자	0.065	0.05
고압용 핀 애자	0.044	−
인류 애자	0.056	−
내장 애자	0.035	0.083
저압용 핀 애자	0.034	−
저압용 인류 애자	0.044	−
랙크 1선용	0.125	−
랙크 2선용	0.20	−
랙크 3선용	0.275	−
랙크 4선용	0.350	−

[해설] ① 애자 철거 50 [%](재사용 80 [%])
② 애자 교환 또는 갈아 끼우기 : 150 [%]
③ 인류 애자는 다대 애자를 고친 것임.
④ 애자 닦기
가. 주상(탑상) 손 닦기 : 신설품의 50 [%]
나. 주상(탑상) 기계 닦기 : 기계 손료만 계상(인건비 포함)
다. 발췌 손 닦기는 신설품의 170 [%]
⑤ 특고압용 라인 포스트 애자 취급품은 특고압용 핀애자 취급품에 준함
⑥ 랙크 철거는 이 품의 30 [%](재사용 50 [%]) 적용함

답안작성

배전전공 : $0.065 \times 14 \times 1.5 + 0.064 \times 6 \times 1.5 = 1.941$ [인]

보통인부 : $0.05 \times 14 \times 1.5 + 0.126 \times 6 \times 1.5 = 2.184$ [인]

배전전공 노임 : $1.941 \times 15860 = 30{,}784$ [원]

보통인부 노임 : $2.184 \times 6520 = 14{,}239$ [원]

직접 노무비 $= 30{,}784 + 14{,}239 = 45{,}023$ [원]

간접 노무비 $= 45{,}023 \times 0.15 = 6{,}753$ [원]

노무비계 $= 45{,}023 + 6{,}753 = 51{,}776$ [원]

답 : 51,776 [원]

문제 04 ▸ 출제년도 : 00. ▸ 점수 : 8점

다음과 같은 전열 수구배치 평면도가 있다. 분전반에서부터 각 전열수구까지의 최단거리 시공을 위한 배관배선도를 하기 심볼을 사용하여 전열수구 배치평면도 위에 완성하고 소요전선관의 길이를 산출하시오.

단, ① 모든 콘센트의 높이는 바닥에서 30 [cm] 상부에 분전반의 설치높이는 바닥에서 분전반 하단까지를 120 [cm]로 한다.

② 회로는 1회로로 구성한다.

③ 매입 배관에 따른 전선관 매입 증가분은 고려하지 않는다.

④ 전선관 배관의 할증은 별도없는 것으로 한다.

[심볼]

------ : 바닥매입 배관배선 16C(NR · 2-2.5 [mm^2], E · 2.5 [mm^2])

◐ : 전열수구, ▶◀ : 분전반

소수점 이하는 버린다.

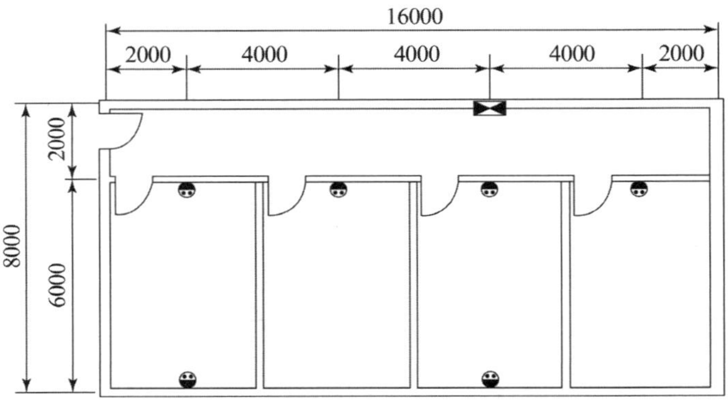

전열수구배치 평면도 (단위 : mm)

답안작성

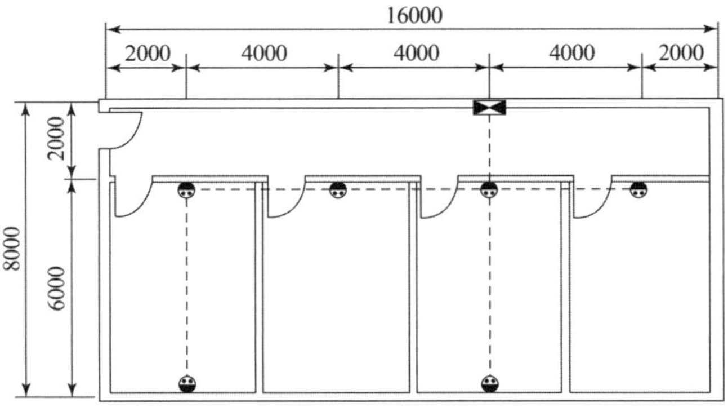

계산 : 전선관 소요 길이 $L = 2\times1 + 6\times2 + 4\times3 + 0.3\times11 + 1.2 = 30.5$ [m]

답 : 30 [m]

문제 05 ▸ 출제년도 : 98. 00. 07. ▸ 점수 : 8점

다음 그림은 변전설비의 단선결선도이다. 물음에 답하시오.

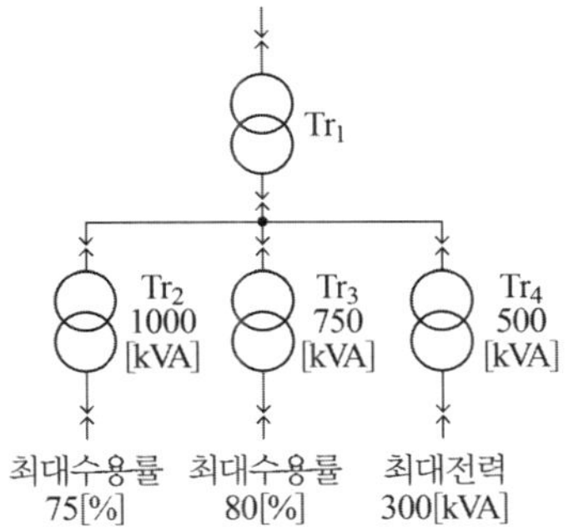

(1) 부등률이란? (식으로 나타내시오.)

(2) 부등률 적용 변압기는?

(3) Tr_1의 부등률은 얼마인가? (단, 최대 합성 전력은 1,320 [kVA])

(4) Tr_1의 표준 용량은 몇 [kVA]인가?

답안작성

(1) $\text{부등률} = \dfrac{\text{각 개 최대 수용 전력의 합}}{\text{합성 최대 수용 전력}}$

(2) Tr_1

(3) 계산 : $\text{부등률} = \dfrac{1000 \times 0.75 + 750 \times 0.8 + 300}{1320} = 1.25$

답 : 1.25

(4) 최대 전력이 1320 [kVA]이므로 1500 [kVA]로 선정

답 : 1500 [kVA]

해 설

$$\text{부등률} = \frac{\text{각 개 최대 수용 전력의 합}}{\text{합성 최대 수용 전력}} = \frac{\sum \text{부하 설비 용량 [kVA]} \times \text{수용률}}{\text{합성 최대 수용 전력}} = \frac{\sum \text{부하 설비 용량 [kW]} \times \text{수용률}}{\text{합성 최대 수용 전력} \times \text{역률}}$$

문제 06 ▸ 출제년도 : 00. ▸ 점수 : 5점

송전선로의 가선 시공에서 조립식 가선공법이란 무엇인가?

답안작성

가선 구간별로 전선을 구매하여 지상에서 현수 애자에 압축형 인류 크램프를 사용하여 전선을 압축 시공후 장비를 사용하여 철탑에 가선하는 공법

문제 07 ▸ 출제년도 : 00. ▸ 점수 : 5점

철탑에 소호각(Arcing horn)이나 소호환(Arcing ring)을 설치하는 목적은?

답안작성

애자련 보호 및 전압 분포 개선

문제 08 ▸ 출제년도 : 98. 00. ▸ 점수 : 10점

다음 시가지에 있어서 6600 [V]의 고압가공 전선로(OC선)에서 지중 케이블에 의해 자가용 변전소에 인입되는 경우의 배치도이다. 다음 (1)~(5)의 질문에 답하여라.

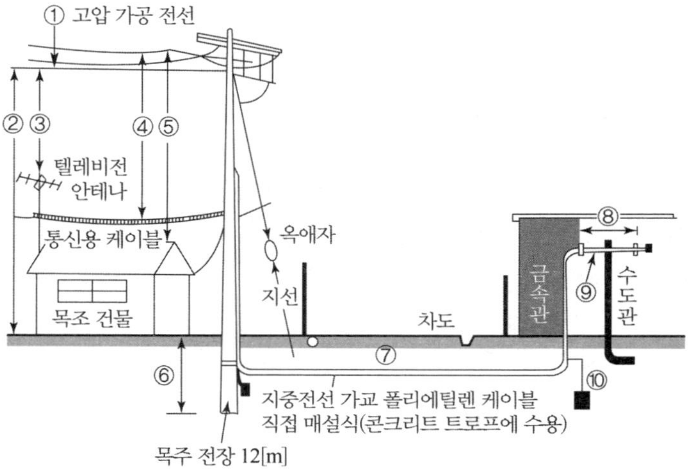

(1) ⑥으로 표시된 전주의 매입되는 깊이는?

(2) ⑦로 표시된 고압케이블의 매설 깊이는 얼마인가?

(3) ①로 표시된 고압가공전선에 경동선을 사용하는 경우 전선의 최소 굵기는?

(4) ⑤로 표시된 고압가공전선과 지붕과의 최소 이격 거리는?

답안작성

(1) $12\,[\text{m}] \times \frac{1}{6} = 2\,[\text{m}]$

(2) 1 [m] (3) 5.0 [mm] (4) 2 [m]

해 설

(2) KEC 334.1 지중전선로의 시설

① 지중 전선로는 전선에 케이블을 사용하고 또한 관로식 · 암거식(暗渠式) 또는 직접 매설식에 의하여 시설하여야 한다.

② 지중 전선로를 직접 매설식에 의하여 시설하는 경우에는 매설 깊이를 차량 기타 중량물의 압력을 받을 우려가 있는 장소에는 1.0[m] 이상, 기타 장소에는 0.6[m] 이상으로 하고 또한 지중 전선을 견고한 트라프 기타 방호물에 넣어 시설하여야 한다.

(3) KEC 332.3 고압 가공전선의 굵기 및 종류

고압 가공전선은 인장강도 8.01[kN] 이상의 고압 절연전선, 특고압 절연전선 또는 지름 5[mm] 이상의 경동선의 고압 절연전선, 특고압 절연전선을 사용하여야 한다.

(4) KEC 332.11 고압 가공전선과 건조물의 접근, KEC 222.11 저압 가공전선과 건조물의 접근
저·고압 가공전선과 건조물의 조영재 사이의 이격거리는 표에서 정한 값 이상일 것.

사용 전압 부분 공작물의 종류			저압 [m]	고압[m]
건조물	상부 조영재 위쪽	일반적인 경우	2	2
		전선이 고압절연전선	1	2
		전선이 케이블인 경우	1	1
	기타 조영재 또는 상부조영재의 옆쪽 또는 아래쪽	일반적인 경우	1.2	1.2
		전선이 고압절연전선	0.4	1.2
		전선이 케이블인 경우	0.4	0.4
		사람이 쉽게 접근 할 수 없도록 시설한 경우	0.8	0.8

문제 09

▸ 출제년도 : 00. ▸ 점수 : 5점

배전 변전소에서 진상 콘덴서를 설치하는 주된 목적은?

답안작성

전압강하 보상

해 설

수용가에 설치하는 병렬 콘덴서 : 역률을 향상시켜 선로손실을 경감시키는 목적

문제 10

▸ 출제년도 : 95. 00. ▸ 점수 : 5점

다음 로직 시퀀스를 이해하고 미완성된 릴레이 시퀀스도를 완성하시오.

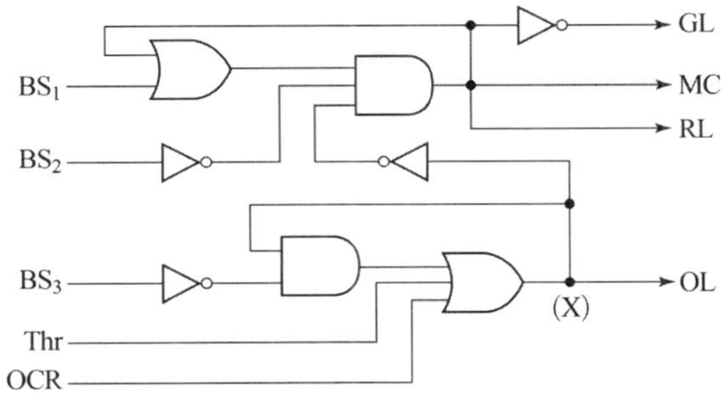

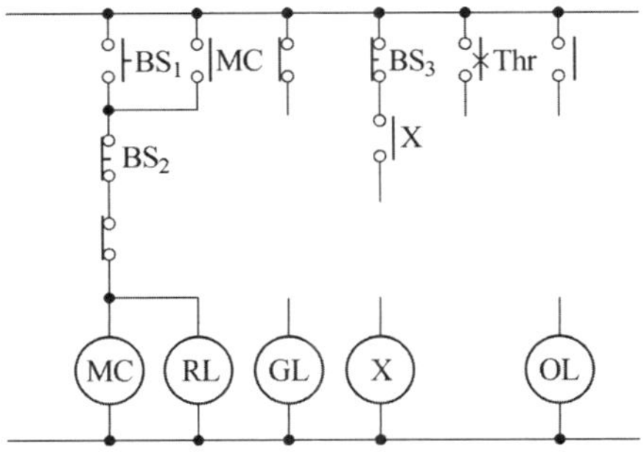

답안작성

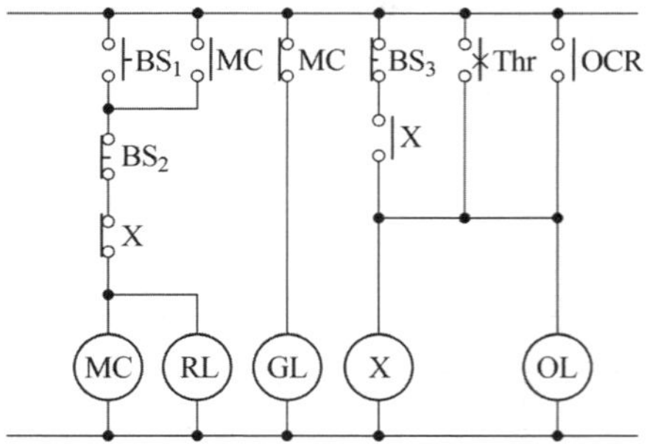

해 설

출력식 $X = \overline{BS_3} \cdot X + Thr + OCR$

$OL = X$

$MC = (BS_1 + MC) \cdot \overline{BS_2} \cdot \overline{X}$

$RL = MC$

$GL = \overline{MC}$

문제 11 ▸ 출제년도 : 00. ▸ 점수 : 6점

그림의 PLC 시퀀스의 프로그램에서 잘못된 곳이 3군데 있다. 찾아서 스텝수를 밝히고 답란에 수정하시오. 여기서 입력 시작(STR), 출력(OUT), AND, OR, NOT, 그룹간 접속(AND STR, OR STR)의 명령어를 사용한다.

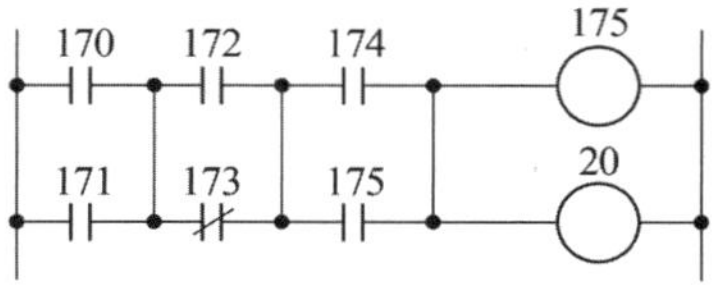

step	op	add	step	op	add
0	STR	170	5	AND	174
1	OR	171	6	OR	175
2	AND	172	7	AND STR	–
3	OR NOT	173	8	OUT	175
4	OR	–	9	OUT	20

답안작성

2-STR, 4-AND STR, 5-STR

출제기준 변경 및 개정된 관계법규에 따라 삭제된 문제가 있어 배점의 합계가 100점이 안됩니다.

D30-4

2001년도
전기공사산업기사 실기

- 01년 제 1 회 전기공사산업기사
- 01년 제 2 회 전기공사산업기사
- 01년 제 3 회 전기공사산업기사

국가기술자격검정 실기시험문제 및 답안지

2001년도 산업기사 일반검정 제 1 회			수험번호	성 명	감독위원 확 인
자격종목(선택분야)	시험시간	형별			
전기공사산업기사	2시간 00분				

※ 다음 물음에 답을 해당 답란에 답하시오.(배점 : 100점)

문제 01 ▸ 출제년도 : 01. ▸ 점수 : 5점

22.9 [kV-Y]로 수전하는 수용가의 수전용량이 750 [kVA]이다. 인입구에 시설하는 MOF의 적당한 변류비와 변압비를 표준규격으로 구하시오. (단, 변류비는 1차 정격전류의 1.2~1.5배로 한다.)

답안작성

계산 : $I = \dfrac{750 \times 10^3}{\sqrt{3} \times 22.9 \times 10^3} \times (1.2 \sim 1.5) = 22.69 \sim 28.36$ [A]이므로 30/5 선정

답 : 변압비 : $\dfrac{22900}{\sqrt{3}} \Big/ \dfrac{190}{\sqrt{3}}$ [V], 변류비 : 30/5

문제 02 ▸ 출제년도 : 01. ▸ 점수 : 8점

고압 수전설비 진상 콘덴서 접속 뱅크 결선도이다. 물음에 답하시오.

(1) 콘덴서 용량이 100 [kVA] 이하인 경우 CB 대신 사용 가능한 개폐기는?

(2) 콘덴서 용량이 50 [kVA] 미만인 경우 OS 대신 사용 가능한 개폐기는?

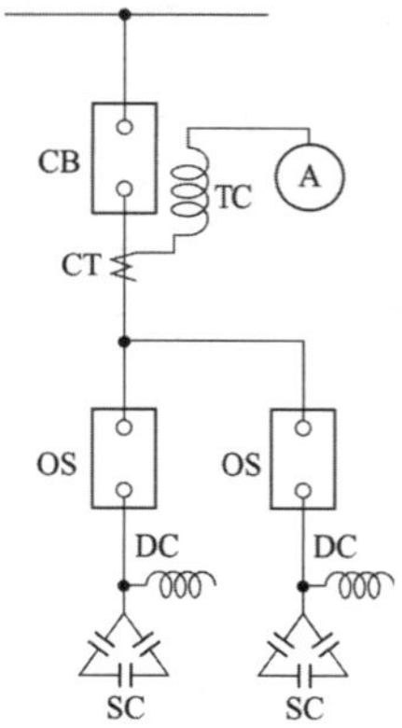

답안작성

(1) OS 또는 인터럽트 스위치　　　(2) COS

해 설

각 부하에 공용의 고압 및 특고압 진상용 콘덴서를 시설하는 경우

수전실 기타 적당한 장소에서 각 부하공용의 고압 및 특고압 진상용 콘덴서를 설치할 경우는 다음 각 호에 의하여 시설하는 것을 원칙으로 한다.

① 콘덴서는 그의 총용량이 300 [kVA] 초과, 600 [kVA] 이하의 경우는 2군 이상, 600 [kVA]를 초과할 때에는 3군 이상으로 분할하고 또한 부하의 변동에 따라서 접속 콘덴서의 용량을 변화시킬 수 있도록 시설할 것. 다만, 부하의 성질상 접속 콘덴서의 용량을 변화시킬 필요가 적은 것은 적용하지 않는다.

② 콘덴서의 회로에는 전용의 과전류 트립코일이 있는 차단기를 설치할 것. 다만, 콘덴서의 용량이 100 [kVA] 이하인 경우는 유입개폐기 또는 이와 유사한 것(인터럽트 스위치 등), 50 [kVA] 미만인 경우는 컷아웃스위치(직결로 한다)를 사용할 수 있다.

문제 03 ▸ 출제년도 : 01. 02. 03. ▸ 점수 : 5점

변전실의 위치선정 조건을 아는대로 5가지만 쓰시오.

답안작성

① 부하의 중심에 가까운 곳에 선정할 것
② 외부로부터의 전원의 인입이 쉬울 것
③ 기기의 반출·입에 지장이 없고 증설이 용이할 것
④ 지반이 튼튼하고 침수 기타의 재해가 일어날 염려가 적을 것
⑤ 주위에 화재, 폭발 등의 위험성이 적은 곳일 것

문제 04 ▸ 출제년도 : 95. 98. 00. 01. ▸ 점수 : 9점

22.9 [kV] 배전선로이다. 그림과 참고표를 이용하여 물음에 답하시오.

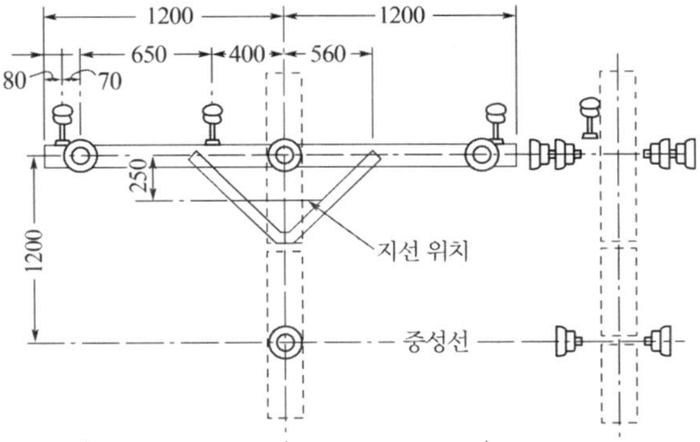

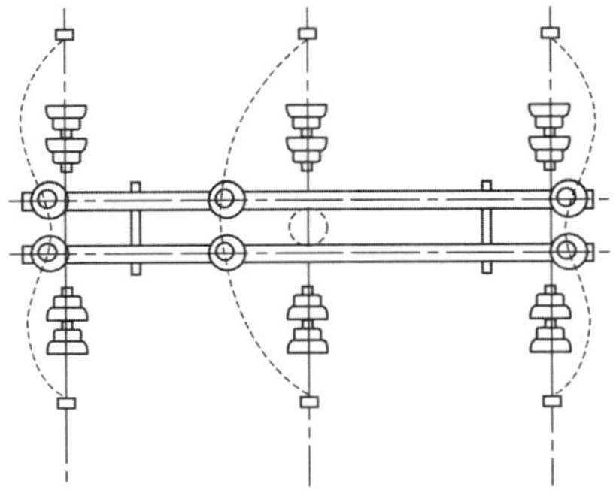

[물음]

그림의 애자를 노후로 인하여 교체하는 경우 총 인건비(직접 노무비 포함)는 얼마인가?

단, • 간접 노무비를 15 [%](가정)로 계산한다.
- 노임단가는 배전전공 15860원, 보통인부 6520원이다. (가정)
- 소수점은 넷째 자리에서 반올림하여 셋째 자리까지 구한다.
- 인공을 산출한 후 이를 합계하여 노임단가를 적용하여 원까지만 구하고 소수점 이하는 버린다.
- 애자 노후로 인하여 교체되어야 할 애자 종류 및 수량은 다음과 같다.
  ① 특고압용 현수 애자 : 14개
  ② 특고압용 핀 애자 : 6개

배전용 애자 및 랙크(Rack) 신설 (개당)

종 별	배전 전공	보통 인부
특고압용 핀 애자	0.064	0.126
고압 및 특고압 현수 애자	0.065	0.05
고압용 핀 애자	0.044	–
인류 애자	0.056	–
내장 애자	0.035	0.083
저압용 핀 애자	0.034	–
저압용 인류 애자	0.044	–
랙크 1선용	0.125	–
랙크 2선용	0.20	–
랙크 3선용	0.275	–
랙크 4선용	0.350	–

[해설] ① 애자 철거 50 [%](재사용 80 [%])
② 애자 교환 또는 갈아 끼우기 : 150 [%]
③ 인류 애자는 다대 애자를 고친 것임.
④ 애자 닦기
가. 주상(탑상) 손 닦기 : 신설품의 50 [%]
나. 주상(탑상) 기계 닦기 : 기계 손료만 계상(인건비 포함)
다. 발췌 손 닦기는 신설품의 170 [%]
⑤ 특고압용 라인 포스트 애자 취급품은 특고압용 핀애자 취급품에 준함
⑥ 랙크 철거는 이 품의 30 [%](재사용 50 [%]) 적용함

답안작성

배전전공 : $0.065 \times 14 \times 1.5 + 0.064 \times 6 \times 1.5 = 1.941$ [인]
보통인부 : $0.05 \times 14 \times 1.5 + 0.126 \times 6 \times 1.5 = 2.184$ [인]
배전전공 노임 : $1.941 \times 15860 = 30,784$ [원]
보통인부 노임 : $2.184 \times 6520 = 14,239$ [원]
직접 노무비 $= 30,784 + 14,239 = 45,023$ [원]
간접 노무비 $= 45,023 \times 0.15 = 6,753$ [원]
노무비계 $= 45,023 + 6,753 = 51,776$ [원]
답 : 51,776 [원]

문제 05 ▸출제년도 : 93. 99. 01. ▸점수 : 4점

다음 표시 기호를 보고 물음에 답하시오.

(1) 배선 공사명 (2) 전선의 종류
(3) 전선의 굵기 (4) 전선수

답안작성

(1) 천장 은폐 배선
(2) 450/750 [V] 일반용 단심 비닐 절연 전선
(3) 25 [mm^2]
(4) 4가닥(4본)

문제 06 ▸ 출제년도 : 96. 98. 01. ▸ 점수 : 10점

그림은 154 [kV]를 수전하는 어느 공장의 옥외 수전설비에 대한 단선도이다. 물음에 답하시오.

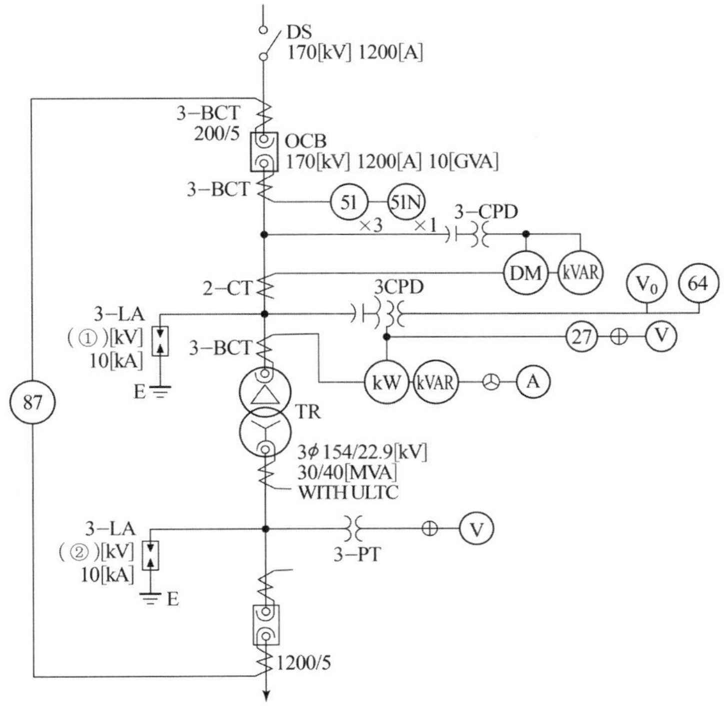

(1) 도면에 표시된 ①의 피뢰기 정격전압은?

(2) 도면에 표시된 ②의 피뢰기 정격전압은?

(3) 도면에 표시된 64의 명칭은?

(4) 도면에 표시된 87의 명칭은?

(5) 도면에 표시된 3상변압기를 복선도로 그리시오.

답안작성

(1) 144 [kV]

(2) 21 [kV]

(3) 지락 과전압 계전기

(4) 전류 차동 계전기 (비율 차동 계전기)

(5)

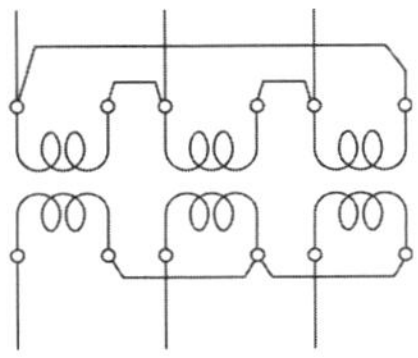

해 설

(1) 피뢰기 정격 전압

전력 계통		피뢰기 정격 전압 [kV]	
전압 [kV]	중성점 접지 방식	변전소	배전 선로
345	유효접지	288	–
154	유효접지	144	–
66	PC접지 또는 비접지	72	–
22	PC접지 또는 비접지	24	–
22.9	3상 4선 다중접지	21	18

[주] 전압 22.9 [kV−Y] 이하의 배전선로에서 수전하는 설비의 피뢰기 정격전압 [kV]은 배전선로용을 적용한다.

(4) 계전기 고유번호

- 87 : 전류 차동계전기 (비율 차동 계전기)
- 87B : 모선 보호 차동계전기
- 87G : 발전기용 차동계전기
- 87T : 주변압기 차동계전기

문제 07

▸ 출제년도 : 98. 01. ▸ 점수 : 6점

그림과 같은 저압기기의 지락사고시 기기에 접촉된 사람의 인체에 흐르는 전류를 구하시오. (단, 중성점 접지저항값 $R_2 = 50[\Omega]$, 보호 접지저항값 $R_3 = 100[\Omega]$, 인체의 접지저항 및 접촉저항값 $R_m = 1000[\Omega]$이다.)

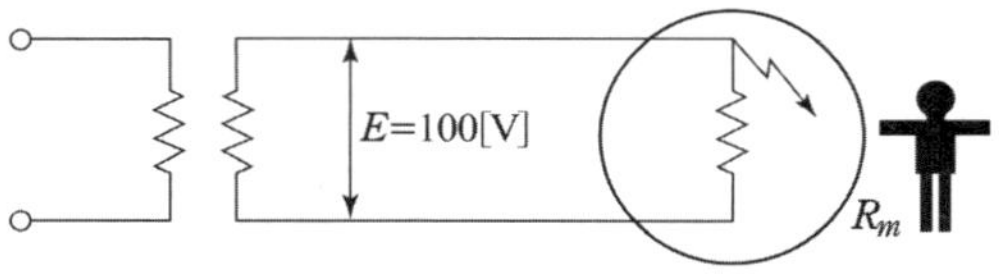

답안작성

계산 : $I_m = \dfrac{100}{50 + \dfrac{100 \times 1000}{100 + 1000}} \times \dfrac{100}{100 + 1000} = 0.0645\ [\text{A}] = 64.5[\text{mA}]$

답 : 64.5 [mA]

해 설

문제의 조건을 등가회로로 변경하면 아래와 같다.

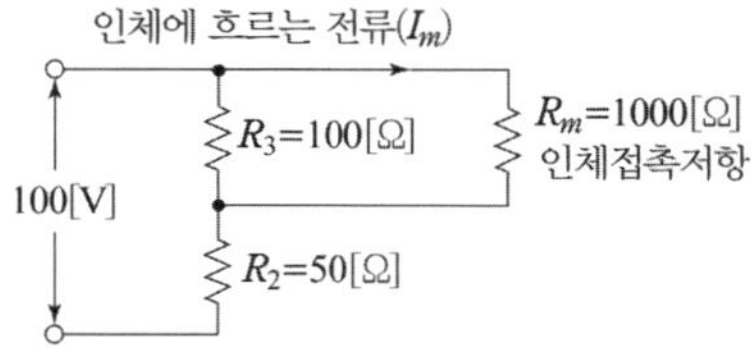

문제 08

▸ 출제년도 : 96. 98. 01. 03. ▸ 점수 : 5점

그림과 같은 철탑을 무슨 철탑이라 하는가?

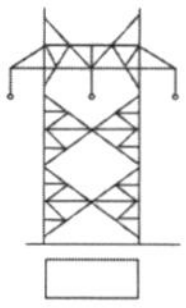

답안작성

방형철탑

문제 09 ▸ 출제년도 : 96. 99. 01. 02. ▸ 점수 : 4점

3상 4선식 접속의 경우에 그림과 같이 전압선의 표시가 L1상, N상, L3상, L2상으로 표시되었다. L1, N, L3, L2의 전선의 색별은?

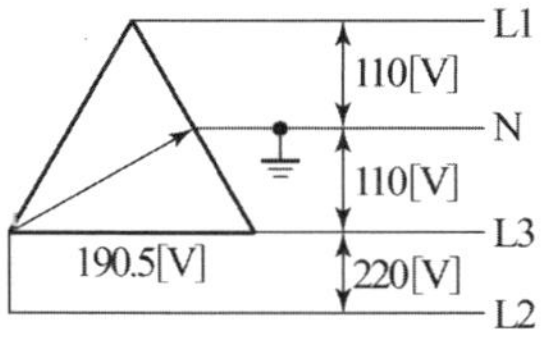

답안작성

- L1상 : 갈색
- L2상 : 검은색
- L3상 : 회색
- N상 : 파란색

해 설

KEC 121.2 전선의 식별

1) 전선의 색상은 표 에 따른다.

상(문자)	색상
L1	갈색
L2	검은색
L3	회색
N	파란색
보호도체	녹색-노란색

2) 색상 식별이 종단 및 연결 지점에서만 이루어지는 나도체 등은 전선 종단부에 색상이 반영구적으로 유지될 수 있는 도색, 밴드, 색 테이프 등의 방법으로 표시해야 한다.

문제 10 ▸ 출제년도 : 97. 99. 01. ▸ 점수 : 18점

다음 물음에 답하시오.

(1) 저압 옥내 배선에 사용되는 연동선의 최소 굵기는?

(2) 저압 교류와 직류의 범위는 얼마인가?

(3) 고감도 누전차단기의 정격 감도 전류의 최대값은?

(4) 지반이 약한 도로에서 전장 15 [m]의 철근 콘크리트주를 건주할 때 근입 깊이는? (단, 설계하중이 7.84 [kN]이다.)

(5) 주택에 있어서 단위 면적[m^2]당 표준부하는?

(6) 소형전등 수구 또는 콘센트 1개의 예상 부하는?

답안작성

(1) 2.5 [mm^2]

(2) 교류 1000 [V] 이하, 직류 1500 [V] 이하

(3) 30 [mA]

(4) 2.8 [m]

(5) 40 [VA/m^2]

(6) 150 [VA]

해 설

(1) KEC 231.3.1 저압 옥내배선의 사용전선

1) 저압 옥내배선의 전선 : 단면적 2.5 [mm^2] 이상의 연동선

2) 옥내배선의 사용 전압이 400[V] 이하인 경우는 다음에 의하여 시설할 수 있다.

가. 전광표시 장치 또는 제어 회로
- 단면적 1.5[mm^2] 이상의 연동선
- 단면적 0.75 [mm^2] 이상인 다심케이블 또는 다심 캡타이어 케이블을 사용하고 또한 과전류가 생겼을 때에 자동적으로 전로에서 차단하는 장치를 시설

나. 진열장 또는 이와 유사한 것의 내부 배선 : 단면적 0.75 [mm^2] 이상인 코드 또는 캡타이어 케이블

(2) KEC 111 통칙

이 규정에서 적용하는 전압의 구분은 다음과 같다.

분 류	전압의 범위
저 압	• 직류 : 1.5 [kV] 이하 • 교류 : 1 [kV] 이하
고 압	• 직류 : 1.5 [kV]를 초과하고, 7 [kV] 이하 • 교류 : 1 [kV]를 초과하고, 7 [kV] 이하
특고압	7 [kV]를 초과

(3) 누전 차단기의 종류

구 분		정격 감도 전류[mA]	동 작 시 간
고감드형	고 속 형	5, 10, 15, 30	· 정격 감도 전류에서 0.1초 이내, 인체 감전 보호용은 0.03초 이내
	시 연 형		· 정격감도전류에서 0.1초 초과 2초이내
	반한시형		· 정격 감도 전류에서 0.2초를 초과하고 1초 이내 · 정격 감도 전류 1.4배의 전류에서 0.1초를 초과하고 0.5초 이내 · 정격 감도 전류 4.4배의 전류에서 0.05초 이내
중감도형	고 속 형	50, 100, 200, 500, 1000	· 정격 감도 전류에서 0.1초 이내
	시 연 형		· 정격 감도 전류에서 0.1초를 초과하고 2초이내
저감도형	고 속 형	3000, 5000 10,000, 20,000	· 정격 감도 전류에서 0.1초 이내
	시 연 형		· 정격 감도 전류에서 0.1초를 초과하고 2초 이내

(4) KEC 331.7 가공전선로 지지물의 기초의 안전율

가공전선로의 지지물에 하중이 가하여지는 경우에 그 하중을 받는 지지물의 기초의 안전율은 2이상(단, 이상시 상정하중에 대한 철탑의 기초에 대하여는 1.33)이어야 한다. 다만, 땅에 묻히는 깊이를 다음의 표에서 정한 값 이상의 깊이로 시설하는 경우에는 그러하지 아니하다.

설계하중 / 전장	6.8 [kN] 이하	6.8 [kN] 초과 ~ 9.8 [kN] 이하	9.81 [kN] 초과 ~ 14.72 [kN] 이하
15[m] 이하	전장×1/6[m] 이상	전장×1/6+0.3[m] 이상	전장×1/6+0.5[m] 이상
15[m] 초과~16[m]이하	2.5[m] 이상	2.8[m] 이상	−
16[m] 초과~20[m] 이하	2.8[m] 이상	−	−
15[m] 초과~18[m] 이하	−	−	3[m] 이상
18[m] 초과	−	−	3.2[m] 이상

따라서, 근입 깊이 $= 15 \times \frac{1}{6} + 0.3 = 2.8$[m]

문제 11 ▸ 출제년도 : 99. 01. ▸ 점수 : 5점

그림은 특고압 가공전선로 일부의 평면도이다. ①, ②, ③, ④, ⑤의 명칭을 정확하게 쓰시오.

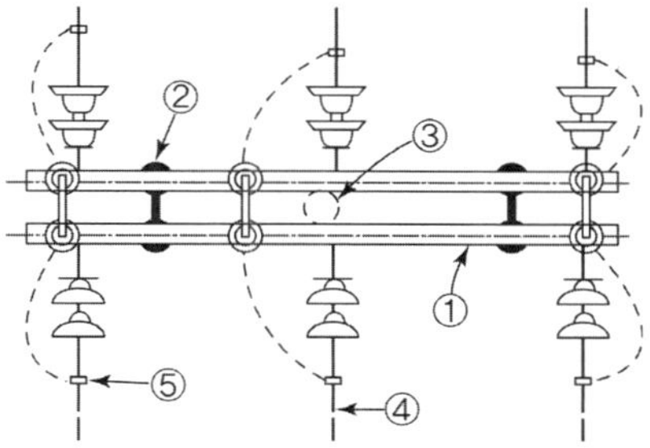

답안작성

① 완금　② 머신 볼트　③ 완금밴드　④ 전선　⑤ 데드 앤드 크램프

문제 12 ▸ 출제년도 : 01. ▸ 점수 : 5점

배전방식 중에 저압 네트워크 방식, T형 인입 방식, 저압 뱅킹 방식 등이 있다. 이들 중 공급 신뢰도가 가장 우수한 계통 구성 방식은?

답안작성

저압 네트워크 방식

문제 13 ▸ 출제년도 : 01. 06. ▸ 점수 : 5점

엔트런스캡, 링리듀서, 유니온 커플링, 새들, 방출 원형 노출박스 등의 재료를 필요로 하는 공사 방법은?

답안작성

금속관 공사

문제 14 ▸ 출제년도 : 99. 01. 07. ▸ 점수 : 6점

다음 그림의 릴레이 회로를 보고 물음에 답하시오.

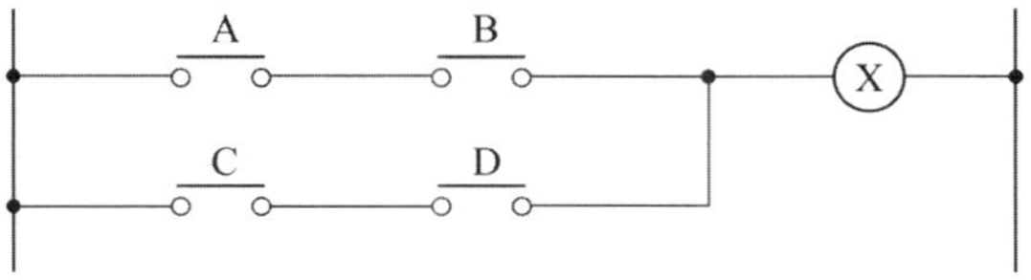

(1) 논리식을 쓰시오.

(2) 2입력 AND 소자, 2입력 OR 소자를 사용하여 로직 회로로 바꾸시오.

(3) 2입력 NAND 소자 만으로 회로를 바꾸시오.

답안작성

(1) Ⓧ = AB+CD

(2)

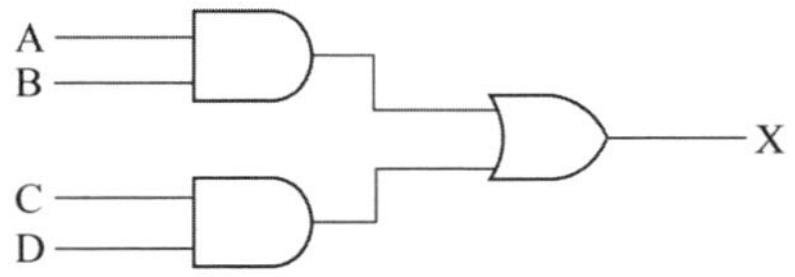

(3)

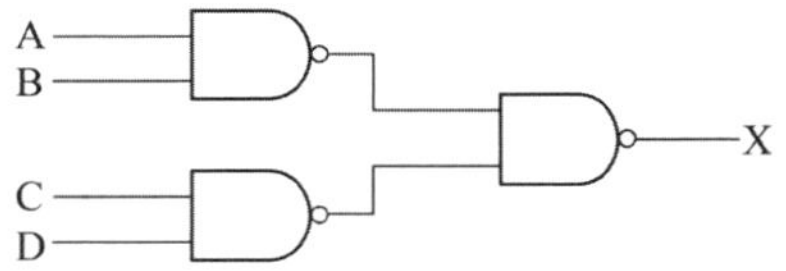

문제 15

▸ 출제년도 : 01. ▸ 점수 : 5점

다음 동작사항을 읽고 시퀀스도를 완성하시오.

(1) S_{3-1}, S_{3-2}, S_{3-3}를 OFF시키고 S_1을 ON시키면 전등 R_1, R_2, R_3가 점등, S_1을 OFF시키면 소등된다.

(2) S_1을 OFF시키고 S_{3-1}을 ON시키면 R_1이 점등, S_{3-2}를 ON시키면 R_2가 점등되고, S_{3-3}를 ON시키면 R_3가 점등된다.

답안작성

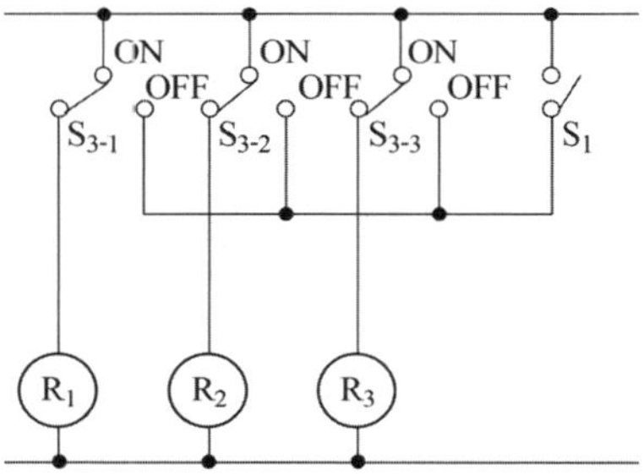

국가기술자격검정 실기시험문제 및 답안지

2001년도 산업기사 일반검정 제 2 회			수험번호	성 명	감독위원 확 인
자격종목(선택분야)	시험시간	형별			
전기공사산업기사	2시간 00분				

※ 다음 물음에 답을 해당 답란에 답하시오.(배점 : 100점)

문제 01 ▸ 출제년도 : 93. 96. 98. 99. 01. 07. ▸ 점수 : 5점

38 [mm^2]의 경동연선을 사용해서 높이가 같고 경간이 300 [m]인 철탑에 가선하는 경우 이도는 얼마인가? (단, 이 경동연선의 인장하중은 1480 [kg], 안전율은 2.2이고 전선 자체의 무게는 0.334 [kg/m]라고 한다.)

답안작성

계산 : $D = \dfrac{WS^2}{8T} = \dfrac{0.334 \times 300^2}{8 \times \dfrac{1480}{2.2}} = 5.59\ [\mathrm{m}]$

답 : 5.59 [m]

문제 02 ▸ 출제년도 : 96. 00. 01. ▸ 점수 : 5점

배전설계의 긍장이 45 [m] 부하의 최대 사용 전류는 150 [A], 배전설계의 전압강하는 4[V]이다. 이 때, 3상 3선식 저압회로의 공칭단면적을 구하시오.
(단, 공칭단면적은 35 [mm^2], 50 [mm^2], 70 [mm^2], 95 [mm^2] 등이 있다.)

답안작성

계산 : 3상 3선식 회로에서의 전선의 단면적은

$$A = \frac{30.8LI}{1000e} = \frac{30.8 \times 45 \times 150}{1000 \times 4} = 51.98\ [\mathrm{mm^2}]$$

답 : 70 [mm^2]

해 설

• 전선규격
1.5, 2.5, 4, 6, 10, 16, 25, 35, 50, 70, 95, 120, 150, 185, 240, 300, 400, 500, 630 [mm^2]

문제 03 ▸ 출제년도 : 00. 01. ▸ 점수 : 5점

지진 감지기 그림 기호를 그리시오.

답안작성

문제 04 ▸출제년도 : 94. 97. 99. 00. 01. 02. ▸점수 : 5점

ACSR 38 [mm^2] 전선으로 전력을 공급하는 긍장 1 [km]인 3상 2회선의 배전선로를 포설하기 위한 직접 인건비계는 얼마인가? 단, 노임단가, 배전전공은 35000원, 보통인부는 25000원이다.

[표] 배전선 가선 100 [m]당

규 격		배전전공	보통인부
나동선	14 [mm^2] 이하	0.20	0.10
	22 [mm^2] 이하	0.32	0.16
	30 [mm^2] 이하	0.40	0.20
	38 [mm^2] 이하	0.52	0.26
	60 [mm^2] 이하	0.76	0.38
	100 [mm^2] 이하	0.08	0.54
	150 [mm^2] 이하	0.32	0.66
	200 [mm^2] 이하	1.44	0.72
	200 [mm^2] 초과	1.52	0.76
ACSR, ASC	38 [mm^2] 이하	0.60	0.30
	58 [mm^2] 이하	0.88	0.44
	95 [mm^2] 이하	1.28	0.64
	160 [mm^2] 이하	1.56	0.78
	240 [mm^2] 이하	1.8	0.9

[해설] ① 이품은 1선당 수작업으로 연선, 긴선, 이도 조정품 포함
② 애자에 묶는 품 포함
③ 피복선 120 [%]
④ 기설선로 상부 가설 120 [%]
⑤ 장력조정만 할 때 120 [%]
⑥ 철거 50 [%], 재사용 철거 80 [%]
⑦ 가공지선 80 [%]
⑧ 재사용 전선 110 [%]
⑨ m당으로 환산시는 본품을 100으로 나누어 산출
⑩ 22 [kV], 66 [kV], HDCC 송전선 1회선 가선품은 본품의 300 [%]
⑪ 66 [kV], HDCC 송전선 가선은 송전전공이 시공한다.
⑫ 배전선을 가로수 또는 수목과 접촉하여 설치작업시는 수목으로 인한 장애를 감안하여 이품의 120 [%] 적용

답안작성

- 선로 신설 : 배전 전공 : $\frac{0.6}{100} \times 1000 \times 3 \times 2 = 36$ [인]

  보통 인부 : $\frac{0.3}{100} \times 1000 \times 3 \times 2 = 18$ [인]
- 직접 노무비 : 배전 전공 : $36 \times 35{,}000 = 1{,}260{,}000$ [원]

  보통 인부 : $18 \times 25{,}000 = 450{,}000$ [원]
- 계 : $1{,}260{,}000 + 450{,}000 = 1{,}710{,}000$ [원]

답 : 1,710,000 [원]

문제 05 ▸ 출제년도 : 89. 92. 98. 01. 07. ▸ 점수 : 14점

도면과 같이 구내 각 공장에 케이블을 포설하고자 한다. 도면을 숙독하고 유의사항을 참고하여 총수량을 주어진 답안지에 계산하여 답하시오.

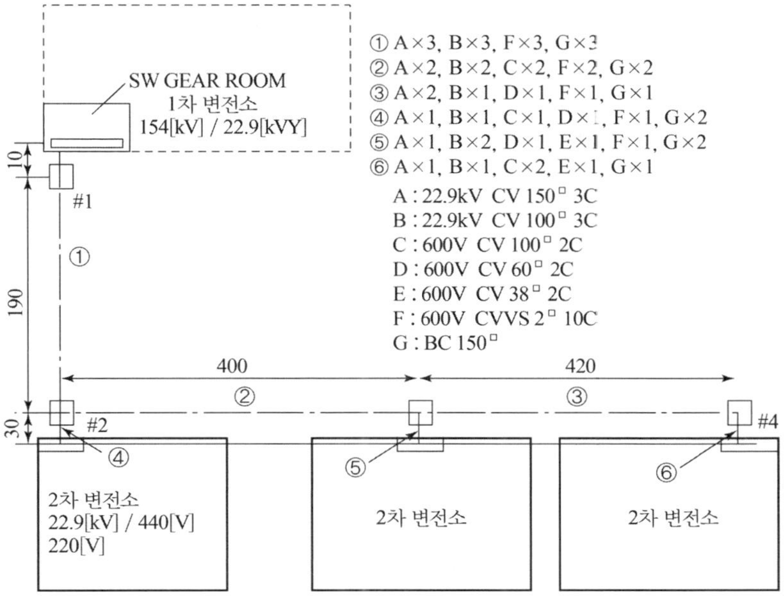

[유의사항]

① 생략된 도면과 문제지에 나타나 있지 않은 사항은 임의로 생각하지 말고 도면대로 할 것
② MANHOLE과 관로는 완성되어 있다.
③ MANHOLE에서 S.W GEAR ROOM과 2차 변전소간의 거리는 표시된 숫자만큼만 계산한다.
④ #맨홀 표시
⑤ 케이블 수량을 구한 후 3 [%] 할증을 적용하여 소수점 미만은 버리시오.

번 호	품 명	규 격	단 위	수 량
(1)	케 이 블	22.9 [kV], CV 150□ 3C	[m]	
(2)	케 이 블	22.9 [kV], CV 100□ 3C	[m]	
(3)	케 이 블	600 [V], CV 100□ 2C	[m]	
(4)	케 이 블	600 [V], CV 60□ 2C	[m]	
(5)	케 이 블	600 [V], CV 38□ 2C	[m]	
(6)	케 이 블	600 [V], CVVS 2□ 10C	[m]	
(7)	케 이 블	B.C. 150□ 나연동	[m]	

답안작성

(1) $(200 \times 3 + 400 \times 2 + 420 \times 2 + 30 \times 3) \times 1.03 = 2330 \times 1.03 = 2399$ [m]
(2) $(200 \times 3 + 400 \times 2 + 420 + 30 \times 4) \times 1.03 = 1940 \times 1.03 = 1998$[m]
(3) $(400 \times 2 + 30 + 60) \times 1.03 = 890 \times 1.03 = 916$[m]
(4) $(420 + 30 \times 2) \times 1.03 = 480 \times 1.03 = 494$[m]
(5) $(30 \times 2) \times 1.03 = 60 \times 1.03 = 61$[m]
(6) $(200 \times 3 + 400 \times 2 + 420 + 30 \times 2) \times 1.03 = 1880 \times 1.03 = 1936$[m]
(7) $(200 \times 3 + 400 \times 2 + 420 + 30 \times 5) \times 1.03 = 1970 \times 1.03 = 2029$[m]

문제 06

▸ 출제년도 : 01. ▸ 점수 : 5점

BUS DUCT의 종류에 플러그인 버스 덕트란 무엇인가 간단하게 답하시오.

답안작성

덕트 도중에 부하 접속용으로 꽂음 플러그를 시설한 것

해 설

버스 덕트의 종류

명 칭	형 식		설 명
피더 버스 덕트	옥내용	환 기 형 비환기형	도중에 부하를 접속하지 아니한 것
	옥외용	환 기 형 비환기형	
익스팬션 버스 덕트	옥내용	비환기형	열 신축에 따른 변화량을 흡수하는 구조인 것
탭붙이 버스 덕트			종단 및 중간에서 기기 또는 전선 등과 접속시키기 위한 탭을 가진 버스 덕트
트랜스포지션 버스 덕트			각 상의 임피던스를 평균시키기 위해서 도체 상호의 위치를 관로 내에서 교체시키도록 만든 버스 덕트
플러그인 버스 덕트	옥내용	환 기 형 비환기형	도중에 부하 접속용으로 꽂음 플러그를 만든 것

문제 07

▸ 출제년도 : 01. ▸ 점수 : 5점

밴드를 이용한 애자 설치이다. 그림을 보고 ①, ②, ③, ④, ⑤ 명칭을 쓰시오.

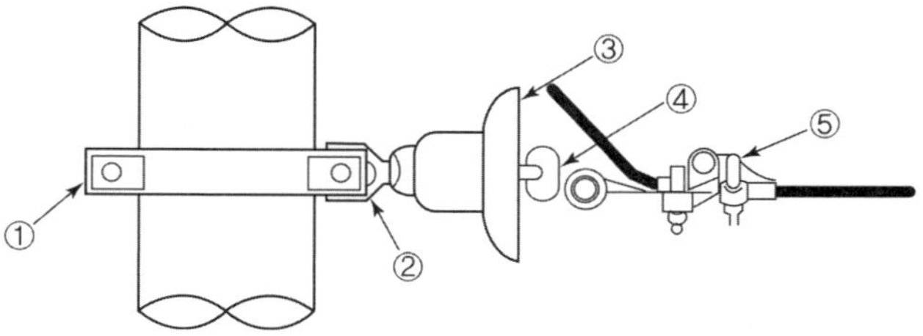

답안작성

① 지선 밴드 ② 볼 아이 ③ 현수애자
④ 소켓 아이 ⑤ 데드엔드클램프

문제 08 ▸ 출제년도 : 01. ▸ 점수 : 10점

동작설명과 도면을 참고하여 실제 결선도를 그리시오.

(1) S_{3-1}, S_{3-2}, S_{3-3}를 OFF시키고 S_1을 ON시키면 전등 R_1, R_2, R_3가 점등, S_1을 OFF시키면 소등된다.

(2) S_1을 OFF시키고 S_{3-1}을 ON시키면 R_1이 점등, S_{3-2}를 ON시키면 R_2가 점등되고, S_{3-3}를 ON시키면 R_3가 점등된다. (단, 모든 결선은 4각 박스를 경유한다.)

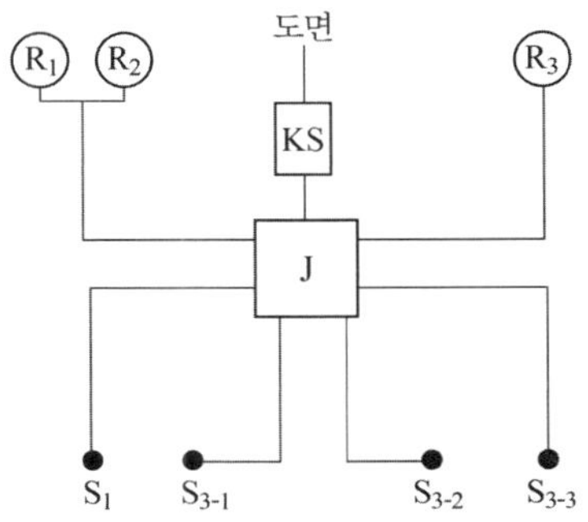

답안작성

회로도

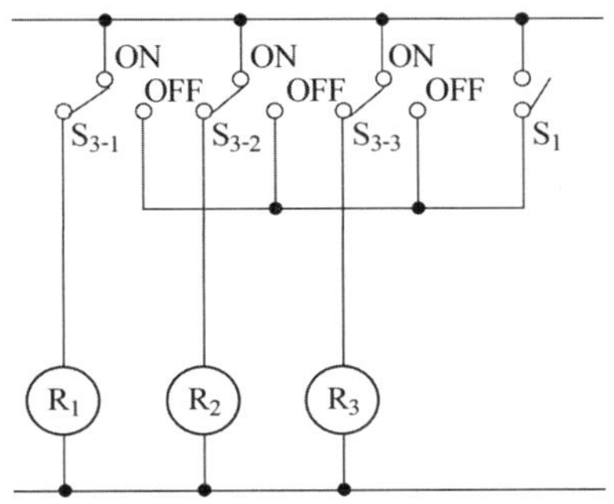

실제결선도

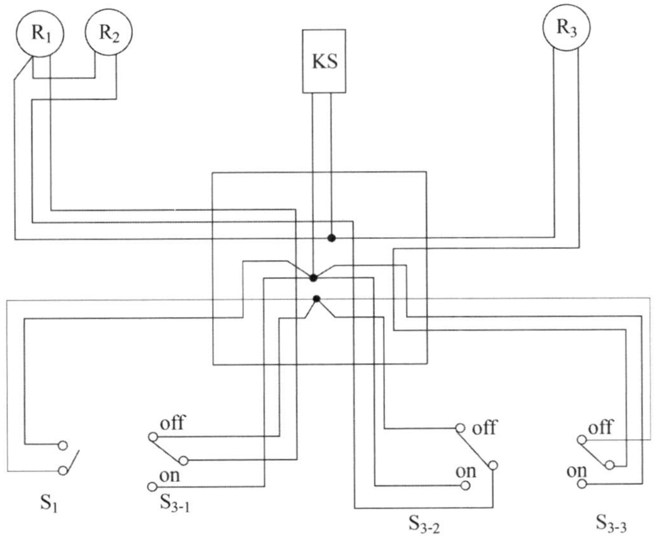

문제 09 ▸ 출제년도 : 93. 96. 99. 01. ▸ 점수 : 5점

간이수전설비에 대한 단선 결선도이다. 다음 물음에 답하시오.

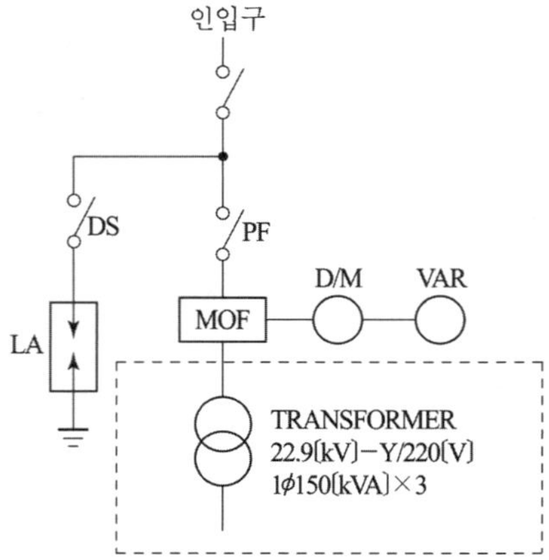

(1) 그림에서 피뢰기의 적당한 규격[kV]은?

(2) 그림에서 피뢰기의 설치 수량은?

(3) 일반적으로 발전기, 변압기, 조상기모선 또는 이를 지지하는 애자는 어떠한 전류에 의하여 생기는 기계적 충격에 견디는 것이어야 하는가?

(4) 22.9 [kV−Y] 가공전선로의 중성선에 ACSR을 사용하는 경우의 최대 굵기는 몇 [mm^2]인가?

답안작성

(1) 18 [kV]
(2) 3개
(3) 단락 전류
(4) 95[mm^2]

해 설

(1) 피뢰기 정격 전압

전력 계통		피뢰기 정격 전압 [kV]	
전압 [kV]	중성점 접지 방식	변전소	배전 선로
345	유효접지	288	−
154	유효접지	144	−
66	PC접지 또는 비접지	72	−
22	PC접지 또는 비접지	24	−
22.9	3상 4선 다중접지	21	18

[주] 전압 22.9 [kV−Y] 이하의 배전선로에서 수전하는 설비의 피뢰기 정격전압 [kV]은 배전선로용을 적용한다.

(4) 중성선의 최소 굵기 : ACSR 32 [mm^2]
중성선의 최대 굵기 : ACSR 95 [mm^2]

문제 10 ▸ 출제년도 : 97. 99. 01. ▸ 점수 : 10점

도면은 어느 154[kV] 수용가의 수전설비 단선결선도의 일부분이다. 물음에 답하시오.

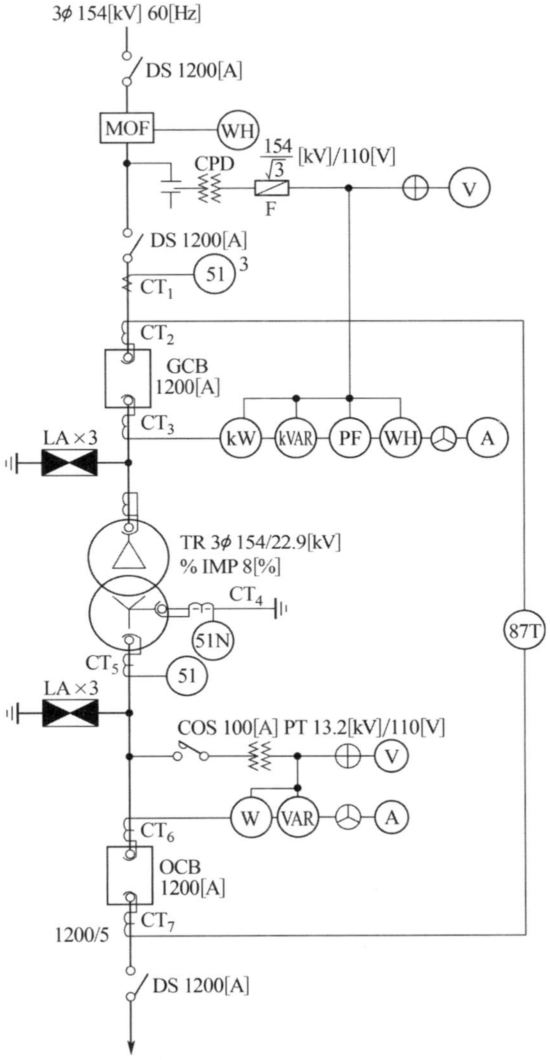

(1) 변압기 2차 부하설비 용량 51 [MW], 수용률 70 [%], 부하 역률 90 [%]일 때 도면의 변압기 용량은 몇 [MVA]인가?

•계산 : •답 :

(2) 변압기 1차측 DS의 정격 전압은?

(3) GCB 내에 사용되는 가스로 주로 어떤 것을 사용하는가?

(4) 87T에서 87의 명칭은?

(5) 51의 명칭은?

답안작성

(1) 계산 : $STr = \frac{51 \times 0.7}{0.9} = 39.67$ [MVA]　　답 : 40 [MVA]

(2) 170 [kV]

(3) SF_6

(4) 전류 차동 계전기 (비율 차동 계전기)

(5) 교류 과전류 계전기

해 설

(1) 변압기 용량 [kVA] ≥ 합성 최대 수용 전력

$$= \frac{\text{설비 용량 [kVA]} \times \text{수용률}}{\text{부등률}} = \frac{\text{설비 용량 [kW]} \times \text{수용률}}{\text{부등률} \times \text{역률}}$$

(4) 계전기 고유번호

- 87 : 전류 차동계전기 (비율 차동 계전기)
- 87B : 모선 보호 차동계전기
- 87G : 발전기용 차동계전기
- 87T : 주변압기 차동계전기

문제 11

▸ 출제년도 : 01.　▸ 점수 : 6점

접지의 종별 적용에 대하여 구분하면 계통접지, 중성점 접지, 기능접지, 안전접지로 구분한다. 이중 "기능접지"는 어떤 요구 조건에 부응하고자 적용하는 접지인가?

답안작성

전자계산기 등에 있어 전위의 안정된 기준을 얻기 위한 접지

문제 12

▸ 출제년도 : 99. 01.　▸ 점수 : 5점

전기 공사 금액이 3억원 미만일 때 일반 관리비 비율은 얼마인가?

답안작성

6[%]

해 설

전문, 전기, 전기 통신 공사	
공사 원가	일반 관리 비율
5억원 미만	6 [%]
5억원~30억원 미만	5.5 [%]
30억원 이상	5 [%]

문제 13

▸ 출제년도 : 01. 05.　▸ 점수 : 5점

전선의 소요량 계산에서 전선 가선시 선로의 고저가 심할 때 산출하는 식은?

답안작성

선로긍장×전선조수×1.03

해 설

선로가 평탄할 경우 : 선로긍장×전선조수×1.02

문제 14 ▸ 출제년도 : 00. 01. 02. ▸ 점수 : 5점

한 개의 전등을 3개소에서 점멸하고자 할 때 소요되는 3로 스위치의 수는?

답안작성

4개

해 설

- 3로 스위치만을 사용하는 경우 : 4개
- 3로 스위치와 4로 스위치를 사용하는 경우 : 3로 스위치 2개, 4로 스위치 1개가 필요하다.

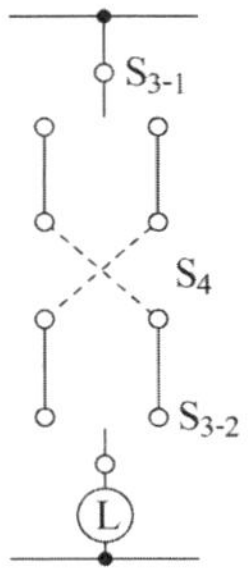

문제 15 ▸ 출제년도 : 00. 01. ▸ 점수 : 5점

예비 전원으로 이용되는 축전지에 대한 물음에 답하시오.

(1) 축전지 설비를 하려고 한다. 설비 구성 4가지를 쓰시오.

(2) 연축전지의 공칭 전압은 몇 [V]인가?

답안작성

(1) ① 축전지 ② 보안 장치 ③ 제어 장치 ④ 충전 장치

(2) 2 [V/cell]

문제 16 ▸ 출제년도 : 94. 97. 00. 01. ▸ 점수 : 5점

그림은 릴레이 동작체크 회로이다. 릴레이 X, Y, Z 중 하나만 동작하는 경우와 모두 동작하는 경우 논리시퀀스 회로를 그리시오.

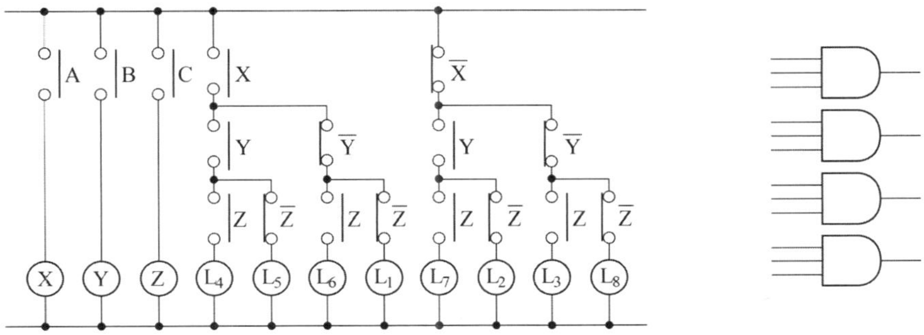

답안작성

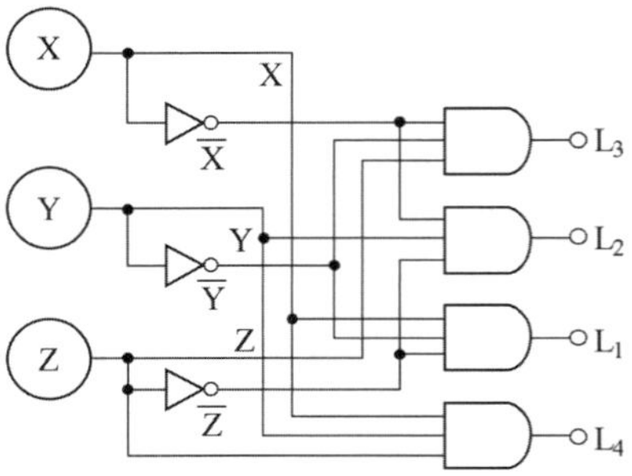

국가기술자격검정 실기시험문제 및 답안지

2001년도 산업기사 일반검정 제 3 회

자격종목(선택분야)	시험시간	형별	수험번호	성 명	감독위원 확 인
전기공사산업기사	2시간 00분				

※ 다음 물음에 답을 해당 답란에 답하시오.(배점 : 100점)

문제 01 ▸ 출제년도 : 98. 01. ▸ 점수 : 5점

옥내 배선용에서 ●R은 무엇을 나타내는가?

답안작성

리모콘 스위치

문제 02 ▸ 출제년도 : 01. 05. ▸ 점수 : 5점

금속관 배관에서 전선을 병렬로 사용하는 경우의 그림이다. A, B, C 중 잘못된 그림은?

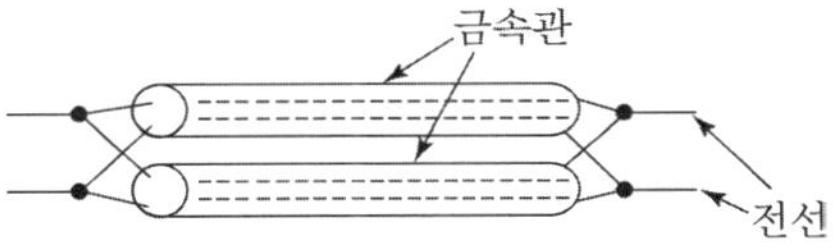

그림 A

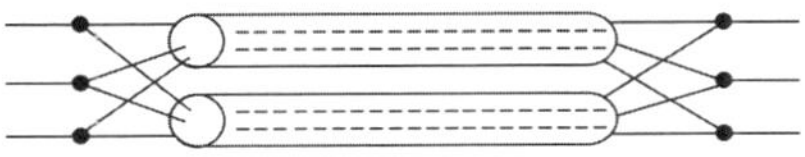

그림 B

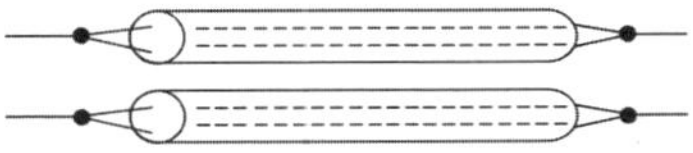

그림 C

답안작성

C

해 설

금속관 배선에서 전선을 병렬로 사용하는 경우의 예는 다음 그림과 같다.

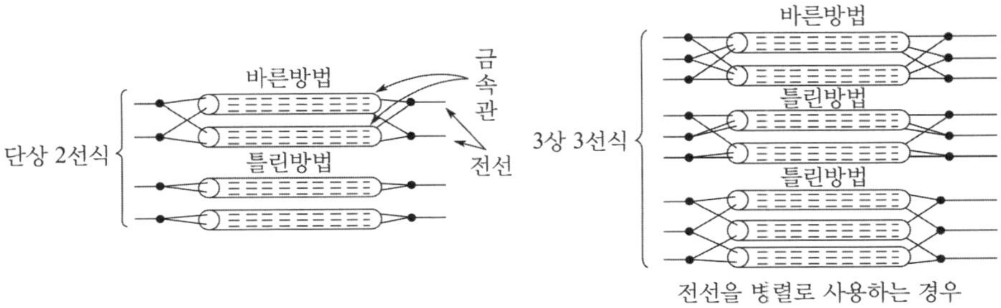

전선을 병렬로 사용하는 경우

즉, 관내에 전자적 불평형을 방지하기 위한 것이다.

문제 03 ▸ 출제년도 : 01, 02. ▸ 점수 : 7점

다음에서 제시한 배관 배치도와 동작 설명을 읽고 시퀀스도로 작성하고 실제 배관 배치도에 배선을 그려 넣으시오.

[동작설명]

- 배선은 전선관 안쪽으로 배선하고 전선 접속은 Junction Box 안에서 하고 시퀀스도 및 실체도 작성시 전선이 접속되는 부분은 반드시 접속점을 표시하시오.
- Junction Box에서 접속점은 필요 이상 만들지 마시오.
- 전원을 투입하고 3로 스위치 S_3을 자동쪽(A)으로 전환하면 전등 Ln이, 밤이 되면 조광스위치(Sun Switch, S Sw)에 의해서 자동으로 점등되고 동시에 전등 Lp는 점멸한다.
- 전원이 투입된 상태에서 3로 스위치 S_3를 수동쪽(M)으로 전환하면 전등 Ln이 점등되고, 동시에 전등 Lp는 점멸한다.

조광 스위치의 기본 결선도

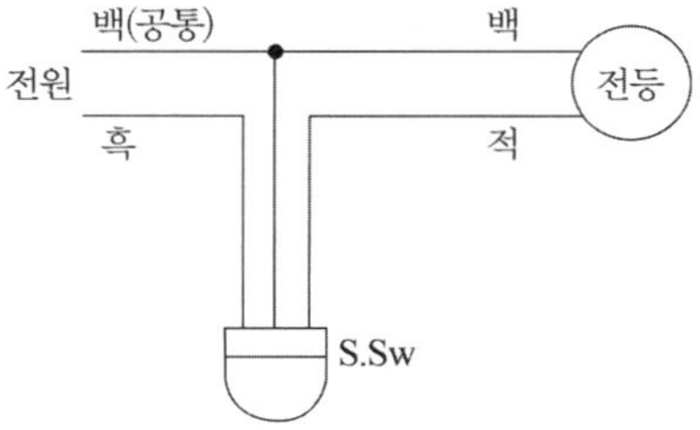

Flicker relay의 내부 결선도

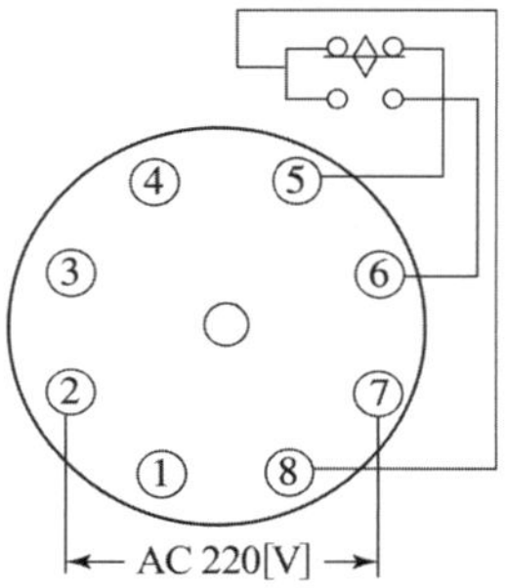

배관 및 기구 배치도

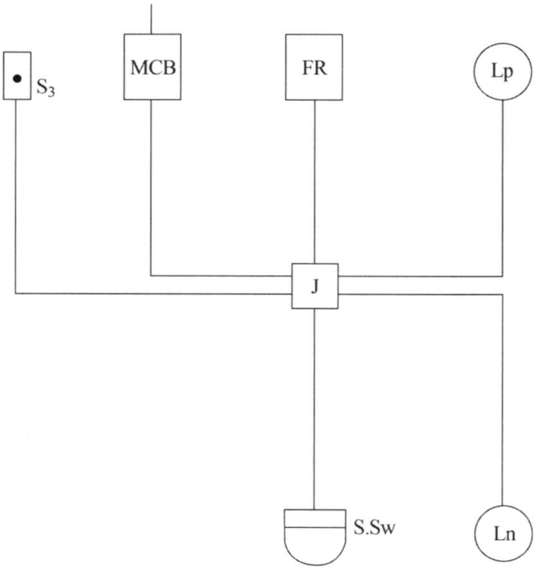

(1) 시퀀스도

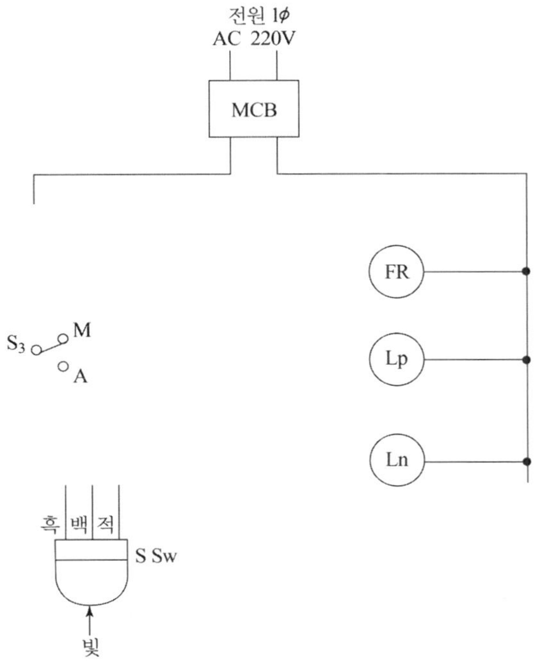

(2) 실체 배선도

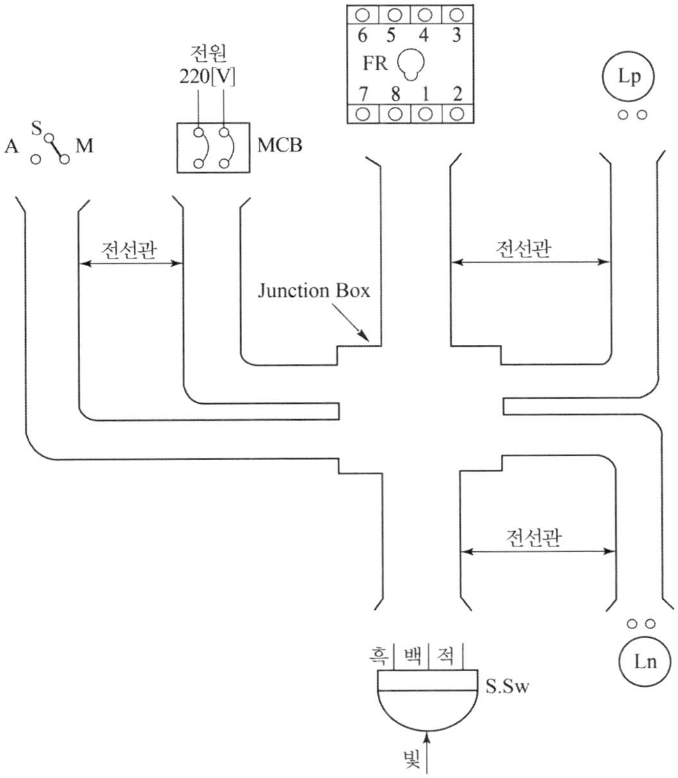

답안작성

(1) 시퀀스도

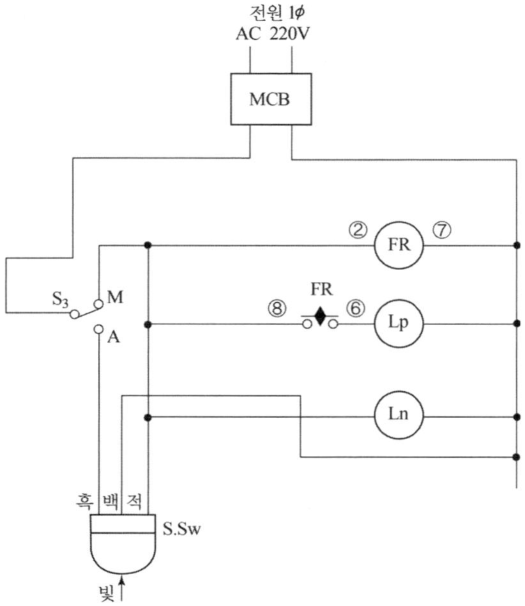

(2) 실체 배선도

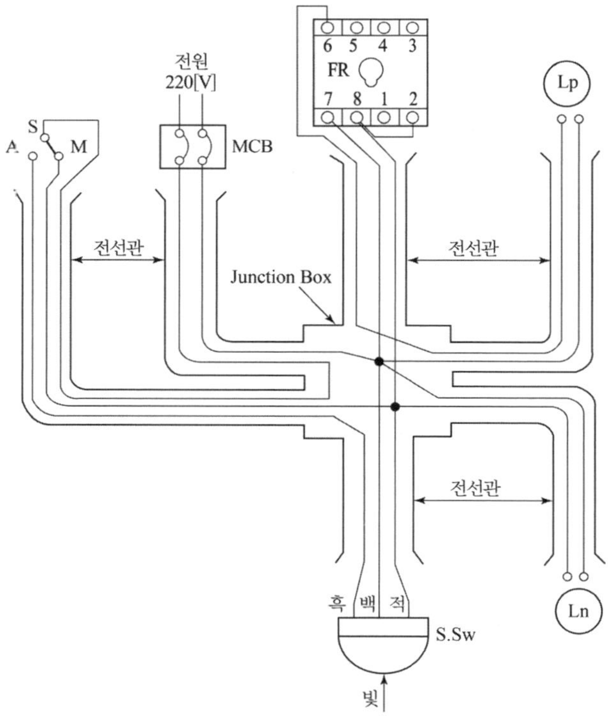

문제 04 ▸ 출제년도 : 96. 00. 01. ▸ 점수 : 10점

그림은 CB형 고압 자가용 수변전 설비의 주회로 복선 결선도이다. 다음 질문에 답하시오. (단, 도면에서 질문에 직접 관계없는 부분은 생략 또는 간략화하였다.)

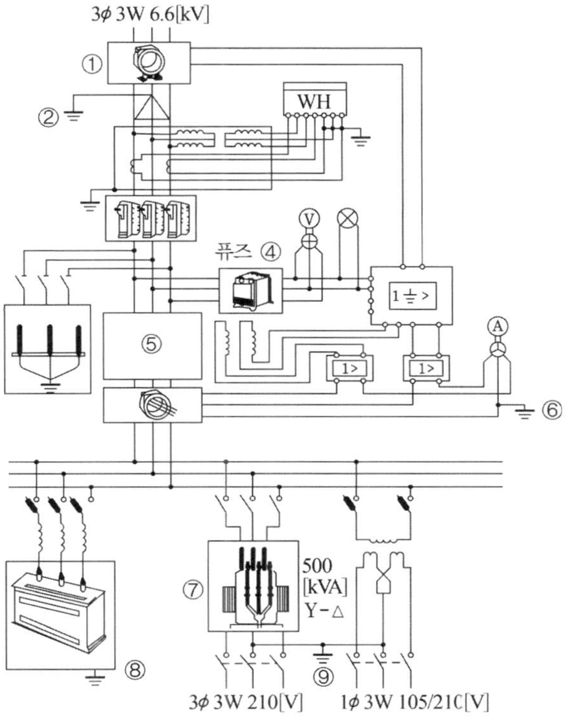

(1) ①의 기기의 명칭은?

(2) ①의 기능은?

(3) ③의 피뢰기는 고압 가공 전선로에서 공급을 받는 수전 전력 용량 몇 [kW] 이상인 수용 장소 인입구에 시설하는가?

(4) ④의 기기에 퓨즈를 사용하는 목적은?

(5) ⑤에 설치하는 기기로서 가장 적당한 차단기는?

(6) ⑦에 설치하는 기기의 복선도용 기호는?

답안작성

(1) 영상 변류기

(2) 영상 전류의 검출

(3) 용량에 관계없이 설치한다.

(4) 계기용 변압기 및 부하측에 사고 발생시 이를 고압회로로부터 분리함으로써 PT 보호 및 사고 확대를 방지

(5) 진공 차단기

(6) 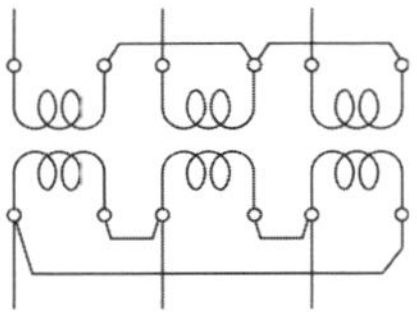

해 설

(3) 피뢰기의 시설
① 발전소, 변전소의 가공 전선 인입구 및 인출구
② 가공 전선로에 접속하는 배전용 변압기의 고압측 및 특고압측
③ 고압 및 특고압 가공 전선로로부터 공급을 받는 수용가의 인입구
④ 가공 전선로와 지중 전선로가 접속되는 곳

문제 05

▸ 출제년도 : 98. 01. ▸ 점수 : 5점

그림과 같은 저압기기의 지락사고시 기기에 접촉된 사람의 인체에 흐르는 전류를 구하시오. (단, 중성점 접지저항값 $R_2 = 50[\Omega]$, 보호접지저항값 $R_3 = 100[\Omega]$, 인체의 접지저항 및 접촉저항값 $R_m = 1000[\Omega]$이다.)

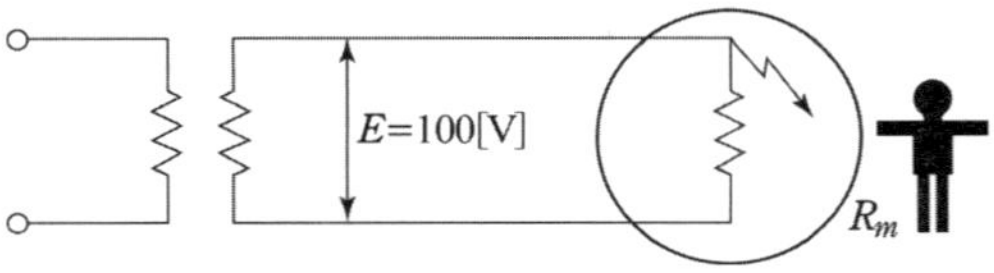

답안작성

계산 : $I_m = \dfrac{100}{50 + \dfrac{100 \times 1000}{100 + 1000}} \times \dfrac{100}{100 + 1000} = 0.0645[\text{A}] = 64.5[\text{mA}]$

답 : 64.5 [mA]

해 설

문제의 조건을 등가회로로 변경하면 아래와 같다.

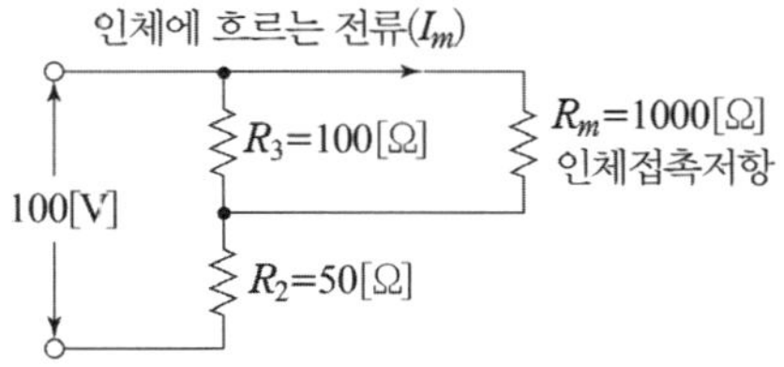

문제 06

▸ 출제년도 : 94. 98. 01. 03. 04. 07. ▸ 점수 : 5점

'공사원가'라 함은 공사 시공 과정에서 발생한 무엇의 합계액을 말하는가?

답안작성

재료비+노무비+경비

문제 07 ▸ 출제년도 : 97. 99. 01. 03. ▸ 점수 : 5점

다음 그림은 심야전력기기의 인입구 장치 부근의 배선을 나타낸 것이다. 이 그림은 어떤 경우의 시설을 나타낸 것인가?

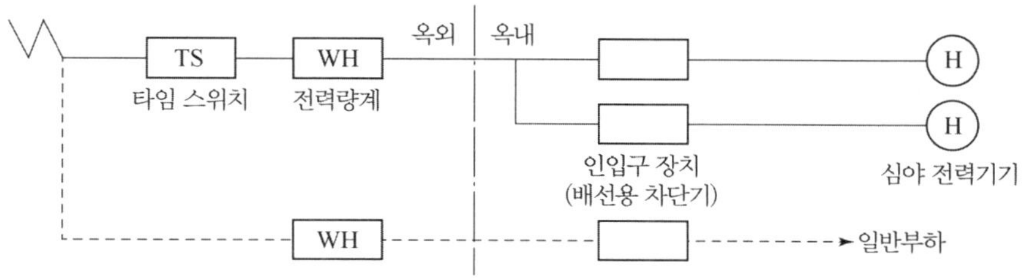

답안작성

종량제

해 설

(1) 정액제의 경우

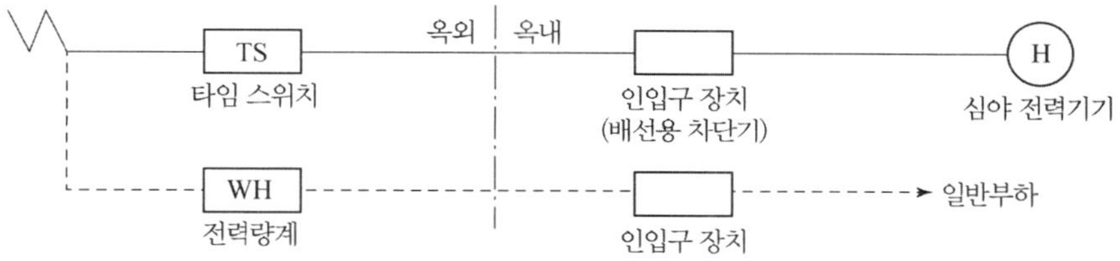

(2) 종량제의 경우

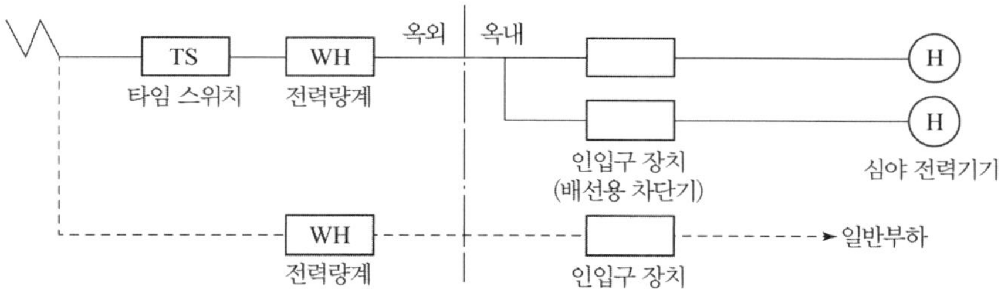

(3) 정액제·종량제 병용의 경우

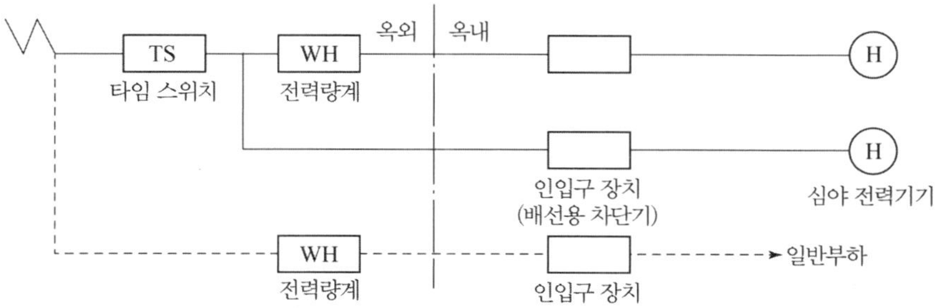

문제 08 ▸ 출제년도 : 01. 02. 06. ▸ 점수 : 4점

폴리머 애자 설치에 관한 그림이다. 각 기호의 ①, ②, ③, ④ 명칭을 쓰시오.

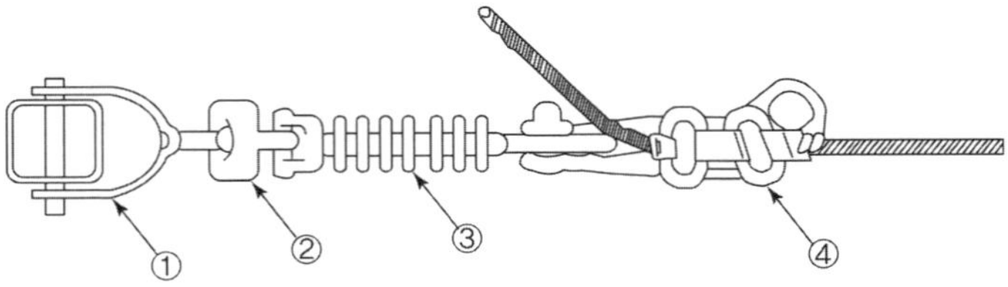

답안작성

① 볼 쇄클　　② 소켓 아이　　③ 폴리머 애자　　④ 데드엔드 크램프

문제 09 ▸ 출제년도 : 01. ▸ 점수 : 5점

가선 공사에서 밧줄의 중간에 재료나 공기구 등을 묶을 경우에 그림과 같은 결박법은?

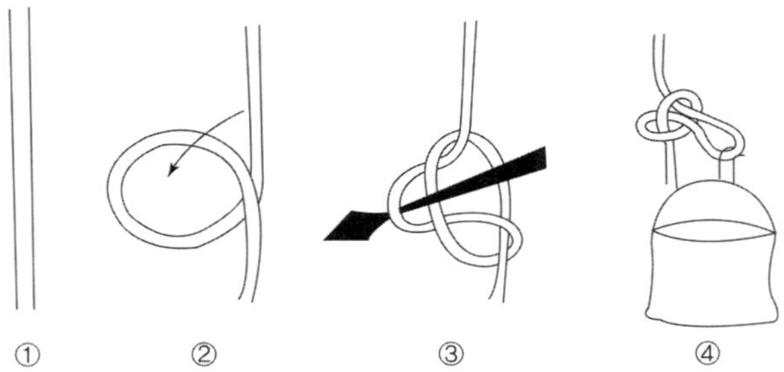

답안작성

걸이 고리법

문제 10 ▸ 출제년도 : 01. 07. ▸ 점수 : 5점

7.5 [kV] N-RV는 네온관용 전선기호이다. 여기서 R은 어떤 뜻의 기호인가?

답안작성

고무

해 설

N : 네온전선　　V : 비닐
E : 폴리에틸렌　　R : 고무　　C : 클로로프렌

문제 11 ▸ 출제년도 : 92. 94. 98. 00. 01. ▸ 점수 : 5점

4.5 [m]×4.5 [m]인 엘리베이터 홀에 down light 조명을 하려고 한다. 이 홀의 실지수를 구하시오.(단, 천장의 높이는 3 [m]이고, 천장면의 반사율은 70 [%]이다.)

답안작성

계산 : 실지수 $R \cdot I = \dfrac{X \cdot Y}{H(X+Y)} = \dfrac{4.5 \times 4.5}{3(4.5+4.5)} = 0.75$　　답 : 0.75

문제 12 ▸ 출제년도 : 95. 96. 97. 01. ▸ 점수 : 4점

총공사비가 29억 원이고, 공사 기간이 11개월인 전기공사의 간접 노무비율[%]을 참고자료에 의거하여 계산하시오.

구 분		간접 노무비율
공사 종류별	건축공사	14.5
	토목공사	15
	기타(전기, 통신 등)	15
공사 규모별 * 품셈에 의하여 산출되는 공사원가 기준	50억원 미만	14
	50～300억원 미만	15
	300억원 이상	16
공사 기간별	6개월 미만	13
	6～12개월 미만	15
	12개월 이상	17

답안작성

계산 : 간접 노무비율 $\alpha = \frac{15+14+15}{3} = 14.67$ [%]

답 : 14.67 [%]

해 설

$$간접\ 노무비율 = \frac{공사\ 종류별\ [\%] + 공사\ 규모별\ [\%] + 공사\ 기간별\ [\%]}{3}$$

문제 13 ▸ 출제년도 : 01. 06. ▸ 점수 : 4점

인입선을 지중선으로 시설하는 경우 22.9 [kV-Y] 접지식 전로에 사용하는 케이블의 종류는?

답안작성

동심중성선 수밀형 전력케이블 (CN-CV-W)

해 설

- CN-CV : 동심중성선 차수형 전력케이블
- CN-CV-W : 동심중성선 수밀형 전력케이블

문제 14 ▸ 출제년도 : 01. 03. ▸ 점수 : 4점

예비전원용 고압 발전기에서 부하에 이르는 전로에는 발전기의 가까운 곳에 쉽게 개폐 및 점검을 할 수 있는 곳에 (　), (　), (　) 및 전압계를 시설하여야 한다.

답안작성

개폐기, 과전류 차단기, 전류계

문제 15 ▸출제년도 : 99. 01. ▸점수 : 5점

그림은 콘크리트 매입배관에서 박스에 파이프를 부착하는 방법이다. 물음에 답하시오.

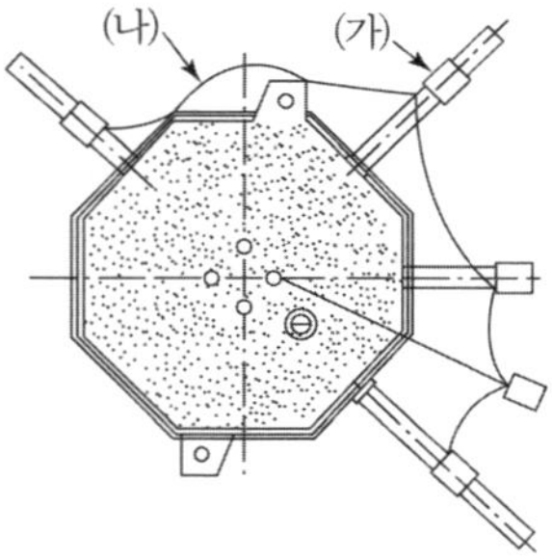

(1) 그림에 표시된 (가)의 재료 명칭은?

(2) 그림에 표시된 (나)의 전선은 무슨 선인가?

답안작성

(1) 접지 클램프　　　(2) 본딩도체(접지도체)

문제 16 ▸출제년도 : 96. 98. 01. ▸점수 : 14점

그림은 3상 유도전동기의 정·역회로의 일부를 그린 것으로 출력회로 등을 생략한 것이다. 다음 물음을 답안지에 답하시오. (단, GL : 정지표시 램프)

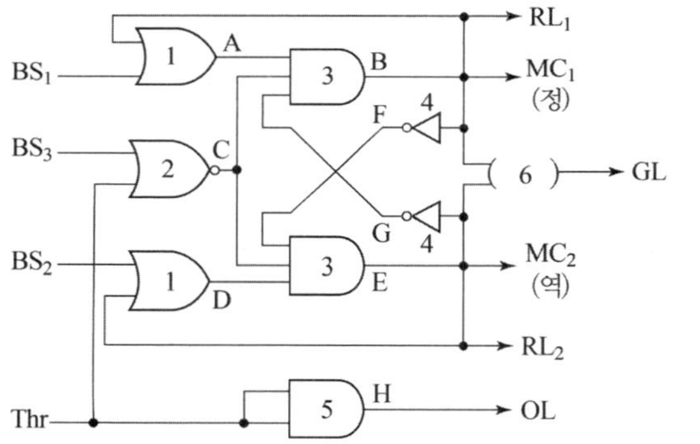

(a)

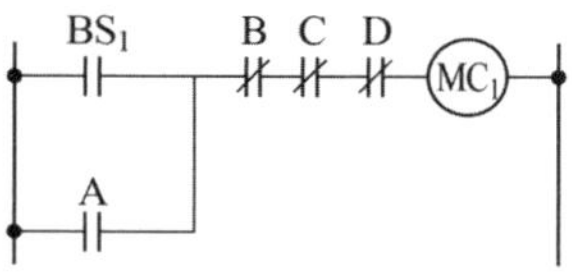

(b)

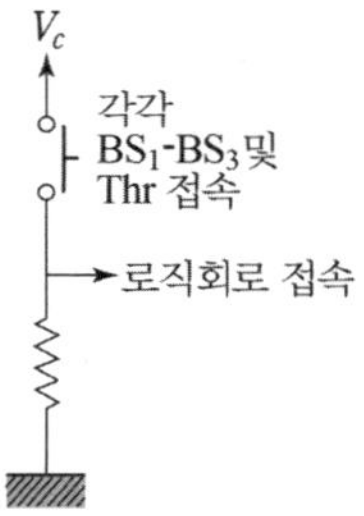

(c)

(1) 유지회로의 기능을 갖는 로직소자는 1~6번 중 어느 것인지 1개만 답하시오.

(2) 인터록 기능의 로직소자는 1~6번 중 어느 것인지 1개만 답하시오.

(3) OL램프가 점등 중이라면 H레벨 출력이 되는 소자는 1~6번 중 어느 것인지 3개만 답하시오.

(4) Thr이 작동하였다. MC와 램프 중 출력이 생기는 기구는 어느 것인지 2개만 답하시오.

(5) MC_1 혹은 MC_2가 동작하면 GL은 소등된다. (6)의 로직 기호를 그리시오.

(6) MC_1이 동작 중이다. A~G 중에서 H(전압) 레벨인 곳 4곳을 답하시오.

(7) BS_3를 누르고 있을 때 C점은 H레벨인가 L레벨인가?

(8) 그림 (b)에서 B는 BS_3, C는 Thr을 나타낸다면 A와 D는 각각 무엇을 나타내는가? 기호로 표시하고 기능을 한마디로 쓰시오.

답안작성

(1) 1　　(2) 4

(3) 4, 5, 6　　(4) OL, GL

(5) 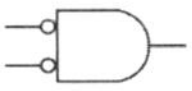 또는 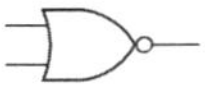

(6) A, B, C, G　　(7) L

(8) A : MC_1, 유지　　D : MC_2, 인터록

출제기준 변경 및 개정된 관계법규에 따라 삭제된 문제가 있어 배점의 합계가 100점이 안됩니다.

MEMO

D30-4

2002년도 전기공사산업기사 실기

- 02년 제 1 회 전기공사산업기사
- 02년 제 2 회 전기공사산업기사
- 02년 제 4 회 전기공사산업기사

국가기술자격검정 실기시험문제 및 답안지

2002년도 산업기사 일반검정 제 1 회			수험번호	성 명	감독위원 확인
자격종목(선택분야)	시험시간	형별			
전기공사산업기사	2시간 00분				

※ 다음 물음에 답을 해당 답란에 답하시오.(배점 : 100점)

문제 01 ▸ 출제년도 : 95. 02. ▸ 점수 : 5점

수은구, 저압 나트륨구, 메탈 할라이트구, 형광등 중 가장 효율이 좋은 전구는 어느 것인가?

답안작성

저압 나트륨구

문제 02 ▸ 출제년도 : 02. ▸ 점수 : 5점

그림은 장간형 현수애자 ㄱ형 완철 애자설치 방법이다. 1, 2, 3, 4, 5 명칭을 기입하시오.

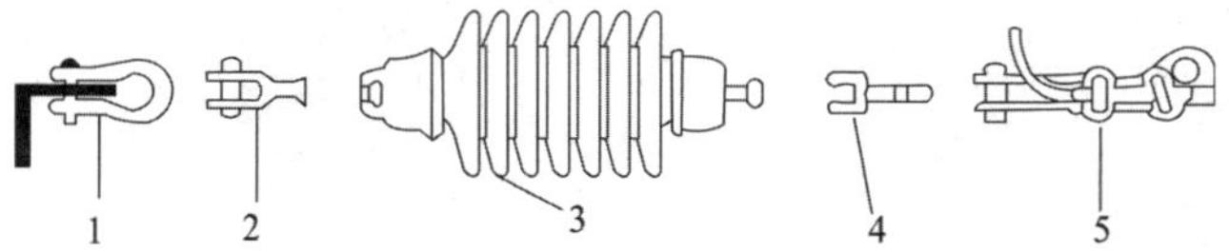

답안작성

1. 앵카쇄클 2. 볼크레비스 3. 현수애자 4. 소켓아이 5. 데드엔드클램프

문제 03 ▸ 출제년도 : 02. ▸ 점수 : 10점

약호의 뜻을 정확히 쓰시오.

(1) OCB : (2) MBB :
(3) ACB : (4) GCB :
(5) ABB : (6) NFB :
(7) VCB : (8) ELB :
(9) BCT : (10) ZCT :

답안작성

(1) OCB : 유입 차단기 (2) MBB : 자기 차단기
(3) ACB : 기중 차단기 (4) GCB : 가스 차단기
(5) ABB : 공기 차단기 (6) NFB : 배선용 차단기
(7) VCB : 진공 차단기 (8) ELB : 누전 차단기
(9) BCT : 부싱형 변류기 (10) ZCT : 영상 변류기

문제 04 ▸ 출제년도 : 96. 99. 02. ▸ 점수 : 8점

아래 표시된 그림은 구내고압 전로의 케이블 입상부의 실제도이다. 그림 ①~⑧에 대한 물음에 답하시오. (단, 전주의 전장은 16 [m]이고, 설계하중 6.8 [kN] 이하의 철근 콘크리트 주이다.)

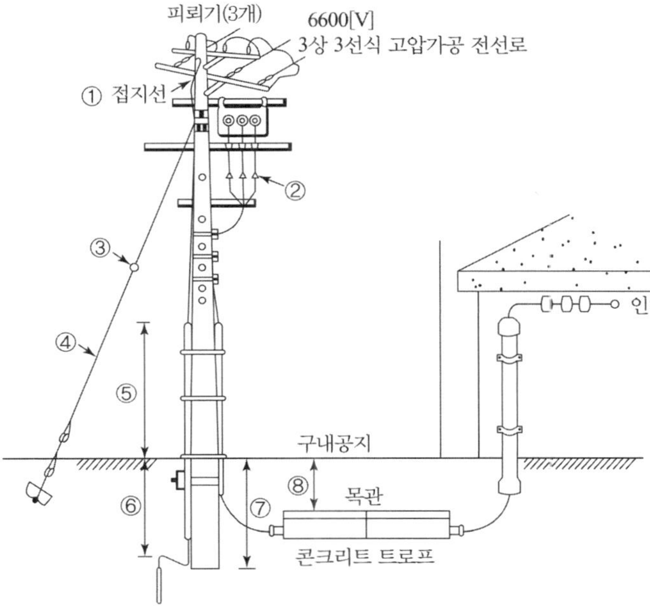

(1) 그림 ①에 표시된 접지선의 최소 굵기[mm^2]는?

(2) 그림 ②로 표시된 부분의 명칭은?

(3) 그림 ③에 표시된 재료의 명칭은?

(4) 그림 ④에 표시된 명칭은?

(5) 그림 ⑤는 지표상에서 최소 몇 [m]의 높이인가? (케이블 보호관임)

(6) 그림 ⑥에서 접지극 매설의 최소 깊이[m]는?

(7) 그림 ⑦에서 땅 속으로 묻히는 최소 깊이[m]는?

(8) 그림 ⑧에서 이 부분의 토관의 최소 깊이[m]는? (단, 중량물에 의한 압력은 안 받는다.)

답안작성

(1) 6 [mm^2] (2) 케이블 헤드 (3) 지선애자(옥애자) (4) 지선
(5) 2 [m] (6) 0.75 [m] 이상 (7) 2.5 [m] 이상 (8) 0.6 [m] 이상

해 설

(1) KEC 142.3 접지도체 · 보호도체
접지도체의 굵기는 고장 시 흐르는 전류를 안전하게 통할 수 있는 것으로서 다음에 의한다.
① 특고압 · 고압 전기설비용 접지도체 : 단면적 6[mm^2] 이상의 연동선
② 중성점 접지용 접지도체 : 공칭단면적 16[mm^2] 이상의 연동선

(5), (6)

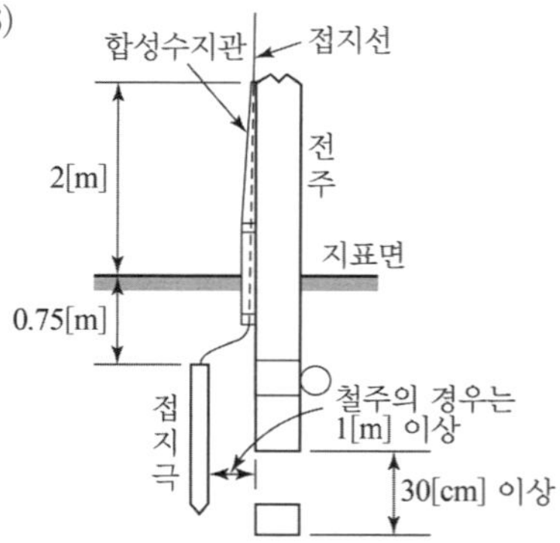

(7) KEC 331.7 가공전선로 지지물의 기초의 안전율

가공전선로의 지지물에 하중이 가하여지는 경우에 그 하중을 받는 지지물의 기초의 안전율은 2이상(단, 이상시 상정하중에 대한 철탑의 기초에 대하여는 1.33)이어야 한다. 다만, 땅에 묻히는 깊이를 다음의 표에서 정한 값 이상의 깊이로 시설하는 경우에는 그러하지 아니하다.

설계하중 / 전장	6.8 [kN] 이하	6.8 [kN] 초과 ~ 9.8 [kN] 이하	9.81 [kN] 초과 ~ 14.72 [kN] 이하
15[m] 이하	전장×1/6[m] 이상	전장×1/6+0.3[m] 이상	전장×1/6+0.5[m] 이상
15[m] 초과~16[m]이하	2.5[m] 이상	2.8[m] 이상	–
16[m] 초과~20[m] 이하	2.8[m] 이상	–	–
15[m] 초과~18[m] 이하	–	–	3[m] 이상
18[m] 초과	–	–	3.2[m] 이상

(8) KEC 334.1 지중전선로의 시설

① 지중 전선로는 전선에 케이블을 사용하고 또한 관로식 · 암거식(暗渠式) 또는 직접 매설식에 의하여 시설하여야 한다.

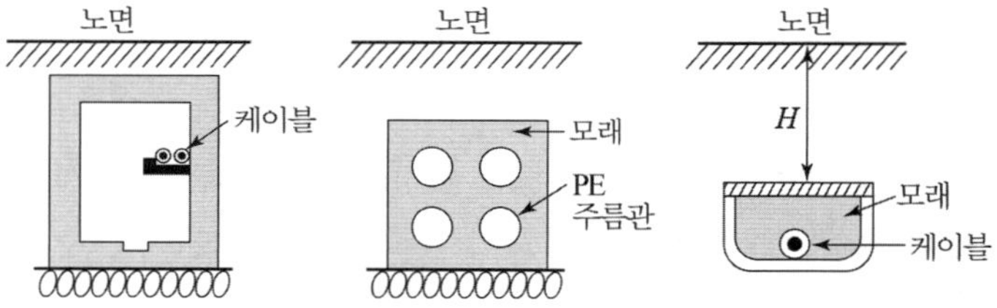

(a) 암거식　　(b) 관로식　　(c) 직접 매설식

② 지중 전선로를 직접 매설식에 의하여 시설하는 경우에는 매설 깊이를 차량 기타 중량물의 압력을 받을 우려가 있는 장소에는 1.0[m] 이상, 기타 장소에는 0.6[m] 이상으로 하고 또한 지중 전선을 견고한 트라프 기타 방호물에 넣어 시설하여야 한다.

문제 05 ▸ 출제년도 : 02. ▸ 점수 : 6점

1종, 2종 가요전선관을 구부리는 경우의 시설이다. 다음 물음에 답하시오.

(1) 노출장소 또는 점검 가능한 은폐장소에서 관을 시설하고 제거하는 것이 자유로운 경우에는 곡률 반지름을 2종 가요전선관 안지름의 몇 배 이상으로 하여야 하는가?

(2) 노출장소 또는 점검 가능한 은폐장소에서 관을 시설하고 제거하는 것이 부자유하거나 또는 점검이 불가능할 경우에는 곡률 반지름을 2종 가요전선관 안지름의 몇 배 이상으로 하여야 하는가?

(3) 1종 가요전선관을 구부릴 경우의 곡률 반지름은 관 안지름의 몇 배 이상으로 하여야 하는가?

답안작성

(1) 3배 　　(2) 6배 　　(3) 6배

문제 06

▸ 출제년도 : 02. ▸ 점수 : 4점

심벌은 콘센트에 관한 전기 심벌이다. 정확한 명칭은?

답안작성

의료용 콘센트

문제 07

▸ 출제년도 : 02. 06. ▸ 점수 : 5점

연접인입선이란 무엇인가 정확하게 설명하시오.

답안작성

한 수용장소 인입구 접속점에서 분기하여 다른 지지물을 거치지 아니하고 다른 수용장소 인입구에 이르는 전선를 말함.

해 설

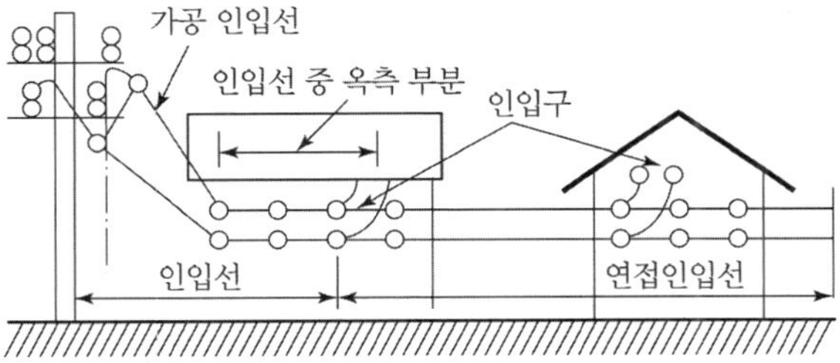

문제 08

▸ 출제년도 : 02. ▸ 점수 : 5점

그림과 같이 전선 1조마다 50 [kg]의 장력을 받는 전선 3조와 인류지선을 시설하고자 한다. 이 경우 지선이 받는 장력[kg]을 구하시오.

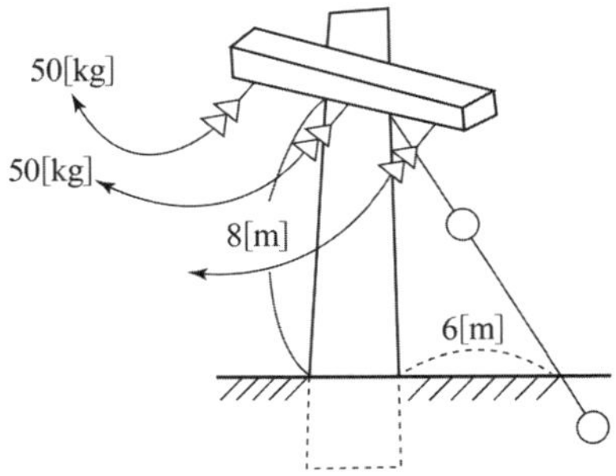

답안작성

계산 : $T = T_0 \cos\theta$에서

$$T_0 = \frac{T}{\cos\theta} = \frac{(50 \times 3)}{\frac{6}{10}} = 250[\mathrm{kg}]$$

답 : 250 [kg]

해 설

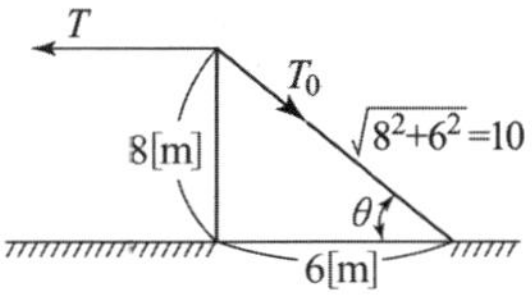

$$\cos\theta = \frac{T}{T_0} = \frac{6}{10}$$

$$\therefore\ T_0 = \frac{10}{6} \times T = \frac{10}{6} \times 50 \times 3 = 250[\text{kg}]$$

문제 09 ▸ 출제년도 : 94. 00. 02. ▸ 점수 : 5점

계기의 급별에서 용도에 따라 답안을 쓰시오.

(1) 대형 부표준기

(2) 휴대용 계기(정밀급)

(3) 소형 휴대용 계기 (정밀측정)

(4) 배전반용 계기 (공업용 보통측정)

(5) 배전반용 소형 계기

답안작성

(1) 0.2급 (2) 0.5급 (3) 1.0급 (4) 1.5급 (5) 2.5급

문제 10 ▸ 출제년도 : 02. 04. 06. 07. ▸ 점수 : 4점

공사원가 구성에 관하여 아래의 답안에 적당한 비목을 완성하시오.

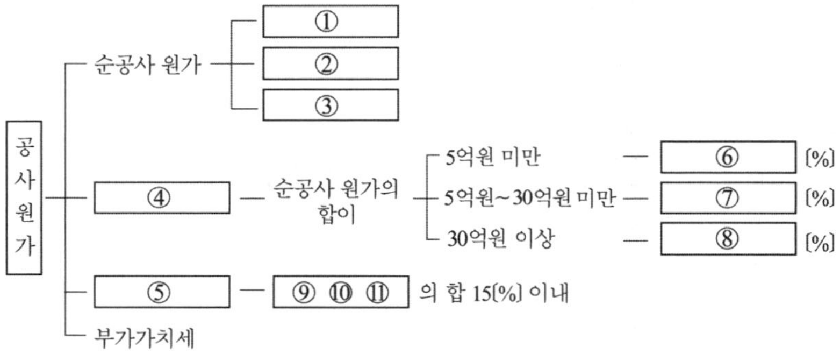

답안작성

① 재료비 ② 노무비 ③ 경비 ④ 일반관리비

⑤ 이윤 ⑥ 6 [%] ⑦ 5.5 [%] ⑧ 5 [%]

⑨ 노무비 ⑩ 경비 ⑪ 일반관리비

해 설

전문, 전기, 전기 통신 공사	
공사 원가	일반 관리 비율
5억원 미만	6 [%]
5억원~30억원 미만	5.5 [%]
30억원 이상	5 [%]

문제 11 ▸ 출제년도 : 96. 99. 01. 02. ▸ 점수 : 5점

3상 4선식 접속의 경우에 그림과 같이 전압선의 표시가 L1상, N상, L3상, L2상으로 표시되었다. L1, N, L3, L2의 전선의 색별은?

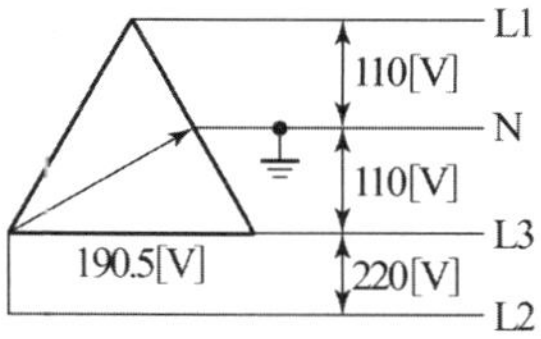

답안작성

- L1상 : 갈색
- L2상 : 검은색
- L3상 : 회색
- N상 : 파란색

해 설

KEC 121.2 전선의 식별

1) 전선의 색상은 표 에 따른다.

상(문자)	색상
L1	갈색
L2	검은색
L3	회색
N	파란색
보호도체	녹색-노란색

2) 색상 식별이 종단 및 연결 지점에서만 이루어지는 나도체 등은 전선 종단부에 색상이 반영구적으로 유지될 수 있는 도색, 밴드, 색 테이프 등의 방법으로 표시해야 한다.

문제 12 ▸ 출제년도 : 92. 98. 02. 05. ▸ 점수 : 15점

금속관 공사에 필요한 재료들을 물음에 답하시오.

(1) 금속관으로부터 전선을 뽑아 전동기 단자부분에 접속할 때 전선을 보호하기 위해 관 끝에 취부하는 재료는?

(2) 배관을 직각으로 굽히는 곳에, 관 상호간을 접속하는 재료는?

(3) 노출배관공사에서 관을 직각으로 굽히는 곳에 사용하는 재료는?

(4) 금속관을 아웃트레트 박스에 취부할 때 관보다 지름이 큰 관계로 로크너트 만으로 고정할 수 없을 때 보조적으로 사용하는 재료는?

(5) 무거운 기구를 박스에 취부할 때 사용하는 재료는?

(6) 금속 전선관을 상호 접속할 때 전선관과 같이 돌릴 수 없는 경우, 또는 관상호를 돌려서 접속할 수 없는 경우에 나사를 내지 않고 접속하는 재료는?

(7) 전선의 절연피복을 보호하기 위해서 금속관의 끝에 취부하는 재료는?

답안작성

(1) 터미널 캡 또는 서어비스 캡

(2) 노멀밴드

(3) 유니버셜 엘보

(4) 링리듀서

(5) 픽스쳐스터드와 픽스처 히키

(6) 유니온 커플링

(7) 부싱

문제 13 ▸ 출제년도 : 95. 98. 02. 05. ▸ 점수 : 8점

그림의 로직 회로는 지하철역의 무인 개찰 회로의 일부이다.

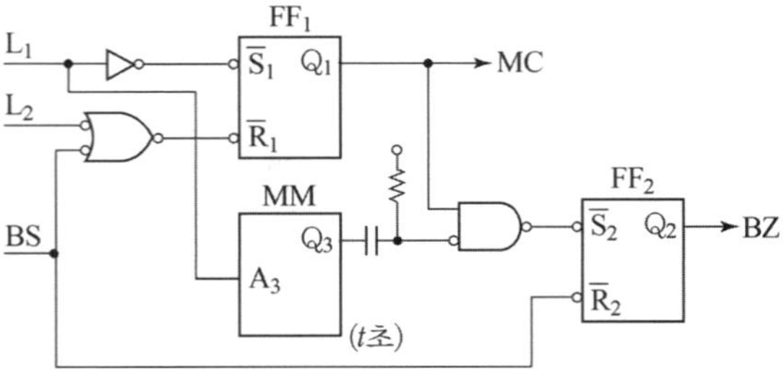

[보기] OR, AND, FF_1, FF_2, MM, MC, NOT (중복도 가함)

다음 동작 개요의 (　)에 보기 중에서 골라 넣으시오.

(1) 차표를 넣으면 L_1이 검출하여 (①)가 세트되고 (②)가 동작하여 차표 투입구를 닫는다. t 초 후 차표가 배출구로 나오면 L_2가 검출하여 (③)가 리셋되고 (④)가 복귀하여 투입구를 연다.

(2) 차표를 넣은 후 T초가 되어도($T > t$) 차표가 나오지 않으면 (⑤)의 출력과 (⑥)의 출력의 (⑦) 회로에 의하여 (⑧)가 동작하고 부저가 울린다. 이때 BS를 누르면 모두 복귀한다. 여기서 FF는 $\overline{R}\,\overline{S}$-latch이고 MM은 단안정 IC 소자이며 L_1은 H레벨 입력이다.

답안작성

(1) ① FF_1　② MC　③ FF_1　④ MC

(2) ⑤ FF_1　⑥ MM　⑦ AND　⑧ FF_2

문제 14 ▸ 출제년도 : 00. 02. ▸ 점수 : 10점

도면은 옥내 배선의 배치도이다. 범례와 동작 설명을 이해하고 결선도(시퀀스)를 주어진 답안지에 전기적으로 정확하게 그리시오.

[동작사항]

(1) 스위치 S를 ON하고 PB_1을 누르면 릴레이(Ry_1)가 여자되고 버저 B가 울림과 동시에 전등 R_1, R_2가 직렬로 점등된다. 다음 PB_2를 누르면 릴레이(Ry_1)가 소자되고 버저(B)가 정지함과 동시에 릴레이(Ry_2)가 여자되어 전등 R_1, R_2가 병렬 점등된다.

(2) 스위치 S를 OFF하면 모든 동작이 정지한다.

[범례]

Ry : 릴레이, PB : 누름 버튼, R : 램프, S : 스위치, B : 버저,

J : 정크션 박스, KS : 단투 커버 나이프이고 기타는 생략한다.

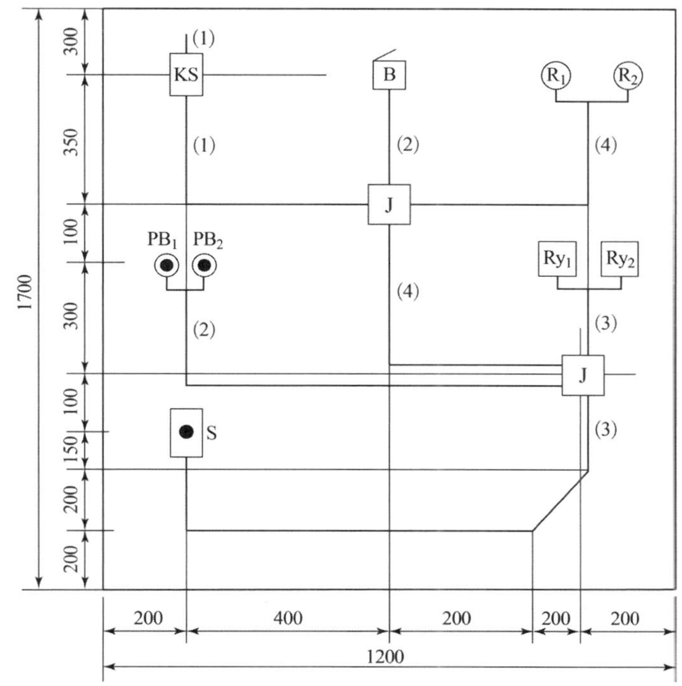

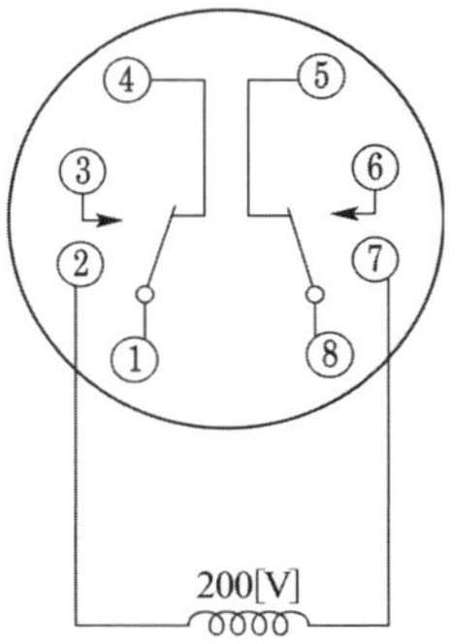

8핀 릴레이 : Ry

답안작성

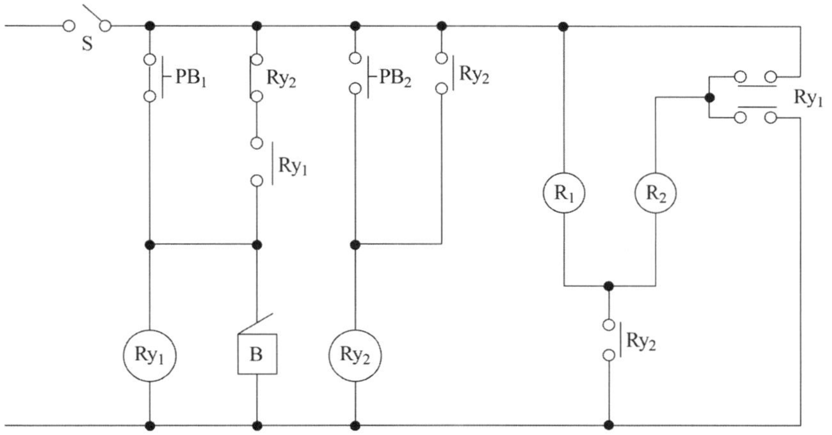

출제기준 변경 및 개정된 관계법규에 따라 삭제된 문제가 있어 배점의 합계가 100점이 안됩니다.

국가기술자격검정 실기시험문제 및 답안지

2002년도 산업기사 일반검정 제 2 회

자격종목(선택분야)	시험시간	형별	수험번호	성 명	감독위원 확 인
전기공사산업기사	2시간 00분				

※ 다음 물음에 답을 해당 답란에 답하시오.(배점 : 100점)

문제 01 ▸ 출제년도 : 02. ▸ 점수 : 4점

둥근 물건의 외경이나 파이프 등의 내경 또는 가공물의 깊이 등을 측정하며, 본척, 부척에 의하여 1/10 [mm] 또는 1/20 [mm]까지 측정할 수 있는 측정기구는?

답안작성

버어니어 켈리퍼스

문제 02 ▸ 출제년도 : 02. ▸ 점수 : 5점

단상 변압기 2대를 사용 정격전압 3000 [V]의 유도 전동기의 절연내력시험을 실시하고자 한다. 결선도 및 표기사항의 틀린 곳을 바르게 고치고 그리시오.
(단, 전원 전압은 100[V], T_1, T_2는 6000[V]/100[V]의 단상 변압기이다.)

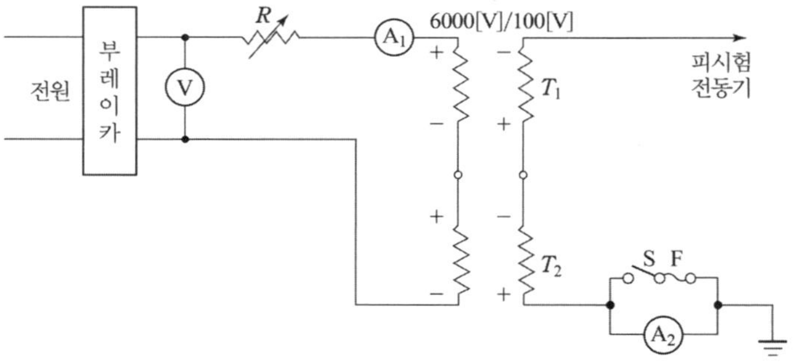

답안작성

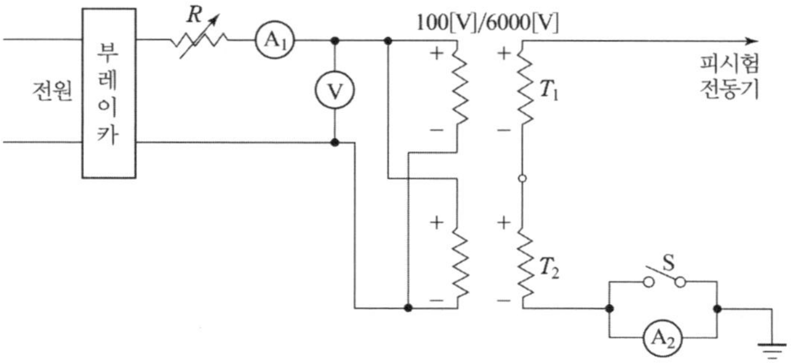

문제 03 ▸ 출제년도 : 97. 99. 02. ▸ 점수 : 6점

다음 문제를 읽고 참고표를 이용하여 주어진 답안지에 식과 답을 쓰시오.

(1) 35 [mm^2] NR 전선 6본과 25 [mm^2] 1본을 같은 후강전선관에 수용 시공할 때 전선관의 굵기는? (단, 절연체 두께를 포함한 전선의 외경은 35 [mm^2]는 10.9 [mm]이고, 25 [mm^2]는 9.7 [mm]임. 전선관내 단면적의 32 [%] 수용이고, 표 이외의 기타 사항은 무시한다.)

(2) 어느 건물의 보수 공사를 하는데 전기설비중 형광등 반매입 40 [W]×1, 20등, 선풍기 천장면 4대를 교체하였다. 소요 인공계를 소수점까지 모두 산출하시오. (단, 임의로 소수점 반올림하지 말 것)

[표 1] 형광등 기구 신설 (등당 : 내선 전공)

종별	직부형	팬던트형	반매입 및 매입형	매입아크릴 커버형
10 [W]×1	0.135	0.165	0.20	0.217
20 [W]×1	0.155	0.185	0.235	0.250
〃 ×2	0.195	0.235	0.30	0.32
〃 ×3	0.245	–	–	–
〃 ×4	0.355	–	0.538	0.570
〃 ×5	0.360	–	–	0.581
30 [W]×1	0.165	0.195	0.25	0.266
〃 ×2	–	–	0.34	0.36
40 [W]×1	0.245	0.295	0.375	0.399
〃 ×2	0.305	0.365	0.460	0.488
〃 ×3	0.395	0.475	0.60	0.640
〃 ×4	0.515	–	0.78	0.83
〃 ×5	0.520	–	–	–
〃 ×6	0.525		0.796	0.844
110 [W]×1	0.455	0.545	0.69	0.73
〃 ×2	0.555	0.665	0.84	0.89

[해설] ① 기구 설치, 결선, 지지류 설치, 장내 소운반 및 잔재 정리 포함.
② 매입 또는 반매입 등구의 천장 구멍뚫기 및 후에 설치 별도 가산
③ 광전형 방식은 직부등 적용
④ 철거 30 [%], 재사용 50 [%]
⑤ 방폭형 200 [%]
⑥ Pole Light 등 취부는 직부등 적용
⑦ 형광등 안정기 교환은 대당 등기구 신설품의 110 [%] 적용. 다만, 펜던트형은 직부형 등에 준함.
⑧ 아크릴 간판등(형광등)의 안정기 교환은 매입 커버형 신설등의 110 [%] 적용

[표 2] 후강전선관 신설

전선관의 굵기[호]	내단면적의 32 [%] [mm^2]	내단면적의 48 [%] [mm^2]	전선관의 굵기[호]	내단면적의 32 [%] [mm^2]	내단면적의 48 [%] [mm^2]
16	67	101	54	732	1098
22	120	180	70	1216	1825
28	201	301	82	1701	2552
36	342	513	92	2205	3308
42	460	690	104	2843	4265

[표 3] 잡기기 신설 (대당)

종 별	내선 전공
전열기 3 [kW] 이하	0.40
〃 4 [kW] 〃	0.60
〃 10 [kW] 〃	1.00
〃 10 [kW] 초과	1.40
벨	0.1
부저	0.08
도어폰(무기)	0.11
〃 (자기)	0.10
가스 배출기	0.20
선풍기 날개직경 30 [cm] 이하(벽면)	0.20
〃 30 [cm] 이하(천장면)	0.50
환풍기 날개직경 30 [cm] 기준(벽면)	0.48
〃 50 [cm] 기준(천장면)	0.80
적산 전력계 1ϕ2W용	0.14
〃 1ϕ3W용, 3ϕ3W	0.21
〃 3ϕ4W용	0.32
CT 설치(저고압)	0.4
PT 설치(〃)	0.4
현수용 MOF 설치(고압·복고압)	3.0
거치용 MOF 설치(고압·특고압)	2.0
계기함 설치	0.30
특수 계기함 설치	0.45

[해설] ① 철거 30 [%](재사용 60 [%] 단, 실효 계기 교체에 따른 철거 반입품이 수리 가능 품목일 경우에는 재사용 적용)
② 방폭 200 [%]
③ 아파트등 공동 주택 및 이와 유사한 집단 지역의 동일 구내(현 건물내)에서 10호 이상의 적산전력계 설치시에는 70 [%]
④ 특수 계기함이라 함은 3종 계기함, 농사용 철제 계기함, 집합 계기함 및 저압 변류기용 계기함을 말한다.
⑤ 거치용 MOF를 주상에 설치시에는 본품의 180 [%](설치대 조립품 포함)
⑥ 전극봉 지지기에는 전극봉의 취부 및 조정률 포함. 다만, 보호함의 취급품은 별도 계상하며, 보호함의 취부품은 풀박스 취부품에 준한다.

답안작성

(1) 총 단면적$=\frac{\pi}{4}d^2\times n$에서

$$=\frac{\pi}{4}\times 10.9^2\times 6+\frac{\pi}{4}\times 9.7^2=633.78[\text{mm}^2]$$

표 2 내단면적의 32 [%] 난에서 633.78 [mm^2]를 초과하는 732 [mm^2]인 54 [호] 선정

(2) 형광등 : 표 1에서 내선전공 : $20\times(0.3+1)\times 0.375=9.75$ [인]

선풍기 : 표 3에서 내선전공 : $4\times(0.3+1)\times 0.5=2.6$ [인]

답 : 계 : $9.75+2.6=12.35$ [인]

문제 04 ▸ 출제년도 : 95. 99. 02. ▸ 점수 : 10점

다음 그림은 저압전로에 있어서의 지락고장을 표시한 그림이다. 그림의 전동기 (M_1) (단상 110 [V])의 내부와 외함간에 누전으로 지락사고를 일으킨 경우 변압기 저압측 전로의 1선은 전기설비기술 기준령에 의하여 고·저압 혼촉시의 대지전위 상승을 억제하기 위한 접지공사를 하도록 규정하고 있다. 다음 물음에 답하시오.

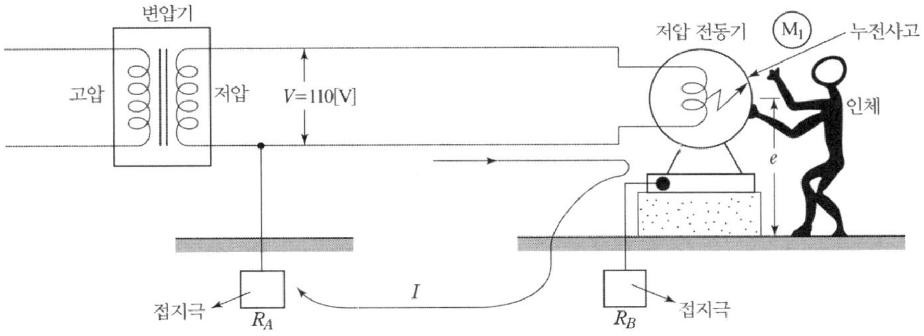

(1) 앞의 그림에 대한 등가회로를 그리면 아래와 같다. 물음에 답하시오.

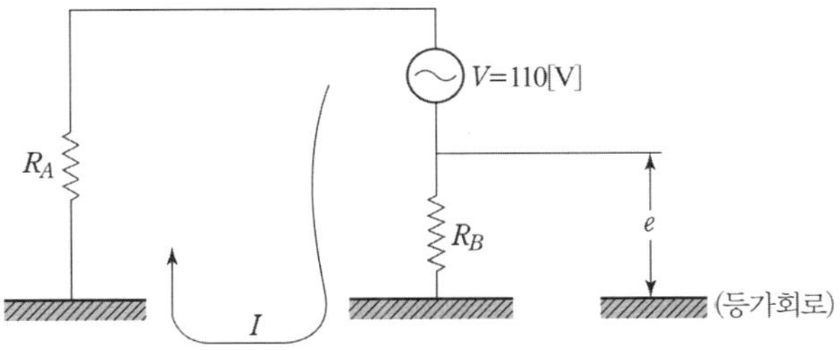

① 등가회로상의 e 는 무엇을 의미하는가?

② 등가회로상의 e 의 값을 표시하는 수식을 표시하시오.

③ 저압회로의 지락전류 $I = \dfrac{V}{R_A + R_B}$ [A]로 표시할 수 있다. 고압측 전로의 중성점이 비접지식인 경우에 고압측 전로의 1선 지락전류가 4 [A]라고 하면 변압기의 2차측(저압측)에 대한 접지 저항값은 얼마인가? 또, 위에서 구한 접지 저항값 (R_A)을 기준으로 하였을 때의 R_B의 값을 구하고 위 등가회로상의 I, 즉 저압측 전로의 1선 지락전류를 구하시오. 단, e의 값은 25 [V]로 제한하도록 한다.

(2) 접지극의 매설 깊이는 얼마 이하로 하는가?

(3) 변압기 2차측의 접지선 굵기는 몇 [mm^2] 이상의 연동선이나 이와 동등 이상의 세기 및 굵기의 것을 사용하는가?

답안작성

(1) ① 접촉전압

② $e = \dfrac{R_B}{R_A + R_B} \times V$

③ $R_A = \frac{150}{I} = \frac{150}{4} = 37.5$ [Ω]

$25 = \frac{R_B}{37.5 + R_B} \times 110$

$R_B = 11.03 \fallingdotseq 11$ [Ω]

$I = \frac{V}{R_A + R_B} = \frac{110}{37.5 + 11} = 2.27$ [A]

$R_B = 11$ [Ω], $I = 2.27$ [A]

(2) 75 [cm]

(3) 6 [mm^2]

해 설

(1) ③ KEC 142.5 변압기 중성점 접지

변압기의 중성점접지 저항 값은 다음에 의한다.

가) 일반적으로 변압기의 고압 · 특고압측 전로 1선 지락전류로 150을 나눈 값과 같은 저항 값 이하

$$R = \frac{150}{\text{변압기의 고압측 또는 특고압측의 1선 지락전류}} [\Omega]$$

나) 변압기의 고압 · 특고압측 전로 또는 사용전압이 35 [kV] 이하의 특고압전로가 저압측 전로와 혼촉하고 저압전로의 대지전압이 150 [V]를 초과하는 경우는 저항 값은 다음에 의한다.

- 1초 초과 2초 이내에 고압 · 특고압 전로를 자동으로 차단하는 장치를 설치할 때는 300을 나눈 값 이하

$$R = \frac{300}{\text{변압기의 고압측 또는 특고압측의 1선 지락전류}} [\Omega]$$

- 1초 이내에 고압 · 특고압 전로를 자동으로 차단하는 장치를 설치할 때는 600을 나눈 값 이하

$$R = \frac{600}{\text{변압기의 고압측 또는 특고압측의 1선 지락전류}} [\Omega]$$

(2) KEC 142.2 접지극의 시설 및 접지저항

접지극은 지표면으로부터 지하 0.75[m] 이상으로 하되 동결 깊이를 감안하여 매설 깊이를 정해야 한다.

(3) KEC 142.3 접지도체 · 보호도체

접지도체의 굵기는 고장 시 흐르는 전류를 안전하게 통할 수 있는 것으로서 다음에 의한다.

① 특고압 · 고압 전기설비용 접지도체 : 단면적 6[mm^2] 이상의 연동선

② 중성점 접지용 접지도체 : 공칭단면적 16[mm^2] 이상의 연동선

다만, 다음의 경우에는 공칭단면적 6[mm^2] 이상의 연동선을 사용 할 수 있다.

가. 7[kV] 이하의 전로

나. 사용전압이 25[kV] 이하인 특고압 가공전선로

(다만, 중성선 다중접지식의 것으로서 전로에 지락이 생겼을 때 2초 이내에 자동적으로 이를 전로로부터 차단하는 장치가 되어 있는 것.)

문제 05 ▸ 출제년도 : 02. 05. ▸ 점수 : 4점

다음의 설명에 맞는 배전자재의 명칭을 쓰시오.

(1) 주상 변압기를 전주에 설치하기 위해 사용되는 밴드는?

(2) 전주에 암타이 및 랙을 설치하기 위하여 사용되는 밴드는?

(3) 가공 배전선로 및 인입선공사에서 인류애자를 설치하기 위해 사용되는 금구는?

(4) 현수애자를 설치한 가공 ACSR 배전선의 인류 및 내장개소에 ACSR 전선을 현수애자에 설치하기 위해 사용하는 금구는?

답안작성

(1) 행거밴드　　　　(2) 암타이 밴드
(3) 랙　　　　　　　(4) 데드앤드 크램프

문제 06 ▸ 출제년도 : 99. 02. 05. 07.　▸ 점수 : 10점

그림 중 ☐ 내의 기기 명칭을 기호로 써 넣으시오.

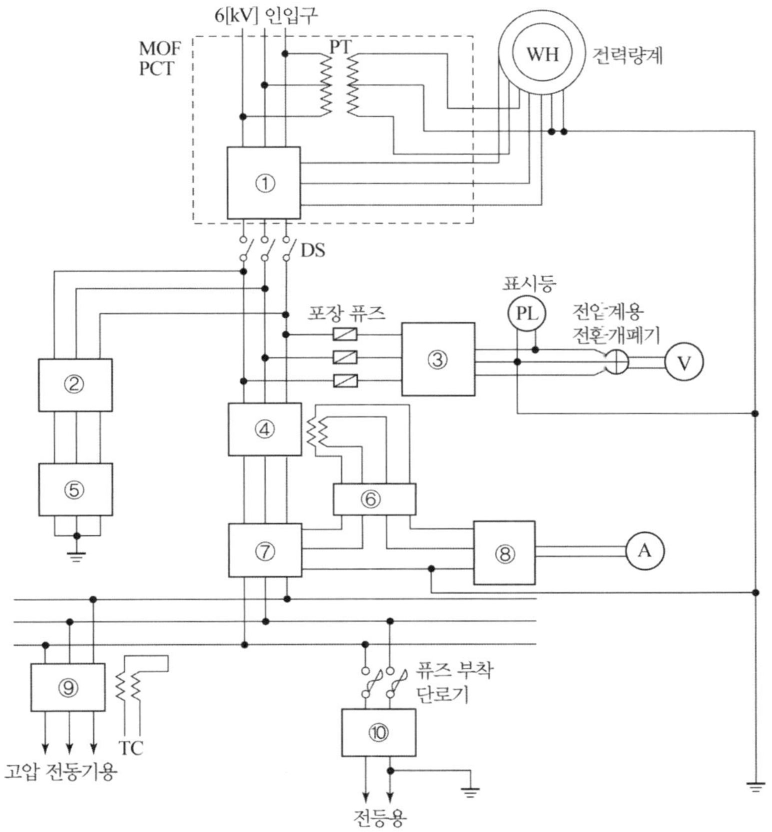

답안작성

① CT	② DS	③ PT	④ CB	⑤ LA
⑥ OCR	⑦ CT	⑧ AS	⑨ CB	⑩ TR

해 설

① CT(계기용 변류기)　　② DS(단로기)
③ PT(계기용 변압기)　　④ CB(교류 차단기)
⑤ LA(피뢰기)　　⑥ OCR(과전류 계전기)
⑦ CT(계기용 변류기)　　⑧ AS(전류계용 전환개폐기)
⑨ CB(교류 차단기)　　⑩ TR(변압기)

문제 07 ▸ 출제년도 : 02. ▸ 점수 : 5점

3상 간선에서 CT 및 PT를 사용하여 전압 및 전류를 측정하기 위한 결선도를 그리고 접지 표시를 하시오.

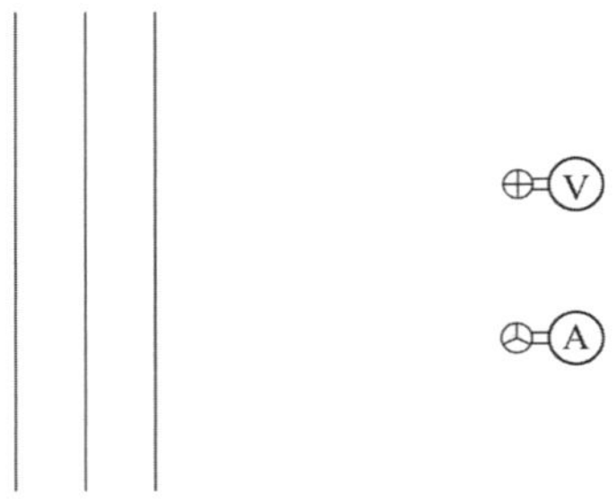

답안작성

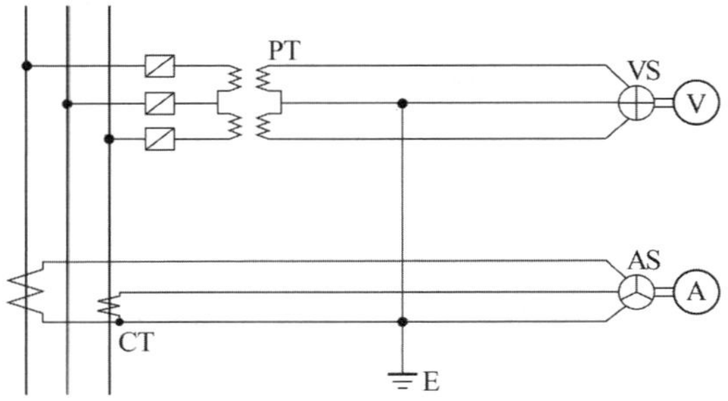

문제 08 ▸ 출제년도 : 99. 02. ▸ 점수 : 10점

다음 물음에 답하시오.

(1) 저압 전동기를 Star - Delta 기동기(Y - △ 기동)일 경우 기동전류는 전전압 기동의 몇 배가 흐르는가?

(2) Still의 식은 송전선로에서 무엇을 구하기 위한 실험인가?

(3) Y - Y 결선의 변압기와 Y - △ 결선의 변압기는 병렬운전할 수 없다. 그 이유를 설명하시오.

(4) 최대 사용전압이 6900 [V]일 때 절연내력 시험을 직류전압으로 하는 경우의 사용전압[V]은?

(5) 시험용 변압기에 의한 절연내력 시험에서 시험전압을 연속해서 인가하는 시간[분]은?

답안작성

(1) 1/3 배

(2) 경제적인 송전전압 결정

(3) 각 변위가 다르며, 2차 단자전압이 서로 다르기 때문

(4) $6900 \times 1.5 \times 2 = 20,700$[V]

(5) 10 [분]

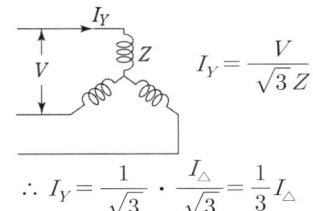

해 설

(1) 가동시

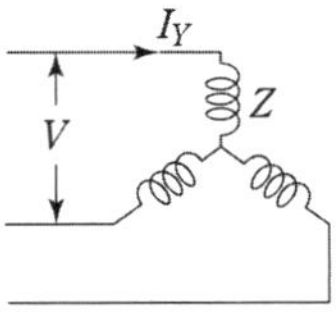

$I_Y = \frac{V}{\sqrt{3}Z}$

운전시

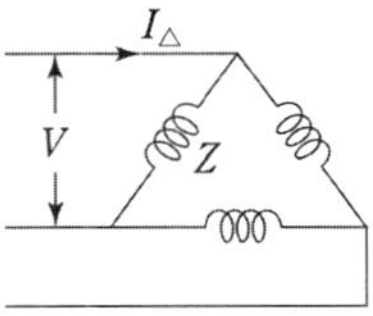

$I_\triangle(\text{선전류}) = \frac{V}{Z} \times \sqrt{3}$

$\therefore I_Y = \frac{1}{\sqrt{3}} \cdot \frac{I_\triangle}{\sqrt{3}} = \frac{1}{3} I_\triangle$

(4) 직류 시험전압은 교류 시험전압의 2배

문제 09 ▸ 출제년도 : 02. ▸ 점수 : 4점

다음은 네온전선의 약호이다. 이에 대한 명칭을 우리말로 쓰시오.

(1) N-RC (2) N-EV

(3) N-V (4) N-RV

답안작성

(1) 고무절연 클로로프렌 외장 네온 전선
(2) 폴리에틸렌 절연 비닐 외장 네온 전선
(3) 비닐절연 네온 전선
(4) 고무절연 비닐 외장 네온 전선

해 설

N : 네온전선 V : 비닐 E : 폴리에틸렌 R : 고무 C : 클로로프렌

문제 10 ▸ 출제년도 : 02. ▸ 점수 : 5점

22.9 [kV-Y] 특고압 가공 전선로의 중성선 가설시 중성선의 최소 굵기는 전선이 ACSR 인 경우 최소 몇 [mm^2] 이상으로 시설하여야 하는가?

답안작성

32 [mm^2]

해 설

중성선의 최소 굵기 : ACSR 32 [mm^2]
중성선의 최대 굵기 : ACSR 95 [mm^2]

문제 11 ▸ 출제년도 : 98. 00. 02. ▸ 점수 : 5점

분전반에서 40 [m] 떨어진 회로의 끝에서 단상 2선식 220 [V] 전열기 8800 [W] 2대 사용시, NR 전선의 굵기는? (단, 전압강하는 2 [%] 이내로 하고 전류감소계수는 없는 것으로 하고 최종 답은 공칭단면적 값을 쓰시오.)

답안작성

계산 : $A = \dfrac{35.6LI}{1000 \cdot e} = \dfrac{35.6 \times 40 \times \dfrac{8800 \times 2}{220}}{1000 \times 220 \times 0.02} = 25.89\ [\text{mm}^2]$

답 : $35\ [\text{mm}^2]$

해 설

• 전선규격

1.5, 2.5, 4, 6, 10, 16, 25, 35, 50, 70, 95, 120, 150, 185, 240, 300, 400, 500, 630 $[\text{mm}^2]$

문제 12

▸ 출제년도 : 02. ▸ 점수 : 6점

그림은 거치용 축전지의 충전장치를 간략하게 표시한 도면이다. 다음 물음에 답하시오.

(1) 도면에 표시된 (1) 그림의 명칭은?

(2) 도면에 표시된 (2) 그림의 명칭은?

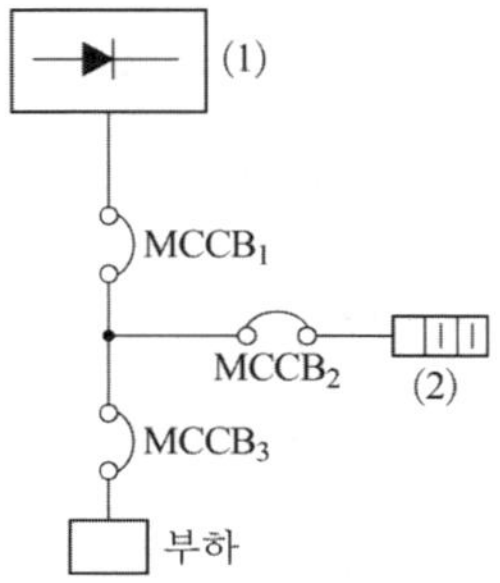

답안작성

(1) 정류기

(2) 축전지

문제 13

▸ 출제년도 : 02. 07. ▸ 점수 : 10점

그림은 3사람이 퀴즈를 풀기 위한 전등과 버저 장치이다. 버튼 스위치를 먼저 누르는 사람의 전등이 켜지면 다른 사람이 조금 늦게 눌러도 다른 사람의 전등은 점등되지 않는다. 즉, A, B, C 3 사람 중 버튼 스위치 $BS_A \sim BS_C$를 먼저 누르는 사람의 해당 번호의 전등이 점등됨과 동시에 버저가 일정시간(수초 후)동안 울리고 전등과 버저가 동시에 정지한다. 정지 후 다시 동작시킬 수 있어야 한다. 이 장치의 Sequence도를 설계하시오. 전원이 접속되는 부분에는 반드시 접속점을 표시하시오.

계통도

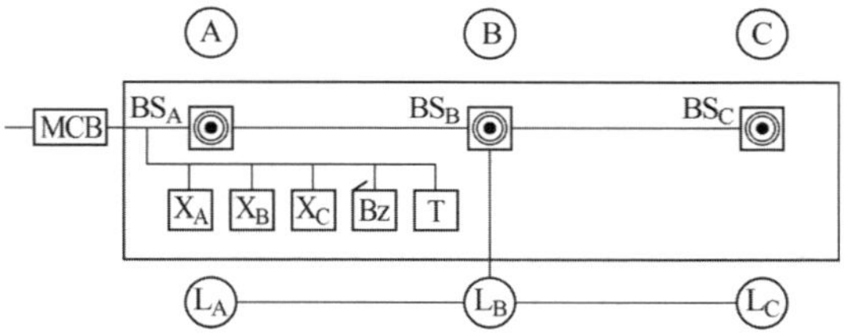

범례

기 호	명 칭
$BS_A \sim BS_C$	Button Switch
$L_A \sim L_C$	Lamp
$X_A \sim X_C$	보조계전기(relay)
Bz	Buzzer
T	Timer
MCB	배선용 차단기

minipower Relay 내부결선도(14pin)

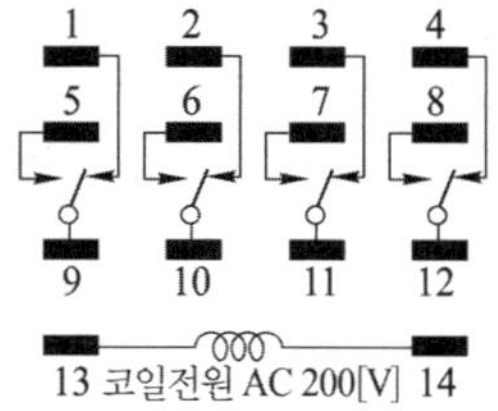

타이머 내부결선도

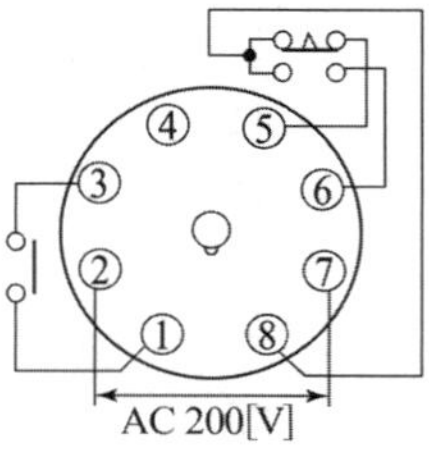

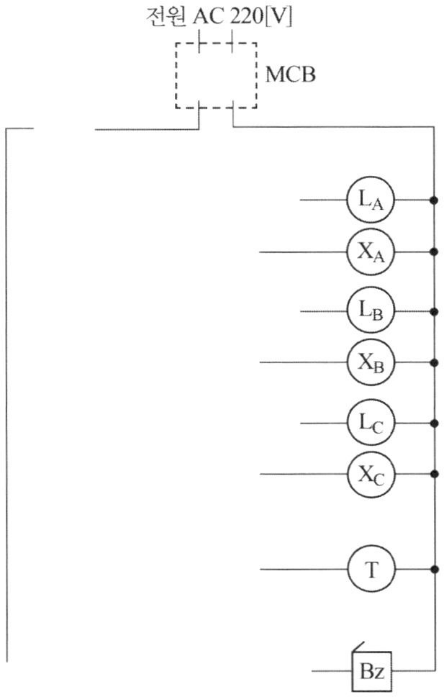

※ Button Switch가 기호와 기구의 접점 기호는 다음 중에서 옳은 것을 골라 필요한 수만큼 사용하시오.

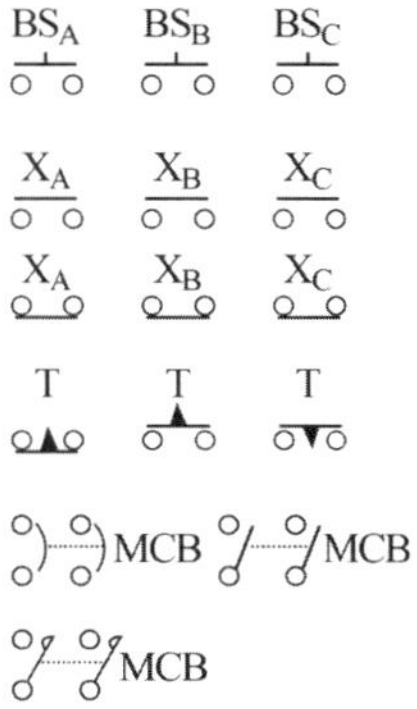

답안작성

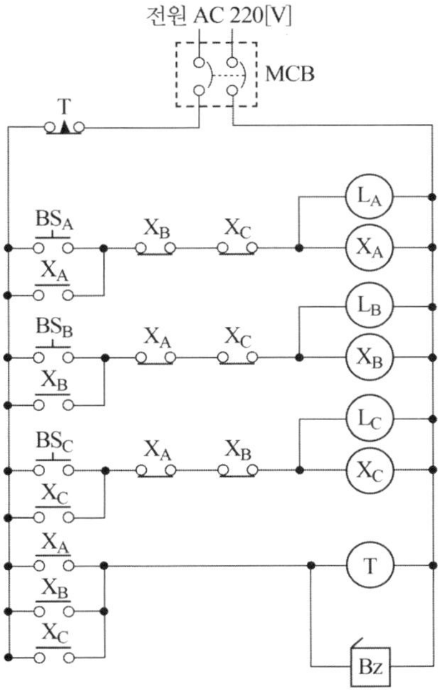

※ Button Switch가 기호와 기구의 접점 기호는 다음 중에서 옳은 것을 골라 필요한 수만큼 사용하시오.

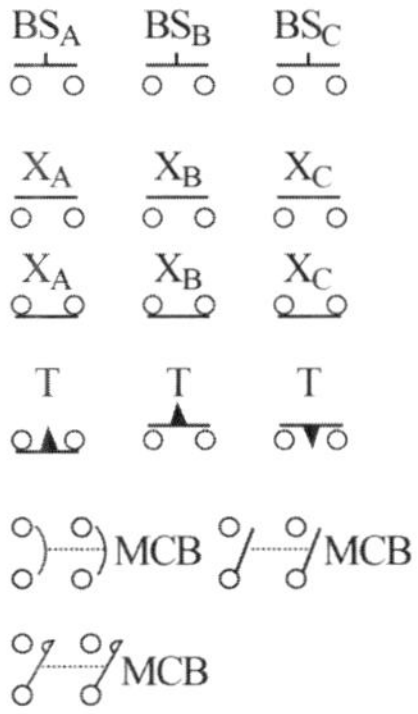

문제 14 ▸ 출제년도 : 99. 02. ▸ 점수 : 16점

그림은 Y-△ 기동회로의 일부인데 P010은 모선접속, P011은 Y 기동용이며, 7초 후 P012로 △운전되며, 운전시 타이머 기구는 복구된다. 여기서 BS_1 기능은 P001이다. 물음에 답하시오.

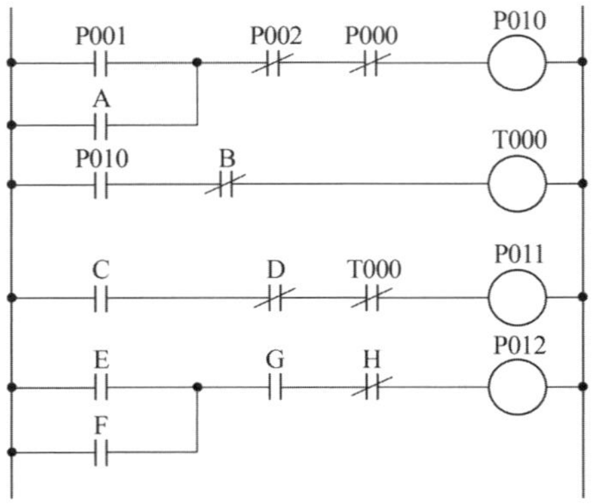

스탭	명령어	번지	스탭	명령어	번지
생략	LOAD	P001	생략	LOAD	C
	가	A		AND NOT	D
	AND NOT	P002		다	T000
	AND NOT	P000		라	P011
	OUT	P010	〃	LOAD	E
〃	나	P010		OR	F
	AND NOT	B		AND	P010
	TMR	T000		AND NOT	P011
	DATA	70		OUT	P012

(1) A~F에 알맞는 번지를 쓰시오.

(2) 가~라에 알맞는 명령어를 쓰시오.

(3) A~H 중 유지 기능으로 사용된 것 1개만 쓰시오.

(4) A~H 중 인터록 기능으로 사용된 것 1개만 쓰시오.

(5) A~H 중 정지 기능으로 사용된 것 1개만 쓰시오.

(6) A~H 중 P001과 같이 기동 기능이 있는 것 1개만 쓰시오.

(7) 회로 전체를 정지시킬 수 있는 기능의 기구를 2개의 번지를 쓰시오.

(8) —⧸⧸— (T000) 과 같은 기능의 릴레이(타이머) 접점을 그리시오.

답안작성

(1) A : P010　B : P012　C : P010　D : P012　E : T000　F : P012

(2) 가 : OR　나 : LOAD　다 : AND NOT　라 : OUT

(3) A(F)　(4) D(H)　(5) B(G)　(6) E

(7) P002, P000　(8) —o△o—

국가기술자격검정 실기시험문제 및 답안지

2002년도 **산업기사** 일반검정 제 4 회

자격종목(선택분야)	시험시간	형별	수험번호	성 명	감독위원 확 인
전기공사산업기사	2시간 00분				

※ 다음 물음에 답을 해당 답란에 답하시오.(배점 : 100점)

문제 01 ▸ 출제년도 : 01. 02. 06. ▸ 점수 : 4점

폴리머 애자 설치에 관한 그림이다. 각 기호의 ①, ②, ③, ④ 명칭을 쓰시오.

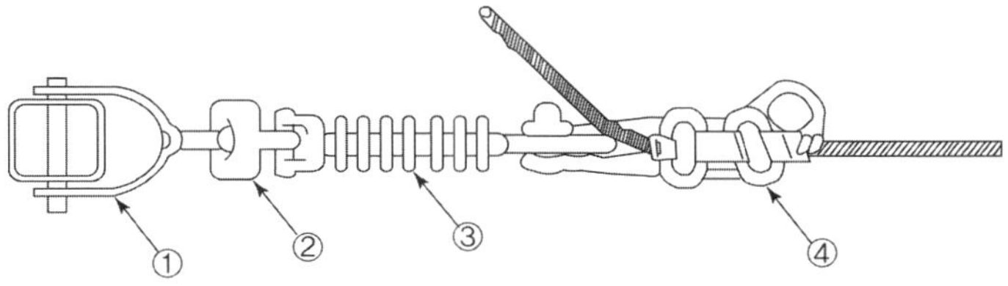

답안작성

① 볼 쇄클　　② 소켓 아이　　③ 폴리머 애자　　④ 데드엔드 크램프

문제 02 ▸ 출제년도 : 96. 99. 01. 02. ▸ 점수 : 4점

3상 4선식 접속의 경우에 그림과 같이 전압선의 표시가 L1상, N상, L3상, L2상으로 표시되었다. L1, N, L3, L2의 전선의 색별은?

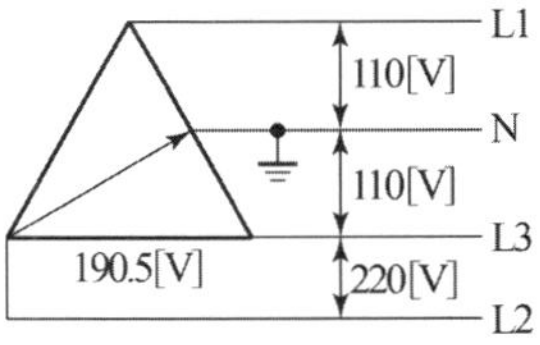

답안작성

- L1상 : 갈색
- L2상 : 검은색
- L3상 : 회색
- N상 : 파란색

해 설

KEC 121.2 전선의 식별

1) 전선의 색상은 표 에 따른다.

상(문자)	색상
L1	갈색
L2	검은색
L3	회색
N	파란색
보호도체	녹색-노란색

2) 색상 식별이 종단 및 연결 지점에서만 이루어지는 나도체 등은 전선 종단부에 색상이 반영구적으로 유지될 수 있는 도색, 밴드, 색 테이프 등의 방법으로 표시해야 한다.

문제 03 ▸ 출제년도 : 94. 97. 99. 00. 01. 02. ▸ 점수 : 5점

ACSR 38 [mm^2] 전선으로 전력을 공급하는 긍장 1 [km]인 3상 2회선의 배전선로를 포설하기 위한 직접 인건비계는 얼마인가? 단, 노임단가, 배전전공은 35000원, 보통인부는 25000원이다.

[표] 배전선 가선 100 [m]당

규 격		배전전공	보통인부
나동선	14 [mm^2] 이하	0.20	0.10
	22 [mm^2] 이하	0.32	0.16
	30 [mm^2] 이하	0.40	0.20
	38 [mm^2] 이하	0.52	0.26
	60 [mm^2] 이하	0.76	0.38
	100 [mm^2] 이하	0.08	0.54
	150 [mm^2] 이하	0.32	0.66
	200 [mm^2] 이하	1.44	0.72
	200 [mm^2] 초과	1.52	0.76
ACSR, ASC	38 [mm^2] 이하	0.60	0.30
	58 [mm^2] 이하	0.88	0.44
	95 [mm^2] 이하	1.28	0.64
	160 [mm^2] 이하	1.56	0.78
	240 [mm^2] 이하	1.8	0.9

[해설] ① 이품은 1선당 수작업으로 연선, 긴선, 이도 조정품 포함
② 애자에 묶는 품 포함
③ 피복선 120 [%]
④ 기설선로 상부 가설 120 [%]
⑤ 장력조정만 할 때 120 [%]
⑥ 철거 50 [%], 재사용 철거 80 [%]
⑦ 가공지선 80 [%]
⑧ 재사용 전선 110 [%]
⑨ m당으로 환산시는 본품을 100으로 나누어 산출
⑩ 22 [kV], 66 [kV], HDCC 송전선 1회선 가선품은 본품의 300 [%]
⑪ 66 [kV], HDCC 송전선 가선은 송전전공이 시공한다.
⑫ 배전선을 가로수 또는 수목과 접촉하여 설치작업시는 수목으로 인한 장애를 감안하여 이품의 120 [%] 적용

답안작성

• 선로 신설 : 배전 전공 : $\frac{0.6}{100} \times 1000 \times 3 \times 2 = 36$ [인]

보통 인부 : $\frac{0.3}{100} \times 1000 \times 3 \times 2 = 18$ [인]

• 직접 노무비 : 배전 전공 : $36 \times 35,000 = 1,260,000$ [원]

보통 인부 : $18 \times 25,000 = 450,000$ [원]

• 계 : $1,260,000 + 450,000 = 1,710,000$ [원]

답 : 1,710,000 [원]

문제 04 ▸ 출제년도 : 01. 02. ▸ 점수 : 10점

다음에서 제시한 배관 배치도와 동작 설명을 읽고 시퀀스도로 작성하고 실제 배관 배치도에 배선을 그려 넣으시오.

[동작설명]

- 배선은 전선관 안쪽으로 배선하고 전선 접속은 Junction Box 안에서 하고 시퀀스도 및 실체도 작성시 전선이 접속되는 부분은 반드시 접속점을 표시하시오.
- Junction Box에서 접속점은 필요 이상 만들지 마시오.
- 전원을 투입하고 3로 스위치 S_3을 자동쪽(A)으로 전환하면 전등 Ln이, 밤이 되면 조광스위치(Sun Switch, S Sw)에 의해서 자동으로 점등되고 동시에 전등 Lp는 점멸한다.
- 전원이 투입된 상태에서 3로 스위치 S_3를 수동쪽(M)으로 전환하면 전등 Ln이 점등되고, 동시에 전등 Lp는 점멸한다.

조광 스위치의 기본 결선도

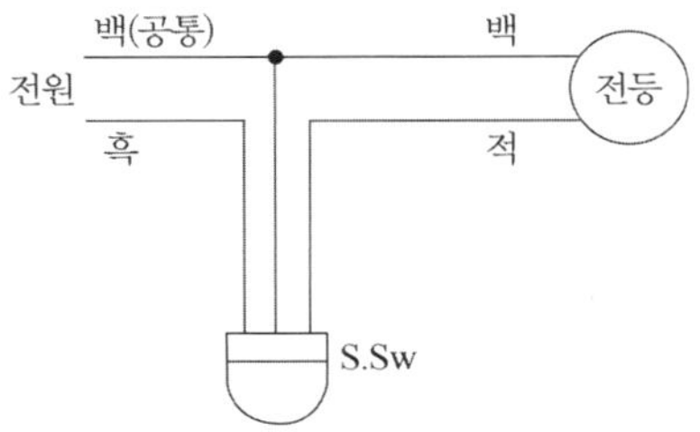

Flicker relay의 내부 결선도

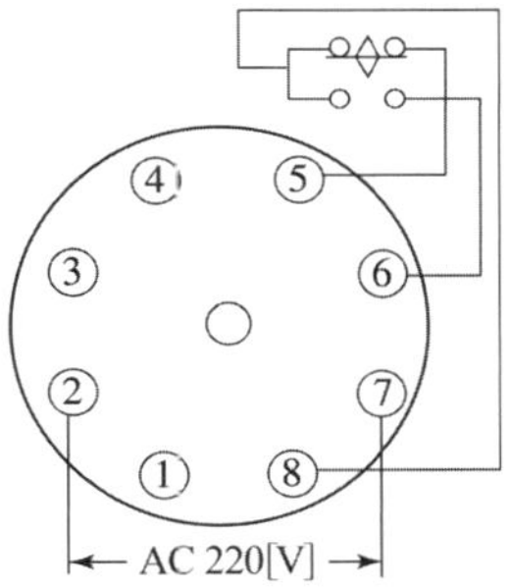

배관 및 기구 배치도

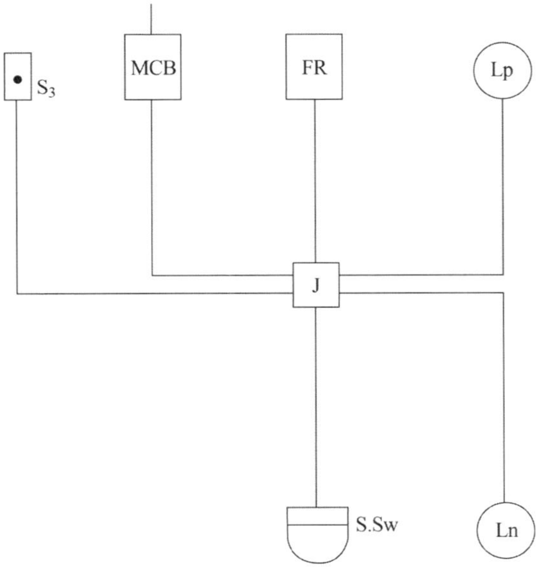

(1) 시퀀스도

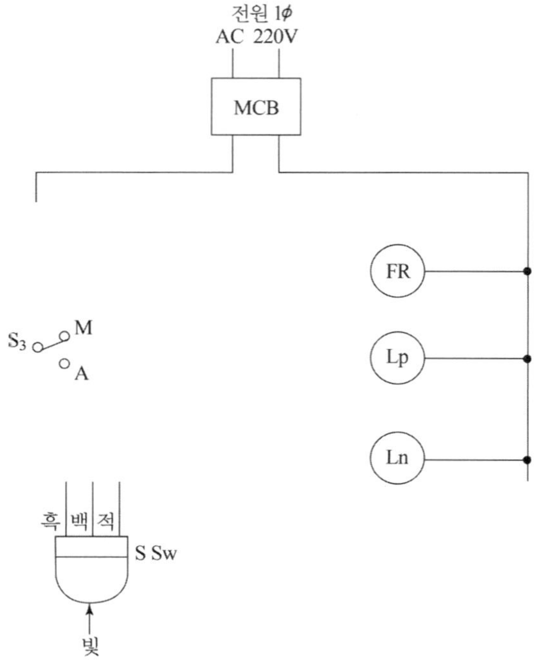

(2) 실체 배선도

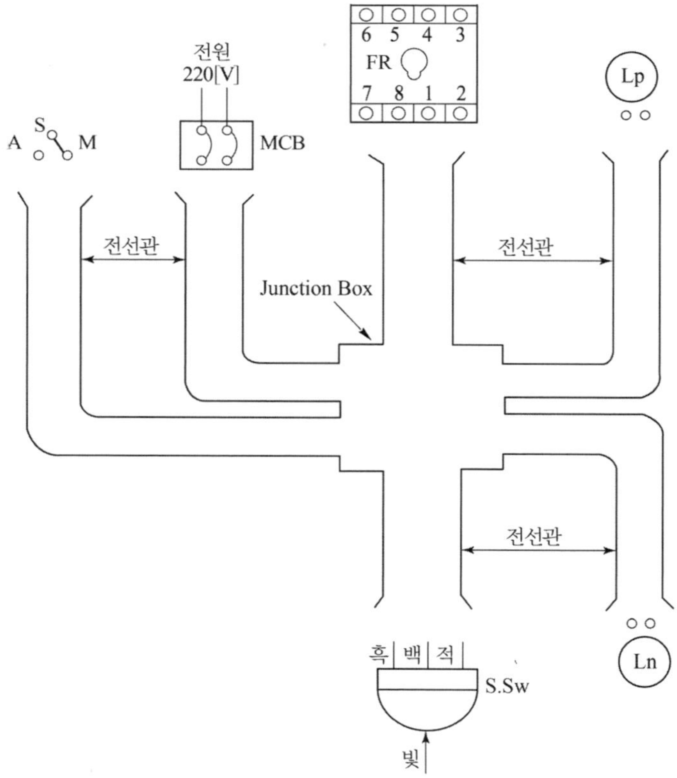

답안작성

(1) 시퀀스도

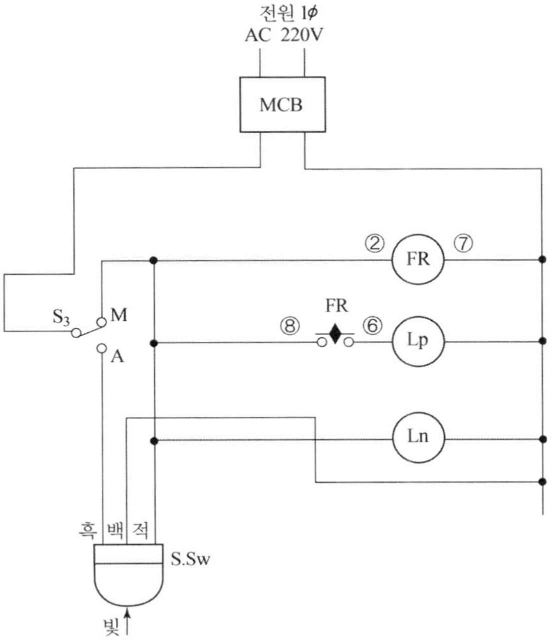

(2) 실체 배선도

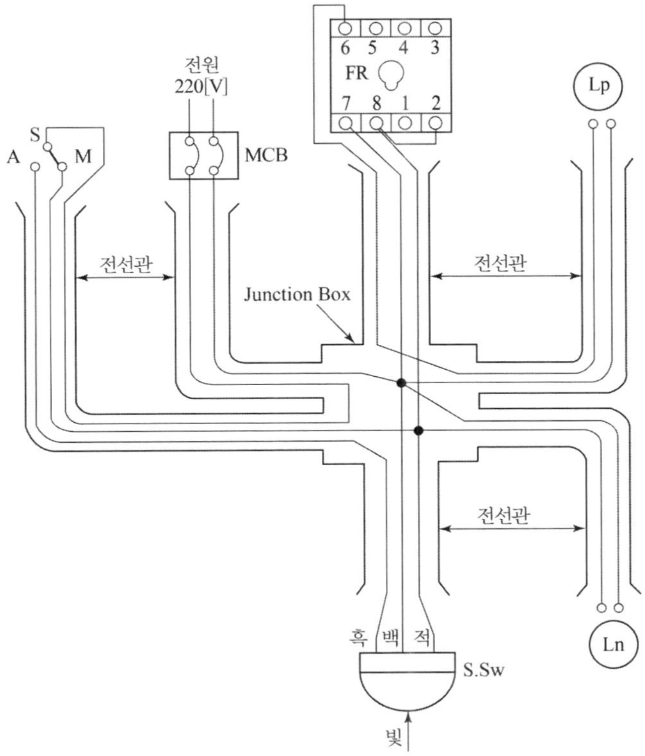

문제 05 ▸출제년도 : 02. ▸점수 : 6점

접지공사 기준에서 접지시공에 대한 다음 물음을 답하시오.

(1) 접지지선의 접지극은 지표면하 몇 [m] 이상의 깊이에 매설하여야 하는가?

(2) 가공전선로에 가공약전류 전선 또는 가공 광섬유 케이블을 공가하는 경우에는 가공 전선로의 접지극과 가공약전류 전선 또는 가공광섬유케이블의 접지극과는 몇 [m]이상 이격하여 시설하여야 하는가?

(3) 접지극을 지표면으로부터 깊이 매설할수록 효과적이므로 가급적 직렬로 연결할 때는 접지봉을 몇 개 이상 매설하는 것이 좋은가?

(4) 접지선은 전주의 어떤 측에 시설함을 원칙으로 하는가?

(5) 접지선과 접지극 리드선과의 접속은 스리브 등에 의한 압축접속 또는 어떤 접속 방법으로 접속하는가?

(6) 접지장소의 토질 또는 현장 여건으로 인하여 규정된 접지저항치를 얻기 어려운 곳에서는 심타 접지 공법과 어떤 접지공법을 적용하여야 하는가?

답안작성

(1) 0.75[m] 이상
(2) 1 [m] 이상
(3) 2개 이상
(4) 내측
(5) 퀀브접속
(6) 다극 접지 공법

문제 06 ▸출제년도 : 98. 02. 06. ▸점수 : 6점

버스 덕트의 종류 3가지를 들고 간단히 설명하시오.

답안작성

(1) 피더 버스 덕트 : 도중에 부하를 접속하지 아니한 것
(2) 플러그 인 버스 덕트 : 도중에 부하 접속용으로 꽂음 플러그를 만든 것
(3) 익스팬션 버스 덕트 : 열 신축에 따른 변화량을 총수하는 구조인 것

해 설

버스 덕트의 종류

명 칭	형 식		설 명
피더 버스 덕트	옥내용	환 기 형 비환기형	도중에 부하를 접속하지 아니한 것
	옥외용	환 기 형 비환기형	
익스팬션 버스 덕트	옥내용	비환기형	열 신축에 따른 변화량을 흡수하는 구조인 것
탭붙이 버스 덕트			종단 및 중간에서 기기 또는 전선 등과 접속시키기 위한 탭을 가진 버스 덕트
트랜스포지션 버스 덕트			각 상의 임피던스를 평균시키기 위해서 도체 상호의 위치를 관로 내에서 교체시키도록 만든 버스 덕트
플러그인 버스 덕트	옥내용	환 기 형 비환기형	도중에 부하 접속용으로 꽂음 플러그를 만든 것

문제 07 ▸ 출제년도 : 01. 02. 03. ▸ 점수 : 5점

변전실의 위치선정 조건을 아는대로 5가지만 쓰시오.

답안작성

① 부하의 중심에 가까운 곳에 선정할 것
② 외부로부터의 전원의 인입이 쉬울 것
③ 기기의 반출·입에 지장이 없고 증설이 용이할 것
④ 지반이 튼튼하고 침수 기타의 재해가 일어날 염려가 적을 것
⑤ 주위에 화재, 폭발 등의 위험성이 적은 곳일 것

문제 08 ▸ 출제년도 : 93. 95. 97. 02. ▸ 점수 : 10점

다음은 옥외 간이 수변전 설비에 대한 단선도이다. 그림을 보고 다음 물음에 답하시오.

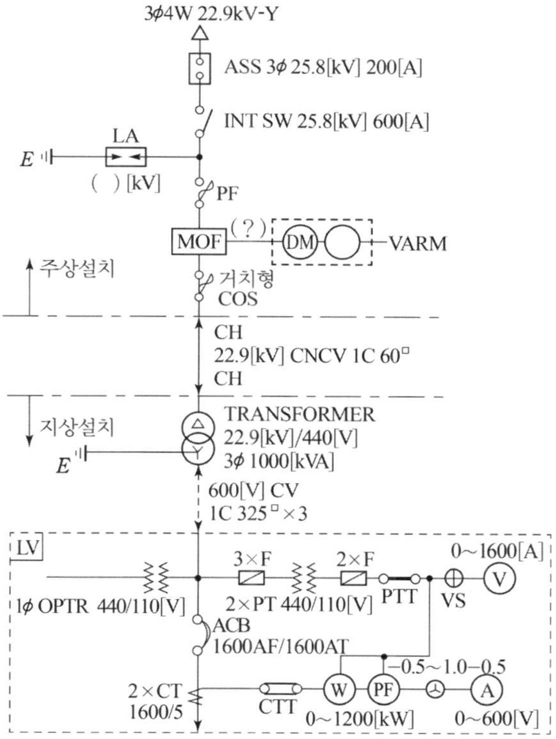

(1) 단선도상의 L.A의 정격전압은 몇 [kV]인가?

(2) MOF와 DM VARH METER간 연결용 전선의 가닥수는? (단, 공통선은 1가닥으로 보고 산출한다.)

(3) ACB의 용어는?

(4) 그림과 같이 수전하는 방식을 무엇이라고 하는가?

(5) 그림과 같은 방식으로 수전가능한 최대용량은 몇 [kVA]인가?

답안작성

(1) 18 [kV]
(2) 7가닥
(3) 기중차단기
(4) 간이 수전 방식
(5) 1,000 [kVA]

해 설

(1) 피뢰기 정격 전압

전력 계통		피뢰기 정격 전압 [kV]	
전압 [kV]	중성점 접지 방식	변전소	배전 선로
345	유효접지	288	–
154	유효접지	144	–
66	PC접지 또는 비접지	72	–
22	PC접지 또는 비접지	24	–
22.9	3상 4선 다중접지	21	18

[주] 전압 22.9 [kV-Y] 이하의 배전선로에서 수전하는 설비의 피뢰기 정격전압 [kV]은 배전선로용을 적용한다.

문제 09 ▸ 출제년도 : 89. 94. 02. ▸ 점수 : 5점

가로등용 기초를 설치하기 위하여 아래 그림과 같이 굴착을 해야 한다. 이 때의 터파기량은 몇 [m^3]인가 ? 단, 소수 3째 자리에서 반올림 할 것.

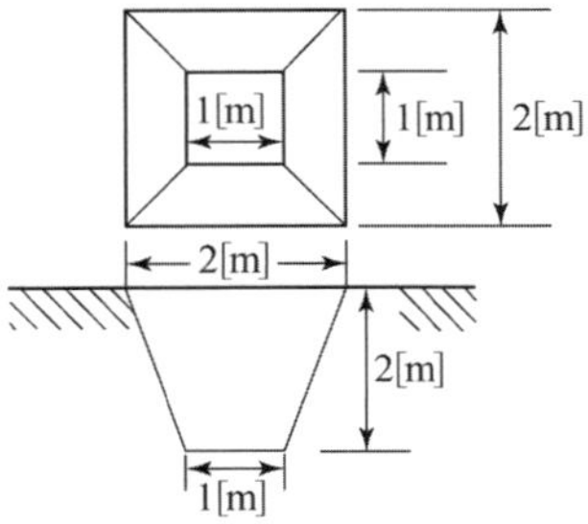

답안작성

계산 : 터파기량$=\dfrac{2}{3}(1+\sqrt{1\times 4}+4)=4.67$ [m^3]

답 : 4.67 [m^3]

해 설

$V_0=\dfrac{H}{3}\left(A_1+\sqrt{A_1A_2}+A_2\right)$ 에서

$A_1=1\times 1=1$ [m^2], $A_2=2\times 2=4$ [m^2]

문제 10 ▸ 출제년도 : 02. ▸ 점수 : 10점

다음 물음에 답하시오.
(1) 조명기구의 특성 3가지를 쓰시오.
(2) down light 조명방식이란?
(3) EL 방전등(electro-luminescent lamp)의 용도는?

답안작성

(1) 배광 특성, 휘도 특성, 기구효율 특성
(2) 천장면에 작은 구멍을 많이 뚫어 그 속에 여러 형태의 등기구를 매입하는 조명방식
(3) 계기조명, 표시등 및 휘도가 낮은 일반조명

문제 11 ▸ 출제년도 : 94. 02. 06. ▸ 점수 : 5점

피뢰기의 구비 조건을 아는대로 쓰시오.

답안작성

① 충격 방전 개시 전압이 낮을 것
② 상용주파 방전 개시 전압이 높을 것
③ 제한전압이 낮을 것
④ 속류차단 능력이 클 것

문제 12 ▸ 출제년도 : 00. 01. 02. ▸ 점수 : 4점

한 개의 전등을 3개소에서 점멸하고자 할 때 소요되는 3로 스위치의 수는?

답안작성

4개

해 설

- 3로 스위치만을 사용하는 경우 : 4개
- 3로 스위치와 4로 스위치를 사용하는 경우 : 3로 스위치 2개, 4로 스위치 1개가 필요하다.

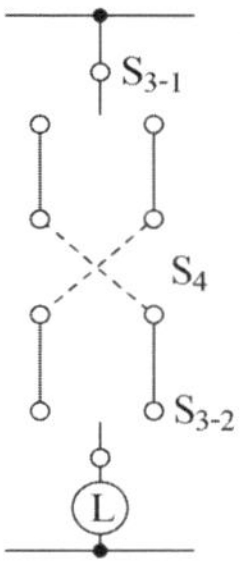

문제 13 ▸ 출제년도 : 97. 02. ▸ 점수 : 6점

수변전 설비에서 CT와 PT에 대하여 물음에 답하시오.

(1) PT의 1차측과 2차측에 퓨즈를 접속해야 하는 이유를 간단히 설명하시오.

(2) CT의 1차측에 퓨즈를 접속할 수 없는 이유는?

답안작성

(1) 부하측 및 PT에 고장이 발생하였을 경우 이를 고압 회로로부터 분리함으로써 PT 보호 및 사고 확대를 방지하기 위하여

(2) CT 1차측에 퓨즈를 넣으면 과전류가 흐를 때 단선되어 OCR이 동작되지 않아 차단기를 동작시킬 수 없게 된다.

문제 14 ▸ 출제년도 : 02. ▸ 점수 : 5점

그림 기호는 콘센트 종류를 표시한 것이다. 어떤 종류를 표시한 것인가 답하시오.

(1)  LK　(2)  T　(3)  E　(4)  ET　(5)  EL

답안작성

(1)  $_{LK}$: 빠짐방지형 (2)  $_{T}$: 걸림형

(3)  $_{E}$: 접지극붙이 (4)  $_{ET}$: 접지단자붙이

(5)  $_{EL}$: 누전 차단기붙이

문제 15 ▸ 출제년도 : 95. 02. 07. ▸ 점수 : 10점

출력 릴레이 X가 접점 A, B, C의 함수로서 $X = (A + B)(C + \overline{B}\,\overline{C})$일 때 다음 물음에 답하시오.

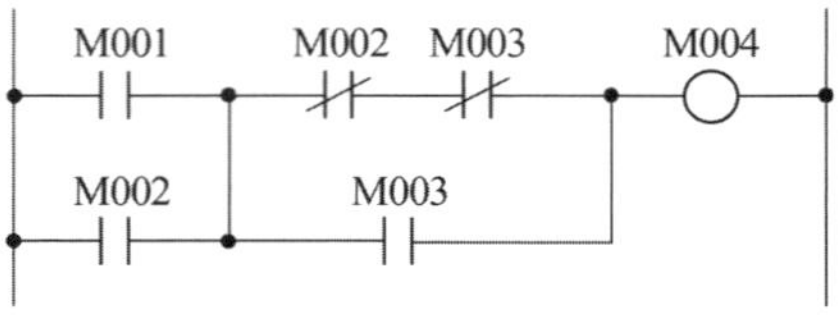

(1) PLC 시퀀스가 그림과 같을 때 PLC 프로그램의 ①~④를 완성하시오. 여기서 명령어는 LOAD, AND, NOT, OR, OUT를 AND LOAD를 사용한다.

스텝	명령	번지
0000	LOAD	M001
0001	(①)	M002
0002	(②)	M002
0003	(③)	M003
0004	OR	M003
0005	AND LOAD	−
0006	OUT	(④)

(2) 논리식의 릴레이 시퀀스를 완성하시오. (접점 기호, 문자 기호 표시)

(3) 2입력 AND, 2입력 OR, NOT 기호를 사용하여 논리회로를 완성하시오.

답안작성

(1) ① OR
② LOAD NOT
③ AND NOT
④ M004

(2)

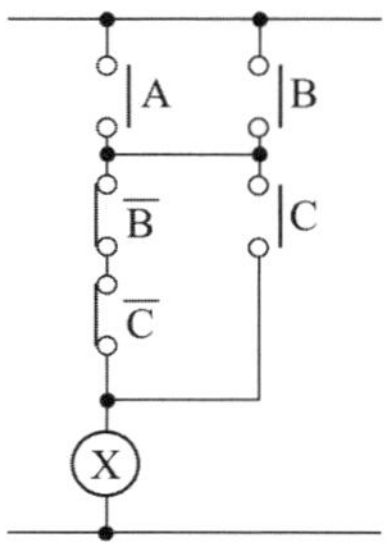

(3)

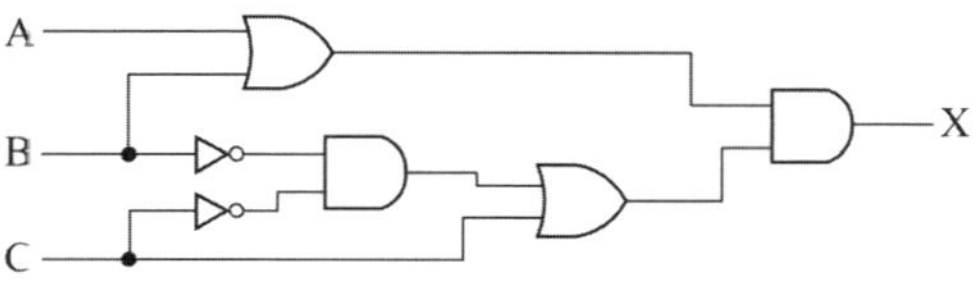

출제기준 변경 및 개정된 관계법규에 따라 삭제된 문제가 있어 배점의 합계가 100점이 안됩니다.

D30-4

2003년도
전기공사산업기사 실기

- 03년 제 1 회 전기공사산업기사
- 03년 제 2 회 전기공사산업기사
- 03년 제 4 회 전기공사산업기사

국가기술자격검정 실기시험문제 및 답안지

2003년도 산업기사 일반검정 제 1 회

자격종목(선택분야)	시험시간	형별	수험번호	성 명	감독위원 확 인
전기공사산업기사	2시간 00분				

※ 다음 물음에 답을 해당 답란에 답하시오.(배점 : 100점)

문제 01 ▸ 출제년도 : 03. ▸ 점수 : 6점

축전지의 용량 산출에 필요한 조건 6가지를 쓰시오.

답안작성

① 부하의 크기와 성질
② 예상 정전시간
③ 순시 최대 방전전류의 세기
④ 제어 케이블에 의한 전압강하
⑤ 경년에 의한 용량의 감소
⑥ 온도 변화에 의한 용량 보정

문제 02 ▸ 출제년도 : 03. ▸ 점수 : 5점

그림에서 S는 인입구 개폐기이다. F는 어떤 개폐기인가?

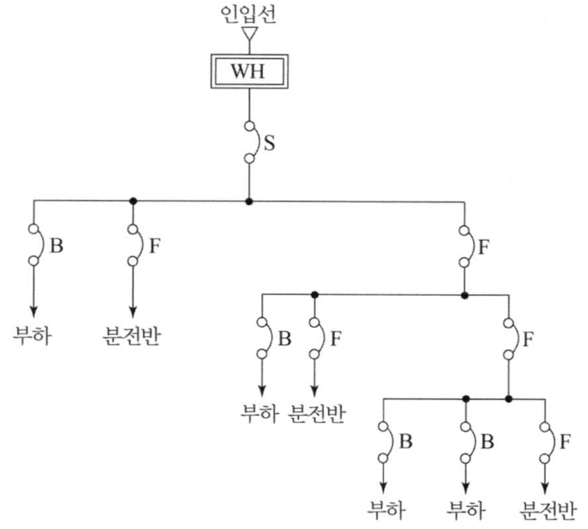

답안작성

간선 개폐기

문제 03 ▸ 출제년도 : 94. 96. 99. 03. ▸ 점수 : 6점

전력 퓨즈와 고압 개폐기를 포함한 고압 수전 변전소의 배치도이다. 그림을 보고 점선 이하의 배치도를 단선도로 그리시오.

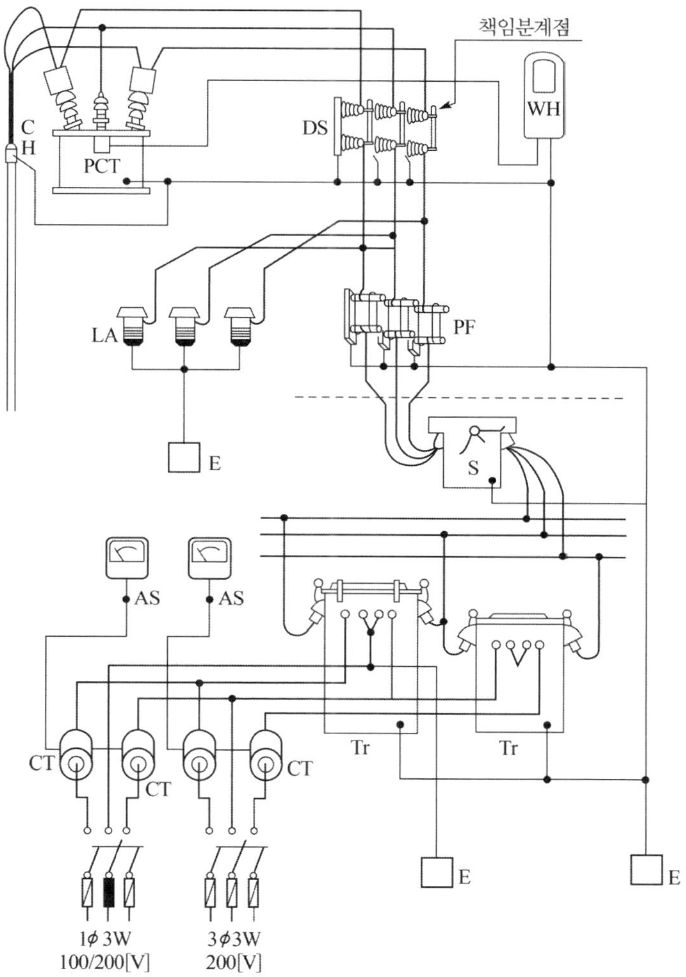

답안작성

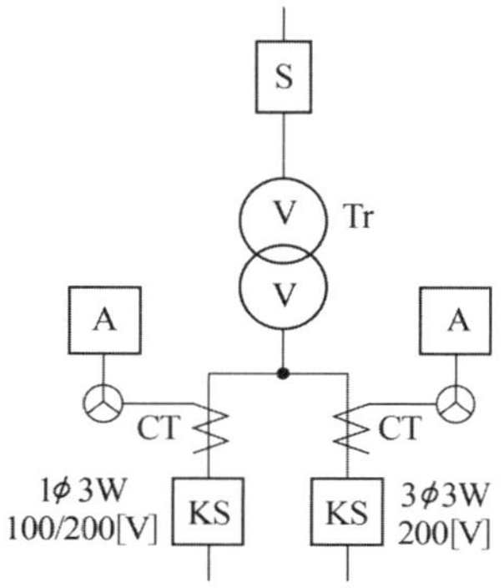

문제 04 ▸ 출제년도 : 03. ▸ 점수 : 8점

접지시공 방법에 대하여 물음에 답하시오.

(1) 접지봉은 전주에서 몇 [m] 이상 이격시켜 매설하여야 하는가?

(2) 접지봉을 2개 이상 병렬로 매설할 때는 상호간격을 몇 [m] 정도 이격시키는가?

(3) 접지봉은 지하 몇 [cm] 이상 깊이로 매설하는가?

(4) 접지봉을 2개 이상 매설할 때는 가급적 직렬로 연결하고 접지봉은 무슨법으로 시공하는가?

답안작성

(1) 0.5 [m] 이상
(2) 2 [m] 이상
(3) 75 [cm] 이상
(4) 심타법

해 설

KEC 142.2 접지극의 시설 및 접지저항 접지극의 매설은 다음에 의한다.

1) 접지극은 지표면으로부터 지하 0.75[m] 이상으로 하되 동결 깊이를 감안하여 매설 깊이를 정해야 한다.
2) 접지도체를 철주 기타의 금속체를 따라서 시설하는 경우에는 접지극을 철주의 밑면으로부터 0.3 [m] 이상의 깊이에 매설하는 경우 이외에는 접지극을 지중에서 그 금속체로부터 1 [m] 이상 떼어 매설하여야 한다.

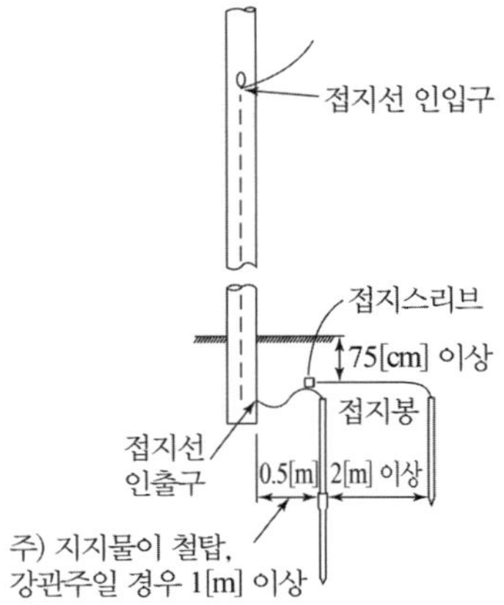

문제 05 ▸ 출제년도 : 03. ▸ 점수 : 5점

주상변압기 설치 전 점검사항 4가지를 쓰시오.

답안작성

① 외관상태, 1·2차 붓싱의 손상유무
② 절연유 상태, 유량 및 누유유무
③ 1차 전압 Tap의 위치
④ 핸드홀 카버의 조임상태

문제 06 ▸ 출제년도 : 03. ▸ 점수 : 5점

다음 전기 심벌의 명칭을 답하시오.

(1) ◉ (2) [E] (3) —○— (4) ● (5) [B]

답안작성

(1) 손잡이 누름버튼 (2) 누전 차단기
(3) 목주 (4) 점멸기
(5) 배선용 차단기

해 설

◉ • 통신·신호 : 전화용 아우트렛
• 경보·호출·표시장치 : 손잡이 누름버튼

문제 07

▸ 출제년도 : 94. 98. 01. 03. 04. 07. ▸ 점수 : 5점

'공사원가'라 함은 공사 시공 과정에서 발생한 무엇의 합계액을 말하는가?

답안작성

재료비 + 노무비 + 경비

문제 08

▸ 출제년도 : 98. 03. ▸ 점수 : 5점

후강전선관에서 16 [호]보다 크고 28 [호]보다는 작은 것은 어느 크기로 선정되는가?

답안작성

22 [호]

해 설

금속관의 종류

종 류	관의 호칭 [호]
후강 전선관(근사내경, 짝수)	16 22 28 36 42 54 70 82 92 104
박강 전선관(근사외경, 홀수)	19 25 31 39 51 63 75
나사없는 전선관	박강 전선관과 치수가 같다.

문제 09

▸ 출제년도 : 95. 99. 00. 03. ▸ 점수 : 5점

바닥면적이 12 [m^2]인 방에 40 [W] 형광등 2등(1등당 전광속은 3000 [lm])을 점등하였을 때 바닥면에서의 광속의 이용도(조명률)를 60 [%]라 하면 바닥면의 평균조도는 몇 [lx]인가?

답안작성

계산 : $E=\dfrac{FUN}{AD}=\dfrac{3000\times 0.6\times 2}{12\times 1}=300$ [lx]

답 : 300 [lx]

문제 10

▸ 출제년도 : 03. ▸ 점수 : 5점

Rotary Converter의 용도는?

답안작성

일종의 정류기로서 직류 전기철도나 전기 화학공장의 전원으로 사용된다.

문제 11 ▸ 출제년도 : 95. 03. ▸ 점수 : 5점

클리퍼, 플라이어, 프레셔투울 중에서 전선을 솔더리스 터미널에 압착하고 접속하여 사용하는 공구는?

답안작성

프레셔투울

문제 12 ▸ 출제년도 : 03. ▸ 점수 : 5점

그림과 같이 단상 2선식 200 [V]의 전원이 공급되는 전동기가 누전으로 인해 외함에 전기가 흐를 때 사람이 접촉하였다. 접촉한 사람에게 위험을 줄 대전전압 V_0는 얼마인가? 단, 변압기 2차측 접지저항은 10 [Ω], 전동기의 외함 접지저항은 100 [Ω]이라 하고, 변압기 및 선로의 임피던스는 무시한다.

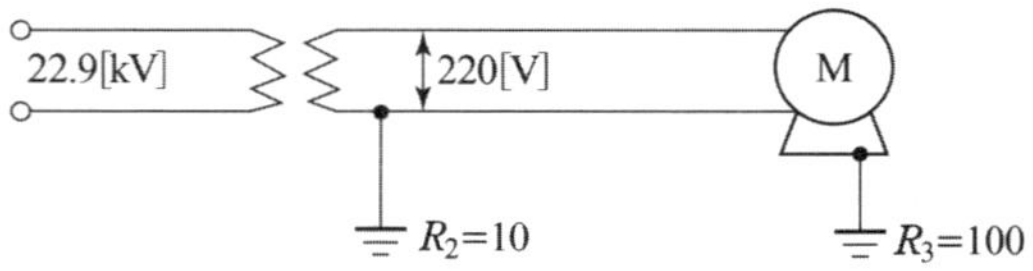

답안작성

계산 : $V_g = \dfrac{200}{100+10} \times 100 = 181.82$ [V]

답 : 181.82 [V]

해 설

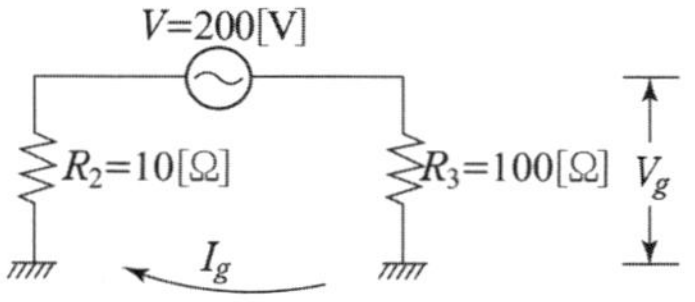

$$I_g = \frac{V}{R_2 + R_3}$$

$$V_g = I_g \times R_3 = \frac{V}{R_2 + R_3} \times R_3$$

문제 13 ▸ 출제년도 : 03. ▸ 점수 : 5점

장주공사에서 ㄱ형 완금에는 어떤 규격이 있는가 5가지를 쓰시오.

답안작성

900 [mm], 1400 [mm], 1800 [mm], 2400 [mm], 2600 [mm]

해 설

배전용 : 900, 1400, 1800, 2400, 2600 [mm] 5종

송전용 : 3200, 3400, 5400 [mm] 3종

문제 14 ▸ 출제년도 : 92. 97. 03. ▸ 점수 : 10점

그림은 신호 회로를 조합한 시퀀스 회로이다. 누름 버튼 스위치(PB)는 20초 동안 누르고, 접점 F는 전원 투입 3초 후 동작하며 10초 동안 유지하며 설정시간은 T_1은 7초, T_2는 5초이고, 기타의 시간 늦음은 없다. 다음 물음에 답하여라.

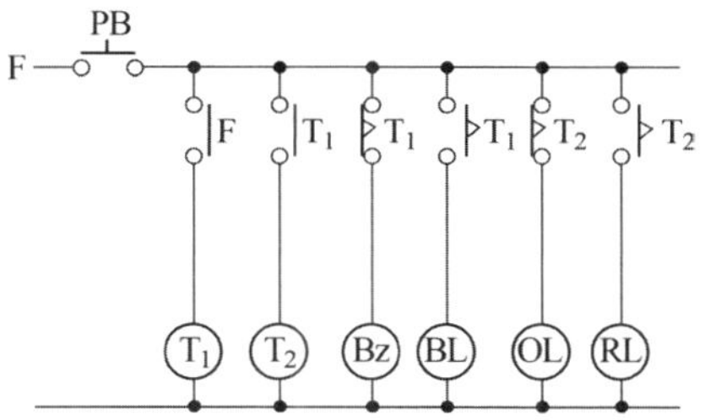

(1) 답란에 주어진 타임 차트를 그려라.

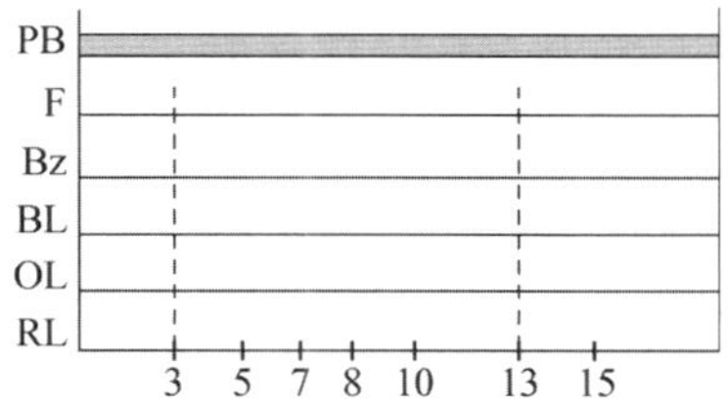

(2) 답란에 주어진 기호로 회로를 그리고 논리식을 써라.

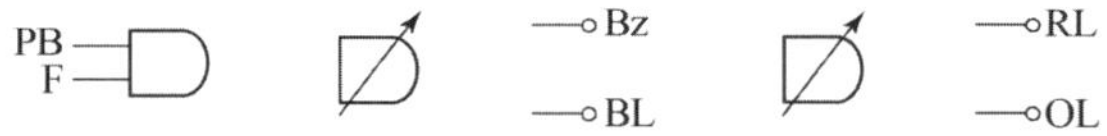

답안작성

(1)

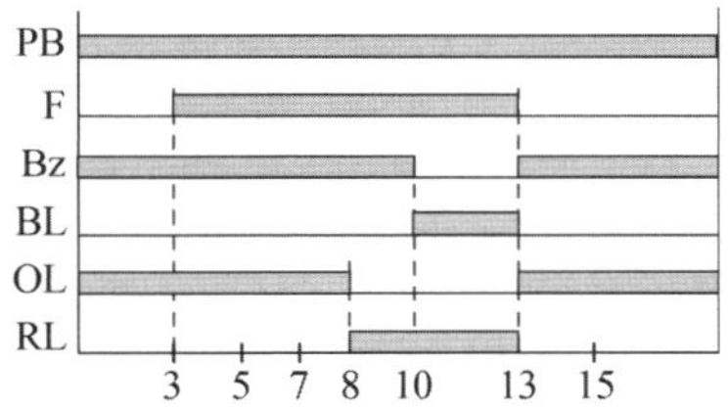

(2)

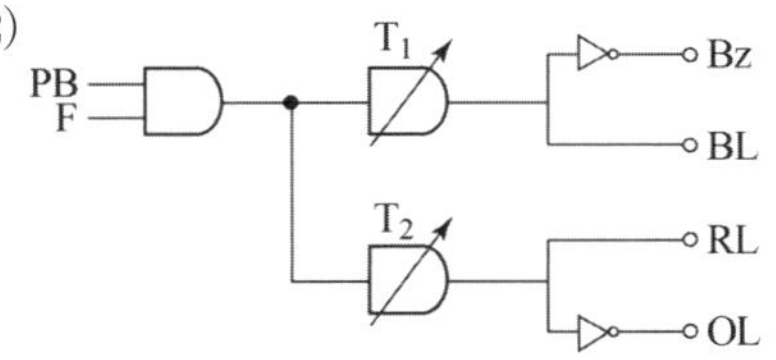

$T_1 = PB \cdot F$,

$T_2 = T_1$(여자) $= PB \cdot F$

$Bz = \overline{T}_1$, $BL = T_1$

$RL = T_2$, $OL = \overline{T}_2$

해 설

PB를 주면 Bz, OL이 점등된다. 3초 후 F를 주면 T_1, T_2가 여자된다. 5초 후(시간 8초) T_2 접점으로 OL이 소등되고 RL이 점등되며 이어 2초 후(여자 후 7초, 시간 10초)에 T_1 접점으로 Bz이 복구하고 BL이 점등된다. 이어 3초 후(시간 13초) F가 열리면 BL, RL은 소등되고 BZ, OL은 점등(동작)된다.

출제기준 변경 및 개정된 관계법규에 따라 삭제된 문제가 있어 배점의 합계가 100점이 안됩니다.

국가기술자격검정 실기시험문제 및 답안지

2003년도 산업기사 일반검정 제 2 회

자격종목(선택분야)	시험시간	형별	수험번호	성 명	감독위원 확 인
전기공사산업기사	2시간 00분				

※ 다음 물음에 답을 해당 답란에 답하시오.(배점 : 100점)

문제 01 ▸ 출제년도 : 91. 96. 97. 03. ▸ 점수 : 5점

어떤 변전소로부터 3.3[kV], 3상 3선식 비접지 배전선이 8회선 나와 있다. 이 배전선에 접속된 주상 변압기의 중성점 접지 저항값의 허용값은 얼마인가? 단, 고압측 1선 지락전류는 4[A] 라고 한다.

답안작성

계산 : 중성점 접지 저항값 $R_2 = \dfrac{150}{I_g} = \dfrac{150}{4} = 37.5[\Omega]$ 이하

답 : 37.5 [Ω] 이하

해 설

KEC 142.5 변압기 중성점 접지
변압기의 중성점접지 저항 값은 다음에 의한다.

1) 일반적으로 변압기의 고압 · 특고압측 전로 1선 지락전류로 150을 나눈 값과 같은 저항 값 이하

$$R = \frac{150}{\text{변압기의 고압측 또는 특고압측의 1선 지락전류}}[\Omega]$$

2) 변압기의 고압 · 특고압측 전로 또는 사용전압이 35 [kV] 이하의 특고압전로가 저압측 전로와 혼촉하고 저압전로의 대지전압이 150[V]를 초과하는 경우는 저항 값은 다음에 의한다.

가. 1초 초과 2초 이내에 고압 · 특고압 전로를 자동으로 차단하는 장치를 설치할 때는 300을 나눈 값 이하

$$R = \frac{300}{\text{변압기의 고압측 또는 특고압측의 1선 지락전류}}[\Omega]$$

나. 1초 이내에 고압 · 특고압 전로를 자동으로 차단하는 장치를 설치할 때는 600을 나눈 값 이하

$$R = \frac{600}{\text{변압기의 고압측 또는 특고압측의 1선 지락전류}}[\Omega]$$

문제 02 ▸ 출제년도 : 96. 98. 01. 03. ▸ 점수 : 5점

그림과 같은 철탑을 무슨 철탑이라 하는가?

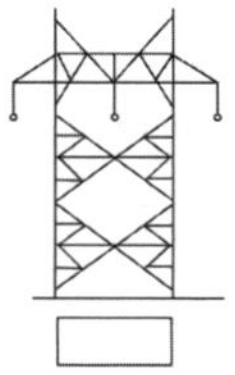

답안작성

방형철탑

문제 03 ▸ 출제년도 : 03. ▸ 점수 : 5점

금속관 공사에 이용되는 부품 중 유니버설 엘보(Universal elbow)는 어디에 사용하는 것인지 답하시오.

답안작성

노출배관 공사를 할 때 L형 또는 T형으로 구부러지는 장소에 사용

문제 04 ▸ 출제년도 : 03. ▸ 점수 : 5점

단선결선도의 흐름도이다. 흐름도를 보고 고압 수전반에 해당하는 계량장치 종류를 (　)안에 5가지만 쓰시오.

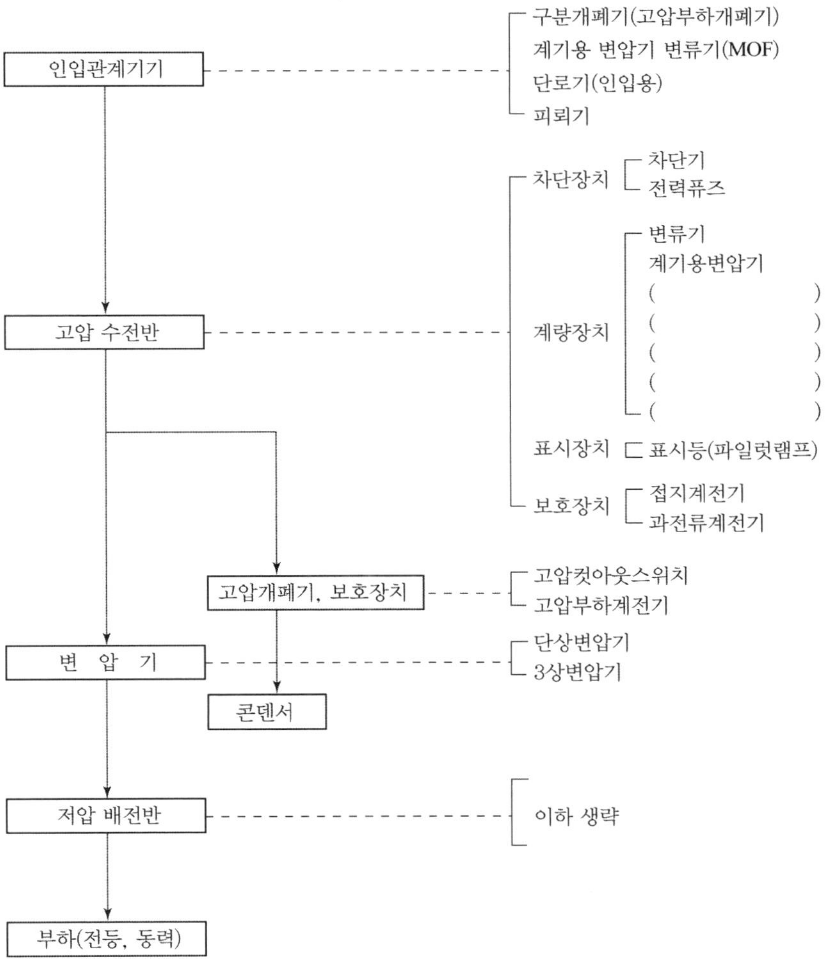

답안작성

영상 변류기, 전력계, 역률계, 전압계, 전류계

문제 05 ▸ 출제년도 : 94. 97. 99. 03. ▸ 점수 : 10점

도면은 어느 수용가의 옥외간이 수전설비이다. 다음 물음에 답하시오.

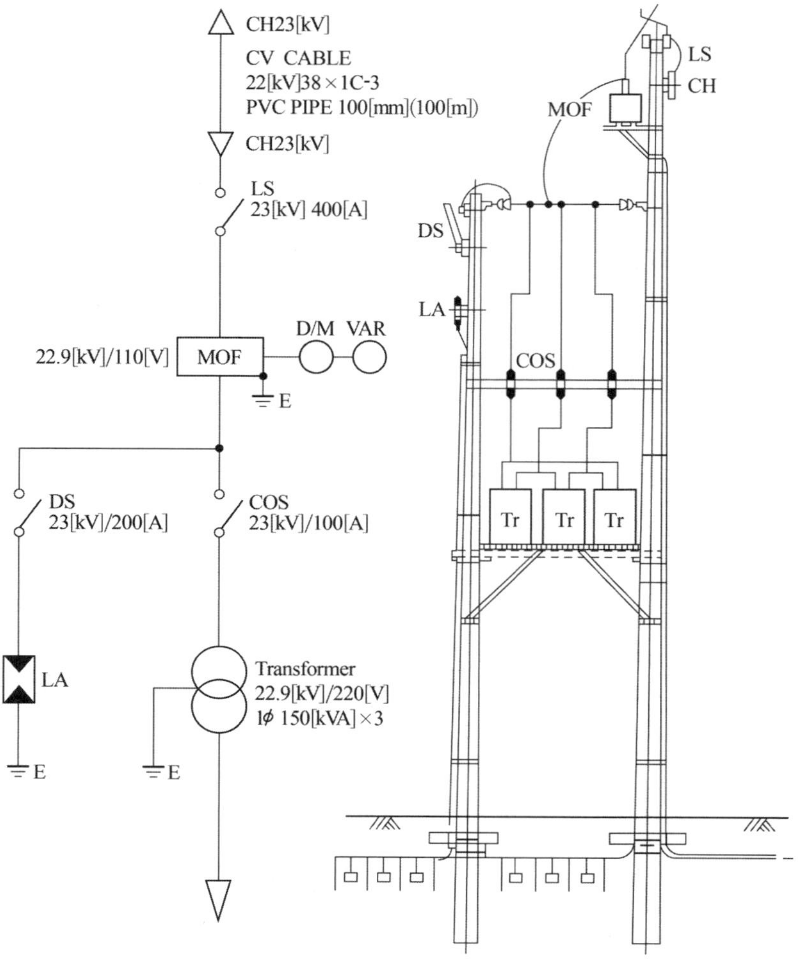

(1) MOF에서 부하용량에 적당한 CT비를 산출하시오. 단, CT 1차측 전류의 여유율은 1.25배로 한다.

(2) LA의 정격전압은 얼마인가?

(3) 도면에서 D/M, VAR는 무엇인지 쓰시오.

답안작성

(1) 계산 : $I = \dfrac{150 \times 3 \times 10^3}{\sqrt{3} \times 22900} = 11.35$ [A]

여유율이 1.25이므로 11.35×1.25=14.19, 즉 15 [A]로 선정한다.

답 : 15/5

(2) 18 [kV]

(3) D/M : 최대 수요전력량계, VAR : 무효전력량계

해 설

(1) 변류비 및 부담

① 1차 전류 : 5, 10, 15, 20, 30, 40, 50, 75, 100, 150, 200, 300, 400, 500 [A]

② 2차 전류 : 5 [A]

③ 정격 부담 : 5, 10, 15, 25, 40, 100 [VA]

(2) 피뢰기 정격 전압

전력 계통		피뢰기 정격 전압 [kV]	
전압 [kV]	중성점 접지 방식	변전소	배전 선로
345	유효접지	288	–
154	유효접지	144	–
66	PC접지 또는 비접지	72	–
22	PC접지 또는 비접지	24	–
22.9	3상 4선 다중접지	21	18

[주] 전압 22.9 [kV–Y] 이하의 배전선로에서 수전하는 설비의 피뢰기 정격전압 [kV]은 배전선로용을 적용한다.

문제 06 ▸ 출제년도 : 03. ▸ 점수 : 10점

천장의 높이가 10[m]인 창고 건물에 노출형 자동식 열감지기 40개외 P형 1급(15회로) 수신기를 설치한 후 시험까지 시행하기 위하여 필요한 인공을 참고표를 이용하여 구하시오.

(1) 감 지 기 설치

내선전공 계산 :

(2) 수 신 기 설치

내선전공 계산 :

(3) 시 험

계 산 :

공 종	단위	내선전공	비 고
SPOT형 감지기 (차동식, 정온식, 보상식) 노출형	개	0.13	① 천장높이 4 [m] 기준 1 [m] 증가시마다 5 [%]증 ② 매입형 또는 특수구조의 것은 조건에 따라 산정할 것
시험기(공기관 포함)	개	0.15	① 상동 ② 상동
분포형의 공기관 (열전대선 감지선)	m	0.025	① 상동 ② 상동
검출기 공기관식의 Booster 발신기 P–1 발신기 P–2 발신기 P–3	개	0.30 0.10 0.30 0.30 0.20	 1급 (방수형) 2급 (보통형) 3급 (푸시버튼만으로 응답확인 없는 것)

<table>
<tr><th>공 종</th><th>단 위</th><th>내선전공</th><th colspan="2">비고</th></tr>
<tr><td>회로시험기</td><td>개</td><td>0.10</td><td colspan="2"></td></tr>
<tr><td>수신기 P-1(기본공수)
(회선수공수산출기산요)</td><td>대</td><td>6.0</td><td colspan="2">회선수에 대한 산정
매1회선에 대하여</td></tr>
<tr><td rowspan="4">수신기 P-2(기본공수)
(회선수공수산출가산요)</td><td rowspan="4">대</td><td rowspan="4">4.0</td><td>직종
형식</td><td>내선전공</td></tr>
<tr><td>P-1</td><td>0.3</td></tr>
<tr><td>P-2</td><td>0.2</td></tr>
<tr><td>R형</td><td>0.2</td></tr>
<tr><td>부수신기(기본공수)</td><td>대</td><td>3.0</td><td colspan="2">참고 : 산정예(P-1의 10회분)
기본공수는 6인 회선당
할증수는 (10×0.3)=3
∴ 6+3 = 9인</td></tr>
<tr><td>소화전기등리레이</td><td>대</td><td>1.5</td><td colspan="2">수신기 내장되지 않은 것으로 별개로 취부할 경우에 적용</td></tr>
<tr><td>전령(電鈴)</td><td>개</td><td>0.15</td><td colspan="2"></td></tr>
<tr><td>표시등</td><td>개</td><td>0.20</td><td colspan="2"></td></tr>
<tr><td>표시판</td><td>개</td><td>0.15</td><td colspan="2"></td></tr>
</table>

[해설] 1. 시험 공량은 총 산출품의 10 [%]로 하되 최소치를 3인으로 함
2. 취부상 목대를 필요로 하는 현장은 목대 매 개당 0.02인을 가산할 것
3. 공기관의 길이는 [덱스] 붙인 평면 천장의 5 [%]증으로 하되 보돌림과 시험기에로 인하되는 수량을 가산할 것

답안작성

(1) 감 지 기 설치
내선전공 계산 : $0.13 \times 40 \times (1+6 \times 0.05) = 6.76$ [인]

(2) 수 신 기 설치
내선전공 계산 : $6.0 + (15 \times 0.3) = 10.5$ [인]

(3) 시 험
계 산 : $(6.76 + 10.5) \times 0.1 = 1.726$ [인]이지만 최소 3 [인]

문제 07 ▸ 출제년도 : 03. ▸ 점수 : 5점

경간 200 [m]인 가공 전선로가 있다. 사용 전선의 길이는 경간보다 몇 [m] 더 길게 하면 되는가? 단, 사용전선의 1 [m]당 무게는 2.0 [kg], 인장하중은 4000 [kg]이고 전선의 안전율을 2로 하고 풍압하중은 무시한다.

•계산 : •답 :

답안작성

계산 : $D = \dfrac{WS^2}{8T} = \dfrac{2 \times 200^2}{8 \times \dfrac{4000}{2}} = 5$

$$\therefore \ \Delta L = L - S = \frac{8D^2}{3S} = \frac{8 \times 5^2}{3 \times 200} = 0.33[\text{m}]$$

답 : 0.33 [m]

해 설

$$L = S + \frac{8D^2}{3S} \qquad \therefore \ \Delta L = L - S = \frac{8D^2}{3S}$$

문제 08

▸ 출제년도 : 03. ▸ 점수 : 6점

가로 12 [m], 세로 18 [m], 천장높이 3.65 [m], 작업면 높이 0.85 [m]인 사무실의 천장에 직부형광등 F40W×2를 설치하고자 한다. 다음 물음에 답하시오.

(1) 이 사무실의 실지수는 얼마인가?

•계산 : •답 :

(2) 형광등 F40W×2의 심벌을 그리시오.

(3) 이 사무실 작업면의 조도를 300 [lx], 40 [W] 형광등 1등의 광속 3150 [lm], 보수율 70 [%]로 한다면 이 사무실에 필요한 소요 등수는 몇 [등]인가? 단, 천장반사율 70 [%], 벽반사율 50 [%], 바닥반사율 10 [%]에 대한 $U = 0.6$이다.

•계산 : •답 :

답안작성

(1) 계산 : $K = \frac{XY}{H(X+Y)} = \frac{12 \times 18}{(3.65 - 0.85)(12 + 18)} = 2.57$

답 : 2.57

(2) 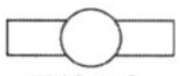

F40×2

(3) 계산 : $N = \frac{300 \times 12 \times 18 \times \frac{1}{0.7}}{3150 \times 2 \times 0.6} = 24.49$

답 : 25 [등]

해 설

(3) $FUN = EAD$에서 $N = \frac{EAD}{FU}$

문제 09

▸ 출제년도 : 03. 05. 07. ▸ 점수 : 8점

단상 변압기 병렬운전 조건 4가지를 기술하고, 이들 조건이 맞지 않은 경우에 어떤 현상이 나타나는지 간단히 서술하시오.

답안작성

병렬운전 조건	조건이 맞지 않는 경우
① 정격 전압(권수비)이 같은 것	순환 전류가 흘러 권선이 가열
② 극성이 일치할 것	큰 순환 전류가 흘러 권선이 소손
③ %임피던스 강하(임피던스 전압)가 같을 것	부하의 분담이 용량의 비가 되지 않아 부하의 분담이 균형을 이룰 수 없다.
④ 내부 저항과 누설 리액턴스의 비 (즉 $r_a/x_a = r_b/x_b$)가 같을 것	각 변압기의 전류간에 위상차가 생겨 동손이 증가

문제 10 ▸ 출제년도 : 03. ▸ 점수 : 12점

전원이 단상 2선식 220 [V] 주택 배선공사의 도면이다. 동작사항과 도면을 보고 다음 물음에 답하시오.

[동작사항]

1. S_{3-1}과 S_{3-2}에 의해서 R_1과 R_2를 병렬로 2개소 점멸을 한다.
2. PB를 누르면 타이머 T가 작동하여 R_3가 점등되었다가 T초 후 R_3와 타이머가 모두 소등한다.

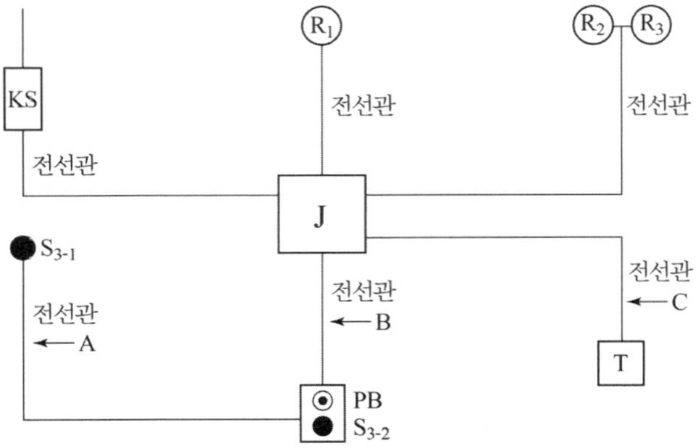

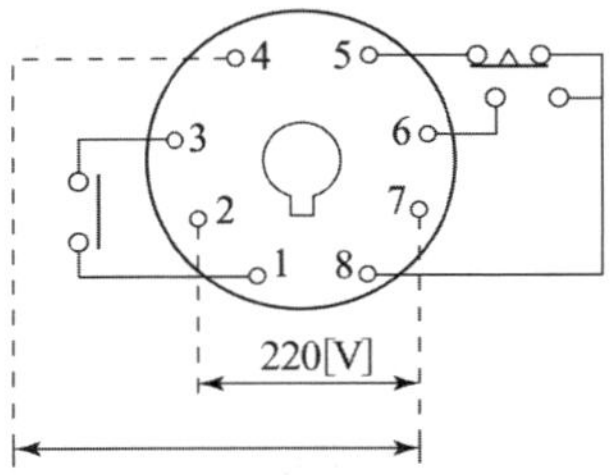

타이머 내부 회로도

(1) 동작사항과 도면을 보고 시퀀스도를 완성하시오.

전압선 ———————————————

접지선 ———————————————

(2) 도면에 표시된 A전선 관에는 최소 몇 가닥이 들어가는가?

(3) 도면에 표시된 B전선 관에는 최소 몇 가닥이 들어가는가?

(4) 도면에 표시된 C전선 관에는 최소 몇 가닥이 들어가는가?

답안작성

(1)

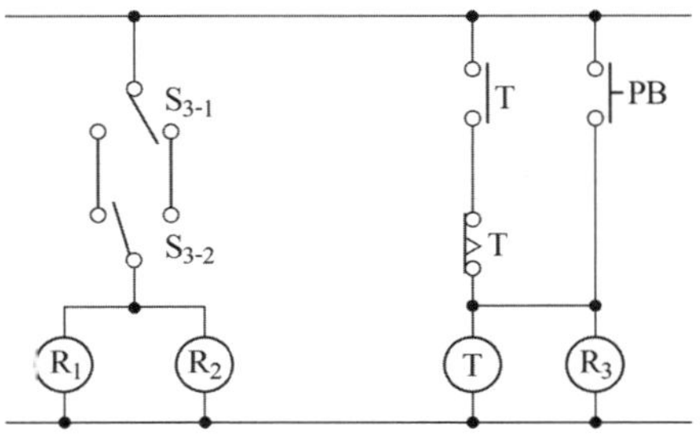

(2) 3가닥 (3) 3가닥 (4) 3가닥

문제 11 ▸ 출제년도 : 92. 03. ▸ 점수 : 8점

아래 회로는 압력 스위치(PS)를 이용한 경보 회로로 압력 스위치가 닫히면 부저(BZ)가 울리고 타이머에 의하여 부저가 정지한다. 다음 물음에 답하여라.

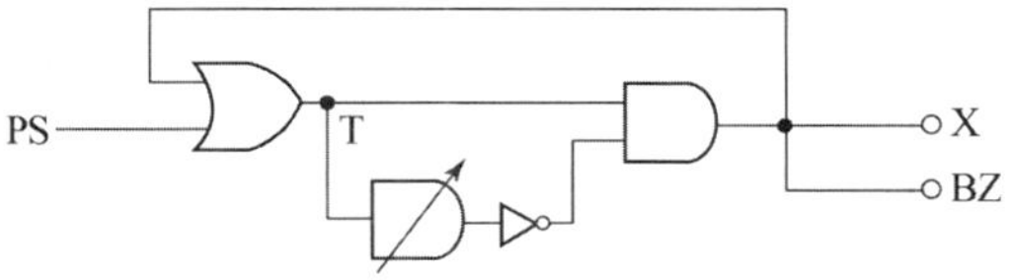

(1) 주어진 회로를 완성하시오.

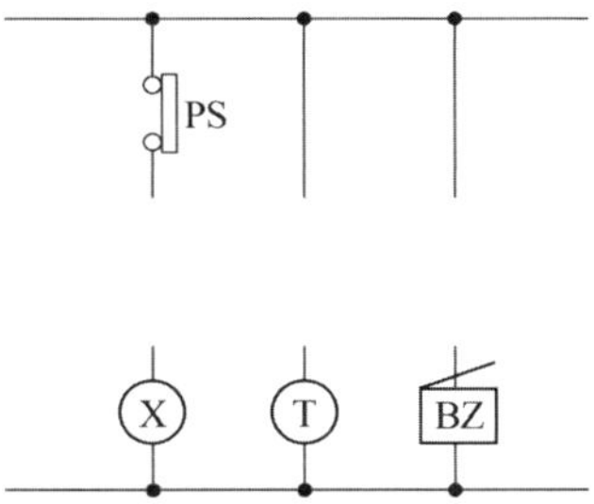

(2) 주어진 식을 쓰시오.

① $X = \quad \cdot \overline{T}$

② $T =$

③ $Bz =$

답안작성

(1)

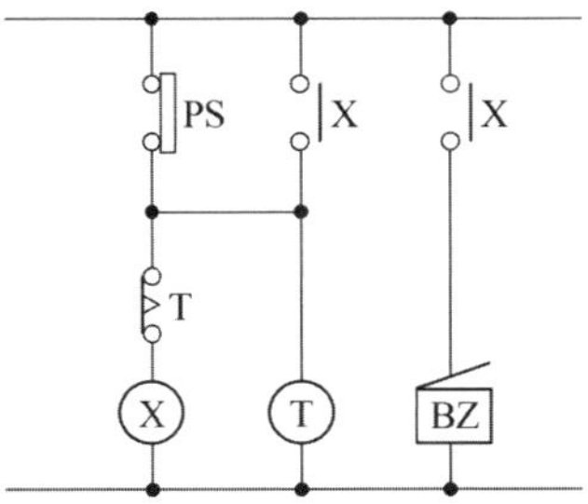

(2) $X = (PS + X) \cdot \overline{T}$

$T = PS + X$

$BZ = X$

문제 12 ▸ 출제년도 : 03. 07. ▸ 점수 : 5점

(T)$_F$ 그림 기호의 명칭은?

답안작성

형광등용 안정기

문제 13 ▸ 출제년도 : 03. ▸ 점수 : 5점

부가가치세는 무엇의 10 [%]인가?

답안작성

총공사원가

문제 14 ▸ 출제년도 : 89. 93. 95. 03. ▸ 점수 : 6점

가공 지선이 있는 지지물 표준 접지 시공에 관한 그림이다. 그림을 참고로 하여 답란의 물음을 간단하게 쓰시오.

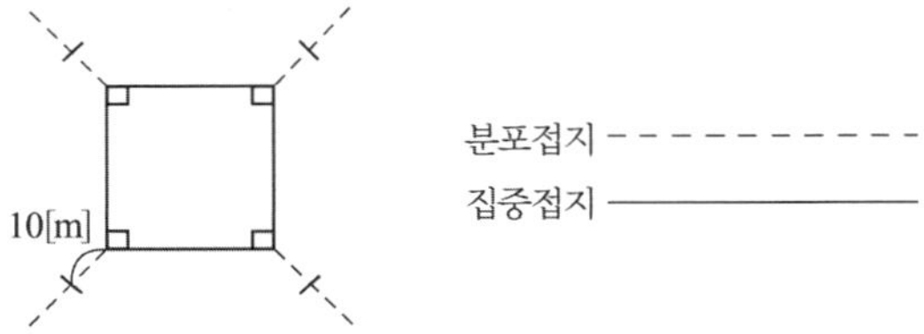

(1) 분포 접지란?

(2) 집중 접지란?

답안작성

- 분포 접지 : 탑각에서 방사형으로 매설 지선을 포설하여 접지하는 방식
- 집중 접지 : 탑각에서 10[m] 떨어진 지점에서 분포접지에 직각 방향으로 접지하는 방식

출제기준 변경 및 개정된 관계법규에 따라 삭제된 문제가 있어 배점의 합계가 100점이 안됩니다.

국가기술자격검정 실기시험문제 및 답안지

2003년도 산업기사 일반검정 제 4 회			수험번호	성 명	감독위원 확 인
자격종목(선택분야)	시험시간	형별			
전기공사산업기사	2시간 00분				

※ 다음 물음에 답을 해당 답란에 답하시오.(배점 : 100점)

문제 01 ▸ 출제년도 : 03. ▸ 점수 : 5점

건물의 종류에 대응한 표준 부하 [VA/m^2] 값을 답하시오.

(1) 연회장 (2) 호텔

(3) 극장 (4) 미용원

(5) 대중 목욕탕

답안작성

(1) 10 [VA/m^2] (2) 20 [VA/m^2]
(3) 10 [VA/m^2] (4) 30 [VA/m^2] (5) 20 [VA/m^2]

해 설

표준부하

건축물의 종류	표준부하 [VA/m^2]
공장, 공회당, 사원, 교회, 극장, 영화관, 연회장 등	10
기숙사, 여관, 호텔, 병원, 학교, 음식점, 다방, 대중 목욕탕	20
사무실, 은행, 상점, 이발소, 미용원	30
주택, 아파트	40

문제 02 ▸ 출제년도 : 97. 03. ▸ 점수 : 5점

다음 설명을 잘 이해한 후 어떤 결선 방식인가 답하고 결선도를 그리시오.

• 2차 권선의 전압이 선간전압의 $\frac{1}{\sqrt{3}}$ 이고 승압용에 적당하다.

• 즉, △-△ 결선과 Y-Y 결선의 장점을 갖고 있다.

•30° 위상변위가 있어서 한 대가 고장이 나면 전원공급이 불가능한 결선이다.

답안작성

•결선방식 : △-Y 결선

•결선도 :

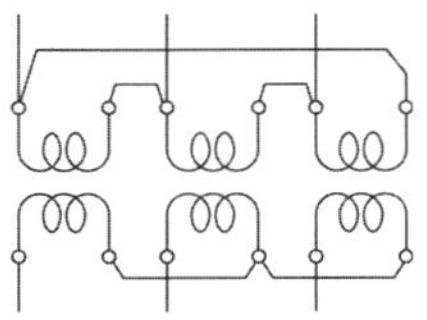

문제 03 ▸ 출제년도 : 97. 99. 01. 03. ▸ 점수 : 5점

다음 그림은 심야전력기기의 인입구 장치 부근의 배선을 나타낸 것이다. 이 그림은 어떤 경우의 시설을 나타낸 것인가?

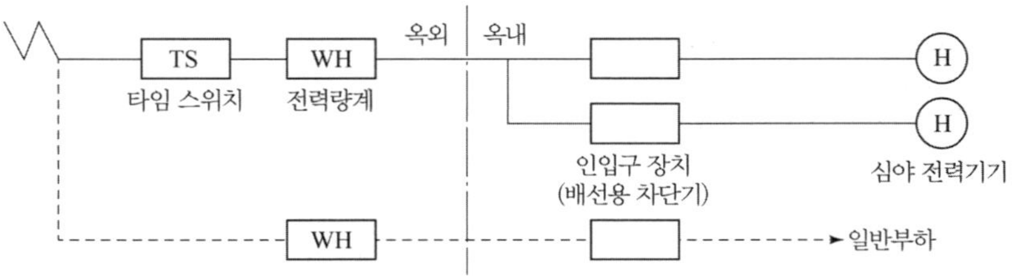

답안작성

종량제

해 설

(1) 정액제의 경우

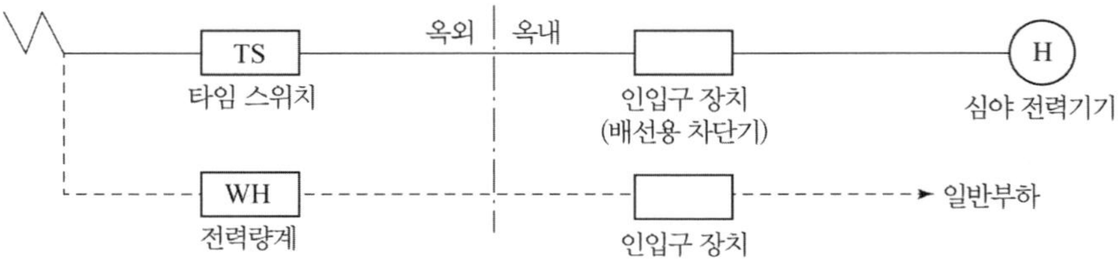

(2) 종량제의 경우

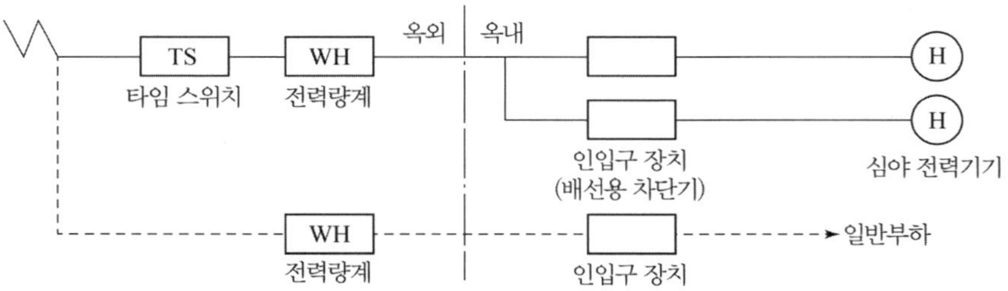

(3) 정액제·종량제 병용의 경우

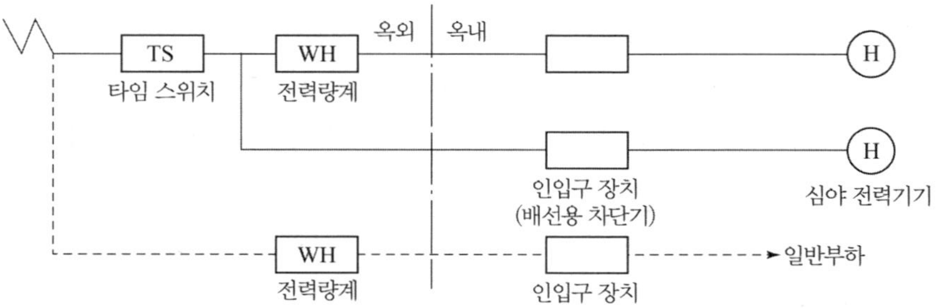

문제 04 ▸ 출제년도 : 94. 98. 01. 03. 04. 07. ▸ 점수 : 5점

'공사원가'라 함은 공사 시공 과정에서 발생한 무엇의 합계액을 말하는가?

답안작성

재료비+노무비+경비

문제 05

▸ 출제년도 : 94. 98. 03. ▸ 점수 : 5점

그림과 같은 3상 3선식 3300 [V] 배전선로에서 단상 및 3상 변압기에 전력을 공급하고자 한다. 선로의 불평형률은 몇 [%]인가? (단, 소수점 1자리까지 적으시오.)

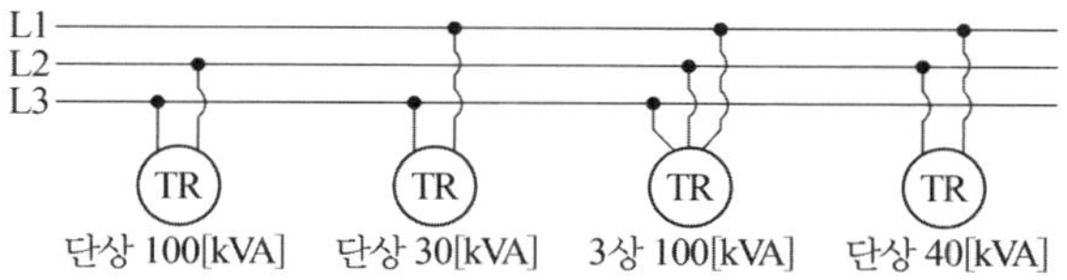

답안작성

계산 : $불평형률 = \dfrac{100-30}{\dfrac{1}{3}(100+30+100+40)} \times 100 \fallingdotseq 77.8\ [\%]$

답 : 77.8 [%]

해 설

3상에서 설비불평형률

$$불평형률 = \frac{각\ 선간에\ 접속되는\ 단상부하\ 총부하\ 설비용량\ [kVA]의\ 최대와\ 최소의\ 차}{총부하설비용량\ [kVA] \times 1/3} \times 100\ [\%]$$

여기서, 설비불평형률은 30 [%] 이하이어야 한다.

문제 06

▸ 출제년도 : 03. 04. 07. ▸ 점수 : 5점

그림 기호의 명칭은?

답안작성

플러그인 버스덕트

해 설

FBD : 피드 버스덕트
PBD : 플러그인 버스덕트
TBD : 트롤리 버스덕트

문제 07

▸ 출제년도 : 03. ▸ 점수 : 5점

명시 조명의 요건 중에서 아는대로 5가지만 답하시오.

답안작성

① 광속발산도 분포균일(시야 내의 조도차)
② 용도에 맞는 광색
③ 눈부심이 없어야 한다. (글래어가 일어나지 않도록)
④ 심리적 안정을 주어야 한다.
⑤ 경제성이 있어야 한다.

해 설

⑥ 미적효과(광원, 기구의 디자인 및 위치)
⑦ 적당한 그림자 유지

문제 08

▸ 출제년도 : 01. 03. ▸ 점수 : 4점

예비 전원으로 시설하는 저압 발전기에서 부하에 이르는 전로에는 발전기에 가까운 곳에 쉽게 개폐 및 점검을 할 수 있는 곳에 ( ), ( ), ( ), ( )를 설치하여야 한다.

답안작성

개폐기, 과전류 차단기, 전압계, 전류계

문제 09

▸ 출저년도 : 03. 06. ▸ 점수 : 5점

변압기 명판에 있는 정격은 어떠한 값들이 있는지 5가지를 나열하시오.

답안작성

① 변압기의 명칭(형태) ② 적용규격 ③ 상수
④ 정격용량 ⑤ 주파수

해 설

그 외, ⑥ 정격전압 1차, 2차 전압 ⑦ 정격전류 1차, 2차 전류 ⑧ 절연계급
⑨ 기준충격절연강도 ⑩ %임피던스 ⑪ 각 변위
⑫ 총중량 ⑬ 제작일련번호 ⑭ 제작일

문제 10

▸ 출제년도 : 97. 03. ▸ 점수 : 6점

어느 빌딩의 수전 설비를 계획하고자 한다. 이 빌딩에 예측되는 부하밀도는 조명전용 20[VA/m^2], 일반동력 35[VA/m^2], 냉방동력 40[VA/m^2]이다. 이 빌딩의 건평이 60,000 [m^2]일 경우 부하설비의 용량은 몇 [kVA]인가?

• 계산 : • 답 :

답안작성

계산 : 조명설비 $= 20 \times 60000 \times 10^{-3} = 1200$[kVA
일반동력설비 $= 35 \times 60000 \times 10^{-3} = 2100$[kVA]
냉방설비 $= 40 \times 60000 \times 10^{-3} = 2400$[kVA]
부하설비 $= 1200 + 2100 + 2400 = 5700$[kVA]
답 : 5700 [kVA]

문제 11

▸ 출제년도 : 03. ▸ 점수 : 5점

굴곡 개소가 많고 금속관 공사를 하기 어려운 경우, 전동기와 옥내배선을 결합하는 경우, 기타 시설의 건조물에 배선하는 경우 등에 사용하는 배관 재료를 다음 물음에 답하시오.

(1) 전선관과 박스와의 접속에 사용
(2) 가요전선관과 금속관을 결합하는 곳에 사용
(3) 돌려서 접속할 수 없는 경우의 가요전선관과 금속관을 결합하는 곳에 사용
(4) 직각으로 박스에 붙일 때 사용
(5) 가요전선관 상호를 결합하는 곳에 사용

답안작성

(1) 스트레이트 박스 커넥터
(2) 컴비네이션 커플링
(3) 컴비네이션 유니온 커플링
(4) 앵글 박스 커넥터
(5) 스플릿 커플링

문제 12 ▸ 출제년도 : 03. ▸ 점수 : 6점

단선 결선도 흐름도이다. 흐름도를 보고 저압 배전반에 해당하는 계량장치 종류를 ( ) 안에 3가지를 쓰시오.

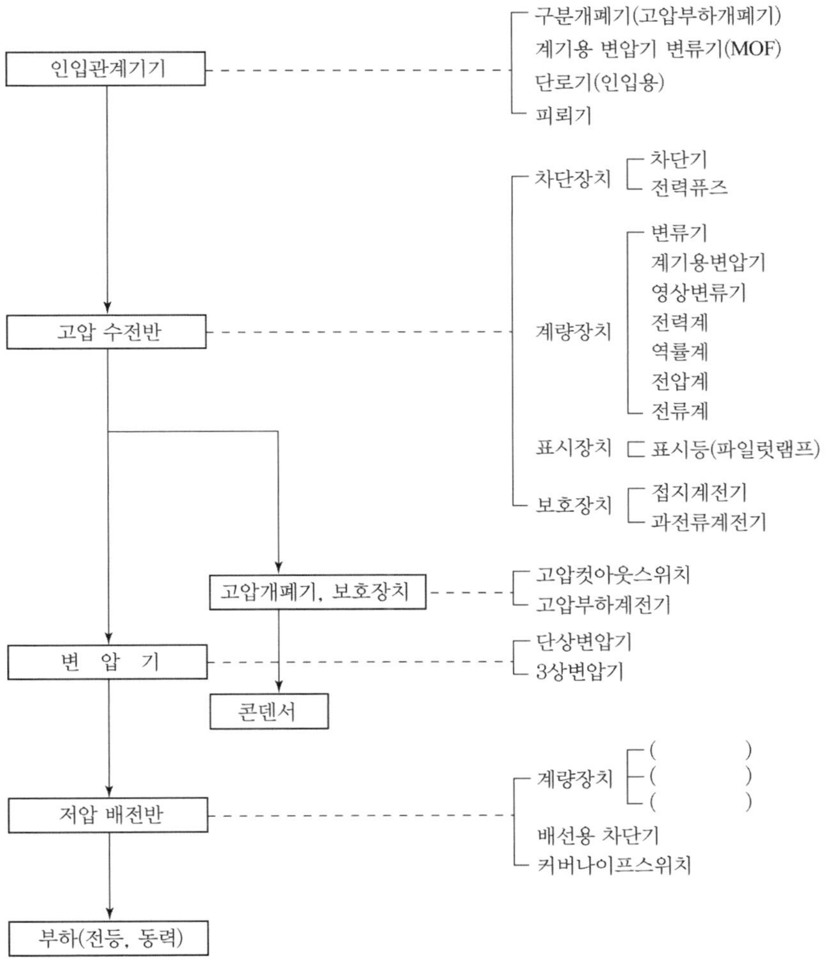

답안작성

변류기, 전압계, 전류계

문제 13 ▸ 출제년도 : 97. 03. ▸ 점수 : 5점

최근에 대용량 초고압 송전선이나 지중송전선 (cable)의 확장에 따라 전력계통의 분로 리액터(shunt reactor)를 설치하고 있다. 설치목적은?

답안작성

페란티 현상을 방지

문제 14 ▸ 출제년도 : 03. ▸ 점수 : 5점

옥내배선 아우트렛 박스 등의 접속함 내에서의 가는 전선의 접속방법은?

답안작성

쥐꼬리 접속

문제 15 ▸ 출제년도 : 03. 05. 07. ▸ 점수 : 5점

아날로그 멀티 테스터기로 교류(AC) 전압을 측정하려면 부하설비와 어떻게 연결하여 측정하는가?

답안작성

병렬

문제 16 ▸ 출제년도 : 01. 02. 03. ▸ 점수 : 5점

변전실의 위치선정 조건을 아는대로 5가지만 쓰시오.

답안작성

① 부하의 중심에 가까운 곳에 선정할 것
② 외부로부터의 전원의 인입이 쉬울 것
③ 기기의 반출·입에 지장이 없고 증설이 용이할 것
④ 지반이 튼튼하고 침수 기타의 재해가 일어날 염려가 적을 것
⑤ 주위에 화재, 폭발 등의 위험성이 적은 곳일 것

문제 17 ▸ 출제년도 : 03. ▸ 점수 : 5점

단로기와 차단기가 직렬로 연결되어 있다. 급전시와 정전시 조작순서는?

답안작성

급전시 : 단로기를 투입한 후 차단기 투입
정전시 : 차단기를 개로한 후 단로기 개로

문제 18 ▸ 출제년도 : 03. ▸ 점수 : 4점

접지 저감재의 시공방법에서 유입법 4가지를 답하시오.

답안작성

① 타입법 ② 보링법 ③ 수반법 ④ 구 법

문제 19 ▸ 출제년도 : 03. 06. ▸ 점수 : 5점

다음 동작설명을 참고하여 시퀀스 제어도 및 결선도를 그리시오.

[동작설명]

1. 3로 스위치 S_{3-1}을 ON, S_{3-2}를 ON했을 시 R_1, R_2가 직렬 점등되고, S_{3-1}을 OFF, S_{3-2}를 OFF했을 시 R_1, R_2가 병렬 점등한다.
2. 푸시버튼 스위치 PB를 누르면 R_3와 B가 병렬로 동작한다.

(1) 시퀀스 제어도

(2) 결선도(모든 결선은 4각 박스를 경유하여야 한다.)

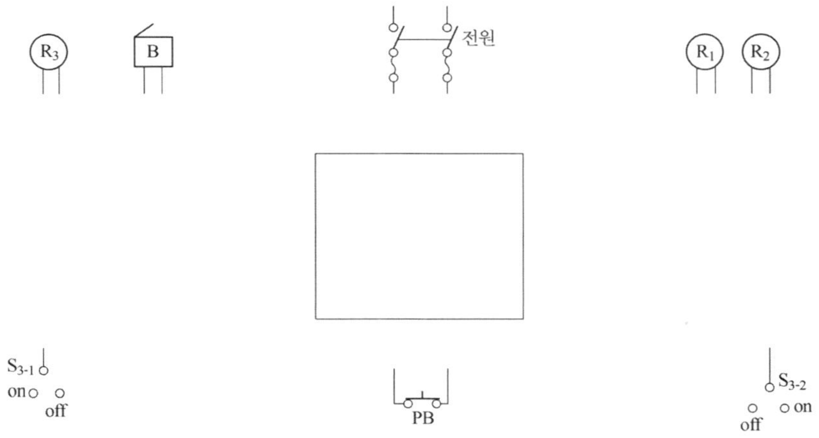

답안작성

(1)

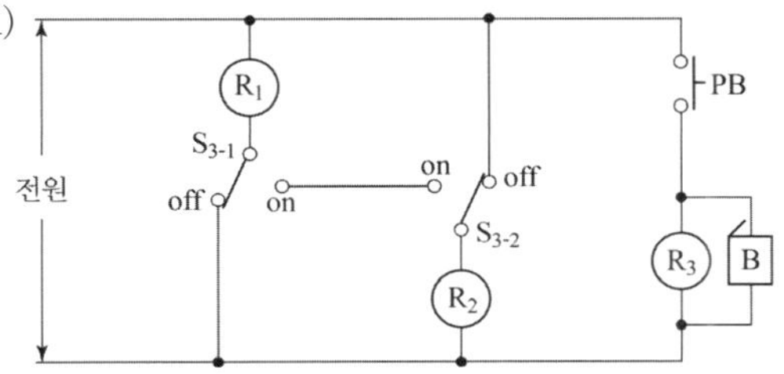

(2)

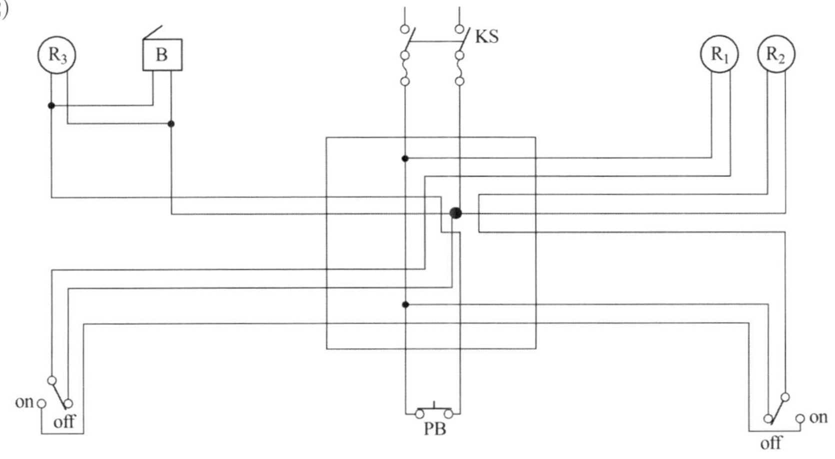

문제 20 ▸ 출제년도 : 03. ▸ 점수 : 5점

그림은 Y-△ 기동회로의 일부이다. BS_1을 주면 MC_1으로 Y결선 기동하고 t초 후 MC_2로 △결선 운전된다. BS_2(Thr)를 주면 전동기는 정지한다. BS_1, BS_2, Thr이 L(접지) 입력형일 때 ( )에 알맞는 회로는? 단, SMV는 단안정 타이머 소자이고 FF는 $\overline{R}\,\overline{S}$-latch 이다.

[예] 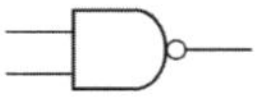

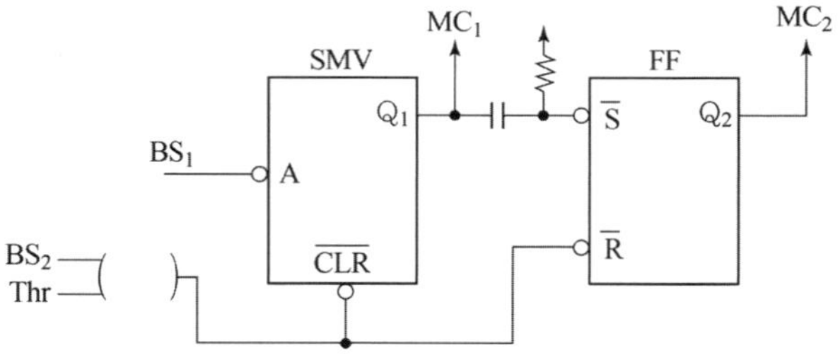

답안작성

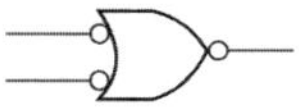

D30-4

2004년도 전기공사산업기사 실기

- 04년 제 1 회 전기공사산업기사
- 04년 제 2 회 전기공사산업기사
- 04년 제 4 회 전기공사산업기사

국가기술자격검정 실기시험문제 및 답안지

2004년도 산업기사 일반검정 제 1 회			수험번호	성 명	감독위원 확 인
자격종목(선택분야)	시험시간	형별			
전기공사산업기사	2시간 00분				

※ 다음 물음에 답을 해당 답란에 답하시오.(배점 : 100점)

문제 01

▸ 출제년도 : 93. 04. 05. 07. ▸ 점수 : 6점

외부피뢰시스템의 수뢰부시스템 형식 3가지를 쓰시오.

답안작성

① 돌침방식 ② 수평도체방식 ③ 메시도체방식

해 설

KEC 152.1 수뢰부시스템

수뢰부시스템의 선정은 돌침, 수평도체, 메시도체의 요소 중에 한 가지 또는 이를 조합한 형식으로 시설하여야 한다.

문제 02

▸ 출제년도 : 04. 15. 22. ▸ 점수 : 5점

사용전압이 220 [V]인 옥내배선에서 소비전력 40 [W], 역률 60 [%]인 형광등 30개와 소비전력 100 [W]인 백열등 50개를 설치한다고 할 때 최소 분기 회로 수를 구하시오. (단, 16 [A] 분기 회로로 하며, 수용률은 100 [%]로 한다.)

• 계산 • 답

답안작성

계산 : ① 역률 60[%] 형광등

• 유효전력 $P = 40 \times 30 = 1200$ [W]

• 무효전력 $P_r = \frac{40}{0.6} \times 0.8 \times 30 = 1600$ [Var]

② 백열등(백열등은 저항부하 이므로 역률 100[%])

• 유효전력 $P = 100 \times 50 = 5000$[W]

따라서, 이 분기회로의 설비부하용량 P_a는

$$P_a = \sqrt{(1200 + 5000)^2 + 1600^2} = 6403.12[VA]$$

③ 분기회로수 $n = \frac{6403.12}{220 \times 16} = 1.82 \rightarrow$ 2회로

답 : 16 [A] 분기 2회로

해 설

• 분기회로 수 $n = \frac{\text{설비용량[VA]}}{\text{사용전압[V]} \times \text{분기 회로전류[A]} \times \text{수용률}}$

• 분기회로수 산정 시 소수가 발생하면 무조건 절상하여 산출한다.

문제 03 ▸ 출제년도 : 04. 07. ▸ 점수 : 5점

예비 전원 설비로 이용되는 축전지에 대한 물음에 답하시오.

(1) 축전지와 부하를 충전기에 병렬로 접속하여 사용하는 충전방식은?

(2) 비상용 조명부하 200[V]용 50[W] 80등, 30[W] 70등이 있다. 방전시간은 30분이고, 축전지는 HS형 110[cell]이며, 허용 최저 전압은 190[V], 최저 축전지 온도는 5[℃]일 때 축전지 용량은 몇 [Ah]이겠는가? 단, 보수율은 0.8, 용량환산시간은 1.2이다.

답안작성

(1) 부동 충전 방식

(2) 계산 : 축전지 용량

$$C=\frac{1}{L}KI=\frac{1}{0.8}\times 1.2\times\left(\frac{50\times 80+30\times 70}{200}\right)=45.75\ [\text{Ah}]$$

답 : 45.75 [Ah]

문제 04 ▸ 출제년도 : 04. ▸ 점수 : 5점

다음과 같은 사항은 어떤 등의 특징을 나타낸 것이다. 어떤 등인가?

- 연색성이 우수하다.
- 인체에 이상적인 주광색 빛을 발산한다.
- 수은등이나 백열등보다 진력소모가 적다.
- 수명이 길다.
- 시동 시에는 5～8분이 소요된다.

답안작성

메탈할라이드램프

문제 05 ▸ 출제년도 : 89. 04. 06. ▸ 점수 : 5점

표준 품셈에서 Cable(옥외)의 할증률은 몇 [%]인가?

답안작성

3 [%]

해 설

재료의 할증률

종 류	할증률 [%]
옥외 전선	5
옥내 전선	10
cable (옥외)	3
cable (옥내)	5
전선관 (옥내)	10

문제 06 ▸ 출제년도 : 98. 00. 04. 07. ▸ 점수 : 6점

다음 물음에 답하시오.

(1) 설비의 불평형률을 구하시오.

(2) 기준에 따른 적정, 부적정 여부를 판단하시오.

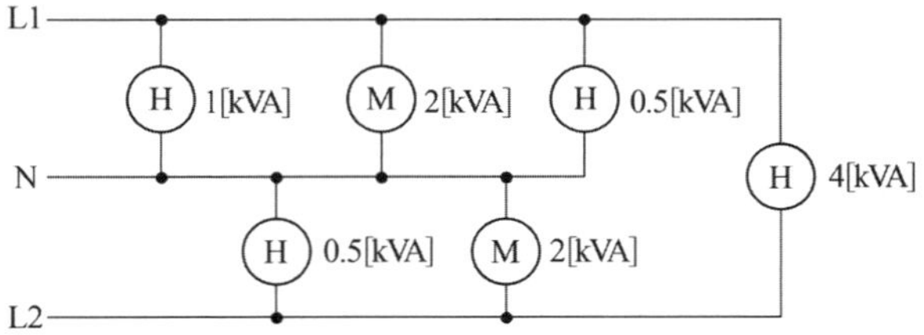

답안작성

(1) 계산 : 설비 불평형률 $= \dfrac{(1+2+0.5)-(0.5+2)}{\frac{1}{2}(1+2+0.5+0.5+2+4)} \times 100 = 20\ [\%]$

답 : 20 [%]

(2) 설비 불평형률이 40 [%] 이하이므로 양호함

해 설

(1) 단상 3선식에서의 설비불평형률

설비불평형률 $= \dfrac{\text{중성선과 각 전압측 전선간에 접속되는 부하 설비용량[kVA]의 차}}{\text{총 부하 설비용량의 1/2}} \times 100\ [\%]$

여기서, 불평형률은 40 [%] 이하이어야 한다.

문제 07 ▸ 출제년도 : 88. 00. 04. 05. 07. ▸ 점수 : 5점

공구 손료는 일반 공구 및 시험 검사용 일반 계측 기구류의 손료로서 공사중 상시 일반적으로 사용하는 것을 말하며 직접 노무비(제수당 상여금 또는 퇴직 급여 충당금을 제외)의 몇 [%]를 계상할 수 있는가?

답안작성

3 [%]

문제 08 ▸ 출제년도 : 03. 04. 07. ▸ 점수 : 5점

FBD 그림 기호의 정확한 명칭은?

답안작성

피더 버스덕트

해 설

FBD : 피드 버스덕트

PBD : 플러그인 버스덕트

TBD : 트롤리 버스덕트

문제 09 ▸ 출제년도 : 04. ▸ 점수 : 6점

배치도 및 동작 설명과 시퀀스를 보고 실체도를 그리시오. 단, 모든 결선은 정션 박스를 경유하여야 한다.

[동작설명]

① S_{3-1}에 의해 R_1, S_{3-2}에 의해 R_2, S_{3-3}에 의해 R_3 점등된다.

② S_{3-1}, S_{3-2}, S_{3-3}가 OFF 상태일 때, S_1에 의해서 R_1, R_2, R_3가 병렬 점등된다.

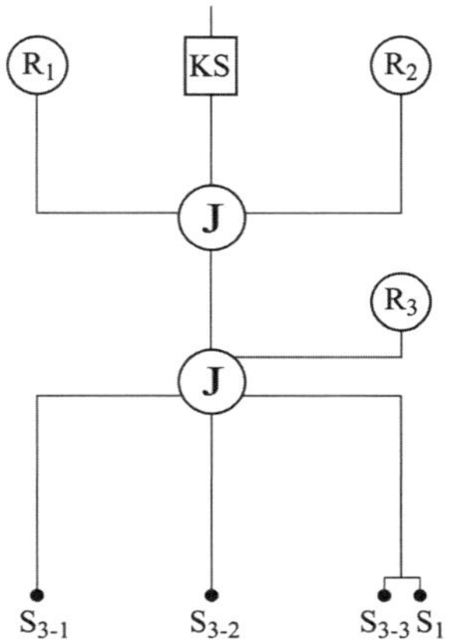

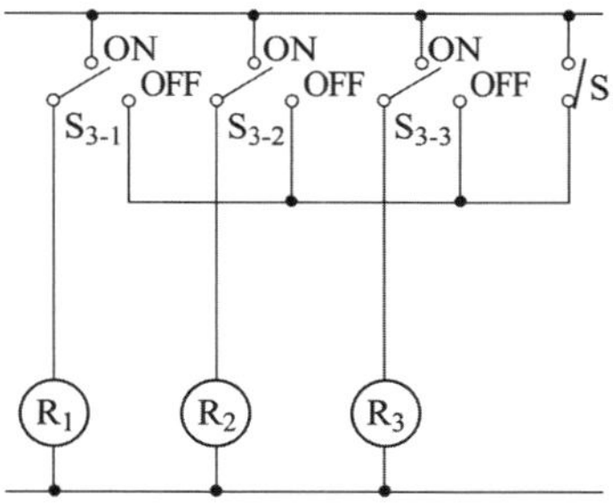

답안작성

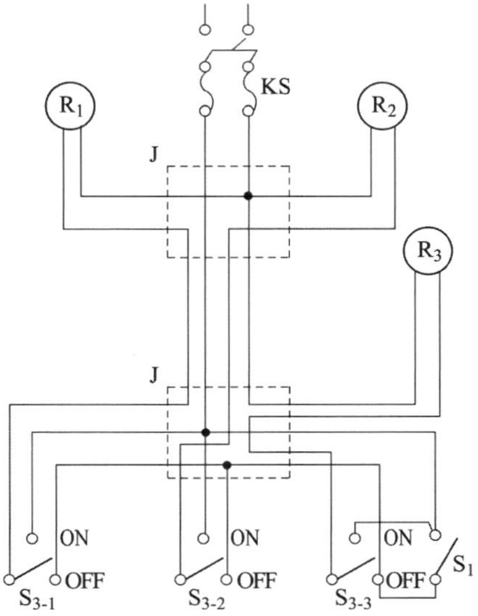

문제 10 ▸ 출제년도 : 04. ▸ 점수 : 6점

피뢰기의 구성 요소 2가지를 쓰고 그 역할을 설명하시오.

답안작성

① 직렬 갭 : 뇌 전류를 대지로 방전시키고 속류를 차단한다.

② 특성요소 : 뇌 전류 방전시 피뢰기 자신의 전위상승을 억제하여 자신의 절연파괴 방지

문제 11 ▸ 출제년도 : 93. 97. 99. 04. ▸ 점수 : 10점

다음은 22.9 [kV] 수변전설비 결선도이다. 물음에 답하시오.

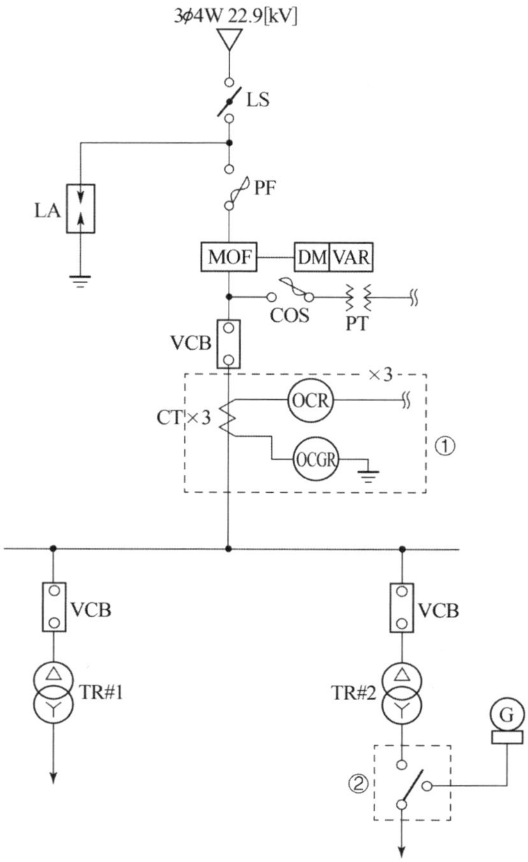

(1) 피뢰기의 전압값을 계산에 의하여 구하고, 최종답은 정격전압 값을 쓰시오.

•계산 : •답 :

(2) P.T의 전압비는?

(3) 점선 ①의 3선결선도를 그리시오.

(4) 변압기 #1에 부하용량이 300 [kW]이고 역률 및 효율이 각각 0.8일 때 변압기 용량 [kVA]를 선정하시오. (단, 수용률은 0.6으로 한다.)

•계산 : •답 :

(5) 점선 ②의 명칭은? (단, 정전시 자동으로 절체되도록 한다.)

답안작성

(1) 계산 : $E_R = \alpha\beta\dfrac{V_m}{\sqrt{3}} = 1.1\times1.15\times\dfrac{1.2}{1.1}\times\dfrac{V}{\sqrt{3}} = 0.8\times V = 0.8\times22.9 = 18.32$ [kV]

답 : 18 [kV]

(2) $\dfrac{22900}{\sqrt{3}} \Big/ \dfrac{190}{\sqrt{3}}$

(3)

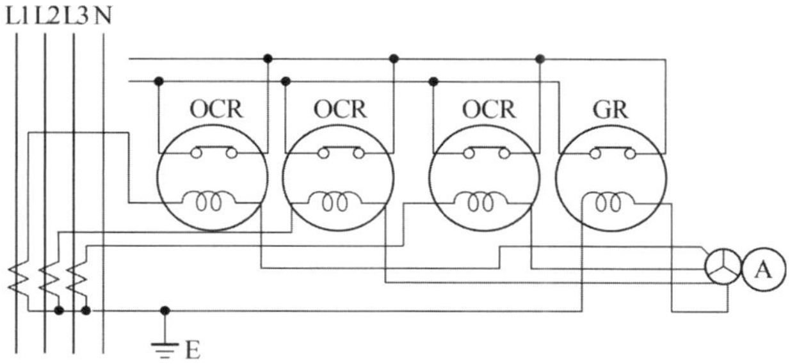

(4) 계산 : 변압기 용량$=\dfrac{300\times0.6}{0.8\times0.8}=281.25$ [kVA]

답 : 300 [kVA] 선정

(5) 자동 절환 개폐장치

해 설

(1) $E_R = \alpha\beta\dfrac{V_m}{\sqrt{3}}$

여기서, E_R : 피뢰기 정격전압, α : 접지계수 (1.1~1.3), β : 유도

V_m : 계통의 최고 선간 전압 $\left(V_m = V\times\dfrac{1.2}{1.1}\right)$

(4) •변압기 용량 [kVA] ≥ 합성 최대 수용 전력

$$=\frac{\text{설비 용량 [kVA]}\times\text{수용률}}{\text{부등률}}=\frac{\text{설비 용량 [kW]}\times\text{수용률}}{\text{부등률}\times\text{역률}}$$

•효율이 주어지면 효율 감안하여 변압기 용량 선정

•부등률이 주어지지 않으면 부등률을 1로 적용

(5) KEC 244.2.1 비상용 예비전원의 시설

상용전원의 정전으로 비상용전원이 대체되는 경우에는 상용전원과 병렬운전이 되지 않도록 다음 중 하나 또는 그 이상의 조합으로 격리조치를 하여야 한다.

① 조작기구 또는 절환 개폐장치의 제어회로 사이의 전기적, 기계적 또는 전기 기계적 연동

② 단일 이동식 열쇠를 갖춘 잠금 계통

③ 차단-중립-투입의 3단계 절환 개폐장치

④ 적절한 연동기능을 갖춘 자동 절환 개폐장치

⑤ 동등한 동작을 보장하는 기타 수단

문제 12 ▸ 출제년도 : 90. 04. ▸ 점수 : 5점

철탑에 매설 지선 설치 후 접지저항을 측정하는 측정기는?

답안작성

접지저항 측정기

문제 13 ▸ 출제년도 : 92. 04. ▸ 점수 : 6점

그림은 직류 전동기의 기동 회로도이다. 다음 물음에 답하시오.

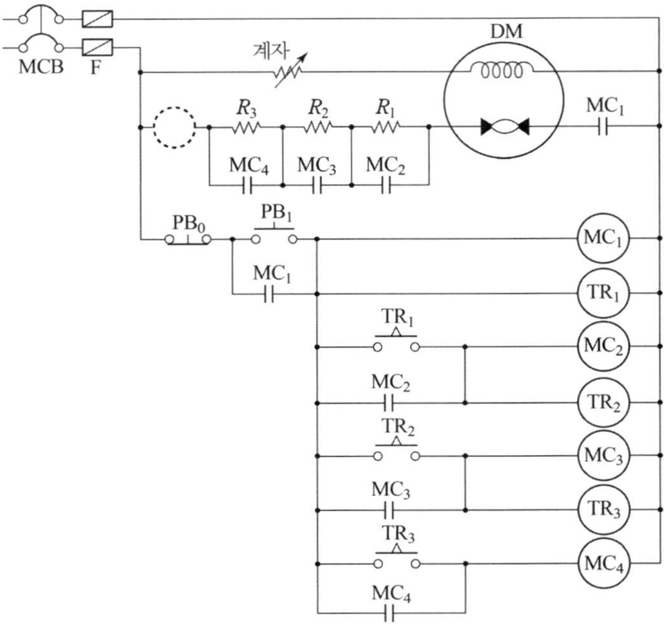

(1) 그림에서 ◌ 으로 표시한 곳에 올바른 도면이 되도록 접점을 그리고 기호를 쓰시오.
(예 : ─╫─ MC_4, ─┤├─ MC_3)

(2) 답란의 타임 차트에서 미완성 부분을 완성하시오.

답안작성

(1) 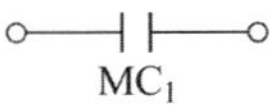

(2)

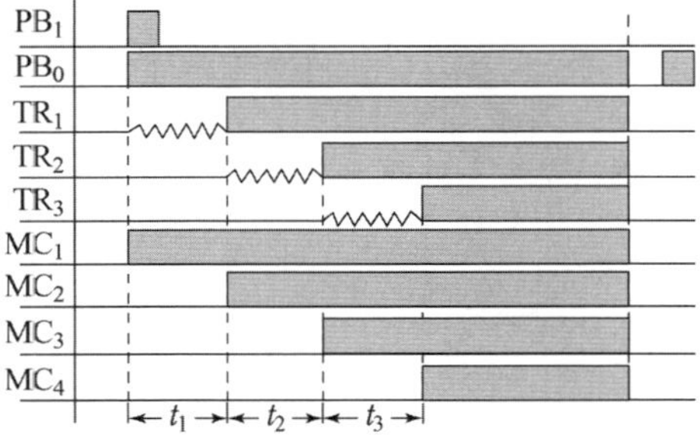

해 설

전기자의 직렬 저항 $(R_1+R_2+R_3)$을 3단계로 줄이면서 기동하고 운전 중에는 전부 단락 상태가 된다.

문제 14 ▸ 출제년도 : 89. 97. 00. 04. 07. ▸ 점수 : 6점

공칭단면적 200 [mm^2], 전선 무게 1.838 [kg/m], 전선의 바깥 지름 18.5 [mm]인 경동 연선을 경간 200 [m]로 가설하는 경우 이도(Dip)와 전선의 실지 거리는? 단, 경동 연선의 인장 하중은 7910 [kg], 빙설하중은 0.416 [kg/m], 풍압하중은 1.525 [kg/m] 이고 안전율은 2.2라 한다.

답안작성

(1) 계산 : 이도 $D=\dfrac{\sqrt{(1.838+0.416)^2+1.525^2}\times 200^2}{8\times\dfrac{7910}{2.2}}=3.78\ [\text{m}]$

답 : 3.78 [m]

(2) 계산 : 전선의 실제 길이 $L=200+\dfrac{8\times 3.78^2}{3\times 200}=200.19\ [\text{m}]$

답 : 200.19 [m]

해 설

(1) $D=\dfrac{WS^2}{8T}$, $W=\sqrt{(\text{전선의 자중}+\text{빙설하중})^2+\text{풍압하중}^2}$

(2) $L=S+\dfrac{8D^2}{3S}$

문제 15 ▸ 출제년도 : 93. 97. 04. ▸ 점수 : 5점

굵은 전선(22 [mm^2] 이상) 또는 철선을 절단할 때 사용하는 공구는?

답안작성

클리퍼

문제 16 ▸ 출제년도 : 00. 04. ▸ 점수 : 6점

우리 나라 배전 선로의 주된 배전 전압과 배전 방식에 대하여 정확히 쓰시오.

답안작성

주된 배전전압 : 22.9 [kV]
배전방식 : 3상 4선식(3ϕ4W)

문제 17 ▸ 출제년도 : 04. ▸ 점수 : 8점

전선로에서 애자가 갖추어야 할 구비 조건 4가지를 쓰시오.

답안작성

① 절연 내력이 클 것
② 충분한 기계적 강도를 가질 것
③ 누설 전류가 적을 것
④ 내구력이 크고 가격이 저렴할 것

국가기술자격검정 실기시험문제 및 답안지

2004년도 산업기사 일반검정 제 2 회

자격종목(선택분야)	시험시간	형별	수험번호	성 명	감독위원 확 인
전기공사산업기사	2시간 00분				

※ 다음 물음에 답을 해당 답란에 답하시오.(배점 : 100점)

문제 01 ▸ 출제년도 : 97. 04. 07. ▸ 점수 : 6점

지표상 8 [m]의 점에 400 [kg]의 수평 장력을 받는 경사진 전주가 있다. 그림과 같은 지선을 시설할 경우 지선이 받는 장력 T [kg]는 얼마인가? 기타는 무시한다.

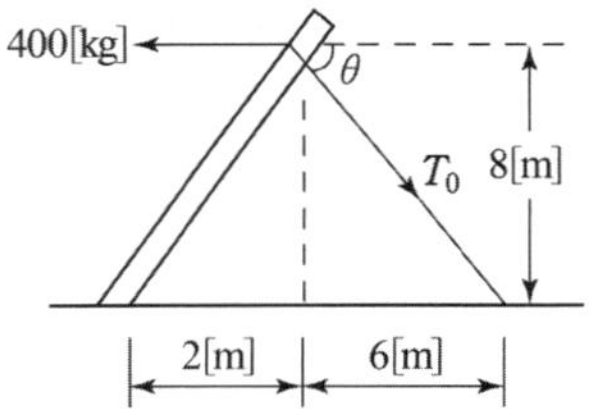

답안작성

계산 : 경사진 전주에서의 지선이 받는 장력

$$T_0 = \frac{\sqrt{b^2+H^2}}{a+b} \times T = \frac{\sqrt{6^2+8^2}}{2+6} \times 400 = 500 \text{ [kg]}$$

답 : 500 [kg]

문제 02 ▸ 출제년도 : 04. ▸ 점수 : 5점

배전용 전주가 15 [m] 넘는 것은 건주할 때 표준 근입(지하에 묻히는 길이)은 몇 [m] 이상인가? 단, 설계 하중이 6.8 [kN]이다.

답안작성

2.5 [m]

해 설

KEC 331.7 가공전선로 지지물의 기초의 안전율

가공전선로의 지지물에 하중이 가하여지는 경우에 그 하중을 받는 지지물의 기초의 안전율은 2이상(단, 이상시 상정하중에 대한 철탑의 기초에 대하여는 1.33)이어야 한다. 다만, 땅에 묻히는 깊이를 다음의 표에서 정한 값 이상의 깊이로 시설하는 경우에는 그러하지 아니하다.

설계하중 / 전장	6.8 [kN] 이하	6.8 [kN] 초과 ~ 9.8 [kN] 이하	9.81 [kN] 초과 ~ 14.72 [kN] 이하
15[m] 이하	전장×1/6[m] 이상	전장×1/6+0.3[m] 이상	전장×1/6+0.5[m] 이상
15[m] 초과~16[m]이하	2.5[m] 이상	2.8[m] 이상	–
16[m] 초과~20[m] 이하	2.8[m] 이상	–	–
15[m] 초과~18[m] 이하	–	–	3[m] 이상
18[m] 초과	–	–	3.2[m] 이상

문제 03 ▸ 출제년도 : 96. 99. 04. ▸ 점수 : 12점

특고압 22.9 [kV]−Y로 수전하는 경우의 단선결선도이다. 물음에 답하시오.

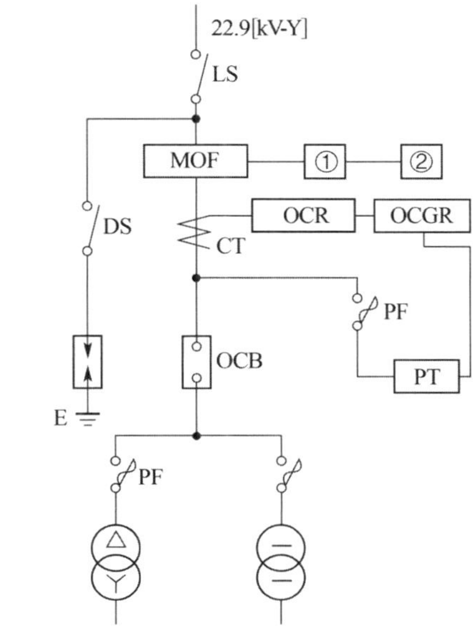

(1) 그림에 표시된 ①과 ②의 부분에는 어떤 기기가 필요한가?

(2) 변압기 2차측의 3상 결선용 변압기의 중성점을 접지하는 것이 좋은가 아니면 않는 것이 좋은가 판별하시오.

(3) 그림에서 △−Y의 단선도를 복선도용으로 그리시오.

(4) O.C.R의 명칭은?

답안작성

(1) ① 최대 수요 전력량계
② 무효 전력량계

(2) 접지하는 것이 좋다.

(4) 과전류 계전기

(3)

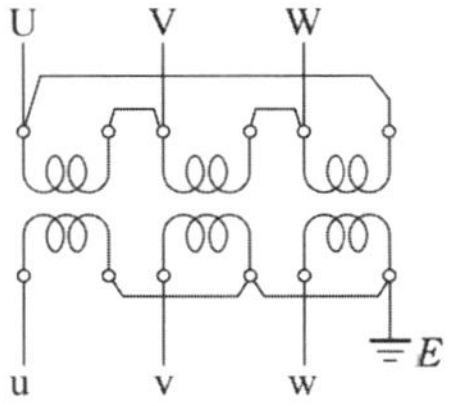

해 설

(2) KEC 322.1 고압 또는 특고압과 저압의 혼촉에 의한 위험방지 시설
고압전로 또는 특고압전로와 저압전로를 결합하는 변압기의 저압측의 중성점에는 규정에 의하여 계산한 값이 10[Ω]을 넘을 때에는 접지저항치가 10[Ω] 이하가 되도록 할 것.
(단, 사용전압이 35[kV] 이하의 특고압전로로서 전로에 지락이 생겼을 때에 1초 이내에 자동적으로 이를 차단하는 장치가 되어 있는 것 및 사용전압이 25 [kV] 이하인 특고압 가공전선로로서 중성선 다중접지식의 것으로서 전로에 지락이 생겼을 때 2초 이내에 자동적으로 이를 전로로부터 차단하는 장치가 되어 있는 것은 제외한다.) 다만, 그 접지공사를 변압기의 중성점에 하기 어려울 때에는 저압전로의 사용전압이 300[V] 이하인 경우에 한해 저압 측의 1단자에 시행할 수 있다.

문제 04 ▸ 출제년도 : 04. ▸ 점수 : 5점

가공전선공사에서 강심알루미늄연선(ACSR)의 용도는?
단, 규격은 32, 58, 95, 160 [mm^2] 등이다.

답안작성

- 큰 인장 하중을 필요로 하는 가공전선 및 특고압 중성선에 사용
- 코로나 방지가 필요한 초고압 송·배전선에 사용

문제 05 ▸ 출제년도 : 94. 04. 07. ▸ 점수 : 5점

배전 변전소 또는 발전소로부터 배전간선에 이르기까지의 도중에 부하가 접속되어 있지 않은 선로를 무엇이라 하는가?

답안작성

Feeder(급전선)

문제 06 ▸ 출제년도 : 04. ▸ 점수 : 5점

전원이 인가된 상태에서 아날로그 멀티테스터기를 사용하여 전기회로의 저항값을 측정할 수 있는가?

답안작성

측정불가

문제 07 ▸ 출제년도 : 04. ▸ 점수 : 5점

변전소에 설치되는 각종 기기의 접지 방법을 답하시오.
예) 전력용 콘덴서 : 개별 그룹별 중성점을 한데 묶어 1선으로 접지망에 짧게 연결한다.

대상 기기	접 지 방 법
피 뢰 기	
주변압기	
분로리액터	
차폐케이블	
소내변압기	

답안작성

대상 기기	접 지 방 법
피 뢰 기	접지망 교점위치에 설치하고 접지선은 최단거리로 (굴곡없이)접지망에 연결한다.
주변압기	탱크를 접지한다.
분로리액터	탱크를 접지한다.
차폐케이블	차폐층의 양단을 접지한다.
소내변압기	탱크 및 2차측의 1단을 접지한다.

문제 08 ▸ 출제년도 : 04. ▸ 점수 : 5점

배전지역 간선도로변에 도표와 같은 부하설비의 건물을 신축하고자 한다. 변압기의 시설용량은 몇 [kVA]가 적절한가? 단, 부하상호간의 부등률은 1.15로 하고 변압기는 표준용량인 것으로 한다.

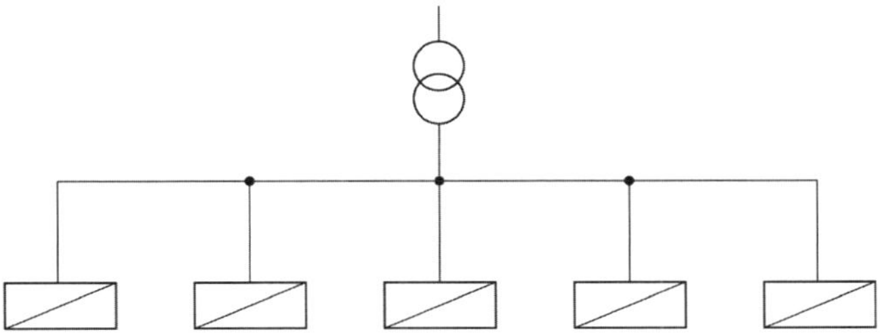

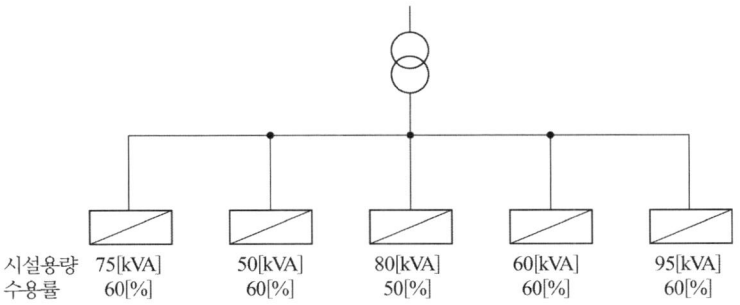

시설용량	75[kVA]	50[kVA]	80[kVA]	60[kVA]	95[kVA]
수용률	60[%]	60[%]	50[%]	60[%]	60[%]

답안작성

계산 : 변압기의 시설 용량 $= \dfrac{75\times0.6+50\times0.6+80\times0.5+60\times0.6+95\times0.6}{1.15}$

$= 180.87[\text{kVA}]$

답 : 200 [kVA]

해 설

변압기의 시설용량 ≥ 합성 최대 수용 전력

$$= \frac{\text{설비 용량 [kVA]}\times\text{수용률}}{\text{부등률}} = \frac{\text{설비 용량 [kW]}\times\text{수용률}}{\text{부등률}\times\text{역률}}$$

문제 09 ▸ 출제년도 : 89. 93. 95. 97. 04. ▸ 점수 : 5점

[S] 는 자동화재 경보설비의 옥내배선용 심벌이다. 이것의 명칭은 무엇인가?

답안작성

연기 감지기

문제 10 ▸ 출제년도 : 04. ▸ 점수 : 6점

전기계기 오차의 원인 6가지를 쓰시오.

답안작성

① 영점의 이상 ② 계기의 자세
③ 자기가열(自己加熱) ④ 주위온도
⑤ 외부 자기장 ⑥ 외부정전기장

해 설

그 외에도 ⑦ 주파수
⑧ 가동부분의 마찰
⑨ 스프링 탄성의 피로 등의 영향이 있다.

문제 11 ▸출제년도 : 92. 93. 94. 96. 97. 04. ▸점수 : 5점

소선의 지름이 2 [mm]이고, 소선수가 19가닥인 연선의 단면적을 계산하여 공칭단면적 값을 쓰시오.

답안작성

계산 : 공칭단면적 $A = \frac{1}{4}\pi d^2 N = \frac{1}{4} \times \pi \times 2^2 \times 19 = 59.69[\text{mm}^2]$

답 : 60 $[\text{mm}^2]$

해 설

연선의 단면적 = 소선 1개의 단면적×총 소선수

문제 12 ▸출제년도 : 94. 98. 01. 03. 04. 07. ▸점수 : 5점

공사원가라 함은 무엇인가 답하시오.

답안작성

공사 시공 과정에서 발생한 노무비, 경비, 재료비의 합계액

문제 13 ▸출제년도 : 91. 97. 04. ▸점수 : 12점

도면은 단상 220 [V] 금속관 공사로 내선공사를 하려고 한다. 도면과 타임차트를 정확히 이해하고 답란에 다음 물음에 답하시오. 단, SW는 OFF상태임.

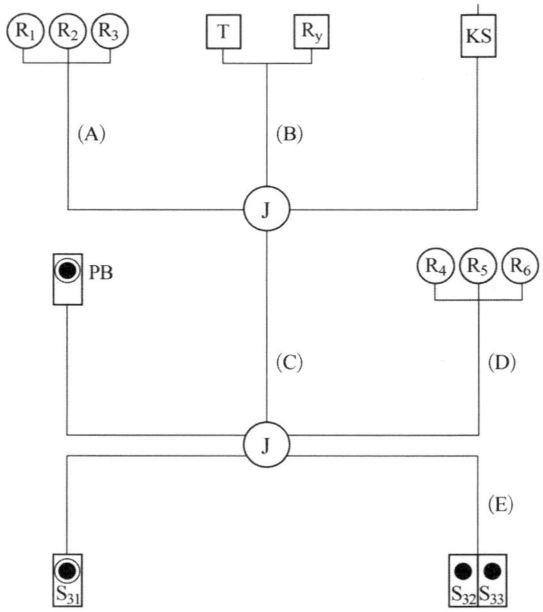

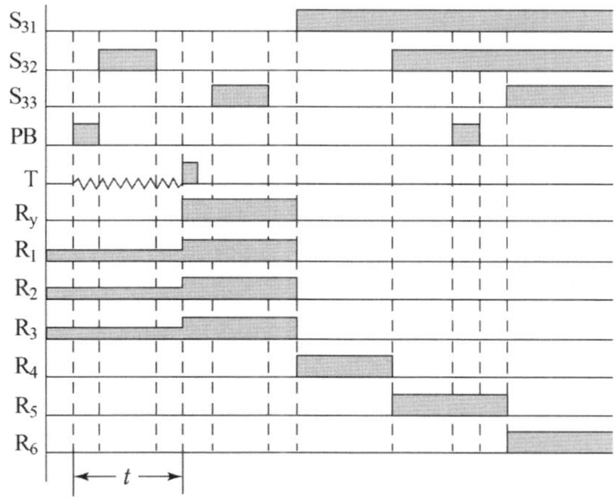

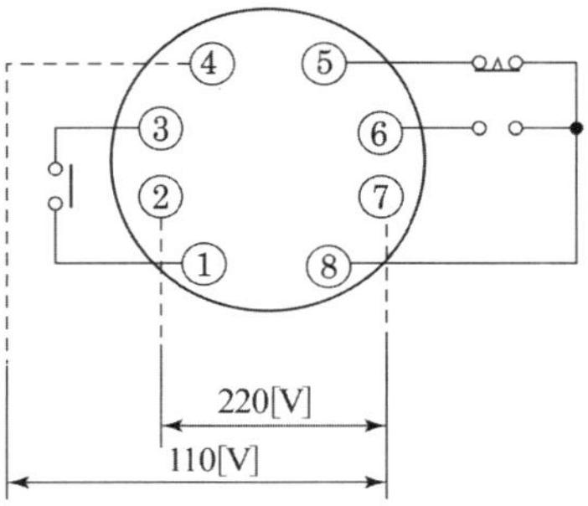

타이머 내부 회로도

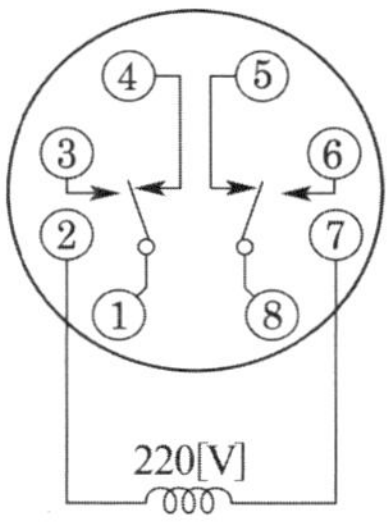

릴레이 내부 결선도

(1) 답란의 미완성된 회로도를 타임차트와 같이 동작되도록 회로도를 완성하시오.

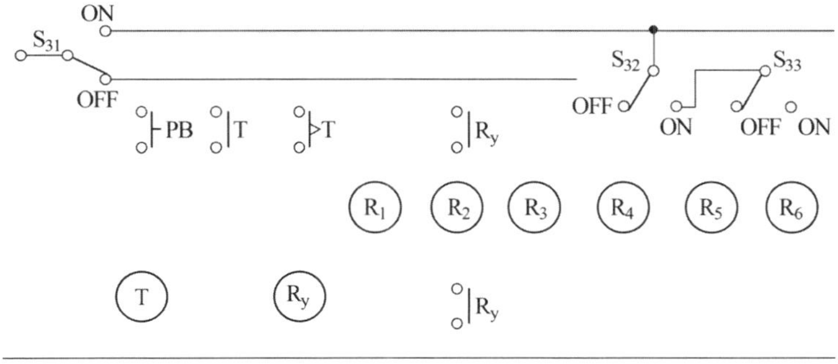

(2) 도면에서 A로 표시된 전선관에 최소 몇 가닥 들어가는가?

(3) 도면에서 B로 표시된 전선관에 최소 몇 가닥 들어가는가?

(4) 도면에서 C로 표시된 전선관에 최소 몇 가닥 들어가는가?

(5) 도면에서 D로 표시된 전선관에 최소 몇 가닥 들어가는가?

(6) 도면에서 E로 표시된 전선관에 최소 몇 가닥 들어가는가?

답안작성

(1)

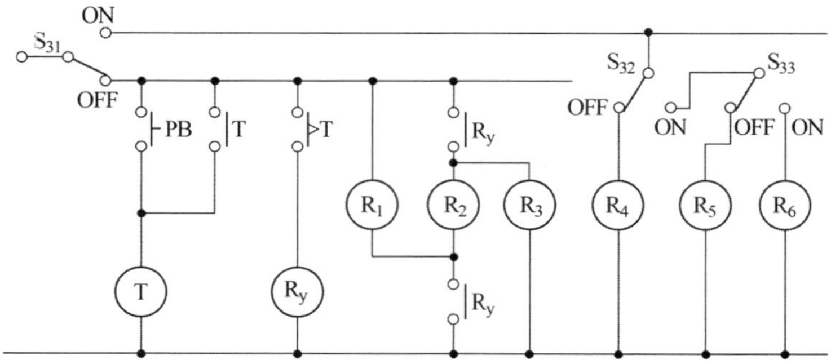

(2) 4가닥 (3) 5가닥 (4) 4가닥 (5) 4가닥 (6) 4가닥

문제 14

▸ 출제년도 : 96. 00. 04. ▸ 점수 : 14점

그림은 램프 회로의 일부로서 서로 등가이다.

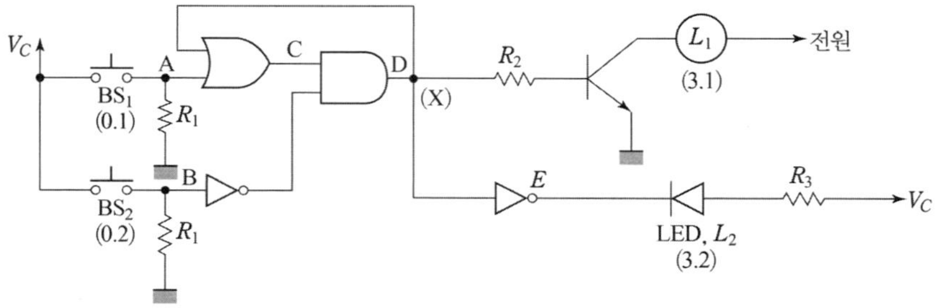

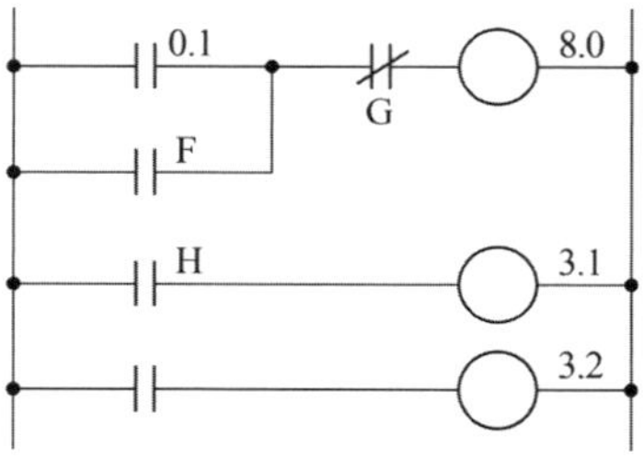

스텝	명령	번지	스텝	명령	번지
0	R	0.1	5	W	3.1
1	(가)	(나)	6	R	(사)
2	(다)	(라)	7	(아)	3.2
3	W	8.0			
4	(마)	(바)			

(1) X의 논리식을 찾으시오.

① BC ② $(A+D)\overline{B}$

③ B+C ④ $AD+\overline{B}$

(2) PLC 프로그램을 완성하시오. 단, 명령은 입력 시작(R), 출력(W), AND(A), OR(O), NOT(N)이다.

(3) 전원을 넣은 상태(정지 상태)에서 A~E 중 H레벨인 점을 찾으시오.

(4) 램프 L_1, L_2가 점등 상태에서 A~E 중 H레벨인 점을 찾으시오.

(5) PLC 시퀀스에서 F, G, H의 번지를 차례로 적으시오.

(6) BS_1을 눌렀다 놓으면 램프 L_1, L_2가 점등한다.

① C점의 레벨은

② E점의 레벨은

(7) L_1, L_2가 점등 중 BS_2를 눌렀다 놓았다. 이후 C, E, D점의 레벨 상태를 차례로 표시하시오.(예 HLH 등) 단, 전압 상태를 H레벨, 접지상태를 L레벨로 표시할 때 H, L등의 형태로 답하시오.

답안작성

(1) ②

(2) (가) O (나) 8.0 (다) AN (라) 0.2 (마) R (바) 8.0 (사) 8.0 (아) W

(3) E

(4) C 또는 D

(5) 8.0, 0.2, 8.0

(6) ① H ② L

(7) L, H, L

출제기준 변경 및 개정된 관계법규에 따라 삭제된 문제가 있어 배점의 합계가 100점이 안됩니다.

국가기술자격검정 실기시험문제 및 답안지

2004년도 **산업기사** 일반검정 제 **4** 회			수험번호	성　명	감독위원 확　인
자격종목(선택분야)	시험시간	형별			
전기공사산업기사	2시간 00분				

※ 다음 물음에 답을 해당 답란에 답하시오.(배점 : 100점)

문제 01 ▸ 출제년도 : 04. ▸ 점수 : 6점

비상콘센트 설비의 상용전원회로의 배선은 다음의 경우에 어디에서 분기하여 전용 배선으로 하는지 설명하시오.

(1) 저압 수전인 경우

(2) 특고압수전 또는 고압 수전인 경우

답안작성

(1) 인입개폐기의 직후에서 분기

(2) 전력용 변압기 2차측의 주차단기 1차측 또는 2차측에서 분기

문제 02 ▸ 출제년도 : 04. ▸ 점수 : 5점

보호접지공사를 하는 주된 목적은?

답안작성

감전사고 방지

해 설

KEC 112 용어정의

"보호접지(Protective Earthing)"란 고장 시 감전에 대한 보호를 목적으로 기기의 한 점 또는 여러 점을 접지하는 것을 말한다.

문제 03 ▸ 출제년도 : 04. ▸ 점수 : 5점

연축전지의 전해액이 변색되며, 충전하지 않고 방전된 상태에서도 다량으로 가스가 발생되고 있다. 어떤 원인의 고장으로 예측되는가?

답안작성

전해액 불순물의 혼입

문제 04 ▸ 출제년도 : 04. 06. ▸ 점수 : 12점

다음 그림은 어느 생산 공장의 수전 설비 계통도이다. 이 계통도를 보고 다음 물음에 답하시오.

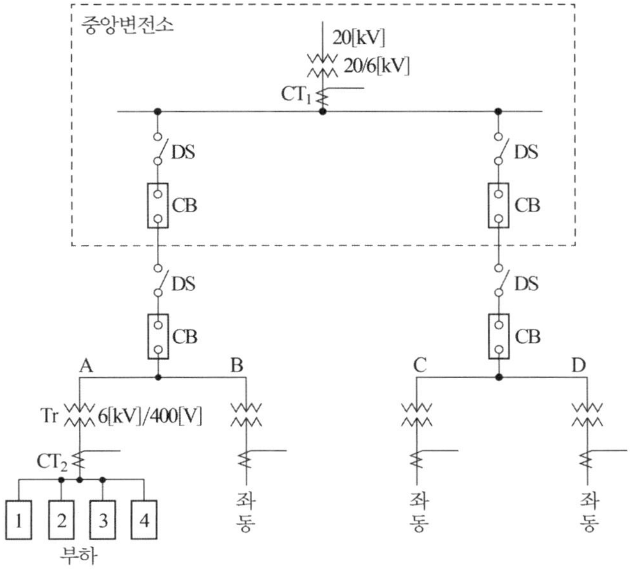

뱅크의 부하 용량표

피더	부하 설비 용량 [kW]	수용률 [%]
1	125	80
2	125	80
3	500	70
4	600	84

변류기 규격표

	항 목	변류기
변류기	정격 1차 전류	5, 10, 15, 20, 30, 40 50, 75, 100, 150, 200 300, 400, 500, 600, 750 1000, 1500, 2000, 2500
	정격 2차 전류	5

(1) A, B, C, D 뱅크에 같은 부하가 걸려 있으며, 각 뱅크의 부등률은 1.1이고 전부하 합성 역률은 0.8이다. 중앙변전소의 변압기 용량을 표준 규격으로 답하시오.

(2) 변류기 CT_1, CT_2의 변류비를 구하시오. 단, 1차 수전 전압은 20000/ 6000 [V], 2차 수전 전압은 6000/400 [V]이며 변류비는 표준 규격으로 답하고 전류비값의 1.25배로 결정한다.

답안작성

(1) 계산 : A 뱅크의 최대 수요 전력

$$= \frac{125 \times 0.8 + 125 \times 0.8 + 500 \times 0.7 + 600 \times 0.84}{1.1 \times 0.8} = 1197.73 \text{ [kVA]}$$

A, B, C, D 각 뱅크간의 부등률은 없으므로

중앙 변전소 변압기 용량 $= 1197.73 \times 4 = 4790.92$ [kVA]

답 : 5000 [kVA]

(2) ① CT_1

$I = \dfrac{5000}{\sqrt{3} \times 6} \times 1.25 = 601.41$[A]이므로 표에서 600/5 선정　　답 : 600/5

② CT_2

$I = \dfrac{1197.73}{\sqrt{3} \times 0.4} \times 1.25 = 2160.97$ [A]이므로 표에서 2000/5 선정　답 : 2000/5

해 설

(2) ② 표에서 2500/5를 선정하면 전부하 전류$\left(\dfrac{1197.73}{\sqrt{3} \times 0.4} = 1728.77\text{[A]}\right)$의 1.45배$\left(\dfrac{2500}{1728.77} = 1.45\right)$가 되어 변류비가 너무 커져 CT의 정도가 낮아지므로 CT_2는 2000/5가 적합하다.

문제 05 ▸출제년도 : 91. 04. ▸점수 : 10점

다음 그림은 옥내 전등 배선도의 일부를 표시한 것이다. ①~④까지의 전선(가닥)수를 기입하시오. 단, 접지선은 제외하고 최소가닥 수를 기입하시오.

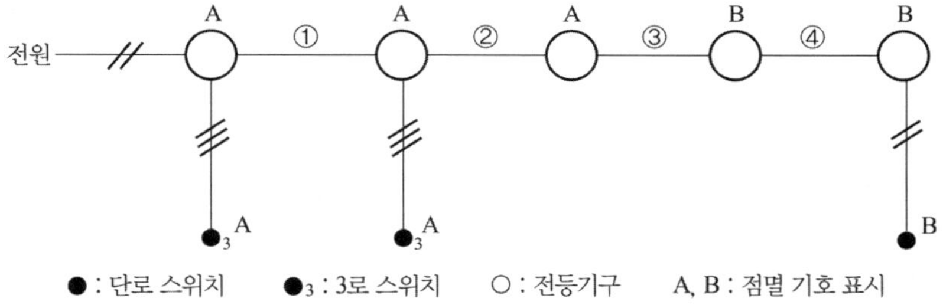

답안작성

① 5　　② 3　　③ 2　　④ 3

해 설

배선 실체도

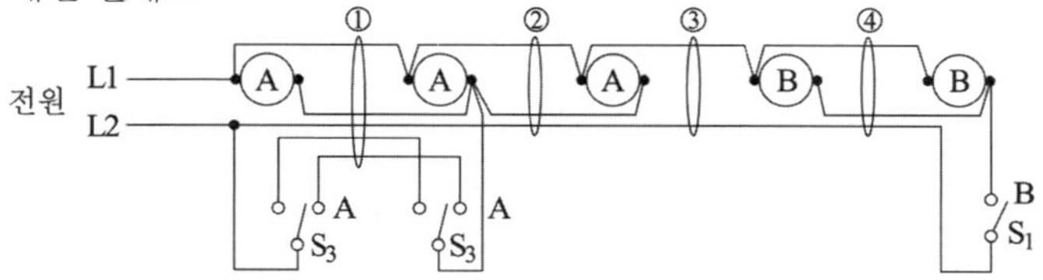

문제 06 ▸출제년도 : 04. ▸점수 : 6점

금속전선관과 아웃트렛 박스와의 접속은 무엇으로 몇 개 사용하는가?

답안작성

로크 너트 2개

문제 07 ▸ 출제년도 : 04. ▸ 점수 : 5점

300 [mm^2]인 ACSR선이 경간 400 [m]에서 이도가 7.3 [m]이었다 하면 전체의 실제 길이는 몇 [m]인가?

• 계산 : • 답 :

답안작성

계산 : $L = S + \frac{8\ D^2}{3S} = 400 + \frac{8 \times 7.3^2}{3 \times 400} = 400.36$

답 : 400.36 [m]

문제 08 ▸ 출제년도 : 93. 96. 04. ▸ 점수 : 5점

3상 3선식, 6.6 [kV] 가공배선 선로에 접속된 주상 변압기의 저압측에 시설될 중성점 접지공사의 저항값을 구하시오. (단, 1초 초과 2초 이내에 자동적으로 고압전로를 차단할 수 있게 되어 있으며, 고압측 1선지락전류는 5[A]라고 한다.)

답안작성

계산 : 중성점 접지저항 $R = \frac{300}{I_g} = \frac{300}{5} = 60\ [\Omega]$

답 : 60 [Ω]

해 설

중성점 접지공사의 접지저항

① 자동차단장치가 없는 경우 $R_2 = \frac{150}{1\text{선 지락전류}}\ [\Omega]$

② 2초 이내에 동작하는 자동차단장치가 있는 경우 $R_2 = \frac{300}{1\text{선 지락전류}}\ [\Omega]$

③ 1초 이내에 동작하는 자동차단장치가 있는 경우 $R_2 = \frac{600}{1\text{선 지락전류}}\ [\Omega]$

문제 09 ▸ 출제년도 : 99. 04. ▸ 점수 : 5점

그림과 같은 건물의 표준부하는 몇 [VA]인가?

단, • 주택에 대한 가산부하는 내선규정에 의한 최고치로 한다.

• 점포 및 주택표준 부하는 30 [VA/m^2]
• 창고 표준 부하는 5 [VA/m^2]
• 진열장은 1 [m]에 300 [VA] 가산

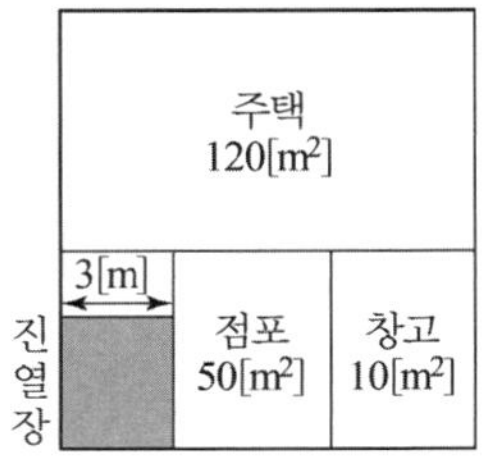

답안작성

계산 : 표준 부하 $= 120 \times 30 + 3 \times 300 + 50 \times 30 + 10 \times 5 + 1000 = 7050$[VA]

답 : 7050 [VA]

해 설

설비부하용량 = 바닥면적 [m^2]×표준부하 [VA/m^2]+가산부하 [VA]

문제 10 ▸ 출제년도 : 04. 05. ▸ 점수 : 5점

그림 기호는 어떤 배관을 의미하는 그림 기호인가?

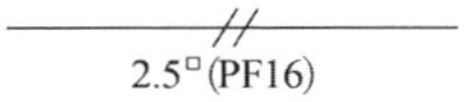

답안작성

합성수지제 가요관

해 설

배관의 표시

- 강제전선관은 별도의 표기없음
- VE : 경질 비닐 전선관
- F_2 : 2종 금속제 가요전선관
- PF : 합성수지제 가요관

문제 11 ▸ 출제년도 : 02. 04. 06. 07. ▸ 점수 : 6점

공사원가 구성에 관하여 아래의 답안에 적당한 비목을 완성하시오.

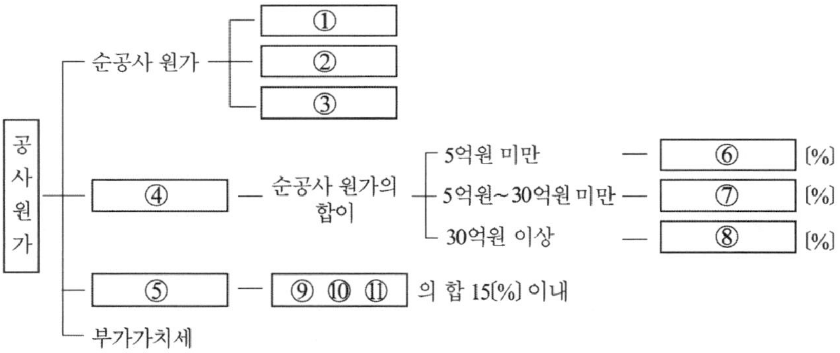

답안작성

① 재료비	② 노무비	③ 경비	④ 일반관리비
⑤ 이윤	⑥ 6 [%]	⑦ 5.5 [%]	⑧ 5 [%]
⑨ 노무비	⑩ 경비	⑪ 일반관리비	

해 설

전문, 전기, 전기 통신 공사	
공사 원가	일반 관리 비율
5억원 미만	6 [%]
5억원~30억원 미만	5.5 [%]
30억원 이상	5 [%]

문제 12 ▸ 출제년도 : 04. ▸ 점수 : 5점

전선로를 보강하기 위하여 세워지며 직선철탑이 다수 연속될 경우에는 약 10기마다 1기의 비율로 설치하며, 또는 서로 인접하는 경간의 길이가 크게 달라 지나친 불평형 장력이 가해지는 경우 등에 사용하는 철탑은?

답안작성

내장형 철탑

문제 13 ▸ 출제년도 : 04. 06. ▸ 점수 : 6점

과전류에 대한 보호 장치로써 주상 변압기의 1차측과 2차측에 설치하는 것은?

- 1차측 (고압측)
- 2차측 (저압측)

답안작성

- 1차측 (고압측) : COS(컷 아웃 스위치)
- 2차측 (저압측) : 캐치호울더

문제 14 ▸ 출제년도 : 95. 04. ▸ 점수 : 6점

그림은 LED 점등회로이다. 물음에 답하시오. 단, 여기서 H는 5[V] 레벨, L은 0[V] 레벨이다.

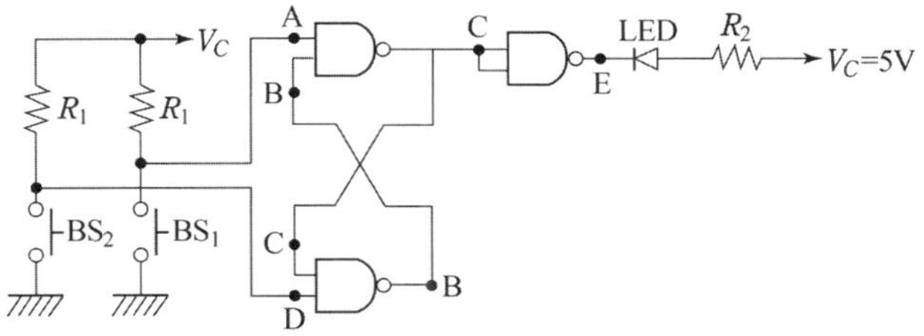

(1) 전원(V_c)를 연결한 상태에서 LED는 소등상태이다. A~E중 "L" 레벨인 점을 1곳만 쓰시오.

(2) BS$_1$을 눌렀다. 이때 LED가 점등했다. A~E중 "L" 레벨인 점 2곳을 쓰시오.

답안작성

(1) C

(2) E, B

문제 15 ▸ 출제년도 : 04. ▸ 점수 : 8점

다음 그림은 3상 유도 전동기의 운전 및 촌동제어 회로의 미완성 도면이다. 운전과 촌동이 확실하도록 도면을 완성하시오.

- 푸시 버튼 스위치와 계전기 접점은 보기에서 제시한 것을 적합하게 사용하시오.
- 기동 푸시 버튼과 촌동 푸시 버튼이 동시에 조작되지 않는 것으로 한다.

• 과부하가 되었을 때 열동 계전기에 의하여 전동기가 정지되도록 한다.
• 푸시 버튼과 계전기 접점은 반드시 문자 기호를 표하시오.
• 전선이 접속되는 접속점에는 반드시 접속점 표시를 하시오.

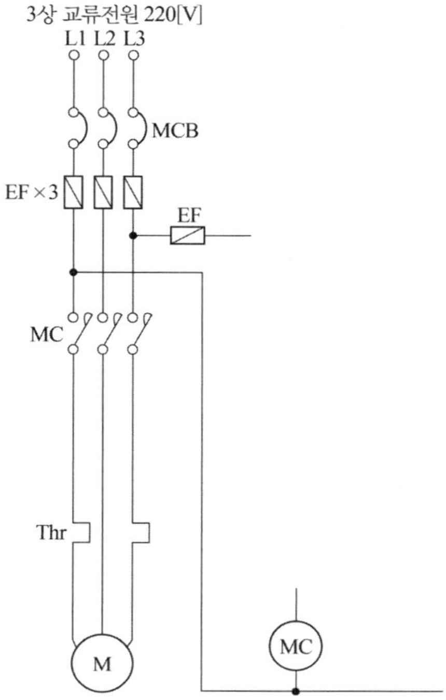

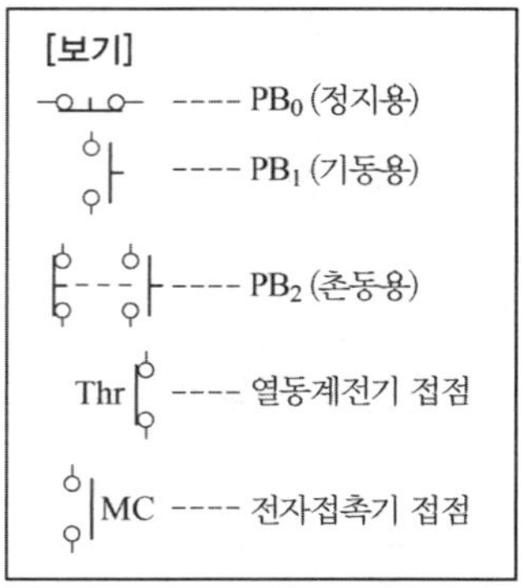

답안작성

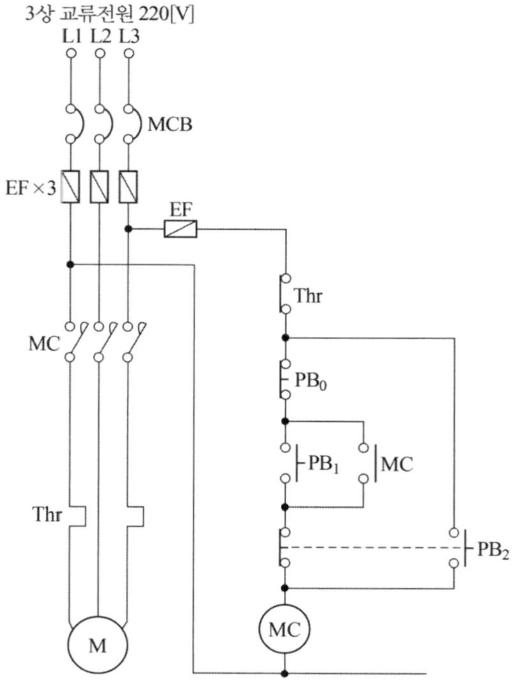

문제 16 ▸ 출제년도 : 04. ▸ 점수 : 5점

변압기의 기름이 공기와 접촉되어 열화하여 불용성 침전물이 생기는 것을 방지하기 위한 장치는?

답안작성

콘서베이터

MEMO

D30-4

2005년도 전기공사산업기사 실기

- 05년 제 1 회 전기공사산업기사
- 05년 제 2 회 전기공사산업기사
- 05년 제 4 회 전기공사산업기사

국가기술자격검정 실기시험문제 및 답안지

2005년도 산업기사 일반검정 제 1 회

자격종목(선택분야)	시험시간	형별	수험번호	성 명	감독위원 확 인
전기공사산업기사	2시간 00분				

※ 다음 물음에 답을 해당 답란에 답하시오.(배점 : 100점)

문제 01 ▸출제년도 : 97. 99. 05. ▸점수 : 6점

35 [mm²] NR 전선 6본과 25 [mm²] 1본을 같은 후강전선관에 수용 시공할 때 전선관의 굵기는? 단, 절연물을 포함한 직경은 35 [mm²]은 10.9 [mm]이고 25 [mm²]은 9.7 [mm]이다. 전선관 내 단면적은 32 [%] 수용

•계산 : •답 :

답안작성

계산 : $A = \left(\frac{10.9}{2}\right)^2 \pi \times 6 + \left(\frac{9.7}{2}\right)^2 \pi \times 1 = 633.78\ [\text{mm}^2]$

전선관 내 단면적 32 [%] 이하 수용하므로

$0.32 \times \pi \times \left(\frac{d}{2}\right)^2 \geq 633.78\ [\text{mm}^2]$에서 $d \geq 50.22\ [\text{mm}]$

답 : 54 [호]

해 설

금속관의 종류

종 류	관의 호칭 [호]
후강 전선관(근사내경, 짝수)	16 22 28 36 42 54 70 82 92 104
박강 전선관(근사외경, 홀수)	19 25 31 39 51 63 75
나사없는 전선관	박강 전선관과 치수가 같다.

문제 02 ▸출제년도 : 05. ▸점수 : 5점

아래에 나열된 것들은 송전선로 공사에 대한 작업의 내용이다. 올바른 순서로 나열하시오.

① 연선 ② 타설 ③ 굴착 ④ 각입 ⑤ 긴선 ⑥ 조립

답안작성

③ - ④ - ② - ⑥ - ① - ⑤

문제 03 ▸ 출제년도 : 92. 98. 05. ▸ 점수 : 10점

다음 그림은 고압수전설비 결선도이다. 물음에 답하시오.

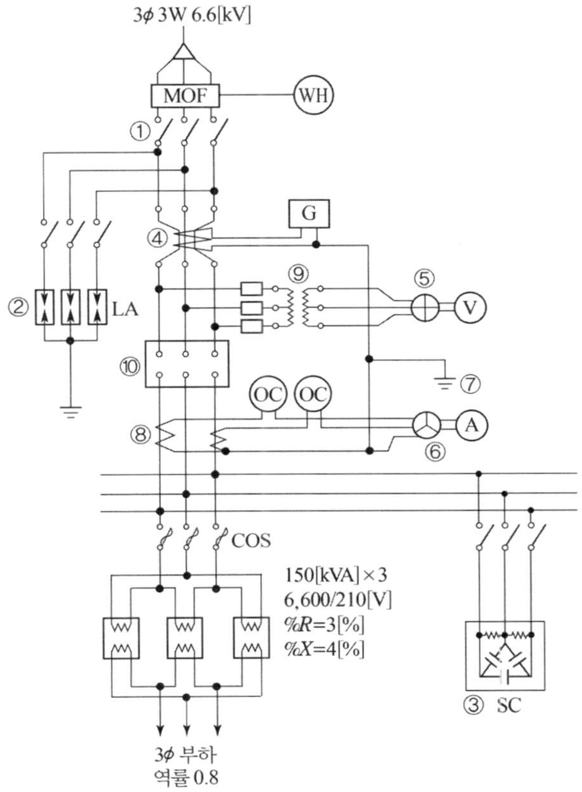

(1) ①의 기기 명칭은?

(2) ②의 기기 명칭은?

(3) ③의 SC는 무엇을 말하는가?

(4) ④의 기기 명칭은?

(5) ⑤의 기기 명칭은?

(6) ⑥의 기기 명칭은?

(7) ⑧의 기기 명칭은?

(8) ⑨의 기기 명칭은?

(9) ⑩의 기기 명칭은?

답안작성

(1) 단로기
(2) 피뢰기
(3) 전력용 콘덴서
(4) 영상 변류기
(5) 전압계용 전환개폐기
(6) 전류계용 전환개폐기
(7) 계기용 변류기
(8) 계기용 변압기
(9) 교류 차단기

문제 04 ▸ 출제년도 : 92. 98. 05. ▸ 점수 : 8점

주어진 물가 자료에 의거 다음 물음에 답하시오.

(1) 경동선 2.0 [mm], 2 [km]와 연동선 2.0 [mm], 2 [km]의 구입비(원)는 얼마인가?

(2) AC 440 [V] 3상 3선식 동력 배선에 3C 22 [mm^2] 케이블 150 [m]를 구입하려고 한다. PE 절연 비닐시이스 케이블(EV)과 가교 PE 절연 비닐시이스 케이블(CV) 중 어떤 케이블을 사용하면 구입비는 얼마나 경감하는가?

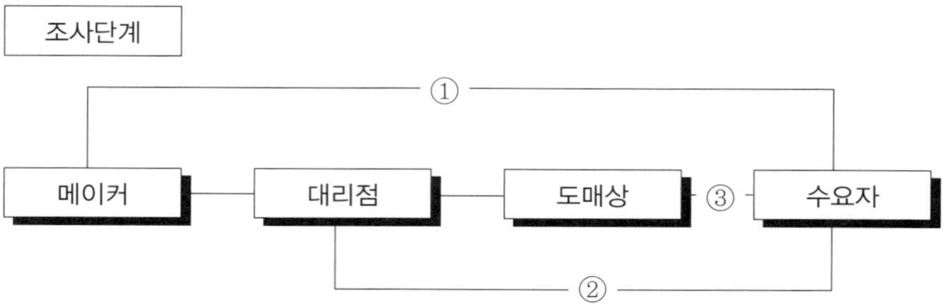

(1) 전기용 나동선(Bare Copper Wire for Electrical Purpose) (단위 : [m])

품명	단면적	중량	최대저항	가격 ②
■ 경동선	[mm^2]	[kg/km]	[Ω/km]	
1.0 [mm]	0.785	6.98	22.87	27
1.2	1.131	10.05	15.88	41
1.6	2.011	17.88	8.931	76
2.0	3.142	27.93	5.657	116
2.3	4.155	36.94	4.278	142
■ 연동선				
1.0	0.785	6.98	21.95	27
1.2	1.131	10.05	15.21	41
1.6	2.011	17.88	8.753	76
2.0	3.142	27.93	5.487	116
2.3	4.155	36.94	4.149	142

(2) PE절연비닐시이스 전력케이블(EV)

(단위 : [m])

품명	소선수/소선경	중량	가격②
■ 600 [V]		[kg/km]	
3심 2.0 [mm^2]	7/0.6	170	565
3.5	7/0.8	240	791
5.5	7/1.0	320	1,121
8.0	7/1.2	415	1,465
14	7/1.6	640	2,120
22	7/2.0	955	3,173
30	7/2.3	1,200	4,006

(3) 가교PE절연비닐시이스 케이블(CV)

(단위 : [m])

품명	소선수/소선경	중량	가격②
■ 600 [V] [CV]		[kg/km]	
3심 2.0 [mm^2]	7/0.6	155	595
3.5	7/0.8	215	832
5.5	7/1.0	295	1,211
8.0	7/1.2	385	1,625
14	7/1.6	595	2,352
22	7/2.0	880	3,332
30	7/2.3	–	4,208

답안작성

(1) $(116+116)\times 2000 = 464,000$[원]

(2) EV : $3173\times 150 = 475,950$[원]

CV : $3332\times 150 = 499,800$[원]

가격차 $499,800-475,950 = 23,850$[원]

EV가 23,850 [원] 경감

문제 05 ▸ 출제년도 : 01. 05. ▸ 점수 : 5점

가공 배전 선로로 가선할 때의 전선 가선 시 실 소요량은 일반적으로 선로가 평탄할 때 어떻게 산출하는가?

답안작성

선로긍장×전선조수×1.02

문제 06 ▸ 출제년도 : 05. ▸ 점수 : 5점

20층 짜리 현대식 빌딩의 옥내조명기구로 형광등을 사용하고자 한다. 천장은 2중 천장(Suspension Ceiling)이며, 형광등 배치 위치 결정시 고려하여야할 천장에 부착되는 건축설비의 종류를 5가지 열거하시오.

답안작성

공기조화설비, 자동화재탐지설비, 냉난방설비, 급·배수설비, 오수설비

문제 07 ▸ 출제년도 : 05. ▸ 점수 : 5점

발변전소에 설치되는 변류기의 표준 극성은?

답안작성

감극성

해 설

변류기의 극성은 감극성과 가극성이 있으나 우리나라에서는 감극성을 표준으로 하고 있다.

문제 08 ▸ 출제년도 : 05. ▸ 점수 : 5점

3상 4선식 옥내 배선으로 전등, 동력 공용 방식에 의하여 전원을 공급하고자 한다. 이 경우 상별 부하전류가 평형으로 유지되도록 용이하게 결선하기 위하여 전압측 전선을 상별로 구분할 수 있도록 색별 전선을 사용하거나 색 테이프를 감아 표시하고자 한다. 이 때에 각상, 중성선 및 보호도체의 색별 표시색은 무엇인가?

답안작성

- L1상 : 갈색
- L2상 : 검은색
- L3상 : 회색
- N상 : 파란색
- 보호도체 : 녹색-노란색

해 설

KEC 121.2 전선의 식별

1) 전선의 색상은 표 에 따른다.

상(문자)	색상
L1	갈색
L2	검은색
L3	회색
N	파란색
보호도체	녹색-노란색

2) 색상 식별이 종단 및 연결 지점에서만 이루어지는 나도체 등은 전선 종단부에 색상이 반영구적으로 유지될 수 있는 도색, 밴드, 색 테이프 등의 방법으로 표시해야 한다.

문제 09

▸ 출제년도 : 97. 05. ▸ 점수 : 5점

배선심벌은 2.5 $[mm^2]$ NR 전선 2가닥으로 천정은폐 배선한 방식이다. 어떤 배관으로 시공되었는지 표시하시오.

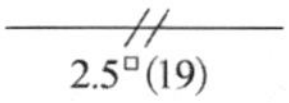

답안작성

19 [호] 박강전선관

해 설

금속관의 종류

종 류	관의 호칭 [호]
후강 전선관(근사내경, 짝수)	16 22 28 36 42 54 70 82 92 104
박강 전선관(근사외경, 홀수)	19 25 31 39 51 63 75
나사없는 전선관	박강 전선관과 치수가 같다.

문제 10

▸ 출제년도 : 05. ▸ 점수 : 4점

지시계전기의 동작원리에 의한 분류를 나타낸 것으로 번호 (1), (2), (3), (4)의 빈칸에 적당한 계기의 종류 및 사용용도를 기입하시오.

계기의 종류	기 호	사용용도(교직류)
가동 Coil형	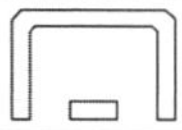	직류
(1)	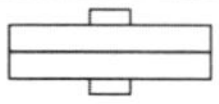	(3)
(2)		(4)

답안작성

(1) 전류력계형

(2) 유도형

(3) 직류, 교류

(4) 교류

문제 11 ▸ 출제년도 : 05. ▸ 점수 : 5점

전선 약호중 OW의 명칭을 답하시오.

답안작성

옥외용 비닐절연전선

문제 12 ▸ 출제년도 : 05. ▸ 점수 : 6점

계전기별 고유번호에서 59가 OVR(교류 과전압 계전기)이면, 51과 27은 무엇인지 영문 약자로 답하시오.

답안작성

51 : OCR
27 : UVR

해 설

OCR : 교류 과전류 계전기
UVR : 교류 부족전압 계전기

문제 13 ▸ 출제년도 : 92. 98. 02. 05. ▸ 점수 : 10점

다음은 금속관 공사에 필요한 재료들이다. 보기를 참고하여 정확한 답안을 찾아 물음에 답하여라.

(1) 저압 가공 인입구에 사용하는 재료는?
(2) 배관을 직각으로 굽히는 곳에 관 상호간의 접속하는 재료는?
(3) 노출 배관 공사시 관을 직각으로 굽히는 곳에 사용하는 재료는?
(4) 전선관 선로의 접속용으로 쓰이는데 관이 고정되어 있을 때 또는 관 자체를 돌릴수 없을 때 사용하는 재료의 명칭은?

답안작성

(1) 앤트렌스 캡 (2) 노멀 밴드
(3) 유니버셜 엘보 (4) 유니온 커플링

문제 14 ▸ 출제년도 : 97. 00. 05. ▸ 점수 : 16점

도면은 리액터 기동회로의 일부를 그린 것이다. 물음에 답하시오.

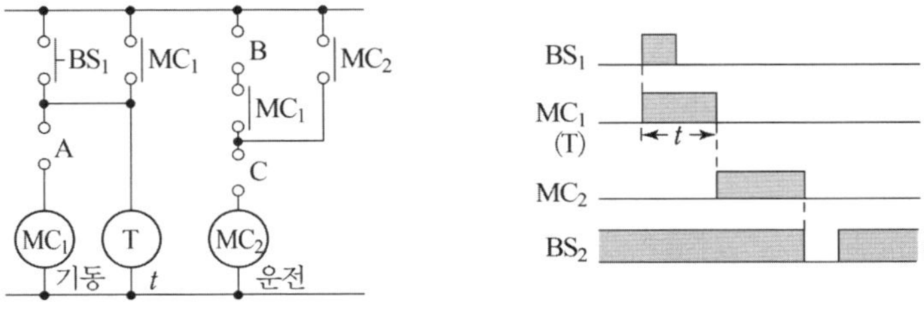

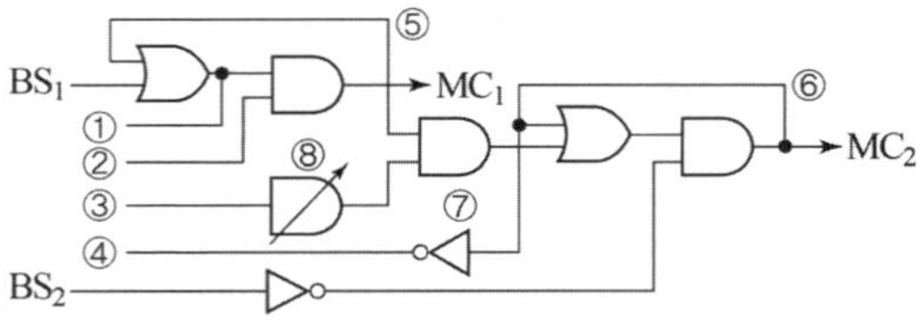

(1) 릴레이 회로의 A, B, C를 각각의 접점기구를 그리고 이름을 쓰시오.
(2) 로직회로의 ①~④중에서 서로 연결하여 회로를 완성하시오.
(3) 로직회로의 ⑤~⑧과 같은 기능을 릴레이 회로에서 찾아 접점 이름(예 : $MC_{1(a)}$, A)를 각각 쓰시오.
(4) 릴레이 회로의 접점기구는 7개이다. 여기서 기동 기능은 (가), (나) 정지기능은 (다), (라) 유지기능은 (마), (바) 기동준비 기능은 (사)이다. (   )안에 각각 접점 이름을 쓰시오. (예 : $MC_{1(a)}$, A)

답안작성

(1) A : 

B : 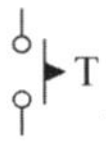

C : 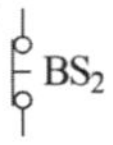

(2) ① - ③, ② - ④

(3) ⑤ $MC_{1(a)}$ ⑥ $MC_{2(a)}$ ⑦ $MC_{2(b)}$ ⑧ $T_{(a)}$

(4) (가) BS_1 (나) B (다) A (라) C
(마) $MC_{1(a)}$ (바) $MC_{2(a)}$ (사) $MC_{1(a)}$

출제기준 변경 및 개정된 관계법규에 따라 삭제된 문제가 있어 배점의 합계가 100점이 안됩니다.

국가기술자격검정 실기시험문제 및 답안지

2005년도 산업기사 일반검정 제 2 회			수험번호	성 명	감독위원 확 인
자격종목(선택분야)	시험시간	형별			
전기공사산업기사	2시간 00분				

※ 다음 물음에 답을 해당 답란에 답하시오.(배점 : 100점)

문제 01 ▸ 출제년도 : 90. 94. 05. ▸ 점수 : 5점

그림과 같은 철탑 기초의 굴착량을 산출하려고 한다. 철탑의 굴착량 식은?

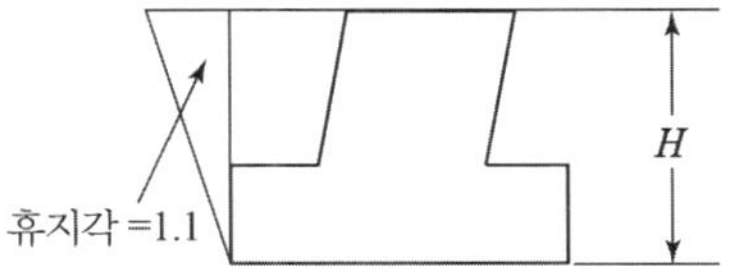

답안작성

터파기량 $=$ 가로$\times$세로$\times H \times 1.21$

해 설

※ 휴지각$= 1.1 \times 1.1 = 1.21$

문제 02 ▸ 출제년도 : 99. 05. ▸ 점수 : 8점

다음의 옥내 조명 배선도를 보고 물음에 답하시오.

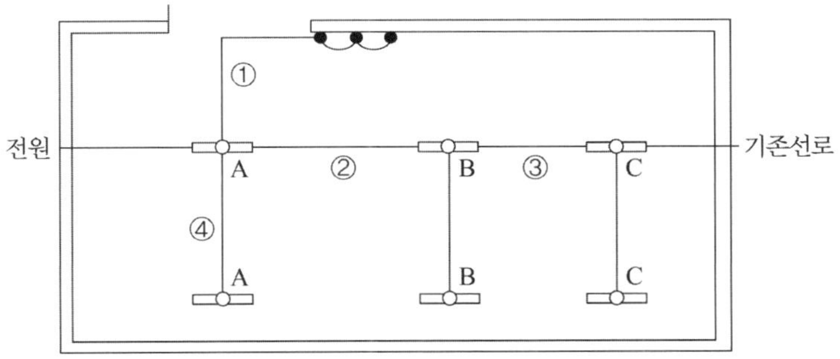

(1) 심벌(▭○▭, ●◡●◡●, ———)의 명칭을 순서대로 쓰시오.

(2) 배선 ①, ②, ③, ④의 가닥수를 순서대로 쓰시오. 단, 접지도체는 제외한다.

답안작성

(1) 형광등, 단극 스위치, 천장 은폐배선

(2) ① 4가닥 ② 4가닥 ③ 3가닥 ④ 2가닥

문제 03

▸ 출제년도 : 03. 05. 07. ▸ 점수 : 5점

단상 변압기 병렬운전 조건 4가지를 기술하고, 이들 조건이 맞지 않은 경우에 어떤 현상이 나타나는지 간단히 서술하시오.

답안작성

병렬운전 조건	조건이 맞지 않는 경우
① 정격 전압(권수비)이 같은 것	순환 전류가 흘러 권선이 가열
② 극성이 일치할 것	큰 순환 전류가 흘러 권선이 소손
③ %임피던스 강하(임피던스 전압)가 같을 것	부하의 분담이 용량의 비가 되지 않아 부하의 분담이 균형을 이룰 수 없다.
④ 내부 저항과 누설 리액턴스의 비 (즉 $r_a/x_a = r_b/x_b$)가 같을 것	각 변압기의 전류간에 위상차가 생겨 동손이 증가

문제 04

▸ 출제년도 : 05. ▸ 점수 : 5점

개폐장치 중에서 리클로저는 고장전류의 차단능력이 있는가 없는가?

답안작성

차단 능력이 있다.

해 설

리클로저는 차단기와 재폐로 기구를 하나의 탱크 내에 내장한 것으로 22.9 [kV] 배전선로에 고장이 발생하였을 때 고장전류를 검출하여 지정된 시간 내에 고속차단하고 자동 재폐로 동작을 수행하여 고장 구간을 분리하거나 또는 재송전하는 기능을 가진 장치이다.

문제 05

▸ 출제년도 : 04. 05. ▸ 점수 : 5점

그림 기호는 배관의 심벌이다. 어떤 전선관인 경우인가?

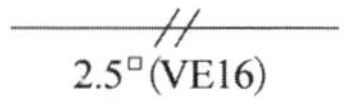

답안작성

경질비닐전선관

해 설

배관의 표시

- 강제전선관은 별도의 표기없음
- VE : 경질 비닐 전선관
- F_2 : 2종 금속제 가요전선관
- PF : 합성수지제 가요관

문제 06

▸ 출제년도 : 05. ▸ 점수 : 5점

산업 설비 시설에서 옥외조명으로 많이 사용되는 방전램프 5가지를 쓰시오.

답안작성

(1) 저압 나트륨등
(2) 고압 나트륨등
(3) 메탈할라이드등
(4) 형광고압수은램프
(5) 초고압 수은등

문제 07 ▸ 출제년도 : 03. 05. 07. ▸ 점수 : 5점

아날로그 멀티 테스터기로 교류(AC) 전압을 측정하려면 부하설비와 어떻게 연결하여 측정하는가?

답안작성

병렬

문제 08 ▸ 출제년도 : 02. 05. ▸ 점수 : 4점

다음의 설명에 맞는 배전자재의 명칭을 쓰시오.

(1) 주상 변압기를 전주에 설치하기 위해 사용되는 밴드는?

(2) 전주에 암타이 및 랙을 설치하기 위하여 사용되는 밴드는?

(3) 가공 배전선로 및 인입선공사에서 인류애자를 설치하기 위해 사용되는 금구는?

(4) 현수애자를 설치한 가공 ACSR 배전선의 인류 및 내장개소에 ACSR 전선을 현수애자에 설치하기 위해 사용하는 금구는?

답안작성

(1) 행거밴드 (2) 암타이 밴드 (3) 랙 (4) 데드앤드 크램프

문제 09 ▸ 출제년도 : 01. 05. ▸ 점수 : 5점

금속관 배관에서 전선을 병렬로 사용하는 경우의 그림이다. A, B, C 중 잘못된 그림은?

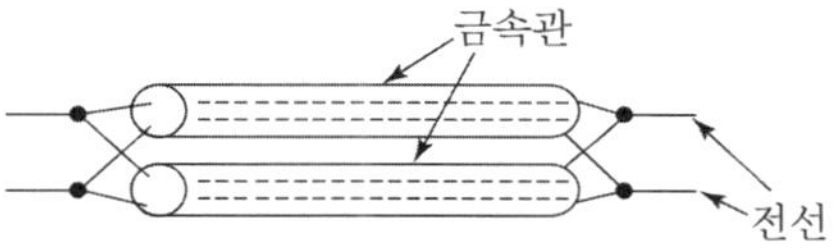

그림 A

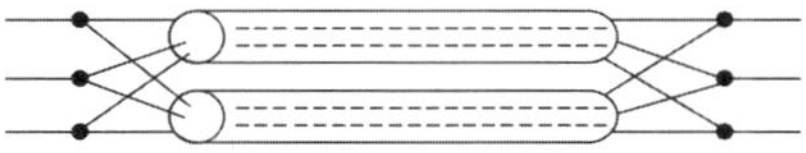

그림 B

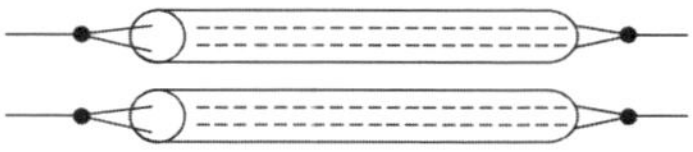

그림 C

답안작성

C

해 설

금속관 배선에서 전선을 병렬로 사용하는 경우의 예는 다음 그림과 같다.

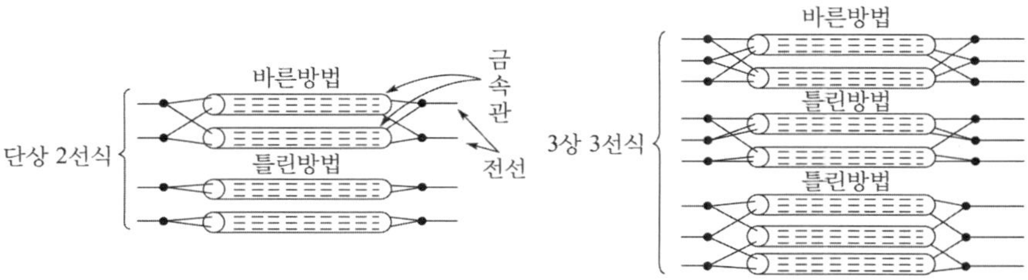

전선을 병렬르 사용하는 경우

즉, 관내에 전자적 불평형을 방지하기 위한 것이다.

문제 10 ▸ 출제년도 : 93. 05. ▸ 점수 : 5점

단상 2선식 저압 배전선의 길이 100 [m], 부하전류 10 [A]인 경우 선간 전압강하를 1 [V]로 유지하기 위해 필요한 전선 단면적을 선정하시오.

답안작성

계산 : 전선의 단면적 $A = \dfrac{35.6LI}{1000e} = \dfrac{35.6 \times 100 \times 10}{1000 \times 1} = 35.6\ [\text{mm}^2]$

답 : $50\ [\text{mm}^2]$

해 설

- 전선규격
  1.5, 2.5, 4, 6, 10, 16, 25, 35, 50, 70, 95, 120, 150, 185, 240, 300, 400, 500, 630[mm²]

문제 11 ▸ 출제년도 : 05. 07. ▸ 점수 : 5점

피뢰기 공사의 시공흐름도이다. (1), (2), (3), (4) 번호의 빈 공간에 흐름도가 옳도록 완성하시오.

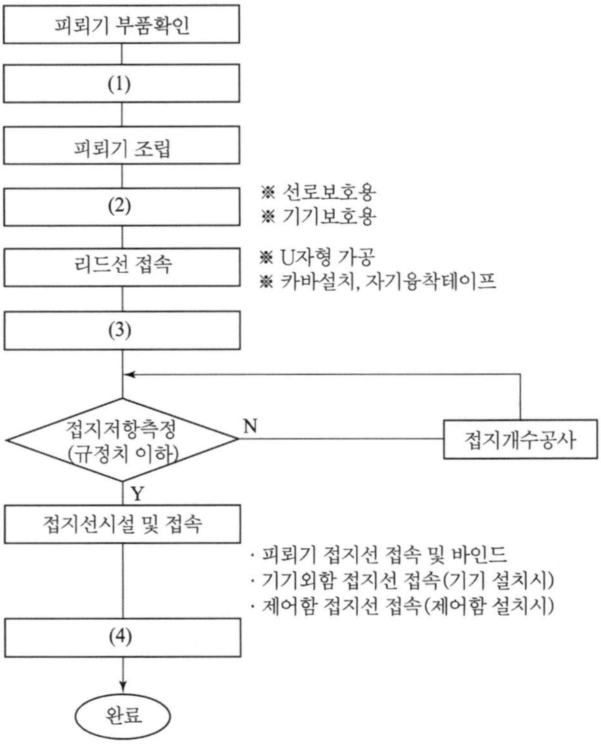

답안작성

(1) 피뢰기 점검
(2) 피뢰기 설치
(3) 접지극 시설
(4) 작업장 정리, 정돈

문제 12 ‣ 출제년도 : 05. ‣ 점수 : 5점

합성수지몰드 배선은 옥내의 건조한 2개의 장소에 한하여 시설할 수 있다. 어떤 장소인가?

답안작성

(1) 노출장소
(2) 점검할 수 있는 은폐장소

문제 13 ‣ 출제년도 : 98. 00. 05. ‣ 점수 : 5점

피뢰기를 설치하여야 할 개소 중 IKL(Isokeraunic-level)이 11일 이상인 지역에서는 전선로 매 500 [m]이내마다 LA를 설치하고 있다. 여기에서 IKL이란?

답안작성

연간 뇌우 발생 일수

문제 14 ‣ 출제년도 : 00. 05. ‣ 점수 : 5점

근가용 U볼트 용도는?

답안작성

전주에 근가를 취부할 때 근가를 고정시켜주는 볼트

문제 15 ‣ 출제년도 : 05. ‣ 점수 : 5점

HID 등기구 조명 기구의 그림 기호에 다음과 같이 방기되어 있다. 그 의미를 쓰시오.

답안작성

400 [W] 수은등

해 설

H : 수은등
M : 메탈 핼라이드등
N : 나트륨등

문제 16 ‣ 출제년도 : 88. 00. 04. 05. 07. ‣ 점수 : 5점

공구 손료는 일반 공구 및 시험 검사용 일반 계측 기구류의 손료로서 공사중 상시 일반적으로 사용하는 것을 말하며 직접 노무비(제수당 상여금 또는 퇴직 급여 충당금을 제외)의 몇 [%]를 계상할 수 있는가?

답안작성

3 [%]

문제 17 ▸출제년도 : 05. ▸점수 : 8점

다음 그림은 컨베어 회로의 일부이다. 부품이 조립 위치에 도달하면 LS에 의해 정지 되었다가 조립시간(1시간)후 콘베어에 의해 이동된다. 다시 부품이 콘베어에 의해서 조립위치에 도달하면 위와 같은 동작이 반복된다. 다음 타임챠트를 참고하여 미완성 sequence diagram을 완성하시오.

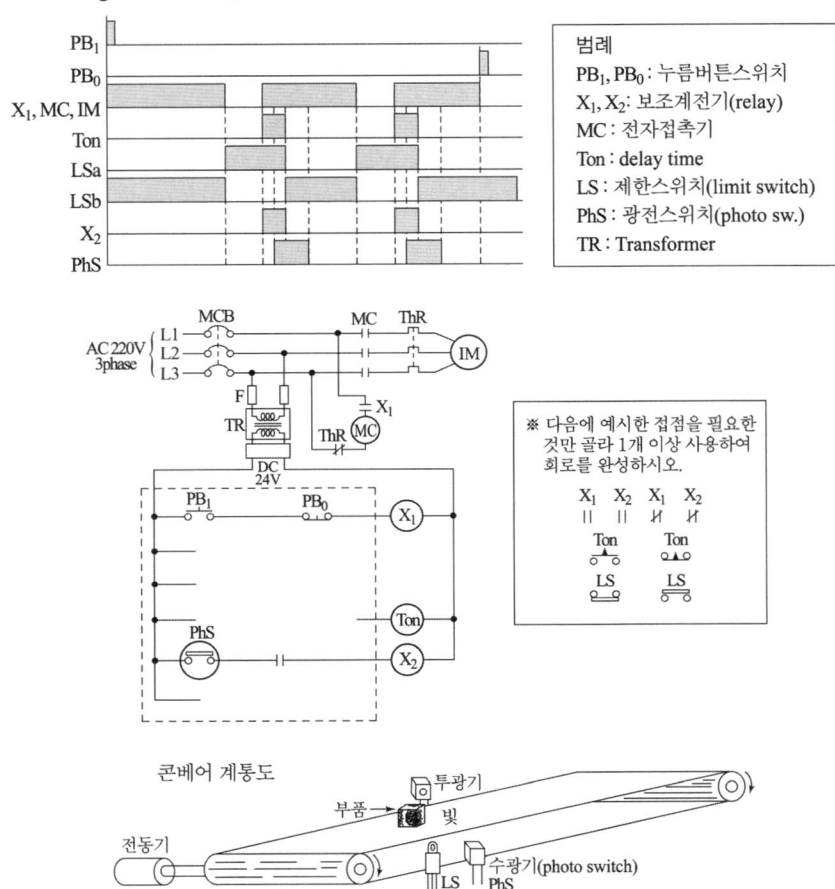

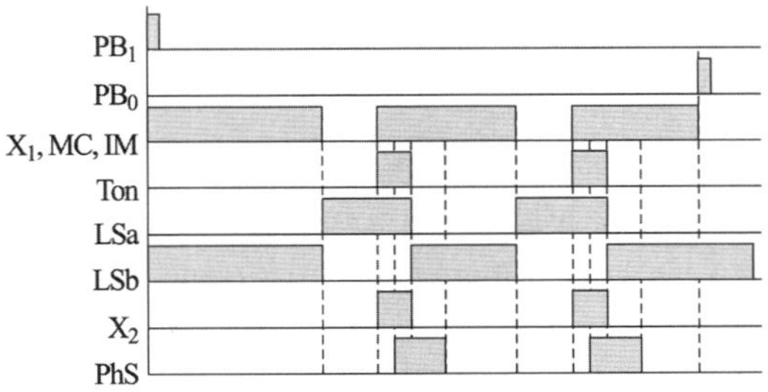

범례
PB_1, PB_0 : 누름버튼스위치
X_1, X_2: 보조계전기(relay)
MC : 전자접촉기
Ton : delay time
LS : 제한스위치(limit switch)
PhS : 광전스위치(photo sw.)
TR : Transformer

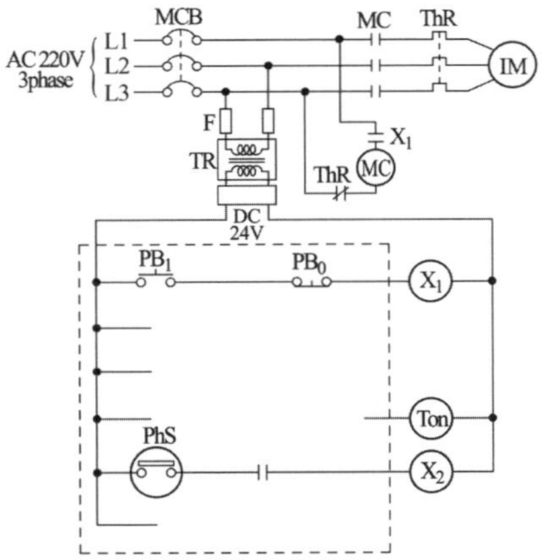

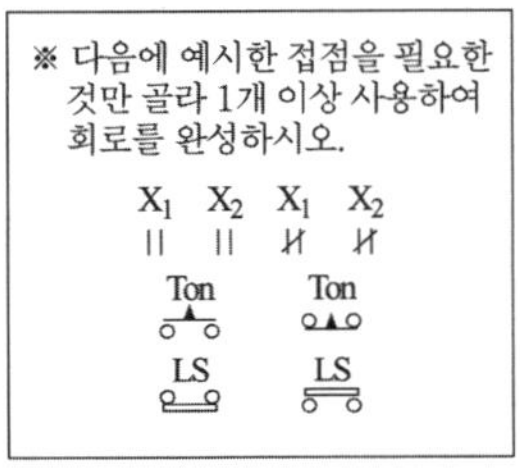

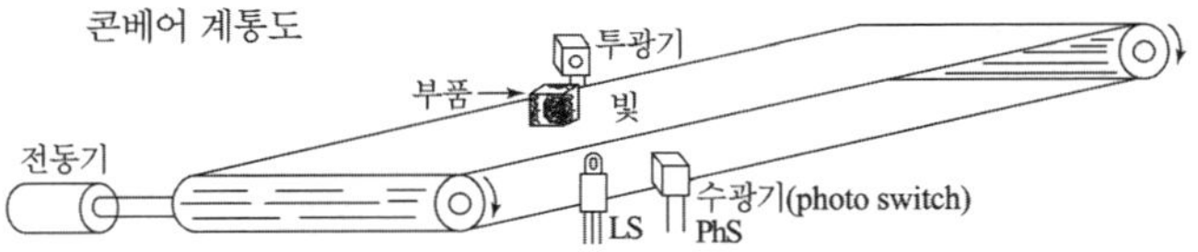

답안작성

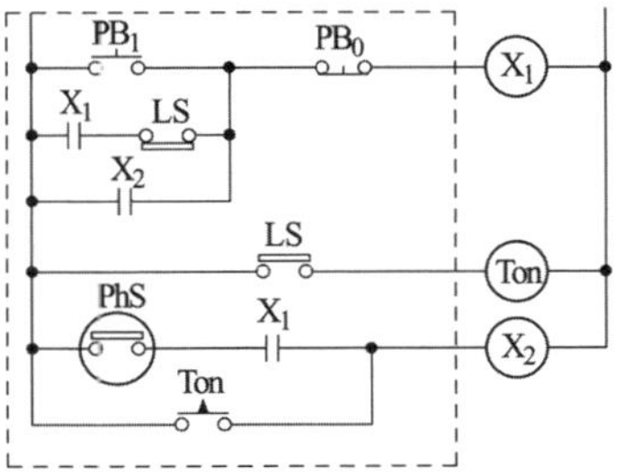

출제기준 변경 및 개정된 관계법규에 따라 삭제된 문제가 있어 배점의 합계가 100점이 안됩니다.

국가기술자격검정 실기시험문제 및 답안지

2005년도 산업기사 일반검정 제 4 회			수험번호	성 명	감독위원 확 인
자격종목(선택분야)	시험시간	형별			
전기공사산업기사	2시간 00분				

※ 다음 물음에 답을 해당 답란에 답하시오.(배점 : 100점)

문제 01 ▸ 출제년도 : 05. ▸ 점수 : 5점

축전지실의 점검 또는 보수할 때 유의점 5가지를 쓰시오.

답안작성

① 충분한 환기 ② 보호장구의 착용
③ 외부 손상여부 점검 ④ 균열 여부 점검
⑤ 누액 여부 점검

해 설

그 외, ⑥ 화기 엄금 ⑦ 정전기 제거

문제 02 ▸ 출제년도 : 05. ▸ 점수 : 5점

전선접속시 압축 단자를 사용하여 접속하는 압축공구의 명칭은?

답안작성

프레셔 투울

문제 03 ▸ 출제년도 : 05. ▸ 점수 : 4점

강심 알루미늄선을 접속시키는데 사용하는 자재는?

답안작성

알루미늄선용 압축 슬리브

해 설

품 명	적 용 개 소
알루미늄선용 압축 슬리브	장력이 걸리는 직선개소의 ACSR 전선 접속
알루미늄선용 보수 슬리브	장력이 걸리는 직선개소의 ACSR 전선의 전소선 중 10 [%] 미만 손상시 전선의 강도 보강용
알루미늄선용 분기 슬리브	장력이 걸리지 않는 개소의 Al-Al, Al-Cu 접속
압축형 이질금속 슬리브	장력이 걸리지 않는 개소의 Al-Cu 접속
분기접속용 동 슬리브	장력이 걸리지 않는 개소의 Cu 상호간 접속
분기 고리	COS 1차 리드선의 Al 본선과의 접속
활선 클램프	분기고리와 COS 1차 리드선 접속

문제 04 ▸ 출제년도 : 05. ▸ 점수 : 5점

활선 크램프란 무엇인지 설명하시오.

답안작성

분기고리의 Copper Bail에 변압기 인하선을 접속시 사용

문제 05 ▸ 출제년도 : 99. 02. 05. 07. ▸ 점수 : 10점

그림 중 ☐ 내의 기기 명칭을 기호로 써 넣으시오.

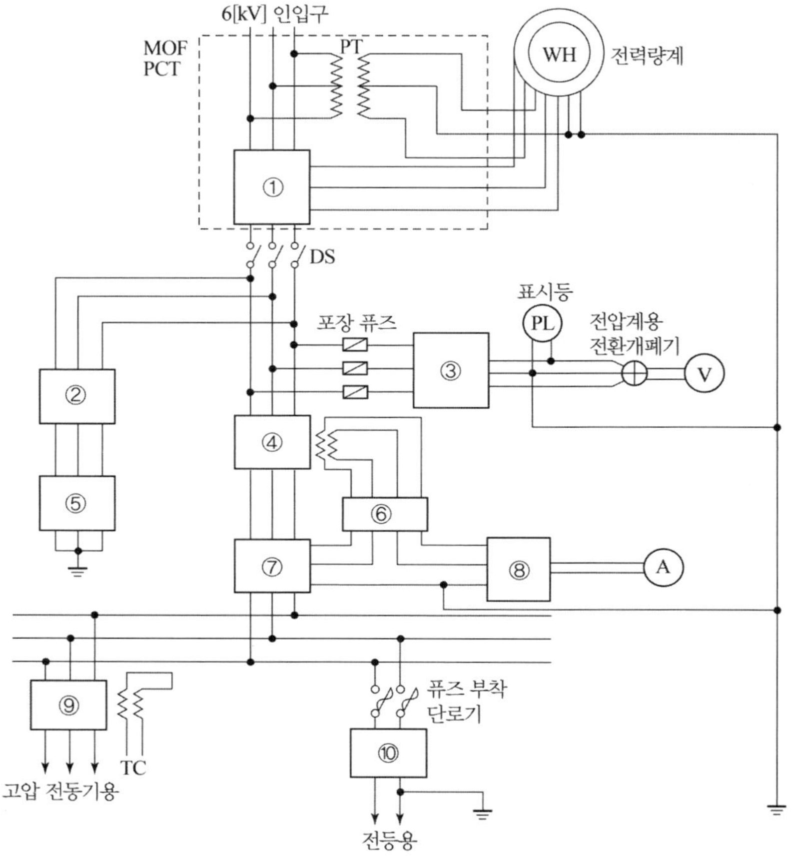

답안작성

① CT	② DS	③ PT	④ CB	⑤ LA
⑥ OCR	⑦ CT	⑧ AS	⑨ CB	⑩ TR

해 설

① CT(계기용 변류기)
② DS(단로기)
③ PT(계기용 변압기)
④ CB(교류 차단기)
⑤ LA(피뢰기)
⑥ OCR(과전류 계전기)
⑦ CT(계기용 변류기)
⑧ AS(전류계용 전환개폐기)
⑨ CB(교류 차단기)
⑩ TR(변압기)

문제 06 ▸ 출제년도 : 05. ▸ 점수 : 8점

도면은 154 [kV]를 수전하는 어느 공장의 수전설비에 대한 단선도이다. 이 단선도를 보고 다음 각 물음에 답하시오.

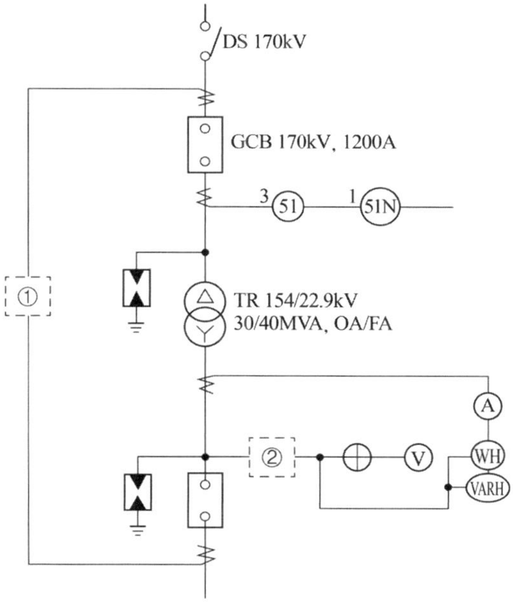

(1) ①에 설치되어야 할 기기의 심벌을 그리고, 그 명칭을 쓰시오.
(2) ②에 설치되어야 할 기기의 심벌을 그리고, 그 명칭을 쓰시오.
(3) 51, 51N의 기구번호의 명칭은?
(4) GCB, VARH의 용어는?

답안작성

(1) 심벌 : 

명칭 : 주변압기 차동 계전기

(2) 심벌 : 

명칭 : 계기용 변압기

(3) 51 : 교류 과전류계전기 51N : 중성점 과전류계전기
(4) GCB : 가스차단기 VARH : 무효전력량계

해 설

(1) 계전기별 고유번호
- 87 : 전류 차동계전기 (비율 차동 계전기)
- 87B : 모선 보호 차동계전기
- 87G : 발전기용 차동계전기
- 87T : 주변압기 차동계전기

문제 07 ▸ 출제년도 : 05. 07. ▸ 점수 : 5점

용어의 정의에서 방전등기구란?

답안작성

방전에 의한 빛을 이용하는 방전램프를 주광원으로 하는 조명기구

문제 08 ▸ 출제년도 : 93. 05. ▸ 점수 : 6점

애자는 사용 전압에 따라 원칙적으로 하는 색채가 있다. 주어진 답안지의 사용 전압을 보고 답안지에 색채를 답하시오.

애자 종류	색 별
고압 및 특고압	(1)
저압(접지측 전선을 지지하는 것을 제외)	(2)
저압(접지측 전선을 지지하는 것)	(3)

답안작성

(1) 갈색 (2) 백색 (3) 청색

문제 09 ▸ 출제년도 : 05. 07. ▸ 점수 : 5점

설계서의 작성순서에서 변경설계를 하려고 한다. 괄호 안에 알맞은 말은?

> 표지 – 목차 – (　　) – 일반시방서 – 특별시방서 – 예정공정표
> – 동원인원 계획표 – 내역서 – 이하생략

답안작성

변경이유서

문제 10 ▸ 출제년도 : 05. ▸ 점수 : 5점

35 [mm^2] 전선을 우산형 전선 접속을 하면서 소선 2가닥이 절단되었다. 어떻게 하여야 하는가?

답안작성

인장 강도를 유지하기 위하여 접속하려던 소선을 모두 잘라내고 다시 접속한다.

문제 11 ▸ 출제년도 : 93. 04. 05. 07. ▸ 점수 : 4점

외부피뢰시스템의 수뢰부시스템 형식 3가지를 쓰시오.

답안작성

① 돌침방식 ② 수평도체방식 ③ 메시도체방식

해 설

KEC 152.1 수뢰부시스템
수뢰부시스템의 선정은 돌침, 수평도체, 메시도체의 요소 중에 한 가지 또는 이를 조합한 형식으로 시설하여야 한다.

문제 12 ▸ 출제년도 : 05. ▸ 점수 : 5점

대형 부표준기 계기의 급별은 0.2급으로 표기할 때 휴대용 계기(정밀급) 및 배전반용 소형계기의 급별을 각각 쓰시오.

답안작성

• 휴대용 계기(정밀급) : 0.5급
• 배전반용 소형계기 : 2.5급

해 설

종 류	오차 계급
대형 부 표준기	0.2
휴대용 계기 (정밀급)	0.5
소형 휴대용계기(정밀측정)	1.0
배전반용 계기(공업용 보통 측정)	1.5
배전반용(소형계기)	2.5

문제 13

▸ 출제년도 : 05. ▸ 점수 : 4점

다음 심벌의 명칭을 쓰시오.

답안작성

VVF용 조인트 박스

해 설

t 단자붙이 임을 표시하는 경우에는 t를 방기한다.

문제 14

▸ 출제년도 : 95. 98. 02. 05. ▸ 점수 : 8점

그림의 로직 회로는 지하철역의 무인 개찰 회로의 일부이다. ( )안에 알맞은 것을 보기에서 골라 답하시오.

[보기] MC, MM, OR, AND, FF_1, FF_1, A, NOT (중복도 가함)

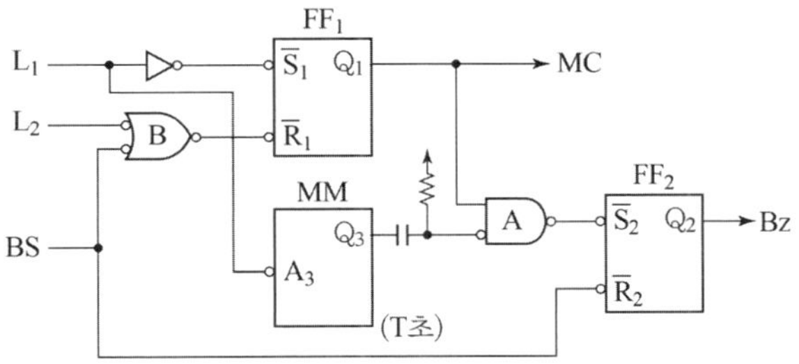

(1) 차표를 넣으면 L_1이 검출하여 (①)가 세트되고 (②)가 동작하여 차표 투입구를 닫는다. t초 후 차표가 배출구로 나오면 L_2가 검출하여 (③)가 리셋되고 (④)가 복귀하여 투입구를 연다.

(2) 차표를 넣은 후 T초 ($T > t$)가 되어도 차표가 나오지 않으면 (⑤)의 출력과 미분회로에 의하여 (⑥)가 동작되므로 (⑦)가 세트되어 부저가 울린다. 이때 BS를 누르면 모두 복귀한다. 여기서, MM은 단안정 IC 소자이다.

답안작성

(1) ① FF_1 ② MC ③ FF_1 ④ MC
(2) ⑤ FF_1 ⑥ A ⑦ FF_2

문제 15

▸ 출제년도 : 05. 07. ▸ 점수 : 6점

다음 조건을 만족하는 회로를 구성하여 미완성 도면을 완성하시오.

[조건]

① Button Switch B_1 또는 B_2를 누르면(눌렀다 놓으면) 해당번호의 전등 L_1 또는 L_2가 점등되고 동시에 Buzzer BZ가 일정시간 동작하고 Timer T의 설정시간 후 L_1 또는 L_2와 BZ는 동시에 정지한다. L_1이 점등되고 있을 때 B_2를 눌러도 L_2는 점등되지 않는다. L_2가 점등되고 있을 때에도 B_1을 눌러도 L_1은 점등되지 않는다.

② 정지한 후 다시 B_1 또는 B_2를 누르면(눌렀다 놓으면) 해당번호의 전등 L_1 또는 L_2가 점등되고 동시에 Buzzer BZ가 일정시간 동작하고 Timer T의 설정시간 후 L_1 또는 L_2와 BZ는 동시에 정지한다.

③ 다음 Time Chart를 참고하시오.

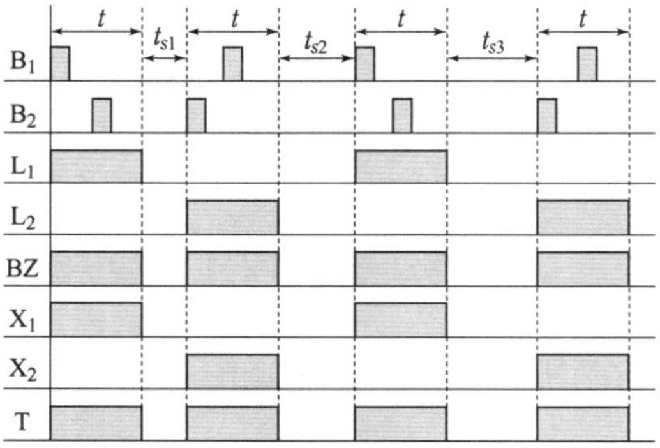

• t는 T의 설정 시간
• t_{s1}, t_{s2}, t_{s3}는 L_1, L_2 및 Buzzer가 동작하지 않고 정지하고 있는 시간 (문제와는 상관이 없으며 참고로 표시한 것임)

TIMER 내부 결선도

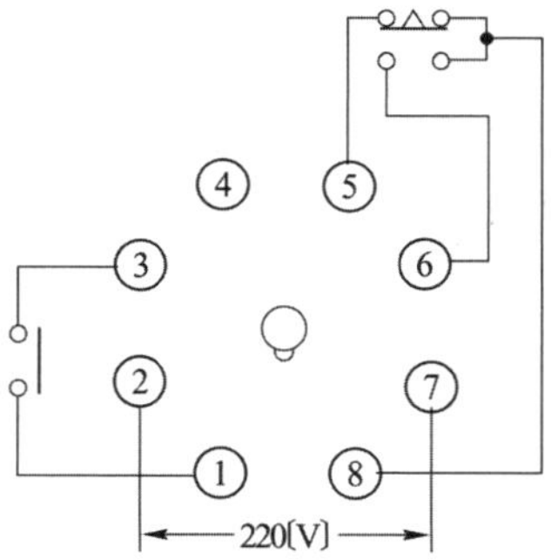

Minipower Relay 내부 결선도(14pin)

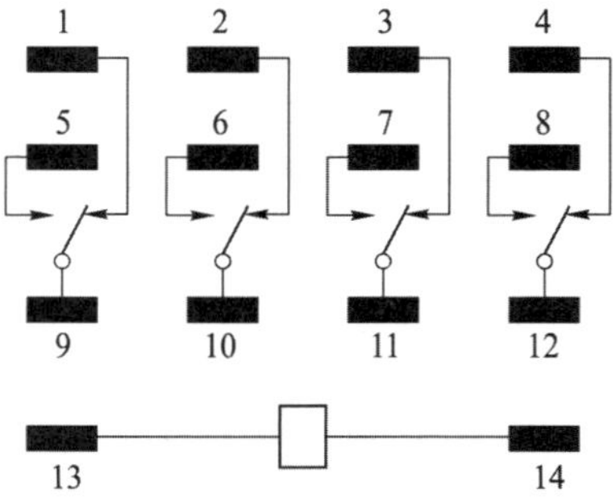

④ 미완성 도면

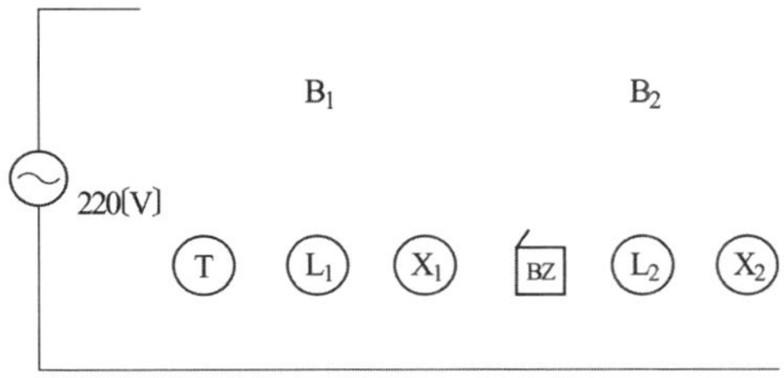

[범례]

- X_1, X_2 : Minipower Relay 내부 결선도(14 pin)
- T : TIMER(8 pin)

답안작성

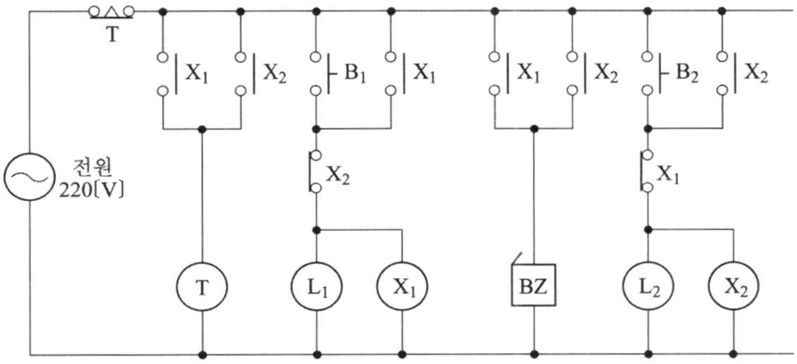

출제기준 변경 및 개정된 관계법규에 따라 삭제된 문제가 있어 배점의 합계가 100점이 안됩니다.

MEMO

D30-4

2006년도
전기공사산업기사 실기

국가기술자격검정 실기시험문제 및 답안지

2006년도 산업기사 일반검정 제 1 회			수험번호	성 명	감독위원 확 인
자격종목(선택분야)	시험시간	형별			
전기공사산업기사	2시간 00분				

※ 다음 물음에 답을 해당 답란에 답하시오.(배점 : 100점)

문제 01 ‣ 출제년도 : 06. ‣ 점수 : 4점

변전소에 설치되는 계기용 변성기의 접지는 어느 곳에 하여야 하는가?

답안작성

외함과 2차측 전로

문제 02 ‣ 출제년도 : 06. ‣ 점수 : 9점

금속관공사에 사용하는 금속관의 단구(端口)에는 전선의 인입 또는 교체시에 전선의 피복이 손상되지 아니하도록 시설장소에 따라 다음 각 호에 의하여 시설하여야 한다. 괄호 안(①~⑦)에 알맞은 부품을 써넣으시오.

- 관단(管端)에는 (①　　)을(를) 사용하여야 한다. 다만, 금속관에서 애자공사로 바뀌는 개소에는 (②　　), (③　　), (④　　)등을 사용하여야 한다.
- 우선외(雨線外)에서 수직배관의 상단에는 (⑤　　)을(를) 사용하여야 한다.
- 우선외(雨線外)에서 수평배관의 말단에는 (⑥　　) 또는 (⑦　　)을(를) 사용해야 한다.

답안작성

① 부싱　② 절연부싱　③ 터미널 캡　④ 엔드
⑤ 엔트랜스 캡　⑥ 터미널 캡　⑦ 엔트랜스 캡

문제 03 ‣ 출제년도 : 01. 02. 06. ‣ 점수 : 6점

폴리머 애자 설치에 관한 그림이다. 각 기호의 ①, ②, ③, ④ 명칭을 쓰시오.

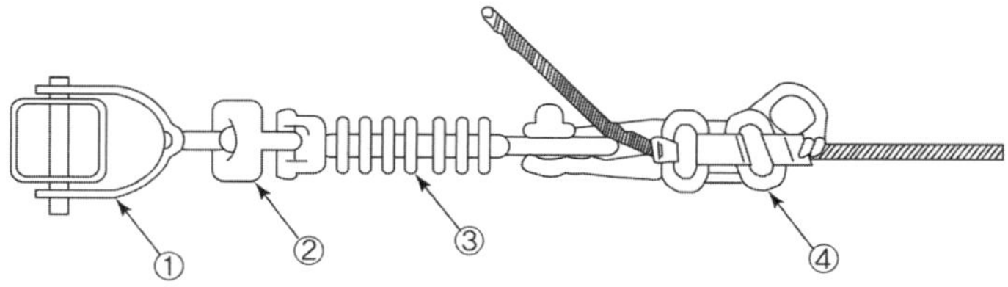

답안작성

① 볼 쇄클　② 소켓 아이　③ 폴리머 애자　④ 데드엔드 크램프

문제 04

▸ 출제년도 : 06. ▸ 점수 : 4점

다음 설명과 같은 조명방식의 명칭을 쓰시오.

[다음]

조명방식 : 벽면을 밝은 광원으로 조명하는 방식으로 숨겨진 램프의 직접광이 아래쪽 벽, 커튼, 위쪽 천장면에 쪼이도록 조명하는 방식이다.

특　　징 : 실내면을 황색으로 마감하고, 밸런스 판으로 목재, 금속판 등 투과율이 낮은 재료를 사용하고 램프로는 형광램프가 적정하다.

용　　도 : 분위기 조명에 이용된다.

답안작성

밸런스 조명(valance light)

문제 05

▸ 출제년도 : 97. 06. 점수 : 4점

버스 덕트(Bus-duct)에서 중간에 부하를 접속하지 아니하는 구조의 덕트는?

답안작성

피더 버스 덕트

해 설

버스 덕트의 종류

<table>
<tr><th>명　　칭</th><th colspan="2">형　　식</th><th>설　명</th></tr>
<tr><td rowspan="4">피더 버스 덕트</td><td rowspan="2">옥내용</td><td>환 기 형</td><td rowspan="4">도중에 부하를 접속하지 아니한 것</td></tr>
<tr><td>비환기형</td></tr>
<tr><td rowspan="2">옥외용</td><td>환 기 형</td></tr>
<tr><td>비환기형</td></tr>
<tr><td>익스팬션 버스 덕트</td><td rowspan="3">옥내용</td><td rowspan="3">비환기형</td><td>열 신축에 따른 변화량을 흡수하는 구조인 것</td></tr>
<tr><td>탭붙이 버스 덕트</td><td>종단 및 중간에서 기기 또는 전선 등과 접속시키기 위한 탭을 가진 버스 덕트</td></tr>
<tr><td>트랜스포지션 버스 덕트</td><td>각 상의 임피던스를 평균시키기 위해서 도체 상호의 위치를 관로 내에서 교체시키도록 만든 버스 덕트</td></tr>
<tr><td rowspan="2">플러그인 버스 덕트</td><td rowspan="2">옥내용</td><td>환 기 형</td><td rowspan="2">도중에 부하 접속용으로 꽂음 플러그를 만든 것</td></tr>
<tr><td>비환기형</td></tr>
</table>

문제 06

▸ 출제년도 : 06. ▸ 점수 : 5점

공사계획에 의한 수전설비의 일부가 완성되어 그 완성된 설비만을 사용하고자 할 때 전기설비 검사항목 처리 지침서에 의한 검사항목을 5가지만 쓰시오.

답안작성

① 외관검사
② 접지저항 측정
③ 계측 장치 설치 및 동작 상태 검사
④ 보호 장치 설치 및 동작 상태 검사
⑤ 절연저항 측정 및 절연내력 시험

문제 07

▸ 출제년도 : 99. 06. ▸ 점수 : 6점

전기공사의 배치도 및 시퀀스도와 동작설명을 보고 공사를 시행하기 위한 실체 배선도를 그리시오.

[배치도]

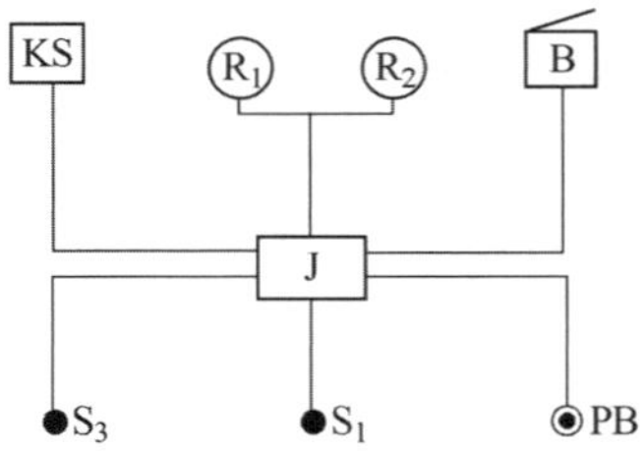

[시퀀스도]

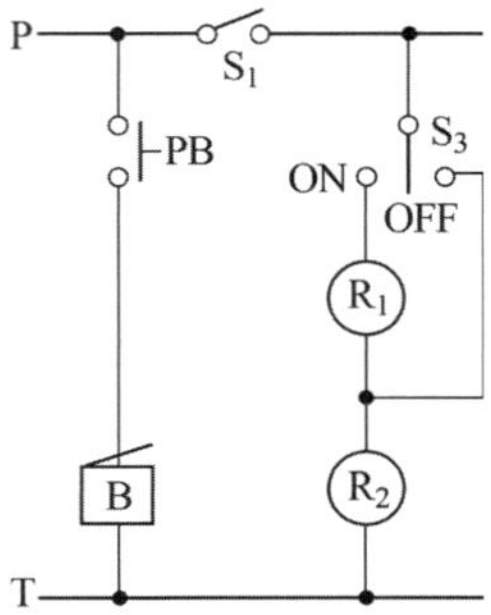

[동작설명]

① 나이프스위치 KS에 의해서 회로가 개폐된다.

② 스위치 S_1을 ON하고 스위치 S_3를 ON하면 램프 Ⓡ₁, Ⓡ₂가 직렬 점등하고, 스위치 S_3를 OFF하면 Ⓡ₂만 점등한다.

③ 누름버튼 스위치 PB를 ON하고 있는 동안에 부저 B가 울린다.

답안작성

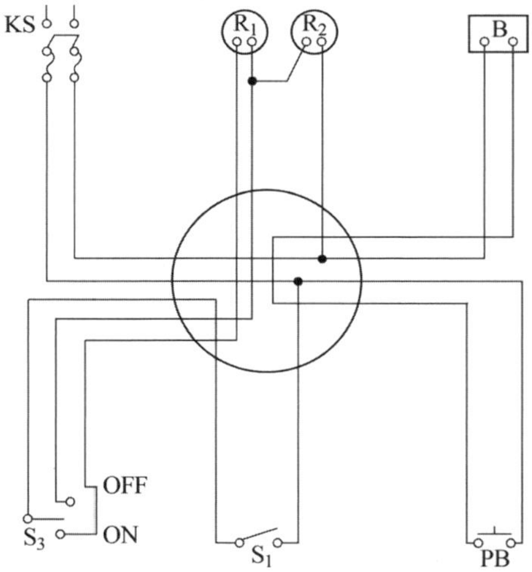

문제 08

▸ 출제년도 : 06. ▸ 점수 : 4점

전선의 굵기를 나타내는 방법으로 연선과 단선은 어떻게 표시하는가?

답안작성

단선 : 도체의 지름 [mm]

연선 : 도체의 단면적 [mm^2]

문제 09 ▸출제년도 : 02. 04. 06. 07. ▸점수 : 11점

공사원가 구성에 관하여 아래의 답안에 적당한 비목을 완성하시오.

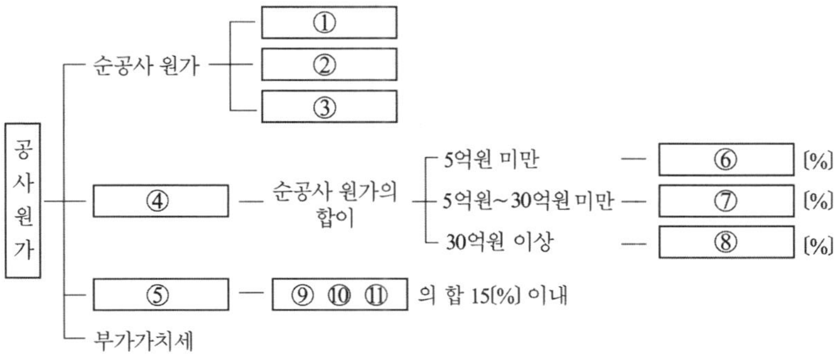

답안작성

① 재료비 ② 노무비 ③ 경비 ④ 일반관리비
⑤ 이윤 ⑥ 6 [%] ⑦ 5.5 [%] ⑧ 5 [%]
⑨ 노무비 ⑩ 경비 ⑪ 일반관리비

해 설

전문, 전기, 전기 통신 공사	
공사 원가	일반 관리 비율
5억원 미만	6 [%]
5억원~30억원 미만	5.5 [%]
30억원 이상	5 [%]

문제 10 ▸출제년도 : 06. ▸점수 : 5점

연축전지의 정격용량은 250[Ah]이고, 상시부하가 8[kW]이며, 표준전압이 100[V]인 부동충전방식의 충전전류는 몇 [A]인가? 단, 연축전지의 방전율은 10시간율로 계산한다.

•계산 : •답 :

답안작성

계산 : $I = \frac{250}{10} + \frac{8000}{100} = 105[A]$ 답 : 105 [A]

해 설

부동충전 : 축전지의 자기방전을 보충함과 동시에 상용부하에 대한 전력공급은 충전기가 부담하도록 하되 충전기가 부담하기 어려운 일시적인 대전류 부하는 축전지로 하여금 부담하게 하는 방식

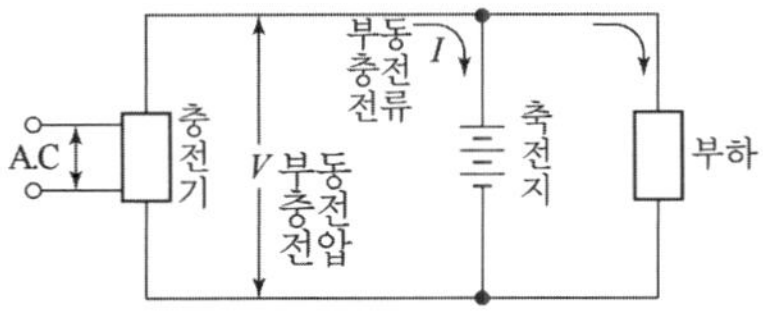

$$충전기\ 2차\ 충전\ 전류\ [A] = \frac{축전지\ 용량\ [Ah]}{정격\ 방전율\ [h]} + \frac{상시\ 부하\ 용량\ [VA]}{표준\ 전압\ [V]}$$

문제 11 ▸출제년도 : 06. ▸점수 : 6점

피뢰기의 설치공사를 하기 전에 피뢰기의 이상 유무 등을 점검하려고 한다. 반드시 점검하여야 할 사항을 3가지만 쓰시오.

답안작성

① 피뢰기 애자 부분의 손상 여부를 점검한다.
② 피뢰기 1,2차측 단자 및 단자볼트 이상유무를 점검한다.
③ 피뢰기의 절연저항을 측정한다.

해 설

피뢰기의 절연저항을 측정
- 1000 [V] 메가를 준비한다.
- 메가로 피뢰기 1, 2차 양단자간 금속부분의 절연저항을 측정한다.
- 측정한 절연저항값을 확인하여 1000 [MΩ] 이상이면 양호하다.

문제 12 ▸출제년도 : 06. ▸점수 : 5점

다음 전선의 표시 약호에 대한 우리말 명칭을 쓰시오.

- RIF 전선
- DV 전선
- NR 전선
- OW 전선
- OE 전선

답안작성

- RIF 전선 : 300/300 [V] 유연성 고무 절연 고무 시스 코드
- DV 전선 : 인입용 비닐 절연 전선
- NR 전선 : 450/750 [V] 일반용 단심 비닐 절연 전선
- OW 전선 : 옥외용 비닐 절연 전선
- OE 전선 : 옥외용 폴리에틸렌 절연 전선

문제 13 ▸출제년도 : 06. ▸점수 : 6점

후강전선관은 공장 등의 배관에서 특히 강도를 필요로 하는 경우 또는 폭발성 가스나 부식성 가스가 있는 장소에 사용하며, 관의 굵기의 종류에는 10종류가 있다. 그 종류를 모두 나열 할 때 괄호 안에 들어 갈 규격을 쓰시오.

"(　), 22, 28, (　), 42, (　), 70, (　), (　), (　)" [호]

답안작성

16, 36, 54, 82, 92, 104

해 설

금속관의 종류

종 류	관의 호칭 [호]
후강 전선관(근사내경, 짝수)	16 22 28 36 42 54 70 82 92 104
박강 전선관(근사외경, 홀수)	19 25 31 39 51 63 75
나사없는 전선관	박강 전선관과 치수가 같다.

문제 14 ▸ 출제년도 : 06. ▸ 점수 : 4점

다음과 같은 옥내배선용 그림기호의 명칭은 무엇인가?

답안작성

방수형 점멸기

문제 15 ▸ 출제년도 : 06. 07. ▸ 점수 : 5점

장선기(시메라)는 어떤 용도로 사용되는 공구인가?

답안작성

이도 조정 및 지선의 장력조정

문제 16 ▸ 출제년도 : 93. 06. ▸ 점수 : 5점

그림과 같이 외등용 전선관을 지중에 매설하려고 한다. 터파기(흙파기)량은 얼마인가? 단, 매설 거리는 70 [m]이고, 전선관의 면적은 무시한다.

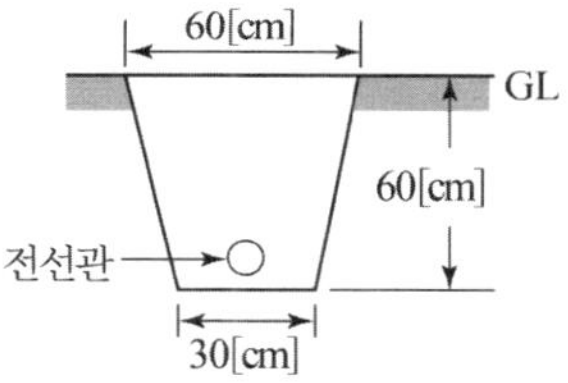

답안작성

계산 : 줄기초 파기이므로

$$V_o = \frac{0.6+0.3}{2} \times 0.6 \times 70 = 18.9\ [\mathrm{m}^3]$$

답 : 18.9 [m^3]

해 설

$$V_o = \frac{A+B}{2} \times h\,L$$

문제 17 ▸ 출제년도 : 06. ▸ 점수 : 5점

아날로그 멀티 테스터기로 직류전압을 측정하려고 한다. 흑색 리드선을 어느 단자에 연결하여야 하는가?

답안작성

(−) 단자

해 설

(+) 단자는 적색리드선을 연결하며, (−) 단자에는 흑색리드선을 접속한다.

문제 18 ▸ 출제년도 : 99. 06. ▸ 점수 : 6점

전기공사의 배치도 및 시퀀스도와 동작설명을 보고 공사를 시행하기 위한 실체 배선도를 그리시오.

배치도

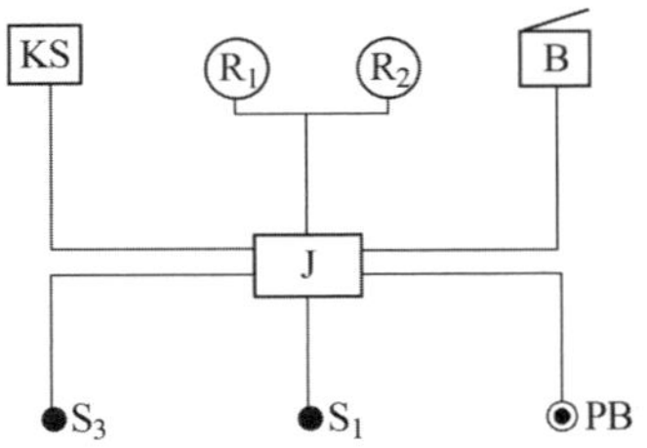

시퀀스도

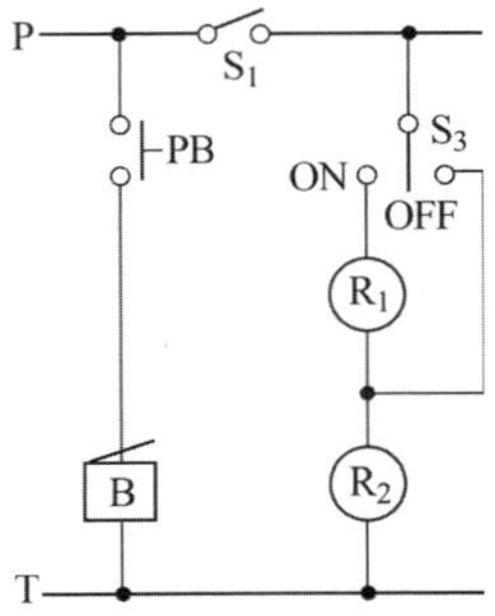

[동작 설명]

① 나이프스위치 KS에 의해서 회로가 개폐된다.

② 스위치 S_1을 ON하고 스위치 S_3를 ON하면 램프 Ⓡ1, Ⓡ2가 직렬 점등하고, 스위치 S_3를 OFF하면 Ⓡ2만 점등한다.

③ 누름버튼 스위치 PB를 ON하고 있는 동안에 부저 B가 울린다.

답안작성

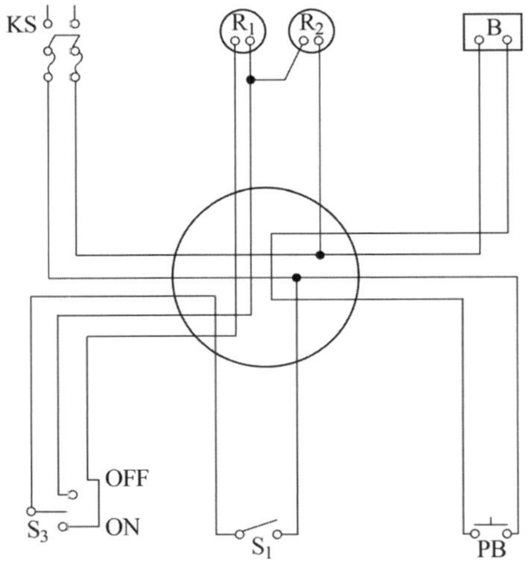

국가기술자격검정 실기시험문제 및 답안지

2006년도 **산업기사** 일반검정 제 **2** 회			수험번호	성 명	감독위원 확 인
자격종목(선택분야)	시험시간	형별			
전기공사산업기사	2시간 00분				

※ 다음 물음에 답을 해당 답란에 답하시오.(배점 : 100점)

문제 01 ▸ 출제년도 : 95. 06. ▸ 점수 : 6점

접지도체를 사용하여 접지를 하여야 할 개소를 6개소만 쓰시오.

답안작성

① 일반기기 및 제어반의 외함 ② 피뢰기 및 피뢰침
③ 계기용 변성기의 2차측 ④ 다선식 전로의 중성선
⑤ 케이블의 차폐선 ⑥ 옥외 철구

문제 02 ▸ 출제년도 : 01. 06. ▸ 점수 : 4점

수전을 지중 인입선으로 시설하는 경우 22.9 [kV−Y] 계통에서는 주로 어떤 케이블을 사용하는지 그 명칭을 쓰시오.

답안작성

동심중성선 수밀형 전력케이블 (CN−CV−W)

해 설

- CN−CV : 동심중성선 차수형 전력케이블
- CN−CV−W : 동심중성선 수밀형 전력케이블

문제 03 ▸ 출제년도 : 89. 04. 06. ▸ 점수 : 4점

표준품셈에서 옥외 전선의 할증률은 몇 [%] 이내로 하여야 하는가?

답안작성

5 [%]

해 설

재료의 할증류

종 류	할증률 [%]
옥외전선	5
옥내전선	10
cable(옥외)	3
cable(옥내)	5
전선관(옥외)	5
전선관(옥내)	10

문제 04 ‣ 출제년도 : 06. ‣ 점수 : 8점

견적 순서를 발주자 및 수주자 입장에서 작성해 보면 다음의 흐름도와 같다. 빈칸 ①~⑤에 알맞은 답을 써넣으시오.

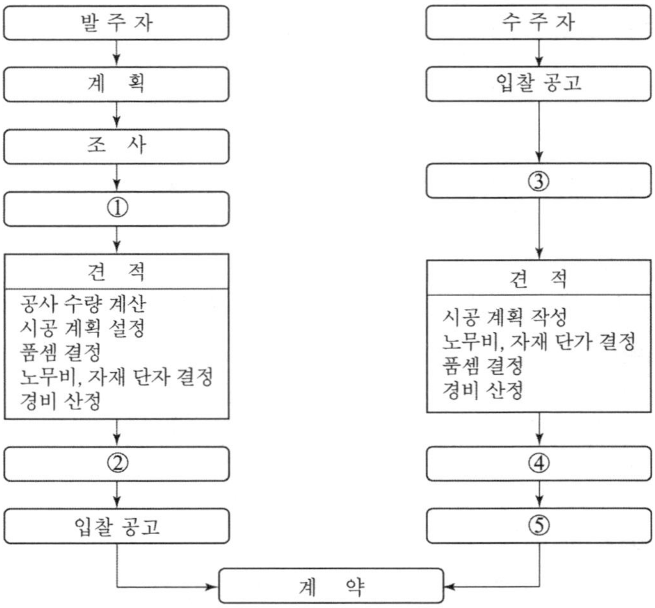

답안작성

① 설계 ② 예정가격 결정 ③ 현장설명 ④ 견적가 결정 ⑤ 입찰

문제 05 ‣ 출제년도 : 06. ‣ 점수 : 5점

화재안전기준에 의해 비상콘센트 설비의 전원회로(비상콘센트에 전력을 공급하는 회로를 말한다)를 하려고 한다. 다음 ( )안의 ①, ②에 알맞은 수값을 써넣으시오.

> "비상콘센트설비의 전원회로는 단상 교류 (①) [V]인 것으로, 그 공급 용량은 (②) [kVA] 이상인 것으로 할 것"

답안작성

① 220 ② 1.5

해 설

비상콘센트 설비

전원회로의 종류	전압	공급용량	플러그 접속기
단상 교류	220 [V]	1.5 [kVA] 이상	접지형 2극

문제 06

▸ 출제년도 : 93. 06.　▸ 점수 : 6점

전선을 접속할 때의 주의사항을 3가지만 쓰시오.

답안작성

① 전선의 세기를 20[%] 이상 감소시키지 아니할 것
② 접속부분은 접속관 기타의 기구를 사용하거나 납땜을 할 것
③ 전선의 전기적 저항을 증가시키지 아니하도록 할 것

해 설

KEC 123 전선의 접속
전선을 접속하는 경우에는 전선의 전기저항을 증가시키지 아니하도록 접속하여야 하며, 또한 다음에 따라야 한다.

1) 절연전선 상호 · 절연전선과 코드, 캡타이어 케이블과 접속하는 경우에는
   가. 전선의 세기를 20[%] 이상 감소시키지 아니할 것.
   나. 접속부분은 접속관 기타의 기구를 사용할 것.
   다. 접속부분의 절연전선에 절연전선의 절연물과 동등 이상의 절연효력이 있는 것으로 충분히 피복할 것.
2) 코드 상호, 캡타이어 케이블 상호 또는 이들 상호를 접속하는 경우에는 코드 접속기 · 접속함 기타의 기구를 사용할 것.
   다만 공칭단면적이 10[mm^2] 이상인 캡타이어 케이블 상호를 규정에 준하여 접속하는 경우에는 기구를 사용하지 않을 수 있다.
3) 도체에 알루미늄(알루미늄 합금을 포함한다.)을 사용하는 전선과 동(동합금을 포함한다.)을 사용하는 전선을 접속하는 등 전기 화학적 성질이 다른 도체를 접속하는 경우에는 접속부분에 전기적 부식이 생기지 않도록 할 것.

문제 07

▸ 출제년도 : 06.　▸ 점수 : 6점

축전지를 충전하려고 할 때 충전이 잘 되지 않고 있다. 그 원인으로 볼 수 있는 사항을 3가지만 쓰시오.

답안작성

① 충전장치의 이상
② 축전지의 이상
③ 충전기와 축전지 사이의 배선 이상

문제 08

▸ 출제년도 : 06.　▸ 점수 : 5점

유도등 설비에 대한 다음 (　)안에 알맞은 말을 써넣으시오.

> "건축전기설비나 소방설비에서 유도등 설비는 화재 등 비상시에 사람의 피난을 용이하게 하기 위한 피난구의 표시 또는 방향을 지시하는 조명설비로 설치 장소에 따라 (　　　) 유도등, (　　　) 유도등, (　　　) 유도등으로 분류된다."

답안작성

피난구, 통로, 객석

문제 09 ▸ 출제년도 : 06. ▸ 점수 : 4점

노출배관공사시 관을 직각으로 굽히는 곳에 사용하는 재료의 명칭을 쓰시오.

답안작성

유니버설 엘보(Universal elbow)

문제 10 ▸ 출제년도 : 06. ▸ 점수 : 5점

지중 케이블의 고장 개소를 찾는 방법 5가지를 쓰시오.

답안작성

① 머레이 루프법
② 펄스 레이더법
③ 정전용량법
④ 수색코일법
⑤ 음향에 의한 방법

문제 11 ▸ 출제년도 : 06. ▸ 점수 : 6점

배선에 필요한 다음 각 물음에 답하시오.

(1) 천장은폐배선의 그림기호를 도시하시오.

(2) VVF용 죠인트 박스의 그림기호를 도시하시오.

답안작성

(1)

(2) 

문제 12 ▸ 출제년도 : 06. ▸ 점수 : 3점

애자공사에 사용되는 애자에 대한 다음 ( )안에 알맞은 말을 써 넣으시오.

> "애자공사에 사용하는 애자는 ( ), ( ) 및 ( )이 있는 것이어야 한다."

답안작성

절연성, 난연성, 내수성

해 설

KEC 232.56.2 애자의 선정
사용하는 애자는 절연성·난연성 및 내수성의 것이어야 한다.

문제 13 ▸ 출제년도 : 06. ▸ 점수 : 5점

다음의 보기에서 OLTC의 구성 요소가 아닌 것을 모두 골라 쓰시오.

[보기] 부하전류 개폐기, 탭 선택기, 탭 확장기, 변류기, 차단기

답안작성

변류기, 차단기

해 설

(1) OLTC : On Load Tap Changer

(2) OLTC의 구성기기

① 탭 선택기 및 탭 확장기

② 부하전류 개폐기

③ 한류 리액터

④ 구동장치

⑤ 자동제어장치 및 보호장치

문제 14 ▸ 출제년도 : 06. ▸ 점수 : 8점

다음의 논리식을 모두 포함한 유접점 회로도를 그리시오.

- $X_1 = A \cdot \overline{B} + (\overline{A} + B) \cdot \overline{C}$
- $X_2 = \overline{A} \cdot B + A \cdot \overline{B} + C$
- $X_3 = A \cdot B \cdot C$
- $X_4 = \overline{A} + \overline{B} + \overline{C}$

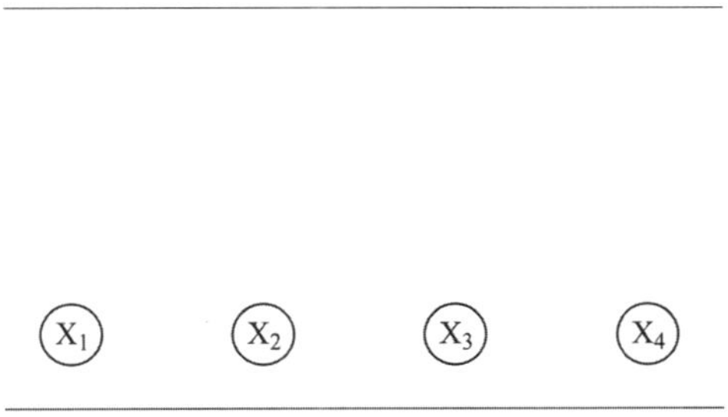

답안작성

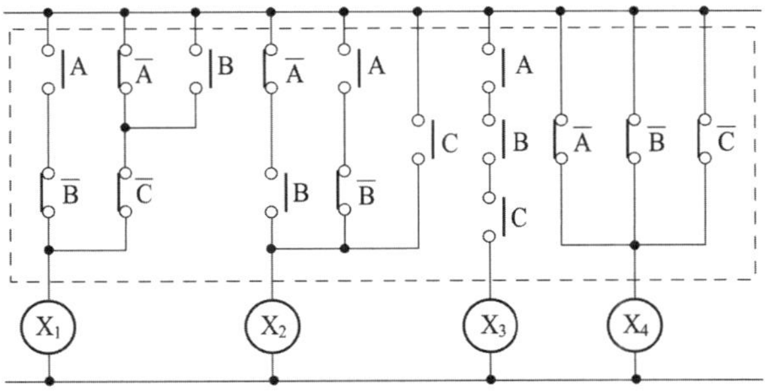

해 설

논리식	유접점 회로
· (and)	직렬 접속
+ (or)	병렬 접속
$\overline{A}$	A의 b접점
A	A의 a접점

문제 15 ▸ 출제년도 : 06. ▸ 점수 : 9점

그림은 어떤 보안장치 회로의 일부분이다. 주어진 동작조건에 의하면 도면의 (1)~(9)에는 어떤 계전기의 접점이 기록되어야 하는지 접점 기호 X_1, X_2, X_3로 답하시오.

[동작조건]

누름 버튼 스위치를 $PB_3 - PB_1 - PB_2 - PB_4$의 순서로 눌러야 Door Lock (DL)이 열리도록 하고자 한다. 이 순서가 바뀌면 DL은 열리지 않으며, DL이 열리면 Limit Switch가 open 되어 전원이 차단된다.

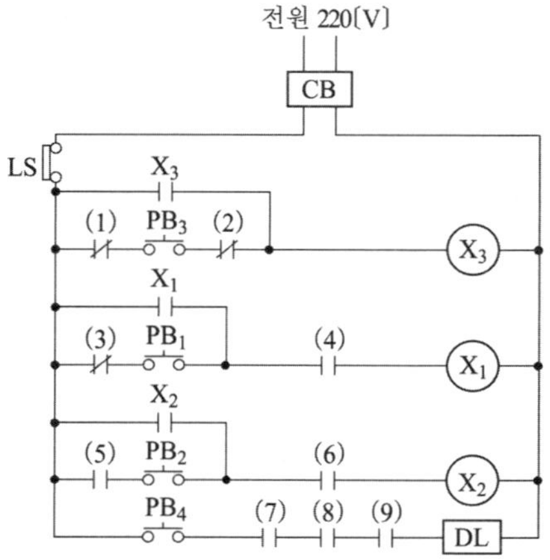

(1) (2) (3) (4) (5)
(6) (7) (8) (9)

답안작성

(1) X_1 (2) X_2 (3) X_2 (4) X_3 (5) X_3
(6) X_1 (7) X_1 (8) X_2 (9) X_3

문제 16 ▸ 출제년도 : 94. 00. 06. ▸ 점수 : 6점

그림은 BS를 눌렀다 놓으면 t_1초 후에 MC가 작동하고 T_1이 복구하며 t_2초 후에 MC와 T_2가 복구한다. A~C에 보기에서 알맞은 논리 기호를 찾아 그리시오.

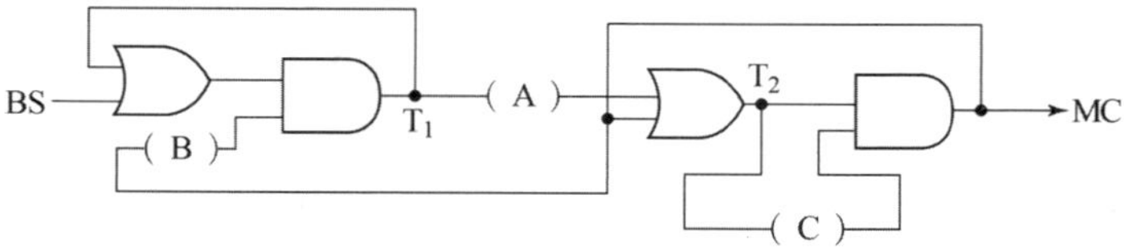

[보기]

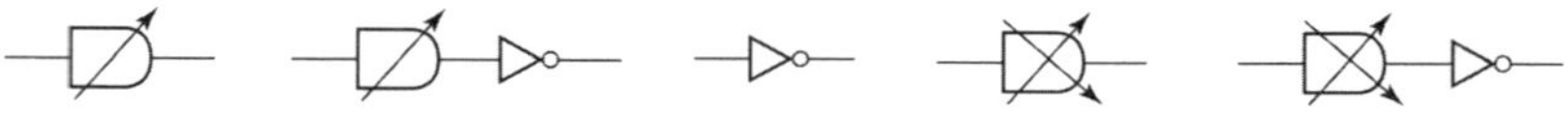

답안작성

(A) 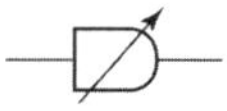

(B) 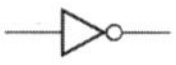

(C) 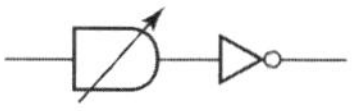

출제기준 변경 및 개정된 관계법규에 따라 삭제된 문제가 있어 배점의 합계가 100점이 안됩니다.

국가기술자격검정 실기시험문제 및 답안지

2006년도 산업기사 일반검정 제 4 회

자격종목(선택분야)	시험시간	형별	수험번호	성 명	감독위원 확 인
전기공사산업기사	2시간 00분				

※ 다음 물음에 답을 해당 답란에 답하시오.(배점 : 100점)

문제 01 ▸ 출제년도 : 02. 06. ▸ 점수 : 4점

"연접인입선(連接引入線)"의 정의를 설명하시오.

답안작성

한 수용장소 인입구 접속점에서 분기하여 다른 지지물을 거치지 아니하고 다른 수용장소 인입구에 이르는 전선를 말함.

해 설

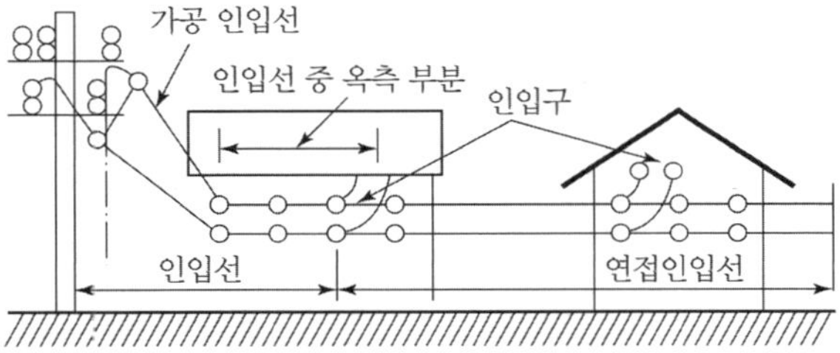

문제 02 ▸ 출제년도 : 06. ▸ 점수 : 5점

누전 경보기의 변류기를 시험하려고 한다. 어떤 종류의 시험을 하여야 하는지 그 종류를 5가지만 쓰시오.

답안작성

① 온도 특성 시험
② 전로 개폐 시험
③ 단락 전류 강도 시험
④ 과누전 시험
⑤ 노화 시험

해 설

그 외, ⑥ 방수 시험 ⑦ 진동 시험 ⑧ 충격 시험
⑨ 절연 저항 시험 ⑩ 절연 내력 시험
⑪ 충격파 내전압 시험 ⑫ 전압강하 방지 시험

문제 03 ▸ 출제년도 : 98. 02. 06. ▸ 점수 : 6점

버스 덕트의 종류 3가지를 들고 간단히 설명하시오.

답안작성

(1) 피더 버스 덕트 : 도중에 부하를 접속하지 아니한 것
(2) 플러그 인 버스 덕트 : 도중에 부하 접속용으로 꽂음 플러그를 단든 것
(3) 익스팬션 버스 덕트 : 열 신축에 따른 변화량을 흡수하는 구조인 것

해 설

버스 덕트의 종류

명 칭	형 식		설 명
피더 버스 덕트	옥내용	환 기 형 비환기형	도중에 부하를 접속하지 아니한 것
	옥외용	환 기 형 비환기형	
익스팬션 버스 덕트	옥내용	비환기형	열 신축에 따른 변화량을 흡수하는 구조인 것
탭붙이 버스 덕트			종단 및 중간에서 기기 또는 전선 등과 접속시키기 위한 탭을 가진 버스 덕트
트랜스포지션 버스 덕트			각 상의 임피던스를 평균시키기 위해서 도체 상호의 위치를 관로 내에서 교체시키도록 만든 버스 덕트
플러그인 버스 덕트	옥내용	환 기 형 비환기형	도중에 부하 접속용으로 꽂음 플러그를 만든 것

문제 04 ▸ 출제년도 : 06. ▸ 점수 : 9점

그림은 22.9 [kV] 특고압 선로의 기본 장주도이다. 이 장주에 표시된 (1), (2), (3), (4)의 종류별 명칭을 구체적으로 쓰시오.

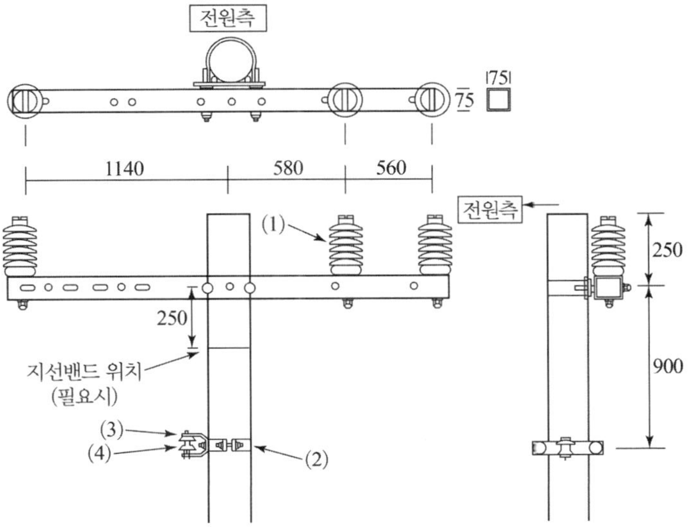

답안작성

(1) 라인포스트애자 (2) 랙 밴드 (3) 랙 (4) 저압인류애자

문제 05 ▸ 출제년도 : 04. 06. ▸ 점수 : 10점

다음 그림은 어느 생산 공장의 수전 설비 계통도이다. 이 계통도를 보고 다음 물음에 답하시오.

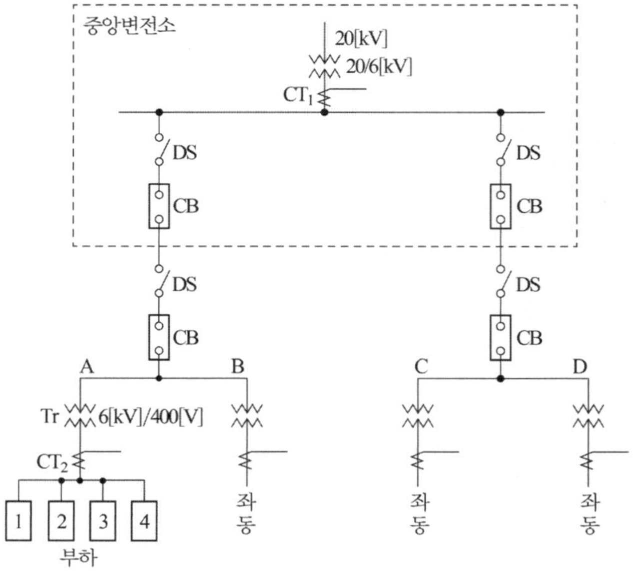

뱅크의 부하 용량표

피더	부하 설비 용량 [kW]	수용률 [%]
1	125	80
2	125	80
3	500	70
4	600	84

변류기 규격표

	항 목	변류기
변류기	정격 1차 전류	5, 10, 15, 20, 30, 40 50, 75, 100, 150, 200 300, 400, 500, 600, 750 1000, 1500, 2000, 2500
	정격 2차 전류	5

(1) A, B, C, D 뱅크에 같은 부하가 걸려 있으며, 각 뱅크의 부등률은 1.1이고 전부하 합성 역률은 0.8이다. 중앙변전소의 변압기 용량을 표준 규격으로 답하시오.

(2) 변류기 CT_1, CT_2의 변류비를 구하시오. 단, 1차 수전 전압은 20000/6000[V], 2차 수전 전압은 6000/400 [V]이며 변류비는 표준 규격으로 답하고 전류비값의 1.25배로 결정한다.

답안작성

(1) 계산 : A 뱅크의 최대 수요 전력

$$= \frac{125 \times 0.8 + 125 \times 0.8 + 500 \times 0.7 + 600 \times 0.84}{1.1 \times 0.8} = 1197.73 \text{ [kVA]}$$

A, B, C, D 각 뱅크간의 부등률은 없으므로

중앙 변전소 변압기 용량 $= 1197.73 \times 4 = 4790.92$ [kVA]

답 : 5000 [kVA]

(2) ① CT_1

$I = \dfrac{5000}{\sqrt{3} \times 6} \times 1.25 = 601.41$ [A]이므로 표에서 600/5 선정 답 : 600/5

② CT_2

$I = \dfrac{1197.73}{\sqrt{3} \times 0.4} \times 1.25 = 2160.97$ [A]이므로 표에서 2000/5 선정 답 : 2000/5

해 설

(2) ② 표에서 2500/5를 선정하면 전부하 전류$\left(\dfrac{1197.73}{\sqrt{3} \times 0.4} = 1728.77[\text{A}]\right)$의 1.45배$\left(\dfrac{2500}{1728.77} = 1.45\right)$ 가 되어 변류비가 너무 커져 CT의 정도가 낮아지므로 CT_2는 2000/5가 적합하다.

문제 06

▸ 출제년도 : 01. 06. ▸ 점수 : 4점

앤트런스캡, 링레듀서, 유니온 커플링, 새들, 방출원형노출박스 등의 재료를 필요로 하는 전기공사는 어떤 배관의 공사 방법인가?

답안작성

금속관공사

문제 07

▸ 출제년도 : 06. ▸ 점수 : 3점

국내의 건설기술관리법에서 정하는 시방서의 종류 3가지를 쓰시오.

답안작성

표준시방서, 전문시방서, 공사시방서

해 설

- 표준시방서 : 시설물의 안전 및 공사시행의 적정성과 품질확보 등을 위하여 시설별로 정한 표준적인 시공기준으로서 발주청 또는 설계 등 용역업자가 공사시방서를 작성하는 경우에 활용하기 위한 시공기준을 말한다.(건설기술관리법 시행규칙 제14조의 2 제1항)
- 전문시방서 : 시설물별 표준시방서를 기본으로 모든 공종을 대상으로 하여 특정한 공사의 시공 또는 공사시방서의 작성에 활용하기 위한 종합적인 시공기준을 말한다.(건설기술관리법 시행규칙 제14조의 2 제2항)
- 공사시방서 : 공사별로 건설공사 수행을 위한 기준으로서 계약문서의 일부가 되며, 설계도면에 표시하기 곤란하거나 불편한 내용과 당해 공사의 수행을 위한 재료, 공법, 품질시험 및 검사 등 품질관리, 안전관리계획 등에 관한 사항을 기술하고, 당해 공사의 특수성, 지역여건, 공사방법 등을 고려하여 공사별, 공종별로 정하여 시행하는 시공기준을 말한다.(건설기술관리법 시행규칙 제14조의 2 제3항 제4호)

문제 08 ▸ 출제년도 : 04. 06. ▸ 점수 : 6점

과전류에 대한 보호장치로써 주상변압기의 1차측과 2차측에 설치하는 것은?

(1) 1차측(고압측)

(2) 2차측(저압측)

답안작성

(1) 1차측 (고압측) : COS (컷 아웃 스위치)
(2) 2차측 (저압측) : 캐치 호울더

문제 09 ▸ 출제년도 : 06. ▸ 점수 : 6점

다음의 조건과 옥내배선 도면을 보고 실제 결선도를 그리시오. 단, 전원은 단상 2선식 220 [V]로 한다.

[조건]

- 나이프 스위치 KS를 ON하면 콘센트 C에 전원이 공급된다.
- KS를 ON한 상태에서 3로 스위치 S_{3-1}과 S_{3-2}에 의하여 전등 L을 2개소에서 점멸할 수 있다.
- 결선은 정크션 박스를 경유하도록 한다.

[도면]

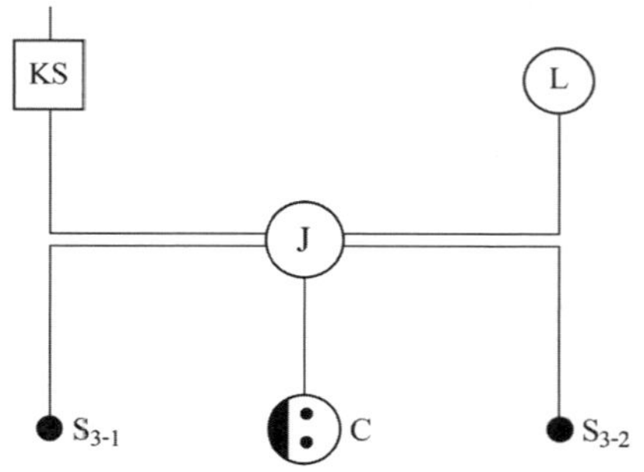

답안작성

실제 결선도

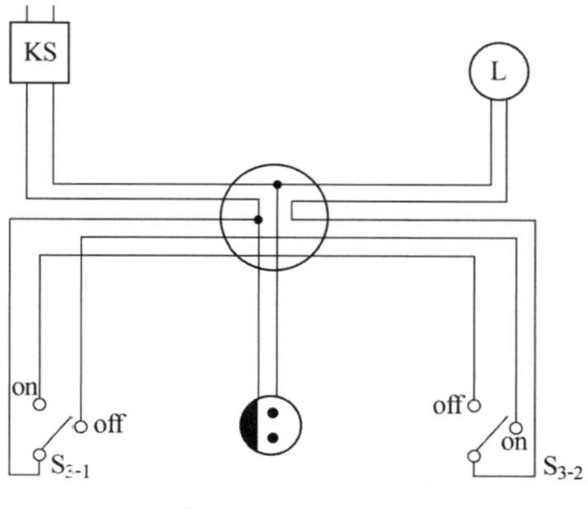

문제 10

▸ 출제년도 : 03. 06. ▸ 점수 : 5점

변압기의 명판에는 어떠한 요소들이 표시되어 있는지 그 요소를 5가지만 쓰시오.

답안작성

① 변압기의 명칭(형태)
② 적용규격
③ 상수
④ 정격용량
⑤ 주파수

해 설

그 외, ⑥ 정격전압 1차, 2차 전압 ⑦ 정격전류 1차, 2차 전류 ⑧ 절연계급
⑨ 기준충격절연강도 ⑩ %임피던스 ⑪ 각 변위
⑫ 총중량 ⑬ 제작일련번호 ⑭ 제작일

문제 11

▸ 출제년도 : 92. 06. 07. ▸ 점수 : 4점

절연전선으로 가선된 배전선로가 활선상태인 경우 전선의 피복을 벗기는 것은 매우 곤란한 작업이다. 이와 같은 활선상태에서 전선의 피복을 벗기는 공구로는 무엇을 사용하는지 그 공구의 명칭을 쓰시오.

답안작성

활선 피박기

해 설

전선의 피복을 벗길 때 사용하는 장구로써 본체와 절단칼, 3개의 회전용 핸들링으로 구성되어 있는 간접 활선용장구

문제 12

▸ 출제년도 : 06. ▸ 점수 : 10점

조명설비에 대한 다음 각 물음에 답하시오.

(1) 어떤 전기공사도면에서 $\bigcirc_{N400}$으로 표시되어 있다. 이것은 무엇을 뜻하는지 쓰시오.
(2) 비상용 조명을 건축법에 따른 형광등으로 하고자 할 때 그 그림기호를 표현하시오.
(3) 평면이 15 [m]×10 [m]인 사무실에 40 [W] 형광등 전광속 2500 [lm]인 형광등을 사용하여 평균조도를 300 [lx]로 유지하도록 하려고 한다. 이 사무실에 필요한 형광등 수를 산정하시오. 단, 조명률은 0.6이고, 감광보상률은 1.3이다.

답안작성

(1) 400 [W] 나트륨등
(2) 
(3) 계산 : $N = \dfrac{EAD}{FU} = \dfrac{300 \times 15 \times 10 \times 1.3}{2500 \times 0.6} = 39$ [등] 답 : 39 [등]

해 설

(1) H400 수은등 400 [W]
M400 메탈 핼라이드등 400 [W]
N400 나트륨등 400 [W]

문제 13 ▸ 출제년도 : 99. 06. ▸ 점수 : 4점

축전지 설비의 구성요소 4가지를 쓰시오.

답안작성

① 축전지
② 충전장치
③ 보안장치
④ 제어장치

문제 14 ▸ 출제년도 : 95. 06. ▸ 점수 : 4점

정격전압 450/750[V] 이하 염화비닐절연 케이블의 4심은 어떤 색깔로 구성되어 있는지 그 구성 색깔을 모두 쓰시오.

답안작성

녹색-노란색, 갈색, 흑색, 회색 또는 청색, 갈색, 흑색, 회색

해 설

KS C IEC 60227-1 (정격전압 450/750[V] 이하 염화비닐절연 케이블)
및 KS C IEC 60245-1 (정격전압 450/750[V] 이하 고무절연 케이블) 에 대한 색상

선심수	KS C IEC 60227-1 및 KS C IEC 60245-1에 따른 선심 색상
단심 케이블	권장색 구분없음
2심 케이블	권장색 구분없음
3심 케이블	녹색-노란색, 청색, 갈색 또는 갈색, 흑색, 회색
4심 케이블	녹색-노란색, 갈색, 흑색, 회색 또는 청색, 갈색, 흑색, 회색
5심 케이블	녹색-노란색, 청색, 갈색, 흑색, 회색 또는 청색, 갈색, 흑색, 회색, 흑색

문제 15 ▸ 출제년도 : 94. 02. 06. ▸ 점수 : 8점

피뢰기 성능상 반드시 필요한 구비조건 4가지를 쓰시오.

답안작성

① 충격 방전 개시 전압이 낮을 것
② 상용주파 방전 개시 전압이 높을 것
③ 제한전압이 낮을 것
④ 속류차단 능력이 클 것

문제 16 ▸ 출제년도 : 03. 06. ▸ 점수 : 5점

다음 동작설명과 같이 동작이 될 수 있는 시퀀스 제어도를 그리시오.

[동작설명]

1. 3로 스위치 S_{3-1}을 ON, S_{3-2}를 ON했을 시 R_1, R_2가 직렬 점등되고, S_{3-1}을 OFF, S_{3-2}를 OFF했을 시 R_1, R_2가 병렬 점등한다.
2. 푸시 버튼 스위치 PB를 누르면 R_3와 B가 병렬로 동작한다.

[시퀀스 제어도]

답안작성

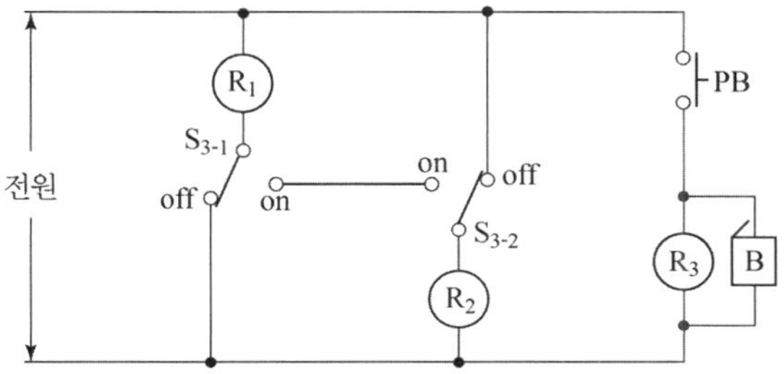

출제기준 변경 및 개정된 관계법규에 따라 삭제된 문제가 있어 배점의 합계가 100점이 안됩니다.

MEMO

D30-4

2007년도 전기공사산업기사 실기

- 07년 제 1 회 전기공사산업기사
- 07년 제 2 회 전기공사산업기사
- 07년 제 4 회 전기공사산업기사

국가기술자격검정 실기시험문제 및 답안지

2007년도 산업기사 일반검정 제 1 회

자격종목(선택분야)	시험시간	형별	수험번호	성 명	감독위원 확 인
전기공사산업기사	2시간 00분				

※ 다음 물음에 답을 해당 답란에 답하시오.(배점 : 100점)

문제 01

▸ 출제년도 : 95. 07. ▸ 점수 : 6점

가공전선의 구비조건을 간단하게 6가지만 나열하시오.

답안작성

① 도전율이 높을 것
② 기계적인 강도가 클 것
③ 내구성이 있을 것
④ 비중이 작을 것
⑤ 가선작업이 용이할 것
⑥ 가격이 저렴할 것

문제 02

▸ 출제년도 : 94. 98. 01. 03. 04. 07. ▸ 점수 : 5점

공사원가의 비목 5가지를 쓰시오.

답안작성

① 직접 재료비
② 간접 재료비
③ 직접 노무비
④ 간접 노무비
⑤ 경비

해 설

공사 원가라 함은 공사 시공 과정에서 발생한 재료비, 노무비, 경비의 합계액을 말한다.(준칙 제13조)

- 총원가
  - 공사(제조) 원가
    - 재료비
      - 직접 재료비 : 주재료비, 부분 품비
      - 간접 재료비 : 소모 재료비, 소모 공구, 기구, 비품비, 포장 재료비(제조), 가설 재료비(공사) 등
    - 노무비
      - 직접 노무비 : 기본급, 제수당, 상여금, 퇴직급여 충당금
      - 간접 노무비 : 직접 노무비×간접 노무 비율

        (※ 간접 노무비율$=\dfrac{\text{간접 노무비}}{\text{직접노무비}}$)
    - 경비 : 전력비등 21개 비목
  - 일반 관리비 – 공사 또는 제조원가×일정률(6～14 [%])
  - 이윤 – (노무비+경비+일반관리비)×일정률(제조 25 [%], 공사 15 [%])

※ 예정 가격 = 총원가 + 부가가치세(10 [%])

문제 03 ▸ 출제년도 : 05. 07. ▸ 점수 : 8점

피뢰기 공사의 시공흐름도이다. (1), (2), (3), (4) 번호의 빈 공간에 흐름도가 옳도록 완성하시오.

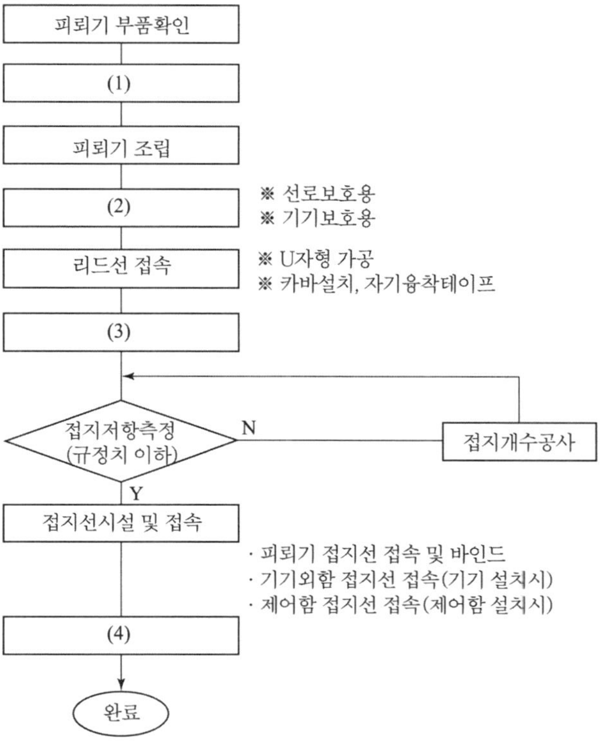

답안작성

(1) 피뢰기 점검　　　　(2) 피뢰기 설치

(3) 접지극 시설　　　　(4) 작업장 정리, 정돈

문제 04 ▸ 출제년도 : 89. 97. 00. 04. 07. ▸ 점수 : 5점

경간 200[m]인 가공 송전선로가 있다. 전선 1 [m]당 무게는 2.0 [kg]이고 풍압 하중이 없다고 한다. 인장 강도 4000 [kg]의 전선을 사용할 때 딥과 전선의 실제 길이를 구하시오. 단, 안전율은 2.2로 한다.

답안작성

① 딥

계산 : $D = \dfrac{WS^2}{8T} = \dfrac{2.0 \times 200^2}{8 \times 4000/2.2} = 5.5$ [m]　　　답 : 5.5 [m]

② 전선의 실제 길이

계산 : $L = S + \dfrac{8D^2}{3S} = 200 + \dfrac{8 \times 5.5^2}{3 \times 200} = 200.4$ [m]　　　답 : 200.4 [m]

문제 05 ▸ 출제년도 : 98. 00. 07. ▸ 점수 : 6점

다음 그림은 변전설비의 단선결선도이다. 물음에 답하시오.

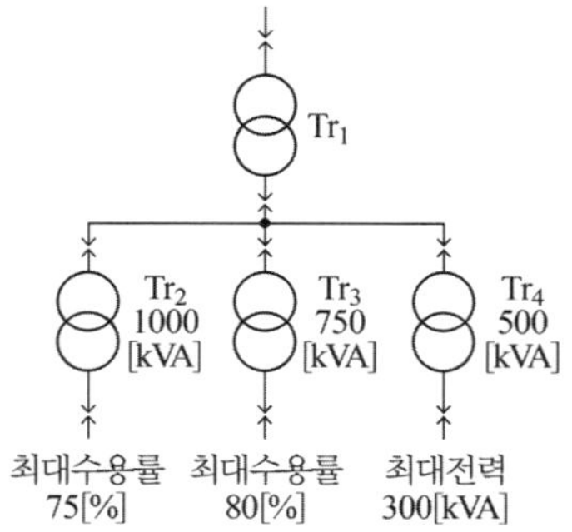

(1) 부등률이란? (식으로 나타내시오.)

(2) 부등률 적용 변압기는?

(3) Tr_1의 부등률은 얼마인가? (단, 최대 합성 전력은 1,320 [kVA])

(4) Tr_1의 표준 용량은 몇 [kVA]인가?

답안작성

(1) 부등률 $= \dfrac{\text{각 개 최대 수용 전력의 합}}{\text{합성 최대 수용 전력}}$

(2) Tr_1

(3) 계산 : 부등률 $= \dfrac{1000 \times 0.75 + 750 \times 0.8 + 300}{1320} = 1.25$ 답 : 1.25

(4) 최대 전력이 1320 [kVA]이므로 1500 [kVA]로 선정 답 : 1500 [kVA]

해 설

$$\text{부등률} = \frac{\text{각 개 최대 수용 전력의 합}}{\text{합성 최대 수용 전력}}$$

$$= \frac{\Sigma \text{부하 설비 용량 [kVA]} \times \text{수용률}}{\text{합성 최대 수용 전력}}$$

$$= \frac{\Sigma \text{부하 설비 용량 [kW]} \times \text{수용률}}{\text{합성 최대 수용 전력} \times \text{역률}}$$

문제 06 ▸ 출제년도 : 03. 07. ▸ 점수 : 5점

Ⓣ$_F$ 그림 기호의 명칭은?

답안작성

형광등용 안정기

문제 07 ▸ 출제년도 : 05. 07. ▸ 점수 : 5점

용어의 정의에서 방전등기구란?

답안작성

방전에 의한 빛을 이용하는 방전램프를 주광원으로 하는 조명기구

문제 08

▸ 출제년도 : 07. ▸ 점수 : 6점

15~20 [m] 천장에 설치되는 감지기 종류 3가지를 쓰시오.

답안작성

- 이온화식 1종
- 광전식(스포트형, 분리형, 공기흡입형) 1종
- 연기복합형

해 설

층고에 따른 감지기 선정기준

부착높이	감지기의 종류
15 [m] 이상 20 [m] 미만	· 이온화식 1종 · 광전식(스포트형, 분리형, 공기흡입형) 1종 · 연기복합형 · 불꽃감지기
20 [m] 이상	· 불꽃감지기 · 광전식(분리형, 공기흡입형)중 아날로그방식

문제 09

▸ 출제년도 : 07. ▸ 점수 : 5점

UPS 설비 블록 다이어그램 중 물음에 답하시오.

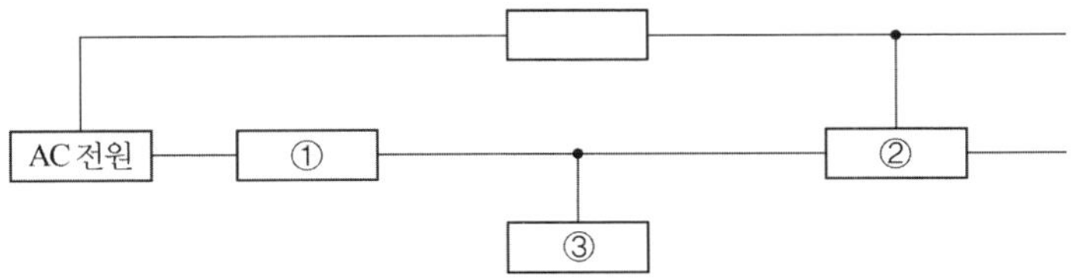

(1) ①, ②, ③안에 들어갈 기구는 무엇인가?

(2) ①, ②에 대한 역할을 쓰시오.

답안작성

(1) ① 컨버터 ② 인버터 ③ 축전지

(2) ① 교류를 직류로 변환

② 직류를 사용 주파수의 교류로 변환

문제 10

▸ 출제년도 : 01. 07. ▸ 점수 : 5점

N-EV는 네온관용 전선기호이다. 여기서, V는 무엇인가?

답안작성

비닐시스

해 설

N-EV : 폴리에틸렌 절연 비닐 시스 네온전선

V : 비닐

R : 고무

N : 네온전선

E : 폴리에틸렌

C : 클로로프렌

문제 11 ‣ 출제년도 : 98. 00. 04. 07. ‣ 점수 : 5점

다음 물음에 답하시오.
(1) 설비의 불평형률을 구하시오.
(2) 기준에 따른 적정, 부적정 여부를 판단하시오.

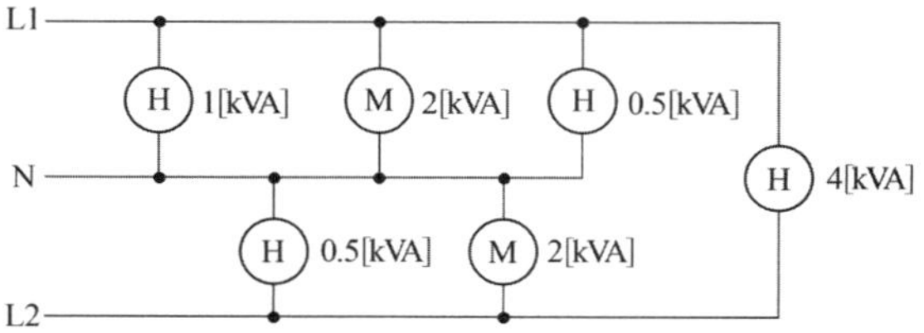

답안작성

(1) 계산 : 설비 불평형률 $= \dfrac{(1+2+0.5)-(0.5+2)}{\frac{1}{2}(1+2+0.5+0.5+2+4)} \times 100 = 20$ [%]

답 : 20 [%]

(2) 설비 불평형률이 40 [%] 이하이므로 양호함

해 설

(1) 단상 3선식에서의 설비불평형률

설비불평형률 $= \dfrac{\text{중성선과 각 전압측 전선간에 접속되는 부하 설비용량[kVA]의 차}}{\text{총 부하 설비용량의 1/2}} \times 100$ [%]

여기서, 불평형률은 40 [%] 이하이어야 한다.

문제 12 ‣ 출제년도 : 07. ‣ 점수 : 5점

현장에서 전기 부하설비를 가동상태에서 부하전류를 측정하려면 어떤 계측기를 사용하는가?

답안작성

후크온메타

문제 13 ‣ 출제년도 : 94. 04. 07. ‣ 점수 : 5점

배전 변전소 또는 발전소로부터 배전간선에 이르기까지의 도중에 부하가 접속되어 있지 않은 선로를 무엇이라 하는가?

답안작성

Feeder(급전선)

문제 14 ‣ 출제년도 : 03. 05. 07. ‣ 점수 : 5점

아날로그 멀티 테스터기로 교류(AC) 전압을 측정하려면 부하설비와 어떻게 연결하여 측정하는가?

답안작성

병렬

문제 15 ▸출제년도 : 02. 07. ▸점수 : 10점

그림은 3사람이 퀴즈를 풀기 위한 전등과 버저 장치이다. 버튼 스위치를 먼저 누르는 사람의 전등이 켜지면 다른 사람이 조금 늦게 눌러도 다른 사람의 전등은 점등되지 않는다. 즉, A, B, C 3 사람 중 버튼 스위치 BS_A~BS_C를 먼저 누르는 사람의 해당 번호의 전등이 점등됨과 동시에 버저가 일정시간(수초 후)동안 울리고 전등과 버저가 동시에 정지한다. 정지 후 다시 동작시킬 수 있어야 한다. 이 장치의 Sequence도를 설계하시오. 전원이 접속되는 부분에는 반드시 접속점을 표시하시오.

계통도

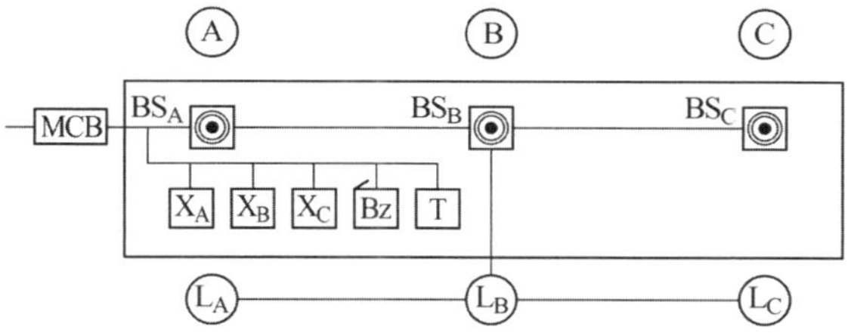

범례

기 호	명 칭
BS_A~BS_C	Button Switch
L_A~L_C	Lamp
X_A~X_C	보조계전기(relay)
Bz	Buzzer
T	Timer
MCB	배선용 차단기

minipower Relay 내부결선도(14pin)

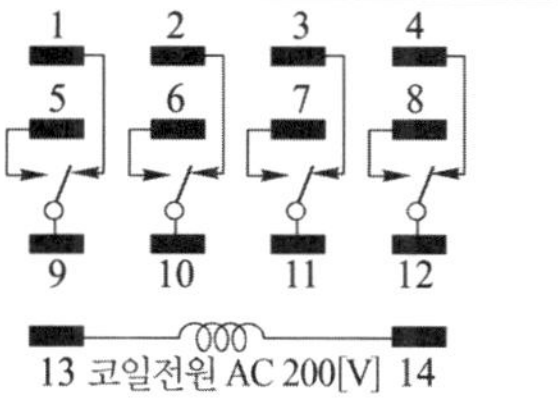

타이머 내부결선도

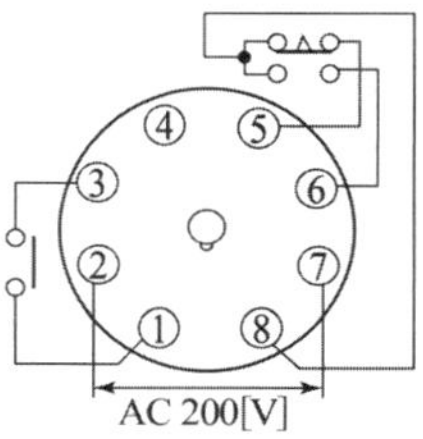

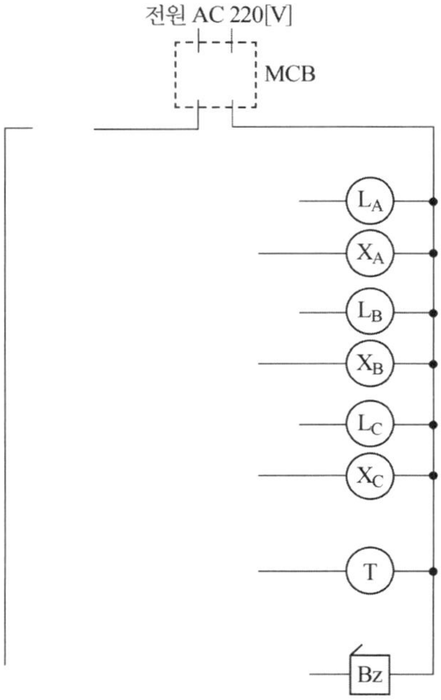

※ Button Switch가 기호와 기구의 접점 기호는 다음 중에서 옳은 것을 골라 필요한 수만큼 사용하시오.

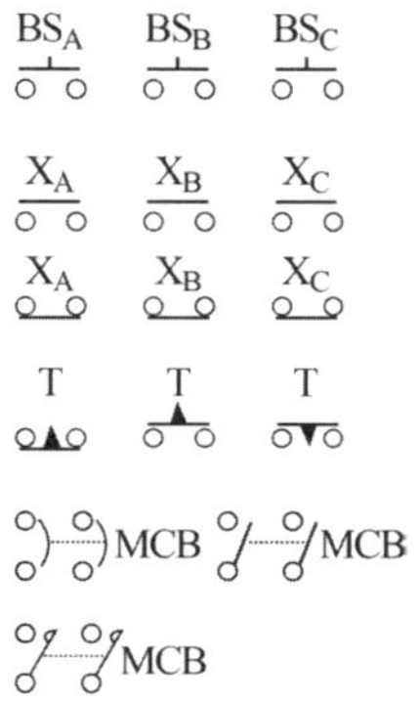

답안작성

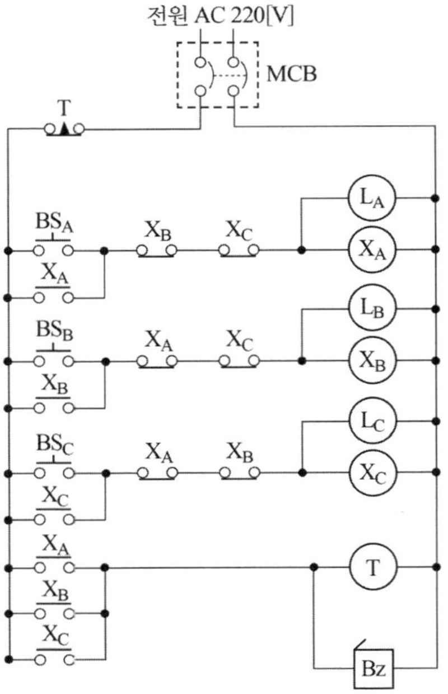

※ Button Switch가 기호와 기구의 접점 기호는 다음 중에서 옳은 것을 골라 필요한 수만큼 사용하시오.

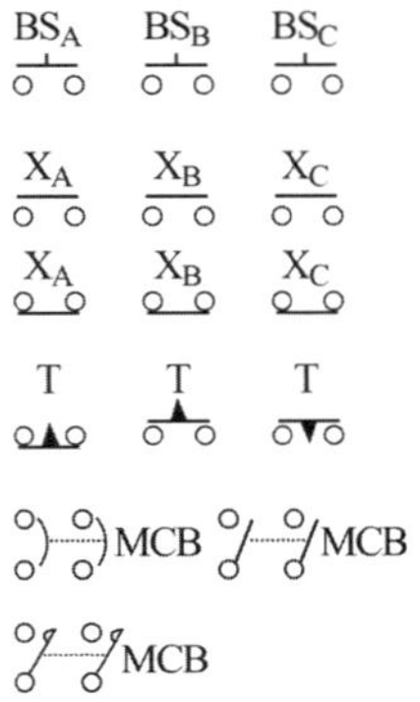

문제 16 ▸ 출제년도 : 95. 02. 07. ▸ 점수 : 6점

출력 릴레이 X가 접점 A, B, C의 함수로서 $X=(A+B)(C+\overline{B}\,\overline{C})$일 때 다음 물음에 답하시오.

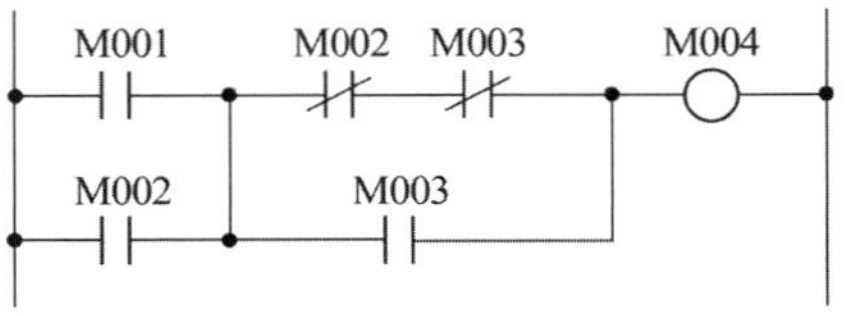

(1) PLC 시퀀스가 그림과 같을 때 PLC 프로그램의 ①~④를 완성하시오. 여기서 명령어는 LOAD, AND, NOT, OR, OUT를 AND LOAD를 사용한다.

스텝	명령	번지
0000	LOAD	M001
0001	(①)	M002
0002	(②)	M002
0003	(③)	M003
0004	OR	M003
0005	AND LOAD	–
0006	OUT	(④)

(2) 논리식의 릴레이 시퀀스를 완성하시오. (접점 기호, 문자 기호 표시)

(3) 2입력 AND, 2입력 OR, NOT 기호를 사용하여 논리회로를 완성하시오.

답안작성

(1) ① OR

② LOAD NOT

③ AND NOT

④ M004

(3)

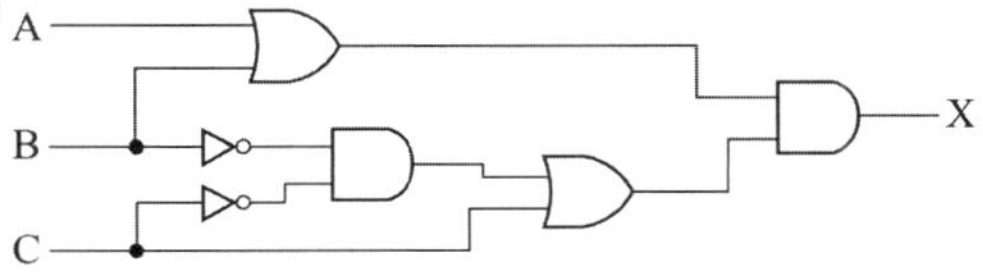

(2)

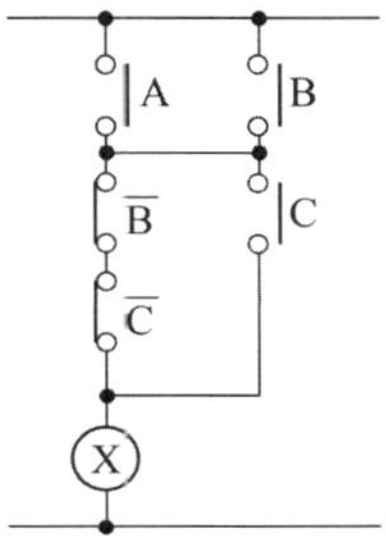

출제기준 변경 및 개정된 관계법규에 따라 삭제된 문제가 있어 배점의 합계가 100점이 안됩니다.

국가기술자격검정 실기시험문제 및 답안지

2007년도 산업기사 일반검정 제 2 회

자격종목(선택분야)	시험시간	형별	수험번호	성 명	감독위원 확 인
전기공사산업기사	2시간 00분				

※ 다음 물음에 답을 해당 답란에 답하시오.(배점 : 100점)

문제 01 ▸ 출제년도 : 07. ▸ 점수 : 9점

금속관공사에 사용하는 금속관의 단면은 전선의 인입 또는 교체시에 전선의 피복이 손상되지 않도록 시설장소에 따라 다음 각 호에 의하여 시설하여야 한다.
괄호 안 (① ~⑦)에 알맞은 부품을 써 넣으시오.

(1) 관의 단면은 (①)을(를) 사용하여야 한다. 다만, 금속관에서 애자공사로 바뀌는 개소에는 (②), (③), (④) 등을 사용 하여야 한다.

(2) 우선 외(雨線 外)에서 수직배관의 상단은 (⑤)을(를) 사용하여야 한다.

(3) 우선 외(雨線 外)에서 수평배관의 말단에는 (⑥) 또는 (⑦)을(를) 사용하여야 한다.

답안작성

(1) ① 부싱 ② 절연부싱 ③ 터미널 캡 ④ 엔드
(2) ⑤ 엔트랜스 캡
(3) ⑥ 터미널 캡 ⑦ 엔트랜스 캡

문제 02 ▸ 출제년도 : 04. 07. ▸ 점수 : 5점

예비 전원 설비로 이용되는 축전지에 대한 물음에 답하시오.

(1) 축전지와 부하를 충전기에 병렬로 접속하여 사용하는 충전방식은?

(2) 비상용 조명부하 200[V]용 50[W] 80등, 30[W] 70등이 있다. 방전시간은 30분이고, 축전지는 HS형 110 [cell]이며, 허용 최저 전압은 190[V], 최저 축전지 온도는 5 [℃]일 때 축전지 용량은 몇 [Ah]이겠는가? 단, 보수율은 0.8, 용량환산시간은 1.2이다.

•계산 : •답 :

답안작성

(1) 부동 충전 방식

(2) 계산 : 축전지 용량 $C=\frac{1}{L}KI=\frac{1}{0.8}\times 1.2\times\left(\frac{50\times 80+30\times 70}{200}\right)=45.75\ [\mathrm{Ah}]$

답 : 45.75 [Ah]

문제 03 ▸ 출제년도 : 02. 04. 06. 07. ▸ 점수 : 11점

공사원가 구성에 관하여 아래의 답안에 적당한 비목을 완성하시오.

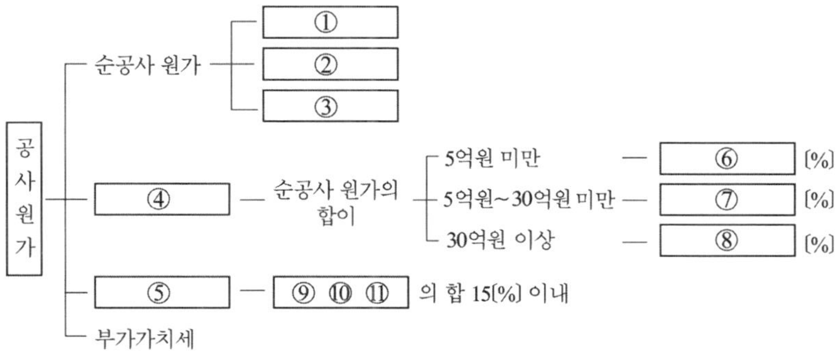

답안작성

① 재료비	② 노무비	③ 경비	④ 일반관리비
⑤ 이윤	⑥ 6 [%]	⑦ 5.5 [%]	⑧ 5 [%]
⑨ 노무비	⑩ 경비	⑪ 일반관리비	

해 설

전문, 전기, 전기 통신 공사	
공사 원가	일반 관리 비율
5억원 미만	6 [%]
5억원~30억원 미만	5.5 [%]
30억원 이상	5 [%]

문제 04 ▸ 출제년도 : 07. ▸ 점수 : 5점

다음은 네온 방전등을 옥내에 시설하는 경우이다. 물음에 답하시오.

(1) 관등회로의 배선은 어떤 배선으로 하는가?

(2) 관등회로의 배선에서 전선 지지점간의 거리는 몇 [m] 이하인가?

(3) 네온변압기는 어떤 관리법의 적용을 받는가?

(4) 네온방전등은 몇 [A] 배선용 차단기 분기회로로 사용 하여야 하는가?

답안작성

(1) 애자공사

(2) 1 [m] 이하

(3) 전기용품 및 생활용품안전관리법

(4) 20 [A]

해 설

KEC 234.12 네온방전등

관등회로의 배선은 애자공사로 다음에 따라서 시설하여야 한다.

1) 전선은 네온관용전선을 사용할 것.

2) 전선은 자기 또는 유리제 등의 애자로 견고하게 지지하여 조영재의 아랫면 또는 옆면에 부착하고 또한 다음과 같이 시설할 것.

가. 전선 상호간의 이격거리는 60[mm] 이상일 것.
나. 전선과 조영재 이격거리는 노출장소에서 표 에 따르를 것

표. 전선과 조영재의 이격거리

전압 구분	이격 거리
6 [kV] 이하	20[mm] 이상
6 [kV] 초과 9 [kV] 이하	30[mm] 이상
9 [kV] 초과	40[mm] 이상

다. 전선지지점간의 거리는 1 [m] 이하로 할 것.

문제 05 ▸ 출제년도 : 00. 07. ▸ 점수 : 12점

그림은 변류기를 영상 접속시켜 그 잔류 회로에 지락 계전기 DG를 삽입시킨 것이다. 선로의 전압은 66 [kV], 중성점에 300 [Ω]의 저항 접지로 하였고, 변류기의 변류비는 300/5 [A]이다. 송전 전력이 20,000 [kW], 역률이 0.8(지상)일 때 a상에 완전 지락 사고가 발생하였다. 물음에 답하시오. (단, 부하의 정상, 역상 임피던스 기타의 정수는 무시한다.)

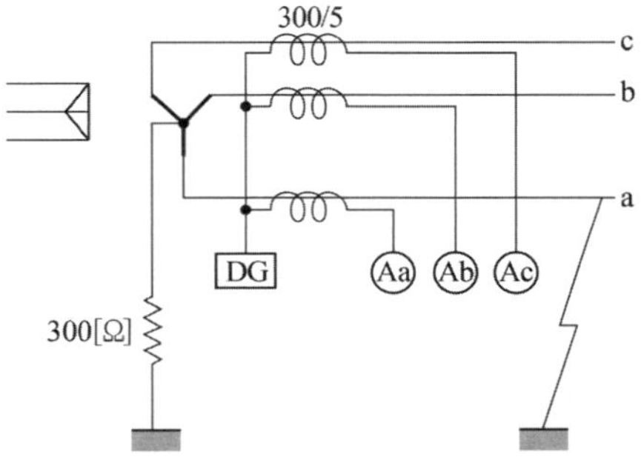

(1) 지락 계전기 DG에 흐르는 전류[A]값은?
•계산 : •답 :

(2) a상 전류계 Aa에 흐르는 전류[A]값은?
•계산 : •답 :

(3) b상 전류계 Ab에 흐르는 전류[A]값은?
•계산 : •답 :

(4) c상 전류계 Ac에 흐르는 전류[A]의 값은?
•계산 : •답 :

답안작성

(1) 계산 : 지락전류 $I_g = \frac{E}{R} = \frac{V}{\sqrt{3} \times R} = \frac{66000}{\sqrt{3} \times 300} = 127.02$ [A]

지락계전기에 흐르는 전류 i_n

$$i_n = I_g \times \frac{5}{300} = 127.02 \times \frac{5}{300} = 2.12 \text{ [A]}$$

답 : 2.12 [A]

(2) 계산 : 부하전류 $I_L = \dfrac{20000}{\sqrt{3} \times 66 \times 0.8} \times (0.8 - j0.6) = 175 - j131.2 = 218.7$[A]

지락전류 $I_g = \dfrac{66000}{\sqrt{3} \times 300} = 127$ [A]

고장상 a에는 I_L과 I_g가 중첩해서 흐르므로

$I_a = I_L + I_g = 175 - j131.2 + 127 = 302 - j131.2 = 329.3$ [A]

$A_a = I_a \times \dfrac{5}{300} = 329.3 \times \dfrac{5}{300} = 5.49$[A]

답 : 5.49 [A]

(3) 계산 : 부하전류 $I_L = \dfrac{20000}{\sqrt{3} \times 66 \times 0.8} \times (0.8 - j0.6) = 175 - j131.2 = 218.7$[A]

$A_b = I_L \times \dfrac{5}{300} = 218.7 \times \dfrac{5}{300} = 3.65$[A]

답 : 3.65 [A]

(4) 계산 : 부하전류 $I_L = \dfrac{20000}{\sqrt{3} \times 66 \times 0.8} \times (0.8 - j0.6) = 175 - j131.2 = 218.7$ [A]

$A_c = I_L \times \dfrac{5}{300} = 218.7 \times \dfrac{5}{300} = 3.65$[A]

답 : 3.65 [A]

해 설

중성점 저항접지 방식이므로 지락사고시 a상에 흐르는 지락전류는 유효분만 존재한다.

문제 06 ▸ 출제년도 : 07. ▸ 점수 : 5점

자동화재탐지설비에서 종단저항을 설치하는 주 목적은?

답안작성

감지기회로의 도통시험을 용이하게 하기 위해

해 설

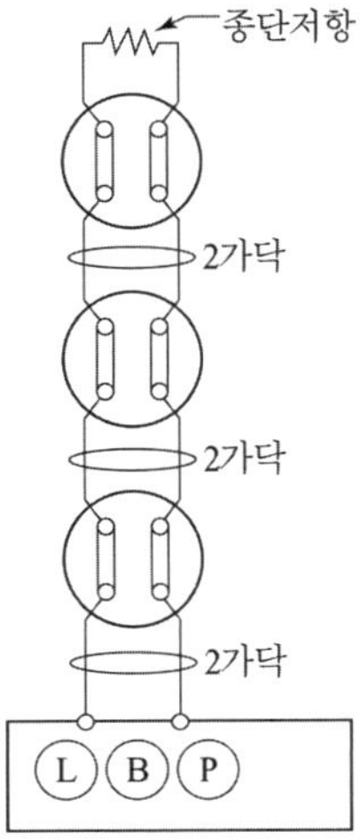

[종단저항이 말단 감지기에 설치된 경우]

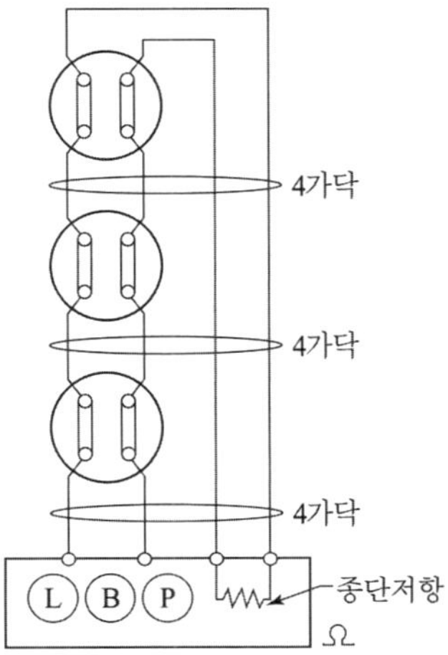

[종단저항이 발신기함 내부에 설치되어 있는 경우]

문제 07 ▸ 출제년도 : 89. 92. 98. 01. 07. ▸ 점수 : 7점

도면과 같이 구내 각 공장에 케이블을 포설하고자 한다. 도면을 숙독하고 유의사항을 참고하여 총수량을 주어진 답안지에 계산하여 답하시오.

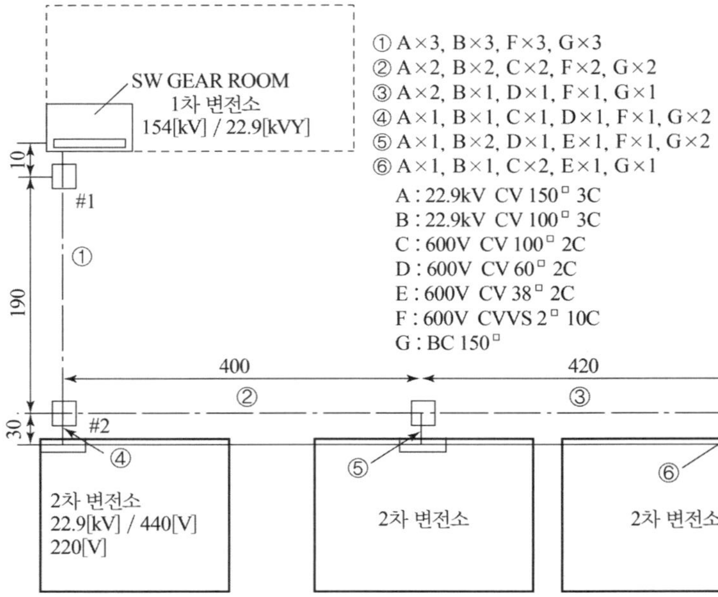

[유의사항]

① 생략된 도면과 문제지에 나타나 있지 않은 사항은 임의로 생각하지 말고 도면대로 할 것
② MANHOLE과 관로는 완성되어 있다.
③ MANHOLE에서 S.W GEAR ROOM과 2차 변전소간의 거리는 표시된 숫자만큼만 계산한다.
④ #맨홀 표시
⑤ 케이블 수량을 구한 후 3 [%] 할증을 적용하여 소수점 미만은 버리시오.

번 호	품 명	규 격	단 위	수 량
(1)	케 이 블	22.9 [kV], CV 150□ 3C	[m]	
(2)	케 이 블	22.9 [kV], CV 100□ 3C	[m]	
(3)	케 이 블	600 [V], CV 100□ 2C	[m]	
(4)	케 이 블	600 [V], CV 60□ 2C	[m]	
(5)	케 이 블	600 [V], CV 38□ 2C	[m]	
(6)	케 이 블	600 [V], CVVS 2□ 10C	[m]	
(7)	케 이 블	B.C. 150□ 나연동	[m]	

답안작성

(1) $(200\times3+400\times2+420\times2+30\times3)\times1.03=2330\times1.03=2399$ [m]

(2) $(200\times3+400\times2+420+30\times4)\times1.03=1940\times1.03=1998$[m]

(3) $(400\times2+30+60)\times1.03=890\times1.03=916$[m]

(4) $(420+30\times2)\times1.03=480\times1.03=494$[m]

(5) $(30\times2)\times1.03=60\times1.03=61$[m]

(6) $(200\times3+400\times2+420+30\times2)\times1.03=1880\times1.03=1936$[m]

(7) $(200\times3+400\times2+420+30\times5)\times1.03=1970\times1.03=2029$[m]

문제 08

▸ 출제년도 : 03. 04. 07.　▸ 점수 : 5점

그림 기호의 정확한 명칭은?

답안작성

피드 버스 덕트

해 설

FBD : 피드 버스덕트
PBD : 플러그인 버스덕트
TBD : 트롤리 버스덕트

문제 09

▸ 출제년도 : 07.　▸ 점수 : 5점

활선공법에서 특고압 핀 애자 또는 라인포스트 애자를 방호할 때 사용하는 절연체는 무엇인가?

답안작성

애자덮개(Insulator Cover)

문제 10

▸ 출제년도 : 97. 04. 07.　▸ 점수 : 5점

지표상 8 [m]의 점에 400 [kg]의 수평 장력을 받는 경사진 전주가 있다. 그림과 같은 지선을 시설할 경우 지선이 받는 장력 T [kg]는 얼마인가? 기타는 무시한다.

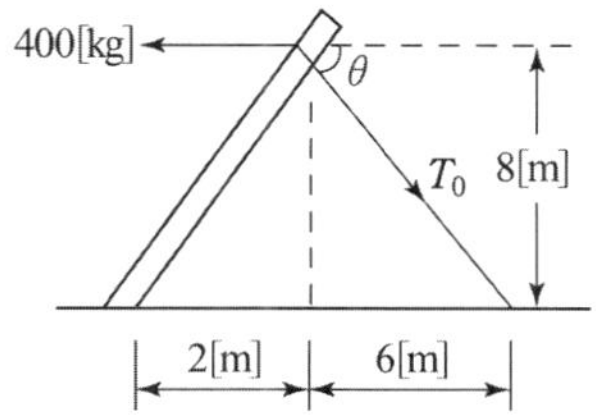

답안작성

계산 : 경사진 전주에서의 지선이 받는 장력

$$T_0=\frac{\sqrt{b^2+H^2}}{a+b}\times T=\frac{\sqrt{6^2+8^2}}{2+6}\times400=500[\text{kg}]$$

답 : 500 [kg]

문제 11 ▸ 출제년도 : 07. ▸ 점수 : 9점

고압 개폐기의 종류에서 단로기의 기능, 용도, 기호를 쓰시오.

(1) 기능

(2) 용도

(3) 기호

답안작성

(1) 부하전류를 개폐하지 못하나 선로의 충전전류, 변압기의 여자전류 등 미약한 전류의 개폐는 가능

(2) 기기를 전로에서 개방하거나 모선의 접속을 변경하는데 사용

(3) DS

문제 12 ▸ 출제년도 : 89. 97. 00. 04. 07. ▸ 점수 : 6점

공칭단면적 200 [mm^2], 전선 무게 1.838 [kg/m], 전선의 바깥 지름 18.5 [mm]인 경동연선을 경간 200 [m]로 가설하는 경우 이도(Dip)와 전선의 실제 거리는? 단, 경동 연선의 인장 하중은 7910 [kg], 빙설하중은 0.416 [kg/m], 풍압하중은 1.525 [kg/m] 이고 안전율은 2.2라 한다.

답안작성

(1) 계산 : 이도 $D = \dfrac{\sqrt{(1.838+0.416)^2+1.525^2}\times 200^2}{8\times\dfrac{7910}{2.2}} = 3.78$ [m]　　답 : 3.78 [m]

(2) 계산 : 전선의 실제 길이 $L = 200 + \dfrac{8\times 3.78^2}{3\times 200} = 200.19$ [m]　　답 : 200.19 [m]

해 설

(1) $D = \dfrac{WS^2}{8T}$,　$W = \sqrt{(\text{전선의 자중}+\text{빙설하중})^2+\text{풍압하중}^2}$

(2) $L = S + \dfrac{8D^2}{3S}$

문제 13 ▸ 출제년도 : 07. ▸ 점수 : 5점

UPS의 운전상태에서 바이패스(bypass) 전환 회로는 어떤 역할을 하는지 쓰시오.

답안작성

UPS 내부회로 이상시나 기타 문제 발생시 UPS를 거치지 않고 부하설비에 직접 상용전원을 공급하도록 하는 회로

문제 14 ▸ 출제년도 : 05. 07. ▸ 점수 : 5점

다음 조건을 만족하는 회로를 구성하여 미완성 도면을 완성하시오.

[조건]

① Button Switch B_1 또는 B_2를 누르면(눌렀다 놓으면) 해당번호의 전등 L_1 또는 L_2가 점등되고 동시에 Buzzer BZ가 일정시간 동작하고 Timer T의 설정시간 후 L_1 또는

L_2와 BZ는 동시에 정지한다. L_1이 점등되고 있을 때 B_2를 눌러도 L_2는 점등되지 않는다. L_2가 점등되고 있을 때에도 B_1을 눌러도 L_1은 점등되지 않는다.

② 정지한 후 다시 B_1 또는 B_2를 누르면(눌렀다 놓으면) 해당번호의 전등 L_1 또는 L_2가 점등되고 동시에 Buzzer BZ가 일정시간 동작하고 Timer T의 설정시간 후 L_1 또는 L_2와 BZ는 동시에 정지한다.

③ 다음 Time Chart를 참고하시오.

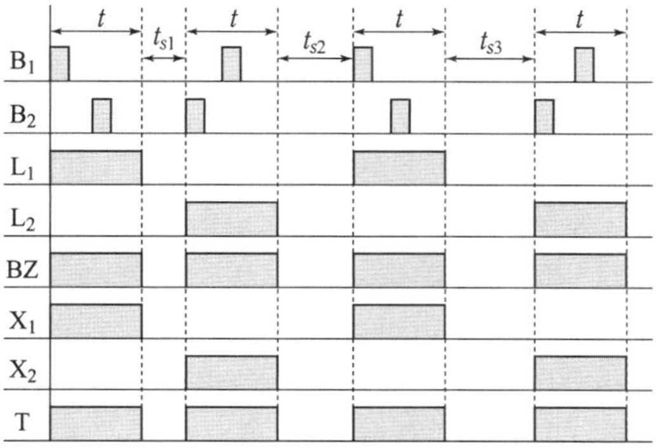

- t는 T의 설정 시간
- t_{s1}, t_{s2}, t_{s3}는 L_1, L_2 및 Buzzer가 동작하지 않고 정지하고 있는 시간 (문제와는 상관이 없으며 참고로 표시한 것임)

TIMER 내부 결선도

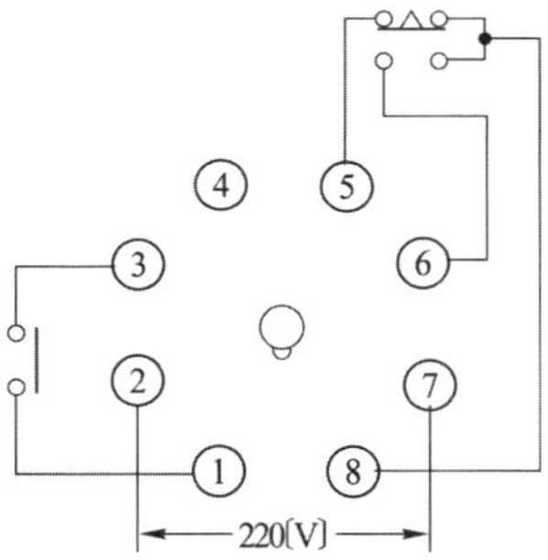

Minipower Relay 내부 결선도(14pin)

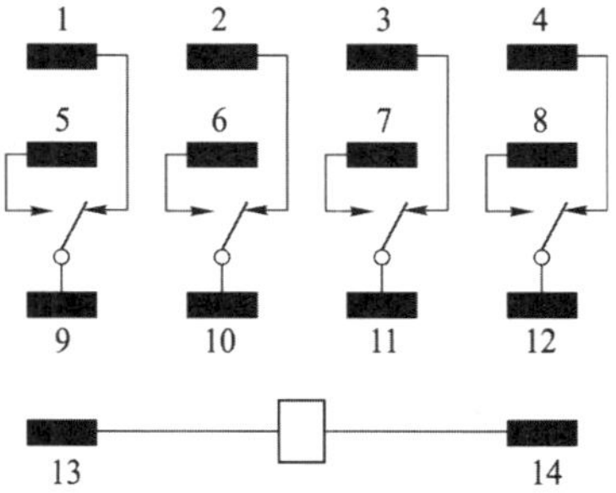

④ 미완성 도면

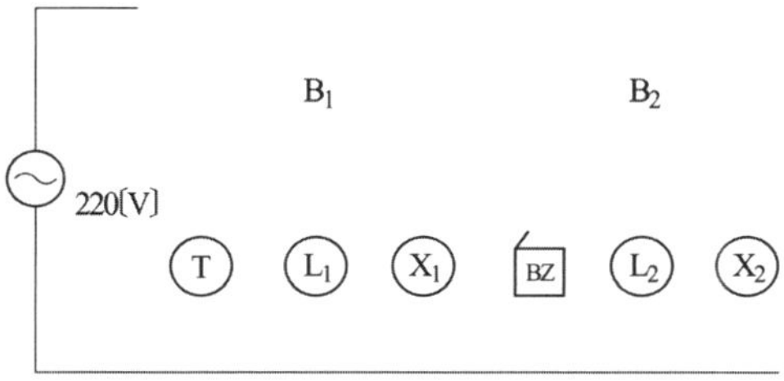

[범례]

- X_1, X_2 : Minipower Relay 내부 결선도(14 pin)
- T : TIMER(8 pin)

답안작성

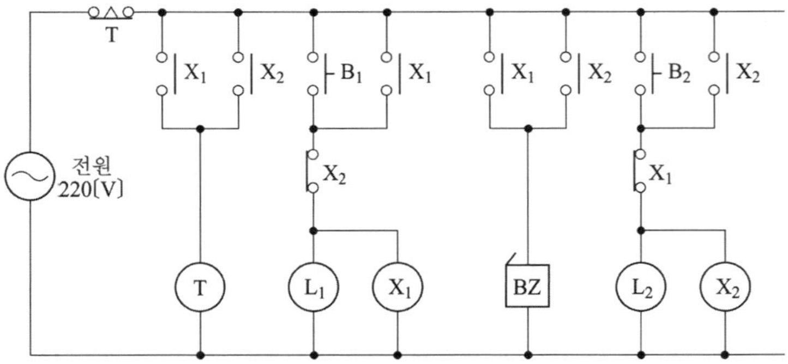

문제 15 ▸ 출제년도 : 07. ▸ 점수 : 6점

다음 동작설명과 타이머 내부회로도를 참고하여 시퀀스 회로도를 그리시오.

[동작설명]

① 배선용 차단기를 넣는순간 콘센트 C_1, C_2에 전압이 걸리도록 한다.

② 3로 스위치 S_3가 OFF 상태에서 푸시버튼 스위치 PB_1, PB_2 중 어느 것을 눌러도 타이머가 동작하여 전등 R_2가 점등된다. 일정시간이 지나면 타이더 T가 동작 T-b 가 떨어진다. 이때 T-b에 의해 타이머 T는 소세되고 전등 R_2는 소등된다.

③ 3로 스위치 S_3를 ON 하면 전등 R_1이 점등된다.

[타이머 내부 회로도]

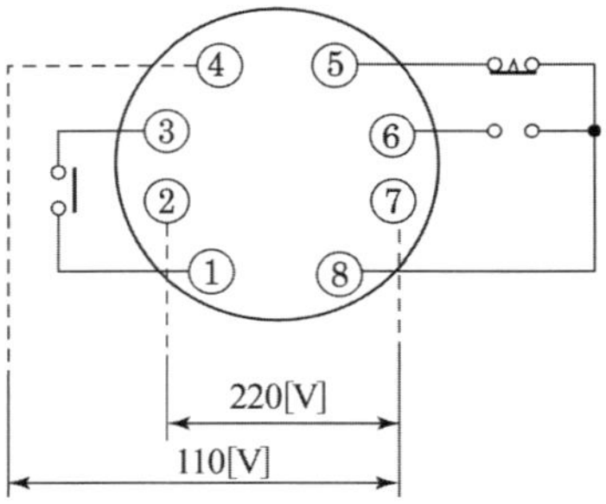

답안작성

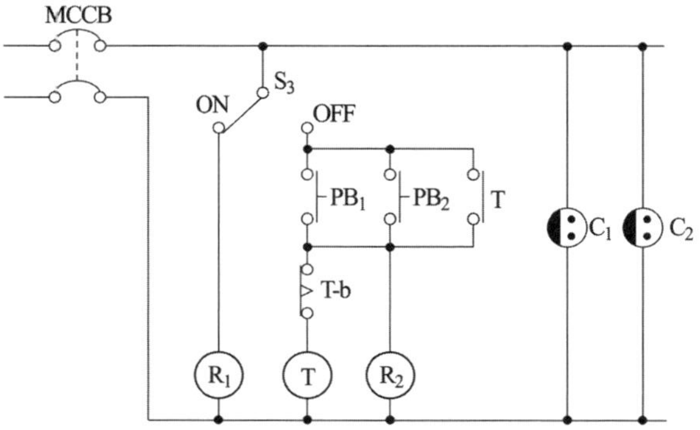

국가기술자격검정 실기시험문제 및 답안지

2007년도 **산업기사** 일반검정 제 **4** 회			수험번호	성 명	감독위원 확인
자격종목(선택분야)	시험시간	형별			
전기공사산업기사	2시간 00분				

※ 다음 물음에 답을 해당 답란에 답하시오.(배점 : 100점)

문제 01 ‣ 출제년도 : 07. ‣ 점수 : 5점

학교, 사무실, 은행 등의 옥내배선의 설계에 있어서 간선의 굵기를 선정할 때 전등 및 소형 전기기계기구의 용량의 합계가 10 [kVA]를 넘는 것에 대한 수용률은 몇 [%]를 적용하고 있는가?

답안작성

70 [%]

해 설

간선의 수용률

전등 및 소형전기 기계기구의 용량 합계가 10 [kVA]를 초과하는 것은 그 초과용량에 대하여 다음의 수용률을 적용할 수 있다.

건축물의 종류	수용률 [%]
주택, 기숙사, 여관, 호텔, 병원, 창고	50
학교, 사무실, 은행	70

문제 02 ‣ 출제년도 : 96. 07. ‣ 점수 : 5점

전기 배선도 도면을 작성할 때 사용하는 방수용 콘센트의 표준 심벌을 그리시오.

답안작성

 WP

문제 03 ‣ 출제년도 : 93. 04. 05. 07. ‣ 점수 : 4점

외부피뢰시스템의 수뢰부시스템 형식 3가지를 쓰시오.

답안작성

① 돌침방식 ② 수평도체방식 ③ 메시도체방식

해 설

KEC 152.1 수뢰부시스템

수뢰부시스템의 선정은 돌침, 수평도체, 메시도체의 요소 중에 한 가지 또는 이를 조합한 형식으로 시설하여야 한다.

문제 04 ▸ 출제년도 : 99. 02. 05. 07. ▸ 점수 : 9점

그림 중 ☐ 내의 기기 명칭을 기호로 써 넣으시오.

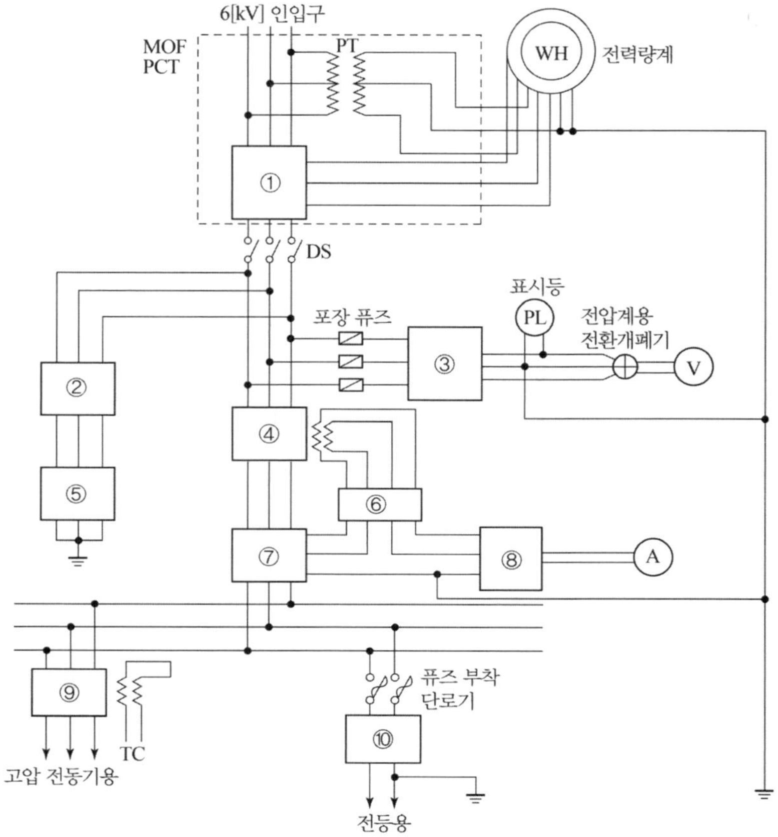

답안작성

① CT　② DS　③ PT　④ CB　⑤ LA
⑥ CCR　⑦ CT　⑧ AS　⑨ CB　⑩ TR

해 설

① CT(계기용 변류기)　② DS(단로기)
③ PT(계기용 변압기)　④ CB(교류 차단기)
⑤ LA(피뢰기)　⑥ OCR(과전류 계전기)
⑦ CT(계기용 변류기)　⑧ AS(전류계용 전환개폐기)
⑨ CB(교류 차단기)　⑩ TR(변압기)

문제 05 ▸ 출제년도 : 07. ▸ 점수 : 6점

자동화재탐지설비 수신기를 6가지만 쓰시오.

답안작성

① F형 수신기　② R형 수신기　③ M형 수신기
④ GP형 수신기　⑤ GR형 수신기　⑥ 간이형 경보기

문제 06 ▸ 출제년도 : 06. 07. ▸ 점수 : 5점

장선기(시메라)는 어떤 용도로 쓰이는 공구인가?

답안작성

이도 조정 및 지선의 장력조정

문제 07 ▸ 출제년도 : 03. 05. 07. ▸ 점수 : 5점

경제적 송전선의 전선의 굵기를 결정하고자 할 때 적용되는 법칙은 무엇인가?

답안작성

켈빈의 법칙

해 설

- 켈빈의 법칙 : 건설 후에 전선의 단위 길이를 기준으로 해서 여기서 1년간에 잃게되는 손실 전력량의 금액과 건설시 구입한 단위 길이의 전선비에 대한 이자와 상각비를 가산한 연경비가 같게 되게끔 하는 굵기가 가장 경제적인 전선의 굵기다.

문제 08 ▸ 출제년도 : 06. 07. ▸ 점수 : 5점

유도등 설비에 대한 다음 (　) 안에 알맞은 용어를 쓰시오.

> "건축전기설비나 소방설비에서 유도등 설비는 화재 등 비상시에 사람의 피난을 용이하게 하기위한 피난구의 표시 또는 방향을 지시하는 조명설비로, 설치 장소에 따라 (　　)유도등, (　　)유도등, (　　)유도등으로 분류된다.

답안작성

피난구, 통로, 객석

문제 09 ▸ 출제년도 : 07. ▸ 점수 : 6점

수변전 설비의 보수점검에서 변압기의 주요 보수점검 내용을 6가지만 쓰시오.

답안작성

① 본체 외부점검　　② 소음 및 진동점검
③ 절연저항측정　　④ 변압기 절연유의 절연파괴전압 측정
⑤ 절연유 산가측정　　⑥ 과열 및 오손점검

해 설

이외에도 ⑦ 부싱점검
⑧ Tap 전환장치의 내부점검
⑨ 절연유내 수분측정 이 있다.

문제 10 ▸ 출제년도 : 92. 06. 07. ▸ 점수 : 5점

절연전선으로 가선된 배전선로에서 활선 상태인 경우 전선의 피복을 벗기는 것은 매우 곤란한 작업이다. 이런경우 활선상태에서 전선의 피복을 벗기는 공구로 적합한 것은?

답안작성

활선용 피박기

해 설

전선의 피복을 벗길 때 사용하는 장구로써 본체와 절단칼, 3개의 회전용 핸들링으로 구성되어 있는 간접 활선용 장구

문제 11 ▸ 출제년도 : 93. 96. 98. 99. 01. 07. ▸ 점수 : 5점

38 [mm^2]의 경동연선을 사용해서 높이가 같고 경간이 330 [m]인 철탑에 가선하는 경우 이도는 얼마인가? (단, 이 경동연선의 인장하중은 1480 [kg], 안전율은 2.2이고 전선 자체의 무게는 0.348 [kg/m]라고 한다.)

답안작성

계산 : $D = \dfrac{WS^2}{8T} = \dfrac{0.348 \times 330^2}{8 \times \dfrac{1480}{2.2}} = 7.04$ [m]

답 : 7.04 [m]

문제 12 ▸ 출제년도 : 07. ▸ 점수 : 5점

다음 각 물음에 답하시오.

(1) 배전선로에서 가장 많이 사용되는 개폐기 4가지를 쓰시오.

(2) 소호원리에 따른 차단기의 종류에는 OCB 등 여러 종류가 있지만 소호원리가 대기중에서 전자력을 이용하여 아크를 소호실 내로 유도해서 냉각 차단하는 차단기 종류는?

답안작성

(1) ① 컷아웃스위치(C.O.S) ② 부하개폐기
③ 리크로저(Recloser) ④ 섹셔널라이저(Sectionalizer)

(2) 자기차단기(MBB)

해 설

소호 원리에 따른 차단기의 종류

종 류		소 호 원 리
명 칭	약어	
유입 차단기	OCB	소호실에서 아크에 의한 절연유 분해 가스의 열전도 및 압력에 의한 blast을 이용해서 차단
기중 차단기	ACB	대기 중에서 아크를 길게 해서 소호실에서 냉각 차단
자기 차단기	MBB	대기중에서 전자력을 이용하여 아크를 소호실 내로 유도해서 냉각 차단
공기 차단기	ABB	압축된 공기를 아크에 불어 넣어서 차단
진공 차단기	VCB	고진공 중에서 전자의 고속도 확산에 의해차단
가스 차단기	GCB	고성능 절연 특성을 가진 특수 가스(SF_6)를 이용해서 차단

문제 13 ▸ 출제년도 : 88. 00. 04. 05. 07. ▸ 점수 : 5점

공구 손료는 일반 공구 및 시험용 계측기구류의 손료로서 공사중 상시 일반적으로 사용하는 것을 말하며 직접 노무비(노임 할증과 작업시간 증가에 의하지 않는 품 할증 제외) 몇 [%]를 계상할 수 있는가?

답안작성

3 [%]

문제 14 ▸ 출제년도 : 03. 05. 07. ▸ 점수 : 5점

변압기의 병렬운전 조건 4가지를 쓰고, 이들 조건이 맞지 않을 경우에 어떤 현상이 나타나는지 서술하시오.

- 병렬 운전 조건
- 조건이 맞지 않는 변압기를 병렬운전 하였을 경우 변압기에 미치는 영향

답안작성

병렬운전 조건	조건이 맞지 않는 경우
① 정격 전압(권수비)이 같은 것	순환 전류가 흘러 권선이 가열
② 극성이 일치할 것	큰 순환 전류가 흘러 권선이 소손
③ %임피던스 강하(임피던스 전압)가 같을 것	부하의 분담이 용량의 비가 되지 않아 부하의 분담이 균형을 이룰 수 없다.
④ 내부 저항과 누설 리액턴스의 비 (즉 $r_a/x_a = r_b/x_b$)가 같을 것	각 변압기의 전류간에 위상차가 생겨 동손이 증가

문제 15 ▸ 출제년도 : 07. ▸ 점수 : 6점

ZCT와 CT의 결선의 차이점은?

답안작성

- ZCT : 3상의 3상 모두 일괄해서 ZCT 1개에 관통시킨다.
- CT : 3상의 각상 별로 CT에 관통시킨다.

문제 16 ▸ 출제년도 : 05. 07. ▸ 점수 : 6점

설계서의 작성순서에서 변경설계를 하려고 한다. 다음( )안에 알맞은 용어는?

> 표지 – 목차 – (   ) – 일반시방서 – 특별시방서 – (   ) – 동원인원계획표 – 내역서 – 이하생략

답안작성

변경 이유서, 예정공정표

문제 17 ▸ 출제년도 : 99. 01. 07. ▸ 점수 : 6점

다음 그림의 릴레이 회로를 보고 물음에 답하시오.

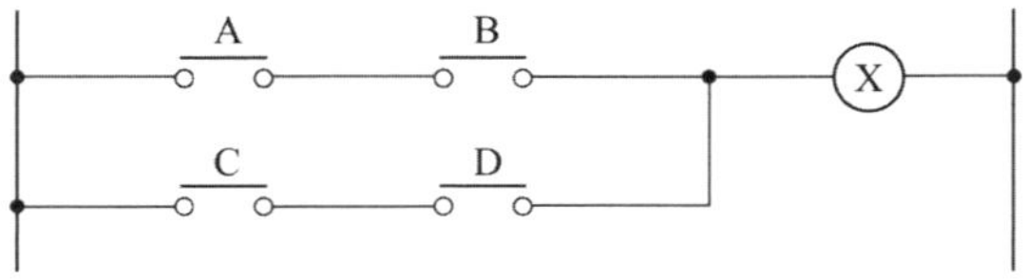

(1) 논리식을 쓰시오.

(2) 2입력 AND 소자, 2입력 OR 소자를 사용하여 로직 회로로 바꾸시오.

(3) 2입력 NAND 소자 만으로 회로를 바꾸시오.

답안작성

(1) Ⓧ = AB+CD

(2)

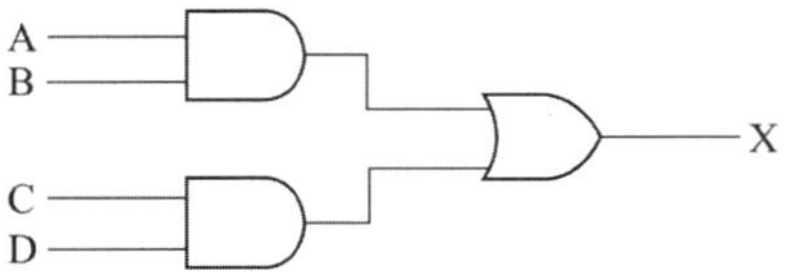

(3)

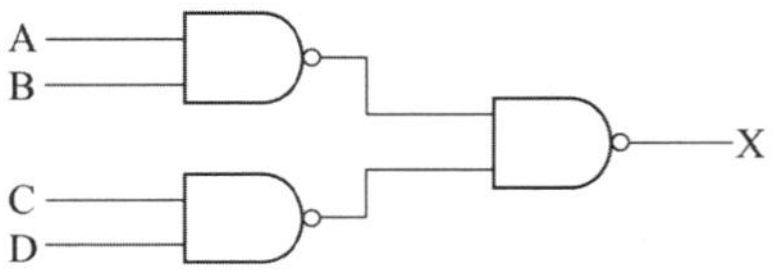

문제 18 ▸ 출제년도 : 07. ▸ 점수 : 7점

다음에 제시한 동작 조건과 Time chart를 이용하여 미완성 회로를 완성하시오.

[동작조건]

다음 조건들은 모두 CB가 ON된 상태이다.

① L_1, L_2, L_3 모두 소등된 상태에서 누름버튼스위치 B_1을 누르면(눌렀다 놓으면) 전등 L_1이 점등되었다가 일정 시간(t 시간)후 소등된다.

② L_1, L_2, L_3 모두 소등된 상태에서 누름버튼스위치 B_2을 누르면(눌렀다 놓으면) 전등 L_1과 L_2가 동시에 점등되었다가 일정 시간(t 시간)후 동시에 소등된다.

③ L_1, L_2, L_3 모두 소등된 상태에서 누름버튼스위치 B_3을 누르면(눌렀다 놓으면) 전등 L_1, L_2, L_3 가 동시에 점등되었다가 일정 시간(t 시간)후 동시에 소등된다.

④ L_1이 점등된 상태에서 B_2를 누르면(눌렀다 놓으면) L_2가 점등($t-t_1$ 동안)된다. 이때 B_3를 누르면 (눌렀다 놓으면) L_3가 점등($t-t_2$ 동안)된다. t시간 후 L_1, L_2, L_3는 동시에 소등된다.

⑤ L_1과 L_2가 점등된 상태에서 B_3를 누르면(눌렀다 놓으면) L_3가 t의 나머지 시간 ($t-t_3$) 동안 점등된다. t시간 후 L_1, L_2, L_3는 동시에 소등된다.

⑥ L_1이 점등된 상태에서 B_3를 누르면(눌렀다 놓으면) L_2, L_3가 동시에 t의 나머지 시간($t-t_4$) 동안 점등된다. t시간 후 L_1, L_2, L_3는 동시에 소등된다.

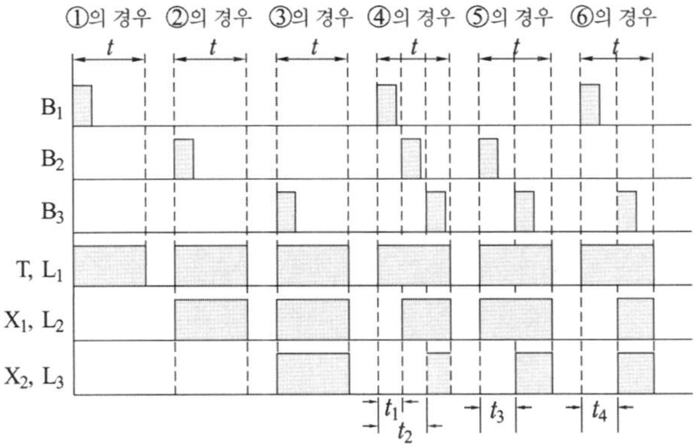

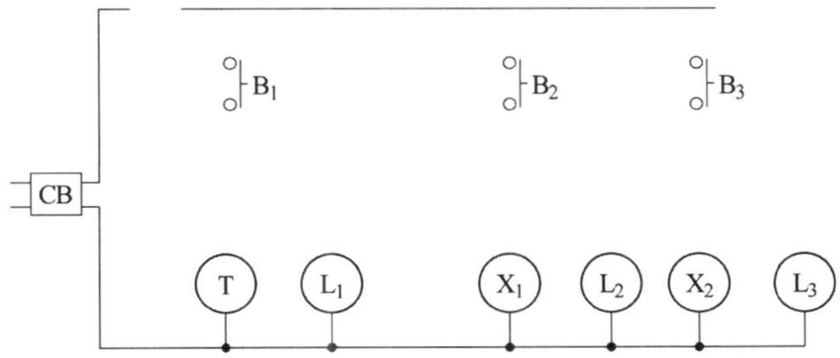

ON DELAY TIMER 내부 결선도

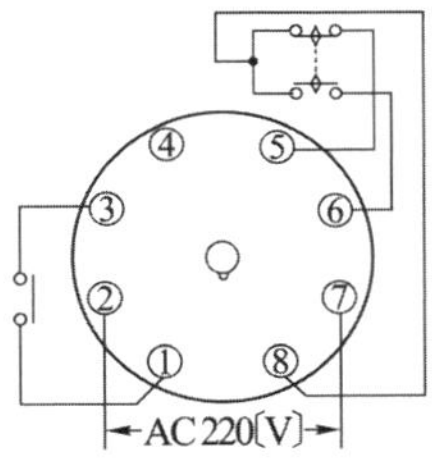

8핀 릴레이 내부 접속도

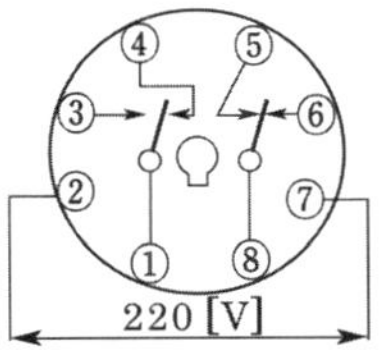

답안작성

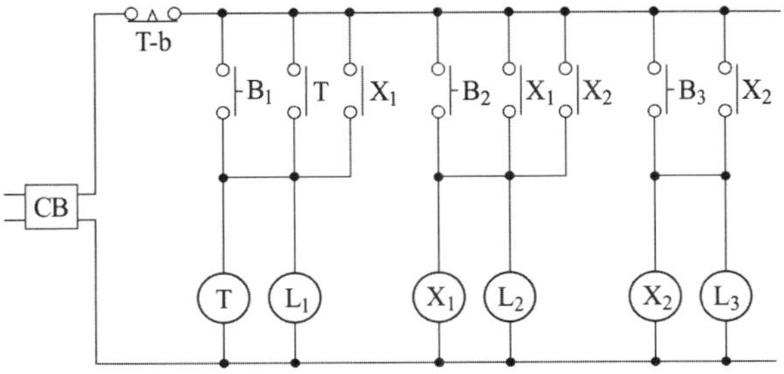

MEMO

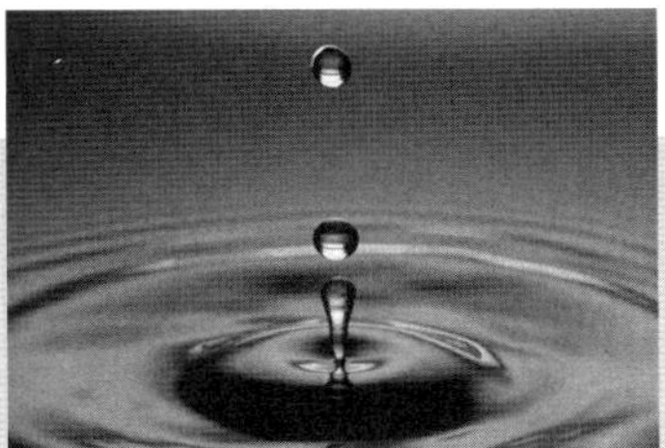

D30-4

2008년도 전기공사산업기사 실기

- 08년 제 1 회 전기공사산업기사
- 08년 제 2 회 전기공사산업기사
- 08년 제 4 회 전기공사산업기사

국가기술자격검정 실기시험문제 및 답안지

2008년도 산업기사 일반검정 제 1 회

자격종목(선택분야)	시험시간	형별	수험번호	성 명	감독위원 확 인
전기공사산업기사	2시간 00분				

※ 다음 물음에 답을 해당 답란에 답하시오.(배점 : 100점)

문제 01 ‣ 출제년도 : 08. ‣ 점수 : 6점

누전경보기의 변류기를 시험하려고 한다. 어떤 종류의 시험을 하여야 하는지 그 종류를 6가지만 쓰시오.

답안작성

① 온도특성시험 ② 절연저항시험 ③ 단락전류강도시험
④ 충격파 내전압시험 ⑤ 진동시험 ⑥ 방수시험

해 설

이외에도 ⑦ 노화시험 ⑧ 충격시험 ⑨ 전로개폐시험
⑩ 절연내력시험 ⑪ 과누전시험 ⑫ 전압강하방지시험

문제 02 ‣ 출제년도 : 06. 08. ‣ 점수 : 5점

비상콘센트의 화재안전기준에 의해 비상콘센트설비의 전원회로(비상콘센트에 전력을 공급하는 회로를 말함)를 구성하려고 한다. 다음 ( )안에 ①, ②에 알맞은 내용을 쓰시오.

"비상콘센트설비의 전원회로는 단상교류 (①) [V]인 것으로, 그 공급 용량은 (②) [kVA] 이상인 것으로 할 것"

답안작성

① 220 ② 1.5

해 설

전원회로의 종류	전 압	공급용량	플러그 접속기
단상 교류	220 [V]	1.5 [kVA] 이상	접지형 2극

문제 03 ‣ 출제년드 : 08. ‣ 점수 : 5점

"노이즈 방지용 접지"란 어떤 접지인지 쓰시오.

답안작성

어떤 전자장치의 노이즈 발생 또는 기타 발생원인 으로부터 또 다른 전자장치의 오동작, 통신장애 기타 다른기기 장애를 일으키지 않도록 하기위한 접지
즉, 노이즈 방지용 접지란 에너지를 대지로 방출하기 위한 접지를 말한다.

문제 04 ▸ 출제년도 : 04. 06. 08 ▸ 점수 : 10점

그림은 어느 생산공장의 수전설비의 계통도이다. 이 계통도와 뱅크의 부하용량표, 변류기 규격표를 보고 다음 각 물음에 답하시오.

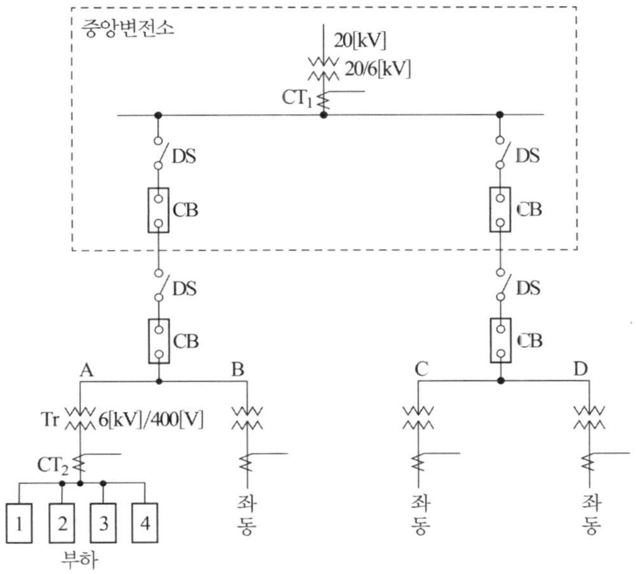

뱅크의 부하 용량표

피더	부하 설비 용량 [kW]	수용률 [%]
1	125	80
2	125	80
3	500	60
4	600	84

변류기 규격표

	항 목	변 류 기
변류기	정격 1차 전류	5, 10, 15, 20, 30, 40, 50, 75, 100, 150, 200, 300, 400, 500, 600, 750, 1000, 1500, 2000, 2500
	정격 2차 전류	5

(1) A, B, C, D 뱅크에 같은 부하가 걸려 있으며, 각 뱅크의 부등률은 1.1이고 전부하 합성 역률은 0.8이다. 중앙변전소의 변압기 용량을 표준 규격으로 답하시오.

(2) 변류기 CT_1, CT_2의 변류비를 구하시오. 단, 1차 수전 전압은 20000/6000 [V], 2차 수전 전압은 6000/400 [V]이며 변류비는 표준 규격으로 답하고 전류비값의 1.25배로 결정한다.

답안작성

(1) 계산 : A 뱅크의 최대 수요 전력

$$= \frac{125\times0.8+125\times0.8+500\times0.6+600\times0.84}{1.1\times0.8} = 1140.91\ [\text{kVA}]$$

A, B, C, D 각 뱅크간의 부등률은 없으므로

중앙 변전소 변압기 용량 $= 1140.91\times4 = 4563.64\ [\text{kVA}]$

답 : 5000 [kVA]

(2) ① CT_1

$I = \frac{5000}{\sqrt{3}\times6}\times1.25 = 601.41$ [A]이므로 표에서 600/5 선정　　답 : 600/5

② CT_2

$I = \frac{1140.91}{\sqrt{3}\times0.4}\times1.25 = 2058.45$ [A]이므로 표에서 2000/5 선정　　답 : 2000/5

해 설

(2) ② 표에서 2500/5를 선정하면 전부하 전류($\frac{1140.91}{\sqrt{3}\times0.4} = 1646.76$[A])의 1.52배($\frac{2500}{1646.76} = 1.52$)가 되어 변류비가 너무 커져 CT의 정도가 낮아지므로 CT_2는 2000/5가 적합하다.

문제 05

▸ 출제년도 : 98. 00. 04. 07. 08.　▸ 점수 : 5점

110/220 [V] 단상 3선식 전력을 공급 받는 어느 수용가의 부하연결이 아래 그림과 같은 경우 불평형율을 계산하시오. 단, 소수점 이하 첫째 자리에서 반올림 할 것

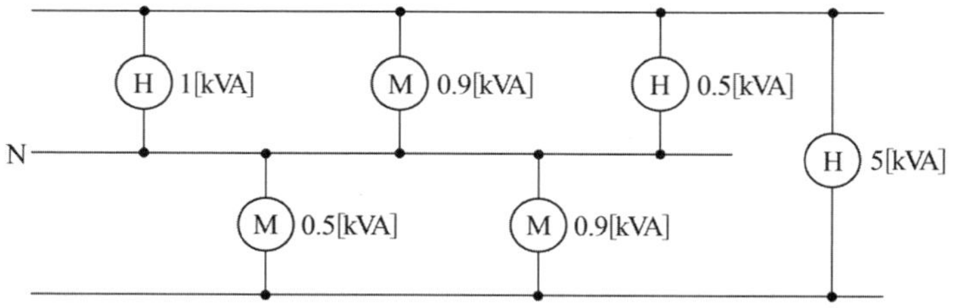

• 계산 :　　　　　　　　　　• 답 :

답안작성

계산 : 설비 불평형률 $= \dfrac{(1+0.9+0.5)-(0.5+0.9)}{\frac{1}{2}(1+0.9+0.5+0.5+0.9+5)}\times100 = 22.73\ [\%]$

답 : 23 [%]

해 설

단상 3선식에서의 설비불평형률

$$\text{설비불평형률} = \frac{\text{중성선과 각 전압측 전선간에 접속되는 부하 설비용량[kVA]의 차}}{\text{총 부하 설비용량의 1/2}}\times100\ [\%]$$

여기서, 불평형률은 40[%] 이하이어야 한다.

문제 06

▸ 출제년도 : 08. ▸ 점수 : 5점

가공전선로는 전기의 수송로로서 전기적 성능과 혹독한 자연환경에도 견디는 기계적 성능을 갖추어야 한다. 가공전선로를 구성하는 가장 중요한 요소로 어떤 조건을 구비하여야 하는지 5가지만 쓰시오.

답안작성

① 도전률이 높을 것
② 기계적 강도가 클 것
③ 내구성이 있을 것
④ 비중이 적을 것
⑤ 가공성(유연성)이 좋을 것

해 설

이외에도 ⑥ 공사 보수 시 취급이 쉬울 것
⑦ 가격이 저렴할 것

문제 07

▸ 출제년도 : 08. ▸ 점수 : 5점

엑세스플로어(Movable Floor 또는 OA Floor)란 무엇인가 용어 설명을 쓰시오.

답안작성

컴퓨터실, 통신기계실, 사무실 등에서 배선, 기타의 용도를 위한 2중 구조의 바닥을 말한다.

문제 08

▸ 출제년도 : 08. ▸ 점수 : 5점

버스덕트의 종류 5가지를 쓰시오.

답안작성

① 피더 버스 덕트
② 익스팬션 버스덕트
③ 탭붙이 버스덕트
④ 트랜스포지션 버스덕트
⑤ 플러그인 버스덕트

해 설

버스 덕트의 종류

<table>
<tr><th>명 칭</th><th colspan="2">형 식</th><th>설 명</th></tr>
<tr><td rowspan="4">피더 버스 덕트</td><td rowspan="2">옥내용</td><td>환 기 형</td><td rowspan="4">도중에 부하를 접속하지 아니한 것</td></tr>
<tr><td>비환기형</td></tr>
<tr><td rowspan="2">옥외용</td><td>환 기 형</td></tr>
<tr><td>비환기형</td></tr>
<tr><td>익스팬션 버스 덕트</td><td rowspan="3">옥내용</td><td rowspan="3">비환기형</td><td>열 신축에 따른 변화량을 흡수하는 구조인 것</td></tr>
<tr><td>탭붙이 버스 덕트</td><td>종단 및 중간에서 기기 또는 전선 등과 접속시키기 위한 탭을 가진 버스 덕트</td></tr>
<tr><td>트랜스포지션 버스 덕트</td><td>각 상의 임피던스를 평균시키기 위해서 도체 상호의 위치를 관로 내에서 교체시키도록 만든 버스 덕트</td></tr>
<tr><td rowspan="2">플러그인 버스 덕트</td><td rowspan="2">옥내용</td><td>환 기 형</td><td rowspan="2">도중에 부하 접속용으로 꽂음 플러그를 만든 것</td></tr>
<tr><td>비환기형</td></tr>
</table>

문제 09 ▸ 출제년도 : 03. 08. ▸ 점수 : 5점

그림에서 S는 인입구 개폐기이다. 개폐기 F의 명칭을 쓰시오.

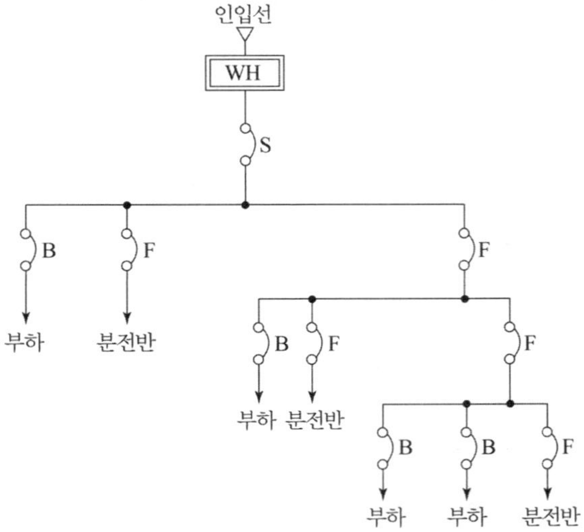

답안작성

간선 개폐기

문제 10 ▸ 출제년도 : 01. 05. 08 ▸ 점수 : 5점

전선의 소요량 계산에서 전선 가선시 선로의 고저가 심할 때 산출하는 식을 쓰시오.

답안작성

선로긍장×전선조수×1.03

해 설

선로가 평탄할 경우 : 선로긍장×전선조수×1.02

문제 11 ▸ 출제년도 : 08. ▸ 점수 : 5점

철탑에 소호각(Arcing horn)이나 소호환(Arcing ring)을 설치하는 목적을 쓰시오.

답안작성

- 애자련의 전압분포 개선
- 섬락시 애자가 열적으로 파괴 되는것을 방지

문제 12 ▸ 출제년도 : 93. 04. 05. 07. 08. ▸ 점수 : 5점

외부피뢰시스템의 수뢰부시스템 형식 3가지를 쓰시오.

답안작성

① 돌침방식
② 수평도체방식
③ 메시도체방식

해 설

KEC 152.1 수뢰부시스템

수뢰부시스템의 선정은 돌침, 수평도체, 메시도체의 요소 중에 한 가지 또는 이를 조합한 형식으로 시설하여야 한다.

문제 13

▸ 출제년도 : 08. ▸ 점수 : 5점

축전지의 용량 산출에 필요한 조건 5가지만 쓰시오.

답안작성

① 부하의 크기와 성질
② 예상 정전 시간
③ 순시 최대 방전 전류의 세기
④ 제어 케이블에 의한 전압 강하
⑤ 경년에 의한 용량의 감소

해 설

이외에도 ⑥ 온도 변화에 의한 용량의 보정

문제 14

▸ 출제년도 : 93. 08. ▸ 점수 : 9점

전기공사의 공사원가 비목이 다음과 같이 구성되었을 경우 일반관리비와 이윤을 산출하시오.

- 재료비 소계 : 80,000,000원
- 노무비 소계 : 40,000,000원
- 경 비 소 계 : 25,000,000원

(1) 일반관리비

•계산 : •답 :

(2) 이윤

•계산 : •답 :

답안작성

(1) 계산 : 일반 관리비 $= (80,000,000 + 40,000,000 + 25,000,000) \times 0.06 = 8,700,000$ [원]
답 : 8,700,000 [원]

(2) 계산 : 이윤 $= (40,000,000 + 25,000,000 + 8,700,000) \times 0.15 = 11,055,000$[원]
답 : 11,055,000 [원]

해 설

(1) 일반 관리비

공사 원가	일반 관리 비율
5억원 미만	6 [%]
5억원~30억원 미만	5.5 [%]
30억원 이상	5 [%]

(2) 이윤(공사의 경우) = (노무비+경비+일반관리비)×15 [%]

문제 15 ▸ 출제년도 : 08. ▸ 점수 : 5점

변압기의 기름이 공기와 접촉되면 열화하여 불용성 침전물이 생긴다. 이것을 방지하기 위한 장치를 쓰시오.

답안작성

콘서베이터

해 설

변압기에 사용되는 절연유는 변압기외부 온도와 내부에서 발생하는 열에 의해 부피가 팽창하고 수축하게 된다. 이를 변압기 호흡작용이라 하며, 이 작용에 의해 공기 중의 수분과 산소를 흡수하게 되어 절연유가 산화되고, 침전물이 생기게 된다. 이것을 절연유의 열화라 하며, 이것을 방지하기 위해 콘서베이터를 설치한다.

문제 16 ▸ 출저년도 : 08. ▸ 점수 : 5점

네온 램프의 시험 및 검사항목 5가지만 쓰시오.

답안작성

① 구조검사 ② 수명시험 ③ 진동시험 ④ 충격시험 ⑤ 조기특성시험

해 설

이외에도 ⑥ 베이스 접착강도시험

문제 17 ▸ 출제년도 : 05. 08. ▸ 점수 : 5점

다음 심벌의 명칭을 쓰시오.

답안작성

VVF용 조인트 박스

해 설

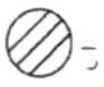 단자붙이 임을 표시하는 경우에는 t를 방기한다.

문제 18 ▸ 출제년도 : 94. 97. 08. ▸ 점수 : 5점

동작설명을 참고하여 제어 회로도를 완성하시오.

(1) S_1를 OFF 상태에서 S_{3-1}을 ON하면 R_1이 점등되고 S_{3-2}을 ON 하면 R_2가 점등된다.

(2) S_{3-1}을 OFF 하고 S_{3-2}을 OFF한 상태에서 S_1을 ON하면 R_1, R_2가 병렬 점등된다.

(3) PB를 누르면 타이머 T가 동작하여 R_3가 점등되고 일정시간 후 R_3는 소동되며 R_4가 점등된다.

• 타이머 내부 결선도

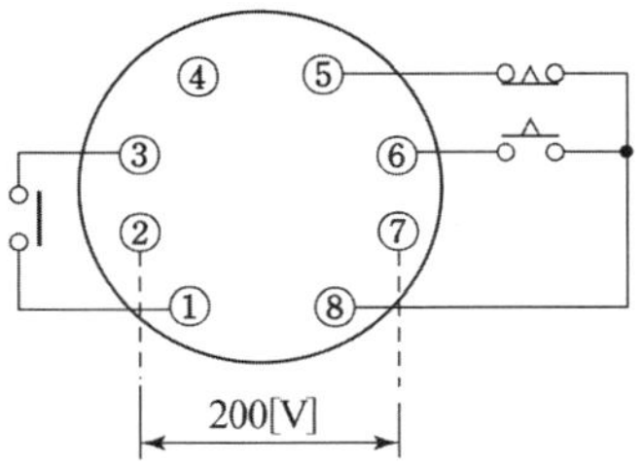

• 제어회로도

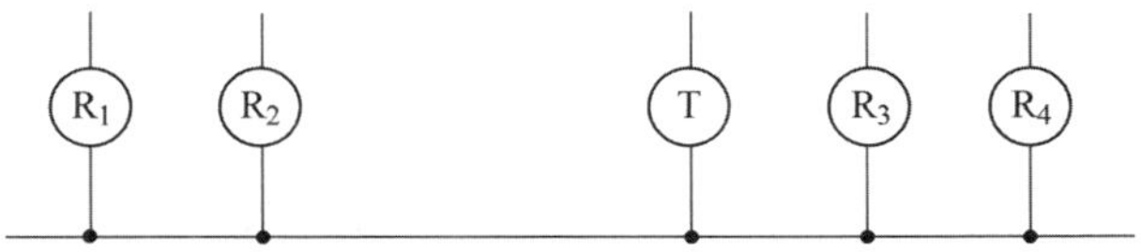

답안작성

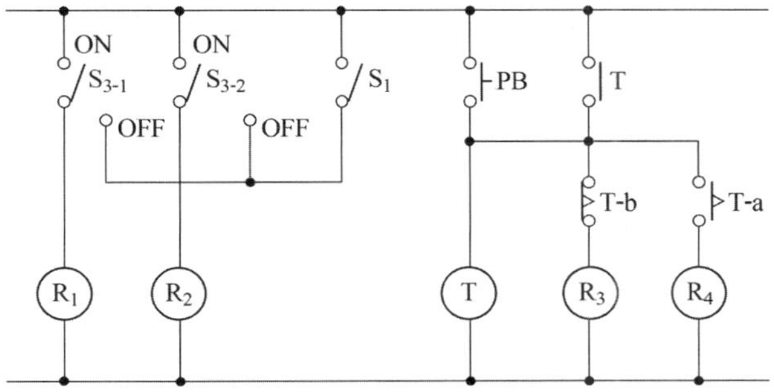

국가기술자격검정 실기시험문제 및 답안지

2008년도 산업기사 일반검정 제 2 회

자격종목(선택분야)	시험시간	형별	수험번호	성 명	감독위원 확 인
전기공사산업기사	2시간 00분				

※ 다음 물음에 답을 해당 답란에 답하시오.(배점 : 100점)

문제 01 ▸출제년도 : 08. ▸점수 : 6점

다음은 소화활동설비 중 비상콘센트설비에 관한 절연저항 및 절연내력의 기준에 관한 사항이다. ( )안에 알맞은 내용을 쓰시오.

- 절연저항은 전원부와 외함 사이를 (①) [V]의 절연저항계로 측정할 때 (②) [MΩ] 이상일 것
- 절연 내력은 전원부와 외함 사이에 정격전압이 150 [V] 이하인 경우에는 (③) [V]의 실효전압을, 정격전압이 150 [V] 이상인 경우에는 그 정격전압에 (④)를 곱하여 (⑤)을 더한 실효전압을 가하는 시험에서 (⑥)분 이상 견디는 것으로 할 것

답안작성

① 500 [V]　② 20 [MΩ]　③ 1000 [V]　④ 2　⑤ 1000　⑥ 1

해 설

비상콘센트설비의 전원부와 외함 사이의 절연저항 및 절연내력은 다음 각호의 기준에 적합하여야 한다.

① 절연저항은 전원부와 외함 사이를 500 [V] 절연저항계로 측정할 때 20 [MΩ] 이상일 것

② 절연내력은 전원부와 외함 사이에 정격전압이 150 [V] 이하인 경우에는 1,000 [V]의 실효전압을, 정격전압이 150 [V] 이상인 경우에는 그 정격전압에 2를 곱하여 1,000을 더한 실효전압을 가하는 시험에서 1분 이상 견디는 것으로 할 것

문제 02 ▸출제년도 : 08. ▸점수 : 5점

축전지설비에서 축전지는 장기간 사용하거나 사용 조건 등이 변경되기 때문에 이 용량 변화를 보상하는 보정치로 보통 0.8로 하는 것을 무엇이라 하는가?

답안작성

보수율 (경년용량저하율)

해 설

$$C = \frac{1}{L} KI \,[\mathrm{Ah}]$$

여기서 C : 축전지 용량[Ah], L : 보수율 , K : 용량환산시간계수, I : 방전전류[A]

문제 03 ▸ 출제년도 : 93. 06. 08 ▸ 점수 : 5점

그림과 같이 전선관을 지중에 매설하려고 한다. 터파기(흙파기)량은 얼마인가? 단, 매설 거리는 70[m]이고, 전선관의 면적은 무시한다.

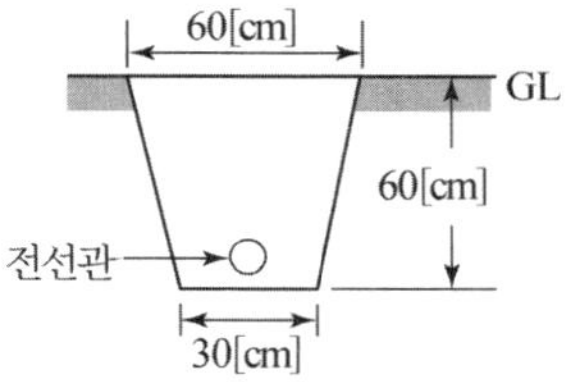

답안작성

계산 : 줄기초 파기이므로

$$V_o = \frac{0.6+0.3}{2} \times 0.6 \times 70 = 18.9[\text{m}^3]$$

답 : 18.9 [m^3]

해 설

$$V_o = \frac{A+B}{2} \times hL$$

문제 04 ▸ 출제년도 : 03. 08. ▸ 점수 : 5점

굴곡 개소가 많고 금속관 공사를 하기 어려운 경우, 전동기와 옥내배선을 결합하는 경우, 기타 시설의 건조물에 배선하는 경우 등에 사용하는 배관 재료를 다음 물음에 답하시오.

(1) 전선관과 박스와의 접속에 사용하는 것은?
(2) 가요전선관과 금속관을 결합하는 곳에 사용하는 것은?
(3) 돌려서 접속할 수 없는 경우의 가요전선관과 금속관을 결합하는 곳에 사용하는 것은?
(4) 직각으로 박스에 붙일 때 사용하는 것은?
(5) 가요전선관 상호를 결합하는 곳에 사용하는 것은?

답안작성

(1) 스트레이트 박스 커넥터 (2) 컴비네이션 커플링
(3) 컴비네이션 유니온 커플링 (4) 앵글 박스 커넥터
(5) 스플릿 커플링

문제 05 ▸ 출제년도 : 08. ▸ 점수 : 5점

부식성 가스 등이 있는 장소의 배선에 관한 사항이다. 다음 (   )안에 알맞은 내용을 쓰시오.

> "배선은 부식성가스 또는 용액의 종류에 따라서 (①)공사·(②)공사·(③)공사·(④)공사·(⑤)공사 또는 캡타이어 케이블 공사에 의하여 시설하여야 한다."

답안작성

① 애자 ② 금속관 ③ 합성수지관
④ 금속제가요전선관 ⑤ 케이블

해 설

부식성 가스 등이 있는 장소
배선은 부식성 가스 또는 용액의 종류에 따라서 애자공사 · 금속관공사 · 합성수지관공사(두께 2[mm] 미만의 합성수지제전선관 및 난연성이 없는 CD관은 제외한다) · 금속제가요전선관공사(2종 금속제 가요전선관을 사용하는 것에 한한다) · 케이블공사 또는 캡타이어케이블공사에 의하여 시설하여야 한다.

문제 06

▸ 출제년도 : 06. 08. ▸ 점수 : 10점

조명설비에 대한 다음 각 물음에 답하시오.

(1) 어떤 전기공사도면에서 $\bigcirc_{M400}$으로 표시되어 있다. 이것은 무엇을 뜻하는지 쓰시오.

(2) 비상용 조명을 건축법에 따른 형광등으로 하고자 할 때 그 그림기호를 표현하시오.

(3) 평면이 15 [m]×10 [m]인 사무실에 40 [W] 형광등 전광속 2500 [lm]인 형광등을 사용하여 평균조도를 300 [lx]로 유지하도록 하려고 한다. 이 사무실에 필요한 형광등 수를 산정하시오. 단, 조명률은 0.6이고, 감광보상률은 1.3이다.

•계산 : •답 :

답안작성

(1) 400 [W] 메탈 핼라이드등

(2) 

(3) 계산 : $N = \dfrac{EAD}{FU} = \dfrac{300 \times 15 \times 10 \times 1.3}{2500 \times 0.6} = 39$ [등] 답 : 39 [등]

해 설

(1) H400 수은등 400 [W]
M400 메탈 핼라이드등 400 [W]
N400 나트륨등 400 [W]

문제 07

▸ 출제년도 : 08. ▸ 점수 : 6점

전기설비의 접지 목적에 대하여 3가지만 쓰시오.

답안작성

① 감전방지
② 이상전압의 억제
③ 보호계전기의 동작 확보

해 설

① 감전 방지 : 기기의 절연 열화나 손상 등으로 누전이 발생하면 전류가 접지선으로 흘러 기기의 대지 전위 상승이 억제되고 인체의 감전 위험이 줄어들게 된다.
② 이상전압의 억제 : 뇌전류 또는 고 저압 혼촉 등에 의하여 침입하는 고전압을 접지선을 통해 대지로 흘려 보내 기기의 손상을 방지할 수 있다.
③ 보호계전기의 동작 확보 : 지락 사고시에 일정 크기 이상의 지락 전류가 쉽게 흐르기 때문에 지락 계전기 등의 동작을 확실하게 할 수 있다.
④ 전로의 대지전압의 저하 : 3상 4선식 전로의 중성점을 접지하면 각 선의 대지전압은 선간전압의 $1/\sqrt{3}$로 낮아진다.

문제 08 ▸ 출제년도 : 08. ▸ 점수 : 8점

주상변압기 설치가 완료되면 실시하는 측정 및 시험의 종류 6가지를 쓰시오.

답안작성

① 절연저항 측정 ② 여자시험 ③ 전압비 시험
④ 위상각 시험 ⑤ 절연유 내압시험 ⑥ 변압기 시험

문제 09 ▸ 출제년도 : 05. 07. 08. ▸ 점수 : 4점

그림과 같은 심벌은 어떤 전선관인 경우인가?

답안작성

경질 비닐 전선관

해 설

배관의 표시
- 강제 전선관은 별도의 표기없음
- VE : 경질 비닐 전선관
- F_2 : 2종 금속제 가요전선관
- PF : 합성수지제 가요관

문제 10 ▸ 출제년도 : 07. 08. ▸ 점수 : 6점

자동화재탐지설비의 발신기의 설치기준에 대하여 3가지만 쓰시오.

답안작성

① 조작이 쉬운 장소에 설치하고, 스위치는 바닥으로부터 0.8 [m] 이상 1.5 [m] 이하의 높이에 설치할 것
② 특정소방대상물의 층마다 설치하되, 당해 소방대상물의 각 부분으로부터 수평거리가 25 [m] 이하가 되도록 할 것
③ 발신기의 위치를 표시하는 표시등은 함의 상부에 설치하되, 부착지점으로부터 10 [m] 이내의 어느 곳에서도 쉽게 식별할 수 있는 적색등으로 할 것

문제 11 ▸ 출제년도 : 08. ▸ 점수 : 5점

"분기회로"란 무엇인가 용어의 정의를 쓰시오.

답안작성

분기회로(分岐回路)란 간선에서 분기하여 분기과전류차단기를 거쳐서 부하에 이르는 사이의 배선을 말한다.

문제 12 ▸ 출제년도 : 89. 93. 95. 97. 04. 08. ▸ 점수 : 4점

다음 심벌은 자동화재탐지설비의 감지기에 대한 옥내배선용 그림기호이다. 그림기호의 명칭은?

답안작성

연기 감지기

문제 13 ▸ 출제년도 : 08. ▸ 점수 : 6점

무정전 공법의 종류 3가지를 쓰시오.

답안작성

① 이동용 변압기 공법
② 바이패스 케이블 공법
③ 공사용 개폐기 공법

문제 14 ▸ 출제년도 : 06. 08. ▸ 점수 : 5점

변전소에서 사용하는 전압 조정 장치 중 부하 전류가 흐르는 상태에서 전압을 조정할 수 있는 장치로 부하시 전압 조정 장치(OLTC : On Load Tap Changer)가 있다. 이 전압 조정 장치의 구성 요소를 보기에서 골라 3가지만 쓰시오.

> [보기] 차단기, 부하전류 개폐기, 탭 선택기, 탭 확장기, 변류기

답안작성

부하전류 개폐기, 탭 선택기, 탭 확장기

문제 15 ▸ 출제년도 : 08. ▸ 점수 : 6점

1종 금속 몰드(메탈 몰딩)공사에 사용하는 부속품 4가지를 쓰시오.

답안작성

① 조인트 커플링
② 부싱
③ 플랫 엘보
④ 인터널 엘보

해 설

1종 금속 몰드 공사 : 본체는 베이스와 커버로 구성되며, 일반적으로 길이가 1.9[m]로 되어 있다. 부속품에는 조인트용 커플링, 부싱, 엘보 등이 있다.

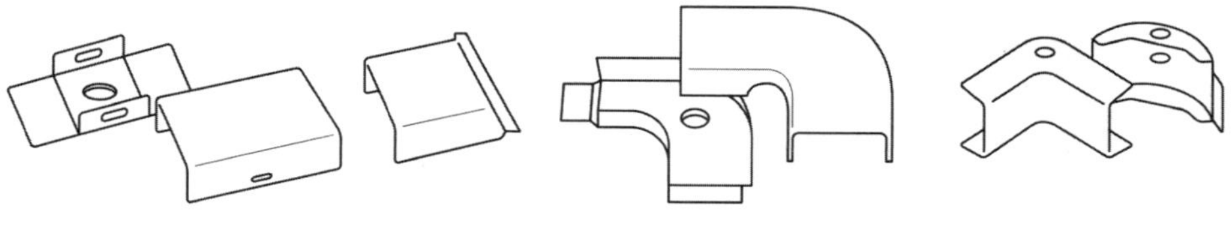

조인트 커플링 부싱 플랫 엘보 인터널 엘보

문제 16 ▸ 출제년도 : 03. 06. 08. ▸ 점수 : 5점

주어진 동작설명과 같이 동작될 수 있는 시퀀스 제어도를 그리시오.

[동작설명]

- 3로 스위치 S_{3-1}을 ON, S_{3-2}를 ON했을 시 R_1,R_2가 직렬 점등되고, S_{3-1}을 OFF, S_{3-2}를 OFF했을 시 R_1, R_2가 병렬 점등한다.
- 푸시버튼 스위치 PB를 누르고 있는 동안에는 램프 R_3와 부저 B가 병렬로 동작한다.

답안작성

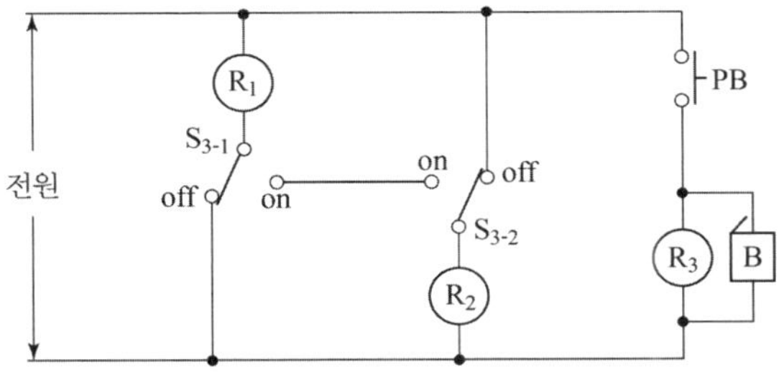

문제 17 ▸ 출제년도 : 06. 08. ▸ 점수 : 9점

그림은 어떤 보안장치 회로의 일부분이다. 주어진 동작조건에 의하면 도면의 (1)~(9)에는 어떤 계전기의 접점이 기록되어야 하는지 접점 기호 X_1, X_2, X_3로 답하시오.

[동작조건]

누름 버튼 스위치를 $PB_3 - PB_1 - PB_2 - PB_4$의 순서로 눌러야 Door Lock(DL)이 열리도록 하고자 한다. 이 순서가 바뀌면 DL은 열리지 않으며, DL이 열리면 Limit Switch가 open 되어 전원이 차단된다.

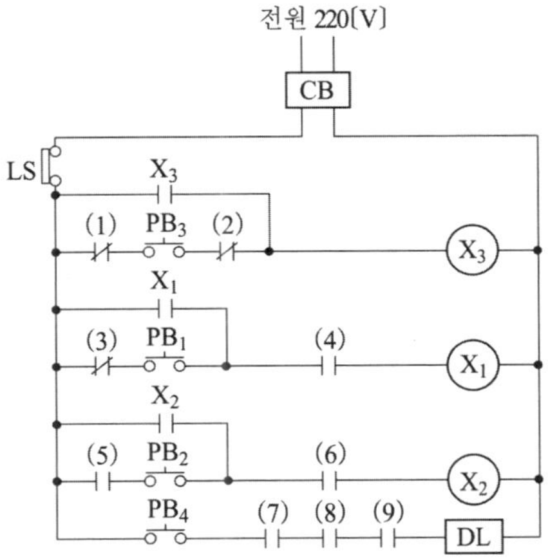

답안작성

(1) X_1 (2) X_2 (3) X_2 (4) X_3 (5) X_3 (6) X_1 (7) X_1 (8) X_2 (9) X_3

국가기술자격검정 실기시험문제 및 답안지

2008년도 산업기사 일반검정 제 4 회

자격종목(선택분야)	시험시간	형별	수험번호	성 명	감독위원 확 인
전기공사산업기사	2시간 00분				

※ 다음 물음에 답을 해당 답란에 답하시오.(배점 : 100점)

문제 01

▸ 출제년도 : 08. ▸ 점수 : 5점

3상 4선식 Y접속시 전등과 동력을 공급하는 옥내배선의 경우는 상별 부하전류가 평형으로 유지되도록 상별로 결선하기 위하여 전원측 전선에 색별배선을 하거나 색테이프를 감는 등의방법으로 표시를 하여야 한다. 이때 L3상에는 어떤 색별표시를 하여야 하는가?

답안작성

회색

해 설

KEC 121.2 전선의 식별

1) 전선의 색상은 표 에 따른다.

상(문자)	색상
L1	갈색
L2	검은색
L3	회색
N	파란색
보호도체	녹색-노란색

2) 색상 식별이 종단 및 연결 지점에서만 이루어지는 나도체 등은 전선 종단부에 색상이 반영구적으로 유지될 수 있는 도색, 밴드, 색 테이프 등의 방법으로 표시해야 한다.

문제 02

▸ 출제년도 : 08. ▸ 점수 : 9점

다음 중 교류 전등 공사에서 금속관내에 전선을 넣어 연결한 방법 중 가장 옳은 것을 선택하고 그 사유를 쓰시오.

㉮
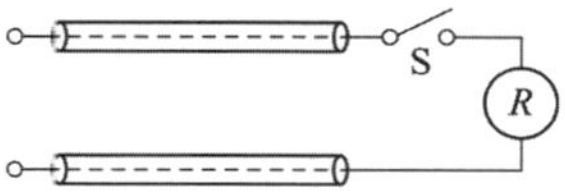

㉯
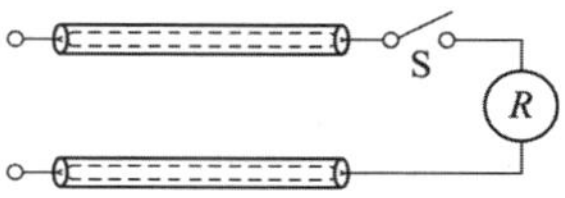

㉰
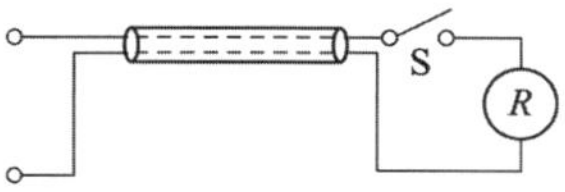

㉱
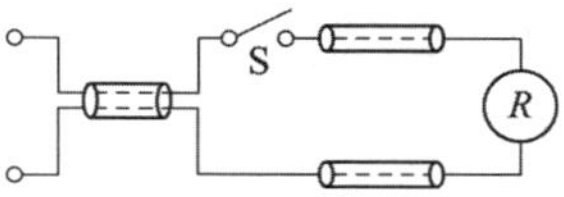

• 연결한 방법 중 옳은 것

• 사유

답안작성

• 연결한 방법 중 옳은 것 : ㉰
• 사유 : 전자적 평형 상태 유지

해 설

전자적 평형 상태를 유지하기 위해서 1회로의 전선 전부를 동일 관내에 넣는 것을 원칙으로 한다. 여기서 1회로의 전선 전부란 단상 2선식 회로는 2선을, 단상 3선식 회로 및 3상 3선식 회로는 3선을, 3상 4선식 회로는 4선을 말한다.

문제 03

▸ 출제년도 : 08. ▸ 점수 : 6점

다음 ( )안에 알맞은 내용을 쓰시오.

> "애자공사의 전선은 애자로 지지하고 조영재 등에 접촉될 우려가 있는 개소는 전선을 (①) 또는 (②)에 넣어 시설하여야 한다."

답안작성

① 애관 ② 합성 수지관

해 설

애자공사의 시설방법
애자공사의 전선은 애자로 지지하고 조영재 등에 접촉될 우려가 있는 개소는 전선을 애관 또는 합성수지관에 넣어 시설하여야 한다.

문제 04

▸ 출제년도 : 93. 96. 98. 99. 01. 07. 08. ▸ 점수 : 5점

38 [mm^2]의 경동연선을 사용해서 높이가 같고 경간이 300 [m]인 철탑에 가선하는 경우 이도는 얼마인가? (단, 이 경동연선의 인장하중은 1480 [kgf], 안전율은 2.2이고 전선 자체의 무게는 0.348 [kgf/m]라고 한다.)

답안작성

계산 : $D = \dfrac{WS^2}{8T} = \dfrac{0.348 \times 300^2}{8 \times \dfrac{1480}{2.2}} = 5.82[\text{m}]$ 답 : 5.82 [m]

문제 05

▸ 출제년도 : 08. ▸ 점수 : 5점

"안전관리 설비"란 건축물에 필수적이며, 사람의 안전 및 환경 또는 다른 물체에 손상을 주지 않게 하기 위한 설비를 말한다. 안전관리 설비 중 비상전원이 필요한 설비 5가지만 쓰시오.

답안작성

① 비상조명 ② 소화전설비 ③ 제연설비
④ 피난설비(유도등, 비상조명등) ⑤ 의료용 기기

해 설

이외에드 ⑥ 자동화설비

문제 06 ▸출제년도 : 08. ▸점수 : 5점

전기설비의 시공에 대한 검사는 육안검사 및 시험검사가 있다. 이 때 육안검사 항목 중 5가지단 쓰시오.

답안작성

① 전기기기의 표시확인과 손상유무 점검
② 감전예방의 종류 확인
③ 허용전류 및 전압강하에 관한 전선의 선정
④ 보호장치 및 감시장치의 선택 및 시설
⑤ 단로장치 및 개폐장치의 시설

해 설

1) 이외에도
⑥ 화재의 파급을 예방하기 위한 방재벽의 존재 및 기타 예방 조치와 기타 열 영향에 대한 보호
⑦ 외적영향에 따른 적절한 기기 및 보호수단 선정
⑧ 중성선 및 보호선의 식별
⑨ 회로, 퓨즈, 개폐기, 단자 등의 식별
⑩ 전선접속의 적정성
⑪ 조작 및 보수의 편리성을 위한 접근 가능성
⑫ 접지계통 종류의 확인
⑬ 접지설비의 시공확인
2) 시험검사의 종류
① 시험 순서
② 주 및 보조 등전위 접속을 포함하는 보호선의 연속성
③ 전기설비의 절연저항
④ 회로 분리에 의한 보호
⑤ 타닥과 벽의 저항
⑥ 전원의 자동차단에 의한 보호조건 검사
⑦ 접지극의 저항측정
⑧ 브호선의 저항측정
⑨ 극성시험
⑩ 과전압에 대한 보호검사

문제 07 ▸출제년도 : 95. 06. 08 ▸점수 : 5점

접지도체를 사용하여 접지를 하여야 할 개소를 5개소만 쓰시오.

답안작성

① 일반기기 및 제어반의 외함
② 피뢰기 및 피뢰침
③ 계기용 변성기의 2차측
④ 다선식 전로의 중성선
⑤ 케이블의 차폐선

해 설

이외에도 ⑥ 옥외 철구

문제 08 ▸ 출제년도 : 08. ▸ 점수 : 6점

비상콘센트설비에 관한 사항이다. ( )안에 알맞은 내용을 쓰시오.

- 층수가 (①)층 이상인 특정소방배상물의 경우에는 11층 이상의 층에 설치한다.
- 바닥으로부터 높이 (②) [m] 이상 (③) [m] 이하의 위치에 설치한다.
- 당해 층의 각 부분으로부터 하나의 비상콘센트까지의 수평거리가 (④) [m] 이하가 되도록 배치한다.
- 하나의 전용회로에 설치하는 비상콘센트는 (⑤)개 이하로 할 것
- 비상콘센트용의 풀박스 등은 방청도장을 한 것으로서, 두께 (⑥) [mm] 이상의 철판으로 할 것

답안작성

① 11 ② 0.8 ③ 1.5 ④ 50 ⑤ 10 ⑥ 1.6

해 설

비상콘센트 설치기준

① 11층 이상의 각 층마다 비상콘센트 설비를 시설해야 한다.
② 비상콘센트설비의 전원회로는 단상교류 220 [V]인 것으로서, 그 공급용량은 1.5 [kVA] 이상인 것으로 할 것
③ 전원회로는 각층에 있어서 2이상이 되도록 설치할 것. 다만, 설치하여야 할 층의 비상콘센트가 1개인 때에는 하나의 회로로 할 수 있다.
④ 하나의 전용회로에 설치하는 비상콘센트는 10개 이하로 할 것. 이 경우 전선의 용량은 각 비상콘센트(비상콘센트가 3개 이상인 경우에는 3개)의 공급용량을 합한 용량 이상의 것으로 하여야 한다.
⑤ 비상콘센트용의 풀박스 등은 방청도장을 한 것으로서, 두께 1.6 [mm] 이상의 철판으로 할 것
⑥ 비상콘센트는 바닥으로부터 높이 0.8 [m] 이상 1.5 [m] 이하의 위치에 설치할 것
⑦ 비상콘센트는 당해 층의 각 부분으로부터 하나의 비상콘센트까지의 수평거리는 50 [m] 이내 (지하상가 또는 지하층의 바닥면적의 합계가 3,000 [m^2] 이상인 것은 수평거리 25 [m])가 되도록 할 것

문제 09 ▸ 출제년도 : 08. ▸ 점수 : 5점

다음 용어에 대한 설명을 하시오.

(1) UPS(Uninterruptible Power Supply)
(2) 이도(弛度)
(3) 시방서(示方書)
(4) 케이블 트레이(Cable tray)
(5) 조가선(Messanger Wire)

답안작성

(1) 무정전 전원 공급 장치

(2) 전선의 지지점을 연결하는 수평선으로부터 전선이 밑으로 내려가 있는 길이
(3) 설계도면으로 나타내기 어려운 사항을 문서로 표시한 서류
(4) 케이블을 지지하기 위하여 사용하는 금속제 또는 불연성 재료로 제작된 유니트 또는 유니트의 집합체
(5) 가공전선로의 케이블 또는 통신 케이블을 지지하기 위한 강철선

문제 10

▸ 출제년도 : 98. 08 ▸ 점수 : 5점

다음 저항을 측정하는데 가장 적당한 측정방법은?

(1) 변압기의 절연저항
(2) 검류계의 내부저항
(3) 전해액의 저항
(4) 굵은 나전선의 저항
(5) 접지저항 측정

답안작성

(1) 절연저항계 (Megger)
(2) 휘이스톤 브리지
(3) 콜라우시 브리지
(4) 켈빈 더블 브리지
(5) 접지 저항계

문제 11

▸ 출제년도 : 08. ▸ 점수 : 5점

전기설비에 있어서 감전예방의 종류 중 직접접촉예방은 전기설비가 정상으로 운영하고 있는 상태에서 전기설비에 사람 또는 동물이 접촉되는 경우를 대비하여 감전예방을 위한 보호이다. 직접접촉예방을 위한 보호방법 5가지를 쓰시오.

답안작성

① 충전부의 절연에 의한 보호
② 격벽 또는 외함에 의한 보호
③ 장애물에 의한 보호
④ 손의 접근한계 외측 설치에 따른 보호
⑤ 누전차단기에 의한 추가 보호

해 설

1) 직접접촉예방
전기설비가 정상으로 운영하고 있는 상태에서 전기설비에 사람 또는 동물이 접촉되는 경우를 대비하여 감전예방을 위한 보호
2) 간접접촉예방
전기설비에 지락 등의 고장이 발생한 경우에 해당 전기설비에 사람 또는 동물이 접촉한 경우를 대비하여 감전예방을 위한 보호로서 다음 중 하나의 방법에 의해 실시한다.
① 전원의 자동차단에 의한 보호
② Ⅱ급 기기의 사용 또는 이것과 동등 이상의 절연에 의한 보호
③ 비도전성 장소에 의한 보호
④ 비접지용 국부적 등전위 접속에 의한 보호
⑤ 전기적 분리에 의한 보호

3) 특별저압에 의한 보호는 직접접촉예방 및 간접접촉 예방을 동시에 시행한다. 사용전압은 교류 50 [V] 이하, 직류 120 [V] 이하의 전압을 말한다.

문제 12

▸ 출제년도 : 08. ▸ 점수 : 5점

가연성 가스나 휘발성 가스가 발생할 우려가 있는 장소, 가연성 분체를 취급하는 장소 등의 위험장소에서는 어떤 조명기구를 사용하여야 하는가?

답안작성

방폭형

문제 13

▸ 출제년도 : 03. 04. 07. 08. ▸ 점수 : 5점

PBD 그림 기호의 명칭은?

답안작성

플러그인 버스덕트

해 설

FBD : 피드 버스덕트
PBD : 플러그인 버스덕트
TBD : 트롤리 버스덕트

문제 14

▸ 출제년도 : 06. 08. ▸ 점수 : 5점

연축전지의 정격용량은 250 [Ah]이고, 상시부하가 8 [kW]이며, 표준전압이 100 [V]인 부동충전방식의 충전전류는 몇 [A]인가? 단, 연축전지의 방전율은 10시간율로 계산한다.

•계산 : •답 :

답안작성

계산 : $I = \frac{250}{10} + \frac{8000}{100} = 105[A]$ 답 : 105 [A]

해 설

(1) 부동충전 : 축전지의 자기방전을 보충함과 동시에 상용부하에 대한 전력공급은 충전기가 부담하도록 하되 충전기가 부담하기 어려운 일시적인 대전류 부하는 축전지로 하여금 부담하게 하는 방식

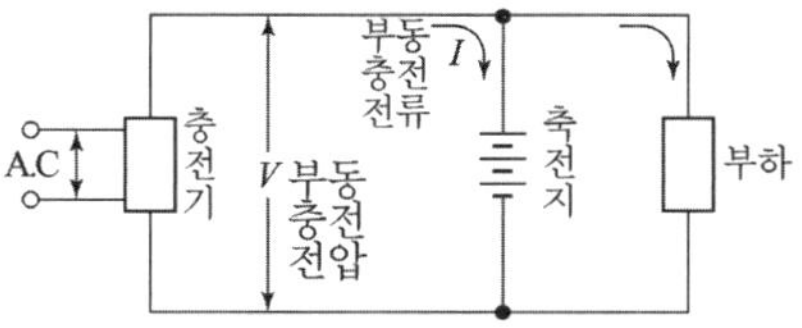

(2) 충전기 2차 충전 전류 [A]= $\frac{\text{축전지 용량 [Ah]}}{\text{정격 방전율 [h]}} + \frac{\text{상시 부하 용량 [VA]}}{\text{표준 전압 [V]}}$

문제 15 ▸출제년도 : 04. 08. ▸점수 : 5점

전원이 인가된 상태에서 아날로그 멀티테스터기를 사용하여 전기회로의 저항값을 측정할 수 있는가?

답안작성

측정불가

문제 16 ▸출제년도 : 99. 01. 08. ▸점수 : 5점

전기공사 금액이 3억원 미만일 때 일반관리 비율은 얼마인가?

답안작성

6[%]

해 설

전문, 전기, 전기 통신 공사	
공사 원가	일반 관리 비율
5억원 미만	6 [%]
5억원~30억원 미만	5.5 [%]
30억원 이상	5 [%]

문제 17 ▸출제년도 : 08. ▸점수 : 5점

다음 타이머 내부 접점번호와 동작설명을 참고하여 동작 회로도를 완성하시오.

[동작설명]

① 배선용 차단기를 투입하고 S_3 OFF시 R_2 점등되고, PB-ON하면 타이머 T여자 T 설정시간 동안 R_3점등, 설정시간 후 R_3소등, R_4점등

② S_3 ON시 T무여자, R_2, R_4 소등, 부저(BZ)동작, R_1점등 (단, 전원은 단상 2선식 220 [V] 이다.)

• 타이머 내부 접점 번호

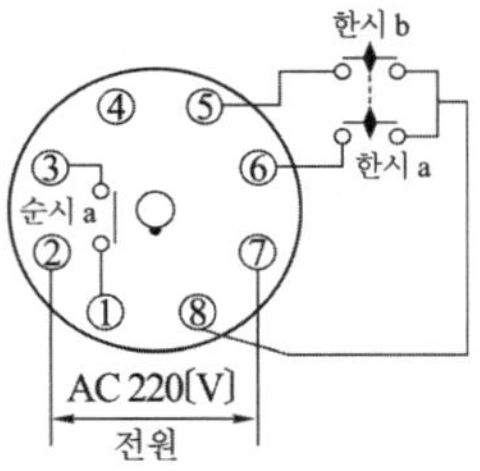

• 동작 회로도

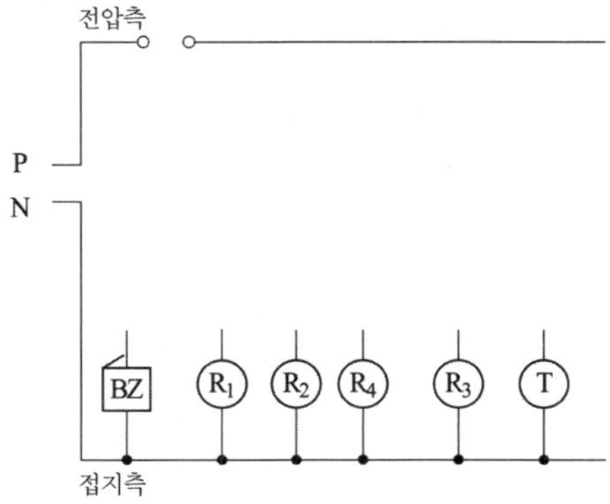

답안작성

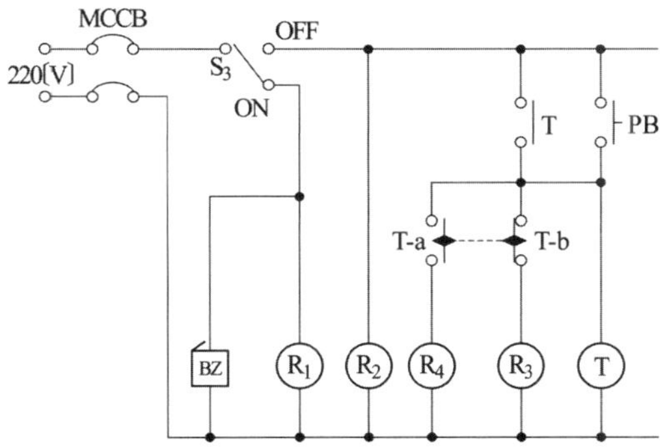

문제 18 ▸ 출제년도 : 96. 99. 08. ▸ 점수 : 9점

신호등 회로의 일부를 로직 시퀀스로 그린 회로이다. 다음 물음에 답하시오.

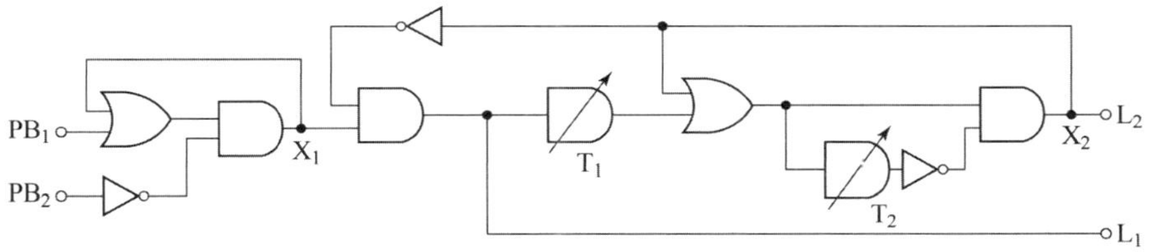

(1) 답란에 주어진 회로도를 완성하시오.

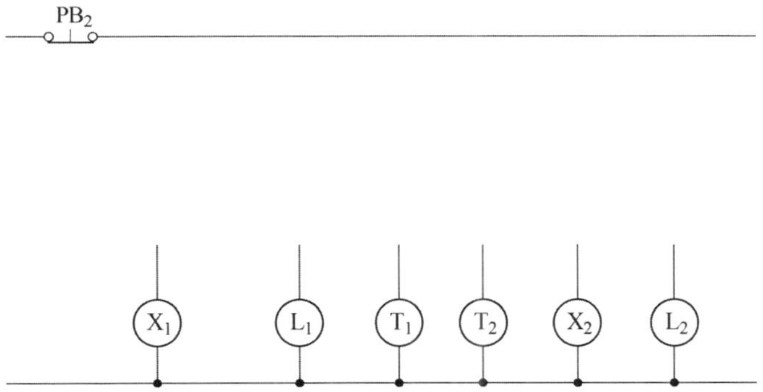

(2) 답란에 주어진 출력식을 쓰시오.

① $X_1 =$　　② $X_2 =$

③ $L_1 =$　　④ $L_2 =$

⑤ $T_1 =$　　⑥ $T_2 =$

답안작성

(1)

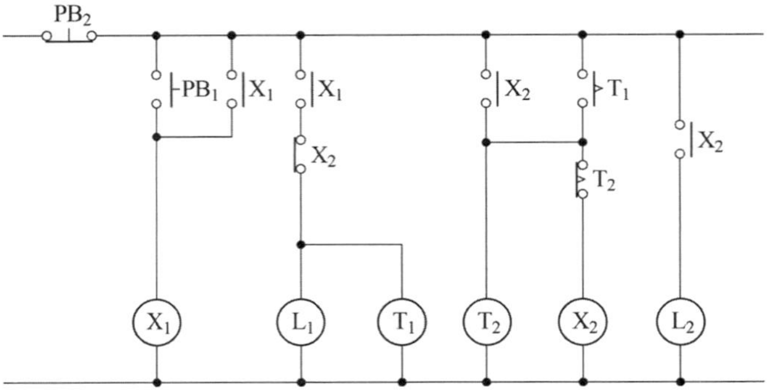

(2) ① $X_1 = (PB_1 + X_1) \cdot \overline{PB_2}$　　② $X_2 = (X_2 + T_1) \cdot \overline{T_2} \cdot \overline{PB_2}$

③ $L_1 = X_1 \cdot \overline{X_2} \cdot \overline{PB_2}$　　④ $L_2 = X_2 \cdot \overline{PB_2}$

⑤ $T_1 = X_1 \cdot \overline{X_2} \cdot \overline{PB_2}$　　⑥ $T_2 = (X_2 + T_1) \cdot \overline{PB_2}$

D30-4

2009년도
전기공사산업기사 실기

국가기술자격검정 실기시험문제 및 답안지

2009년도 산업기사 일반검정 제 1 회

자격종목(선택분야)	시험시간	형별	수험번호	성 명	감독위원 확 인
전기공사산업기사	2시간 00분				

※ 다음 물음에 답을 해당 답란에 답하시오.(배점 : 100점)

문제 01

▸ 출제년도 : 09. ▸ 점수 : 10점

금속관 배선공사시 필요한 부속품 종류 10가지를 쓰시오.

답안작성

① 로크너트 ② 부싱 ③ 앤트런스캡 ④ 터미널 캡 또는 서비스 캡 ⑤ 스위치박스
⑥ 유니온 커플링 ⑦ 접지 클램프 ⑧ 노멀밴드 ⑨ 유니버설 엘보 ⑩ 새들

해 설

명 칭	용 도
로그너트	금속관 배관 공사에서 복스에 금속관을 고정할 때 사용되며, 6각형과 톱니형이 있다.
브 싱	전선의 절연 피복을 보호하기 위하여 금속관 끝에 취부하여 사용
엔트런스캡	인입구, 인출구의 금속관 관단에 설치하여 옥외의 빗물을 막는 데 사용
터미널 캡 (서비스캡)	저압 가공 인입선에서 금속관 공사로 옮겨지는 곳 또는 금속관으로부터 전선을 뽑아 전동기 단자 부분에 접속할 때 사용 A형, B형이 있다.
스위치박스	매입형 스위치를 수용하거나 리셉터클의 아우트렛을 고정하기 위한 금속함
유니온커플링	금속관 상호 접속용으로 관이 고정되어 있을 때 사용
접지 클램프	금속관 공사시 관을 접지 하는데 사용
노멀밴드	배관의 직각 굴곡 부분에 사용
유니버셜 엘보	노출 배관 공사에서 관을 직각으로 굽히는 곳에 사용
새 들	노출 배관에서 금속관을 조영재에 고정시키는 데 사용되며 합성수지관, 가요관, 케이블 공사에도 사용된다.

문제 02

▸ 출제년도 : 09. ▸ 점수 : 6점

애자공사에 사용되는 애자의 요구사항이다. 다음 ( )안에 알맞은 내용을 쓰시오.
"애자공사에 사용하는 애자는 ( ), ( )및 ( )이 있는 것이어야 한다."

답안작성

절연성, 난연성, 내수성

해 설

KEC 232.56.2 애자의 선정
사용하는 애자는 절연성·난연성 및 내수성의 것이어야 한다.

문제 03 ▸ 출제년도 : 09. ▸ 점수 : 5점

폭 20 [m]의 도로 중앙의 10 [m] 높이에 간격 24 [m]마다 200 [W] 전구를 설치 할 때, 도로면의 평균조도를 구하시오. (단, 조명률 0.25, 감광보상률 1.5, 200 [W] 전구의 전광속은 3450 [lm]이다.)

•계산 : •답 :

답안작성

계산 : $E = \dfrac{FUN}{AD} = \dfrac{3450 \times 0.25 \times 1}{20 \times 24 \times 1.5} = 1.2$ [lx]

답 : 1.2 [lx]

해 설

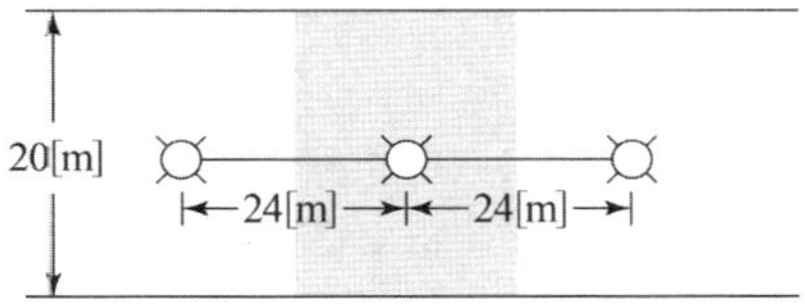

문제 04 ▸ 출제년도 : 08. 09. ▸ 점수 : 5점

전기설비의 시공에 대한 검사는 육안검사 및 시험에 따른다. 이 때 육안검사 항목 5가지만 쓰시오.

답안작성

① 전기기기의 표시확인과 손상유무 점검
② 감전예방의 종류 확인
③ 허용전류 및 전압강하에 관한 전선의 선정
④ 보호장치 및 감시장치의 선택 및 시설
⑤ 단로장치 및 개폐장치의 시설

해 설

(1) 이외에도
⑥ 화재의 파급을 예방하기 위한 방재벽의 존재 및 기타 예방 조치와 기타 열 영향에 대한 보호
⑦ 외적영향에 따른 적절한 기기 및 보호수단 선정
⑧ 중성선 및 보호선의 식별
⑨ 회로, 퓨즈, 개폐기, 단자 등의 식별
⑩ 전선접속의 적정성
⑪ 조작 및 보수의 편리성을 위한 접근 가능성
⑫ 접지계통 종류의 확인
⑬ 접지설비의 시공확인

(2) 시험검사의 종류
① 시험 순서
② 주 및 보조 등전위 접속을 포함하는 보호선의 연속성
③ 전기설비의 절연저항
④ 회로 분리에 의한 보호
⑤ 바닥과 벽의 저항
⑥ 전원의 자동차단에 의한 보호조건 검사
⑦ 접지극의 저항측정
⑧ 보호선의 저항측정
⑨ 극성시험
⑩ 과전압에 대한 보호검사

문제 05 ▸ 출제년도 : 09. ▸ 점수 : 6점

가연성분진(소맥분, 전분, 유황 기타 가연성의 먼지로 공중에 떠다니는 상태에서 착화하였을 때에 폭발할 우려가 있는 것을 말하며 폭연성 분진을 제외)에 전기설비가 발화원이 되어 폭발할 우려가 있는 곳에 시설하는 저압옥내 전기설비의 저압 옥내배선 공사 종류 3가지를 쓰시오.

답안작성

① 합성수지관공사(두께 2[mm] 미만의 합성수지 전선관 및 난연성이 없는 콤바인 덕트관을 사용하는 것을 제외한다)
② 금속관공사
③ 케이블공사

해 설

KEC 242.2.2 가연성 분진 위험장소
가연성 분진에 전기설비가 발화원이 되어 폭발할 우려가 있는 곳에 시설하는 저압 옥내 전기설비는 합성수지관공사(두께 2[mm] 미만의 합성수지 전선관 및 난연성이 없는 콤바인 덕트관을 사용하는 것을 제외한다) · 금속관공사 또는 케이블공사에 의할 것.

문제 06 출제년도 : 05. 09. ▸ 점수 : 6점

축전지실을 점검 또는 보수할 때 유의점 6가지를 쓰시오.

답안작성

① 충분한 환기 ② 보호장구의 착용
③ 외부 손상여부 점검 ④ 균열 여부 점검
⑤ 누액 여부 점검 ⑥ 화기 엄금

해 설

그 외에도 ⑦ 정전기 제거

문제 07 ▸ 출제년도 : 09. ▸ 점수 : 6점

건축설비에 관련된 용어이다. 다음 용어에 대하여 설명하시오.
(1) Ⅱ급기기(ClassⅡ equipment)란?
(2) 케이블 트레이(Cable tray)란?
(3) TT계통(TT system)이란?

답안작성

(1) Ⅱ급기기란 기본예방용 및 고장예방용 조치로 보조절연을 구비 또는 이들 중 기본예방 및 고장예방을 강화한 절연으로 갖춘 기기를 말한다.
(2) 케이블 트레이란 전선들을 연속적으로 포설하여, 전선들이 떨어지지 않도록 하는 사이드 레일이 있고 카바가 없는 것을 말한다.
(3) TT계통이란 전원의 한 점을 직접접지하고 설비의 노출 도전성부분을 전원계통의 접지극과는 전기적으로 독립한 접지극에 접지하는 접지계통을 말한다.

문제 08 ▸ 출제년도 : 94. 98. 01. 03. 04. 07. 09. ▸ 점수 : 5점

공사원가라 함은 공사 시공 과정에서 발생한 무엇의 합계액을 말하는가?

답안작성

재료비 + 노무비 + 경비

해 설

공사원가라 함은 공사 시공 과정에서 발생한 재료비, 노무비, 경비의 합계액을 말한다.(준칙 제13조)

- 총원가
  - 공사(제조) 원가
    - 재료비
      - 직접 재료비 : 주재료비, 부분 품비
      - 간접 재료비 : 소모 재료비, 소모 공구, 기구, 비품비, 포장 재료비(제조), 가설 재료비(공사) 등
    - 노무비
      - 직접 노무비 : 기본급, 제수당, 상여금, 퇴직급여 충당금
      - 간접 노무비 : 직접 노무비×간접 노무 비율
        (※ 간접 노무비율= $\dfrac{\text{간접 노무비}}{\text{직접노무비}}$)
    - 경비 : 전력비등 21개 비목
  - 일반 관리비 – 공사 또는 제조원가× 일정률(6~14 [%])
  - 이윤 – (노무비+경비+일반관리비)× 일정률(제조 25 [%], 공사 15 [%])

※ 예정 가격 = 총원가 + 부가가치세(10 [%])

문제 09 ▸ 출제년도 : 09. ▸ 점수 : 5점

교류 단상 3선식 배전방식은 교류 단상 2선식 배전방식에 비하여 전압강하와 효율은 어떻게 되는가?

답안작성

단상 3선식은 단상 2선식에 비하여 전압 강하는 작고 효율은 높다.

해 설

동일 전력을 공급 할 경우 단상 2선식과 단상 3선식의 비교

P_1(단상 2선식)$=P_3$(단상 3선식)

$VI_1\cos\theta = 2VI_3\cos\theta$

$I_1 = 2I_3$

① 전압강하

- 단상 2선식의 전압강하 $e_1 = 2I_1(R\cos\theta + X\sin\theta)$
- 단상 3선식의 전압강하 $e_3 = I_3(R\cos\theta + X\sin\theta) = \dfrac{1}{2}I_1(R\cos\theta + X\sin\theta) = \dfrac{1}{4}e_1$

② 전력손실

- 단상 2선식의 전력손실 $P_{l1} = 2I_1^2 R$
- 단상 3선식의 전력손실 $P_{l3} = 2I_3^2 R = 2\left(\dfrac{1}{2}I_1\right)^2 R = \dfrac{1}{4}\times 2I_1^2 R = \dfrac{1}{4}P_{l1}$

문제 10 ▸ 출제년도 : 09. ▸ 점수 : 5점

콘센트에 관련된 기호이다. 어디에 부착하는 것인가?

답안작성

바닥에 부착하는 경우

해 설

 : 콘센트

 : 콘센트(천장에 부착하는 경우)

 : 콘센트(바닥에 부착하는 경우)

문제 11

▸ 출제년도 : 98. 00. 04. 07. 08. ▸ 점수 : 5점

그림과 같이 단상 3선식 220 [V]/440 [V] 수전인 경우 설비 불평형률을 계산하시오.

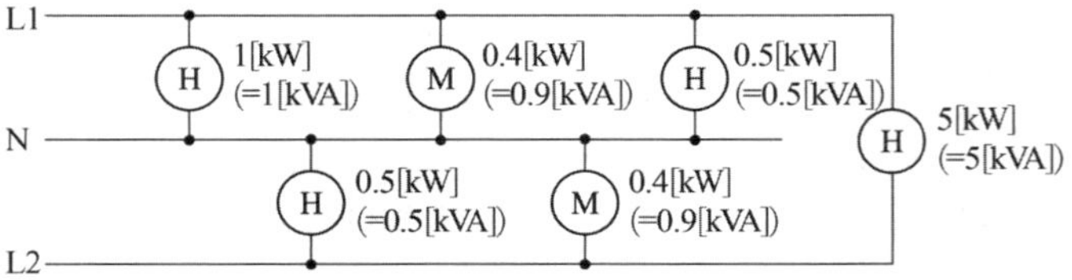

답안작성

계산 : $\text{설비 불평형률} = \dfrac{(1+0.9+0.5)-(0.5+0.9)}{\dfrac{1}{2}(1+0.9+0.5+0.5+0.9+5)} \times 100 = 22.73[\%]$

답 : 22.73 [%]

해 설

단상 3선식에서의 설비불평형률

$\text{설비불평형률} = \dfrac{\text{중성선과 각 전압측 전선간에 접속되는 부하 설비용량[kVA]의 차}}{\text{총 부하 설비용량의 } 1/2} \times 100\ [\%]$

여기서, 불평형률은 40 [%] 이하이어야 한다.

문제 12

▸ 출제년도 : 01. 02. 03. 09. ▸ 점수 : 7점

변전실의 위치를 선정하는데 고려할 사항 중 7가지만 쓰시오.

답안작성

① 부하 중심에 가까울 것 (전압강하, 전력손실, 배선비 절감)
② 인입선의 인입이 쉽고 보수유지 및 점검이 용이한 곳
③ 간선처리 및 증설이 용이한 곳
④ 기기 반출입에 지장이 없을 것
⑤ 침수, 기타 재해발생의 우려가 적은 곳
⑥ 화재, 폭발 위험성이 적을 것
⑦ 습기, 먼지가 적은 곳

해 설

그외 ⑧ 열해, 유독가스의 발생이 적을 것
⑨ 발전기, 축전지 실이 가급적 인접한 곳
⑩ 장래 부하 증설에 대비한 면적 확보가 용이한 곳

문제 13

▸ 출제년도 : 09. ▸ 점수 : 7점

자동화재탐지설비의 감지기는 부착 높이에 따라 설치하여야 하는 감지기의 종류를 규정하고 있다. 일반적으로 감지기의 부착 높이가 8 [m] 이상 15 [m] 미만인 경우 어떤 종류의 감지기를 부착하여야 하는지 감지기의 종류 7가지를 쓰시오.

답안작성

① 차동식 분포형 감지기
② 이온화식 감지기
③ 불꽃감지기
④ 연기복합형
⑤ 광전식 스포트형
⑥ 광전식 분리형
⑦ 광전식 공기흡입형

해 설

층고에 따른 감지기 선정기준

부착높이	감지기의 종류
8 [m] 이상 15 [m] 미만	· 차동식 분포형 · 이온화식 1종 또는 2종 · 광전식(스포트형, 분리형, 공기흡입형) 1종 또는 2종 · 연기복합형 · 불꽃감지기
15 [m] 이상 20 [m] 미만	· 이온화식 1종 · 광전식(스포트형, 분리형, 공기흡입형) 1종 · 연기복합형 · 불꽃감지기
20 [m] 이상	· 불꽃감지기 · 광전식(분리형, 공기흡입형)중 아날로그방식

문제 14

▸ 출제년도 : 09. ▸ 점수 : 5점

건축전기설비에서 사용하는 것으로 PEN 도체, PEM 도체, PEL 도체 중 보호도체와 중간선의 기능을 겸한 전선은?

답안작성

PEM 도체

해 설

KEC 112 용어정의

- "PEN 도체(protective earthing conductor and neutral conductor)"란 교류회로에서 중성선 겸용 보호도체를 말한다.
- "PEM 도체(protective earthing conductor and a mid-point conductor)"란 직류회로에서 중간선 겸용 보호도체를 말한다.
- "PEL 도체(protective earthing conductor and a line conductcr)"란 직류회로에서 선도체 겸용 보호도체를 말한다.

문제 15 ▸ 출제년도 : 09. ▸ 점수 : 5점

설계 하중이 8.82 [kN]인 철근 콘크리트주의 길이가 16 [m]라 한다. 이 지지물을 지반이 연약한 곳 이외에 시설하는 경우 땅에 묻히는 깊이는 몇 [m]이상으로 하여야 하는가?

답안작성

2.8 [m] 이상

해 설

KEC 331.7 가공전선로 지지물의 기초의 안전율

가공전선로의 지지물에 하중이 가하여지는 경우에 그 하중을 받는 지지물의 기초의 안전율은 2이상(단, 이상시 상정하중에 대한 철탑의 기초에 대하여는 1.33)이어야 한다. 다만, 땅에 묻히는 깊이를 다음의 표에서 정한 값 이상의 깊이로 시설하는 경우에는 그러하지 아니하다.

설계하중 / 전장	6.8 [kN] 이하	6.8 [kN] 초과 ~ 9.8 [kN] 이하	9.81 [kN] 초과 ~ 14.72 [kN] 이하
15[m] 이하	전장×1/6[m] 이상	전장×1/6+0.3[m] 이상	전장×1/6+0.5[m] 이상
15[m] 초과~16[m]이하	2.5[m] 이상	2.8[m] 이상	–
16[m] 초과~20[m] 이하	2.8[m] 이상	–	–
15[m] 초과~18[m] 이하	–	–	3[m] 이상
18[m] 초과	–	–	3.2[m] 이상

문제 16 ▸ 출제년도 : 94. 00. 06. 09 ▸ 점수 : 6점

그림은 BS를 눌렀다 놓으면 t_1초 후에 MC가 작동하고 T_1이 복구하며 t_2초 후에 MC와 T_2가 복구한다. A~C에 보기에서 알맞은 논리 기호를 찾아 그리시오.

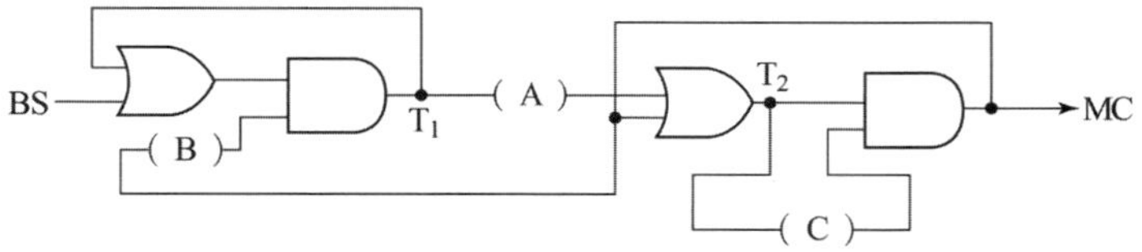

[보기]

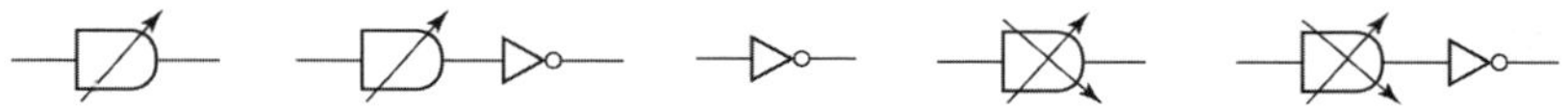

답안작성

(A) 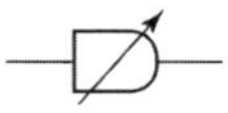 (B)  (C) 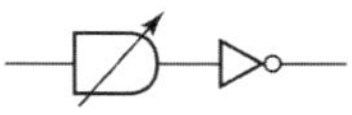

문제 17 ▸ 출제년도 : 08. 09. ▸ 점수 : 6점

타이머를 사용한 단상2선식 220 [V] 신호 회로이다. 동작설명과 타이머 내부 접점번호를 참고하여 동작회로도를 완성하시오.

[동작설명]

① 배선용 차단기를 투입하고 S_3 OFF시 R_2가 점등되고, PB–ON하면 타이머 T가 여자 T설정시간 동안 R_3점등, 설정시간 후 R_3소등, R_4점등

② S_3 ON시 T무여자, R_2, R_4소등, 부저동작, R_1점등

• 타이머 내부 접점 번호

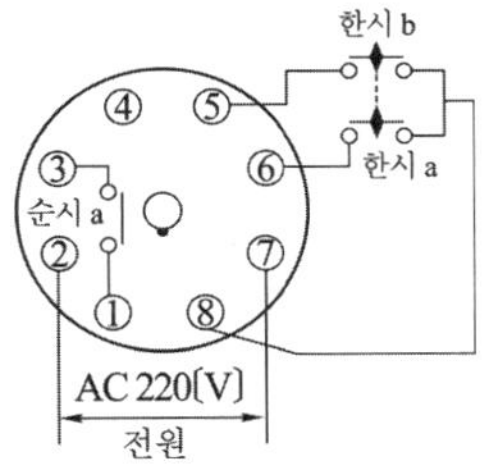

답안작성

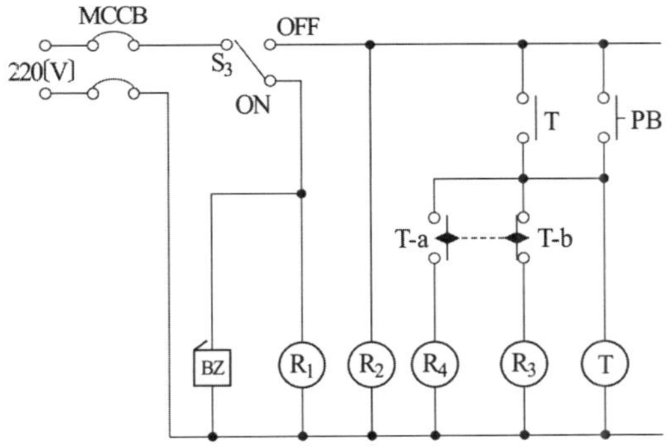

국가기술자격검정 실기시험문제 및 답안지

2009년도 산업기사 일반검정 제 2 회

수험번호	성 명	감독위원 확 인

자격종목(선택분야)	시험시간	형별
전기공사산업기사	2시간 00분	

※ 다음 물음에 답을 해당 답란에 답하시오.(배점 : 100점)

문제 01 ▸ 출제년도 : 09. ▸ 점수 : 5점

그림은 3상 3선식 적산전력량계의 결선도(계기용 변압기 및 변류기)를 나타낸 것이다. 미완성 부분의 결선도를 완성하시오. (단, 접지가 필요한 곳에는 접지표시를 하도록 한다.)

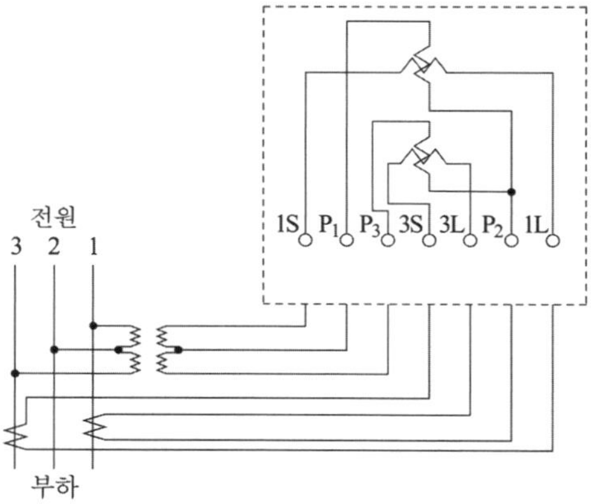

답안작성

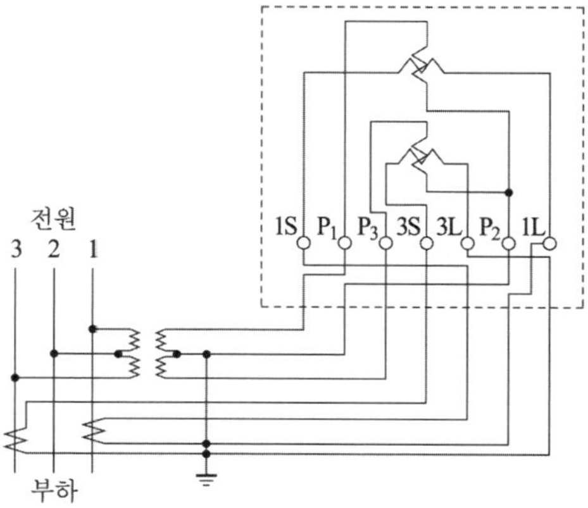

문제 02 ▸ 출제년도 : 04. 06. 08. 09. ▸ 점수 : 10점

그림은 어느 생산공장의 수전설비의 계통도이다. 이 계통도와 뱅크의 부하용량표, 변류기 규격표를 보고 다음 각 물음에 답하시오.

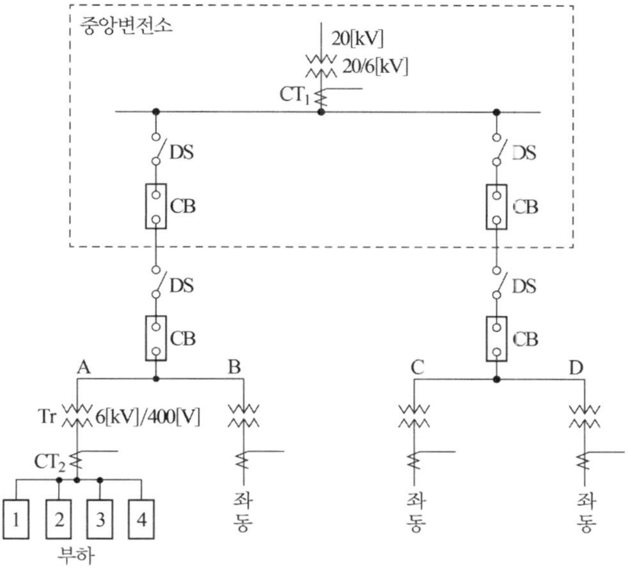

뱅크의 부하 용량표

피더	부하 설비 용량 [kW]	수용률 [%]
1	125	80
2	125	80
3	500	60
4	600	84

변류기 규격표

	항 목	변 류 기
변류기	정격 1차 전류	5, 10, 15, 20, 30, 40, 50, 75, 100, 150, 200, 300, 400, 500, 600, 750, 1000, 1500, 2000, 2500
	정격 2차 전류	5

(1) A, B, C, D 4개의 뱅크에 같은 부하가 걸려 있으며, 각 뱅크의 부등률은 1.1이고 전부하 합성 역률은 0.8이다. 중앙변전소의 변압기 용량을 표준 규격으로 답하시오.

• 계산 • 답

(2) 변류기 CT_1, CT_2의 변류비를 구하시오.

(단, 1차 수전 전압은 20000/6000 [V], 2차 수전 전압은 6000/400 [V]이며, 변류비는 표준규격으로 답하고, 전류비 값의 1.25배로 결정한다.)

답안작성

(1) 계산 : A 뱅크의 최대 수요 전력

$$= \frac{125 \times 0.8 + 125 \times 0.8 + 500 \times 0.6 + 600 \times 0.84}{1.1 \times 0.8} = 1140.91[\text{kVA}]$$

A, B, C, D 각 뱅크간의 부등률은 없으므로

중앙 변전소 변압기 용량 $= 1140.91 \times 4 = 4563.64$ [kVA]

답 : 5000 [kVA]

(2) ① CT_1

$I = \frac{5000}{\sqrt{3} \times 6} \times 1.25 = 601.41$[A]이므로 표에서 600/5 선정　　답 : 600/5

② CT_2

$I = \frac{1140.91}{\sqrt{3} \times 0.4} \times 1.25 = 2058.45$ [A]이므로 표에서 2000/5 선정　답 : 2000/5

해 설

(2) ② 표에서 2500/5를 선정하면 전부하 전류($\frac{1140.91}{\sqrt{3} \times 0.4} = 1646.76$[A])의 1.52배($\frac{2500}{1646.76} = 1.52$)가 되어 변류비가 너무 커져 CT의 정도가 낮아지므로 CT_2는 2000/5가 적합하다.

문제 03

▸ 출제년도 : 92. 99. 09.　▸ 점수 : 5점

그림은 1련 내장애자 장치(역조형)이다. 그림 ㉮, ㉯, ㉰, ㉱, ㉲의 명칭을 쓰시오.

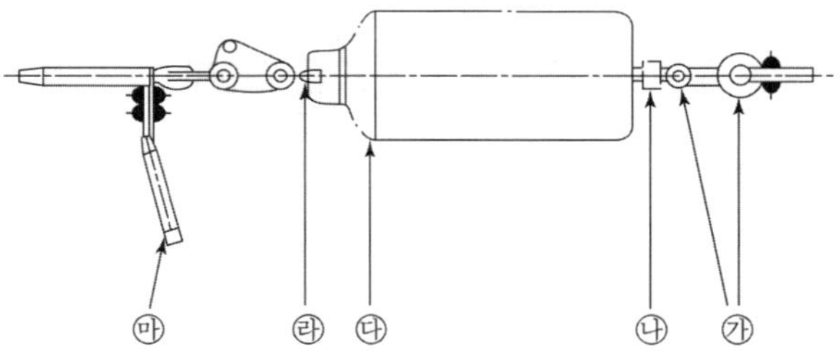

답안작성

㉮ 앵커 쇄클　㉯ 소켓 아이　㉰ 현수애자　㉱ 볼 크레비스　㉲ 점퍼 터미널

문제 04

▸ 출제년도 : 09.　▸ 점수 : 5점

플렉시블 피팅을 사용한 전동기의 배선 예이다. 그림에서 A로 표시된 것의 명칭은?

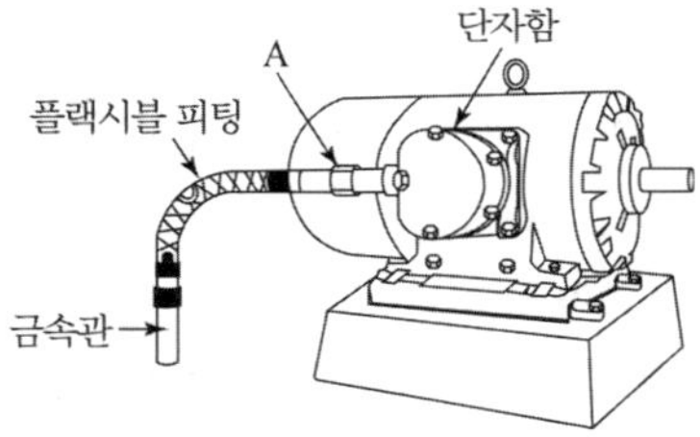

답안작성

유니온 커플링

문제 05 ▸ 출제년도 : 96. 01. 03. 09. ▸ 점수 : 5점

가공배전선로에서 전선을 수평으로 배열하기 위한 크로스 완금의 길이[mm]를 표의 빈칸 "①～⑥"에 쓰시오.

완금의 길이

전선조수	특고압	고압	저압
2	①	②	③
3	④	⑤	⑥

답안작성

① 1800 ② 1400 ③ 900 ④ 2400 ⑤ 1800 ⑥ 1400

문제 06 ▸ 출제년도 : 09. ▸ 점수 : 10점

다음 각 물음에 답하시오.

(1) 행거밴드의 용도는?

(2) 배전선로에 보통 사용되는 피뢰기는?

(3) 고압 및 특고압 케이블의 단말 처리재의 명칭은?

(4) 고장전류 특히 단락전류의 값을 제한하기 위하여 변전소에 설치하는 것은?

(5) 케이블선의 절연저항을 측정하는 계측기의 명칭은?

답안작성

(1) 주상 변압기를 전주에 설치하기 위해 사용

(2) 갭레스형 피뢰기

(3) 케이블헤드

(4) 한류 리액터

(5) 메거(megger)

문제 07 ▸ 출제년도 : 09. ▸ 점수 : 5점

다음 (①), (②)에 알맞은 수치를 쓰시오.

"옥내에서 전선을 병렬로 사용하는 경우에 병렬로 사용하는 각 전선의 굵기는 동 (①) [mm^2] 이상 또는 알루미늄 (②) [mm^2] 이상이고, 동일한 도체, 동일한 굵기, 동일한 길이이어야 한다."

답안작성

① 50 ② 70

해 설

KEC 123 전선의 접속

두 개 이상의 전선을 병렬로 사용하는 경우에는 다음에 의하여 시설할 것.

1) 병렬로 사용하는 각 전선의 굵기는 동선 50[mm^2] 이상 또는 알루미늄 70[mm^2] 이상으로 하고, 전선은 같은 도체, 같은 재료, 같은 길이 및 같은 굵기의 것을 사용할 것.

2) 같은 극의 각 전선은 동일한 터미널러그에 완전히 접속할 것.

3) 같은 극인 각 전선의 터미널러그는 동일한 도체에 2개 이상의 리벳 또는 2개 이상의 나사로 접속할

것.
4) 병렬로 사용하는 전선에는 각각에 퓨즈를 설치하지 말 것.
5) 교류회로에서 병렬로 사용하는 전선은 금속관 안에 전자적 불평형이 생기지 않도록 시설할 것.

문제 08 ▸ 출제년도 : 88. 96. 99. 01. ▸ 점수 : 5점

50 [mm^2]의 경동연선을 사용해서 높이가 같고 경간이 330 [m]인 철탑에 가선하는 경우 이도는 얼마인가? (단, 이 경동연선의 인장하중은 1430 [kgf], 안전율은 2.2이고 전선 자체의 무게는 0.348 [kgf/m]라고 한다.)

•계산 : •답 :

답안작성

계산 : $D=\dfrac{WS^2}{8T}=\dfrac{0.348\times 330^2}{8\times\dfrac{1430}{2.2}}=7.29[\text{m}]$ 답 : 7.29 [m]

문제 09 ▸ 출제년도 : 94. 02. 09. ▸ 점수 : 5점

다음 그림기호의 명칭을 쓰시오.

LK

답안작성

빠짐낭지형

해 설

LK : 빠짐방지형
T : 걸림형
E : 접지극붙이
ET : 접지단자붙이
EL : 누전 차단기붙이

문제 10 ▸ 출제년도 : 08. 09. ▸ 점수 : 5점

배전선로 공사 중 규모가 비교적 큰 공사를 추진 할 때는 공사시공 품질향상을 위한 제반사항을 반영하여 시공계획을 수립하여야 한다. 시공계획서 작성 시 현장조건의 검토사항 중 선로 경과지 주변 또는 관련되는 공사에 대해서는 어떤 사항을 조사하여야 하는지 5가지를 쓰시오.

답안작성

① 현장의 지형 및 토양상태
② 농지, 농원, 공원, 문화재, 천연기념물 지정구역
③ 설비의 활용성 및 안정성 확보, 재해요인의 잠재여부
④ 인가 밀집지역이나 향후 지역발전 여건등을 감안한 경과지 타당성 여부
⑤ 시공 후 책임소재 등 이해관계가 야기 될 수 있는 문제점 조사

문제 11 ▸ 출제년도 : 05. 09. ▸ 점수 : 5점

다음은 조명방식에 관한 설명이다. 조명방식 및 특징을 읽고 어떤 조명방식인가 답하시오.

- 조명방식 : 코너 조명과 같이 천장과 벽면경계에 건축적으로 둘레턱을 만들어 내부에 등기구를 배치하여 조명하는 방식이다.
- 특　　징 : 아래 방향의 벽면을 조명하는 방식으로 광원은 형광램프가 적정하다.

답안작성

코오니스 조명

해 설

- 코오니스 (cornice) 조명 : 코너를 이용하여 코오니스를 15～20 [cm] 정도 내려서 아래 쪽의 벽 또는 커튼을 조명하도록 하는 방법이다.

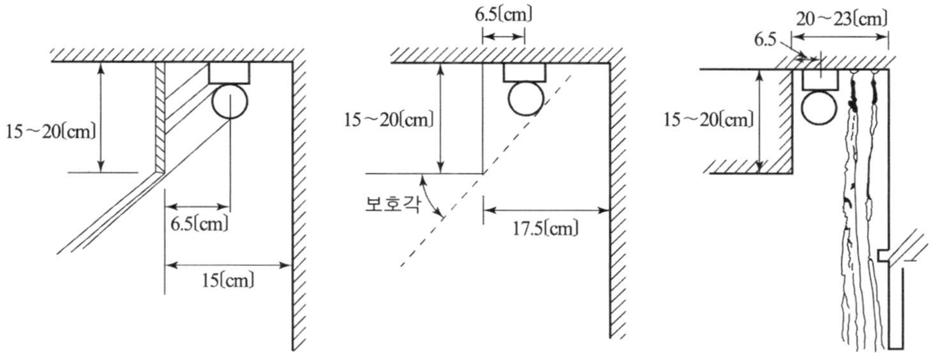

문제 12 ▸ 출제년도 : 91. 06. 09. ▸ 점수 : 5점

배선설계에 있어 부하의 상정에 관한 사항이다. 다음 건축물의 종류에 따른 표준부하를 표의 빈칸에 쓰시오.

건물의 종류	표준 부하 [VA/m^2]
공장, 공회당, 사원, 교회, 극장, 영화관 등	(1)
기숙사, 여관, 호텔, 병원, 학교, 음식점, 다방, 대중 목욕탕	(2)
사무실, 은행, 상점, 이발소	(3)
주택, 아파트	(4)

답안작성

(1) 10　(2) 20　(3) 30　(4) 40

해 설

건축물의 종류에 대응한 표준부하는 다음과 같다.

건물의 종류	표준 부하 [VA/m^2]
공장, 공회당, 사원, 교회, 극장, 영화관 등	10
기숙사, 여관, 호텔, 병원, 학교, 음식점, 다방, 대중 목욕탕	20
사무실, 은행, 상점, 이발소	30
주택, 아파트	40

문제 13 ▸ 출제년도 : 97. 09. ▸ 점수 : 5점

지선에 가해지는 장력이 860 [kgf]이라면 3.2 [mm]의 철선 몇 가닥을 사용해야 하는가? (단, 철선의 단위 면적당 인장강도는 35 [kgf/mm^2], 안전율은 2.5로 한다.)

•계산 : •답 :

답안작성

계산 : 지선의 장력$(T_0) = \dfrac{\text{소선 1가닥의 인장강도} \times \text{소선수}}{\text{안전율}}$ 에서

$$\text{소선수 } n = \frac{860 \times 2.5}{35 \times \frac{\pi}{4} \times 3.2^2} = 7.64$$

답 : 8 가닥

문제 14 ▸ 출제년도 : 09. ▸ 점수 : 5점

기계장비의 경비 산정에서 “상각비”란 무엇을 말하는가?

답안작성

기계의 사용에 따른 가치의 감가액

문제 15 ▸ 출제년도 : 09. ▸ 점수 : 5점

대형방전 램프(HID)의 종류 5가지를 쓰시오.

답안작성

고압 나트륨등, 메탈 할라이트등, 고압 수은등, 초고압 수은등, 크세논등

문제 16 ▸ 출제년도 : 07. 09. ▸ 점수 : 5점

다음에 제시한 동작 조건과 Time chart를 이용하여 미완성 회로를 완성하시오.

[동작조건]

다음 조건들은 모두 CB가 ON된 상태이다.

① L_1, L_2, L_3 모두 소등된 상태에서 누름버튼스위치 B_1을 누르면(눌렀다 놓으면) 전등 L_1이 점등되었다가 일정 시간(t 시간)후 소등된다.

② L_1, L_2, L_3 모두 소등된 상태에서 누름버튼스위치 B_2을 누르면(눌렀다 놓으면) 전등 L_1과 L_2가 동시에 점등되었다가 일정 시간(t 시간)후 동시에 소등된다.

③ L_1, L_2, L_3 모두 소등된 상태에서 누름버튼스위치 B_3을 누르면(눌렀다 놓으면) 전등 L_1, L_2, L_3가 동시에 점등되었다가 일정 시간(t 시간)후 동시에 소등된다.

④ L_1이 점등된 상태에서 B_2를 누르면(눌렀다 놓으면) L_2가 점등($t-t_1$ 동안)된다. 이 때 B_3를 누르면 (눌렀다 놓으면) L_3가 점등($t-t_2$ 동안)된다. t시간 후 L_1, L_2, L_3는 동시에 소등된다.

⑤ L_1과 L_2가 점등된 상태에서 B_3를 누르면(눌렀다 놓으면) L_3가 t의 나머지 시간

$(t-t_3)$ 동안 점등된다. t시간 후 L_1, L_2, L_3는 동시에 소등된다.

⑥ L_1이 점등된 상태에서 B_3를 누르면(눌렀다 놓으면) L_2, L_3가 동시에 t의 나머지 시간$(t-t_4)$ 동안 점등된다. t시간 후 L_1, L_2, L_3는 동시에 소등된다.

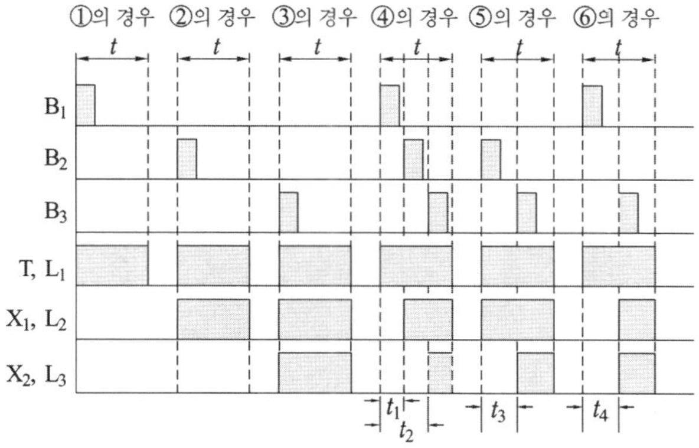

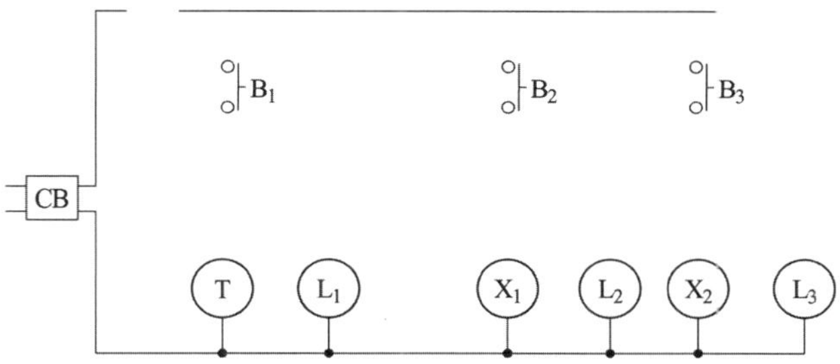

ON DELAY TIMER 내부 결선도

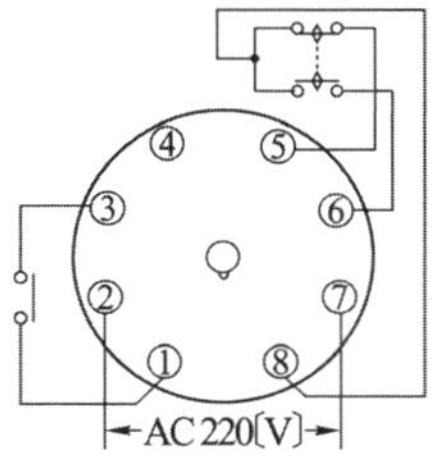

8핀 릴레이 내부 접속도

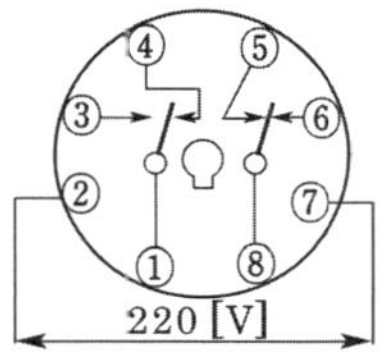

답안작성

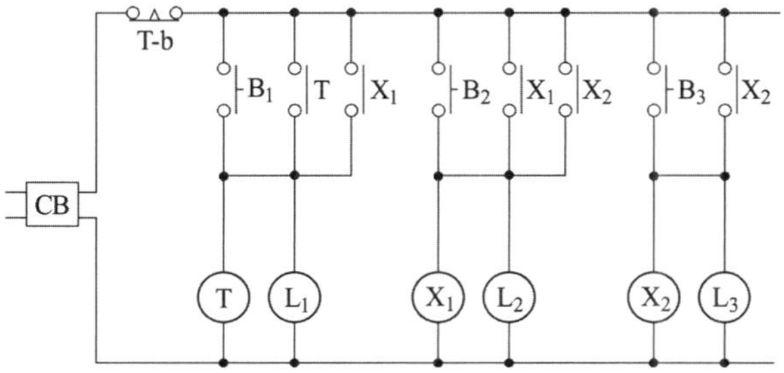

문제 17 ▸출제년도 : 92. 94. 97. 00. 09. ▸점수 : 5점

회로도는 자동, 수동, 양수 장치에 공회전 방지용 액면 스위치 LS를 접속한 것이다. 이 것을 로직 심벌을 이용한 시퀀스도로 그리시오. (단, LH는 고수위용 액면스위치, LL은 저수위용 액면 스위치 이다.)

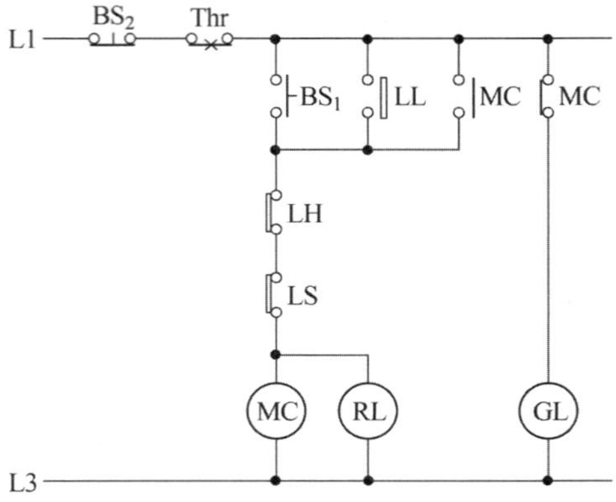

답안작성

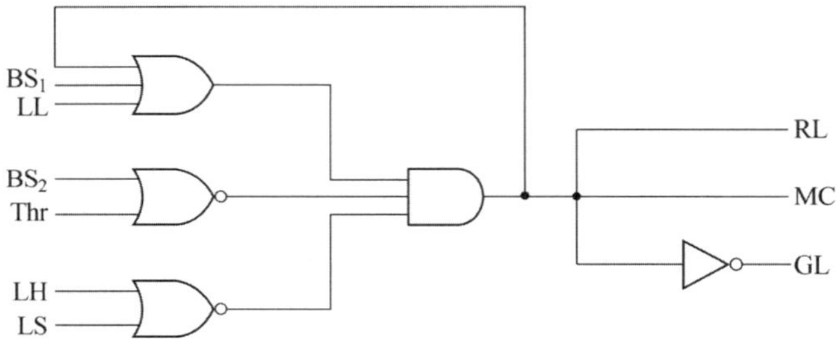

해 설

논리식 Ⓜ︎Ⓒ = ⓇⓁ $= \overline{BS_2} \cdot \overline{Thr} \cdot (BS_1 + LL + MC) \cdot \overline{LH} \cdot \overline{LS}$

$= \overline{(BS_2 + Thr)}(BS_1 + LL + MC) \cdot \overline{(LH + LS)}$

ⒼⓁ $= \overline{MC}$

문제 18 ▸출제년도 : 09. ▸점수 : 5점

플리커 릴레이를 사용한 신호회로 공사이다. 동작설명과 플리커 릴레이 내부접점번호를 이용하여 동작회로를 그리시오.

[동작설명]

① 배선용 차단기를 투입하고 S_1스위치 ON하면 FR 여자 FR 설정시간 간격으로 R_1, R_2 교대점멸

② 배선용 차단기를 투입하고 S_3-1, S_3-2 OFF시 PB를 누르고 있는 동안 R_3, R_4 병렬점등, S_3-1 ON하면 R_3점등, S_3-2 ON하면 R_4점등

③ 전원은 단상 2선식 220 [V]이다.

플리커 릴레이 내부 결선도

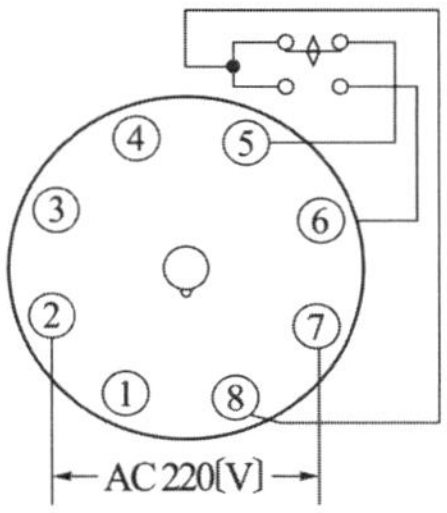

답안작성

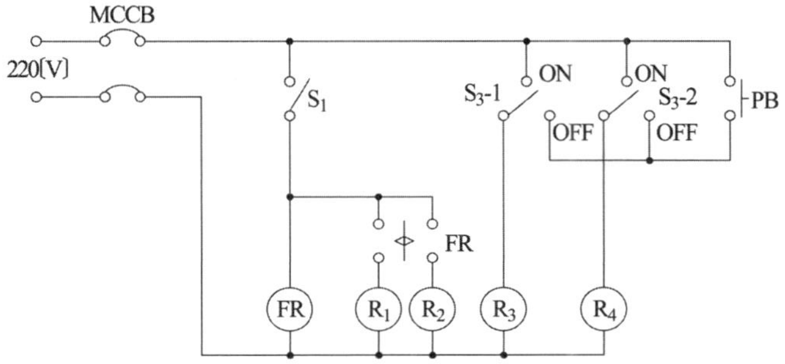

국가기술자격검정 실기시험문제 및 답안지

2009년도 산업기사 일반검정 제 4 회			수험번호	성 명	감독위원 확 인
자격종목(선택분야)	시험시간	형별			
전기공사산업기사	2시간 00분				

※ 다음 물음에 답을 해당 답란에 답하시오.(배점 : 100점)

문제 01 ▸ 출제년도 : 97. 99. 09. ▸ 점수 : 4점

그림은 전력 케이블의 시공 설치도이다. 어떤 시공 방법인지 쓰시오.

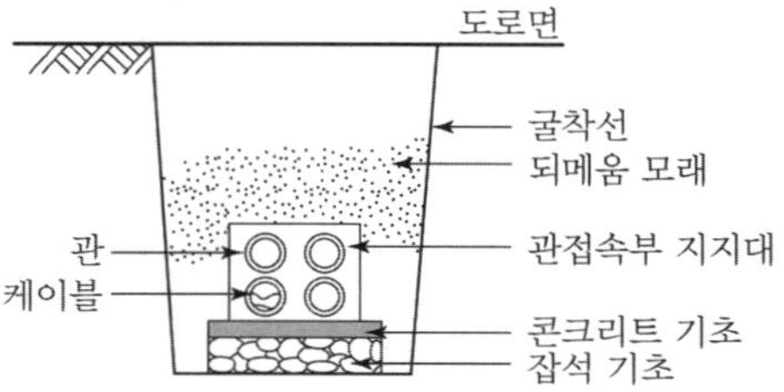

답안작성

관로인입식

문제 02 ▸ 출제년도 : 94. 98. 00. 09. ▸ 점수 : 4점

그림과 같이 시설하는 지선의 명칭을 ( )안에 쓰시오.

(1)

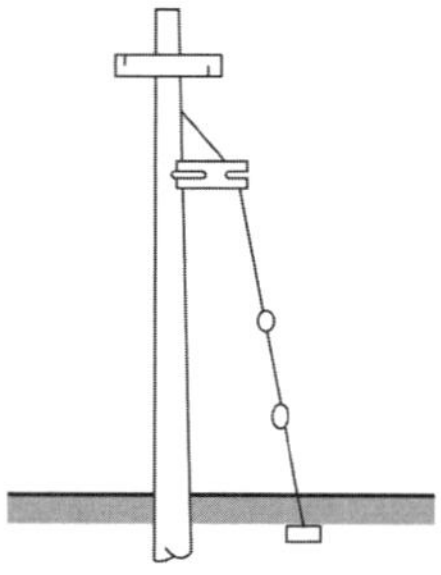

(2)

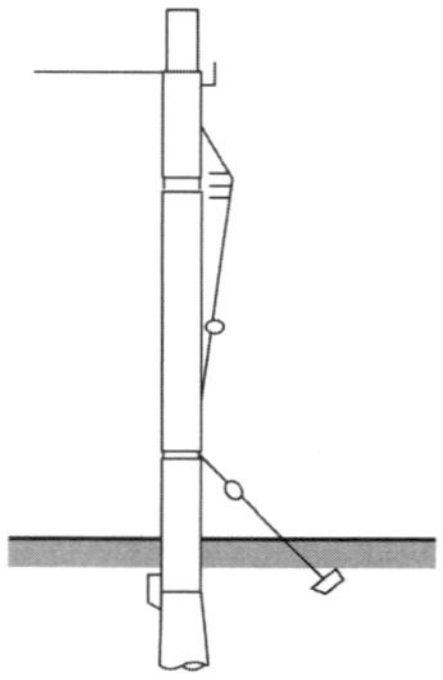

답안작성

(1) A형 궁지선
(2) R형 궁지선

문제 03 ▸ 출제년도 : 09. ▸ 점수 : 5점

전선로를 보강하기 위하여 세워지는 철탑으로, 직선철탑이 다수 연속될 경우에는 약 10기마다 1기의 비율로 설치되며, 서로 인접하는 경간의 길이가 크게 달라 지나친 불평형 장력이 가해지는 경우 등에 설치되는 철탑은 무엇인지 쓰시오.

답안작성

내장형 철탑

해 설

① 직선형 : 전선로의 직선 부분(3도 이하의 수평 각도를 이루는 곳을 포함)에 사용하는 것으로 내장형과 보강형은 제외한다.
② 각도형 : 전선로 중 3도를 넘는 수평 각도를 이루는 곳에 사용하는 것
③ 인류형 : 전가섭선을 인류하는 곳에 사용하는 것
④ 내장형 : 전선로 지지물의 양측의 경간의 차가 큰 곳에 사용하는 것으로 직선철탑 10기 이하마다 1기의 비율로 내장철탑을 설치한다.
⑤ 보강형 : 전선로의 직선 부분에 그 보강을 위하여 사용하는 것

문제 04 ▸ 출제년도 : 09. ▸ 점수 : 4점

자가용 수변전 설비에서 고압전로의 절연저항을 측정할 때 사전 준비로서 정전 조작을 하여야 한다. 정전 조작은 부하로부터 순차적으로 전원을 향해서 개폐기를 개방하는데, 차단기와 단로기 중 어느 것을 먼저 개로시켜야 하는지 쓰시오.

답안작성

차단기

해 설

단로기는 부하전류를 차단하지 못한다. 따라서 단로기는 전선로나 전기기계의 수리 점검을 하는 경우 차단기로 차단된 전로를 확실하게 열기(open)위하여 사용되는 개폐기이다.

문제 05 ▸ 출제년도 : 96. 99. 01. 02. 09. ▸ 점수 : 4점

4선식 접속의 경우에 그림과 같이 전압선의 표시가 L1상, N상, L3상, L2상으로 표시되었다. L1, N, L3, L2의 전선의 색깔을 쓰시오.

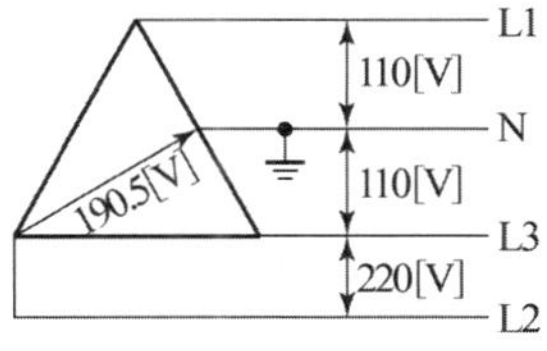

L1 : N : L3 : L2 :

답안작성

L1 : 갈색, N : 파란색, L3 : 회색, L2 : 검은색

해 설

KEC 121.2 전선의 식별
1) 전선의 색상은 표에 따른다.

상(문자)	색상
L1	갈색
L2	검은색
L3	회색
N	파란색
보호도체	녹색-노란색

2) 색상 식별이 종단 및 연결 지점에서만 이루어지는 나도체 등은 전선 종단부에 색상이 반영구적으로 유지될 수 있는 도색, 밴드, 색 테이프 등의 방법으로 표시해야 한다.

문제 06 ▸ 출제년도 : 03. 05. 07. 09. ▸ 점수 : 5점

경제적 송전선의 전선 굵기를 결정하고자 할 때 적용되는 법칙을 쓰시오.

답안작성

켈빈의 법칙

해 설

켈빈의 법칙 : 전선의 단위 길이당의 연간손실 전력량의 비용과 건설시 구입한 전선의 단위 길이당의 이자와 감가상각비를 가산한 연간경비가 같은 굵기의 전선이 가장 경제적이다.

문제 07 ▸ 출제년도 : 09. ▸ 점수 : 6점

그림의 회로에서 중성선이 ×점에서 단선되었다면 부하 A와 부하 B의 단자전압(V_A, V_B)을 계산하시오.

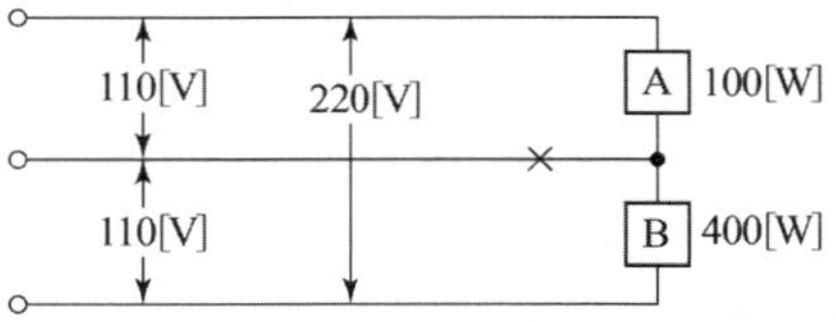

• 계산 :
• 답 :

답안작성

계산 : $P=\dfrac{V^2}{R}$ 에서 $R=\dfrac{V^2}{P}$

$$R_A=\frac{110^2}{100}=121\ [\Omega],\quad R_B=\frac{110^2}{400}=30.25\ [\Omega]$$

$$\therefore\ V_A=\frac{121}{121+30.25}\times 220=176\ [\text{V}]$$

$$V_B=\frac{30.25}{121+30.25}\times 220=44[\text{V}]$$

답 : $V_A=176$ [V], $V_B=44$ [V]

해 설

$$V_A=\frac{R_A}{R_A+R_B}\times V,\quad V_B=\frac{R_B}{R_A+R_B}\times V$$

문제 08 ▸ 출제년도 : 09. ▸ 점수 : 10점

다음은 특고압(22.9 [kV−Y])간이 수전방식의 표준결선도이다. 그림을 보고 물음에 답하시오.

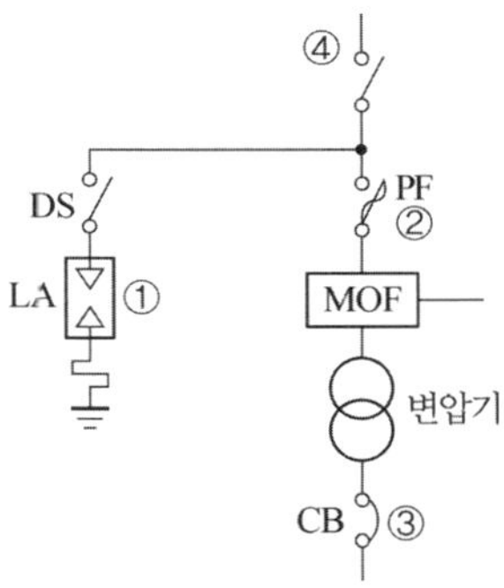

(1) 피뢰기 ①의 정격전압을 쓰시오.

(2) 수전설비용량 300 [kVA]이하인 경우 ②의 PF대신 사용 가능한 기기를 쓰시오.

(3) 변압기 2차측에 설치되는 ③의 주차단기에는 어떤 기기를 설치하여 결상사고에 대한 보호능력을 갖추어야 하는지 쓰시오.

(4) 지중인입선의 경우 ④에 사용되는 케이블을 쓰시오.

답안작성

(1) 18 [kV]

(2) COS(비대칭 차단 전류 10 [kA] 이상의 것)

(3) 결상계전기

(4) CNCV−W 케이블(수밀형) 또는 TR CNCV−W 케이블(트리억제형)

해 설

간이수전설비 표준결선도

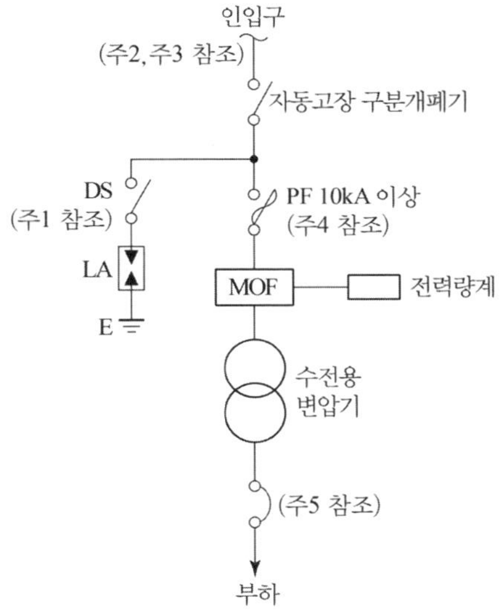

약 호	명 칭
DS	단로기
ASS	자동고장 구분 개폐기
LA	피뢰기
MOF	전력 수급용 계기용 변성기
COS	컷아웃 스위치
PF	전력 퓨즈

[주1] LA용 DS는 생략할 수 있으며 22.9 [kV−Y]용의 LA는 Disconnector(또는 Isolator) 붙임형을 사용하여야 한다.

[주2] 인입선을 지중선으로 시설하는 경우로서 공동 주택 등 사고시 정전 피해가 큰 수전 설비 인입선은 예비선을 포함하여 2회선으로 시설하는 것이 바람직하다.

[주3] 지중인입선의 경우에 22.9 [kV−Y] 계통은 CNCV−W 케이블(수밀형) 또는 TR CNCV−W 케이블(트리억제형)을 사용하여야 한다. 다만, 전력구·공동구·덕트·건물구내 등 화재의 우려가 있는 장소에서는 FR CNCO−W 케이블(난연)을 사용하는 것이 바람직하다.

[주4] 300 [kVA] 이하인 경우 PF대신 COS(비대칭 차단 전류 10 [kA] 이상의 것)을 사용할 수 있다.

[주5] 간이 수전 설비는 PF의 용단 등에 의한 결상 사고에 대한 대책이 없으므로 변압기 2차측에 설치되는 주차단기에는 결상 계전기 등을 설치하여 결상 사고에 대한 보호 능력이 있도록 함이 바람직하다.

문제 09

▸ 출제년도 : 02. 06. 09. ▸ 점수 : 5점

"연접인입선"이라 함은 무엇을 뜻하는지 쓰시오.

답안작성

한 수용장소 인입구 접속점에서 분기하여 다른 지지물을 거치지 아니하고 다른 수용장소 인입구에 이르는 전선을 말함.

해 설

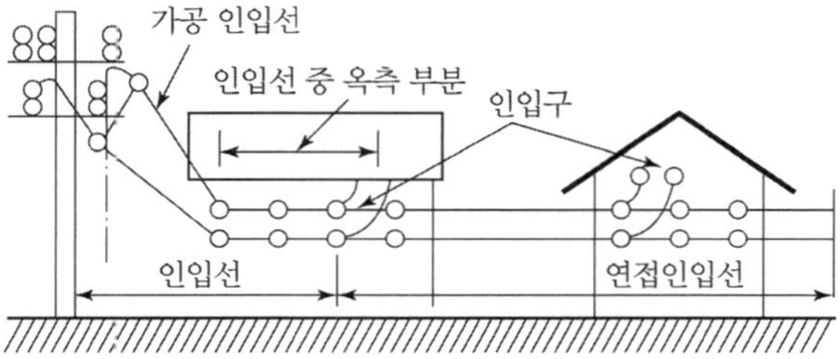

문제 10

▸ 출제년도 : 90. 94. 05. 09. ▸ 점수 : 5점

그림과 같은 철탑기초의 굴착량을 산출하려고 한다. 철탑의 굴착량 계산식을 쓰시오.

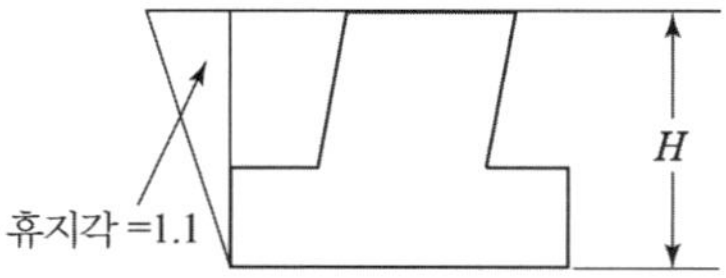

답안작성

터파기량 = 가로×세로× H ×1.21

해 설

휴지각 = 1.1 × 1.1 = 1.21

문제 11

출제년도 : 91. 97. 09. ▸ 점수 : 4점

가공전선로에 주로 쓰이는 애자의 종류 4가지를 쓰시오.

답안작성

핀애자, 현수애자, 라인포스트 애자, 인류애자

해 설

① 핀애자 : 직선 선로에 사용
② 현수애자 : 인류 및 내장 개소에 사용
③ 라인포스트 애자 : 연가용 철탑등에서 점퍼선 지지
④ 인류 애자 : 인류 개소 및 배전선로의 중성선

문제 12 ▸ 출제년도 : 98. 00. 04. 07. 08. 09. ▸ 점수 : 5점

110/220 [V] 단상 3선식 전력을 공급받는 어느 수용가의 부하연결이 아래 그림과 같은 경우 설비 불평형율을 계산하시오. (단, 소수점 이하 첫째 자리에서 반올림 할 것)

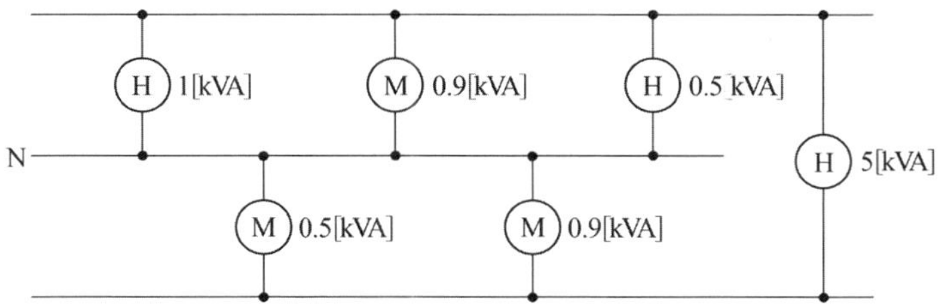

• 계산 : • 답 :

답안작성

계산 : 설비 불평형률 $= \dfrac{(1+0.9+0.5)-(0.5+0.9)}{\frac{1}{2}(1+0.9+0.5+0.5+0.9+5)} \times 100 = 23[\%]$

답 : 23 [%]

해 설

단상 3선식에서의 설비불평형률

설비불평형률 $= \dfrac{\text{중성선과 각 전압측 전선간에 접속되는 부하 설비용량[kVA]의 차}}{\text{총 부하 설비용량의 1/2}} \times 100\ [\%]$

여기서, 불평형률은 40[%] 이하이어야 한다.

문제 13 ▸ 출제년도 : 09. ▸ 점수 : 4점

케이블 트로프(trough)를 사용하여 지하에 전선을 포설하는 경우 차량 및 중량물의 압력을 받는 장소에서의 매설깊이는 몇 [m] 이상이어야 하는지 쓰시오.

답안작성

1 [m] 이상

해 설

KEC 334.1 지중전선로의 시설

1) 지중 전선로는 전선에 케이블을 사용하고 또한 관로식 · 암거식(暗渠式) 또는 직접 매설식에 의하여 시설하여야 한다.

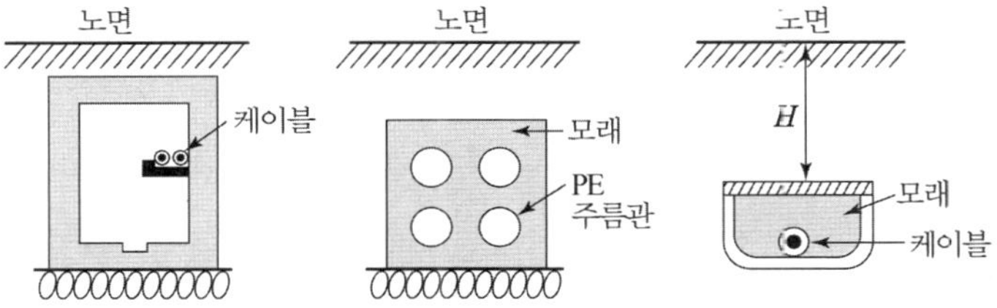

(a) 암거식 (b) 관로식 (c) 직접 매설식

2) 지중 전선로를 관로식 또는 암거식에 의하여 시설하는 경우에는 다음에 따라야 한다.

가. 관로식에 의하여 시설하는 경우에는 매설 깊이를 1.0[m] 이상으로 하되, 매설 깊이가 충분하지 못한 장소에는 견고하고 차량 기타 중량물의 압력에 견디는 것을 사용할 것. 다만 중량물의 압력을 받을 우려가 없는 곳은 0.6[m] 이상으로 한다.

나. 암거식에 의하여 시설하는 경우에는 견고하고 차량 기타 중량물의 압력에 견디는 것을 사용할 것.

3) 지중 전선로를 직접 매설식에 의하여 시설하는 경우에는 매설 깊이를 차량 기타 중량물의 압력을 받을 우려가 있는 장소에는 1.0[m] 이상, 기타 장소에는 0.6[m] 이상으로 하고 또한 지중 전선을 견고한 트라프 기타 방호물에 넣어 시설하여야 한다.

문제 14

▸ 출제년도 : 03. 05. 07. 09. ▸ 점수 : 8점

단상변압기 병렬운전조건 중 3가지를 기술하고, 이들 조건이 맞지 않은 경우에 어떤 현상이 나타나는지 1가지만 쓰시오.

(1) 병렬운전조건

(2) 현상

답안작성

• 조건 : ① 극성이 일치할 것
② 권수비 및 1차, 2차 정격전압이 같을 것
③ % 임피던스 강하가 같을 것

• 현상 : 순환전류가 흘러 권선이 가열 소손될 수 있으며 부하 분담의 균형을 이룰 수 없다.

해 설

병렬운전 조건	조건이 맞지 않는 경우
① 정격 전압(권수비)이 같을 것	순환 전류가 흘러 권선이 가열
② 극성이 일치할 것	큰 순환 전류가 흘러 권선이 소손
③ %임피던스 강하(임피던스 전압)가 같을 것	부하의 분담이 용량의 비가 되지 않아 부하의 분담이 균형을 이룰 수 없다.
④ 내부 저항과 누설 리액턴스의 비 (즉 $r_a/x_a = r_b/x_b$)가 같을 것	각 변압기의 전류간에 위상차가 생겨 동손이 증가

문제 15

▸ 출제년도 : 97. 01. 03. 09. ▸ 점수 : 8점

예비전원으로 저압 발전기 시설시 고려 사항이다. 다음(　)에 알맞은 내용을 쓰시오.

> 예비전원으로 시설하는 저압발전기에서 부하에 이르는 전로에는 발전기에 가까운 곳에서 쉽게 개폐 및 점검을 할 수 있는 곳에 (　　), (　　), (　　), (　　)를(을) 시설하여야 한다.

답안작성

개폐기, 과전류차단기, 전압계, 전류계

해 설

예비전원으로 시설하는 저압발전기에서 부하에 이르는 전로에는 발전기에 가까운 곳에서 쉽게 개폐 및 점검을 할 수 있는 곳에 개폐기·과전류차단기·전압계 및 전류계를 시설하여야 한다.

문제 16 ▸ 출제년도 : 03. 09. ▸ 점수 : 5점

조명 설계에 필요한 좋은 조명의 요건 5가지를 쓰시오.

답안작성

① 광속발산도 분포균일(시야 내의 조도차)
② 용도에 맞는 광색
③ 눈부심이 없어야 한다. (글래어가 일어나지 않도록)
④ 심리적 안정을 주어야 한다.
⑤ 경제성이 있어야 한다.

해 설

이외에도 ⑥ 미적효과(광원, 기구의 디자인 및 위치)
⑦ 적당한 그림자 유지

문제 17 ▸ 출제년도 : 09. ▸ 점수 : 4점

옥내배선 아우트렛 박스 등의 접속함 내의 가는 전선의 접속 방법을 쓰시오.

답안작성

쥐꼬리 접속법

문제 18 ▸ 출제년도 : 07. 09. ▸ 점수 : 10점

그림은 PLC 시퀀스 회로의 일부를 그린 것이다. 입력 P000을 주면 출력 P011이 동작하고 이어 P012가 동작한다. 5초후 T000이 동작하여 P012가 정지된다. P001은 정지신호이고, 시간단위는 0.1초이다. 프로그램의 괄호(가~마)에 알맞은 것을 쓰시오.

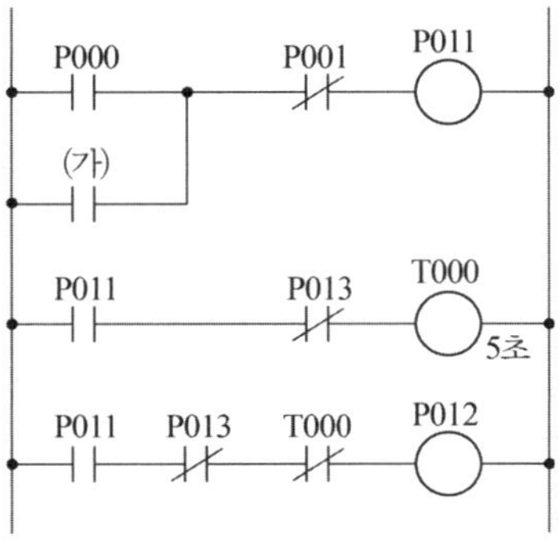

STEP	OP	add	ENT
생략	LOAD	P000	ENT
	OR	(가)	이하 생략
	(나)	P001	
	OUT	P011	
	LOAD	P011	
	AND NOT	P013	
	TMR	T000	
	(DATA)	(다)	
	(라)	P011	
	AND NOT	P013	
	AND NOT	T000	
	(마)	P012	

답안작성

(가) P011 (나) AND NOT (다) 50 (라) LOAD (마) OUT

MEMO

D30-4

2010년도
전기공사산업기사 실기

- 10년 제 1 회 전기공사산업기사
- 10년 제 2 회 전기공사산업기사
- 10년 제 4 회 전기공사산업기사

국가기술자격검정 실기시험문제 및 답안지

2010년도 산업기사 일반검정 제 1 회			수험번호	성 명	감독위원 확 인
자격종목(선택분야)	시험시간	형별			
전기공사산업기사	2시간 00분				

※ 다음 물음에 답을 해당 답란에 답하시오.(배점 : 100점)

문제 01 ▸ 출제년도 : 95. 99. 00. 03. 10. ▸ 점수 : 6점

평균 구면 광도 100 [cd]의 전구 5개를 직경 10 [m]의 원형의 사무실에 점등할 때 조명률 0.4, 감광 보상률을 1.6이라 하면 사무실의 평균조도[lx]는 얼마인가?

•계산 : •답 :

답안작성

계산 : 평균조도 $E=\dfrac{FUN}{AD}=\dfrac{4\pi\times100\times0.4\times5}{\left(\dfrac{10}{2}\right)^2\pi\times1.6}=20\ [\mathrm{lx}]$

답 : 20 [lx]

해 설

$F=4\pi I,\quad A=\left(\dfrac{d}{2}\right)^2\pi$

문제 02 ▸ 출제년도 : 10. ▸ 점수 : 5점

라이팅 덕트 공사에 의한 저압 옥내배선은 다음 각 호에 따라 시설하여야 한다.

(1) 덕트는 ( )를 관통하여 시설하지 아니할 것

(2) 덕트를 사람이 용이하게 접촉할 우려가 있는 장소에 시설하는 경우에는 전원측에 ( )를 시설할 것

(3) 덕트의 사용전압은 ( ) 이하일 것

(4) 덕트의 지지점 간의 거리는 ( ) 이하로 할 것

답안작성

(1) 조영재
(2) 누전차단기
(3) 400 [V]
(4) 2 [m]

해 설

KEC 232.71 라이팅덕트공사
1) 덕트는 조영재에 견고하게 붙일 것.
2) 덕트의 지지점 간의 거리는 2[m] 이하로 할 것.

3) 덕트의 끝부분은 막을 것.
4) 덕트의 개구부(開口部)는 아래로 향하여 시설할 것. 다만, 사람이 쉽게 접촉할 우려가 없는 장소에서 덕트의 내부에 먼지가 들어가지 아니하도록 시설하는 경우에 한하여 옆으로 향하여 시설할 수 있다.
5) 덕트는 조영재를 관통하여 시설하지 아니할 것.
6) 덕트를 사람이 용이하게 접촉할 우려가 있는 장소에 시설하는 경우에는 전로에 지락이 생겼을 때에 자동적으로 전로를 차단하는 장치를 시설할 것.
7) 라이팅덕트의 시설 장소와 배선 방법

옥 내						옥측 옥내 400[V]이하	
노출 장소		은폐 장소(400[V]이하)					
		점검 가능		점검 불가능			
건조한 장소	습기가 많은 장소 또는 수분이 있는 장소	건조한 장소	습기가 많은 장소 또는 수분이 있는 장소	건조한 장소	습기가 많은 장소 또는 수분이 있는 장소	우선 내	우선 외
○	×	○	×	×	×	×	×

문제 03 ▸ 출제년도 : 09. 10. ▸ 점수 : 6점

그림의 회로에서 중성선이 ×점에서 단선되었다면 부하 A와 부하 B의 단자전압(V_A, V_B)을 계산하시오.

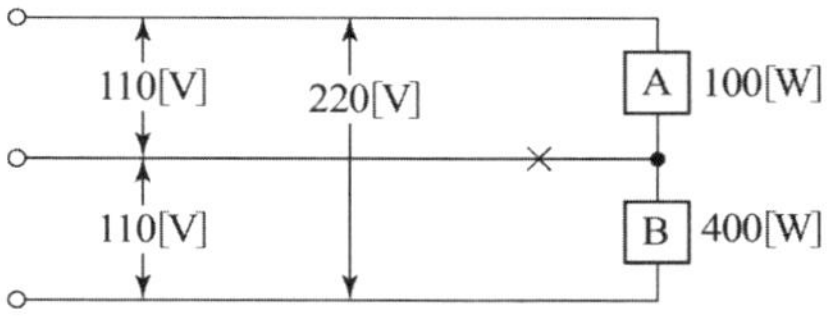

• 계산 :
• 답 :

답안작성

계산 : $P = \dfrac{V^2}{R}$ 에서 $R = \dfrac{V^2}{P}$

$$R_A = \frac{110^2}{100} = 121\ [\Omega],\quad R_B = \frac{110^2}{400} = 30.25\ [\Omega]$$

$$\therefore\ V_A = \frac{121}{121 + 30.25} \times 220 = 176\ [\text{V}]$$

$$V_B = \frac{30.25}{121 + 30.25} \times 220 = 44[\text{V}]$$

답 : $V_A = 176$ [V], $V_B = 44$ [V]

해 설

$$V_A = \frac{R_A}{R_A + R_B} \times V,\quad V_B = \frac{R_B}{R_A + R_B} \times V$$

문제 04 ▸ 출제년도 : 10. ▸ 점수 : 3점

22.9 [kV] 선로의 저압 인입 장주도에서 사용되는 인류스트랍이란 어떤 용도인지 간단히 쓰시오.

답안작성

가공 배전선로 및 인입선에서 인류애자와 데드엔드 클램프를 연결하기 위한 금구

문제 05 ▸ 출제년도 : 01. 10. ▸ 점수 : 6점

22.9 [kV-Y]로 수전하는 수용가의 수전용량이 750 [kVA]이다. 인입구에 시설하는 MOF의 적당한 변류비와 변압비를 표준규격으로 구하시오.
(단, 변류비는 1차 정격전류의 1.2∼1.5배로 한다.)

답안작성

계산 : $I = \dfrac{750 \times 10^3}{\sqrt{3} \times 22.9 \times 10^3} \times (1.2 \sim 1.5) = 22.69 \sim 28.36$ [A]이므로 30/5 선정

답 : 변압비 ; $\dfrac{22900}{\sqrt{3}} \Big/ \dfrac{190}{\sqrt{3}}$ [V], 변류비 ; 30/5

문제 06 ▸ 출제년도 : 10. ▸ 점수 : 5점

다음 표를 보고 변압기 표준용량을 산정하시오.

	설비용량	수용률 [%]
A	20 [kW]	50
B	30 [kW]	70
C	20 [kW]	60

단, 부등율은 1.1, 역률은 80 [%] 이다.

•계산 : •답 :

답안작성

계산 : $\dfrac{20 \times 0.5 + 30 \times 0.7 + 20 \times 0.6}{1.1 \times 0.8} = 48.86$ [kVA]

답 : 50 [kVA]

해 설

변압기 용량 ≥ 합성최대수용전력 $= \dfrac{\Sigma(\text{설비용량} \times \text{수용률})}{\text{부등률}}$

문제 07 ▸ 출제년도 : 94. 02. 10. ▸ 점수 : 5점

그림은 콘센트의 종류를 표시한 옥내배선용 그림 기호이다. 각 그림기호는 어떤 의미를 가지고 있는지 설명하시오.

(1) $\bigodot_{LK}$ (2) $\bigodot_{ET}$ (3) $\bigodot_{EL}$ (4) $\bigodot_{E}$ (5) $\bigodot_{T}$

답안작성

(1) $\bigodot_{LK}$: 빠짐 방지형
(2) $\bigodot_{ET}$: 접지 단자붙이
(3) $\bigodot_{EL}$: 누전 차단기 붙이
(4) $\bigodot_{E}$: 접지극 붙이
(5) $\bigodot_{T}$: 걸림형

문제 08

▸ 출제년도 : 06. 10. ▸ 점수 : 5점

배전용 변전소의 필요 개소에 접지공사를 하였다. 이에 따른 접지목적을 3가지만 기술하시오.

답안작성

① 감전방지
② 이상전압의 억제
③ 보호계전기의 동작 확보

해 설

① 감전 방지 : 기기의 절연 열화나 손상 등으로 누전이 발생하면 전류가 접지선으로 흘러 기기의 대지 전위 상승이 억제되고 인체의 감전 위험이 줄어들게 된다.
② 이상전압의 억제 : 뇌전류 또는 고 저압 혼촉 등에 의하여 침입하는 고전압을 접지선을 통해 대지로 흘러 보내 기기의 손상을 방지할 수 있다.
③ 보호계전기의 동작 확보 : 지락 사고시에 일정 크기 이상의 지락 전류가 쉽게 흐르기 때문에 지락 계전기 등의 동작을 확실하게 할 수 있다.
④ 전로의 대지전압의 저하 : 3상 4선식 전로의 중성점을 접지하면 각 선의 대지전압은 선간전압의 $1/\sqrt{3}$ 로 낮아진다.

문제 09

▸ 출제년도 : 97. 03. 10. ▸ 점수 : 5점

최근에 대용량 초고압 송전선이나 지중송전선 (cable)의 확장에 따라 전력계통에 분로 리액터(shunt reactor)를 설치하고 있다. 설치목적은?

답안작성

페란티 현상을 방지

해 설

페란티 현상 : 케이블의 충전전류(진상전류)에 의해 수전단 전압이 송전단 전압보다 높아지는 현상을 페란티현상이라 하며 이의 방지 대책으로는 분로리액터를 설치하여 진상전류를 보상한다.

문제 10

▸ 출제년도 : 03. 05. 07. 10. ▸ 점수 : 5점

경제적 송전선의 전선의 굵기를 결정하고자 할 때 적용되는 법칙은 무엇인가?

답안작성

켈빈의 법칙

해 설

- 켈빈의 법칙 : 건설 후에 전선의 단위 길이를 기준으로 해서 여기서 1년간에 잃게되는 손실 전력량의 금액과 건설시 구입한 단위 길이의 전선비에 대한 이자와 상각비를 가산한 연경비가 같게 되게끔 하는 굵기가 가장 경제적인 전선의 굵기다.

문제 11

▸ 출제년도 : 10. ▸ 점수 : 3점

공사 종류별에 따른 전기공사의 간접노무비는 직접노무비의 몇 [%] 까지 계상 할 수 있는가?

답안작성

15 [%]

문제 12 ▸ 출제년도 : 10. ▸ 점수 : 3점

22.9 [kV-Y] 계통 3상 배전선로의 완금의 길이를 쓰시오.

답안작성

2400 [mm]

해 설

배전용 완금의 길이 / 단위 [mm]

전선조수	저압	고압	특고압
2	900	1400	1800
3	1400	1800	2400

문제 13 ▸ 출제년도 : 00. 10. ▸ 점수 : 8점

답란의 그림에서 적산전력계를 결선하여 완성하시오. (단, 접지표시를 할 것)

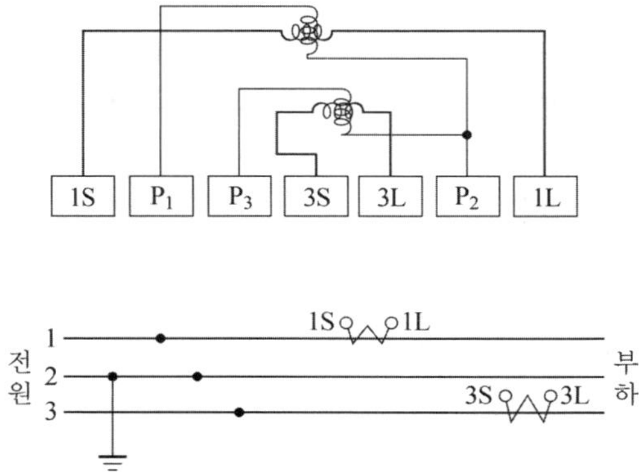

답안작성

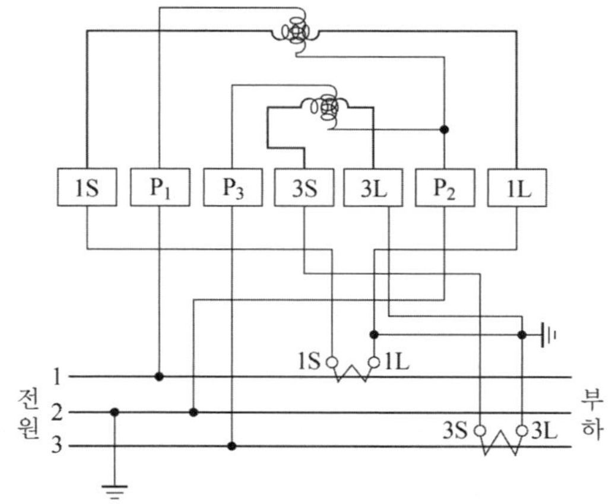

문제 14 ▸ 출제년도 : 10. ▸ 점수 : 5점

UPS(uninterruptible power supply)의 사용 목적은?

답안작성

상시 전원의 정전 또는 이상 상태가 발생하여도 정상적으로 안정된 전력을 부하에 공급하기 위하여

문제 15 ▸ 출제년도 : 10. ▸ 점수 : 5점

발전소의 가공전선 인입구 및 인출구에 설치하여 전로로부터의 이상전압이 발전소내로 내습하는 것을 방지하기 위해 설치하는 것은 무엇인가?

답안작성

피뢰기

문제 16 ▸ 출제년도 : 10. ▸ 점수 : 5점

220 [V]로 인입하는 어느 주택의 총 부하설비용량이 7050 [VA]이다. 16 [A] 분기할 경우 최소 분기회로수를 구하시오.

답안작성

계산 : $\frac{7050}{220\times 16}=2$

답 : 2회로

해 설

$$\text{분기회로 수} = \frac{\text{부하 [VA]}}{\text{전압 [V]}\times\text{분기회로 전류 [A]}}$$

문제 17 ▸ 출제년도 : 10. ▸ 점수 : 6점

가공 송전 선로에 사용되는 전선으로서는 어떤 조건들을 구비하는 것이 바람직한가 아는 대로 6가지만 간략하게 쓰시오.

답안작성

① 도전율이 높을 것
② 기계적 강도가 클 것
③ 가공성(유연성)이 클 것
④ 내구성이 있을 것
⑤ 비중이 작을 것
⑥ 전압 강하가 작고 코로나 손실이 작을 것

문제 18 ▸ 출제년도 : 10. ▸ 점수 : 14점

다음 그림은 무접점 회로도이다. 그림을 보고 다음 각 물음에 답하시오.

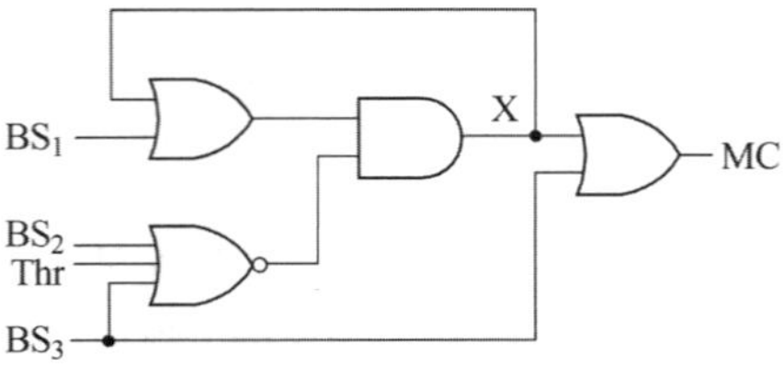

(1) 미완성된 유접점 회로도를 완성하시오.

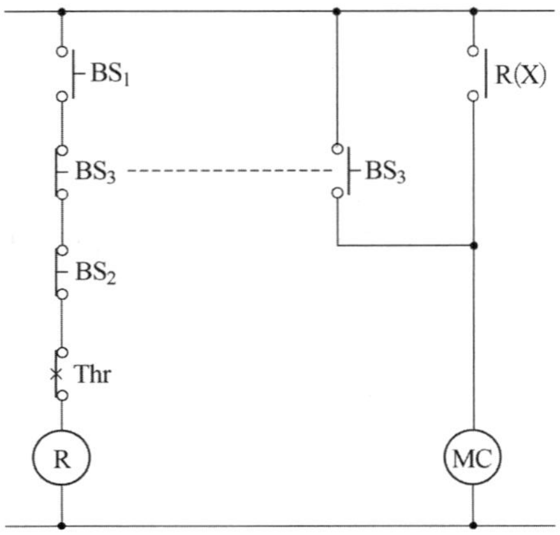

(2) Thr 접점의 명칭을 쓰시오.

(3) 촌동운전이란 무엇인지 쓰시오.

(4) $BS_1 \sim BS_3$중에서 촌동운전 스위치는 어느 것인지 쓰시오.

답안작성

(1)

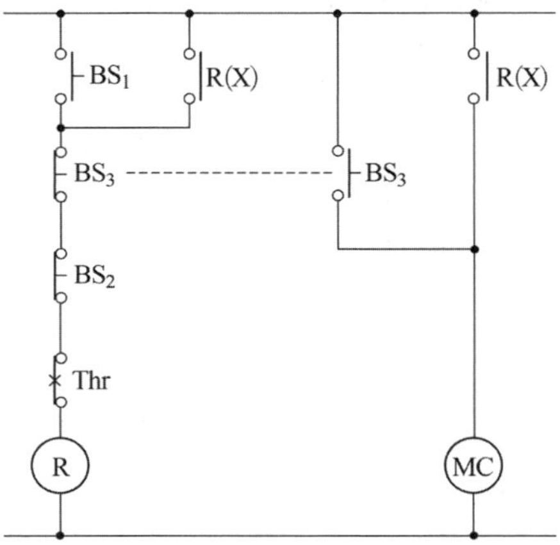

(2) 수동복귀 b접점

(3) 촌동 운전은 운전버튼을 누르고 있는 동안만 운전되고, 손을 놓으면 정지하는 운전방식

(4) BS_3

해 설

(3) 촌동운전은 운전버튼을 누르는 동안만 운전되는 시스템으로 기동이나 전동기의 회전방향을 점검하는 경우에 많이 사용되는 회로로서 자기유지 기능이 없다.

국가기술자격검정 실기시험문제 및 답안지

2010년도 산업기사 일반검정 제 2 회

자격종목(선택분야)	시험시간	형별	수험번호	성 명	감독위원 확 인
전기공사산업기사	2시간 00분				

※ 다음 물음에 답을 해당 답란에 답하시오.(배점 : 100점)

문제 01 ▸ 출제년도 : 96. 10. ▸ 점수 : 5점

수변전 설비에서 사용하는 특고압 차단기 종류 5가지를 쓰시오.

답안작성

① 진공 차단기 ② 유입 차단기
③ 가스 차단기 ④ 공기 차단기 ⑤ 자기 차단기

해 설

① 소호 원리에 따른 차단기의 종류

종 류		소 호 원 리
명 칭	약어	
유입 차단기	OCB	소호실에서 아크에 의한 절연유 분해 가스의 열전도 및 압력에 의한 blast을 이용해서 차단
자기 차단기	MBB	대기중에서 전자력을 이용하여 아크를 소호실 내로 유도해서 냉각 차단
공기 차단기	ABB	압축된 공기를 아크에 불어 넣어서 차단
진공 차단기	VCB	고진공 중에서 전자의 고속도 확산에 의해차단
가스 차단기	GCB	고성능 절연 특성을 가진 특수 가스(SF_6)를 이용해서 차단

② 기중 차단기(ACB)는 저압에 사용되는 차단기임.

문제 02 ▸ 출제년도 : 97. 03. 10. ▸ 점수 : 5점

어느 빌딩의 수전설비를 계획하려고 한다. 이 빌딩에 예측되는 부하밀도는 조명전용 20 [VA/m^2], 일반동력 35 [VA/m^2], 냉방 40 [VA/m^2]이다. 이 빌딩의 건평이 60000 [m^2]일 경우 부하설비의 용량은 몇 [kVA]인지 계산하시오.

•계산 : •답 :

답안작성

계산 : 조명설비 $= 20 \times 60000 \times 10^{-3} = 1200$ [kVA]

일반동력설비 $= 35 \times 60000 \times 10^{-3} = 2100$ [kVA]

냉방설비 $= 40 \times 60000 \times 10^{-3} = 2400$ [kVA]

부하설비 $= 1200 + 2100 + 2400 = 5700$ [kVA]

답 : 5700 [kVA]

문제 03 ▸ 출제년도 : 05. 10. ▸ 점수 : 6점

송전선로에 발생하는 코로나 방지대책 3가지를 쓰시오.

답안작성

(1) 굵은 전선을 사용한다.(ACSR, 중공연선 등)
(2) 복도체 방식을 채택한다.
(3) 가선금구를 개량한다.

해 설

코로나 방지에 대한 근본적인 대책은 코로나 임계전압(E_0)을 높여 코로나 발생을 억제하는 것이다.

$$E_0 = 24.3 m_0 m_1 \delta d \log_{10}\frac{D}{r}\ [\text{kV}]$$

여기서, m_0 : 전선의 표면 상태에 따라 정해지는 계수, d : 전선의 지름 [cm]
m_1 : 날씨에 관계되는 계수, D : 등가 선간 거리 [cm]
δ : 상대 공기 밀도, r : 전선의 반지름 [cm]

문제 04 ▸ 출제년도 : 93. 06. 10. ▸ 점수 : 5점

그림과 같이 전선관을 지중에 매설하려고 한다. 터파기(흙파기)량은 몇 [m^3]인지 계산하시오. (단, 매설거리는 80 [m]이고, 전선관의 면적은 무시한다.)

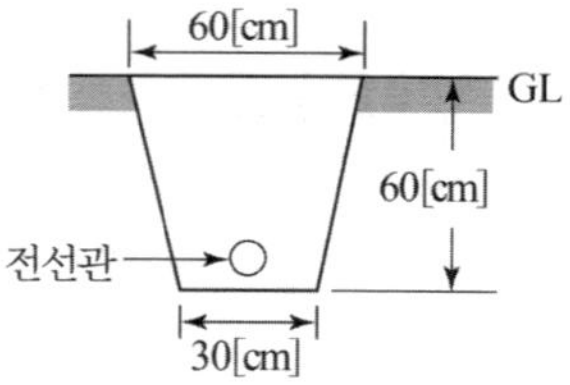

•계산 :
•답 :

답안작성

계산 : 줄기초 파기이므로

$$V_o = \frac{0.6+0.3}{2}\times 0.6\times 80 = 21.6\ [\text{m}^3]$$

답 : 21.6 [m^3]

해 설

$$V_o = \frac{A+B}{2}\times hL$$

문제 05 ▸ 출제년도 : 10. ▸ 점수 : 4점

층수가 몇 층 이상인 특정소방대상물의 경우 비상콘센트설비를 설치하여야 하는지 쓰시오.

답안작성

11층 이상의 층

해 설

비상콘센트설비를 설치하여야 하는 특정소방대상물
(1) 층수가 11층 이상인 특정소방대상물의 경우에는 11층 이상의 층
(2) 지하층의 층수가 3개층 이상이고 지하층의 바닥면적의 합계가 1000 [m^2] 이상인 것은 지하층의 전층
(3) 지하가 중 터널로서 길이가 500 [m] 이상인 것

문제 06 ▸ 출제년도 : 10. ▸ 점수 : 4점

비교적 장력이 작고 타 종류의 지선을 시설할 수 없는 경우에 적용하는 그림과 같이 시설하는 지선의 종류(명칭)는 무엇인지 쓰시오.

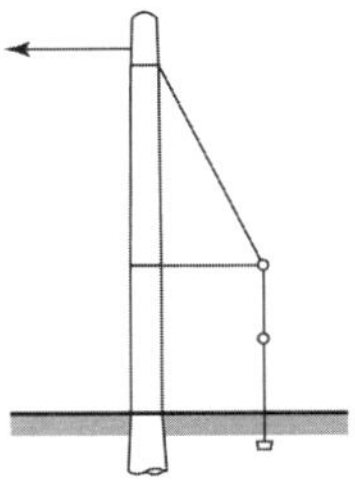

답안작성

A형 궁지선

해 설

궁지선

용도 : 비교적 장력이 작고 다른 종류의 지선을 시설할 수 없는 경우에 시설한다.

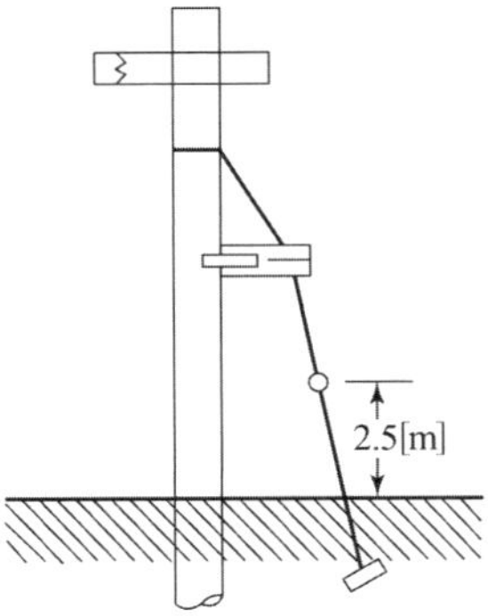

(a) A형 궁지선

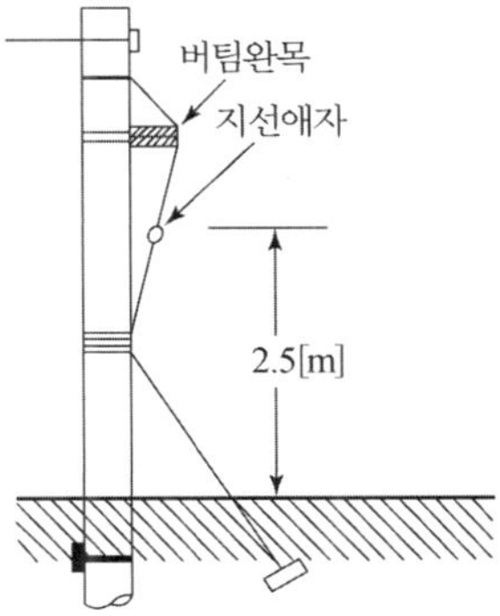

(b) R형 궁지선

문제 07 ▸ 출제년도 : 06. 10. ▸ 점수 : 5점

다음 설명과 같은 조명방식의 명칭과 용도를 쓰시오.

- 조명방식 : 벽면을 밝은 광원으로 조명하는 방식으로 숨겨진 램프의 직접광이 아래쪽 벽, 커튼, 위쪽 천장면에 쪼이도록 조명하는 방식이다.
- 특　　징 : 실내면을 황색으로 마감하고, 밸런스 판으로 목재, 금속판 등 투과율이 낮은 재료를 사용하고 램프로는 형광램프가 적정하다.

(1) 명칭 :

(2) 용도 :

답안작성

(1) 밸런스 조명(valance light)

(2) 분위기 조명

문제 08 ▸ 출제년도 : 94. 04. 07. 10. ▸ 점수 : 4점

배전 변전소 또는 발전소로부터 배전 간선에 이르기까지의 도중에 부하가 접속되어 있지 않는 선로를 무엇이라 하는지 쓰시오.

답안작성

Feeder(급전선)

문제 09 ▸ 출제년도 : 06. 10. ▸ 점수 : 8점

견적 순서를 발주자 및 수주자 입장에서 작성해 보면 다음의 흐름도와 같다. 빈칸 ①~⑤에 알맞은 답을 써넣으시오.

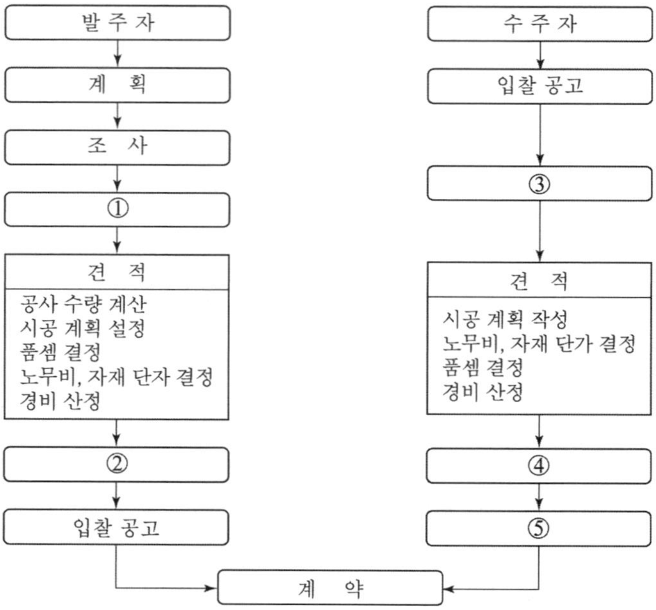

답안작성

① 설계 ② 예정가격 결정 ③ 현장설명 ④ 견적가 결정 ⑤ 입찰

문제 10 ▸ 출제년도 : 10. ▸ 점수 : 6점

전력계통에 일반적으로 사용되는 리액터의 설치 목적을 간단히 쓰시오.

(1) 병렬리액터 :

(2) 직렬리액터 :

(3) 소호리액터 :

답안작성

(1) 페란티 현상의 방지
(2) 제5고조파 제거
(3) 지락전류의 제한

문제 11 ▸ 출제년도 : 93. 08. 10. ▸ 점수 : 6점

전기공사의 공사원가 비목이 다음과 같이 구성되었을 경우 일반 관리비와 이윤을 산출하시오.

[재료비 소계 : 90,000,000원, 노무비 소계 : 50,000,000원, 경비소계 : 25,000,000원]

(1) 일반관리비

•계산 : •답 :

(2) 이 윤

•계산 : •답 :

답안작성

(1) 일반 관리비 = (90,000,000 + 50,000,000 + 25,000,000) × 0.06 = 9,900,000 [원]
(2) 이윤 = (50,000,000 + 25,000,000 + 9,900,000) × 0.15 = 12,735,000[원]

해 설

① 일반 관리비

공사 원가	일반 관리 비율
5억원 미만	6 [%]
5억원~30억원 미만	5.5 [%]
30억원 이상	5 [%]

② 이윤(공사의 경우)
이윤 = (노무비+경비+일반관리비)×15[%]

문제 12 ▸ 출제년도 : 10. ▸ 점수 : 5점

예비전원설비 중 사용 중인 축전지의 충전방식 3가지만 쓰시오.

답안작성

① 부동충전 방식
② 균등충전 방식
③ 급속충전 방식

해 설

사용중의 충전

① 보통 충전 : 필요할 때마다 표준 시간율로 소정의 충전을 하는 방식이다.
② 급속 충전 : 비교적 단시간에 보통 전류의 2~3배의 전류로 충전하는 방식이다.
③ 부동 충전 : 축전지의 자기 방전을 보충함과 동시에 상용 부하에 대한 전력 공급은 충전기가 부담하도록 하되 충전기가 부담하기 어려운 일시적인 대전류 부하는 축전지로 하여금 부담하게 하는 방식이다.

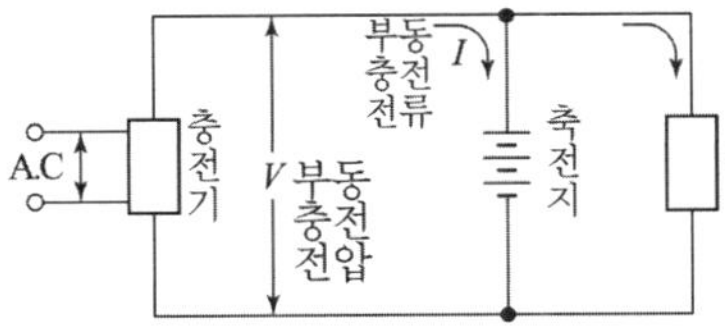

$$\text{충전기 2차 충전 전류 [A]} = \frac{\text{축전지 용량 [Ah]}}{\text{정격 방전율 [h]}} + \frac{\text{상시 부하 용량 [VA]}}{\text{표준 전압 [V]}}$$

④ 세류 충전 : 자기 방전량만을 항시 충전하는 부동 충전 방식의 일종이다.
⑤ 균등 충전 : 부동 충전 방식에 의하여 사용할 때 각 전해조에서 일어나는 전위차를 보정하기 위하여 1~3개월 마다 1회씩 정전압으로 10~12시간 충전하여 각 전해조의 용량을 균일화하기 위한 방식이다.

문제 13 ▸출제년도 : 98. 00. 05. 10. ▸점수 : 4점

피뢰기를 설치하여야 할 개소 중 IKL(Isokertaunic-Level)이 11일 이상인 지역에서는 2 전선로 매 500 [m] 이내마다 LA를 설치하고 있다. 여기에서 IKL이란 무엇인지 설명하시오.

답안작성

연간 뇌우 발생 일수

문제 14 ▸출제년도 : 10. ▸점수 : 6점

주상변압기 설치가 완료되면 실시하는 측정 및 시험의 종류 3가지를 쓰시오.

답안작성

① 절연저항 측정 ② 여자시험 ③ 전압비 시험

해 설

이외에도 ④ 위상각 시험 ⑤ 절연유 내압시험

문제 15 ▸출제년도 : 98. 00. 04. 07. 10. ▸점수 : 4점

다음의 회로와 같은 단상 3선식 220/440 [V]로 전열기 및 전동기에 전기를 공급하는 경우 설비의 불평형률을 구하시오.

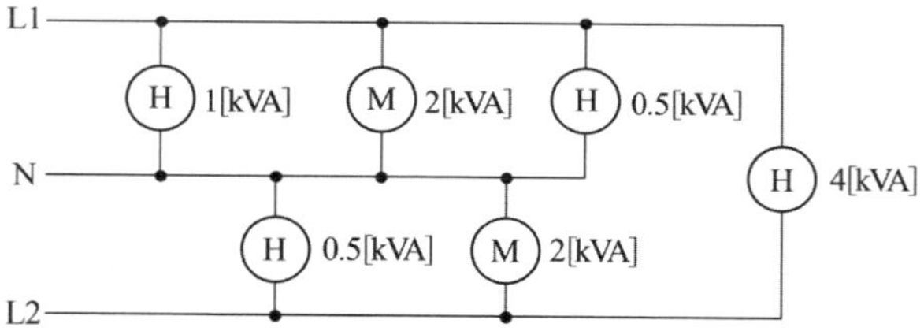

답안작성

계산 : 설비불평형률 $= \dfrac{(1+2+0.5)-(2+0.5)}{\dfrac{1}{2}(1+2+0.5+4+0.5+2)} \times 100 = 20$ [%]

답 : 20 [%]

해 설

(1) 단상 3선식에서의 설비불평형률

설비불평형률 $= \dfrac{\text{중성선과 각 전압측 전선간에 접속되는 부하 설비용량[kVA]의 차}}{\text{총 부하 설비용량의 1/2}} \times 100$ [%]

여기서, 불평형률은 40[%] 이하이어야 한다.

문제 16 ▸출제년도 : 03. 10. ▸점수 : 4점

표준품셈에서 옥외전선 및 옥내전선의 할증률은 각각 몇 [%]인지 쓰시오.

답안작성

- 옥외전선 : 5 [%]
- 옥내전선 : 10 [%]

해 설

재료의 할증률

종 류	할증률 [%]
옥외 전선	5
옥내 전선	10
cable (옥외)	3
cable (옥내)	5
전선관(옥외)	5
전선관 (옥내)	10

문제 17

▸ 출제년도 : 10. ▸ 점수 : 10점

다음 도면은 전동기 기동제어 회로이다. 아래 설명의 ( )안에 적당한 것을 보기에서 골라 넣으시오. (단, 보기는 중복 사용될 수 있음)

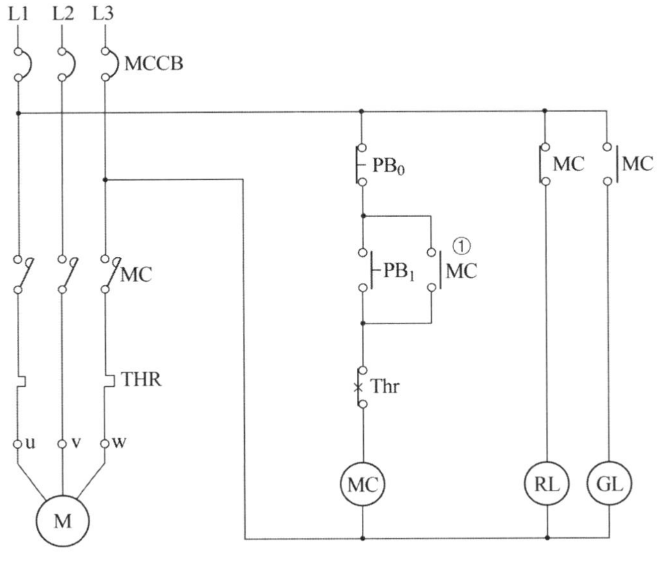

(1) MCCB를 투입하면 램프( )이 점등된다.

(2) 스위치 PB_1을 누르면 (MC)가 ( )되어 주접점( )가 닫혀 전동기 (M)이 기동한다.

(3) 이때 램프( )은 점등되고 ( )은 소등된다.

(4) 전동기 운전중 PB_0를 누르면 (MC)가 ( )되어 주접점 ( )가 복구하고 전동기 M이 정지한다.

(5) 전동기 운전 중 과전류 등의 고장전류가 흐르면 ( )이(가) 트립되어 전동기 (M)

이 (　　　)한다.

(6) 도견에서 접점 ①은 (　　　)기능이다.

(7) THR점점의 명칭은 (　　　)이다.

(8) 기동용 스위치는 (　　　)이다.

(9) 정지용 스위치는 (　　　)이다.

(10) 도면에서 MC의 명칭은 (　　　)이다.

[보기]

MC, 여자, 소자, PB_0, PB_1, M, THR, 자기유지, 인터록, 기동, 정지, RL, GL, 점등, 소등, 수동복귀접점, 자동복귀접점, 전자접촉기, 전자계산기, 릴레이

답안작성

(1) RL　　(2) 여자, MC

(3) GL, RL　　(4) 소자, MC

(5) THR, 정지　　(6) 자기유지

(7) 수동복귀 b접점　　(8) PB_1

(9) PB_0　　(10) 전자접촉기

문제 18 ▸ 출제년도 : 92. 10. ▸ 점수 : 5점

그림과 같이 계전기 M_1, M_2, M_3, M_4의 a 접점 m_1, m_2, m_3, m_4를 입력으로 하고 출력을 램프 L로 한 접점회로에서, 출력 L의 논리식을 구하시오. (단, 계전기 M_1, M_2, M_3, M_4는 각각 PB_1, PB_2, PB_3, PB_4로 직접제어 되는 것으로 한다.)

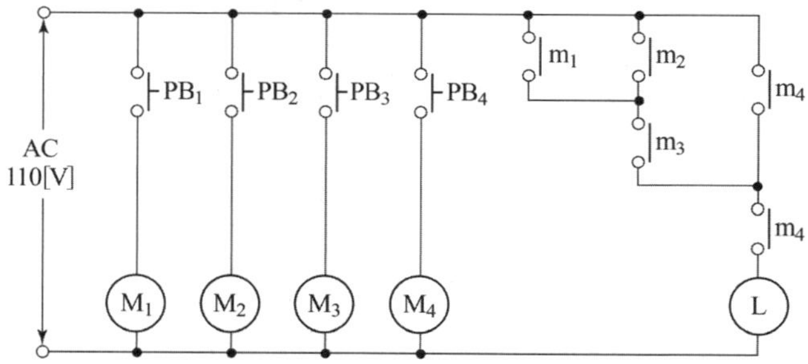

답안작성

$L = m_4 \cdot (m_4 + m_3(m_1 + m_2)) = m_4$

출제기준 변경 및 개정된 관계법규에 따라 삭제된 문제가 있어 배점의 합계가 100점이 안됩니다.

국가기술자격검정 실기시험문제 및 답안지

2010년도 산업기사 일반검정 제 4 회

자격종목(선택분야)	시험시간	형별	수험번호	성 명	감독위원 확 인
전기공사산업기사	2시간 00분				

※ 다음 물음에 답을 해당 답란에 답하시오.(배점 : 100점)

문제 01 ▸ 출제년도 : 10. ▸ 점수 : 5점

가로 20 [m], 세로 30 [m], 광원의 높이 4 [m]인 사무실의 실지수를 계산하시오.

•계산 : •답 :

답안작성

계산 : 실지수 $R.I = \dfrac{XY}{H(X+Y)} = \dfrac{20 \times 30}{4(20+30)} = 3$

답 : 3

문제 02 ▸ 출제년도 : 10. ▸ 점수 : 6점

어떤 전기설비에서 6600 [V]의 3상 회로에 변압비 33의 계기용변압기 2개를 그림과 같이 설치하였다면 그때의 전압계 V_1, V_2, V_3의 지시값은 얼마인지 각각 구하시오.

(1) V_1 : • 계산 :

• 답

(2) V_2 : • 계산 :

• 답

(3) V_3 : • 계산 :

• 답

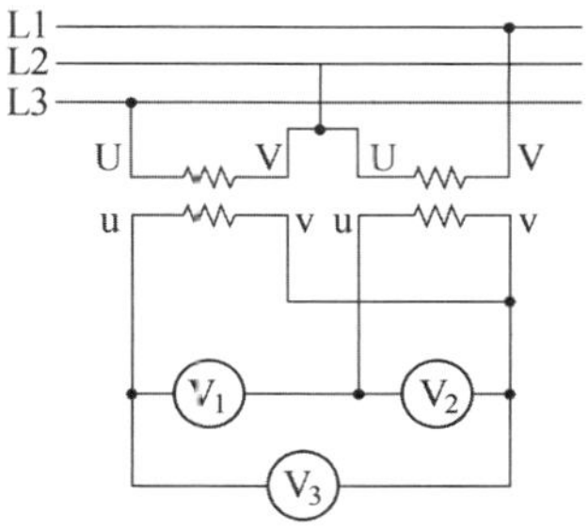

답안작성

(1) 계산 : $V_1 = \dfrac{6600}{33} \times \sqrt{3} = 346.41[V]$ 답 : 346.41 [V]

(2) 계산 : $V_2 = \dfrac{6600}{33} = 200[V]$ 답 : 200 [V]

(3) 계산 : $V_3 = \dfrac{6600}{33} = 200[V]$ 답 : 200 [V]

해 설

V_1는 V_2과 V_3의 Vector 차전압 지시

즉, $V_1 = \sqrt{3}\, V_2$, $V_1 = \sqrt{3}\, V_3$

문제 03 ▸ 출제년도 : 89. 97. 10. ▸ 점수 : 6점

고압전로와 저압전로를 결합하는 3300/210 [V]의 △-△ 결선 3상 변압기가 있다. 고압 1선 지락전류가 10 [A]일 때 저압전로에 접속하는 기기의 접촉전압(누전시 외피의 대지 전압)을 30 [V]로 하려면 보호 접지공사의 저항값은 얼마로 하여야 하는가?

답안작성

계산 : 중성점 접지 저항값 $R_2 = \dfrac{150}{10} = 15\ [\Omega]$

전류 $I = \dfrac{210}{15 + R_3}$

접촉전압 $V_g = \dfrac{210}{15 + R_3} \times R_3 = 30$

$\therefore\ 450 + 30R_3 = 210R_3$

$\therefore\ R_3 = \dfrac{450}{180} = 2.5[\Omega]$

답 : 2.5 [Ω]

해 설

① 중성점 접지공사의 접지저항

$R_2 = \dfrac{150}{I_g} = \dfrac{150}{10} = 15[\Omega]$

②

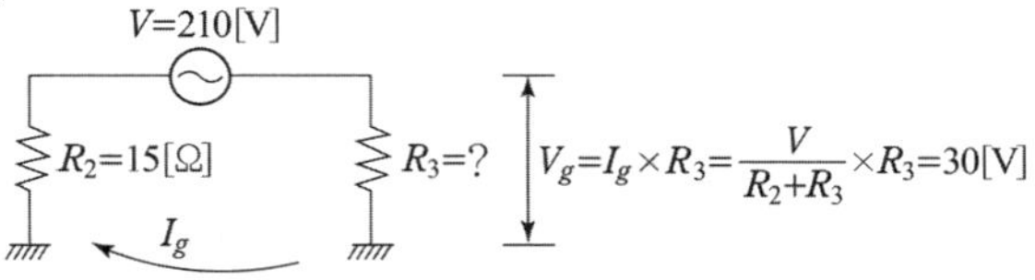

문제 04 ▸ 출제년도 : 10. ▸ 점수 : 3점

전기공사 일반관리비의 계산방법이다. 다른 공사 원가에 따른 일반 관리비 비율은 각각 얼마인지 쓰시오.

(1) 5억원 미만 : ____ [%]

(2) 5억원 ~ 30억원 미만 : ____ [%]

(3) 30억원 이상 : ____ [%]

답안작성

(1) 6 [%]　　(2) 5.5 [%]　　(3) 5 [%]

해 설

일반 관리비

공사 원가	일반 관리 비율
5억원 미만	6 [%]
5억원~30억원 미만	5.5 [%]
30억원 이상	5 [%]

문제 05 ▸ 출제년도 : 10. ▸ 점수 : 10점

다음 도면은 22.9 [kV−Y] 1000 [kVA] 이하의 간이 수변전설비에 대한 단선 결선도이다. 다음 물음에 답하시오.

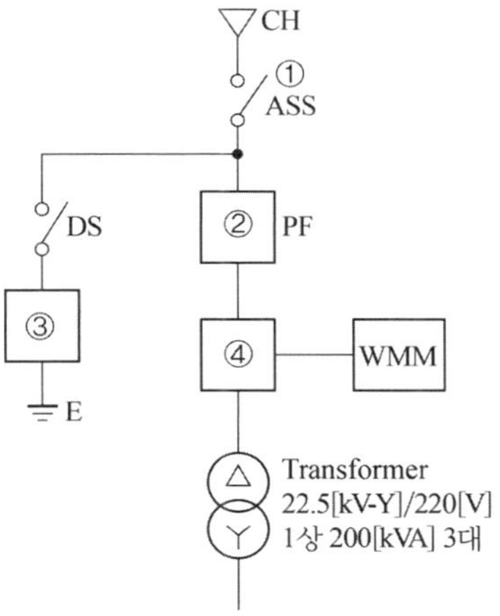

(1) ①번 ASS의 한글 명칭을 쓰시오.

(2) ②번은 전력용 퓨즈(PF)이다. 알맞은 심벌(그림기호)을 그리시오.

(3) ③번에 들어갈 기기의 명칭을 쓰고 심벌(그림기호)을 도시하시오.

(4) ④번에 들어갈 기기의 명칭을 쓰고 심벌(그림기호)을 도시하시오.

답안작성

(1) 자동고장 구분 개폐기

(2) 

(3) 피뢰기, 

(4) 전력수급용 계기용변성기, MOF

문제 06 ▸ 출제년도 : 10. ▸ 점수 : 6점

어느 공장의 소비전력이 200 [kW], 부하역률이 60 [%]이다. 역률을 80 [%]로 개선하기 위해서는 전력용 콘덴서 몇 [kVA]를 설치해야 하는지 계산하시오.

•계산 : •답 :

답안작성

계산 : $Q_c = 200\left(\dfrac{\sqrt{1-0.6^2}}{0.6} - \dfrac{\sqrt{1-0.8^2}}{0.8}\right) = 116.67$ [kVA]

답 : 116.67 [kVA]

해 설

$$Q_c = P(\tan\theta_1 - \tan\theta_2) = P\left(\frac{\sin\theta_1}{\cos\theta_1} - \frac{\sin\theta_2}{\cos\theta_2}\right) = P\left(\frac{\sqrt{1-\cos^2\theta_1}}{\cos\theta_1} - \frac{\sqrt{1-\cos^2\theta_2}}{\cos\theta_2}\right)$$

문제 07 ▸ 출제년도 : 04. 09. 10. ▸ 점수 : 4점

직선철탑이 여러 기로 연결 될 때에는 10기마다 1기의 비율로 넣는 철탑으로서 선로 보강용으로 사용되는 철탑은 무엇인지 쓰시오.

답안작성

내장형철탑

해 설

① 직선형 : 전선로의 직선 부분(3도 이하의 수평 각도를 이루는 곳을 포함)에 사용하는 것으로 내장형과 보강형은 제외한다.
② 각도형 : 전선로 중 3도를 넘는 수평 각도를 이루는 곳에 사용하는 것
③ 인류형 : 전가섭선을 인류하는 곳에 사용하는 것
④ 내장형 : 전선로 지지물의 양측의 경간의 차가 큰 곳에 사용하는 것으로서, 직선철탑 10기 이하마다 1기의 비율로 내장철탑을 설치한다.
⑤ 보강형 : 전선로의 직선 부분에 그 보강을 위하여 사용하는 것

문제 08 ▸ 출제년도 : 93. 06. 10. ▸ 점수 : 6점

전선을 접속할 때의 주의사항을 3가지만 쓰시오.

답안작성

① 전선의 세기를 20[%] 이상 감소시키지 아니할 것
② 접속부분은 접속관 기타의 기구를 사용하거나 납땜을 할 것
③ 전선의 전기적 저항을 증가시키지 아니하도록 할 것

해 설

KEC 123 전선의 접속
전선을 접속하는 경우에는 전선의 전기저항을 증가시키지 아니하도록 접속하여야 하며, 또한 다음에 따라야 한다.

1) 절연전선 상호 · 절연전선과 코드, 캡타이어 케이블과 접속하는 경우에는
   가. 전선의 세기를 20[%] 이상 감소시키지 아니할 것.
   나. 접속부분은 접속관 기타의 기구를 사용할 것.
   다. 접속부분의 절연전선에 절연전선의 절연물과 동등 이상의 절연효력이 있는 것으로 충분히 피복할 것.
2) 코드 상호, 캡타이어 케이블 상호 또는 이들 상호를 접속하는 경우에는 코드 접속기 · 접속함 기타의 기구를 사용할 것.
   다만 공칭단면적이 10[mm^2] 이상인 캡타이어 케이블 상호를 규정에 준하여 접속하는 경우에는 기구를 사용하지 않을 수 있다.
3) 도체에 알루미늄(알루미늄 합금을 포함한다.)을 사용하는 전선과 동(동합금을 포함한다.)을 사용하는 전선을 접속하는 등 전기 화학적 성질이 다른 도체를 접속하는 경우에는 접속부분에 전기적 부식이 생기지 않도록 할 것.

문제 09 ▸ 출제년도 : 10. ▸ 점수 : 4점

활선 클램프란 무엇인지 간단히 설명하시오.

답안작성

가공배전선로의 장력이 걸리지 않는 장소에서 분기고리와 기기 리드선을 결선하는데 사용한다.

해 설

활선 클램프(Live-Wire Clamps)
한전표준규격 : ES-5999-0006

문제 10 ▸ 출제년도 : 10. ▸ 점수 : 6점

6600/110 [V] 특고압 선로에 CT 비가 100/5 라고 한다면 전력계의 눈금은 몇 [kW]인지 계산하시오.

•계산 : •답 :

답안작성

계산 : $P = \sqrt{3} \times 6600 \times 100 \times 10^{-3} = 1143.15[\text{kW}]$
답 : 1143.15 [kW]

문제 11 ▸ 출제년도 : 10. ▸ 점수 : 6점

다음에 해당하는 옥내배선의 그림기호를 그리시오.

(1) 천장 은폐배선
(2) 바닥 은폐배선
(3) 노출배선

답안작성

(1) ────────────────
(2) ─ ─ ─ ─ ─ ─ ─ ─ ─ ─ ─ ─
(3) -

문제 12 ▸ 출제년도 : 10. ▸ 점수 : 4점

합성수지관 접속에 관한 내용이다. ( )안에 알맞은 수치를 기입하시오.

> "합성수지관 상호 및 관과 박스는 접속 시에 삽입하는 깊이를 바깥지름의 (①)배 이상으로 접속하여야 하며, 접착제를 사용하는 경우에는 (②)배 이상으로 삽입하여 접속하여야 한다."

답안작성

① 1.2배 ② 0.8배

해 설

KEC 232.11.2 합성수지관 및 부속품의 시설

1) 관 상호 간 및 박스와는 관을 삽입하는 깊이를 관의 바깥지름의 1.2배(접착제를 사용하는 경우에는 0.8배) 이상으로 하고 또한 꽂음 접속에 의하여 견고하게 접속할 것.
2) 관의 지지점 간의 거리는 1.5[m] 이하로 하고, 또한 그 지지점은 관의 끝·관과 박스의 접속점 및 관 상호 간의 접속점 등에 가까운 곳에 시설할 것.

3) 습기가 많은 장소 또는 물기가 있는 장소에 시설하는 경우에는 방습 장치를 할 것.

문제 13 ▸ 출제년도 : 10. ▸ 점수 : 6점

연 축전지의 정격용량 200 [Ah], 상시부하 10 [kW], 표준전압 100 [V]인 부동충전 방식의 2차 충전전류값은 얼마인지 계산하시오. (단, 연축전지의 방전율은 10시간율로 한다.)

•계산 : •답 :

답안작성

$$I = \frac{200}{10} + \frac{10000}{100} = 120[\mathrm{A}]$$

해 설

① 부동 충전 : 축전지의 자기 방전을 보충함과 동시에 상용 부하에 대한 전력 공급은 충전기가 부담하도록 하되 충전기가 부담하기 어려운 일시적인 대전류 부하는 축전지로 하여금 부담하게 하는 방식이다.

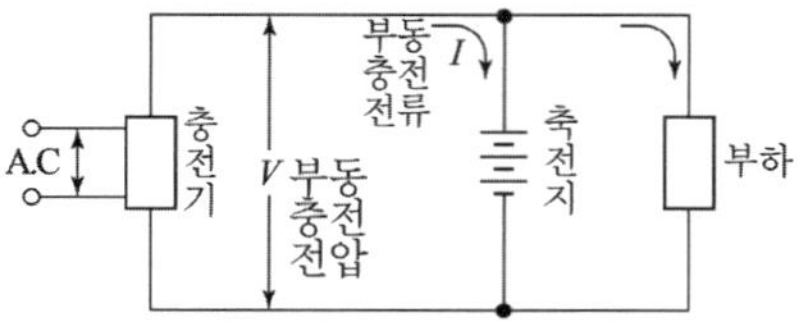

② 충전기 2차 충전 전류 [A]= $\dfrac{\text{축전지 용량 [Ah]}}{\text{정격 방전율 [h]}} + \dfrac{\text{상시 부하 용량 [VA]}}{\text{표준 전압 [V]}}$

문제 14 ▸ 출제년도 : 10. ▸ 점수 : 5점

다음과 같은 논리회로를 NOT, OR 논리기호만을 사용하여 논리회로를 간략화 하고 논리식의 변환과정(간략화과정)을 쓰시오.

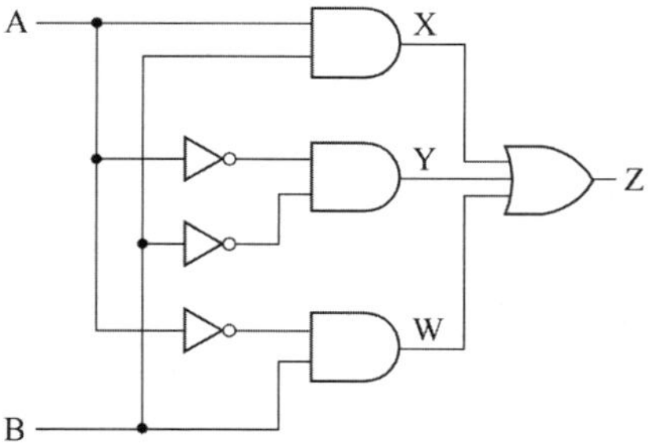

(1) 논리식 변환과정(간략화과정)

(2) 논리회로

답안작성

(1) $Z = AB + \overline{A}\,\overline{B} + \overline{A}B = \overline{A}(\overline{B} + B) + (A + \overline{A})B = \overline{A} + B$

(2) 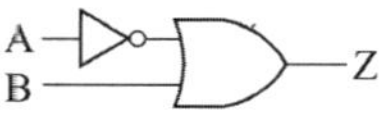

해 설

$Z=AB+\overline{A}\overline{B}+\overline{A}B+\overline{A}B=\overline{A}(\overline{B}+B)+B(A+\overline{A})=\overline{A}+B$

회로에 동일 회로 $\overline{A}B$를 삽입하여도 기능에는 변함이 없다.

문제 15 ▸ 출제년도 : 08. 10. ▸ 점수 : 5점

다음 동작설명을 참고하여 동작 회로도를 완성하시오.

(단, 배선용차단기를 삽입하고 사용되는 기구들의 기호명과 접점기호를 명시하시오.)

[동작설명]

① 배선용 차단기를 투입하고 S_3-OFF시 R_2 점등되고, PBS를 ON하면 타이머(T)가 여자되고(타이머 순시접점에 의한 자기유지) 타이머 설정시간 동안 R_3점등, 설정시간 후 R_3소등되고 R_4점등된다.

② S_3-ON시 R_2, R_3, R_4 소등, 부저(BZ)동작, R_1점등

(단, 전원은 단상 2선식 220 [V] 이다.)

[동작회로도]

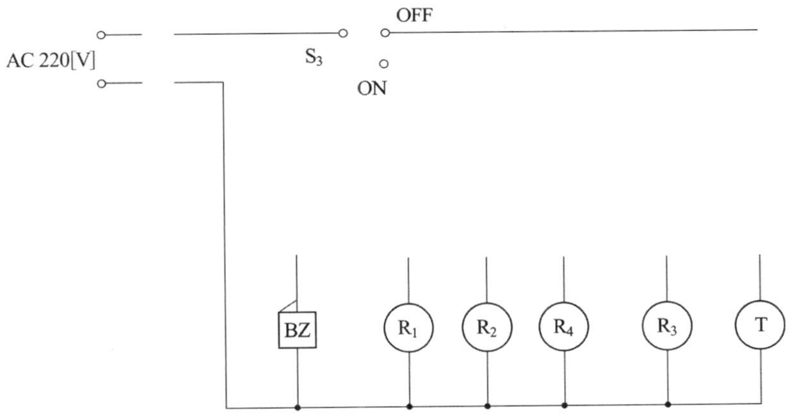

답안작성

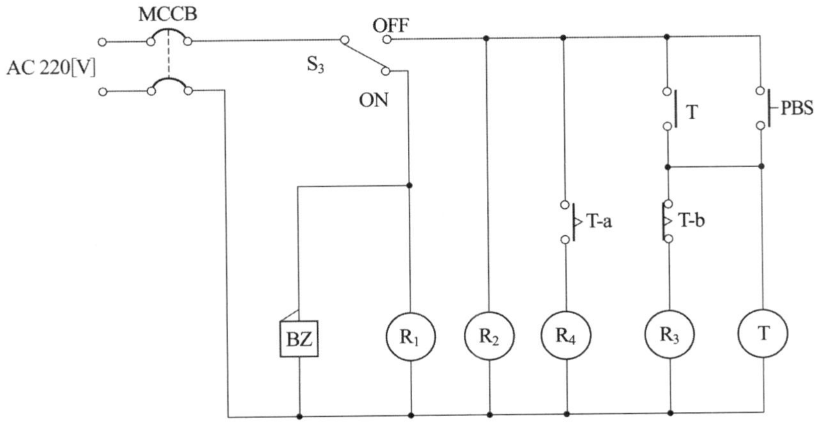

문제 16 ▸ 출제년도 : 10. ▸ 점수 : 14점

아래 도면은 1층에서 2층으로 음식물을 옮기는 리프트 제어 회로도이다.
범례 및 동작사항을 읽고 다음 물음에 답하시오.
((4)~(9)는 회로도에서 찾아 그 기호를 쓰시오.)

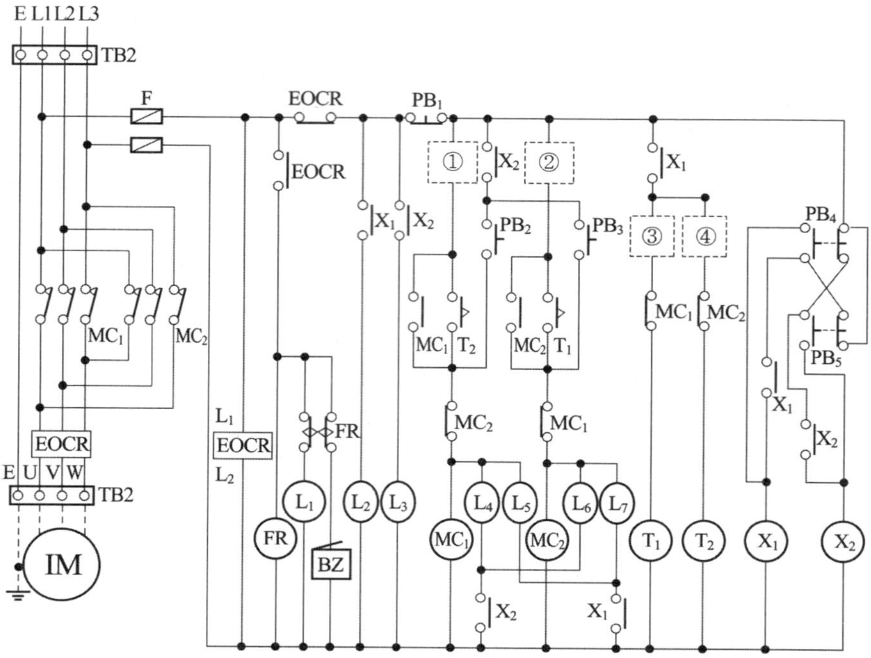

[범례]

EOCR : 전자식 과전류계전기	X_1, X_2 : 보조계전기
LS_1, LS_2 : 리밋스위치	MC_1, MC_2 : 전자접촉기
$PB_1 - PB_5$: 누름버튼스위치	T_1, T_2 : 타이머
FR : 플리커계전기	$L_1 - L_7$: 표시등
TB_1, TB_2 : 단자대	BZ : 부저 F : 퓨즈

[동작사항]

1) PB_5를 누르면 수동상태가 된다.
   ① PB_2를 누르면 전동기는 정방향으로 회전하고, 리프트는 1층에서 2층으로 상승하며 리프트가 2층에 도착하면 2층에 설치한 리밋 스위치 LS_1이 동작하여 전동기는 정지하고 리프트는 2층에서 정지한다.
   ② PB_3를 누르면 전동기는 역방향으로 회전하고, 리프트는 2층에서 1층으로 하강하며 리프트가 1층에 도착하면 1층에 설치한 리밋 스위치 LS_2가 동작하여 전동기는 정지하고 리프트는 1층에서 정지한다.

2) PB_4를 누르면 자동상태가 된다.

① 리프트가 1층에 있으면 T_2타이머의 설정시간(리프트가 1층에 정지하고 있는 시간 설정)이 경과하면 전동기는 자동으로 정방향으로 회전하고 리프트는 1층에서 2층으로 상승하며 리프트가 2층에 도착하면 2층에 설치한 리밋 스위치 LS_1이 동작하여 전동기는 정지하고 리프트는 2층에서 정지한다.

② 리프트가 2층에 도착하면 T_1타이머의 설정시간(리프트가 2층에 정지하고 있는 시간 설정)이 경과하면 전동기는 자동으로 역방향으로 회전하고 리프트는 2층에서 1층으로 하강하며 리프트가 1층에 도착하던 1층에 설치한 리밋 스위치 LS_2가 동작하여 전동기는 정지하고 리프트는 1층에서 정지한다.

③ 위 동작을 반복한다.

3) 동작 중 PB_1를 누르면 모든 동작이 정지된다.

4) 운전 중 과전류 계전기가 동작하면 전동기는 정지한다.

(1) 수동 상태에서 리프트가 상승 중 PB_3를 누르면 MC_2가 여자되는가 또는 여자되지 않는가?

(2) 자동운전상태에서 PB_2를 누르면 MC_1이 여자되는가 또는 여자되지 않는가?

(3) ①, ②, ③, ④ 회로의 [ ]에는 각각 어떤 접점의 리밋 스위치인지 보기와 같은 방법으로 그림기호를 그리시오.

[보기]  LS_1  LS_1 또는  LS_2  LS_2

(4) 수동 운전이 선택된 상태에서 점등되는 표시등은?

(5) 자동 운전이 선택된 상태에서 여자되는 계전기는?

(6) 수동운전 상태에서 리프트가 상승할 때 점등되는 표시등은?

(7) 자동운전 상태에서 리프트가 하강할 때 점등되는 표시등은?

(8) 과전류 계전기가 동작되었을 때 여자되는 계전기는?

(9) 리프트 상승하고 있을 때 여자되는 전자 접촉기는?

답안작성

(1) 여자되지 않는다. (2) 여자되지 않는다.

(3) ①  LS_1 ②  LS_2 ③  LS_2 ④  LS_1

(4) L_3 (5) X_1

(6) L_4 (7) L_7

(8) FR (9) MC_1

출제기준 변경 및 개정된 관계법규에 따라 삭제된 문제가 있어 배점의 합계가 100점이 안됩니다.

MEMO

D30-4

2011년도 전기공사산업기사 실기

- 11년 제 1 회 전기공사산업기사
- 11년 제 2 회 전기공사산업기사
- 11년 제 4 회 전기공사산업기사

국가기술자격검정 실기시험문제 및 답안지

2011년도 산업기사 일반검정 제 1 회

자격종목(선택분야)	시험시간	형별	수험번호	성 명	감독위원 확 인
전기공사산업기사	2시간 00분				

※ 다음 물음에 답을 해당 답란에 답하시오.(배점 : 100점)

문제 01 ▸ 출제년도 : 11. ▸ 점수 : 6점

접지계통의 종류를 3가지 적으시오.

답안작성

① TN 계통 ② TT 계통 ③ IT 계통

해 설

KEC 203.1 계통접지 구성

저압전로의 보호도체 및 중성선의 접속 방식에 따라 접지계통은 다음과 같이 분류한다.

1) TN 계통 : TN 계통이란 전원의 한 점을 직접접지하고 설비의 노출 도전성부분을 보호도체(PE)를 이용하여 전원의 한 점에 접속하는 접지계통을 말한다.
2) TT 계통 : TT 계통이란 전원의 한 점을 직접접지하고 설비의 노출 도전성부분을 전원계통의 접지극과는 전기적으로 독립한 접지극에 접지하는 접지계통을 말한다.
3) IT 계통 : IT 계통이란 충전부 전체를 대지로부터 절연시키거나, 한점에 임피던스를 삽입하여 대지에 접속시키고, 전기기기의 노출 도전성부분 단독 또는 일괄적으로 접지하거나 또는 계통접지로 접속하는 접지계통을 말한다.

문제 02 ▸ 출제년도 : 04. 05. 11. ▸ 점수 : 3점

그림 기호는 배관의 심벌이다. 어떤 전선관인 경우인가?

(1)
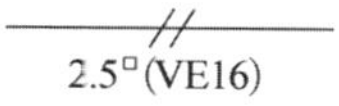

(2)
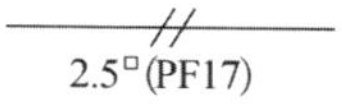

답안작성

(1) 경질비닐전선관
(2) 합성수지제 가요관

해 설

배관의 표시

- 강제전선관은 별도의 표기없음
- VE : 경질 비닐 전선관
- F_2 : 2종 금속제 가요전선관
- PF : 합성수지제 가요관

문제 03 ▸ 출제년도 : 11. ▸ 점수 : 5점

전송 전력이 100 [MW], 송전 거리가 80 [km]인 경우의 경제적인 송전전압은 몇 [kV]인가? 단, 스틸의 식에 의해 구하여라.

•계산 : •답 :

답안작성

계산 : 송전전압 $V_s = 5.5\sqrt{0.6l + \frac{P}{100}} = 5.5 \times \sqrt{0.6 \times 80 + \frac{100 \times 10^3}{100}} = 178.05$ [kV]

답 : 178.05 [kV]

해 설

Still의 실험식(경제적인 송전전압의 산정식)

$$\text{사용 전압 [kV]} = 5.5\sqrt{0.6 \times \text{송전 거리[km]} + \frac{\text{송전 전력[kW]}}{100}}$$

문제 04 ▸ 출제년도 : 11. ▸ 점수 : 5점

변압기 냉각방식에서 다음의 기호는 어떤 냉각방식인지 그 명칭을 쓰시오.

[예] AA (AN) : 건식자냉식

① OA (ONAN) : ② FA (ONAF) :

③ OW (ONWF) : ④ FOA (OFAF) :

⑤ FOW (OFWF) :

답안작성

① OA (ONAN) : 유입자냉식 ② FA (ONAF) : 유입풍냉식

③ OW (ONWF) : 유입수냉식 ④ FOA (OFAF) : 송유풍냉식

⑤ FOW (OFWF) : 송유수냉식

해 설

냉각방식 요약

<table>
<tr><th colspan="2" rowspan="2">냉각방식</th><th colspan="2">규격별 기호 표시</th><th colspan="2">권선, 철심의 냉각매체</th><th colspan="2">주위 냉각매체</th></tr>
<tr><th>JEC 2200
IEC 76</th><th>ANSI
C 57.12</th><th>종류</th><th>순환방식</th><th>종류</th><th>순환방식</th></tr>
<tr><td rowspan="6">유 입
변압기</td><td>유입 자냉식</td><td>ONAN</td><td>OA</td><td rowspan="6">기름</td><td rowspan="3">자연</td><td rowspan="2">공기</td><td>자연</td></tr>
<tr><td>유입 풍냉식</td><td>ONAF</td><td>FA</td><td rowspan="2">강제</td></tr>
<tr><td>유입 수냉식</td><td>ONWF</td><td>OW</td><td>물</td></tr>
<tr><td>송유 자냉식</td><td>OFAN</td><td></td><td rowspan="3">강제</td><td rowspan="2">공기</td><td>자연</td></tr>
<tr><td>송유 풍냉식</td><td>OFAF</td><td>FOA</td><td rowspan="2">강제</td></tr>
<tr><td>송유 수냉식</td><td>OFWF</td><td>FOW</td><td>물</td></tr>
</table>

문제 05 ▸ 출제년도 : 11. ▸ 점수 : 5점

전로에 접속된 콘덴서 또는 전력용 변압기의 결선상 단위를 무엇이라 하는가?

답안작성

뱅크(Bank)

문제 06 ▸ 출제년도 : 96. 99. 01. 02. 09. 11. ▸ 점수 : 5점

3상 4선식 접속의 경우 그림과 같이 전압선 및 중성선의 표시가 L1상, L2상, L3상, N상으로 표시되었다. L1, L2, L3, N의 전선의 색깔을 쓰시오.

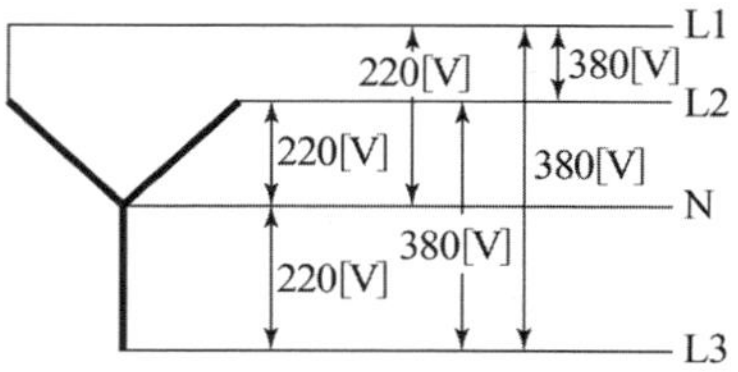

- L1 :　　　　　　• L2 :
- L3 :　　　　　　• N :

답안작성

• L1 : 갈색　• L2 : 검은색　• L3 : 회색　• N : 파란색

해 설

KEC 121.2 전선의 식별

1) 전선의 색상은 표 에 따른다.

상(문자)	색상
L1	갈색
L2	검은색
L3	회색
N	파란색
보호도체	녹색-노란색

2) 색상 식별이 종단 및 연결 지점에서만 이루어지는 나도체 등은 전선 종단부에 색상이 반영구적으로 유지될 수 있는 도색, 밴드, 색 테이프 등의 방법으로 표시해야 한다.

문제 07 ▸ 출제년도 : 11. ▸ 점수 : 5점

단상 2선식의 교류 배전선이 있다. 전선 1줄의 저항은 0.25 [Ω], 리액턴스는 0.48 [Ω]이다. 부하는 무유도성으로서 220 [V], 8.8 [kW]일 때 급전점의 전압은 몇 [V]인가?

•계산 :　　　　　　•답 :

답안작성

계산 : $V_s = V_r + 2I(R\cos\theta + X\sin\theta)$에서

구유도성 이므로 $\cos\theta = 1$, $\sin\theta = 0$

따라서, 급전점 전압 $V_s = 220 + 2 \times \dfrac{8.8 \times 10^3}{220} \times 0.25 = 240$ [V]

답 : 240[V]

문제 08 ▸ 출제년도 : 03. 11. ▸ 점수 : 5점

단로기와 차단기가 직렬로 연결되어 있다. 급전시와 정전시 조작순서는?

(1) 급전시

(2) 정전시

답안작성

(1) 급전시 : 단로기를 투입한 후 차단기 투입
(2) 정전시 : 차단기를 개로한 후 단로기 개로

해 설

단로기(DS)는 부하전류의 차단 능력이 없다.
따라서, 무전압 상태에서(차단기가 개방된 상태) 단로기를 투입하거나 개방하여야 한다.

- 투입시(급전시) : 단로기 투입 → 차단기 투입
- 개방시(정전시) : 차단기 개방 → 단로기 개방

문제 09

▸ 출제년도 : 08. ▸ 점수 : 5점

예비전원에서 축전지의 전압은 연축전지는 1단위당 몇 [V], 알칼리축전지는 몇 [V]로 계산하는가?

답안작성

① 연축전지 : 2 [V]
② 알칼리축전지 : 1.2 [V]

해 설

	공칭전압	공칭용량
연(납) 축전지	2 [V/cell]	10 [Ah]
알칼리 축전지	1.2 [V/cell]	5 [Ah]

※ 공칭용량 = 정격방전율 [Ah]

문제 10

▸ 출제년도 : 94. 95. 11. ▸ 점수 : 5점

어느 공장의 수전 설비 공사를 시행하는데 재료비 20,000,000원, 노무비 15,000,000원, 경비 10,000,000원이었다. 이 공사를 공사 원가 계산 방법에 의하여 일반 관리비와 이윤을 계산하시오. 단, 일반 관리비 6 [%], 이윤은 15 [%]로 보고 계산한다.

답안작성

일반 관리비 $= (20{,}000{,}000 + 15{,}000{,}000 + 10{,}000{,}000) \times 6[\%] = 2{,}700{,}000$[원]
이윤 $= (15{,}000{,}000 + 10{,}000{,}000 + 2{,}700{,}000) \times 15[\%] = 4{,}155{,}000$[원]

해 설

① 일반관리비
일반관리비 = (재료비 + 노무비+ 경비)×일반 관리 비율

전문, 전기, 전기 통신 공사	
공사 원가	일반 관리 비율
5억원 미만	6 [%]
5억원~30억원 미만	5.5 [%]
30억원 이상	5 [%]

② 이윤 (공사의 경우)
이윤 = (노무비+경비+일반관리비)×15 [%]

문제 11 ▸ 출제년도 : 11. ▸ 점수 : 8점

그림은 자동화재탐지설비의 감지기에 관한 기호이다. 감지기의 명칭을 쓰시오.

(1)  (2)  (3)  (4) 

답안작성

(1) 연기감지기
(2) 정온식 스포트형 감지기
(3) 차동식 스포트형 감지기
(4) 보상식 스포트형 감지기

문제 12 ▸ 출제년도 : 11. ▸ 점수 : 4점

사람이 접촉될 우려가 있는 장소란 저압인 경우에 옥내는 바닥에서 (①)[m] 이상 (②) [m] 이하, 옥외는 지표면에서 2 [m] 이상 2.5 [m] 이하의 장소를 말한다. 괄호 안에 알맞은 수치를 쓰시오.

답안작성

① 1.8 ② 2.3

해 설

(1) 사람이 쉽게 접촉될 우려가 있는 장소
- 옥내 : 바닥에서 1.8 [m] 이하
- 옥외 : 지표상 2 [m] 이하
- 계단의 중간, 창 등에서 손을 뻗어서 쉽게 닿을 수 있는 범위

(2) 사람이 접촉될 우려가 있는 장소
- 옥내(저압인 경우) : 바닥에서 1.8 [m] 이상 2.3 [m] 이하
- 옥내(고압인 경우) : 바닥에서 1.8 [m] 이상 2.5 [m] 이하
- 옥외 : 지표면에서 2 [m] 이상 2.5 [m] 이하
- 계단의 중간, 창 등에서 손을 뻗어서 닿을 수 있는 범위

문제 13 ▸ 출제년도 : 92. 95. 11. ▸ 점수 : 5점

방의 크기가 가로 15 [m], 세로 16 [m]이다. 전광속 2500 [lm]의 40 [W] 형광등을 시설하여 평균조도 200 [lx]로 하자면 설치할 등 수는 몇 등인가? 단, 조명율은 50 [%], 감광보상률은 1.25로 하고 기타 제시하지 않은 사항은 생략한다.

- 계산 :
- 답 :

답안작성

계산 : 전등수 $N = \dfrac{EAD}{FU} = \dfrac{200 \times 15 \times 16 \times 1.25}{2500 \times 0.5} = 48$[등] 답 : 48 [등]

문제 14 ▸ 출제년도 : 11. ▸ 점수 : 8점

금속 케이블트레이의 종류 4가지를 적으시오.

답안작성

① 통풍 채널형 ② 사다리형 ③ 바닥 밀폐형 ④ 바닥 통풍형

해 설

KEC 232.41 케이블트레이공사
케이블트레이배선은 케이블을 지지하기 위하여 사용하는 금속재 또는 불연성 재료로 제작된 유닛 또는 유닛의 집합체 및 그에 부속하는 부속재 등으로 구성된 견고한 구조물을 말하며 사다리형, 펀칭형, 메시형, 바닥밀폐형 기타 이와 유사한 구조물을 포함하여 적용한다.

문제 15 ▸ 출제년도 : 03. 11. ▸ 점수 : 4점

다음에서 설명하는 금속관 부품명칭 또는 배선방법을 쓰시오.

(1) 옥내의 건조한 콘크리트 또는 신더콘크리트 플로어내에 매입할 경우에 한하여 시설할 수 있는 배선은?

(2) 돌려서 접속할 수 없는 경우의 가요전선관과 금속관을 결합하는 곳에 사용하는 것은?

답안작성

(1) 플로어덕트 배선
(2) 컴비네이션 유니온 커플링

문제 16 ▸ 출제년도 : 11. ▸ 점수 : 14점

그림은 전동기 기동 방식의 하나인 Y－△ 기동 회로의 미완성 회로도이다.

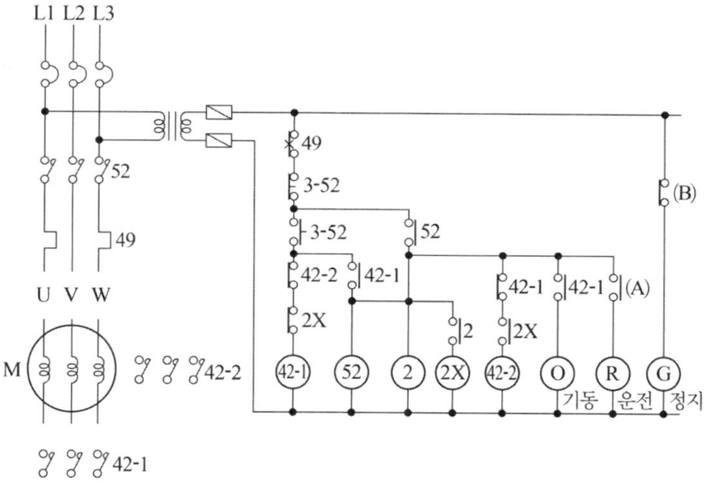

3－52 : 수동 조작 스위치
52 : 전자 접촉기
42－1, 42－2 : 기동용 조작 접촉기(Y, △ 접속)
2, 2X : 시한 계전기 및 동보조 계전기
49 : 과부하 계전기

(1) 미완성 회로 부분을 완성하시오. (주회로 부분)
(2) 기동 완료시 열려있는(open) 접촉기는 무엇인가?
(3) 기동 완료시 닫혀있는(close) 접촉기는 무엇인가?
(4) (A), (B)에 적당한 계전기 번호를 쓰시오.

답안작성

(1)

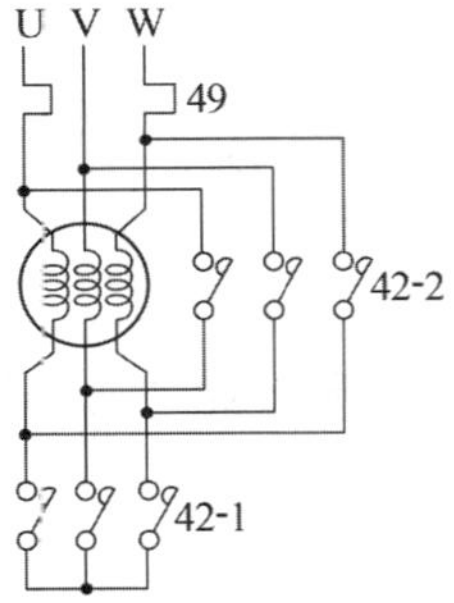

(2) 42－1
(3) 42－2, 52
(4) (A) : 42－2
(B) : 52

해 설

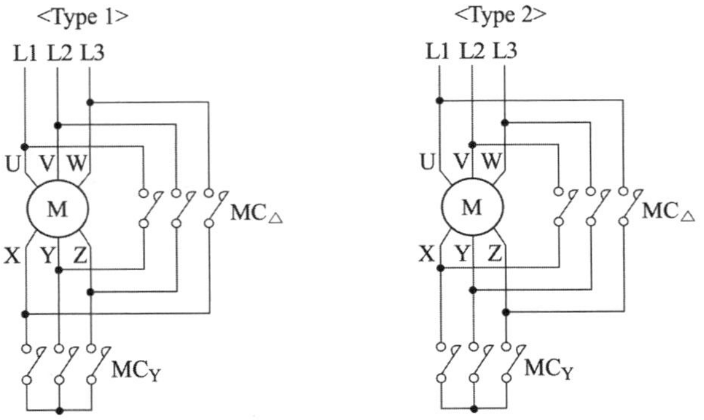

Type 1 또는 Type 2 모두 사용되나 기동 순간의 과도(돌입) 전류를 감소시키기 위하여 현재는 Type 1이 많이 사용된다.

출제기준 변경 및 개정된 관계법규에 따라 삭제된 문제가 있어 배점의 합계가 100점이 안됩니다.

국가기술자격검정 실기시험문제 및 답안지

2011년도 산업기사 일반검정 제 2 회

자격종목(선택분야)	시험시간	형별	수험번호	성 명	감독위원 확 인
전기공사산업기사	2시간 00분				

※ 다음 물음에 답을 해당 답란에 답하시오.(배점 : 100점)

문제 01 ▸ 출제년도 : 99. 11. ▸ 점수 : 5점

공급점에서 30 [m]의 지점에 80 [A], 35 [m]의 지점에 60 [A], 70 [m] 지점에 50 [A]의 부하가 걸려 있을 때 부하 중심까지의 거리는 몇 [m]인가? 답은 소수점 둘째 자리에서 반올림하여 계산할 것

• 계산 :

• 답 :

답안작성

• 계산 : $L = \dfrac{l_1 i_1 + l_2 i_2 + l_3 i_3}{i_1 + i_2 + i_3} = \dfrac{30 \times 80 + 35 \times 60 + 70 \times 50}{80 + 60 + 50} = 42.11[\text{m}]$

• 답 : $42.1\,[\text{m}]$

문제 02 ▸ 출제년도 : 04. 09. 11. ▸ 점수 : 5점

전선로를 보강하기 위하여 세워지는 철탑으로, 직선철탑이 다수 연속될 경우에는 약 10기마다 1기의 비율로 설치되며, 서로 인접하는 경간의 길이가 크게 달라 지나친 불평형 장력이 가해지는 경우 등에 설치되는 철탑은 무엇인지 쓰시오.

답안작성

내장형 철탑

해 설

① 직선형 : 전선로의 직선 부분(3도 이하의 수평 각도를 이루는 곳을 포함)에 사용하는 것으로 내장형과 보강형은 제외한다.

② 각도형 : 전선로 중 3도를 넘는 수평 각도를 이루는 곳에 사용하는 것

③ 인류형 : 전가섭선을 인류하는 곳에 사용하는 것

④ 내장형 : 전선로 지지물의 양측의 경간의 차가 큰 곳에 사용하는 것으로 직선철탑 10기 이하마다 1기의 비율로 내장철탑을 설치한다.

⑤ 보강형 : 전선로의 직선 부분에 그 보강을 위하여 사용하는 것

문제 03 ▸ 출제년도 : 11. ▸ 점수 : 4점

전로의 선간이 임피던스가 적은 상태로 접촉되었을 경우에 그 부분을 통하여 흐르는 큰 전류를 무슨 전류라고 하는가?

답안작성

단락전류

문제 04 ▸ 출제년도 : 04. 05. 11. ▸ 점수 : 6점

배선용차단기의 차단협조방식 3가지를 쓰시오.

답안작성

① 선택차단방식
② 케스케이드 차단방식
③ 전용량(전 정격)차단방식

문제 05 ▸ 출제년도 : 99. 06. 11. ▸ 점수 : 4점

축전지 설비의 구성 요소 4가지를 쓰시오.

답안작성

① 축전지 ② 충전 장치 ③ 보안 장치 ④ 제어 장치

문제 06 ▸ 출제년도 : 11. ▸ 점수 : 5점

계기용변성기의 종류 5가지를 영문약호로 쓰시오.

답안작성

PT, CT, MOF, ZCT, GPT

해 설

- 계기용 변압기(PT : Potential Transformer) : 고전압을 저전압으로 변성
- 계기용 변류기(CT : Current Transformer) : 회로의 대전류를 소전류로 변성
- 전력 수급용 계기용 변성기 (MOF : Metering Out Fit) : 계기용 변압기와 변류기를 조합한 것으로 전력 수급용 전력량을 측정
- 영상 변류기(ZCT : Zerophase Current Transformer) : 지락 사고시 지락 전류(영상 전류)를 검출
- 접지형 계기용 변압기(GPT : Ground Potential Transformer) : 비접지 계통에서 지락 사고시의 영상 전압 검출

문제 07 ▸ 출제년도 : 11. ▸ 점수 : 6점

교류송전방식의 장점 3가지만 쓰시오.

답안작성

① 변압기라는 간단한 기기로 전압의 승압, 강압이 용이하다.
② 교류방식으로 회전 자계를 쉽게 얻을 수 있다.
③ 교류방식으로 일관된 운용을 기할 수 있다.

문제 08 ▸ 출제년도 : 11. ▸ 점수 : 5점

지중배전계통의 관로식에서 사용하는 맨홀의 종류 5가지를 쓰시오.

답안작성

직선형(A형), 직각형(B형), 각도형(C형), 짧은 다리 T형(D형), 긴다리형(E형)

해 설

그 외, 사방형(X형), 특수형(SA형)

문제 09 ▸ 출제년도 : 11. ▸ 점수 : 5점

단상 2선식 220 [V] 옥내 배선에서 접지저항이 30 [Ω]인 금속관 안의 임의의 개소에서 전선이 절연 파괴되어 도체가 직접 금속관 내면에 접촉되었다면 대지 전압은 몇 [V]가 되겠는가? 단, 이 전로에 공급하는 변압기 저압측의 한 단자에 중성점 접지 공사가 되어 있고 그 접지 저항은 20 [Ω]이라고 한다.

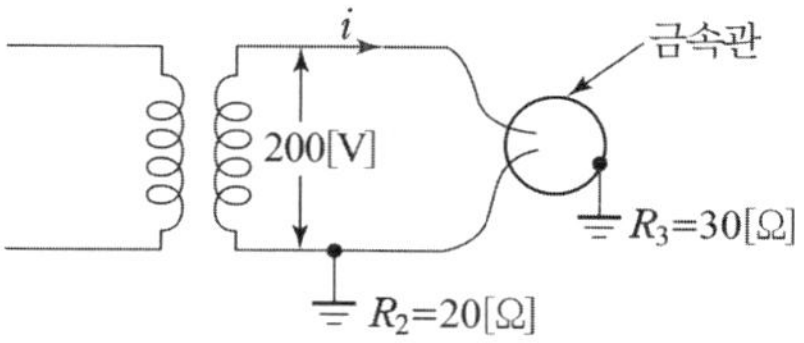

•계산 : •답 :

답안작성

계산 : $V_g = \dfrac{R_3}{R_2 + R_3} \times V = \dfrac{30}{20+30} \times 220 = 132[V]$

답 : 132 [V]

해 설

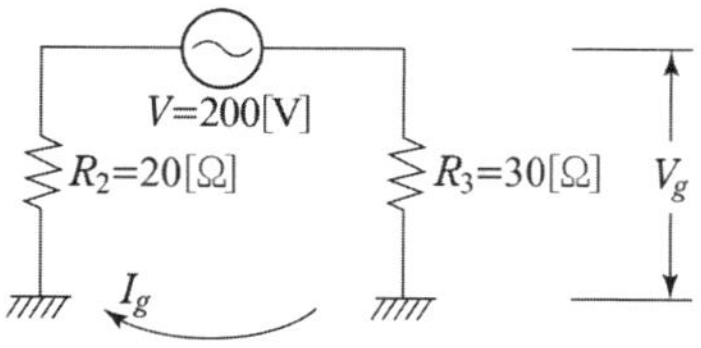

$$I_g = \frac{V}{R_2 + R_3}$$

$$V_g = I_g \times R_3 = \frac{V}{R_2 + R_3} \times R_3$$

문제 10 ▸ 출제년도 : 98. 08. 11. ▸ 점수 : 5점

다음 저항을 측정하는데 가장 적당한 측정방법은?

(1) 변압기의 절연저항
(2) 검류계의 내부저항
(3) 전해액의 저항
(4) 굵은 나전선의 저항
(5) 접지저항 측정

답안작성

(1) 절연저항계 (Megger)
(2) 휘이스톤 브리지
(3) 콜라우시 브리지
(4) 켈빈 더블 브리지
(5) 접지 저항계

문제 11 ▸ 출제년도 : 95. 11. ▸ 점수 : 6점

3ϕ 3W, 380 [V] 회로에 그림과 같이 부하가 연결되어 있다. 간선의 허용 전류를 구하시오. 단, 전동기의 평균 역률은 90 [%]이다.

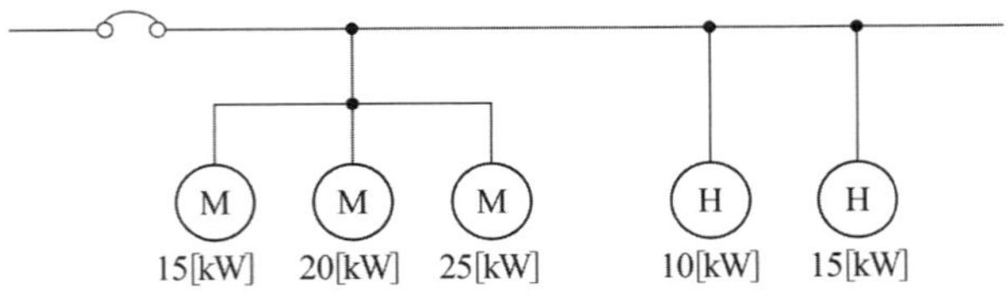

답안작성

전동기 정격 전류의 합 $\Sigma I_M = \dfrac{(15+20+25)\times 10^3}{\sqrt{3}\times 380\times 0.9} = 101.29$ [A]

전동기의 유효 전류 $I_r = 101.29\times 0.9 = 91.16$ [A]

전동기의 무효 전류 $I_q = 101.29\times\sqrt{1-0.9^2} = 44.15$ [A]

전열기 정격 전류의 합 $\Sigma I_H = \dfrac{(10+15)\times 10^3}{\sqrt{3}\times 380\times 1.0} = 37.98$ [A]

설계전류 $I_B = \sqrt{(91.16+37.98)^2+44.15^2} = 136.48$ [A]

$I_B \le I_n \le I_Z$의 조건을 만족하는 전선의 허용전류 $I_Z \ge 136.48$[A]

답 : 136.48 [A]

해 설

① KEC 212.4.1 도체와 과부하 보호장치 사이의 협조

과부하에 대해 케이블(전선)을 보호하는 장치의 동작특성은 다음의 조건을 충족해야 한다.

$$I_B \le I_n \le I_Z, \qquad I_2 \le 1.45\times I_Z$$

I_B : 회로의 설계전류(선도체를 흐르는 설계전류 또는 함유율이 높은 영상분 고조파, 특히 제3고조파가 지속적으로 흐르는 경우 중성선에 흐르는 전류이다.)

I_Z : 케이블의 허용전류

I_n : 보호장치의 정격전류(사용현장에 적합하게 조정된 전류의 설정 값)

I_2 : 보호장치가 규약시간 이내에 유효하게 동작하는 것을 보장하는 전류

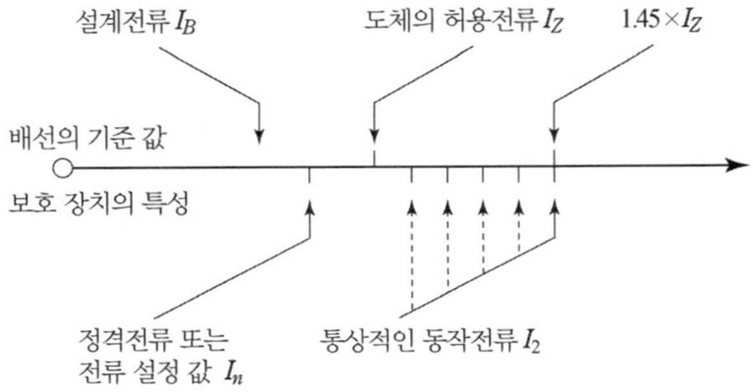

과부하 보호 설계 조건도

② 전열기의 역률은 1

문제 12 ▸ 출제년도 : 11. ▸ 점수 : 13점

다음 도면은 특고압 수전설비 표준 결선도이다. 약호, 명칭을 쓰고 용도 또는 역할에 대하여 간단히 설명하시오.

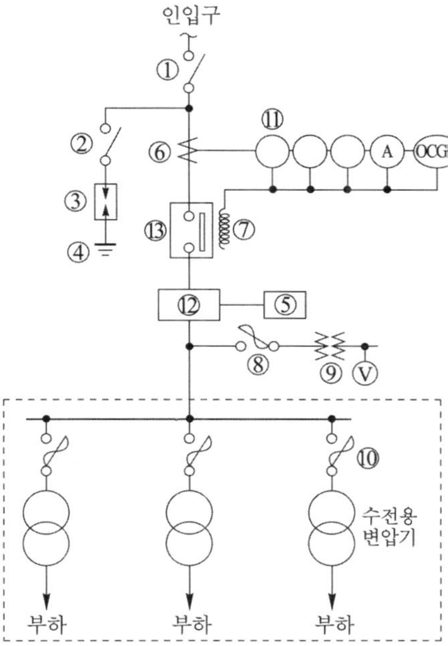

(1) 그림에서 ①의 명칭을 우리말로 쓰시오.
(2) 그림에서 ②의 용도는?
(3) 그림에서 ③의 명칭을 우리말로 쓰시오.
(4) 그림에서 ⑤의 명칭을 우리말로 쓰시오.
(5) 그림에서 ⑥의 명칭을 우리말로 쓰시오.
(6) 그림에서 ⑦의 명칭을 우리말로 쓰시오.
(7) 그림에서 ⑧의 약호를 쓰시오.
(8) 그림에서 ⑨의 명칭을 우리말로 쓰시오.
(9) 그림에서 ⑩의 약호를 쓰시오.
(10) 그림에서 ⑪의 명칭을 우리말로 쓰시오.
(11) 그림에서 ⑫의 명칭을 우리말로 쓰시오.
(12) 그림에서 ⑬의 용도는?

답안작성

(1) 단로기
(2) 피뢰기 점검 및 교체시 피뢰기를 계통으로부터 분리하기 위하여 사용
(3) 피뢰기
(4) 전력량계
(5) 변류기
(6) 트립코일
(7) PF 또는 COS
(8) 계기용 변압기

(9) PF 또는 COS
(10) 과전류 계전기
(11) 전력수급용 계기용 변성기
(12) 부하전류 개폐 및 고장전류 차단

문제 13

▸ 출제년도 : 89. 95. 11. ▸ 점수 : 5점

가로 20 [m], 세로 30 [m], 천장 높이 4.5 [m]인 사무실에 그림과 같이 전등 설비를 하고자 한다. 실지수를 구하여라.

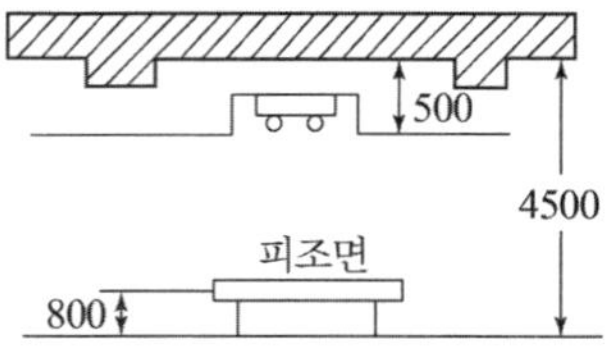

•계산 :
•답 :

답안작성

계산 : 실지수$(R \cdot I) = \dfrac{X \cdot Y}{H(X+Y)} = \dfrac{20 \times 30}{(4.5-0.5-0.8) \times (20+30)} = 3.75$

답 : 3.75

문제 14

▸ 출제년도 : 11. ▸ 점수 : 6점

고압 및 특고압의 전로에서 피뢰기를 시설하고 접지공사가 의무화된 장소 3곳을 쓰시오

답안작성

① 특고압 가공전선로에 접속하는 배전용 변압기의 고압측 및 특고압측
② 고압 및 특고압 가공전선로로부터 공급을 받는 수용장소의 인입구
③ 가공전선로와 지중전선로가 접속되는 곳

해 설

피뢰기의 시설(KEC 341.13)
고압 및 특고압의 전로 중 다음에 열거하는 곳 또는 이에 근접한 곳에는 피뢰기를 시설하여야 한다.
① 발전소·변전소 또는 이에 준하는 장소의 가공전선 인입구 및 인출구
② 특고압 가공전선로에 접속하는 배전용 변압기의 고압측 및 특고압측
③ 고압 및 특고압 가공전선로로부터 공급을 받는 수용장소의 인입구
④ 가공전선로와 지중전선로가 접속되는 곳

문제 15

▸ 출제년도 : 11. ▸ 점수 : 4점

취급자 이외의 자가 출입할 수 없도록 설비한 곳에서 금속 덕트 및 버스 덕트를 수직으로 붙이는 경우 덕트 지지점 간의 거리는 몇 [m] 이하로 하여야 하는가?

답안작성

6 [m]

해 설

KEC 232.31.3 금속덕트의 시설
1) 덕트를 조영재에 붙이는 경우에는 덕트의 지지점 간의 거리를 3[m](취급자 이외의 자가 출입할 수 없도록 설비한 곳에서 수직으로 붙이는 경우에는 6[m]) 이하
2) 덕트의 끝부분은 막을 것.
3) 덕트는 접지공사를 할 것.

문제 16 ▸ 출제년도 : 11. ▸ 점수 : 6점

전등 및 소형 전기기계기구의 부하용량을 상정하여 분기회로수를 결정하고자 한다. 주택은 240 [m^2], 상점은 50 [m^2], 창고는 10 [m^2]이고 룸에어콘은 2 [kW]일 때, 표준부하를 이용하여 최대부하용량을 상정하고 최소분기 회로수를 결정하시오.

(1) 최대 부하용량

• 계산 : • 답 :

(2) 분기회로

• 계산 : • 답 :

[조건]

- 분기회로는 16 [A] 분기회로이며 배전전압은 220 [V]를 기준하고, 적용 가능한 부하는 최대값으로 상정할 것
- 룸에어콘은 단독분기회로로 할 것
- 설비 부하 용량은 "①" 및 "②"에 표시하는 건물의 종류 및 그 부분에 해당하는 표준 부하에 바닥면적을 곱한 값과 "③"에 표시하는 건물 등에 대응하는 표준 부하[VA]를 합한 값으로 할 것

① 건물의 종류에 대응한 표준부하

건축물의 종류	표준 부하[VA/m^2]
공장, 공회당, 사원, 교회, 극장, 영화관, 연회장 등	10
기숙사, 여관, 호텔, 병원, 학교, 음식점, 다방, 대중 목욕탕, 학교	20
사무실, 은행, 상점, 이발소, 미장원	30
주택, 아파트	40

[비고] 건물이 음식점과 주택 부분의 2 종류로 될 때에는 각각 그에 따른 표준 부하를 사용할 것
[비고] 학교와 같이 건물의 일부분이 사용되는 경우에는 그 부분만을 적용한다.

② 건물(주택, 아파트를 제외)중 별도 계산할 부분의 부분적인 표준부하

건축물의 부분	표준부하 [VA/m^2]
복도, 계단, 세면장, 창고, 다락	5
강당, 관람석	10

③ 표준부하에 따라 산출한 수치에 가산하여야 할 [VA]수

- 주택, 아파트(1세대 마다)에 대하여는 1000～500 [VA]
- 상점의 진열장에 대하여는 진열장의 폭 1 [m]에 대하여 300 [VA]
- 옥외의 광고등, 전광사인, 네온사인 등의 [VA]수
- 극장, 댄스홀 등의 무대조명, 영화관 등의 특수 전등부하의 [VA]수

④ 예상이 곤란한 콘센트, 틀어 끼우는 접속기, 소켓 등이 있을 경우에라도 이를 상정하지 않는다.

답안작성

(1) 최대부하용량

계산 : 최대 부하용량 $P=$ 바닥면적 $\times$ 표준부하 $+$ 가산부하 $+$ 룸에어컨

$$=(240\times40)+(50\times30)+(10\times5)+1000+2000=14150[\text{VA}]$$

답 : 14150 [VA]

(2) 분기회로수

계산 : • 전등, 전열의 분기회로수 $N=\dfrac{14150-2000}{16\times220}=3.45 \rightarrow$ 4회로

• 16[A] 에어콘 단독 분기회로 : 1회로

답 : 16[A] 분기 5회로

문제 17 ▸ 출제년도 : 11. ▸ 점수 : 5점

아래 심벌은 무엇을 뜻하는가?

(1) $\odot_{B}$ (2) $\odot_{P}$ (3) $\odot_{F}$ (4) $\odot_{LF}$ (5) [TS]

답안작성

(1) 전자개폐기용 누름버튼
(2) 압력스위치
(3) 플르트 스위치
(4) 플르트리스 전극스위치
(5) 타임스위치

출제기준 변경 및 개정된 관계법규에 따라 삭제된 문제가 있어 배점의 합계가 100점이 안됩니다.

국가기술자격검정 실기시험문제 및 답안지

2011년도 산업기사 일반검정 제 4 회

자격종목(선택분야)	시험시간	형별	수험번호	성 명	감독위원 확 인
전기공사산업기사	2시간 00분				

※ 다음 물음에 답을 해당 답란에 답하시오.(배점 : 100점)

문제 01 ▸ 출제년도 : 05. 11. ▸ 점수 : 4점

지시전기계기의 동작원리에 의한 분류를 나타낸 것으로 번호 (1), (2), (3), (4)의 빈칸에 적당한 계기의 종류 및 사용용도를 기입하시오.

계기의 종류	기 호	사용용도(교직류)
가동 Coil형	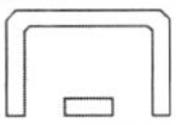	직류
(1)	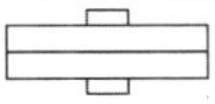	(3)
(2)		(4)

답안작성

(1) 전류력계형　　(2) 유도형

(3) 직류, 교류　　(4) 교류

문제 02 ▸ 출제년도 : 11. ▸ 점수 : 6점

고압 특고압 수전설비 진상콘덴서 접속 뱅크 결선도를 보고 물음에 답하시오.

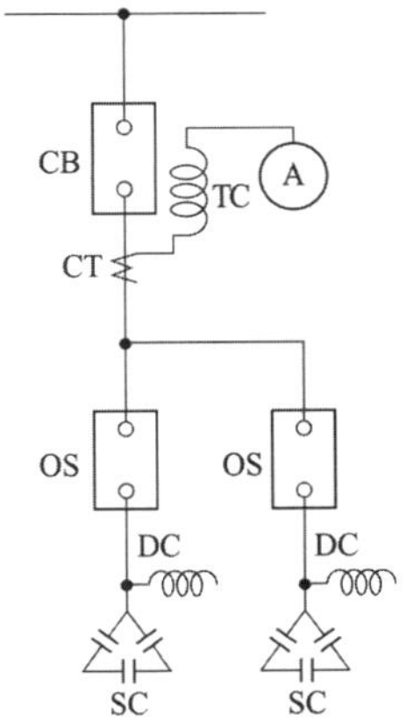

(1) 콘덴서 용량이 몇 [kVA] 초과 몇 [kVA] 이하인 경우인가?

(2) 콘덴서 용량이 100 [kVA] 이하인 경우 CB 대신 사용가능 한 개폐기는?

(3) 콘덴서 용량이 50 [kVA] 미만인 경우 사용 가능한 개폐기는?

답안작성

(1) 300 [kVA] 초과, 600 [kVA] 이하

(2) OS (유입 개폐기)

(3) COS (직결로함)

해 설

진상용 콘덴서 참고 접속도

콘덴서 총용량이 300 [kVA] 이하의 경우 전류계를 생략할 때

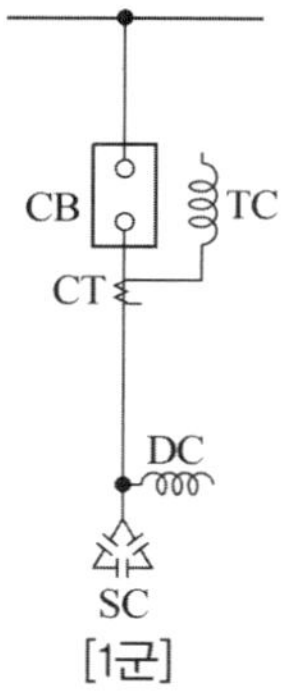

[1군]

콘덴서 총용량이 300 [kVA] 초과, 600 [kVA] 이하의 경우

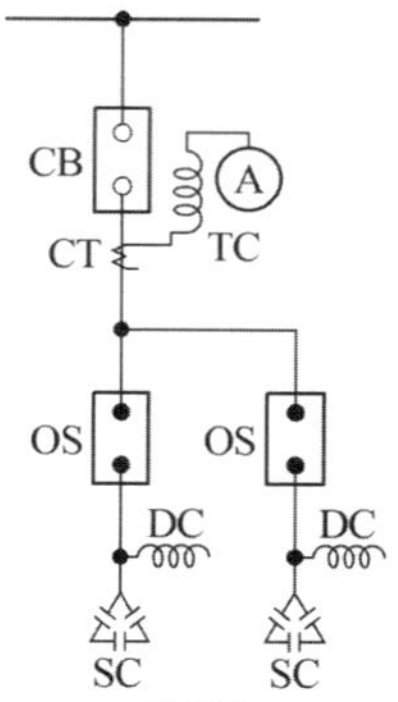

[2군]

콘덴서 총용량이 600 [kVA] 초과의 경우

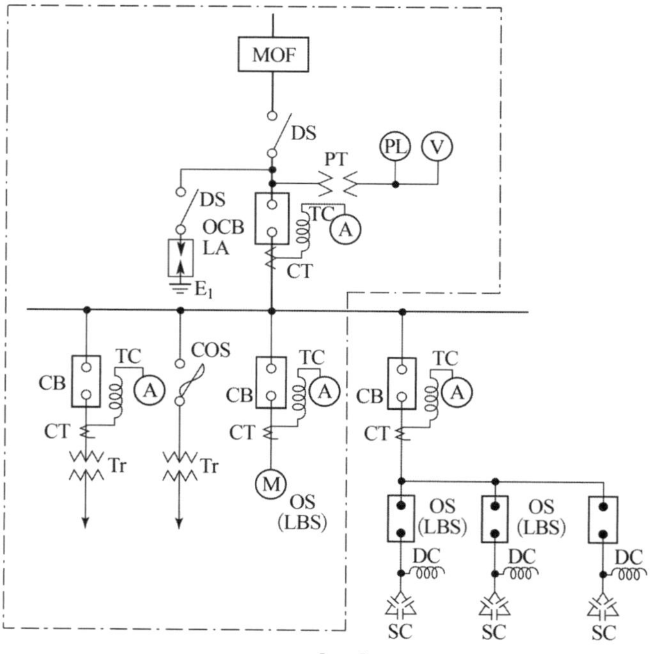

[3군]

[주] 콘덴서의 용량이 100 [kVA] 이하인 경우에는 CB 대신 OS 또는 유사한 것(인터럽터 스위치 등)을, 50 [kVA] 미만의 경우에는 COS(직결로 함)를 사용할 수 있다.

문제 03 ▸ 출제년도 : 11. ▸ 점수 : 5점

간선에서 분기하여 분기과전류차단기를 거쳐서 부하에 이르는 배선을 무슨 회로라 하는가?

답안작성

분기회로

문제 04 ▸ 출제년도 : 11. ▸ 점수 : 5점

버스덕트의 종류 3가지를 쓰고 간단히 설명하시오.

답안작성

① 피더 버스 덕트 : 도중에 부하를 접속하지 아니한 것
② 플러그인 버스덕트 : 도중에 부하 접속용으로 꽂음 플러그를 만든 것
③ 익스팬션 버스 덕트 : 열 신축에 따른 변화량을 흡수하는 구조인 것

해 설

버스 덕트의 종류

<table>
<tr><th>명 칭</th><th colspan="2">형 식</th><th>설 명</th></tr>
<tr><td rowspan="4">피더 버스 덕트</td><td rowspan="2">옥내용</td><td>환 기 형</td><td rowspan="4">도중에 부하를 접속하지 아니한 것</td></tr>
<tr><td>비환기형</td></tr>
<tr><td rowspan="2">옥외용</td><td>환 기 형</td></tr>
<tr><td>비환기형</td></tr>
<tr><td>익스팬션 버스 덕트</td><td rowspan="3">옥내용</td><td rowspan="3">비환기형</td><td>열 신축에 따른 변화량을 흡수하는 구조인 것</td></tr>
<tr><td>탭붙이 버스 덕트</td><td>종단 및 중간에서 기기 또는 전선 등과 접속시키기 위한 탭을 가진 버스 덕트</td></tr>
<tr><td>트랜스포지션 버스 덕트</td><td>각 상의 임피던스를 평균시키기 위해서 도체 상호의 위치를 관로 내에서 교체시키도록 만든 버스 덕트</td></tr>
<tr><td>플러그인 버스 덕트</td><td>옥내용</td><td>환 기 형
비환기형</td><td>도중에 부하 접속용으로 꽂음 플러그를 만든 것</td></tr>
</table>

문제 05 출제년도 : 91. 97. 09. 11. ▸ 점수 : 4점

가공전선로에 주로 쓰이는 애자의 종류 4가지를 쓰시오.

답안작성

핀애자, 현수애자, 라인포스트 애자, 인류애자

해 설

① 핀애자 : 직선 선로에 사용
② 현수애자 : 인류 및 내장 개소에 사용
③ 라인포스트 애자 : 연가용 철탑등에서 점퍼선 지지
④ 인류 애자 : 인류 개소 및 배전선로의 중성선

문제 06 ▸ 출제년도 : 93. 04. 05. 07. 11. ▸ 점수 : 6점

외부피뢰시스템의 수뢰부시스템 형식 3가지를 쓰시오.

답안작성

① 돌침방식 ② 수평도체방식 ③ 메시도체방식

해 설

KEC 152.1 수뢰부시스템
수뢰부시스템의 선정은 돌침, 수평도체, 메시도체의 요소 중에 한 가지 또는 이를 조합한 형식으로 시설하여야 한다.

문제 07

▸ 출제년도 : 03. 11. ▸ 점수 : 5점

그림에서 S는 인입구 개폐기이다. F는 어떤 개폐기인가?

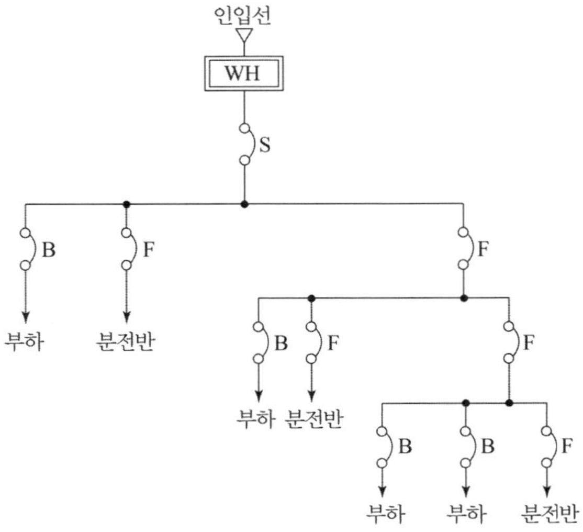

답안작성

간선 개폐기

문제 08

▸ 출제년도 : 89. 92. 98. 01. 07. 11. ▸ 점수 : 5점

지중배전선로 시공방법 중 관로식의 맨홀 시공에 사용되는 부속설비 5가지를 쓰시오.

답안작성

사다리. 접지 연결 동봉, 지지대, 맨홀뚜껑, 발판볼트

해 설

그 외에도 훅크, 행가, 크리트 가 있다.

문제 09

▸ 출제년도 : 11. ▸ 점수 : 5점

다음 심벌에 대한 명칭을 쓰시오.

(1) [S] (2) [B] (3) [E] (4) [TS] (5) [CT]

답안작성

(1) 개폐기 (2) 배선용차단기
(3) 누전차단기 (4) 타임스위치 (5) 변류기(상자)

문제 10 ▸ 출제년도 : 06. 11. ▸ 점수 : 6점

공사계획에 의한 수전설비의 일부가 완성되어 그 완성된 설비만을 사용하고자 할 때 전기설비 검사항목 처리 지침서에 의한 검사항목을 5가지만 쓰시오.

답안작성

① 외관검사
② 접지저항 측정
③ 계측 장치 설치 및 동작 상태 검사
④ 보호 장치 설치 및 동작 상태 검사
⑤ 절연저항 측정 및 절연내력 시험

문제 11 ▸ 출제년도 : 11. ▸ 점수 : 5점

어떤 콘덴서 3개를 선간 전압 3300 [V], 주파수 60 [Hz]의 선로에 △로 접속하여 60 [kVA]가 되도록 하려면 콘덴서 1개의 정전 용량 [μF]은 약 얼마로 하여야 하는가?

•계산 : •답 :

답안작성

계산 : $Q = 3EI_c = 3 \times 2\pi f CE^2$

정전 용량 $C = \dfrac{Q}{6\pi f E^2} = \dfrac{60 \times 10^3}{6\pi \times 60 \times 3300^2} \times 10^6 = 4.87$ [μF]

답 : 4.87 [μF]

문제 12 ▸ 출제년도 : 95. 97. 11. ▸ 점수 : 5점

사용 전압이 105 [V] 최대 공급 전류가 50 [A]인 단상 2선식 가공전선로에서 2선을 합한 것과 대지간의 절연저항은 얼마인가?

답안작성

계산 : 누설 전류 $i = 50 \times \dfrac{1}{1000} = 0.05$ [A]

절연 저항 $R = \dfrac{105}{0.05} = 2100$ [Ω]

답 : 2100 [Ω]

해 설

단상 2선식의 경우 전선을 일괄한 것과 대지 사이의 절연저항은 사용전압에 대한 누설전류가 최대공급 전류의 $\dfrac{1}{1000}$ 이하가 되도록 하여야 한다.

문제 13 ▸ 출제년도 : 11. ▸ 점수 : 10점

배전계통에서의 역률 개선 효과 5가지를 쓰시오.

답안작성

① 배전선의 전력 손실 경감
② 전압 강하의 감소

③ 설비 용량의 여유 증가
④ 전기 요금의 감소
⑤ 전선의 굵기가 감소

문제 14 ▸ 출제년도 : 11. ▸ 점수 : 5점

바닥 면적이 200 [m^2]인 방에 전광속 2500 [lm]의 40 [W] 형광등을 60등 시설하면 평균조도는 얼마나 되는가? 단, 조명률 50 [%], 유지율 0.8로 계산한다.

•계산 : •답 :

답안작성

계산 : $E = \frac{FUN}{AD} = \frac{2500 \times 0.5 \times 60}{200 \times \frac{1}{0.8}} = 300\ [\text{lx}]$

답 : 300 [lx]

문제 15 ▸ 출제년도 : 11. ▸ 점수 : 5점

역률 개선용 콘덴서와 직렬로 연결하여 사용하는 직렬 리액터의 사용 목적 4가지를 쓰시오.

답안작성

① 제5고조파에 의한 전압 파형의 찌그러짐 방지
② 콘덴서 투입시 돌입전류 방지
③ 개폐시 계통의 과전압 억제
④ 고조파 전류에 의한 계전기 오동작 방지

문제 16 ▸ 출제년드 : 11. ▸ 점수 : 5점

MOF의 명칭을 쓰고 누산시간이란 무엇인지 쓰시오.

답안작성

① 명칭 : 전력수급용 계기용 변성기
② 누산시간 : 일정시간 동안의 평균전력의 최대치를 기준하여 최대수요전력을 결정하는데 사용되는 시간으로써 현재 15분을 기준으로 하고 있다.

문제 17 ▸ 출제년도 : 08. 10. 11. ▸ 점수 : 10점

다음 동작설명을 참고하여 동작 회로도를 완성하시오.
단, 배선용차단기를 삽입하고 사용되는 기구들의 기호명과 접점기호를 명시하시오.

[동작설명]

① 배선용 차단기를 투입하고 S_3–OFF시 R_2 점등되고, PBS를 ON하면 타이머(T)가 여자되고(타이머 순시접점에 의한 자기유지) 타이머 설정시간 동안 R_3점등, 설정시간 후 R_3소등되고 R_4점등된다.

② S_3–ON시 R_2, R_3, R_4 소등, 부저(BZ)동작, R_1점등
(단, 전원은 단상 2선식 220 [V] 이다.)

[동작회로도]

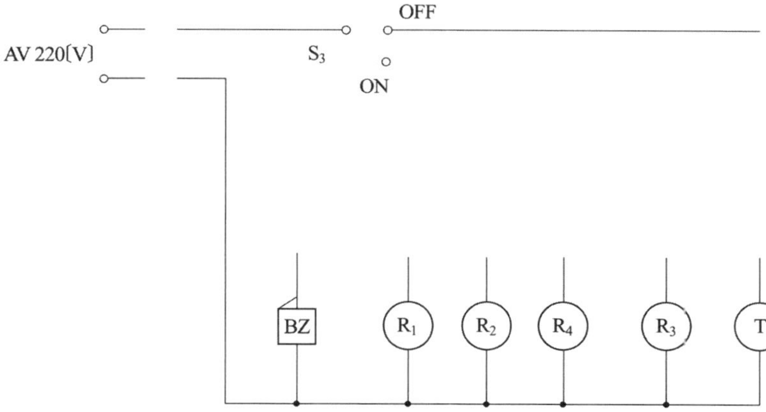

답안작성

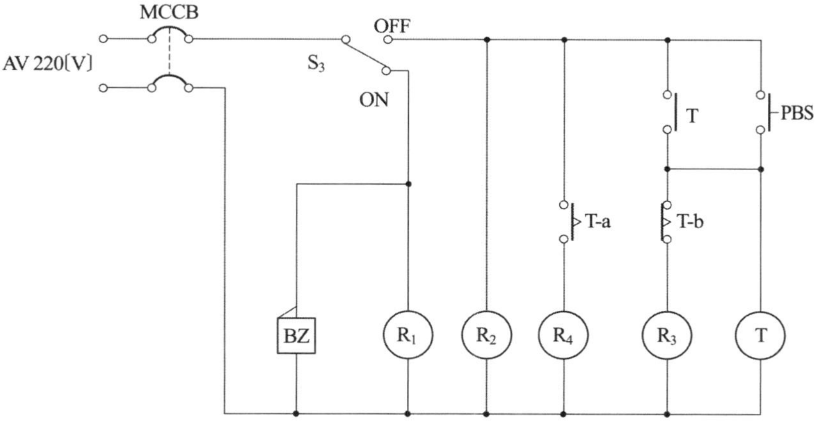

출제기준 변경 및 개정된 관계법규에 따라 삭제된 문제가 있어 배점의 합계가 100점이 안됩니다.

MEMO

D30-4

2012년도 전기공사산업기사 실기

- 12년 제 1 회 전기공사산업기사
- 12년 제 2 회 전기공사산업기사
- 12년 제 4 회 전기공사산업기사

국가기술자격검정 실기시험문제 및 답안지

2012년도 산업기사 일반검정 제 1 회

자격종목(선택분야)	시험시간	형별	수험번호	성 명	감독위원 확 인
전기공사산업기사	2시간 00분				

※ 다음 물음에 답을 해당 답란에 답하시오.(배점 : 100점)

문제 01 ▸ 출제년도 : 12. ▸ 점수 : 3점

소세력회로란 원격제어, 신호 등의 회로로서 최대사용전압 몇 [V] 이하의 것을 말하는 것인가?

답안작성

60 [V]

해 설

KEC 241.14 소세력 회로

전자 개폐기의 조작회로 또는 초인벨 · 경보벨 등에 접속하는 전로로서 최대 사용전압이 60 [V] 이하인 것(최대사용전류가, 최대 사용전압이 15 [V]이하인 것은 5 [A] 이하, 최대 사용전압이 15 [V]를 초과하고 30 [V] 이하인 것은 3 [A] 이하, 최대 사용전압이 30 [V]를 초과하는 것은 1.5 [A] 이하인 것에 한한다)

문제 02 ▸ 출제년도 : 12. ▸ 점수 : 4점

그림과 같은 3상 송전 계통에서 송전전압은 22.9[kV]이다. 지금 1점 P에서 3상 단락하였을 때에 발전기에 흐르는 단락전류는 몇 [A]인가?

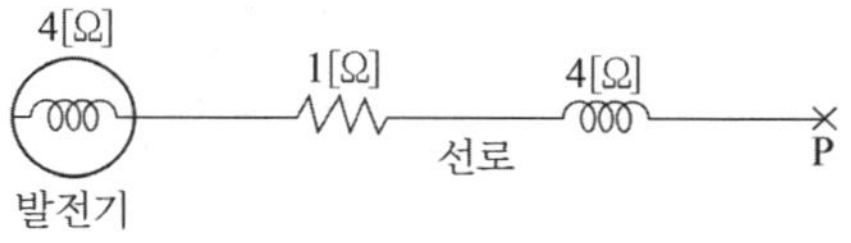

• 계산 :

• 답 :

답안작성

계산 : 단락전류 $I_s = \dfrac{E}{Z} = \dfrac{V}{\sqrt{3}\,Z} = \dfrac{22900}{\sqrt{3} \times \sqrt{1^2 + (4+4)^2}} = 1639.9[A]$

답 : 1639.9 [A]

해 설

• 단락전류 $I_s = \dfrac{E}{Z} = \dfrac{V}{\sqrt{3}\,Z}[A]$

여기서, E : 상전압 $(E = \dfrac{V}{\sqrt{3}})$, V : 선간전압

• 임피던스 $Z = \sqrt{R^2 + X^2}$

문제 03 ▸ 출제년도 : 94. 12. ▸ 점수 : 6점

비접지식 6.6 [kV] 변전소에서 3상 3선식 가공 전선 50 [km] 3회선과 지중 전선로 4 [km] 1회선이 나오고 있다. 이들의 선로에 접속하는 주상 변압기 중성점 접지 공사의 저항값 [Ω]은 얼마인가?
단, 고압측 1선 지락전류는 10[A]라고 한다.

답안작성

계산 : 중성점 접지저항 $R_2 = \frac{150}{10} = 15\ [\Omega]$

답 : 15 [Ω]

해 설

중성점 접지공사의 접지저항

① 자동차단장치가 없는 경우 $R_2 = \frac{150}{1\text{선 지락전류}}\ [\Omega]$

② 2초 이내에 동작하는 자동차단장치가 있는 경우 $R_2 = \frac{300}{1\text{선 지락전류}}\ [\Omega]$

③ 1초 이내에 동작하는 자동차단장치가 있는 경우 $R_2 = \frac{600}{1\text{선 지락전류}}\ [\Omega]$

문제 04 ▸ 출제년도 : 89. 91. 94. 98. 12. ▸ 점수 : 8점

어떤 심벌의 명칭인지 정확하게 답하시오.

(1)  (2) 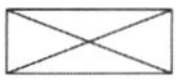 (3)  (4) 

답안작성

(1) 분전반
(2) 배전반
(3) 제어반
(4) 벽붙이 콘센트

문제 05 ▸ 출제년도 : 12. ▸ 점수 : 5점

조명설비에서 전력을 절약하는 효율적인 방법에 대하여 5가지만 기재하시오.

답안작성

① 고효율 등기구 채택
② 고조도 저휘도 반사갓 채택
③ 등기구의 격등제어 회로 구성
④ 전반조명과 국부조명의 적절한 병용(TAL 조명)
⑤ 재실감지기 및 카드키 채택

해 설

이외에도
⑥ 슬림라인 형광등 및 안정기 내장형 램프 채택
⑦ 창측 조명기구 개별 점등

문제 06

▸ 출제년도 : 12. ▸ 점수 : 5점

교류 송전 방식에 대한 직류 송전 방식의 장점 5가지를 쓰시오.

답안작성

① 절연계급을 낮출 수 있다.
② 송전효율이 좋다.
③ 선로의 리액턴스가 없으므로 안정도가 좋다
④ 직류에 의한 계통연계는 단락용량이 증대하지 않기 때문에 교류계통의 차단용량이 작아도 된다.
⑤ 비동기 연계가 가능하므로 주파수가 다른 계통간의 연계가 가능하다.

해 설

(1) 직류 송전 방식의 장・단점
  [장점] 이외에도
    ⑥ 코로나 손실이 적고 충전전류가 없다.
    ⑦ 표피 효과나 근접 효과가 없으므로 실효 저항의 증대가 없다.
  [단점] ① 직교 변환 장치가 필요하다.
    ② 전압의 승압 및 강압이 불리하다.
    ③ 고조파나 고주파 억제 대책이 필요하다.
    ④ 직류 차단기가 개발되어 있지 않다.
(2) 교류 송전방식의 장점
  ① 전압의 승압, 강압 변경이 용이하다.
  ② 교류방식으로 회전자계를 쉽게 얻을 수 있다.
  ③ 교류방식으로 일관된 운용을 기할 수 있다.

문제 07

▸ 출제년도 : 12. ▸ 점수 : 4점

사람이 접촉될 우려가 있는 장소란 저압인 경우에 옥내는 바닥에서 (①) [m] 이상 (②) [m] 이하의 장소를 말한다.

답안작성

① 1.8　　② 2.3

해 설

사람이 접촉될 우려가 있는 장소란 예를 들어 저압인 경우에 옥내는 바닥에서 1.8 [m] 이상 2.3 [m] 이하(고압인 경우는 1.8 [m] 이상 2.5 [m] 이하), 옥외는 지표면에서 2 [m] 이상 2.5 [m] 이하의 장소를 말하고 그 밖에 계단의 중간, 창 등에서 손을 뻗쳐 닿을 수 있는 범위를 말한다.

문제 08

▸ 출제년도 : 12. ▸ 점수 : 6점

수전설비에서 저압회로의 단락보호장치의 종류를 3가지 쓰시오.

답안작성

① 기중차단기
② 배선용차단기
③ 한류 퓨즈

문제 09 ▸ 출제년도 : 12. ▸ 점수 : 5점

ASS는 무엇인지 그 명칭과 설치사유를 쓰시오.

- 명칭 :
- 설치사유 :

답안작성

- 명칭 : 자동고장 구분개폐기
- 설치 사유 : 고장구간을 자동 개방하여 파급사고 방지

해 설

ASS(Automatic Section Switch) : 고장구간 자동개폐기 또는 자동고장 구분 개폐기

문제 10 ▸ 출제년도 : 97. 12. ▸ 점수 : 6점

그림과 같이 수평 장력이 800 [kg]이라면 4.0 [mm]의 철선 몇 가닥을 사용해야 하는가? 단, 철선의 단위 면적당 인장 강도는 44 [kg/mm^2], 안전율은 2.5로 한다.

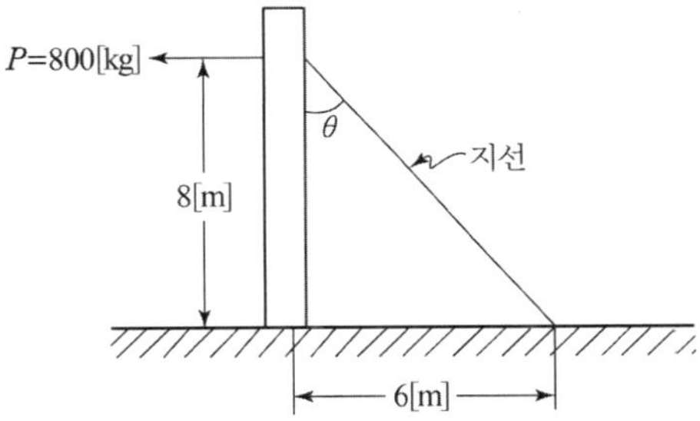

- 계산 :
- 답 :

답안작성

계산 : $\sin\theta = \dfrac{P}{T} = \dfrac{6}{\sqrt{8^2+6^2}} = \dfrac{6}{10}$

$$T = \frac{10}{6} \times P = \frac{10}{6} \times 800 = 1333.33\ [\text{kg}]$$

$$\text{지선의 장력}(T_0) = \frac{\text{소선 1가닥의 인장 강도} \times \text{소선수}}{\text{안전율}}$$

$$\rightarrow\ 1333.33 = \frac{44 \times \dfrac{\pi}{4} \times 4^2 \times n}{2.5}$$

$$\therefore\ n = \frac{1333.33 \times 2.5}{44 \times 4\pi} = 6.03\text{가닥}$$

답 : 7가닥

문제 11 ▸ 출제년도 : 11. 12. ▸ 점수 : 6점

다음 물음에 답하시오.

(1) 합성수지관 공사에서 관상호 및 관과 박스와는 관을 삽입하는 깊이를 관의 외경의 1.2배 이상으로 하고 관의 지지점간의 거리는 (   ) [m] 이하로 한다.

(2) 애자공사의 지지점간의 거리는 전선을 조영재면을 따라 붙이는 경우 (   ) [m] 이하로 한다.

(3) 버스덕트를 조영재에 붙이는 경우에는 덕트의 지지점간의 거리를 (   ) [m] 이하로 견고하게 지지하여야 한다.

답안작성

(1) 1.5 (2) 2 (3) 3

해 설

(1) KEC 232.11 합성수지관공사

1) 관 상호 간 및 박스와는 관을 삽입하는 깊이를 관의 바깥지름의 1.2배(접착제를 사용하는 경우에는 0.8배) 이상으로 하고 또한 꽂음 접속에 의하여 견고하게 접속할 것.

2) 관의 지지점 간의 거리는 1.5[m] 이하로 하고, 또한 그 지지점은 관의 끝·관과 박스의 접속점 및 관 상호 간의 접속점 등에 가까운 곳에 시설할 것.

(2) KEC 232.56 애자공사

전 압		전선과 조영재와의 이격 거리		전선 상호 간격	전선 지지점간의 거리	
					조영재의 윗면 또는 옆면에 따라 시설	조영재에 따라 시설하지 않는 경우
저압	400[V] 이하	2.5 [cm] 이상		6 [cm] 이상	2 [m] 이하	–
	400[V] 초과	건조한 장소	2.5[cm] 이상			6 [m] 이하
		기타의 장소	4.5[cm] 이상			

(3) KEC 232.61 버스덕트공사

덕트를 조영재에 붙이는 경우에는 덕트의 지지점 간의 거리를 3[m](수직으로 붙이는 경우에는 6[m]) 이하로 할 것.

문제 12 ▸ 출제년도 : 93. 94. 12. ▸ 점수 : 6점

방의 가로 3 [m], 세로 7 [m], 광원의 높이는 작업면까지 3 [m]인 경우 조명률을 알기 위한 실지수 K를 구하시오.

• 계산 : • 답 :

답안작성

계산 : $K = \dfrac{X \cdot Y}{H(X+Y)} = \dfrac{3 \times 7}{3 \times (3+7)} = 0.7$

답 : 0.7

문제 13 ▸ 출제년도 : 12. ▸ 점수 : 6점

그림은 제 1 공장과 제 2 공장의 2개의 공장에 대한 어느 날의 일부하 곡선이다. 이 그림을 이용하여 다음 각 물음에 답하시오.

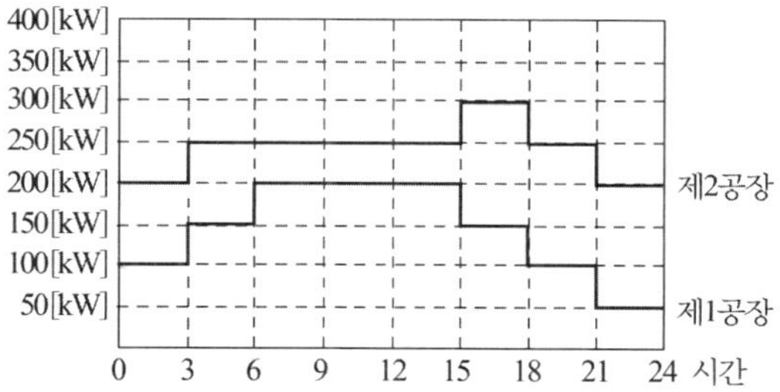

(1) 제 1공장의 일부하율은 몇 [%]인가?

(2) 제 1공장과 제 2공장 상호간의 부등률은 얼마인가?

답안작성

(1) 일부하율 $= \dfrac{\text{평균 전력}}{\text{최대 전력}} \times 100[\%]$

부하율 $= \dfrac{100\times3+150\times3+200\times9+150\times3+100\times3+50\times3}{24\times200} \times 100 = 71.88[\%]$

(2) 부등률 $= \dfrac{\text{개개의 최대 전력의 합계}}{\text{합성 최대 전력}}$

부등률 $= \dfrac{200+300}{450} = 1.11$

해 설

(1) 1일 평균 전력 $= \dfrac{\text{1일 사용전력량}}{24}$

(2) 여기서, 합성 최대 전력은 15시~18시 사이의 제 1공장의 150 [kW]와 제 2공장의 300 [kW]의 합계인 450 [kW]이다.

문제 14 ▸ 출제년도 : 97. 12. ▸ 점수 : 4점

공사 원가 계산(총원가)시 원가계산의 비목(구성)을 쓰시오. (5가지)

답안작성

재료비, 노무비, 경비, 일반관리비, 이윤

문제 15 ▸ 출제년도 : 12. ▸ 점수 : 6점

지중관로 케이블 포설 공사 시 포설 전 유의사항 3가지를 쓰시오.

답안작성

① 맨홀내의 가스검출, 산소측정 및 환기

② 맨홀내의 배수 및 청소

③ 드럼측과 윈치측의 연락체계 확인

해 설

이외에도 ④ 기자재의 정리정돈
⑤ 맨홀내의 로라, 활차등의 고정상태 확인 및 외상방지대책
⑥ 와이어의 강도, 소선단선, 킹크여부 확인

문제 16 ▸ 출제년도 : 91. 97. 04. 12. ▸ 점수 : 10점

도면은 단상 220 [V] 금속관 공사로 내선공사를 하려고 한다. 도면과 타임차트를 정확히 이해하고 답란에 다음 물음에 답하시오. 단, SW는 OFF상태임.

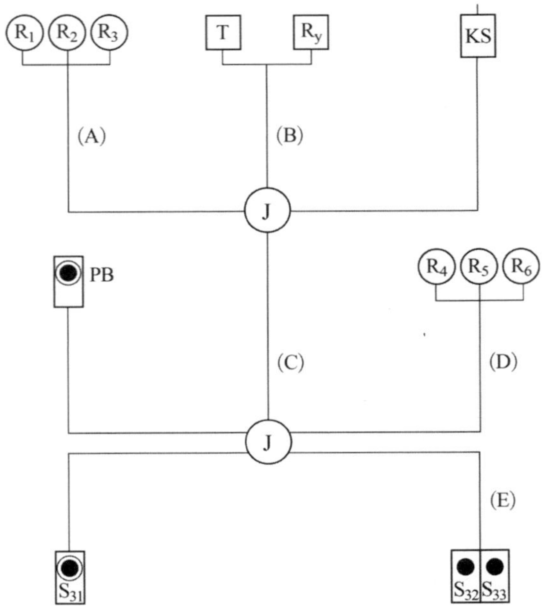

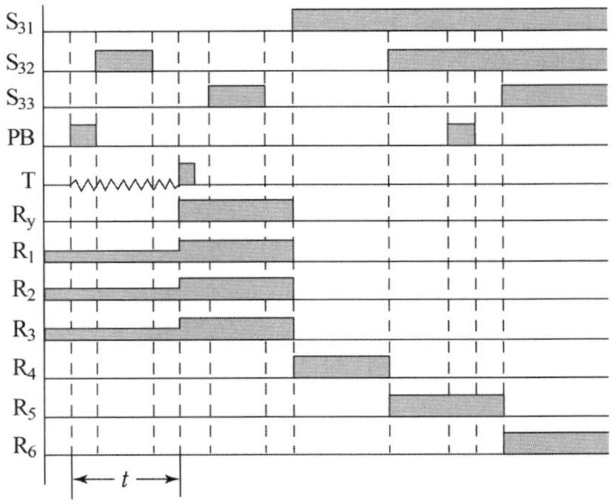

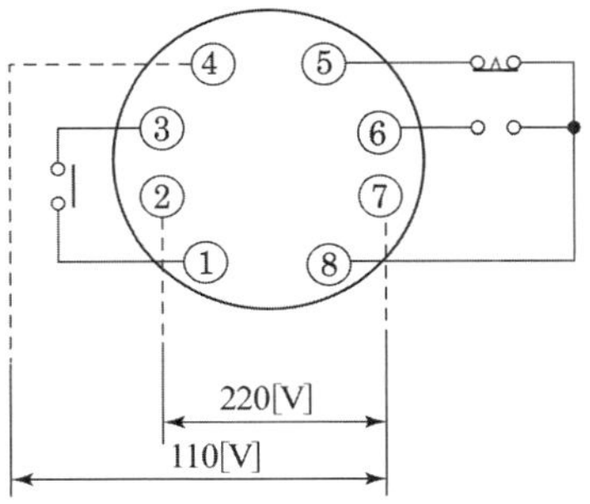

타이머 내부 회로도

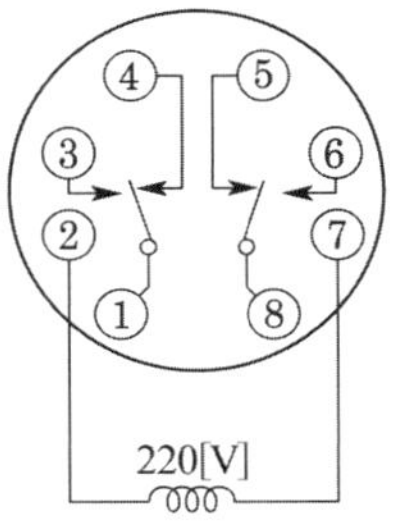

릴레이 내부 결선도

(1) 답란의 미완성된 회로도를 타임차트와 같이 동작되도록 회로도를 완성하시오.

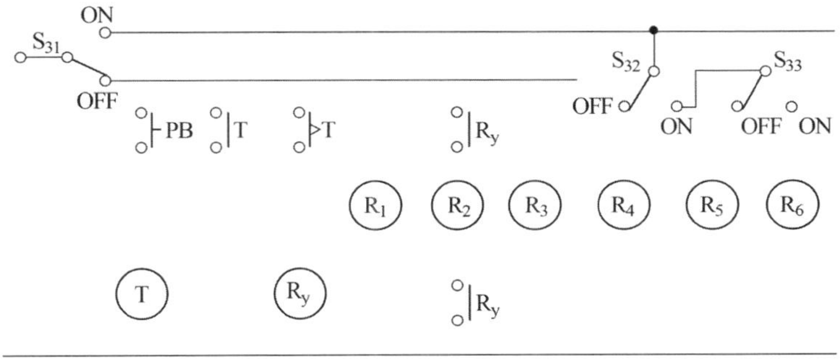

(2) 도면에서 A로 표시된 전선관에 최소 몇 가닥 들어가는가?

(3) 도면에서 B로 표시된 전선관에 최소 몇 가닥 들어가는가?

(4) 도면에서 C로 표시된 전선관에 최소 몇 가닥 들어가는가?

(5) 도면에서 D로 표시된 전선관에 최소 몇 가닥 들어가는가?

(6) 도면에서 E로 표시된 전선관에 최소 몇 가닥 들어가는가?

답안작성

(1)

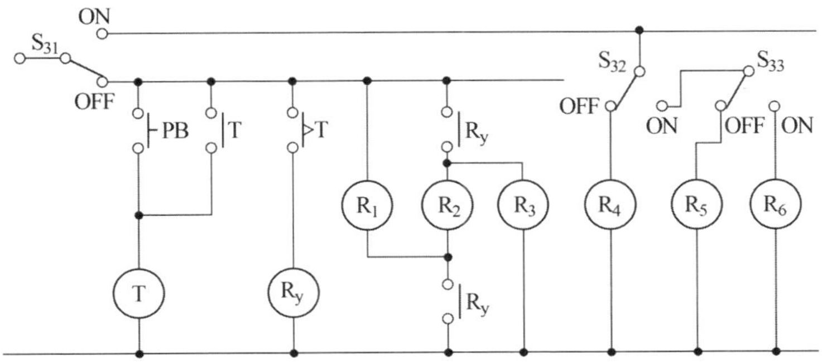

(2) 4가닥　(3) 5가닥　(4) 4가닥　(5) 4가닥　(6) 4가닥

문제 17 ▸ 출제년도 : 89. 97. 00. 04. 07. 12. ▸ 점수 : 6점

240 [mm^2] ACSR 전선을 200 [m]의 경간에 가설하려고 하는데 이도는 계산상 8 [m]였지만 가설 후의 실측결과는 6 [m]이어서 2 [m] 증가시키려고 한다. 이때 전선을 경간에 몇 [m]만큼 밀어넣어야 하는가?

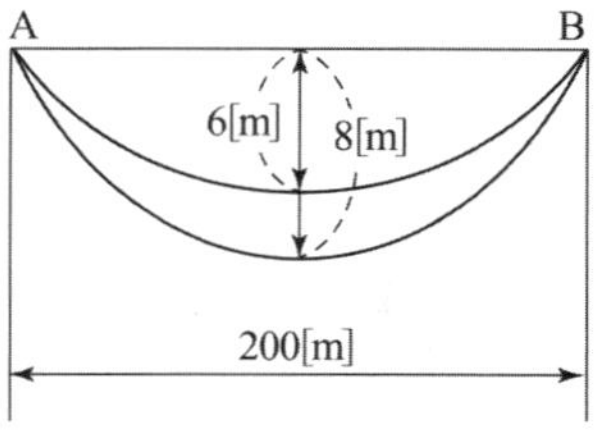

•계산 :

•답 :

답안작성

계산 : 이도 6 [m]일 때 전선의 길이 $L_1 = 200 + \dfrac{8 \times 6^2}{3 \times 200} = 200.48$ [m]

이도 8 [m]일 때 전선의 길이 $L_2 = 200 + \dfrac{8 \times 8^2}{3 \times 200} = 200.85$ [m]

$\therefore\ L_2 - L_1 = 200.85 - 200.48 = 0.37$ [m]

답 : 0.37 [m]

해 설

$$L = S + \frac{8D^2}{3S}$$

여기서, L : 전선의 길이 [m], D : 이도 [m], S : 경간 [m]

출제기준 변경 및 개정된 관계법규에 따라 삭제된 문제가 있어 배점의 합계가 100점이 안됩니다.

국가기술자격검정 실기시험문제 및 답안지

2012년도 **산업기사** 일반검정 제 **2** 회			수험번호	성 명	감독위원 확 인
자격종목(선택분야)	시험시간	형별			
전기공사산업기사	2시간 00분				

※ 다음 물음에 답을 해당 답란에 답하시오.(배점 : 100점)

문제 01 ▸ 출제년도 : 08. 12. ▸ 점수 : 5점

"노이즈 방지용 접지"란 어떤 접지인지 쓰시오.

답안작성

어떤 전자장치의 노이즈 발생 또는 기타 발생원인 으로부터 또 다른 전자장치의 오동작, 통신장애 기타 다른기기 장애를 일으키지 않도록 하기위한 접지
즉, 노이즈 방지용 접지란 에너지를 대지로 방출하기 위한 접지를 말한다.

문제 02 ▸ 출제년도 : 12. ▸ 점수 : 4점

그림을 보고 (1) 단상 유도 전압 조정기 (2) 3상 유도 전압 조정기의 복선도용 심벌을 그리시오.

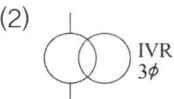

(1)

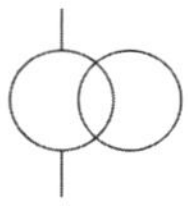

(2)

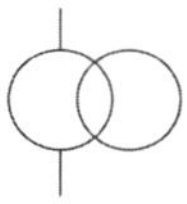

답안작성

(1)

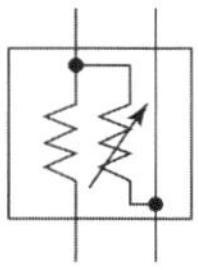

(2)

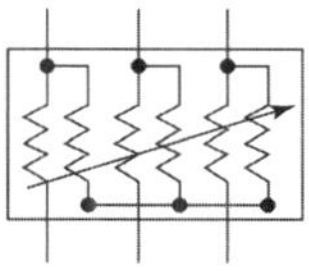

문제 03 ▸ 출제년도 : 90. 12. ▸ 점수 : 5점

다음은 건물의 지상층 층수별 할증이다. 각각 몇 [%]를 적용하는지 쓰시오.

(1) 2층 ~ 5층
(2) 10층 이하
(3) 20층 이하
(4) 30층 이하
(5) 32층 이하

답안작성

(1) 1 [%] (2) 3 [%] (3) 5 [%] (4) 7 [%] (5) 8 [%]

해 설

건물의 층수별 할증

(1) 지상층

- 2층~5층 이하　　1 [%]
- 10층 이하　　3 [%]
- 15층 이하　　4 [%]
- 20층 이하　　5 [%]
- 25층 이하　　6 [%]
- 30층 이하　　7 [%]
- 30층 초과에 대하여는 매 5층 이내 증가마다 1.0 [%] 가산

(2) 지하층 할증

- 지하 1층　　1 [%]
- 지하 2~5층　　2 [%]
- 지하 6층 이하는 매 1개층 증가마다 0.2 [%] 가산

문제 04 ▸ 출제년도 : 97. 03. 12. ▸ 점수 : 5점

다음 설명을 잘 이해한 후 어떤 결선 방식인가 답하고 결선도를 그리시오.

- 2차 권선의 전압이 선간전압의 $\frac{1}{\sqrt{3}}$ 이고 승압용에 적당하다.
- 즉, △-△ 결선과 Y-Y 결선의 장점을 갖고 있다.
- 30° 위상변위가 있어서 한 대가 고장이 나면 전원공급이 불가능한 결선이다.

답안작성

△-Y 결선

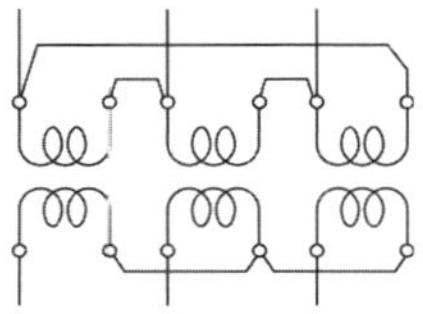

문제 05 ▸ 출제년도 : 06. 12. ▸ 점수 : 5점

평면이 200 [m²]인 사무실에 40 [W] 형광등 전광속 2500 [lm]인 형광등을 사용하여 평균조도를 150 [lx]로 유지하도록 하려고 한다. 이 사무실에 필요한 형광등 수를 산정하시오. 단, 조명률은 0.5이고, 감광보상률은 1.25이다.

•계산 :　　　　　　　　　　　　•답 :

답안작성

계산 : $N = \frac{EAD}{FU} = \frac{150 \times 200 \times 1.25}{2500 \times 0.5} = 30[\text{등}]$

답 : 30 [등]

문제 06 ▸ 출제년도 : 92. 98. 05. 12. ▸ 점수 : 10점

다음 그림은 고압수전설비 결선도이다. 물음에 답하시오.

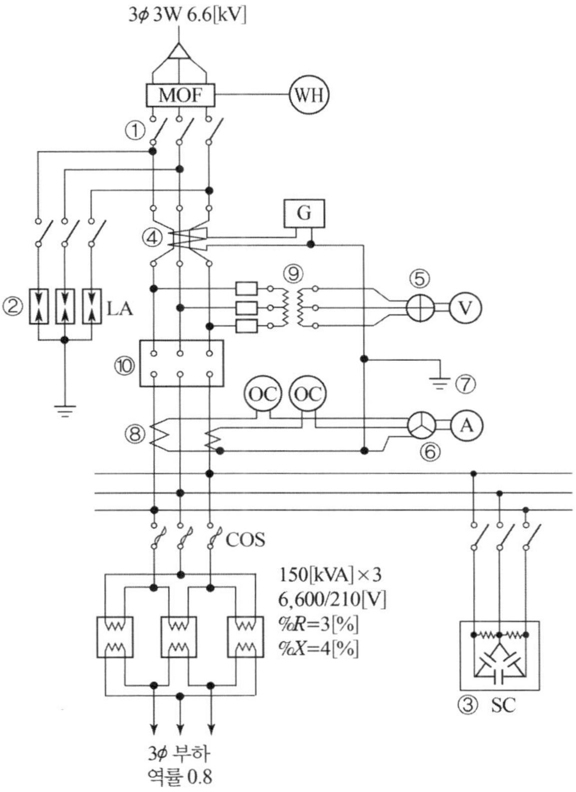

(1) ①의 기기 명칭은?

(2) ②의 기기 명칭은?

(3) ③의 SC는 무엇을 말하는가?

(4) ④의 기기 명칭은?

(5) ⑤의 기기 명칭은?

(6) ⑥의 기기 명칭은?

(7) ⑧의 기기 명칭은?

(8) ⑨의 기기 명칭은?

(9) ⑩의 기기 명칭은?

답안작성

(1) 단로기
(2) 피뢰기
(3) 전력용 콘덴서
(4) 영상 변류기
(5) 전압계용 전환개폐기
(6) 전류계용 전환개폐기
(7) 계기용 변류기
(8) 계기용 변압기
(9) 교류 차단기

문제 07 ▸출제년도 : 00. 02. 05. 08. 12. ▸점수 : 5점

다음 물음에 답하시오.

(1) 사용전압이 22.9 [kV] 라고 할 때 차단기의 트립전원은 (①) 또는 (②) 방식이 바람직하며 66 [kV] 이상의 수전 설비에는 (③)이어야 한다.

(2) 지중 인입선의 경우에 22.9 [kV-y] 계통은 (①) 케이블 또는 (②) 케이블을 사용하여야 한다.

답안작성

(1) ① 직류(DC) ② 콘덴서(CTD) ③ 직류(DC)

(2) ① CNCV-W 케이블(수밀형) ② TR CNCV-W(트리억제형)

해 설

특고압 수전설비 표준결선도 (CB 1차측에 CT를, CB 2차측에 PT를 시설하는 경우)

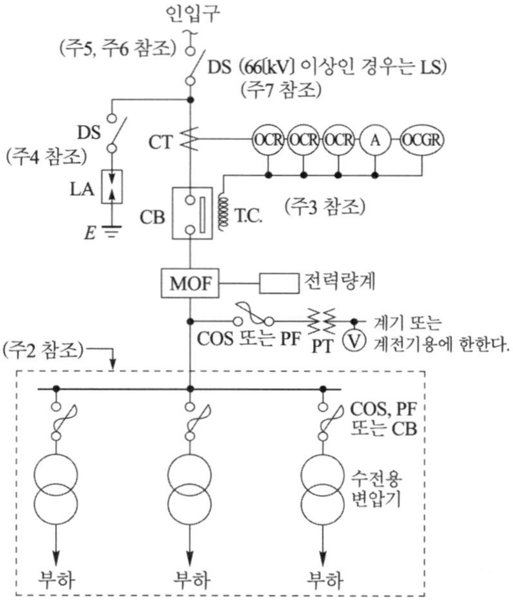

[주1] 22.9 [kV-Y] 1000 [kVA] 이하인 경우에는 간이 수전 설비 결선도에 의할 수 있다.

[주2] 결선도 중 점선 내의 부분은 참고용 예시이다.

[주3] 차단기의 트립 전원은 직류(DC) 또는 콘덴서 방식(CTD)이 바람직하며 66 [kV] 이상의 수전 설비에는 직류(DC)이어야 한다.

[주4] LA용 DS는 생략할 수 있으며 22.9 [kV-Y]용의 LA는 Disconnector(또는 Isolator) 붙임형을 사용하여야 한다.

[주5] 인입선을 지중선으로 시설하는 경우로서 공동 주택 등 사고시 정전 피해가 큰 수전 설비 인입선은 예비선을 포함하여 2회선으로 시설하는 것이 바람직하다.

[주6] 지중인입선의 경우에 22.9 [kV-Y] 계통은 CNCV-W 케이블(수밀형) 또는 TR CNCV-W(트리억제형)을 사용하여야 한다. 다만, 전력구·공동구·덕트·건물구내 등 화재의 우려가 있는 장소에서는 FR CNCO-W(난연) 케이블을 사용하는 것이 바람직하다.

[주7] DS 대신 자동고장구분 개폐기(7000 [kVA] 초과시에는 Sectionalizer)를 사용할 수 있으며 66 [kV] 이상의 경우는 LS를 사용하여야 한다.

문제 08

▸ 출제년도 : 94. 02. 12. ▸ 점수 : 5점

그림은 콘센트의 종류를 표시한 옥내배선용 그림 기호이다. 각 그림기호는 어떤 의미를 가지고 있는지 설명하시오.

(1)  WP　(2)  EL　(3)  2　(4) 　(5)  ET

답안작성

(1) 방수형　(2) 누전 차단기 붙이

(3) 2구　(4) 천장붙이　(5) 접지 단자붙이

해 설

명칭	그림 기호	적　요
콘센트		① 천장에 부착하는 경우는 다음과 같다.  ② 바닥에 부착하는 경우는 다음과 같다.  ③ 용량의 표시 방법은 다음과 같다. · 15 [A]는 방기하지 않는다. · 20 [A]이상은 암페어 수를 방기한다. [보기]  20A ④ 2구 이상인 경우는 구수를 방기한다. [보기]  2 ⑤ 3극 이상인 것은 극수를 방기한다. [보기]  3P ⑥ 종류를 표시하는 경우는 다음과 같다. 빠짐 방지형  LK 걸림형  T 접지극붙이  E 접지단자붙이  ET 누전 차단기붙이  EL ⑦ 방수형은 WP를 방기한다.  WP ⑧ 방폭형은 EX를 방기한다.  EX ⑨ 의료용은 H를 방기한다.  H

문제 09

▸ 출제년도 : 98. 12. ▸ 점수 : 4점

다음표의 전로의 사용 전압의 구분에 따른 절연저항값은 몇 [MΩ] 이상 이어야 하는지 그 값을 표에 써 넣으시오.

전로의 사용전압[V]	절연저항[MΩ]
SELV 및 PELV	①
FELV, 500[V] 이하	②
500[V] 초과	③

답안작성

① 0.5　② 1　③ 1

해 설

전기설비 기술기준 제52조 저압전로의 절연성능
전기사용 장소의 사용전압이 저압인 전로의 전선 상호간 및 전로와 대지 사이의 절연저항은 개폐기 또는 과전류차단기로 구분할 수 있는 전로마다 다음 표에서 정한 값 이상이어야 한다. 다만, 전선 상호간의 절연저항은 기계기구를 쉽게 분리가 곤란한 분기회로의 경우 기기 접속 전에 측정할 수 있다. 또한, 측정 시 영향을 주거나 손상을 받을 수 있는 SPD 또는 기타 기기 등은 측정 전에 분리시켜야 하고, 부득이하게 분리가 어려운 경우에는 시험전압을 250[V] DC로 낮추어 측정할 수 있지만 절연저항 값은 1[MΩ] 이상이어야 한다.

전로의 사용전압[V]	DC 시험전압[V]	절연저항[MΩ]
SELV 및 PELV	250	0.5
FELV, 500[V] 이하	500	1.0
500[V] 초과	1,000	1.0

[주] 특별저압(extra low voltage : 2차 전압이 AC 50[V], DC 120[V] 이하)으로 SELV(비접지회로 구성) 및 PELV(접지회로 구성)은 1차와 2차가 전기적으로 절연된 회로, FELV는 1차와 2차가 전기적으로 절연되지 않은 회로

문제 10

▸ 출제년도 : 93. 12. ▸ 점수 : 5점

금속제 전선관의 치수에서 후강전선관의 호칭은 다음과 같다. ( )안에 관의 호칭을 쓰시오.

16, 22, ( ), ( ), 42, ( ), 70, ( ), 92, ( )

답안작성

28, 36, 54, 82, 104

해 설

금속관의 종류

종 류	관의 호칭
후강 전선관(근사내경, 짝수)	16 22 28 36 42 54 70 82 92 104
박강 전선관(근사외경, 홀수)	19 25 31 39 51 63 75
나사없는 전선관	박강 전선관과 치수가 같다.

문제 11

▸ 출제년도 : 12. ▸ 점수 : 10점

다음 용어설명에 대한 명칭을 쓰시오.

(1) 소켓, 리셉터클, 콘센트 등의 총칭을 말한다.
(2) 전로에 접속된 변압기 또는 콘덴서의 결선상 단위를 말한다.
(3) 전로에 지락이 생겼을 경우에 이를 검출하여 신속하게 차단하기 위한 장치를 말한다.
(4) 마루 밑에 매입하는 배선용의 홈통으로 마루위로 전선인출을 목적으로 하는 것을 말한다.
(5) 벨, 부저, 신호등 등의 신호를 발생하는 장치에 전기를 공급하는 회로를 말한다.

답안작성

(1) 수구 (2) 뱅크 (3) 지락차단장치 (4) 플로어덕트 (5) 신호회로

문제 12 ▸출제년도 : 12. ▸점수 : 5점

발열량 5500 [kcal/kg]의 석탄 1 [ton]을 연소하여 2400 [kWh]의 전력을 발생하는 화력 발전소의 열효율은 약 몇 [%]인가?

•계산 : •답 :

답안작성

계산 : 효율 $\eta = \frac{\text{출력}}{\text{입력}} = \frac{860 \times 2400}{1 \times 10^3 \times 5500} \times 100 = 37.53[\%]$

답 : 37.53 [%]

해 설

- 1 [kWh]=860 [kcal]
- 1 [ton]=1000 [kg]

문제 13 ▸출제년도 : 12. ▸점수 : 3점

다음의 작업구분에 맞는 직종명을 쓰시오.

(1) 특별고압케이블 설비의 시공 및 보수

(2) 철탑 및 송전설비의 시공 및 보수

(3) 발전설비 및 중공업 설비의 시공 및 보수

답안작성

(1) 특고압케이블전공

(2) 송전전공

(3) 플랜트전공

해 설

(1) 특고압케이블전공 : 특별고압케이블 설비의 시공 및 보수에 종사하는 사람(7,000[V] 초과)

(2) 송전전공 : 발전소와 변전소 사이의 송전선의 철탑 및 송전설비의 시공 및 보수에 종사하는 사람

(3) 플랜트전공 : 발전소 중공업설비·플랜트설비의 시공 및 보수에 종사하는 사람

문제 14 ▸출제년도 : 12. ▸점수 : 5점

전등 설비 200[kW], 전열 설비 300[kW], 전동기 설비 400[kW]인 수용가가 있다. 이 수용가의 최대 수용 전력이 780[kW]이라면 수용률은 얼마인가?

•계산 : •답 :

답안작성

계산 : $\text{수용률} = \frac{\text{최대 수용 전력}}{\text{설비 용량(접속부하)}} \times 100[\%]$

$= \frac{780}{200+300+400} \times 100 = 86.67[\%]$

답 : 86.67 [%]

문제 15 ▸ 출제년도 : 12. ▸ 점수 : 5점

변압비가 50이고 2차 전부하 전압이 220 [V], 전압변동률이 4 [%]인 변압기 1차측 무부하 전압은 몇 [V]인가?

•계산 : •답 :

답안작성

계산 : 전압변동률 $\epsilon = \dfrac{V_{20} - V_{2n}}{V_{2n}} \times 100[\%]$에서

2차 측 무부하 전압 $V_{20} = \left(1 + \dfrac{\epsilon}{100}\right) \times V_{2n} = \left(1 + \dfrac{4}{100}\right) \times 220 = 228.8[\text{V}]$

따라서, 1차측 무부하 전압 $V_{10} = a V_{20} = 50 \times 228.8 = 11,440[\text{V}]$

답 : 11,440 [V]

문제 16 ▸ 출제년도 : 12. ▸ 점수 : 6점

다음의 중성점 접지방식에 대하여 어떻게 접지하는지 설명하시오.

(1) 직접접지방식

(2) 저항접지방식

(3) 비접지 방식

답안작성

(1) 중성점을 금속선으로 직접 접지하는 방식

(2) 중성점을 저항으로 접지하는 방식이며, 이때 저항값의 크기에 따라 저 저항접지방식과 고저항 접지방식으로 나누어진다.

(3) 중성점을 접지하지 않는 방식

해 설

중성점 접지방식은 그림과 같이 중성점을 접지하는 접지 임피던스 Z_n의 종류와 그 크기에 따라 다음과 같은 여러 가지 방식으로 나누어진다.

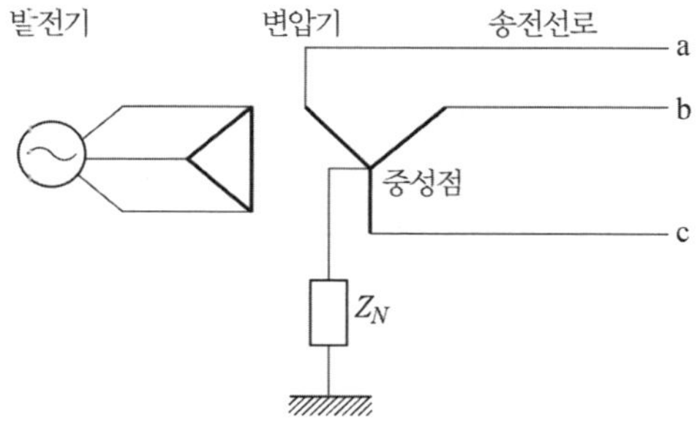

•직접접지 : $Z_n = 0$

•저항접지 : $Z_n = R$

(저저항 접지 : $R = 30[\Omega]$ 정도

고저항 접지 : $R = 100 \sim 1,000[\Omega]$ 정도)

•리액터접지 : $Z_n = L$

•비접지 : $Z_n = \infty$

문제 17 ▸ 출제년도 : 92. 93. 12. ▸ 점수 : 5점

아래 회로도를 보고 물음에 답하시오.

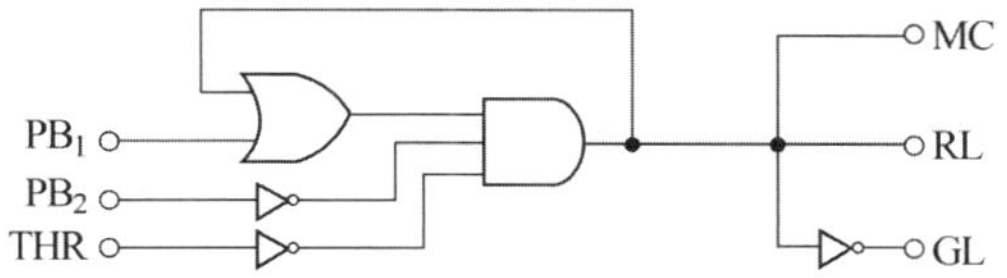

(1) 답안지의 시퀀스 회로도를 완성하시오.

(2) 답란의 출력식을 쓰시오.

- MC
- RL
- GL

답안작성

(1)

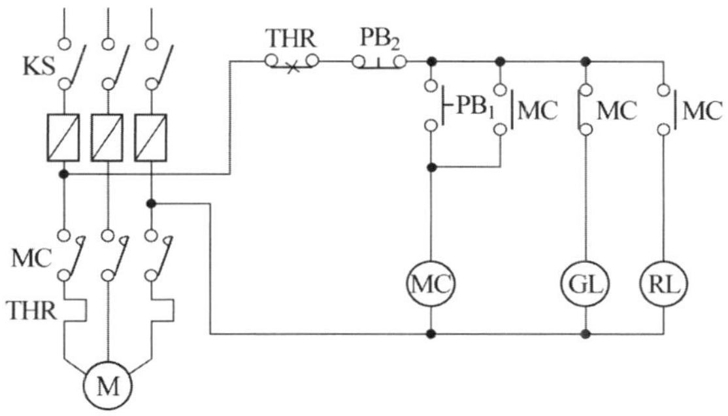

(2) $MC = (PB_1 + MC) \cdot \overline{PB_2} \cdot \overline{THR}$

$GL = \overline{MC}$

$RL = MC$

출제기준 변경 및 개정된 관계법규에 따라 삭제된 문제가 있어 배점의 합계가 100점이 안됩니다.

국가기술자격검정 실기시험문제 및 답안지

2012년도 산업기사 일반검정 제 4 회

자격종목(선택분야)	시험시간	형별	수험번호	성 명	감독위원 확 인
전기공사산업기사	2시간 00분				

※ 다음 물음에 답을 해당 답란에 답하시오.(배점 : 100점)

문제 01 ▸ 출제년도 : 90. 94. 05. 12. ▸ 점수 : 5점

그림과 같은 철탑 기초의 굴착량을 산출하려고 한다. 철탑의 굴착량 식은?

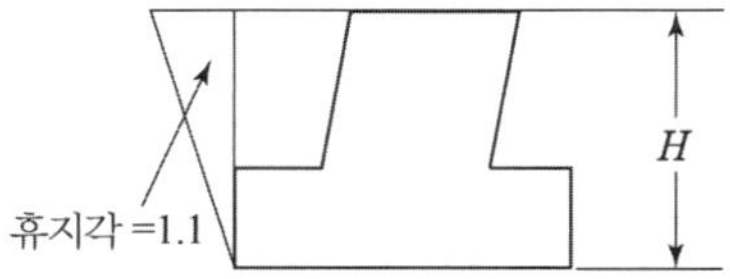

답안작성

터파기량 = 가로×세로×H×1.21

해 설

휴지각 = 1.1×1.1 = 1.21

문제 02 ▸ 출제년도 : 97. 03. 10. 12. ▸ 점수 : 5점

어느 빌딩의 수전설비를 계획하려고 한다. 이 빌딩에 예측되는 부하밀도는 조명전용 30 [VA/m^2], 일반동력 30 [VA/m^2], 냉방 40 [VA/m^2]이다. 이 빌딩의 건평이 20000 [m^2]일 경우 부하설비의 용량은 몇 [kVA]인지 계산하시오.

•계산 : •답 :

답안작성

계산 : 조명설비 $= 30 \times 20000 \times 10^{-3} = 600$ [kVA]

일반동력설비 $= 30 \times 20000 \times 10^{-3} = 600$ [kVA]

냉방설비 $= 40 \times 20000 \times 10^{-3} = 800$ [kVA]

부하설비 $= 600 + 600 + 800 = 2000$ [kVA]

답 : 2000 [kVA]

문제 03 ▸ 출제년도 : 03. 12. ▸ 점수 : 6점

축전지의 용량 산출에 필요한 조건 6가지를 쓰시오.

답안작성

① 부하의 크기와 성질 ② 예상 정전시간
③ 순시 최대 방전전류의 세기 ④ 제어 케이블에 의한 전압강하
⑤ 경년에 의한 용량의 감소 ⑥ 온도 변화에 의한 용량 보정

문제 04 ▸ 출제년도 : 99. 02. 05. 07. 12. ▸ 점수 : 10점

그림 중 [ ] 내의 기기 명칭을 기호로 써 넣으시오.

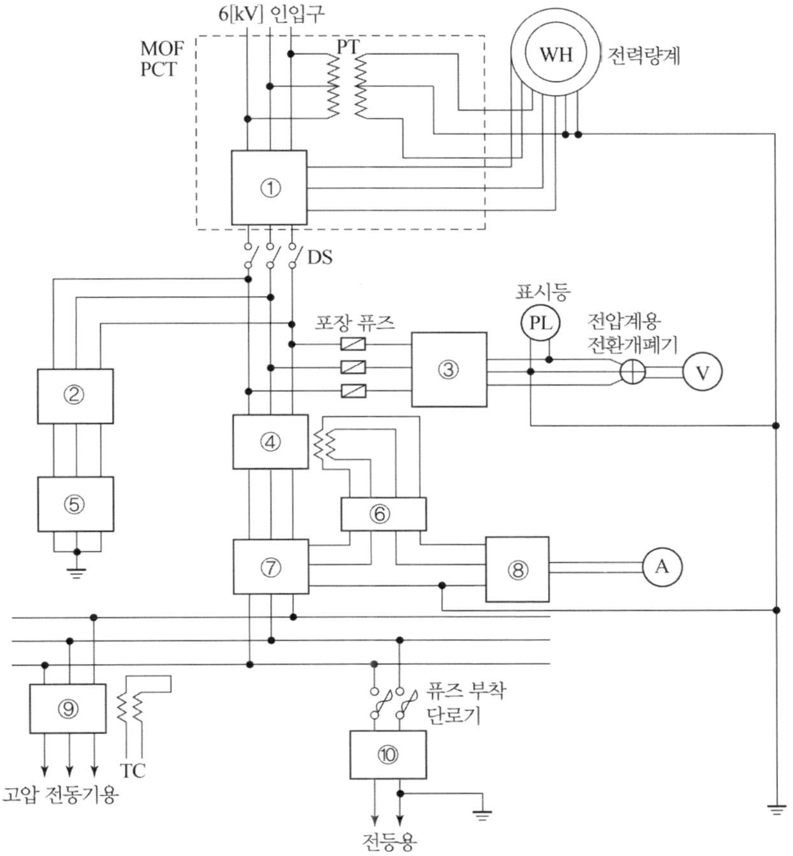

답안작성

① CT ② DS ③ PT ④ CB ⑤ LA
⑥ OCR ⑦ CT ⑧ AS ⑨ CB ⑩ TR

해 설

① CT(계기용 변류기) ② DS(단로기)
③ PT(계기용 변압기) ④ CB(교류 차단기)
⑤ LA(피뢰기) ⑥ OCR(과전류 계전기)
⑦ CT(계기용 변류기) ⑧ AS(전류계용 전환개폐기)
⑨ CB(교류 차단기) ⑩ TR(변압기)

문제 05 ▸ 출제년도 : 12. ▸ 점수 : 4점

다음표의 전로의 사용 전압의 구분에 따른 절연저항값은 몇 [MΩ] 이상 이어야 하는지 그 값을 표에 써 넣으시오.

전로의 사용전압[V]	절연저항[MΩ]
SELV 및 PELV	
FELV, 500[V] 이하	
500[V] 초과	

답안작성

전로의 사용전압[V]	절연저항[MΩ]
SELV 및 PELV	0.5
FELV, 500[V] 이하	1.0
500[V] 초과	1.0

해 설

전기설비 기술기준 제52조 저압전로의 절연성능

전기사용 장소의 사용전압이 저압인 전로의 전선 상호간 및 전로와 대지 사이의 절연저항은 개폐기 또는 과전류차단기로 구분할 수 있는 전로마다 다음 표에서 정한 값 이상이어야 한다. 다만, 전선 상호간의 절연저항은 기계기구를 쉽게 분리가 곤란한 분기회로의 경우 기기 접속 전에 측정할 수 있다. 또한, 측정 시 영향을 주거나 손상을 받을 수 있는 SPD 또는 기타 기기 등은 측정 전에 분리시켜야 하고, 부득이하게 분리가 어려운 경우에는 시험전압을 250[V] DC로 낮추어 측정할 수 있지만 절연저항 값은 1[MΩ] 이상이어야 한다.

전로의 사용전압[V]	DC 시험전압[V]	절연저항[MΩ]
SELV 및 PELV	250	0.5
FELV, 500[V] 이하	500	1.0
500[V] 초과	1,000	1.0

[주] 특별저압(extra low voltage : 2차 전압이 AC 50[V], DC 120[V] 이하)으로 SELV(비접지회로 구성) 및 PELV(접지회로 구성)은 1차와 2차가 전기적으로 절연된 회로, FELV는 1차와 2차가 전기적으로 절연되지 않은 회로

문제 06 ▸ 출제년도 : 12. ▸ 점수 : 6점

다음은 송전 선로의 코로나 손실을 나타내는 Peek 식이다. (1)~(3)의 의미를 쓰시오.

Peek식 $P=\dfrac{241}{\delta}(f+25)\sqrt{\dfrac{d}{2D}}(E-E_0)^2\times 10^{-5}$[kW/km/선]

(1) δ (2) E (3) E_0

답안작성

(1) 상대 공기 밀도
(2) 전선에 걸리는 대지 전압
(3) 코로나 임계 전압

해 설

(1) 코로나 임계전압

$E_0 = 24.3 m_0 m_1 \delta d \log_{10}\frac{D}{r}$[kV]

m_0 : 전선표면의 상태계수, m_1 : 날씨에 관계하는 계수(맑은 날 1.0, 우천시 0.8)

δ : 상대 공기 밀도, d : 전선의 지름[cm], r : 전선의 반지름[cm],

D : 전선의 등가 선간거리[cm]

(2) 코로나 손실(Peek 식)

$P = \frac{241}{\delta}(f+25)\sqrt{\frac{d}{2D}}(E-E_0)^2 \times 10^{-5}$ [kW/km/선]

E : 전선의 대지전압 [kV], E_0 : 코로나 임계전압 [kV], f : 주파수 [Hz]

d : 전선의 지름 [cm], D : 선간거리 [cm], δ : 상대공기밀도

문제 07

▸ 출제년도 : 12. ▸ 점수 : 4점

저압전로의 지락보호방식의 종류 4가지를 쓰시오

답안작성

① 보호접지방식 ② 과전류차단방식 ③ 누전차단방식 ④ 누전경보방식

문제 08

▸ 출제년도 : 12. ▸ 점수 : 3점

태양전지의 모듈이란?

답안작성

태양전지의 최소 단위를 셀(cell)이라고 하는데, 이 셀을 다수 개 조합한 것을 모듈이라고 한다.

문제 09

▸ 출제년도 : 94. 12. ▸ 점수 : 5점

저압 전선로중 절연부분의 전선과 대지간의 절연저항은 사용전압에 대한 누설전류는 최대공급전류의 얼마를 넘어서는 안되는가?

답안작성

$\frac{1}{2000}$

문제 10

▸ 출제년도 : 12. ▸ 점수 : 5점

수전전압 22 [kV], 수전용량이 3ϕ, 800[kW], 역률 90 [%]로 수전할 때에 수전회로에 시설하는 변류기의 변류비는 얼마인가? (단, 1.25배의 여유를 준다.)

•계산 : •답 :

답안작성

계산 : $I = \frac{P}{\sqrt{3}\,V\cos\theta} = \frac{800}{\sqrt{3}\times 22 \times 0.9} \times 1.25 = 29.16$[A]

답 : 변류비 30/5

문제 11 ▸ 출제년도 : 93. 05. 12. ▸ 점수 : 5점

3상 3선식 220 [V]로 수전하는 수용가의 부하 전력이 95 [kW], 부하 역률이 85 [%], 구내 배전선의 길이는 150 [m]이며, 배선에서 전압 강하를 6 [V]까지 허용하는 경우 구내 배선의 굵기를 구하시오. (단, 이때 배선의 굵기는 전선의 공칭 단면적으로 표시하시오.)

• 계산 : • 답 :

답안작성

계산 : $A = \dfrac{30.8 \cdot LI}{1000 \cdot e} = \dfrac{30.8 \times 150 \times \dfrac{95 \times 10^3}{\sqrt{3} \times 220 \times 0.85}}{1000 \times 6} = 225.85[\text{mm}^2]$

답 : 240 $[\text{mm}^2]$

해 설

① 전압강하 계산

전기 방식	전압 강하		전선 단면적
단상 3선식 직류 3선식 3상 4선식	$e_1 = IR$	$e_1 = \dfrac{17.8LI}{1000A}$	$A = \dfrac{17.8LI}{1000e_1}$
단상 2선식 및 직류 2선식	$e_2 = 2IR = 2e_1$	$e_2 = \dfrac{35.6LI}{1000A}$	$A = \dfrac{35.6LI}{1000e_2}$
3상 3선식	$e_3 = \sqrt{3}\,IR = \sqrt{3}\,e_1$	$e_3 = \dfrac{30.8LI}{1000A}$	$A = \dfrac{30.8LI}{1000e_3}$

② KSC IEC 전선규격

1.5, 2.5, 4, 6, 10, 16, 25, 35, 50, 70, 95, 120, 150, 185, 240, 300, 400, 500, 630$[\text{mm}^2]$

문제 12 ▸ 출제년도 : 89. 95. 12. ▸ 점수 : 6점

가로 20 [m], 세로 30 [m], 천장 높이 4.5 [m]인 사무실에 그림과 같이 전등 설비를 하고자 한다. 실지수를 구하여라.

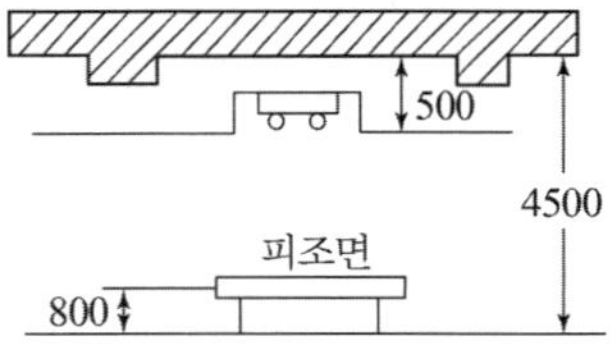

• 계산 :

• 답 :

답안작성

계산 : 실지수$(R \cdot I) = \dfrac{XY}{H(X+Y)} = \dfrac{20 \times 30}{(4.5 - 0.5 - 0.8) \times (20 + 30)} = 3.75$

답 : 3.75

문제 13 ▸ 출제년도 : 04. 12. ▸ 점수 : 5점

330 $[\text{mm}^2]$인 ACSR선이 경간 500 [m]에서 이도가 8.6 [m]이었다 하면 전체의 실제 길이는 몇 [m]인가?

• 계산 : • 답 :

답안작성

계산 : $L = S + \frac{8\ D^2}{3S} = 500 + \frac{8 \times 8.6^2}{3 \times 500} = 500.39[\text{m}]$　　　　답 : 500.39 [m]

문제 14　▸ 출제년도 : 12.　▸ 점수 : 5점

단상 변압기 10 [kVA] 3대로 △결선하여 급전하고 있는데 변압기 1대가 고장으로 제거되었다 한다. 이때의 부하가 27.8 [kVA]라면 나머지 2대의 변압기는 몇 [%]의 과부하율로 운전되는가?

• 계산 :　　　　　　　　　　• 답 :

답안작성

계산 : V결선 출력 $P_V = \sqrt{3}\,P_1 = \sqrt{3} \times 10$ [kVA]

$$\text{과부하율} = \frac{27.8}{\sqrt{3} \times 10} \times 100 = 160.5\ [\%]$$

답 : 160.5 [%]

문제 15　▸ 출제년도 : 12.　▸ 점수 : 5점

그림과 같이 수전단 전압이 210 [V], 부하 전류 60 [A], 역률은 1일 때, ab에 걸리는 전압은 몇 [V]인가? (단, 1선당 저항값은 0.06 [Ω]이고, 리액턴스는 무시한다.)

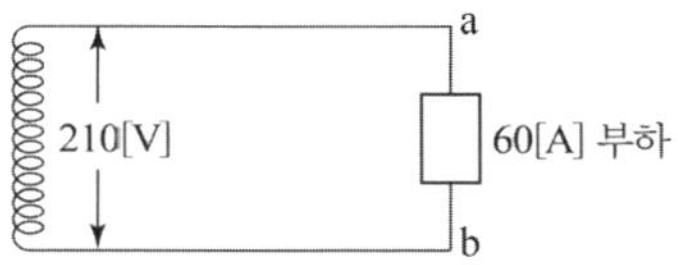

• 계산 :　　　　　　　　　　• 답 :

답안작성

계산 : $V_{ab} = V - 2IR = 210 - 2 \times 60 \times 0.06 = 202.8$ [V]

답 : 202.8 [V]

문제 16　▸ 출제년도 : 94. 02. 12.　▸ 점수 : 10점

그림은 콘센트의 종류를 표시한 옥내배선용 그림 기호이다. 각 그림기호는 어떤 의미를 가지고 있는지 설명하시오.

(1) $_{LK}$　(2) $_{ET}$　(3) $_{EL}$　(4) $_{E}$　(5) $_{T}$

답안작성

(1) $_{LK}$: 빠짐 방지형

(2) $_{ET}$: 접지 단자붙이

(3) $_{EL}$: 누전 차단기 붙이

(4) $_{E}$: 접지극 붙이

(5) $_{T}$: 걸림형

문제 17 ▸ 출제년도 : 92. 04. 12. ▸ 점수 : 6점

그림은 직류 전동기의 기동 회로도이다. 다음 물음에 답하시오.

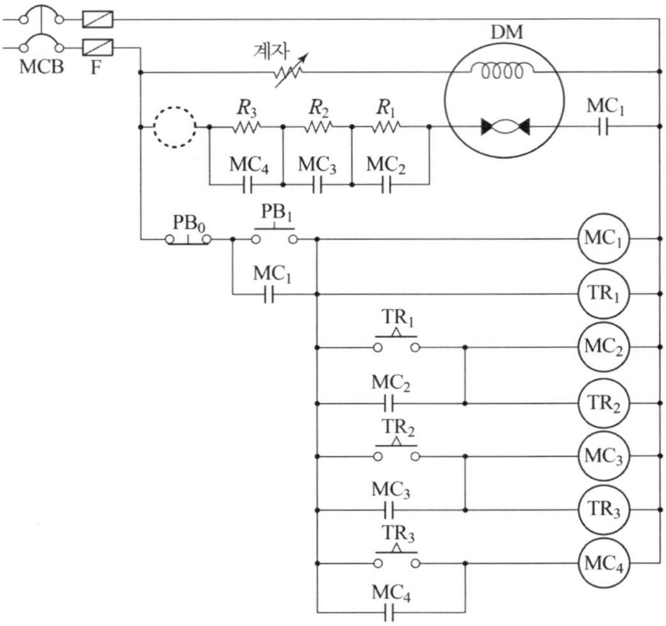

(1) 그림에서 ◌ 으로 표시한 곳에 올바른 도면이 되도록 접점을 그리고 기호를 쓰시오.

(예 : —⫽— MC_4, —| |— MC_3)

(2) 답란의 타임 차트에서 미완성 부분을 완성하시오.

답안작성

(1)

(2)

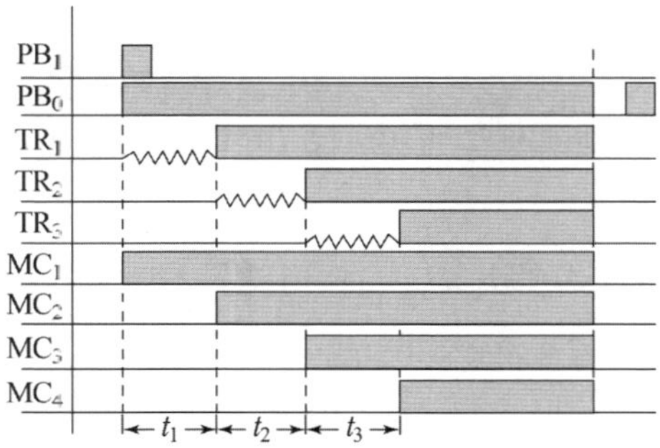

해 설

전기자의 직렬 저항 $(R_1 + R_2 + R_3)$을 3단계로 줄이면서 기동하고 운전 중에는 전부 단락 상태가 된다.

문제 18 ▸ 출제년도 : 94. 12. ▸ 점수 : 5점

두 그림에서 출력 Q_1, Q_2의 동작 시간을 예와 같이 쓰시오. 단, FF는 $\overline{R}\,\overline{S}$-latch이고, 555는 IC 타이머 소자이다. (예 : $t_1 \sim t_2$)

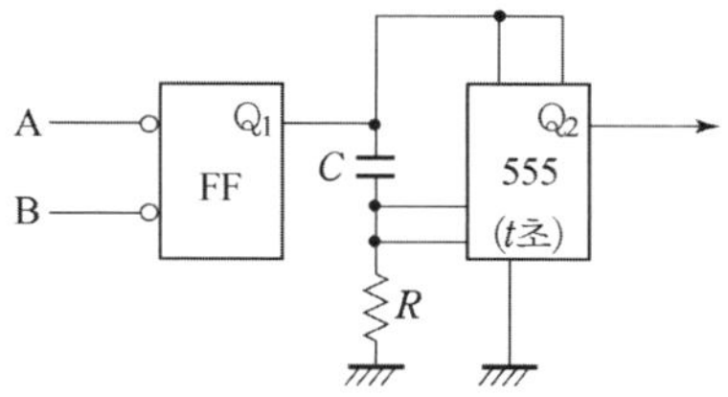

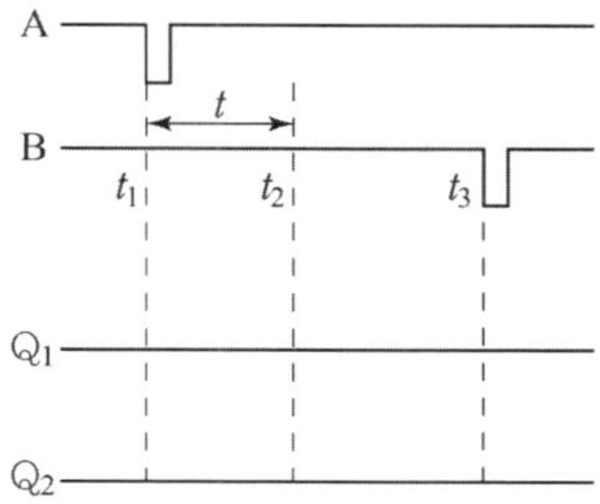

답안작성

Q_1 : $t_1 \sim t_3$ Q_2 : $t_2 \sim t_3$

해 설

A로 t_1 초에 FF가 세트되면 t초로 (설정 시간 $t_2 \sim t_1$)에 555가 세트된다. B로 t_3초에 FF가 리셋되면 555도 리셋된다.

MEMO

D30-4

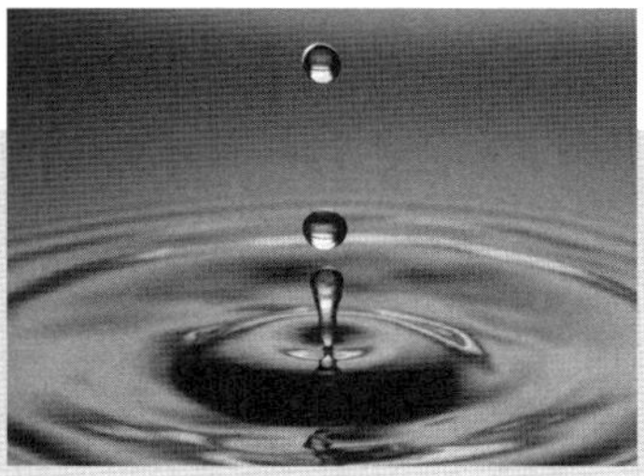

2013년도 전기공사산업기사 실기

- 13년 제 1 회 전기공사산업기사
- 13년 제 2 회 전기공사산업기사
- 13년 제 4 회 전기공사산업기사

국가기술자격검정 실기시험문제 및 답안지

2013년도 산업기사 일반검정 제 1 회

자격종목(선택분야)	시험시간	형별	수험번호	성 명	감독위원 확 인
전기공사산업기사	2시간 00분				

※ 다음 물음에 답을 해당 답란에 답하시오.(배점 : 100점)

문제 01 ▸ 출제년도 : 99. 13 ▸ 점수 : 5점

단상 2선식 100 [V]의 옥내배선에서 소비전력 40 [W], 역률 75 [%]의 형광등 100 등을 설치하고자 한다. 이 때의 분기회로를 16 [A] 분기회로로 할 때 분기회로의 최소수는 몇 회선인가? 단, 1개 회로의 부하전류는 분기회로 용량의 90 [%]로 하고 수용률은 100 [%]로 한다.

답안작성

계산 : 분기회로 수 $= \dfrac{40 \times 100}{100 \times 16 \times 0.75 \times 0.9} = 3.7$[회로]

답 : 16 [A] 4회로(회선)

문제 02 ▸ 출제년도 : 13. ▸ 점수 : 6점

다음 용어에 대하여 설명하시오.

(1) 소세력 회로

(2) 한류퓨즈

(3) 풀박스

답안작성

(1) 전자 개폐기의 조작회로 또는 초인벨 · 경보벨 등에 접속하는 전로로서 최대 사용전압이 60 [V] 이하인 것

(2) 단락전류를 신속히 차단하며 또한 흐르는 단락전류의 값을 제한하는 성질을 가지는 퓨즈

(3) 전선의 통과를 쉽게 하기 위하여 배관의 도중에 설치하는 박스

해 설

(1) KEC 241.14 소세력 회로

전자 개폐기의 조작회로 또는 초인벨 · 경보벨 등에 접속하는 전로로서 최대 사용전압이 60 [V] 이하인 것(최대사용전류가, 최대 사용전압이 15 [V] 이하인 것은 5 [A] 이하, 최대 사용전압이 15 [V]를 초과하고 30 [V] 이하인 것은 3 [A] 이하, 최대 사용전압이 30 [V]를 초과하는 것은 1.5 [A] 이하인 것에 한한다)

문제 03 ▸ 출제년도 : 13. ▸ 점수 : 6점

피뢰기에 대한 다음 각 물음에 답하시오.

(1) 현재 사용되고 있는 교류용 피뢰기의 구조는 무엇과 무엇으로 구성되어 있는가?

(2) 피뢰기의 정격 전압은 어떤 전압을 말하는가?

(3) 피뢰기의 제한 전압은 어떤 전압을 말하는가?

답안작성

(1) 직렬 갭과 특성요소

(2) 속류를 차단할 수 있는 최고 교류전압

(3) 피뢰기 방전 중 피뢰기 단자 간에 남게 되는 충격전압

문제 04 ▸ 출제년도 : 13. ▸ 점수 : 4점

알칼리 축전지 종류에 대한 각각의 형식명을 쓰시오.

(1) 포켓식

(2) 소결식

답안작성

(1) AL형, AM형, AMH형, AH-P형

(2) AH-S형, AHH형

해 설

- AL형 : 완방전형
- AM형 : 표준형
- AMH형 : 급방전형
- AH-P형 : 초급방전형
- AH-S형 : 초급방전형
- AHH형 : 초초급방전형

문제 05 ▸ 출제년도 : 05. 10. 13. ▸ 점수 : 7점

송전선로에 발생하는 코로나 현상에 대한 영향 5가지와 방지대책 3가지를 쓰시오.

답안작성

(1) 영향

① 코로나 손실 발생 및 송전 효율의 저하

② 코로나 잡음

③ 통신선 유도장해

④ 소호 리액터의 소호 능력 저하

⑤ 전선의 부식 촉진

(2) 방지대책

① 굵은 전선을 사용한다.(ACSR, 중공연선 등)

② 복도체 방식을 채택한다.

③ 가선금구를 개량한다.

문제 07 ‣ 출제년도 : 96. 00. 01. 13. ‣ 점수 : 5점

배전설계의 긍장이 50 [m], 부하의 최대 사용 전류는 150 [A], 배전설계의 전압강하는 6 [V]이다. 이 때, 3상 3선식 저압회로의 공칭단면적을 구하시오.
(단, 공칭단면적은 35 [mm²], 50 [mm²], 70 [mm²], 95 [mm²] 등이 있다.)

•계산 : •답 :

답안작성

계산 : 3상 3선식 회로에서의 전선의 단면적은

$$A = \frac{30.8LI}{1000e} = \frac{30.8 \times 50 \times 150}{1000 \times 6} = 38.5[\mathrm{mm}^2]$$

답 : 50 [mm²]

해 설

① 전압강하 계산

전기 방식	전압 강하		전선 단면적
단상 3선식 직류 3선식 3상 4선식	$e_1 = IR$	$e_1 = \frac{17.8LI}{1000A}$	$A = \frac{17.8LI}{1000e_1}$
단상 2선식 및 직류 2선식	$e_2 = 2IR = 2e_1$	$e_2 = \frac{35.6LI}{1000A}$	$A = \frac{35.6LI}{1000e_2}$
3상 3선식	$e_3 = \sqrt{3}IR = \sqrt{3}e_1$	$e_3 = \frac{30.8LI}{1000A}$	$A = \frac{30.8LI}{1000e_3}$

② KSC IEC 전선규격

1.5, 2.5, 4, 6, 10, 16, 25, 35, 50, 70, 95, 120, 150, 185, 240, 300, 400, 500, 630[mm²]

문제 08 ‣ 출제년도 : 13. ‣ 점수 : 6점

부하개폐기(LBS)의 특징 2가지를 쓰시오.

답안작성

① LBS는 부하 전류를 개폐할 수 있는 단로기로 3상 연동으로 투입, 개방토록 되어 있다.
② LBS는 고장전류를 차단할 수 없으므로 고장전류를 차단할 수 있는 한류퓨즈와 직렬로 조합하여 사용한다.

문제 09 ‣ 출제년도 : 93. 06. 13. ‣ 점수 : 5점

그림과 같이 외등용 전선관을 지중에 매설하려고 한다. 터파기(흙파기)량은 얼마인가? 단, 매설 거리는 70[m]이고, 전선관의 면적은 무시한다.

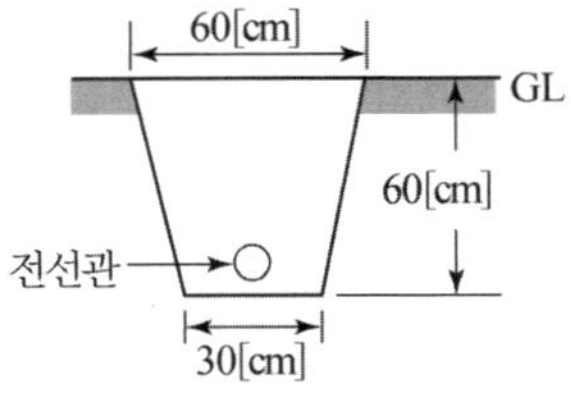

답안작성

계산 : 줄기초 파기이므로

$$V_o = \frac{0.6+0.3}{2} \times 0.6 \times 70 = 18.9[\mathrm{m}^3]$$

답 : 18.9 [m³]

해 설

$$V_o = \frac{A+B}{2} \times hL$$

문제 10 ▸ 출제년도 : 95. 13. ▸ 점수 : 9점

다음 그림은 전자식 접지 저항계를 사용하여 접지극의 접지 저항을 측정하기 위한 배치도이다. 물음에 답하시오.

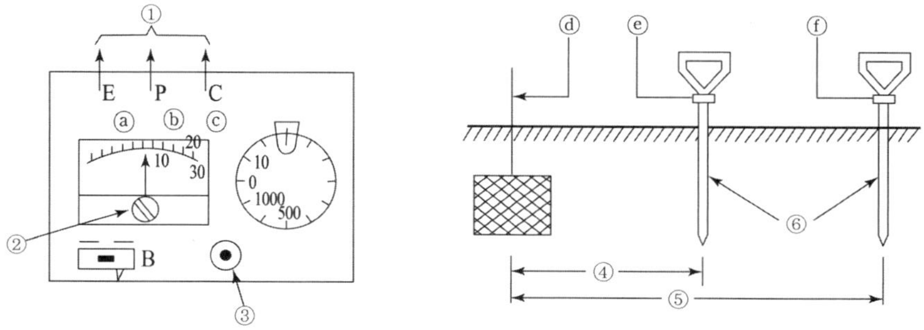

(1) 그림에서 ①의 측정 단자의 각 접지극의 접속은?
(2) 그림에서 ②의 명칭은?
(3) 그림에서 ③의 명칭은?
(4) 그림에서 ④의 거리는 몇 [m] 이상인가?
(5) 그림에서 ⑤의 거리는 몇 [m] 이상인가?
(6) 그림에서 ⑥의 명칭은?

답안작성

(1) ⓐ → ⓓ, ⓑ → ⓔ, ⓒ → ⓕ
(2) 영점 조정 단자
(3) 누름 버튼
(4) 10 [m]
(5) 20 [m]
(6) 보조 접지극

문제 11 ▸ 출제년도 : 13. ▸ 점수 : 5점

6600 [V] 3상 3선식 배전 선로에서 완전 1선 지락 고장이 발생하였을 때 GPT 2차에 나타나는 전압의 크기는 몇 [V]인가? (단, GPT는 변압기 3대로 구성되어 있으며, 변압기의 변압비는 6600/110 [V]이다.)

•계산 :

•답 :

답안작성

계산 : $V_2 = \text{GPT 1차측 전압} \times \frac{1}{\text{변압비}} \times 3$

$$= \frac{6600}{\sqrt{3}} \times \frac{110}{6600} \times 3 = \frac{110}{\sqrt{3}} \times 3 = 110\sqrt{3} = 190.53[\text{V}]$$

답 : 190.53 [V]

문제 12 ▸ 출제년도 : 96. 00. 13. ▸ 점수 : 6점

천장높이가 10 [m]인 창고건물에 노출형 차동식 열감지기 40개와 P형 1급(15회로) 수신기를 설치한 후 시험까지 시행하기 위하여 필요한 인공을 참고표를 이용하여 구하시오.

<table>
<tr><th>공 종</th><th>단위</th><th>내선전공</th><th>비 고</th></tr>
<tr><td>SPOT형 감지기
(차동식, 정온식, 보상식)
노출형</td><td>개</td><td>0.13</td><td>(1) 천장높이는 4[m] 기준 1[m] 증가시마다 5[%] 증
(2) 매입형 또는 특수구조의 것은 조건에 따라서 산정할 것</td></tr>
<tr><td>시험기(공기관 포함)</td><td>개</td><td>0.15</td><td>상동</td></tr>
<tr><td>분프형의 공기관
(열전대선 감지선)</td><td>m</td><td>0.025</td><td>(1) 상동
(2) 상동</td></tr>
<tr><td>검출기</td><td>개</td><td>0.30</td><td>(1) 상동</td></tr>
<tr><td>공기관식의 Booster</td><td>개</td><td>0.10</td><td>(2) 상동</td></tr>
<tr><td>발신기 P-1</td><td>개</td><td>0.30</td><td>1급(방수형)</td></tr>
<tr><td>발신기 P-2</td><td>개</td><td>0.30</td><td>2급(보통형)</td></tr>
<tr><td>발신기 P-3</td><td>개</td><td>0.20</td><td>3급(푸시버튼만으로 응답 확인 없는 것)</td></tr>
<tr><td>회로시험기</td><td>개</td><td>0.10</td><td></td></tr>
<tr><td>수신기 P-1(기본공수)
(회선수공산수출가산요)</td><td>대</td><td>6.0</td><td rowspan="3">회선수에 대한 산정 매 1회선에 대해서
<table><tr><th>형식 \ 직종</th><th>내선전공</th></tr><tr><td>P-1</td><td>0.3</td></tr><tr><td>P-2</td><td>0.2</td></tr><tr><td>부수신기</td><td>0.10</td></tr></table></td></tr>
<tr><td>수신기 P-2(기본공수)</td><td>대</td><td>4.0</td></tr>
<tr><td>부수신기(기본공수)</td><td>대</td><td>3.0</td></tr>
<tr><td>소화전, 기동 릴레이</td><td>대</td><td>1.5</td><td>참고 : 산정예(P-1의 10회분 기본공수는 6인, 회선당 할증수는 10×0.3=3)
∴ 6+3=9인</td></tr>
<tr><td>전령(電令)</td><td>개</td><td>0.15</td><td rowspan="3">수신기에 내장되지 않은 것으로 별개로 취부할 경우에 적용</td></tr>
<tr><td>표시등</td><td>개</td><td>0.20</td></tr>
<tr><td>표시등</td><td>개</td><td>0.15</td></tr>
</table>

[해설] 시험공량은 총공량의 10 [%]로 하되 최소치를 3인으로 함

답안작성

감지기 : 내선전공 : $0.13 \times 40 \times (1+6 \times 0.05) = 6.76$ [인]

수신기 : 내선전공 : $6.0 + (15 \times 0.3) = 10.5$ [인]

시험시 공량 : $(6.76 + 10.5) \times 0.1 = 1.726$ [인]이지만 최소 3 [인]

∴ 계 : $6.76 + 10.5 + 3 = 20.26$ [인]

답 : 20.26 [인]

문제 13 ▸출제년도 : 00. 13. ▸점수 : 6점

도면을 보고 다음 물음에 답하시오.

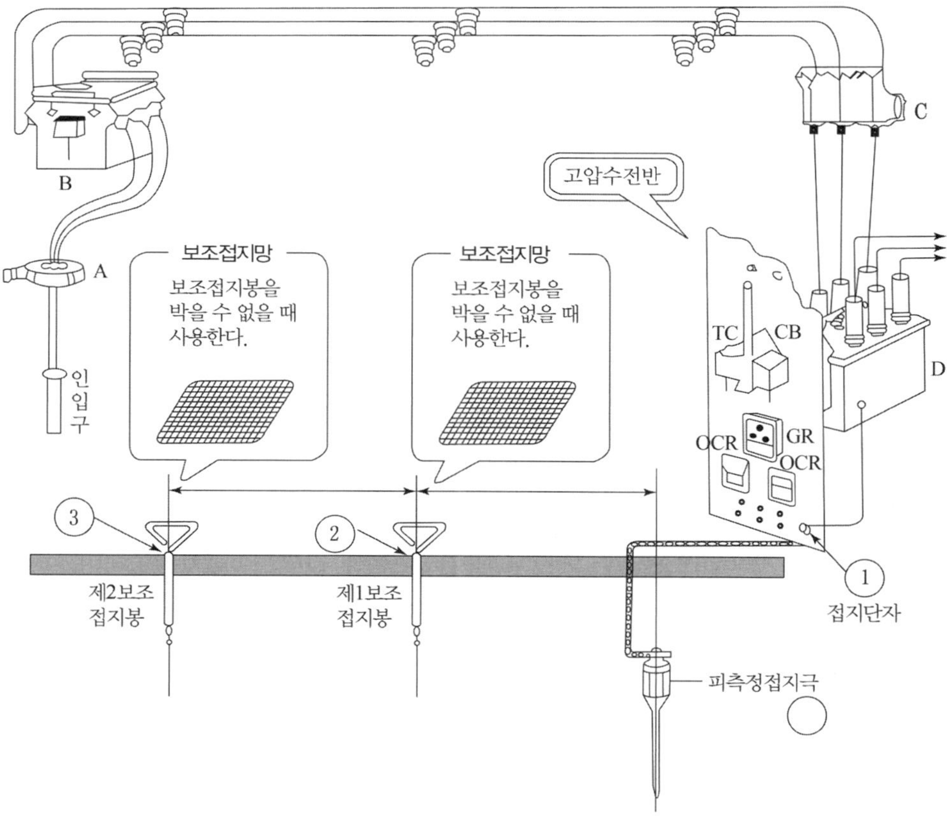

(1) 도면에 표시된 A의 명칭은?

(2) 도면에 표시된 B의 명칭은?

(3) 도면에 표시된 C의 명칭은?

(4) 도면에 표시된 D의 명칭은?

답안작성

(1) 영상 변류기

(2) 계기용 변성기

(3) 단로기

(4) 교류 차단기

문제 14 ▸출제년도 : 91. 96. 97. 03. 13. ▸점수 : 6점

3상 3선식 중성점 비접지식 6600 [V] 가공전선로가 있다. 이 전로에 접속된 주상변압기 100 [V]측 그 1단자에 중성점 접지공사를 할 때 접지 저항값은 얼마 이하로 유지하여야 하는가? (단, 이 전선로는 고저압 혼촉시 2초 이내에 자동 차단하는 장치가 있으며 고압측 1선지락 전류는 5[A]라고 한다.)

답안작성

계산 : 2초 이내 자동 차단하는 장치가 있으므로

$$R_2 = \frac{300}{I_g} = \frac{300}{5} = 60\ [\Omega]$$

답 : 60 [Ω]

해 설

중성점 접지공사의 접지저항

① 자동차단장치가 없는 경우 $R_2 = \dfrac{150}{1선\ 지락전류}[\Omega]$

② 2초 이내에 동작하는 자동차단장치가 있는 경우 $R_2 = \dfrac{300}{1선\ 지락전류}[\Omega]$

③ 1초 이내에 동작하는 자동차단장치가 있는 경우 $R_2 = \dfrac{600}{1선\ 지락전류}[\Omega]$

문제 15

▸ 출제년도 : 13. ▸ 점수 : 6점

조명 시설을 하기 위한 공간의 폭이 12 [m], 길이가 18 [m], 천장 높이가 3.85 [m]인 사무실에 형광등 20등을 시설하려고 한다. 이 때 다음 각 물음에 답하시오.
(단, 사용되는 형광등 기구 40 [W] 2등용의 광속은 5600 [lm]이며, 바닥에서 책상 면까지의 높이는 0.85 [m]이고, 조명률은 50 [%], 보수율은 80 [%]라고 한다.)

(1) 작업면 상의 평균 조도는 몇 인가?

•계산 : •답 :

(2) 이 조명 시설 공간의 실지수는 얼마인가?

•계산 : •답 :

답안작성

(1) 계산 : $E = \dfrac{FUN}{AD} = \dfrac{5600 \times 0.5 \times 20}{12 \times 18 \times \dfrac{1}{0.8}} = 207.41\,[\text{lx}]$

답 : 207.41 [lx]

(2) 계산 : 실지수$(R.I) = \dfrac{XY}{H(X+Y)} = \dfrac{12 \times 18}{(3.85 - 0.85)(12+18)} = 2.4$

답 : 2.4

문제 16

▸ 출제년도 : 05. 07. 13. ▸ 점수 : 8점

다음 조건을 만족하는 회로를 구성하여 미완성 도면을 완성하시오.

[조건]

① Button Switch B_1 또는 B_2를 누르면(눌렀다 놓으면) 해당번호의 전등 L_1 또는 L_2가 점등되고 동시에 Buzzer BZ가 일정시간 동작하고 Timer T의 설정시간 후 L_1 또는 L_2와 BZ는 동시에 정지한다. L_1이 점등되고 있을 때 B_2를 눌러도 L_2는 점등되지 않는다. L_2가 점등되고 있을 때에도 B_1을 눌러도 L_1은 점등되지 않는다.

② 정지한 후 다시 B_1 또는 B_2를 누르면(눌렀다 놓으면) 해당번호의 전등 L_1 또는 L_2가 점등되고 동시에 Buzzer BZ가 일정시간 동작하고 Timer T의 설정시간 후 L_1 또는 L_2와 BZ는 동시에 정지한다.

③ 다음 Time Chart를 참고하시오.

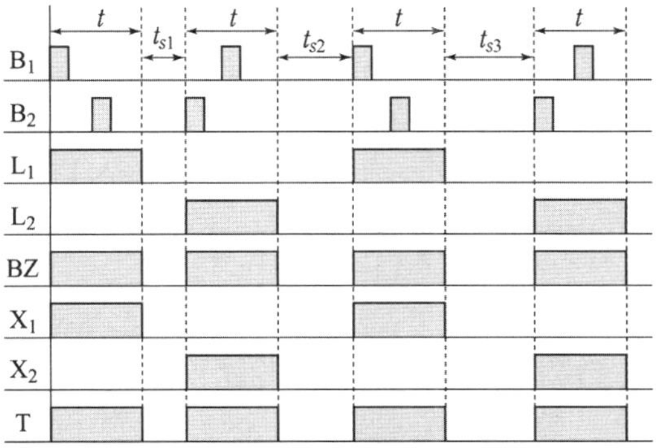

- t는 T의 설정 시간
- t_{s1}, t_{s2}, t_{s3}는 L_1, L_2 및 Buzzer가 동작하지 않고 정지하고 있는 시간 (문제와는 상관이 없으며 참고로 표시한 것임)

TIMER 내부 결선도

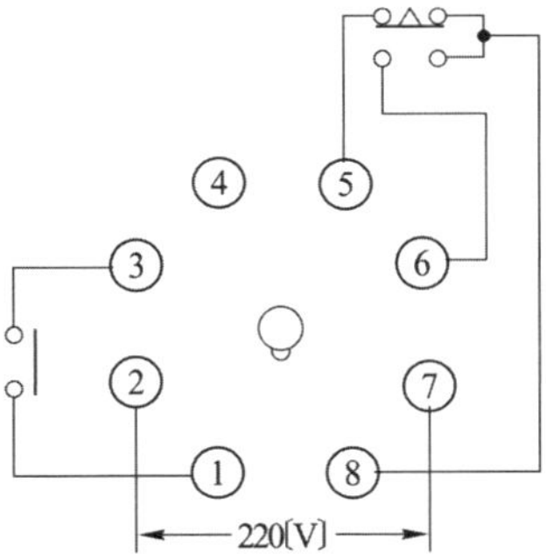

Minipower Relay 내부 결선도(14pin)

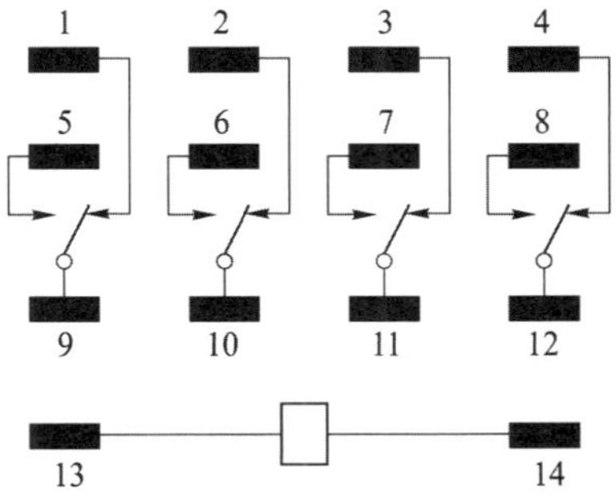

④ 미완성 도면

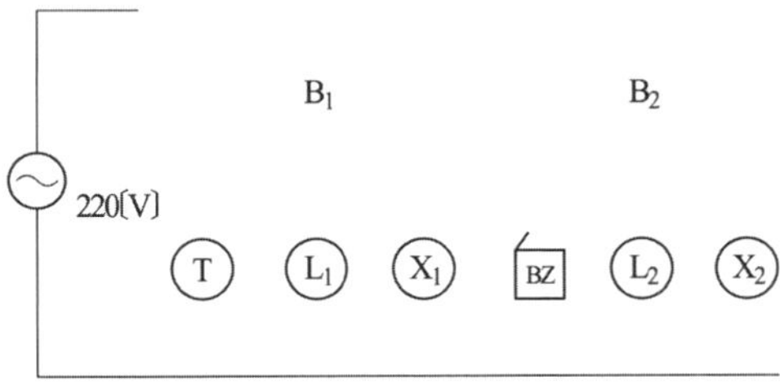

[범례]

- X_1, X_2 : Minipower Relay 내부 결선도(14 pin)
- T : TIMER(8 pin)

답안작성

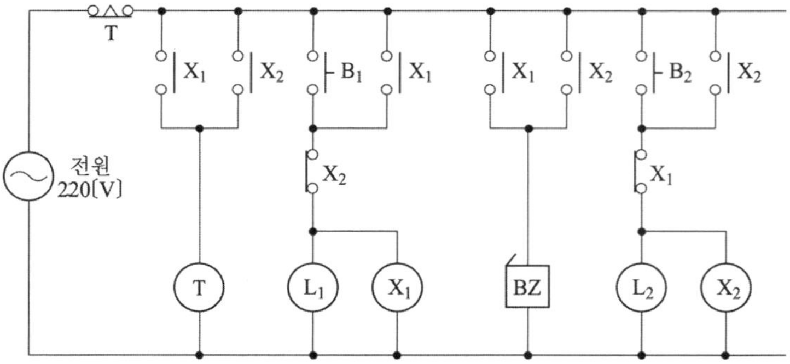

출제기준 변경 및 개정된 관계법규에 따라 삭제된 문제가 있어 배점의 합계가 100점이 안됩니다.

국가기술자격검정 실기시험문제 및 답안지

2013년도 산업기사 일반검정 제 2 회			수험번호	성 명	감독위원 확 인
자격종목(선택분야)	시험시간	형별			
전기공사산업기사	2시간 00분				

※ 다음 물음에 답을 해당 답란에 답하시오.(배점 : 100점)

문제 01 ▸ 출제년도 : 03. 13. ▸ 점수 : 5점

단선결선도의 흐름도이다. 흐름도를 보고 고압 수전반에 해당하는 계량장치 종류를 (   )안에 5가지만 쓰시오.

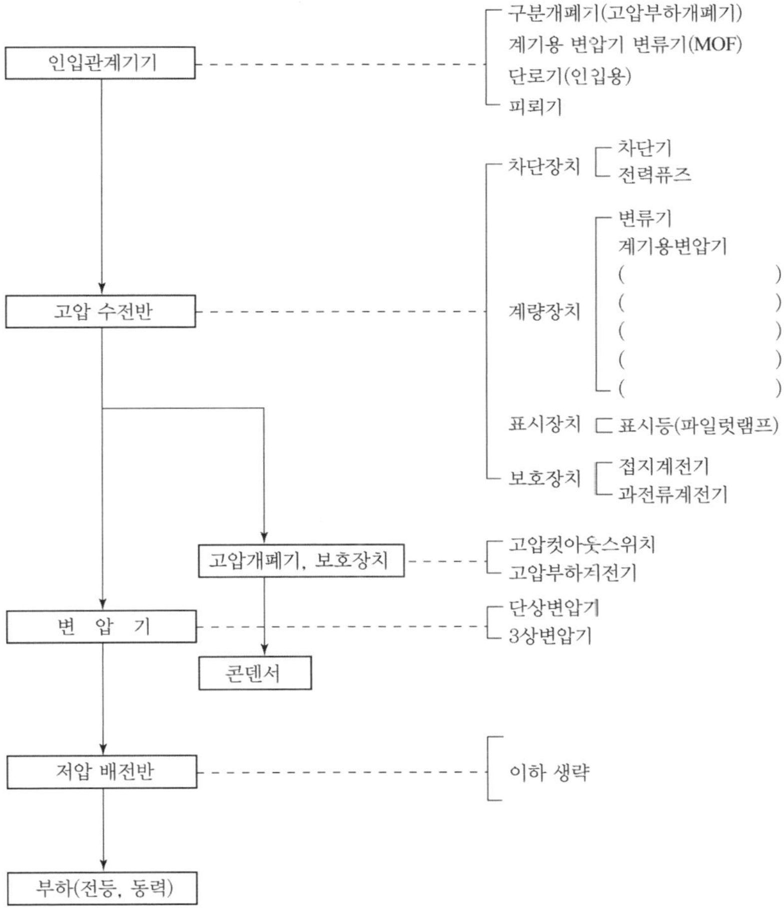

답안작성

영상 변류기, 전력계, 역률계, 전압계, 전류계

문제 02 ▸ 출제년도 : 92. 98. 05. 13. ▸ 점수 : 6점

주어진 물가 자료에 의거 다음 물음에 답하시오.

(1) 경동선 2.0 [mm], 2 [km]와 연동선 2.0 [mm], 2 [km]의 구입비(원)는 얼마인가?

(2) AC 440 [V] 3상 3선식 동력 배선에 3C 22 [mm^2] 케이블 150 [m]를 구입하려고 한다. PE 절연 비닐시이스 케이블(EV)과 가교 PE 절연 비닐시이스 케이블(CV) 중 어떤 케이블을 사용하면 구입비는 얼마나 경감하는가?

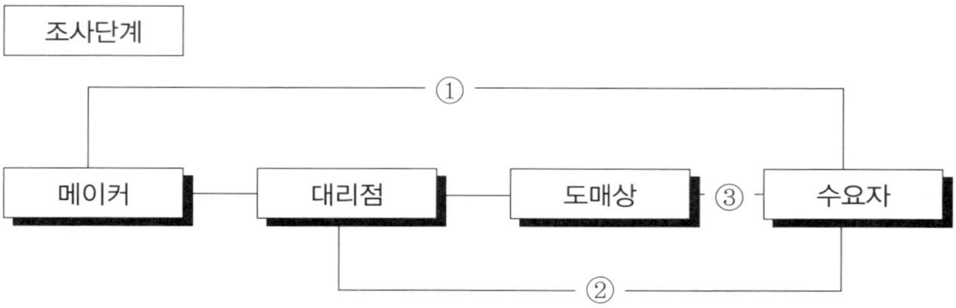

(1) 전기용 나동선(Bare Copper Wire for Electrical Purpose) (단위 : [m])

품명	단면적	중량	최대저항	가격 ②
■ 경동선	[mm^2]	[kg/km]	[Ω/km]	
1.0 [mm]	0.785	6.98	22.87	27
1.2	1.131	10.05	15.88	41
1.6	2.011	17.88	8.931	76
2.0	3.142	27.93	5.657	116
2.3	4.155	36.94	4.278	142
■ 연동선				
1.0	0.785	6.98	21.95	27
1.2	1.131	10.05	15.21	41
1.6	2.011	17.88	8.753	76
2.0	3.142	27.93	5.487	116
2.3	4.155	36.94	4.149	142

(2) PE절연비닐시이스 전력케이블(EV)

(단위 : [m])

품명	소선수/소선경	중량	가격②
■ 600 [V]		[kg/km]	
3심 2.0[mm^2]	7/0.6	170	565
3.5	7/0.8	240	791
5.5	7/1.0	320	1,121
8.0	7/1.2	415	1,465
14	7/1.6	640	2,120
22	7/2.0	955	3,173
30	7/2.3	1,200	4,006

(3) 가교PE절연비닐시이스 케이블(CV)

(단위 : [m])

품명	소선수/소선경	중량	가격②
■ 600 [V] [CV]		[kg/km]	
3심 2.0[mm^2]	7/0.6	155	595
3.5	7/0.8	215	832
5.5	7/1.0	295	1,211
8.0	7/1.2	385	1,625
14	7/1.6	595	2,352
22	7/2.0	880	3,332
30	7/2.3	–	4,208

답안작성

(1) $(116+116)\times 2000 = 464{,}000$[원]

(2) EV : $3173\times 150 = 475{,}950$[원]

CV : $3332\times 150 = 499{,}800$[원]

가격차 $499{,}800 - 475{,}950 = 23{,}850$[원]

EV가 23,850 [원] 경감

문제 03 출제년도 : 13. ▸ 점수 : 5점

용량 10 [kVA], 6000/600 [V]의 단상 변압기를 단권 변압기로 결선해서 6000/6600 [V]의 승압기로 사용할 때 그 부하 용량[kVA]은?

•계산 : •답 :

답안작성

•계산 : 부하 용량 =자기 용량 $\times \dfrac{V_h}{V_h - V_l} = 10\times \dfrac{6600}{6600-6000} = 110$[kVA]

•답 : 110[kVA]

문제 04 ▸ 출제년도 : 92. 13. ▸ 점수 : 10점

15 [m] 전주에 설치된 도면을 보고 다음 물음에 답하시오.

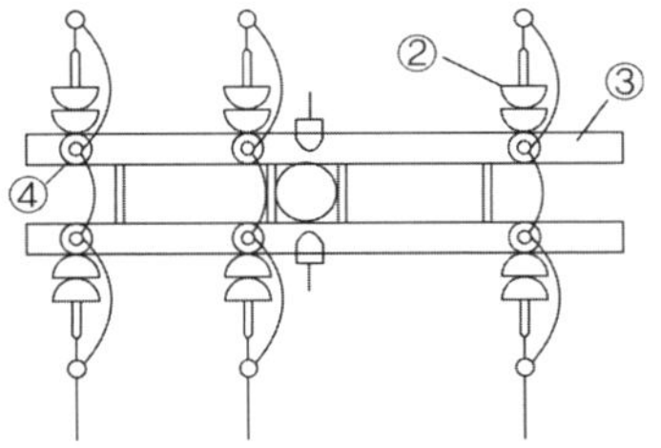

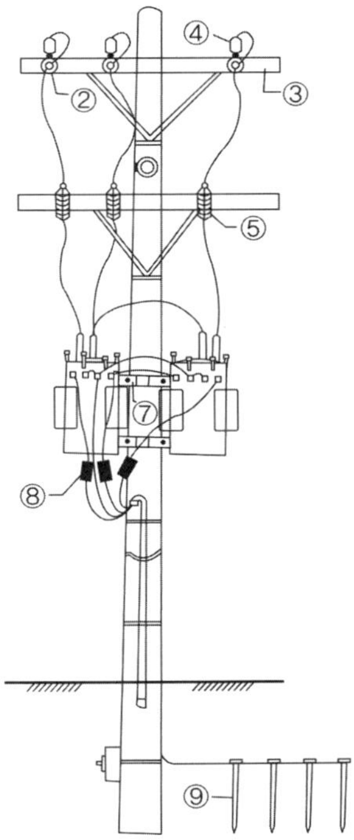

(1) 도면에 표시된 ④의 규격이 23 [kV] 56-2호이다. 특고압 핀애자는 몇 개인가?

(2) 도면에 표시된 ⑤의 품명은 무엇인가?

(3) 도면에 표시된 ⑦의 품명은 정확히 무엇인가?

(4) 도면에 표시된 ⑧의 품명은 무엇이며, 수량은 몇 개인가?

(5) 그림에 표시된 ⑨의 명칭은?

답안작성

(1) 6개

(2) COS

(3) 행거밴드

(4) 품명 : 캣치 홀더, 수량 : 3개

(5) 접지봉

문제 05 ▸ 출제년도 : 94. 00. 13. ▸ 점수 : 10점

다음 ( )안에 알맞는 답을 쓰시오.

(1) 애자공사에서 전선과 조영재와의 이격 거리는 400 [V] 이하인 경우에는 ( ) [cm] 이상이어야 한다.

(2) 합성 수지 몰드 공사에서 합성 수지 몰드는 홈의 폭 및 깊이가 3.5 [cm] 이하, 두께가 2 [mm] 이상인 것일 것. 다만, 사람이 쉽게 접촉할 우려가 없도록 시설하는 경우에는 폭이 (　　) [cm] 이하이어야 한다.

(3) 라이팅 덕트 공사에서 덕트의 지지점간의 거리는 (　　) [m] 이하로 하여야 한다.

(4) 고압 가공 전선로의 경간에서 철탑은 경간이 (　　) [m] 이하여야 한다.

(5) 소세력 회로의 시설에서 전자 개폐기의 조작 회로 또는 초인벨, 경보벨 등에 접속하는 전로로써 최대 사용 전압이 (　　) [V] 이하인 것을 사용하여야 한다.

(6) 특고압 가공 전선이 삭도와 제2차 접근 상태로 시설할 경우에 특고압 가공 전선로는 (　　) 보안 공사를 하여야 한다.

답안작성

(1) 2.5　　(2) 5　　(3) 2

(4) 600　　(5) 60　　(6) 제2종 특고압

해 설

(1) KEC 232.56 애자공사

1) 전선은 절연전선(옥외용 비닐 절연전선 및 인입용 비닐 절연전선을 제외한다)일 것.

2) 이격거리

<table>
<tr><th colspan="2" rowspan="2">전 압</th><th colspan="2" rowspan="2">전선과 조영재와의
이격 거리</th><th rowspan="2">전 선
상 호
간 격</th><th colspan="2">전선 지지점간의 거리</th></tr>
<tr><th>조영재의 윗면
또는 옆면에
따라 시설</th><th>조영재에 따라
시설하지 않는
경우</th></tr>
<tr><td rowspan="3">저
압</td><td>400[V]
이하</td><td colspan="2">2.5 [cm] 이상</td><td rowspan="3">6 [cm]
이상</td><td rowspan="3">2 [m]
이하</td><td>–</td></tr>
<tr><td rowspan="2">400[V]
초과</td><td>건조한 장소</td><td>2.5[cm] 이상</td><td rowspan="2">6 [m] 이하</td></tr>
<tr><td>기타의 장소</td><td>4.5[cm] 이상</td></tr>
</table>

(2) KEC 232.21 합성수지몰드공사

1) 전선은 절연전선(옥외용 비닐 절연전선을 제외한다)일 것.

2) 합성수지몰드는 홈의 폭 및 깊이가 35 [mm] 이하, 두께는 2 [mm] 이상의 것일 것. 다만, 사람이 쉽게 접촉할 우려가 없도록 시설하는 경우에는 폭이 50 [mm] 이하, 두께 1 [mm] 이상의 것을 사용할 수 있다.

(3) KEC 232.71 라이팅덕트공사

1) 덕트의 지지점 간의 거리는 2[m] 이하로 할 것.

2) 덕트의 끝부분은 막을 것.

3) 덕트를 사람이 용이하게 접촉할 우려가 있는 장소에 시설하는 경우에는 전로에 지락이 생겼을 때에 자동적으로 전로를 차단하는 장치를 시설할 것.

(4) KEC 332.9 고압 가공전선로 경간의 제한

고압 가공전선로의 경간은 표에서 정한 값 이하이어야 한다.

지지물의 종류	경 간
목주 · A종 철주 또는 A종 철근 콘크리트주	150[m]
B종 철주 또는 B종 철근 콘크리트주	250[m]
철 탑	600[m]

(5) KEC 241.14 소세력 회로

전자 개폐기의 조작회로 또는 초인벨 · 경보벨 등에 접속하는 전로로서 최대 사용전압이 60[V] 이하인 것

(6) KEC 333.25 특고압 가공전선과 삭도의 접근 또는 교차

특고압 가공전선이 삭도와 제2차 접근상태로 시설되는 경우에는 다음에 따라야 한다.

① 특고압 가공전선로는 제2종 특고압 보안공사에 의할 것.

② 특고압 가공전선 중 삭도에서 수평거리로 3[m] 미만으로 시설되는 부분의 길이가 연속하여 50[m] 이하이고 또한 1경간 안에서의 그 부분의 길이의 합계가 50[m] 이하일 것.

문제 06

▸ 출제년도 : 13. ▸ 점수 : 4점

5 [kVA]의 단상 변압기 2대를 V결선하여 3상 3선식 부하에 공급할 때 이 변압기의 총 출력은 몇 [kVA]인가?

•계산 : •답 :

답안작성

계산 : $P_V = \sqrt{3}\,P_1 = \sqrt{3} \times 5 = 8.66[\text{kVA}]$

답 : 8.66 [kVA]

문제 07

▸ 출제년도 : 92. 96. 13. ▸ 점수 : 5점

다음 그림과 같이 단상 2선식 배전선로의 공급점에서 30 [m] 지점에 80 [A], 45 [m] 지점에 50 [A], 60 [m] 지점에 30 [A]의 부하가 걸려 있을 때 부하 중심점의 거리를 산출하여 전압강하를 고려한 전선의 굵기를 산정하려고 한다. 부하 중심점(즉, 집중부하라고 가정한 경우)의 거리는 공급점에서 약 몇 [m]인가? (단, 소수점 첫째 자리까지만 계산할 것)

•계산 : •답 :

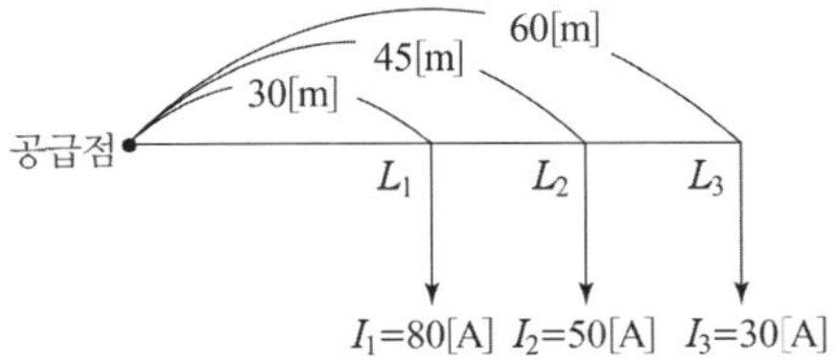

답안작성

계산 : 직선 부하에서의 부하 중심점까지의 거리

$$L = \frac{L_1 I_1 + L_2 I_2 + L_3 I_3}{I_1 + I_2 + I_3} = \frac{30 \times 80 + 45 \times 50 + 60 \times 30}{80 + 50 + 30} = 40.3[\text{m}]$$

답 : 40.3 [m]

문제 08 ▸ 출제년도 : 13. ▸ 점수 : 4점

6.6 [kV], 3상 3선식 가공배전선로 50 [km], 2회선을 선로가 평탄한 도서지역에 가선하려고 한다. 이때 필요한 전선의 실소요량은?

•계산 :　　　　　　　　　　　　　　　　•답 :

답안작성

•계산 : 실소요량 $= 50 \times 3 \times 2 \times 1.02 = 306$[km]

•답 : 306 [km]

해 설

가공 배전선로의 전선 가선시 실소요량 산출

•일반적으로 선로가 평탄 할 때 : 선로긍장×전선 조수×1.02

•선로 고저차가 심할 때 : 선로긍장×전선 조수×1.03

문제 09 ▸ 출제년도 : 98. 13. ▸ 점수 : 3점

서지 흡수기(Surge Absorber)의 기능을 쓰시오.

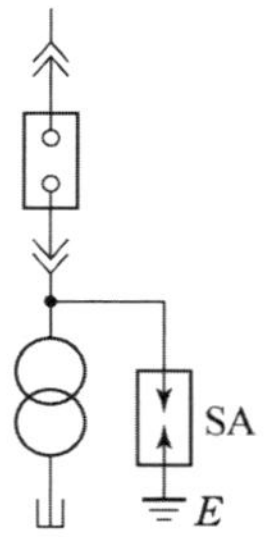

답안작성

개폐서지 등 이상전압으로부터 변압기 등 기기보호

해 설

서지 흡수기는 LA와 같은 구조와 특성을 지니고 있으며 선로에서 발생할 수 있는 개폐서지, 순간 과도전압 등의 이상전압이 2차 기기에 영향을 미치는 것을 방지함

문제 10 ▸ 출제년도 : 96. 13. ▸ 점수 : 4점

다음 표준심벌(symbol)의 명칭을 쓰고 이의 복선도를 표시하시오.
(단, 전기방식은 3상 3선식이다.)

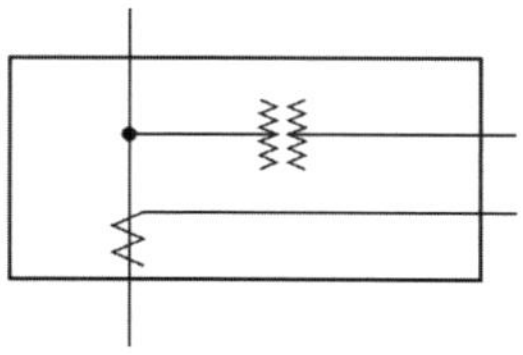

답안작성

•명칭 : 계기용 변성기

•복선도 :

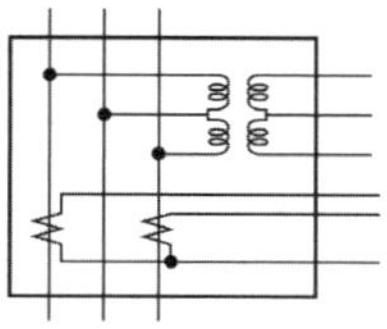

문제 11 ▸ 출제년도 : 97. 13. ▸ 점수 : 6점

도면을 잘 숙지한 다음 물음에 답하시오.

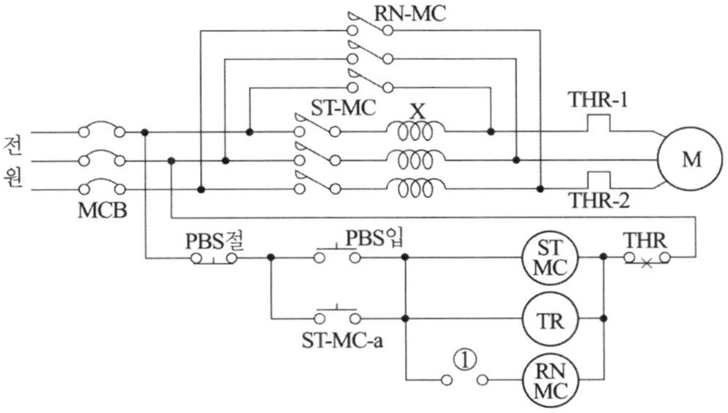

(1) 리액터 시동 제어회로에 대하여 설명하시오.

(2) 도면에서 ①로 표시된 곳에 알맞은 접점은?

답안작성

(1) 리액터를 전동기 권선에 직렬로 접속하고 시동 후 리액터를 단락시키는 방법으로 리액터의 전압강하에 의거 전동기에 걸리는 전압을 감소시켜 기동하는 감압기동의 일종이다.

(2) 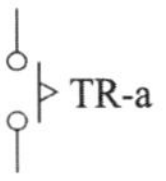

문제 12 ▸ 출제년도 : 91. 98. 13. ▸ 점수 : 5점

그림과 같이 330 [mm²]의 ACSR을 300 [m]의 경간에 가설하려 한다. 이 전선의 이도는 계산으로는 10 [m]였지만, 가설 후 실측해보니 9 [m]였기 때문에 1 [m] 증가시켜 주어야 하는데, 전선을 경간에 얼마[m]만큼 밀어 넣어 주어야 하는가?

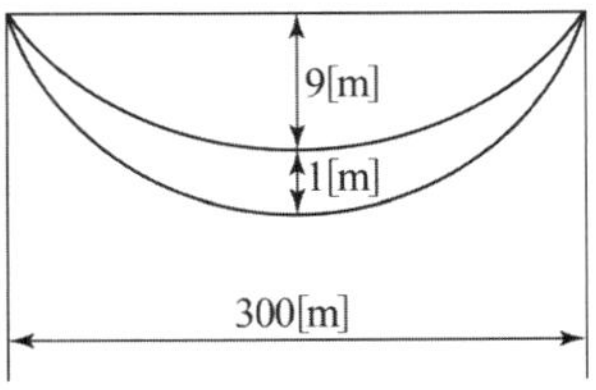

• 계산 :

• 답 :

답안작성

계산 : 이도 10 [m]일 때 전선의 길이 $L_1 = 300 + \frac{8 \times 10^2}{3 \times 300} = 300.89$ [m]

이도 9 [m]일 때 전선의 길이 $L_2 = 300 + \frac{8 \times 9^2}{3 \times 300} = 300.72$ [m]

$\therefore \ L_1 - L_2 = 0.17$ [m]

답 : 0.17 [m]

문제 13 ▸ 출제년도 : 13. ▸ 점수 : 5점

Wenner의 4전극법에 대하여 간단히 설명하시오.

답안작성

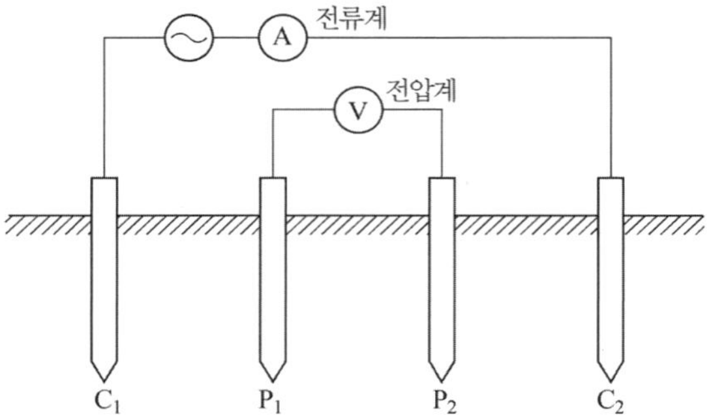

그림과 같이 4개의 전극(C_1, P_1, P_2, C_2)을 일직선 등간격으로 설치하고 C_1, C_2를 통하여 저주파전류를 흘려 보낸 후 P_1, P_2 사이의 전압을 측정하여 대지 저항률을 구하는 방법

해 설

Wenner의 4전극법
4개의 전극(C_1, P_1, P_2, C_2)을 일직선 등간격으로 설치하고 C_1, C_2를 통하여 저주파 전류를 흘려 보낸 후 P_1, P_2 사이의 전압을 측정하면 저항 R값을 알 수 있다.

따라서 $R=\dfrac{\rho}{2\pi a}$에서 $\rho=2\pi aR[\Omega\cdot\text{m}]$을 알 수 있다.

여기서, ρ : 흙의 저항률, a : 전극간의 거리, R : 저항값

문제 14 ▸ 출제년도 : 09. 13. ▸ 점수 : 8점

금속관 공사 때 사용하는 부속품이다. 번호에 해당하는 부품의 명칭을 쓰시오.

명 칭	용 도
①	금속관 배관 공사에서 복스에 금속관을 고정할 때 사용되며, 6각형과 톱니형이 있다.
②	금속관 상호 접속용으로 관이 고정되어 있을 때 사용
③	노출 배관에서 금속관을 조영재에 고정시키는 데 사용되며 합성수지관, 가요관, 케이블 공사에도 사용된다.
④	바닥 밑으로 매입 배선할 때 사용
⑤	무거운 조명기구를 파이프로 매달 때 사용
⑥	노출 배관 공사에서 관을 직각으로 굽히는 곳에 사용
⑦	저압 가공 인입선에서 금속관 공사로 옮겨지는 곳 또는 금속관으로부터 전선을 뽑아 전동기 단자 부분에 접속할 때 사용 A형, B형이 있다.
⑧	인입구, 인출구의 금속관 관단에 설치하여 옥외의 빗물을 막는 데 사용

답안작성

① 로크너트 ② 유니온 커플링 ③ 새들 ④ 플로어 박스
⑤ 픽스처 스터드와 히키 ⑥ 유니버셜 엘보 ⑦ 터미널 캡(서비스 캡) ⑧ 엔트런스 캡

문제 15 ▸ 출제년도 : 13. ▸ 점수 : 5점

그림과 같은 전동기 Ⓜ과 전열기 Ⓗ에 공급하는 저압 옥내 간선을 보호하는 과전류 차단기의 정격 전류 최대값은 몇 [A]인가? (단, 간선의 허용 전류는 49 [A], 수용률은 100 [%]이며 기동 계급은 표시가 없다고 본다.)

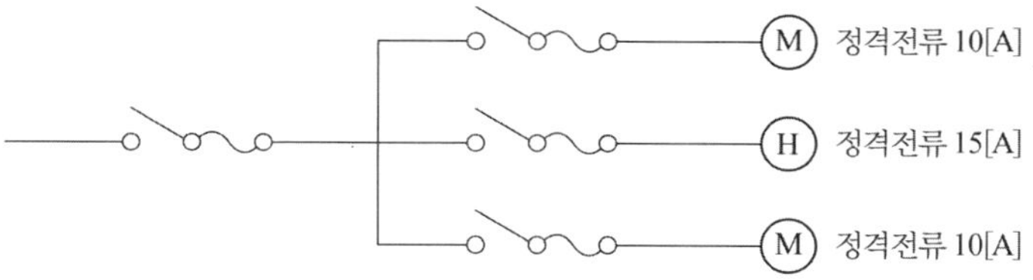

•계산 : •답 :

답안작성

계산 : 설계전류 $I_B = 10 + 15 + 10 = 35[A]$

전선의 허용전류 $I_Z = 49[A]$ 이므로 $I_B \le I_n \le I_Z$의 조건을 만족하는 과전류 차단기의 정격전류 I_n은 $35[A] \le I_n \le 49[A]$가 되어야 한다.

답 : 49 [A]

해 설

KEC 212.4.1 도체와 과부하 보호장치 사이의 협조

과부하에 대해 케이블(전선)을 보호하는 장치의 동작특성은 다음의 조건을 충족해야 한다.

$$I_B \le I_n \le I_Z, \quad I_2 \le 1.45 \times I_Z$$

I_B : 회로의 설계전류(선도체를 흐르는 설계전류 또는 함유율이 높은 영상분 고조파, 특히 제3고조파가 지속적으로 흐르는 경우 중성선에 흐르는 전류이다.)

I_Z : 케이블의 허용전류

I_n : 보호장치의 정격전류(사용현장에 적합하게 조정된 전류의 설정 값)

I_2 : 보호장치가 규약시간 이내에 유효하게 동작하는 것을 보장하는 전류

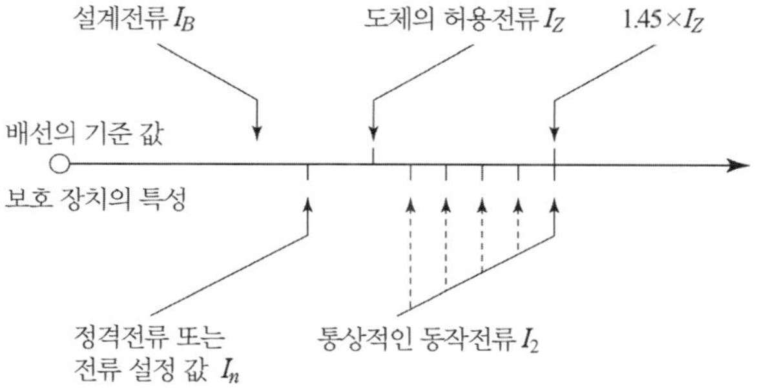

과부하 보호 설계 조건도

문제 16 ▸ 출제년도 : 13. ▸ 점수 : 5점

다음은 형광등의 심벌이다. 각각에 대한 용도를 쓰시오.

(1)  (2)  (3) 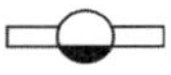 (4)  (5) 

답안작성

(1) 일반용 조명 형광등에 비상용 조명등으로 백열등을 조립한 등
(2) 유도등(소방법에 따르는 것으로서 형광등을 사용)
(3) 벽붙이 형광등(가로붙이)
(4) 비상용 조명(건축기준법에 따르는 것으로서 형광등을 사용)으로 계단에 설치하는 통로유도등과 겸용인 등
(5) 비상용 조명(건축기준법에 따르는 것으로서 형광등을 사용)

문제 17 ▸ 출제년도 : 13. ▸ 점수 : 10점

다음 그림을 보고 각 물음에 답하시오.

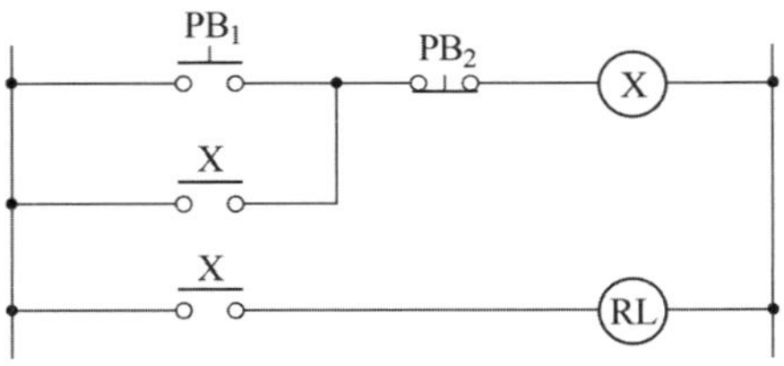

(1) 그림과 같은 회로를 무슨 회로라 하는가?
(2) 그림을 논리식으로 나타내고 또 타임 차트를 완성하시오.

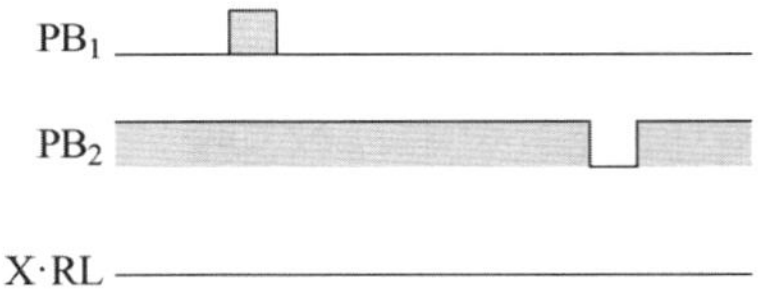

(3) AND, OR, NOT의 기본 논리 회로를 이용하여 무접점 논리 회로로 그리시오.

답안작성

(1) (자기) 유지 회로(정지 우선)
(2) $X = (PB_1 + X)\overline{PB}_2$, $RL = X$

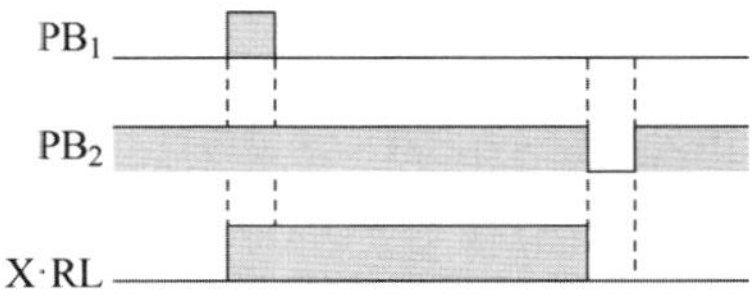

(3)

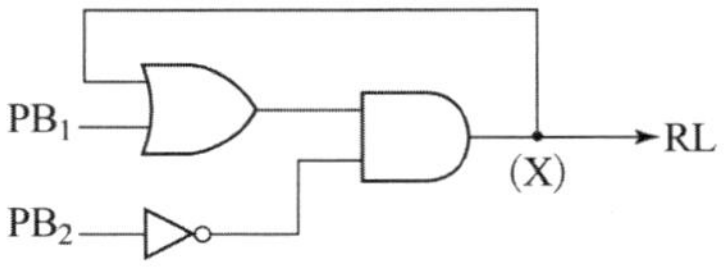

해 설

(정지 우선 자기) 유지 회로이고, PB_1과 X의 병렬(OR)에 PB_2(b 접점)의 직렬(AND)로 로직 회로가 구성된다.

국가기술자격검정 실기시험문제 및 답안지

2013년도 **산업기사** 일반검정 제 4 회			수험번호	성 명	감독위원 확 인
자격종목(선택분야)	시험시간	형별			
전기공사산업기사	2시간 00분				

※ 다음 물음에 답을 해당 답란에 답하시오.(배점 : 100점)

문제 01 ▸ 출제년도 : 13. ▸ 점수 : 4점

다음 설명에 맞는 보호 계전기는?

(1) 병행 2회선 송전 선로에서 한 쪽의 1회선에 지락 고장이 일어났을 경우 이것을 검출해서 고장 회선만을 선택 차단 할 수 있게끔 선택 단락 계전기의 동작 전류를 특별히 작게 한 계전기는?

(2) 보호구간에 유입하는 전류와 유출하는 전류의 벡터차와 출입하는 전류의 관계비로 동작하는 것으로 발전기 또는 변압기의 내부고장 보호에 사용한다.

답안작성

(1) 선택 지락 계전기 (2) 비율 차동계전기

문제 02 ▸ 출제년도 : 89. 94. 13. ▸ 점수 : 4점

송전계통의 변압기 중성점 접지 방식 4종류를 쓰시오.

답안작성

① 비접지 방식 ② 직접 접지 방식
③ 저항 접지 방식 ④ 소호 리액터 접지 방식

문제 03 ▸ 출제년도 : 90. 13. ▸ 점수 : 5점

그림과 같은 전선로의 전선 길이 [m]는 얼마인가?
단, 장력 T : 3300 [kg]이고,
하중 W : 1000 [kg/km]이다.

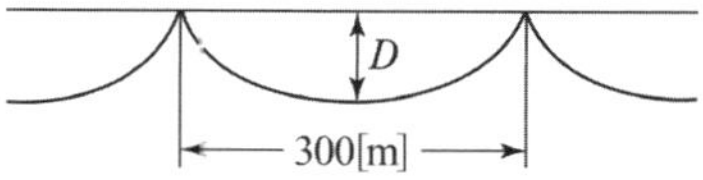

•계산 : •답 :

답안작성

계산 : 전선의 이도 $D=\dfrac{WS^2}{8T}=\dfrac{\left(\dfrac{1000}{1000}\right)\times 300^2}{8\times 3300}=3.41\,[\mathrm{m}]$

전선의 길이 $L=S+\dfrac{8D^2}{3S}=300+\dfrac{8\times 3.41^2}{3\times 300}=300.1\,[\mathrm{m}]$ 답 : 300.1 [m]

문제 04 ▸ 출제년도 : 13. ▸ 점수 : 5점

다음과 같은 조건일 때 3상 4선식의 전압강하 근사값 쓰시오.

[조건]

- 교류의 경우 역률 $\cos\theta = 1$
- 각상 부하는 평형 상태
- 전선의 도전율은 97 [%]

답안작성

$$e = IR = I \times \rho \frac{L}{A} = I \times \frac{1}{58} \times \frac{100}{C} \times \frac{L}{A}$$

$$= I \times \frac{1}{58} \times \frac{100}{97} \times \frac{L}{A} = 0.0178 \times \frac{LI}{A} = \frac{17.8LI}{1000A}$$

문제 05 ▸ 출제년도 : 13. ▸ 점수 : 5점

계기용 변압기와 변류기를 부속하는 3상 3선식 전력량계를 결선하시오. 단, 1, 2, 3은 상순을 표시하고, P1, P2, P3은 계기용 변압기에 1S, 1L, 3S, 3L은 변류기에 접속하는 단자이다.

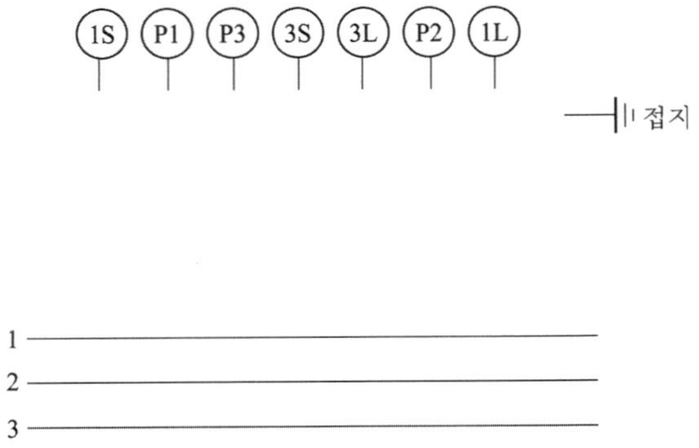

답안작성

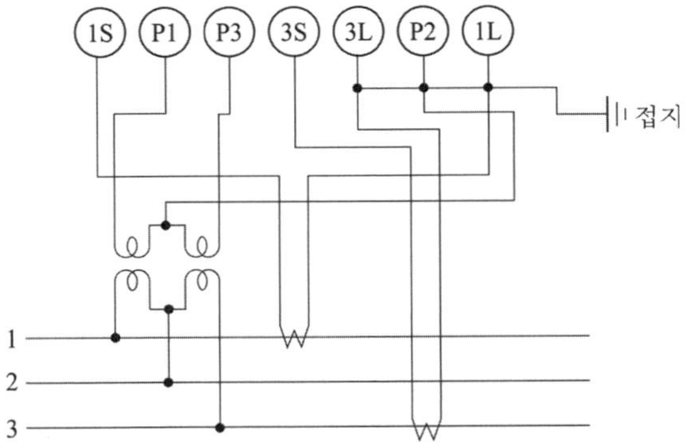

문제 06 ▸ 출제년도 : 95. 98. 00. 01. 13. ▸ 점수 : 6점

22.9 [kV] 배전선로이다. 그림과 참고표를 이용하여 물음에 답하시오.

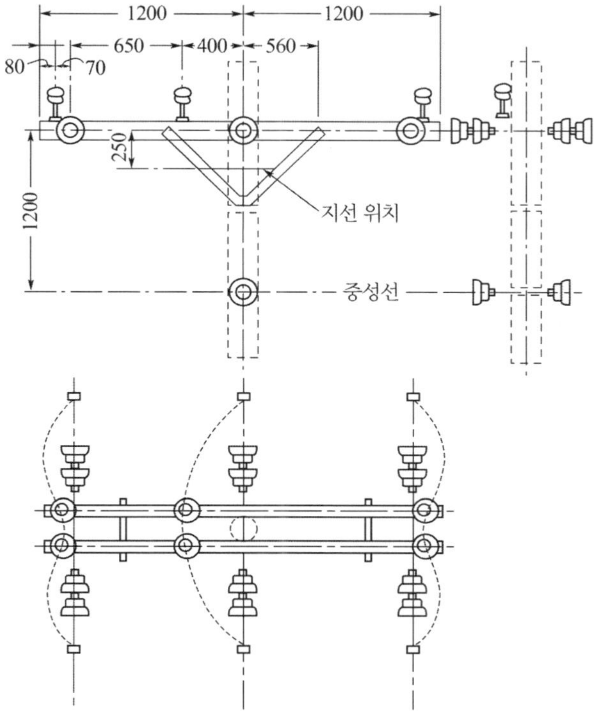

[물음]

그림의 애자를 노후로 인하여 교체하는 경우 총 인건비(직접 노무비 포함)는 얼마인가?

단, • 간접 노무비를 15 [%](가정)로 계산한다.

- 노임단가는 배전전공 15860원, 보통인부 6520원이다. (가정)
- 소수점은 넷째 자리에서 반올림하여 셋째 자리까지 구한다.
- 인공을 산출한 후 이를 합계하여 노임단가를 적용하여 원까지만 구하고 소수점 이하는 버린다.
- 애자 노후로 인하여 교체되어야 할 애자 종류 및 수량은 다음과 같다.
  ① 특고압용 현수 애자 : 14개
  ② 특고압용 핀 애자 : 6개

배전용 애자 및 랙크(Rack) 신설 (개당)

종 별	배전 전공	보통 인부
라 인 포 스 트 애 자	0.046	0.046
현 수 애 자	0.032	0.032
내 오 손 결 합 애 자	0.025	0.025
저 압 용 인 류 애 자	0.020	−

[해설] ① 애자 교체 150 [%]
② 애자 닦기
(가) 주상(탑상) 손닦기 : 애자품의 50 [%]
(나) 주상(탑상) 기계닦기 : 기계손료만 계상(인건비 포함)
(다) 발췌 손닦기는 애자품의 170 [%]
③ 특고압핀애자는 라인포스트애자에 준함
④ 철거 50 [%], 재사용 철거 80 [%]
⑤ 동일 장소에 추가 1개마다 기본품의 45 [%] 적용

답안작성

배전전공 : $0.032\times(1+13\times0.45)\times1.5+0.046\times(1+5\times0.45)\times1.5=0.553$ [인]
보통인부 : $0.032\times(1+13\times0.45)\times1.5+0.046\times(1+5\times0.45)\times1.5=0.553$ [인]
배전전공 노임 : $0.553\times15860=8,770$ [원]
보통인부 노임 : $0.553\times6520=3,605$ [원]
직접 노무비 $=8,770+3,605=12,375$ [원]
간접 노무비 $=12,375\times0.15=1,856$ [원]
노무비계 $=12,375+1,856=14,231$ [원]
답 : 14,231 [원]

문제 07 ▸ 출제년도 : 13. ▸ 점수 : 5점

다음 배선설비에 대한 물음에 답하시오.
(1) 셀룰라덕트 배선의 사용전압은 (①) 이하이어야 한다.
(2) 절연전선을 동일한 셀룰라덕트 내에 넣을 경우 셀룰라덕트의 크기는 전선의 피복절연물을 포함한 단면적의 총합계가 셀룰라덕트 단면적의 (②)이하가 되도록 선정하여야 한다.
(3) 금속덕트는 (③) 이하의 간격으로 견고하게 지지할 것
(4) 금속관을 구부릴 때 금속관의 단면이 심하게 변형되지 않도록 구부려야 하며, 그 안측의 반지름은 관 안지름의 (④) 이상이 되어야 한다.

답안작성

① 400 [V] ② 20 [%] ③ 3 [m] ④ 6배

해 설

(1) 셀룰라덕트공사

<table>
<tr><th colspan="6">옥 내(400[V] 이하에 한 함)</th><th colspan="2" rowspan="3">옥측
옥내</th></tr>
<tr><th colspan="2" rowspan="2">노출 장소</th><th colspan="4">은폐 장소</th></tr>
<tr><th colspan="2">점검 가능</th><th colspan="2">점검 불가능</th></tr>
<tr><th>건조한 장 소</th><th>습기가 많은 장소 또는 수분이 있는 장소</th><th>건조한 장 소</th><th>습기가 많은 장소 또는 수분이 있는 장소</th><th>건조한 장소</th><th>습기가 많은 장소 또는 수분이 있는 장소</th><th>우선 내</th><th>우선 외</th></tr>
<tr><td>×</td><td>×</td><td>○</td><td>×</td><td>콘크리트 등 매입</td><td>×</td><td>×</td><td>×</td></tr>
</table>

(3) KEC 232.31.3 금속덕트의 시설
덕트를 조영재에 붙이는 경우에는 덕트의 지지점 간의 거리를 3[m](취급자 이외의 자가 출입할 수 없도록 설비한 곳에서 수직으로 붙이는 경우에는 6[m]) 이하

문제 08

▸ 출제년도 : 13. ▸ 점수 : 3점

다음과 같이 관로에 케이블을 포설할 경우 인입방법을 쓰시오.

(1) 지표에 고저차가 있는 경우

(2) 굴곡이 있는 경우

(3) 맨홀의 길이가 짧고 긴 경우

답안작성

(1) 높은 쪽에서 낮은 쪽으로 한다.
(2) 굴곡이 있는 곳의 가까운 곳에서부터 시작한다.
(3) 짧은 쪽에서 긴 쪽으로 인입한다.

해 설

케이블의 인입방향
(1) 지표에 고저차가 있는 경우에는 높은 쪽에서 낮은 쪽으로 인입한다.
(2) 포설구간에 굴곡이 있을 때에는 굴곡이 있는 곳의 가까운 곳에서부터 인입한다.

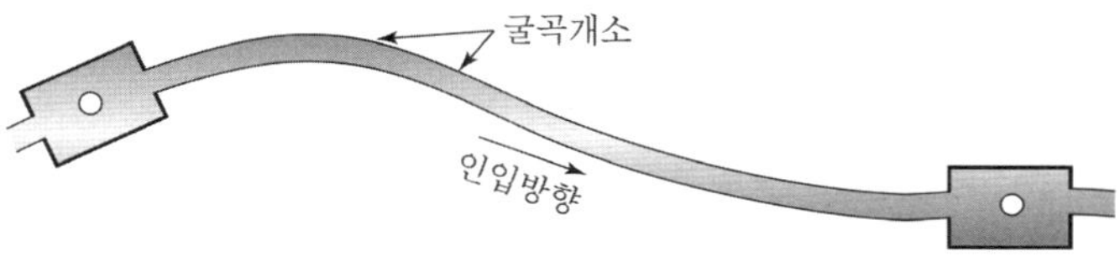

〈굴곡개소의 경우 케이블 인입방향〉

(3) 맨홀내의 케이블 진입방향은 맨홀 길이가 짧은 쪽에서 긴 쪽으로 인입한다.

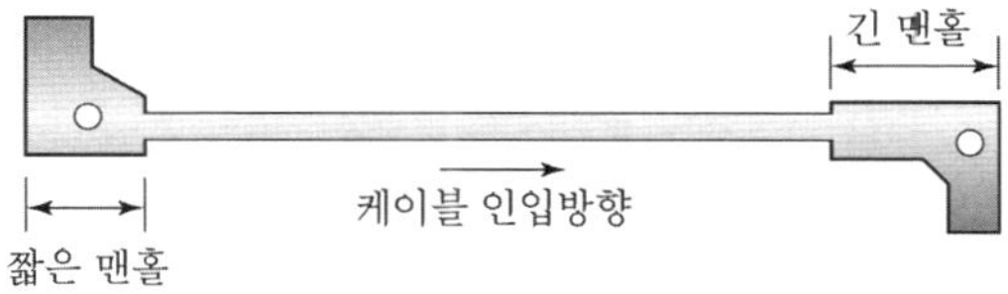

〈맨홀길이에 따른 케이블 인입방향〉

문제 09

▸ 출제년도 : 12. 13. ▸ 점수 : 4점

다음표의 전로의 사용 전압의 구분에 따른 절연저항값은 몇 [MΩ] 이상 이어야 하는지 그 값을 표에 써 넣으시오.

전로의 사용전압[V]	절연저항[MΩ]
SELV 및 PELV	①
FELV, 500[V] 이하	②
500[V] 초과	③

답안작성

① 0.5 ② 1 ③ 1

해 설

전기설비 기술기준 제52조 저압전로의 절연성능

전기사용 장소의 사용전압이 저압인 전로의 전선 상호간 및 전로와 대지 사이의 절연저항은 개폐기 또는 과전류차단기로 구분할 수 있는 전로마다 다음 표에서 정한 값 이상이어야 한다. 다만, 전선 상호간의 절연저항은 기계기구를 쉽게 분리가 곤란한 분기회로의 경우 기기 접속 전에 측정할 수 있다. 또한, 측정 시 영향을 주거나 손상을 받을 수 있는 SPD 또는 기타 기기 등은 측정 전에 분리시켜야 하고, 부득이하게 분리가 어려운 경우에는 시험전압을 250[V] DC로 낮추어 측정할 수 있지만 절연저항 값은 1[MΩ] 이상이어야 한다.

전로의 사용전압[V]	DC 시험전압[V]	절연저항[MΩ]
SELV 및 PELV	250	0.5
FELV, 500[V] 이하	500	1.0
500[V] 초과	1,000	1.0

[주] 특별저압(extra low voltage : 2차 전압이 AC 50[V], DC 120[V] 이하)으로 SELV(비접지회로 구성) 및 PELV(접지회로 구성)은 1차와 2차가 전기적으로 절연된 회로, FELV는 1차와 2차가 전기적으로 절연되지 않은 회로

문제 10 ▸ 출제년도 : 13. ▸ 점수 : 4점

감전사고 방지용 접지공사에서 보폭전압과 접촉전압에 대하여 설명하시오.

답안작성

(1) 보폭전압 : 지락전류가 대지에 흘러 이 때문에 지표면에 전위차가 발생하여 인간의 두 다리 사이에 가해지는 전위차를 보폭전압이라 한다.

(2) 접촉전압 : 전기설비, 기계기구 등의 외함에 인체가 접촉하였을 경우 인체와 대지간에 가해지는 전압을 접촉전압이라 한다.

문제 11 ▸ 출제년도 : 98. 08. 13. ▸ 점수 : 5점

다음 저항을 측정하는데 가장 적당한 측정방법은?

(1) 변압기의 절연저항
(2) 검류계의 내부저항
(3) 전해액의 저항
(4) 굵은 나전선의 저항
(5) 접지저항 측정

답안작성

(1) 절연저항계 (Megger)
(2) 휘이스톤 브리지
(3) 콜라우시 브리지
(4) 켈빈 더블 브리지
(5) 접지 저항계

문제 12 ▸ 출제년도 : 98. 08. 13. ▸ 점수 : 4점

그림은 콘센트의 종류를 표시한 옥내배선용 그림 기호이다. 각 그림기호는 어떤 의미를 가지고 있는지 설명하시오.

(1)  20A
(2)  WP
(3)  EX
(4)  H

답안작성

(1) 20[A] 콘센트 (2) 방수형 콘센트

(3) 방폭형 콘센트 (4) 의료용 콘센트

해 설

명 칭	그림 기호	적 요
콘센트		① 천장에 부착하는 경우는 다음과 같다.  ② 바닥에 부착하는 경우는 다음과 같다.  ③ 용량의 표시 방법은 다음과 같다. · 15 [A]는 방기하지 않는다. · 20 [A] 이상은 암페어 수를 방기한다. [보기] 20A ④ 2구 이상인 경우는 구수를 방기한다. [보기] 2 ⑤ 3극 이상인 것은 극수를 방기한다. [보기] 3P ⑥ 종류를 표시하는 경우는 다음과 같다. 빠짐 방지형 LK 걸림형 T 접지극붙이 E 접지단자붙이 ET 누전 차단기붙이 EL ⑦ 방수형은 WP를 방기한다. WP ⑧ 방폭형은 EX를 방기한다. EX ⑨ 의료용은 H를 방기한다. H

문제 13 ▸ 출제년도 : 96. 13. ▸ 점수 : 5점

100 [kVA], 역률 60 [%](뒤짐)의 부하에 전력을 공급하고 있는 변전소에 콘덴서를 설치하여 변전소에 있어서의 역률을 90 [%]로 향상시키는 데 필요한 콘덴서 용량 [kVar]은?

답안작성

$Q = W(\tan\theta_1 - \tan\theta_2)$ [kVA]에서 유효 전력 $W = 100 \times 0.6 = 60$ [kW]이므로

콘덴서 용량 $Q_c = 60 \times \left(\frac{\sqrt{1-0.6^2}}{0.6} - \frac{\sqrt{1-0.9^2}}{0.9} \right) = 50.94$ [kVA]

문제 14 ▸ 출제년도 : 95. 99. 00. 03. 10. 13. ▸ 점수 : 5점

평균 구면 광도 100 [cd]의 전구 5개를 직경 10 [m]의 원형의 사무실에 점등할 때 조명률 0.4, 감광 보상률을 1.6이라 하면 사무실의 평균조도[lx]는 얼마인가?

• 계산 : • 답 :

답안작성

계산 : 평균조도 $E=\dfrac{FUN}{AD}=\dfrac{4\pi\times100\times0.4\times5}{\left(\dfrac{10}{2}\right)^2\pi\times1.6}=20$ [lx]

답 : 20 [lx]

해 설

$F=4\pi I,\quad A=\left(\dfrac{d}{2}\right)^2\pi$

문제 15 ▸ 출제년도 : 97. 02. 13. ▸ 점수 : 6점

수변전 설비에서 CT와 PT에 대하여 물음에 답하시오.

(1) PT의 1차측과 2차측에 퓨즈를 접속해야 하는 이유를 간단히 설명하시오.

(2) CT의 1차측에 퓨즈를 접속할 수 없는 이유는?

답안작성

(1) 부하측 및 PT에 고장이 발생하였을 경우 이를 고압 회로로부터 분리함으로써 PT 보호 및 사고 확대를 방지하기 위하여

(2) CT 1차측에 퓨즈를 넣으면 과전류가 흐를 때 단선되어 OCR이 동작되지 않아 차단기를 동작시킬 수 없게 된다.

문제 16 ▸ 출제년도 : 13. ▸ 점수 : 4점

그림과 같이 전위강하법에서 접지전극 E와 전위전극 P와의 간격이 EC간 거리 X의 몇 [%]일 때 정확한 값을 얻을 수 있겠는가?

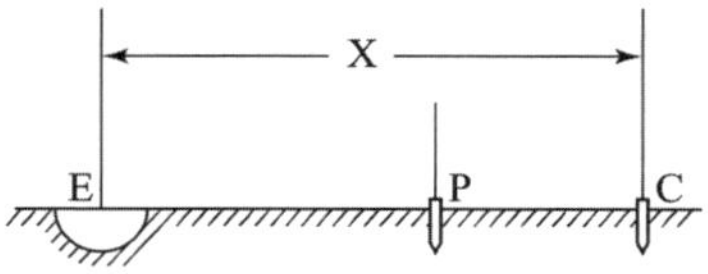

답안작성

61.8 [%]

해 설

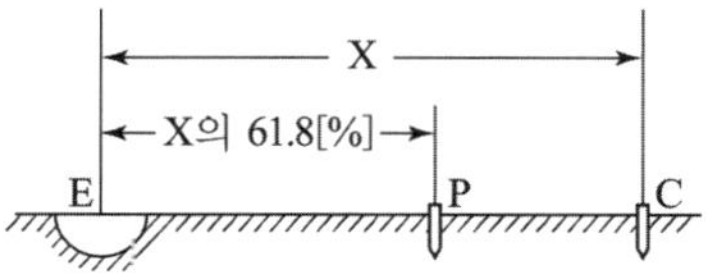

문제 17

▸ 출제년도 : 10. 13. ▸ 점수 : 5점

다음과 같은 논리회로를 NOT, OR 논리기호만을 사용하여 논리회로를 간략화 하고 논리식의 변환과정(간략화과정)을 쓰시오.

(1) 논리식 변환과정(간략화과정)

(2) 논리회로

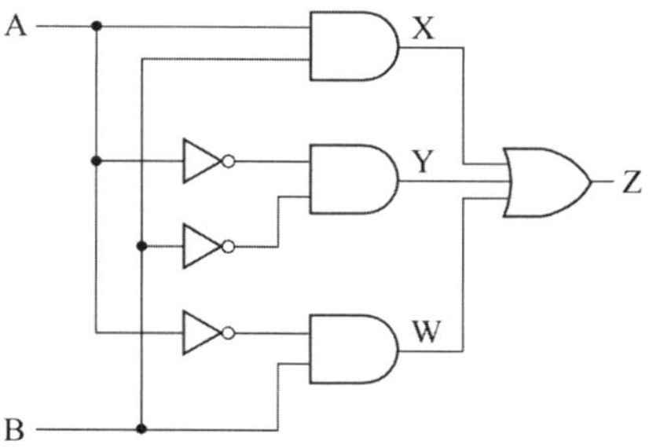

답안작성

(1) $Z = AB + \overline{A}\,\overline{B} + \overline{A}B$

$= \overline{A}(\overline{B}+B) + (A+\overline{A})B = \overline{A}+B$

(2)

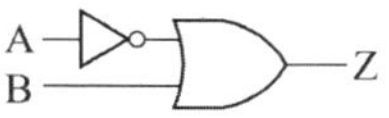

해 설

$Z = AB + \overline{A}\,\overline{B} + \overline{A}B + \overline{A}B = \overline{A}(\overline{B}+B) + B(A+\overline{A}) = \overline{A}+B$

회로에 동일 회로 $\overline{A}B$를 삽입하여도 기능에는 변함이 없다.

문제 18

▸ 출제년도 : 89. 00. 13. ▸ 점수 : 15점

PLC의 프로그램을 보고 물음에 답하시오.

프로그램번지 (어드레스)	명령어	데이터	비고	프로그램번지 (어드레스)	명령어	데이터	비고
01	STR	001	W	07	ANDN	002	W
02	STR	003	W	08	OR	003	W
03	ANDN	002	W	09	OB		W
04	OB		W	10	OUT	200	W
05	OUT	100	W	11	END		W
06	STR	001	W				

단, ① STR : 입력 a접점(신호) ② STRN : 입력 b접점(신호)
③ AND : AND a접점 ④ ANDN : AND b접점
⑤ OR OR a접점 ⑥ ORN : OR b접점
⑦ OB : 병렬 접속점 ⑧ OUT : 출력
⑨ END : 끝 ⑩ W : 각 번지끝

(1) PLC의 프로그램에 맞는 접점 회로도를 답안지에 완성하시오.

(2) 001, 002, 003의 각각 1개의 접점만을 사용하여 답안지의 회로도를 완성하시오.
단, 접점의 양방향 신호의 흐름을 인정한다.

(3) 답안지의 무접점 회로를 완성하시오.

답안작성

(1)

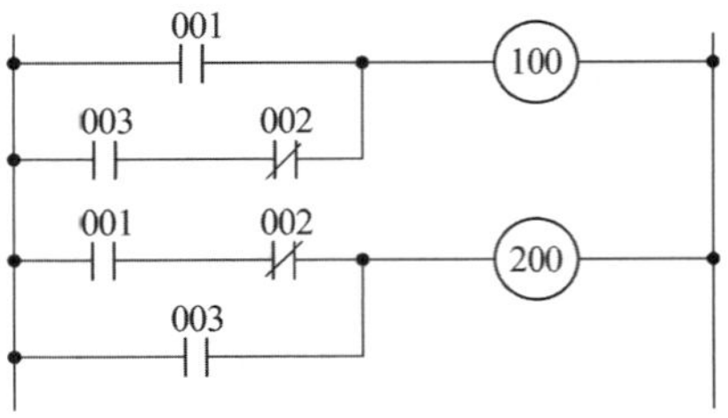

(2)

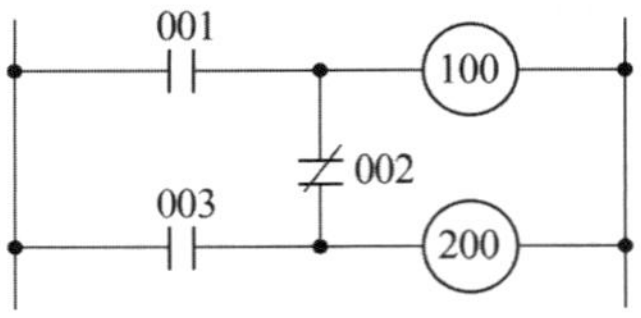

(3)

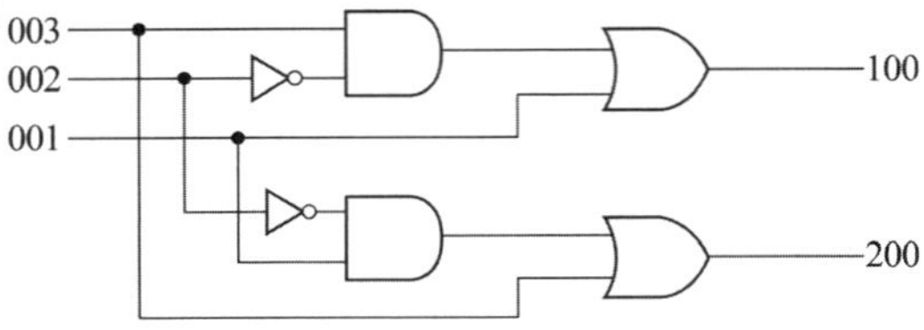

문제 19

▸ 출제년도 : 13.　▸ 점수 : 6점

그림 (a)의 릴레이 시퀀스가 있다. A, B, C, D는 보조 릴레이 접점이고, X는 릴레이, L은 부하이다. 다음 물음에 답하시오.

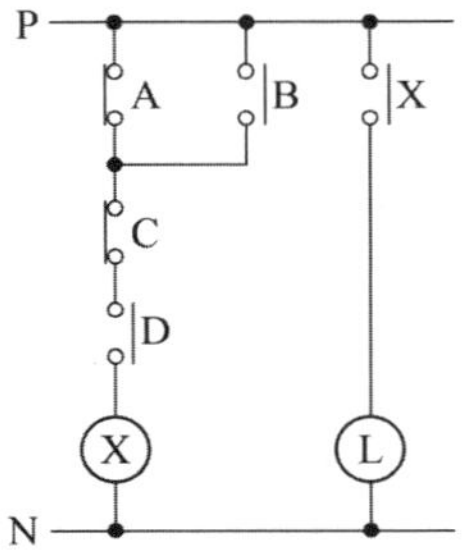

(a)

(b)

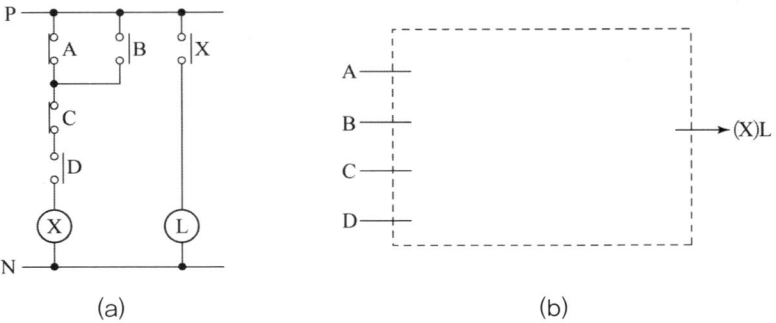

(1) 그림 (a)에서 X의 논리식을 쓰시오.

(2) 답안지의 그림 (b)란에 논리회로(2입력, AND, OR, NOT 기호 사용)를 그려 넣으시오.

답안작성

(1) $X = (\overline{A}+B)\overline{C} \cdot D$

(2)

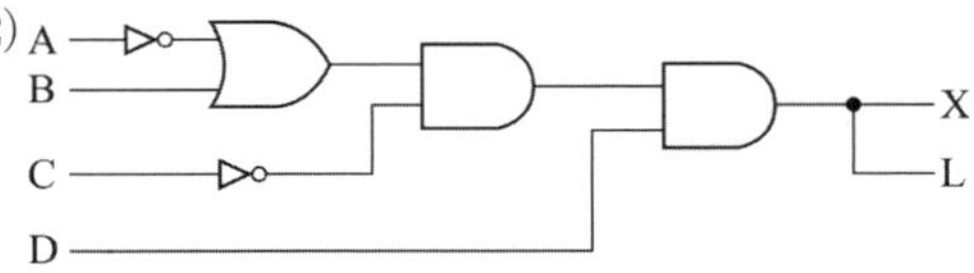

D30-4

2014년도 전기공사산업기사 실기

▸ 14년 제 1 회 전기공사산업기사

▸ 14년 제 2 회 전기공사산업기사

▸ 14년 제 4 회 전기공사산업기사

국가기술자격검정 실기시험문제 및 답안지

2014년도 산업기사 일반검정 제 1 회			수험번호	성 명	감독위원 확 인
자격종목(선택분야)	시험시간	형별			
전기공사산업기사	2시간 00분				

※ 다음 물음에 답을 해당 답란에 답하시오.(배점 : 100점)

문제 01 ▸ 출제년도 : 94. 02. 12. 14. ▸ 점수 : 5점

콘센트의 그림기호를 보고 각각의 용도를 쓰시오.

(1)  H (2)  LK (3)  ET (4)  EX (5)  WP

답안작성

(1) 의료용
(2) 빠짐 방지형
(3) 접지단자붙이
(4) 방폭형
(5) 방수형

해 설

명칭	그림 기호	적 요
콘센트		① 천장에 부착하는 경우는 다음과 같다.  ② 바닥에 부착하는 경우는 다음과 같다.  ③ 용량의 표시 방법은 다음과 같다. ·15 [A]는 방기하지 않는다. ·20 [A]이상은 암페어 수를 방기한다. [보기]  20A ④ 2구 이상인 경우는 구수를 방기한다. [보기]  2 ⑤ 3극 이상인 것은 극수를 방기한다. [보기]  3P ⑥ 종류를 표시하는 경우는 다음과 같다. 빠짐 방지형  LK 걸림형  T 접지극붙이  E 접지단자붙이  ET 누전 차단기붙이  EL ⑦ 방수형은 WP를 방기한다.  WP ⑧ 방폭형은 EX를 방기한다.  EX ⑨ 의료용은 H를 방기한다.  H

문제 02 ▸ 출제년도 : 93. 14. ▸ 점수 : 10점

3ϕ3W Line에 WHM을 접속하여 전력량을 적산하기 위한 결선도이다. 다음 물음에 주어진 답안지에 계산식과 답을 쓰시오.

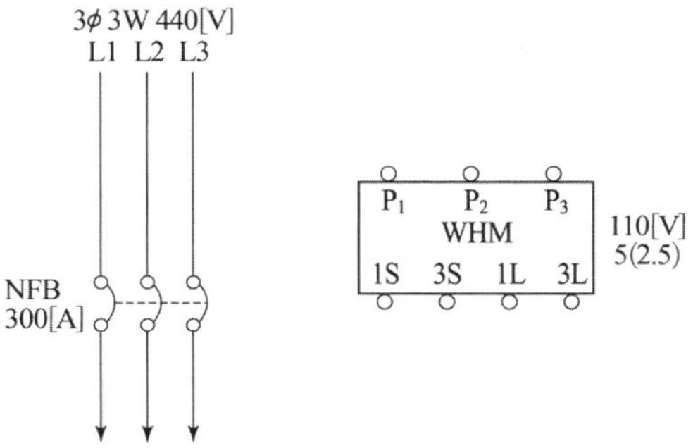

① 계산 중 발생되는 소숫점 둘째 자리 이하는 버릴 것

② [rpm]=계기 정수×전력

(1) WHM가 정상적으로 적산이 가능하도록 변성기를 추가하여 결선도를 완성하시오.

(2) WHM 형식 표기중 정격 전류 5(2.5) [A]는 무엇을 의미하는가?

(3) 이 WHM의 계기 정수는 1600 [Rev/kWh]이다. 지금 부하 전류가 100[A]에서 변동 없이 지속되고 있다면 원판의 1분간 회전수는?

단, CT비 : 200/5 [A] $\cos\theta = 1$

(4) WHM의 승률은? 단, CT비는 200/5로 한다.

답안작성

(1)

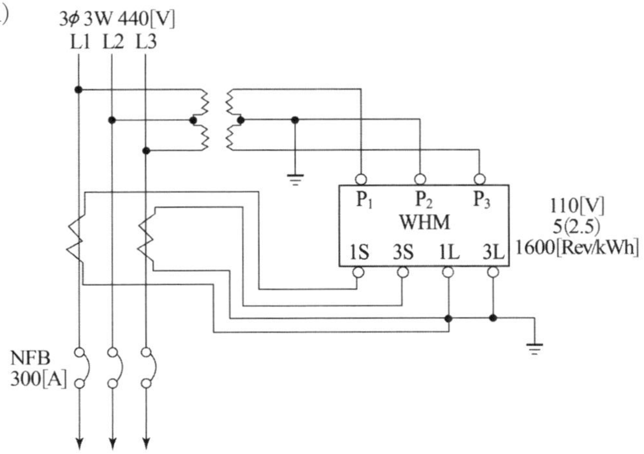

(2) Ⅱ형 계기로써 정격전류 5 [A]에 대하여 $\frac{1}{20}$까지 그 정밀도를 보장한다는 것

(3) 1분간의 회전수 : n[rpm] = 계기 정수×전력

$$= 1600 \times \frac{\sqrt{3} \times 110 \times (100 \times \frac{5}{200}) \times 10^{-3}}{60} = 12.7 \text{ [회]}$$

(4) 승률(=배율) : m =CT 비×PT 비$= \frac{200}{5} \times \frac{440}{110} = 160$ [배]

문제 03 ▸ 출제년도 : 93. 99. 14 ▸ 점수 : 5점

배관 및 배선 공사를 하기 위한 터파기 수량산출을 하고자 한다. 그림과 같은 줄 기초파기의 굴착량 식은?

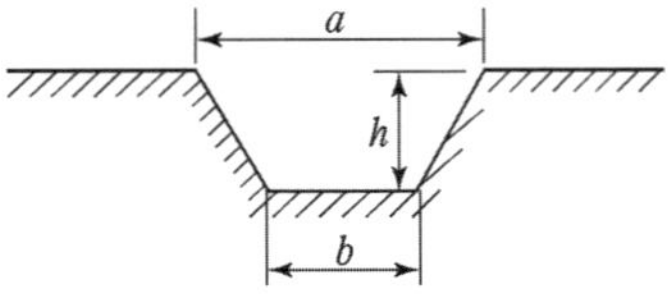

답안작성

$A = \frac{(a+b)}{2} \times h \times$줄 기초길이 [$m^3$]

문제 04 ▸ 출제년도 : 14. ▸ 점수 : 6점

합성수지 파형 전선관을 100 [mm] 2열, 175 [mm] 6열, 200 [mm] 4열을 층계별로 100 [m]를 동시에 포설할 때 배전전공과 보통인부의 공량은 얼마인가?

(1) 배전전공

(2) 보통인부

[참고자료]

합성수지 파형 전선관 [m당]

구 분	배전전공	보통인부
50 [mm] 이하	0.012	0.029
80 [mm] 이하	0.015	0.035
100 [mm] 이하	0.018	0.057
125 [mm] 이하	0.025	0.077
150 [mm] 이하	0.030	0.097
175 [mm] 이하	0.036	0.117
200 [mm] 이하	0.041	0.129

[해설] ① 이 품은 터파기, 되메우기 및 잔토처리 제외
② 접합품이 포함되어 있으며, 접합부의 콘크리트 타설품 및 지세별 할증은 별도 계상
③ 철거 50 [%], 재사용 철거 30 [%]
④ 2열 동시 180 [%], 3열 260 [%], 4열 340 [%], 6열 420 [%], 8열 500 [%], 10열 580 [%], 12열 660 [%], 14열 740 [%], 16열 820 [%]
⑤ 이 품은 30~60 [m] Roll 식으로 감겨 있는 합성수지 파형전선관의 지중 포설 기준임.
⑥ 동시배열이란 동일장소에서 공(孔)당의 파형관을 열로 형성하여 층계별로 포설하는 것을 말하며, 100 [mm] 2열, 175 [mm] 6열, 200 [mm] 4열을 층계별로 동시 포설시 산출은 다음과 같다. 이는 12공을 층계별로 동시배열하는 것으로써, 동시 적용률은 660 [%]로, 따라서 합산품은 (100 [mm] 기본품×2열+175 [mm] 기본품×6열, 200 [mm] 기본품×4열)×660 [%]÷12 이다. (열은 관로의 공수를 뜻함.)
⑦ 100 [mm]이상 이종관 접속시는 동시배열(공수)에 관계없이 접속 개당 배전전공 0.1인 보통인부 0.1인 적용
⑧ Spacer를 설치할 경우 파상형 전선관 열, 층에 관계없이 Spacer Point 10개 설치당 배전전공 0.0077인, 보통인부 0.0154인 적용

답안작성

(1) 배전전공 : $\dfrac{(0.018\times2+0.036\times6+0.041\times4)\times6.6}{12}\times100=22.88$ [인]

(2) 보통인부 : $\dfrac{(0.057\times2+0.117\times6+0.129\times4)\times6.6}{12}\times100=73.26$ [인]

문제 05 ▸ 출제년도 : 14. ▸ 점수 : 15점

그림은 22.9 [kV–Y] 1000 [kVA] 이하인 특고압 수전설비의 표준결선도이다. 결선도를 보고 물음에 답하시오.

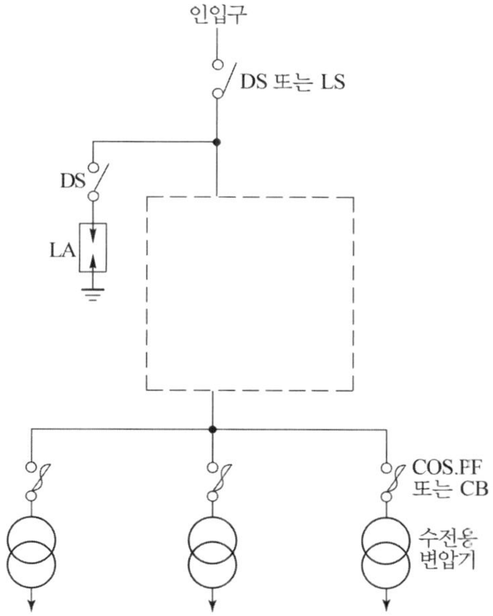

(1) 점선으로 표시된 미완성 부분의 결선도를 완성하시오.
([참고] MOF, CB, OC, GR, PT, CT, OCR, COS 또는 PF 등을 이용할 것)

(2) 인입구 직하의 DS 또는 LS에서 인입구 전압이 몇 [kV] 이상인 경우에 LS를 사용하는가?

(3) 차단기의 트립 전원방식은 어떤 방식을 이용하는 것이 바람직한가? 2가지를 쓰시오.

(4) 인입선을 지중선으로 시설하는 경우로서 공동주택 등 사고시 정전 피해가 큰 수전설비 인입선은 몇 회선으로 시설하는 것이 바람직한가?

(5) "(4)"항의 문제에서 22.9 [kV–Y] 계통에서는 어떤 종류의 케이블을 사용하여야 하는가?

(6) MOF 및 OCB의 명칭은 무엇인가?

답안작성

(1)

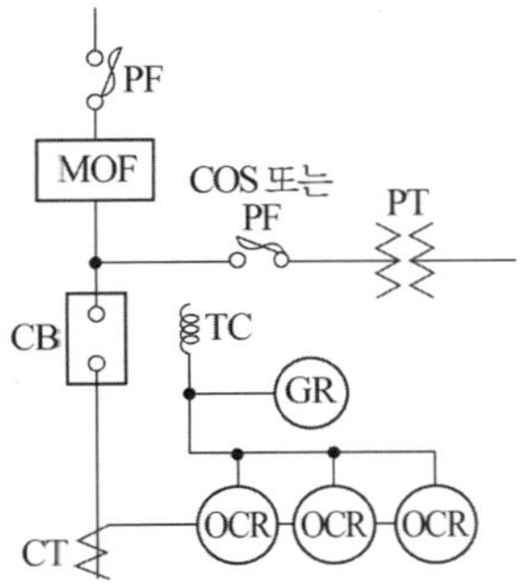

(2) 66 [kV]

(3) ① 직류(DC) 방식

② 콘덴서(CTD) 방식

(4) 2회선

(5) CNCV-W 케이블 (수밀형)

(6) MOF : 전력 수급용 계기용 변성기

OCB : 유입차단기

해 설

특고압 수전설비 표준 결선도

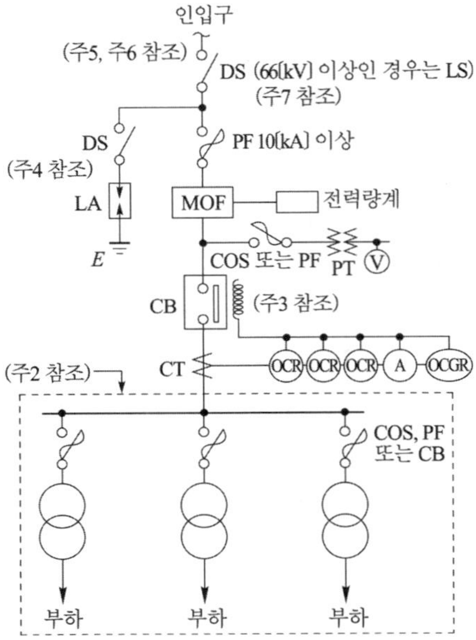

약 호	명 칭
DS	단로기
LA	피뢰기
CT	변류기
CB	차단기
TC	트립 코일
OCR	과전류 계전기
GR	지락 계전기
MOF	전력 수급용 계기용 변성기
COS	컷아웃 스위치
PF	전력 퓨즈
PT	계기용 변압기

[주1] 22.9 [kV-Y] 1000 [kVA] 이하인 경우에는 간이 수전 설비 결선도에 의할 수 있다.

[주2] 결선도 중 점선내의 부분은 참고용 예시이다.

[주3] 차단기의 트립 전원은 직류(DC) 또는 콘덴서 방식(CTD)이 바람직하며 66 [kV] 이상의 수전 설비에는 직류(DC)이어야 한다.

[주4] LA용 DS는 생략할 수 있으며 22.9 [kV-Y]용의 LA는 Disconnector(또는 Isolator) 붙임형을 사용하여야 한다.

[주5] 인입선을 지중선으로 시설하는 경우로서 공동 주택 등 사고시 정전 피해가 큰 수전 설비 인입선은 예비선을 포함하여 2회선으로 시설하는 것이 바람직하다.

[주6] 지중인입선의 경우에 22.9 [kV-Y] 계통은 CNCV-W 케이블(수밀형) 또는 TR CNCV-W 케이블(트리억제형)을 사용하여야 한다. 다만, 전력구·공동구·덕트·건물구내 등 화재의 우려가 있는 장소에서는 FR CNCO-W 케이블(난연)을 사용하는 것이 바람직하다.

[주7] DS 대신 자동고장구분 개폐기(7000 [kVA] 초과시에는 Sectionalizer)를 사용할 수 있으며 66 [kV] 이상의 경우는 LS를 사용하여야 한다.

문제 06

▸ 출제년도 : 14. ▸ 점수 : 5점

어느 자가용 전기설비의 고장전류가 7.5 [kA] 이고 CT비가 75/5 [A] 일 때 MOF의 과전류 강도(표준)는 얼마인지 쓰시오.(단, 사고발생 후 0.2초 이내에 한전 차단기가 동작하는 것으로 한다.)

•계산 : •답 :

답안작성

계산 : 단시간 과전류 값 $I_p = I_m \times \sqrt{t} = 7.5 \times 10^3 \times \sqrt{0.2} = 3354.1[A]$

CT과전류강도 $S_n = \dfrac{I_p}{\text{정격 1차전류}} = \dfrac{3354.1}{75} = 44.72$배

답 : 75

해 설

1) MOF의 과전류강도는 기기 설치점에서의 단락전류에 의하여 계산 적용하되 22.9 [kV]급으로서 60 [A] 이하의 MOF 최소과전류강도는 한전규격에 의해 75배로하고, 계산값이 75배 이상인 경우는 150배를 적용한다. 다만, 수요자 또는 설계자의 요구에 의하여 MOF 또는 CT 과전류강도를 150배 이상 요구한 경우는 그 값을 적용한다.

2) CT의 과전류강도는 기기 설치점에서의 단락전류에 의하여 계산 적용한다.

과전류 강도 계산식

① 대칭단락전류(실효치)를 구한다.

$$I_s = \frac{100}{\%Z} \times I_n$$

• $\%Z$= 전원측 $\%Z$ + 전선로 $\%Z$ + CT 및 기타기기 $\%Z$

• I_n= 수전점의 기준용량(변압기)의 정격전류

② 최대비대칭 단락전류(실효치)를 구한다.

$$I_m = I_s \times \text{비대칭계수}(\frac{X}{R}\text{값, 기술자료참조})$$

③ 단시간 과전류값 계산

$I_p = I_m \times \sqrt{t}$ t : 최대비대칭 단락전류값을 기준하여 PF동작시간

3) CT과전류강도 계산

$$S_n = \frac{I_p}{\text{CT 정격1차전류}}$$

4) 변류기의 정격과전류 강도

정격과전류 강도 (*)	보증하는 과전류
40	정격 1차전류의 40배
75	정격 1차전류의 75배
150	정격 1차전류의 150배
300	정격 1차전류의 300배

문제 07

▸ 출제년도 : 14. ▸ 점수 : 5점

고조도 반사갓 설치효과를 2가지만 간단히 쓰시오.

답안작성

① 조도의 향상 ② 조명전력의 절감

해 설

고조도 반사갓 설치효과
① 조도 향상
② 전력 에너지 절감
③ 램프수 감소
④ 전기요금 절감 효과
⑤ 유지관리 용이 및 경비절감
⑥ 시력보호

문제 08 ▸ 출제년도 : 06. 08. 14. ▸ 점수 : 5점

연축전지의 정격용량은 250[Ah]이고, 상시부하가 8[kW]이며, 표준전압이 100[V]인 부동충전방식의 충전전류는 몇 [A]인가? 단, 연축전지의 방전율은 10시간율로 계산한다.

•계산 : •답 :

답안작성

계산 : $I = \frac{250}{10} + \frac{8000}{100} = 105[A]$

답 : 105 [A]

해 설

(1) 부동충전 : 축전지의 자기방전을 보충함과 동시에 상용부하에 대한 전력공급은 충전기가 부담하도록 하되 충전기가 부담하기 어려운 일시적인 대전류 부하는 축전지로 하여금 부담하게 하는 방식

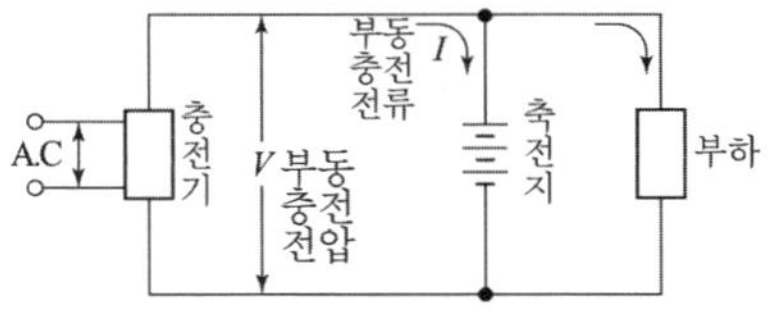

(2) 충전기 2차 충전 전류 [A]$= \frac{\text{축전지 용량 [Ah]}}{\text{정격 방전율 [h]}} + \frac{\text{상시 부하 용량 [VA]}}{\text{표준 전압 [V]}}$

문제 09 ▸ 출제년도 : 14. ▸ 점수 : 5점

500 [m] 거리에 100개의 가로등을 같은 간격으로 배치하였다. 전등 1개의 소요 전류가 0.1 [A], 전선의 단면적 38 [mm^2], 도전율 55 [℧]라 한다. 한쪽 끝에서 220 [V]로 급전할 때 최종 전등에 가해지는 전압[V]은 얼마인지 구하시오.

•계산 •답

답안작성

계산 : 말단에 집중 부하로 생각하여 전압 강하를 구하면,

$$e = 2IR = 2I \times \rho\frac{l}{A} = 2 \times 0.1 \times 100 \times \frac{1}{55} \times \frac{500}{38} = 4.78[V]$$

평등분포 부하의 전압강하는 말단 집중 부하의 전압강하의 1/2이 되므로

최종 전등 전압 $= 220 - \frac{4.78}{2} = 217.61[V]$

답 : 217.61[V]

해 설

집중부하와 분산부하

구　분	전력손실	전압강하
말단에 집중부하	I^2rL	IrL
평등분포 부하	$\frac{1}{3}I^2rL$	$\frac{1}{2}IrL$

문제 10 ▸ 출제년도 : 94. 98. 01. 03. 04. 07. 09. 14. ▸ 점수 : 5점

공사원가와 순 공사원가에 해당하는 항목으로 산출식(방법)을 쓰시오.

•공사원가 :

•순 공사원가 :

답안작성

•공사원가 : 재료비+ 노무비 + 경비 + 일반 관리비 + 이윤

•순 공사원가 : 재료비 + 노무비 + 경비

해 설

총원가
- 순공사(제조) 원가
  - 재료비
    - 직접 재료비 : 주재료비, 부분 품비
    - 간접 재료비 : 소모 재료비, 소모 공구, 기구, 비품비, 포장 재료비(제조), 가설 재료비(공사) 등
  - 노무비
    - 직접 노무비 : 기본급, 제수당, 상여금, 퇴직급여 충당금
    - 간접 노무비 : 직접 노무비×간접 노무 비율
    - (※ 간접 노무비율= $\frac{\text{간접 노무비}}{\text{직접노무비}}$)
  - 경비 : 전력비등 21개 비목
- 일반 관리비 − 공사 또는 제조원가×일정률(6~14 [%])
- 이윤 − (노무비+경비+일반관리비)×일정률(제조 25 [%], 공사 15 [%])

※ 예정 가격 = 총원가 + 부가가치세(10 [%])

문제 11 ▸ 출제년도 : 14. ▸ 점수 : 3점

산업설비 시설에서 옥외조명으로 많이 사용하는 방전램프 3가지를 쓰시오.
(단, 고압과 저압용으로 구분하지 말고 순수 명칭을 쓸 것)

답안작성

수은등, 나트륨등, 메탈핼라이드등

문제 12 ▸ 출제년도 : 14. ▸ 점수 : 3점

네온관용 전선에서 7.5 [kV] N−RV의 기호에서 N, R, V는 각각 무엇을 뜻하는지 쓰시오.

답안작성

N : 네온전선, R : 고무, V : 비닐

해 설

• N-RV : 고무절연 비닐외장 네온전선
• N : 네온전선 • V : 비닐
• E : 폴리에틸렌 • R : 고무 • C : 클로로프렌

문제 13 ▸ 출제년도 : 00. 14. ▸ 점수 : 4점

다음 그림과 같이 영상 변류기를 당해 케이블의 전원측에 설치하는 경우의 케이블 차폐층의 접지선은 어떻게 시설하는 것이 옳은지 접지선을 그리시오.

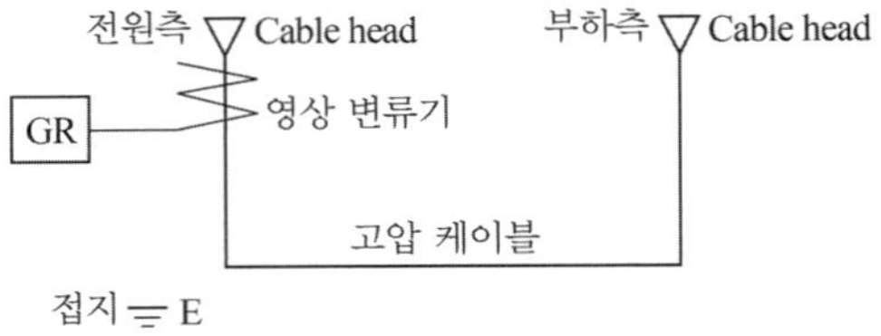

답안작성

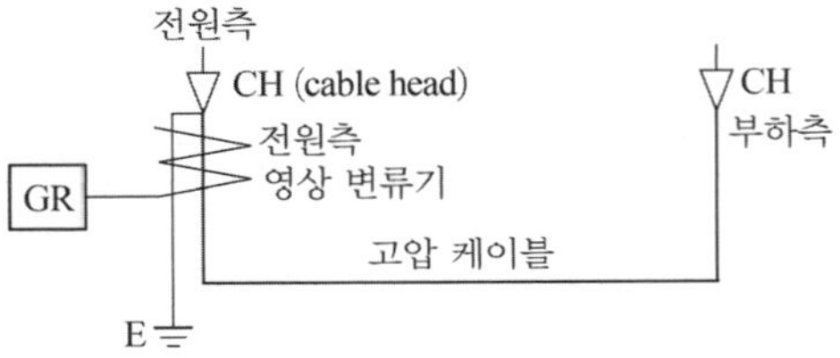

해 설

케이블 차폐 접지

(1) ZCT를 전원측에 설치시 전원측 케이블 차폐의 접지는 ZCT를 관통시켜 접지한다.

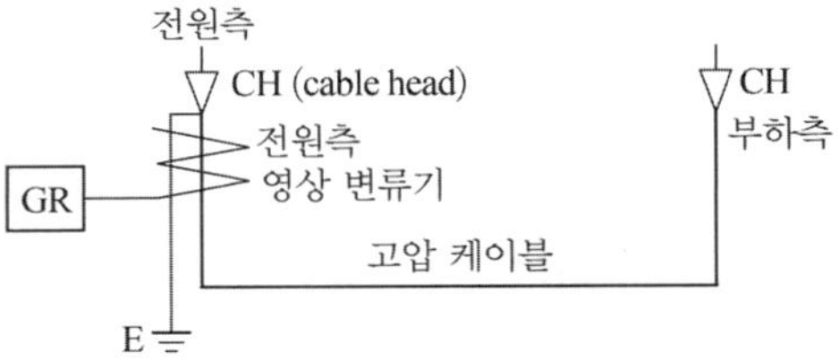

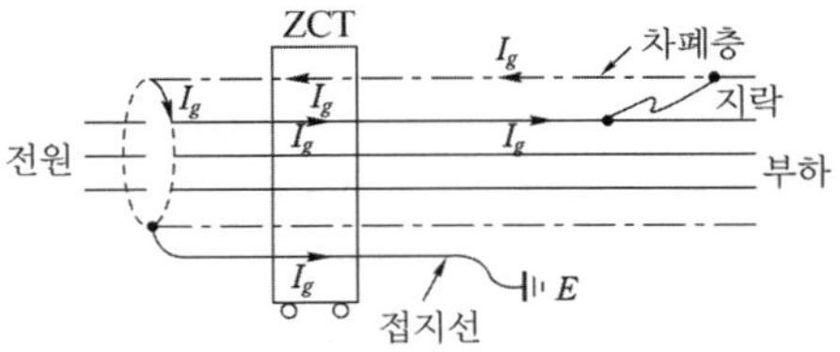

접지선을 ZCT 내로 관통시켜야만 ZCT는 지락전류 I_g를 검출할 수 있다.

$I_g - I_g + I_g = I_g$

(2) ZCT를 부하측에 설치시 케이블 차폐의 접지는 ZCT를 관통시키지 않고 접지한다.

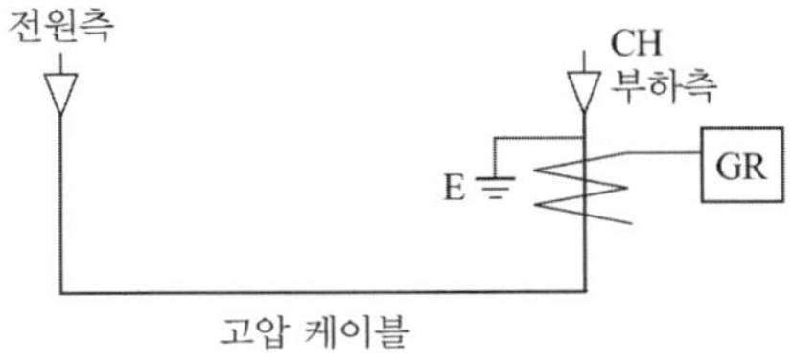

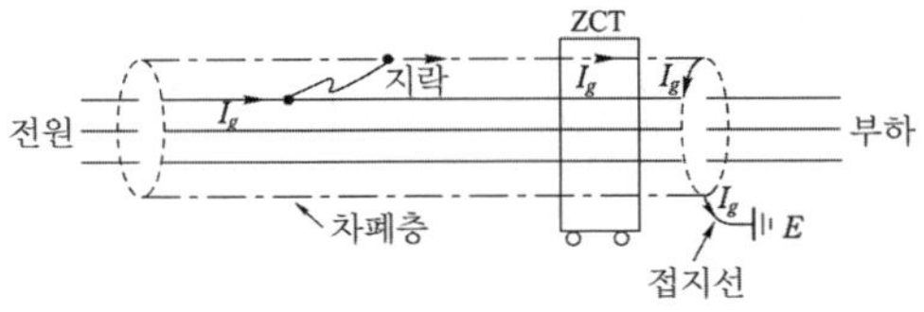

접지선을 ZCT 내로 관통시키지 않아야 지락전류 I_g를 검출할 수 있다.

문제 14 ▸ 출제년도 : 88. 97. 14. ▸ 점수 : 5점

최대전류 40 [A]의 특고압 수전의 변류기가 60/5 [A]로 되어 있다. 최대전류의 1.2 배에서 차단기를 동작시키자면 과전류 계전기의 전류탭을 어느 것에 설정하겠는가? 계산식을 쓰고 택하시오. (단, 과전류 계전기의 전류탭은 4 [A], 5 [A], 6 [A], 7 [A], 8 [A], 10 [A], 12 [A]로 되어 있다.)

•계산 : •답 :

답안작성

계산 : $I_t = 40 \times \frac{5}{60} \times 1.2 = 4[\text{A}]$ 답 : 4 [A]

문제 15 ▸ 출제년도 : 14. ▸ 점수 : 5점

그림은 인류스트랍 설치 방법에 관한 그림이다. 각 번호 ①, ②, ③, ④, ⑤의 명칭을 쓰시오.

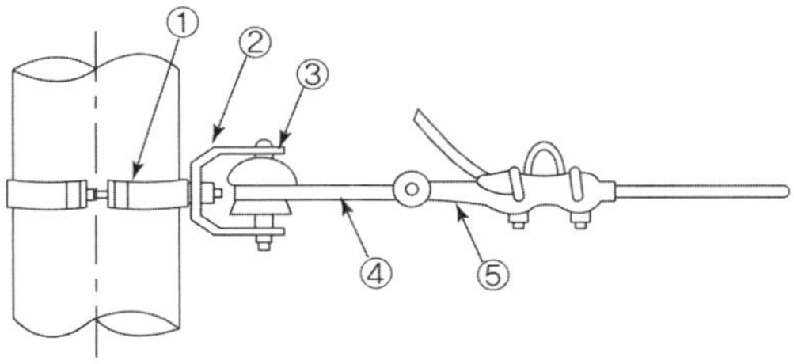

답안작성

① 랙크밴드 ② 랙크 ③ 저압인류애자
④ 인류스트랍 ⑤ 데드앤드크램프

해 설

인류스트랍은 다중접지 중성선이나 저압중성선이 AL전선인 경우 인류 및 내장개소에 설치한다.

문제 16 ▸ 출제년도 : 14. ▸ 점수 : 4점

다음 중 (   )에 알맞은 내용을 쓰시오.

> "송배전 선로의 전기적 특성인 전압 강하, 수전 전력, 송전 손실, 안정도 등을 계산하는 데에는 저항 R, 인덕턴스 L, 정전용량(커패시턴스) C, 누설 콘덕턴스 G라는 4개의 정수를 알아야 한다. 이러한 선로 정수는 (   ), (   ), (   )등에 따라 정해지며, 송전 전압, 전류 또는 역률 등에 의하여 아무런 영향을 받지 않는다."

답안작성

전선의 종류, 굵기, 배치

해 설

저항 R, 인덕턴스 L, 정전용량 C 및 누설컨덕턴스 G의 4가지 정수를 선로정수라 한다. 선로정수는 전선의 종류, 굵기, 배치에 따라 정해지며, 송전전압, 주파수, 전류, 역률 및 기상 등에는 영향을 받지 않는다.

문제 17 ▸ 출제년도 : 14. ▸ 점수 : 5점

다음 전선의 약호를 보고 그 명칭을 쓰시오.

(1) ACSR
(2) OW
(3) FL
(4) DV
(5) MI

답안작성

(1) 강심 알루미늄 연선
(2) 옥외용 비닐절연전선
(3) 형광 방전등용 비닐 전선
(4) 인입용 비닐절연 전선
(5) 미네랄 인슈레이션 케이블

출제기준 변경 및 개정된 관계법규에 따라 삭제된 문제가 있어 배점의 합계가 100점이 안됩니다.

국가기술자격검정 실기시험문제 및 답안지

2014년도 산업기사 일반검정 제 2 회			수험번호	성 명	감독위원 확 인
자격종목(선택분야)	시험시간	형별			
전기공사산업기사	2시간 00분				

※ 다음 물음에 답을 해당 답란에 답하시오.(배점 : 100점)

문제 01 ▸ 출제년도 : 14. ▸ 점수 : 5점

페란티 현상에 대해 설명하시오.

답안작성

무부하시 선로의 정전용량에 의한 진상 전류 때문에 수전단의 전압이 송전단의 전압보다 높아지는 현상

해 설

페란티 현상

① 개요 : 무부하의 경우 선로의 정전용량 때문에 전압보다 위상이 90°앞선 충전 전류의 영향이 커져서 선로에 흐르는 전류가 진상이 되어 수전단 전압이 송전단 전압보다 높아지는 현상을 페란티 현상이라 한다.

② 페란티 현상 방지 대책 : 선로에 흐르는 전류가 지상이 되도록 한다.

- 수전단에 분로 리액터를 설치한다.
- 동기 조상기의 부족여자 운전

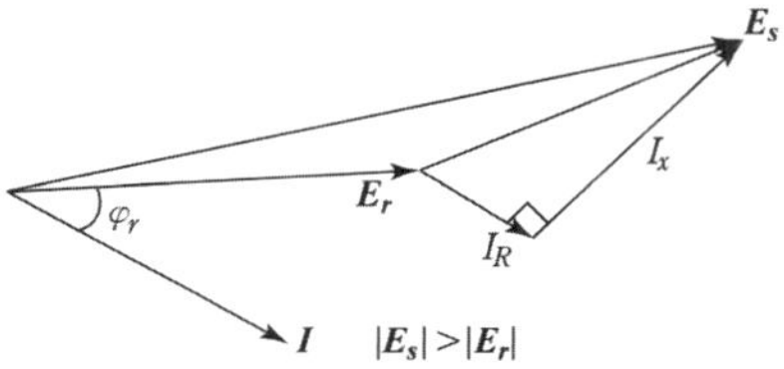

〈지상 전류가 흐를 경우의 벡터도〉

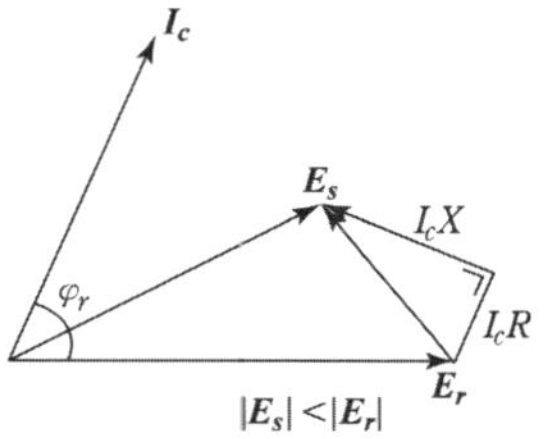

〈진상 전류가 흐를 경우의 벡터도〉

문제 02 ▸ 출제년도 : 11. 14. ▸ 점수 : 5점

면적이 50×50 [m], 천장높이 4 [m]인 실내에 조도 150 [lx]를 얻기 위한 등기구 수를 구하시오. 단, 광속 20,000 [lm], 이용률 0.6, 감광보상률 1.3인 경우이다.

- 계산 :
- 답 :

답안작성

- 계산 : $FUN = EAD$에서

  등기구 수 $N = \dfrac{EAD}{FU} = \dfrac{150 \times 50 \times 50 \times 1.3}{20000 \times 0.6} = 40.625$[등]

- 답 : 41[등]

문제 03 ▸ 출제년도 : 04. 14. ▸ 점수 : 6점

피뢰기의 구성 요소 2가지를 쓰고 그 역할을 설명하시오.

답안작성

① 직렬 갭 : 뇌 전류를 대지로 방전시키고 속류를 차단한다.
② 특성요소 : 뇌 전류 방전시 피뢰기 자신의 전위상승을 억제하여 자신의 절연파괴 방지

문제 04 ▸ 출제년도 : 14. ▸ 점수 : 8점

어느 건물 내의 접지공사용 공량이 다음과 같다. 이때 직접노무비 소계, 간접노무비, 공구 손료, 계를 구하시오. (단, 공구 손료는 3 [%], 간접노무비 15 [%]로 보고 계산한다. 노임단가 내선 전공은 12,410원, 보통인부 6,520원이다. 인공을 산출한 후 이를 합계하여 노임단가를 적용하여 소수점 이하는 버린다.)

[접지공사용 용량]

- 접지봉(2 [m]), 15개(1개소에 1개씩 설치)
- 접지선 매설 60□, 300 [m]
- 후강 전선관 28ϕ, 250 [m](콘크리트 매입)

접지공사

구분	단위	전공	보통인부
접지봉(지하 0.75m 기준)			
길이 1~2 [m]×1본	개소	0.20	0.10
×2본 연결		0.30	0.15
×3본 연결		0.45	0.23
동판 매설(지하 1.5 [m] 기준)			
0.3 [m]×0.3 [m]	매	0.30	0.30
1.0 [m]×1.5 [m]	〃	0.50	0.50
1.0 [m]×2.5 [m]	〃	0.80	0.80
접지 동판 가공	〃	0.16	
접지선 부설 600 [V] 비닐 전선	개소	0.05	0.025
완금 접지 2.9(11.4 [kV-Y]) D/L	〃	0.05	
접지선 매설			
14 [mm²] 이하	m	0.010	
38 〃	〃	0.012	
80 〃	〃	0.015	
150 〃	〃	0.020	
200 〃 이상	〃	0.025	
접속 및 단자 설치			
압축	개	0.15	
압축 평행	〃	0.13	
납땜 또는 용접	〃	0.19	
압축 단자	〃	0.03	
체부형	〃	0.05	

박강 및 PVC 전선관			후강 전선관	
규격		내선 전공	규격	내선 전공
박강	PVC			
	14 [mm]	0.01		
15 [mm]	16 [mm]	0.05	16 [mm](1/2")	0.08
19 [mm]	22 [mm]	0.06	22 [mm](3/4")	0.11
25 [mm]	28 [mm]	0.08	28 [mm](1")	0.14
31 [mm]	36 [mm]	0.10	36 [mm](1 1/4")	0.20
39 [mm]	42 [mm]	0.13	42 [mm](1 1/2")	0.25
51 [mm]	51 [mm]	0.19	54 [mm](2")	0.31
63 [mm]	70 [mm]	0.28	70 [mm](2 1/2")	0.41
75 [mm]	82 [mm]	0.37	82 [mm](3")	0.51
	100 [mm]	0.45	90 [mm](3 1/2")	0.60
	104 [mm]	0.46	104 [mm](1")	0.71

[해설] ① 콘크리트 매입 기준임
② 철근 콘크리트 노출 및 블록 칸막이 경매는 12 [%], 목조 건물은 121 [%], 철강조 노출은 120 [%]
③ 기설 콘크리트 노출 공사시 앵커 볼트 매입 깊이가 10 [cm] 이상인 경우는 앵커 볼트 매입품을 별도 계상하고 전선관 설치품은 매입품으로 계상한다.
④ 천장속 마루밑 공사 130 [%]

답안작성

① 직접 노무비
내선 전공 : $(0.2\times15)+(0.015\times300)+(0.14\times250)=42.5$[인]
인건비 $=42.5\times12{,}410=527{,}425$[원]
보통인부 : $0.1\times15=1.5$[인]
인건비 $=1.5\times6{,}520=9{,}780$[원]
∴ 직접노무비= 내선전공+보통인부 $=527{,}425+9{,}780=537{,}205$[원]
② 간접노무비= 직접노무비×15 [%] $=537{,}205\times0.15=80{,}580$[원]
③ 공구 손료 = 직접노무비×3 [%] $=537{,}205\times0.03=16{,}116$[원]
④ 계 $=537{,}205+80{,}580+16{,}116=633{,}901$[원]

문제 05

▸ 출제년도 : 11. 14. ▸ 점수 : 6점

송전방식에는 교류송전 방식과 직류송전 방식이 있다. 직류 송전 방식의 장점을 3가지만 쓰시오.

답안작성

① 절연레벨을 낮출 수 있다.
② 선로의 리액턴스가 없으므로 안정도가 높다.
③ 주파수가 다른 교류 계통과 연계가 가능하다.

해 설

직류송전 방식의 장·단점
(1) 장점
이외에도
④ 유전체손과 무효전력이 없으므로 이로 인한 손실도 없다.

⑤ 표피 효과나 근접 효과가 없으므로 실효 저항의 증대가 없다.
⑥ 코로나 손실이 적고 충전전류가 없다.

(2) 단점
① 직·교류 변환 장치가 필요하다.
② 전압의 승·강압이 안된다.
③ 고주파나 고조파 억제대책이 필요하다.
④ 직류 차단이 어렵다.

문제 06 ▸ 출제년도 : 14. ▸ 점수 : 6점

다음은 어떤 조명 방식인지 각 물음에 답하시오.
(1) 조명기구를 일정한 높이 및 간격으로 배치하여 방 전체의 조도를 균일하게 조명하는 방식
(2) 희망하는 곳에 희망하는 방향으로부터 충분한 조도를 얻을 수 있는 방식

답안작성

(1) 전반조명방식
(2) 국부조명방식

해 설

(1) 전반조명은 작업대의 위치가 변하여도 등기구의 배치를 변경시킬 필요가 없으며, 조도가 균일하고 그늘이 부드럽다.
(2) 국부조명은 원하는 곳에서 원하는 방향으로 조도를 줄 수 있으며, 불필요한 장소는 소등할 수 있어 필요한 만큼의 조도를 가장 경제적으로 얻을 수 있다.

문제 07 ▸ 출제년도 : 14. ▸ 점수 : 5점

어느 수용가가 당초 역률(지상) 80 [%]로 60 [kW]의 부하를 사용하고 있었는데 새로 역률(지상) 60 [%] 40 [kW]의 부하를 증가하여 사용하게 되었다. 이 때 콘덴서로 합성 역률을 90 [%]로 개선하는데 필요한 용량은 몇 [kVA]인가?

답안작성

계산 : 무효 전력 $Q = \dfrac{60}{0.8} \times 0.6 + \dfrac{40}{0.6} \times 0.8 = 98.33$ [kVar]

유효 전력 $P = 60 + 40 = 100$ [kW]

합성 역률 $\cos\theta = \dfrac{P}{\sqrt{P^2 + Q^2}} = \dfrac{100}{\sqrt{100^2 + 98.33^2}} = 0.713$

$\therefore\ Q_c = P(\tan\theta_1 - \tan\theta_2) = 100 \times \left(\dfrac{\sqrt{1-0.713^2}}{0.713} - \dfrac{\sqrt{1-0.9^2}}{0.9} \right) = 49.91$ [kVA]

답 : 49.91 [kVA]

해 설

피상전력을 P_a [kVA] 라 할 때,
• 유효 전력 $P = P_a \cos\theta$ [kW]
• 무효 전력 $Q = P_a \sin\theta = \dfrac{P}{\cos\theta} \times sin\theta$ [kVar]

문제 08

▸ 출제년도 : 14. ▸ 점수 : 5점

다음 전선의 약호를 쓰시오.

(1) 폴리에틸렌 절연 비닐 시스 케이블

(2) 옥외용 비닐 절연 전선

(3) 미네랄 인슈레이션 케이블

(4) 인입용 비닐 절연 전선

(5) 경동선

답안작성

(1) EV (2) OW (3) MI (4) DV (5) H

문제 09

▸ 출제년도 : 14. ▸ 점수 : 5점

다음에서 설명하는 금속관 부품의 명칭을 쓰시오.

(1) 매입형 스위치를 수용하거나 리셉터클의 아우트렛을 고정하기 위한 금속함은?

(2) 바닥 밑으로 매입 배선할 때 사용하는 것은?

(3) 배관 공사에서 박스에 금속관을 고정할 때 주로 사용하는 것은?

(4) 돌려서 접속할 수 없는 경우의 가요전선관과 금속관을 결합하는 곳에 사용하는 것은?

(5) 인입구, 인출구 수직배관의 상부에 사용되어 비의 침입을 막는데 사용되는 것은?

답안작성

(1) 스위치박스 (2) 플로어박스 (3) 로크너트
(4) 컴비네이션 유니온 커플링 (5) 앤트렌스 캡

문제 10

▸ 출제년도 : 14. ▸ 점수 : 6점

간접노무비와 간접 노무 비율을 구하는 계산식을 쓰시오.

답안작성

(1) 간접 노무비 = 직접 노무비×간접 노무 비율

(2) $\text{간접 노무 비율} = \dfrac{\text{공사종류별 간접노무비율} + \text{공사규모별 간접노무비율} + \text{공사기간별 간접노무비율}}{3}$

문제 11

▸ 출제년도 : 14. ▸ 점수 : 5점

G형 단위 폐쇄배전반에서 구비해야 할 조건 중 5가지만 쓰시오.

답안작성

① 단위 회로마다 장치가 일괄해서 접지 금속함내에 수납되어 있을 것.
② 주회로와 감시 제어반측과를 접지 금속의 격벽에 의하여 격 할 것.
③ 차단기가 폐로된 상태에서는 단로기를 조작 할 수 없도록 인터록을 설치 할 것.
④ 차단기는 반출 할 수 있는 구조일 것.
⑤ 차단기는 그 주회로와 제어회로에 자동연결부가 있는 추출형일 것.

해 설

그 외에도

⑥ 주회로의 중요한 기기는 상호간에 접지금속 벽으로부터 절연벽에 의하여 격리되어 있을 것.

⑦ 주회로의 도전부(모선, 접속선, 접속부 등)는 충분히 절연할 것.

문제 12

▸ 출제년도 : 98. 01. 14. ▸ 점수 : 5점

그림과 같은 저압기기의 지락사고시 기기에 접촉된 사람의 인체에 흐르는 전류를 구하시오. (단, 중성점접지저항값 $R_2 = 50[\Omega]$, 보호접지저항값 $R_3 = 100[\Omega]$, 인체의 접지저항 및 접촉저항값 $R_m = 1000[\Omega]$이다.)

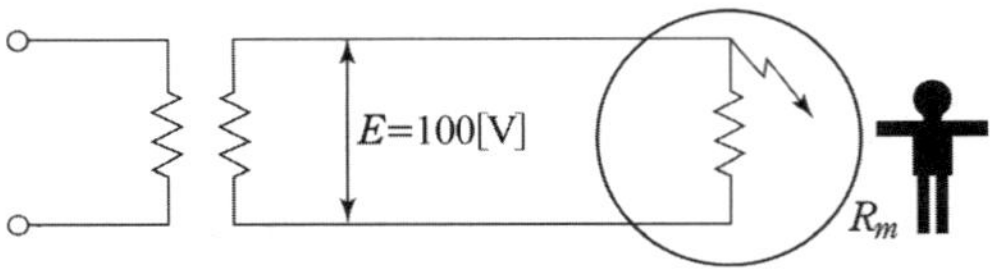

답안작성

계산 : $I_m = \dfrac{100}{50 + \dfrac{100 \times 1000}{100 + 1000}} \times \dfrac{100}{100 + 1000} = 0.0645\ [\text{A}] = 64.5[\text{mA}]$

답 : 64.5 [mA]

해 설

문제의 조건을 등가회로로 변경하면 아래와 같다.

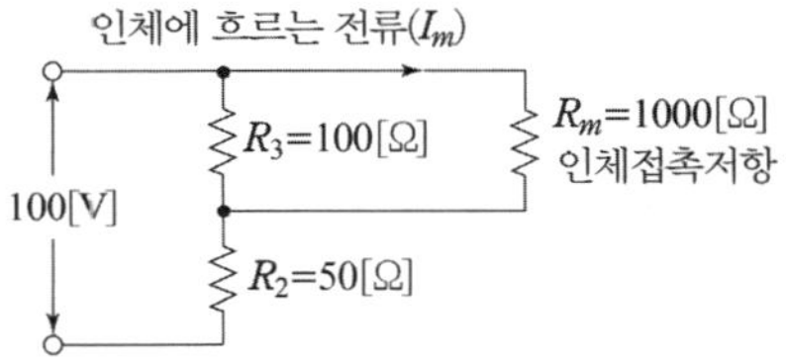

문제 13

▸ 출제년도 : 00. 14. ▸ 점수 : 5점

송전선로에서 매설 지선의 설치 목적은?

답안작성

매설지선은 철탑의 탑각 접지저항을 감소시켜 역섬락을 방지한다.

문제 14

▸ 출제년도 : 04. 14. ▸ 점수 : 5점

배전용 전주를 건주할 때 표준 근입(지하에 묻히는 길이)은 몇 [m] 이상인가?
(단, 설계 하중이 6.8 [kN]이다.)

(1) 15 [m] 이하 :

(2) 16 [m] 초과 20[m] 이하 :

답안작성

(1) 전장 $\times \dfrac{1}{6}$ [m] 이상　　(2) 2.8 [m] 이상

해 설

KEC 331.7 가공전선로 지지물의 기초의 안전율

가공전선로의 지지물에 하중이 가하여지는 경우에 그 하중을 받는 지지물의 기초의 안전율은 2이상(단, 이상시 상정하중에 대한 철탑의 기초에 대하여는 1.33)이어야 한다. 다만, 땅에 묻히는 깊이를 다음의 표에서 정한 값 이상의 깊이로 시설하는 경우에는 그러하지 아니하다.

설계하중 / 전장	6.8 [kN] 이하	6.8 [kN] 초과 ~ 9.8 [kN] 이하	9.81 [kN] 초과 ~ 14.72 [kN] 이하
15[m] 이하	전장×1/6[m] 이상	전장×1/6+0.3[m] 이상	전장×1/6+0.5[m] 이상
15[m] 초과~16[m]이하	2.5[m] 이상	2.8[m] 이상	–
16[m] 초과~20[m] 이하	2.8[m] 이상	–	–
15[m] 초과~18[m] 이하	–	–	3[m] 이상
18[m] 초과	–	–	3.2[m] 이상

문제 15 ▸ 출제년도 : 96. 01. 03. 09. 14. ▸ 점수 : 6점

가공배전선로에서 전선을 수평으로 배열하기 위한 크로스 완금의 길이[mm]를 표의 빈칸 "① ~ ⑥"에 쓰시오.

완금의 길이

전선조수	특고압	고압	저압
2	①	②	③
3	④	⑤	⑥

답안작성

① 1800 ② 1400 ③ 900 ④ 2400 ⑤ 1800 ⑥ 1400

문제 16 ▸ 출제년도 : 93. 94. 14. ▸ 점수 : 3점

가공전선을 애자에 바인드 하는 방법은 어떤 바인드법이 있는가 3가지를 쓰시오.

답안작성

① 인류 바인드법 ② 측부 바인드법 ③ 두부 바인드법

문제 17 ▸ 출제년도 : 14. ▸ 점수 : 4점

셀룰라덕트 배선에 대한 다음 물음에 답하시오

(1) 셀룰라덕트의 판 두께는 셀룰라덕트의 최대 폭이 150[mm] 이하 일 때 몇 [mm]이상이어야 하는가?

(2) 절연전선을 동일한 셀룰라덕트 내에 넣을 경우 셀룰라덕트의 크기는 전선의 피복절연물을 포함한 단면적의 총합계가 셀룰라덕트 단면적의 몇 [%]이하가 되도록 선정하여야 하는가?

답안작성

(1) 1.2
(2) 20

해 설

KEC 232.33 셀룰러덕트공사
셀룰러덕트의 판 두께는 표 에서 정한 값 이상일 것.

덕트의 최대 폭	덕트의 판 두께
150[mm] 이하	1.2[mm]
150[mm] 초과 200[mm] 이하	1.4[mm]
200[mm] 초과하는 것	1.6[mm]

문제 18 ▸ 출제년도 : 10. 14. ▸ 점수 : 10점

다음 그림은 무접점 회로도이다. 그림을 보고 다음 각 물음에 답하시오.

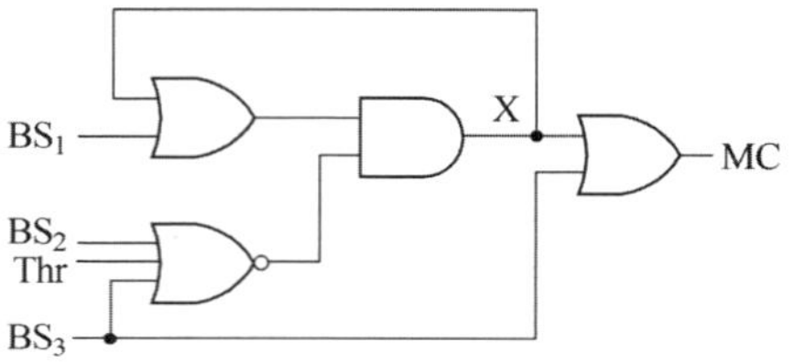

(1) 미완성된 유접점 회로도를 완성하시오.

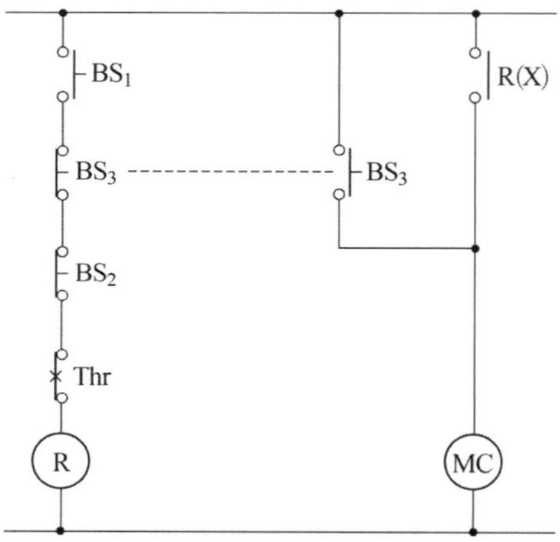

(2) Thr의 접점의 명칭을 쓰시오.
(3) 촌동운전이란 무엇인지 쓰시오.
(4) BS_1 ~ BS_3중에서 촌동운전 스위치는 어느 것인지 쓰시오.

답안작성

(1)

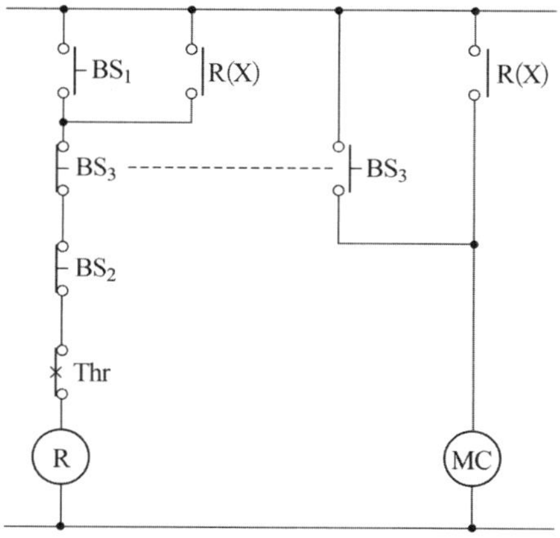

(2) 수동복귀 b접점

(3) 촌동 운전은 운전버튼을 누르고 있는 동안만 운전되고, 손을 놓으면 정지하는 운전방식

(4) BS_3

국가기술자격검정 실기시험문제 및 답안지

2014년도 산업기사 일반검정 제 4 회

자격종목(선택분야)	시험시간	형별	수험번호	성 명	감독위원 확 인
전기공사산업기사	2시간 00분				

※ 다음 물음에 답을 해당 답란에 답하시오.(배점 : 100점)

문제 01 ▸ 출제년도 : 14. ▸ 점수 : 4점

수중 조명등에 전기를 공급하기 위해 사용되는 절연변압기의 사용전압을 쓰시오.
(단, 미만, 이하 등을 정확하게 표시하시오.)

(1) 절연변압기의 1차측 전로의 사용전압 :

(2) 절연변압기의 2차측 전로의 사용전압 :

답안작성

(1) 400 [V] 이하일 것

(2) 150 [V] 이하일 것

해 설

KEC 234.14 수중조명등

수영장 기타 이와 유사한 장소에 사용하는 수중조명등에 전기를 공급하기 위해서는 절연변압기를 사용하고, 그 사용전압은 다음에 의하여야 한다.

1) 절연변압기의 1차측 전로의 사용전압은 400 [V] 이하일 것.

2) 절연변압기의 2차측 전로의 사용전압은 150 [V] 이하일 것.

문제 02 ▸ 출제년도 : 14. ▸ 점수 : 4점

가공 전선로에 쓰이는 애자의 명칭을 쓰시오.

(1) 애자 한 개로 전선을 지지하게 되므로 전압 계급에 따라서 자기의 크기, 층수, 절연층의 두께 등이 달라지며, 기계적 강도와 경년열화 등의 이유로 일반적으로 33 [kV] 이하의 전선로에만 주로 사용되고 있는 애자는?

(2) 66 [kV] 이상의 모든 선로에는 대부분 이 애자를 사용하고 있으며, 클레비스형과 볼소켓형 등이 있는 애자는?

(3) 많은 갓을 가지고 있는 원통형의 긴애자로 경년열화가 적고 누설거리가 비교적 길어서 염분에 의한 애자오손이 적고 내무애자로서 적당한 애자는?

(4) 발 · 변소나 개폐소의 모선, 단로기 기타의 기기를 지지하거나 연가용 철탑 등에서 점퍼선을 지지하기 위해서 쓰이고 있으며, 라인 포스트애자가 대표적인 애자는?

답안작성

(1) 핀애자 (2) 현수애자 (3) 라인 포스트애자 (4) 지지애자

문제 03

▸ 출제년도 : 10, 14. ▸ 점수 : 6점

다음의 옥내배선 그림기호에 대한 명칭을 쓰시오.

(1) ●$_R$ (2) [S] (3)  (4) ▲ (5)  (6) [B]

답안작성

(1) 리모콘 스위치 (2) 개폐기 (3) 셀렉터 스위치
(4) 리모콘 릴레이 (5) 조광기 (6) 배선용 차단기

문제 04

▸ 출제년도 : 14. ▸ 점수 : 5점

용량 800 [W]의 전열기에서 전열선의 길이를 5 [%] 작게 하면 소비 전력은 몇 [W]인지 구하시오.

•계산 : •답 :

답안작성

계산 : 최초의 전력을 P, 전열선의 길이를 l, 5 [%] 적을 때의 전열선의 길이를 l', 전력을 P'라 하면

$P \propto \frac{1}{l}$ 이므로

$$P' = \left(\frac{l}{l'}\right)P = \left(\frac{l}{0.95l}\right)P = \frac{1}{0.95} \times 800 = 842.11 [W]$$

답 : 842.11 [W]

해 설

$$P = \frac{V^2}{R} = \frac{V^2}{\rho\frac{l}{A}} = \frac{AV^2}{\rho l} \propto \frac{1}{l}$$

문제 05

▸ 출제년도 : 14. ▸ 점수 : 5점

연건평 30000 [m^2] 인 아파트의 부하밀도는 50 [VA/m^2]이고 수용률은 40 [%], 부등률은 1.25 이다. 이 아파트의 수전설비용량을 구하시오.

•계산 : •답 :

답안작성

계산 : 부하용량 $= 50 \times 30000 \times 10^{-3} = 1500$ [kVA]

수전설비용량 $P = \frac{1500 \times 0.4}{1.25} = 480$ [kVA]

답 : 480 [kVA]

해 설

수전설비용량 ≥ 합성최대 수용전력 $= \frac{\text{설비용량 [kVA]} \times \text{수용률}}{\text{부등률}} = \frac{\text{설비용량 [kW]} \times \text{수용률}}{\text{부등률} \times \text{역률}}$ [kVA]

문제 06 ▸ 출제년도 : 05. 14. ▸ 점수 : 8점

도면은 154 [kV]를 수전하는 어느 공장의 수전설비에 대한 단선도이다. 이 단선도를 보고 다음 각 물음에 답하시오.

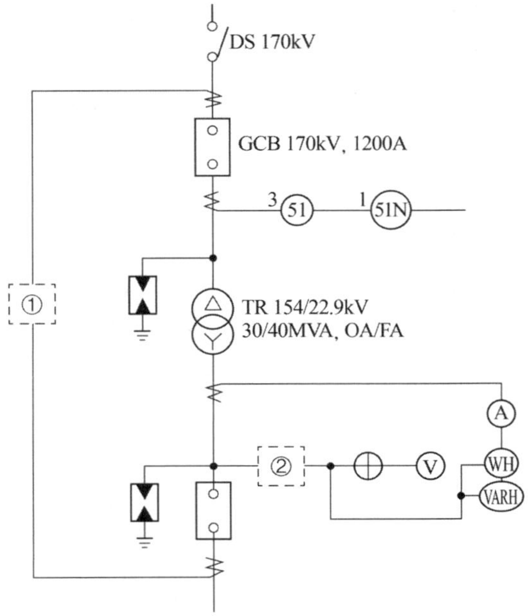

(1) ①에 설치되어야 할 기기의 심벌을 그리고, 그 명칭을 쓰시오.

(2) ②에 설치되어야 할 기기의 심벌을 그리고, 그 명칭을 쓰시오.

(3) 51, 51N의 기구번호의 명칭은?

(4) GCB, VARH의 용어는?

답안작성

(1) 심벌 : 

명칭 : 주변압기 차동 계전기

(2) 심벌 : 

명칭 : 계기용 변압기

(3) 51 : 교류 과전류계전기 51N : 중성점 과전류계전기

(4) GCB : 가스차단기 VARH : 무효전력량계

해 설

(1) 계전기별 고유번호
- 87 : 전류 차동계전기 (비율 차동 계전기)
- 87B : 모선 보호 차동계전기
- 87G : 발전기용 차동계전기
- 87T : 주변압기 차동계전기

문제 07 ▸ 출제년도 : 06. 14. ▸ 점수 : 5점

지중 케이블의 고장 개소를 찾는 방법 5가지를 쓰시오.

답안작성

① 머레이 루프법　② 펄스 레이더법　③ 정전용량법
④ 수색코일법　⑤ 음향에 의한 방법

문제 08 ▸ 출제년도 : 12. 14. ▸ 점수 : 4점

다음의 작업구분에 맞는 각각의 직종명을 쓰시오. (예, 내선전공)
(1) 발전설비 및 중공업설비의 시공 및 보수
(2) 변전설비의 시공 및 보수
(3) 철탑 및 송전설비의 시공 및 보수
(4) 플랜트 프로세스의 자동제어장치, 공업제어장치 등의 시공 및 보수

답안작성

(1) 플랜트전공　(2) 변전전공
(3) 송전전공　(4) 계장전공

해 설

(1) 플랜트전공 : 발전소 중공업설비·플랜트설비의 시공 및 보수에 종사하는 사람
(2) 변전전공 : 변전소 설비의 시공 및 보수에 종사하는 사람
(3) 송전전공 : 발전소와 변전소 사이의 송전선의 철탑 및 송전설비의 시공 및 보수에 종사하는 사람
(4) 계장공 : 기계, 급배수, 전기, 가스, 위생, 냉난방 및 기타공사에 있어서 계기(공업제어장치, 공업계측 및 컴퓨터, 자동제어장치 등)를 전문으로 설치, 부착 및 점검하는 사람

문제 09 ▸ 출제년도 : 11. 14. ▸ 점수 : 5점

어떤 콘덴서 3개를 선간 전압 3300 [V], 주파수 60 [Hz]의 선로에 △로 접속하여 60 [kVA]가 되도록 하려면 콘덴서 1개의 정전 용량 [μF]은 약 얼마로 하여야 하는가?
•계산 :　　　　•답 :

답안작성

계산 : $Q = 3EI_c = 3 \times 2\pi f CE^2$

정전 용량 $C = \dfrac{Q}{6\pi f E^2} = \dfrac{60 \times 10^3}{6\pi \times 60 \times 3300^2} \times 10^6 = 4.87$ [μF]

답 : 4.87 [μF]

문제 10 ▸ 출제년도 : 14. ▸ 점수 : 4점

극판형식에 의한 축전지의 분류표이다. 빈칸에 알맞은 내용을 쓰시오.

종 별	연축전지	알칼리축전지	니켈수소전지
형식명	크래드식(PS) 패이스트식(HS)	포켓식 소결식	GMH형
기전력	2.05 ~ 2.08	(　　)	1.34
공칭전압	(　　)	(　　)	(　　)

답안작성

종 별	연축전지	알칼리축전지	니켈수소전지
형식명	크래드식(PS) 패이스트식(HS)	포켓식 소결식	GMH형
기전력	2.05 ~ 2.08	(1.33)	1.34
공칭전압	(2.0)	(1.2)	(1.2)

문제 11

▸ 출제년도 : 14. ▸ 점수 : 6점

고압 옥내배선 시설 공사법 3가지를 쓰시오.

답안작성

애자공사, 케이블공사, 케이블트레이공사

해 설

KEC 342.1 고압 옥내배선 등의 시설
고압 옥내배선은 다음 중 하나에 의하여 시설할 것.
1) 애자공사(건조한 장소로서 전개된 장소에 한한다)
2) 케이블공사
3) 케이블트레이공사

문제 12

▸ 출제년도 : 14. ▸ 점수 : 5점

건축물 전기설비에서 간선의 굵기를 산정하는데 고려하여야할 4가지 요소를 쓰시오.

답안작성

① 허용 전류　　② 전압 강하
③ 기계적 강도　　④ 수용률 및 향후 증설부하

문제 13

▸ 출제년도 : 14. ▸ 점수 : 6점

수・변전설비용 기기인 차단기의 차단기 트립(trip) 방식 4가지를 쓰시오.

답안작성

① 전압 트립 방식
② CT 트립 방식
③ 콘덴서 트립 방식
④ 부족 전압 트립 방식

해 설

(1) 전압 트립 방식 : 직류전원의 전압을 트립코일에 인가하여 트립 시키는 방식
(2) CT 트립 방식 : CT의 2차 전류가 정해진 값보다 초과되었을 때 트립 시키는 방식
(3) 콘덴서 트립 방식 : PT의 2차측에 정류기를 부설하여 콘덴서를 충전하고 이를 트립코일을 통해서 방전시켜 차단하는 방식
(4) 부족 전압 트립 방식 : PT의 2차전압을 항상 트립 코일에 인가해 두고 1차측 전압이 정해진 값 이하로 떨어졌을 때 트립하는 방식

문제 14 ▸ 출제년도 : 14. ▸ 점수 : 6점

어떤 전기설비에서 3300 [V]의 3상 회로에 변압비 33의 계기용변압기 2대를 그림과 같이 설치하였다면, 그때의 전압계 V_1, V_2, V_3의 지시값은 얼마인지 각각 구하시오.

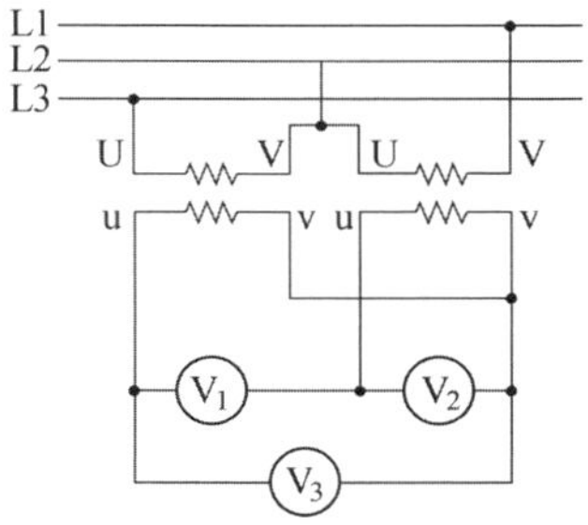

(1) $V_1 =$

(2) $V_2 =$

(3) $V_3 =$

답안작성

(1) $V_1 = \dfrac{3300}{33} \times \sqrt{3} = 173.21[V]$

(2) $V_2 = \dfrac{3300}{33} = 100[V]$

(3) $V_3 = \dfrac{3300}{33} = 100[V]$

해 설

V_1는 V_2와 V_3의 Vector 차전압 지시 즉, $V_1 = \sqrt{3}\, V_2 = \sqrt{3}\, V_3$

문제 15 ▸ 출제년도 : 99. 01. 07. 14. ▸ 점수 : 6점

다음 그림의 릴레이 회로를 보고 물음에 답하시오.

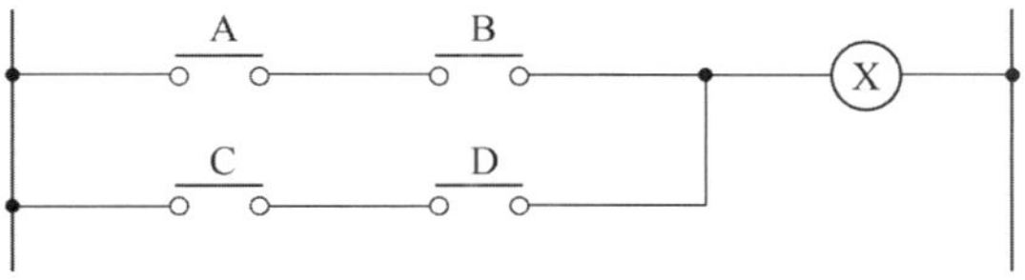

(1) 논리식을 쓰시오.

(2) 2입력 AND 소자, 2입력 OR 소자를 사용하여 로직 회로로 바꾸시오.

(3) 2입력 NAND 소자 만으로 회로를 바꾸시오.

답안작성

(1) Ⓧ = AB+CD

(2)

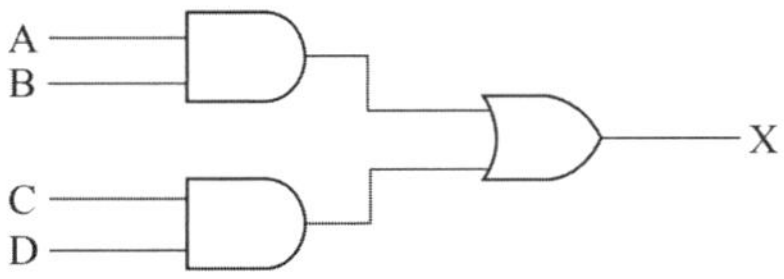

(3)

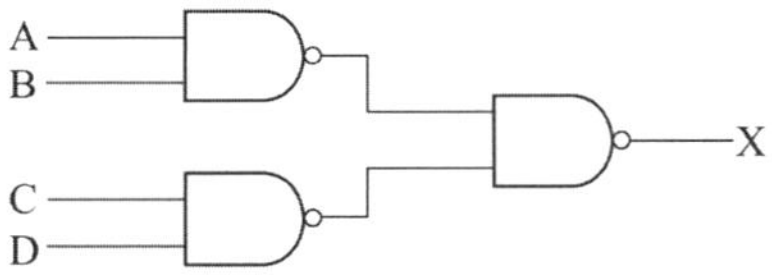

문제 16 ▸ 출제년도 : 14. ▸ 점수 : 10점

그림의 제어회로는 절환스위치(COS)에 의한 촌동과 상시를 절환하여 3상 유도전동기를 정·역전 제어하는 회로이다. 각각의 물음에 답하시오.

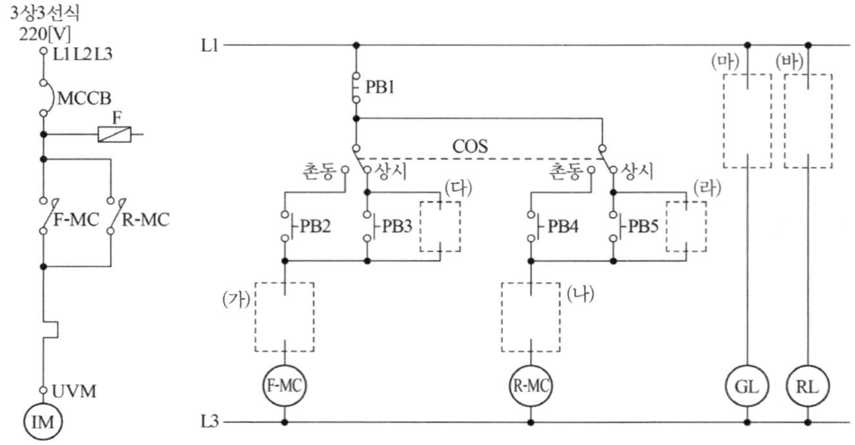

(1) 제어회로도의 빈칸((가)~(바))에 알맞은 접점과 기호를 넣으시오.
  (단, 정회전(F)시에는 GL, 역회전(R)시에는 RL이 점등될 것)

(2) 주회로의 단선 접속도를 복선 접속도로 그리시오.

답안작성

(1)

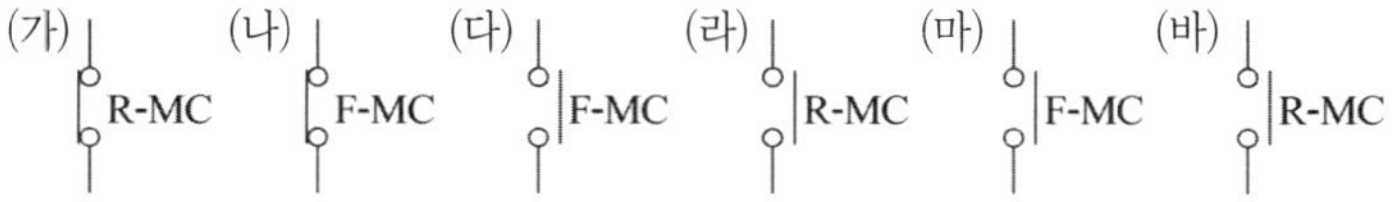

(2)

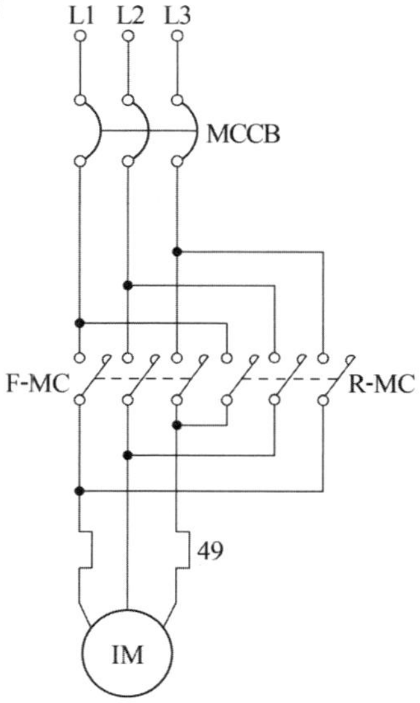

문제 17 ▸ 출제년도 : 92. 95. 14. ▸ 점수 : 5점

바닥면적 200 [m^2]의 사무실에 전 광속 2500 [lm]의 36 [W] 형광등을 시설하여 평균조도를 150 [lx]로 하자면 설치할 등 수는 몇 등인가? (단, 조명율은 50 [%], 감광보상률은 1.25이다.)

•계산 : •답 :

답안작성

계산 : 전등수 $N = \frac{EAD}{FU} = \frac{150 \times 200 \times 1.25}{2500 \times 0.5} = 30$ [등]

답 : 30 [등]

출제기준 변경 및 개정된 관계법규에 따라 삭제된 문제가 있어 배점의 합계가 100점이 안됩니다.

MEMO

D30-4

2015년도 전기공사산업기사 실기

- 15년 제 1 회 전기공사산업기사
- 15년 제 2 회 전기공사산업기사
- 15년 제 4 회 전기공사산업기사

국가기술자격검정 실기시험문제 및 답안지

2015년도 산업기사 일반검정 제 1 회

자격종목(선택분야)	시험시간	형별	수험번호	성 명	감독위원 확 인
전기공사산업기사	2시간 00분				

※ 다음 물음에 답을 해당 답란에 답하시오.(배점 : 100점)

문제 01 ▸ 출제년도 : 89. 95. 10. 11. 12. 15. ▸ 점수 : 5점

작업장의 가로가 20 [m], 세로가 30 [m], 층고 2.5 [m]인 방에서 조명기구를 천장에 설치하고자 한다. 이 방의 실지수는 얼마인가?(단, 작업면의 높이는 1[m]이다.)

•계산 : •답 :

답안작성

계산 : 실지수 $R \cdot I = \dfrac{X \cdot Y}{H(X+Y)} = \dfrac{20 \times 30}{(2.5-1)(20+30)} = 8$

답 : 8

문제 02 ▸ 출제년도 : 15. ▸ 점수 : 5점

역률 80[%]인 형광등 40[W] 5개와 역률이 60[%]인 형광등 20[W] 3개, 역률이 1인 백열등 60 [W] 4개인 분기회로가 있다. 이 분기회로의 설비부하용량 [VA]을 계산하시오.

•계산 : •답 :

답안작성

계산 : ① 역률 80[%] 형광등

• 유효전력 $P = 40 \times 5 = 200$ [W]

• 무효전력 $P_r = \dfrac{40}{0.8} \times 0.6 \times 5 = 150$ [Var]

② 역률 60[%] 형광등

• 유효전력 $P = 20 \times 3 = 60$ [W]

• 무효전력 $P_r = \dfrac{20}{0.6} \times 0.8 \times 3 = 80$ [Var]

③ 역률 100[%] 백열등

• 유효전력 $P = 60 \times 4 = 240$ [W]

• 무효전력은 0[Var]

따라서, 이 분기회로의 설비부하용량 P_a는

$$P_a = \sqrt{(200+60+240)^2 + (150+80+0)^2} = 550.36 \text{ [VA]}$$

답 : 550.36 [VA]

문제 03

▸ 출제년도 : 15. ▸ 점수 : 4점

다음과 같은 케이블의 명칭을 우리말로 답하시오.

(1) CNCV-W

(2) TR CNCV-W

답안작성

(1) 동심중성선 수밀형 전력케이블

(2) 동심중성선 트리억제형 전력케이블

문제 04

▸ 출제년도 : 99. 15. ▸ 점수 : 6점

다음은 용어에 관한 설명이다. ( ) 안에 알맞은 용어를 쓰시오.

(1) (　　)이라 함은 가공전선로의 지지물에서 다른 지지물을 거치지 아니하고 수용장소의 인입선 접속점에 이르는 가공전선을 말한다.

(2) (　　)이라 함은 지중전선로의 배전탑 또는 가공전선로의 지지물에서 직접 수용장소에 이르는 지중전선로를 말한다.

(3) (　　)이라 함은 하나의 수용장소의 인입선 접속점에서 분기하여 지지물을 거치지 아니하고 다른 수용장소의 인입선 접속점에 이르는 전선을 말한다.

답안작성

(1) 가공인입선

(2) 지중인입선

(3) 연접인입선

문제 05

▸ 출제년도 : 91. 96. 97. 03. 15. ▸ 점수 : 5점

어떤 변전소로부터 6.6[kV], 3상 3선식 비접지 배전선이 8회선 나와 있다. 이 배전선에 접속된 주상 변압기의 접지 저항값의 허용값은 얼마인가?

단, 고압측 1선 지락전류는 4[A]라고 한다.

• 계산　　　　　　　　　　　　　• 답

답안작성

계산 : 중성점 접지저항값 $R_2 = \frac{150}{I_g} = \frac{150}{4} = 37.5\,[\Omega]$

답 : 37.5 [Ω]

해 설

중성점 접지공사의 접지저항

① 자동차단장치가 없는 경우 $R_2 = \frac{150}{\text{1선 지락전류}}\,[\Omega]$

② 2초 이내에 동작하는 자동차단장치가 있는 경우 $R_2 = \frac{300}{\text{1선 지락전류}}\,[\Omega]$

③ 1초 이내에 동작하는 자동차단장치가 있는 경우 $R_2 = \frac{600}{\text{1선 지락전류}}\,[\Omega]$

문제 06 ▸ 출제년도 : 15. ▸ 점수 : 5점

13200/22900 [V], 3상 4선식으로 수전하며 수전 용량이 750 [kVA]라 할 때 이 인입구에 MOF를 시설하는 경우 MOF의 변류비를 산출하여 표준규격으로 결정하시오.
(단, 변류비는 정격 1차 전류를 구하여 1.5배의 값으로 변류비를 적용한다.)

•계산 : •답 :

답안작성

계산 : $I_1 = \dfrac{750 \times 10^3}{\sqrt{3} \times 22900} \times 1.5 = 28.36[\text{A}]$

답 : 변류비 30/5

해 설

변류비 및 부담

- 1차 전류 : 5, 10, 15, 20, 30, 40, 50, 75, 100, 150, 200, 300, 400, 500[A]
- 2차 전류 : 5[A]
- 정격 부담 : 5, 10, 15, 25, 40, 100[VA]

문제 07 ▸ 출제년도 : 15. ▸ 점수 : 5점

거리가 1000 [m]인 배전 선로 공사에 있어서 단면적 22 [mm^2]의 알루미늄선으로 계산된 것을 저항이 같은 경동선으로 대치하려고 한다면 그 전선의 단면적은 얼마로 하여야 하는지 구하시오.

[조건]

알루미늄선의 저항률 : $\dfrac{1}{35}[\Omega \cdot \text{mm}^2/\text{m}]$

경동선의 저항률 : $\dfrac{1}{55}[\Omega \cdot \text{mm}^2/\text{m}]$

•계산 : •답 :

답안작성

계산 : 저항 $R = \rho\dfrac{l}{A}$ 에서 단면적 $A = \dfrac{\rho l}{R}$

따라서, 저항 및 전선의 길이가 같은 경우 단면적 $A \propto \rho$ 이므로

$\therefore\ 22 : A = \dfrac{1}{35} : \dfrac{1}{55}$

$A = \dfrac{35}{55} \times 22 = 14[\text{mm}^2]$

답 : 16 [mm^2]

해 설

(1) 저항 $R = \rho\dfrac{l}{A}\ [\Omega]$

여기서, $\rho = \dfrac{1}{\sigma}$: 저항률 또는 고유저항 [$\Omega \cdot \text{mm}^2/\text{m}$],

l : 전선의 길이 [m], A : 전선의 단면적 [mm^2]

(2) KSC IEC 전선규격

1.5, 2.5, 4, 6, 10, 16, 25, 35, 50, 70, 95, 120, 150, 185, 240, 300, 400, 500, 630[mm^2]

문제 08 ▸ 출제년도 : 94. 98. 03. 15 ▸ 점수 : 4점

다음 그림과 같이 3상 3선식 200 [V] 수전인 경우 설비불평형률은 얼마인가?
단, H는 전열기, M은 전동기, 전동기 역률은 80[%]로 한다.

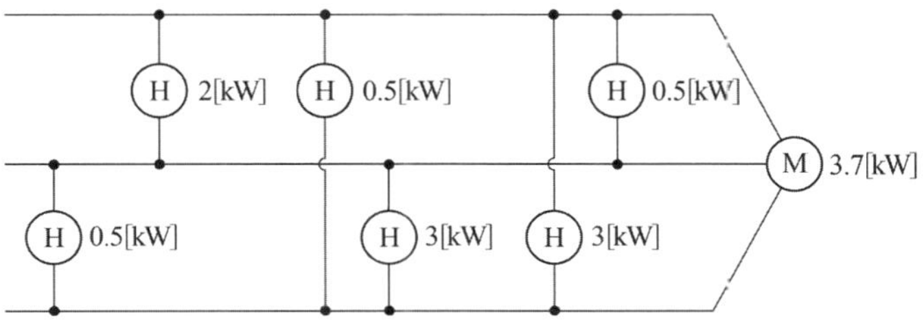

•계산 : •답 :

답안작성

계산 : 설비불평형률 $= \dfrac{(3+0.5)-(2+0.5)}{\left(2+0.5+0.5+\dfrac{3.7}{0.8}+3+3+0.5\right)\times\dfrac{1}{3}} \times 100 = 21.24[\%]$

답 : 21.24 [%]

해 설

3상 3선식의 경우

설비불평형률 $= \dfrac{\text{각 선간에 접속되는 단상부하의 최대와 최소의 차}}{\text{총 부하 설비용량의 } 1/3} \times 100[\%]$

문제 09 ▸ 출제년도 : 99. 11. 15. ▸ 점수 : 5점

전원 공급점에서 40 [m]의 지점에 60 [A], 45 [m]의 지점에 50 [A], 60 [m] 지점에 30[A]의 부하가 걸려 있을 때 부하 중심까지의 거리는 몇 [m]인가?

•계산 : •답 :

답안작성

계산 : 부하 중심점까지의 거리

$$L = \frac{l_1 i_1 + l_2 i_2 + l_3 i_3}{i_1 + i_2 + i_3} = \frac{40\times 60 + 45\times 50 + 60\times 30}{60+50+30} = 46.07[\text{m}]$$

답 : 46.07[m]

문제 10 ▸ 출제년도 : 15. ▸ 점수 : 8점

염해를 받을 우려가 있는 장소에서 저압 옥외 전기설비의 내염공사 시 시설원칙에 대하여 설명하시오.

답안작성

① 바인드선은 철제의 것을 사용하지 말 것
② 계량기함 등은 금속제의 것을 피할 것
③ 철제류는 아연도금 또는 방청도장을 실시할 것
④ 나사못류는 동합금(놋쇠)제의 것 또는 아연도금한 것을 사용할 것

문제 11 ▸출제년도 : 06. 15. ▸점수 : 5점

다음 설명과 같은 조명방식의 명칭과 용도를 쓰시오.

[다음]

- 조명방식 : 벽면을 밝은 광원으로 조명하는 방식으로 숨겨진 램프의 직접광이 아래쪽 벽, 커튼, 위쪽 천장면에 쪼이도록 조명하는 방식이다.
- 특 징 : 실내면을 황색으로 마감하고, 밸런스 판으로 목재, 금속판 등 투과율이 낮은 재료를 사용하고 램프로는 형광램프가 적정하다.

답안작성

명칭 : 밸런스 조명(valance light)

용도 : 분위기 조명에 이용

문제 12 ▸출제년도 : 15. ▸점수 : 5점

다음 ( )안에 알맞은 내용을 쓰시오.

(   )램프는 전자유도법칙에 의해 외부에서 내부가스를 방전시켜 발광시키는 것으로 주파수가 수 MHz보다 높은 주파수 영역에서 교류전계에 의한 전자의 왕복운동과 충돌전리를 이용해 방전시키는 램프이다.

답안작성

무전극

해 설

무전극 램프(Elctrodeless Discharge Lamp)

기존의 램프와 달리 가스가 봉입된 벌브 내부에 전극(필라멘트, 발광관)이 없는 대신 벌브 외부에 페라이트코어가 장치된 램프로서, 이 페라이트 코어에 고주파스위칭이 가능한 특수인버터로부터 에너지가 공급되면 램프에 자계가 발생하여 벌브 내부의 봉입 가스를 여기 시켜 발광이 되는 원리로서 장수명, 고효율 및 고연색성을 획기적으로 향상시킨 램프이다.

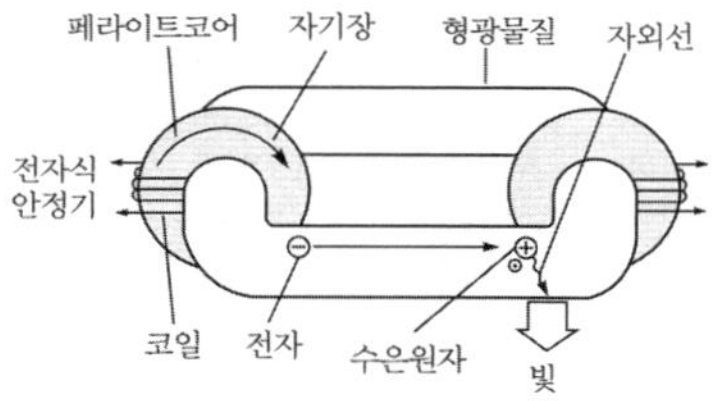

문제 13 ▸출제년도 : 95. 99. 00. 15. ▸점수 : 5점

폭 20 [m]의 가로 양쪽에 간격 20 [m]를 두고 맞보기 배열로 가로등이 점등되어 있다. 한 등당 전광속이 15,000 [lm]이고, 조명율 30 [%], 감광 보상율이 1.4라면 이 도로의 평균조도는?

•계산 : •답 :

답안작성

계산 : $FUN = EAD$

$$E=\frac{FUN}{AD}=\frac{15000\times 0.3\times 1}{\frac{20\times 20}{2}\times 1.4}=16.07\ [\text{lx}]$$

답 : 16.07 [lx]

문제 14 ▸ 출제년도 : 93. 06. 10. 15. ▸ 점수 : 3점

다음은 전선의 접속에 관한 내용이다. (   ) 안에 알맞은 내용을 쓰시오.
전선을 접속할 경우 처음 전선의 세기를 (   ) [%] 이상 감소시켜서는 안된다.

답안작성

20

해 설

KEC 123 전선의 접속
전선을 접속하는 경우에는 전선의 전기저항을 증가시키지 아니하도록 접속하여야 하며, 또한 다음에 따라야 한다.

1) 절연전선 상호 · 절연전선과 코드, 캡타이어 케이블과 접속하는 경우에는
   가. 전선의 세기를 20[%] 이상 감소시키지 아니할 것.
   나. 접속부분은 접속관 기타의 기구를 사용할 것.
   다. 접속부분의 절연전선에 절연전선의 절연물과 동등 이상의 절연효력이 있는 것으로 충분히 피복할 것.
2) 코드 상호, 캡타이어 케이블 상호 또는 이들 상호를 접속하는 경우에는 코드 접속기 · 접속함 기타의 기구를 사용할 것.
   다만 공칭단면적이 10[mm^2] 이상인 캡타이어 케이블 상호를 규정에 준하여 접속하는 경우에는 기구를 사용하지 않을 수 있다.
3) 도체에 알루미늄(알루미늄 합금을 포함한다.)을 사용하는 전선과 동(동합금을 포함한다.)을 사용하는 전선을 접속하는 등 전기 화학적 성질이 다른 도체를 접속하는 경우에는 접속부분에 전기적 부식이 생기지 않도록 할 것.

문제 15 ▸ 출제년도 : 98. 00. 02. 15. ▸ 점수 : 5점

분전반에서 40 [m] 떨어진 회로의 끝에서 단상 2선식 220 [V] 전열기 8800 [W] 2대 사용시, 450/750 [V] 일반용 단심 비닐절연전선의 굵기는? (단, 전압강하는 2 [%] 이내로 하고 전류감소계수는 없는 것으로 하고 최종 답은 공칭단면적 값을 쓰시오.)

•계산 : •답 :

답안작성

계산 : $A = \dfrac{35.6LI}{1000 \cdot e} = \dfrac{35.6 \times 40 \times \dfrac{8800 \times 2}{220}}{1000 \times 220 \times 0.02} = 25.89[\text{mm}^2]$ 답 : 35 [mm^2]

해 설

KSC IEC 전선규격
1.5, 2.5, 4, 6, 10, 16, 25, 35, 50, 70, 95, 120, 150, 185, 240, 300, 400, 500, 630[mm^2]

문제 16 ▸ 출제년도 : 94. 98. 01. 03. 04. 07.15 ▸ 점수 : 5점

공사원가라 함은 공사시공 과정에서 발생한 무엇의 합계액을 말하는가?

답안작성

재료비, 노무비, 경비

문제 17 ▸출제년도 : 08. 15. ▸점수 : 5점

전기설비의 시공에 대한 검사는 육안검사 및 시험이 있다. 이 때 육안검사 항목 중 5가지만 쓰시오.

답안작성

① 전기기기의 표시확인과 손상유무 점검
② 감전예방의 종류 확인
③ 허용전류 및 전압강하에 관한 전선의 선정
④ 보호장치 및 감시장치의 선택 및 시설
⑤ 단로장치 및 개폐장치의 시설

해 설

(1) 육안검사
이외에도
⑥ 화재의 파급을 예방하기 위한 방재벽의 존재 및 기타 예방 조치와 기타 열 영향에 대한 보호
⑦ 외적영향에 따른 적절한 기기 및 보호수단 선정
⑧ 중성선 및 보호선의 식별
⑨ 회로, 퓨즈, 개폐기, 단자 등의 식별
⑩ 전선접속의 적정성
⑪ 조작 및 보수의 편리성을 위한 접근 가능성
⑫ 접지계통 종류의 확인
⑬ 접지설비의 시공확인

(2) 시험검사의 종류
① 시험 순서
② 주 및 보조 등전위 접속을 포함하는 보호선의 연속성
③ 전기설비의 절연저항
④ 회로 분리에 의한 보호
⑤ 바닥과 벽의 저항
⑥ 전원의 자동차단에 의한 보호조건 검사
⑦ 접지극의 저항측정
⑧ 보호선의 저항측정
⑨ 극성시험
⑩ 과전압에 대한 보호검사

문제 18 ▸출제년도 : 15. ▸점수 : 7점

그림의 로직 회로는 지하철역의 무인 개찰 회로의 일부이다. ( )안에 알맞은 것을 보기에서 골라 답하시오.

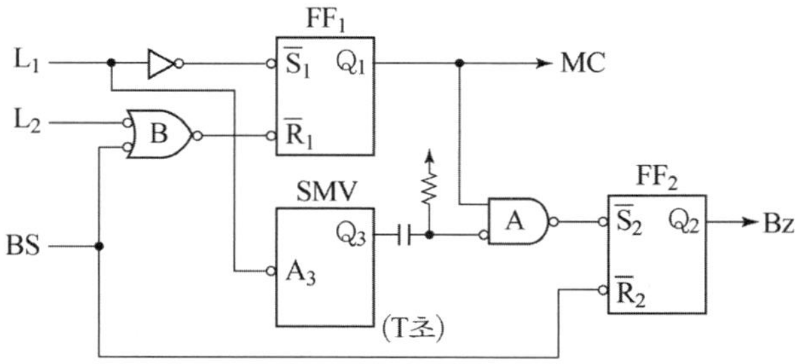

[보기] MC, OR, AND, FF_1, FF_2, A, (중복도 가함)

(1) 차표를 넣으면 L_1이 검출하여 (①)가(이) 셋되고 (②)가(이) 동작하여 차표 투입구를 닫는다. t초 후 차표가 배출구로 나오면 L_2가 검출하여 (③)가(이) 리셋되고 (④)가(이) 복귀하여 투입구를 연다.(단, 입력은 L레벨형이고, FF은 $\overline{R}\,\overline{S}-\text{latch}$이다.)

(2) 차표를 넣은 후 T초 ($T > t$)가 되어도 차표가 나오지 않으면 (⑤) 의 출력과 미분회로에 의하여 (⑥)가 동작하므로 (⑦)가 셋되어 부저가 울린다. 이때 BS를 누르면 모두 복귀한다.

답안작성

(1) ① FF_1 ② MC ③ FF_1 ④ MC

(2) ⑤ FF_1 ⑥ A ⑦ FF_2

출제기준 변경 및 개정된 관계법규에 따라 삭제된 문제가 있어 배점의 합계가 100점이 안됩니다.

국가기술자격검정 실기시험문제 및 답안지

2015년도 산업기사 일반검정 제 2 회

자격종목(선택분야)	시험시간	형별	수험번호	성 명	감독위원 확 인
전기공사산업기사	2시간 00분				

※ 다음 물음에 답을 해당 답란에 답하시오.(배점 : 100점)

문제 01 ▸ 출제년도 : 15. ▸ 점수 : 5점

그림과 같은 단상 2선식 배전선의 a, b 선간에 부하가 접속되어 있다. 전선의 저항이 2선 모두 0.06[Ω]으로 동일할 때, 부하에 공급되는 a-b간의 전압은 몇 [V] 인지 구하시오. (단, 부하의 역률은 1이고, 또 선로의 리액턴스는 무시한다.)

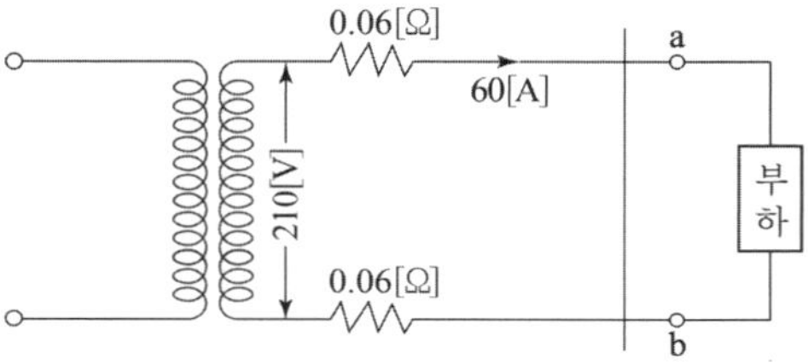

•계산 •답

답안작성

계산 : $V_{ab} = V_s - 2IR = 210 - 2 \times 60 \times 0.06 = 202.8$ [V]

답 : 202.8 [V]

해 설

단상 2선식에서 수전단 전압 $V_r = V_s - 2I(R\cos\theta + X\sin\theta)$에서

역률$\cos\theta = 1$, 리액턴스 $X = 0$인 경우

$V_r = V_s - 2IR$

문제 02 ▸ 출제년도 : 98. 00. 04. 07. 08. 09. 15. ▸ 점수 : 5점

그림과 같은 단상 3선식 110/220 [V]의 공급 선로에서의 설비불평형률[%]을 구하시오.

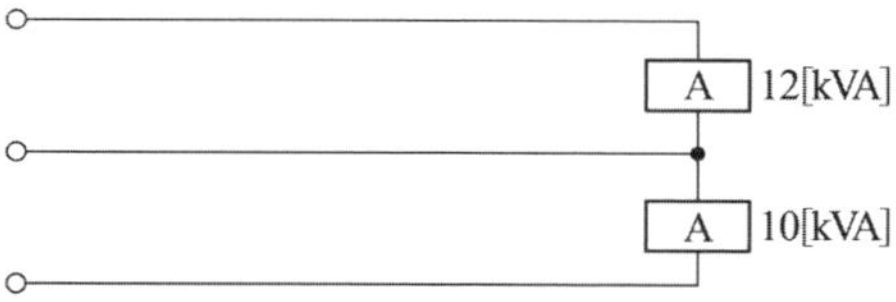

•계산 : •답

답안작성

계산 : 불평형률 $= \dfrac{12-10}{(12+10)\times\dfrac{1}{2}}\times 100 = 18.18[\%]$

답 : 18.18 [%]

해 설

단상 3선식의 경우

설비불평형률$=\dfrac{\text{중성선과 각 전압측 전선간에 접속된 부하 설비용량의 차}}{\text{총 부하 설비용량의 1/2}}\times 100[\%]$

문제 03 ▸출제년도 : 92. 96. 99. 13. 15. ▸점수 : 5점

그림과 같은 분기회로 전선의 단면적을 산출하여 굵기를 산정하시오.

단, • 배전방식은 단상 2선식, 교류 100 [V]로 한다.

• 사용전선은 450/750 [V] 비닐절연전선이다.

• 전선관은 후강전선관이며, 전압강하는 최원단에서 2 [%]로 한다.

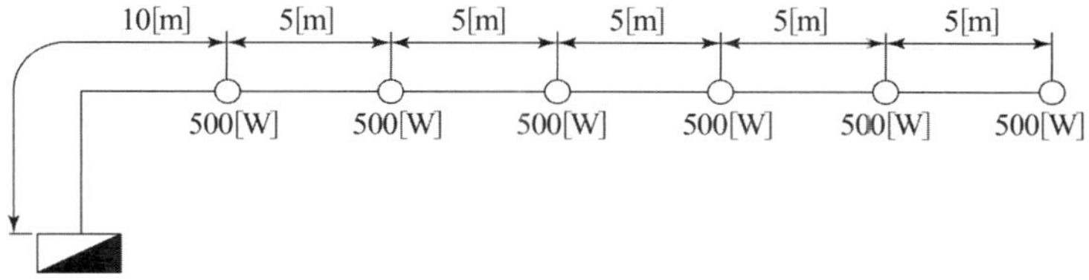

•계산 : •답 :

답안작성

계산 : 부하 중심점 : $L=\dfrac{i_1 l_1+i_2 l_2+i_3 l_3+\ \cdots\ +i_n l_n}{i_1+i_2+i_3+\ \cdots\ +i_n}$

$L=\dfrac{5\times 10+5\times 15+5\times 20+5\times 25+5\times 30+5\times 35}{5+5+5+5+5+5}=22.5\ [\text{m}]$

부하 전류 : $I=\dfrac{500\times 6}{100}=30[\text{A}]$

$\therefore$ 전선의 굵기 $A=\dfrac{35.6LI}{1000e}=\dfrac{35.6\times 22.5\times 30}{1000\times 2}=12.02[\text{mm}^2]$

답 : 16 [mm^2]

해 설

① 부하가 분포되어 있을 경우에는 부하 중심점을 찾아서 부하 중심점에 전체 부하가 집중되어 있다고 가정하고 계산

② KSC IEC 전선규격

1.5, 2.5, 4, 6, 10, 16, 25, 35, 50, 70, 95, 120, 150, 185, 240, 300, 400, 500, 630[mm^2]

문제 04 ▸출제년도 : 15. ▸점수 : 5점

가스 터빈 발전설비의 장점 5가지만 쓰시오.

답안작성

① 구조가 간단해서 운전 조작이 용이하다.
② 급속한 기동 정지와 출력조정이 가능하다.
③ 운전 보수가 용이하며, 전자동 원격조작이 가능하다.
④ 건설기간이 짧고 건설비를 점감 할 수 있다.
⑤ 냉각수의 소요량이 적으며, 입지조건의 제약이 적다.

해 설

이외에도 ⑥ 구조가 간단해서 운전에 대한 신뢰도가 높다.
단점으로는
① 값비싼 내열 재료를 사용한다(배기가스의 온도가 높기 때문이며, 대용량기의 제작은 곤란)
② 열효율은 대용량의 기력발전소보다 낮다.
③ 공기압축기의 소요 동력이 크다.
④ 개방사이클 가스터빈은 외기 온도와 대기압의 영향을 받는다.
⑤ LNG등의 양질의 연료를 사용함이 좋다.
⑥ 소음이 크다.

문제 05

▸ 출제년도 : 92. 94. 98. 00. 01. 15. ▸ 점수 : 5점

방의 가로 길이가 8 [m], 세로 길이가 10 [m], 방바닥에서 천장까지의 높이가 4 [m]인 방에서 조명기구를 천장에 직접 취부하고자 한다. 이 방의 실지수를 구하시오. (단, 작업면은 방바닥에서 0.75 [m]이다.)

• 계산 : • 답 :

답안작성

계산 : 실지수 $R \cdot I = \dfrac{X \cdot Y}{H(X+Y)} = \dfrac{8 \times 10}{(4-0.75)(8+10)} = 1.37$

답 : 1.37

문제 06

▸ 출제년도 : 90. 92. 96. 98. 00. 15 ▸ 점수 : 17점

다음 문제를 읽고(필요시는 참고자료 이용) 주어진 식과 답을 쓰시오.

(1) DV 5.5[mm^2]×2C 가공인입 3조를 시설할 때 1경간의 소요인공을 계산하시오.
(2) PVC 전선관 36[mm], 150[m]를 콘크리트 매입 시공하고 후강전선관 36[mm], 250 [m]를 철강조 노출로 시공할 때의 소요인공을 계산하고 계를 구하시오.
(3) 주택가에서 배전 선로 공사를 할 때 지세별 할증률은 몇 [%]로 적용하는가?
(4) NR 전선 25[mm^2]가 바닥면에 1200[m], 천장에 2400[m], 벽면에 400[m] 시설된다. 전체 소요전선의 수량을 계산하시오.
(5) 35[mm^2] NR 전선 6본과 25[mm^2] 1본을 같은 후강전선관에 수용시공할 때 전선관의 굵기는? (단, 절연체 두께를 포함한 전선의 바깥지름은 35 [mm^2]는 10.9 [mm]이고, 25 [mm^2]은 9.7 [mm]임, 전선관내 단면적의 32 [%] 수용이고, 표 이외의 사항은 무시한다.)

(6) 콘크리트주 12 [m] 12본과 지선 St 7/2.8 4본을 교체하는 데 필요한 소요 인공을 계산하고 계를 각각 구하시오.

[참고자료]

[표 1] 전선관 배관 [m당]

박강(迫鋼) 및 PVC 전선관			후강 전선관	
규 격		내선전공	규 격	내선전공
박 강	PVC			
	14 [mm]	0.04	16 [mm](1/2 [mm])	0.08
15 [mm]	16 [mm]	0.05	22 [mm](3/4 [mm])	0.11
19 [mm]	22 [mm]	0.06	28 [mm](1 [mm])	0.14
25 [mm]	28 [mm]	0.08	36 [mm](11/4 [mm])	0.20
31 [mm]	36 [mm]	0.10	42 [mm](11/2 [mm])	0.25
39 [mm]	42 [mm]	0.13	54 [mm](1/2 [mm])	0.34
51 [mm]	54 [mm]	0.19	70 [mm](2 [mm])	0.44
63 [mm]	70 [mm]	0.28	82 [mm](2 1/2 [mm])	0.54
75 [mm]	82 [mm]	0.37	90 [mm](3 [mm])	0.60
	100 [mm]	0.45	104 [mm](4 [mm])	0.71
	104 [mm]	0.46		

[해설] ① 콘크리트 매입 기준임
② 철근 콘크리트 노출 및 블록칸막이 벽 내는 120 [%], 목조 건물은 110 [%], 철강조 노출은 125 [%]
③ 기설 콘크리트 노출공사시 앵커볼트 매입깊이가 10 [cm] 이상인 경우는 앵커볼트 매입품을 별도 계상하고 전선관 설치품은 매입품으로 계상한다.
④ 천장 속, 마루 밑 공사 130 [%]

[표 2] 건주공사

규 격	주입목주		콘크리트주	
	배전전공	보통인부	배전전공	보통인부
6 [m] 이하	0.64	0.72	0.72	0.81
7	0.68	0.77	1.23	1.40
8	0.83	0.94	1.66	1.88
9	0.93	1.03	1.68	2.13
10	1.03	1.12	2.01	2.55
11	1.24	1.31	2.50	2.63
12	1.44	1.50	2.86	3.00
14	1.82	2.12	3.60	4.24
16	2.50	2.60	5.10	5.20
17	3.15	3.37	6.50	6.74

[해설] ① 단굴토, 매토품 포함, 완목, 완철 설치품 불포함, 암반터파기는 별도 가산
② 틀 1본 포함, 1본 추가마다 10 [%] 가산
③ 지주공사는 건주공사품을 적용
④ 불주입주 이 품의 80 [%]
⑤ 묻음은 길이의 1/6 이상임
⑥ 철거 : 콘크리트주 50 [%](재사용 가능품 : 80 [%]), 목주, 50 [%], 목주 잘라냄 35 [%]

[표 3] 지선신설

규 격	배전전공	보통인부
4.0 [mm] 철선		
깊이(1.2 [m]) 4조 이하	0.45	0.34
(1.5 [m]) 6조 이하	0.57	0.43
(〃) 8조 이하	0.75	0.56
(1.7 [m]) 10조 이하	1.11	0.83
(〃) 12조 이하	1.54	1.16
(〃) 15조 이하	1.90	1.43
(1.8 [m]) 18조 이하	2.35	1.73
연선		
7/2.3 [mm] 이하	0.35	0.26
7/2.6~7/2.9 〃	0.50	0.38
7/3.2 〃	0.70	0.45
7/4.0 〃	0.70	0.45
7/4.5 〃	0.70	0.45
7/5.0 〃	0.73	0.45
7/5.5 〃	0.73	0.46
7/6.5 〃	0.73	0.47

[해설] ① 틀 포함(길이 1.2 [m] 이상)
② 터파기, 되메우기 및 틀 매설품 포함
③ 애자 삽입시는 배전전공 0.08인 가산
④ 장력조정은 이품의 10 [%]
⑤ 절단 철거는 이품의 10 [%]
⑥ 철거는 이품의 30 [%]
⑦ 수평지선, 공동지선은 이품의 160 [%]
⑧ Y지선은 이품의 120 [%]
⑨ 2단 지선은 이품의 150 [%]
⑩ 이설은 이품의 130 [%]
⑪ 수평지선의 지주설치는 지주품에 준함

[표 4] 인입선 배선

구 분	배전전공
OW 8 [mm^2] 이하×2C	0.25
14 〃	0.32
22 〃	0.42
30 〃	0.51
38 〃	0.65
60 〃	0.85
100 〃	1.15
200 〃	2.00

[해설] ① 철거는 50 [%] 교체 150 [%]
② DV선 80 [%]
③ 가공인입선 3조일 때는 130 [%], 가공인입선 4조일 때는 150 [%]

[표 5] 후강전선관의 내단면적의 32[%] 및 48[%]

전선관의 굵기[호]	내단면적의 32 [%] [mm^2]	내단면적의 48 [%] [mm^2]	전선관의 굵기[호]	내단면적의 32 [%] [mm^2]	내단면적의 48 [%] [mm^2]
16	67	101	54	732	1098
22	120	180	70	1216	1825
28	201	301	82	1701	2552
36	342	513	92	2205	3308
42	460	690	104	2843	4265

답안작성

(1) 표 4에서 배전전공 : $0.25 \times 1.3 \times 0.8 = 0.26$ [인]
(2) 표 1에서 내선전공 : $0.1 \times 150 + 0.2 \times 1.25 \times 250 = 77.5$ [인]
(3) 10 [%]
(4) $(1200 + 2400 + 400) \times 1.1 = 4400$ [m]
(5) 전선의 총 단면적$= \frac{\pi}{4} d^2 \times n = \frac{\pi}{4} \times 10.9^2 \times 6 + \frac{\pi}{4} \times 9.7^2 = 633.78[\text{mm}^2]$

표 5에서 전선관 내단면적의 32[%]가 633.78[mm^2]를 초과하는 732[mm^2]인 54 [호] 후강전선관 선정

(6) ① 표 2에서 콘크리트 전주 : 배전전공 $2.86 \times 1.5 \times 12 = 51.48$[인]
보통인부 $3.0 \times 1.5 \times 12 = 54$ [인]
② 지선 : 배전전공 $0.5 \times 4 \times 1.3 = 2.6$ [인]
보통인부 $0.38 \times 4 \times 1.3 = 1.98$ [인]
계 : 배전전공 $51.48 + 2.6 = 54.08$ [인]
보통인부 $54 + 1.98 = 55.98$ [인]

문제 07

▸ 출제년도 : 06. 08. 15. ▸ 점수 : 5점

HID등 조명기구의 그림기호에 다음과 같이 표시되어 있다. 정확한 의미를 쓰시오.

○$_{\text{M400}}$

답안작성

400 [W] 메탈 헬라이드등

해 설

- H400 : 수은등 400 [W]
- M40C : 메탈 헬라이드등 400 [W]
- N400 : 나트륨등 400 [W]

문제 08

▸ 출제년도 : 97. 09. 15. ▸ 점수 : 5점

지선에 가해지는 장력이 860[kgf]이라면 3.2[mm]의 철선 몇 가닥을 사용해야 하는가?
(단, 철선의 단위 면적당 인장강도는 35[kgf/mm^2], 안전율은 2.5로 한다.)

•계산 : •답 :

답안작성

계산 : 지선의 장력$(T_0) = \dfrac{\text{소선 1가닥의 인장 강도} \times \text{소선수}}{\text{안전율}}$ 에서

$$\text{소선수} = \frac{\text{지선의 장력} \times \text{안전율}}{\text{소선 1가닥의 인장 강도}} = \frac{860 \times 2.5}{35 \times \frac{\pi}{4} \times 3.2^2} = 7.64$$

답 : 8가닥

해 설

- 철선의 단면적 $= \frac{\pi D^2}{4}[\text{mm}^2]$, 여기서 D는 지름[mm]
- 소선 1가닥의 인장강도 = 철선의 단위 면적당 인장강도 × 철선의 단면적
- 소선수에서 소수점 이하는 절상

문제 09 ▸ 출제년도 : 15. ▸ 점수 : 6점

교류에서 적용되는 TN 접지계통의 종류에 따른 표시방법 3가지를 쓰시오.

답안작성

TN-S 계통, TN-C-S 계통, TN-C 계통

해 설

기 호 설 명	
	중성선 (N)
	보호도체 (PE)
	보호도체와 중성선 결합 (PEN)

[비고] 기호 : TN 계통, TT 계통, IT 계통에 동일 적용

(1) TN계통

TN계통이란 전원의 한 점을 직접접지하고 설비의 노출 도전성부분을 보호선(PE)을 이용하여 전원의 한 점에 접속하는 접지계통을 말한다.

TN계통은 중성선 및 보호선의 배치에 따라 TN-S계통, TN-C-S계통 및 TN-C계통의 세 종류가 있다.

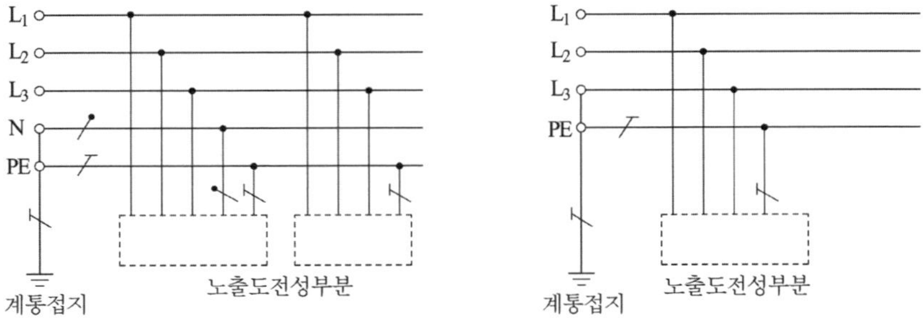

계통 전체의 중성선과 보호도체를 접속하여 사용한다.

계통 전체의 접지된 상전선과 보호도체를 접속하여 사용한다.

(a) TN-S 계통

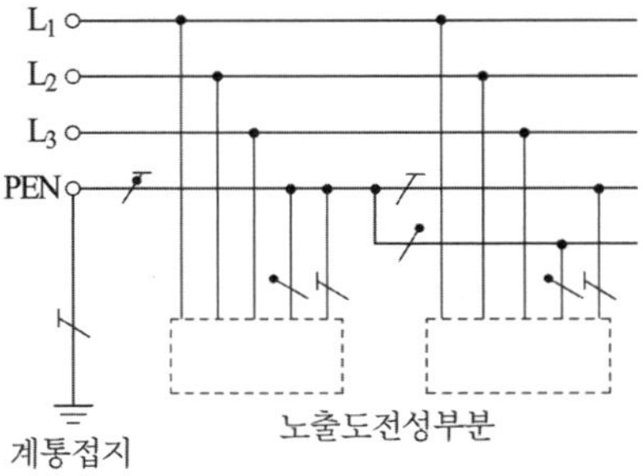

계통 일부의 중성선과 보호도체를 동일 전선으로 사용한다.

(b) TN-C-S 계통

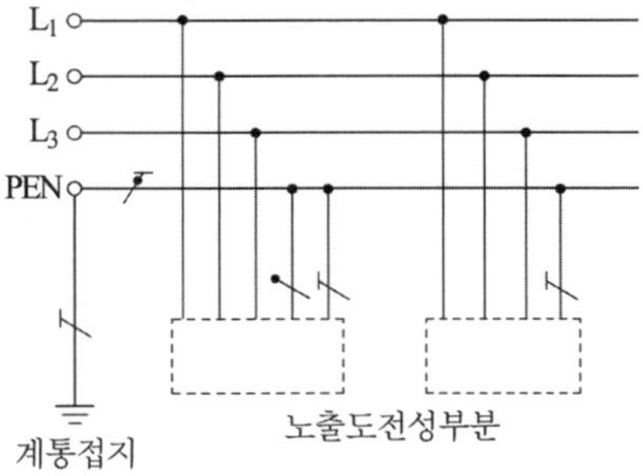

계통 전체의 중성선과 보호도체를 동일 전선으로 사용한다.

(c) TN-C 계통

(2) TT 계통

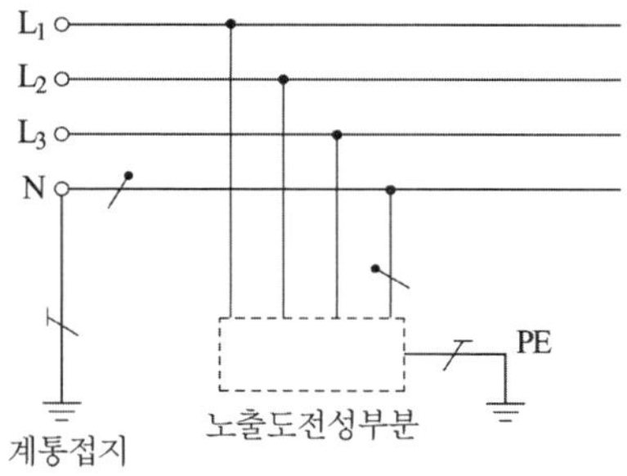

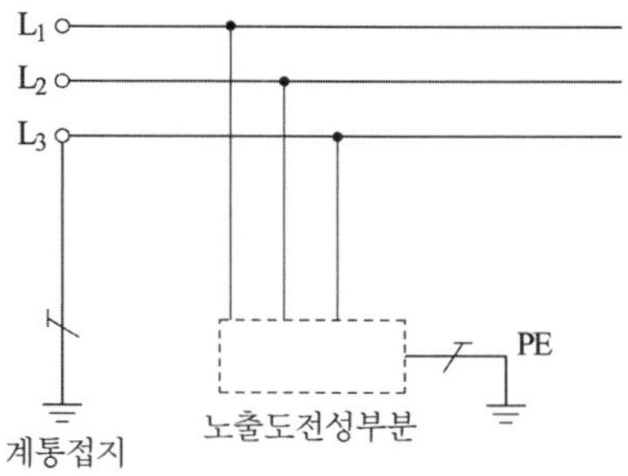

(3) IT 계통 (IT System)

IT 계통이란 충전부 전체를 대지로부터 절연시키거나, 한점에 임피던스를 삽입하여 대지에 접속시키고, 전기기기의 노출 도전성부분 단독 또는 일괄적으로 접지 하거나 또는 계통접지로 접속하는 접지계통을 말한다.

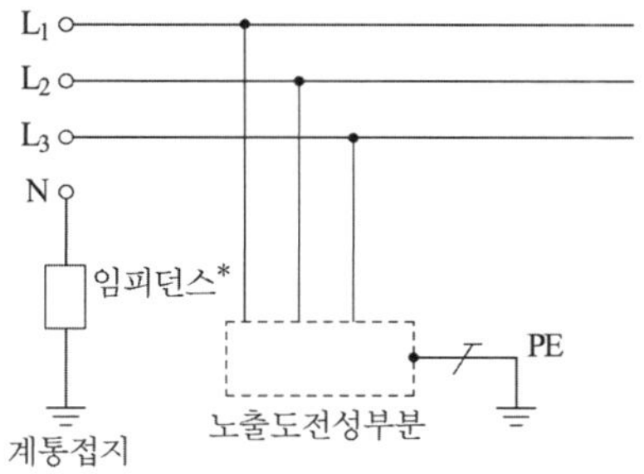

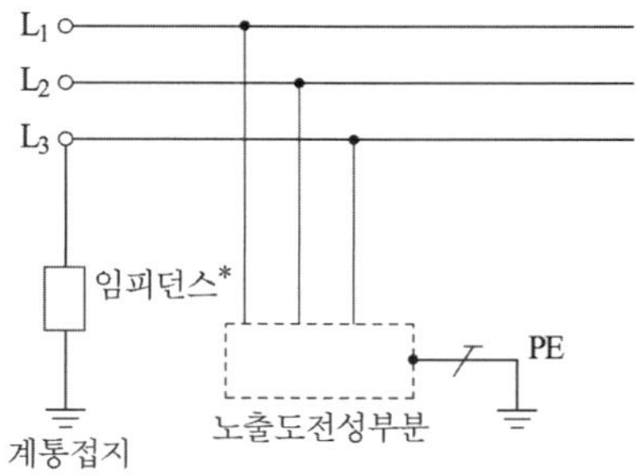

* : 이 계통은 접지에서 분리될 수 있다. 중성선은 분리되거나 그렇지 않을 수 있다.

문제 10 ▸ 출제년도 : 15. ▸ 점수 : 5점

폭연성 분진이 있는 위험장소에 개폐기, 과전류차단기, 제어기, 계전기, 배전반, 분전반 등을 시설하여 사용하는 경우, 어떤 구조의 것을 시설하여야 하는지 명칭을 쓰시오.

답안작성

분진방폭 특수방진구조

해 설

- KEC 242.2.1 폭연성 분진 위험장소 : 전기기계기구는 분진 방폭 특수 방진 구조로 되어 있을 것.
- KEC 242.2.2 가연성 분진 위험장소 : 전기기계기구는 분진방폭형 보통 방진구조로 되어 있을 것.

문제 11 ▸ 출제년도 : 15. ▸ 점수 : 4점

①~②의 알맞은 내용을 답란에 쓰시오.

> 저압회로에서 기계적(수동)으로 전원을 개폐하며 과전류를 차단하는 기기는 (①) 이며, 전자적(자동)으로 부하를 개폐하는 것은 (②) 이다.

답안작성

① 배선용 차단기(MCCB)   ② 전자접촉기

문제 12 ▸ 출제년도 : 15. ▸ 점수 : 2점

피뢰기에서 방전현상이 실질적으로 끝난 후 계속하여 전력 계통에서 공급되어 피뢰기를 통해 대지로 흐르는 전류를 ( )라고 한다.

답안작성

속류

해 설

속류란 방전현상이 실질적으로 끝난 후, 이어서 전원으로부터 공급되는 상용 주파수의 전류가 직렬갭을 통하여 대지로 흐르는 전류를 말한다.

문제 13 ▸ 출제년도 : 00. 15. ▸ 점수 : 4점

특고압 가공 수전선로를 3상 4선식 (22.9 [kV-Y])으로 공급받는 건물 내 변전소의 인입구에 설치하는 피뢰기의 정격 전압은?

답안작성

18 [kV]

해 설

피뢰기 정격 전압

전력 계통		피뢰기 정격 전압 [kV]	
전압 [kV]	중성점 접지 방식	변전소	배전 선로
345	유효접지	288	-
154	유효접지	144	-
66	PC접지 또는 비접지	72	-
22	PC접지 또는 비접지	24	-
22.9	3상 4선 다중접지	21	18

[주] 전압 22.9 [kV-Y] 이하의 배전선로에서 수전하는 설비의 피뢰기 정격전압 [kV]은 배전선로용을 적용한다.

문제 14 ▸ 출제년도 : 89. 94. 02. 15. ▸ 점수 : 5점

가로등용 기초를 설치하기 위하여 아래 그림과 같이 굴착을 해야 한다. 이 때의 터파기량은 몇 [m^3]인가?

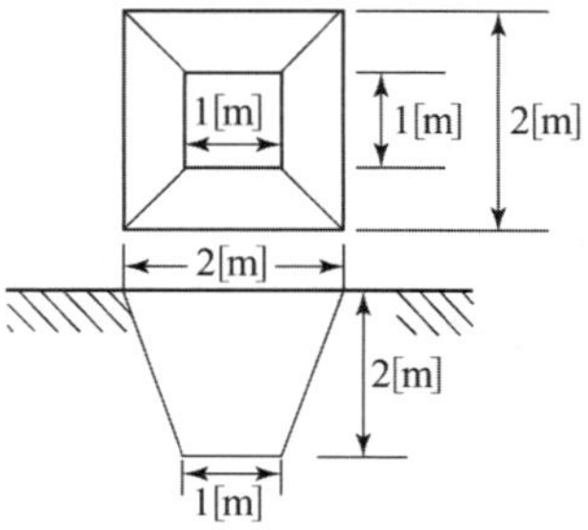

답안작성

계산 : 터파기량 $= \frac{2}{3}(1+\sqrt{1\times4}+4)=4.67$ [m^3]

답 : 4.67 [m^3]

해 설

$V_0=\frac{H}{3}(A_1+\sqrt{A_1A_2}+A_2)$ 에서

$A_1=1\times1=1$ [m^2]

$A_2=2\times2=4$ [m^2]

문제 15 ▸출제년도 : 91. 04. 15. ▸점수 : 8점

다음 그림은 옥내 전등 배선도의 일부를 표시한 것이다.
백열등 L_1, L_2, L_3은 3로 스위치로 점멸하고 백열등 L_4, L_5는 단로 스위치로 점멸할 수 있도록 ①~④까지의 전선(가닥)수를 기입하시오. 단, 접지선은 제외하고 최소가닥 수를 기입하시오.

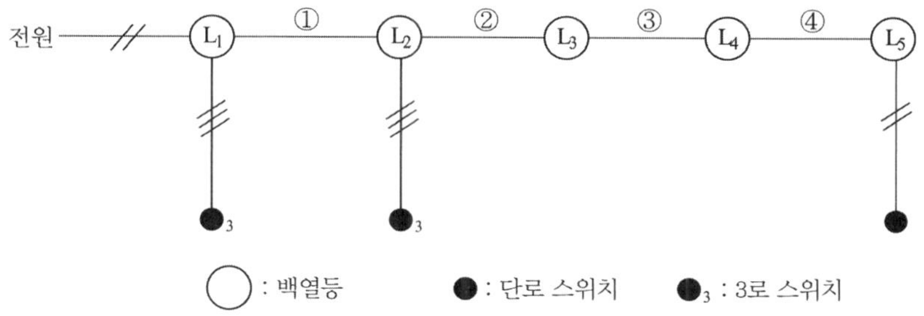

답안작성

① 5　② 3　③ 2　④ 3

해 설

배선 실체도

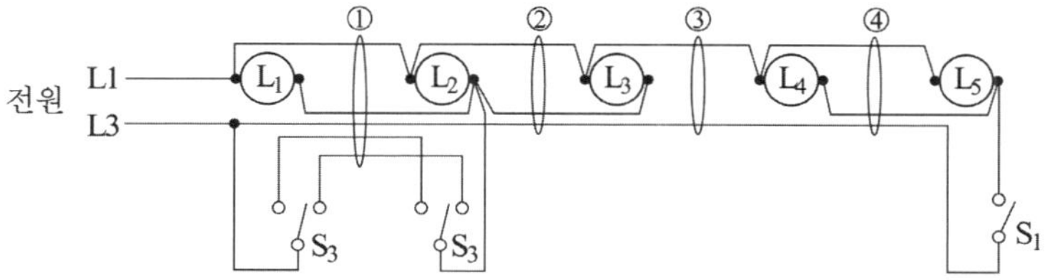

문제 16 ▸출제년도 : 15. ▸점수 : 5점

특별고압수용가에서 15분 단위로 전력사용량을 측정하는 계기를 쓰시오.

답안작성

최대수요전력계부 전력량계

문제 17 ▸출제년도 : 95. 97. 11. 15 ▸점수 : 5점

사용 전압 220 [V]의 3상 3선식 전로로(최대 공급 전류 400 [A])의 1선과 대지간에 필요한 절연 저항값의 최소값은? (단, 누설전류는 최대공급전류의 1/2000을 넘지 않도록 유지 하여야 한다.)

•계산 :　　　　•답 :

답안작성

계산 : 누설 전류 $I_g = 400 \times \frac{1}{2000} = 0.2$ [A] 이므로

$$R = \frac{E}{I_g} = \frac{220}{0.2} = 1100\ [\Omega]$$

∴ 절연 저항의 최소값은 1100 [Ω]

답 : 1100 [Ω]

출제기준 변경 및 개정된 관계법규에 따라 삭제된 문제가 있어 배점의 합계가 100점이 안됩니다.

국가기술자격검정 실기시험문제 및 답안지

2015년도 **산업기사** 일반검정 제 **4** 회			수험번호	성 명	감독위원 확 인
자격종목(선택분야)	시험시간	형별			
전기공사산업기사	2시간 00분				

※ 다음 물음에 답을 해당 답란에 답하시오.(배점 : 100점)

문제 01 ▸ 출제년도 : 91. 96. 97. 03. 15 ▸ 점수 : 5점

6600[V] 고압가공 전선로에 접속된 주상변압기의 저압측에 시설한 중성점 접지 저항값은 얼마인가?
단, 고압측 1선지락전류는 6[A]라고 한다.

답안작성

계산 : $R = \dfrac{150}{I_g} = \dfrac{150}{6} = 25[\Omega]$

답 : 25 [Ω]

해 설

중성점 접지공사의 접지저항

- 자동차단장치가 없는 경우 $R_2 = \dfrac{150}{\text{1선 지락전류}}[\Omega]$
- 2초 이내에 동작하는 자동차단장치가 있는 경우 $R_2 = \dfrac{300}{\text{1선 지락전류}}[\Omega]$
- 1초 이내에 동작하는 자동차단장치가 있는 경우 $R_2 = \dfrac{600}{\text{1선 지락전류}}[\Omega]$

문제 02 ▸ 출제년도 : 15. ▸ 점수 : 5점

배전반, 분전반 등의 배관을 변경하거나 이미 설치되어 있는 캐비닛에 구멍을 뚫을 때 필요한 공구의 명칭을 스시오.

답안작성

호올소(hole saw)

문제 03 ▸ 출제년도 : 08. 15. ▸ 점수 : 5점

"엑세스플로어(Movable Floor 또는 OA Floor)"란 무엇인가 용어 설명을 쓰시오.

답안작성

컴퓨터실, 통신기계실, 사무실 등에서 배선, 기타의 용도를 위한 2중 구조의 바닥을 말한다.

문제 04 ▸ 출제년도 : 15. ▸ 점수 : 4점

Static UPS와 Motor/Generator를 조합한 것을 무엇이라 하는지 쓰시오.

답안작성

Dynamic UPS

문제 05 ▸ 출제년도 : 09. 15. ▸ 점수 : 5점

대형방전 램프(HID)의 종류 5가지를 쓰시오.

답안작성

① 고압 나트륨등
② 메탈 할라이트등
③ 고압 수은등
④ 초고압 수은등
⑤ 크세논등

문제 06 ▸ 출제년도 : 89. 95. 10.11. 15. ▸ 점수 : 5점

가로 20 [m], 세로 30 [m], 천장의 높이 4.5 [m]인 사무실에 전등설비를 하고자 한다. 사무실의 실지수를 계산하시오.

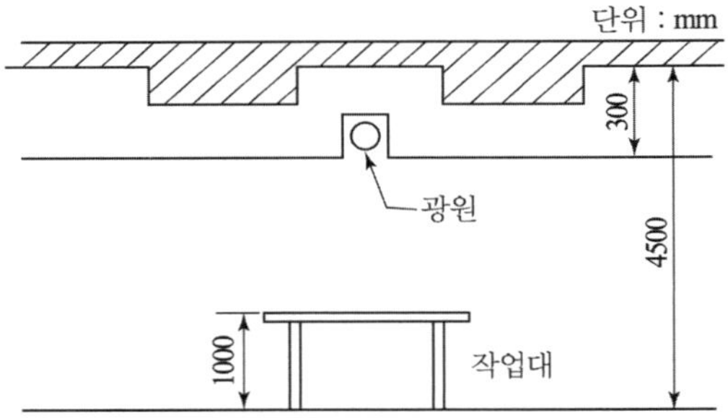

•계산 : •답 :

답안작성

계산 : $R.I = \dfrac{XY}{H(X+Y)} = \dfrac{20 \times 30}{(4.5-0.3-1) \times (20+30)} = 3.75$ 답 : 3.75

문제 07 ▸ 출제년도 : 15. ▸ 점수 : 5점

다음의 심벌명칭은 무엇인지 쓰시오.

RM

답안작성

원격 조작기

해 설

소방용 설비 등에 사용하는 것은 필요에 따라 F를 표기한다.

문제 08 ▸ 출제년도 : 02. 15. ▸ 점수 : 10점

약호의 뜻을 정확히 쓰시오.

(1) OCB : (2) MBB :

(3) ACB : (4) GCB :

(5) ABB : (6) MCCB :

(7) VCB : (8) ELB :

(9) BCT : (10) ZCT :

답안작성

(1) OCB : 유입 차단기
(2) MBB : 자기 차단기
(3) ACB : 기중 차단기
(4) GCB : 가스 차단기
(5) ABB : 공기 차단기
(6) MCCB : 배선용 차단기
(7) VCB : 진공 차단기
(8) ELB : 누전 차단기
(9) BCT : 부싱형 변류기
(10) ZCT : 영상 변류기

문제 09 ▸ 출제년도 : 12. 15. ▸ 점수 : 5점

전등 설비 200 [W], 전열 설비 400 [W], 전동기 설비 300 [W]인 수용가가 있다. 이 수용가의 최대 수용 전력이 780 [W]이라면 수용률은 얼마인가?

•계산 : •답 :

답안작성

계산 : $\text{수용률} = \dfrac{\text{최대 수용 전력}}{\text{설비 용량(접속부하)}} \times 100[\%] = \dfrac{780}{200+400+300} \times 100 = 86.67[\%]$

답 : 86.67 [%]

문제 10 ▸ 출제년도 : 15. ▸ 점수 : 5점

전기기계기구의 상시 운전 중에 불꽃, 아크 또는 과열이 발생되면 안 되는 부분에 이들이 발생되는 것을 방지하도록 구조상 또는 온도상승에 대하여 특히 안전도를 증가시킨 방폭구조를 쓰시오.

답안작성

안전증 방폭 구조

해 설

(1) 압력 방폭 구조
용기내부에 보호가스(신선한 공기 또는 불연성가스)를 압입하여 내부압력을 유지 하므로써 폭발성 가스 또는 증기가 용기 내부로 유입하지 않도록 된 구조를 말한다.

(2) 유입 방폭 구조
전기불꽃, 아크 또는 고온이 발생하는 부분을 기름 속에 넣고, 기름면 위에 존재하는 폭발성가스 또는 증기에 인화되지 않도록 한 구조를 말한다.

(3) 안전증 방폭 구조
정상운전 중에 폭발성 가스 또는 증기에 점화원이 될 전기불꽃, 아크 또는 고온 부분 등의 발생을 방지하기 위하여 기계적, 전기적 구조상 또는 온도상승에 대해서 특히 안전도를 증가시킨 구조를

말한다.

(4) 본질안전 방폭 구조

정상 시 및 사고 시(단선, 단락, 지락 등)에 발생하는 전기불꽃, 아크 또는 고온에 의하여 폭발성 가스 또는 증기에 점화되지 않는 것이 점화시험, 기타에 의하여 확인된 구조를 말한다.

문제 11 ▸ 출제년도 : 15. ▸ 점수 : 5점

단상 2선식의 교류 배전선이 있다. 전선 1가닥의 저항은 0.25[Ω], 리액턴스는 0.35[Ω]이다. 부하는 무유도성으로서 220[V], 8.8[kW]일 때 급전점의 전압은 약 몇 [V]인가?

•계산 : •답 :

답안작성

계산 : $V_s = V_r + 2I(R\cos\theta + X\sin\theta)$에서 무유도성$(\cos\theta = 1)$ 이므로

$$\therefore V_s = V_r + 2IR = 220 + 2 \times \frac{8800}{220} \times 0.25 = 240[\text{V}]$$

답 : 240 [V]

문제 12 ▸ 출제년도 : 01. 15. ▸ 점수 : 5점

가선 공사에서 밧줄의 중간에 재료나 공기구 등을 묶을 경우에 그림과 같은 결박법은?

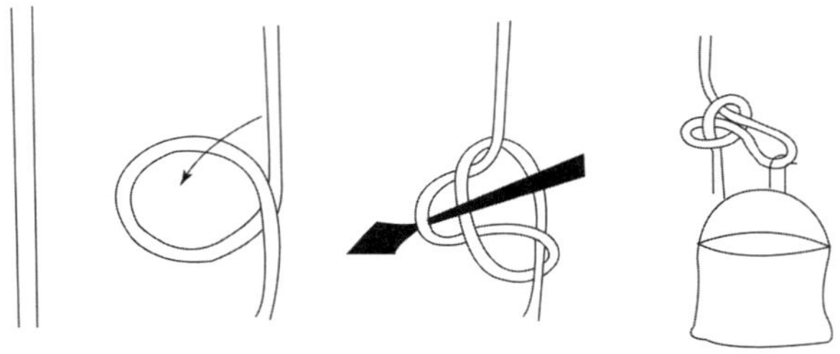

① ② ③ ④

답안작성

걸이 고리법

해 설

걸이 고리법 또는 걸고리 묶음

문제 13 ▸ 출제년도 : 15. ▸ 점수 : 6점

한류저항기(CLR)의 설치목적을 3가지만 쓰시오.

답안작성

① 계전기를 동작시키는데 필요한 유효전류를 발생
② 오픈델타 회로의 각 상전압 중의 제3고조파 억제
③ 중성점 불안정 등 비접지 회로의 이상현상 억제

해 설

한류 저항기란 비접지 방식에서 GPT를 사용하고 SGR을 동작시키는 데 필요한 유효전류를 발생시키고 open delta 결선의 각 상의 제3고조파 전압 발생을 방지하고 중성점 이상 전위 진동 및 중성점 불안정 현상 등의 이상현상을 제거하기 위해 설치하는 저항을 말한다.

문제 14 ▸ 출제년도 : 97. 99. 05. 15. ▸ 점수 : 5점

NR 전선 2.5[mm²] 3본, 10[mm²] 3본을 넣을 수 있는 후강전선관의 최소 굵기는 몇 [mm]를 사용하는 것이 적당한가?
단, 전선관 내단면적의 32 [%]를 적용한다.

• 계산 : 　　　　　　　　　　　• 답 :

표 1. 전선(피복 절연물을 포함)의 단면적

도체 단면적 [mm²]	절연체 두께 [mm]	평균 완성 바깥지름 [mm]	전선의 단면적 [mm²]
1.5	0.7	3.3	9
2.5	0.8	4.0	13
4	0.8	4.6	17
6	0.8	5.2	21
10	1.0	6.7	35
16	1.0	7.8	48
25	1.2	9.7	74
35	1.2	10.9	93
50	1.4	12.8	128
70	1.4	14.6	167
95	1.6	17.1	230
120	1.6	18.8	277
150	1.8	20.9	343
185	2.0	23.3	426
240	2.2	26.6	555
300	2.4	29.6	688
400	2.6	33.2	865

[비고1] 전선의 단면적은 평균완성 바깥지름의 상한 값을 환산한 값이다.
[비고2] KS C IEC 60227-3의 450/750 [V] 일반용 단심 비닐절연전선(연선)을 기준한 것이다.

표 2. 절연전선을 금속관내에 넣을 경우의 보정계수

도체 단면적 [mm²]	보정계수
2.5, 4	2.0
6, 10	1.2
16 이상	1.0

표 3. 후강 전선관의 내단면적의 32 [%] 및 48 [%]

관의 호칭	내단면적의 32 [%] [mm²]	내단면적의 48 [%] [mm²]	관의 호칭	내단면적의 32 [%] [mm²]	내단면적의 48 [%] [mm²]
16	67	101	54	732	1,098
22	120	180	70	1,216	1,825
28	201	301	82	1,701	2,552
36	342	513	92	2,205	3,308
42	460	690	104	2,843	4,265

답안작성

계산 : 피복 절연물을 포함한 전선 단면적의 합계는

표 1과 표 2에서 $A = 13 \times 3 \times 2.0 + 35 \times 3 \times 1.2 = 204[mm^2]$

표 3에서 내단면적의 32[%], 342[mm^2]난에서 36[mm]를 선정한다.

답 : 36 [mm] 후강전선관

문제 15

▸ 출제년도 : 98. 00. 04. 07. 15 ▸ 점수 : 5점

다음 그림과 같이 단상 3선식 100/200 [V]로 전열기 및 전동기 부하에 전력을 공급하고자 한다. 설비의 불평형률을 구하시오. (단, 소수점 이하 첫째 자리에서 반올림 할 것)

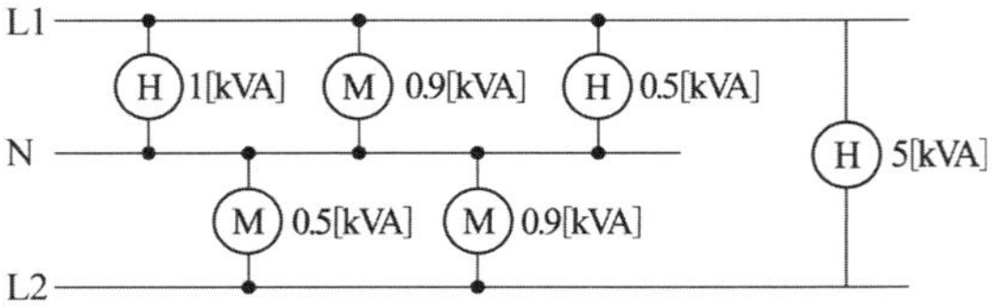

•계산 : •답 :

답안작성

계산 : $P_{AN} = 1 + 0.9 + 0.5 = 2.4$ [kVA]

$P_{BN} = 0.5 + 0.9 = 1.4$ [kVA]

$$\therefore \text{불평형률} = \frac{2.4 - 1.4}{(2.4 + 1.4 + 5) \times \frac{1}{2}} \times 100 = 22.73 \,[\%]$$

답 : 23 [%]

해 설

단상 3선식의 경우

$$\text{설비불평형률} = \frac{\text{중성선과 각 전압측 전선간에 접속된 부하 설비용량의 차}}{\text{총 부하 설비용량의 1/2}} \times 100[\%]$$

문제 16

▸ 출제년도 : 88. 97. 14. 15. ▸ 점수 : 5점

수전전압 22.9[kV], 설비용량 4000[kVA], 수용가의 수전단에 설치한 CT의 변류비는 100/5[A]이다. 이때 CT에서 검출된 2차 전류가 과부하 계전기로 흐르도록 하였다. 120[%] 부하에서 차단기를 동작시키고자 할 때 트립(Trip) 전류값은 얼마로 선정해야 하는지 산정하시오.

•계산 : •답 :

답안작성

$$\text{계산 : 트립전류} = \frac{4000}{\sqrt{3} \times 22.9} \times \frac{5}{100} \times 1.2 = 6.05[A]$$

답 : 6[A]

해 설

과전류 계전기의 정정 Tap 전류 : 4, 5, 6, 7, 8, 9, 10, 11, 12 [A]

문제 17 ▸ 출제년도 : 08. 15. ▸ 점수 : 5점

계장공사에서 잡음(노이즈) 방지를 위해 접지공사를 하는데 이것을 무엇이라 하는가?

답안작성

노이즈 방지용 접지

해 설

어떤 전자장치의 노이즈 발생 또는 기타 발생원인 으로부터 또 다른 전자장치의 오동작, 통신장애 기타 다른기기 장애를 일으키지 않도록 하기위한 접지
즉, 노이즈 방지용 접지란 에너지를 대지로 방출하기 위한 접지를 말한다.

문제 18 ▸ 출제년도 : 15. ▸ 점수 : 5점

지중매설 금속체의 방식(防蝕)대책 3가지만 쓰시오.

답안작성

① 방식설계
② coating 방법
③ 전기 방식법

해 설

방식 대책
① 방식설계 : 부식성 물질이 부분적으로 몰리지 않도록 하고 보수나 점검이 용이 하도록 한다.
② 내식금속의 선택 : Cr, Ni, Mo, Ti, Zr, Al, Cu 등의 내식성 원소를 첨가한 금속을 사용하도록 한다.
③ coating 방법 : 금속표면을 폴리에칠렌 또는 콜탈 등으로 코팅하거나 Tape등으로 감거나 하여 금속 표면과 대지 사이의 이온 통로를 차단한다.
④ 환경처리법 : 중화제 및 Inhibitor등을 사용하여 부식환경을 원천적으로 방지하는 방법
⑤ 전기방식법 : 회생 양극법, 외부 전원법 및 배류법(직접 배류법, 선택 배류법, 강제 배류법)

문제 19 ▸ 출제년도 : 99. 01. 15. ▸ 점수 : 5점

그림은 콘크리트 매입배관에서 박스에 파이프를 부착하는 방법이다. 물음에 답하시오.

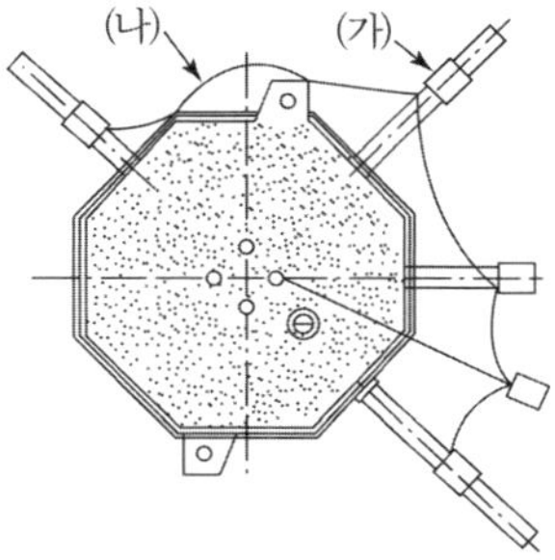

(1) 그림에 표시된 (가)의 재료 명칭은?
(2) 그림에 표시된 (나)의 전선은 무슨 선인가?

답안작성

(1) 접지 클램프 (2) 본딩선(접지선)

MEMO

D30-4

2016년도 전기공사산업기사 실기

▸ 16년 제 1 회 전기공사산업기사

▸ 16년 제 2 회 전기공사산업기사

▸ 16년 제 4 회 전기공사산업기사

국가기술자격검정 실기시험문제 및 답안지

2016년도 산업기사 일반검정 제 1 회

자격종목(선택분야)	시험시간	형별	수험번호	성 명	감독위원 확 인
전기공사산업기사	2시간 00분				

※ 다음 물음에 답을 해당 답란에 답하시오.(배점 : 100점)

문제 01 ▸ 출제년도 : 16. ▸ 점수 : 5점

그림과 같은 단상 2선식 회로에서 인입구 A점의 전압이 220[V]일 때의 D점 전압을 구하시오. (단, 선로에 표기된 저항값은 2선값이다.)

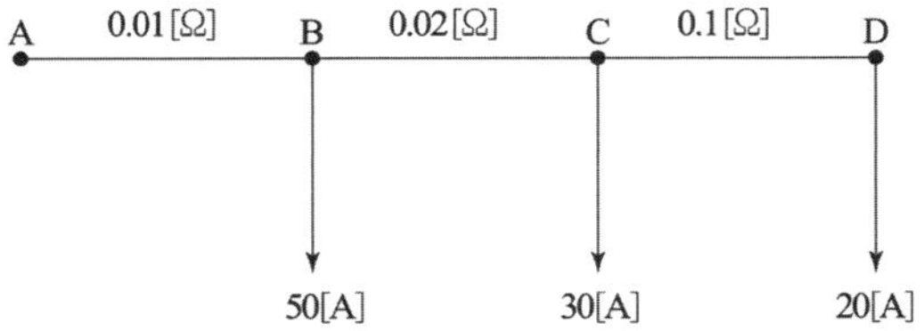

• 계산 •답

답안작성

계산 : $V_D = V_A - IR$ [V]에서

$$V_D = 220 - (50+30+20) \times 0.01 - (30+20) \times 0.02 - 20 \times 0.1 = 216[V]$$

답 : 216 [V]

해 설

• 단상 2선식에서 수전단 전압 $V_r = V_s - 2I(R\cos\theta + X\sin\theta)$에서
역률 $\cos\theta = 1$, 리액턴스 $X=0$인 경우
$V_r = V_s - 2IR$

• 문제에서 주어진 "저항값은 2선값" 이라고 주어졌으므로 $2R$의 값이 0.01, 0.02, 0.1[Ω]이 된다.

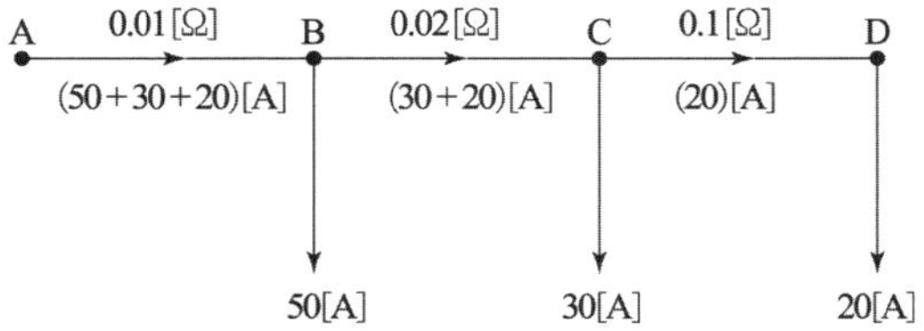

• $V_B = V_A - 2IR = 220 - 100 \times 0.01 = 219[V]$

• $V_C = V_B - 2IR = 219 - 50 \times 0.02 = 218[V]$

• $V_D = V_C - 2IR = 218 - 20 \times 0.1 = 216[V]$

문제 02 ▸ 출제년도 : 90. 16 ▸ 점수 : 10점

콘크리트 전주(14 [m]) 설치에 지형상 소운반(인력 운반)이 필요하여 이를 산출하고자 한다. 아래 조건을 참고하여 다음 물음에 답하여라.

[조건]

- 소운반 거리 : 950 [m]
- 운반 도로 : 도로 상태 불량
- 전주 무게 : 1,500 [kg]
- 1일 실질 작업 시간(목도) : 360분
- 목도공 노임은 10,350원이고 목도공은 1일 6시간 기준으로 한다.

인력운반 및 적상하 시간기준

인부(지게) 운반과 장대물, 중량물 등 목도 운반비 산출공식

① 기본공식

$$운반비 = \frac{A}{T} \times M \times \left(\frac{60 \times 2 \times L}{V} + t\right)$$

여기서, A : 목도공의 노임 [인부(지게) 운반일 경우 보통인부의 노임]

M : 필요한 목도공의 수 ($M = \frac{총\ 운반량[kg]}{1인당\ 1회\ 운반량[kg]}$)

(단, 1회 운반량 50 [kg/인])

L : 운반 거리 [km]

V : 왕복 평균 속도 [km/hr]

T : 1일 실작업 시간 [분]

t : 준비 작업 시간 [2분]

② 왕복 평균속도

구 분	장대물, 중량물 등 목도 운반, 왕복 평균속도[km/hr]	인부(지게) 운반 왕복 평균속도[km]
도로상태 양호	2	3
도로상태 보통	1.5	2.5
도로상태 불량	1.0	2.0
물논, 도로가 없는 산림지 및 숲이 우거진 지역	0.5	1.5

(1) 필요한 운반 인원수(인)를 구하시오

•계산 •답

(2) 전주 운반에 따른 총 인력운반비(원)를 구하시오.

•계산 •답

답안작성

(1) 계산 : 목도공수 $M = \frac{총\ 운반량}{1인당\ 1회\ 운반량} = \frac{1500}{50} = 30$ [인]

답 : 30[인]

(2) 계산 : 운반비 $W = \frac{A}{T} \times M \times \left(\frac{60 \times 2 \times L}{V} + t \right)$에서

$$W = \frac{10,350}{360} \times 30 \times \left(\frac{60 \times 2 \times 0.95}{1.0} + 2 \right) = 100,050[\text{원}]$$

답 : 100,050[원]

문제 03 ▸ 출제년도 : 93. 06. 13. 16. ▸ 점수 : 5점

그림과 같이 전선관을 지중에 매설하려고 한다. 터파기(흙파기)량은 몇 [m^3]인지 계산하시오. (단, 매설 거리는 80[m]이고, 전선관의 면적은 무시한다.)

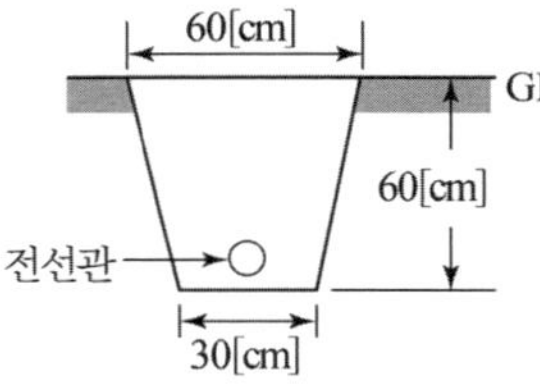

• 계산
• 답

답안작성

계산 : 줄기초 파기이므로

$$V_o = \frac{0.6 + 0.3}{2} \times 0.6 \times 80 = 21.6[m^3]$$

답 : 21.6 [m^3]

해 설

$$V_o = \frac{A + B}{2} \times hL$$

문제 04 ▸ 출제년도 : 16. ▸ 점수 : 5점

주택 등 저압수용장소에서 TN-C-S 접지방식으로 접지공사를 하는 경우 중성선 겸용 보호도체(PEN) 단면적은 몇 [mm^2]이상 시설하여야 하는지 쓰시오.

• 구리[mm^2]　　　　• 알루미늄[mm^2]

답안작성

• 구리 : 10[mm^2] 이상
• 알루미늄 : 16[mm^2] 이상

해 설

KEC 142.4.2 주택 등 저압수용장소 접지
저압수용장소에서 계통접지가 TN-C-S 방식인 경우 중성선 겸용 보호도체(PEN)의 단면적이 구리는 10[mm^2] 이상, 알루미늄은 16[mm^2] 이상이어야 하며, 그 계통의 최고전압에 대하여 절연되어야 한다.

문제 05 ▸ 출제년도 : 16. ▸ 점수 : 6점

전력감시 제어 설비 도입 시 효과를 3가지만 쓰시오.

답안작성

① 부하의 효율적 관리
② 에너지 절감
③ 안전화된 시스템 구축가능

문제 06 ▸ 출제년도 : 16. ▸ 점수 : 5점

다음 그림은 형광등 결선도이다. 미완성된 부분을 완성하여 전원 투입 시 점등될 수 있게 하시오.

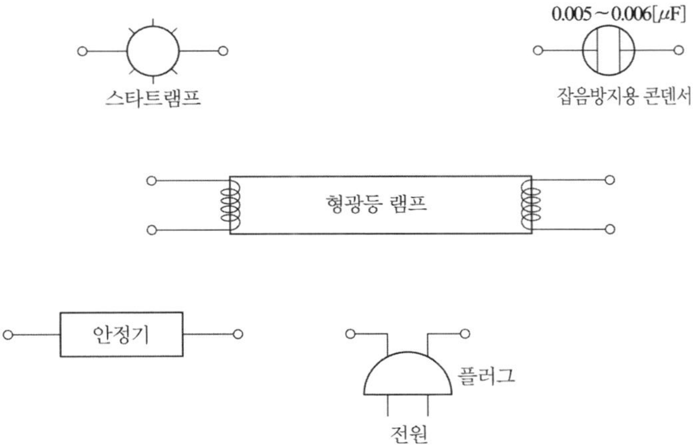

답안작성

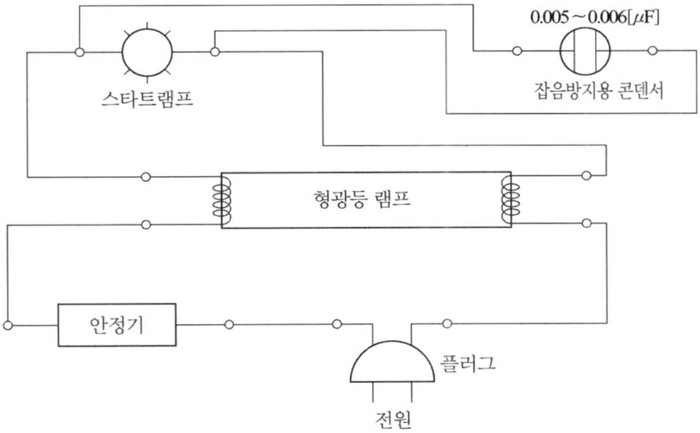

해 설

회로에 전원이 인가되면 스타트램프(점등관) 양단에 전원전압이 인가되어 고정전극과 가동전극 사이에서 방전이 개시된다.(그림 a)

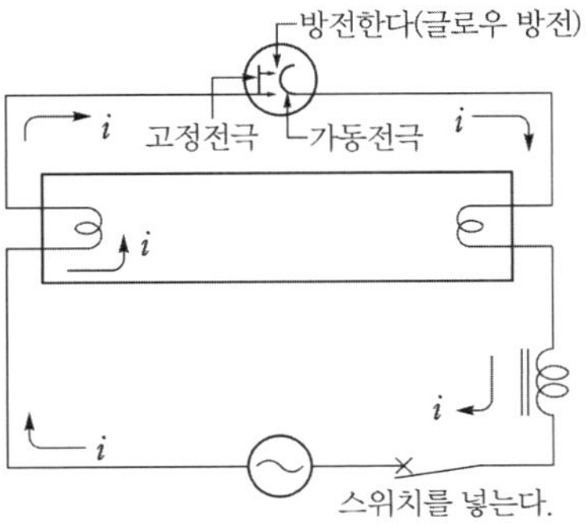

(a) 방전개시 후

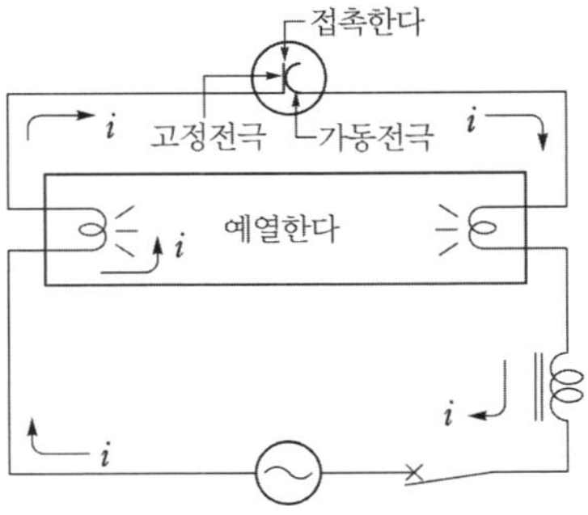

(b) 전극간 접촉 후의 전류의 폐회로

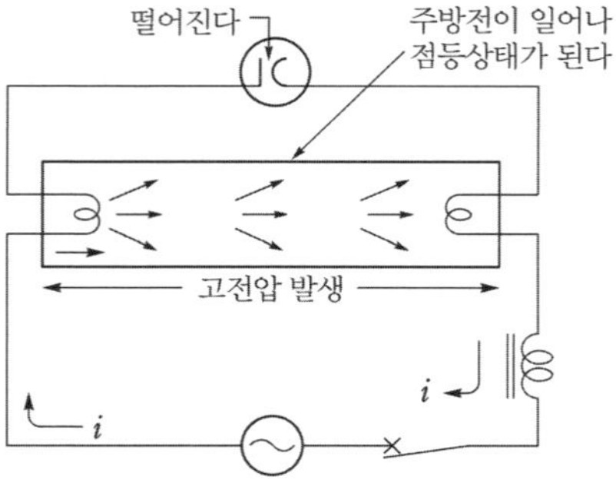

(c) 전류를 제한한 안정된 전류의 폐회로

이때 방전으로 인한 열에 의해 가동전극의 바이메탈이 동작하여 다른 편의 고정전극에 접촉되어 형광램프의 필라멘트가 예열된다. (그림 b)
이 순간 점등관의 방전은 종료되고 가동전극의 바이메탈이 냉각되어 고정전극으로부터 떨어지게 되어 (그림 c 참조) 예열전류는 차단되고 안정기 양단에 $-L\dfrac{di}{dt}$의 높은 킥크전압(kick voltage)이 발생하여 이 전압에 의해서 형광등이 점등된다. 램프가 점등된 후 전류는 그림 (c)와 같이 흘러 안정기에서 제한된 전류에 의해 형광등의 방전은 유지된다.

문제 07 ▸ 출제년도 : 16. ▸ 점수 : 3점

다음은 3상변압기를 나타낸다. 변압비는 100 : 1이며, 1차측에 22900[V]가 공급된다면 2차측 저항부하에 걸리는 전압은 몇 [V]인지 구하시오.

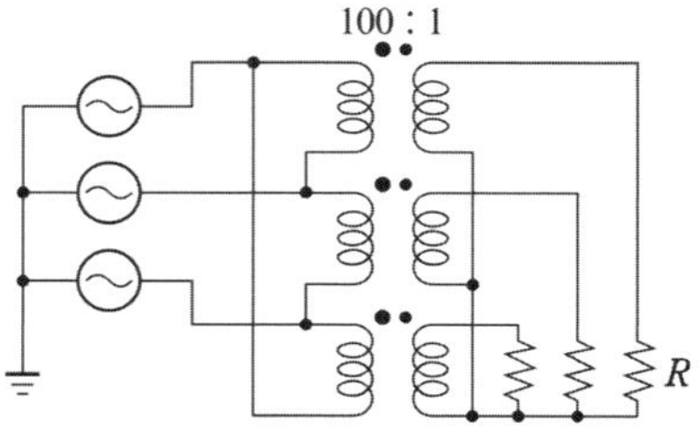

• 계산 • 답

답안작성

계산 : $V_{2p} = \dfrac{V_{1p}}{a} = \dfrac{22900}{100} = 229[\text{V}]$

답 : 229[V]

해 설

• 1차측이 △결선으로 상전압=선간전압 이므로 $V_{p1} = 22900[\text{V}]$

• 2차측 상전압 $V_{2p} = \dfrac{V_{1p}}{a} = \dfrac{22900}{100} = 229[\text{V}]$

• 2차측 저항부하에는 상전압이 인가 되므로 $V_{2p} = 229[\text{V}]$

문제 08 ▸ 출제년도 : 16. ▸ 점수 : 6점

접지판 X와 보조접지극 상호간의 저항을 측정한 값이 그림과 같다면 G_a, G_b, G_c의 접지저항값은 각각 몇 [Ω]인지 계산하시오.

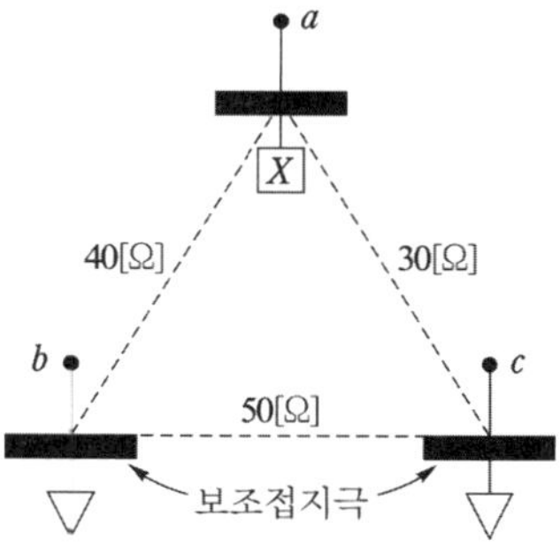

(1) G_a지점

• 계산 • 답

(2) G_b지점

• 계산 • 답

(3) G_c지점

• 계산 • 답

답안작성

(1) G_a지점

계산 : $G_a = \frac{1}{2}(G_{ab} + G_{ca} - G_{bc}) = \frac{1}{2}(40 + 30 - 50) = 10[\Omega]$ 답 : 10[Ω]

(2) G_b지점

계산 : $G_b = \frac{1}{2}(G_{bc} + G_{ab} - G_{ca}) = \frac{1}{2}(50 + 40 - 30) = 30[\Omega]$ 답 : 30[Ω]

(3) G_c지점

계산 : $G_c = \frac{1}{2}(G_{ca} + G_{bc} - G_{ab}) = \frac{1}{2}(30 + 50 - 40) = 20[\Omega]$ 답 : 20[Ω]

해 설

$G_a + G_b = G_{ab}$ …… ①

$G_b + G_c = G_{bc}$ …… ②

$G_c + G_a = G_{ca}$ …… ③

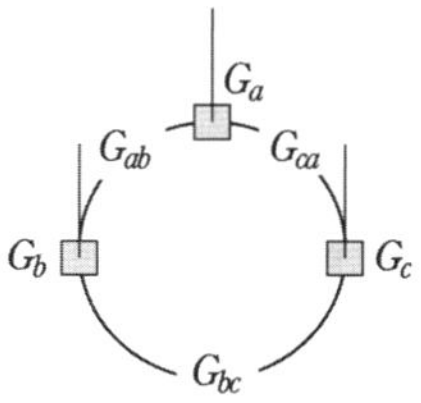

즉, (① + ② + ③)$\times \frac{1}{2}$로 계산하면

$G_a + G_b + G_c = \frac{1}{2}(G_{ab} + G_{bc} + G_{ca})$ …… ④

∴ ④ − ② 하면

$G_a = \frac{1}{2}(G_{ab} + G_{ca} - G_{bc})$

참고 : 쉽게 암기하는 방법

- $G_a = \frac{1}{2}(G_{ab} + G_{ca} - G_{bc})$ … 첨자 a가 있는 항은 +, a가 없는 항은 −
- $G_b = \frac{1}{2}(G_{bc} + G_{ab} - G_{ca})$ … 첨자 b가 있는 항은 +, b가 없는 항은 −
- $G_c = \frac{1}{2}(G_{ca} + G_{bc} - G_{ab})$ … 첨자 c가 있는 항은 +, c가 없는 항은 −

문제 09 ▸ 출제년도 : 11. 16. ▸ 점수 : 5점

변압기의 냉각 방식 기호 중 AF의 명칭을 쓰고 설명하시오.

- 명칭
- 설명

답안작성

- 명칭 : 건식풍냉식
- 설명 : 건식변압기에 송풍기로 강제통풍을 행하여 냉각하는 방식

해 설

① 냉각방식 요약

<table>
<tr><th rowspan="2" colspan="2">냉각방식</th><th colspan="2">규격별 기호 표시</th><th colspan="2">권선, 철심의 냉각매체</th><th colspan="2">주위 냉각매체</th></tr>
<tr><th>JEC 2200
IEC 76</th><th>ANSI
C 57.12</th><th>종류</th><th>순환방식</th><th>종류</th><th>순환방식</th></tr>
<tr><td rowspan="2">건 식
변압기</td><td>건식 자냉식</td><td>AN</td><td></td><td rowspan="2">공기</td><td>자연</td><td rowspan="2">–</td><td rowspan="2">–</td></tr>
<tr><td>건식 풍냉식</td><td>AF</td><td></td><td>강제</td></tr>
<tr><td rowspan="6">유 입
변압기</td><td>유입 자냉식</td><td>ONAN</td><td>OA</td><td rowspan="6">기름</td><td rowspan="3">자연</td><td rowspan="2">공기</td><td>자연</td></tr>
<tr><td>유입 풍냉식</td><td>ONAF</td><td>FA</td><td rowspan="2">강제</td></tr>
<tr><td>유입 수냉식</td><td>ONWF</td><td>OW</td><td>물</td></tr>
<tr><td>송유 자냉식</td><td>OFAN</td><td></td><td rowspan="3">강제</td><td rowspan="2">공기</td><td>자연</td></tr>
<tr><td>송유 풍냉식</td><td>OFAF</td><td>FOA</td><td rowspan="2">강제</td></tr>
<tr><td>송유 수냉식</td><td>OFWF</td><td>FOW</td><td>물</td></tr>
</table>

② 건식풍냉식 : 건식변압기에 송풍기로 강제통풍을 행하는 방식이다. 이는 냉각효과를 크게 하기 위한 것으로 절연유를 사용하지 않기 때문에 절연유에 의한 화재를 특히 방지할 필요가 있을 경우에, 예를 들면 갱내의 변압기실 등에 사용된다.

문제 10 ▸ 출제년도 : 10. 16. ▸ 점수 : 6점

6600/110 [V] 특고압 선로에 CT 비가 100/5 라고 한다면 전력계의 눈금은 몇 [kW]인지 계산하시오.

- 계산
- 답

답안작성

계산 : $P = \sqrt{3} \times 6600 \times 100 \times 10^{-3} = 1143.15[\text{kW}]$

답 : 1143.15 [kW]

해 설

문제에서 단상인지 3상인지 주어지지 않은 관계로 3상으로 계산하였음.

문제 11 ▸ 출제년도 : 16. ▸ 점수 : 5점

선로의 전압과 역률이 일정할 때 선로의 전력손실이 2배로 증가되면, 기존 대비 전력은 몇 [%] 증가하여야 하는지 구하시오. (단, 전압 V, 선로의 전력손실 P_{l1}, 선로의 전력손실이 2배일 때 P_{l2}, 저항을 R로 표시한다.)

• 계산 • 답

답안작성

계산 : 전력손실 $P_l = I^2R$에서 $P_l \propto I^2$

$P_{l1} : P_{l2} = 1 : 2 = I_1^2 : I_2^2$ 에서 $I_2 = \sqrt{2}I_1$

전력 $P_2 = VI_2\cos\theta = V(\sqrt{2}I_1)\cos\theta = \sqrt{2}P_1 = 1.4142P_1$

답 : 41.42[%] 증가

문제 12 ▸ 출제년도 : 96. 00. 01. 13. 16. ▸ 점수 : 5점

3상 4선식 380/220[V] 구내배선 긍장이 200[m], 부하의 최대전류는 100[A]인 배선에서 대지간 전압강하를 4[V]로 하고자 하는 경우에 사용하는 전선의 공칭 단면적[mm²]을 구하시오.

• 계산 • 답

답안작성

계산 : 3상 4선식 회로에서의 전선의 단면적은

$$A = \frac{17.8LI}{1000e} = \frac{17.8 \times 200 \times 100}{1000 \times 4} = 89[\text{mm}^2]$$

답 : 95 [mm²]

해 설

① 전압강하 계산

전기 방식	전압 강하		전선 단면적
단상 3선식 직류 3선식 3상 4선식	$e_1 = IR$	$e_1 = \dfrac{17.8LI}{1000A}$	$A = \dfrac{17.8LI}{1000e_1}$
단상 2선식 및 직류 2선식	$e_2 = 2IR = 2e_1$	$e_2 = \dfrac{35.6LI}{1000A}$	$A = \dfrac{35.6LI}{1000e_2}$
3상 3선식	$e_3 = \sqrt{3}IR = \sqrt{3}e_1$	$e_3 = \dfrac{30.8LI}{1000A}$	$A = \dfrac{30.8LI}{1000e_3}$

② KSC IEC 전선규격

1.5, 2.5, 4, 6, 10, 16, 25, 35, 50, 70, 95, 120, 150, 185, 240, 300, 400, 500, 630[mm²]

문제 13 ▸ 출제년도 : 16. ▸ 점수 : 3점

에이징된 전구를 점등하면 시간의 경과와 함께 광속, 전류, 효율, 전력이 약간씩 변화한다. 이런 변화과정을 곡선으로 나타낸 것을 무엇이라 하는지 쓰시오.

답안작성

동정곡선

문제 14 ▸ 출제년도 : 16. ▸ 점수 : 6점

아몰퍼스 변압기의 특징에 대해서 장점 및 단점을 3가지씩 쓰시오

(1) 장점

(2) 단점

답안작성

(1) 장점
  ① 철손과 여자 전류가 매우 적다.
  ② 전기저항이 높다.
  ③ 결정 자기이방성이 없다.

(2) 단점
  ① 포화자속 밀도가 낮다.
  ② 점적률이 나쁘다.
  ③ 압축 응력이 가해지면 특성이 저하된다.

해 설

이외에도

(1) 장점
  ④ 판 두께가 매우 얇다.
  ⑤ 자벽 이동을 방지하는 구조상의 결함이 없다.

(2) 단점
  ④ 자장 풀림이 필요하다.

문제 15 ▸ 출제년도 : 16. ▸ 점수 : 5점

154[kV] 3상 3선식 전선로에서 각 선의 정전용량이 각각 $C_a = 0.031[\mu\text{F}]$, $C_b = 0.030[\mu\text{F}]$, $C_c = 0.032[\mu\text{F}]$일 때 변압기의 중성점 잔류전압은 몇 [V]인지 계산하시오.

• 계산　　　　　　　　　　　　　　　　　　• 답

답안작성

계산 : 잔류전압

$$E_n = \frac{\sqrt{C_a(C_a - C_b) + C_b(C_b - C_c) + C_c(C_c - C_a)}}{C_a + C_b + C_c} \times \frac{V}{\sqrt{3}}$$

$$= \frac{\sqrt{0.031(0.031 - 0.03) + 0.03(0.03 - 0.032) + 0.032(0.032 - 0.031)}}{0.031 + 0.03 + 0.032} \times \frac{154000}{\sqrt{3}}$$

$$= 1655.91[\text{V}]$$

답 : 1655.91[V]

문제 16 ▸ 출제년도 : 96. 16. ▸ 점수 : 5점

금속관 공사 시 저압 인입선의 인입용으로 수직배관 할 경우 비의 침입을 막는 재료를 쓰시오.

답안작성

엔트런스캡

문제 17 ▸ 출제년도 : 89. 97. 00. 04. 07. 16. ▸ 점수 : 5점

경간 200[m]인 가공 송전선로가 있다. 전선 1[m]당 무게는 2.0[kg]이고 풍압 하중은 없다고 한다. 인장 강도 4000[kg]의 전선을 사용할 때 이도(D)와 전선의 실제 길이(L)를 구하시오. 단, 안전율은 2.2로 한다.

(1) 이도

• 계산 • 답

(2) 전선의 실제길이

• 계산 • 답

답안작성

(1) 이도

계산 : $D=\dfrac{WS^2}{8T}=\dfrac{2.0\times 200^2}{8\times 4000/2.2}=5.5\ [\mathrm{m}]$

답 : 5.5 [m]

(2) 전선의 실제 길이

계산 : $L=S+\dfrac{8D^2}{3S}=200+\dfrac{8\times 5.5^2}{3\times 200}=200.4[\mathrm{m}]$

답 : 200.4 [m]

문제 18 ▸ 출제년도 : 94. 98. 01. 03. 04. 07. 09. 16. ▸ 점수 : 5점

공사원가라 함은 공사 시공 과정에서 발생한 무엇의 합계액을 말하는지 쓰시오.

답안작성

재료비 + 노무비 + 경비

해 설

공사 원가라 함은 공사 시공 과정에서 발생한 재료비, 노무비, 경비의 합계액을 말한다.(준칙 제13조)

- 총원가
  - 공사(제조) 원가
    - 재료비
      - 직접 재료비 : 주재료비, 부분 품비
      - 간접 재료비 : 소모 재료비, 소모 공구, 기구, 비품비, 포장 재료비(제조), 가설 재료비(공사) 등
    - 노무비
      - 직접 노무비 : 기본급, 제수당, 상여금, 퇴직급여 충당금
      - 간접 노무비 : 직접 노무비×간접 노무 비율
        (※ 간접 노무비율= $\dfrac{\text{간접 노무비}}{\text{직접노무비}}$)
    - 경비 : 전력비등 21개 비목
  - 일반 관리비 − 공사 또는 제조원가×일정률(6~14 [%])
  - 이윤 − (노무비+경비+일반관리비)×일정률(제조 25 [%], 공사 15 [%])

※ 예정 가격 = 총원가 + 부가가치세(10[%])

문제 19 ▸ 출제년도 : 13. 16. ▸ 점수 : 5점

다음의 시퀀스회로에서 A, B, C, D는 보조 릴레이 접점이고, X는 릴레이, L은 부하이다. 다음 물음에 답하시오.

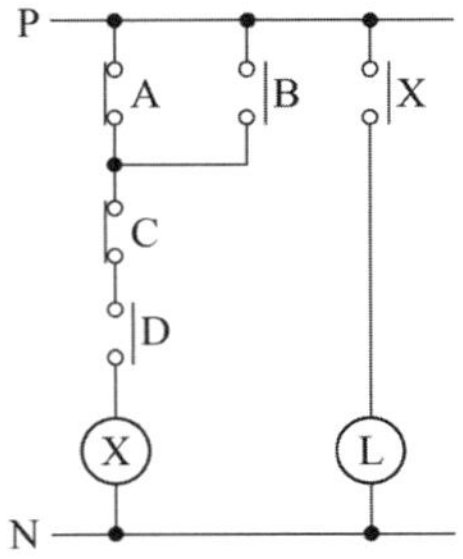

(1) 출력 X의 논리식을 쓰시오.

(2) 2입력, AND, OR, NOT 기호를 사용하여 그림의 회로를 무접점 논리회로로 그리시오.

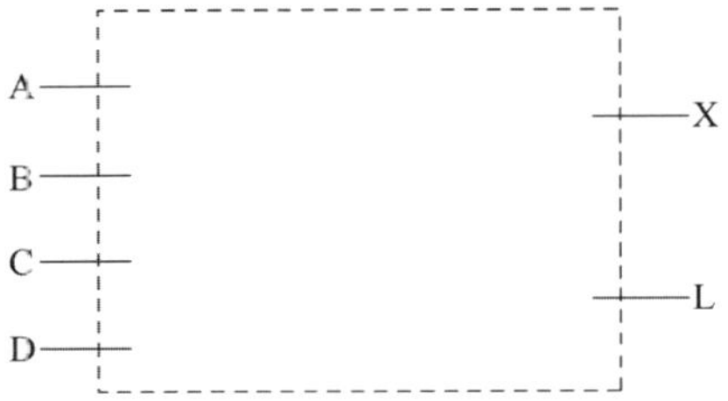

답안작성

(1) $X = (\overline{A} + B)\overline{C} \cdot D$

(2)

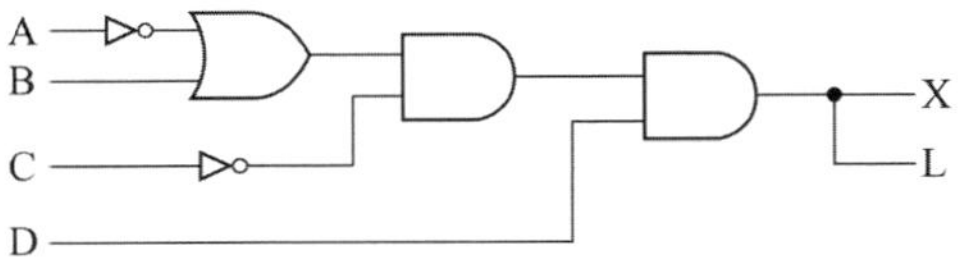

해 설

- b접점은 기호위에 bar를 붙인다. (예 : a접점 ; A, b접점 : $\overline{A}$)
- 접점의 병렬접속은 (OR)+, 접점의 직렬접속은 (AND)× 로 표시

국가기술자격검정 실기시험문제 및 답안지

2016년도 산업기사 일반검정 제 2 회

자격종목(선택분야)	시험시간	형별	수험번호	성 명	감독위원 확 인
전기공사산업기사	2시간 00분				

※ 다음 물음에 답을 해당 답란에 답하시오.(배점 : 100점)

문제 01 ▸ 출제년도 : 97. 09. 15. 16. ▸ 점수 : 6점

그림과 같이 지선을 가설하여 전주에 가해진 수평 장력 800[kg]을 지지하고자 한다. 4[mm] 철선을 지선으로 사용한다면 몇 가닥으로 하면 되는지 구하시오. (단, 4[mm] 철선 1가닥의 인장 하중은 440[kg]으로 하고 안전율은 2.5이다.)

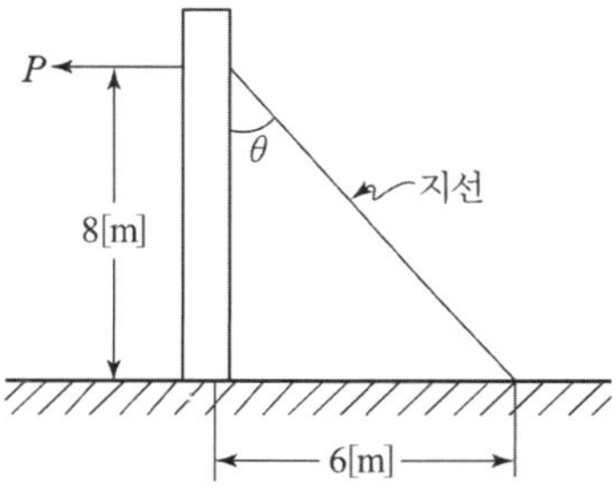

• 계산 :

• 답 :

답안작성

계산 : $\sin\theta = \dfrac{6}{\sqrt{8^2+6^2}} = 0.6$

따라서, 지선에 가해지는 장력 $T_o = \dfrac{P}{\sin\theta} = \dfrac{800}{0.6} = 1333.33[\text{kg}]$

지선의 장력$(T_o) = \dfrac{\text{소선 1가닥의 인장 강도} \times \text{소선수}}{\text{안전율}}$ 에서

소선수 $= \dfrac{\text{지선의 장력} \times \text{안전율}}{\text{소선 1가닥의 인장 강도}} = \dfrac{1333.33 \times 2.5}{440} = 7.58$

답 : 8가닥

해 설

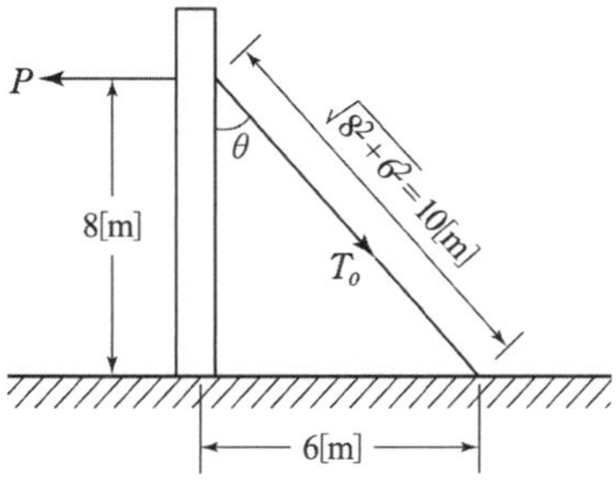

• 소선수에서 소수점 이하는 절상

문제 02 ▸ 출제년도 : 95. 99. 16. ▸ 점수 : 6점

3상 3선식 380[V] 회로에 그림과 같이 2.2[kW], 7.5[kW], 50[kW]의 전동기와 5[kW]의 전열기가 접속되어 있다. 간선의 소요 허용 전류[A]를 구하시오. 단, 전동기의 평균 역률은 75 [%]이다.

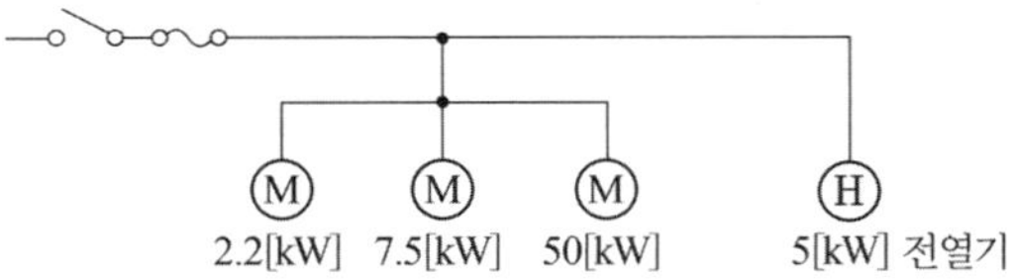

• 계산 • 답

답안작성

계산 : $I_M = \dfrac{(2.2+7.5+50)\times 10^3}{\sqrt{3}\times 380\times 0.75} = 120.94[A]$

$I_H = \dfrac{5\times 10^3}{\sqrt{3}\times 380} = 7.6[A]$

전동기의 유효 전류 $I_r = 120.94\times 0.75 = 90.71[A]$

전동기의 무효 전류 $I_q = 120.94\times\sqrt{1-0.75^2} = 79.99[A]$

설계전류 $I_B = \sqrt{유효분^2 + 무효분^2} = \sqrt{(90.71+7.6)^2+79.99^2} = 126.74[A]$

따라서, $I_B \le I_n \le I_Z$의 조건을 만족하는 전선의 허용전류 $I_Z \ge 126.74[A]$

답 : 126.74[A]

해 설

KEC 212.4.1 도체와 과부하 보호장치 사이의 협조

과부하에 대해 케이블(전선)을 보호하는 장치의 동작특성은 다음의 조건을 충족해야 한다.

$I_B \le I_n \le I_Z$, $I_2 \le 1.45\times I_Z$

I_B : 회로의 설계전류(선도체를 흐르는 설계전류 또는 함유율이 높은 영상분 고조파, 특히 제3고조파가 지속적으로 흐르는 경우 중성선에 흐르는 전류이다.)

I_Z : 케이블의 허용전류

I_n : 보호장치의 정격전류(사용현장에 적합하게 조정된 전류의 설정 값)

I_2 : 보호장치가 규약시간 이내에 유효하게 동작하는 것을 보장하는 전류

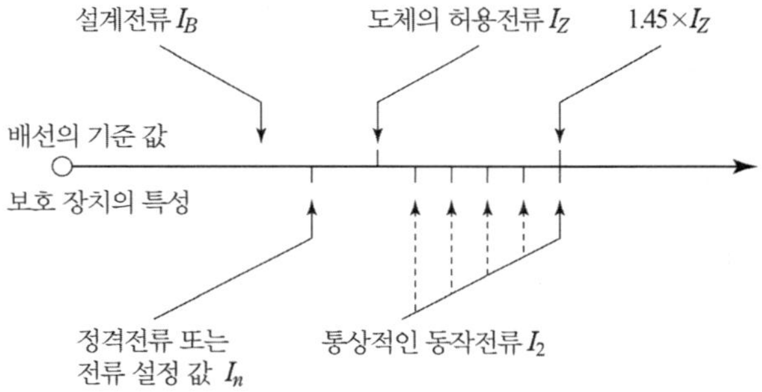

과부하 보호 설계 조건도

문제 03 ▸ 출제년도 : 16. ▸ 점수 : 6점

저압 옥내 간선에서 분기하여 각 부하에 전력을 공급하는 분기회로에서 다음 조건을 보고 사용전압 220[V], 20[A]인 경우의 부하설비용량과 분기회로수를 구하시오.
(단, 룸 에어컨은 별도회로로 구성한다.)

[조건]

- 주택부분의 바닥면적 : 240[m^2]
- 점포부분의 바닥면적 : 50[m^2]
- 창고의 바닥면적 : 10[m^2]
- 주택에 대한 가산 [VA] : 1000[VA]
- 룸에어컨 : 2[kW]

(1) 부하설비용량

•계산 •답

(2) 분기회로수

•계산 •답

답안작성

(1) 부하설비용량

계산 : $P = 240 \times 40 + 50 \times 30 + 10 \times 5 + 1000 + 2000 = 14{,}150$[VA]

답 : 14,150[VA]

(2) 분기회로 수

계산 : 분기회로수 $n = \dfrac{14{,}150 - 2000}{220 \times 20} = 2.76 \rightarrow 3$[회로]

답 : 20[A]분기회로 4회로(룸 에어컨 1회로 포함)

해 설

(1) 건물의 표준 부하표

[표] 건물의 표준 부하표

건물의 종류		표준부하 [VA/m^2]
P	공장, 공회당, 사원, 교회, 극장, 연회장 등	10
	기숙사, 여관, 호텔, 병원, 학교, 음식점, 다방, 대중목욕탕 등	20
	사무실, 은행, 상점, 이용소, 미장원	30
	주택, 아파트	40
Q	복도, 계단, 세면장, 창고, 다락	5
	강당, 관람석	10
C	주택, 아파트(1세대마다)에 대하여	500~1000 [VA]
	상점의 진열장은 폭 1[m]에 대하여	300 [VA]
	옥외의 광고등, 광전사인, 네온사인 등	실 [VA] 수
	극장, 댄스홀 등의 무대조명, 영화관의 특수 전등부하	실 [VA] 수

(2) • 분기회로 수 계산에서 소수점 이하 절상
• 룸 에어컨은 별도회로로 구성하라는 조건이 있음

문제 04 ▸ 출제년도 : 16. ▸ 점수 : 7점

전등을 3개소에서 동시에 점멸하는 복도 조명의 배선도이다. 다음 물음에 답하시오.

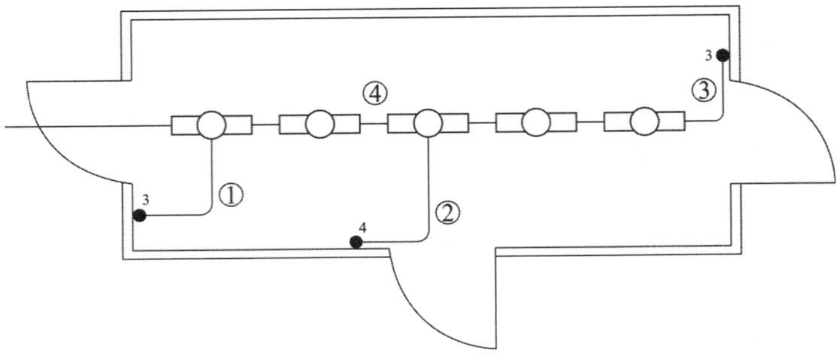

(1) ①, ②, ③, ④의 최소 배선수는 몇 가닥인지 쓰시오. (단, 접지선은 제외한다.)

①	②	③	④

(2) 배선도에 사용된 그림기호의 명칭을 쓰시오.

기 호	명 칭
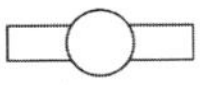	

────	

답안작성

(1)

①	②	③	④
3	4	3	4

(2)

기 호	명 칭
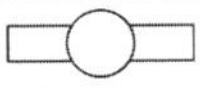	형광등
	3로 스위치
────	천장 은폐 배선

해 설

(1)

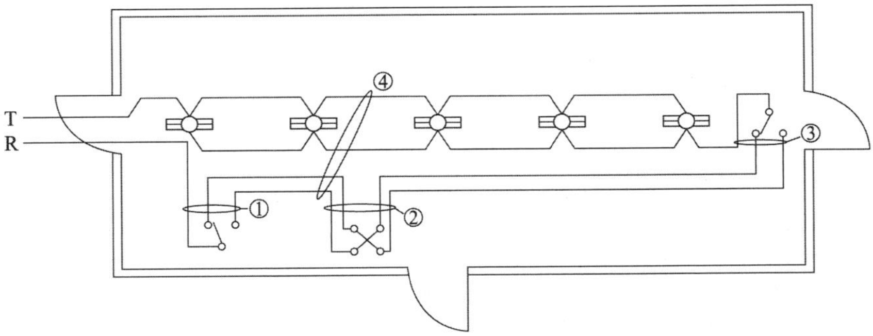

(2) 그림기호

명 칭	그림 기호	적 요
백열등 HID등	○	① 벽붙이는 벽 옆을 칠한다. ◐ ② 옥외등은 ⊗로 하여도 좋다. ③ HID등의 종류를 표시하는 경우는 용량 앞에 다음 기호를 붙인다. 수은등 H 메탈 할라이드등 M 나트륨등 N [보기] H400
형광등	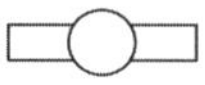	① 용량을 표시하는 경우는 램프의 크기(형)×램프 수로 표시한다. 또, 용량 앞에 F를 붙인다. [보기] F40 F40×2 ② 용량 외에 기구수를 표시하는 경우는 램프의 크기(형)×램프 수 – 기구 수로 표시한다. [보기] F40 – 2 F40×2 – 3
점멸기	●	① 용량의 표시 방법은 다음과 같다. • 10 [A]는 방기하지 않는다. • 15 [A] 이상은 전류값을 방기한다. [보기] ●15A ② 극수의 표시 방법은 다음과 같다. • 단극은 방기하지 않는다. • 2극 또는 3로, 4로는 각각 2P 또는 3, 4의 숫자를 방기한다. [보기] ●2P ●3 ③ 방수형은 WP를 방기한다. ●WP ④ 방폭형은 EX를 방기한다. ●EX ⑤ 타이머 붙이는 T를 방기한다. ●T
천장 은폐 배선	————————	① 천장 은폐 배선 중 천장 속의 배선을 구별하는 경우는 천장 속의 배선에 –·–·–·–·–·를 사용하여도 좋다. ② 노출 배선 중 바닥면 노출 배선을 구별하는 경우는 바닥면 노출 배선에 –··–··–··–··– 를 사용하여도 좋다. ③ 전선의 종류를 표시할 필요가 있는 경우는 기호를 기입한다.
바닥 은폐 배선	– – – – – – –	
노출 배선	- - - - - - - - - - - -	

문제 05 ▸ 출제년도 : 08. 16. ▸ 점수 : 5점

전기설비의 감전예방방법 중 직접접촉예방은 전기설비가 정상으로 운전하고 있는 상태에서 전기설비에 사람 또는 동물이 접촉되는 경우를 대비하여 감전예방을 위한 보호이다. 직접접촉예방을 위한 보호방법 5가지를 쓰시오.

답안작성

① 충전부의 절연에 의한 보호
② 격벽 또는 외함에 의한 보호
③ 장애물에 의한 보호
④ 손의 접근한계 외측 설치에 따른 보호
⑤ 누전차단기에 의한 추가 보호

해 설

(1) 직접접촉예방
전기설비가 정상으로 운영하고 있는 상태에서 전기설비에 사람 또는 동물이 접촉되는 경우를 대비하여 감전예방을 위한 보호

(2) 간접접촉예방
전기설비에 지락 등의 고장이 발생한 경우에 해당 전기설비에 사람 또는 동물이 접촉한 경우를 대비하여 감전예방을 위한 보호로서 다음 중 하나의 방법에 의해 실시한다.
① 전원의 자동차단에 의한 보호
② Ⅱ급 기기의 사용 또는 이것과 동등 이상의 절연에 의한 보호
③ 비도전성 장소에 의한 보호
④ 비접지용 국부적 등전위 접속에 의한 보호
⑤ 전기적 분리에 의한 보호

(3) 특별저압에 의한 보호는 직접접촉예방 및 간접접촉 예방을 동시에 시행한다. 사용전압은 교류 50 [V] 이하, 직류 120 [V] 이하의 전압을 말한다.

문제 06

▸출제년도 : 09. 16. ▸점수 : 5점

교류 단상 3선식 배전방식은 교류 단상 2선식 배전방식에 비하여 전압강하와 효율은 어떻게 되는가?

답안작성

단상 3선식은 단상 2선식에 비하여 전압 강하는 작고 효율은 높다.

해 설

동일 전력을 공급 할 경우 단상 2선식과 단상 3선식의 비교

P_1(단상 2선식)$=P_3$(단상 3선식)

$VI_1\cos\theta = 2VI_3\cos\theta$

$I_1 = 2I_3$

① 전압강하

- 단상 2선식의 전압강하 $e_1 = 2I_1(R\cos\theta + X\sin\theta)$
- 단상 3선식의 전압강하 $e_3 = 2I_3(R\cos\theta + X\sin\theta) = I_1(R\cos\theta + X\sin\theta) = \frac{1}{2}e_1$

② 전력손실

- 단상 2선식의 전력손실 $P_{l1} = 2I_1^2R$
- 단상 3선식의 전력손실 $P_{l3} = 2I_3^2R = 2\left(\frac{1}{2}I_1\right)^2 R = \frac{1}{4}\times 2I_1^2 R = \frac{1}{4}P_{l1}$

문제 07

▸출제년도 : 93. 16. ▸점수 : 5점

수·변전 설비 공사에서 차단기의 정격 차단 용량 식과 차단기 종류를 4가지만 쓰시오.
(1) 차단기 용량식
(2) 차단기 종류

답안작성

(1) 차단기 용량식 : $P_s = \sqrt{3}\times$정격 전압$\times$정격 차단 전류
(2) 차단기의 종류 : 유입 차단기, 진공 차단기, 자기 차단기, 가스 차단기

문제 08 ▸ 출제년도 : 95. 07. 16. ▸ 점수 : 6점

가공전선로에 사용되는 전선의 구비조건 6가지를 쓰시오.

답안작성

① 도전율이 높을 것 ② 기계적인 강도가 클 것
③ 내구성이 있을 것 ④ 비중이 작을 것
⑤ 가선작업이 용이할 것 ⑥ 가격이 저렴할 것

문제 09 ▸ 출제년도 : 00. 16. ▸ 점수 : 5점

철탑에 소호각(Arcing horn)이나 소호환(Arcing ring)을 설치하는 목적은?

답안작성

애자련 보호 및 전압 분포 개선

문제 10 ▸ 출제년도 : 01. 05. 08. 16. ▸ 점수 : 5점

전선의 소요량 계산에서 전선 가선시 선로의 고저가 심할 때 산출하는 식을 쓰시오.

답안작성

선로긍장 × 전선조수 × 1.03

해 설

선로가 평탄할 경우 : 선로긍장 × 전선조수 × 1.02

문제 11 ▸ 출제년도 : 16. ▸ 점수 : 5점

6600[V], 3상3선식 비접지 배전 선로의 a상이 완전 지락 고장이 발생하였을 때, GPT 2차에 나타나는 영상전압 V_2[V]를 구하시오.
(단, GPT 변압기 3대로 구성되어 있으며 변압기의 변압비는 6600/110[V] 이다.)

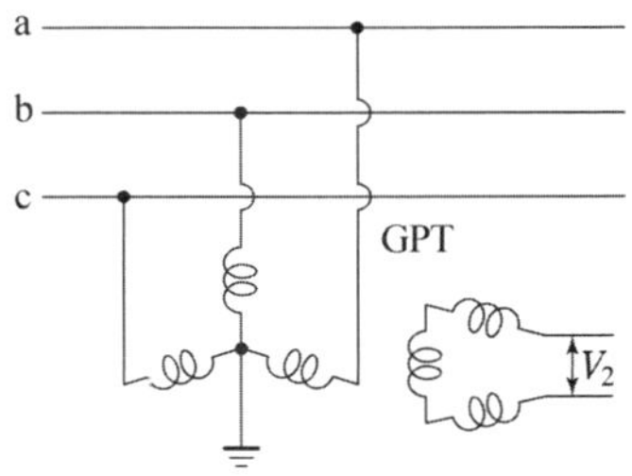

• 계산
• 답

답안작성

계산 : $V_2 = \frac{6600}{\sqrt{3}} \times \frac{110}{6600} \times 3 = 190.53$[V]

답 : 190.53[V]

해 설

• GPT 1차측 1상에 인가되는 전압 : $\frac{6600}{\sqrt{3}}$[V] (Y결선)

• GPT 2차측 1상에 유도되는 전압 : $\frac{6600}{\sqrt{3}} \times \frac{1}{\text{변압비}} = \frac{6600}{\sqrt{3}} \times \frac{110}{6600} = \frac{110}{\sqrt{3}}$

• a상이 지락 된 경우 GPT 2차측 영상전압 V_2는 GPT 2차측 1상의 전압보다 3배 만큼 커진다.

문제 12 ▸ 출제년도 : 97. 99. 16. ▸ 점수 : 6점

6.6 [kV] 325[mm^2] 3C 가교 폴리에틸렌 케이블 100[m]를 구내(옥외)의 기존 전선관 내에 포설하려고 한다. 케이블에 대한 재료비와 인공과 공구 손료를 구하시오.
(단, 케이블의 재료비는 52540[원/m]이고, 해당되는 노임 단가는 50,000원이다.

전력 케이블 구내설치 (단위 : [m])

P.V.C 및 고무절연 시스 케이블	케이블 전공
600[V] 16[mm^2] 이하 × 1C	0.023
" 25[mm^2] 이하 × 1C	0.030
" 38[mm^2] 이하 × 1C	0.036
" 50[mm^2] 이하 × 1C	0.043
" 60[mm^2] 이하 × 1C	0.049
" 70[mm^2] 이하 × 1C	0.057
" 80[mm^2] 이하 × 1C	0.060
" 100[mm^2] 이하 × 1C	0.071
" 125[mm^2] 이하 × 1C	0.084
" 150[mm^2] 이하 × 1C	0.097
" 185[mm^2] 이하 × 1C	0.108
" 200[mm^2] 이하 × 1C	0.117
" 240[mm^2] 이하 × 1C	0.136
" 250[mm^2] 이하 × 1C	0.142
" 300[mm^2] 이하 × 1C	0.159
" 325[mm^2] 이하 × 1C	0.172
" 400[mm^2] 이하 × 1C	0.205
" 500[mm^2] 이하 × 1C	0.240
" 630[mm^2] 이하 × 1C	0.285
" 1000[mm^2] 이하 × 1C	0.415

[해설] ① 부하에 직접 공급하는 변압기 2차 측에 포설되는 케이블로서 전선관, Rack, Duct, 케이블 트레이, Pit, 공동구, Saddle 부설 기준, Cu, Al 도체 공용
② 600[V] 10 [mm^2] 이하는 제어용케이블 설치 준용
③ 직매시 80 [%]
④ 2심은 140 [%], 3심은 200 [%], 4심은 260 [%]
⑤ 연피벨트지 케이블 120 [%], 강대개장 케이블은 150[%]
⑥ 가요성금속피(알루미늄, 스틸)케이블은 150[%](앵커볼트설치품은 별도계상)
⑦ 관내포설시 도입선 넣기 포함
⑧ 2열 동시 180[%], 3열 260[%], 4열 340[%], 4열 초과시 초과 1열당 80[%] 가산
⑨ 전압에 대한 할증율
3.3~6.6 [kV] 15[%] 가산
22.9[kV] 이하 30[%] 가산
⑩ 철거 50 [%], 재사용 철거는 드럼감기품 포함 90[%]
⑪ 8자 포설은 본품의 120[%] 적용

(1) 재료비

•계산 •답

(2) 인공

•계산 •답

(3) 공구손료

•계산 •답

답안작성

(1) 재료비

계산 : $100 \times 1.03 \times 52,540 = 5,411,620$[원] 답 : 5,411,620[원]

(2) 인공

계산 : $100 \times 0.172 \times 2 \times (1+0.15) = 39.56$[인] 답 : 39.56[인]

(3) 공구손료

계산 : $39.56 \times 50,000 \times 0.03 = 59,340$[원] 답 : 59,340[원]

해 설

(1) 재료의 할증률 및 철거 손실률

공사용 재료의 할증률 및 철거용 재료의 손실률은 일반적으로 다음 표의 값 이내로 한다.

전기 재료

종 류	할증률[%]	철거손실률[%]
옥 외 전 선	5	2.5
옥 내 전 선	10	–
Cable(옥외)	3	1.5
Cable(옥내)	5	–
전 선 관 배 관	10	–
Trolley선	1	–
동 대 , 동 봉	3	1.5

[해설] 철거손실률이란 전기설비공사에서 철거작업시 발생하는 폐자재를 환입할 때 재료의 파손, 손실, 망실 및 일부 부식 등에 의한 손실률을 말함.

(2) • 3C : 200[%]

• 전압에 대한 할증율 : 6.6[kV]이므로 15[%] 가산

(3) 공구손료 = 직접 노무비×3 [%]

문제 13 ▸ 출제년도 : 14. 16. ▸ 점수 : 6점

다음은 전선에 대한 약호이다. 정확한 명칭을 우리말로 쓰시오.

(1) ACSR

(2) VCT

(3) MI

답안작성

(1) 강심 알루미늄 연선

(2) 0.6/1[kV] 비닐절연 비닐캡타이어 케이블

(3) 미네랄 인슈레이션 케이블

문제 14 ▸ 출제년도 : 12. 16. ▸ 점수 : 6점

그림은 A, B 2개 공장의 전력부하곡선이다. A, B 공장 상호간의 부등률을 구하시오.

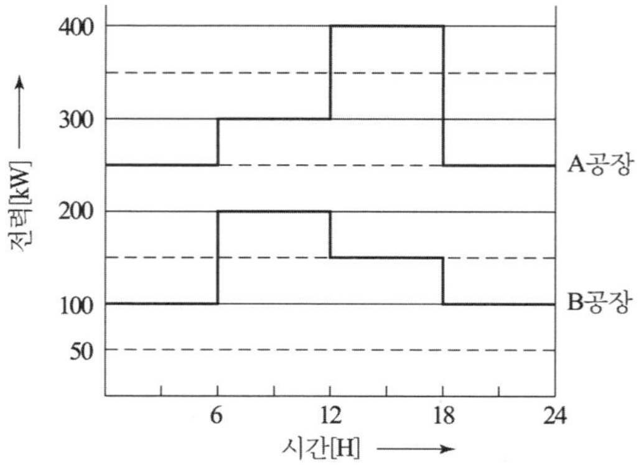

•계산 •답

답안작성

계산 : • A공장의 최대수용 전력 : 400[kW]

• B공장의 최대수용 전력 : 200[kW]

• A, B공장의 합성최대 수용전력 : 550[kW]

• 부등률$=\dfrac{400+200}{550}=1.09$

답 : 1.09

해 설

• 부등률 $=\dfrac{\text{각 개 최대 수용 전력의 합}}{\text{합성 최대 수용 전력}}$

• 시간대별 합성최대 수용전력

시간	0~6시	6~12시	12시~18시	18~24시
A공장[kW]	250	300	400	250
B공장[kW]	100	200	150	100
합[kW]	350	500	550	350

문제 15 ▸ 출제년도 : 05. 16. ▸ 점수 : 4점

활선 클램프란 무엇인지 간단히 설명하시오.

답안작성

분기고리의 Copper Bail에 변압기 인하선을 접속시 사용

문제 16 ▸ 출제년도 : 16. ▸ 점수 : 6점

송전 계통의 중성점 접지방식에서 유효접지(effective grounding)를 설명하고, 유효접지의 가장 대표적인 접지방식 한 가지만 쓰시오.

•설 명 :

•접지방식 :

답안작성

- 설 명 : 1선지락 사고시 건전상의 전압상승이 상규 대지전압의 1.3배를 넘지 않도록 접지 임피던스를 조절해서 접지하는 것
- 접지방식 : 직접접지방식

문제 17

▸ 출제년도 : 12. 16. ▸ 점수 : 5점

권수비 50인 단상 변압기의 전부하 2차 전압 220[V], 전압변동률 4[%]일 때, 무부하시 1차 단자전압은 몇 [V]인지 구하시오.

• 계산 : • 답 :

답안작성

계산 : 전압변동률 $\epsilon = \dfrac{V_{20} - V_{2n}}{V_{2n}} \times 100[\%]$에서

2차 측 무부하 전압 $V_{20} = \left(1 + \dfrac{\epsilon}{100}\right) \times V_{2n} = \left(1 + \dfrac{4}{100}\right) \times 220 = 228.8[\text{V}]$

따라서, 1차측 무부하 전압 $V_{10} = a V_{20} = 50 \times 228.8 = 11,440[\text{V}]$

답 : 11,440[V]

문제 18

▸ 출제년도 : 08. 16. ▸ 점수 : 6점

1종 금속 몰드(메탈 몰딩)공사에 사용하는 부속품 4가지를 쓰시오.

답안작성

① 조인트 커플링 ② 부싱
③ 플랫 엘보 ④ 인터널 엘보

해 설

1종 금속 몰드 공사 : 본체는 베이스와 커버로 구성되며, 일반적으로 길이가 1.9[m]로 되어 있다. 부속품에는 조인트용 커플링, 부싱, 엘보 등이 있다.

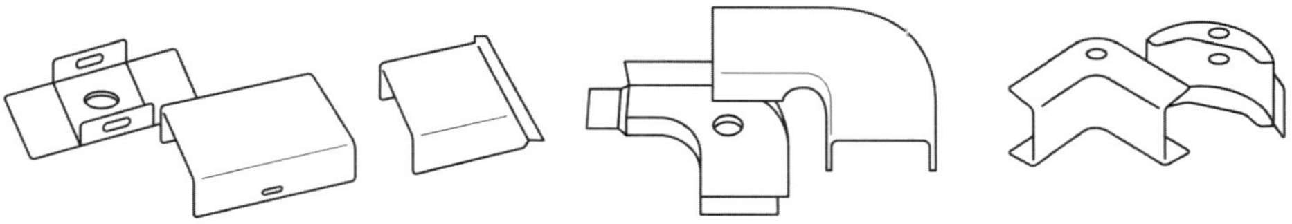

조인트 커플링 부싱 플랫 엘보 인터널 엘보

국가기술자격검정 실기시험문제 및 답안지

2016년도 산업기사 일반검정 제 4 회

자격종목(선택분야)	시험시간	형별	수험번호	성 명	감독위원 확 인
전기공사산업기사	2시간 00분				

※ 다음 물음에 답을 해당 답란에 답하시오.(배점 : 100점)

문제 01 ▸ 출제년도 : 08. 16. ▸ 점수 : 6점

전기설비의 접지 목적에 대하여 3가지만 쓰시오.

답안작성

① 감전방지
② 이상전압의 억제
③ 보호계전기의 동작 확보

해 설

① 감전 방지 : 기기의 절연 열화나 손상 등으로 누전이 발생하면 전류가 접지선으로 흘러 기기의 대지 전위 상승이 억제되고 인체의 감전 위험이 줄어들게 된다.
② 이상전압의 억제 : 뇌전류 또는 고 저압 혼촉 등에 의하여 침입하는 고전압을 접지선을 통해 대지로 흘려 보내 기기의 손상을 방지할 수 있다.
③ 보호계전기의 동작 확보 : 지락 사고시에 일정 크기 이상의 지락 전류가 쉽게 흐르기 때문에 지락 계전기 등의 동작을 확실하게 할 수 있다.
④ 전로의 대지전압의 저하 : 3상 4선식 전로의 중성점을 접지하면 각 선의 대지전압은 선간전압의 $1/\sqrt{3}$ 로 낮아진다.

문제 02 ▸ 출제년도 : 16. ▸ 점수 : 6점

현장에 포설된 CN-CV 케이블이 받는 여러 가지의 외적요인 중 케이블을 열화시키는 요인으로는 전기적 요인, 열적 요인, 화학적 요인, 기계적 요인, 생물학적 요인으로 분류가 된다. 이중 전기적 열화의 종류 3가지만 쓰시오.

답안작성

① 부분 방전　　② 전기 트리　　③ 물트리

해 설

케이블의 열화 발생요인
① 전기적 요인 : 상시 운전 전압이나, 과전압, 서지 전압 등에 의해서 부분 방전, 전기 Tree, 물트리 등이 발생하여 Cable을 열화시킨다.
② 열적 요인 : 이상 온도 상승, 열신축 (열싸이클) 등에 의해서 열적으로 연화되어 버리거나, 기계적인 손상 및 변형을 일으켜서 전기적 요인과 복합 작용으로 열화 시키며, 또한 열에 의해서 재질 자체가 화학적으로 변화하기도 한다.

③ 화학적 요인 : 기름, 화학 약품, 토양 중에 함유된 각종 화학물질 등에 의해서 Cable의 절연 외피를 부식 시키거나 화학반응으로 변질시키며, 이들 화학물질이 절연층을 투과하여 도체에 닿으면 화학 트리를 일으켜서 케이블의 절연을 열화 시킨다.
④ 기계적 요인 : 기계적 압력이나 인장, 충격 또는 외상에 의해서 케이블이 기계적으로 손상 변경되어 전기적 원인과의 복합 작용으로 열화하며, 보호 피복의 손상으로 침수되어 절연이 파괴되기도 한다.
⑤ 생물적 요인 : 개미나 쥐, 벌레 등이 Cable의 외피나 절연층을 갉아 먹는 원인으로 케이블이 손상되기도 한다.

문제 03

출제년도 : 91. 97. 09. 11. 16. ▸ 점수 : 4점

가공전선로에 적용하는 애자의 종류 4가지만 쓰시오.

답안작성

핀애자, 현수애자, 라인포스트 애자, 인류애자

해 설

① 핀애자 : 직선 선로에 사용
② 현수애자 : 인류 및 내장 개소에 사용
③ 라인포스트 애자 : 연가용 철탑 등에서 점퍼선 지지
④ 인류 애자 : 인류 개소 및 배전선로의 중성선

문제 04

▸ 출제년도 : 89. 94. 13. 16. ▸ 점수 : 8점

송전계통의 변압기 중성점 접지 방식 4가지만 쓰시오.

답안작성

① 비접지 방식
② 직접 접지 방식
③ 저항 접지 방식
④ 소호 리액터 접지 방식

문제 05

▸ 출제년도 : 02. 06. 09. 16. ▸ 점수 : 4점

"연접인입선"의 정의를 설명하시오.

답안작성

한 수용장소 인입구 접속점에서 분기하여 다른 지지물을 거치지 아니하고 다른 수용장소 인입구에 이르는 전선을 말함.

해 설

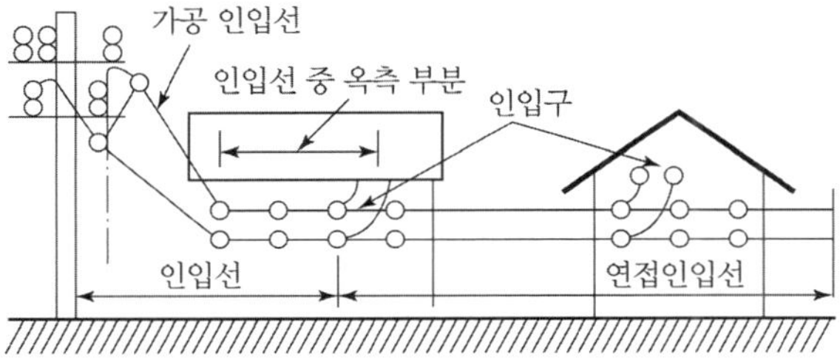

문제 06

▸ 출제년도 : 98. 08. 13. 16. ▸ 점수 : 8점

그림은 옥내 배선용 콘센트 심벌(그림기호)이다. 각 콘센트를 구분하여 명칭을 쓰시오.

(1) T　　(2) H

(3) WP　　(4) EX

답안작성

(1) 걸림형 콘센트　　(2) 의료용 콘센트

(3) 방수형 콘센트　　(4) 방폭형 콘센트

해 설

명 칭	그림 기호	적 요
콘센트		① 천장에 부착하는 경우는 다음과 같다. ② 바닥에 부착하는 경우는 다음과 같다. ③ 용량의 표시 방법은 다음과 같다. • 15 [A]는 방기하지 않는다. • 20 [A] 이상은 암페어 수를 방기한다. [보기] 20A ④ 2구 이상인 경우는 구수를 방기한다. [보기] 2 ⑤ 3극 이상인 것은 극수를 방기한다. [보기] 3P ⑥ 종류를 표시하는 경우는 다음과 같다. 빠짐 방지형 LK 걸림형 T 접지극붙이 E 접지단자붙이 ET 누전 차단기붙이 EL ⑦ 방수형은 WP를 방기한다. WP ⑧ 방폭형은 EX를 방기한다. EX ⑨ 의료용은 H를 방기한다. H

문제 07

▸ 출제년도 : 02. 05. 16. ▸ 점수 : 6점

다음의 설명에 맞는 배전자재의 명칭을 쓰시오.

(1) 주상 변압기를 전주에 설치하기 위해 사용되는 밴드는?

(2) 전주에 암타이 및 랙을 설치하기 위하여 사용되는 밴드는?

(3) 가공 배전선로 및 인입선공사에서 인류애자를 설치하기 위해 사용되는 금구는?

답안작성

(1) 행거밴드

(2) 암타이 밴드

(3) 랙

문제 08 ‣ 출제년도 : 14. 16. ‣ 점수 : 4점

연(납)축전지와 알칼리 축전지의 공칭 전압은 몇 [V]인지 쓰시오.

(1) 연(납)축전지 공칭전압 [V]

(2) 알칼리축전지 공칭전압 [V]

답안작성

(1) 2.0[V] (2) 1.2[V]

해 설

종 별	연축전지	알칼리축전지	니켈수소전지
형식명	크래드식(PS) 패이스트식(HS)	포켓식 소결시	GMH형
기전력	2.05 ~ 2.08	1.33	1.34
공칭전압	2.0	1.2	1.2

문제 09 ‣ 출제년도 : 13. 16. ‣ 점수 : 5점

그림과 같은 전동기 Ⓜ과 전열기 Ⓗ에 공급하는 저압 옥내 간선을 보호하는 과전류 차단기의 정격 전류 최대값은 몇 [A]인지 계산하시오. (단, 전선의 허용 전류 40 [A], 수용률은 100 [%]이며 기동 계급은 표시가 없다고 본다.)

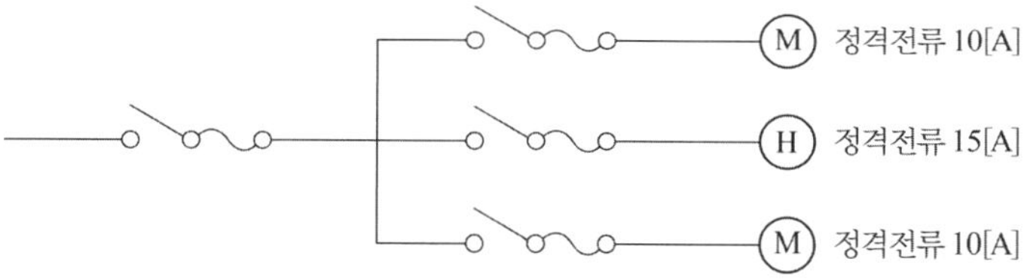

•계산 •답

답안작성

계산 : 설계전류 $I_B = 10 + 15 + 10 = 35$[A]

전선의 허용전류 $I_Z = 40$[A] 이므로 과전류 차단기의 정격전류 I_n은

$I_B \le I_n \le I_Z$ 의 조건을 만족 하여야 하므로 35[A]$\le I_n \le$ 40[A]이다.

답 : 40[A]

해 설

212.4.1 도체와 과부하 보호장치 사이의 협조

과부하에 대해 케이블(전선)을 보호하는 장치의 동작특성은 다음의 조건을 충족해야 한다.

$$I_B \le I_n \le I_Z, \qquad I_2 \le 1.45 \times I_Z$$

I_B : 회로의 설계전류(선도체를 흐르는 설계전류 또는 함유율이 높은 영상분 고조파, 특히 제3고조파가 지속적으로 흐르는 경우 중성선에 흐르는 전류이다.)

I_Z : 케이블의 허용전류

I_n : 보호장치의 정격전류(사용현장에 적합하게 조정된 전류의 설정 값)

I_2 : 보호장치가 규약시간 이내에 유효하게 동작하는 것을 보장하는 전류

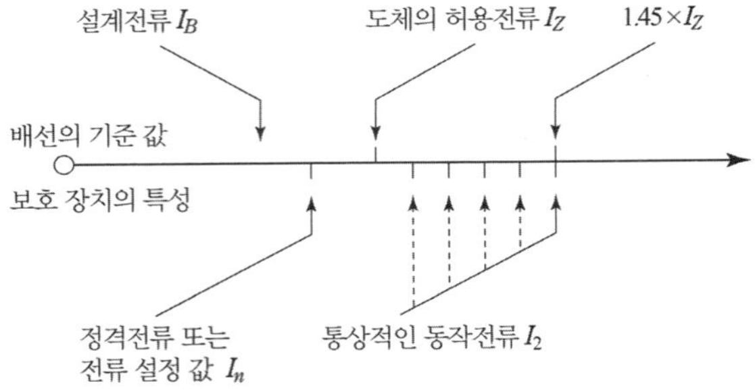

과부하 보호 설계 조건도

문제 10 ▸ 출제년도 : 03. 16. ▸ 점수 : 5점

발전소에서 가공전선의 인입구 및 인출구에 설비하는 기기로서 전로로부터의 이상 전압이 발전소 내로 내습하는 것을 방지하기 위해 설치하는 것은 무엇인지 쓰시오.

답안작성

피뢰기

해 설

KEC 341.13 피뢰기의 시설

고압 및 특고압의 전로 중 다음에 열거하는 곳 또는 이에 근접한 곳에는 피뢰기를 시설하여야 한다.

1) 발전소 · 변전소 또는 이에 준하는 장소의 가공전선 인입구 및 인출구
2) 특고압 가공전선로에 접속하는 배전용 변압기의 고압측 및 특고압측
3) 고압 및 특고압 가공전선로로부터 공급을 받는 수용장소의 인입구
4) 가공전선로와 지중전선로가 접속되는 곳

문제 11 ▸ 출제년도 : 91. 96. 97. 03. 15. 16. ▸ 점수 : 5점

3상 3선식 중성점 비접지식 6600[V] 가공전선로에 접속된 변압기 100[V] 측 1단자에 중성점 접지공사를 할 때 접지저항값[Ω]은 얼마인지 구하시오.
(단, 이 전선로는 고저압 혼촉 시2초 이내에 자동차단하는 장치가 없으며 고압측 1선 지락전류는 5[A]라고 한다.)

• 계산 • 답

답안작성

계산 : 중성점 접지저항 $R = \dfrac{150}{I_g} = \dfrac{150}{5} = 30[\Omega]$ 답 : 30 [Ω]

해 설

중성점 접지공사의 접지저항

① 자동차단장치가 없는 경우 $R_2 = \dfrac{150}{\text{1선 지락전류}}[\Omega]$

② 2초 이내에 동작하는 자동차단장치가 있는 경우 $R_2 = \dfrac{300}{\text{1선 지락전류}}[\Omega]$

③ 1초 이내에 동작하는 자동차단장치가 있는 경우 $R_2 = \dfrac{600}{\text{1선 지락전류}}[\Omega]$

문제 12 ▸ 출제년도 : 93. 98. 16. ▸ 점수 : 5점

저압 뱅킹 배전방식에서 캐스케이딩(cascading) 현상이란 무엇인가 간단하게 쓰시오.

답안작성

변압기 또는 선로 사고의 파급효과에 의해 뱅킹 내의 건전한 변압기의 일부 또는 전부가 연쇄적으로 차단되는 현상

문제 13 ▸ 출제년도 : 16. ▸ 점수 : 30점

아래 조건을 참고하여 물음에 답하시오.

[조건]

① 실내의 바닥에서 광원까지의 높이는 3[m]이다.

② 조명률 0.5, 유지율 0.67이다.

③ 32[W] 형광등의 광속 : 2500[lm]

④ 설계 시 등기구 표시는 KS 심벌을 사용하고 F32W 2등용 사용한다.

⑤ 전기설비기술기준 및 판단기준, 내선규정, 전기설비설계 기준에 의한다.

⑥ 주어진 품셈에 의하여 산출한다.

⑦ 전선관은 합성수지전선관을 사용한다.

⑧ 등기구는 직부등으로 한다.

⑨ 분전반 설치는 상부를 기준으로 지상 1.5[m]설치한다.

⑩ 기준조도는 100[lx] 이다.

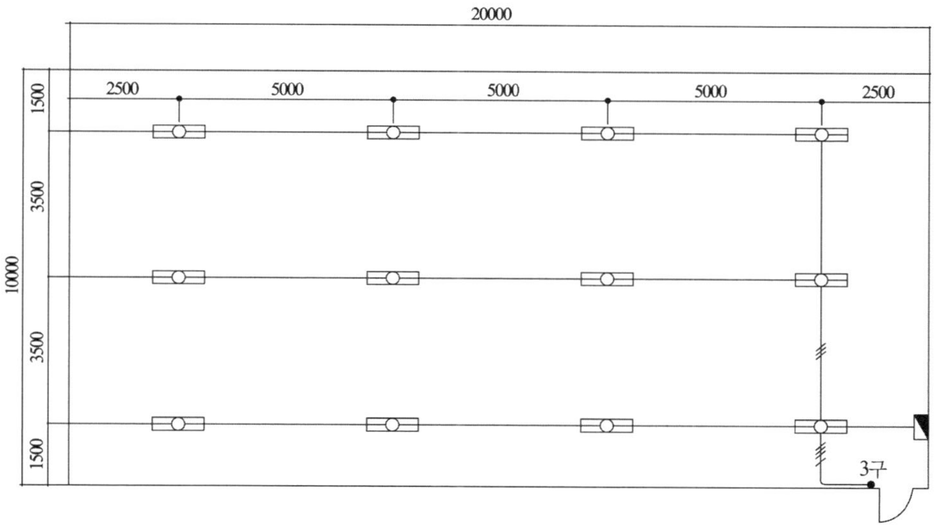

(1) 필요한 자재 수량과 합계금액을 산출하시오.

번호	품명	규격	단위	수량	단가	금액
1	등기구	32W×2	EA	①	30000	
2	스위치	3구	EA	②	10000	
3	전 선	HFIX 2.5[mm^2]	m	195	2000	
4	배 관	HI-PVC 16C	m	62	3000	
5	아웃렛박스	8각 BOX	EA	12	1000	
6	스위치박스	3구용	EA	1	1000	
	합 계					③

(2) 표준품셈에 의거 인력품과 합계금액을 산출하시오.

번호	품명	수량	적용지종	품	단가	금액
1	등기구		내선전공	④		
2	스위치		내선전공	⑤		
3	전선	195	내선전공	⑥		
4	배관	62	내선전공	⑦		
5	아웃렛박스	12	내선전공	0.2		
6	스위치박스	1	내선전공	0.2		
	합계					⑧

※ 내선전공 : 150000원 배전전공 : 250000원
보통인부 : 86000원 저압케이블공 : 190000원

(3) 원가계산서를 작성하시오.

비 목			금 액	비 고
순공사비	재료비	직접재료비	959000	
		간접재료비	-	
	노무비	직접노무비	1658850	
		간접노무비	⑨	소수점 이하 절사
	경비	기타경비	⑩	소수점 이하 절사
순공사비 합계			⑪	소수점 이하 절사
일반관리비			⑫	소수점 이하 절사
이 윤			⑬	소수점 이하 절사
부가가치세			⑭	소수점 이하 절사
총공사비			⑮	소수점 이하 절사

[주] 1) 간접노무비는 직접노무비의 9[%]를 적용한다.
2) 기타경비는 (재료비+노무비)의 5[%]를 적용한다.
3) 일반관리비는 순공사비의 6[%]를 적용한다.
4) 이윤은 (노무비 + 기타경비 + 일반관리비)의 10[%]를 적용한다.
5) 부가가치세는 (순공사비 + 일반관리비 + 이윤)의 10[%]를 적용한다.
6) 간접재료비는 적용하지 않는다.

표 1. 전선관 배관 단위 : [m]

합성수지 전선관		후강 전선관		금속가요 전선관	
규격[mm]	내선전공	규격[mm]	내선전공	규격[mm]	내선전공
14[mm] 이하	0.04				
16[mm] 이하	0.05	16[mm] 이하	0.08	16[mm] 이하	0.044
22[mm] 이하	0.06	22[mm] 이하	0.11	22[mm] 이하	0.059
28[mm] 이하	0.08	28[mm] 이하	0.14	28[mm] 이하	0.072
36[mm] 이하	0.10	36[mm] 이하	0.20	36[mm] 이하	0.087
42[mm] 이하	0.13	42[mm] 이하	0.25	42[mm] 이하	0.104
54[mm] 이하	0.19	54[mm] 이하	0.34	54[mm] 이하	0.136
70[mm] 이하	0.28	70[mm] 이하	0.44	70[mm] 이하	0.156
82[mm] 이하	0.37	82[mm] 이하	0.54		
92[mm] 이하	0.45	92[mm] 이하	0.60		
104[mm] 이하	0.46	104[mm] 이하	0.71		
125[mm] 이하	0.51				

① 콘크리트 매입 기준
② 블록벽체 및 철근콘크리트 노출은 120[%], 목조건물은 110[%], 철강노출은 125[%], 조적 후 배관 및 건축방음재(150[mm]이상)내 배관 시 130[%]
③ 기설콘크리트 노출 공사시 앵커볼트를 매입 할 경우 앵커볼트 설치품은 5-29 옥내 잡공사에 의하여 별도 계상하고 전선관 설치품은 매입품으로 계상
④ 천정속, 마루밑 공사 130[%]
⑤ 관의 절단, 나사내기, 구부리기, 나사조임, 관내청소, 관통시험 포함
⑥ 계장 배관공사도 이 품에 준함

표 2. 박스(BOX) 설치 단위 : [개]

종 별	내선전공
Concrete Box	0.12
Outlet Box	0.20
Switch Box(2개용 이하)	0.20
Switch Box(3개용 이하)	0.25
노출형 Box(콘크리트 노출기준)	0.29
플로어 박스	0.20
연결용 박스	0.04

① 콘크리트 매입 기준
② Box 위치의 먹줄치기, 첨부커버 포함
③ 블록벽체 및 철근콘크리트 노출은 120[%], 목조건물은 110[%], 철강조 노출은 125[%], 조적 후 배관 및 건축방음재(150[mm] 이상)내 배관시 130[%]
④ 방폭형 및 방수형 300[%]
⑤ 천정속, 마루밑은 130[%]
⑥ 공동주택 및 교실 등과 같이 동일 반복공정으로 비교적 쉬운 공사의 경우는 90[%]
⑦ 접지선 연결(Earth Bonding)은 나동선 1.6[mm]~2.0[mm]를 감아서 연결하는 것을 기준으로, 전선관 70[mm] 이하는 개소 당 내선전공 0.01인, 70[mm]초과는 개소당 내선전공 0.02인 계상하며, 접지클램프 사용시는 "3-38 접지공사"의 접지클램프 품 적용
⑧ 기타 할증은 전선관 배관 준용
⑨ 철거 30[%]

표 3. 옥내배선 (단위 : m, 직종 : 내선전공)

규 격	관내배선
6[mm²] 이하	0.010
16[mm²] 이하	0.023
38[mm²] 이하	0.031
50[mm²] 이하	0.043
60[mm²] 이하	0.052
70[mm²] 이하	0.061
100[mm²] 이하	0.064
120[mm²] 이하	0.077
150[mm²] 이하	0.088
200[mm²] 이하	0.107
250[mm²] 이하	0.130
300[mm²] 이하	0.148
325[mm²] 이하	0.160
400[mm²] 이하	0.197

① 관내배선 기준, 애자배선 은폐공사는 150[%], 노출 및 그리드애자공사는 200[%], 직선 및 분기접속 포함
② 관내배선 바닥공사는 80[%]
③ 관내배선 품에는 도입선 넣기 품 포함, 천정 금속닥트 내 공사는 200[%], 바닥붙임 닥트 내 공사는 150[%], 금속 및 PVC 몰딩 공사는 130[%]
④ 옥내케이블 관내배선은 5-11 전력케이블 구내설치 준용
⑤ 철거 30[%]

표 4. 배선기구 설치

(가) 콘센트류

(단위 : 개, 적용직종 : 내선전공)

종 류		2P	3P	4P
콘 센 트	15[A]	0.065	0.095	0.10
〃 (접지극부)	15[A]	0.08	–	–
〃 (접지극부)	20[A]	0.085	–	–
〃 (접지극부)	30[A]	0.11	0.145	0.15
플로어 콘센트	15[A]	0.096	–	–
〃	20[A]	0.096	–	–
하이텐숀(로우텐숀)		0.096	–	–

① 매입 설치기준, 노출설치 120[%]
② 방폭형 200[%]
③ System Box 내에 설치되는 콘센트는 하이텐숀(로우텐숀) 적용
④ 철거 30[%], 재사용 철거 50[%]

(나) 스위치류

(단위 : [개])

종　　　류	내선전공
텀플러 스위치　단로용	0.085
〃　　　3구용	0.085
〃　　　4로용	0.10
풀스위치	0.10
푸시버튼	0.065
리모콘 스위치	0.07
리모콘 셀렉터 스위치 (6L) 이하	0.33
〃　　　(12L) 이하	0.59
〃　　　(18L) 이하	0.97
리모콘 릴레이(1P)	0.12
리모콘 릴레이(2P)	0.16
리모콘 트랜스	0.20
표시등	0.10
자동점멸기(광전식)	0.19
〃　(컴퓨터식)	0.21
조광스위치(IL용 400W)	0.11
〃　(IL용 800W)	0.13
〃　(IL용 1,500W)	0.15
〃　(FL용 8A)	0.13
〃　(FL용 15A)	0.15
타임스위치	0.20
타임스위치(현관 등의 소등지연용)	0.065

① 매입설치 기준, 노출설치시 120[%]
② 방폭 200[%]
③ 철거 30[%], 재사용 철거 50[%]

표 5. 형광등기구 설치 (단위 : 등, 적용직종 : 내선전공)

종　　별	직부형	펜단트형	매입 및 반매입형
10[W] 이하 × 1	0.123	0.150	0.182
20[W] 이하 × 1	0.141	0.168	0.214
〃　× 2	0.177	0.2145	0.273
〃　× 3	0.223	–	0.335
〃　× 4	0.323	–	0.489
30[W] 이하 × 1	0.150	0.177	0.227
〃　× 2	0.189	–	0.310
40[W] 이하 × 1	0.223	0.268	0.340
〃　× 2	0.277	0.332	0.418
〃　× 3	0.359	0.432	0.545
〃　× 4	0.468	–	0.710
110[W] 이하 × 1	0.414	0.495	0.627
〃　× 2	0.505	0.601	0.764

① 하면 개방형 기준임. 루버 또는 아크릴 커버형일 경우 해당등기구 설치 품의 110[%]
② 등기구 조립·설치, 결선, 지지금구류 설치, 장내 소운반 및 잔재 정리 포함

③ 매입 또는 반매입 등기구의 천정 구멍뚫기 및 취부테 설치 별도 가산
④ 매입 및 반매입 등기구에 등기구보강대를 별도로 설치할 경우 이 품의 20[%] 별도 계상
⑤ 광천정 방식은 직부형 품 적용
⑥ 방폭형 200[%]
⑦ 높이 1.5[m] 이하의 Pole형 등기구는 직부형 품의 150[%] 적용 (기초내 설치 별도)
⑧ 형광등 안정기 교환은 해당 등기구 신설품의 110[%]. 다만, 펜던트형은 90[%]
⑨ 아크릴간판의 형광등 안정기 교환은 매입형 등기구 설치 품의 120[%]
⑩ 공동주택 및 교실 등과 같이 동일 반복공정으로 비교적 쉬운 공사의 경우는 90[%]

답안작성

(1)

①	12
②	1
③	계산 : 12 × 30000 + 1 × 10000 + 195 × 2000 + 62 × 3000 + 12 × 1000 + 1 × 1000=959,000 답 : 959,000

(2)

④	0.277	⑤	0.085
⑥	0.01	⑦	0.05
⑧	계산 : • 인력품 = 12×0.277 + 1×0.085 + 195×0.01 + 62×0.05 + 12×0.2 + 1×0.2=11.059[인] • 금액 = 11.059 × 150000 = 1,658,850 답 : 1,658,850		

(3)

⑨	계산 : 1658850 × 0.09 = 149296.5 답 : 149296
⑩	계산 : (959000 + 1658850 + 149296) × 0.05 = 138357.3 답 : 138357
⑪	계산 : 959000 + 1658850 + 149296 + 138357 = 2905503 답 : 2905503
⑫	계산 : 2905503 × 0.06 = 174330.18 답 : 174330
⑬	계산 : (1658850 + 149296 + 138357 + 174330) × 0.1 = 212083.3 답 : 212083
⑭	계산 : (2905503 + 174330 + 212083) × 0.1 = 329191.6 답 : 329191
⑮	계산 : 2905503 + 174330 + 212083 + 329191 = 3621107 답 : 3621107

문제 14 ‣ 출제년도 : 13. 16. ‣ 점수 : 4점

단락전류를 신속히 차단하며, 또한 흐르는 단락전류의 값을 제한하는 성질을 가지는 퓨즈를 쓰시오.

답안작성

한류퓨즈

D30-4

2017년도
전기공사산업기사 실기

▸ 17년 제 1 회 전기공사산업기사

▸ 17년 제 2 회 전기공사산업기사

▸ 17년 제 4 회 전기공사산업기사

국가기술자격검정 실기시험문제 및 답안지

2017년도 산업기사 일반검정 제 1 회			수험번호	성 명	감독위원 확 인
자격종목(선택분야)	시험시간	형별			
전기공사산업기사	2시간 00분				

※ 다음 물음에 답을 해당 답란에 답하시오.(배점 : 100점)

문제 01 ▸ 출제년도 : 14. 17. ▸ 점수 : 5점

폐쇄형 수 · 배전반(Metal Clad)의 구비조건을 5가지만 쓰시오.

답안작성

① 단위 회로마다 장치가 일괄해서 접지 금속함내에 수납되어 있을 것.
② 주회로와 감시 제어반측과를 접지 금속의 격벽에 의하여 격 할 것.
③ 차단기가 폐로된 상태에서는 단로기를 조작할 수 없도록 인터록을 설치 할 것.
④ 차단기는 반출할 수 있는 구조일 것.
⑤ 차단기는 그 주회로와 제어회로에 자동연결부가 있는 추출형일 것.

해 설

미국 NEMA(National Electrical Manufacture Association)규격

(1) 일반 큐비클
차단기, 단로기, 기타의 기기를 단순히 접지강판으로 둘러싼 것을 일반 큐비클이라 한다.

(2) 메탈클래드(E~G급)
모선실, 단로기, 차단기실을 구분하여 각 실을 완전히 접지금속으로 격벽을 설치하고 차단기 등을 볼트 또는 너트류로 완전히 고정하여 두고 자동 연결방식으로 되어 외부로 인출되어 나올 수 있도록 하여 차단기가 개방상태가 되지 않으면 인출이나 접속 등 입출을 할 수 없도록 상호 인터록 장치가 완비된 배전함을 메탈클래드라고 규정하고 있다.

단위폐쇄 배전반의 형							구비해야 할 조건	
A	B	C	D	E	F	G		
○	○	○	○	○	○	○	1	단위회로마다, 장치가 일괄해서 접지 금속함내에 수납되어 있을 것
–	○	○	○	○	○	○	2	주회로와 감시 제어반측과를 접지 금속의 격벽에 의하여 격할 것
–	–	○	○	○	○	○	3	차단기가 폐로된 상태에서는 단로기를 조작할 수 없도록, 인터로크를 설치할 것
–	–	–	○	○	○	○	4	차단기는 반출할 수 있는 구조일 것
–	–	–	–	○	○	○	5	차단기는 그 주회로와 제어회로에 자동연결부가 있는 추출형일 것
–	–	–	–	–	○	○	6	주회로의 중요한 기기는 상호간에 접지금속 융벽으로부터 절연벽에 의하여 격리되어 있는 것
–	–	–	–	–	–	○	7	주회로의 도전부(모선, 접속선, 접속부 등)는 충분히 절연할 것

문제 02 ▸ 출제년도 : 00. 14. 17. ▸ 점수 : 4점

그림과 같이 영상 변류기를 당해 케이블의 전원 측에 설치하는 경우, 케이블 차폐층의 접지선은 어떻게 시설하는 것이 옳은지 접지선을 그리시오. (단, 케이블의 거리는 100 [m] 이다.)

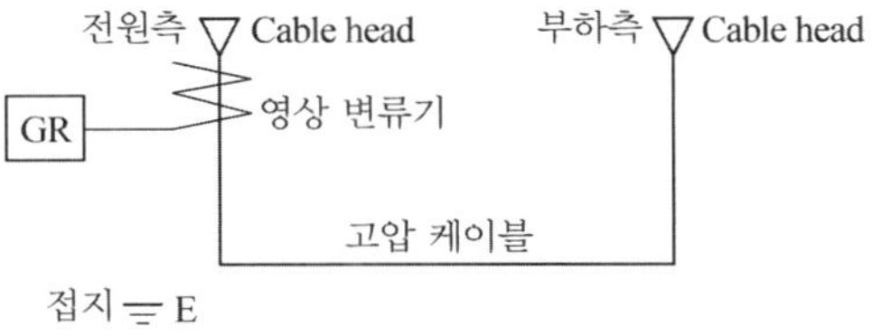

답안작성

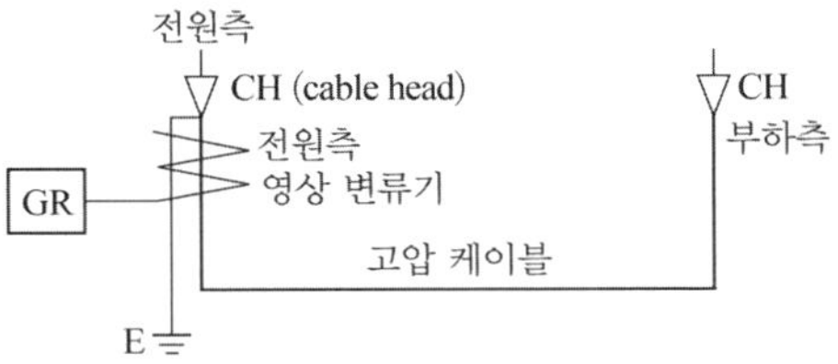

해 설

케이블 차폐 접지

(1) ZCT를 전원측에 설치시 전원측 케이블 차폐의 접지는 ZCT를 관통시켜 접지한다.

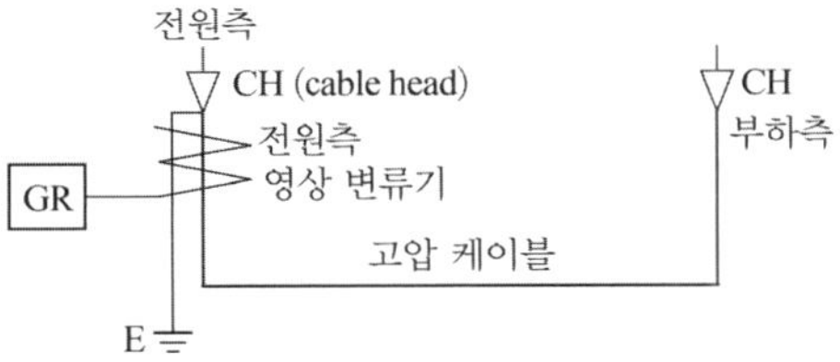

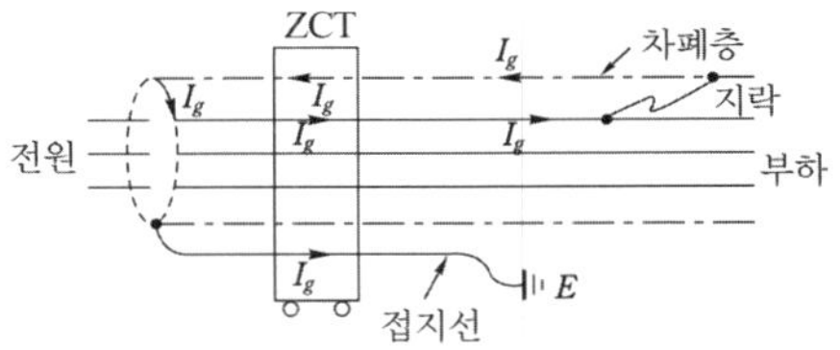

접지선을 ZCT 내로 관통시켜야만 ZCT는 지락전류 I_g를 검출할 수 있다.

$I_g - I_g + I_g = I_g$

(2) ZCT를 부하측에 설치시 케이블 차폐의 접지는 ZCT를 관통시키지 않고 접지한다.

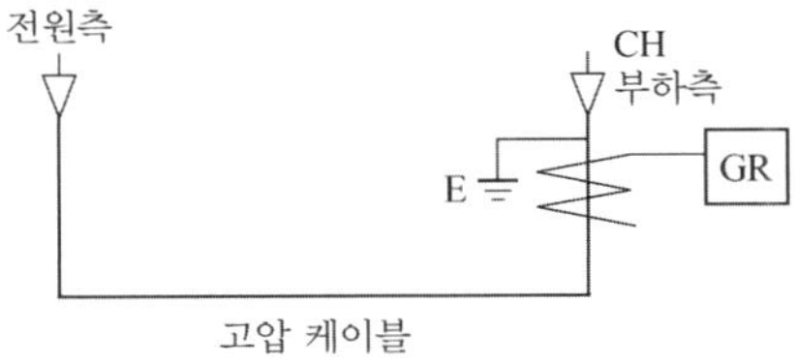

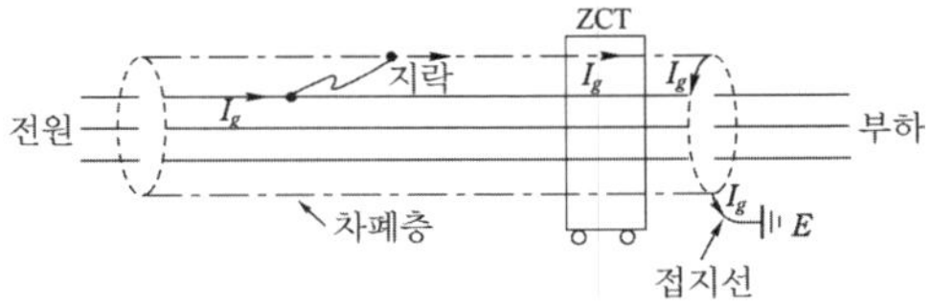

접지선을 ZCT 내로 관통시키지 않아야 지락전류 I_g를 검출할 수 있다.

문제 03 ▸ 출제년도 : 01. 02. 03. 17. ▸ 점수 : 5점

변전실의 위치선정 조건을 5가지만 쓰시오.

답안작성

① 부하의 중심에 가까운 곳에 선정할 것

② 외부로부터의 전원의 인입이 쉬울 것

③ 기기의 반출·입에 지장이 없고 증설이 용이할 것
④ 지반이 튼튼하고 침수 기타의 재해가 일어날 염려가 적을 것
⑤ 주위에 화재, 폭발 등의 위험성이 적은 곳일 것

문제 04 ▸출제년도 : 17. ▸점수 : 5점

송전선로에서 3상 단락전류 계산방법을 3가지만 쓰시오.

답안작성

① 옴[Ω] 법 ② %임피던스법 ③ 단위법

해 설

① 옴(Ω) 법 : 옴법은 전압을 임피던스로 나누어 단락전류를 구하는 방법이다.

단락전류 $I_s = \dfrac{E}{Z} = \dfrac{E}{\sqrt{R^2 + X^2}}$ [A]

② % 임피던스 법 : 임피던스의 크기를 옴[Ω] 값 대신에 %값으로 나타내어 계산하는 방법으로 옴[Ω] 법과 달리 전압환산을 할 필요가 없어 계산이 용이 하므로 현재 가장 많이 사용되고 있다.

- $\%Z = \dfrac{\mathrm{P\,[kVA]} \times Z[\Omega]}{10\,V^2\mathrm{[kV]}}$ [%] (단위가 [kV], [kVA]인 것에 주의)
- 단락전류 $I_s = \dfrac{100}{\%Z} \times I_n$

③ 단위법(per unit method) : 임피던스로 표시하는 방법으로 백분율법에서 100[%]를 없앤 것이다.

$Z[\mathrm{p \cdot u}] = \dfrac{ZI}{E}$

문제 05 ▸출제년도 : 17. ▸점수 : 6점

케이블 고장점 탐지법 중 전기적 사고점 탐지법의 하나로서 휘스톤 브리지의 원리를 이용하여 선로상의 고장점(1선 지락사고, 선간 지락사고)을 검출하는 방법은 무엇인지 쓰시오.

답안작성

머레이 루프법

해 설

머레이루프(Murray loop)법 : 전기적 사고점 탐지법의 하나로서 휘이스톤 브리지의 원리를 이용하여 선로상의 고장점(1선 지락 사고)을 검출하는 방법으로 이 방법은 건전한 보조 귀선 1선이 필요하다.

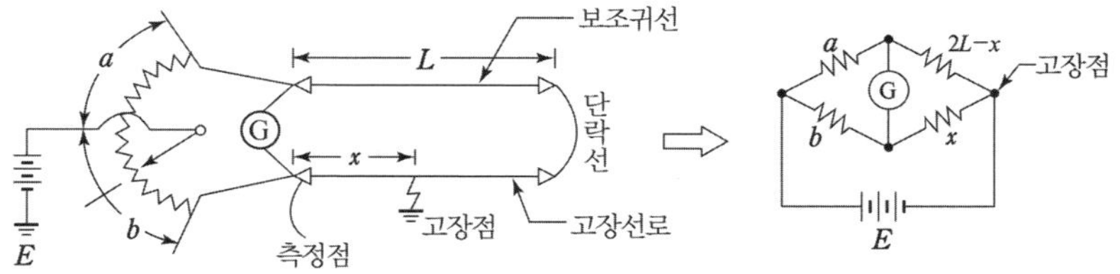

검류계에 전류가 흐르지 않으면 평형 상태이므로

$a \cdot x = b \cdot (2L - x)$

$\therefore\ x = \dfrac{b}{a+b} \times 2L$[m]

여기서, L : 선로의 전체 길이 [m], x : 측정점에서 고장점까지의 거리 [m]

문제 06 ▸ 출제년도 : 17. ▸ 점수 : 30점

아래 그림은 어느 건축물 옥외의 수변전설비 단선결선도이다. 수변전설비를 신설하고자 할 경우 물음에 답하시오.

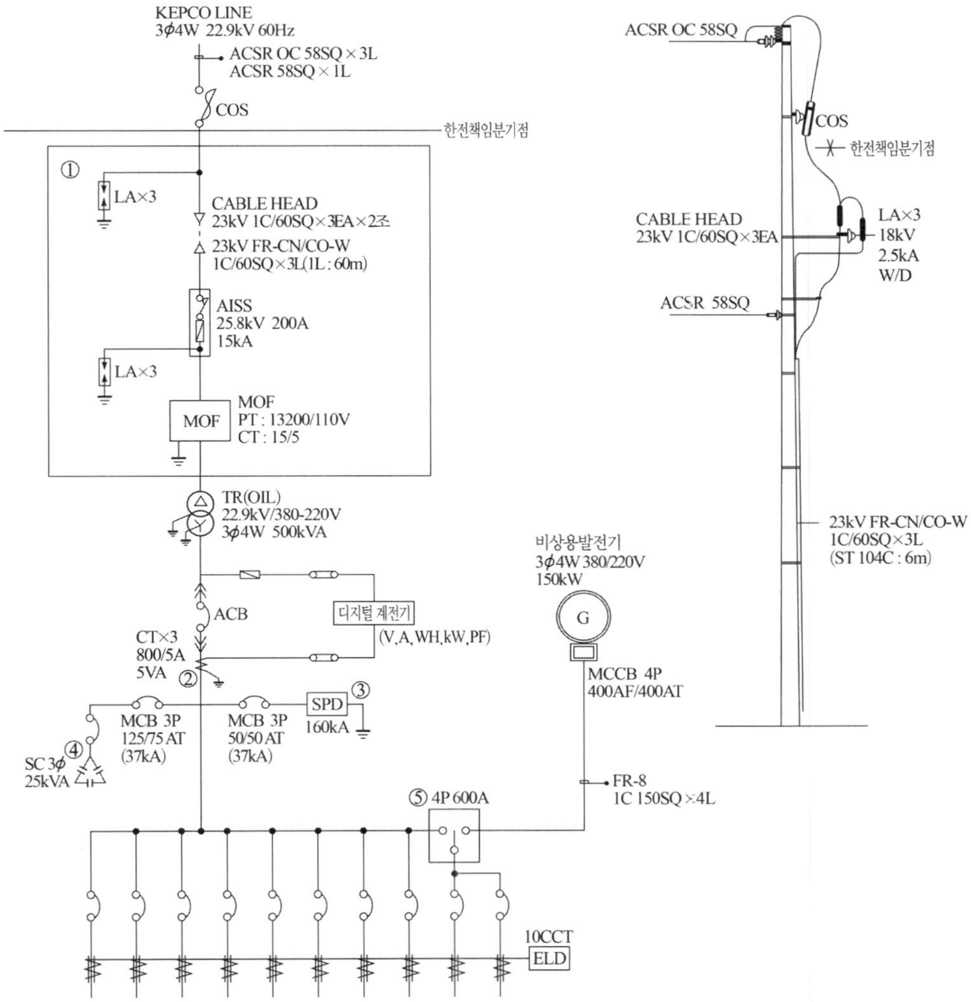

[유의사항]

1. 참고자료가 필요할 경우 참고 자료를 이용하시오.
2. 공량산출에는 할증을 적용하지 않는다.
3. 질문 외의 것은 모두 무시하시오.
4. 소수점은 넷째 자리에서 반올림하여 셋째 자리까지 구한다.

표 1. 전력 케이블의 설치 (단위 [km])

PVC 고무절연 외장케이블류	케이블 전공	보통인부
저압 6 [mm^2] 이하 단심	4.62	4.62
10 〃	4.84	4.84
16 〃	5.28	5.28
25 〃	6.09	6.09
35 〃	6.58	6.58
50 〃	7.32	7.32
70 〃	8.46	8.46
120 〃	11.58	11.58
185 〃	15.33	15.33
240 〃	18.50	18.50
300 〃	21.55	21.55

[해설] ① 600 [V] 케이블 기준, 드럼 다시감기 소운반품 포함
② 지하관내 부설기준, Cu, Al 도체 공용
③ 트라프 내 설치 110 [%], 2심 140 [%], 3심 200 [%], 4심 260 [%], 직매(장애물이 없을 때) 80 [%]
④ 가공케이블(조가선 및 Hanger품 불포함) 130 [%], 가로수 또는 수목과 접촉하여 설치 시 120 [%]
⑤ 단말처리, 직선접속 및 접지공사 불포함(600 [V] 10 [mm^2] 이하의 단말처리 및 직선 접속 포함)
⑥ 관내 기설케이블 정리가 필요할 때는 10 [%] 가산
⑦ 8자 포설은 본 품의 115 [%] 적용
⑧ 케이블만의 임시부설 30 [%] 적용
⑨ 터파기, 되메우기, 트라프관 설치는 별도 계상
⑩ 2열 동시 180 [%], 3열 260 [%], 4열 340 [%], 4열 초과 시 1열당 80 [%] 가산, 수저부설 200 [%] 각각 적용
⑪ 관로식에서 단심케이블을 동일 공내에서 2조 이상 포설시 1조 추가마다 80 [%] 가산
⑫ 배전전력케이블 포설시 구내부설부문 전력케이블은 150 [%]
⑬ 적용 전압에 대한 가산율
3.3 [kV]~6.6 [kV] 15 [%] 가산
22.9 [kV] 이하 30 [%] 가산
66 [kV] 이하 80 [%] 가산
⑭ 사용케이블의 공칭전압에 따라 케이블전공 직종을 구분 적용
⑮ 철거 50 [%], 재사용 드럼감기 철거 100 [%]

표 2. 전력 케이블의 단말처리 (단위 : 개소, 적용직종 : 케이블전공)

규 격	600 [V] 이하			700 [V] 이하			25000 [V] 이하		66 [kV] 이하	
	1C	2C	3C	1C	2C	3C	1C	3C	1C	3C
10 [mm^2] 이하	–	–	–	0.35	0.47	0.58	–	–	–	–
16 〃	0.27	0.36	0.45	0.39	0.53	0.65	–	–	–	–
25 〃	0.33	0.46	0.56	0.48	0.65	0.81	–	–	–	–
35 〃	0.36	0.48	0.60	0.55	0.73	0.91	0.67	1.12	–	–
50 〃	0.40	0.53	0.67	0.61	0.85	10.7	0.76	1.26	–	–
70 〃	0.47	0.61	0.76	0.71	0.98	1.22	0.86	1.43	3.13	5.25
95 〃	0.50	0.67	0.84	0.76	–	1.27	0.93	1.55	–	–
120 〃	0.57	0.76	0.95	0.83	–	1.38	1.00	1.68	–	–
185 〃	0.68	0.91	1.13	1.06	–	1.76	1.21	1.90	–	–

[해설] ① 케이블 헤드를 포함한 단말처리 기준
③ 제어, 신호용 케이블의 단말처리는 제외
⑤ 케이블 재사용 해체 철거 70 [%]
② 압착단자만으로 단말처리 시는 30 [%]
④ 4C는 3C의 120 [%]
⑥ 구내 설치 시 20 [%] 가산

표 3. 전기재료의 할증률 및 철거손실률

종　류	할증률 [%]	철거손실률 [%]
옥외전선	5	2.5
옥내전선	10	–
cable (옥외)	3	1.5
cable (옥내)	5	–
전선관 (옥외)	5	–
전선관 (옥내)	10	–

[해설] 철거손실률이란 전기설비공사에서 철거작업 시 발생하는 폐자재를 환입할 때 재료의 파손, 손실, 망실 및 일부 부식 등에 의한 손실률을 말함

(1) 도면에서 ①의 물량 및 공량을 산출하시오.

품　명	규　격	단위	자재 소계	할증량	자재 총계	특고압 케이블공		내선전공	
						단위 공량	공량계	단위 공량	공량계
강제전선관	아연도(ST) 104C	m	㉠						
23[kV]동심중성선 수밀형 저독성 난연 전력케이블	FR-CN/CO-W 1C 60[mm^2]	m	㉡	㉢	㉣	㉤	㉥		
케이블단말처리제	23[kV] 1C 60[mm^2]	EA	㉦			㉧	㉨		
LA(W/DISCONN.)	18[kV] 2.5[kA]	EA	㉩						

(2) 도면에서 ②는 변류기이다. 변류기의 사양에서 5[VA]는 무엇인지 쓰시오.

(3) 도면에서 ③의 영어 약호는 SPD(Surge Protective Device)이다. 명칭을 우리나라 말로 쓰시오.

(4) 도면에서 ④의 전력용 콘덴서의 설치 목적은 무엇인지 쓰시오.

(5) 도면에서 ⑤의 영어 약호와 역할을 쓰시오.

- 약호
- 역할

답안작성

(1)

㉠	6	㉡	180	㉢	5.4	㉣	185.4	㉤	11
㉥	1.98	㉦	6	㉧	0.86	㉨	5.16	㉩	6

(2) 정격부담

(3) 서지보호장치

(4) 부하설비의 역률 개선
(5) • 약호 : ATS
• 역할 : 상용전원의 정전으로 비상용전원이 대체되는 경우에는 상용전원과 병렬운전이 되지 않도록 하는 역할을 한다.

해 설

(1) ㉠ 강제전선관(ST 104C) : 6[m]
㉡ 23[kV] FR-CN/CO-W 1C 60[mm²] : 60[m/1 LIne] × 3[Line]=180[m]
㉢ 23[kV] FR-CN/CO-W 1C 60[mm²] 할증량 : 180[m] × 0.03(옥외케이블 할증률)=5.4[m]
㉣ 자재총계 : 180 + 5.4 = 185.4[m]
㉤ 특고압 케이블공 단위공량 : 8.46×(1+0.3(전압에 대한 가산))=11(70[mm²] 이하 단심)
㉥ 특고압 케이블공 공량계 : $\frac{11}{1000} \times 180[m] = 1.98$[인]
(전주 이후부터 AISS까지의 배선 방법에 대한 조건이 없으므로 전압에 대한 가산율 이외의 사항은 무시)
㉦ 케이블 HEAD 23[kV] 1C 60[mm²] : 3×2 = 6[EA]
㉧ 특고압 케이블공 단위공량 : 0.86(25[kV]이하, 1C, 70[mm²]이하 적용)
㉨ 특고압 케이블공 공량계 : 0.86×3×2 = 5.16
㉩ LA(W/DISCONN.) : 3[EA]× 2개소=6[EA]

(5) KEC 244.2.1 비상용 예비전원의 시설
상용전원의 정전으로 비상용전원이 대체되는 경우에는 상용전원과 병렬운전이 되지 않도록 다음 중 하나 또는 그 이상의 조합으로 격리조치를 하여야 한다.
① 조작기구 또는 절환 개폐장치의 제어회로 사이의 전기적, 기계적 또는 전기 기계 연동
② 단일 이동식 열쇠를 갖춘 잠금 계통
③ 차단-중립-투입의 3단계 절환 개폐장치
④ 적절한 연동기능을 갖춘 자동 절환 개폐장치
⑤ 동등한 동작을 보장하는 기타 수단

문제 07 ▸ 출제년도 : 17. ▸ 점수 : 5점

매입 방법에 따른 건축화 조명 방식을 5가지만 쓰시오.

답안작성

① 매입 형광등 방식
② 다운 라이트 (down light) 방식
③ 핀 홀 라이트 (pin hole light) 방식
④ 코퍼 라이트 (coffer light) 방식
⑤ 라인 라이트 (line light) 방식

해 설

건축화 조명의 개요
건축화 조명이란 건축물의 천정, 벽 등의 일부가 조명기구로 이용되거나 광원화 되어 건축물의 마감 재료의 일부로서 간주되는 조명설비 이다. 이에 대한 분류는 천정 매입방법, 천정면 이용방법 및 벽면 이용 방법으로 분류된다.
(1) 천정 매입방법
① 매입 형광등 : 하면 개방형, 하면 확산판 설치형, 반매입형등이 있다.
② 다운라이트(down light) : 천정에 작은 구멍을 뚫고 조명기구를 매입하여 빛의 빔방향을 아래로 유효하게 조명하는 방법

③ 핀 홀 라이트(pin hole light) : down-light의 일종으로 아래로 조사되는 구멍을 적게 하거나 렌즈를 달아 복도에 집중 조사되도록 한다.

④ 코퍼 라이트(coffer light) : 대형의 down light라고도 볼 수 있으며 천정면을 둥글게 또는 사각으로 파내어 내부에 조명기구를 배치하여 조명하는 방법

⑤ 라인 라이트(line light) : 매입 형광등방식의 일종으로 형광등을 연속으로 배치하는 조명방식

(2) 천정면 이용방법

① 광천정 조명 : 실의 천정 전체를 조명기구화하는 방식으로 천정 조명 확산 판넬로서 유백색의 플라스틱판이 사용된다.

② 루버 조명 : 실의 천정면을 조명기구화하는 방식으로 천정면 재료로 루버를 사용하여 보호각을 증가시킨다.

③ cove 조명 : 광원으로 천정이나 벽면상부를 조명함으로서 천정면이나 벽에서 반사되는 반사광을 이용하는 간접 조명방식으로 효율은 대단히 나쁘지만 부드럽고 안정된 조명을 시행할 수 있다.

(3) 벽면 이용방법

① 코너(coner) 조명 : 천정과 벽면 사이에 조명기구를 배치하여 천정과 벽면에 동시에 조명하는 방법

② 코니스(conice) 조명 : 코너를 이용하여 코오니스를 15～20 [cm] 정도 내려서 아래쪽의 벽 또는 커튼을 조명하도록 하는 방법

③ 밸런스(valance) 조명 : 광원의 전면에 밸런스판을 설치하여 천정면 이나 벽면으로 반사시켜 조명하는 방법

④ 광창 조명 : 지하실이나 무창실에 창문이 있는 효과를 내는 방법으로 인공창의 뒷면에 형광등을 배치하는 방법

문제 08

▸ 출제년도 : 10. 17. ▸ 점수 : 5점

예비전원설비로 사용 중인 축전지의 충전방식 3가지만 쓰시오.

답안작성

① 부동충전 방식 ② 균등충전 방식 ③ 급속충전 방식

해 설

사용중의 충전

① 보통 충전 : 필요할 때마다 표준 시간율로 소정의 충전을 하는 방식이다.

② 급속 충전 : 비교적 단시간에 보통 전류의 2～3배의 전류로 충전하는 방식이다.

③ 부동 충전 : 축전지의 자기 방전을 보충함과 동시에 상용 부하에 대한 전력 공급은 충전기가 부담하도록 하되 충전기가 부담하기 어려운 일시적인 대전류 부하는 축전지로 하여금 부담하게 하는 방식이다.

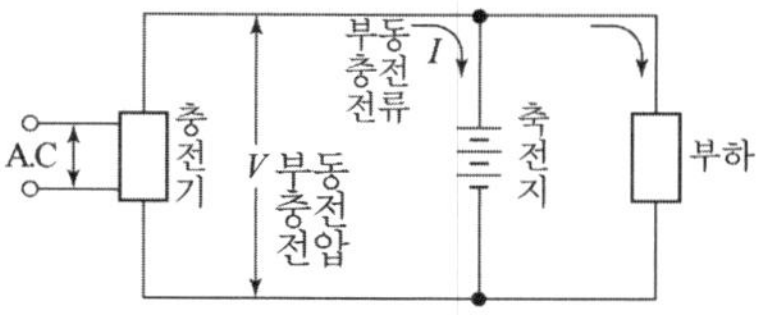

$$\text{충전기 2차 충전 전류 [A]} = \frac{\text{축전지 용량 [Ah]}}{\text{정격 방전율 [h]}} + \frac{\text{상시 부하 용량 [VA]}}{\text{표준 전압 [V]}}$$

④ 세류 충전 : 자기 방전량만을 항시 충전하는 부동 충전 방식의 일종이다.

⑤ 균등 충전 : 부동 충전 방식에 의하여 사용할 때 각 전해조에서 일어나는 전위차를 보정하기 위하여 1～3개월 마다 1회씩 정전압으로 10～12시간 충전하여 각 전해조의 용량을 균일화하기 위한 방식이다.

문제 09 ▸ 출제년도 : 93. 04. 05. 07. 11. 17. ▸ 점수 : 6점

외부피뢰시스템의 수뢰부시스템 형식 3가지를 쓰시오.

답안작성

① 돌침방식
② 수평도체방식
③ 메시도체방식

해 설

KEC 152.1 수뢰부시스템
수뢰부시스템의 선정은 돌침, 수평도체, 메시도체의 요소 중에 한 가지 또는 이를 조합한 형식으로 시설하여야 한다.

문제 10 ▸ 출제년도 : 05. 17. ▸ 점수 : 4점

대형 부표준기 계기의 등급을 0.2급이라 한다면, 휴대용 계기(정밀급) 및 배전반용 소형 계기의 등급을 쓰시오.

(1) 휴대용 계기(정밀급) :
(2) 배전반용 소형계기 :

답안작성

(1) 0.5급
(2) 2.5급

해 설

종 류	오차 계급
대형 부 표준기	0.2
휴대용 계기 (정밀급)	0.5
소형 휴대용계기(정밀측정)	1.0
배전반용 계기(공업용 보통 측정)	1.5
배전반용(소형계기)	2.5

문제 11 ▸ 출제년도 : 98. 00. 02. 15. 17. ▸ 점수 : 5점

분전반에서 40 [m]의 거리에 3 [kW]의 교류 단상 220 [V](2선식) 전열기를 설치하여 전압강하를 2 [%] 이내가 되도록 하기 위한 전선의 굵기를 계산하고 선정하시오.

• 계산 : • 답 :

답안작성

• 계산 : $I = \frac{P}{V} = \frac{3 \times 10^3}{220} = 13.64[\mathrm{A}]$

전압강하 $e = 220 \times 0.02 = 4.4[\mathrm{V}]$

전선의 단면적 $A = \frac{35.6LI}{1000 \cdot e} = \frac{35.6 \times 40 \times 13.64}{1000 \times 4.4} = 4.41[\mathrm{mm}^2]$

• 답 : 6 [mm^2]

해 설

전선규격[mm^2]

1.5	2.5	4
6	10	16
25	35	50
70	95	120
150	185	240
300	400	500

전선의 단면적

단상 2선식	$A = \dfrac{35.6LI}{1000 \cdot e}$
3상 3선식	$A = \dfrac{30.8LI}{1000 \cdot e}$
단상 3선식 3상 4선식	$A = \dfrac{17.8LI}{1000 \cdot e}$

문제 12 ▸ 출제년도 : 17. ▸ 점수 : 8점

도로용 발열장치 설계 시 시설장소에 따른 설비용량 [W/m^2]의 표준범위를 쓰시오.

시설장소	설비용량 [W/m^2]
일반보도	①
차　도	②
계　단	③
보도연석	④

답안작성

①	②	③	④
200～300	250～350	300～350	250～350

해 설

도로용 발열장치의 설계

① 소요전력의 용량

단위면적당의 소요전력은 기온, 강설량, 풍속, 통전시간 등에 따라 다르나, 다음의 값을 표준으로 하는 것이 적당하다.

시설장소	설비용량 [W/m^2]
일반보도	200 ～ 300
차　도	250 ～ 350
계　단	300 ～ 350
보도연석	250 ～ 350

[비고] 실제로는 기온의 차를 고려하여 적당한 값을 선정할 것

② 배선설계

발열선은 여러 가지가 있어서 고유저항, 표준간격 등도 다르나, 면적과 공급전압의 관계는 보통의 경우 다음 식으로 계산 할 수 있다.

$$A = \sqrt{\frac{P}{WR}} \times V$$

여기서, A : 면적[m^2], W : 단위면적당의 소요용량[W/m^2]

R : 발열선의 저항[Ω/m]

P : 발열선의 간격(피치)[m], V : 사용전압[V]

문제 13 ▸ 출제년도 : 91. 04. 15. 17. ▸ 점수 : 4점

다음 그림은 옥내 전등 배선도의 일부를 표시한 것이다. ①~④까지의 전선수를 기입하시오. (단, 3로 스위치에 의해 L_1, 단로 스위치에 의해 L_2가 점멸되도록 하고 접지도체는 제외하고 최소 전선수만 기입한다.)

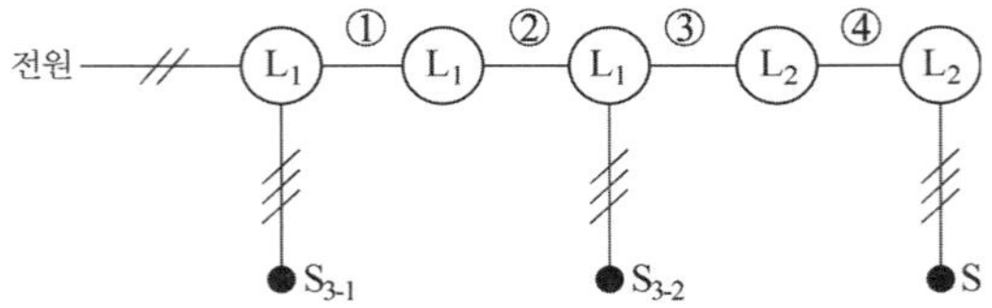

답안작성

① 5　　② 5　　③ 2　　④ 3

해 설

배선 실체도

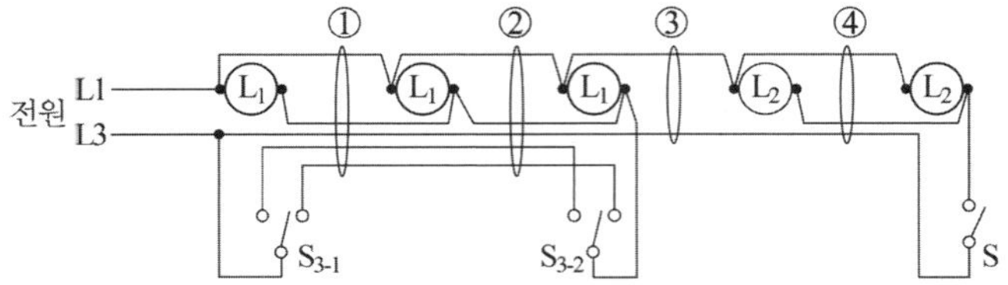

문제 14 ▸ 출제년도 : 97. 03. 10. 12. 17. ▸ 점수 : 4점

호텔의 부하밀도가 전등 30 [VA/m²], 일반동력 40 [VA/m²], 냉방 30 [VA/m²]이고, 면적이 20000 [m²]일 때 부하설비 용량[kVA]을 구하시오.

• 계산 :　　　　　　　　　　　　　　　　• 답 :

답안작성

• 계산 : 전등설비 $= 30 \times 20000 \times 10^{-3} = 600$ [kVA]

일반동력설비 $= 40 \times 20000 \times 10^{-3} = 800$ [kVA]

냉방설비 $= 30 \times 20000 \times 10^{-3} = 600$ [kVA]

∴ 부하설비 $= 600 + 800 + 600 = 2000$ [kVA]

• 답 : 2000 [kVA]

문제 15 ▸ 출제년도 : 88. 97. 14. 17. ▸ 점수 : 4점

최대전류 40 [A]의 특고압 수전의 변류기가 60/5 [A]로 되어 있다. 최대전류의 1.2배에서 차단기가 동작되는 경우 과전류 계전기의 전류를 구하고 전류탭을 선정하시오. (단, 과전류 계전기의 전류탭은 4 [A], 5 [A], 6 [A], 7 [A], 8 [A], 10 [A], 12 [A]로 되어 있다.)

• 계산 :　　　　　　　　　　　　　　　　• 답 :

답안작성

• 계산 : $I_t = 40 \times \frac{5}{60} \times 1.2 = 4$[A]　　　　• 답 : 4 [A]

국가기술자격검정 실기시험문제 및 답안지

2017년도 산업기사 일반검정 제 2 회

자격종목(선택분야)	시험시간	형별	수험번호	성 명	감독위원 확 인
전기공사산업기사	2시간 00분				

※ 다음 물음에 답을 해당 답란에 답하시오.(배점 : 100점)

문제 01 ▸출제년도 : 09. 17. ▸점수 : 5점

건축전기설비에서 사용하는 것으로 PEN 선, PEM 선, PEL 선 중 보호도체와 중간선의 기능을 겸한 전선을 쓰시오.

답안작성

PEM 도체

해 설

KEC 112 용어정의

- "PEN 도체(protective earthing conductor and neutral conductor)"란 교류회로에서 중성선 겸용 보호도체를 말한다.
- "PEM 도체(protective earthing conductor and a mid-point conductor)"란 직류회로에서 중간선 겸용 보호도체를 말한다.
- "PEL 도체(protective earthing conductor and a line conductor)"란 직류회로에서 선도체 겸용 보호도체를 말한다.

문제 02 ▸출제년도 : 01. 11. 17. ▸점수 : 6점

다음 그림은 고압 수전설비 진상콘덴서 접속 뱅크 결선도이다. 물음에 답하시오.

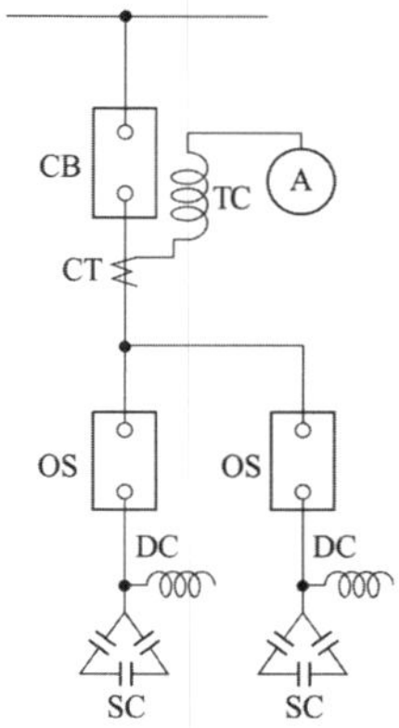

(1) 콘덴서 용량이 100 [kVA] 이하인 경우 CB 대신 사용가능한 개폐기를 쓰시오.

(2) 콘덴서 용량이 50 [kVA] 미만인 경우 OS 대신 사용가능한 개폐기를 쓰시오.

답안작성

(1) OS 또는 인터럽트 스위치
(2) COS

해 설

각 부하에 공용의 고압 및 특고압 진상용 콘덴서를 시설하는 경우
수전실 기타 적당한 장소에서 각 부하공용의 고압 및 특고압 진상용 콘덴서를 설치할 경우는 다음 각 호에 의하여 시설하는 것을 원칙으로 한다.

① 콘덴서는 그의 총용량이 300 [kVA] 초과, 600 [kVA] 이하의 경우는 2군 이상, 600 [kVA]를 초과할 때에는 3군 이상으로 분할하고 또한 부하의 변동에 따라서 접속 콘덴서의 용량을 변화시킬 수 있도록 시설할 것. 다만, 부하의 성질상 접속 콘덴서의 용량을 변화시킬 필요가 적은 것은 적용하지 않는다.
② 콘덴서의 회로에는 전용의 과전류 트립코일이 있는 차단기를 설치할 것. 다만, 콘덴서의 용량이 100 [kVA] 이하인 경우는 유입개폐기 또는 이와 유사한 것(인터럽트 스위치 등), 50 [kVA] 미만인 경우는 컷아웃스위치(직결로 한다)를 사용할 수 있다.

문제 03

▸ 출제년도 : 17. ▸ 점수 : 9점

공구의 명칭에 따른 용도에 대하여 설명하시오.
(1) 오스터(oster)
(2) 리머(reamer)
(3) 녹아웃 펀치(knock out punch)

답안작성

(1) 금속관 끝에 나사를 내는 공구
(2) 금속관을 쇠톱이나 커터로 끊은 다음, 관 안에 날카로운 것을 다듬는 것
(3) 캐비닛에 구멍을 뚫을 때 필요한 공구

해 설

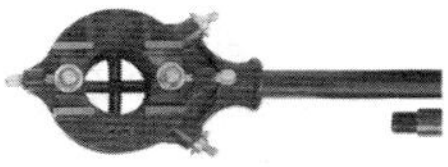

(1) 오스터(oster)
① 용도 : 금속관 끝에 나사를 내는 공구
② 구성 : 래칫(ratchet)과 다이스(dise)

(2) 리머(reamer)
① 용도 : 금속관을 쇠톱이나 커터로 끊은 다음, 관 안에 날카로운 것을 다듬는 것
② 돌보 송곳에 끼워 사용하는 것을 리머 렌치라 한다.
(3) 녹 아웃 펀치(knockout punch)
① 용도 : 캐비닛에 구멍을 만들기 위한 공구
② 크기 : 15, 19, 25[mm]
③ 종류 : 수동식, 유압식

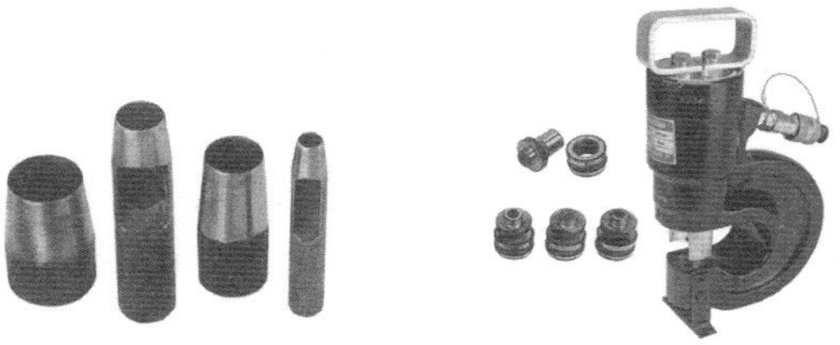

수동식 및 유압식 노크 아웃 펀치

문제 04

▸ 출제년도 : 99. 06. 11 17. ▸ 점수 : 4점

축전지 설비의 구성요소를 4가지만 쓰시오.

답안작성

① 축전지 ② 충전 장치 ③ 보안 장치 ④ 제어 장치

문제 05 ▸ 출제년도 : 01. 14. 17. ▸ 점수 : 3점

네온관용 전선의 기호가 7.5 [kV] N-RV 일 경우 N, R, V는 각각 무엇을 뜻하는지 쓰시오.

답안작성

N : 네온전선 R : 고무 V : 비닐

해 설

• N-RV : 고무절연 비닐외장 네온전선 • N : 네온전선
• V : 비닐 • E : 폴리에틸렌 • R : 고무 • C : 클로로프렌

문제 06 ▸ 출제년도 : 17. ▸ 점수 : 30점

다음과 같은 전열 콘센트 평면도를 보고, 물음에 답하시오.

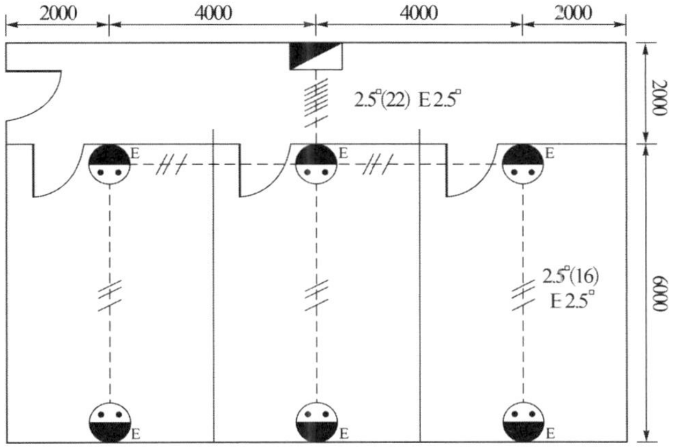

[조건]

1. 콘센트(15[A], 2구용)는 콘크리트에 매입하며, 높이는 바닥에서 30[cm]이다.
2. 분전반의 크기는 가로 × 세로 × 높이 $= 300 \times 600 \times 100$[mm]이며, 분전반설치는 상단 1800[mm]로 한다.
3. 선에 표시된 사선은 가닥수(접지선 포함)를 표시한 것이다.
4. PVC 박스 내 전선의 여장은 10[cm]로 하며, 분전반 하부를 기준으로 하고 분전반내의 여장은 30[cm]로 한다.
5. 전선관은 합성수지전선관을 적용한다.
6. 2방출 이상은 아웃렛 박스를 사용한다.
7. 전선의 규격은 콘센트 전원 및 접지선은 HFIX 2.5[mm^2]를 적용한다.
8. 도면에서 위첨자 '□'은 단위 [mm^2]를 표시한 것이다.
9. 전선 및 전선관의 재료할증률은 5[%]를 적용한다.
10. 제시된 자료이외에는 고려하지 않는다.
11. 간접노무비는 직접노무비의 10[%]를 적용한다.
12. 재료의 할증에 대해서는 공량을 적용하지 않는다.
13. 계산은 소수점 셋째자리에서 반올림하여 둘째자리까지 산출한다.

5-1 전선관 배관 (단위 : m)

합성수지 전선관		후강 전선관		금속가요 전선관	
규격	내선전공	규격	내선전공	규격	내선전공
14[mm] 이하	0.04	-	-	-	-
16[mm] 이하	0.05	16[mm] 이하	0.08	16[mm] 이하	0.044
22[mm] 이하	0.06	22[mm] 이하	0.11	22[mm] 이하	0.059
28[mm] 이하	0.08	28[mm] 이하	0.14	28[mm] 이하	0.072

5-3 박스(BOX) 설치 및 5-23 배선기구 설치(콘센트류) (단위 : 개)

종 별	내선전공
Concrete Box	0.12
Outlet Box	0.20
Swich Box(2개용 이하)	0.20
콘센트 2P 15[A]	0.065
콘센트(접지극부) 2P 15[A]	0.080

5-10 옥내배선(관내배선) (단위 : m)

규 격	내선전공
6[mm^2] 이하	0.010
16[mm^2] 이하	0.023
38[mm^2] 이하	0.031
50[mm^2] 이하	0.043
60[mm^2] 이하	0.052

[건설업 임금실태 조사 보고서] (단위 : 원)

연번	직종명	개별직종 노임 단가
1	내선전공	169000
2	특고압케이블전공	264903
3	고압케이블전공	235207
4	저압케이블전공	199868
5	송전전공	351506

(1) 전열 콘센트 배치 평면도를 보고 다음에 답하시오.

① 배선으로 볼 때 전열 콘센트의 분기회로 수는 몇 회로인지 구하시오.

② 전열 콘센트의 배선 방법을 쓰시오.

③ 적용된 콘센트의 명칭은 무엇인지 쓰시오.

(2) 전열 콘센트를 시설하기 위한 배관의 수량, 공량 및 노무비를 산출하시오.

① 배관 수량(22C)

• 계산 : • 답 :

② 배관 수량(16C)

• 계산 : • 답 :

③ 직종 및 배관 공량

• 계산 : • 답 :

④ 배관 노무비(소수점 이하는 절사) 산출

• 계산 : • 답 :

(3) 전열 콘센트를 시설하기 위한 배선(전선)의 수량, 공량 및 노무비를 산출하시오.

① 배선 수량

• 계산 : • 답 :

② 직종 및 배선 공량

• 계산 : • 답 :

③ 배선 노무비(소수점 이하는 절사) 산출

• 계산 : • 답 :

(4) 전열 콘센트를 시설하기 위한 기구의 수량, 공량 및 노무비를 산출하시오.

① 기구 수량 및 공량 산출

기구	수량	공량	공량계
Outlet BOX			
Switch BOX			
콘센트			
합 계			

② 기구 설치 노무비(소수점 이하는 절사) 산출

• 계산 : • 답 :

답안작성

(1) ① 3회로 ② 바닥은폐배선 ③ 접지극붙이 콘센트

(2) ① • 계산 : 배관수량(22C) : $(1.2+2+0.3)=3.5$[m]

할증 : $3.5\times0.05=0.18$[m]

합계 : $3.5+0.18=3.68$[m]

• 답 : 3.68[m]

② • 계산 : 배관수량(16C) : $(0.3+4+0.3)\times2+(0.3+6+0.3)\times3=29$[m]

할증 : $29\times0.05=1.45$[m]

합계 : $29+1.45=30.45$[m]

• 답 : 30.45[m]

③ • 계산 : 합성수지전선관(22C) : $3.5\times0.06=0.21$[인]

합성수지전선관(16C) : $29\times0.05=1.45$[인]

합계 : 내선전공 : $0.21+1.45=1.66$[인]

• 답 : 내선전공 1.66[인]

④ • 계산 : 직접노무비 : $1.66\times169{,}000=280{,}540$[원]

간접노무비 : $280{,}540\times0.1=28{,}054$[원]

합계 : $280{,}540+28{,}054=308{,}594$[원]

• 답 : 308,594[원]

(3) ① • 계산 : HFIX 2.5[mm^2]전선 $= (0.3+1.2+2+0.3+0.1)\times 7+(0.1+0.3+4+0.3+0.1)\times 3\times 2+(0.1+0.3+6+0.3+0.1)\times 3\times 3 = 117.3$[m]

할증 : $117.3\times 0.05 = 5.87$[m]

합계 : $117.3+5.87 = 123.17$[m]

• 답 : 123.17[m]

② • 계산 : 내선전공 : $117.3\times 0.01 = 1.17$[인]

• 답 : 1.17[인]

③ • 계산 : 직접노무비 : $1.17\times 169{,}000 = 197{,}730$[원]

간접노무비 : $197{,}730\times 0.1 = 19{,}773$[원]

합계 : $197{,}730+19{,}773 = 217{,}503$[원]

• 답 : 217,503[원]

(4) ①

기 구	수 량	공 량	공량계
Outlet BOX	3	0.20	0.6
Switch BOX	3	0.20	0.6
콘센트	6	0.080	0.48
합 계			1.68

② • 계산 : 직접노무비 : $1.68\times 169000 = 283{,}920$[원]

간접노무비 : $283{,}920\times 0.1 = 28{,}392$[원]

합계 : $283{,}920+28{,}392 = 312{,}312$[원]

• 답 : 312,312[원]

해 설

(1) ① 분전반으로 향하는 전선이 6가닥이므로 분기회로 수는 3회로

②

그림기호	명 칭
————————————	천장 은폐배선
— — — — — — — — —	바닥 은폐배선
- -	노출배선
—··—··—··—··—··—··—	노출배선 중 바닥면 노출배선
—·—·—·—·—·—·—	천장 은폐배선 중 천장속의 배선

③

명 칭	그림 기호	적 요
콘센트		① 천장에 부착하는 경우는 다음과 같다. ② 바닥에 부착하는 경우는 다음과 같다. 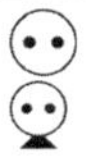 ③ 용량의 표시 방법은 다음과 같다. •15 [A]는 표기하지 않는다. •20 [A]이상은 암페어 수를 표기한다. [보기]  ④ 2구 이상인 경우는 구수를 표기한다. [보기] 

명 칭	그림 기호	적 요
콘센트		⑤ 3극 이상인 것은 극수를 표기한다. [보기]  3P ⑥ 종류를 표시하는 경우는 다음과 같다. 빠짐 방지형  LK 걸림형  T 접지극붙이  E 접지단자붙이  ET 누전 차단기붙이  EL ⑦ 방수형은 WP를 표기한다.  WP ⑧ 방폭형은 EX를 표기한다.  EX ⑨ 의료용은 H를 표기한다.  H

(2)

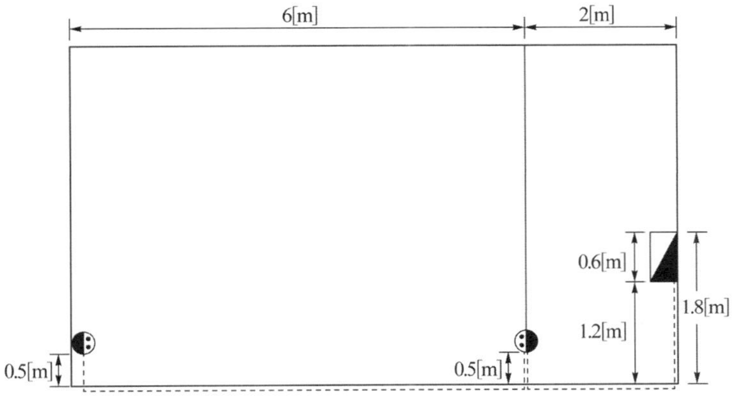

측면도

문제 07 ▸ 출제년도 : 03. 17. ▸ 점수 : 5점

경간 200[m]인 가공 전선로가 있다. 사용 전선의 길이는 경간보다 몇 [m] 더 길게 하면 되는지 구하시오. (단, 사용전선의 1[m]당 무게는 2.0[kg], 인장하중은 4000[kg]이고 전선의 안전율은 2로 하고 풍압하중은 무시한다.)

• 계산 : • 답 :

답안작성

• 계산 : $D=\dfrac{WS^2}{8T}=\dfrac{2\times 200^2}{8\times\dfrac{4000}{2}}=5$

$\therefore\ \Delta L=L-S=\dfrac{8D^2}{3S}=\dfrac{8\times 5^2}{3\times 200}=0.33[\mathrm{m}]$

• 답 : 0.33 [m]

해 설

$L=S+\dfrac{8D^2}{3S}\qquad \therefore\ \Delta L=L-S=\dfrac{8D^2}{3S}$

문제 08 ▸ 출제년도 : 92. 95. 14. 17. ▸ 점수 : 5점

바닥면적 200[m^2]의 사무실에 전 광속 2500[lm]의 36[W] 형광등을 시설하여 평균조도를 150[lx]로 하고자 한다. 설치할 등수를 구하시오. (단, 조명율은 50 [%], 감광보상률은 1.25이다.)

•계산 : •답 :

답안작성

• 계산 : 전등수 $N = \frac{EAD}{FU} = \frac{150 \times 200 \times 1.25}{2500 \times 0.5} = 30$[등]

• 답 : 30 [등]

문제 09 ▸ 출제년도 : 17. ▸ 점수 : 5점

배전반 및 분전반의 시설 장소를 3가지만 쓰시오.

답안작성

① 전기회로를 쉽게 조작할 수 있는 장소
② 개폐기를 쉽게 개폐할 수 있는 장소
③ 노출된 장소

해 설

배전반 및 분전반의 설치장소
① 전기회로를 쉽게 조작할 수 있는 장소
② 개폐기를 쉽게 개폐할 수 있는 장소
③ 노출된 장소(보조적인 분전반은 제외)
④ 안정된 장소

[주] 벽장내부(배전반 및 분전반으로 전용의 공간이 확보되어 있는 것은 제외한다), 화장실의 내부, 욕실 내 등은 분전반으로서 쉽게 개폐할 수 있는 장소로는 보지 않는다.

문제 10 ▸ 출제년도 : 10. 17. ▸ 점수 : 5점

220[V]로 인입하는 어느 주택의 총 부하설비용량이 7050 [VA]이다. 최소 분기회로 수는 몇 회로로 하여야 하는지 구하시오.(단, 가산부하는 없으며 16[A] 분기로 한다.)

•계산 : •답 :

답안작성

• 계산 : 분기회로 수 $= \frac{7050}{220 \times 16} = 2$

• 답 : 16 [A]분기 2회로

해 설

$$분기회로\ 수 = \frac{부하\ [VA]}{전압\ [V] \times 분기회로\ 전류\ [A]}$$

문제 11 ▸ 출제년도 : 17. ▸ 점수 : 3점

접지극으로 사용할 수 있는 것을 3가지만 쓰시오.

답안작성

① 토양에 매설된 기초 접지극
② 케이블의 금속외장 및 그 밖에 금속피복
③ 지중 금속구조물(배관 등)

해 설

KEC 142.2 접지극의 시설 및 접지저항
접지극은 다음의 방법 중 하나 또는 복합하여 시설하여야 한다.
① 콘크리트에 매입 된 기초 접지극
② 토양에 매설된 기초 접지극
③ 토양에 수직 또는 수평으로 직접 매설된 금속전극(봉, 전선, 테이프, 배관, 판 등)
④ 케이블의 금속외장 및 그 밖에 금속피복
⑤ 지중 금속구조물(배관 등)
⑥ 대지에 매설된 철근콘크리트의 용접된 금속 보강재. 다만, 강화콘크리트는 제외한다.

문제 12

▸ 출제년도 : 10. 17. ▸ 점수 : 6점

전력계통에 일반적으로 사용되는 리액터의 설치 목적을 간단히 쓰시오.
(1) 병렬리액터 :
(2) 직렬리액터 :
(3) 소호리액터 :

답안작성

(1) 페란티 현상의 방지
(2) 제5고조파 제거
(3) 지락전류의 제한

문제 13

▸ 출제년도 : 17. ▸ 점수 : 3점

송전계통에 발생한 고장 때문에 일부 계통의 위상각이 커져서 동기를 벗어나려고 할 때 이것을 검출하고 그 계통을 분리하기 위해서 차단하지 않으면 안 될 경우에 사용하는 계전기를 쓰시오.

답안작성

탈조 보호 계전기(Step-Out Protective Relay, SOR)

문제 14

▸ 출제년도 : 17. ▸ 점수 : 5점

일반적으로 전력용 변압기의 절연유에 요구되는 성질을 5가지만 쓰시오.

답안작성

① 절연저항과 절연내력이 클 것
② 인화점이 높을 것
③ 응고점이 낮을 것
④ 점도가 낮고, 비열이 클 것
⑤ 열전도율이 클 것

해 설

변압기의 기름으로서 갖추어야 할 조건
① 절연 저항 및 절연내력이 클 것 (30[kV] / 2.5[mm] 이상)
② 절연 재료 및 금속에 화학 작용을 일으키지 않을 것
③ 인화점이 높고(130 [℃] 이상), 응고점이 낮을 것(-30 [℃] 이하)
④ 점도가 낮고(유동성이 풍부), 비열이 커서 냉각 효과가 클 것
⑤ 고온에서도 석출물이 생기거나 산화하지 않을 것
⑥ 열전도율이 클 것
⑦ 열 팽창계수가 작고 증발로 인한 감소량이 적을 것

문제 15 ▸출제년도 : 12. 17. ▸점수 : 6점

지중관로 케이블 포설 공사시 포설 전 유의사항을 3가지를 쓰시오.

답안작성

① 맨홀내의 가스검출, 산소측정 및 환기
② 맨홀내의 배수 및 청소
③ 드럼측과 윈치측의 연락체계 확인

해 설

이외에도 ④ 기자재의 정리정돈
⑤ 맨홀내의 로라, 활차등의 고정상태 확인 및 외상방지대책
⑥ 와이어의 강도, 소선단선, 킹크여부 확인

국가기술자격검정 실기시험문제 및 답안지

2017년도 산업기사 일반검정 제 4 회			수험번호	성 명	감독위원 확 인
자격종목(선택분야)	시험시간	형별			
전기공사산업기사	2시간 00분				

※ 다음 물음에 답을 해당 답란에 답하시오.(배점 : 100점)

문제 01 ▸출제년도 : 01. 10. 17. ▸점수 : 5점

22.9 [kV−Y]로 수전하는 수용가의 수전용량이 750 [kVA]이다. 인입구에 시설하는 MOF의 적당한 변류비를 표준규격으로 구하시오. (단, 변류비는 1차 정격전류의 1.5배로 한다.)

• 계산 : •답 :

답안작성

• 계산 : $I_1 = \dfrac{750 \times 10^3}{\sqrt{3} \times 22900} \times 1.5 = 28.36[\mathrm{A}]$ • 답 : 변류비 30/5

해 설

변류비 및 부담

• 1차 전류 : 5, 10, 15, 20, 30, 40, 50, 75, 100, 150, 200, 300, 400, 500[A]
• 2차 전류 : 5[A]
• 정격 부담 : 5, 10, 15, 25, 40, 100[VA]

문제 02 ▸출제년도 : 17. ▸점수 : 5점

전기설비의 접지계통과 건축물의 피뢰설비 및 통신설비 등의 접지극을 공용하는 경우 어떤 접지공사를 할 수 있는지 쓰시오.

답안작성

통합접지

해 설

접지시스템의 시설 종류

(1) 단독접지 : 고압, 특고압계통의 접지극과 저압계통의 접지극을 독립적으로 설치하는 것

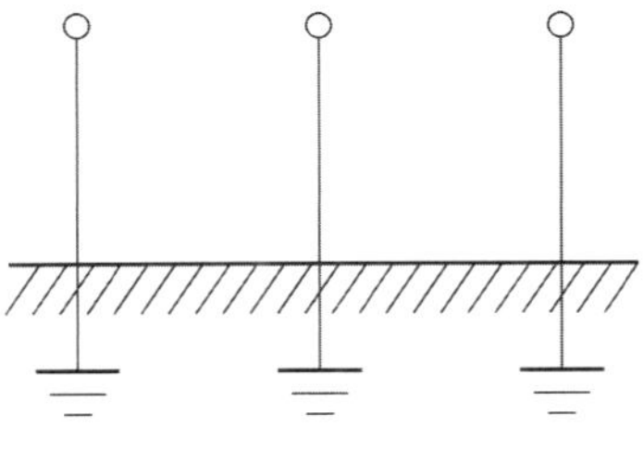

(2) 공통접지 : 등전위가 형성되도록 고압, 특고압계통과 저압접지계통을 공통으로 접지하는 것

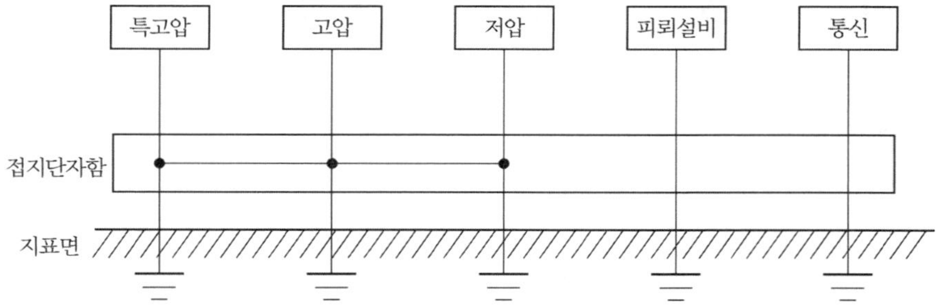

(3) 통합접지 : 전기설비 접지계통, 피뢰설비 및 전기통신설비 등의 접지극을 통합하여 접지시스템을 구성하는 것을 말하며, 설비 사이의 전위차를 해소하여 등전위를 형성하는 접지방식으로 서지보호장치를 시설하여야 할 필요가 있다.

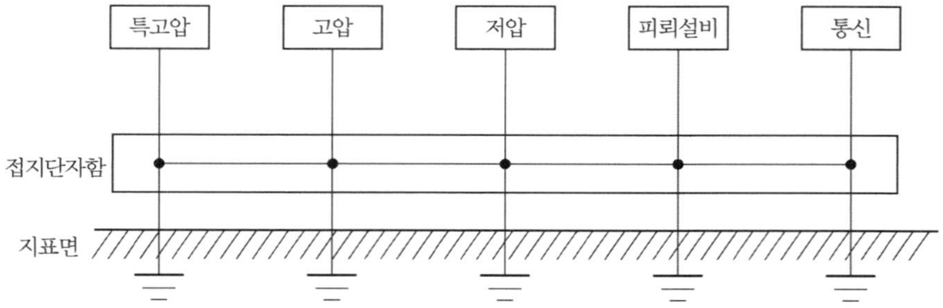

문제 03

▸ 출제년도 : 02. 17. ▸ 점수 : 5점

Still의 식은 송전선로에서 무엇을 구하기 위한 것인지 쓰시오.

답안작성

경제적인 송전전압

해 설

Still의 실험식(경제적인 송전전압의 산정식)

$$사용\ 전압\ [kV] = 5.5\sqrt{0.6 \times 송전\ 거리[km] + \frac{송전\ 전력[kW]}{100}}$$

문제 04

▸ 출제년도 : 90. 04. 17. ▸ 점수 : 5점

철탑에 매설 지선 설치 후 접지저항을 측정하는 측정기는?

답안작성

접지저항 측정기

문제 05

▸ 출제년도 : 05. 07. 17. ▸ 점수 : 5점

용어의 정의에서 방전등기구란?

답안작성

방전에 의한 빛을 이용하는 방전램프를 주광원으로 하는 조명기구

문제 06

▸ 출제년도 : 08. 17. ▸ 점수 : 5점

축전지설비에서 축전지는 장기간 사용하거나 사용 조건 등이 변경되기 때문에 이 용량 변화를 보상하는 보정치로 보통 0.8로 하는 것을 무엇이라 하는가?

답안작성

보수율 (경년용량저하율)

해 설

$$C = \frac{1}{L} KI \text{[Ah]}$$

여기서 C : 축전지 용량[Ah], L : 보수율 , K : 용량환산시간계수, I : 방전전류[A]

문제 07

▸ 출제년도 : 98. 00. 04. 07. 15. 17. ▸ 점수 : 4점

다음 그림과 같이 3상 3선식 200 [V] 수전인 경우 설비불평형률은 얼마인가? 단, 여기서 전동기의 수치가 괄호내와 다른 것은 출력 [kW]을 입력 [kVA]으로 환산하였기 때문이다.

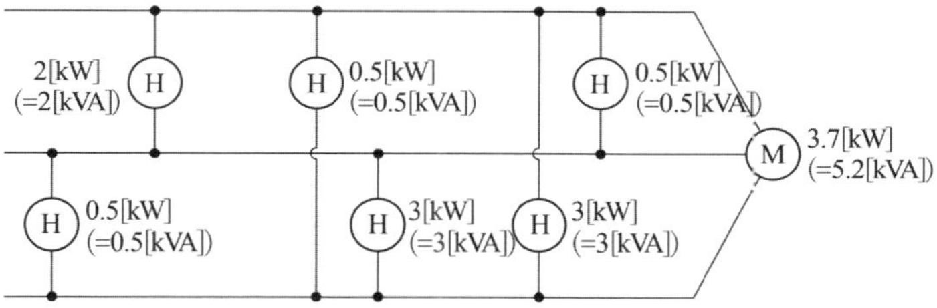

• 계산 : • 답 :

답안작성

• 계산 : 설비불평형률 $= \dfrac{(3+0.5)-(2+0.5)}{(2+0.5+0.5+5.2+3+3+0.5)\times\dfrac{1}{3}} \times 100 = 20.41[\%]$

• 답 : 20.41 [%]

해 설

3상 3선식의 경우

설비불평형률 $= \dfrac{\text{각 선간에 접속되는 단상부하의 최대와 최소의 차}}{\text{총 부하 설비용량의 1/3}} \times 100[\%]$

문제 08

▸ 출제년도 : 00. 01. 02. 17. ▸ 점수 : 5점

한 개의 전등을 3개소에서 점멸하고자 할 때 소요되는 3로 스위치의 수는?

답안작성

4개

해 설

- 3로 스위치만을 사용하는 경우 : 4개
- 3로 스위치와 4로 스위치를 사용하는 경우 : 3로 스위치 2개, 4로 스위치 1개가 필요하다.

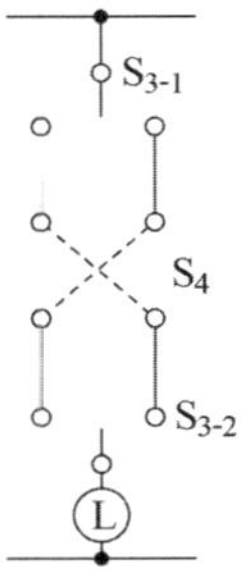

문제 09 ▸ 출제년도 : 96. 99. 01. 02. 09. 17. ▸ 점수 : 5점

3상 4선식 접속의 경우에 그림과 같이 전압선의 표시가 L1상, N상, L3상, L2상으로 표시되었다. L1, N, L3, L2의 전선의 색깔을 쓰시오.

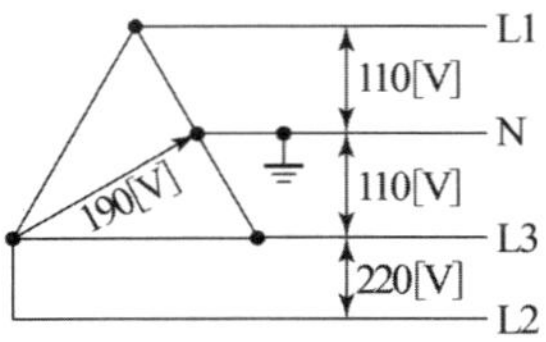

L1 : N :

L3 : L2 :

답안작성

L1 : 갈색, N : 파란색, L3 : 회색, L2 : 검은색

해 설

KEC 121.2 전선의 식별

1) 전선의 색상은 표 에 따른다.

상(문자)	색상
L1	갈색
L2	검은색
L3	회색
N	파란색
보호도체	녹색-노란색

2) 색상 식별이 종단 및 연결 지점에서만 이루어지는 나도체 등은 전선 종단부에 색상이 반영구적으로 유지될 수 있는 도색, 밴드, 색 테이프 등의 방법으로 표시해야 한다.

문제 10 ▸ 출제년도 : 92. 97. 17. ▸ 점수 : 6점

피뢰기를 시설해야 하는 곳을 3개소로 요약하여 열거하시오.

답안작성

① 발전소 · 변전소 또는 이에 준하는 장소의 가공전선 인입구 및 인출구
② 고압 및 특고압 가공전선로로부터 공급을 받는 수용장소의 인입구
③ 가공전선로와 지중전선로가 접속되는 곳

해 설

KEC 341.13 피뢰기의 시설
고압 및 특고압의 전로 중 다음에 열거하는 곳 또는 이에 근접한 곳에는 피뢰기를 시설하여야 한다.
1) 발전소 · 변전소 또는 이에 준하는 장소의 가공전선 인입구 및 인출구
2) 특고압 가공전선로에 접속하는 배전용 변압기의 고압측 및 특고압측
3) 고압 및 특고압 가공전선로로부터 공급을 받는 수용장소의 인입구
4) 가공전선로와 지중전선로가 접속되는 곳

문제 11 ▸ 출제년도 : 11. 12. 17. ▸ 점수 : 6점

다음 물음에 답하시오.

(1) 합성수지관 공사에서 관상호 및 관과 박스와는 관을 삽입하는 깊이를 관의 외경의 1.2배 이상으로 하고 관의 지지점간의 거리는 (　　) [m] 이하로 한다.
(2) 애자공사의 지지점간의 거리는 전선을 조영재면을 따라 붙이는 경우 (　　) [m] 이하로 한다.
(3) 버스덕트를 조영재에 붙이는 경우에는 덕트의 지지점간의 거리를 (　　) [m] 이하로 견고하게 지지하여야 한다.

답안작성

(1) 1.5　　(2) 2　　(3) 3

해 설

(1) KEC 232.11 합성수지관공사
1) 관 상호 간 및 박스와는 관을 삽입하는 깊이를 관의 바깥지름의 1.2배(접착제를 사용하는 경우에는 0.8배) 이상으로 하고 또한 꽂음 접속에 의하여 견고하게 접속할 것.
2) 관의 지지점 간의 거리는 1.5[m] 이하로 하고, 또한 그 지지점은 관의 끝· 관과 박스의 접속점 및 관 상호 간의 접속점 등에 가까운 곳에 시설할 것.

(2) KEC 232.56 애자공사

<table>
<tr><th colspan="2" rowspan="2">전 압</th><th colspan="2" rowspan="2">전선과 조영재와의 이격 거리</th><th rowspan="2">전 선 상 호 간 격</th><th colspan="2">전선 지지점간의 거리</th></tr>
<tr><th>조영재의 윗면 또는 옆면에 따라 시설</th><th>조영재에 따라 시설하지 않는 경우</th></tr>
<tr><td rowspan="3">저 압</td><td>400[V] 이하</td><td colspan="2">2.5 [cm] 이상</td><td rowspan="3">6 [cm] 이상</td><td rowspan="3">2 [m] 이하</td><td>–</td></tr>
<tr><td rowspan="2">400[V] 초과</td><td>건조한 장소</td><td>2.5[cm] 이상</td><td rowspan="2">6 [m] 이하</td></tr>
<tr><td>기타의 장소</td><td>4.5[cm] 이상</td></tr>
</table>

(3) KEC 232.61 버스덕트공사
덕트를 조영재에 붙이는 경우에는 덕트의 지지점 간의 거리를 3[m](수직으로 붙이는 경우에는 6[m]) 이하로 할 것.

문제 12 ▸ 출제년도 : 96. 98. 01. 03. 17. ▸ 점수 : 4점

그림과 같은 철탑을 무슨 철탑이라 하는가?

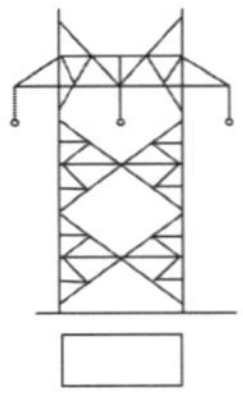

답안작성

방형철탑

문제 13 ▸ 출제년도 : 95. 98. 00. 01. 17. ▸ 점수 : 30점

22.9 [kV] 배전 선로이다. 그림과 참고표를 이용하여 물음에 답하시오.

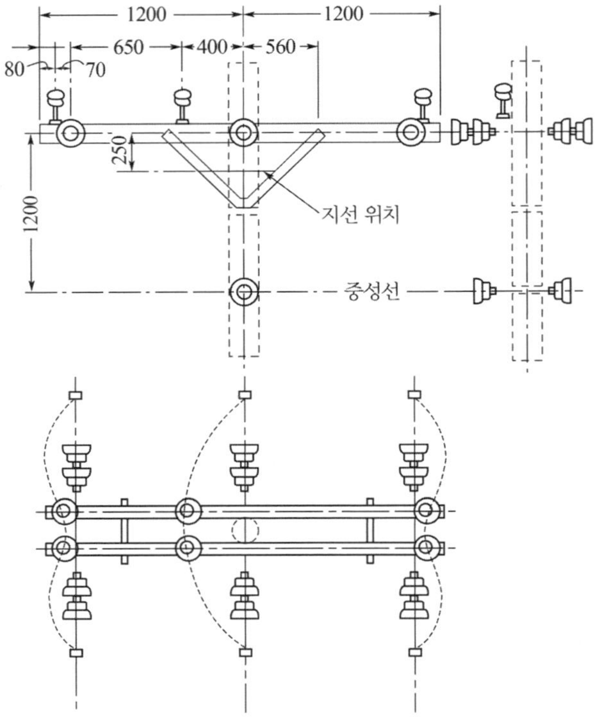

[물음]

위의 그림과 같이 12m(CP) 전주를 설치하는 경우 총 인건비(직접 노무비, 간접 노무비 포함)는 얼마인가?

단, • 간접 노무비는 15 [%](가정)로 계산한다.

- 전주용 근가는 1개이다.
- 노임 단가는 배전 전공 15,860원, 보통 인부 6,520원이다(가정).
- 소수점은 넷째자리에서 반올림하여 셋째자리까지 구한다.

• 인공을 산출한 후 이를 합계하여 노임 단가를 적용하여 계산하고 소수점 이하는 버림.

[표 1] 건주 공사

규 격	주입목주		콘크리트주	
	배전전공	보통인부	배전전공	보통인부
6 [m] 이하	0.64	0.72	0.72	0.81
7 [m] 이하	0.68	0.77	1.23	1.40
8 [m] 이하	0.83	0.94	1.63	1.88
9 [m] 이하	0.93	1.03	1.63	2.13
10 [m] 이하	1.03	1.12	2.01	2.55
11 [m] 이하	1.24	1.31	2.50	2.63
12 [m] 이하	1.44	1.50	2.86	3.00
14 [m] 이하	1.82	2.12	3.60	4.24
16 [m] 이하	2.50	2.60	5.10	5.20
17 [m] 이하	3.15	3.37	6.50	6.74

[해설] ① 단굴토, 매토품 포함, 완목, 완철 설치품 불포함, 암반터파기는 별도 가산
② 틀 1본 포함, 1본 추가마다 10 [%] 가산
③ 지주공사는 건주공사품을 적용
④ 불주입주 이 품의 80 [%]
⑤ 묻음은 길이의 1/6 이상임.
⑥ 철거 : 콘크리트 주 50 [%](재사용 가능품 : 80 [%]), 목주 50 [%], 목주 잘라냄 35 [%]
⑦ 이설 : 목주는 150 [%], CP는 180 [%], 경사주의 건기는 30 [%]
⑧ H주 건주 200 [%], A주 건주 160 [%]
⑨ 3각주 건주 300 [%], 4각주 건주 400 [%]
⑩ 단계주의 건주 및 인자형 계주의 건주는 각기 단주 건주품을 합한 품으로 한다.
⑪ 판자 마스트주는 주입목주의 50 [%]
⑫ 주의표 및 번호표 설치품은 1매당 보통인부 0.08인, 기입만 할 때는 보통인부 0.05인 계상
⑬ 현장내에서 잔토처리를 할 경우에는 [m^3]당 보통인부 0.2인을 별도 가산하며, 현장 밖으로 잔토처리시는 운반비 및 적상, 적하에 따른 비용을 별도 계상
⑭ 조립식 강관주는 콘크리트주 품을 적용하며, 조립후의 전장길이를 기준으로 한다. 다만, 17 [m] 초과 강관주는 m당 배전전공 1.04인, 보통인부 1.13을 가산한다(1 [m] 미만은 사사오입한다.)
⑮ 콘크리트주 불량품 파괴처리시 콘크리트주 건주 보통인부 품의 60 [%] (현장 정리품 포함)
⑯ 전주와의 차량충돌 예방용으로 설치되는 전주 도색판 설치품은 1매당 브통 인부 0.18인 계상 적용, 철거 30 [%], 이설 130 [%] 적용
⑰ 기설 전주에 전주를 높이는데 사용되는 계주용 강판주는 본당 배전전공 0.252 [%]인, 보통인부 0.195 [%]인 계상 적용, 철거 50 [%], 이설 150 [%] 적용
⑱ 전주 철거 후 되메우기에 따른 토사를 외부에서 반입시 토사비용과 적상·하 및 운반비 별도 계상

[표 2] 배전용 완철 신설

규 격	배전전공	보통인부
배선용 완철 1 [m] 이하	0.09	0.09
2 [m] 이하	0.10	0.10
3 [m] 이하	0.13	0.13
3 [m] 초과	0.17	0.17
가공지선 지지대(내장 · 직선용)	0.19	0.12

[해설] ① 완목 및 경완철은 이 품의 80 [%]
② 배전용 완철은 철거 30 [%](재사용 50 [%])
③ Arm Tie 설치품 포함
④ 완철이란 완금을 우리말로 고친 것임.
⑤ 편출공사는 이 품의 20 [%] 가산
⑥ 가공지선 지지대란 배전선로에서 가공지선을 지지하여 주는 장치대를 말하며, 철거는 이 품의 50 [%] 적용

[표 3] 배선용 애자 및 래크 신설

종 별	배전전공	보통인부
특 고 압 용 핀 애자	0.064	0.126
고압 및 특고압현수애자	0.065	0.05
고 압 용 핀 애자	0.044	–
〃 인류 애자	0.056	–
〃 내장 애자	0.035	0.083
저 압 용 핀 애자	0.034	–
저 압 용 인류 애자	0.044	–
래 크 1 선 용	0.125	–
래 크 2 선 용	0.20	–
래 크 3 선 용	0.275	–
래 크 4 선 용	0.350	–

[해설] ① 애자 철거 50 [%](재사용시 80 [%])
② 애자 교환 및 또는 갈아끼우기 : 150 [%]
③ 인류애자는 다대 애자를 고친 것임.
④ 애자 닦기
(가) 주상(탑상) 손닦기 : 신설품의 50 [%]
(나) 주상(탑상) 기계닦기 : 기계손료만 계상(인건비 포함)
(다) 발췌 손닦기는 신설품의 170 [%]
⑤ 특고압용 Line Post 애자 취부품은 특고압용 핀애자 설치품에 준함.
⑥ 래크 철거는 이 품의 30 [%](재사용 50 [%]) 적용함.

답안작성

배전 전공 : $2.86+0.13\times 2+0.065\times 14+0.064\times 6=4.414$ [인]
보통 인부 : $3+0.13\times 2+0.05\times 14+0.126\times 6=4.716$ [인]
직접노무비 : $4.414\times 15860+4.716\times 6520=100{,}754$ [원]
간접노무비 : $100{,}754\times 0.15=15{,}113$ [원]
총인건비 : $100{,}754+15{,}113=115{,}867$ [원]

해 설

자재산출
- 특고압 현수애자 : 14개
- 특고압 핀애자 : 6개
- 완금(2400 [mm]) : 2개
- 전주 12 [m] : 1본

문제 14 ▸ 출제년도 : 94. 12. 17. ▸ 점수 : 5점

비접지식 6.6 [kV] 변전소에서 3상 3선식 1회선이 나오고 있다. 이들의 선로에 접속하는 주상 변압기 중성점 접지 공사의 저항값 [Ω]은 얼마인가?
단, 고압측 1선 지락전류는 10[A]라고 한다.

답안작성

계산 : 중성점 접지저항 $R_2=\dfrac{150}{10}=15$ [Ω]

답 : 15 [Ω]

해 설

중성점 접지공사의 접지저항

① 자동차단장치가 없는 경우 $R_2 = \dfrac{150}{1\text{선 지락전류}}[\Omega]$

② 2초 이내에 동작하는 자동차단장치가 있는 경우 $R_2 = \dfrac{300}{1\text{선 지락전류}}[\Omega]$

③ 1초 이내에 동작하는 자동차단장치가 있는 경우 $R_2 = \dfrac{600}{1\text{선 지락전류}}[\Omega]$

문제 15 ▸출제년도 : 09. 17. ▸점수 : 5점

가연성분진(소맥분, 전분, 유황 기타 가연성의 먼지로 공중에 떠다니는 상태에서 착화하였을 때에 폭발할 우려가 있는 것을 말하며 폭연성 분진을 제외)에 전기설비가 발화원이 되어 폭발할 우려가 있는 곳에 시설하는 저압옥내 전기설비의 저압 옥내배선 공사 종류 3가지를 쓰시오.

답안작성

금속관공사, 합성수지관공사, 케이블공사

해 설

KEC 242.2.2 가연성 분진 위험장소
가연성 분진에 전기설비가 발화원이 되어 폭발할 우려가 있는 곳에 시설하는 저압 옥내 전기설비는 합성수지관공사(두께 2[mm] 미만의 합성수지 전선관 및 난연성이 없는 콤바인 덕트관을 사용하는 것을 제외한다) · 금속관공사 또는 케이블공사에 의할 것.

MEMO

D30-4

2018년도
전기공사산업기사 실기

- 18년 제 1 회 전기공사산업기사
- 18년 제 2 회 전기공사산업기사
- 18년 제 4 회 전기공사산업기사

국가기술자격검정 실기시험문제 및 답안지

2018년도 산업기사 일반검정 제 1 회

자격종목(선택분야)	시험시간	형별	수험번호	성 명	감독위원 확 인
전기공사산업기사	2시간 00분				

※ 다음 물음에 답을 해당 답란에 답하시오.(배점 : 100점)

문제 01 ▸ 출제년도 : 15. 18. ▸ 점수 : 5점

거리가 1000 [m]인 배전 선로 공사에 있어서 단면적 22 [mm^2]의 알루미늄선으로 계산된 것을 저항이 같은 경동선으로 대치하려고 한다면 그 전선의 단면적은 얼마로 하여야 하는지 구하시오.

[조건]

알루미늄선의 저항률 : $\frac{1}{35}[\Omega \cdot \text{mm}^2/\text{m}]$

경동선의 저항률 : $\frac{1}{55}[\Omega \cdot \text{mm}^2/\text{m}]$

•계산 : •답 :

답안작성

• 계산 : 저항 $R=\rho\frac{l}{A}$에서 단면적 $A=\frac{\rho l}{R}$

따라서, 저항 및 전선의 길이가 같은 경우 단면적 $A \propto \rho$ 이므로

$\therefore\ 22 : A = \frac{1}{35} : \frac{1}{55} \qquad A=\frac{35}{55}\times 22 = 14[\text{mm}^2]$

• 답 : 16 [mm^2]

해 설

(1) 저항 $R=\rho\frac{l}{A}\ [\Omega]$

여기서, $\rho=\frac{1}{\sigma}$: 저항률 또는 고유저항 [$\Omega \cdot \text{mm}^2/\text{m}$],

l : 전선의 길이 [m], A : 전선의 단면적 [mm^2]

(2) KSC IEC 전선규격

1.5, 2.5, 4, 6, 10, 16, 25, 35, 50, 70, 95, 120, 150, 185, 240, 300, 400, 500, 630[mm^2]

문제 02 ▸ 출제년도 : 14. 18. ▸ 점수 : 5점

건축물 전기설비에서 간선의 굵기를 산정하는데 고려하여야할 4가지 요소를 쓰시오.

답안작성

① 허용 전류 ② 전압 강하

③ 기계적 강도 ④ 수용률 및 향후 증설부하

문제 03 ▸ 출제년도 : 98. 01. 14. 18. ▸ 점수 : 5점

그림과 같은 저압기기의 지락사고시 기기에 접촉된 사람의 인체에 흐르는 전류를 구하시오. (단, 중성점접지저항값 $R_2 = 50[\Omega]$, 보호접지저항값 $R_3 = 100[\Omega]$, 인체의 접지저항 및 접촉저항값 $R_m = 1000[\Omega]$이다.)

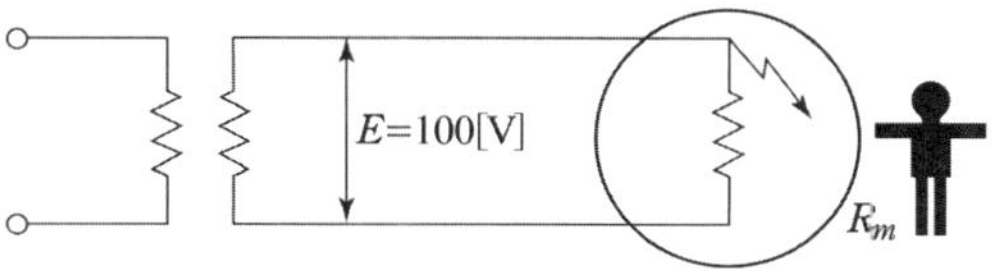

답안작성

• 계산 : $I_m = \dfrac{100}{50 + \dfrac{100 \times 1000}{100 + 1000}} \times \dfrac{100}{100 + 1000} = 0.0645\ [\text{A}] = 64.5[\text{mA}]$

• 답 : 64.5 [mA]

해 설

문제의 조건을 등가회로로 변경하면 아래와 같다.

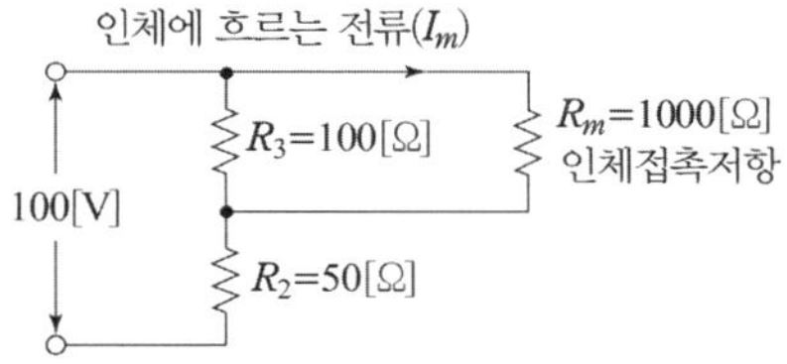

문제 04 ▸ 출제년도 : 94. 00. 13. 18. ▸ 점수 : 10점

다음 ( )안에 알맞는 답을 쓰시오.

(1) 애자 사용 공사에서 전선과 조영재와의 이격 거리는 400 [V] 이하인 경우에는 ( ) [cm] 이상이어야 한다.

(2) 합성 수지 몰드 공사에서 합성 수지 몰드는 홈의 폭 및 깊이가 3.5 [cm] 이하, 두께가 2 [mm] 이상인 것일 것. 다만, 사람이 쉽게 접촉할 우려가 없도록 시설하는 경우에는 폭이 ( ) [cm] 이하이어야 한다.

(3) 라이팅 덕트 공사에서 덕트의 지지점간의 거리는 ( ) [m] 이하로 하여야 한다.

(4) 고압 가공 전선로의 경간에서 철탑은 경간이 ( ) [m] 이하여야 한다.

(5) 소세력 회로의 시설에서 전자 개폐기의 조작 회로 또는 초인벨, 경보벨 등에 접속하는 전로로써 최대 사용 전압이 ( ) [V] 이하인 것을 사용하여야 한다.

(6) 특고압 가공 전선이 삭도와 제2차 접근 상태로 시설할 경우에 특고압 가공 전선로는 ( ) 보안 공사를 하여야 한다.

답안작성

(1) 2.5 (2) 5 (3) 2
(4) 600 (5) 60 (6) 제2종 특고압

해 설

(1) KEC 232.56 애자공사

1) 전선은 절연전선(옥외용 비닐 절연전선 및 인입용 비닐 절연전선을 제외한다)일 것.

2) 이격거리

<table>
<tr><th colspan="2" rowspan="2">전 압</th><th colspan="2" rowspan="2">전선과 조영재와의 이격 거리</th><th rowspan="2">전 선
상 호
간 격</th><th colspan="2">전선 지지점간의 거리</th></tr>
<tr><th>조영재의 윗면 또는 옆면에 따라 시설</th><th>조영재에 따라 시설하지 않는 경우</th></tr>
<tr><td rowspan="3">저
압</td><td>400[V] 이하</td><td colspan="2">2.5 [cm] 이상</td><td rowspan="3">6 [cm] 이상</td><td rowspan="3">2 [m] 이하</td><td>–</td></tr>
<tr><td rowspan="2">400[V] 초과</td><td>건조한 장소</td><td>2.5[cm] 이상</td><td rowspan="2">6 [m] 이하</td></tr>
<tr><td>기타의 장소</td><td>4.5[cm] 이상</td></tr>
</table>

(2) KEC 232.21 합성수지몰드공사

1) 전선은 절연전선(옥외용 비닐 절연전선을 제외한다)일 것.

2) 합성수지몰드는 홈의 폭 및 깊이가 35 [mm] 이하, 두께는 2 [mm] 이상의 것일 것. 다만, 사람이 쉽게 접촉할 우려가 없도록 시설하는 경우에는 폭이 50 [mm] 이하, 두께 1 [mm] 이상의 것을 사용할 수 있다.

(3) KEC 232.71 라이팅덕트공사

1) 덕트는 조영재에 견고하게 붙일 것.

2) 덕트의 지지점 간의 거리는 2[m] 이하로 할 것.

3) 덕트의 끝부분은 막을 것.

4) 덕트의 개구부(開口部)는 아래로 향하여 시설할 것. 다만, 사람이 쉽게 접촉할 우려가 없는 장소에서 덕트의 내부에 먼지가 들어가지 아니하도록 시설하는 경우에 한하여 옆으로 향하여 시설할 수 있다.

(4) KEC 332.9 고압 가공전선로 경간의 제한

고압 가공전선로의 경간은 표에서 정한 값 이하이어야 한다.

지지물의 종류	경 간
목주 · A종 철주 또는 A종 철근 콘크리트주	150[m]
B종 철주 또는 B종 철근 콘크리트주	250[m]
철 탑	600[m]

(5) KEC 241.14 소세력 회로

전자 개폐기의 조작회로 또는 초인벨 · 경보벨 등에 접속하는 전로로서 최대 사용전압이 60[V] 이하인 것

(6) KEC 333.25 특고압 가공전선과 삭도의 접근 또는 교차

특고압 가공전선이 삭도와 제2차 접근상태로 시설되는 경우에는 다음에 따라야 한다.

1) 특고압 가공전선로는 제2종 특고압 보안공사에 의할 것.

2) 특고압 가공전선 중 삭도에서 수평거리로 3[m] 미만으로 시설되는 부분의 길이가 연속하여 50[m] 이하이고 또한 1경간 안에서의 그 부분의 길이의 합계가 50[m] 이하일 것.

문제 05 ▸ 출제년도 : 14. 18. ▸ 점수 : 6점

수 · 변전설비용 기기인 차단기의 차단기 트립(trip) 방식 4가지를 쓰시오.

답안작성

① 전압 트립 방식　　② CT 트립 방식
③ 콘덴서 트립 방식　　④ 부족 전압 트립 방식

해 설

(1) 전압 트립 방식 : 직류전원의 전압을 트립코일에 인가하여 트립시키는 방식
(2) CT 트립 방식 : CT의 2차 전류가 정해진 값보다 초과되었을 때 트립시키는 방식
(3) 콘덴서 트립 방식 : PT의 2차측에 정류기를 부설하여 콘덴서를 충전하고 이를 트립코일을 통해서 방전시켜 차단하는 방식
(4) 부족 전압 트립 방식 : PT의 2차전압을 항상 트립 코일에 인가해 두고 1차측 전압이 정해진 값 이하로 떨어졌을 때 트립하는 방식

문제 06

▸ 출제년도 : 98. 13. 18.　▸ 점수 : 5점

서지 흡수기(Surge Absorber)의 기능과 어느 개소에 설치하는지 그 위치를 쓰시오.

• 기능
• 설치 위치

답안작성

• 기능 : 개폐서지 등 이상전압으로부터 변압기 등 기기보호
• 설치위치 : 개폐 서지를 발생하는 차단기 후단과 부하측 사이

해 설

서지 흡수기는 LA와 같은 구조와 특성을 지니고 있으며 구내선로에서 발생할 수 있는 개폐서지, 순간 과도전압 등으로 이상전압이 2차기기에 악영향을 주는 것을 막기위해 시설한다.

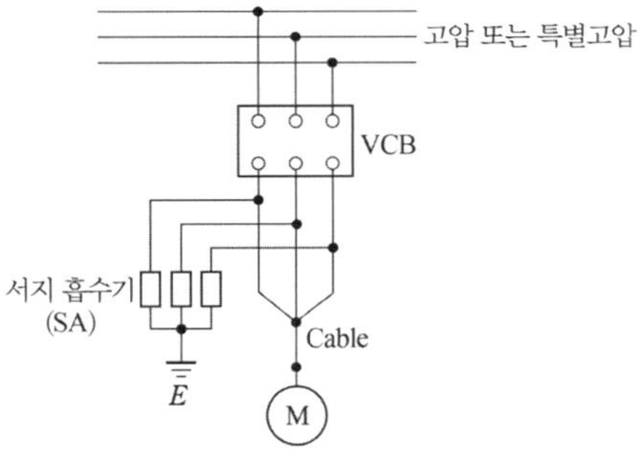

문제 07

▸ 출제년도 : 18.　▸ 점수 : 5점

부하가 유도전동기이고, 기동용량이 1800 [kVA]이다. 기동 시 허용 전압강하는 23 [%]이며, 발전기의 과도리액턴스가 25 [%]이다. 이 전동기를 운전할 수 있는 자가발전기의 최소용량은 몇 [kVA]인지 구하시오.

• 계산 :　　• 답 :

답안작성

• 계산 : $\left(\frac{1}{e}-1\right)\times x_d \times 기동용량=\left(\frac{1}{0.23}-1\right)\times 0.25\times 1800=1506.52[\text{kVA}]$

• 답 : 1506.52[kVA]

해 설

발전기 정격용량 $=\left(\frac{1}{\text{허용 전압 강하}}-1\right)\times$기동 용량$\times$과도 리액턴스 [kVA]

문제 08 ▸ 출제년도 : 18. ▸ 점수 : 5점

직선형 철탑은 전선로의 직선 부분 및 수평각도 몇 도 이하의 곳에 사용하는지 쓰시오.

답안작성

3도

해 설

① 직선형 : 전선로의 직선 부분(3도 이하의 수평 각도를 이루는 곳을 포함)에 사용하는 것으로 내장형과 보강형은 제외한다.
② 각도형 : 전선로 중 3도를 넘는 수평 각도를 이루는 곳에 사용하는 것
③ 인류형 : 전가섭선을 인류하는 곳에 사용하는 것
④ 내장형 : 전선로 지지물의 양측의 경간의 차가 큰 곳에 사용하는 것
⑤ 보강형 : 전선로의 직선 부분에 그 보강을 위하여 사용하는 것

문제 09 ▸ 출제년도 : 18. ▸ 점수 : 6점

154/22.9 [kV]용 변전소의 변압기에 시설하여야 하는 계측장치를 쓰시오.

답안작성

① 주요 변압기의 전압 및 전류 또는 전력
② 특고압용 변압기의 온도

해 설

KEC 351.6 계측장치
변전소 또는 이에 준하는 곳에는 다음의 사항을 계측하는 장치를 시설하여야 한다.
1) 주요 변압기의 전압 및 전류 또는 전력
2) 특고압용 변압기의 온도

문제 10 ▸ 출제년도 : 18. ▸ 점수 : 4점

계통연계란 무엇인지 설명하시오.

답안작성

"계통연계"란 둘 이상의 전력계통 사이를 전력이 상호 융통될 수 있도록 선로를 통하여 연결하는 것

해 설

KEC 112 용어정의
"계통연계"란 둘 이상의 전력계통 사이를 전력이 상호 융통될 수 있도록 선로를 통하여 연결하는 것으로 전력계통 상호간을 송전선, 변압기 또는 직류-교류변환설비 등에 연결하는 것. 계통연락이라고도 한다.

문제 11 ▸ 출제년도 : 18. ▸ 점수 : 6점

다음 물음에 답하시오

(1) 과전류에 대한 보호장치로써 주상변압기 1차측에 설치하는 것은 무엇인가?

(2) 특고압 간이수전설비의 변압기 2차측에 설치되는 주차단기에는 무엇을 설치하여 결상사고에 대한 보호능력이 있도록 하여야 하는지 쓰시오.

답안작성

(1) 컷 아웃 스위치

(2) 결상계전기

해 설

간이 수전 설비 표준 결선도

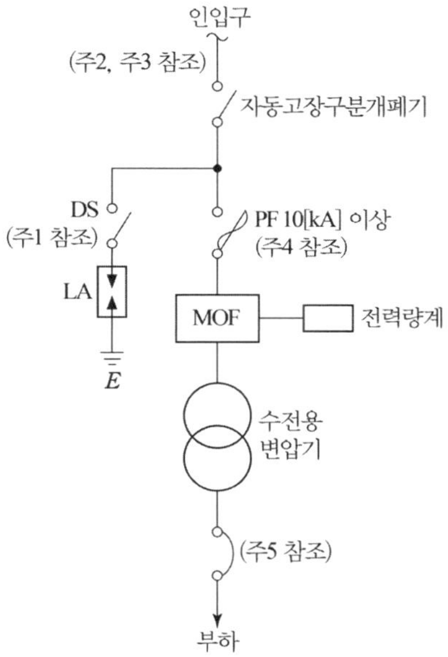

약 호	명 칭
DS	단로기
ASS	자동고장 구분 개폐기
LA	피뢰기
MOF	전력 수급용 계기용 변성기
COS	컷아웃 스위치
PF	전력 퓨즈

[주1] LA용 DS는 생략할 수 있으며 22.9 [kV－Y]용의 LA는 Disconnector(또는 Isolator) 붙임형을 사용하여야 한다.

[주2] 인입선을 지중선으로 시설하는 경우로서 공동 주택 등 사고시 정전 피해가 큰 수전 설비 인입선은 예비선을 포함하여 2회선으로 시설하는 것이 바람직하다.

[주3] 지중인입선의 경우에 22.9 [kV－Y] 계통은 CNCV－W 케이블(수밀형) 또는 TR CNCV－W(트리억제형)을 사용하여야 한다. 다만, 전력구·공동구·덕트·건물구내 등 화재의 우려가 있는 장소에서는 FR CNCO－W(난연) 케이블을 사용하는 것이 바람직하다.

[주4] 300 [kVA] 이하인 경우 PF대신 COS(비대칭 차단 전류 10 [kA] 이상의 것)을 사용할 수 있다.

[주5] 간이 수전 설비는 PF의 용단 등에 의한 결상 사고에 대한 대책이 없으므로 변압기 2차측에 설치되는 주차단기에는 결상 계전기 등을 설치하여 결상 사고에 대한 보호 능력이 있도록 함이 바람직하다.

문제 12 ▸ 출제년도 : 91. 18. ▸ 점수 : 30점

다음 도면은 어느 상점의 옥내 전등 및 콘센트 배선 평면도이다. 주어진 조건을 읽고 답란의 빈칸을 채우시오.

1. 시설조건
   ① 전선은 450/750 [V] 일반용 단심 비닐 절연전선으로 2.5[mm^2]를 사용한다.
   ② 전선관은 후강전선관을 사용하고 표기가 없는 것은 16 [mm] 임.
   ③ 4방출 이상의 배관과 접속되는 박스는 4각 박스를 사용한다.
   ④ 스위치 설치 높이 1.2 [m](바닥에서 중심까지)
   ⑤ 콘센트 설치 높이 0.3 [m](바닥에서 중심까지)
   ⑥ 분전함 설치 높이 1.8 [m](바닥에서 상단까지) 단, 바닥에서 하단까지는 0.5 [m]를 기준으로 한다.
   ⑦ 바닥에서 천정까지의 높이는 3 [m]임.

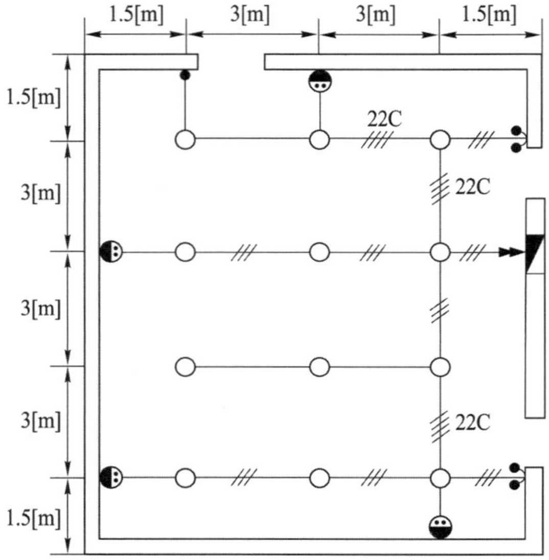

2. 재료의 산출조건
   ① 분전함 내부에서 배선 여유는 전선 1본당 0.5 [m]로 한다.
   ② 자재 산출시 산출수량과 할증수량은 소수점 이하로 기록하고 자재별 총 수량은 (산출수량+할증수량) 소수점 이하 반올림한다.
   ③ 배관 및 배선 이외의 자재는 할증을 보지 않는다. (배관, 배선의 할증은 10 [%]로 한다.)
   ④ 콘센트용 박스는 4각 박스로 본다.
3. 인건비 산출 조건
   ① 재료의 할증에 대해서는 공량을 적용하지 않는다.
   ② 소수점 이하 한자리 까지 계산한다.
   ③ 품셈은 다음 표의 품셈을 적용한다.

자재명 및 규격	단위	내선전공
후강 전선관 16 [mm]	m	0.08
후강 전선관 22 [mm]	m	0.11
관내 배선 (5.5 [mm^2] 이하)	m	0.01
매입 스위치	개	0.056
매입 콘센트 2P 15 [A]	개	0.056
아우트렛 박스 4각	개	0.2
아우트렛 박스 8각	개	0.2
스위치 박스 1개용	개	0.2
스위치 박스 2개용	개	0.2

[물음 1]

도면을 보고 아래 표의 ①부터 ⑮번까지 빈칸에 산출 수량 및 총 수량(계산식은 생략)을 기입하시오.

자재명	규 격	단위	산출 수량	할증 수량	총 수량 (산출수량+할증수량)
후강전선관	16 [mm]	[m]	①		④
후강전선관	22 [mm]	[m]	②		⑤
450/750 [V] 일반용 단심 비닐 절연 전선	2.5 [mm^2]	[m]	③		⑥
스위치	300 [V], 10 [A]	개		/	⑦
스위치 플레이트	1개용	개		/	⑧
스위치 플레이트	2개용	개		/	⑨
매입 콘센트	300 [V], 15 [A] 2개용	개		/	⑩
4각 박스		개		/	⑪
8각 박스		개		/	⑫
스위치 박스	1개용	개		/	⑬
스위치 박스	2개용	개		/	⑭
콘센트 플레이트	2개구용	개		/	⑮
이하 생략					

[물음 2]

아래표의 각 자재별 내선전공수를 ①부터 ⑨까지 기입하시오.

자재명	규 격	단위	수량	인공수 (재료 단위별)	내선 전공
후강전선관	16 [mm]	[m]			①
후강전선관	22 [mm]	[m]			②
450/750 [V] 일반용 단심 비닐 절연 전선	2.5 [mm²]	[m]			③
스위치	300 [V], 10 [A]	개			④
스위치 플레이트	1개용	개			
스위치 플레이트	2개용	개			
매입 콘센트	300 [V], 15 [A] 2개용	개			⑤
4각 박스		개			⑥
8각 박스		개			⑦
스위치 박스	1개용	개			⑧
스위치 박스	2개용	개			⑨
콘센트 플레이트	2개구용	개			

답안작성

[물음 1]

자재명	규 격	단위	산출 수량	할증 수량	총 수량 (산출수량+할증수량)
후강전선관	16 [mm]	[m]	53.4		59(53.4+5.34)
후강전선관	22 [mm]	[m]	9		10(9+0.9)
450/750 [V] 일반용 단심 비닐 절연 전선	2.5 [mm²]	[m]	168.6		185(168.6+16.86)
스위치	300 [V], 10 [A]	개			5
스위치 플레이트	1개용	개			1
스위치 플레이트	2개용	개			2
매입 콘센트	300 [V], 15 [A] 2개용	개			4
4각 박스		개			6
8각 박스		개			10
스위치 박스	1개용	개			1
스위치 박스	2개용	개			2
콘센트 플레이트	2개구용	개			4
이하 생략					

[물음 2]

자재명	규　격	단위	수량	인공수 (재료 단위별)	내선 전공
후강전선관	16 [mm]	[m]			4.2
후강전선관	22 [mm]	[m]			0.9
450/750 [V] 일반용 단심 비닐 절연 전선	2.5 [mm^2]	[m]			1.6
스위치	300 [V], 10 [A]	개			0.2
스위치 플레이트	1개용	개			
스위치 플레이트	2개용	개			
매입 콘센트	300 [V], 15 [A] 2개용	개			0.2
4각 박스		개			1.2
8각 박스		개			2
스위치 박스	1개용	개			0.2
스위치 박스	2개용	개			0.4
콘센트 플레이트	2개구용	개			

해 설

1) ① 후강전선관 16[mm]

$1.5\times8+3\times8+(3-1.2)\times3+(3-0.3)\times4+(3-1.8)\times1=53.4$[m]

② 후강전선관 22[mm] : $3\times3=9$[m]

③ 450/750[V] 일반용 단심 비닐 절연 전선

$1.5\times2\times5+1.5\times3\times3+3\times2\times3+3\times3\times5+3\times4\times3+(3-1.2)\times8$
$+(3-0.3)\times2\times4+(3-1.8)\times3+0.5\times3=168.6$[m]

2) 소수점 이하 한 자리까지 계산

※ 견적문제는 완벽하게 복원하지 못하여 유사 문제로 대체 했습니다.

문제 13

▸ 출제년도 : 18. ▸ 점수 : 4점

고압 또는 특고압 배전반은 부하의 합계용량이 몇 [kVA]를 초과하는 경우 전류계 · 전압계를 부착하는 것을 원칙으로 하는지 쓰시오.

답안작성

300[kVA]

해 설

배전반

고압 또는 특고압 배전반은 다음 각호에 의하여 시설하여야 한다.

① 배전반 등에 설치하는 기구 및 전선은 점검이 가능하도록 시설할 것.

② 고압 또는 특고압 배전반은 취급자에게 위험이 미치지 않도록 적당한 방호장치 또는 통로를 시설하여야 하며, 기기조작에 필요한 공간을 확보하여야 한다.

③ 부하의 합계용량이 300 [kVA]를 초과하는 배전반은 전류계 · 전압계를 부착하는 것을 원칙으로 한다.

[주] 부하의 합계용량이란 변압기 용량을 말한다.

문제 14 ▸ 출제년도 : 18. ▸ 점수 : 4점

전극을 정삼각형으로 배치하고 극간 저항값에 의하여 대지저항률을 구하는 방법은 무엇인가?

답안작성

콜라우시 브리지법

해 설

콜라우시 브리지법에 의한 접지 저항 측정

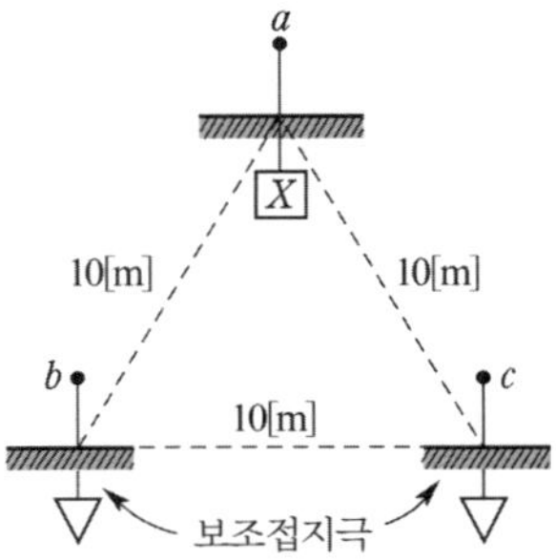

$R_a + R_b = R_{ab}$ ······································· ①

$R_b + R_c = R_{bc}$ ······································· ②

$R_a + R_c = R_{ac}$ ······································· ③

① + ② + ③

$2(R_a + R_b + R_c) = R_{ab} + R_{bc} + R_{ca}$

$2(R_a + R_{bc}) = R_{ab} + R_{bc} + R_{ca}$

$R_a = \frac{1}{2}(R_{ab} + R_{ca} - R_{bc})$ [Ω]

여기서, R_{ab} : 본 접지극 a와 보조 접지극 b 사이의 저항

R_{ac} : 본 접지극 a와 보조 접지극 c 사이의 저항

R_{bc} : 보조 접지극 bc 상호간의 저항

국가기술자격검정 실기시험문제 및 답안지

2018년도 산업기사 일반검정 제 2 회			수험번호	성 명	감독위원 확 인
자격종목(선택분야)	시험시간	형별			
전기공사산업기사	2시간 00분				

※ 다음 물음에 답을 해당 답란에 답하시오.(배점 : 100점)

문제 01 ▸ 출제년도 : 18. ▸ 점수 : 4점

변압기 결선방식 중 △−△ 결선의 특성 3가지만 쓰시오.

답안작성

① 제3고조파의 전류가 △결선 내를 순환하므로 인가 전압이 정현파이면 유도 전압도 정현파가 된다.
② 1상분이 고장이 나면 나머지 2대로써 V결선 운전이 가능하다.
③ 각 변압기의 상전류가 선전류의 $\frac{1}{\sqrt{3}}$ 이 되어 저전압 대전류 계통에 적당하다.

해 설

그 외에
④ 중성점을 접지할 수 없으므로 지락사고의 보호계전기 시스템 구성이 복잡하다.
⑤ 정격 용량이 다른 것을 결선하면 순환전류가 흐른다.

문제 02 ▸ 출제년도 : 18. ▸ 점수 : 6점

송전선로의 거리가 길어지면서 송전선로의 송전 전압이 대단히 높아지고 있다. 이에 따라 단도체 대신 복도체 또는 다도체 방식이 채용되고 있는데 복도체(또는 다도체) 방식을 단도체 방식과 비교할 때 그 장점 3가지를 쓰시오.

답안작성

① 선로의 송전용량 증가
② 안정도 증대
③ 코로나 임계전압 상승

해 설

1) 복도체란 가공송전선로의 1상당 연결된 도체의 수가 그림과 같이 2 이상인 것을 말한다.

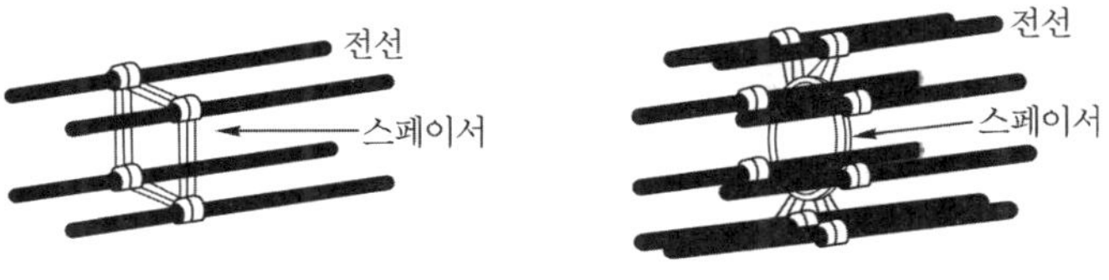

〈4도체〉 〈8도체〉

2) 복도체 방식의 장·단점

복도체의 경우 전선의 등가반지름 $r_e(\sqrt[n]{rs^{n-1}})$가 단도체의 반지름 r보다 증가하므로 다음과 같은 장·단점이 있다.

(1) 장점

① 선로의 인덕턴스 감소 ② 선로의 정전용량 증가

③ 코로나 임계전압 상승 ④ 선로의 송전용량 증가 ⑤ 안정도 증대

(2) 단점

① 페란티 효과에 의한 수전단 전압 상승

② 단락사고시 각 소도체에 같은 방향의 대전류가 흘러 소도체 상호간에 흡인력 발생

문제 03 ▸ 출제년도 : 18. ▸ 점수 : 5점

금속제 케이블트레이에 사용하는 전선의 종류 3가지를 쓰시오.

답안작성

① 난연성 케이블(연피케이블, 알루미늄피 케이블 등)

② 적당한 간격으로 연소 방지조치를 한 케이블

③ 금속관 혹은 합성수지관 등에 넣은 절연전선

해 설

KEC 232.41 케이블트레이공사

1) 전선

가. 연피케이블, 알루미늄피 케이블 등 난연성 케이블

나. 기타 케이블(적당한 간격으로 연소(延燒)방지 조치를 하여야 한다)

다. 금속관 혹은 합성수지관 등에 넣은 절연전선

2) 저압 케이블과 고압 또는 특고압 케이블은 동일 케이블 트레이 안에 시설하여서는 아니 된다. 다만, 견고한 불연성의 격벽을 시설하는 경우 또는 금속 외장 케이블인 경우에는 그러하지 아니하다.

문제 04 ▸ 출제년도 : 96. 18. ▸ 점수 : 10점

다음 문제를 읽고 (   )을 채우시오.

(1) 특고압 가공전선은 케이블인 경우를 제외하고 단면적(①)의 (②) 또는 이와 동등 이상의 세기 및 굵기의 (③)이어야 한다.

(2) 지중전선로는 전선에 케이블을 사용하고 또한 (④) (⑤) 또는 (⑥)에 의하여 시설하여야 한다.

(3) 수용장소에 시설하는 비상용 예비전원은 (⑦)이 정전되었을 때 (⑧) 이외의 전로에 전력이 공급되지 않도록 시설하여야 한다.

(4) 고압 또는 특고압의 전로중에 있어서 (⑨) 및 (⑩)을 보호하기 위하여 필요한 곳에는 과전류 차단기를 시설하여야 한다.

답안작성

(1) ① 22 [mm^2] ② 경동연선 ③ 절연연선

(2) ④ 관로식 ⑤ 암거식 ⑥ 직접매설식

(3) ⑦ 상용전원 ⑧ 수용장소

(4) ⑨ 기계기구 ⑩ 전선

해 설

(1) KEC 333.4 특고압 가공전선의 굵기 및 종류

특고압 가공전선은 케이블인 경우 이외에는 인장강도 8.71 [kN] 이상의 연선 또는 단면적이 22[mm^2] 이상의 경동연선 또는 동등이상의 인장강도를 갖는 알루미늄 전선이나 절연전선이어야 한다.

(2) KEC 334.1 지중전선로의 시설

지중 전선로는 전선에 케이블을 사용하고 또한 관로식 · 암거식(暗渠式) 또는 직접 매설식에 의하여 시설하여야 한다.

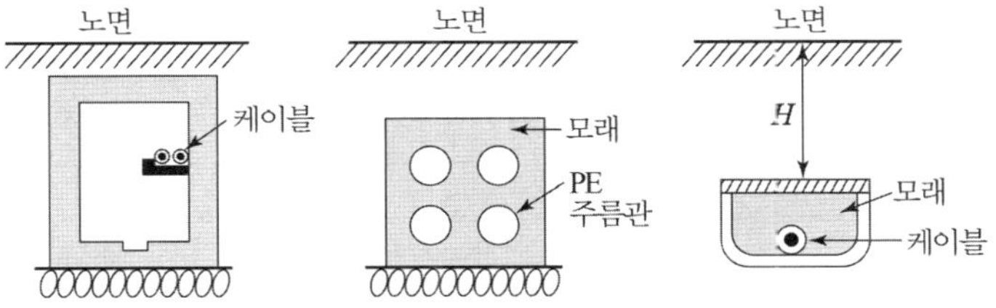

(a) 암거식 (b) 관로식 (c) 직접 매설식

문제 05 ▸ 출제년도 : 09. 18. ▸ 점수 : 5점

설계 하중이 8.82 [kN]인 철근 콘크리트주의 길이가 16 [m]라 한다. 이 지지물을 지반이 연약한 곳 이외에 시설하는 경우 땅에 묻히는 깊이는 몇 [m]이상으로 하여야 하는가?

답안작성

2.8 [m] 이상

해 설

KEC 331.7 가공전선로 지지물의 기초의 안전율

가공전선로의 지지물에 하중이 가하여지는 경우에 그 하중을 받는 지지물의 기초의 안전율은 2이상(단, 이상시 상정하중에 대한 철탑의 기초에 대하여는 1.33)이어야 한다. 다만, 땅에 묻히는 깊이를 다음의 표에서 정한 값 이상의 깊이로 시설하는 경우에는 그러하지 아니하다.

설계하중 / 전장	6.8 [kN] 이하	6.8 [kN] 초과 ~ 9.8 [kN] 이하	9.81 [kN] 초과 ~ 14.72 [kN] 이하
15[m] 이하	전장×1/6[m] 이상	전장×1/6+0.3[m] 이상	전장×1/6+0.5[m] 이상
15[m] 초과~16[m]이하	2.5[m] 이상	2.8[m] 이상	–
16[m] 초과~20[m] 이하	2.8[m] 이상	–	–
15[m] 초과~18[m] 이하	–	–	3[m] 이상
18[m] 초과	–	–	3.2[m] 이상

문제 06 ▸ 출제년도 : 00. 14. 18. ▸ 점수 : 4점

송전선로에서 매설 지선의 설치 목적은?

답안작성

매설지선은 철탑의 탑각 접지저항을 감소시켜 역섬락을 방지한다.

문제 07 ▸ 출제년도 : 04. 12. 18. ▸ 점수 : 5점

330 [mm^2]인 ACSR선이 경간 500 [m]에서 이도가 8.6 [m]이었다 하면 전체의 실제 길이는 몇 [m]인가?

• 계산 : • 답 :

답안작성

• 계산 : $L = S + \dfrac{8\ D^2}{3S} = 500 + \dfrac{8 \times 8.6^2}{3 \times 500} = 500.39[\text{m}]$ • 답 : 500.39 [m]

문제 08 ▸ 출제년도 : 18. ▸ 점수 : 5점

전기설비를 방폭화한 방폭기기의 기호에 맞는 방폭구조를 쓰시오.

구 분		기 호
방폭구조의 종류	①	d
	②	o
	③	p
	④	e
	본질안전 방폭구조	i
	특수 방폭구조	s

답안작성

① 내압 방폭구조 ② 유입 방폭구조
③ 압력 방폭구조 ④ 안전증 방폭구조

해 설

방폭구조의 기호

구 분		기 호
방폭구조의 종류	내압 방폭구조	d
	유입 방폭구조	o
	압력 방폭구조	p
	안전증 방폭구조	e
	본질안전 방폭구조	i
	특수 방폭구조	s

문제 09 ▸ 출제년도 : 97. 02. 13. 18. ▸ 점수 : 6점

수변전 설비에서 CT와 PT에 대하여 물음에 답하시오.

(1) PT의 1차측과 2차측에 퓨즈를 접속해야 하는 이유를 간단히 설명하시오.

(2) CT의 1차측에 퓨즈를 접속할 수 없는 이유는?

답안작성

(1) 부하측 및 PT에 고장이 발생하였을 경우 이를 고압 회로로부터 분리함으로써 PT 보호 및 사고확대를 방지하기 위하여

(2) CT 1차측에 퓨즈를 넣으면 과전류가 흐를 때 단선되어 OCR이 동작되지 않아 차단기를 동작시킬 수 없게 된다.

문제 10 ▸ 출제년도 : 93. 95. 97. 02. 18. ▸ 점수 : 30점

다음은 옥외간이 수변전 설비에 대한 단선도이다. 그림을 보고 다음 물음에 답하시오. 단, 참고 자료 필요시는 참고 자료를 이용할 것, 변압기 이외의 시설은 주상에 설치하는 것임

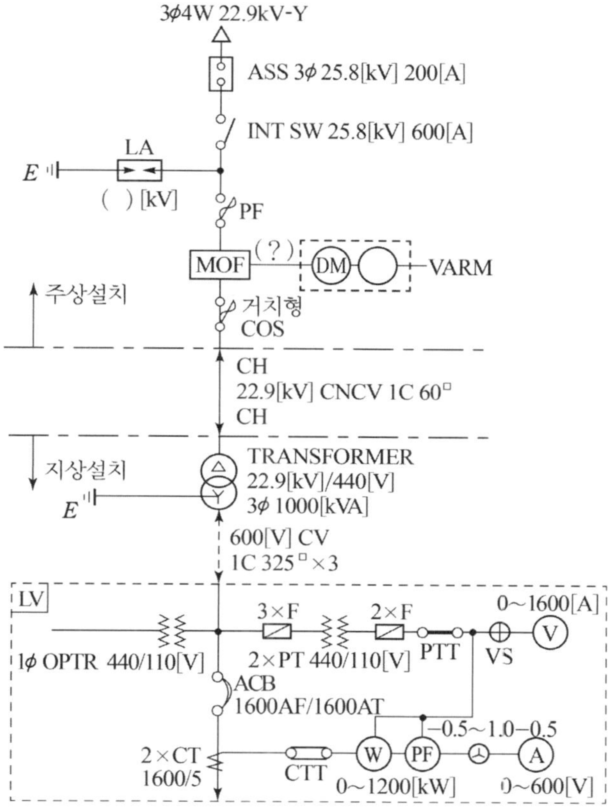

(1) 단선도상의 LA의 정격 전압은 몇 [kV]인가?

(2) MOF와 DM, VARH METER간 연결된 전선의 가닥수는?

(3) OPTR의 설치 목적은 무엇인가?

(4) 그림과 같이 수전하는 방식을 무엇이라고 하는가?

(5) 그림과 같은 방식으로 수전 가능한 최대 용량은 몇 [kVA]인가?

(6) 부하 용량 증설로 인하여 변압기를 2000 [kVA]로 교체하는 경우 소요 인공을 구하시오. 단, 철거 변압기는 차후에 대비하여 보관하는 것임.

(7) 아래 자재를 설치하는 데 소요되는 인공을 각각 구하시오.

① 자동 고장 구분 개폐기(ASS)

② 인터럽트 스위치(interrupt switch)(가대 포함)

③ 피뢰기

④ 전력 수급용 계기용 변성기 (MOF) 현수용

[참고자료]

[표 1] 22 [kV] 변압기

용량	공종	프랜트전공	비계공	특별인부	기계설치공	목도공
100 [kVA] 이 하	운반설치	1.0	0.5	1.2	–	0.7
	O T처리	1.0	–	1.2	–	–
	점 검	0.6	–	0.6	–	–
	계	2.6	0.5	3.0	–	0.7
150 [kVA] 이 하	운반설치	1.2	0.5	1.3	–	0.9
	O T처리	1.2	–	1.3	–	–
	점 검	0.7	–	0.7	–	–
	계	3.1	0.5	3.3	–	0.9
200 [kVA] 이 하	운반설치	1.2	0.6	1.5	–	0.9
	O T처리	1.3	–	1.5	–	–
	점 검	0.8	–	0.8	–	–
	계	3.3	0.6	3.8	–	0.9
250 [kVA] 이 하	운반설치	1.4	0.6	1.6	–	1.0
	O T처리	1.5	–	1.6	–	–
	점 검	0.9	–	0.9	–	–
	계	3.8	0.6	4.1	–	1.0
300 [kVA] 이 하	운반설치	1.5	0.7	1.7	–	1.1
	O T처리	1.5	–	1.7	–	–
	점 검	0.9	–	0.9	–	–
	계	3.9	0.7	4.3	–	1.1
400 [kVA] 이 하	운반설치	1.8	0.8	2.0	–	1.3
	O T처리	1.8	–	2.0	–	–
	점 검	1.1	–	1.1	–	–
	계	4.7	0.8	5.1	–	1.3
500 [kVA] 이 하	소운반설치	2.2	0.9	2.5	–	1.6
	O T 처리	2.3	–	2.5	–	–
	점 검	1.4	–	1.4	–	–
	계	5.9	0.9	6.4	–	1.6
750 [kVA] 이 하	소운반설치	2.0	1.0	2.3	–	1.6
	O T 처리	2.3	–	2.5	–	–
	부속품부침	2.6	–	2.6	–	–
	점 검	1.4	–	1.4	–	–
	계	8.3	1.0	8.8	–	1.6
1,000 [kVA] 이 하	소운반설치	2.3	1.1	2.7	–	1.7
	O T 처리	2.3	–	2.7	–	–
	부속품부침	3.1	–	3.1	–	–
	점 검	1.4	–	1.4	–	–
	계	9.1	1.1	9.9	–	1.7

용량	공종	프랜트전공	비계공	특별인부	기계설치공	목도공
1,500 [kVA] 이 하	소운반설치	2.5	1.2	3.0	–	1.8
	O T 처리	2.6	–	3.0	–	–
	부속품부침	3.5	–	3.5	–	–
	점 검	1.6	–	1.6	–	–
	계	10.2	1.2	11.1	–	1.8
2,000 [kVA] 이 하	소운반설치	2.9	1.3	3.3	–	2.1
	O T 처리	3.0	–	3.3	–	–
	부속품부침	3.9	–	3.9	–	–
	점 검	1.8	–	1.8	–	–
	계	11.6	1.3	12.3	–	2.1

[해설] ① 이 품은 1ϕ 기준으로 소운반, 점검, 결선 및 Megger Test를 포함한 품임
② 15,000 [kVA]는 10,000 [kVA]의 120 [%]로 함
③ 20,000 [kVA]는 10,000 [kVA]의 150 [%]로 함
④ 장비를 사용할 때는 운반설치, 라지에이터부침, 콘서베이터부침, 붓싱부침 및 각 부분품부침 품의 35 [%]로 하고 장비의 제경비를 별도 가산함
⑤ 철거 50 [%], 750 [kVA] 이상의 재사용 철거 80 [%](철거 해당분 품에 한함)
⑥ 기타는 건식변압기 해설준용 ⑦ 몰드 변압기도 이 품을 적용(다만, OT 처리품 제외)
⑧ 3상 130 [%]

[표 2] 차단기 신설 (개당)

공 종	배전전공	보통인부
22.9 [kV] Recloser	2.7	2.7
22.9 [kV] Sectionalizer	2.7	2.7
22.9 [kV] 자동 고장 구분 개폐기	2.7	2.7
22.9 [kV] 자동 부하 절체 개폐기(A.L.T.S)	6.85	6.85
22.9 [kV] 가공선용 가스절연 부하 개폐기(SF_6 GAS)	1.57	1.06

[해설] ① 3상 주상 설치기준 ② 단상은 40 [%]
③ 철거 50 [%] ④ 11.4 [kV]용 Sectionalizer는 60 [%]
⑤ 리드선(인하선) 접속, 기기장치대(행거밴드) 설치 별도 가산
⑥ 자동부하 절체개폐기는 H주 3상 설치기준임.

[표 3] 단로기

종 별	용 량	배 전 전 공
DS HOOK 형(1P)	400 [A] 이하	0.80
	800 [A] 이하	1.00
	1200 [A] 이하	1.20
FDS (1P)	30 [A] 이하	0.80
〃	200 [A] 이하	1.00
LS LEVER 형(3P)	400 [A] 이하	4.80
	800 [A] 이하	5.00
	1200 [A] 이하	5.30

[해설] ① 1P는 3P의 40 [%] ② 2P는 3P의 70 [%]
③ 인터럽터 SW는 레버형에 준함 ④ 철거 50 [%] ⑤ 주상 설치 120 [%]
⑥ 가대 설치시는 개당 1.5 [인] 가산하며, 인터럽터 SW의 가대 설치는 별도 계상
⑦ 리드선 압축 접속은 별도 계상 ⑧ 부하 개폐기는 LS Lever 형에 준함(퓨즈 부 공용)

[표 4] 피뢰침 및 피뢰기 신설 (개당)

구 분	전 공	비 고
피뢰침 설치 높이 7.5 [m] 이하	1.50	내선전공
10 [m] 〃	1.90	〃
15 [m] 〃	2.60	배전전공
20 [m] 〃	3.40	〃
25 [m] 〃	4.10	〃
30 [m] 〃	4.80	〃
35 [m] 〃	5.50	〃
40 [m] 〃	6.20	〃
피뢰기 직류 1,500 [V]용	0.40	〃
〃 교류 3~11.4 [kV]용	0.17	〃
〃 교류 22.9 [kV]용	0.24	〃

[해설] ① 구조물로서 발판이 좋은 곳(철탑 등)은 60 [%]
② 배선 포함, 접지 불포함 ③ 철거 30 [%]
④ 높이 40 [m] 이상은 매 5 [m]마다 1.0인 가산
⑤ 피뢰기는 접지 완철, 하부배선 불포함, 상부배선은 포함되었으며 리드선 압축 접속시는 별도 계상
⑥ 다수의 피뢰침을 동일 옥상에 분포형으로 설비할 경우는 돌침(Air Terminal) 1개 증가에 대해 1.0 공량을 가산하고 접지선을 Netting Connection하는 배선의 공량을 가산할 것(발·변전분야 접지공사 분기선 접속 참조)
⑦ 전주에 설치하는 피뢰기는 배전전공이 시공한다.

[표 5] 잡기기 신설 (대당)

종 별	내 선 전 공
전열기 3 [kW] 이하	0.40
5 〃	0.60
10 〃	1.00
10 초과	1.40
벨	0.1
부 저	0.08
도어폰 (주기)	0.11
〃 (자기)	0.10
가스 배출기	0.20
선풍기 날개 직경 30 [cm] 이하(벽면)	0.20
〃 〃 〃 (천정면)	0.50
환풍기 〃 30 [cm] 기준(벽면)	0.48
〃 〃 50 [cm] 기준(천정면)	0.80
적산전력계 $1\phi 2W$ 용	0.14
〃 $1\phi 3W$ 용 및 $3\phi 3W$ 용	0.21
〃 $3\phi 4W$ 용	0.3
CT 설치(저고압)	0.4
PT 설치(〃)	0.4
현수용 M.O.F 설치(고압·특고압)	3.0
거치용 〃 〃	2.0
계기함 설치	0.30
특수계기함 설치	0.45
변성기함 설치(저·고압)	0.60

종　별	내 선 전 공
플로어 플레이트(수평고저 조정커버부)	0.135
전극봉 지지기(3P)	0.80
〃　(4P)	0.85
〃　(5P)	1.10

[해설] ① 철거 30 [%], 재사용 철거 50 [%], 단 실효계기 교체에 따른 철거 반입분이 수리 가능 품목일 경우에는 재사용 적용
② 방폭 200 [%]
③ 아파트 등 공동주택 및 기타 이와 유사한 집단지역의 동일구내(한건물내)에서 10대 초과의 적산전력계 설치시에는 70 [%] 적용
④ 특수계기함이라 함은 3종 계기함, 농사용 철제 계기함, 집합계기함 및 저압 변류기용 계기함을 말한다.
⑤ 거치용 MOF를 주상에 설치시에는 이품의 170 [%]로서 배전전공 적용 (설치대 조립품 포함)
⑥ 전극봉 지지기에는 전극봉의 설치 및 조정품 포함. 다만, 보호함의 취부품은 별도 계상하며, 보호함의 설치품은 풀박스 취부품에 준한다.

답안작성

(1) 18 [kV]
(2) 7가닥
(3) 변전실내의 수배전반 신호 램프, 차단기 등의 조작용 110 [V] 전원 전압을 얻기 위한 소형 변압기
(4) 간이 수전 방식
(5) 1,000 [kVA]
(6) 1,000 [kVA]는 철거, 2,000 [kVA]는 신설하므로
플랜트 전공 : $(9.1 \times 0.8 + 11.6) \times 1.3 = 24.54$ [인]
비계공 : $(1.1 \times 0.8 + 1.3) \times 1.3 = 2.83$ [인]
특별 인부 : $(9.9 \times 0.8 + 12.3) \times 1.3 = 26.29$ [인]
목도공 : $(1.7 \times 0.8 + 2.1) \times 1.3 = 4.5$ [인]
(7) ① 자동고장 구분 개폐기 : 배전 전공 : 2.7 [인], 보통 인부 : 2.7 [인]
② 인터럽터 스위치 : 배전 전공 : $5 \times 1.2 + 1.5 = 7.5$ [인]
③ 피뢰기 : 배전 전공 : $3 \times 0.24 = 0.72$ [인]
④ 계기용 변성기 : 내선 전공 : 3 [인]

해 설

(1) 피뢰기 정격 전압

전력 계통		피뢰기 정격 전압 [kV]	
전압 [kV]	중성점 접지 방식	변전소	배전 선로
345	유효접지	288	–
154	유효접지	144	–
66	PC접지 또는 비접지	72	–
22	PC접지 또는 비접지	24	–
22.9	3상 4선 다중접지	21	18

[주] 전압 22.9 [kV-Y] 이하의 배전선로에서 수전하는 설비의 피뢰기 정격전압 [kV]은 배전선로용을 적용한다.

(6) 표 1에서 철거 재사용 80 [%], 3상 130 [%] 적용

※ 견적문제는 완벽하게 복원하지 못하여 유사 문제로 대체 했습니다.

문제 11 ▸ 출제년도 : 18. ▸ 점수 : 4점

다음의 명칭과 역할을 쓰시오.

(1) ALTS (2) ATS

답안작성

(1) • 명칭 : 자동부하전환개폐기
• 역할 : 이중전원을 확보하여 주전원의 정전 또는 기준치 이하로 전압이 떨어질 경우 예비전원으로 자동전환시킴으로써 수용가에 안정된 전원을 공급하도록 하는 개폐기이다.

(2) • 명칭 : 자동전환개폐기
• 역할 : 상시전원 정전시 상시전원에서 예비전원으로 전환하는 경우에 그 접속하는 부하 및 배선이 동일한 경우 예비전원에서 공급하는 전력이 상시 선로에 송전되지 않도록 하는 역할을 한다.

문제 12 ▸ 출제년도 : 08. 18. ▸ 점수 : 5점

"분기회로"란 무엇인가 용어의 정의를 쓰시오.

답안작성

분기회로(分岐回路)란 간선에서 분기하여 분기과전류차단기를 거쳐서 부하에 이르는 사이의 배선을 말한다.

문제 13 ▸ 출제년도 : 18. ▸ 점수 : 5점

피뢰기에 흐르는 정격방전전류는 변전소의 차폐유무와 그 지방의 연간 뇌우(雷雨) 발생일수와 관계되나 모든 요소를 고려한 경우 일반적인 시설장소별 적용할 피뢰기의 공칭방전전류를 쓰시오.

공칭방전전류	설치장소	적 용 조 건
①	변전소	• 154 [kV] 이상의 계통 • 66 [kV] 및 그 이하의 계통에서 Bank 용량이 3000 [kVA]를 초과하거나 특히 중요한 곳 • 장거리 송전케이블(배전선로 인출용 단거리케이블은 제외) 및 정전축전기 Bank를 개폐하는 곳 • 배전선로 인출측(배전 간선 인출용 장거리 케이블은 제외)
②	변전소	• 66 [kV] 및 그 이하의 계통에서 Bank 용량이 3000 [kVA] 이하인 곳
③	선로	• 배전선로

답안작성

① 10,000 [A] ② 5,000 [A] ③ 2,500 [A]

문제 14 ▸ 출제년도 : 95. 07. 18. ▸ 점수 : 6점

가공전선의 구비조건을 간단하게 6가지만 나열하시오.

답안작성

① 도전율이 높을 것
② 기계적인 강도가 클 것
③ 내구성이 있을 것
④ 비중이 작을 것
⑤ 가선작업이 용이 할 것
⑥ 가격이 저렴할 것

국가기술자격검정 실기시험문제 및 답안지

2018년도 산업기사 일반검정 제 4 회			수험번호	성 명	감독위원 확 인
자격종목(선택분야)	시험시간	형별			
전기공사산업기사	2시간 00분				

※ 다음 물음에 답을 해당 답란에 답하시오.(배점 : 100점)

문제 01 ▸출제년도 : 97. 99. 09. 18. ▸점수 : 4점

그림은 전력 케이블의 시공 설치도이다. 어떤 시공 방법인지 쓰시오.

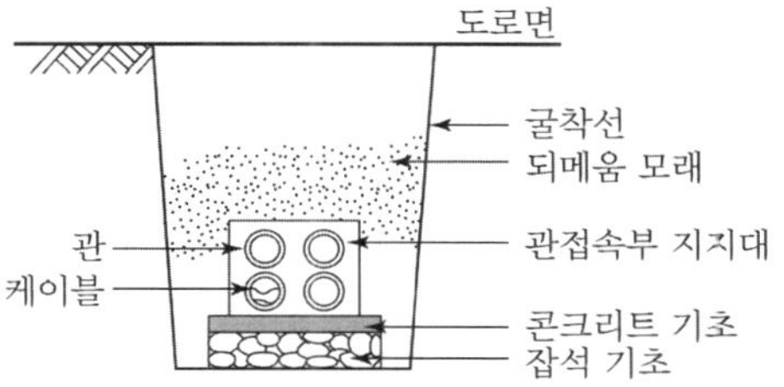

답안작성

관로인입식

문제 02 ▸출제년도 : 14. 18. ▸점수 : 5점

극판형식에 의한 축전지의 분류표이다. 빈칸에 알맞은 내용을 쓰시오.

종 별	연축전지	알칼리축전지	니켈수소전지
형식명	크래드식(PS) 패이스트식(HS)	포켓식 소결식	GMH형
기전력 [V]	2.05 ~ 2.08	( )	1.34
공칭전압 [V]	( )	( )	1.2
시간율 [Ah]	( )	5	( )

답안작성

종별	연축전지	알칼리축전지	니켈수소전지
형식명	크래드식(PS) 패이스트식(HS)	포켓식 소결식	GMH형
기전력 [V]	2.05 ~ 2.08	(1.33)	1.34
공칭전압 [V]	(2.0)	(1.2)	1.2
시간율 [Ah]	(10)	5	(5)

문제 03 ▸ 출제년도 : 05. 18. ▸ 점수 : 4점

합성수지몰드 배선은 옥내의 건조한 2개의 장소에 한하여 시설할 수 있다. 어떤 장소인가?

답안작성

① 노출장소
② 점검할 수 있는 은폐장소

문제 04 ▸ 출제년도 : 14. 18. ▸ 점수 : 5점

다음 전선의 약호를 보고 그 명칭을 쓰시오.

(1) ACSR (2) OW (3) FL (4) DV (5) MI

답안작성

(1) 강심 알루미늄 연선
(2) 옥외용 비닐절연전선
(3) 형광 방전등용 비닐 전선
(4) 인입용 비닐절연 전선
(5) 미네랄 인슈레이션 케이블

문제 05 ▸ 출제년도 : 14. 18. ▸ 점수 : 6점

다음 물음에 답하시오.

(1) 페란티 현상에 대해 설명하시오.

(2) 페란티 현상을 방지하기 위해 전력계통에 사용하는 리액터를 쓰시오.

답안작성

(1) 무부하시 선로의 정전용량에 의한 진상 전류 때문에 수전단의 전압이 송전단의 전압보다 높아지는 현상

(2) 분로 리액터

해 설

(1) 페란티 현상

무부하의 경우 선로의 정전용량 때문에 전압보다 위상이 90°앞선 충전 전류의 영향이 커져서 선로에 흐르는 전류가 진상이 되어 수전단 전압이 송전단 전압보다 높아지는 현상을 페란티 현상이라 한다.

(2) 페란티 현상 방지 대책

선로에 흐르는 전류가 지상이 되도록 한다.

• 수전단에 분로리액터를 설치한다.
• 동기조상기의 부족여자 운전

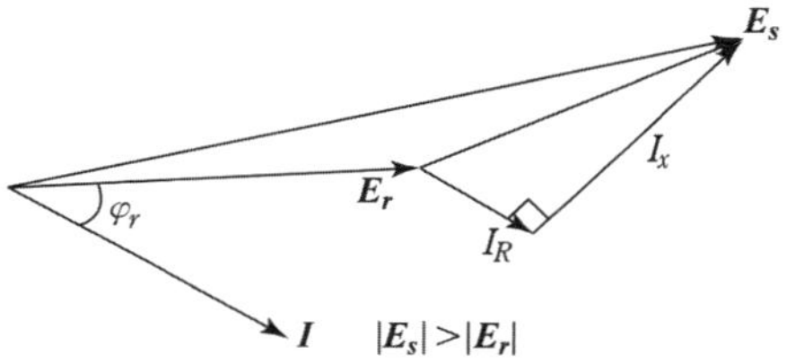

〈지상 전류가 흐를 경우의 벡터도〉

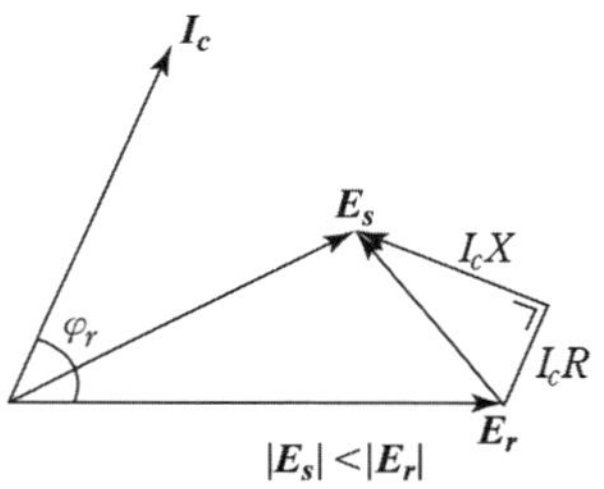

〈진상 전류가 흐를 경우의 벡터도〉

문제 06 ▸ 출제년도 : 96. 13. 18. ▸ 점수 : 5점

100[kVA], 역률 60[%](뒤짐)의 부하에 전력을 공급하고 있는 변전소에 콘덴서를 설치하여 변전소에 있어서의 역률을 90[%]로 향상시키는 데 필요한 콘덴서 용량 [kVar]은?

답안작성

$Q = W(\tan\theta_1 - \tan\theta_2)$ [kVA]에서 유효 전력 $W = 100 \times 0.6 = 60$ [kW]이므로

콘덴서 용량 $Q_c = 60 \times \left(\frac{\sqrt{1-0.6^2}}{0.6} - \frac{\sqrt{1-0.9^2}}{0.9} \right) = 50.94$ [kVA]

문제 07 ▸ 출제년도 : 18. ▸ 점수 : 4점

다음 (　　　)에 알맞은 내용을 쓰시오.

"건설현장 등의 애자공사에 의한 임시시설에 전기를 공급하는 전로는 (　　　)를 시설하여야 한다."

답안작성

누전차단기

문제 08 ▸ 출제년도 : 89. 92. 98. 01. 07. 11. 18. ▸ 점수 : 5점

지중배전선로 시공방법 중 관로식의 맨홀 시공에 사용되는 부속설비 5가지를 쓰시오.

답안작성

사다리, 접지 연결 동봉, 지지대, 맨홀뚜껑, 발판볼트

해 설

그 외에도 훅크, 행가, 크리트 가 있다.

문제 09 ▸ 출제년도 : 11. 18. ▸ 점수 : 5점

변압기 냉각방식에서 다음의 기호는 어떤 냉각방식인지 그 명칭을 쓰시오.

[예] AA (AN) : 건식자냉식

① OA (ONAN) :　　　② FA (ONAF) :

③ OW (ONWF) :　　　④ FOA (OFAF) :

⑤ FOW (OFWF) :

답안작성

① OA (ONAN) : 유입자냉식
② FA (ONAF) : 유입풍냉식
③ OW (ONWF) : 유입수냉식
④ FOA (OFAF) : 송유풍냉식
⑤ FOW (OFWF) : 송유수냉식

해 설

냉각방식 요약

<table>
<tr><th colspan="2" rowspan="2">냉각방식</th><th colspan="2">규격별 기호 표시</th><th colspan="2">권선, 철심의 냉각매체</th><th colspan="2">주위 냉각매체</th></tr>
<tr><th>JEC 2200
IEC 76</th><th>ANSI
C 57.12</th><th>종류</th><th>순환방식</th><th>종류</th><th>순환방식</th></tr>
<tr><td rowspan="6">유 입
변압기</td><td>유입 자냉식</td><td>ONAN</td><td>OA</td><td rowspan="6">기름</td><td rowspan="3">자연</td><td rowspan="2">공기</td><td>자연</td></tr>
<tr><td>유입 풍냉식</td><td>ONAF</td><td>FA</td><td rowspan="2">강제</td></tr>
<tr><td>유입 수냉식</td><td>ONWF</td><td>OW</td><td>물</td></tr>
<tr><td>송유 자냉식</td><td>OFAN</td><td></td><td rowspan="3">강제</td><td rowspan="2">공기</td><td>자연</td></tr>
<tr><td>송유 풍냉식</td><td>OFAF</td><td>FOA</td><td rowspan="2">강제</td></tr>
<tr><td>송유 수냉식</td><td>OFWF</td><td>FOW</td><td>물</td></tr>
</table>

문제 10

▸ 출제년도 : 04. 18.　▸ 점수 : 5점

연축전지의 전해액이 변색되며, 충전하지 않고 방전된 상태에서도 다량으로 가스가 발생되고 있다. 어떤 원인의 고장으로 예측되는가?

답안작성

전해액 불순물의 혼입

문제 11

▸ 출제년도 : 11. 17. 18.　▸ 점수 : 5점

방의 크기가 가로 9 [m], 세로 12 [m]이다. 전광속 3150 [lm]의 40 [W] 형광등을 시설하여 평균조도 250 [lx]로 하자면 설치할 등 수는 몇 등인가? 단, 조명율은 70 [%], 감광보상률은 1.4로 하고 기타 제시하지 않은 사항은 생략한다.

• 계산 :　　　　　　　　• 답 :

답안작성

• 계산 : 전등수 $N = \dfrac{AED}{FU} = \dfrac{9 \times 12 \times 250 \times 1.4}{3150 \times 0.7} = 17.14$ [등]

• 답 : 18 [등]

문제 12

▸ 출제년도 : 18.　▸ 점수 : 6점

다음 물음에 답하시오.

(1) 눈부심의 정의를 쓰시오.

(2) 눈부심의 종류를 3가지 쓰시오.

답안작성

(1) 정의 : 시야 내에 어떤 고휘도로 인하여 불쾌, 고통, 눈의 피로, 시력의 일시적 감퇴를 일으키는 현상

(2) 감능 글레어, 불쾌 글레어, 직시 글레어

해 설

(2) ① 감능 글레어 : 보고자 하는 물체와 시야 사이에 고휘도 광원이 있어 시력저하를 일으키는 현상

② 불쾌 글레어 : 심한 휘도 차이에 의한 피로 불쾌감
④ 직시 글레어 : 고휘도 광원을 직시하였을 때 시력장해를 받는 현상
⑤ 반사 글레어 : 고휘도원이 반사면으로부터 나올 때 시력장해를 받는 현상

문제 13 ▸ 출제년도 : 04. 18. ▸ 점수 : 30점

다음은 옥외 간이 수변전 설비에 대한 단선도이다. 그림을 보고 다음 물음에 답하시오. 단, 참고자료(일부생략) 필요시는 참고자료를 이용할 것, 변압기 이외의 시설은 주상에 설치하는 것임.

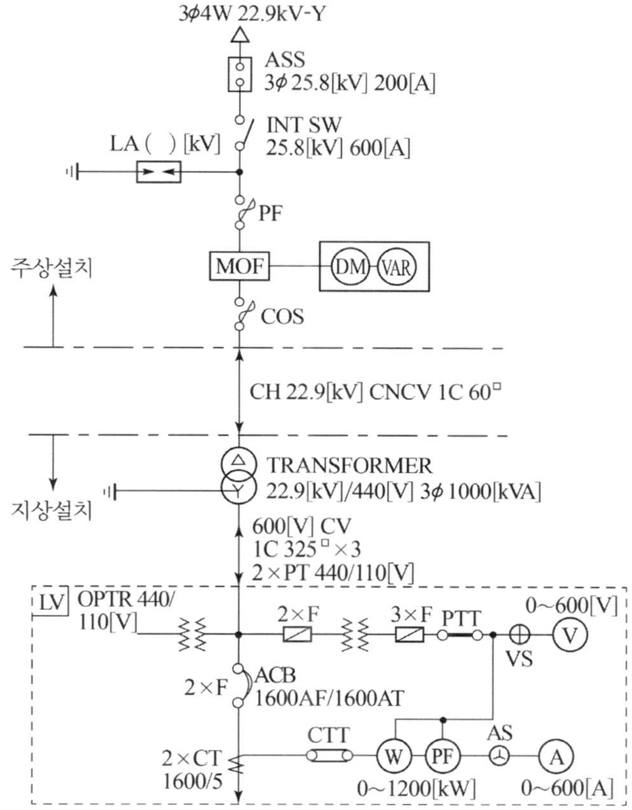

(1) 부하용량 증설로 인하여 변압기를 2000 [kVA]로 교체하는 경우 총 소요인공을 구하시오. 단, 철거 변압기는 차후 용량증설에 대비하여 보관하는 조건임.

- 계산 :
- 총소요인공계 :

(2) 문제 (1) 항과 같이 용량이 증가하는 경우 교체하여야 할 자재는 변압기 이외에 어떤 것들이 있는가 아는 대로 5가지 쓰시오.

(3) 수전 용량 변경 없이 변압기의 2차 전압을 440 [V]에서 380 [V]로 변경하는 경우 교체해야 하는 자재는 변압기 이외에 어떤 것들이 있는가 아는 대로 4가지 쓰시오.

[참고자료]

22 [kV] 변압기 (대당)

용 량	공 종	프랜트 전공	비계공	특별인부	기계설치공	목도공
500 [kVA] 이하	소운반설치	2.2	0.9	2.5	–	1.6
	OT 처리	2.3	–	2.5	–	–
	점 검	1.4	–	1.4	–	–
	계	5.9	0.9	6.4	–	1.6
750 [kVA] 이하	소운반설치	2.0	1.0	2.3	–	1.6
	OT 처리	2.3	–	2.5	–	–
	부속품붙임	2.6	–	2.6	–	–
	점 검	1.4	–	1.4	–	–
	계	8.3	1.0	8.8	–	1.6
1,000 [kVA] 이하	소운반설치	2.3	1.1	2.7	–	1.7
	OT 처리	2.3	–	2.7	–	–
	부속품붙임	3.1	–	3.1	–	–
	점 검	1.4	–	1.4	–	–
	계	9.1	1.1	9.9	–	1.7
1,500 [kVA] 이하	소운반설치	2.5	1.2	3.0	–	1.8
	OT 처리	2.6	–	3.0	–	–
	부속품붙임	3.5	–	3.5	–	–
	점 검	1.6	–	1.6	–	–
	계	10.2	1.2	11.1	–	1.8
2,000 [kVA] 이하	소운반설치	2.9	1.3	3.3	–	2.1
	OT 처리	3.0	–	3.3	–	–
	부속품붙임	3.9	–	3.9	–	–
	점 검	1.8	–	1.8	–	–
	계	11.6	1.3	12.3	–	2.1

[해설] ① 15,000 [kVA]는 10,000 [kVA]의 120 [%]로 함
② 20,000 [kVA]는 10,000 [kVA]의 150 [%]로 함
③ 장비를 사용할 때는 운반설치 라지에타 붙임, 콘사베타 붙임, 봇싱붙임 및 각 부분 붙임품의 35 [%]로 하고 장비의 제경비를 별도 가산함.
④ 철거 50 [%](750[KVA]이상의 재사용시 80 [%])
⑤ 상기품은 1∅기준으로 소운반, 점검, 결선 및 megger test시 시험을 포함한 품임
⑥ 본품은 단상, 옥외, 지상, 인력작업을 기준으로 한 것임.
⑦ 3상 130 [%]

답안작성

(1) 계산 : ① 1000 [kVA] 철거
- 프랜트 전공 : 9.1×1.3×0.8 = 9.46 [인]
- 비 계 공 : 1.1×1.3×0.8 = 1.14 [인]
- 특별인부 : 9.9×1.3×0.8 = 10.3 [인]
- 목 도 공 : 1.7×1.3×0.8 = 1.77 [인]

② 2000 [kVA] 신설
- 프랜트 전공 : 11.6×1.3 = 15.08 [인]
- 비 계 공 : 1.3×1.3 = 1.69 [인]
- 특별인부 : 12.3×1.3 = 15.99 [인]
- 목 도 공 : 2.1×1.3 = 2.73 [인]

답 : 총소요 인공
- 프랜트 전공 : 24.54 [인]
- 특별인부 : 26.29 [인]
- 비계공 : 2.83 [인]
- 목도공 : 4.5 [인]

(2) ACB, CT, A－meter, W－meter, 변압기 2차측 케이블
(3) OPTR, PT, V－meter, CT

해 설

(1) 변압기 용량 2000 [kVA]로 교체시

변압기 1차측 전류 $I_{1n} = \dfrac{2000}{\sqrt{3} \times 22.9} = 50.42$ [A]

변압기 2차측 전류 $I_{2n} = \dfrac{2000}{\sqrt{3} \times 0.44} = 2624.32$ [A]

(3) 380 [V]로 변경시 변압기 2차측 전류

$I_{2n} = \dfrac{1000}{\sqrt{3} \times 0.38} = 1519.34$ [A]

교체기기 사양

기 기 명	변 경 전	변 경 후	비 고
OPTR	440/110 [V]	380/110 [V]	
2×PT	440/110 [V]	380/110 [V]	
V－meter	0 ~ 600 [V]	0 ~ 600 [V]	눈금판 교체
CT	1600/5	2000/5	
A－meter	0 ~ 1600	0 ~ 2000	

※ 견적문제는 완벽하게 복원하지 못하여 유사 문제로 대체 했습니다.

문제 14 ▸ 출제년도 : 18. ▸ 점수 : 6점

전기사업법에서 정의하는 전기설비의 종류 3가지를 쓰시오.

답안작성

① 전기사업용전기설비
② 일반용전기설비
③ 자가용전기설비

해 설

전기사업법 제2조 (정의)
"전기설비"란 발전·송전·변전·배전·전기공급 또는 전기사용을 위하여 설치하는 기계·기구·댐·수로·저수지·전선로·보안통신선로 및 그 밖의 설비(「댐건설 및 주변지역지원 등에 관한 법률」에 따라 건설되는 댐·저수지와 선박·차량 또는 항공기에 설치되는 것과 그 밖에 대통령령으로 정하는 것은 제외한다)로서 다음 각 목의 것을 말한다.
① 전기사업용전기설비
② 일반용전기설비
③ 자가용전기설비

문제 15 ▸ 출제년도 : 18. ▸ 점수 : 5점

송・수전단 전압이 일정하게 유지되도록 하는 역할과 송전 손실의 경감 및 전력 시스템의 안정도 향상을 목적으로 하는 조상설비의 종류를 3가지만 쓰시오.

답안작성

동기조상기, 전력용콘덴서, 분로리액터

해 설

송전선을 일정한 전압으로 운전하기 위해 필요한 무효전력을 공급하는 장치를 조상설비라 하며, 그 종류로는 동기조상기, 전력용콘덴서, 분로리액터, 정지형무효전력보상장치가 있다.

D30-4

2019년도
전기공사산업기사 실기

- 19년 제 1 회 전기공사산업기사
- 19년 제 2 회 전기공사산업기사
- 19년 제 4 회 전기공사산업기사

국가기술자격검정 실기시험문제 및 답안지

2019년도 산업기사 일반검정 제 1 회

자격종목(선택분야)	시험시간	형별	수험번호	성 명	감독위원 확 인
전기공사산업기사	2시간 00분				

※ 다음 물음에 답을 해당 답란에 답하시오.(배점 : 100점)

문제 01 ▸ 출제년도 : 19. ▸ 점수 : 5점

그림은 3상 3선식 적산전력계의 결선도(계기용변압기 및 변류기를 시설하는 경우)를 나타낸 것이다. 미완성 부분의 결선도를 완성하시오. 단, 접지가 필요한 곳에는 접지 표시를 하도록 한다.

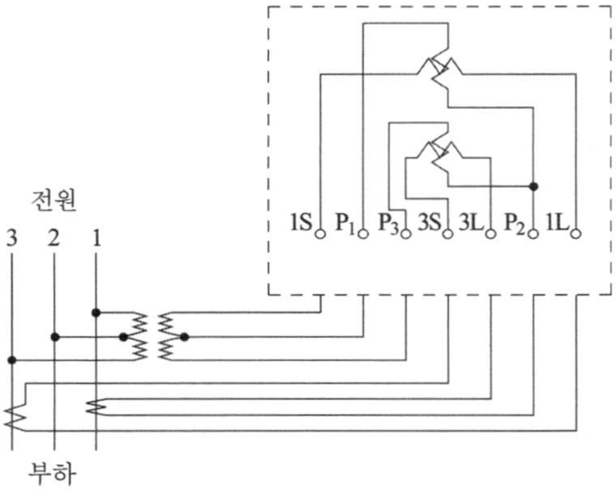

답안작성

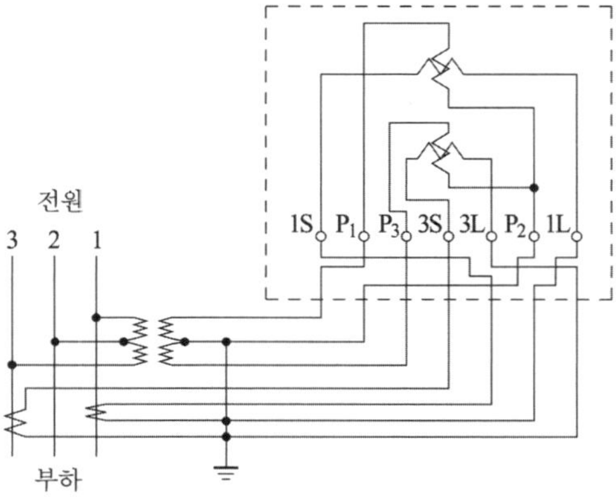

문제 02 ▸ 출제년도 : 08. 15. 19. ▸ 점수 : 5점

"엑세스플로어(Movable Floor 또는 OA Floor)"란 무엇인가 용어 설명을 쓰시오.

답안작성

컴퓨터실, 통신기계실, 사무실 등에서 배선, 기타의 용도를 위한 2중 구조의 바닥을 말한다.

문제 03 ▸ 출제년도 : 19. ▸ 점수 : 4점

다음은 저압전로의 절연저항에 관한 표이다. ( )안에 해당하는 알맞은 내용을 쓰시오. 전기사용 장소의 사용전압이 저압인 전로의 전선 상호간 및 전로와 대지 사이의 절연저항은 개폐기 또는 과전류차단기로 구분할 수 있는 전로가다 다음 표에서 정한 값 이상이어야 한다.

전로의 사용전압[V]	DC시험전압[V]	절연저항[MΩ]
SELV 및 PELV	250	(①)
FELV, 500[V] 이하	500	(②)
500[V] 초과	(③)	(④)

[주] 특별저압(extra low voltage : 2차 전압이 AC 50[V], DC 120[V]이하)으로 SELV(비접지회로 구성) 및 PELV(접지회로 구성)은 1차와 2차가 전기적으로 절연된 회로, FELV는 1차와 2차가 전기적으로 절연되지 않은 회로

답안작성

① 0.5 ② 1.0 ③ 1000 ④ 1.0

해 설

전기설비 기술기준 제52조 저압전로의 절연성능
전기사용 장소의 사용전압이 저압인 전로의 전선 상호간 및 전로와 대지 사이의 절연저항은 개폐기 또는 과전류차단기로 구분할 수 있는 전로마다 다음 표에서 정한 값 이상이어야 한다. 다만, 전선 상호간의 절연저항은 기계기구를 쉽게 분리가 곤란한 분기회로의 경우 기기 접속 전에 측정할 수 있다. 또한, 측정 시 영향을 주거나 손상을 받을 수 있는 SPD 또는 기타 기기 등은 측정 전에 분리시켜야 하고, 부득이하게 분리가 어려운 경우에는 시험전압을 250[V] DC로 낮추어 측정할 수 있지만 절연저항 값은 1[MΩ] 이상이어야 한다.

전로의 사용전압[V]	DC 시험전압[V]	절연저항[MΩ]
SELV 및 PELV	250	0.5
FELV, 500[V] 이하	500	1.0
500[V] 초과	1,000	1.0

[주] 특별저압(extra low voltage : 2차 전압이 AC 50[V], DC 120[V] 이하)으로 SELV(비접지회로 구성) 및 PELV(접지회로 구성)은 1차와 2차가 전기적으로 절연된 회로, FELV는 1차와 2차가 전기적으로 절연되지 않은 회로

문제 04 ▸ 출제년도 : 19. ▸ 점수 : 6점

한국전기설비규정(KEC)에 의거하여 다음의 물음에 알맞은 답을 쓰시오.

(1) 저압 가공전선이 도로 횡단 시 지표상의 높이는 몇 [m] 이상이어야 하는가?

(2) 고압 가공전선이 철도를 횡단 시 레일면상 높이는 몇 [m] 이상이어야 하는가?

(3) 저압 가공전선에 절연전선을 사용하여 횡단보도교 위에 시설하는 경우에는 저압 가공전선은 그 노면상 몇 [m] 이상이어야 하는가?

답안작성

(1) 6[m]　(2) 6.5[m]　(3) 3[m]

해 설

KEC 332.5 고압 가공전선의 높이, 222.7 저압 가공전선의 높이

1. 저 · 고압 가공전선의 높이는 다음에 따라야 한다.

설치장소		가공전선의 높이
도로횡단 (번잡하지 않은 도로 제외)		지표상 6 [m] 이상
철도 또는 궤도 횡단		레일면상 6.5 [m] 이상
횡단브도교 위	저압	노면상 3.5 [m] 이상(단, 절연전선의 경우 3 [m] 이상)
	고압	노면상 3.5 [m] 이상
일반장소		지표상 5 [m] 이상. 단, 저압의 경우 절연전선 또는 케이블을 사용하여 교통에 지장이 없도록 하여 옥외조명용에 공급하는 경우 4 [m]까지 감할 수 있다.
다리의 하부 기타 이와 유사한 장소		저압의 전기철도용 급전선은 지표상 3.5 [m] 까지로 감할 수 있다.

문제 05 ▸ 출제년도 : 98. 00. 04. 07. 10. 19 ▸ 점수 : 4점

다음의 회로와 같은 단상 3선식 220/440 [V]로 전열기 및 전동기에 전기를 공급하는 경우 설비의 불평형률을 구하시오.

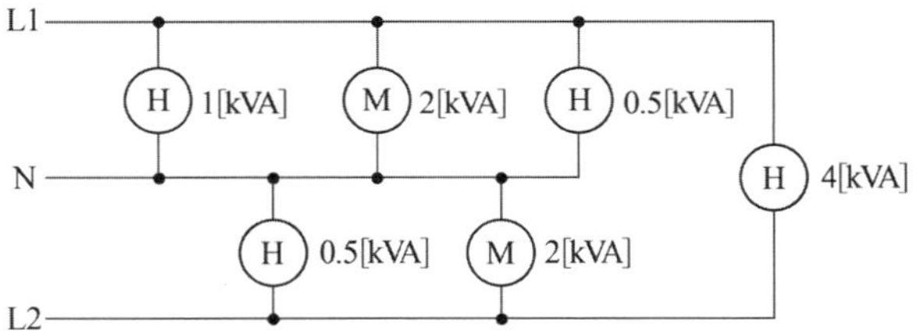

• 계산　　　　　　　　　　　　　　　　　　　　• 답

답안작성

계산 : 설비불평형률 $= \dfrac{(1+2+0.5)-(2+0.5)}{\dfrac{1}{2}(1+2+0.5+4+0.5+2)} \times 100 = 20[\%]$

답 : 20 [%]

해 설

(1) 단상 3선식에서의 설비불평형률

$$\text{설비불평형률} = \frac{\text{중성선과 각 전압측 전선간에 접속되는 부하 설비용량[kVA]의 차}}{\text{총 부하 설비용량의 1/2}} \times 100\ [\%]$$

여기서, 불평형률은 40[%] 이하이어야 한다.

문제 06

▸ 출제년도 : 19. ▸ 점수 : 5점

전력용 커패시터 내부에 고장이 생기거나 과전류 또는 과전압 발생 시 자동 차단기를 보호장치로 시설해야 한다. 이때 뱅크용량은 몇 [kVA] 이상인지 쓰시오.

답안작성

15,000[kVA]

해 설

KEC 351.5 조상설비의 보호장치

조상설비에는 그 내부에 고장이 생긴 경우에 보호하는 장치를 표와 같이 시설하여야 한다.

설비종별	뱅크용량의 구분	자동적으로 전로로부터 차단하는 장치
전력용 커패시터 및 분로리액터	500 [kVA] 초과 15,000 [kVA] 미만	• 내부에 고장이 생긴 경우 • 과전류가 생긴 경우
	15,000 [kVA] 이상	• 내부에 고장이 생긴 경우 • 과전류가 생긴 경우 • 과전압이 생긴 경우
조상기	15,000 [kVA] 이상	• 내부에 고장이 생긴 경우

문제 07

▸ 출제년도 : 15. 19. ▸ 점수 : 4점

Static UPS와 Motor/Generator를 조합한 것을 무엇이라 하는지 쓰시오.

답안작성

Dynamic UPS

문제 08

▸ 출제년도 : 19. ▸ 점수 : 5점

저압 옥내배선 중 라이팅덕트 시설 시 라이팅덕트에 접속하는 부분의 공사 종류 3가지만 쓰시오.

답안작성

금속관공사, 합성수지관공사, 가요전선관공사

해 설

라이팅덕트의 시설방법

라이팅덕트에 접속하는 부분의 공사방법은 금속관공사, 합성수지관공사, 가요전선관공사, 금속몰드공사, 합성수지몰드공사 또는 케이블공사에 의하여 전선에 손상을 받을 우려가 없도록 시설하여야 한다.

문제 09 ▸ 출제년도 : 11. 14. 19. ▸ 점수 : 6점

송전방식에는 교류송전 방식과 직류송전 방식이 있다. 직류 송전 방식의 장점을 3가지만 쓰시오.

답안작성

① 절연레벨을 낮출 수 있다.
② 선로의 리액턴스가 없으므로 안정도가 높다.
③ 주파수가 다른 교류 계통과 연계가 가능하다.

해 설

직류송전 방식의 장·단점

(1) 장점

이외에도

④ 유전체손과 무효전력이 없으므로 이로 인한 손실도 없다.
⑤ 표피 효과나 근접 효과가 없으므로 실효 저항의 증대가 없다.
⑥ 코로나 손실이 적고 충전전류가 없다.

(2) 단점

① 직·교류 변환 장치가 필요하다.
② 전압의 승·강압이 안된다.
③ 고주파나 고조파 억제대책이 필요하다.
④ 직류 차단이 어렵다.

문제 10 ▸ 출제년도 : 08. 19. ▸ 점수 : 5점

"안전관리 설비"란 건축물에 필수적이며, 사람의 안전 및 환경 또는 다른 물체에 손상을 주지 않게 하기 위한 설비를 말한다. 안전관리 설비 중 비상전원이 필요한 설비 5가지만 쓰시오.

답안작성

① 비상조명 ② 소화전설비 ③ 제연설비
④ 피난설비(유도등, 비상조명등) ⑤ 의료용 기기

해 설

이외에도 ⑥ 자동화설비

문제 11 ▸ 출제년도 : 96. 00. 01. 13. 19. ▸ 점수 : 5점

배전설계의 긍장이 50 [m], 부하의 최대 사용 전류는 150 [A], 배전설계의 전압강하는 6 [V]이다. 이 때, 3상 3선식 저압회로의 공칭단면적을 구하시오.
(단, 공칭단면적은 35 [mm^2], 50 [mm^2], 70 [mm^2], 95 [mm^2] 등이 있다.)

• 계산 : • 답 :

답안작성

계산 : 3상 3선식 회로에서의 전선의 단면적은

$$A = \frac{30.8LI}{1000e} = \frac{30.8 \times 50 \times 150}{1000 \times 6} = 38.5[\text{mm}^2]$$

답 : 50 [mm^2]

해 설

① 전압강하 계산

전기 방식	전압 강하		전선 단면적
단상 3선식 직류 3선식 3상 4선식	$e_1 = IR$	$e_1 = \dfrac{17.8LI}{1000A}$	$A = \dfrac{17.8LI}{1000e_1}$
단상 2선식 및 직류 2선식	$e_2 = 2IR = 2e_1$	$e_2 = \dfrac{35.6LI}{1000A}$	$A = \dfrac{35.6LI}{1000e_2}$
3상 3선식	$e_3 = \sqrt{3}\,IR = \sqrt{3}\,e_1$	$e_3 = \dfrac{30.8LI}{1000A}$	$A = \dfrac{30.8LI}{1000e_3}$

② KSC IEC 전선규격

1.5, 2.5, 4, 6, 10, 16, 25, 35, 50, 70, 95, 120, 150, 185, 240, 300, 400, 500, 630[mm^2]

문제 12

▸ 출제년도 : 19. ▸ 점수 : 5점

전기설비기술기준의 판단기준에 의해 전기저장장치의 이차전지에 자동적으로 전로로부터 차단하는 장치를 시설하여야 하는 경우를 3가지만 쓰시오.

답안작성

① 과전압 또는 과전류가 발생한 경우
② 제어장치에 이상이 발생한 경우
③ 이차전지 모듈의 내부 온도가 급격히 상승할 경우

해 설

KEC 512.2.2 제어 및 보호장치
전기저장장치의 이차전지는 다음에 따라 자동으로 전로로부터 차단하는 장치를 시설하여야 한다.
1) 과전압 또는 과전류가 발생한 경우
2) 제어장치에 이상이 발생한 경우
3) 이차전지 모듈의 내부 온도가 급격히 상승할 경우

문제 13

▸ 출제년도 : 12. 19. ▸ 점수 : 5점

자가용전기설비 수용가의 인입구 개폐기로 사용되는 ASS의 설치사유를 설명하고, 명칭을 쓰시오.

답안작성

• 설치사유 : 고장구간을 자동 개방하여 파급사고를 방지
• 명칭 : 자동고장 구분 개폐기

해 설

• ASS(Automatic Section Switch) : 고장구간 자동개폐기 또는 자동고장 구분 개폐기
• 자동고장 구분 개폐기(ASS ; Automatic Section Switch)는 무전압시 개방이 가능하고, 과부하시 고장구간을 자동 개방하여 파급사고를 방지할 수 있는 고장 구분 개폐기로써 돌입 전류 억제 기능을 가지고 있다.

문제 14 ▸ 출제년도 : 19. ▸ 점수 : 30점

콘크리트 재질의 사무실에 스탠드형 냉난방기를 설치하기 위하여 아래와 같이 전원공사를 노출로 시공하려고 한다. 다음 물음에 답하시오.

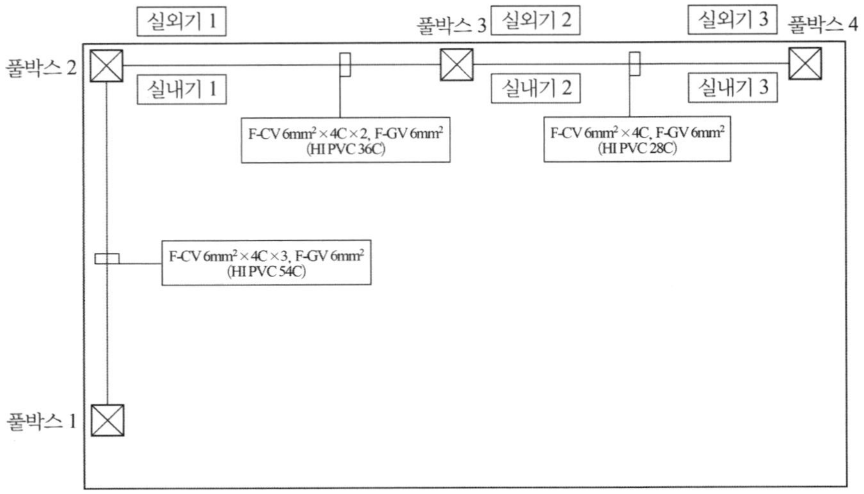

〈스탠드형 냉난방기 설치 전원공사 시공도면(평면도)〉

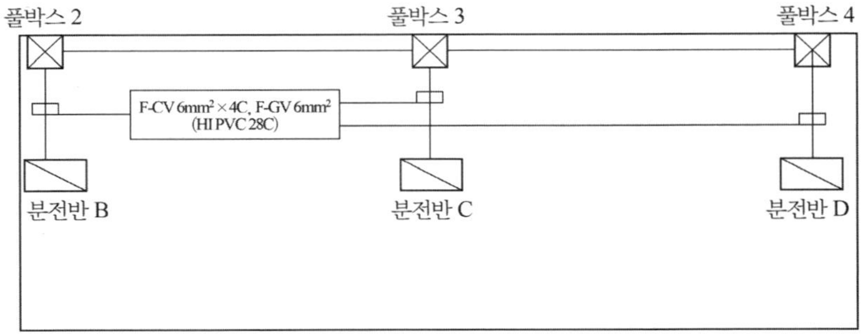

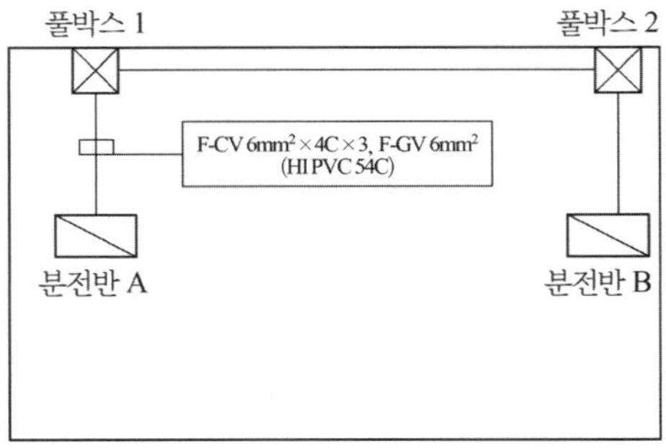

〈스탠드형 냉난방기 설치 전원공사 시공도면(입면도)〉

[일반조건]

① 풀박스는 천장면 설치, 분전반은 벽면 노출 설치한다.
② 분전반 A의 1차 간선공사는 무시한다.
③ 앵커볼트 설치 등의 옥내잡공사는 무시한다.
④ 내역서에 없는 항목(터미널 등) 및 기타 조건은 무시한다.
⑤ 풀박스 내에서 배선여유는 무시한다.
⑥ 풀박스 내부에서 전원선은 접속 없이 관통한다.
⑦ 분전반 B, C, D 실외기 1, 2, 3 실내기 1, 2, 3 간의 전원공사는 냉난방기업체 공사분이다.
⑧ 분전반 MAIN 차단기는 50[AF] 이하, FEEDER 차단기는 30[AF] 이하로 설치한다.

[배관 · 배선에 관한 조건]

① 풀박스 1에서 풀박스 2까지의 수평거리는 20[m], 풀박스 2에서 풀박스 3까지의 수평거리는 15[m], 풀박스 3에서 풀박스 4까지의 수평거리는 15[m], 풀박스에서 분전반간 수직거리는 1[m]이다.
② 분전반 A 내부의 배선 여유는 60[cm], 분전반 B, C, D 내부의 배선여유는 30[cm]이다.
③ 접지선은 공통으로 1가닥만 적용한다.

[재료비 산정 시]

① 재료의 할증 : 옥내전선 10[%], Cable(옥내) 5[%], 전선관배관 10[%]
② 소수점은 첫째자리에서 반올림한다.

[내선전공 산정 시]

① 재료비 할증은 제외한다.
② 개별재료의 인공을 소수점 끝자리까지 구한다.

[노무비 산정 시]

① 공구손료는 노무비의 3[%]로 한다.
② 내선전공의 인건비는 180000원으로 한다.
③ 저압케이블공의 인건비는 200000원으로 한다.
④ 내선전공 및 저압케이블공은 합산하여 소수점이하는 버린다.
⑤ 노무비는 직접노무비만 산출한다.

5-1 전선관 배관

합성수지 전선관		비고
규격	내선전공	
28[mm] 이하	0.08	단위 : [m]
36[mm] 이하	0.10	
54[mm] 이하	0.19	

① 콘크리트 매입 기준
② 블록벽체 및 철근콘크리트 노출은 120[%]

5-2 전선관 부속품률

품　명	부속품률
박강전선관, 후강전선관, 합성수지전선관(PVC), 가요전선관	15[%]

① 전선관 부속품에는 커플링, 부싱, 커넥터, 록너트를 포함

5-4 풀박스 설치

규　격	천장면	벽　면	비　고
100[mm] × 100[mm] × 100[mm] 이하	0.04	0.17	단위 : [개] 적용직종 : 내선전공
250[mm] × 250[mm] × 200[mm] 이하	0.22	0.55	

5-10 옥내배선

규　격	관내배선	비　고
6[mm^2] 이하	0.010	단위 : [m] 적용직종 : 내선전공

5-13 제어용 케이블 설치(600[V], 10[mm^2] 이하는 제어용 케이블 설치 준용)

선심 수	6[mm^2]	비　고
1C	0.013	단위 : [m] 적용직종 : 저압케이블공
4C	0.34	

① 2열 동시 180[%], 3열 260[%], 4열 340[%], 4열 초과 시 1열 당 80[%] 가산

5-18 분전반 조립 및 설치

배선용 차단기				비　고
용량	1P	2P	3P	단위 : [m] 적용직종 : 저압케이블공
30[AF] 이하	0.34	0.43	0.54	
50[AF] 이하	0.43	0.58	0.74	
100[AF] 이하	0.58	0.74	1.04	

① 차단기 및 스위치가 조립된 완제품 설치시는 65[%]
② 분전반 외함이 노출설치인 경우 90[%]
③ 4P 개폐기는 3P 개폐기의 130[%]
④ 누전차단기는 배선용차단기 품 준용

(1) 아래표의 재료비를 구하시오.

품 명	규 격	단위	수량	재료비	
				단가	금액
전선관	HI PVC 54C	[m]	①	2500	②
전선관	HI PVC 36C	[m]	③	1600	④
전선관	HI PVC 28C	[m]	⑤	1000	⑥
풀박스	200[mm] × 200[mm] × 200[mm]	[개]	4	5000	20000
접지용 비닐절연전선	F-GV 6[mm^2]	[m]	⑦	1500	⑧
폴리에틸렌 난연케이블	F-CV 6[mm^2] × 4C	[m]	⑨	6000	⑩
분전반 A	MAIN	[면]	1	500000	500000
분전반 B, C, D	FEEDER	[면]	3	100000	300000
배관부속자재비	전선관의 15[%]	[식]	1		⑪
잡자재비	전선, 케이블 및 전선관 자재비의 2[%]	[식]	1		⑫

(2) 아래표의 내선전공 및 저압케이블공을 구하시오.

품 명	규 격	단위	수량	내선전공 및 저압케이블공
전선관	HI PVC 54C	[m]		①
전선관	HI PVC 36C	[m]		②
전선관	HI PVC 28C	[m]		③
풀박스	200[mm]×200[mm]×200[mm]	[개]	4	④
접지용 비닐절연전선	F-GV 6[mm^2]	[m]		⑤
폴리에틸렌 난연케이블	F-CV 6[mm^2] × 4C	[m]		⑥
분전반 A	MAIN	[면]	1	⑦
분전반 B, C, D	FEEDER	[면]	3	⑧

(3) 내선전공 노무비, 저압케이블공 노무비, 공구손료를 산출하시오.

① 내선전공 노무비

•계산 : •답 :

② 저압케이블공 노무비

•계산 : •답 :

③ 공구손료

•계산 : •답 :

답안작성

(1)

①	23	②	57,500	③	17	④	27,200
⑤	20	⑥	20,000	⑦	61	⑧	91,500
⑨	119	⑩	714,000	⑪	15,705	⑫	18,204

(2)

①	4.788	②	1.8	③	1.728	④	0.88
⑤	0.56	⑥	3.876	⑦	1.3806	⑧	0.9477

(3) ① 내선전공 노무비
- 계산 : 내선전공 : 4.788+1.8+1.728+0.88+0.56+1.3806+0.9477=12[인]
  내선전공 인건비 : 12×180,000=2,160,000[원]
- 답 : 2,160,000[원]

② 저압케이블공 노무비
- 계산 : 저압케이블공 : 3[인]
  저압케이블공 인건비 : 3×200,000=600,000[원]
- 답 : 600,000[원]

③ 공구손료
- 계산 : 노무비 : 2,160,000+600,000=2,760,000[원]
  공구손료 : 2,760,000×0.03=82,800[원]
- 답 : 82,800[원]

해 설

(1) ① HI PVC 54C : 23[m]
- 분전반A – 풀박스1 : 1[m]
- 풀박스1 – 풀박스2 : 20[m]
- 할증 : 21×0.1=2.1[m]

③ HI PVC 36C : 17[m]
- 풀박스2 – 풀박스3 : 15[m]
- 할증 : 15×0.1=1.5[m]

⑤ HI PVC 28C : 20[m]
- 풀박스3 – 풀박스4 : 15[m]
- 분전반B – 풀박스2 : 1[m]
- 분전반C – 풀박스3 : 1[m]
- 분전반D – 풀박스4 : 1[m]
- 할증 : 18×0.1=1.8[m]

⑦ F–GV 6[mm^2] : 61[m]
- 분전반A – 풀박스1 : 1+0.6(여유) = 1.6[m]
- 풀박스1 – 풀박스2 : 20[m]
- 풀박스2 – 풀박스3 : 15[m]
- 풀박스3 – 풀박스4 : 15[m]
- 분전반B – 풀박스2 : 1 + 0.3(여유)=1.3[m]
- 분전반C – 풀박스3 : 1 + 0.3(여유)=1.3[m]
- 분전반D – 풀박스4 : 1 + 0.3(여유)=1.3[m]
- 할증 : 55.5×0.1=5.55[m]

⑨ F–CV 6[mm^2] × 4C : 119[m]
- 분전반A – 풀박스1 : [1+0.6(여유)] × 3 = 4.8[m]
- 풀박스1 – 풀박스2 : 20[m] × 3 = 60[m]
- 풀박스2 –분전반B : [1 + 0.3(여유)] = 1.3[m]
- 풀박스2 – 풀박스3 : 15[m] × 2 = 30[m]
- 풀박스3 – 분전반C : [1 + 0.3(여유)] = 1.3[m]
- 풀박스3 – 풀박스4 : 15[m]

• 풀박스4 – 분전반D : 1 + 0.3(여유)=1.3[m]
• 할증 : 113.7×0.05 = 5.685[m]

⑪ (57,500+27,200+20,000)×0.15=15,705

⑫ (91,500+714,000+57,500+27,200+20,000)×0.02=18,204

(2) ① 내선전공 : 21[m]×0.19×1.2(노출)=4.788[인]

② 내선전공 : 15[m]×0.1×1.2(노출)=1.8[인]

③ 내선전공 : 18[m]×0.08×1.2(노출)=1.728[인]

④ 내선전공 : 4 × 0.22=0.88[인]

⑤ 내선전공 : 56[m]×0.01=0.56[인]

⑥ 저압케이블공 : 114[m]×0.034=3.876[인]

⑦ 내선전공 : (1×0.74+0.54×3)×0.65(완제품)×0.9(노출설치)=1.3806[인]

⑧ 내선전공 : 3×0.54×0.65(완제품)×0.9(노출설치)=0.9477[인]

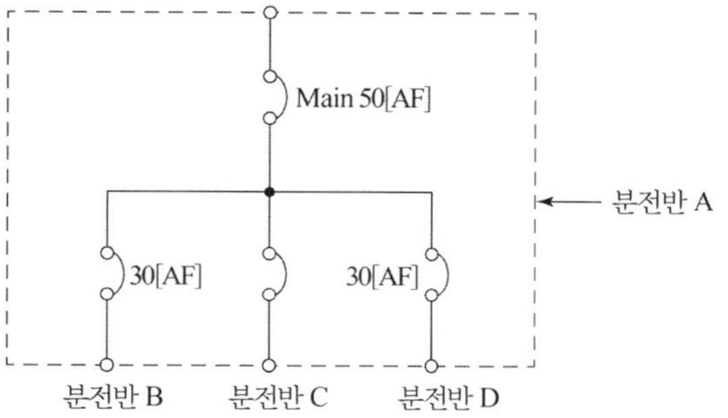

분전반 A 결선도

(3) ① 내선전공 : 4.788+1.8+1.728+0.88+0.56+1.3806+0.9477=12.0843[인]
조건에서 소수점 이하는 버리므로 12[인]이 된다.

문제 15 ▸ 출제년도 : 04. 09. 11. 19 ▸ 점수 : 5점

전선로를 보강하기 위하여 세워지는 철탑으로, 직선철탑이 다수 연속될 경우에는 약 10기마다 1기의 비율로 설치되며, 서로 인접하는 경간의 길이가 크게 달라 지나친 불평형 장력이 가해지는 경우 등에 설치되는 철탑은 무엇인지 쓰시오.

답안작성

내장형 철탑

해 설

① 직선형 : 전선로의 직선 부분(3도 이하의 수평 각도를 이루는 곳을 포함)에 사용하는 것으로 내장형과 보강형은 제외한다.

② 각도형 : 전선로 중 3도를 넘는 수평 각도를 이루는 곳에 사용하는 것

③ 인류형 : 전가섭선을 인류하는 곳에 사용하는 것

④ 내장형 : 전선로 지지물의 양측의 경간의 차가 큰 곳에 사용하는 것으로 직선철탑 10기 이하마다 1기의 비율로 내장철탑을 설치한다.

⑤ 보강형 : 전선로의 직선 부분에 그 보강을 위하여 사용하는 것

국가기술자격검정 실기시험문제 및 답안지

2019년도 산업기사 일반검정 제 2 회

자격종목(선택분야)	시험시간	형별	수험번호	성 명	감독위원 확 인
전기공사산업기사	2시간 00분				

※ 다음 물음에 답을 해당 답란에 답하시오.(배점 : 100점)

문제 01 ▸ 출제년도 : 19. ▸ 점수 : 5점

다음 그림에 나타낸 과전류 계전기가 진공차단기를 차단 할 수 있도록 결선을 완성하시오. (단, 과전류 계전기는 상시 폐로식이며, 접지표시도 함께 하시오.)

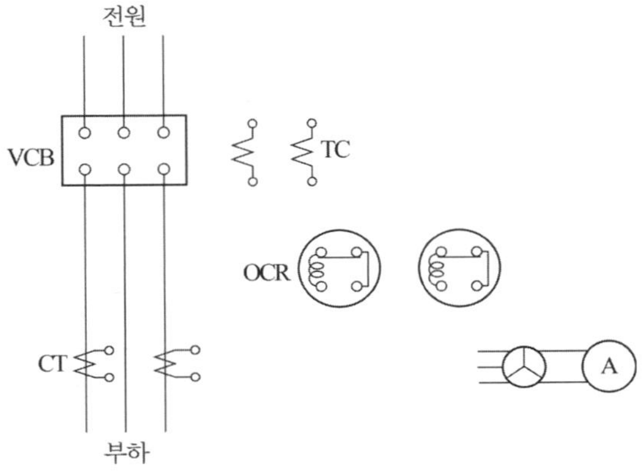

답안작성

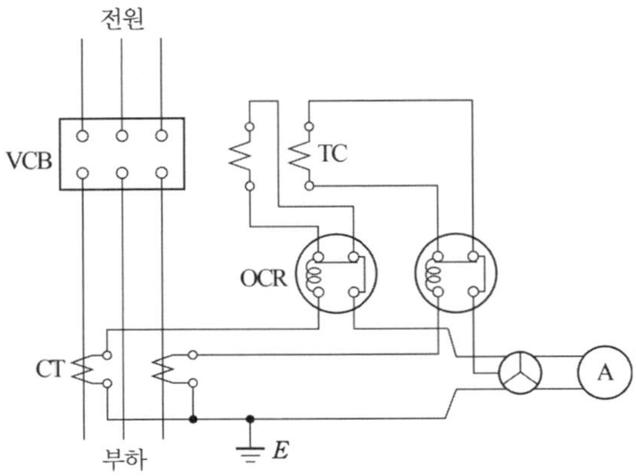

문제 02 ▸ 출제년도 : 15. 19. ▸ 점수 : 5점

단상 2선식의 교류 배전선이 있다. 전선 1가닥의 저항은 0.25[Ω], 리액턴스는 0.35[Ω]이다. 부하가 220 [V], 8.8 [kW], 역률이 1일 경우 급전점의 전압은 몇 [V]인가?

•계산 : •답 :

답안작성

계산 : $V_s = V_r + 2I(R\cos\theta + X\sin\theta)$에서 $\cos\theta = 1$ 이므로

$$\therefore V_s = V_r + 2IR = 220 + 2 \times \frac{8800}{220} \times 0.25 = 240[V]$$

답 :240 [V]

문제 03 ▸ 출제년도 : 19. ▸ 점수 : 4점

다음 (   )에 들어갈 내용을 답란에 쓰시오.

> 알루미늄 피복 또는 연피를 갖는 케이블의 굴곡부의 내측 반경은 마무리 외경의 (①)배 이상, 연피를 갖지 않는 케이블의 경우는 (②)배 이상으로 하는 것이 바람직하다.

답안작성

① 12 ② 5

해 설

케이블의 굴곡

알루미늄 피복 또는 연피를 갖는 케이블의 굴곡부의 내측 반경은 마무리 외경의 12배 이상, 연피를 갖지 않는 케이블의 경우는 5배 이상으로 하는 것이 바람직하다.

문제 04 ▸ 출제년도 : 12. 14. 19. ▸ 점수 : 5점

다음 작업구분에 맞는 각각의 직종을 쓰시오.

(1) 철탑(배전철탑 포함) 및 송전설비의 시공 및 보수

(2) 전주 및 배전설비의 시공 및 보수

(3) 발전설비 및 중공업설비의 시공 및 보수

답안작성

(1) 송전전공

(2) 배전전공

(3) 플랜트전공

해 설

(1) 송전전공 : 발전소와 변전소 사이의 송전선의 철탑 및 송전설비의 시공 및 보수에 종사하는 사람

(2) 배전전공 : 22.9[kV]이하의 배전설비의 시공 및 보수에 종사하는 사람으로서 전주를 세우고 완금, 애자 등의 부품과 기계류(변압기, 개폐기 등)를 설치하고 무거운 전선을 가설하는 등의 작업을 하는 사람

(3) 플랜트전공 : 발전소 중공업설비· 플랜트설비의 시공 및 보수에 종사하는 사람

문제 05 ▸ 출제년도 : 19. ▸ 점수 : 4점

발광 다이오드(LED)는 어떠한 발광원리를 이용한 것인지 쓰시오.

답안작성

반도체의 P-N 접합 구조를 이용하여 주입된 소수캐리어(전자 및 정공)를 만들어내고, 이들의 재결합에 의하여 발광시키는 원리를 이용한다.

문제 06 ▸ 출제년도 : 19. ▸ 점수 : 30점

다음 도면은 세미나실의 옥내 전등 배선 평면도이다. 주어진 조건을 읽고 물음에 답하시오.

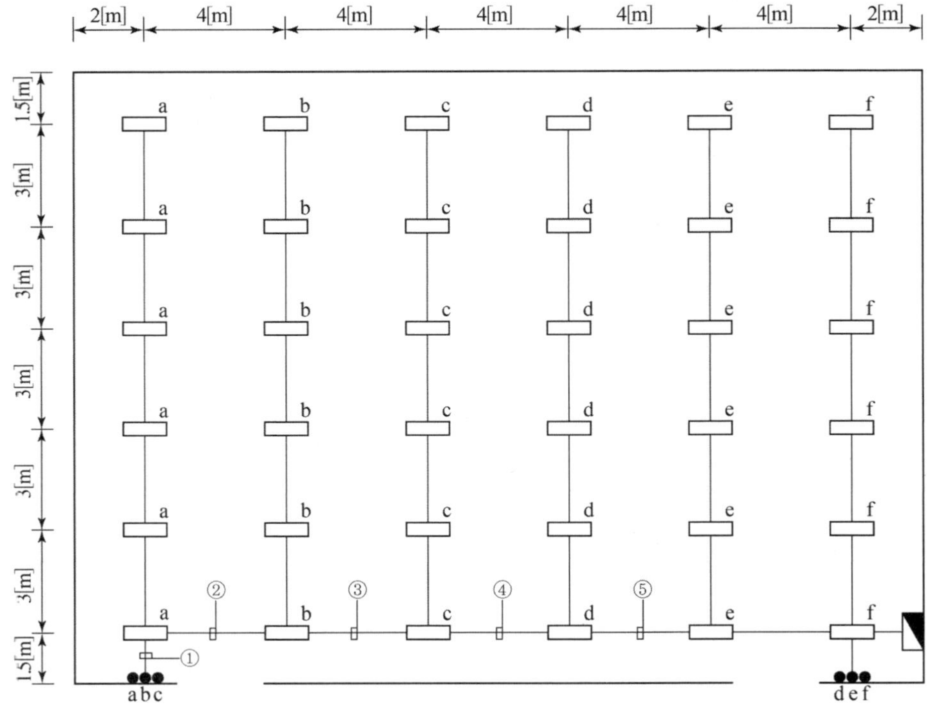

1. 시설조건

① 전등용 전선은 HFIX 2.5[mm^2]를 사용하고, 접지용 전선은 TFR-GV 2.5[mm^2]를 사용하여 스위치 회로를 제외하고 등기구마다 실시하며 전등회로는 1회로로 a, b, c, d, e, f는 3구 스위치를 시설한다.

② 벽과 등기구간의 간격은 가로 2[m], 세로 1.5[m], 등기구와 등기구 간격은 가로 4[m], 세로 3[m]로 시설한다.

③ 전선관은 후강전선관을 사용하고 16[mm] 전선관 내 전선 수는 접지선을 포함 4가닥까지이며, 5가닥 이상은 22[mm] 전선관을 사용하여 시설한다.

④ 4방출 이상의 배관과 접속되는 박스는 4각 박스를 사용한다.
⑤ 각각의 등기구마다 1대 1로 아웃트렛 박스를 사용하며 천장에서 등기구까지는 금속가요전선관을 이용하여 등기구에 연결한다. 금속가요전선관 길이는 1[m]로 시설한다.
⑥ 천장은 이중천장으로 바닥에서 등기구까지 높이 3[m], 전등배관은 바닥에서 3.5[m]에 후강전선관을 이용하여 시설한다.
⑦ 스위치 설치 높이 1.2[m](바닥에서 중심까지)
⑧ 분전반 설치 높이 1.8[m](바닥에서 상단까지)
(단, 바닥에서 하단까지는 0.5[m]를 기준으로 한다.)

2. 재료의 산출조건
① 분전함 상부를 기준으로 한다.
② 자재 산출시 산출수량과 할증수량은 소수점 이하로 첫째 자리까지 기록하고(소수점 둘째 자리 반올림), 자재별 총수량(산출수량+할증수량)은 소수점 이하 올림 한다.
③ 배선 이외의 자재는 할증하지 않는다. 배선 산출시 배관길이 만큼만 계산 후 할증률만 적용한다.(단, 배선의 할증은 10[%]로 한다.)

3. 인건비 산출조건
① 재료의 할증에 대해서는 공량을 적용하지 않는다.
② 소수점 이하 둘째 자리까지 계산한다. (단, 소수점 셋째 자리에서 반올림)
③ 품셈은 다음 표의 품셈을 적용한다.

자재명 및 규격	단위	내선전공
후강전선관 16[mm]	[m]	0.08
후강전선관 22[mm]	[m]	0.11
금속가요전선관 16[mm]	[m]	0.044
관내배선 6[mm^2] 이하	[m]	0.01
매입스위치 3구	[개]	0.065
아우트렛 박스 4각, 8각	[개]	0.2
스위치박스(1, 2개용)	[개]	0.2

(1) 도면에 표시된 ①, ②, ③, ④, ⑤ 전선관 배관의 전선 가닥수를 순서대로 쓰시오.
(2) 아래 물음에 답하시오.
① HFIX 전선의 명칭을 우리말로 쓰시오.
② 아래 표는 HFIX 전선의 공칭 단면적[mm^2]을 나타낸 것이다. (　　)에 알맞은 말을 답란에 쓰시오.

규격 : (①) – 2.5 – (②) – (③) – 10 – 16 – 25 – 35

(3) 도면을 보고 아래표의 ①~⑭에 들어갈 산출량 및 총수량을 답란에 쓰시오.
(단, 계산식은 생략한다.)

자재명 및 규격	규격	단위	산출수량	할증수량	총수량 (산출수량 + 할증수량)
후강 전선관	16[mm]	[m]	①		⑥
후강 전선관	22[mm]	[m]	②		⑦
금속 가요 전선관	16[mm]	[m]	③		⑧
HFIX 전선	2.5[mm^2]	[m]	④		⑨
TFR-GV 전선	2.5[mm^2]	[m]	⑤		⑩
매입스위치 3구	250[V], 15[A]	[개]			⑪
아우트렛 박스 4각	54[mm]	[개]			⑫
아우트렛 박스 8각	54[mm]	[개]			⑬
스위치 박스(3구 1개용)	54[mm]	[개]			⑭

(4) 아래표의 ①~⑥에 들어갈 내선전공을 답란에 쓰시오.
(단, 계산식은 생략한다.)

자재명 및 규격	규격	단위	수량	인공수 (재료 단위별)	내선전공
후강 전선관	16[mm]	[m]			①
후강 전선관	22[mm]	[m]			②
금속 가요 전선관	16[mm]	[m]			③
HFIX 전선	2.5[mm^2]	[m]			④
TFR-GV 전선	2.5[mm^2]	[m]			⑤
대입스위치 3구	250[V], 15[A]	[개]			⑥
아우트렛 박스 4각	54[mm]	[개]			
아우트렛 박스 8각	54[mm]	[개]			
스위치 박스(3구 1개용)	54[mm]	[개]			

답안작성

(1) ① : 4 ② : 5 ③ : 4 ④ : 3 ⑤ : 4

(2) ① 명칭 : 450/750 [V] 저독성 난연 가교 폴리올레핀 절연전선
② 규격 : ⓐ 1.5 ⓑ 4 ⓒ 6

(3)

자재명 및 규격	규격	단위	산출수량	할증수량	총수량 (산출수량+할증수량)
후강전선관	16 [mm]	[m]	① 113.3		⑥ 114
후강전선관	22 [mm]	[m]	② 8		⑦ 8
금속가요전선관	16 [mm]	[m]	③ 36		⑧ 36
HFIX 전선	2.5 [mm^2]	[m]	④ 353.8	35.4	⑨ 390
TFR-GV 전선	2.5 [mm^2]	[m]	⑤ 149.4	14.9	⑩ 165
매입스위치 3구	250 [V], 15 [A]	개			⑪ 2
아우트렛 박스 4각	54 [mm]	개			⑫ 1
아우트렛 박스 8각	54 [mm]	개			⑬ 35
스위치 박스(3구 1개용)	54 [mm]	개			⑭ 2

(4)

자재명 및 규격	규격	단위	수량	인공수 (재료 단위별)	내선전공
후강전선관	16 [mm]	[m]	113.3	0.08	① 9.06
후강전선관	22 [mm]	[m]	8	0.11	② 0.88
금속가요전선관	16 [mm]	[m]	36	0.044	③ 1.58
HFIX 전선	2.5 [mm^2]	[m]	353.8	0.01	④ 3.54
TFR-GV 전선	2.5 [mm^2]	[m]	149.4	0.01	⑤ 1.49
매입스위치 3구	250 [V], 15 [A]	개	2	0.065	⑥ 0.13
아우트렛 박스 4각	54 [mm]	개	1	0.2	
아우트렛 박스 8각	54 [mm]	개	35	0.2	
스위치 박스(3구 1개용)	54 [mm]	개	2	0.2	

해 설

(1) ① R, 스위치ⓐ, 스위치ⓑ, 스위치ⓒ : 4가닥
② R, T, 스위치ⓑ, 스위치ⓒ, 접지 : 5가닥
③ R, T, 스위치ⓒ, 접지 : 4가닥
④ R, T, 접지 : 3가닥
⑤ R, T, 스위치ⓓ, 접지 : 4가닥

(2) HFIX 공칭단면적
1.5, 2.5, 4, 6, 10, 16, 25, 35, 50, 70, 95, 120, 150, 185, 240, 300, 400[mm^2]

(3)

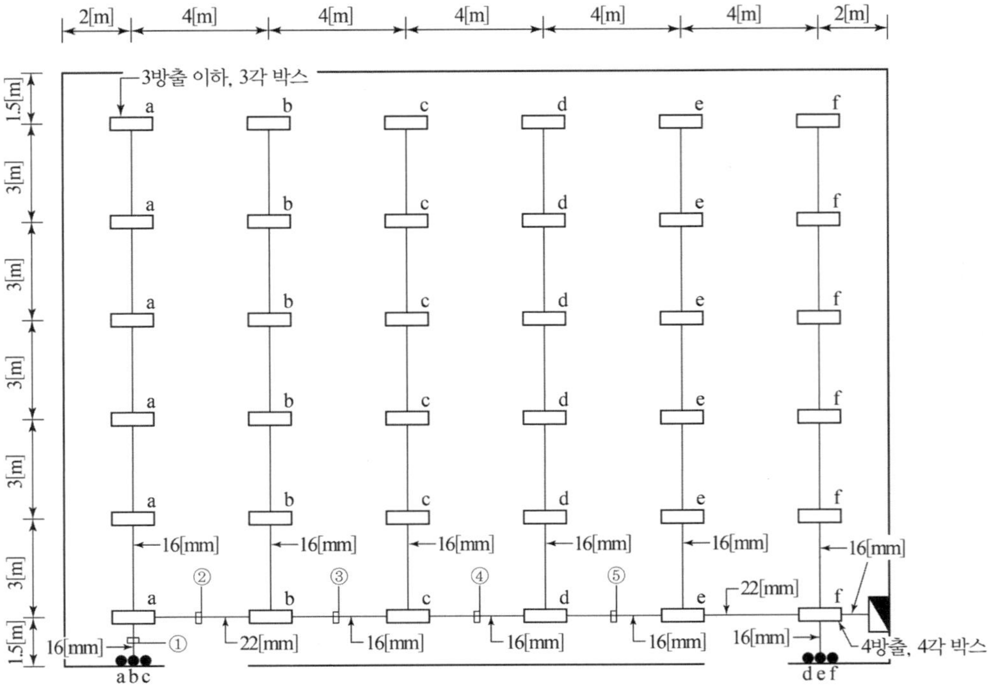

• 천정 ↔ 분전함 상부 : 1.7[m]
• 천정 ↔ 스위치 : 2.3[m]

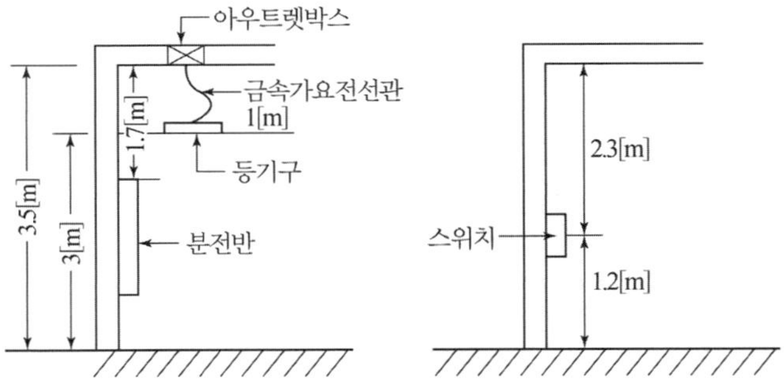

① 후강전선관 16[mm] = 3[m]×30(전등 세로열)+4[m]×3(전등 가로열)
+(1.5[m]+2.3[m])×2(스위치)+(2[m]+1.7[m])×1(분전반)
= 113.3[m]

② 후강전선관 22[mm]=4[m]×2(5가닥인 부분)=8[m]

③ 금속가요전선관 16[mm]=1[m]×36(등기구 수)=36[m]

④ HFIX 2.5[mm^2]
- 전등 세로열=3[m]×2[선]×30=180[m]
- 전등 가로열=4[m]×(2[선]+3[선]×2+4[선]×2)=64[m]
- 스위치=(1.5[m]+2.3[m])×4[선]×2=30.4[m]
- 분전함=[2[m]+1.7[m]]×2[선]=7.4[m]
- 아우트렛 박스에서 등기구=1[m]×2[선]×36[등]=72[m]

⑤ TFR-GV 2.5[mm^2]= 3[m]×30(전등 세로열)+4[m]×5(전등 가로열)+(2[m]+1.7[m])
×1(분전반)+1[m]×36(아우트렛 박스에서 등기구)
=149.4[m]

문제 07 ▸ 출제년도 : 00. 01. 19. ▸ 점수 : 5점

예비 전원으로 이용되는 축전지에 대한 물음에 답하시오.
(1) 축전지 설비를 하려고 한다. 설비 구성 4가지를 쓰시오.
(2) 연축전지의 공칭 전압은 몇 [V]인가?

답안작성

(1) ① 축전지 ② 보안 장치 ③ 제어 장치 ④ 충전 장치
(2) 2 [V/cell]

문제 08 ▸ 출제년도 : 15. 19 ▸ 점수 : 6점

한류저항기(CLR)의 설치목적을 3가지만 쓰시오.

답안작성

① 계전기를 동작시키는데 필요한 유효전류를 발생
② 오픈델타 회로의 각 상전압 중의 제3고조파 억제
③ 중성점 불안정 등 비접지 회로의 이상현상 억제

해 설

한류 저항기란 비접지 방식에서 GPT를 사용하고 SGR을 동작시키는 데 필요한 유효전류를 발생시키고 open delta 결선의 각 상의 제3고조파 전압 발생을 방지하고 중성점 이상 전위 진동 및 중성점 불안정 현상 등의 이상현상을 제거하기 위해 설치하는 저항을 말한다.

문제 09 ▸ 출제년도 : 19. ▸ 점수 : 4점

그림과 같은 회로에서 전원을 개폐하고자 한다. 이 경우 단로기와 차단기의 조작 순서를 쓰시오.

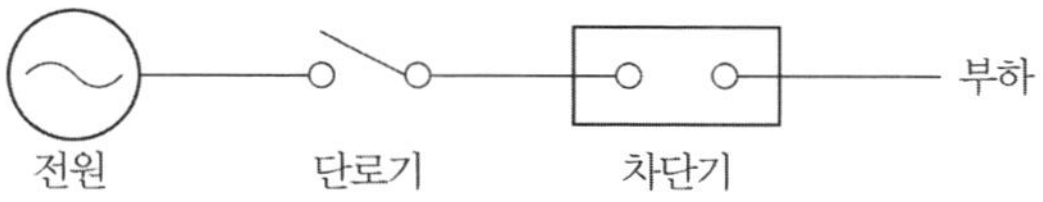

(1) 전원투입 순서
(2) 전원차단 순서

답안작성

(1) 단로기 → 차단기
(2) 차단기 → 단로기

해 설

단로기는 부하전류 개폐능력이 없으므로 차단기와 인터록 관계가 있어야 한다. 인터록이란 차단기가 개로된 상태에서 단로기를 개방 또는 투입 할 수 있도록 하는 것을 말한다.
따라서, 차단기 차단 후 단로기를 개로 하여야 하며, 개로 시 항상 부하측부터 개로하여야 한다.

문제 10 ▸ 출제년도 : 96. 99. 04. 19. ▸ 점수 : 10점

특고압 22.9[kV-y]로 수전하는 경우의 단선 결선도이다. 물음에 답하시오.

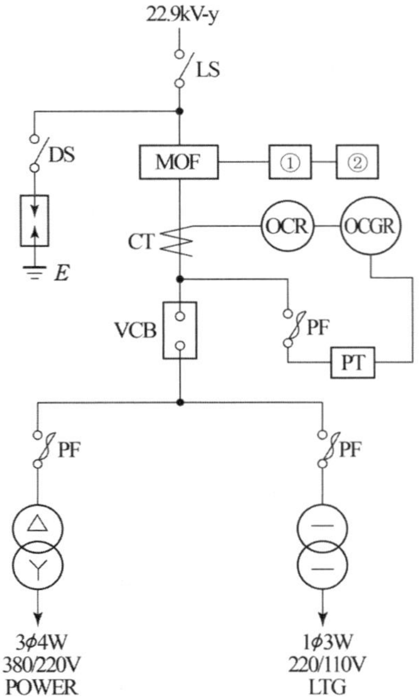

(1) 그림에 표시된 ①과 ②의 부분에는 어떤 기기가 필요한가?

(2) 그림에서 △-Y의 단선도를 복선도용으로 그리시오.

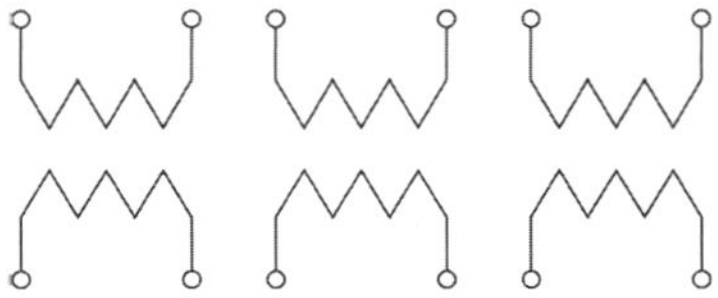

(3) O.C.R의 명칭은?

답안작성

(1) ① 최대 수요 전력량계 ② 무효 전력량계

(2)

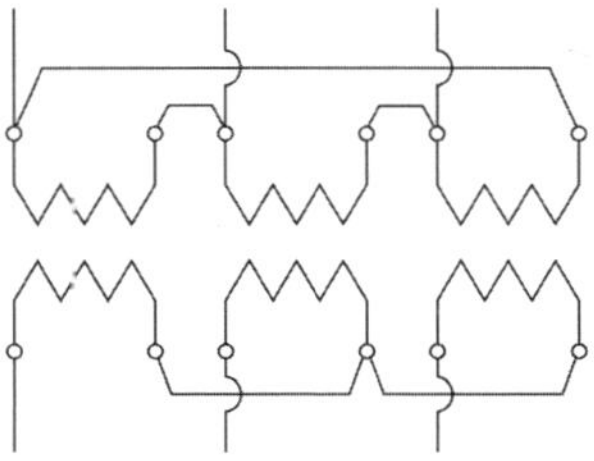

(3) 과전류 계전기

문제 11 ▸ 출제년도 : 94. 98. 01. 03. 04. 07. 09. 16. 19. ▸ 점수 : 5점

다음 (   )안에 들어갈 알맞은 내용을 답란에 쓰시오.

> 공사 원가는 순공사 원가, (①), (②), 부가가치세로 구성되며 이 중 순공사 원가는 (③), (④), (⑤)와 합계이다.

답안작성

① 일반관리비 ② 이윤 ③ 재료비 ④ 노무비 ⑤ 경비

해 설

공사 원가라 함은 공사 시공 과정에서 발생한 재료비, 노무비, 경비의 합계액을 말한다.(준칙 제13조)

- 총원가
  - 공사(제조) 원가
    - 재료비
      - 직접 재료비 : 주재료비, 부분 품비
      - 간접 재료비 : 소모 재료비, 소모 공구, 기구, 비품비, 포장 재료비(제조), 가설 재료비(공사) 등
    - 노무비
      - 직접 노무비 : 기본급, 제수당, 상여금, 퇴직급여 충당금
      - 간접 노무비 : 직접 노무비×간접 노무 비율
      - (※ 간접 노무비율 $= \frac{\text{간접 노무비}}{\text{직접노무비}}$)
    - 경비 : 전력비등 21개 비목
  - 일반 관리비 – 공사 또는 제조원가×일정률(6~14 [%])
  - 이윤 – (노무비+경비+일반관리비)×일정률(제조 25 [%], 공사 15 [%])

※ 예정 가격 = 총원가 + 부가가치세(10[%])

문제 12 ▸ 출제년도 : 19. ▸ 점수 : 5점

도로 조명기구의 배치방식을 3가지만 쓰시오.

답안작성

① 대칭배열 ② 지그재그 배열 ③ 중앙 배열

해 설

조명 기구의 배치 방법에 의한 분류

① 도로 중앙 배열

② 도로 편측 배열

③ 도로 양측으로 대칭 배열

④ 도로 양측으로 지그재그 배열

문제 13 ▸ 출제년도 : 98. 00. 02. 15. 17. 19. ▸ 점수 : 5점

분전반에서 40[m] 떨어진 회로의 끝에서 단상 2선식 220[V], 전열기 8800[W] 2대 사용 시 비닐절연전선의 공칭단면적을 아래표에서 산정하시오. (단, 전압강하는 2[%] 이내로 하고, 전류감소계수는 없는 것으로 한다.)

비닐절연전선의 공칭단면적 [mm^2]						
2.5	6	10	16	25	35	50

• 계산 :   • 답 :

답안작성

계산 : $A=\frac{35.6LI}{1000e}=\frac{35.6\times 40\times \frac{8800\times 2}{220}}{1000\times 220\times 0.02}=25.89[\mathrm{mm}^2]$ 답 : 35[mm²]

해 설

전선의 단면적

단상 2선식	$A=\frac{35.6LI}{1000\cdot e}$
3상 3선식	$A=\frac{30.8LI}{1000\cdot e}$
단상 3선식 3상 4선식	$A=\frac{17.8LI}{1000\cdot e}$

문제 14 ▸출제년도 : 19. ▸점수 : 6점

사람이 상시 통행하는 터널 내의 전선로는 그 사용전압이 저압일 경우 시설하는 배선방법을 3가지만 쓰시오.

답안작성

① 애자공사 ② 금속관공사 ③ 합성수지관공사

해 설

KEC 335.1 터널 안 전선로의 시설

1. 철도 · 궤도 또는 자동차도 전용터널 안의 전선로

전 압	전선의 굵기	시공방법	애자사용 공사 시 높이
저 압	인장강도2.30[kN]이상 또는 2.6 [mm] 이상의 경동선의 절연전선	• 합성수지관 공사 • 금속관공사 • 금속제가요전선관 공사 • 케이블공사 • 애자공사	노면상, 레일면상 2.5 [m] 이상
고 압	인장강도 5.26[kN] 이상 또는 4[mm] 이상의 경동선	• 케이블공사 • 애자공사	노면상, 레일면상 3 [m] 이상
특고압		• 케이블공사	

2. 사람이 상시 통행하는 터널 안의 전선로 사용전압은 저압 또는 고압에 한하며, 다음에 따라 시설하여야 한다.

전 압	전선의 굵기	시공방법	애자사용 공사 시 높이
저 압	인장강도 2.30[kN] 이상 또는 2.6[mm] 이상의 경동선의 절연전선	• 합성수지관 공사 • 금속관공사 • 금속제가요전선관 공사 • 케이블공사 • 애자공사	노면상 2.5 [m] 이상
고 압		• 케이블공사	

국가기술자격검정 실기시험문제 및 답안지

2019년도 **산업기사** 일반검정 제 **4** 회			수험번호	성 명	감독위원 확 인
자격종목(선택분야)	시험시간	형별			
전기공사산업기사	2시간 00분				

※ 다음 물음에 답을 해당 답란에 답하시오.(배점 : 100점)

문제 01 ▸ 출제년도 : 02. 19. ▸ 점수 : 5점

단상 변압기 2대를 사용 정격전압 3000 [V]의 유도 전동기의 절연내력시험을 실시하고자 한다. 결선도 및 표기사항의 틀린 곳을 바르게 고치고 그리시오.
(단, 전원 전압은 100[V], T_1, T_2는 6000[V]/100[V]의 단상 변압기이다.)

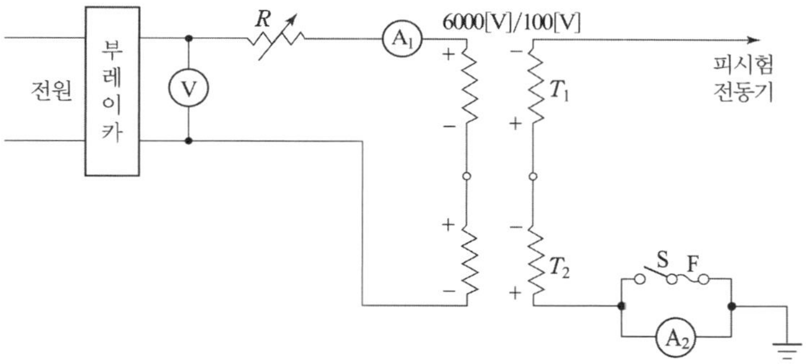

답안작성

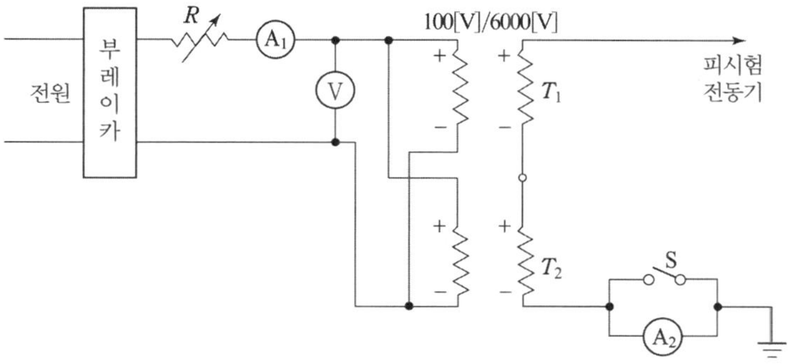

문제 02 ▸ 출제년도 : 92. 13. 17. 19. ▸ 점수 : 5점

분전반에서 30 [m]의 거리에 4 [kW]의 교류 단상 200 [V] 전열기를 설치하였다. 배선방법을 금속관 공사로 하고 전압강하를 2 [%] 이하로 하기 위해서 전선의 굵기를 얼마로 선정하는 것이 적당한가?

답안작성

계산 : $I = \frac{P}{V} = \frac{4 \times 10^3}{200} = 20$ [A]

$e = 200 \times 0.02 = 4$ [V]

$A = \frac{35.6LI}{1000 \cdot e} = \frac{35.6 \times 30 \times 20}{1000 \times 4} = 5.34$ [mm²]

답 : 6 [mm²]

해 설

전압강하 및 전선 단면적

전기 방식	전압 강하		전선 단면적
단상 3선식 직류 3선식 3상 4선식	$e_1 = IR$	$e_1 = \frac{17.8LI}{1000A}$	$A = \frac{17.8LI}{1000e_1}$
단상 2선식 및 직류 2선식	$e_2 = 2IR = 2e_1$	$e_2 = \frac{35.6LI}{1000A}$	$A = \frac{35.6LI}{1000e_2}$
3상 3선식	$e_3 = \sqrt{3}\,IR = \sqrt{3}\,e_1$	$e_3 = \frac{30.8LI}{1000A}$	$A = \frac{30.8LI}{1000e_3}$

Cable 규격, KSC IEC 규격

전선의 공칭단면적 [mm²]		
1.5	2.5	4
6	10	16
25	35	50
70	95	120
150	185	240
300	400	500
630		

문제 03 출제년도 : 91. 97. 09. 11. 16. 19. ▸ 점수 : 4점

가공전선로에 적용하는 애자의 종류 4가지만 쓰시오.

답안작성

핀애자, 현수애자, 라인포스트 애자, 인류애자

해 설

① 핀애자 : 직선 선로에 사용
② 현수애자 : 인류 및 내장 개소에 사용
③ 라인포스트 애자 : 연가용 철탑 등에서 점퍼선 지지
④ 인류 애자 : 인류 개소 및 배전선로의 중성선

문제 04 ▸ 출제년도 : 92. 06. 07. 19. ▸ 점수 : 5점

절연전선으로 가선된 배전선로에서 활선 상태인 경우 전선의 피복을 벗기는 것은 매우 곤란한 작업이다. 이런경우 활선상태에서 전선의 피복을 벗기는 공구로 적합한 것은?

답안작성

활선용 피박기

해 설

전선의 피복을 벗길 때 사용하는 장구로써 본체와 절단칼, 3개의 회전용 핸들링으로 구성되어 있는 간접 활선용 장구

문제 05 ▸ 출제년도 : 19. ▸ 점수 : 4점

다음 그림과 같이 단상 2선식 배전선로의 공급점에서 30 [m] 지점에 80 [A], 45 [m] 지점에 50 [A], 60 [m] 지점에 30 [A]의 부하가 걸려 있을 때 부하 중심점의 거리를 산출하여 전압강하를 고려한 전선의 굵기를 산정하려고 한다. 부하 중심점(즉, 집중부하라고 가정한 경우)의 거리는 공급점에서 약 몇 [m]인가? (단, 소수점 첫째 자리까지만 계산할 것)

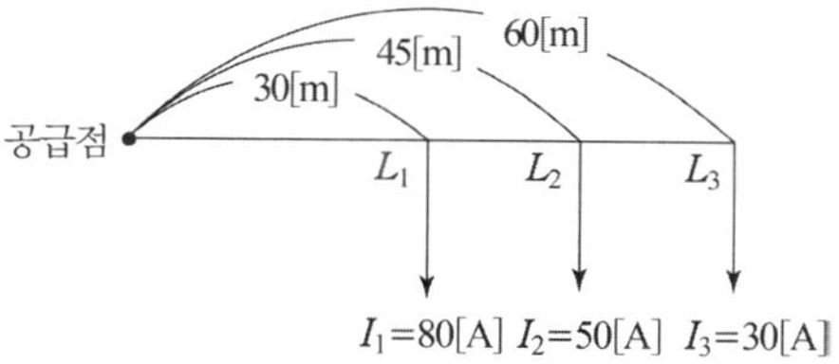

• 계산 :

• 답 :

답안작성

계산 : 직선 부하에서의 부하 중심점까지의 거리

$$L = \frac{L_1 I_1 + L_2 I_2 + L_3 I_3}{I_1 + I_2 + I_3} = \frac{30 \times 80 + 45 \times 50 + 60 \times 30}{80 + 50 + 30} = 40.3[\mathrm{m}]$$

답 : 40.3 [m]

문제 06 ▸ 출제년도 : 19. ▸ 점수 : 3점

신에너지 및 재생에너지를 이용한 발전설비와 같이 소규모로 전력소비 지역부근에 분산하여 배치가 가능한 발전설비를 무엇이라고 하는가?

답안작성

분산형 전원

해 설

분산형 전원

대규모 집중형 전원과 달리 소규모로 전력소비 지역부근에 분산하여 배치가 가능한 발전설비로 '신에너지 및 재생에너지를 이용한 발전설비', '자가용전기설비에 해당하는 발전설비'가 여기에 속한다.

문제 07 ▸ 출제년도 : 08. 19. ▸ 점수 : 5점

100 [m^2]의 방에 2500 [lm]의 광속을 발산하는 형광등 30등을 점등 하였다. 조명률은 0.5 이고 감광 보상률이 1.5라면 이 방의 평균조도는 약 몇 [lx]인가?

• 계산 : • 답 :

답안작성

계산 : $E = \frac{FUN}{AD} = \frac{2500 \times 0.5 \times 30}{100 \times 1.5} = 250[\text{lx}]$ 답 : 250 [lx]

문제 08 ▸ 출제년도 : 89. 92. 98. 01. 07. 11. 18. 19. ▸ 점수 : 5점

지중배전선로 시공방법 중 관로식의 맨홀 시공에 사용되는 부속설비 5가지를 쓰시오.

답안작성

사다리, 접지 연결 동봉, 지지대, 맨홀뚜껑, 발판볼트

해 설

그 외에도 훅크, 행가, 크리트 가 있다.

문제 09 ▸ 출제년도 : 19. ▸ 점수 : 5점

다음 괄호 안에 알맞은 답을 써넣으시오.

> 병렬 운전 되고 있는 발전기에 갑자기 부하가 급변하면, 새로운 부하에 대응하는 동기화력에 의해 새로운 속도를 중심으로 진동하게 된다.
> 이 진동 주기가 동기 발전기의 고유 진동 주기에 가깝게 되면 공진작용으로 인해 진동이 증대하게 되는데 이러한 현상을 (   )라고 한다.

답안작성

난조

문제 10 ▸ 출제년도 : 06. 08. 19. ▸ 점수 : 10점

조명설비에 대한 다음 각 물음에 답하시오.

(1) 어떤 전기공사도면에서 $\bigcirc_{N400}$으로 표시되어 있다. 이것은 무엇을 뜻하는지 쓰시오.

(2) 비상용 조명을 건축법에 따른 형광등으로 하고자 할 때 그 그림기호를 표현하시오.

(3) 평면이 15 [m]×10 [m]인 사무실에 40 [W] 형광등 전광속 2500 [lm]인 형광등을 사용하여 평균조도를 300 [lx]로 유지하도록 하려고 한다. 이 사무실에 필요한 형광등 수를 산정하시오. 단, 조명률은 0.6이고, 감광보상률은 1.3이다.

답안작성

(1) 400 [W] 나트륨등

(2) 

(3) 계산 : $N = \frac{EAD}{FU} = \frac{300 \times 15 \times 10 \times 1.3}{2500 \times 0.6} = 39[\text{등}]$ 답 : 39 [등]

해 설

(1) H400 수은등 400 [W]
M400 메탈 핼라이드등 400 [W]
N400 나트륨등 400 [W]

문제 11 ▸ 출제년도 : 16. 19. ▸ 점수 : 6점

그림과 같은 단상 2선식 회로에서 인입구 A점의 전압이 220 [V]일 때의 D점 전압을 구하시오. (단, 선로에 표기된 저항값은 2선값이다.)

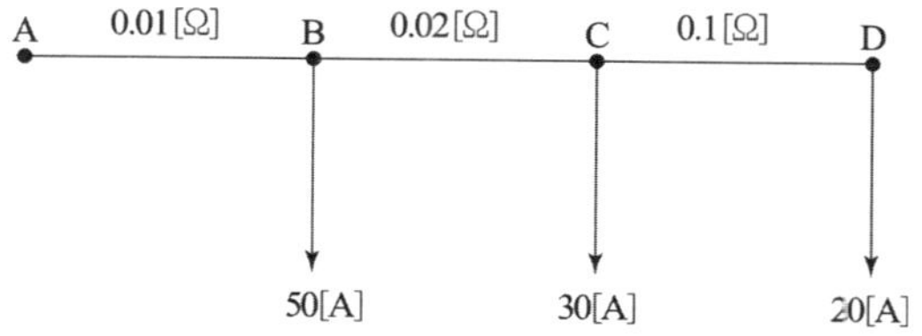

• 계산 • 답

답안작성

계산 : $V_D = V_A - IR$ [V]에서

$V_D = 220 - (50+30+20) \times 0.01 - (30+20) \times 0.02 - 20 \times 0.1 = 216$[V]

답 : 216 [V]

해 설

(1) 단상 2선식

• 수전단 전압 $V_r = V_s - 2I(R\cos\theta + X\sin\theta)$

• 역률 $\cos\theta = 1$, 리액턴스 $X = 0$인 경우, $V_r = V_s - 2IR$ 이다.

(2) 문제에서 주어진 "저항값은 2선값"이라고 주어졌으므로 $2R$의 값은 0.01, 0.02, 0.1 [Ω]이 된다.

(3) $V_A = 220$ [V]

$V_B = V_A - 2IR = 220 - 100 \times 0.01 = 219$[V]

$V_C = V_B - 2IR = 219 - 50 \times 0.02 = 218$[V]

$V_D = V_C - 2IR = 218 - 20 \times 0.1 = 216$[V]

문제 12 ▸ 출제년도 : 19. ▸ 점수 : 5점

전력계 지시값이 500 [W], 변압비 6600/110, 변류비 50/5인 경우 수전전력은 몇 [kW]인가?

• 계산 : • 답 :

답안작성

계산 : 수전전력=측정전력(전력계 지시값)×PT비×CT비

$$= 500 \times \frac{6600}{110} \times \frac{50}{5} \times 10^{-3} = 300[\text{kW}]$$

답 : 300 [kW]

문제 13 ▸ 출제년도 : 19. ▸ 점수 : 8점

다음 답안지의 단상 변압기 3대를 ① Y-Y 결선과 ② △-△ 결선으로 완성하고, 필요한 접지를 표시하시오.

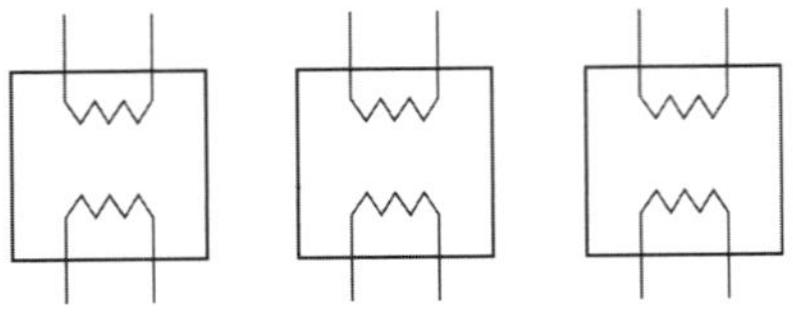

답안작성

(1) Y-Y 결선

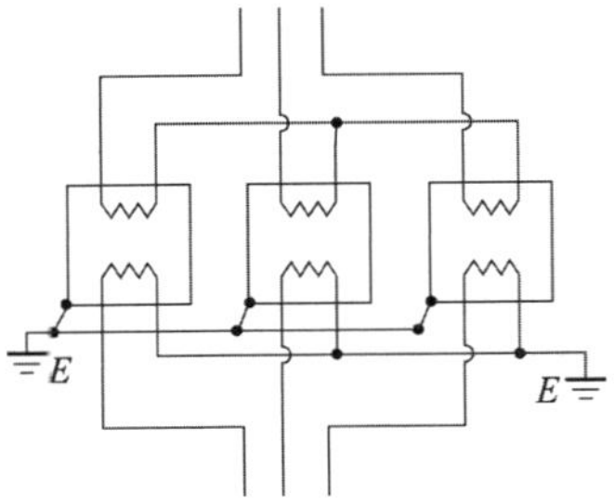

(2) △-△ 결선

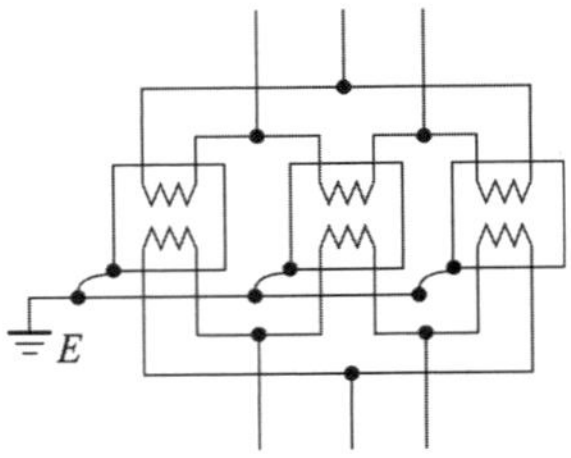

※ 견적문제는 복원하지 못하여 전체 배점이 100점이 되지 않습니다.

D30-4

2020년도 전기공사산업기사 실기

국가기술자격검정 실기시험문제 및 답안지

2020년도 산업기사 일반검정 제 1 회			수험번호	성 명	감독위원 확 인
자격종목(선택분야)	시험시간	형별			
전기공사산업기사	2시간 00분				

※ 다음 물음에 답을 해당 답란에 답하시오.(배점 : 100점)

문제 01 ▸ 출제년도 : 11. 20. ▸ 점수 : 4점

연(납)축전지와 알칼리 축전지의 공칭전압은 몇 [V/셀]을 쓰시오.

답안작성

연(납)축전지 : 2 [V/cell], 알칼리 축전지 : 1.2 [V/cell]

해 설

	공칭전압	공칭용량
연(납) 축전지	2 [V/cell]	10 [Ah]
알칼리 축전지	1.2 [V/cell]	5 [Ah]

※ 공칭용량 = 정격방전율 [Ah]

문제 02 ▸ 출제년도 : 20. ▸ 점수 : 20점

사무실 전등공사를 하려고 한다. 아래 조건을 참조하여 물음에 답하시오.

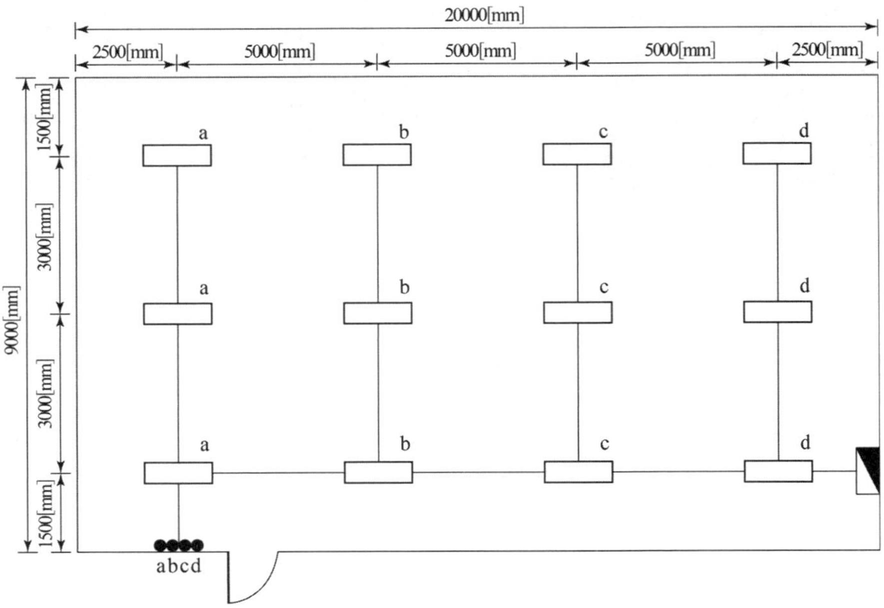

1. 시설조건

① 전등은 LED 40[W], 전선은 HFIX 2.5[mm^2]를 사용한다.

② 전선관은 합성수지관을 사용하고 특기 없는 것은 16[mm]를 사용한다.
(콘크리트 매입 기준)

③ 등기구는 직부등으로 한다.

④ 분전함 설치 높이는 1.8[m](바닥에서 상단까지)로 한다.

⑤ 스위치 설치 높이는 1.2[m](바닥에서 중심까지)로 한다.

⑥ 바닥에서 천장 슬라브까지의 높이는 3[m]로 한다.

⑦ 주어진 품셈에 의하여 산출한다.

2. 재료 산출 조건

① 분전함 내부에서 배선 여유는 전선 1본당 0.5[m]로 한다.

② 자재 산출 시 산출 수량과 할증 수량은 소수점 이하도 기록하고, 자재별 총수량(산출 수량+할증 수량)의 소수점 이하는 반올림 한다.

③ 배관 및 배선 이외의 자재는 할증을 보지 않는다.
(단, 배관 및 배선의 할증은 10[%]로 한다.)

④ 천장 슬라브에서 천장 슬라브 내의 전선설치 높이까지는 자재 산출에 포함시키지 않는다.

⑤ 콘센트용 및 등기구 내 배선 여유는 무시한다.

⑥ 접지용 전선은 자재 산출에 포함시키지 않는다.

표 1. 박스설치 (단위 : 개)

종 별	내선전공
Concrete Box	0.12
Oulet Box	0.20
Switch Box (2개용 이하)	0.20
Switch Box (3개용 이하)	0.25
노출형 Box (콘크리트 노출기준)	0.29

[해설] ① 콘크리트 매입 기준
② Box위치의 먹줄치기, 첨부커버 포함
③ 방폭형 및 방수형 300[%]
④ 철거 30[%]

표 2. LED 등기구 설치

(단위 : [개], 적용직종 : 내선전공)

종 별	직부등	팬던트	다운라이트	매입 및 반매입
15[W] 이하	0.117	0.158	0.155	–
25[W] 이하	0.138	0.163	0.182	–
35[W] 이하	0.163	0.213	0.208	0.242
45[W] 이하	0.221	0.249	–	0.263
55[W] 이하	0.254	–	–	0.306

[해설] ① 등기구 일체형 기준
② 등기구 조립·설치, 결선, 지지금구류 설치, 장내 소운반 및 잔재정리, 기준점 측정 포함
③ 높이 1.5[m] 이하의 Pole형 등기구는 직부등 품의 150[%] 적용하고 기초 설치는 별도품 준용
④ 램프만 교체시 해당 등기구 1등용 설치품의 10[%] 적용
⑤ 철거 30[%], 재사용 철거 50[%]
⑥ 기타 사항은 "5-25 형광등기구" 해설 준용

(1) 다음 재료표의 ①부터 ②번까지 빈 칸을 기입하시오.

자재명	규 격	단위	산출수량	할증수량	총수량 (산출수량+할증수량)
배관	HI-PVC 16[mm]	m			①
전선	HFIX 2.5[mm^2]	m			②

답안작성

① 계산 : • 산출수량 : $1.2+2.5+6\times4+5\times3+1.5+1.8=46$[m]
• 할증수량 : $46\times0.1=4.6$[m]
• 총수량=산출수량 + 할증수량$=46+4.6=50.6$[m]

답 : 51(46+4.6)

② 계산 : • 산출수량 : $(0.5+1.2+2.5)\times2+6\times4\times2+3\times5+4\times5$
$+5\times5+(1.5+1.8)\times5=132.9$[m]
• 할증수량 : $132.9\times0.1=13.29$[m]
• 총수량 = 산출수량 + 할증수량 $=132.9+13.29=146.19$[m]

답 : 146(132.9+13.29)

(2) 드면에 의해 다음 표의 ①부터 ⑥번까지 빈 칸을 기입하시오.

자재명	규 격	단위	단위공량 (내선전공)	총수량 (산출수량+할증수량)
등기구	LED 40[W]	EA	⑤	①
스위치	단로용	EA		②
아웃렛박스	8각 BOX	EA		③
스위치박스	4개용	EA	⑥	④

답안작성

①	12	②	4
③	12	④	1
⑤	0.221	⑥	0.25

(3) 다음 각 물음에 답하시오.

① 공구손료는 직접 노무비의 몇 [%]까지 계상 가능한지 쓰시오.

② 재료비, 노무비, 경비의 합계액을 무엇이라 하는지 쓰시오.

답안작성

① 3[%]

② 순공사원가

해 설

(1)

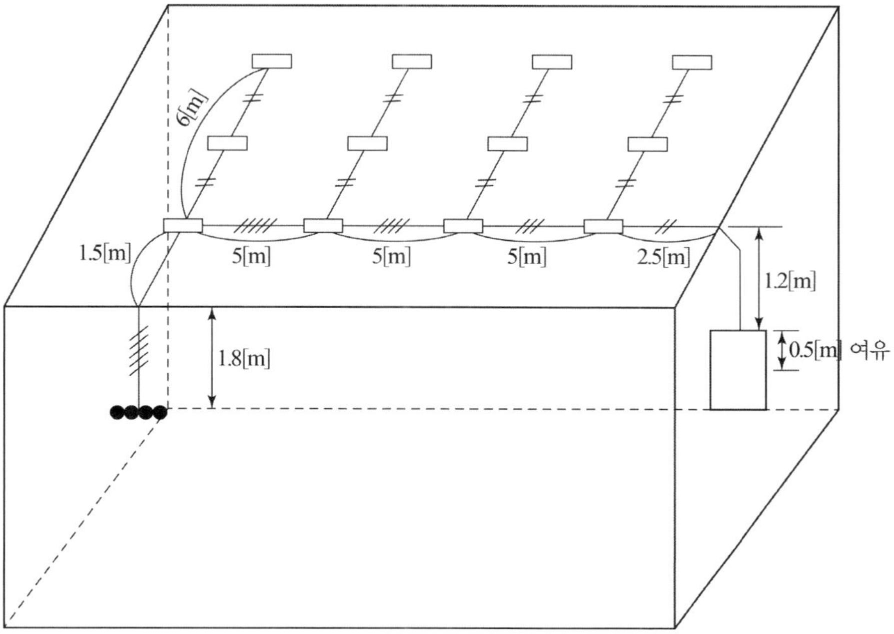

• 전선관 $= 1.2 + 2.5 + 6 \times 4 + 5 \times 3 + 1.5 + 1.8 = 46$[m]

• 전선 $= (0.5 + 1.2 + 2.5) \times 2 + 6 \times 4 \times 2 + 5 \times 3 + 5 \times 4 + 5 \times 5 + (1.5 + 1.8) \times 5 = 132.9$[m]

문제 03 ▸ 출제년도 : 93. 14. 20. ▸ 점수 : 10점

3상3선식 선로에 WHM을 접속하여 전력량을 적산하기 위한 결선도이다. 다음 물음에 대하여 각각의 답을 쓰시오. (단, [rpm]=계기 정수×전력)

(1) WHM가 정상적으로 적산이 가능하도록 변성기를 추가하여 결선도를 완성하시오. (접지포함)

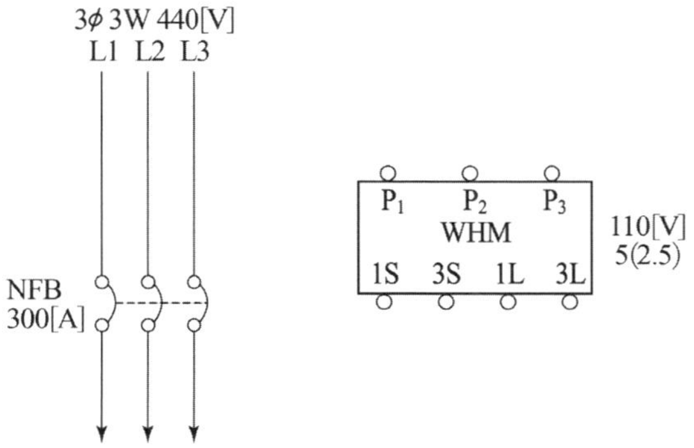

(2) WHM 형식 표기 중 정격전류 5(2.5) [A]는 무엇을 의미하는가?

(3) WHM의 계기 정수는 1600 [rev/kWh]이다. 지금 부하 전류가 100 [A]에서 변동 없이 지속되고 있다면 원판의 1분간 회전수가 얼마인지 구하시오.
(단, CT비 : 200/5 [A] $\cos\theta = 1$)
•계산 : •답 :

(4) WHM의 승률을 구하시오. (단, CT비는 200/5로 한다.)
•계산 : •답 :

답안작성

(1)

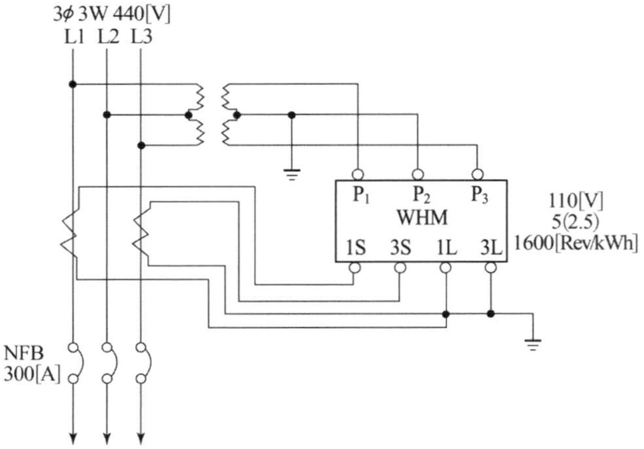

(2) II형 계기로써 정격전류 5[A]에 대하여 $\frac{1}{20}$까지 그 정밀도를 보장한다는 것

(3) 계산 : 1분간의 회전수

$$n[\text{rpm}] = \text{계기 정수} \times \text{전력}$$

$$= 1600 \times \frac{\sqrt{3} \times 110 \times \left(100 \times \frac{5}{200}\right) \times 10^{-3}}{60} = 12.7\ [\text{회}]$$

답 : 12.7 [회]

(4) 계산 : 승률(=배율) : m =CT 비×PT 비= $\frac{200}{5} \times \frac{440}{110} = 160$ [배]

답 : 160 [배]

문제 04 ▸출제년도 : 05. 20. ▸점수 : 5점

우리나라에서 표준으로 설치되는 변류기의 극성을 쓰시오.

답안작성

감극성

해 설

변류기의 극성은 감극성과 가극성이 있으나 우리나라에서는 감극성을 표준으로 하고 있다.

문제 05 ▸ 출제년도 : 20. ▸ 점수 : 5점

정격전류가 35 [A]인 전동기 1대와 기타 전기기계기구의 정격전류의 합계가 20 [A]인 것에 공급할 저압옥내 간선의 최소 굵기를 다음 표에서 선정하시오.

동선의 공칭단면적 [mm^2]	허용전류 [A]
6	34
10	46
16	61
25	80
35	99
50	119

•계산 : •답 :

답안작성

계산 : 설계전류 $I_B = 35 + 20 = 55$[A]

$I_B \le I_n \le I_Z$의 조건을 만족하는 전선의 허용전류 $I_Z = 61$[A]인 16[mm^2] 선정

답 : 16[mm^2]

해 설

KEC 212.4.1 도체와 과부하 보호장치 사이의 협조

과부하에 대해 케이블(전선)을 보호하는 장치의 동작특성은 다음의 조건을 충족해야 한다.

$$I_B \le I_n \le I_Z, \quad I_2 \le 1.45 \times I_Z$$

I_B : 회로의 설계전류(선도체를 흐르는 설계전류 또는 함유율이 높은 영상분 고조파, 특히 제3고조파가 지속적으로 흐르는 경우 중성선에 흐르는 전류이다.)

I_Z : 케이블의 허용전류

I_n : 보호장치의 정격전류(사용현장에 적합하게 조정된 전류의 설정 값)

I_2 : 보호장치가 규약시간 이내에 유효하게 동작하는 것을 보장하는 전류

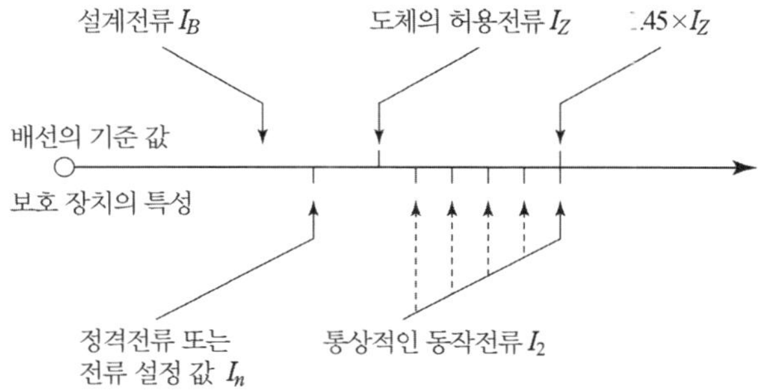

과부하 보호 설계 조건도

문제 06 ▸ 출제년도 : 20. ▸ 점수 : 6점

분산형 전원 사업자의 한 사업장에서 설비 용량 합계가 250[kVA] 이상일 경우 시설하여야 하는 장치 3가지만 쓰시오.

답안작성

① 유효전력 ② 무효전력 ③ 전압

해 설

KEC 503.2.1 전기 공급방식 등
분산형전원설비의 전기 공급방식, 측정 장치 등은 다음에 따른다.
가. 분산형전원설비의 전기 공급방식은 전력계통과 연계되는 전기 공급방식과 동일할 것
나. 분산형전원설비 사업자의 한 사업장의 설비 용량 합계가 250[kVA] 이상일 경우에는 송·배전계통과 연계지점의 연결 상태를 감시 또는 유효전력, 무효전력 및 전압을 측정할 수 있는 장치를 시설할 것

문제 07 ▸ 출제년도 : 91. 98. 13. 20. ▸ 점수 : 5점

그림과 같이 330 [mm^2]의 ACSR을 300 [m]의 경간에 가설하려 한다. 이 전선의 이도는 계산으로는 9 [m]였지만, 가설 후 실측해보니 10 [m]이었다. 이도가 9[m]일 때 보다 전선이 얼마나 더 사용되었는지 계산 하시오.

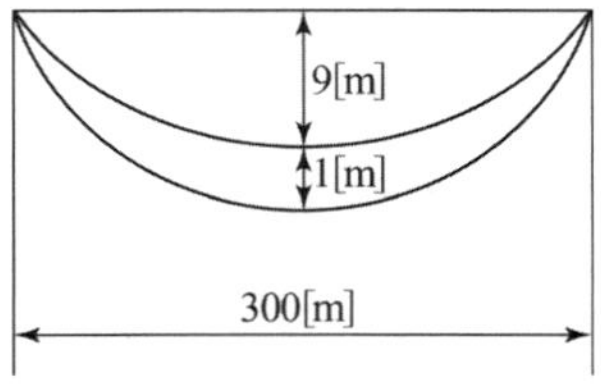

• 계산 :
• 답 :

답안작성

계산 : 이도 10 [m]일 때 전선의 길이 $L_1 = 300 + \dfrac{8 \times 10^2}{3 \times 300} = 300.89$ [m]

이도 9 [m]일 때 전선의 길이 $L_2 = 300 + \dfrac{8 \times 9^2}{3 \times 300} = 300.72$ [m]

$\therefore\ L_1 - L_2 = 0.17$[m]

답 : 0.17 [m]

문제 08 ▸ 출제년드 : 13. 20. ▸ 점수 : 5점

금속덕트 시설방법에 대한 내용이다. 다음 (　　)안에 알맞은 내용을 쓰시오.

(1) 절연전선을 동일한 셀룰라덕트 내에 넣을 경우 셀룰라덕트의 크기는 전선의 피복절연물을 포함한 단면적의 총합계가 셀룰라덕트 단면적의 (①)이하가 되도록 선정하여야 한다.
(2) 금속덕트는 (②)[m] 이하의 간격으로 견고하게 지지할 것
(3) 취급자 이외의 자가 출입할 수 없도록 설비한 장소에서 수직으로 설치하는 경우는 (⑤)[m] 이하의 간격으로 견고하게 지지하여야 한다.

답안작성

① 20[%]　② 3[m]　⑤ 6배

해 설

KEC 232.31 금속덕트공사

① 전선은 절연전선(옥외용 비닐절연전선을 제외한다)일 것.

② 금속덕트에 넣은 전선의 단면적(절연피복의 단면적을 포함한다)의 합계는 덕트의 내부 단면적의 20[%](전광표시장치 기타 이와 유사한 장치 또는 제어회로 등의 태선만을 넣는 경우에는 50[%]) 이하일 것.

③ 금속덕트 안에는 전선에 접속점이 없도록 할 것. 다만, 전선을 분기하는 경우에는 그 접속점을 쉽게 점검할 수 있는 때에는 그러하지 아니하다.

④ 덕트 상호 간은 견고하고 또한 전기적으로 완전하게 접속할 것.

⑤ 덕트를 조영재에 붙이는 경우에는 덕트의 지지점 간의 거리를 3 [m](취급자 이외의 자가 출입할 수 없도록 설비한 곳에서 수직으로 붙이는 경우에는 6 [m]) 이하로 하고 또한 견고하게 붙일 것.

⑥ 덕트의 끝부분은 막을 것.

⑦ 덕트 안에 먼지가 침입하지 아니하도록 할 것.

⑧ 덕트는 접지공사를 할 것.

문제 09

▸ 출제년도 : 20.　▸ 점수 : 5점

가공전선에 가해지는 하중의 종류 3가지를 쓰시오.

답안작성

① 전선의 자중

② 풍압 하중

③ 빙설 하중

해 설

전선의 하중

전선에는 빙설이 부착하거나 또는 풍압이 여기에 더해지므로 이들의 하중도 함께 고려하여야 한다.

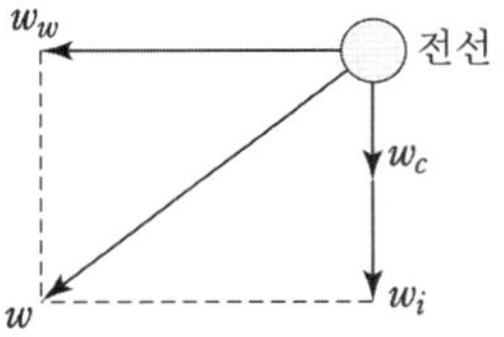

w_c : 전선의 자체중량

w_i : 부착빙설의 중량

w_w : 수평풍압

합성하중 $W = \sqrt{(w_c + w_i)^2 + w_w^2}$

문제 10

▸ 출제년도 : 97. 03. 10. 12. 17. 20.　▸ 점수 : 5점

호텔의 부하밀도가 전등 30 [VA/m²], 일반동력 40 [VA/m²], 냉방 30 [VA/m²]이고, 면적이 20000 [m²]일 때 부하설비 용량[kVA]을 구하시오.

•계산 :　　　　　　　　　　　　　　　　•답 :

답안작성

계산 : • 전등설비용량 $= 30 \times 20000 \times 10^{-3} = 600$ [kVA]

• 일반동력설비용량 $= 40 \times 20000 \times 10^{-3} = 800$ [kVA]

• 냉방설비용량 $= 30 \times 20000 \times 10^{-3} = 600$ [kVA]

따라서, 부하설비용량 $= 600 + 800 + 600 = 2000$ [kVA]

답 : 2000 [kVA]

해 설

이 문제에서는 면적당 전체부하밀도를 계산하여 면적을 곱해 주면 된다.

즉, $(30+40+30) \times 20000 \times 10^{-3} = 2000$[kVA]

문제 11

▸ 출제년도 : 94. 98. 03. 20. ▸ 점수 : 5점

그림과 같은 3상 3선식 3300 [V] 배전선로에서 단상 및 3상 변압기에 전력을 공급하고자 한다. 선로의 불평형률은 몇 [%]인가?

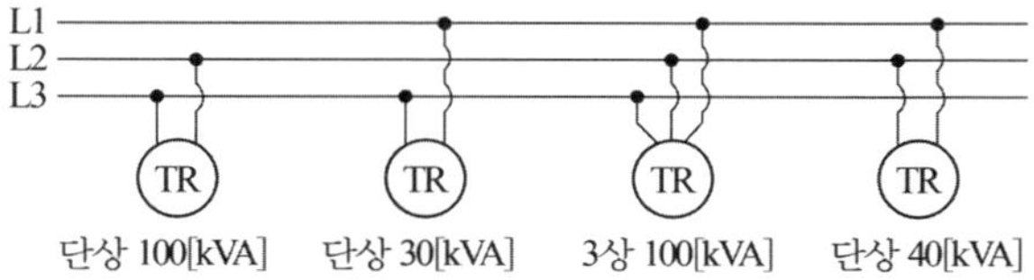

답안작성

계산 : 불평형률 $= \dfrac{100-30}{\frac{1}{3}(100+30+100+40)} \times 100 = 77.78$[%]

답 : 77.78 [%]

해 설

3상에서 설비불평형률

불평형률 $= \dfrac{\text{각 선간에 접속되는 단상부하 총부하 설비용량 [kVA]의 최대와 최소의 차}}{\text{총부하설비용량 [kVA]} \times 1/3} \times 100$[%]

여기서, 설비불평형률은 30 [%] 이하이어야 한다.

문제 12

▸ 출제년도 : 01. 02. 06. 20. ▸ 점수 : 4점

폴리머 애자 설치에 관한 그림이다. 각 기호의 ①, ②, ③, ④ 명칭을 쓰시오.

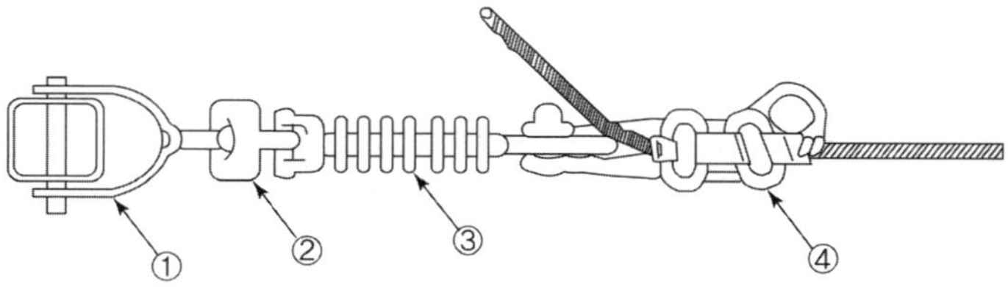

답안작성

① 볼 쇠클 ② 소켓 아이 ③ 폴리머 애자 ④ 데드엔드 크램프

문제 13 ▸ 출제년도 : 16. 20. ▸ 점수 : 5점

154[kV] 3상 3선식 전선로에서 각 선의 정전용량이 각각 $C_c = 0.031[\mu F]$, $C_b = 0.030[\mu F]$, $C_c = 0.032[\mu F]$일 때 변압기의 중성점 잔류전압은 몇 [V]인지 계산하시오.
(단, 소수점 이하는 버리시오)

• 계산 • 답

답안작성

계산 : 잔류전압

$$E_n = \frac{\sqrt{C_a(C_a - C_b) + C_b(C_b - C_c) + C_c(C_c - C_a)}}{C_a + C_b + C_c} \times \frac{V}{\sqrt{3}}$$

$$= \frac{\sqrt{0.031(0.031 - 0.03) + 0.03(0.03 - 0.032) + 0.032(0.032 - 0.031)}}{0.031 + 0.03 + 0.032} \times \frac{154000}{\sqrt{3}}$$

$$= 1655[V]$$

답 : 1655[V]

문제 14 ▸ 출제년도 : 15. 20. ▸ 점수 : 6점

사용전압 220[V], 최대 공급 전류 400[A]인 3상 3선식 전선로의 1선과 대지 간에 필요한 절연 저항값의 최솟값을 구하시오.(단, 누설전류는 최대공급전류의 1/2000을 넘지 않도록 유지하여야 한다.)

• 계산 : • 답 :

답안작성

계산 : 누설 전류 $I_g = 400 \times \frac{1}{2000} = 0.2$ [A] 이므로

$$R = \frac{E}{I_g} = \frac{220}{0.2} = 1100\ [\Omega]$$

∴ 절연 저항의 최소값은 1100 [Ω]

답 : 1100 [Ω]

문제 15 ▸ 출제년도 : 93. 06. 14. 20. ▸ 점수 : 5점

500 [m] 거리에 100개의 가로등을 같은 간격으로 배치하였다. 전등 1개의 소요 전류가 0.1 [A], 전선의 단면적 35 [mm^2], 도전율 55 [℧]라 한다. 한쪽 끝에서 220 [V]로 급전할 때 최종 전등에 가해지는 전압[V]은 얼마인지 구하시오.

• 계산 • 답

답안작성

계산 : 말단에 집중 부하로 생각하여 전압 강하를 구하면,

$$e = 2IR = 2I \times \rho\frac{l}{A} = 2 \times 0.1 \times 100 \times \frac{1}{55} \times \frac{500}{35} = 5.19[V]$$

평등분포 부하의 전압강하는 말단 집중 부하의 전압강하의 1/2이 되므로

$$\text{최종 전등 전압} = 220 - \frac{5.19}{2} = 217.41[V]$$

답 : 217.41[V]

해 설

집중부하와 분산부하

구 분	전력손실	전압강하
말단에 집중부하	I^2rL	IrL
평등분포 부하	$\frac{1}{3}I^2rL$	$\frac{1}{2}IrL$

문제 16 ▸출제년도 : 20. ▸점수 : 5점

고휘도 방전램프(HID Lamp)의 종류를 3가지만 쓰시오.

답안작성

고압 수은등, 고압 나트륨등, 메탈 핼라이드 램프

해 설

HID Lamp : High Intensity Discharge Lamp

국가기술자격검정 실기시험문제 및 답안지

2020년도 산업기사 일반검정 제 2 회

자격종목(선택분야)	시험시간	형별	수험번호	성 명	감독위원 확 인
전기공사산업기사	2시간 00분				

※ 다음 물음에 답을 해당 답란에 답하시오.(배점 : 100점)

문제 01 ▸출제년도 : 20. ▸점수 : 20점

다음 도면은 어느 수용가의 배수지 가압펌프장의 22.9[kV-Y] 전용 배전선로이다. 도면과 주어진 조건을 읽고 답하시오.

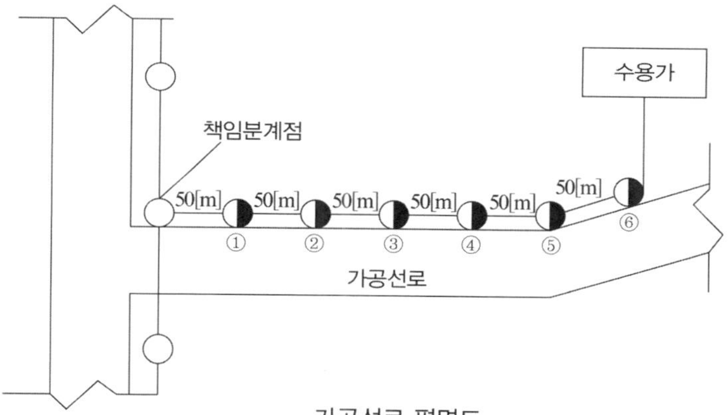

가공선로 평면도

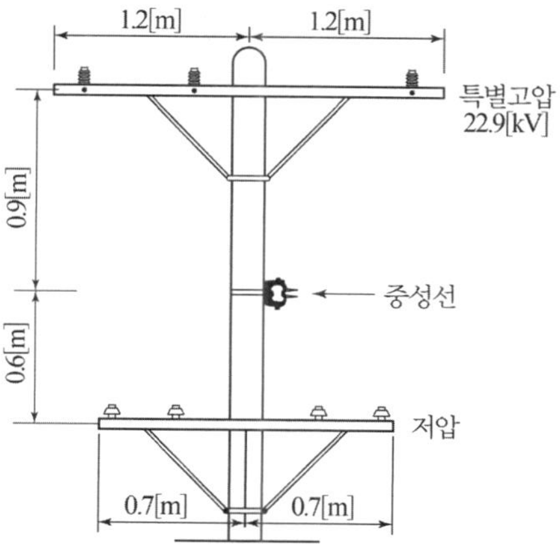

특고압 및 저압선 병가

1. 시설조건
   ① 도면에 표시된 수치는 [m] 이다.
   ② 책임분계점 전신주는 제외한다.
   ③ 전주는 12[m], 설계하중 6.8 [kN]인 콘크리트 전주이며 전주 1개당 근가 1.2[m] 1개가 설치된다.
   ④ 애자는 22.9[kV] 핀애자, 저압용 핀애자를 사용한다.
   ⑤ 지선은 시설하지 않는다.
   ⑥ 배전선용 케이블은 ACSR 58[mm^2] 1C×3 이며 중성선을 포함하지 않는다.
   ⑦ 단완철을 기준한다.
2. 재료의 산출 조건
   ① 중성선 케이블은 제외한다.
   ② 신설되는 배전선로는 책임분계점에서 전주⑥번까지 산출한다.
   ③ 자재 산출시 자재할증은 없는 것으로 도면의 물량만 계산하고 소수점 이하는 절상 한다.
3. 공량 산출 조건
   ① 재료 할증은 공량 산정 시 적용하지 않는다.
   ② 계산 시 소수점 이하 모두 계산하고 합계 인공 계산 시 소수점 셋째자리 이하는 절사한다.
   ③ 주어진 품셈표의 조건으로만 적용한다.

4-1 콘크리트전주 인력 건주 (단위 : [본])

규 격	배전 전공	보통 인부
8[m] 이하	0.89	1.01
10[m] 이하	1.10	1.39
12[m] 이하	1.52	1.60
14[m] 이하	1.95	2.29
16[m] 이하	2.70	2.76

[해설] ① 전주 길이의 1/6을 묻는 기준이며, 계단식터파기, 되메우기 포함, 암반터파기는 별도 계상
② 근가 1본 포함, 1본 추가마다 10[%] 가산
③ 지주공사는 건주공사 적용
④ 주입목주는 콘크리트전주의 50[%], 불주입목주는 콘크리트전주의 40[%]
⑤ H주 건주 200[%], A주 건주 160[%]
⑥ 3각주 건주 300[%], 4각주 건주 400[%]
⑦ 불량품 파괴처리 시 규격별 보통인부 품의 60[%] (현장 정리품 포함)
⑧ 기설 전주에 전주를 높이는데 사용되는 계주용 강판주는 본당 배전전공 0.12인, 보통인부 0.12인 계상, 강판주 철거 50[%], 이설 150[%]
⑨ 경사전주 건기 30[%], 이설 180[%], 철거 50[%], 재사용 철거 80[%]

4-2 배전용 애자 설치 (단위 : [본])

종 별	배전 전공	보통 인부
라인포스트애자	0.046	0.046
현수애자	0.032	0.032
내오손결합애자	0.025	0.025
저압용인류애자	0.02	–

[해설] ① 애자 교체 150[%]
② 애자 닦기
(가) 주상(탑상) 손닦기 : 애자품의 50[%]
(나) 주상(탑상) 기계닦기 : 기계손료만 계상(인건비 포함)
(다) 발췌 손닦기는 애자품의 170[%]
③ 특고압핀애자는 라인포스트애자에 준함
④ 철거 50[%], 재사용 철거 80[%]
⑤ 동일 장소에 추가 1개마다 기본품의 45[%] 적용
⑥ 저압용인류애자 지상조립 75[%](공가과다 개소, 수목접촉 개소, 공간협소 개소 등 지장물 및 안전위해요소로 지상조립이 불가능한 경우 제외)

(1) 다음 물량을 계산하시오.(단, 케이블 물량 계산 시 중성선 케이블은 제외한다.)

품 명	규 격	단위	수량
배전선용 케이블(ACSR)	ACSR 58[mm^2]	m	①
저압 핀애자	–	개	②
완금	90×90×2400[mm]	개	③
암타이	900[mm]	개	④

(2) 신설되는 전주의 건주공사 인공(배전전공, 보통인부)을 계산하시오.

계산 : 답 :

(3) 특고압 애자의 인공(배전전공, 보통인부)을 계산하시오.
(단, 중성선 애자는 제외한다.)

계산 : 답 :

(4) 도면의 전신주에서 발판못의 지표상 최소높이와 한국전기설비규정에 의한 일반장소에서 전신주의 땅에 묻히는 최소 깊이를 쓰시오.

- 발판못의 최소 높이 :
- 전신주 근입 깊이 :

답안작성

(1)

①	계산 : 50×3×6 = 900[m] 답 : 900[m]	②	계산 : 4×6 = 24[개] 답 : 24[개]
③	계산 : 1×6 = 6[개] 답 : 6[개]	④	계산 : 2×6 = 12[개] 답 : 12[개]

(2) 계산 : • 배전전공 : $1.52 \times 6 = 9.12$[인]
• 보통인부 : $1.60 \times 6 = 9.6$[인]
답 : 배전전공 : 9.12[인], 보통인부 : 9.6[인]

(3) 계산 : 배전전공 : $0.046 \times (1+0.45 \times 2) \times 6 = 0.5244$[인]
보통인부 : $0.046 \times (1+0.45 \times 2) \times 6 = 0.5244$[인]
답 : 배전전공 : 0.5244[인], 보통인부 : 0.5244[인]

(4) • 발판못의 최소 높이 : 1.8[m]
• 전신주 근입 깊이 : $12 \times \frac{1}{6} = 2$[m]

해 설

(4) ① KEC 331.4 가공전선로 지지물의 철탑오름 및 전주오름 방지
가공전선로의 지지물에 취급자가 오르고 내리는데 사용하는 발판 볼트 등을 지표상 1.8[m] 미만에 시설하여서는 아니 된다.

② KEC 331.7 가공전선로 지지물의 기초의 안전율
가공전선로의 지지물에 하중이 가하여지는 경우에 그 하중을 받는 지지물의 기초의 안전율은 2이상 (단, 이상시 상정하중에 대한 철탑의 기초에 대하여는 1.33)이어야 한다.
다만, 땅에 묻히는 깊이를 다음의 표에서 정한 값 이상의 깊이로 시설하는 경우에는 그러하지 아니하다.

설계하중 / 전장	6.8 [kN] 이하	6.8 [kN] 초과 ~ 9.8 [kN] 이하	9.8 [kN] 초과 ~ 14.72 [kN] 이하
15 [m] 이하	전장 × 1/6 [m] 이상	전장 × 1/6 + 0.3 [m] 이상	전장 × 1/6 + 0.5 [m] 이상
15 [m] 초과	2.5 [m] 이상	2.8 [m] 이상	–
16 [m] 초과~20 [m] 이하	2.8 [m] 이상	–	–
15 [m] 초과~18 [m] 이하	–	–	3 [m] 이상
18 [m] 초과~20 [m] 이하	–	–	3.2 [m] 이상

문제 02 ▸ 출제년도 : 98. 00. 20. ▸ 점수 : 5점

1차 전압 6600 [V] 2차 전압 220 [V]인 단상 주상변압기 용량이 15 [kVA]이다. 이 변압기에서 공급하는 저압전선로 누설전류[mA]의 최대한도를 구하시오.(단, 소수점 둘째자리 이하는 버리시오.)

답안작성

계산 : $I_g = \frac{15 \times 10^3}{220} \times \frac{1}{2000} \times 10^3 = 34.09$[mA]

답 : 34 [mA]

해 설

최대 누설 전류 한도
저압 전선로 중 절연부분의 전선과 대지간 및 전선의 심선 상호간의 절연저항은 사용전압에 대한 누설전류(I_g)가 최대 공급 전류의 1/2000을 넘지 않도록 유지하여야 한다.

즉, 허용 누설 전류 ≤ 최대 공급 전류$\times \frac{1}{2000}$

문제 03 ▸ 출제년도 : 98. 00. 04. 07. 08. 09. 20. ▸ 점수 : 5점

단상 3선식 220/110 [V] 전력을 공급받는 어느 수용가의 부하연결이 아래 그림과 같은 경우 설비 불평형율을 계산하시오. (단, 소수점 이하 첫째 자리에서 반올림 할 것)

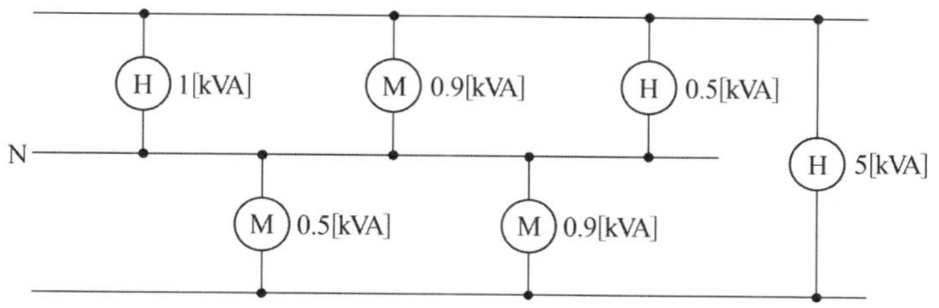

• 계산 : • 답 :

답안작성

계산 : 설비 불평형률 $= \dfrac{(1+0.9+0.5)-(0.5+0.9)}{\dfrac{1}{2}(1+0.9+0.5+0.5+0.9+5)} \times 100 = 23[\%]$

답 : 23 [%]

해 설

단상 3선식에서의 설비불평형률

$$\text{설비불평형률} = \frac{\text{중성선과 각 전압측 전선간에 접속되는 부하 설비용량[kVA]의 차}}{\text{총 부하 설비용량[kVA]의 1/2}} \times 100[\%]$$

여기서, 불평형률은 40 [%] 이하이어야 한다.

문제 04 ▸ 출제년도 : 04. 07. 20. ▸ 점수 : 5점

예비 전원 설비로 이용되는 축전지에 대한 물음에 답하시오.

(1) 전지의 자기방전을 보충함과 동시에 상용부하에 대한 전력공급은 충전기가 부담하되, 충전기가 부담하기 어려운 일시적인 대전류 부하는 축전지가 부담하게 하는 충전방식이 무엇인지 쓰시오.

(2) 비상용 조명부하 200 [V]용 50 [W] 80등, 30 [W] 70등이 있다. 방전시간은 30분이고, 축전지는 HS형 110 [cell]이며, 허용 최저 전압은 190 [V], 최저 축전지 온도는 5 [℃]일 때 축전지 용량[Ah]을 구하시오.(단, 보수율은 0.8, 용량환산시간은 1.2이다.)

• 계산 : • 답 :

답안작성

(1) 부동 충전 방식

(2) 계산 : 축전지 용량

$$C = \frac{1}{L}KI = \frac{1}{0.8} \times 1.2 \times \left(\frac{50 \times 80 + 30 \times 70}{200}\right) = 45.75[\text{Ah}]$$

답 : 45.75 [Ah]

문제 05 ▸ 출제년도 : 20. ▸ 점수 : 3점

다음 철탑의 명칭을 쓰시오.

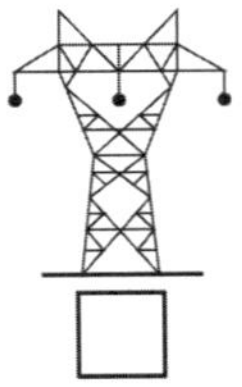

답안작성

우두형 철탑

문제 06 ▸ 출제년도 : 99. 13. 20. ▸ 점수 : 5점

단상 2선식 100 [V]의 옥내배선에서 소비전력 40 [W], 역률 75 [%]의 형광등 100 등을 설치하고자 한다. 분기회로를 16 [A] 분기회로로 할 때 분기회로의 최소수를 구하시오. (단, 1개 회선의 부하전류는 분기회로 용량의 90 [%]로 하고 수용률은 100 [%]로 한다.

• 계산 •답

답안작성

계산 : 분기회로 수 $= \dfrac{40 \times 100}{100 \times 16 \times 0.75 \times 0.9} = 3.7$[회선]

답 : 16[A] 4회로

해 설

부하산정 $= \dfrac{40 \times 100}{0.75} = 5333.33$[VA]

분기회로 정격의 90 [%] 이므로

분기회로 수 $= \dfrac{5333.33}{100 \times 16 \times 0.9} = 3.7$[회선]

문제 07 ▸ 출제년도 : 12. 20. ▸ 점수 : 5점

10 [kVA]의 단상 변압기 3대를 △결선으로 급전하던 중 변압기 1대의 고장으로 나머지 2대로 V결선해서 급전하고 있다. 이 경우 부하가 27.5 [kVA]라면 나머지 2대의 변압기는 몇 [%]의 과부하가 되는지 구하시오.(단, 소수점 이하는 버리시오.)

• 계산 : •답 :

답안작성

계산 : V결선 출력 $P_V = \sqrt{3}\,P_1 = \sqrt{3} \times 10$[kVA]

따라서 과부하율 $= \dfrac{27.5}{\sqrt{3} \times 10} \times 100 = 158$[%]

답 : 158 [%]

문제 08 ▸ 출제년도 : 95. 99. 16. 20. ▸ 점수 : 5점

3상 3선식 380 [V] 회로에 그림과 같이 2.2 [kW], 7.5 [kW], 50 [kW]의 전동기와 5 [kW]의 3상 전열기가 접속되어 있다. 간선(I_a)의 허용전류 [A]를 구하시오.

(단, 전동기의 평균역률은 75 [%]이고, 소수점 셋째자리에서 반올림하여 둘째자리까지 구하시오.)

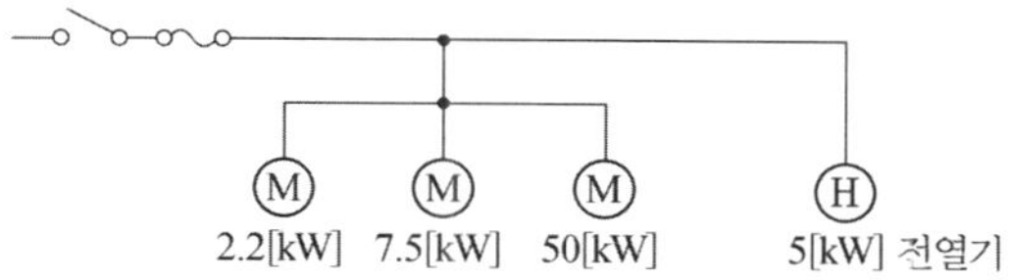

• 계산 : • 답

답안작성

계산 : $I_M = \dfrac{(2.2+7.5+50)\times 10^3}{\sqrt{3}\times 380\times 0.75} = 120.94[A]$

$I_H = \dfrac{5\times 10^3}{\sqrt{3}\times 380} = 7.6[A]$

전동기의 유효 전류 $I_r = 120.94\times 0.75 = 90.71[A]$

전동기의 무효 전류 $I_q = 120.94\times \sqrt{1-0.75^2} = 79.99[A]$

설계전류 $I_B = \sqrt{유효분^2 + 무효분^2} = \sqrt{(90.71+7.6)^2 + 79.99^2} = 126.74[A]$

따라서, $I_B \le I_n \le I_Z$의 조건을 만족하는 전선의 허용전류 $I_Z \ge 126.74[A]$

답 : 126.74[A]

해 설

KEC 212.4.1 도체와 과부하 보호장치 사이의 협조

과부하에 대해 케이블(전선)을 보호하는 장치의 동작특성은 다음의 조건을 충족해야 한다.

$I_B \le I_n \le I_Z,\qquad I_2 \le 1.45\times I_Z$

I_B : 회로의 설계전류(선도체를 흐르는 설계전류 또는 함유율이 높은 영상분 고조파, 특히 제3고조파가 지속적으로 흐르는 경우 중성선에 흐르는 전류이다.)

I_Z : 케이블의 허용전류

I_n : 보호장치의 정격전류(사용현장에 적합하게 조정된 전류의 설정 값)

I_2 : 보호장치가 규약시간 이내에 유효하게 동작하는 것을 보장하는 전류

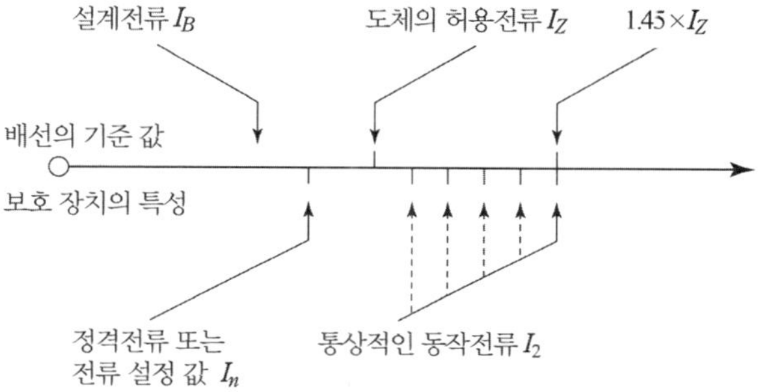

과부하 보호 설계 조건도

문제 09 ▸ 출제년도 : 20. ▸ 점수 : 3점

다음은 경질비닐전선관의 관의 호칭을 나타낸 것이다. (　　)에 알맞은 호칭을 쓰시오.

14, 16, (①), (②), (③), 42, 54, 70, 82

답안작성

① 22　　② 28　　③ 36

문제 10 ▸ 출제년도 : 15. 20. ▸ 점수 : 3점

피뢰기에서 방전현상이 실질적으로 끝난 후에도 전력 계통에서 공급된 전류가 피뢰기를 통해 대지로 계속하여 흐르는 전류를 (　　)라고 한다.

답안작성

속류

해 설

속류란 방전현상이 실질적으로 끝난 후, 이어서 전원으로부터 공급되는 상용 주파수의 전류가 직렬갭을 통하여 대지로 흐르는 전류를 말한다.

문제 11 ▸ 출제년도 : 20. ▸ 점수 : 5점

그림과 같이 저항 4[Ω]을 Y결선한 부하와 △결선한 부하가 있다. 이 회로에 교류 3상 평형전압 200[V]를 가하였을 때, 양 부하에 대한 소비전력[kW]의 합을 구하시오. (단, 배선을 고려하지 않는다.)

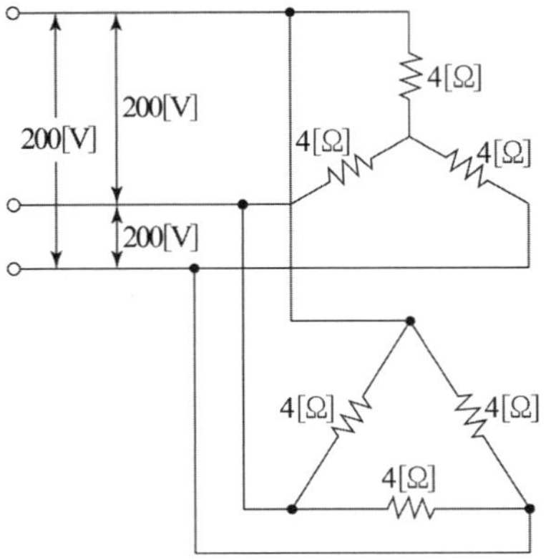

• 계산 :　　　　　　　　　　• 답

답안작성

계산 : $P_Y = 3\dfrac{E_Y^2}{R} = 3 \times \dfrac{\left(\dfrac{200}{\sqrt{3}}\right)^2}{4} \times 10^{-3} = 10[\text{kW}]$

$$P_{\triangle} = 3\frac{E_{\triangle}^2}{R} = 3 \times \frac{200^2}{4} \times 10^{-3} = 30[\text{kW}]$$

따라서, $P = P_Y + P_{\triangle} = 10 + 30 = 40[\text{kW}]$

답 : 40[kW]

문제 12 ▸ 출제년도 : 20. ▸ 점수 : 5점

밴드를 사용한 저압선로(ACSR-OC전선)의 설치 방법이다. 그림을 보고 ①~⑤의 명칭을 쓰시오.

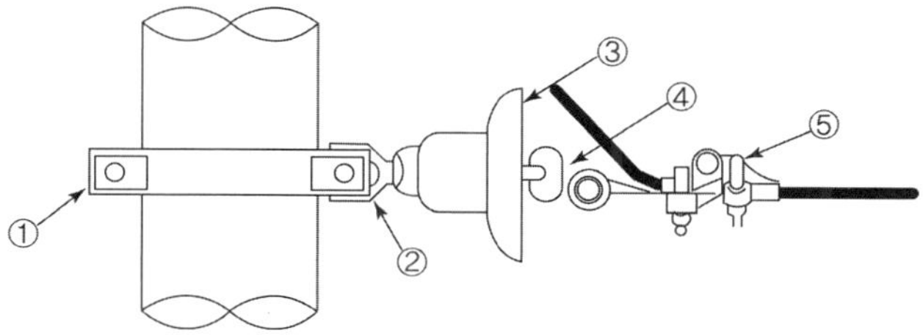

답안작성

① 지선 밴드 ② 볼 아이 ③ 현수애자 ④ 소켓 아이 ⑤ 데드앤드 클램프

문제 13 ▸ 출제년도 : 20. ▸ 점수 : 5점

어느 도서지방의 3선3선식 6.6[kV] 공중배전선로를 50[km]로 2회선 건설하는데 필요한 전선의 길이를 구하시오.(단, 이도는 무시하고 할증은 반영한다.)

•계산 : •답 :

답안작성

계산 : 전선의 길이 $= 50 \times 3 \times 2 \times 1.05 = 315[\text{km}]$

답 : 315[km]

해 설

종 류	할증률[%]	철거손실률[%]
옥 외 전 선	5	2.5
옥 내 전 선	10	–
Cable (옥외)	3	1.5
Cable (옥내)	5	–
전선관 (옥외)	5	–
전선관 (옥내)	10	–
Trolley 선	1	–
동 대 , 동 봉	3	1.5

[해설] 철거손실률이란 전기설비공사에서 철거작업시 발생하는 폐자재를 환입할 때 재료의 파손, 손실, 망실 및 일부 부식 등에 의한 손실률을 말함.

문제 14 ▸ 출제년도 : 97. 03. 20. ▸ 점수 : 5점

특고압 송전선이나 지중 송전선(cable)의 확장에 따라 전력계통에 분로 리액터(shunt-reactor)를 설치하고 있다. 분로 리액터의 설치목적을 쓰시오.

답안작성

페란티 현상을 방지

문제 15 ▸ 출제년도 : 18. 20. ▸ 점수 : 6점

154/22.9 [kV]용 변전소의 변압기에 시설하여야 하는 계측장치를 쓰시오.

답안작성

① 주요 변압기의 전압 및 전류 또는 전력
② 특고압용 변압기의 온도

해 설

KEC 351.6 계측장치
변전소 또는 이에 준하는 곳에는 다음의 사항을 계측하는 장치를 시설하여야 한다.
1) 주요 변압기의 전압 및 전류 또는 전력
2) 특고압용 변압기의 온도

문제 16 ▸ 출제년도 : 91. 96. 97. 03. 15. 20. ▸ 점수 : 5점

어떤 변전소로부터 6.6[kV], 3상 3선식 비접지 배전선이 8회선 나와 있다. 이 배전선에 접속된 주상 변압기의 접지 저항값의 허용값은 얼마인가?
단, 고압측 1선 지락전류는 4[A]라고 한다.

• 계산 • 답

답안작성

계산 : 중성점 접지저항값 $R_2 = \dfrac{150}{I_g} = \dfrac{150}{4} = 37.5[\Omega]$

답 : 37.5 [Ω]

해 설

중성점 접지공사의 접지저항

① 자동차단장치가 없는 경우 $R_2 = \dfrac{150}{\text{1선 지락전류}}[\Omega]$

② 2초 이내에 동작하는 자동차단장치가 있는 경우 $R_2 = \dfrac{300}{\text{1선 지락전류}}[\Omega]$

③ 1초 이내에 동작하는 자동차단장치가 있는 경우 $R_2 = \dfrac{600}{\text{1선 지락전류}}[\Omega]$

문제 17 ▸ 출제년도 : 11. 20. ▸ 점수 : 5점

전로에 접속된 변압기 또는 콘덴서의 결선상의 단위를 무엇이라고 하는지 쓰시오.

답안작성

뱅크(Bank)

문제 18 ▸ 출제년도 : 08. 20. ▸ 점수 : 5점

전기설비에 있어서 감전예방의 종류 중 직접접촉예방은 전기설비가 정상으로 운영하고 있는 상태에서 전기설비에 사람 또는 동물이 접촉되는 경우를 대비하여 감전예방을 위한 보호이다. 직접접촉예방을 위한 보호방법 5가지를 쓰시오.

답안작성

① 충전부의 절연에 의한 보호
② 격벽 또는 외함에 의한 보호
③ 장애물에 의한 보호
④ 손의 접근한계 외측 설치에 따른 보호
⑤ 누전차단기에 의한 추가 보호

해 설

1) 직접접촉예방
전기설비가 정상으로 운영하고 있는 상태에서 전기설비에 사람 또는 동물이 접촉되는 경우를 대비하여 감전예방을 위한 보호
2) 간접접촉예방
전기설비에 지락 등의 고장이 발생한 경우에 해당 전기설비에 사람 또는 동물이 접촉한 경우를 대비하여 감전예방을 위한 보호로서 다음 중 하나의 방법에 의해 실시한다.
① 전원의 자동차단에 의한 보호
② Ⅱ급 기기의 사용 또는 이것과 동등 이상의 절연에 의한 보호
③ 비도전성 장소에 의한 보호
④ 비접지용 국부적 등전위 접속에 의한 보호
⑤ 전기적 분리에 의한 보호
3) 특별저압에 의한 보호는 직접접촉예방 및 간접접촉 예방을 동시에 시행한다. 사용전압은 교류 50 [V] 이하, 직류 120 [V] 이하의 전압을 말한다.

국가기술자격검정 실기시험문제 및 답안지

2020년도 산업기사 일반검정 제 3 회

자격종목(선택분야)	시험시간	형별	수험번호	성 명	감독위원 확 인
전기공사산업기사	2시간 00분				

※ 다음 물음에 답을 해당 답란에 답하시오.(배점 : 100점)

문제 01 ▸출제년도 : 20. ▸점수 : 4점

다음 빈칸에 들어갈 내용을 쓰시오.

> 발전소에서 상주 감시를 요하지 않는 경우라도 발전기 용량이 (　　)[kVA] 넘는 경우에는 발전기의 내부에 고장이 발생했을 때 발전기를 전로에서 자동적으로 차단하는 장치가 필요하다.
> 단, 발전소는 비상용 예비 전원을 얻을 목적으로 시설한 것이 아니다.

답안작성

2000

해 설

KEC 351.8 상주 감시를 하지 아니하는 발전소의 시설

발전소는 비상용 예비 전원을 얻을 목적으로 시설하는 것 이외에는 다음에 따라 시설하여야 한다.

(1) 다음과 같은 경우에는 발전기를 전로에서 자동적으로 차단하고 또한 수차 또는 풍차를 자동적으로 정지하는 장치 또는 내연기관에 연료 유입을 자동적으로 차단하는 장치를 시설할 것.
   ① 원동기 제어용의 압유장치의 유압, 압축 공기장치의 공기압 또는 전동 제어 장치의 전원 전압이 현저히 저하한 경우
   ② 원동기의 회전속도가 현저히 상승한 경우
   ③ 발전기에 과전류가 생긴 경우
   ④ 정격 출력이 500[kW] 이상의 원동기 또는 그 발전기의 베어링의 온도가 현저히 상승한 경우
   ⑤ 용량이 2,000[kVA] 이상의 발전기의 내부에 고장이 생긴 경우

문제 02 ▸출제년도 : 20. ▸점수 : 5점

비접지 방식에서 GPT를 사용하여 SGR을 작동시키는데 필요한 유효전류를 발생시키고, Open delta 결선의 각 상의 전압에서 제3고조파 전압의 발생을 방지하여 중성점 이상 전위 진동 및 중성점 불안정 현상 등의 이상 현상을 제거를 위해 GPT의 Open delta에 부착하는 기기를 쓰시오.

답안작성

한류저항기

해 설

한류저항기는 SGR을 동작시키는 데 필요한 유효전류를 발생시키며, 오픈델타 회로의 각 상전압 중의 제3고조파 전압을 억제하고 중성점에서의 이상현상 등을 제거하기 위해 설치하는 저항이다.

문제 03

▸ 출제년도 : 92. 95. 14. 17. 20. ▸ 점수 : 5점

바닥면적 200[m^2]의 사무실에 전 광속 2500[lm]의 36[W] 형광등을 시설하여 평균조도를 150[lx]로 하고자 한다. 설치할 등수를 구하시오. (단, 조명율은 50 [%], 감광보상률은 1.25이다.)

• 계산 : • 답 :

답안작성

• 계산 : 전등수 $N = \frac{EAD}{FU} = \frac{150 \times 200 \times 1.25}{2500 \times 0.5} = 30[\text{등}]$

• 답 : 30 [등]

문제 04

▸ 출제년도 : 20. ▸ 점수 : 4점

지지물의 형태에 따라 철구형과 철탑형, 수평 배치형과 수직 배치형으로 구분되어지는 것으로 지중 케이블과 가공 선로를 연결하거나 지중 케이블과 변전소 구내에서 인출되는 송전 선로를 연결하기 위한 설비의 명칭을 쓰시오.

답안작성

케이블 헤드

문제 05

▸ 출제년도 : 16. 20. ▸ 점수 : 5점

3상 3선식 중성점 비접지식 6600[V] 가공전선로에 접속된 변압기 100[V] 측 1단자에 중성점 접지공사를 할 때 접지저항값[Ω]은 얼마인지 구하시오.
(단, 이 전선로는 고저압 혼촉 시2초 이내에 자동차단하는 장치가 없으며 고압측 1선 지락전류는 5[A]라고 한다.)

• 계산 : • 답 :

답안작성

계산 : $R = \frac{150}{I_g} = \frac{150}{5} = 30[\Omega]$ 답 : 30[Ω]

해 설

중성점 접지공사의 접지저항

• 자동차단장치가 없는 경우 $R_2 = \frac{150}{\text{1선 지락전류}}[\Omega]$

• 2초 이내에 동작하는 자동차단장치가 있는 경우 $R_2 = \frac{300}{\text{1선 지락전류}}[\Omega]$

• 1초 이내에 동작하는 자동차단장치가 있는 경우 $R_2 = \frac{600}{\text{1선 지락전류}}[\Omega]$

문제 06 ▸ 출제년도 : 20. ▸ 점수 : 4점

접지의 분류에서 아래 그림과 같은 접지공사 방법의 명칭을 쓰시오.

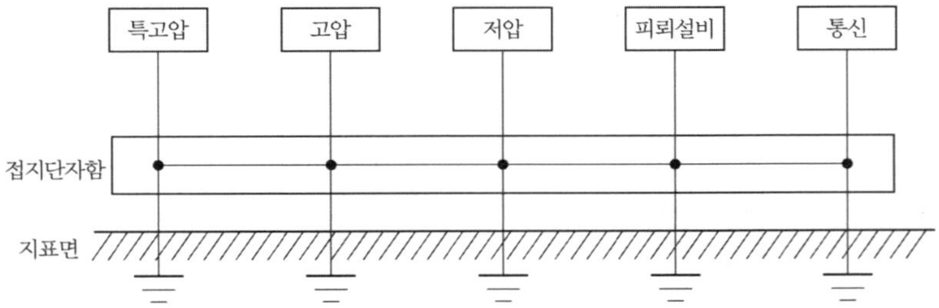

답안작성

통합접지

해 설

접지시스템의 시설 종류

(1) 단독접지 : 고압, 특고압계통의 접지극과 저압계통의 접지극을 독립적으로 설치하는 것

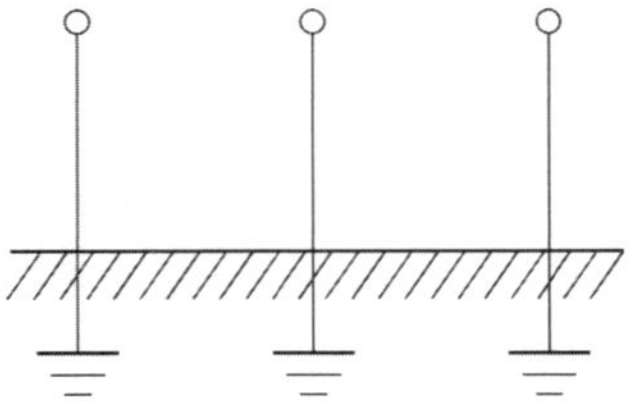

(2) 공통접지 : 등전위가 형성되도록 고압, 특고압계통과 저압접지계통을 공통으로 접지하는 것

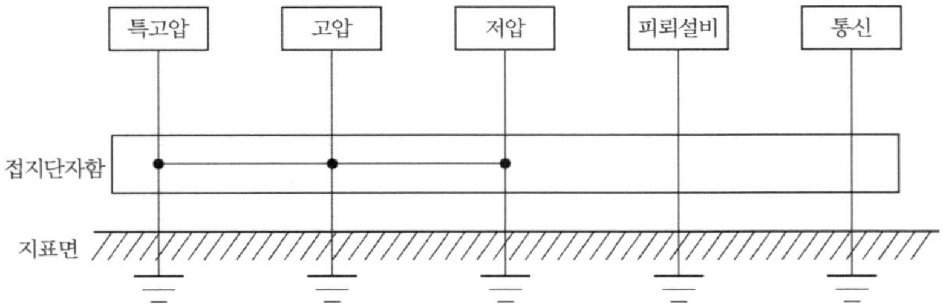

(3) 통합접지 : 전기설비 접지계통, 피뢰설비 및 전기통신설비 등의 접지극을 통합하여 접지시스템을 구성하는 것을 말하며, 설비 사이의 전위차를 해소하여 등전위를 형성하는 접지방식으로 서지보호장치를 시설하여야 할 필요가 있다.

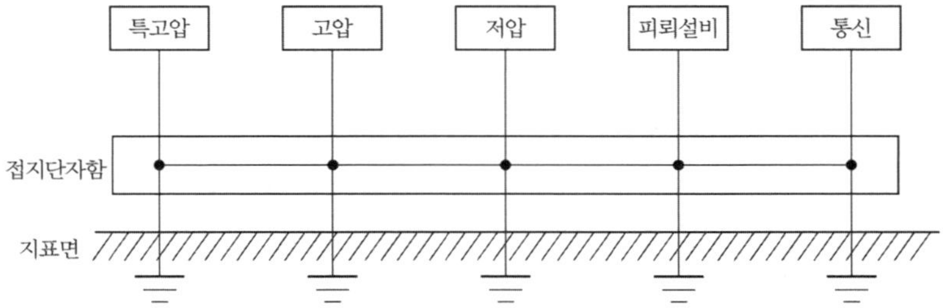

문제 07 ▸ 출제년도 : 88. 97. 14. 17. 20. ▸ 점수 : 5점

최대전류 40 [A]의 특고압 수전의 변류기가 60/5 [A]로 되어 있다. 최대전류의 1.2배에서 차단기가 동작되는 경우 과전류 계전기의 전류를 구하고 전류탭을 선정하시오.
(단, 과전류 계전기의 전류탭은 4 [A], 5 [A], 6 [A], 7 [A], 8 [A], 10 [A], 12 [A]로 되어 있다.)

•계산 : •답 :

답안작성

• 계산 : $I_t = 40 \times \frac{5}{60} \times 1.2 = 4[\mathrm{A}]$

• 답 : 4 [A]

문제 08 ▸ 출제년도 : 20. ▸ 점수 : 3점

항공기가 송전 철탑에 충돌하는 것을 방지하기 위해 항공 장애등을 설치하여야 한다. 철탑의 높이가 지표 또는 수면으로부터 몇 [m] 이상일 때부터 철탑에 항공 장애등을 설치하여야 하는지 쓰시오.

답안작성

60[m]

해 설

항공장애 표시등의 설치 등 (항공법 제83조)
지표면이나 수면으로부터 높이가 60[m] 이상 되는 구조물을 설치하는 자는 국토교통부령으로 정하는 바에 따라 표시등 및 표지를 설치하여야 한다. 다만, 국토교통부령으로 정하는 구조물은 제외한다.

문제 09 ▸ 출제년도 : 17. 20. ▸ 점수 : 3점

접지극으로 사용할 수 있는 것을 3가지만 쓰시오.

답안작성

① 토양에 매설된 기초 접지극
② 케이블의 금속외장 및 그 밖에 금속피복
③ 지중 금속구조물(배관 등)

해 설

KEC 142.2 접지극의 시설 및 접지저항
접지극은 다음의 방법 중 하나 또는 복합하여 시설하여야 한다.
① 콘크리트에 매입 된 기초 접지극
② 토양에 매설된 기초 접지극
③ 토양에 수직 또는 수평으로 직접 매설된 금속전극(봉, 전선, 테이프, 배관, 판 등)
④ 케이블의 금속외장 및 그 밖에 금속피복
⑤ 지중 금속구조물(배관 등)
⑥ 대지에 매설된 철근콘크리트의 용접된 금속 보강재. 다만, 강화콘크리트는 제외한다.

문제 10 ▸출제년도 : 06. 20. ▸점수 : 8점

견적 순서를 발주자 및 수주자 입장에서 작성해 보면 다음의 흐름도와 같다. 빈칸 ①~⑤에 알맞은 답을 써넣으시오.

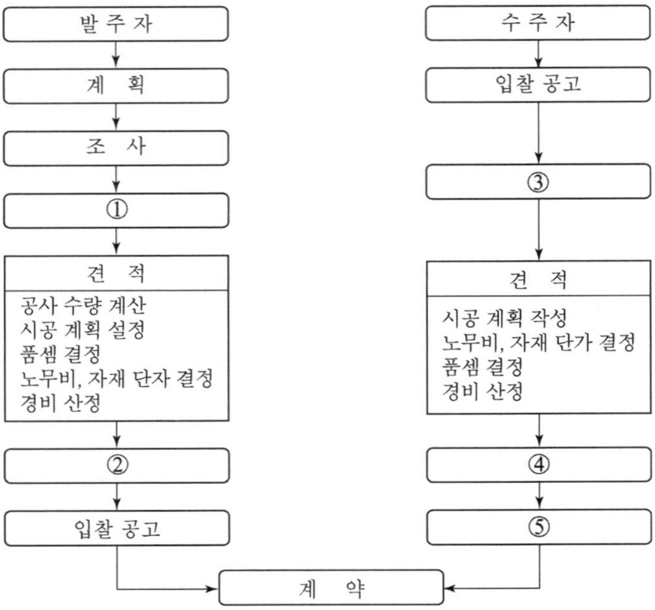

답안작성

① 설계 ② 예정가격 결정 ③ 현장설명 ④ 견적가 결정 ⑤ 입찰

문제 11 ▸출제년도 : 20. ▸점수 : 6점

접지판 X와 보조접지극 상호간의 저항을 측정한 값이 그림과 같다면 a지점(G_a), b지점(G_b), c지점(G_c)의 접지저항값[Ω]을 각각 계산하시오.

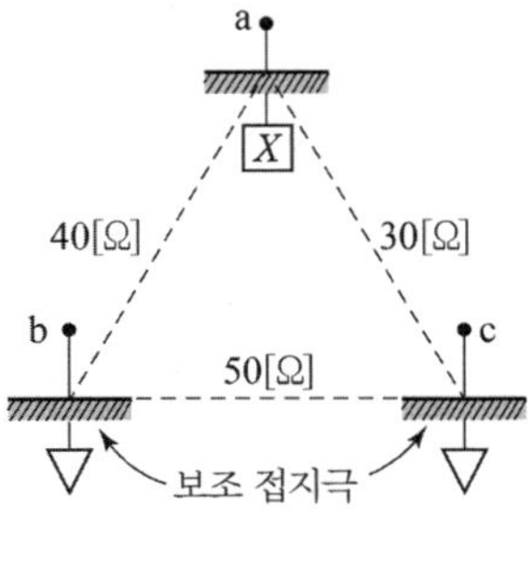

(1) G_a 지점

• 계산 • 답

(2) G_b 지점

• 계산 • 답

(3) G_c 지점

• 계산 • 답

답안작성

(1) 계산 : 접지 저항값 $R_{Ga} = \frac{1}{2}(R_{Gab} + R_{Gca} - R_{Gbc}) = \frac{1}{2}(40 + 30 - 50) = 10[\Omega]$

답 : 10[Ω]

(2) 계산 : 접지 저항값 $R_{Gb} = \frac{1}{2}(R_{Gbc} + R_{Gab} - R_{Gca}) = \frac{1}{2}(50 + 40 - 30) = 30[\Omega]$

답 : 30[Ω]

(3) 계산 : 접지 저항값 $R_{Gc}=\frac{1}{2}(R_{Gca}+R_{Gbc}-R_{Gab})=\frac{1}{2}(30+50-40)=20[\Omega]$

답 : $20[\Omega]$

문제 12 ▸ 출제년도 : 20. ▸ 점수 : 4점

다음 빈칸에 알맞은 내용을 쓰시오.

> "방전등에서 방전은 크게 아크(arc)방전과 비교적 저기압에서 방전 전류가 적은 경우에 발생하는 (　　)방전으로 분류할 수 있다."

답안작성

글로우

문제 13 ▸ 출제년도 : 02. 05. 16. 20. ▸ 점수 : 6점

다음의 설명에 맞는 배전자재의 명칭을 쓰시오.

(1) 주상 변압기를 전주에 설치하기 위해 사용하는 밴드를 쓰시오.

(2) 전주에 암타이 또는 랙크를 설치하기 위한 것으로 1방, 2방, 소형 1방, 소형 2방이 사용되는 밴드를 쓰시오.

(3) 저압선로 ACSR 사용 시 접지측 중성선 인류개소에 랙크와 클램프 연결 시 사용하는 금구를 쓰시오.

답안작성

(1) 행거밴드

(2) 암타이 밴드

(3) 인류 스트랍

문제 14 ▸ 출제년도 : 99. 11. 15. 20. ▸ 점수 : 5점

전원 공급점에서 40 [m]의 지점에 60 [A], 45 [m]의 지점에 50 [A], 60 [m] 지점에 30[A]의 부하가 걸려 있을 때 부하 중심까지의 거리는 몇 [m]인가?

• 계산 : 　　　　　　　　　　　　• 답 :

답안작성

계산 : 부하 중심점까지의 거리

$$L=\frac{l_1 i_1+l_2 i_2+l_3 i_3}{i_1+i_2+i_3}=\frac{40\times60+45\times50+60\times30}{60+50+30}=46.07[\mathrm{m}]$$

답 : 46.07[m]

문제 15 ▸ 출제년도 : 20. ▸ 점수 : 20점

다음 도면은 어느 수용가의 22.9[kV-Y] 전용 배전선로이다. 주어진 조건을 읽고 답하시오.

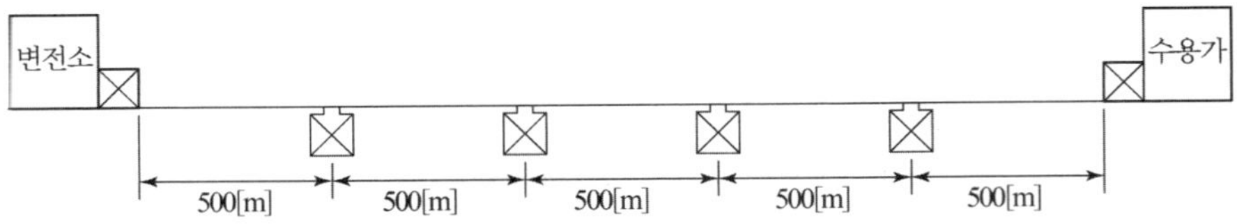

지중 매입 관로 도면

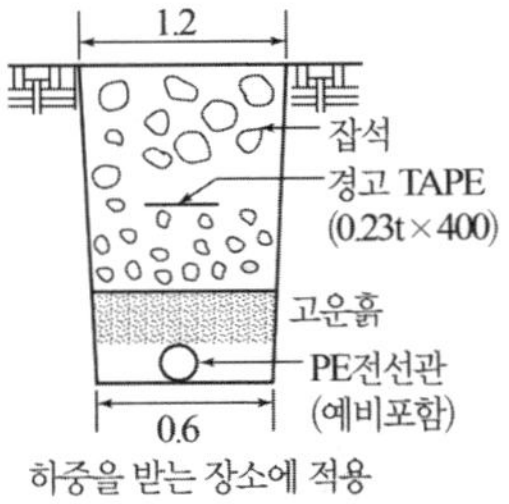

관로 포설 및 터파기 상세도(단위 : m)

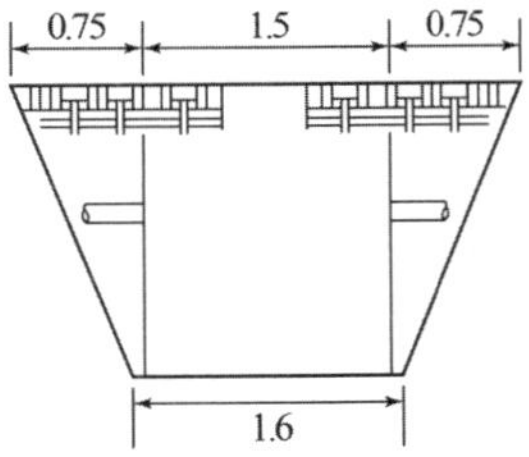

신설 맨홀 기초 상세도(단위 : m)

조건 1. 시설조건

① 지중매설은 중량물의 압력을 받는 장소로 파상형 폴리에틸렌 전선관(ELP) 100[mm]에 지중 매입 배관공사를 한다.

② 한전변전소 맨홀에서 수용가 맨홀까지 22.9[kV] 인입관로에 CNCV-W 케이블 1심 95[mm^2] × 3조로 배선한다.

③ 변전소 인출구 맨홀부터 수용가 인입구 맨홀까지 4개의 맨홀을 신설하며 맨홀은 조립식 맨홀(MS TYPE)로 크레인 사용 기준이다. 또한, 맨홀의 규격은 1.5[m]×1.5[m]×1.5[m]이다. 단, 변전소 인출구 맨홀과 수용가 인입구 맨홀은 설치되어 있다.

④ 줄기초 터파기와 맨홀 터파기 치수는 도면의 치수로 한다.

⑤ 관로 매입공사는 중량물의 압력을 받는 장소로써 시설 시 최소한의 깊이로 시설하며 기타 조건은 무시한다.

조건 2. 재료의 산출 조건

① 관로는 변전소 인출구 맨홀부터 수용가 인입구 맨홀까지만 산출한다.
단, 맨홀 내 배관은 설치하지 않는다.

② 케이블은 변전소 인출구 맨홀과 수용가 인입구 맨홀 내 수량은 산출하지 않는다.
신설 맨홀 내 케이블의 길이는 여유를 고려하여 3[m]로 계산한다.

③ 자재 산출시 자재할증은 없이 도면의 물량만 계산하고 소수점이하는 절상 한다.

④ 터파기는 도면기준으로 관로 및 맨홀 도면의 물량만 계산하고 소수점이하는 절상 한다.
단, 관로 및 맨홀 터파기 물량은 각각 계산하며 겹치는 터파기 물량 부분은 무시한다.

⑤ 접지선은 개별 접지방식으로 산출하지 않는다.

조건 3. 공량 산출 조건

① 재료 할증은 공량 산정시 적용하지 않는다.

② 소수점 이하 둘째자리까지 계산한다.

③ 주어진 품셈표의 조건으로만 적용한다.

〈표 1〉 조립식 맨홀 및 기기 기초대 설치 (단위 : [조당])

종 별	비계공	특별인부	작업반장	줄눈공	장비사용시간[hr]			
					5[ton]	10[ton]	30[ton]	50[ton]
핸 드 홀	0.53	0.80	0.28	0.03		2.28		
맨 홀 (MS-4, MS-6)	0.64	0.99	0.34	0.05			2.80	
맨 홀 (MB-6, MC-5, MC-6)	0.93	1.42	0.49	0.07				4.04

[해설] ① 본 품은 바닥 정지, 거치 및 관로구 설치품 포함
② 터파기, 기초 잡석 및 콘크리트 되메우기, 잔토처리 및 접지공사품은 별도 계상
③ 장비는 크레인 사용기준

(1) 파상형 폴리에틸렌 전선관 물량을 계산하시오.

•계산 : •답 :

(2) 매입관로와 맨홀의 터파기 물량을 각각 계산하시오.

① 매입관로

•계산 : •답 :

② 맨 홀

•계산 : •답 :

(3) 케이블(CNCV-W) 수량을 계산하시오.

•계산 : •답 :

(4) 신설 맨홀 설치 인공을 산출하시오.

① 특별인부

•계산 : •답 :

② 작업반장

•계산 : •답 :

답안작성

(1) • 계산 : $500\times5-1.5\times4=2494[m]$ • 답 : 2494[m]

(2) ① 매입관로

• 계산 : $\frac{0.6+1.2}{2}\times1\times2494=2245[m^3]$ • 답 : 2245[m^3]

② 맨 홀

• 계산 : $\frac{1.5}{6}[(2\times3+1.6)\times3+(2\times1.6+3)\times1.6]\times4=33[m^3]$

• 답 : 33[m^3]

(3) • 계산 : $(500\times5-1.5\times4+3\times4)\times3=7518[m]$ • 답 : 7518[m]

(4) ① 특별인부

• 계산 : $0.99\times4=3.96$[인] • 답 : 3.96[인]

② 작업반장

• 계산 : $0.34\times4=1.36$[인] • 답 : 1.36[인]

해 설

(1) 플리에틸렌 전선관 = 전체길이 − 맨홀 폭 × 맨홀 수

(2) KEC 334.1 지중전선로의 시설

지중 전선로를 관로식에 의하여 시설하는 경우에는 매설 깊이를 1.0[m] 이상으로 하되, 매설 깊이가 충분하지 못한 장소에는 견고하고 차량 기타 중량물의 압력에 견디는 것을 사용할 것. 다만 중량물의 압력을 받을 우려가 없는 곳은 0.6[m] 이상으로 한다.

① 독립기초파기

터파기량 [A]$=\frac{h}{6}\{(2a+a')b+(2a'+a)b'\}$

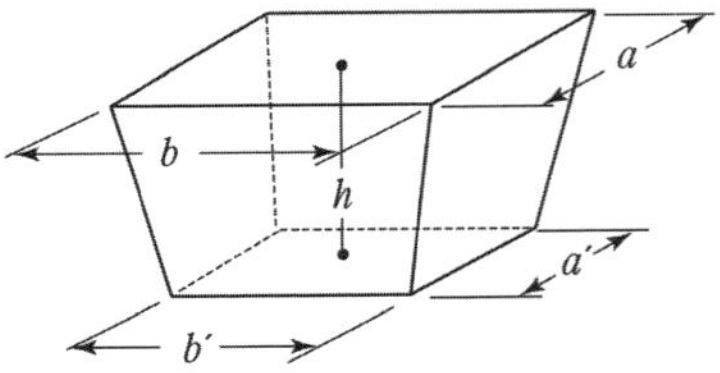

② 줄기초파기

터파기량 [A]$=\left(\frac{a+b}{2}\right)h\times$줄기초길이

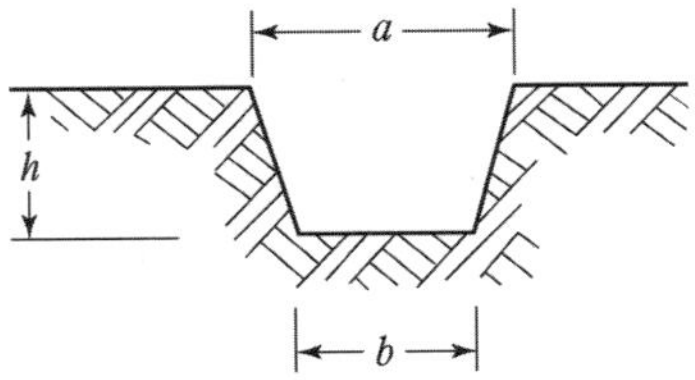

문제 16 ▸ 출제년도 : 91. 97. 09. 20. ▸ 점수 : 4점

가공전선로에 적용하는 애자의 종류 4가지만 쓰시오.

답안작성

핀애자, 현수애자, 라인포스트 애자, 인류애자

해 설

① 핀애자 : 직선 선로에 사용
② 현수애자 : 인류 및 내장 개소에 사용
③ 라인포스트 애자 : 연가용 철탑 등에서 점퍼선 지지
④ 인류 애자 : 인류 개소 및 배전선로의 중성선

문제 17 ▸ 출제년도 : 20. ▸ 점수 : 4점

22.9[kV-Y]의 특고압 수전설비 결선도에서 CB 1차측에 CT를, CB 2차측에 PT를 시설하는 경우에 대한 설명이다. 빈칸에 알맞은 용어를 쓰시오.

가. 차단기의 트립 전원은 직류 또는 (①)이(가) 바람직하며 66 [kV] 이상의 수전 설비는 (②)이어야 한다.

나. 지중인입선의 경우에 22.9 [kV-Y] 계통은 (③) 케이블 또는 TR CNCV-W(트리억제형)을 사용하여야 한다. 다만, 전력구·공동구·덕트·건물 구내 등 화재의 우려가 있는 장소에서는 (④) 케이블을 사용하는 것이 바람직하다.

답안작성

가. ① 콘덴서 방식, ② 직류

나. ③ CNCV-W(수밀형), ④ FR CNCO-W(난연)

해 설

특고압 수전설비 표준결선도 (CB 1차측에 CT를, CB 2차측에 PT를 시설하는 경우)

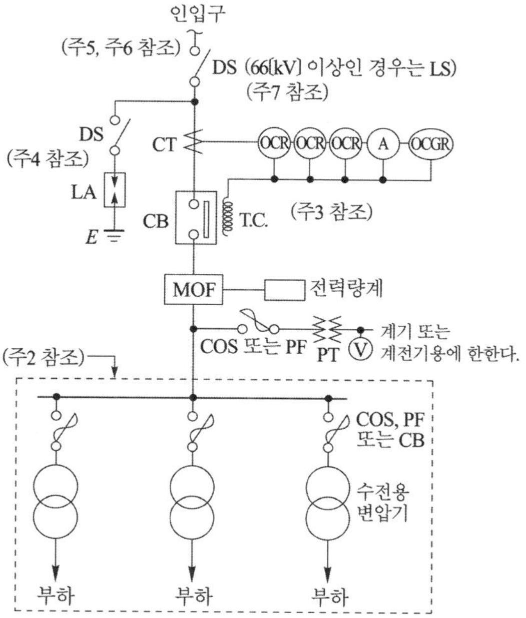

[주1] 22.9 [kV-Y] 1000 [kVA] 이하인 경우에는 간이 수전 설비 결선도에 의할 수 있다.

[주2] 결선도 중 점선 내의 부분은 참고용 예시이다.

[주3] 차단기의 트립 전원은 직류(DC) 또는 콘덴서 방식(CTD)이 바람직하며 66 [kV] 이상의 수전 설비에는 직류(DC)이어야 한다.

[주4] LA용 DS는 생략할 수 있으며 22.9 [kV-Y]용의 LA는 Disconnector(또는 Isolator) 붙임형을 사용하여야 한다.

[주5] 인입선을 지중선으로 시설하는 경우로서 공동 주택 등 사고시 정전 피해가 큰 수전 설비 인입선은 예비선을 포함하여 2회선으로 시설하는 것이 바람직하다.

[주6] 지중인입선의 경우에 22.9 [kV-Y] 계통은 CNCV-W 케이블(수밀형) 또는 TR CNCV-W(트리억제형)을 사용하여야 한다. 다만, 전력구·공동구·덕트·건물구내 등 화재의 우려가 있는 장소에서는 FR CNCO-W(난연) 케이블을 사용하는 것이 바람직하다.

[주7] DS 대신 자동고장구분 개폐기(7000 [kVA] 초과시에는 Sectionalizer)를 사용할 수 있으며 66 [kV] 이상의 경우는 LS를 사용하여야 한다.

문제 18 ▸ 출제년도 : 94. 02. 12. 20. ▸ 점수 : 5점

그림 기호는 콘센트 종류를 표시한 것이다. 각각 어떤 종류의 콘센트를 표시한 것인지 쓰시오.

(1)  LK (2)  T (3)  E (4)  EL (5)  WP

답안작성

(1) 빠짐 방지형
(2) 걸림형
(3) 접지극 붙이
(4) 누전 차단기 붙이
(5) 방수형

해 설

콘센트

명칭	그림 기호	적 요
콘센트		① 천장에 부착하는 경우는 다음과 같다. ② 바닥에 부착하는 경우는 다음과 같다. ③ 용량의 표시 방법은 다음과 같다. • 15 [A]는 방기하지 않는다. • 20 [A] 이상은 암페어 수를 표기한다. [보기] 20A ④ 2구 이상인 경우는 구수를 표기한다. [보기] 2 ⑤ 3극 이상인 것은 극수를 표기한다. [보기] 3P ⑥ 종류를 표시하는 경우는 다음과 같다. 빠짐 방지형 LK 걸림형 T 접지극붙이 E 접지단자붙이 ET 누전 차단기붙이 EL ⑦ 방수형은 WP를 표기한다. WP ⑧ 방폭형은 EX를 표기한다. EX ⑨ 의료용은 H를 표기한다. H

국가기술자격검정 실기시험문제 및 답안지

2020년도 산업기사 일반검정 제 4 회

자격종목(선택분야)	시험시간	형별	수험번호	성 명	감독위원 확 인
전기공사산업기사	2시간 00분				

※ 다음 물음에 답을 해당 답란에 답하시오.(배점 : 100점)

문제 01 ▸출제년도 : 20. ▸점수 : 20점

다음 도면은 사무실의 전등 및 전열 배선 평면도이다. 주어진 조건을 읽고 답하시오.

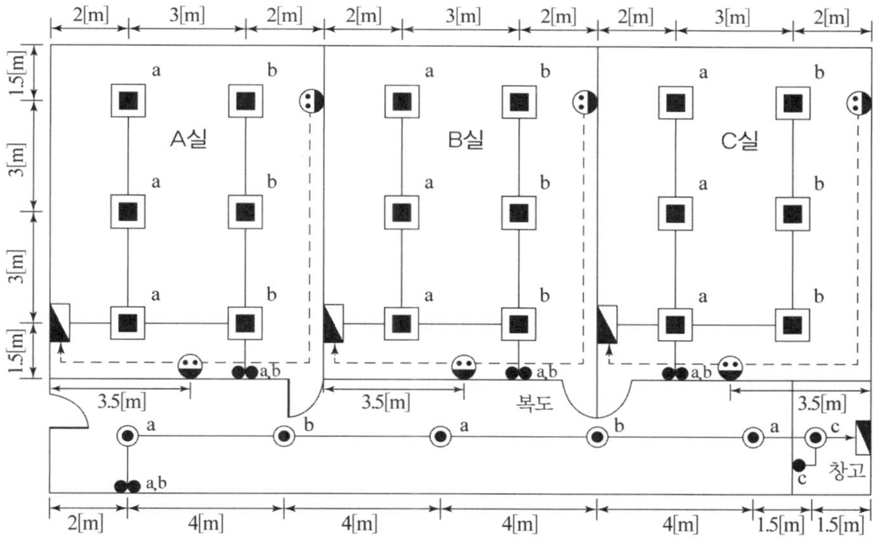

1. 시설조건

① 전선은 450/750[V] 일반용 단심 비닐절연전선 2.5[mm^2]를 사용한다.

② 전선관은 난연성 CD 전선관을 사용하고 표기가 없는 것은 16[mm]를 사용한다.

③ 사무실은 LED 40[W] 1개용, 복도 및 창고는 20[W] 다운라이트를 설치한다.

④ 4방출 이상의 배관과 접속되는 박스는 4각 박스를 사용하고 기타는 8각 박스를 사용한다.

⑤ 창고에 설치되는 스위치 박스는 1구, 그 외 기타 장소의 스위치 박스는 2구를 사용한다.

⑥ 사무실내 분전반 설치높이는 상단 1.8[m](바닥에서 상단까지)로 한다.
(단, 바닥에서 하단까지는 1.5[m]로 한다.)

⑦ 창고에 설치된 주분전반 설치높이는 상단 1.8[m](바닥에서 상단까지)로 한다. (단, 바닥에서 하단까지 1[m]로 한다.)

⑧ 스위치 설치 높이는 1.2[m](바닥에서 중심까지)로 한다.

⑨ 콘센트는 콘크리트 매입 설치이며 설치 높이는 0.3[m](바닥에서 중심까지)로 한다.

⑩ 천정은 이중천정으로 천정에서 등기구까지는 금속가요전선관(0.5[m] 시설)을 이용하여 등기구에 연결하며 바닥에서 등기구까지 높이는 3[m], 바닥에서 등기구 전선관(난연성 CD 전선관)까지 높이는 3.5[m]로 한다.

2. 재료의 산출 조건

① 분전반(사무실내, 창고내 주분전반 포함) 내의 배선여유는 1선당 0.5[m]로 한다.

② 자재 산출시 자재 할증은 없는 것으로 도면의 물량만 산출하고 소수점이하는 절상 한다.

③ 콘센트용 박스는 4각 박스로 한다.

④ 접지선은 산출하지 않는다.

3. 공량 산출 조건

① 재료 할증은 공량 산정 시 적용하지 않는다.

② 계산 시 소수점이하 모두 계산하고 합계 인공 계산 시 세자리 이하 절사한다.

③ 주어진 품셈표의 조건으로만 적용한다.

품셈표 LED등기구 설치

(단위 : [개], 적용직종 : 내선전공)

종 별	직부등	팬던트	다운 라이트	매입 및 반매입
15[W] 이하	0.117	0.158	0.155	–
25[W] 이하	0.138	0.163	0.182	–
35[W] 이하	0.163	0.213	0.208	0.242
45[W] 이하	0.221	0.249	–	0.263
55[W] 이하	0.254	–	–	0.306

[해설] ① 등기구 일체형 기준
② 등기구 조립·설치, 결선, 지지금구류 설치, 장내 소운반 및 잔재정리, 기준점 측정 포함
③ 램프만 교체 시 해당 등기구 1등용 설치품의 10[%] 적용
④ 철거 30[%], 재사용 철거 50[%]
⑤ 기타 사항은 "5-25 형광등기구" 해설 준용

(1) B실의 전등배관 물량을 계산하시오.

① 난연성 CD 전선관

• 계산 : • 답 :

② 금속제 가요전선관

• 계산 : • 답 :

(2) A, B, C실의 전열전선 총 물량을 계산하시오.

•계산 : •답 :

(3) 다음 자재의 수량을 각각 계산하여 표에 기입하시오.

4각박스	①
8각박스	②
스위치박스(2구)	③

(4) 도면에 설치된 등기구들의 총 설치 인공을 산출하시오.

•계산 : •답 :

답안작성

(1) ① 난연성 CD 전선관

• 계산 : $2.3+1.5+6+3+6+2+1.7=22.5$[m] • 답 : 23[m]

② 금속제 가요전선관

• 계산 : $6\times0.5=3$[m] • 답 : 3[m]

(2) • 계산 : [0.5(배선여유) + 1.5 + 1.5 + 3.5 + 0.3 × 2 + 3.5 + 7.5 + 0.3] × 2(전선가닥수) × 3(A,B,C실) = 113.4[m]

• 답 : 114[m]

(3) ① 7 ② 23 ③ 4

(4) • 계산 : 직부등 : $0.221\times18=3.978$[인]

다운라이트 : $0.182\times6=1.092$[인]

• 답 : 5.07[인]

해 설

(1),(2)

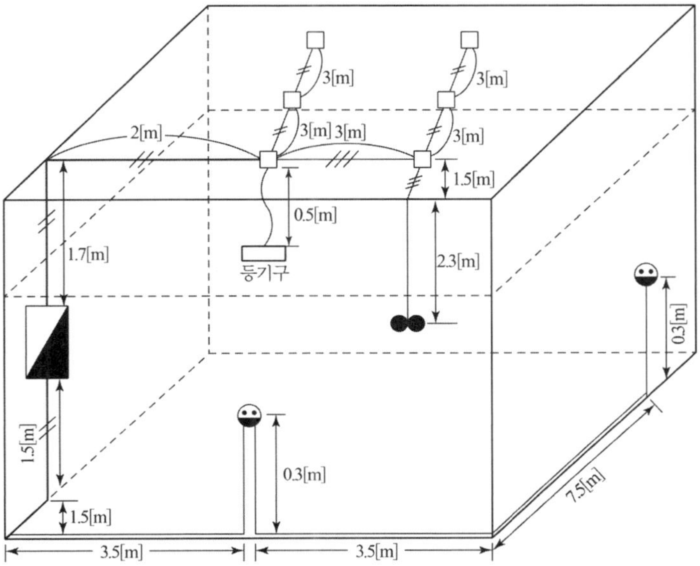

① 전선관(전등)

$2.3+1.5+6+3+6+2+1.7=22.5$[m]

② 전선(전열)

[0.5(배선여유) + 1.5 + 1.5 + 3.5 + 0.3 × 2 + 3.5 + 7.5 + 0.3] × 2 = 37.8[m]

(3) ① 4각박스 : 7[개]
- 콘센트 : 6[개]
- 4방출 배관 접속 : 1[개]

② 8각박스 : 23[개]
- 사무실 : 17[개]
- 복도 : 5[개]
- 창고 : 1[개]

③ 스위치 박스(2구) : 4[개]
- 사무실 : 3[개]
- 복도 : 1[개]

문제 02 ▸ 출제년도 : 12. 20. ▸ 점수 : 5점

권수비가 50인 단상변압기의 전부하 2차 전압이 220 [V]이고, 전압변동률이 4 [%]일 때, 무부하시 1차 단자전압은 몇 [V]인지 구하시오.

•계산 : •답 :

답안작성

계산 : $\epsilon = \frac{V_{20} - V_{2n}}{V_{2n}} \times 100 = \left(\frac{V_{20}}{V_{2n}} - 1\right) \times 100 = \left(\frac{V_{20}}{220} - 1\right) \times 100 = 4\ [\%]$ 에서

$$V_{20} = \left(1 + \frac{4}{100}\right) \times 220 = 228.8\ [\text{V}]$$

$$\therefore\ V_1 = a V_2 = 50 \times 228.8 = 11{,}440\ [\text{V}]$$

답 : 11,440 [V]

해 설

$$\epsilon = \frac{V_{20} - V_{2n}}{V_{2n}} \times 100 = \left(\frac{V_{20}}{V_{2n}} - 1\right) \times 100$$

여기서, ϵ : 전압변동률, V_{20} : 무부하 전압, V_{2n} : 정격 전압

문제 03 ▸ 출제년도 : 90. 94. 05. 12. 20. ▸ 점수 : 5점

터파기에는 독립 기초, 줄 기초, 철탑 기초가 있다. 철탑 기초 파기의 터파기량 산정식을 쓰시오.

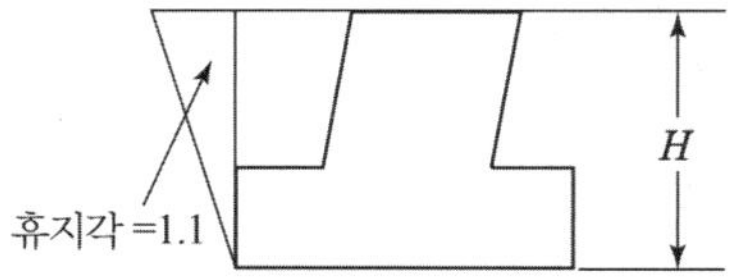

답안작성

터파기량 = 가로 × 세로 × H × 1.21

해 설

휴지각 = 1.1 × 1.1 = 1.21

문제 04 ▸ 출제년도 : 20. ▸ 점수 : 5점

다음 그림은 장주를 배열에 따라 구분한 것이다. 각 장주의 명칭을 쓰시오.

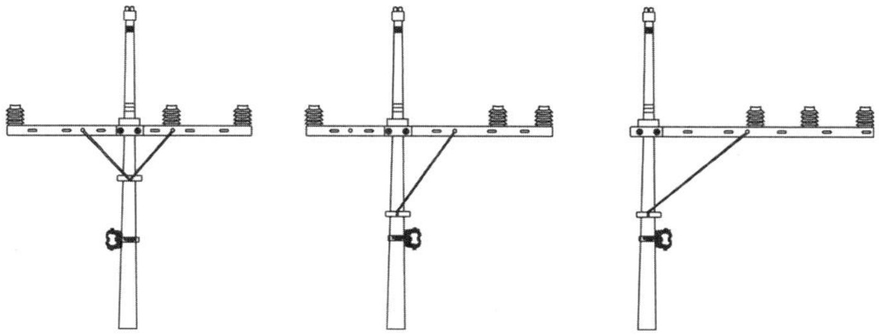

① ② ③

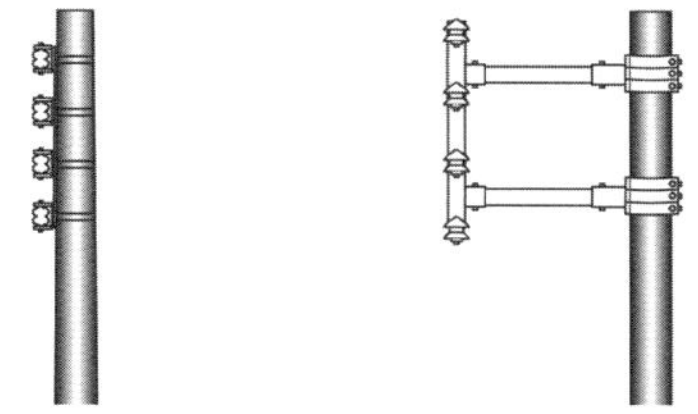

④ ⑤

답안작성

① 보통장주, ② 창출장주, ③ 편출장주, ④ 랙크장주, ⑤ 편출용 D형 랙크장주

해 설

(1) 특고압 장주 형태

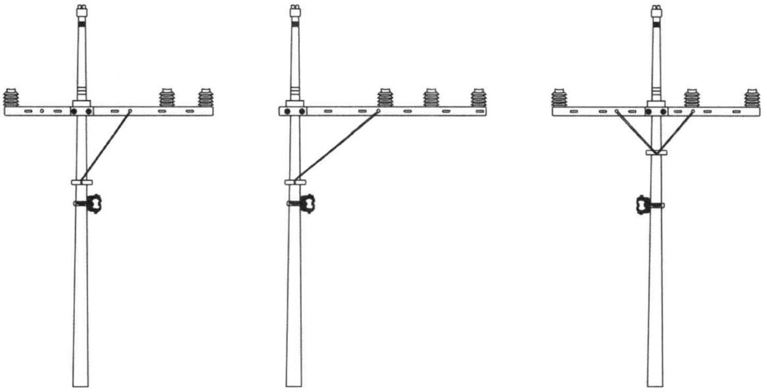

창출장주 편출장주 보통장주

(2) 저압 장주 형태

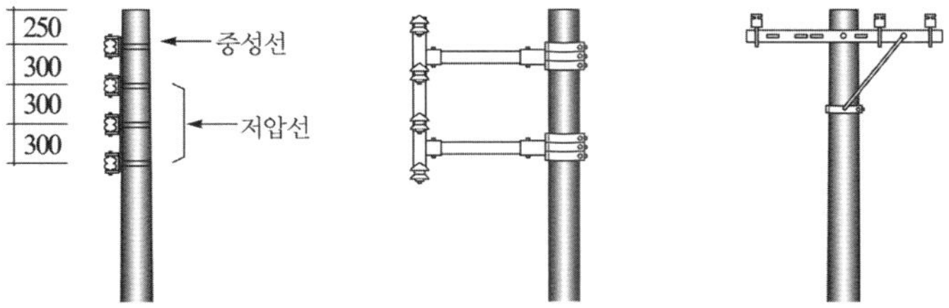

랙크장주 편출용 D형 랙크장주 완철장주

문제 05 ▸ 출제년도 : 20. ▸ 점수 : 5점

다음 ( )에 알맞은 말을 쓰시오.

> 2대 이상의 발전기를 병렬운전할 경우 주파수, (①) 및 (②)가 같아야 한다.

답안작성

① 위상 ② 기전력의 크기

문제 06 ▸ 출제년도 : 10. 20. ▸ 점수 : 5점

연 축전지의 정격용량 200 [Ah], 상시부하 10 [kW], 표준전압 100 [V]인 부동충전 방식의 2차 충전전류값은 얼마인지 계산하시오. (단, 연축전지의 방전율은 10시간율로 한다.)

•계산 : •답 :

답안작성

계산 : $I = \frac{200}{10} + \frac{10000}{100} = 120[A]$ 답 : 120[A]

해 설

① 부동 충전 : 축전지의 자기 방전을 보충함과 동시에 상용 부하에 대한 전력 공급은 충전기가 부담하도록 하되 충전기가 부담하기 어려운 일시적인 대전류 부하는 축전지로 하여금 부담하게 하는 방식이다.

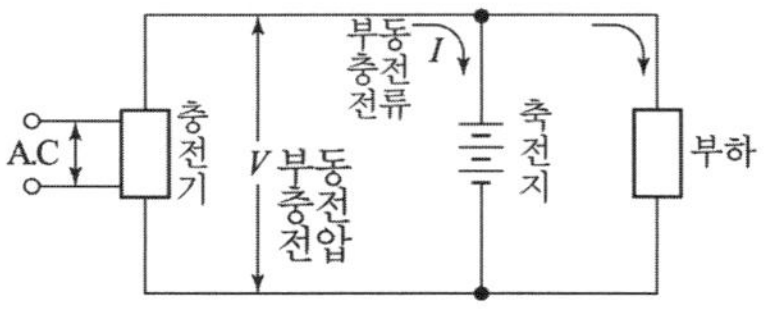

② 충전기 2차 충전 전류 [A] = $\frac{\text{축전지 용량 [Ah]}}{\text{정격 방전율 [h]}} + \frac{\text{상시 부하 용량 [VA]}}{\text{표준 전압 [V]}}$

문제 07 ▸ 출제년도 : 20. ▸ 점수 : 3점

물체가 보인다는 것은 그 물체가 방사되는 광속이 눈에 들어온다는 것이다. 이와 같이 보이는 물체에서 눈의 방향으로 방사되는 단위 면적당의 광속을 무엇이라 하는지 쓰시오.

답안작성

광속발산도

문제 08 ▸ 출제년도 : 02. 06. 20. ▸ 점수 : 4점

연접인입선의 정의를 쓰시오.

답안작성

한 수용장소 인입구 접속점에서 분기하여 다른 지지물을 거치지 아니하고 다른 수용장소 인입구에 이르는 전선를 말함.

해 설

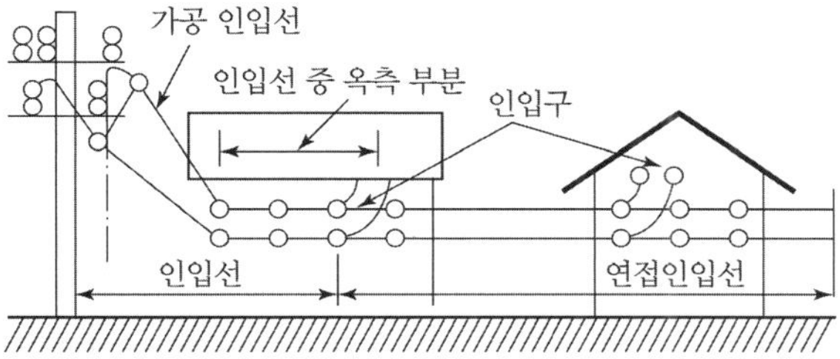

문제 09 ▸ 출제년도 : 20. ▸ 점수 : 6점

고압 및 특고압의 전로에서 피뢰기를 시설하고 접지공사가 의무화되어 있는 장소를 3곳만 쓰시오.

답안작성

① 특고압 가공전선로에 접속하는 배전용 변압기의 고압측 및 특고압측
② 고압 및 특고압 가공전선로로부터 공급을 받는 수용장소의 인입구
③ 가공전선로와 지중전선로가 접속되는 곳

해 설

KEC 341.13 피뢰기의 시설
고압 및 특고압의 전로 중 다음에 열거하는 곳 또는 이에 근접한 곳에는 피뢰기를 시설하여야 한다.
① 발전소·변전소 또는 이에 준하는 장소의 가공전선 인입구 및 인출구
② 특고압 가공전선로에 접속하는 배전용 변압기의 고압측 및 특고압측
③ 고압 및 특고압 가공전선로로부터 공급을 받는 수용장소의 인입구
④ 가공전선로와 지중전선로가 접속되는 곳

문제 10 ▸ 출제년도 : 14. 20. ▸ 점수 : 5점

연건평 30000 [m^2]인 아파트의 부하밀도는 50 [VA/m^2]이고 수용률은 60 [%]이다. 이 아파트의 변압기 용량[kVA]을 구하시오.(단, 부등률은 고려하지 않는다.)

• 계산 : • 답 :

답안작성

계산 : 부하용량$= 50 \times 30000 \times 10^{-3} = 1500$ [kVA]
수전설비용량 $P = 1500 \times 0.6 = 900$ [kVA]
답 : 900 [kVA]

해 설

$$\text{수전설비용량} \geq \text{합성최대 수용전력} = \frac{\text{설비용량 [kVA]} \times \text{수용률}}{\text{부등률}}$$

$$= \frac{\text{설비용량 [kW]} \times \text{수용률}}{\text{부등률} \times \text{역률}} \text{ [kVA]}$$

문제 11 ▸ 출제년도 : 20. ▸ 점수 : 6점

사람의 접촉 우려가 있는 장소에서 철주에 절연전선을 사용하여 접지공사를 그림과 같이 노출 시공하고자 한다. 각각의 물음에 답하시오.

(1) 지표상 합성수지관의 최소 높이 (①)는 몇 [m] 인지 쓰시오.

(2) 접지극의 지하매설 깊이 (②)는 몇 [m] 이상인지 쓰시오.

(3) 철주와 접지극의 이격거리 (③)는 몇 [m] 이상인지 쓰시오.

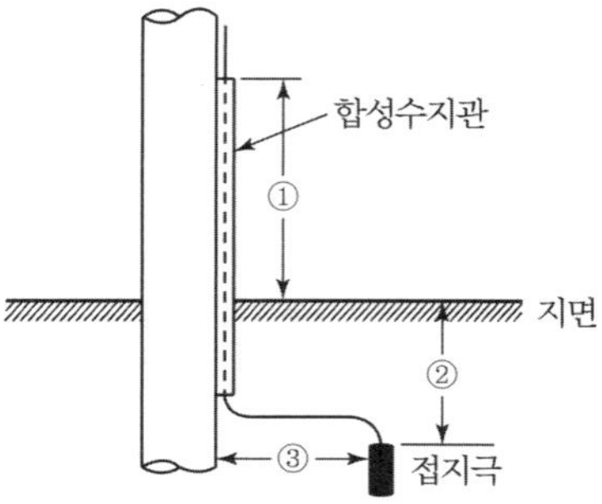

답안작성

① 2[m] ② 0.75[m] ③ 1[m]

해 설

(1) KEC 142.2 접지극의 시설 및 접지저항

① 접지극은 동결 깊이를 감안하여 시설하되 고압 이상의 전기설비와 변압기 중성점 접지공사에 의하여 시설하는 접지극의 매설깊이는 지표면으로부터 지하 0.75[m] 이상으로 한다.

② 접지도체를 철주 기타의 금속체를 따라서 시설하는 경우에는 접지극을 철주의 밑면으로부터 0.3[m] 이상의 깊이에 매설하는 경우 이외에는 접지극을 지중에서 그 금속체로부터 1[m] 이상 떼어 매설하여야 한다.

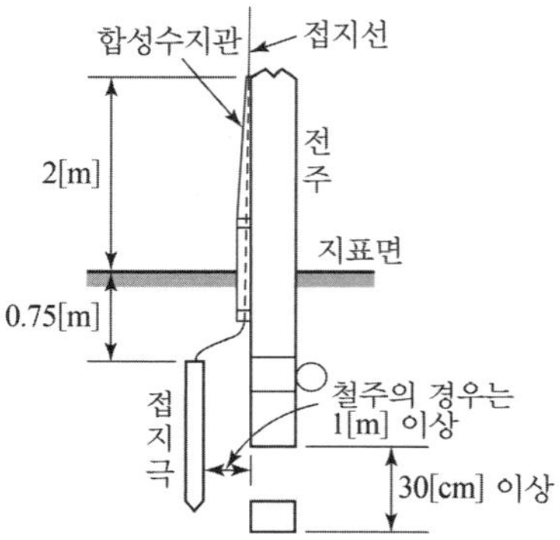

(2) KEC 142.3.1 접지도체

접지도체는 지하 0.75[m] 부터 지표 상 2[m] 까지 부분은 합성수지관(두께 2[mm] 미만의 합성수지제 전선관 및 가연성 콤바인덕트관은 제외한다) 또는 이와 동등 이상의 절연효과와 강도를 가지는 몰드로 덮어야 한다.

문제 12 ▸ 출제년도 : 20. ▸ 점수 : 5점

경간이 60[m]인 전주에 이도를 1[m]로 하여 가공전선을 가설하고자 한다. 무게가 1[kg/㎡]인 가공전선에 요구되는 수평장력[kg]을 구하시오.(단, 안전율은 1로 한다.)

• 계산 :   • 답 :

답안작성

계산 : $T=\dfrac{WS^2}{8D}=\dfrac{1\times 60^2}{8\times 1}=450[\text{kg}]$ 답 : 450[kg]

해 설

이도 $D=\dfrac{WS^2}{8T}[\text{m}]$

여기서, W : 전선의 중량 [kg/m], S : 경간(span) [m], T : 전선의 수평장력 [kg]

문제 13 ▸ 출제년도 : 95. 97. 11. 20. ▸ 점수 : 5점

단상 2선식 가공전선로에서 두 선을 일괄한 것과 대지간의 최소절연저항값[Ω]을 구하시오. (단, 사용전압은 220[V], 최대공급전류는 20[A] 이다.)

•계산 : •답 :

답안작성

계산 : 누설 전류 $i = 20 \times \frac{1}{1000} = 0.02[\mathrm{A}]$

절연 저항 $R = \frac{220}{0.02} = 11000[\Omega]$

답 : 11000 [Ω]

해 설

단상 2선식의 경우 전선을 일괄한 것과 대지 사이의 절연저항은 사용전압에 대한 누설전류가 최대공급 전류의 $\frac{1}{1000}$ 이하가 되도록 하여야 한다.

문제 14 ▸ 출제년도 : 97. 12. 16. 20. ▸ 점수 : 6점

그림과 같이 지선을 가설하여 전주에 가해진 수평장력 800 [kg]을 지지하고자 한다. 4 [mm] 철선을 지선으로 사용한다면 몇 가닥으로 하면 되는지 구하시오.
(단, 4 [mm] 철선 1가닥의 인장 하중은 440 [kg]으로 하고 안전율은 2.5 이다.)

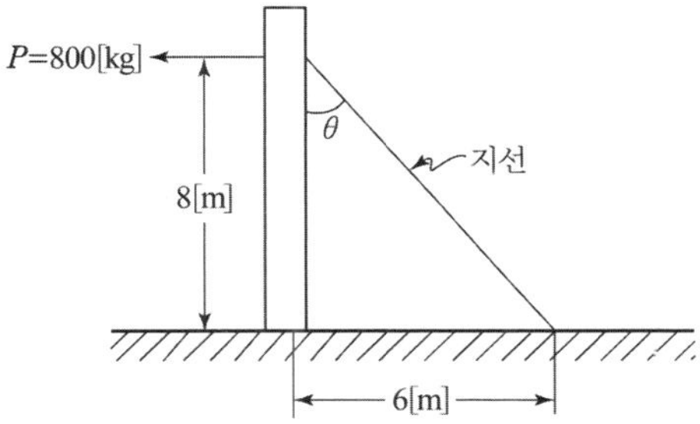

•계산 : •답 :

답안작성

계산 : $\sin\theta = \frac{6}{\sqrt{8^2+6^2}} = \frac{6}{10}$

$T_0 = \frac{10}{6} \times P = \frac{10}{6} \times 800 = 1333.33\ [\mathrm{kg}]$

지선의 장력$(T_0) = \frac{\text{소선 1가닥의 인장강도} \times \text{소선수}}{\text{안전율}} \rightarrow 1333.33 = \frac{440 \times n}{2.5}$

$\therefore\ n = \frac{1333.33 \times 2.5}{440} = 7.58$가닥

답 : 8가닥

해 설

계산 : $\sin\theta = \dfrac{P}{T_o} = \dfrac{6}{\sqrt{8^2+6^2}} = \dfrac{6}{10}$

$T_o = \dfrac{10}{6} \times P = \dfrac{10}{6} \times 800 = 1333.33$ [kg]

$\text{지선의 장력}(T_o) = \dfrac{\text{소선 1가닥의 인장 강도} \times \text{소선수}}{\text{안전율}}$

• 소선수에서 소수점 이하는 절상

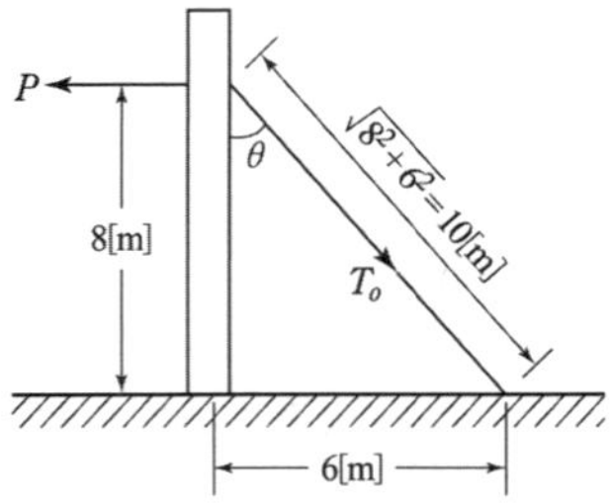

문제 15 ▸ 출제년도 : 93. 94. 14. 20. ▸ 점수 : 3점

가공전선을 애자에 바인드 하고자 할 때 바인드 방법을 3가지만 쓰시오.

답안작성

① 인류 바인드법 ② 측부 바인드법 ③ 두부 바인드법

문제 16 ▸ 출제년도 : 93. 13. 20. ▸ 점수 : 4점

다음 그림기호의 명칭을 쓰고 복선도를 그리시오.
(단, 전기방식은 3상 3선식이다.)

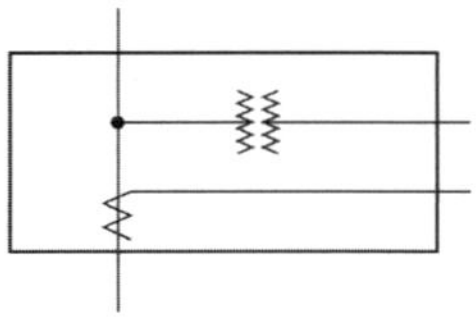

답안작성

•명칭 : 계기용 변성기

•복선도 :

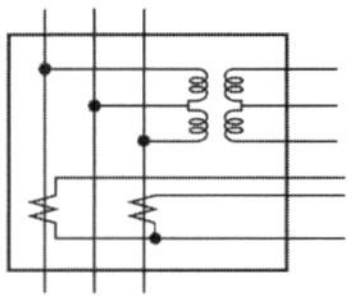

문제 17 ▸ 출제년도 : 20. ▸ 점수 : 4점

축전지의 용량은 다음의 식에 의하여 구할 수 있다. 이 식에서 주어진 문자는 무엇을 의미하는지 간단히 쓰시오.

$$C = \frac{1}{L}KI$$

답안작성

① C : 축전지 용량[Ah] ② L : 보수율
③ K : 용량환산시간계수 ④ I : 방전전류[A]

출제기준 변경 및 개정된 관계법규에 따라 삭제된 문제가 있어 배점의 합계가 100점이 안됩니다.

D30-4

2021년도
전기공사산업기사 실기

▸ 21년 제 1 회 전기공사산업기사

▸ 21년 제 2 회 전기공사산업기사

▸ 21년 제 4 회 전기공사산업기사

국가기술자격검정 실기시험문제 및 답안지

2021년도 산업기사 일반검정 제 1 회

자격종목(선택분야)	시험시간	형별	수험번호	성 명	감독위원 확 인
전기공사산업기사	2시간 00분				

※ 다음 물음에 답을 해당 답란에 답하시오.(배점 : 100점)

문제 01 ▸ 출제년도 : 12. 15. 21. ▸ 점수 : 5점

전등설비 200[W], 전열설비 400[W], 전동기설비 300[W]인 수용가가 있다. 이 수용가의 최대 수용전력이 780[W]이라면 수용률은 얼마인가?

•계산 : •답 :

답안작성

계산 : $수용률 = \frac{최대\ 수용\ 전력}{설비\ 용량(접속부하)} \times 100[\%] = \frac{780}{200+400+300} \times 100 = 86.67[\%]$

답 : 86.67[%]

문제 02 ▸ 출제년도 : 09. 21. ▸ 점수 : 3점

자가용 수변전 설비에서 고압전로의 절연저항을 측정할 때 사전 준비로서 정전 조작을 하여야 한다. 정전 조작은 부하로부터 순차적으로 전원을 향해서 개폐기를 개방하는데, 차단기와 단로기 중 어느 것을 먼저 개로시켜야 하는지 쓰시오.

답안작성

차단기

해 설

단로기는 부하전류를 차단하지 못한다. 따라서 단로기는 전선로나 전기기계의 수리 점검을 하는 경우 차단기로 차단된 전로를 확실하게 열기(open)위하여 사용되는 개폐기이다.

문제 03 ▸ 출제년도 : 17. 21. ▸ 점수 : 5점

일반적으로 전력용 변압기의 절연유에 요구되는 성질을 5가지만 쓰시오.

답안작성

① 절연저항과 절연내력이 클 것
② 인화점이 높을 것
③ 응고점이 낮을 것
④ 점도가 낮고, 비열이 클 것
⑤ 열전도율이 클 것

해 설

변압기의 기름으로서 갖추어야 할 조건
① 절연 저항 및 절연내력이 클 것 (30[kV] / 2.5[mm] 이상)
② 절연 재료 및 금속에 화학 작용을 일으키지 않을 것
③ 인화점이 높고(130 [℃] 이상), 응고점이 낮을 것(−30 [℃] 이하)
④ 점도가 낮고(유동성이 풍부), 비열이 커서 냉각 효과가 클 것
⑤ 고온에서도 석출물이 생기거나 산화하지 않을 것
⑥ 열전도율이 클 것
⑦ 열 팽창계수가 작고 증발로 인한 감소량이 적을 것

문제 04

▸ 출제년도 : 06. 07. 21. ▸ 점수 : 4점

장선기(시메라)는 어떤 용도로 사용되는 공구인가?

답안작성

이도 조정 및 지선의 장력조정

문제 05

▸ 출제년도 : 89. 04. 06. 21. ▸ 점수 : 6점

전기부문 표준품셈에 따른 각 경우에 해당하는 할증률을 쓰시오.
(1) 건물 층수별 할증률에서 20층 초과 25층 이하에 대한 할증률을 쓰시오.
(2) 위험 할증률에서 고소작업 지상 5 [m] 이상 10 [m] 미만에 대한 할증률을 쓰시오.
(단, 비계틀 없이 시공되는 작업이다.)
(3) 전기재료의 할증률에서 옥내전선에 최대로 적용 가능한 할증률을 쓰시오.

답안작성

(1) 6 [%]
(2) 20 [%]
(3) 10 [%]

해 설

(1) 건물 층수별 할증률
① 지상층
2층~5층 이하 1 [%]
10층 이하 3 [%]
15층 이하 4 [%]
20층 이하 5 [%]
25층 이하 6 [%]
30층 이하 7 [%]
30층 초과에 대하여는 매 5층 이내 증가마다 1.0 [%] 가산
② 지하층 할증
지하 1층 1 [%]
지하 2~5층 2 [%]
지하 6층 이하는 매 1개층 증가마다 0.2 [%] 가산

(2) 위험 할증률

① 고소작업(비계틀 없이 시공되는 작업에 적용한다.)

지상 5 [m] 미만 0 [%]
지상 5 [m] 이상 10 [m] 미만 20 [%]
지상 10 [m] 이상 15 [m] 미만 30 [%]
지상 15 [m] 이상 20 [m] 미만 40 [%]
지상 20 [m] 이상 30 [m] 미만 50 [%]
지상 30 [m] 이상 40 [m] 미만 60 [%]
지상 40 [m] 이상 50 [m] 미만 70 [%]
지상 50 [m] 이상 60 [m] 미만 80 [%]
지상 60 [m] 이상 매 10 [m] 이내 증가마다 10 [%] 가산

② 고소 작업(비계틀 사용 시 적용한다.)

지상 10 [m] 이상 10 [%]
지상 20 [m] 이상 20 [%]
지상 30 [m] 이상 30 [%]
지상 50 [m] 이상 40 [%]

(3) 전기재료의 할증률 및 철거손실률

종 류	할증률[%]	철거 손실율[%]
옥외 전선	5	2.5
옥내 전선	10	–
Cable(옥외)	3	1.5
Cable(옥내)	5	–
전선관 옥외	5	–
전선관 옥내	10	–

문제 06 ▸ 출제년도 : 21. ▸ 점수 : 4점

표준품셈(전기부문)에 따른 기계장비를 이용하여 전주세움 작업을 할 때 넓은 지역과 협소한 지역이란 어떤 지역을 말하는지 도로폭(예 : 편도 1차선, 편도 2차선, 편도 3차선 등)을 기준으로 쓰시오.

- 넓은 지역 : 편도 (①) 이상
- 협소한 지역 : 편도 (②) 이하

답안작성

① 3차선 ② 2차선

해 설

기계장비 작업능력 산정

① 넓은 지역이란 도로폭이 3차선(편도) 이상되는 지역을 말한다.

② 협소한 지역이란 도로폭이 2차선(편도) 이하의 지역을 말하며, 매우 협소한 지역이란 도로폭이 6[m] 이하인 지역을 말한다.

문제 07 ▸ 출제년도 : 09. 21. ▸ 점수 : 5점

폭 15 [m]인 도로의 중앙에 10 [m] 높이로 간격 20 [m]마다 200 [W] 전구를 설치하는 경우 도로면의 평균 조도를 구하시오. (단, 조명률 25 [%], 감광보상률 1.5, 200 [W] 전구의 전광속은 3450 [lm]이다.)

• 계산 : • 답 :

답안작성

계산 : $E = \frac{FUN}{AD} = \frac{3450 \times 0.25 \times 1}{15 \times 20 \times 1.5} = 1.92$ [lx]

답 : 1.92 [lx]

해 설

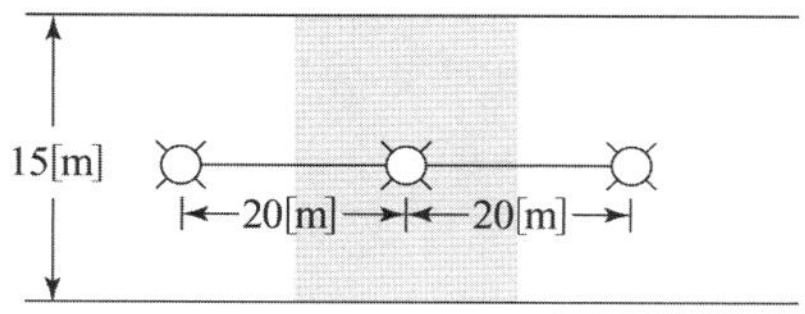

문제 08 ▸ 출제년도 : 13. 21. 점수 : 5점

용량이 5[kVA]인 변압기 2대를 가지고 V결선하여 3상 평형부하에 몇 [kVA]의 전력을 공급 할 수 있는지 구하시오.

• 계산 : • 답 :

답안작성

계산 : $P_V = \sqrt{3} P_1 = \sqrt{3} \times 5 = 8.66$[kVA]

답 : 8.66[kVA]

문제 09 ▸ 출제년도 : 21. 점수 : 5점

한국전기설비규정에 따른 전기저장장치의 시설에 대한 설명이다. 다음 빈칸에 알맞은 내용을 쓰시오.

> 전기저장장치의 이차전지에는 다음에 따라 자동적으로 전로로부터 차단하는 장치를 시설하여야 한다.
> 1. (①) 또는 (②)가 발생한 경우
> 2. 제어장치에 이상이 발생한 경우
> 3. 이차전지 모듈의 내부 (③)가 급격히 상승할 경우

답안작성

① 과전압 ② 과전류 ③ 온도

해 설

KEC 512.2.2 제어 및 보호장치
전기저장장치의 이차전지에는 다음 각 호에 따라 자동적으로 전로로부터 차단하는 장치를 시설하여야 한다.
① 과전압 또는 과전류가 발생한 경우
② 제어장치에 이상이 발생한 경우
③ 이차전지 모듈의 내부 온도가 급격히 상승할 경우

문제 10 ▸ 출제년도 : 16. 21. ▸ 점수 : 6점

현장에 포설된 CN-CV 케이블이 받는 여러 가지의 외적요인 중 케이블을 열화시키는 요인으로는 전기적 요인, 열적 요인, 화학적 요인, 기계적 요인, 생물학적 요인으로 분류가 된다. 이중 전기적 열화의 종류 3가지만 쓰시오.

답안작성

① 부분 방전 ② 전기 트리 ③ 물트리

해 설

케이블의 열화 발생요인
① 전기적 요인 : 상시 운전 전압이나, 과전압, 서지 전압 등에 의해서 부분 방전, 전기 Tree, 물트리 등이 발생하여 Cable을 열화시킨다.
② 열적 요인 : 이상 온도 상승, 열신축 (열싸이클) 등에 의해서 열적으로 연화되어 버리거나, 기계적인 손상 및 변형을 일으켜서 전기적 요인과 복합 작용으로 열화 시키며, 또한 열에 의해서 재질 자체가 화학적으로 변화하기도 한다.
③ 화학적 요인 : 기름, 화학 약품, 토양 중에 함유된 각종 화학물질 등에 의해서 Cable의 절연 외피를 부식 시키거나 화학반응으로 변질시키며, 이들 화학물질이 절연층을 투과하여 도체에 닿으면 화학 트리를 일으켜서 케이블의 절연을 열화 시킨다.
④ 기계적 요인 : 기계적 압력이나 인장, 충격 또는 외상에 의해서 케이블이 기계적으로 손상 변경되어 전기적 원인과의 복합 작용으로 열화하며, 보호 피복의 손상으로 침수되어 절연이 파괴되기도 한다.
⑤ 생물적 요인 : 개미나 쥐, 벌레 등이 Cable의 외피나 절연층을 갉아 먹는 원인으로 케이블이 손상되기도 한다.

문제 11 ▸ 출제년도 : 21. ▸ 점수 : 4점

활선 클램프의 적용(사용) 개소를 쓰시오.

답안작성

분기고리와 기기 리드선을 결선하는데 사용

해 설

활선 클램프는 가공배전선로의 장력이 걸리지 않는 장소에서 분기고리와 기기 리드선을 결선하는데 사용한다.

문제 12 ▸ 출제년도 : 93. 21. ▸ 점수 : 20점

아래 도면은 어느 상점 옥내의 전등 및 콘센트 배선 평면도이다. 주어진 조건을 읽고 다음 물음에 답하시오.

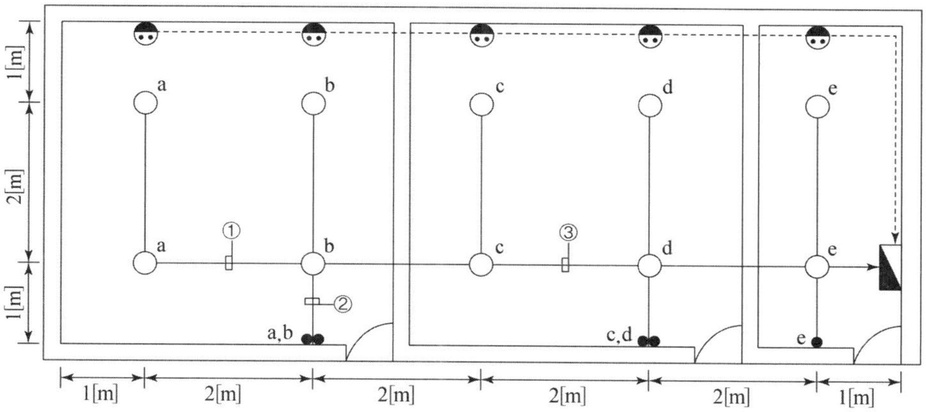

[범례] : ○ 전등, 콘센트, ● 스위치, ---------- 바닥은폐배관, ———— 천장은폐배관

1. 시설조건
   ① 바닥에서 천장 슬라브까지는 3.0 [m] 이다.
   ② 전선은 HFIX 전선으로 전등, 전열 2.5 [mm^2] 이다.
   (단, 접지선(2.5 [mm^2])을 포함하며 스위치 배선은 접지선을 생략한다.)
   ③ 전선관은 합성수지 전선관을 사용하고 특기 없는 것은 16 [mm] 이다.
   ④ 4조 이상의 배관과 접속하는 박스는 4각 박스를 사용한다.
   ⑤ 스위치의 설치 높이는 1.2 [m] 이다.(바닥에서 중심까지)
   ⑥ 특기 없는 콘센트의 높이는 0.5 [m] 이다.(바닥에서 중심까지)
   ⑦ 분전함의 설치 높이는 1.8 [m] 이다.(바닥에서 상단까지)
   (단, 바닥에서 하단까지의 높이는 0.5 [m] 이다.)
2. 재료의 산출
   ① 분전함 내부에서 배선 여유는 전선 1본당 0.5 [m]로 한다.
   ② 자재 산출 시 산출 수량과 할증 수량은 소수점 이하도 기록하고, 자재별 총 수량(산출 수량+할증 수량)은 소수점 이하는 반올림한다.
   ③ 배관 및 배선 이외의 자재는 할증을 보지 않는다.
   (단, 배관 및 배선의 할증은 10 [%]로 한다.)
   ④ 콘센트용 박스는 4각 박스로 본다.
3. 인건비 산출 조건
   ① 재료의 할증분에 대해서는 품셈을 적용하지 않는다.
   ② 소수점 이하도 계산한다.
   ③ 품셈은 아래표의 품셈을 적용한다.

품셈 보기

자재명 및 규격		단위	내선 전공
합성수지 전선관	16 [mm]	[m]	0.05
관내 배선	6 [mm^2] 이하	[m]	0.01
매입 콘센트	2P 15 [A]	개	0.065
아울렛 박스	4각	개	0.2
아울렛 박스	8각	개	0.2

(1) ①, ②, ③ 전선의 최소 가닥수를 답란에 쓰시오.

(2) 다음 표의 빈칸을 기입 하시오.

자재명	규격	단위	산출수량	할증수량	총수량 (산출수량+할증수량)	내선 전공 (수량×인공수)
합성수지 전선관	16 [mm]	[m]			①	③
HFIX 전선	2.5 [mm^2]	[m]			②	④
매입 콘센트	2P 15 [A]	개				⑤
아울렛 박스	4각	개				⑥
아울렛 박스	8각	개				⑦

답안작성

(1) ① 3가닥 ② 3가닥 ③ 4가닥

(2)

①	계산 : •콘센트 ↔ 분전반 : $0.5+2+0.5\times2+2+0.5\times2+2+0.5\times2+2+0.5\times2+1+3+0.5=17[m]$ •전 등 ↔ 분전반 : $2\times9+1+1.2=20.2[m]$ •스위치 ↔ 전등 : $(1+1.8)\times3=8.4[m]$ •산출수량 $=17+20.2+8.4=45.6[m]$ •배관의 할증 $=45.6\times0.1=4.56[m]$ •총수량 $=45.6+4.56=50.16[m]$ 답 : 50[m]
②	계산 : •콘센트 ↔ 분전반 : $(17+0.5)\times3=52.5[m]$ •전등 ↔ 전등 ↔ 분전반 (3가닥) : $(2\times8+1+1.2+0.5)\times3=56.1[m]$ •전등 ↔ 전등(4가닥) : $2\times4=8[m]$ •스위치↔전등 : $(1+1.8)\times2\times3+(1+1.8)\times2=22.4[m]$ •산출수량 : $52.5+56.1+8+22.4=139[m]$ •전선의 할증 $=139\times0.1=13.9[m]$ •총수량 $=139+13.9=152.9[m]$ 답 : 153[m]
③	계산 : $45.6\times0.05=2.28$[인] 답 : 2.28[인]
④	계산 : $139\times0.01=1.39$[인] 답 : 1.39[인]
⑤	계산 : $5\times0.065=0.325$[인] 답 : 0.325[인]
⑥	계산 : $8\times0.2=1.6$[인] 답 : 1.6[인]
⑦	계산 : $10\times0.2=2$[인] 답 : 2[인]

해 설

(1) ① L2, 스위치a, 접지
② L1, 스위치a, 스위치b
③ L1, L2, 스위치c, 접지
(2) ①, ② : 바닥 ↔ 분전함 하단 : 0.5[m], 천장 슬라브 ↔ 분전함 상단 : 3−1.8=1.2[m]
천장 슬라브 ↔ 스위치 : 3−1.2=1.8[m]
⑥ 아울렛박스(4각) : 콘센트용(5개) + 배관 4조 연결되는 전등 (3개)=8개
⑦ 아울렛박스(8각) : 전등(7개) + 스위치(3개)=10개

문제 13 ▸ 출제년도 : 21. ▸ 점수 : 5점

램프 L을 두 곳에서 점등할 수 있는 회로이다. 다음 물음에 답하시오.

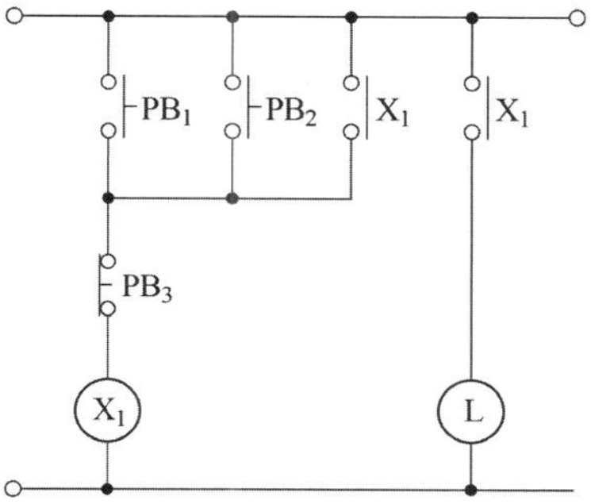

(1) X_1, L의 논리식을 쓰시오.
(2) AND, OR, NOT 논리소자를 이용하여 논리회로를 완성하시오.

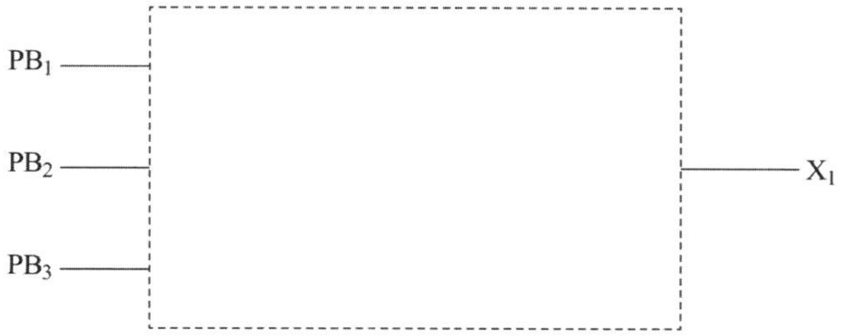

답안작성

(1) $X_1 = (PB_1 + PB_2 + X_1) \cdot \overline{PB_3}$
(2) 논리회로

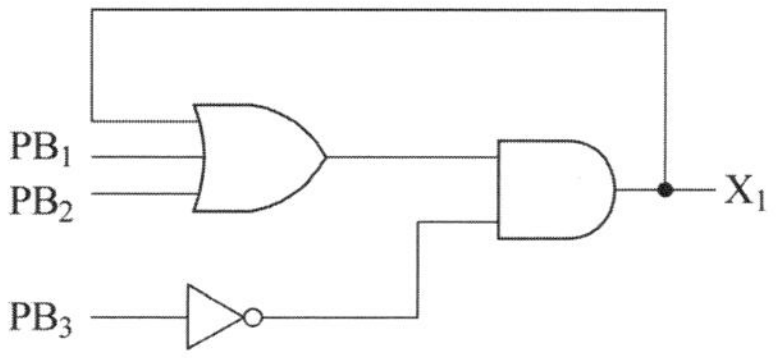

문제 14 ▸ 출제년도 : 99. 02. 05. 07. 21. ▸ 점수 : 8점

수변전 설비 복선도이다. ① ~ ⑨에 해당하는 기기명칭을 기호(예 : WH)로 쓰시오

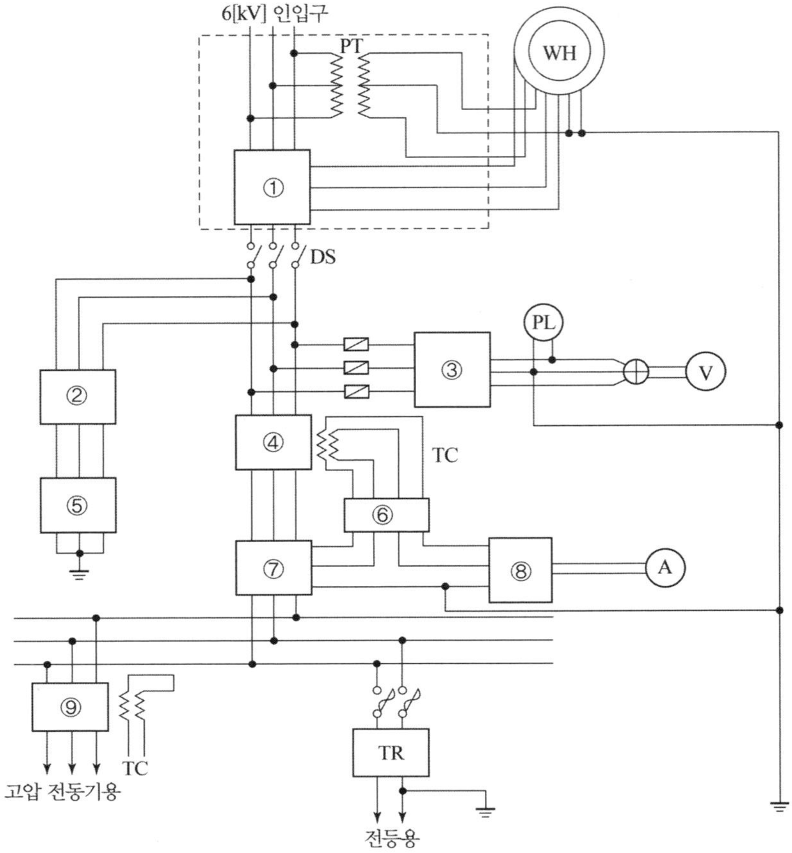

답안작성

① CT ② DS ③ PT ④ CB ⑤ LA ⑥ OCR ⑦ CT ⑧ AS ⑨ CB

해 설

① CT(계기용 변류기) ② DS(단로기)
③ PT(계기용 변압기) ④ CB(교류 차단기)
⑤ LA(피뢰기) ⑥ OCR(과전류 계전기)
⑦ CT(계기용 변류기) ⑧ AS(전류계용 전환개폐기)
⑨ CB(교류 차단기)

문제 15 ▸ 출제년도 : 21. ▸ 점수 : 5점

KS C 0301에 따른 다음 기구들의 그림 기호를 그리시오.

배전반	분전반	제어반

답안작성

배전반	분전반	제어반
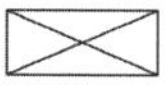		

해 설

배전반 · 분전반 · 제어반

명 칭	그림기호	적 요
배전반, 분전반 및 제어반	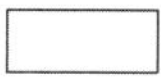	① 종류를 구별하는 경우는 다음과 같다. 배전반  분전반  제어반  ② 직류용은 그 뜻을 방기한다. ③ 재해 방지 전원 회로용 배전반 등인 경우는 2중 틀로 하고 필요에 따라 종별을 방기한다. [보기] 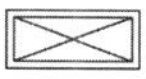 1종 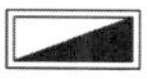 2종

문제 16 ▸ 출제년도 : 21. ▸ 점수 : 5점

한국전기설비규정에 따른 접지도체에 대한 설명이다. 다음 빈칸에 알맞은 내용을 쓰시오.

> 1. 접지도체의 단면적은 큰 고장전류가 접지도체를 통하여 흐르지 않을 경우 접지도체의 최소 단면적은 다음과 같다.
>   1) 구리는 (①)[mm^2] 이상
>   2) 철제는 (②)[mm^2] 이상
> 2. 접지도체에 피뢰시스템이 접속되는 경우, 접지도체의 단면적은 구리 (③)[mm^2] 또는 철 50[mm^2] 이상으로 하여야 한다.

답안작성

① 6 ② 50 ③ 16

해 설

KEC 142.3.1 접지도체

접지도체의 단면적은 큰 고장전류가 접지도체를 통하여 흐르지 않을 경우 접지도체의 최소 단면적은 다음과 같다.

1. 접지도체의 최소 단면적은 다음과 같다.
   (1) 구리는 6 [mm^2] 이상
   (2) 철제는 50 [mm^2] 이상
2. 접지도체에 피뢰시스템이 접속되는 경우, 접지도체의 단면적
   (1) 구리는 16 [mm^2] 이상
   (2) 철제는 50 [mm^2] 이상

문제 17 ▸ 출제년도 : 21. ▸ 점수 : 5점

선로의 전압이 V이고 역률이 $\cos\theta$일 때 선로에서의 전력과 전력손실이 각각 P_1, P_{l1}이다. 선로의 전력손실이 2배로 증가되었다면 전송된 전력은 기존 전력 대비 몇 [%] 증가되어야 하는지 구하시오.
(단, 선로의 전압과 역률이 일정하다. 그리고 2배로 증가된 선로의 전력손실은 P_{l2}, 저항을 R이라 표시한다.)

• 계산 :　　　　　　　　　　　　　　• 답 :

답안작성

계산 : $P_{l2}=2P_{l1}$, $3I_2^2R=2\times(3I_1^2R)$ 에서 $I_2^2=2I_1^2$ $I_2=\sqrt{2}\,I_1$

전력 $P_2=\sqrt{3}\,VI_2\cos\theta=\sqrt{3}\,V(\sqrt{2}\,I_1)\cos\theta=\sqrt{2}\times\sqrt{3}\,VI_1\cos\theta=\sqrt{2}\,P_1=1.4142P_1$

답 : 41.42 [%] 증가

국가기술자격검정 실기시험문제 및 답안지

2021년도 산업기사 일반검정 제 2 회

자격종목(선택분야)	시험시간	형별	수험번호	성 명	감독위원 확 인
전기공사산업기사	2시간 00분				

※ 다음 물음에 답을 해당 답란에 답하시오.(배점 : 100점)

문제 01 ▸ 출제년도 : 10. 21. ▸ 점수 : 5점

어떤 전기설비에서 6600 [V]의 3상 회로에 변압비 33의 계기용변압기 2개를 그림과 같이 설치하였다면 그때의 전압계 V_1, V_2, V_3의 지시값은 얼마인지 각각 구하시오.

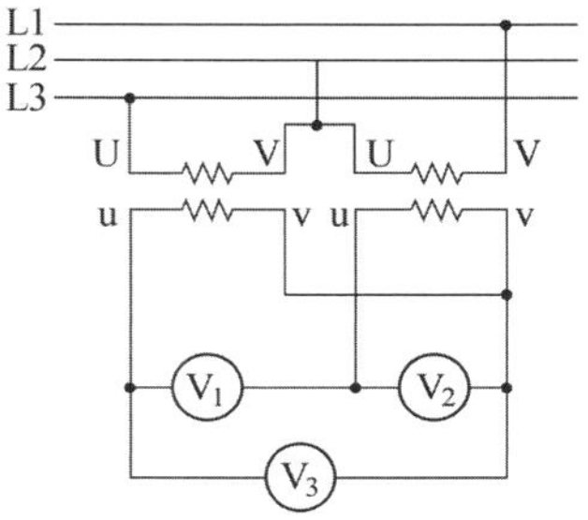

(1) V_1 : • 계산 :

• 답

(2) V_2 : • 계산 :

• 답

(3) V_3 : • 계산 :

• 답

답안작성

(1) 계산 : $V_1 = \frac{6600}{33} \times \sqrt{3} = 346.41[V]$ 답 : 346.41 [V]

(2) 계산 : $V_2 = \frac{6600}{33} = 200[V]$ 답 : 200 [V]

(3) 계산 : $V_3 = \frac{6600}{33} = 200[V]$ 답 : 200 [V]

해 설

V_1는 V_2과 V_3의 Vector 차전압 지시

즉, $V_1 = \sqrt{3}\,V_2$, $V_1 = \sqrt{3}\,V_3$

문제 02 ▸ 출제년도 : 14. 18. 21. ▸ 점수 : 6점

페란티 현상을 간략하게 설명하고, 페란티 현상을 방지하기 위하여 설치하는 기기를 쓰시오.

(1) 페란티 현상에 대해 설명하시오.

(2) 페란티 현상을 방지하기 위한 기기를 쓰시오.

답안작성

(1) 무부하시 선로의 정전용량에 의한 진상 전류 때문에 수전단의 전압이 송전단의 전압보다 높아지는 현상

(2) 분로 리액터

해 설

페란티 현상

① 개요 : 무부하의 경우 선로의 정전용량 때문에 전압보다 위상이 90°앞선 충전 전류의 영향이 커져서 선로에 흐르는 전류가 진상이 되어 수전단 전압이 송전단 전압보다 높아지는 현상을 페란티 현상이라 한다.

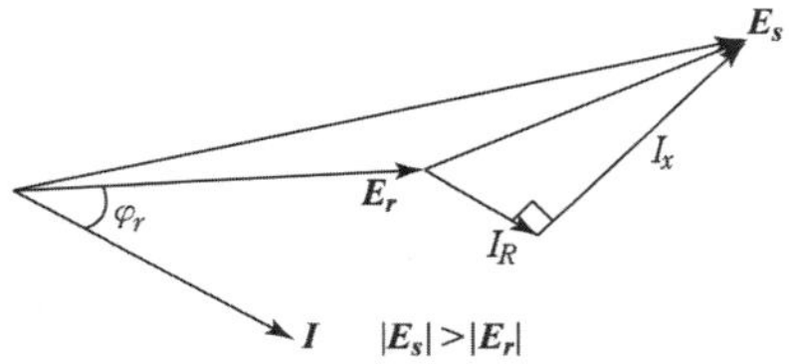

〈지상 전류가 흐를 경우의 벡터도〉

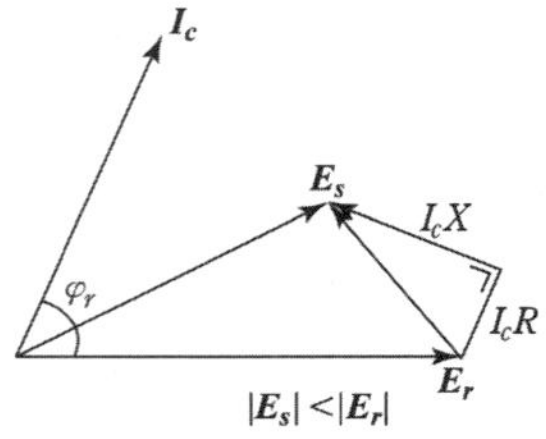

〈진상 전류가 흐를 경우의 벡터도〉

② 페란티 현상 방지 대책 : 선로에 흐르는 전류가 지상이 되도록 한다.

- 수전단에 분로 리액터를 설치한다.
- 동기 조상기의 부족여자 운전

문제 03 ▸ 출제년도 : 21. ▸ 점수 : 8점

한국전기설비규정에서 정하는 연료전지설비의 보호장치에 대한 설명이다. 빈칸에 들어갈 알맞은 내용을 쓰시오.

> 연료전지는 다음의 경우에 자동적으로 이를 전로에서 차단하고 연료전지에 연료가스 공급을 자동적으로 차단하며 연료전지 내의 연료가스를 자동적으로 배기하는 장치를 시설하여야 한다.
> 가. 연료전지에 (①)가 생긴 경우
> 나. 발전요소의 발전전압에 이상이 생겼을 경우 또는 연료가스 출구에서의 (②) 또는 공기 출구에서의 (③) 농도가 현저히 상승한 경우
> 다. 연료전지의 (④)가 현저하게 상승한 경우

답안작성

① 과전류 ② 산소농도 ③ 연료가스 ④ 온도

해 설

KEC 542.2.1 연료전지설비의 보호장치

연료전지는 다음의 경우에 자동적으로 이를 전로에서 차단하고 연료전지에 연료가스 공급을 자동적으로 차단하며 연료전지내의 연료가스를 자동적으로 배기하는 장치를 시설하여야 한다.

가. 연료전지에 과전류가 생긴 경우
나. 발전요소(發電要素)의 발전전압에 이상이 생겼을 경우 또는 연료가스 출구에서의 산소농도 또는 공기 출구에서의 연료가스 농도가 현저히 상승한 경우
다. 연료전지의 온도가 현저하게 상승한 경우

문제 04 ▸ 출제년도 : 95. 07. 18. 21. ▸ 점수 : 5점

가공전선로에 사용되는 전선의 구비조건을 5가지만 쓰시오.

답안작성

① 도전율이 클 것
② 기계적 강도가 클 것
③ 가선작업이 용이 할 것
④ 부식성이 적고 내식성이 클 것
⑤ 비중이 작을 것

문제 05 ▸ 출제년도 : 15. 18. 21. ▸ 점수 : 5점

거리가 1000 [m]인 배전 선로 공사에 있어서 단면적 22 [mm^2]의 알루미늄선으로 계산된 것을 저항이 같은 경동선으로 대치하려고 한다면 그 전선의 단면적은 얼마로 하여야 하는지 구하시오.

[조건] 알루미늄선의 저항률 : $\frac{1}{35}[\Omega \cdot \text{mm}^2/\text{m}]$

경동선의 저항률 : $\frac{1}{55}[\Omega \cdot \text{mm}^2/\text{m}]$

전선의 규격[mm^2] : 4, 6, 10, 16, 25, 35

•계산 : •답 :

답안작성

계산 : 저항 $R = \rho\frac{l}{A}$ 에서 단면적 $A = \frac{\rho l}{R}$

따라서, 저항 및 전선의 길이가 같은 경우 단면적 $A \propto \rho$ 이므로

$\therefore\ 22 : A = \frac{1}{35} : \frac{1}{55}$

$A = \frac{35}{55} \times 22 = 14[\text{mm}^2]$

답 : 16 [mm^2]

해 설

저항 $R = \rho\frac{l}{A}\ [\Omega]$

여기서, $\rho = \frac{1}{\sigma}$: 저항률 또는 고유저항 $[\Omega \cdot \text{mm}^2/\text{m}]$,

l : 전선의 길이 [m]

A : 전선의 단면적 [mm^2]

문제 06 ▸ 출제년도 : 21. ▸ 점수 : 3점

한국전기설비규정에 따라 전주외등을 설치하고자 한다. 가로등, 보안등에 LED 등기구를 사용할 때, LED 등기구의 최소 IP등급을 쓰시오.

답안작성

IP 65

해 설

(1) KEC 234.10 전주외등
가로등, 보안등에 LED 등기구를 사용하는 경우에는 IP 65 이상이어야 한다.

(2) 방진방수 등급(IP등급)
IP코드는 두 자리로 되어있는데 첫 번째 숫자는 방진등급, 두 번째 숫자는 방수등급을 가리킨다.

번호	제1숫자	제2숫자
	방진보호정도	방수보호정도
0	없음	없음
1	손의 접근으로부터 보호	수직으로 떨어지는 물방울로부터의 보호
2	손가락의 접근으로부터의 보호	수직에서 15° 범위에서 떨어지는 물방울로부터의 보호
3	공구의 선단 등으로부터의 보호	수직에서 60° 범위에서 떨어지는 물방울로부터의 보호
4	WIRE 등으로부터의 보호	전방향으로 비산되는 물로부터의 보호
5	분진으로부터의 보호	전방향으로 쏟아지는 물로부터의 보호
6	완전한 방진구조	파도 등의 강력하게 쏟아지는 물로부터의 보호
7	–	일정한 조건으로 물에 잠겨서 사용 가능
8	–	물속에서 사용가능

문제 07 ▸ 출제년도 : 89. 04. 06. 21. ▸ 점수 : 3점

전기부문 표준품셈에 따라 전기재료의 할증률 및 철거용 재료의 손실률은 아래 표의 값 이내로 하여야 한다. 다음 빈칸을 채워 표를 완성하시오.

종류	할증률 [%]	철거손실률 [%]
옥외전선	(①)	(②)
옥내전선	(③)	–

답안작성

① 5 ② 2.5 ③ 10

해 설

재료의 할증률

종 류	할증률 [%]	철거 손실율[%]
옥외 전선	5	2.5
옥내 전선	10	–
cable (옥외)	3	1.5
cable (옥내)	5	–
전선관 (옥외)	5	–
전선관 (옥내)	10	–

문제 08 ▸ 출제년도 : 05. 21. ▸ 점수 : 5점

한국전기설비규정에서 정하는 전선의 식별 색상을 쓰시오.

상(문자)	색상
L1	①
L2	②
L3	③
N	④
보호도체	⑤

답안작성

① 갈색 ② 검은색 ③ 회색 ④ 파란색 ⑤ 녹색-노란색

해 설

KEC 121.2 전선의 식별

1) 전선의 색상은 표 에 따른다.

상(문자)	색상
L1	갈색
L2	검은색
L3	회색
N	파란색
보호도체	녹색-노란색

2) 색상 식별이 종단 및 연결 지점에서만 이루어지는 나도체 등은 전선 종단부에 색상이 반영구적으로 유지될 수 있는 도색, 밴드, 색 테이프 등의 방법으로 표시해야 한다.

문제 09 ▸ 출제년도 : 18. 21. ▸ 점수 : 6점

다음은 전기설비의 방폭구조에 대한 기호 이다.
기호에 맞는 방폭구조의 명칭을 쓰시오.

기 호	방폭구조의 명칭
d	①
o	②
p	③
e	④
i	⑤
m	⑥

답안작성

① 내압방폭구조 ② 유입 방폭구조
③ 압력방폭구조 ④ 안전증 방폭구조
⑤ 본질안전 방폭구조 ⑥ 몰드 방폭구조

해 설

방폭구조의 기호

구	분	기 호
방폭구조의 종류	내압 방폭구조	d
	유입 방폭구조	o
	압력 방폭구조	p
	충전 방폭구조	q
	안전증 방폭구조	e
	본질안전 방폭구조	i
	비점화 방폭구조	n
	몰드 방폭구조	m

문제 10 ▸ 출제년도 : 21. ▸ 점수 : 5점

평균조도 300 [lx]의 전반조명으로 시설된 144 [mm^2]의 방이 있다. LED 조명기구 1대당 4600 [lm], 조명률 50 [%], 감광보상률 1.25일 때, 이 방에서 10시간 연속점등을 했을 경우의 소비전력 [kWh]을 구하시오. (단, LED 조명기구 당 소비전력은 50 [W]이며 역률은 1이다.)

•계산 : •답 :

답안작성

계산 : • 방에 필요한 조명기구 대수

$$N = \frac{AED}{FU} = \frac{144 \times 300 \times 1.25}{4600 \times 0.5} = 23.48 \rightarrow 24대$$

• 소비전력 $W = P \times t = 50 \times 24 \times 10 \times 10^{-3} = 12$ [kWh]

답 : 12 [kWh]

해 설

등 수 $N = \frac{AED}{FU}$

소비전력 $W = 50[W] \times 24[등] \times 10[시간] \times 10^{-3} = 12[kWh]$

문제 11 ▸ 출제년도 : 21. ▸ 점수 : 5점

한국전기설비규정에서 정하는 용어의 정의이다. 빈칸에 알맞은 용어를 쓰시오.

1. (①)란 교류회로에서 중성선 겸용 보호도체를 말한다.
2. (②)란 직류회로에서 중간선 겸용 보호도체를 말한다.
3. (③)란 직류회로에서 선도체 겸용 보호도체를 말한다.

답안작성

① PEN 도체 ② PEM 도체 ③ PEL 도체

해 설

KEC 112 용어정의

- "PEN 도체(protective earthing conductor and neutral conductor)"란 교류회로에서 중성선 겸용 보호도체를 말한다.
- "PEM 도체(protective earthing conductor and a mid-point conductor)"란 직류회로에서 중간선 겸용 보호도체를 말한다.
- "PEL 도체(protective earthing conductor and a line conductor)"란 직류회로에서 선도체 겸용 보호도체를 말한다.

문제 12 ▸ 출제년도 : 04. 14. 21. ▸ 점수 : 4점

한국전기설비규정에서 정하는 특고압(22.9 [kV]) 배전용 철근 콘크리트주의 표준깊이(지하에 묻히는 길이)는 각각 얼마 이상인지 쓰시오. (단, 설계 하중이 6.8 [kN] 이하이다.)

(1) 전주의 길이가 15 [m] 초과 16 [m] 이하인 경우

(2) 전주의 길이가 15 [m] 이하인 경우

답안작성

(1) 2.5 [m] 이상

(2) 전장$\times\frac{1}{6}$[m] 이상

해 설

가공전선로 지지물의 기초의 안전율 (KEC 331.7)

가공전선로의 지지물에 하중이 가하여지는 경우에 그 하중을 받는 지지물의 기초의 안전율은 2이상(단, 이상시 상정하중에 대한 철탑의 기초에 대하여는 1.33)이어야 한다. 다만, 땅에 묻히는 깊이를 다음의 표에서 정한 값 이상의 깊이로 시설하는 경우에는 그러하지 아니하다.

설계하중 \ 전장	6.8 [kN] 이하	6.8 [kN] 초과 ~ 9.8 [kN] 이하	9.8 [kN] 초과 ~ 14.72 [kN] 이하
15 [m] 이하	전장×1/6 [m] 이상	전장×1/6 + 0.3 [m] 이상	−
15 [m] 초과	2.5 [m] 이상	2.8 [m] 이상	−
16 [m] 초과~20 [m] 이하	2.8 [m] 이상	−	−
15 [m] 초과~18 [m] 이하	−	−	3 [m] 이상
18 [m] 초과	−	−	3.2 [m] 이상

문제 13 ▸ 출제년도 : 11. 21. ▸ 점수 : 6점

KSC 8464에서 정하는 케이블 트레이의 종류를 3가지만 쓰시오.

답안작성

① 사다리형
② 펀칭형
③ 메시형

해 설

KEC 232.41 케이블트레이공사
케이블트레이배선은 케이블을 지지하기 위하여 사용하는 금속재 또는 불연성 재료로 제작된 유닛 또는 유닛의 집합체 및 그에 부속하는 부속재 등으로 구성된 견고한 구조물을 말하며 사다리형, 펀칭형, 메시형, 바닥밀폐형 기타 이와 유사한 구조물을 포함하여 적용한다.

문제 14 ▸ 출제년도 : 18. 21. ▸ 점수 : 6점

눈부심(Glare)에 대하여 다음 물음에 답하시오.
(1) 눈부심(Glare)의 정의
(2) 눈부심의 종류 3가지

답안작성

(1) 정의 : 시야 내에 어떤 고휘도로 인하여 불쾌, 고통, 눈의 피로, 시력의 일시적 감퇴를 일으키는 현상
(2) 감능 글레어, 불쾌 글레어, 직시 글레어

해 설

(2) ① 감능 글레어 : 보고자 하는 물체와 시야 사이에 고휘도 광원이 있어 시력저하를 일으키는 현상
② 불쾌 글레어 : 심한 휘도 차이에 의한 피로 불쾌감
④ 직시 글레어 : 고휘도 광원을 직시하였을 때 시력장해를 받는 현상
⑤ 반사 글레어 : 고휘도원이 반사면으로부터 나올 때 시력장해를 받는 현상

문제 15 ▸ 출제년도 : 18. 21. ▸ 점수 : 6점

전기사업법에서 정의하는 전기설비의 종류 3가지를 쓰시오.
(단, 「댐건설 및 주변지역지원 등에 관한 법률」에 따라 건설되는 댐 · 저수지와 선박 · 차량 또는 항공기에 설치되는 것과 그 밖에 대통령령으로 정하는 것은 제외한다.)

답안작성

① 전기사업용전기설비
② 일반용전기설비
③ 자가용전기설비

해 설

전기사업법 제2조 (정의)
"전기설비"란 발전 · 송전 · 변전 · 배전 · 전기공급 또는 전기사용을 위하여 설치하는 기계 · 기구 · 댐 · 수로 · 저수지 · 전선로 · 보안통신선로 및 그 밖의 설비(「댐건설 및 주변지역지원 등에 관한 법률」에 따라 건설되는 댐 · 저수지와 선박 · 차량 또는 항공기에 설치되는 것과 그 밖에 대통령령으로 정하는 것은 제외한다)로서 다음 각 목의 것을 말한다.
① 전기사업용전기설비
② 일반용전기설비
③ 자가용전기설비

문제 16 ▸ 출제년도 : 21. ▸ 점수 : 6점

그림의 릴레이 회로를 보고 물음에 답하시오.

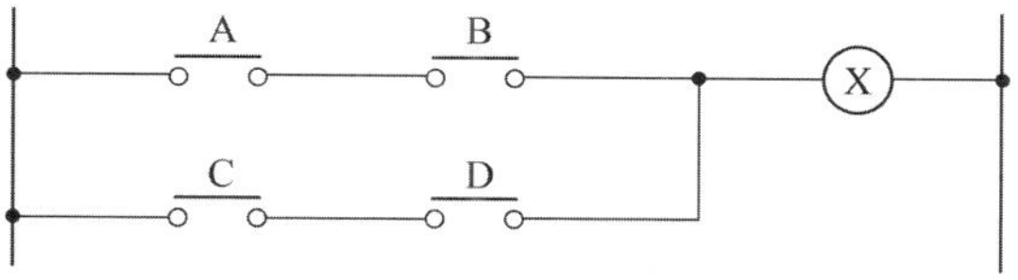

(1) 논리식을 쓰시오. (단, 입력은 A, B, C, D이며 출력은 X이다.)
(2) "(1)"의 논리식을 2입력 AND 소자, 2입력 OR 소자만을 사용하여 논리 회로를 구성하시오.
(3) "(1)"의 논리식을 2입력 NAND 소자만을 사용하여 논리 회로로 구성하시오.

답안작성

(1) 논리식 : $X = AB + CD$

(2)

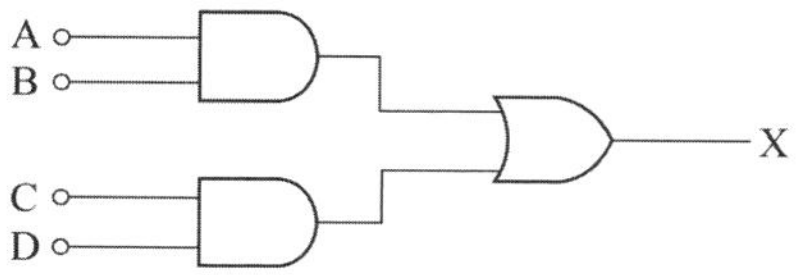

(3)

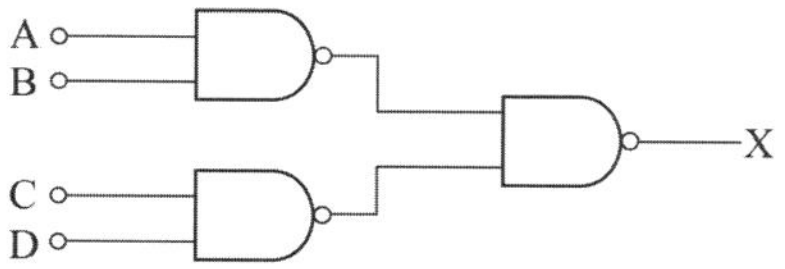

해 설

(3) De Morgan의 정리

- $\overline{A+B} = \overline{A}\,\overline{B}$ • $A+B = \overline{\overline{A}\,\overline{B}}$
- $\overline{AB} = \overline{A}+\overline{B}$ • $AB = \overline{\overline{A}+\overline{B}}$

$\therefore X = AB + CD = \overline{\overline{AB} \cdot \overline{CD}}$

문제 17 ▸ 출제년도 : 21. ▸ 점수 : 5점

한국전기설비규정에서 정하는 다음 표를 이용하여 보호도체의 최소 단면적을 선정하고자 한다. 빈칸에 알맞은 내용을 쓰시오.

선도체의 단면적 (S) ([mm^2], 구리)	보호도체의 최소 단면적 ([mm^2], 구리)
$S \le 16$	(①)
$16 < S \le 35$	(②)
$S > 35$	(③)
단, 보호도체의 재질은 선도체와 같은 경우이다.	

답안작성

① S ② 16 ③ $S/2$

해 설

KEC 142.3.2 보호도체

1. 보호도체의 최소 단면적은 표 에 따라 선정해야 한다. 다만, "2"에 따라 계산한 값 이상이어야 한다.

선도체의 단면적 S ([mm^2], 구리)	보호도체의 최소 단면적 ([mm^2], 구리)	
	보호도체의 재질	
	선도체와 같은 경우	선도체와 다른 경우
$S \le 16$	S	$(k_1/k_2) \times S$
$16 < S \le 35$	$16^{(a)}$	$(k_1/k_2) \times 16$
$S > 35$	$S^{(a)}/2$	$(k_1/k_2) \times (S/2)$

여기서, − k_1 : 선도체에 대한 k값 − k_2 : 보호도체에 대한 k값

− a : PEN 도체의 최소단면적은 중성선과 동일하게 적용한다

2. 보호도체의 단면적은 다음의 계산 값 이상이어야 한다.
(단, 차단시간이 5초 이하인 경우에만 다음 계산식을 적용한다.)

$$S = \frac{\sqrt{I^2 t}}{k}$$

여기서, S : 단면적 [mm^2]

I : 보호장치를 통해 흐를 수 있는 예상 고장전류 실효값 [A]

t : 자동차단을 위한 보호장치의 동작시간 [s]

k : 보호도체, 절연, 기타 부위의 재질 및 초기온도와 최종온도에 따라 정해지는 계수

문제 18 ▸ 출제년도 : 02. 15. 21. ▸ 점수 : 6점

약호의 명칭을 정확히 쓰시오.

약호	명칭	약호	명칭
VCB	①	MCCB	④
ACB	②	RCD	⑤
ABB	③	ZCT	⑥

답안작성

① 진공 차단기 ② 기중 차단기 ③ 공기 차단기
④ 배선용 차단기 ⑤ 누전 차단기 ⑥ 영상변류기

해 설

① VCB : Vacuum Circuit Breaker
② ACB : Air Circuit Breaker
③ ABB : Air Blast Circuit Breaker
④ MCCB : Molded Case Circuit Breaker
⑤ RCD : Residual Current Device
⑥ ZCT : Zero Current Transformer

문제 19 ▸ 출제년도 : 21. ▸ 점수 : 5점

전기부문의 표준품셈에 따른 고소작업에 대한 위험 할증률을 나타낸 표이다. 빈칸을 채워 완성하시오. (단, 비계틀 없이 시공되는 작업이다.)

고소 작업 높이	할증률[%]
고소작업 지상 5[m] 미만	(①)
고소작업 지상 5[m] 이상 10[m] 미만	(②)
고소작업 지상 10[m] 이상 15[m] 미만	(③)

답안작성

① 0 [%] ② 20 [%] ③ 30 [%]

해 설

위험 할증률

① 고소작업(비계틀 없이 시공되는 작업에 적용한다.)

고소작업 지상 5 [m] 미만	0 [%]
고소작업 지상 5 [m] 이상 10 [m] 미만	20 [%]
고소작업 지상 10 [m] 이상 15 [m] 미만	30 [%]
고소작업 지상 15 [m] 이상 20 [m] 미만	40 [%]
고소작업 지상 20 [m] 이상 30 [m] 미만	50 [%]
고소작업 지상 30 [m] 이상 40 [m] 미만	60 [%]
고소작업 지상 40 [m] 이상 50 [m] 미만	70 [%]
고소작업 지상 50 [m] 이상 60 [m] 미만	80 [%]
고소작업 지상 60 [m] 이상 매 10 [m] 이내 증가마다	10 [%] 가산

② 고소 작업(비계틀 사용 시 적용한다.)

고소작업 지상 10 [m] 이상	10 [%]
고소작업 지상 20 [m] 이상	20 [%]
고소작업 지상 30 [m] 이상	30 [%]
고소작업 지상 50 [m] 이상	40 [%]

국가기술자격검정 실기시험문제 및 답안지

2021년도 산업기사 일반검정 제 4 회

자격종목(선택분야)	시험시간	형별	수험번호	성 명	감독위원 확 인
전기공사산업기사	2시간 00분				

※ 다음 물음에 답을 해당 답란에 답하시오.(배점 : 100점)

문제 01 ▸ 출제년도 : 21. ▸ 점수 : 6점

다음은 태양광발전설비의 태양전지 모듈 검사에서 직류회로 절연저항 측정방법이다. 측정순서를 올바르게 나열하시오.

가) 전체 스트링의 차단기 또는 퓨즈 개방
나) 단락용 개폐기 개방
다) 주 차단기 개방, SA 또는 SPD가 있는 경우 접지단자 분리
라) 측정회로 스트링의 차단기 또는 퓨즈 투입 후 단락용 개폐기 투입
마) 단락용 개폐기의 1차 측 (+) 및 (−)의 클립을 차단기 또는 퓨즈와 역전류 방지 다이오드 사이에 각각 접속
바) 측정 후 반드시 단락용 개폐기(직류차단기)를 개방
사) 절연저항계 E측을 접지단자에 L측을 단락용 개폐기의 2차 측에 접속하고 절연저항 측정
아) 스트링의 클립 제거, SA 또는 SPD 접지단자 복원

답안작성

다) → 나) → 가) → 마) → 라) → 사) → 바) → 아)

해 설

직류회로 절연저항의 측정방법

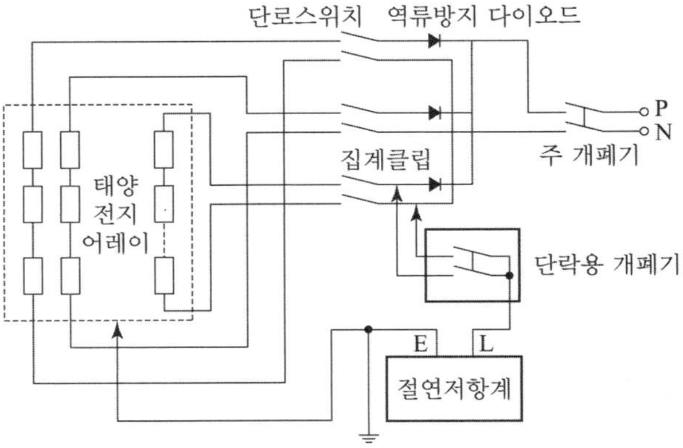

1) 주 차단기 개방, SA 또는 SPD가 있는 경우 접지단자 분리
2) 단락용 개폐기 개방
3) 전체 스트링의 차단기 또는 퓨즈 개방
4) 단락용 개폐기의 1차 측 (+) 및 (−)의 클립을 차단기 또는 퓨즈와 역전류 방지 다이오드 사이에 각각 접속
5) 측정회로 스트링의 차단기 또는 퓨즈 투입
6) 단락용 개폐기 투입
7) 절연저항계 E측을 접지단자에 L측을 단락용 개폐기의 2차 측에 접속하고 절연저항 측정
8) 측정 후 반드시 단락용 개폐기(직류차단기)를 개방
9) 스트링의 클립 제거, SA 또는 SPD 접지단자 복원

문제 02 ▸ 출제년도 : 89. 93. 94. 95. 11. 12. 14. 21. ▸ 점수 : 6점

작업장의 크기가 가로 8 [m], 세로 10 [m], 바닥에서 천장까지의 높이가 4 [m]이고 광원의 높이가 3.75 [m]인 작업장이 있다. 작업장의 모든 작업대는 바닥에서 0.75 [m]의 높이에 설치되어 있을 때, 실지수를 구하여 아래표의 기호로 쓰시오.

기 호	A	B	C	D	E
실지수	5.0	4.0	3.0	2.5	2.0
범 위	4.5 이상	4.5~3.5	3.5~2.75	2.75~2.25	2.25~1.75
기 호	F	G	H	I	J
실지수	1.5	1.25	1.0	0.8	0.6
범 위	1.75~1.38	1.38~1.12	1.12~0.9	0.9~0.7	0.7이하

•계산 : •답 :

답안작성

계산 : 실지수$(R.I) = \dfrac{X \cdot Y}{H(X+Y)} = \dfrac{8 \times 10}{(3.75-0.75)\times(8+10)} = 1.48$

계산된 값이 1.75~1.38 이므로, 표에서 실지수 기호는 F이다.

답 : F

해 설

실지수(Room Index)의 결정 : 광속의 이용에 대한 방의 크기의 척도로 나타낸다.

$$R.I = \frac{X \cdot Y}{H(X+Y)}$$

여기서, H : 작업면으로부터 광원의 높이 [m]
X : 방의 가로 길이 [m]
Y : 방의 세로 길이 [m]

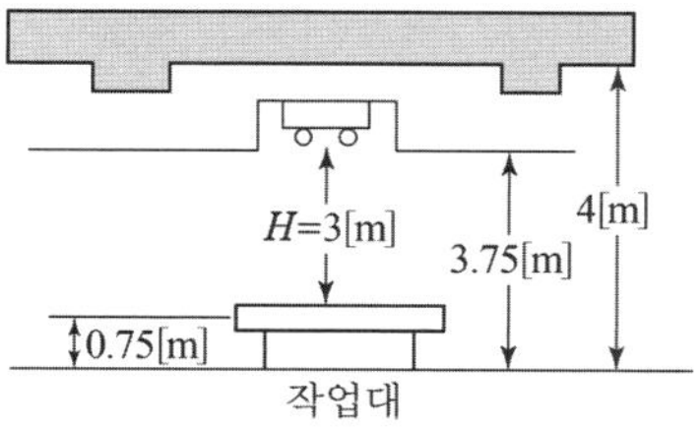

문제 03 ▸ 출제년도 : 21. ▸ 점수 : 6점

한국전기설비규정에 따라 저압 전로에 사용하는 과전류 보호장치의 종류를 3가지만 쓰시오. (단, 기중차단기는 제외한다.)

답안작성

배선차단기, 누전차단기, 퓨즈

해 설

KEC 212.3.4 보호장치의 특성
과전류 보호장치는 KS C 또는 KS C IEC 관련 표준(배선차단기, 누전차단기, 퓨즈등의 표준)의 동작 특성에 적합하여야 한다.

문제 04 ▸ 출제년도 : 93. 21. ▸ 점수 : 6점

특고압(22.9 [kV]) 수 · 변전설비 공사에서 변압기 1차 측 차단기의 정격 차단용량을 구하는 식과 차단기 종류를 4가지만 쓰시오.

(1) 정격 차단용량 식 (단, 3상 교류일 경우이다.)

(2) 차단기 종류

답안작성

(1) 정격 차단 용량 = $\sqrt{3}$ × 정격 전압 × 정격 차단 전류

(2) 유입차단기, 자기차단기, 공기차단기, 진공차단기

해 설

(2) 소호 원리에 따른 특고압 차단기의 종류

종 류		소 호 원 리
명 칭	약어	
유입 차단기	OCB	소호실에서 아크에 의한 절연유 분해가스의 열전도 및 압력에 의한 blast을 이용해서 차단
자기 차단기	MBB	대기중에서 전자력을 이용하여 아크를 소호실 내로 유도해서 냉각 차단
공기 차단기	ABB	압축된 공기를 아크에 불어 넣어서 차단
진공 차단기	VCB	고진공 중에서 전자의 고속도 확산에 의해차단
가스 차단기	GCB	고성능 절연 특성을 가진 특수 가스(SF6)를 이용해서 차단

문제 05 ▸ 출제년도 : 00. 01. 02. 17. 21. ▸ 점수 : 3점

한 개의 전등을 3개소에서 점멸하고자 할 때 다음 각 경우에 따라 사용할 스위치의 최소 수량을 쓰시오.

스위치의 종류	수량
3로 스위치와 4로 스위치를 같이 사용하는 경우	3로 스위치 : (①) 개
	4로 스위치 : (②) 개
3로 스위치만 사용하는 경우	3로 스위치 : (③) 개

답안작성

① 2　　② 1　　③ 4

해 설

- 3로 스위치만을 사용하는 경우 : 4개
- 3로 스위치와 4로 스위치를 사용하는 경우 : 3로 스위치 2개, 4로 스위치 1개가 필요하다.

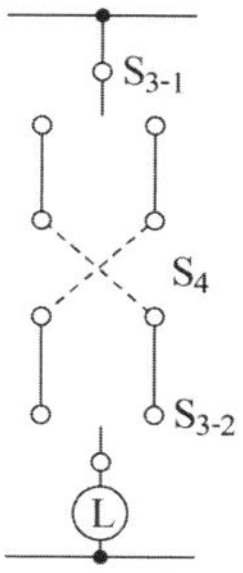

문제 06 ▸ 출제년도 : 92. 06. 07. 21.　▸ 점수 : 4점

가공배전선로(22.9 [kV])가 활선상태인 경우 전선의 피복을 벗기는 것은 매우 곤란한 작업이다. 이와 같은 활선상태에서 전선의 피복을 벗기는 공구의 명칭을 쓰시오.

답안작성

활선 피박기

해 설

전선의 피복을 벗길 때 사용하는 장구로써 본체와 절단칼, 3개의 회전용 핸들링으로 구성되어 있는 간접 활선용장구

문제 07 ▸ 출제년도 : 21.　▸ 점수 : 3점

역률을 개선하기 위하여 고압 또는 특고압 전력용 커패시터를 설치했을 때, 이 커패시터와 함께 고주파 대책용으로 설치하는 것을 쓰시오.

답안작성

직렬 리액터

해 설

직렬 리액터의 설치효과

① 제5고조파에 의한 전압 파형의 찌그러짐 방지
② 콘덴서 투입 시 돌입전류 방지
③ 개폐 시 계통의 과전압 억제
④ 고조파 전류에 의한 계전기 오동작 방지

문제 08 ▸ 출제년도 : 06. 14. 21. ▸ 점수 : 5점

지중 케이블의 고장 개소를 찾는 방법 5가지를 쓰시오.

답안작성

① 머레이 루프법 ② 펄스 레이더법 ③ 정전용량법
④ 수색코일법 ⑤ 음향에 의한 방법

문제 09 ▸ 출제년도 : 21. ▸ 점수 : 3점

한국전기설비규정에 따라 고압 및 특고압의 전로는 아래 표에서 정한 시험전압을 전로와 대지 사이(다심케이블은 심선 상호 간 및 심선과 대지 사이)에 연속하여 10분간 가하여 절연내력을 시험하였을 때에 이에 견디어야 한다. 아래 표의 빈칸을 채워 완성하시오. (단, 회전기, 정류기, 연료전지 및 태양전지 모듈의 전로, 변압기의 전로, 기구 등의 전로 및 직류식 전기철도용 전차선을 제외하며 기타 예외조건은 고려하지 않는다.)

〈전로의 종류 및 시험전압〉

전로의 종류	시험전압
1. 최대사용전압 7 [kV] 이하인 전로	최대사용전압의 (①)배의 전압
2. 최대사용전압 7 [kV] 초과 25 [kV] 이하인 중성점 접지식전로(중성선을 가지는 것으로서 그 중성선을 다중접지 하는 것에 한한다.)	최대사용전압의 (②)배의 전압

답안작성

① 1.5 ② 0.92

해 설

KEC 132 전로의 절연저항 및 절연내력

전로의 종류	접지방식	시험전압 (최대사용 전압의 배수)	최저 시험전압
1. 7 [kV] 이하인 전로		1.5배	
2. 7 [kV] 초과 25 [kV] 이하	다중접지	0.92배	
3. 7 [kV] 초과 60 [kV] 이하(2란의 것을 제외한다.)		1.25배	10.5[kV]
4. 60 [kV] 초과 (전위 변성기를 사용하여 접지하는 것을 포함한다)	비 접 지	1.25배	
5. 60 [kV] 초과 (전위 변성기를 사용하여 접지하는 것 및 6란과 7란의 것을 제외한다)	접 지 식	1.1배	75[kV]
6. 60 [kV] 초과 (7란의 것을 제외한다)	직접접지	0.72배	
7. 170 [kV] 초과 (발전소 또는 변전소 혹은 이에 준하는 장소에 시설하는 것.)	직접접지	0.64배	

문제 10 ▸ 출제년도 : 21. ▸ 점수 : 4점

차단기의 성능을 나타내는 요소 중 하나인 정격 개극 시간에 대하여 간략히 쓰시오.

답안작성

무부하시에 정격트립전압 및 정격조작압력에서 트립하는 경우의 개극시간의 한도

해 설

무부하시 정격 트립전압 및 정격조작 압력하에서 트립하는 경우 개극시의 한도, 발호 순간을 정확하게 측정하기가 곤란하므로 보통 무전압, 무부하 상태에서 측정한 값을 채택하며 조작기구의 기계적 성능을 나타내는 척도가 된다.

문제 11 ▸ 출제년도 : 21. ▸ 점수 : 5점

변압기 냉각방식의 종류를 5가지만 쓰시오.

답안작성

① 건식 자냉식 ② 건식 풍냉식 ③ 유입 자냉식 ④ 유입 풍냉식 ⑤ 유입 수냉식

해 설

변압기 냉각방식

<table>
<tr><th colspan="2" rowspan="2">냉각방식</th><th colspan="2">규격별 기호 표시</th><th colspan="2">권선, 철심의 냉각매체</th><th colspan="2">주위 냉각매체</th></tr>
<tr><th>JEC 2200
IEC 76</th><th>ANSI
C 57.12</th><th>종류</th><th>순환방식</th><th>종류</th><th>순환방식</th></tr>
<tr><td rowspan="2">건 식
변압기</td><td>건식 자냉식</td><td>AN</td><td></td><td rowspan="2">공기</td><td>자연</td><td rowspan="2">–</td><td rowspan="2">–</td></tr>
<tr><td>건식 풍냉식</td><td>AF</td><td></td><td>강제</td></tr>
<tr><td rowspan="6">유 입
변압기</td><td>유입 자냉식</td><td>ONAN</td><td>OA</td><td rowspan="6">기름</td><td rowspan="3">자연</td><td rowspan="2">공기</td><td>자연</td></tr>
<tr><td>유입 풍냉식</td><td>ONAF</td><td>FA</td><td rowspan="2">강제</td></tr>
<tr><td>유입 수냉식</td><td>ONWF</td><td>OW</td><td>물</td></tr>
<tr><td>송유 자냉식</td><td>OFAN</td><td></td><td rowspan="3">강제</td><td rowspan="2">공기</td><td>자연</td></tr>
<tr><td>송유 풍냉식</td><td>OFAF</td><td>FOA</td><td rowspan="2">강제</td></tr>
<tr><td>송유 수냉식</td><td>OFWF</td><td>FOW</td><td>물</td></tr>
</table>

문제 12 ▸ 출제년도 : 95. 99. 00. 15. 21. ▸ 점수 : 5점

폭 20[m]의 가로 양쪽에 간격 20[m]를 두고 맞보기 배열로 가로등이 점등되어 있다. 한 등 당 전광속이 25000[lm]이고, 조명율 30[%], 감광 보상율이 1.4일 때, 이 도로의 평균 조도[lx]를 구하시오.

•계산 : •답 :

답안작성

계산 : 평균조도 $E = \frac{FUN}{AD} = \frac{25000 \times 0.3 \times 1}{\frac{20 \times 20}{2} \times 1.4} = 26.79$[lx]

답 : 26.79[lx]

해 설

대칭 배열 또는 맞보기 배열은 다음과 같다.

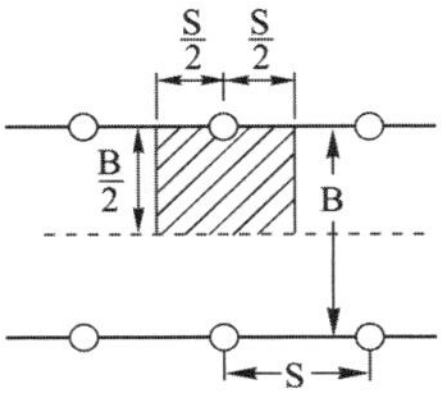

따라서, 등기구 하나에 대한 면적은

$A = \frac{1}{2} \times \text{도로 폭} \times \text{등 간격} = \frac{1}{2} \times 20 \times 20 = 200[\mathrm{m}^2]$

문제 13 ▸ 출제년도 : 21. ▸ 점수 : 6점

전력 계통에서 지락보호계전기의 종류를 3가지만 쓰시오.

답안작성

지락 과전류 계전기, 지락 방향 계전기, 지락 선택 계전기

해 설

지락 보호 계전기

① 지락 과전류 계전기 (Over Current Ground Relay : OCGR) : 과전류 계전기의 동작 전류를 특별히 작게 한 것으로 지락 고장 보호용으로 사용한다.

② 지락 방향 계전기 (Directional Ground Relay : DGR) : 과전류 지락 계전기에 방향성을 준 것

③ 지락 선택 계전기 (Selective Ground Relay : SGR) : 병행 2회선 송전 선로에서 한쪽의 1회선에 지락 사고가 일어났을 경우 이것을 검출하여 고장 회선만을 선택 차단할 수 있게끔 선택 단락 계전기의 동작 전류를 특별히 작게 한 것

문제 14 ▸ 출제년도 : 21. ▸ 점수 : 8점

시퀀스회로 및 릴레이 내부결선도를 참고하여 아래 결선도면의 결선을 완성하시오.
(단, X1은 릴레이, PB1 및 PB2는 푸시버튼스위치, L은 램프이며 한 단자에 전선 3가닥 이상 접속할 수 없다.)

[시퀀스회로]

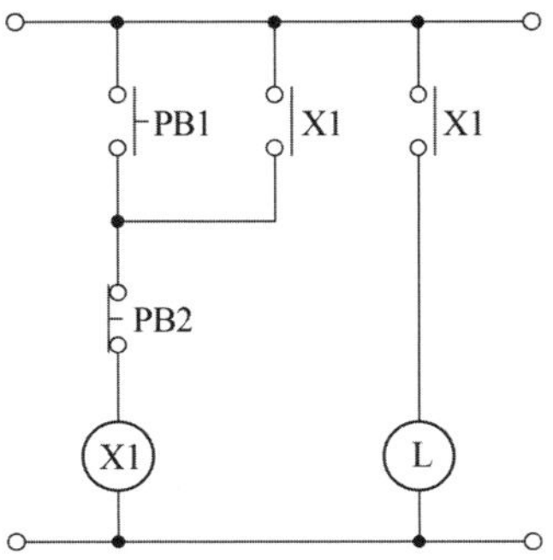

[릴레이 내부결선도]

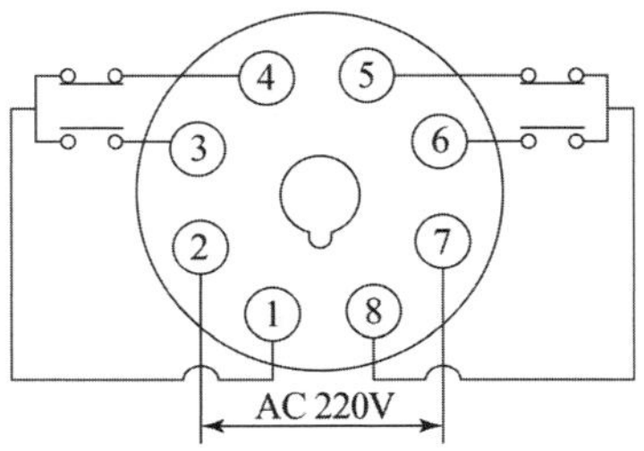

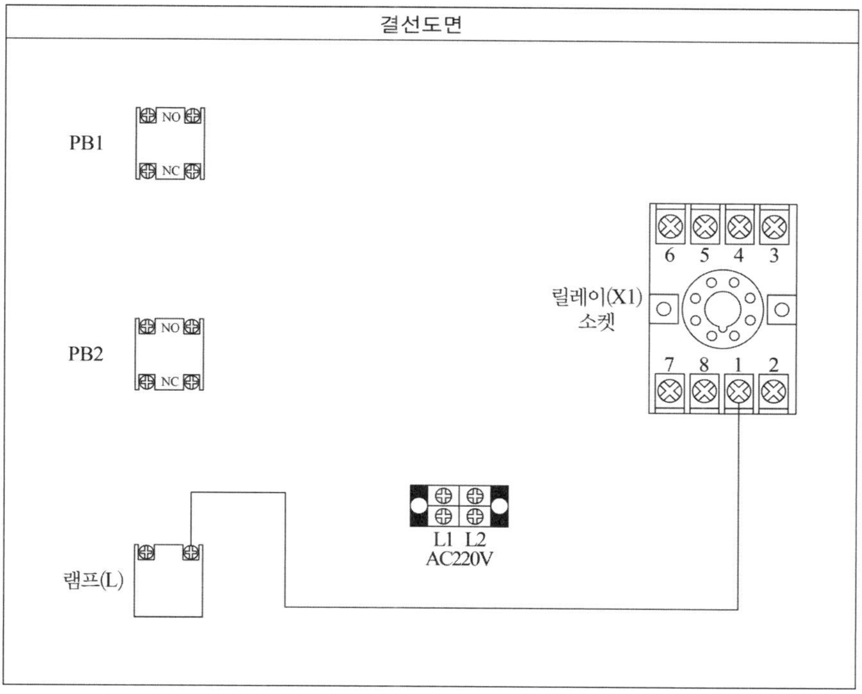
결선도면
PB1
NO
NC
PB2
NO
NC
릴레이(X1)
소켓
6 5 4 3
7 8 1 2
L1 L2
AC220V
램프(L)

답안작성

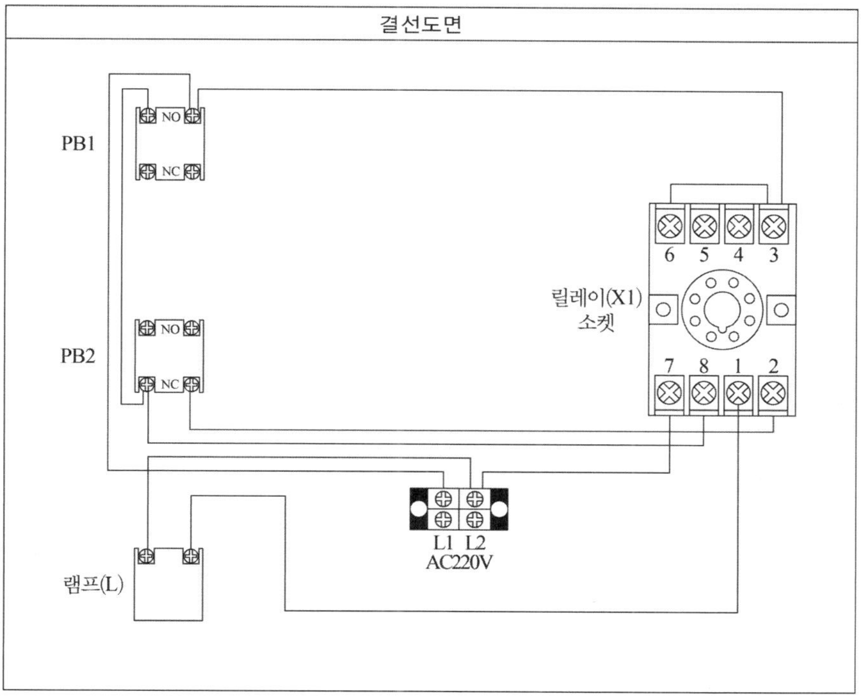
결선도면
PB1
NO
NC
PB2
NO
NC
릴레이(X1)
소켓
6 5 4 3
7 8 1 2
L1 L2
AC220V
램프(L)

해 설

[시퀀스회로]

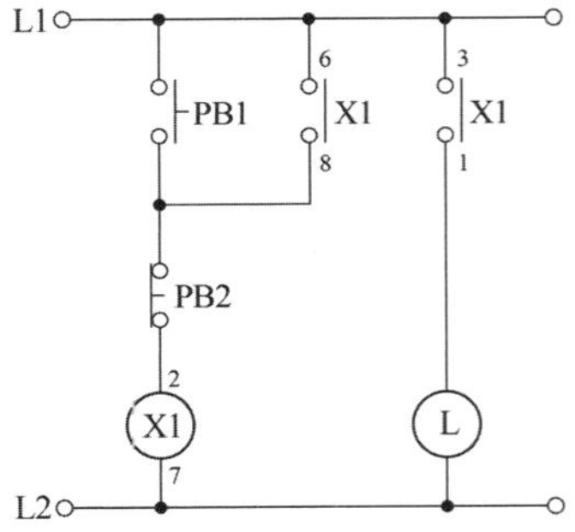

[릴레이 내부결선도]

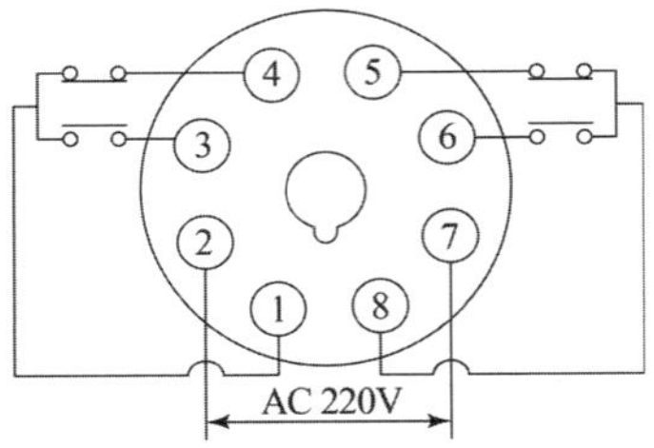

문제 15 ▸ 출제년도 : 05. 14. 21. ▸ 점수 : 6점

도면은 어느 공장의 수전설비에 대한 단선도의 일부이다. 이 단선도를 보고 다음 각 물음에 답하시오.

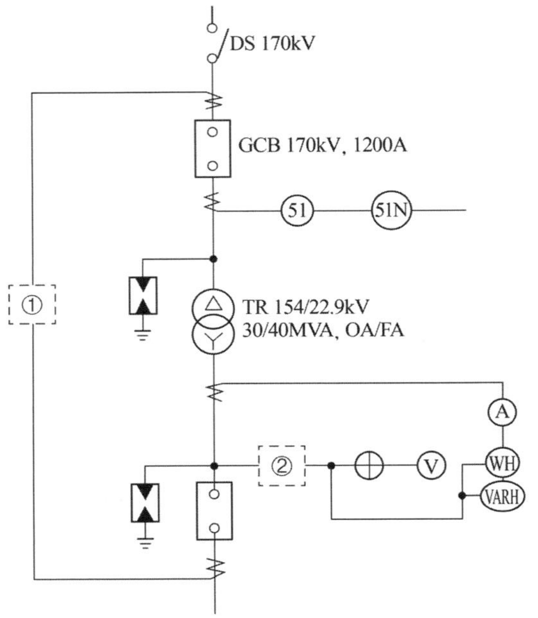

(1) ①에 설치되어야 할 기기의 명칭을 쓰시오.

(2) ②에 설치되어야 할 기기의 심벌을 그리고 명칭을 쓰시오.

(3) 51, 51N의 기구번호의 명칭을 쓰시오.

답안작성

(1) 주변압기 차동 계전기

(2) 심벌 : —⦚—

명칭 : 계기용 변압기

(3) 51 : 교류 과전류계전기, 51N : 중성점 과전류계전기

문제 16 ▸ 출제년도 : 21. ▸ 점수 : 5점

합성수지몰드공사를 시설할 수 있는 장소를 2가지만 쓰시오.
(단, 옥내(400 [V] 이하)의 건조한 장소에 한한다.)

답안작성

① 노출장소
② 점검할 수 있는 은폐장소

해 설

시설 장소와 배선 방법(400[V] 이하)

배선 방법		옥내						옥측 옥내	
		노출 장소		은폐 장소					
				점검 가능		점검 불가능			
		건조한 장 소	습기가 많은 장소 또는 수분이 있는 장소	건조한 장 소	습기가 많은 장소 또는 수분이 있는 장소	건조한 장소	습기가 많은 장소 또는 수분이 있는 장소	우선 내	우선 외
애자공사		○	○	○	○	×	×	①	①
금속관공사		○	○	○	○	○	○	○	○
합성수지관공사 (CD관 제외)		○	○	○	○	○	○	○	○
가 요 전선관 공 사	1종 가요전선관	○	×	○	×	×	×	×	×
	비닐 피복 1종 가요전선관	○	○	○	○	×	×	×	×
	2종 가요전선관	○	×	○	×	○	×	○	×
	비닐 피복 2종 가요전선관	○	○	○	○	○	○	○	○
금속몰드공사		○	×	○	×	×	×	×	×
합성수지몰드공사		○	×	○	×	×	×	×	×
플로어덕트공사		×	×	×	×	③	×	×	×
셀룰라덕트공사		×	×	○	×	③	×	×	×
금속덕트공사		○	×	○	×	×	×	×	×
라이팅덕트공사		○	×	○	×	×	×	×	×
버스덕트공사		○	×	○	×	×	×	④	④
케이블공사		○	○	○	○	○	○	○	○
케이블트레이공사		○	○	○	○	○	○	○	○

[비고] 1) ○ : 시설할 수 있다. × : 시설할 수 없다.
2) ① 은 노출 장소 및 점검할 수 있는 은폐 장소에 한하여 시설할 수 있다.
③ 은 콘크리트 등의 바닥 내에 한한다.
④ 는 옥외용 덕트를 사용하는 경우에 한하여(점검할 수 없는 은폐장소를 제외한다.)시설할 수 있다.
⑤ 는 전동기에 접속하는 짧은 부분으로 가요성을 필요로 하는 부분의 배선에 한하여 시설할 수 있다.

문제 17 ▸ 출제년도 : 16. 21. ▸ 점수 : 6점

저압 옥내간선에서 분기하여 각 부하에 전력을 공급하는 분기회로가 있다. 다음 조건을 보고 부하설비용량과 20 [A] 분기회로의 최소 회로 수를 각각 구하시오.
(단, 룸 에어컨은 별도회로로 구성하고, 사용전압은 220 [V]이다.)

[조건] – 주택부분의 바닥면적 : 240 [m^2]
– 점포부분의 바닥면적 : 50 [m^2]
– 창고의 바닥면적 : 10 [m^2]
– 주택에 대한 가산 [VA] : 1000 [VA]
– 룸에어컨 : 2 [kW]

(1) 부하설비용량
•계산 : •답 :

(2) 분기회로 수
•계산 : •답 :

답안작성

(1) 계산 : $P = 240 \times 40 + 50 \times 30 + 10 \times 5 + 1000 + 2000 = 14150$[VA]
답 : 14150 [VA]

(2) 계산 : $n = \dfrac{14150 - 2000}{220 \times 20} = 2.76$[회로] → 3[회로]
답 : 20 [A] 분기회로 4회로(룸 에어컨 1회로 포함)

해 설

(1) 건물의 표준 부하표

	건물의 종류	표준부하 [VA/m^2]
P	공장, 공회당, 사원, 교회, 극장, 연회장 등	10
	기숙사, 여관, 호텔, 병원, 학교, 음식점, 다방, 대중목욕탕 등	20
	사무실, 은행, 상점, 이용소, 미장원	30
	주택, 아파트	40
Q	복도, 계단, 세면장, 창고, 다락	5
	강당, 관람석	10
C	주택, 아파트(1세대 마다)에 대하여	500~1000 [VA]
	상점의 진열장은 폭 1 [m]에 대하여	300 [VA]
	옥외의 광고등, 광전사인, 네온사인 등	실 [VA] 수
	극장, 댄스홀 등의 무대조명, 영화관의 특수 전등부하	실 [VA] 수

(2) • 분기회로 수 계산에서 소수점 이하 절상
• 룸 에어컨은 별도회로로 구성하라는 조건이 있음

문제 18 ▸ 출제년도 : 02. 21. ▸ 점수 : 5점

그림과 같이 전선 1조마다 50 [kg]의 장력을 받는 전선 3조와 인류지선을 시설하고자 한다. 이 경우 지선이 받는 장력[kg]을 구하시오.

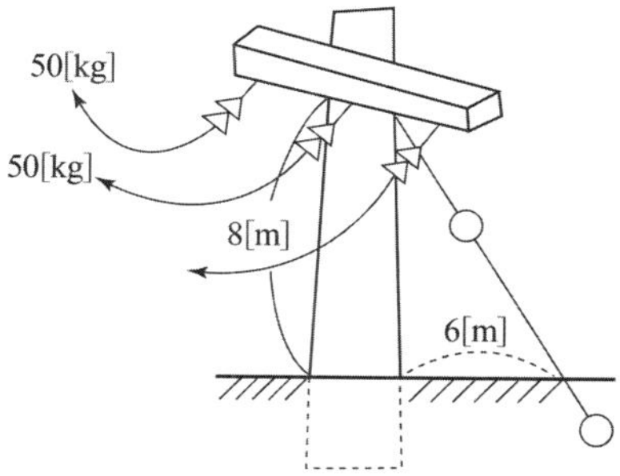

답안작성

계산 : $T = T_0 \cos\theta$에서

$$T_0 = \frac{T}{\cos\theta} = \frac{(50 \times 3)}{\frac{6}{10}} = 250[\text{kg}]$$

답 : 250 [kg]

해 설

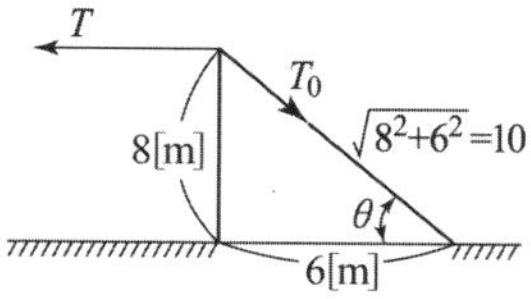

$$\cos\theta = \frac{T}{T_0} = \frac{6}{10}$$

$$\therefore\ T_0 = \frac{10}{6} \times T = \frac{10}{6} \times 50 \times 3 = 250[\text{kg}]$$

문제 19 ▸ 출제년도 : 21. ▸ 점수 : 3점

전기부문 표준품셈에 따른 인력운반비 산출 공식을 아래 조건을 활용하여 쓰시오.

> A : 공사특성에 따른 직종노임
> M : 필요한 인력의 수 $\left(M = \dfrac{\text{총 운반량 [kg]}}{\text{1인당 1회 운반량 [kg]}}\right)$
> L : 운반거리 [km]
> V : 왕복 평균속도 [km/hr]
> T : 1일 실작업시간 [분]
> t : 준비작업시간 [2분] (단, 1회 운반량은 25 [kg/인])

답안작성

$$\text{운반비} = \frac{A}{T} \times M \times \left(\frac{60 \times 2 \times L}{V} + t\right)$$

문제 20 ▸ 출제년도 : 93. 06. 13. 16. 21. ▸ 점수 : 5점

그림과 같이 전선관을 지중에 매설하려고 한다. 터파기(흙파기)량은 몇 [m^3]인지 계산하시오. (단, 매설 거리는 70 [m]이고, 전선관의 면적은 무시한다.)

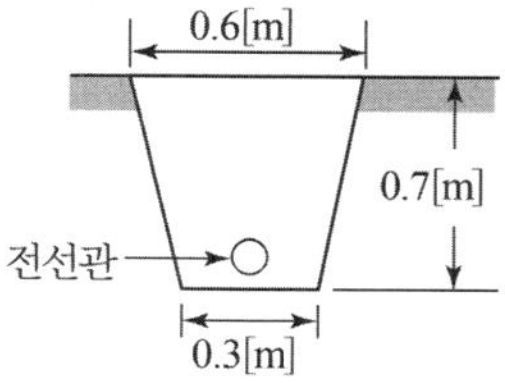

답안작성

계산 : 줄기초 파기이므로

$$V_o = \frac{0.6+0.3}{2} \times 0.7 \times 70 = 22.05\ [\mathrm{m}^3]$$

답 : 22.05 [m³]

해 설

$$V_o = \frac{A+B}{2} \times hL$$

D30-4

2022년도
전기공사산업기사 실기

- 22년 제 1 회 전기공사산업기사
- 22년 제 2 회 전기공사산업기사
- 22년 제 4 회 전기공사산업기사

국가기술자격검정 실기시험문제 및 답안지

2022년도 산업기사 일반검정 제 1 회

자격종목(선택분야)	시험시간	형별	수험번호	성 명	감독위원 확 인
전기공사산업기사	2시간 00분				

※ 다음 물음에 답을 해당 답란에 답하시오.(배점 : 100점)

문제 01 ▸ 출제년도 : 18. 22. ▸ 점수 : 4점

22.9[kV-Y] 중성점 다중접지 계통의 지중 배전선로에 사용되는 개폐기로서 정전이 발생할 경우 큰 피해가 예상되는 수용가에 서로 다른 변전소에서 2중 전원을 확보하여 A변전소에서 공급되는 상용전원의 정전이나 기준전압 이하로 떨어진 경우에 B변전소에서 공급되는 예비전원으로 순간 자동 전환을 하는 그림 (가)의 개폐기 명칭을 쓰시오.

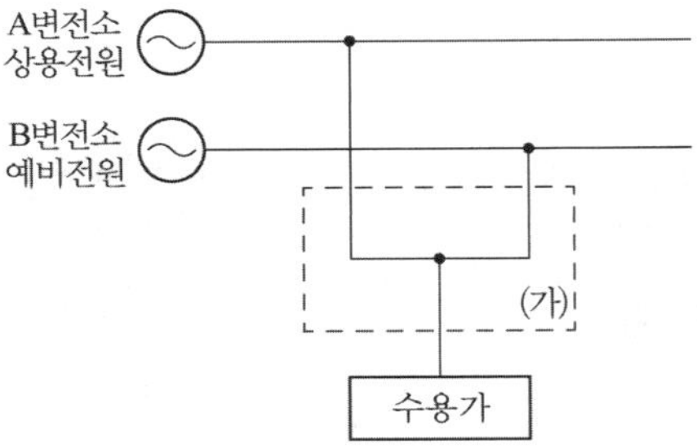

답안작성

자동부하전환개폐기

해 설

(1) ALTS : 자동부하전환개폐기
이중전원을 확보하여 주전원의 정전 또는 기준치 이하로 전압이 떨어질 경우 예비전원으로 자동 전환시킴으로써 수용가에 안정된 전원을 공급하도록 하는 개폐기이다.

(2) ATS : 자동전환개폐기
상시전원 정전시 상시전원에서 예비전원으로 전환하는 경우에 그 접속하는 부하 및 배선이 동일한 경우 예비전원에서 공급하는 전력이 상시 선로에 송전되지 않도록 하는 역할을 한다.

문제 02 ▸ 출제년도 : 22. ▸ 점수 : 4점

갭레스형 피뢰기의 장점과 단점을 각각 2가지씩 쓰시오.

- 장점 : ① ②
- 단점 : ① ②

답안작성

- 장점
  ① 소형화, 경량화 할 수 있다.
  ② 속류가 없어 빈번한 작동에도 잘 견딘다.
- 단점
  ① 직렬갭이 없으므로 특성요소에는 항상 회로전압이 인가된다.
  ② 특성요소 열화가 바로 사고로 직결될 수 있다.

해 설

피뢰기는 갭형(Gap)형 피뢰기와 갭 레스형(Gapless)형 피뢰기로 나눌 수가 있다.

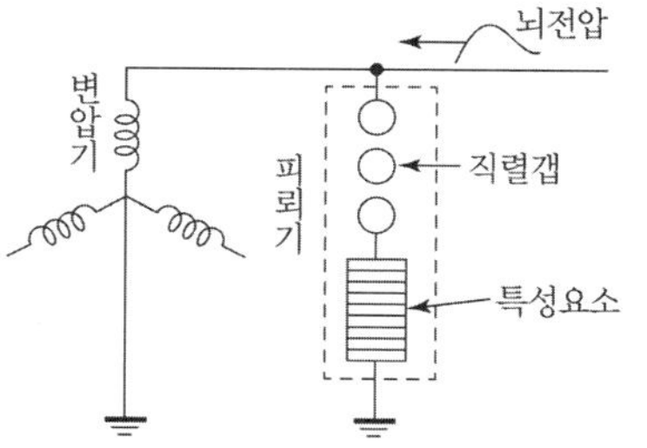

직렬 갭 사용의 피뢰기

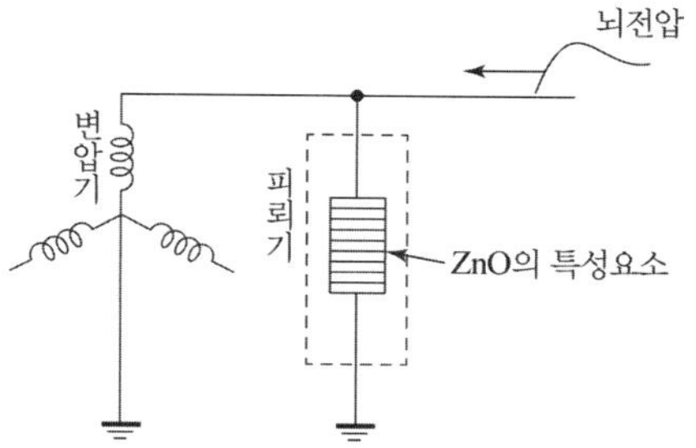

갭레스형 피뢰기

갭레스형 피뢰기

산화아연(ZnO)을 특성요소로 사용하여 직렬갭이 필요없게 한 피뢰기를 갭레스형 피뢰기라고 하며 특징은 다음과 같다.

(1) 직렬갭이 없으므로
  ① 오손에 강하다
  ② 소형 경량이다.
  ③ 급준파 응답이 이론적으로 뛰어나다.

(2) 속류가 없으므로
  ① 다빈도 동작에 견딘다.
  ② 속류에 따른 특성요소의 열화가 없다.
  그러나 직렬갭이 없으므로 특성요소에는 항상 회로전압이 인가되어 있고, 특성요소의 열화가 바로 사고와 직결되므로 신뢰성에 대해 충분히 검토 하여야 한다.

문제 03 ▸ 출제년도 : 22. ▸ 점수 : 4점

특고압 배전선로의 지지물에서 내장이나 인류개소에 장력이 걸리는 전선을 고정하는데 사용하는 폴리머제 애자로 자기제 애자류에 비해 전기적인 특성이 양호하고 신뢰성이 높아 중요 지역 및 염진해지역의 공급선로에 주로 사용되는 것을 쓰시오.

답안작성

폴리머 현수애자

문제 04 ▸ 출제년도 : 06. 22. ▸ 점수 : 6점

다음의 논리식을 유접점 시퀀스 회로로 작성하시오. (단, 회로 작성 시 선의 접속 및 미접속에 대한 예시를 참고하여 작성하시오.)

(1) $X_1 = \overline{A}B + A\overline{B} + C$

(2) $X_2 = AB + (A + \overline{B}) \cdot \overline{C}$

(3) $X_3 = (A + B) \cdot C$

[선의 접속과 미접속에 대한 예시]

접속	미접속

답안작성

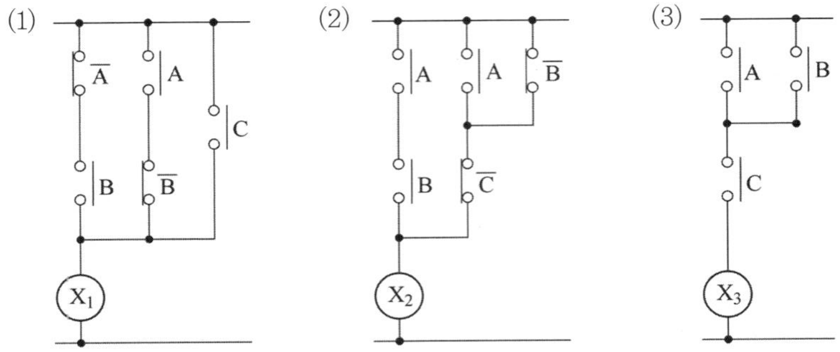

해 설

논리식	유접점 회로
· (AND)	직렬 접속
+ (OR)	병렬 접속
$\overline{A}$	A의 b접점
A	A의 a접점

문제 05 ▸ 출제년도 : 22. ▸ 점수 : 5점

1개의 전등을 한 계통의 2개소에서 점멸하기 위하여 3로 스위치 2개를 설치하고자 한다. 다음 미완성 배선도를 완성하시오.

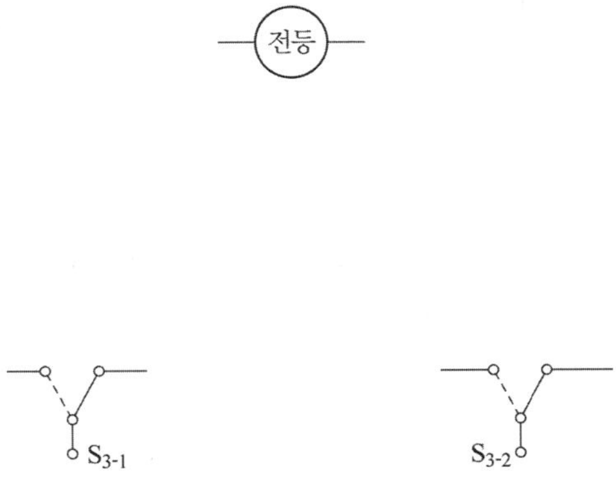

답안작성

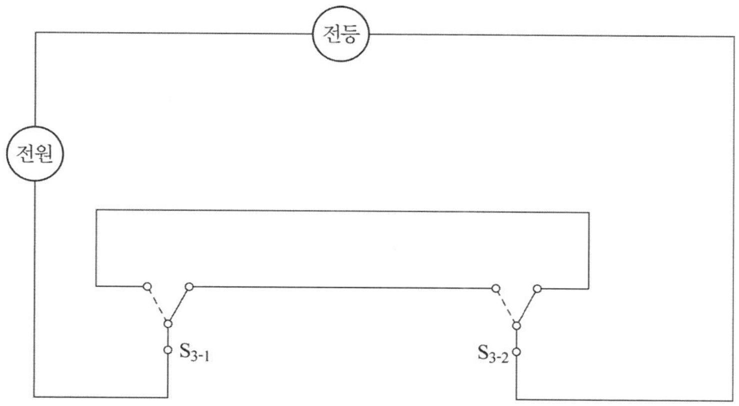

문제 06 ▸ 출제년도 : 22. ▸ 점수 : 4점

한국전기설비규정에 따른 등기구의 설치에 관한 설명 중 일부이다. 빈칸에 알맞은 내용을 쓰시오.

> 가연성 재료로부터 적절한 간격을 유지하여야 하며, 제작자에 의해 다른 정보가 주어지지 않으면, 스포트라이트나 프로젝터는 모든 방향에서 가연성 재료로부터 다음의 최소 거리를 두고 설치하여야 한다.
> 가. 정격용량 100[W] 이하 : (①)[m]
> 나. 정격용량 100[W] 초과 300[W] 이하 : (②)[m]
> 다. 정격용량 300[W] 초과 500[W] 이하 : 1.0[m]
> 라. 정격용량 500[W] 초과 : 1.0[m] 초과

답안작성

① 0.5
② 0.8

해 설

KEC 234.1.3 열 영향에 대한 주변의 보호
가연성 재료로부터 적절한 간격을 유지하여야 하며, 제작자에 의해 다른 정보가 주어지지 않으면, 스포트라이트나 프로젝터는 모든 방향에서 가연성 재료로부터 다음의 최소 거리를 두고 설치하여야 한다.
(1) 정격용량 100[W] 이하 : 0.5[m]
(2) 정격용량 100[W] 초과 300[W] 이하: 0.8[m]
(3) 정격용량 300[W] 초과 500[W] 이하: 1.0[m]
(4) 정격용량 500[W] 초과: 1.0[m] 초과

문제 07 ▸ 출제년도 : 05. 09. 22. ▸ 점수 : 5점

다음은 조명방식에 관한 설명이다. 조명방식 및 특징을 읽고 어떤 조명방식인지 쓰시오.

- 조명방식 : 코너 조명과 같이 천장과 벽면경계에 건축적으로 둘레턱을 만들어 내부에 등기구를 배치하여 조명하는 방식이다.
- 특징 : 아래 방향의 벽면을 조명하는 방식으로 광원은 형광램프가 적정하다.

답안작성

코오니스 조명

해 설

- 코오니스 (cornice) 조명 : 코너를 이용하여 코오니스를 15∼20 [cm] 정도 내려서 아래 쪽의 벽 또는 커튼을 조명하도록 하는 방법이다.

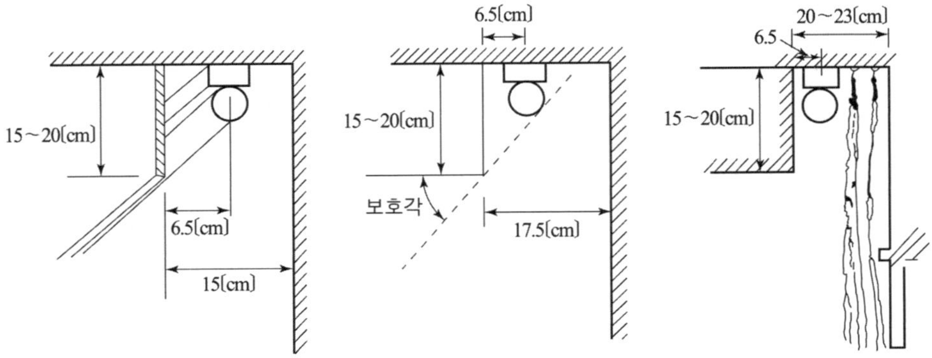

문제 08 ▸ 출제년도 : 22. ▸ 점수 : 5점

사용전압이 저압인 전로(전기기계기구 안의 전로를 제외한다)의 전선으로 사용하는 케이블을 3가지만 쓰시오.

답안작성

① 0.6/1 [kV] 연피케이블
② 비닐외장케이블
③ 금속외장케이블

해 설

KEC 122.4 저압케이블
사용전압이 저압인 전로(전기기계기구 안의 전로를 제외한다)의 전선으로 사용하는 케이블은
가. 0.6/1 [kV] 연피케이블
나. 클로로프렌외장케이블
다. 비닐외장케이블
라. 폴리에틸렌외장케이블
마. 무기물 절연케이블
바. 금속외장케이블
사. 저독성 난연 폴리올레핀 외장케이블
아. 300/500 [V] 연질 비닐시스케이블

문제 09 ▸ 출제년도 : 92. 13. 22. ▸ 점수 : 10점

가공전선로의 15 [m] 전주에 기기가 설치되어 있다. 도면을 보고 다음 물음에 답하시오.

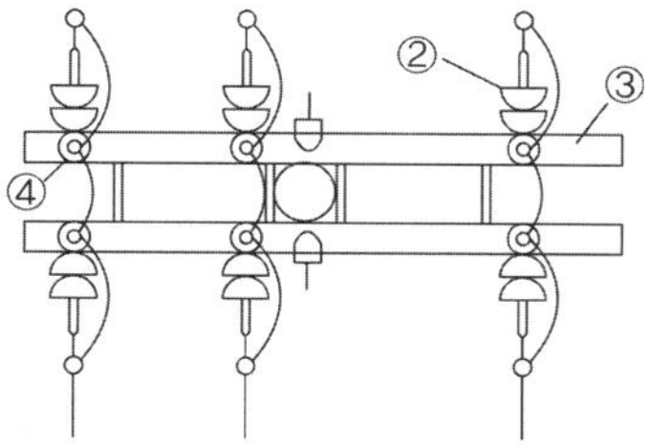

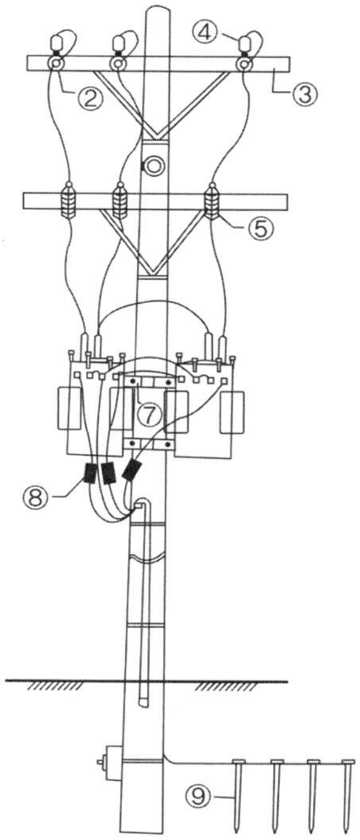

(1) 도면에 표시된 ④의 규격이 23 [kV] 56-2호이다. 특고압 핀애자는 몇 개인지 쓰시오.
(2) 도면에 표시된 ⑤의 품명을 쓰시오
(3) 그림에 표시된 ⑦의 품명을 쓰시오.
(4) 그림에 표시된 ⑧의 품명은 무엇이며, 수량은 몇 개인지 쓰시오.
- 품명
- 수량

(5) 그림에서 표시된 ⑨의 명칭을 쓰시오.

답안작성

(1) 6개
(2) COS
(3) 행거밴드
(4) • 품명 : 캣치 홀더 • 수량 : 3개
(5) 접지봉

문제 10 ▸ 출제년도 : 22. ▸ 점수 : 6점

한국전기설비규정에 따른 용어의 정의 중 일부이다. 빈칸에 알맞은 내용을 쓰시오.

> (①)이란 인체에 위험을 초래하지 않을 정도의 저압을 말한다. 여기서 (②)는 비접지회로에 해당되며, (③)는 접지회로에 해당된다.

답안작성

① 특별저압 ② SELV ③ PELV

해 설

KEC 112 용어 정의
"특별저압(ELV, Extra Low Voltage)"이란 인체에 위험을 초래하지 않을 정도의 저압을 말한다. 여기서 SELV(Safety Extra Low Voltage)는 비접지회로에 해당되며, PELV(Protective Extra Low Voltage)는 접지회로에 해당된다.

문제 11 ▸출제년도 : 89. 04. 06. 22. ▸점수 : 9점

PLC의 프로그램과 명령어를 참조하여 다음 각 물음에 답하시오.
(단, 회로 작성 시 선의 접속 및 미접속에 대한 예시를 참고하여 작성하시오.)

[선의 접속과 미접속에 대한 예시]

접속	미접속

step	명령어	번지
01	STR	001
02	STR	003
03	ANDN	002
04	OB	
05	OUT	100
06	STR	001
07	ANDN	002
08	STR	003
09	OB	
10	OUT	200
11	END	

명령어	내용
STR	입력 a접점(신호)
STRN	입력 b접점(신호)
AND	직렬 a접점
ANDN	직렬 b접점
OR	병렬 a접점
ORN	병렬 b접점
OB	병렬 접속점
OUT	출력
END	끝

(1) PLC의 프로그램과 같은 유접점 논리회로를 완성하시오.

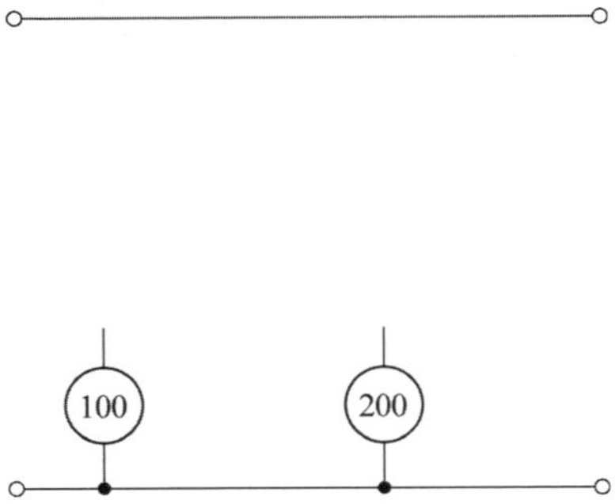

(2) "(1)"의 회로에서 001, 002, 003의 접점을 각 1개씩만을 사용하여 유접점 논리회로를 완성하시오.

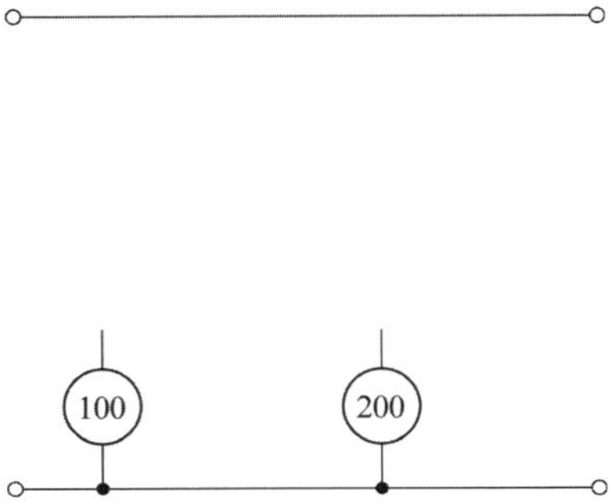

(3) PLC 프로그램에 대한 무접점 논리회로를 완성하시오.

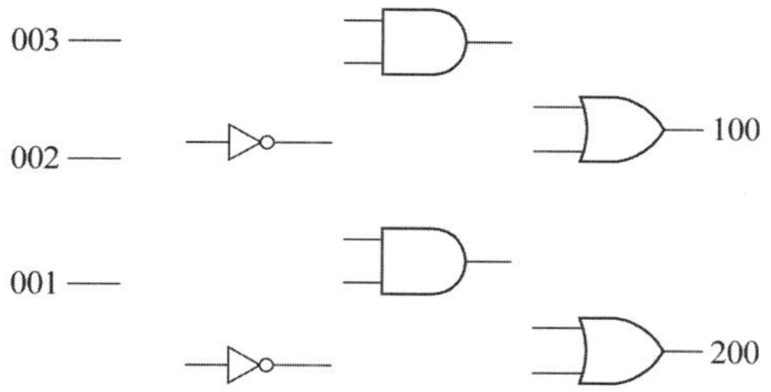

답안작성

(1)

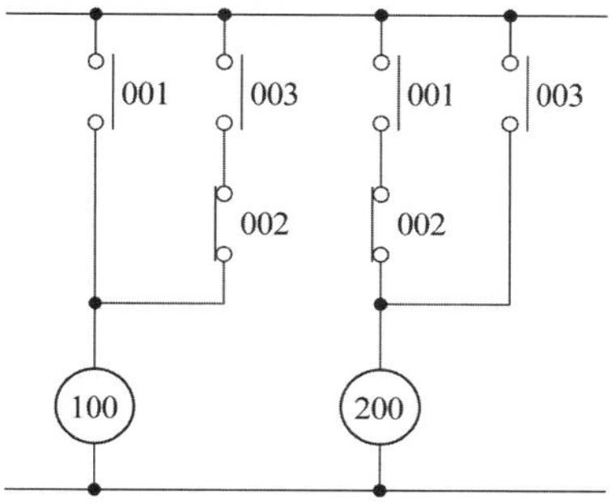

(2)

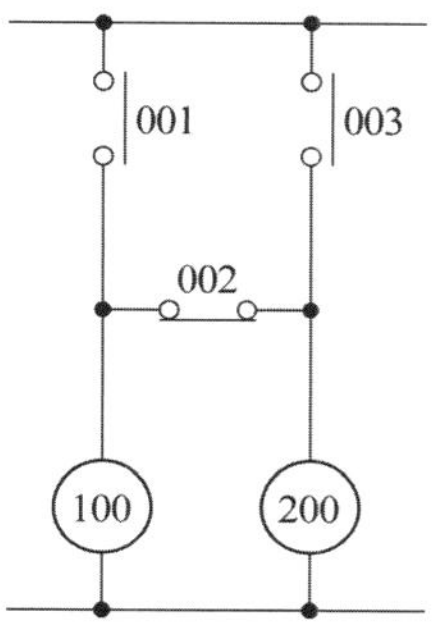

(3)

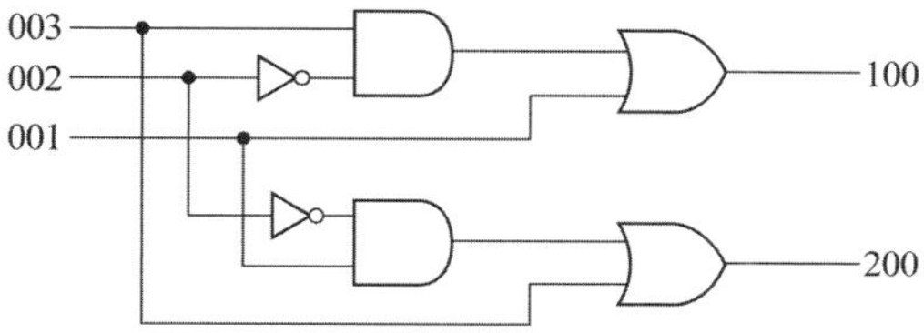

문제 12 ▸ 출제년도 : 04. 15. 22. ▸ 점수 : 5점

사용전압이 220 [V]인 옥내배선에서 소비전력 40 [W], 역률 60 [%]인 형광등 30개와 소비전력 100 [W]인 백열등 50개를 설치한다고 할 때 최소 분기 회로 수를 구하시오. (단, 16 [A] 분기 회로로 하며, 수용률은 100 [%]로 한다.)

• 계산 • 답

답안작성

계산 : ① 역률 60[%] 형광등

• 유효전력 $P = 40 \times 30 = 1200$ [W]

• 무효전력 $P_r = \dfrac{40}{0.6} \times 0.8 \times 30 = 1600$ [Var]

② 백열등(백열등은 저항부하 이므로 역률 100[%])

• 유효전력 $P = 100 \times 50 = 5000$[W]

따라서, 이 분기회로의 설비부하용량 P_a는

$P_a = \sqrt{(1200 + 5000)^2 + 1600^2} = 6403.12$[VA]

③ 분기회로수 $n=\frac{6403.12}{220\times 16}=1.82\ \rightarrow$ 2회로

답 : 16 [A] 분기 2회로

해 설

• 분기회로 수 $n=\frac{\text{설비용량[VA]}}{\text{사용전압[V]}\times\text{분기 회로전류[A]}\times\text{수용률}}$

• 분기회로수 산정 시 소수가 발생하면 무조건 절상하여 산출한다.

문제 13 ▸ 출제년도 : 89. 04. 06. 22. ▸ 점수 : 4점

전기부문 표준 품셈에 따른 케이블의 할증률은 일반적으로 다음 표 값 이내로 한다. 빈칸에 알맞은 내용을 쓰시오.

종 류	할증률 [%]
케이블(옥외)	①
케이블(옥내)	②

답안작성

① 3　　② 5

해 설

종 류	할증률[%]	철거손실률[%]
옥 외 전 선	5	2.5
옥 내 전 선	10	–
Cable (옥외)	3	1.5
Cable (옥내)	5	–
전선관 (옥외)	5	–
전선관 (옥내)	10	–
Trolley 선	1	–
동 대, 동 봉	3	1.5

[해설] 철거손실률이란 전기설비공사에서 철거작업시 발생하는 폐자재를 환입할 때 재료의 파손, 손실, 망실 및 일부 부식 등에 의한 손실률을 말함.

문제 14 ▸ 출제년도 : 14. 22. ▸ 점수 : 4점

어느 자가용 전기설비의 고장전류가 7.5 [kA] 이고 CT비가 75/5 [A] 일 때 MOF의 과전류 강도(표준)는 얼마인지 쓰시오.(단, 사고발생 후 0.2초 이내에 한전 차단기가 동작하는 것으로 한다.)

•계산 :　　　　　　　　　　　　　•답 :

답안작성

계산 : 단시간 과전류 값 $I_p=I_m\times\sqrt{t}=7.5\times 10^3\times\sqrt{0.2}=3354.1$[A]

CT과전류강도 $S_n=\frac{I_p}{\text{정격 1차전류}}=\frac{3354.1}{75}=44.72$배

답 : 75

해 설

1) MOF의 과전류강도는 기기 설치점에서의 단락전류에 의하여 계산 적용하되 22.9 [kV]급으로서 60 [A] 이하의 MOF 최소과전류강도는 한전규격에 의해 75배로하고, 계산값이 75배 이상인 경우는 150배를 적용한다. 다만, 수요자 또는 설계자의 요구에 의하여 MOF 또는 CT 과전류강도를 150배 이상 요구한 경우는 그 값을 적용한다.
2) CT의 과전류강도는 기기 설치점에서의 단락전류에 의하여 계산 적용한다.
과전류 강도 계산식
① 대칭단락전류(실효치)를 구한다.

$$I_s = \frac{100}{\%Z} \times I_n$$

- $\%Z =$ 전원측 $\%Z +$ 전선로 $\%Z +$ CT 및 기타기기 $\%Z$
- $I_n =$ 수전점의 기준용량(변압기)의 정격전류

② 최대비대칭 단락전류(실효치)를 구한다.

$$I_m = I_s \times \text{비대칭계수}\left(\frac{X}{R}\text{값, 기술자료참조}\right)$$

③ 단시간 과전류값 계산

$$I_p = I_m \times \sqrt{t}$$

t : 최대비대칭 단락전류값을 기준하여 PF동작시간

3) CT과전류강도 계산

$$S_n = \frac{\mathrm{I_p}}{\text{CT 정격1차전류}}$$

4) 변류기의 정격과전류 강도

정격과전류 강도 (*)	보증하는 과전류
40	정격 1차전류의 40배
75	정격 1차전류의 75배
150	정격 1차전류의 150배
300	정격 1차전류의 300배

문제 15 ▸ 출제년도 : 99. 11. 13. 15. 19. 20. 22. ▸ 점수 : 4점

다음 그림과 같이 A지점 80 [A], B지점 50 [A], C지점 30 [A]의 전류가 흐를 때 부하중심점의 거리를 구하시오.

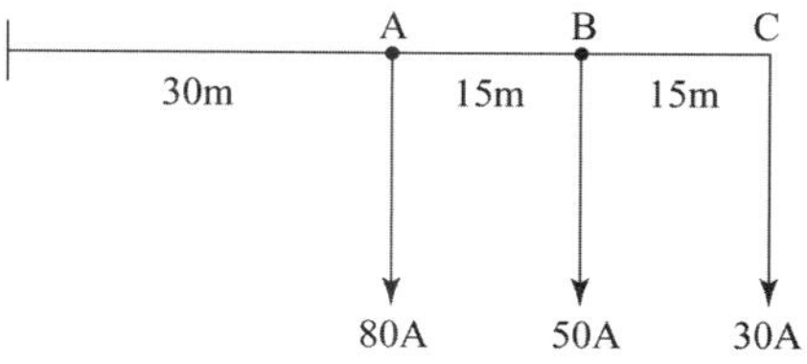

- 계산 :
- 답 :

답안작성

계산 : 직선 부하에서의 부하 중심점까지의 거리

$$L = \frac{L_1 I_1 + L_2 I_2 + L_3 I_3}{I_1 + I_2 + I_3}$$

$$= \frac{30 \times 80 + (30+15) \times 50 + (30+15+15) \times 30}{80+50+30} = 40.31\,[\mathrm{m}]$$

답 : 40.31 [m]

문제 16 ▸ 출제년도 : 22. ▸ 점수 : 4점

KS C 0301에 따른 옥내배선 그림기호의 명칭을 쓰시오.

그림기호			
S	B	E	Wh
명칭			
①	②	③	④

답안작성

① 개폐기 ② 배선용 차단기 ③ 누전 차단기 ④ 전력량계

해 설

KS C 0301 옥내배선용 그림기호

명칭	그림기호	적 요
개폐기	S	(1) 상자들이인 경우는 상자의 재질 등을 방기한다. (2) 극수, 정격전류, 퓨즈 정격전류 등을 방기한다. 보기 : S 2P30A f 15A (3) 전류계붙이는 (S)를 사용하고 전류계의 정격전류를 방기한다. 보기 : (S) 2P30A f 15A A 5
배선용 차단기	B	(1) 상자들이인 경우는 상자의 재질 등을 방기한다. (2) 극수, 프레임의 크기, 정격전류 등을 방기한다. 보기 : B 3P 225AF 150A (3) 모터브레이커를 표시하는 경우는 B 사용한다. (4) B를 S $_{MCB}$로서 표시하여도 좋다.
누전 차단기	E	(1) 상자들이인 경우는 상자의 재질 등을 방기한다. (2) 과전류 소자붙이는 극수, 프레임의 크기, 정격전류, 정격 감도전류 등 과전류 소자 없음은 극수, 정격전류, 정격 감도전류 등을 방기 한다. 과전류 소자붙이의 보기 E 2P 30AF 15A 30mA 과전류 소자없음의 보기 E 2P 15A 30mA (3) 과전류 소자붙이는 BE를 사용하여도 좋다. (4) E를 S $_{ELB}$로 표시하여도 좋다.
전력량계	(Wh)	(1) 필요에 따라 전기방식, 전압, 전류 등을 방기한다. (2) 그림기호 (Wh)는 (WH)로 표시하여도 좋다.

문제 17 ▸출제년도 : 10. 17. 22. ▸점수 : 6점

전력계통에 일반적으로 사용되는 리액터의 설치 목적을 간단히 쓰시오.

(1) 병렬리액터 :

(2) 직렬리액터 :

(3) 소호리액터 :

답안작성

(1) 페란티 현상의 방지
(2) 제5고조파 제거
(3) 지락전류의 제한

문제 18 ▸출제년도 : 21. 22. ▸점수 : 6점

한국전기설비규정에 따른 연료전지설비의 보호장치에 관한 내용이다. 빈칸에 알맞은 내용을 쓰시오.

> 연료전지는 다음의 경우에 자동적으로 이를 전로에서 차단하고 연료전지에 연료가스 공급을 자동적으로 차단하며 연료전지 내의 연료가스를 자동적으로 배기하는 장치를 시설하여야 한다.
> 가. 연료전지에 (①)가 생긴 경우
> 나. 발전요소의 발전전압에 이상이 생겼을 경우 또는 연료가스 출구에서의 (②) 농도 또는 공기 출구에서의 (③) 농도가 현저히 상승한 경우
> 다. 연료전지의 온도가 현저하게 상승한 경우

답안작성

① 과전류 ② 산소 ③ 연료가스

해 설

KEC 542.2.1 연료전지설비의 보호장치
연료전지는 다음의 경우에 자동적으로 이를 전로에서 차단하고 연료전지에 연료가스 공급을 자동적으로 차단하며 연료전지내의 연료가스를 자동적으로 배기하는 장치를 시설하여야 한다.
가. 연료전지에 과전류가 생긴 경우
나. 발전요소(發電要素)의 발전전압에 이상이 생겼을 경우 또는 연료가스 출구에서의 산소농도 또는 공기 출구에서의 연료가스 농도가 현저히 상승한 경우
다. 연료전지의 온도가 현저하게 상승한 경우

문제 19 ▸출제년도 : 22. ▸점수 : 5점

지름 3 [cm], 길이 1.2 [m]인 관형 광원의 직각방향의 광도가 504 [cd]일 때 이 광원 표면 위의 휘도[sb]를 구하시오.

•계산 : •답 :

답안작성

계산 : 길이 1.2 [m], 폭 3 [cm]의 면적이므로

광원의 투영 면적 $S=3\times120=360\ [\text{cm}^2]$

$\therefore\ B=\dfrac{I}{S}=\dfrac{504}{360}=1.4\ [\text{cd/cm}^2]=1.4[\text{sb}]$

답 : 1.4 [sb]

해 설

관형 광원의 투영 면적

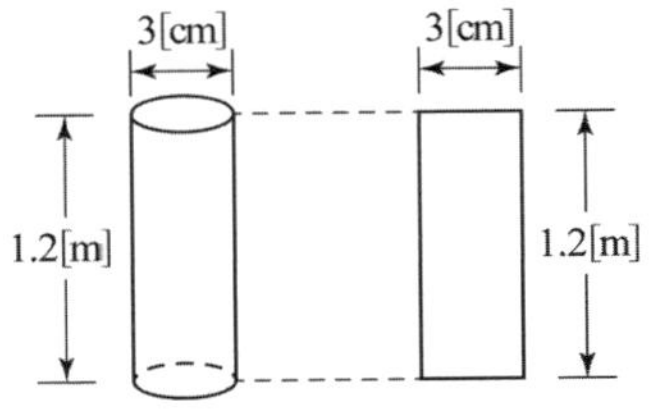

국가기술자격검정 실기시험문제 및 답안지

2022년도 산업기사 일반검정 제 2 회

자격종목(선택분야)	시험시간	형별	수험번호	성 명	감독위원 확 인
전기공사산업기사	2시간 00분				

※ 다음 물음에 답을 해당 답란에 답하시오.(배점 : 100점)

문제 01 ▸출제년도 : 22. ▸점수 : 3점

한국전기설비규정에 따른 소세력 회로에 관한 내용이다. 빈칸에 공통적으로 들어갈 내용을 쓰시오.

1. 소세력 회로에 전기를 공급하기 위한 변압기는 (   )이어야 한다.
2. 소세력 회로에 전기를 공급하기 위한 (   )의 사용전압은 대지전압 300[V] 이하로 하여야 한다.

답안작성

절연변압기

해 설

KEC 241.14 소세력 회로

(1) 소세력 회로에 전기를 공급하기 위한 변압기는 **절연변압기** 이어야 한다.

(2) 소세력 회로에 전기를 공급하기 위한 **절연변압기**의 사용전압은 대지전압 300[V] 이하로 하여야 한다.

문제 02 ▸출제년도 : 22. ▸점수 : 4점

그림의 회로에서 (1), (2), (3)을 폐로하고 (4)를 개로하고자 할 때 조작순서를 번호로 쓰시오.

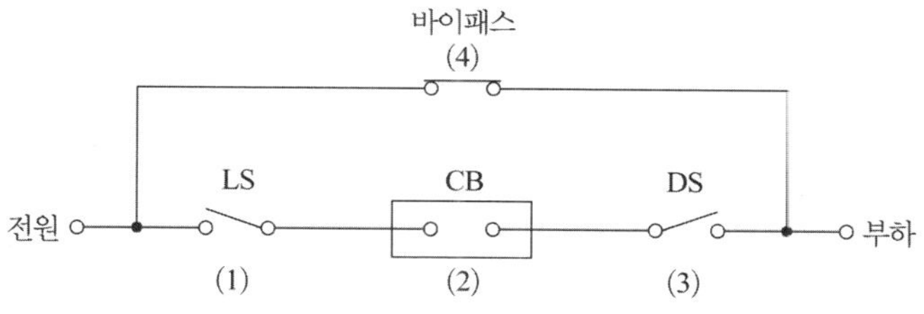

답안작성

(3) → (1) → (2) → (4)

해 설

단로기는 부하전류 개폐능력이 없으므로 차단기와 인터록 관계가 있어야 한다. 인터록이란 차단기가

개로(open)된 상태에서 단로기를 개방(open) 또는 투입(close) 할 수 있도록 하는 것을 말하며 이때 부하측의 단로기부터 조작하여야 한다.

(1) CB를 점검하기 위한 조작순서
 바이패스(close) → CB(open) → DS(open) → LS(open)

(2) CB를 점검 후 복귀 시킬 때의 조작순서
 DS(close) → LS(close) → CB(close) → 바이패스(open)

(3) 문제에서 (1), (2), (3)을 폐로하고 (4)를 개로하고자 할 때는, CB를 점검한 후 복귀할 때의 조작순서이다.

(4) LS (Line Switch) : 선로 개폐기
 DS (Disconnecting Switch) : 단로기
 CB (Circuit Breaker) : 차단기

문제 03

▸ 출제년도 : 18. 22. ▸ 점수 : 5점

수전단에 부하가 요구하는 무효전력과 원선도상에서 정해지는 무효전력과의 차에 해당하는 무효전력을 별도로 공급해 주기 위하여 사용하는 조상설비의 종류를 3가지만 쓰시오.

답안작성

동기조상기, 전력용 콘덴서, 분로리액터

해 설

송전선을 일정한 전압으로 운전하기 위해 필요한 무효전력을 공급하는 장치를 조상설비라 하며, 그 종류로는 동기조상기, 전력용콘덴서, 분로리액터, 정지형무효전력보상장치가 있다.

문제 04

▸ 출제년도 : 92. 13. 17. 19. 22. ▸ 점수 : 5점

변압기 2차 단자에서 25[m] 거리에 있는 교류단상 220[V], 4.4[kW] 히터부하에 전압강하를 2[%] 이하로 제한하기 위한 공급전선의 최소한의 굵기를 다음 표에서 선정하시오.

허 용 전 류 표

도체 \ 전선종별		허 용 전 류 [A]					
단 선 연선별	지름 또는 공칭 단면적	VV케이블 3심 이하	전 선 수				
			3 이하	4	5~6	7~15	16~40
단선	1.2[mm]	(13)	(13)	(12)	(10)	(9)	(8)
	1.6[mm]	19	19	17	15	13	12
	2.0[mm]	24	24	22	19	17	15
연선	5.5[mm^2]	34	34	31	27	24	21
	8[mm^2]	42	42	38	34	30	26
	14[mm^2]	61	61	55	49	43	38
	22[mm^2]	80	80	72	64	56	49
	30[mm^2]	–	97	87	78	68	60
	38[mm^2]	113	113	102	90	79	70

• 계산 : • 답 :

답안작성

계산 : • 부하전류 $I = \frac{P}{V} = \frac{4.4 \times 10^3}{220} = 20[A]$

• 전압강하 $e = 220 \times 0.02 = 4.4[V]$

• 전선의 단면적 $A = \frac{35.6LI}{1000e} = \frac{35.6 \times 25 \times 20}{1000 \times 4.4} = 4.05[mm^2]$

답 : 5.5[mm²]

해 설

전압강하 및 전선 단면적

전기 방식	전압 강하		전선 단면적
단상 3선식 직류 3선식 3상 4선식	$e_1 = IR$	$e_1 = \frac{17.8LI}{1000A}$	$A = \frac{17.8LI}{1000e_1}$
단상 2선식 및 직류 2선식	$e_2 = 2IR = 2e_1$	$e_2 = \frac{35.6LI}{1000A}$	$A = \frac{35.6LI}{1000e_2}$
3상 3선식	$e_3 = \sqrt{3}\,IR = \sqrt{3}\,e_1$	$e_3 = \frac{30.8LI}{1000A}$	$A = \frac{30.8LI}{1000e_3}$

문제 05

▸ 출제년도 : 22. ▸ 점수 : 5점

CTTS(Closed Transition Transfer Switch) 폐쇄형 전원절환 절체 개폐기의 장점을 ATS(Automatic Transfer Switch) 자동 전환 개폐기와 비교하여 간단히 설명하시오.

답안작성

① 예고 정전 시 무정전 절체, 복전이 가능하므로 전력공급 신뢰도가 높다.
② 무정전폐쇄형 절체이므로 과도 현상이 없어 발전기 및 부하기기에 전기적 충격이 없으므로 기기의 수명이 연장된다.

해 설

CTTS는 개방형으로 절체 되는 ATS와 달리 폐쇄형으로 절체 된다. 즉, 양쪽 전원(상용전원과 비상용 발전기전원)이 모두 가압되어 있는 상태에서 양 전원이 동위상에서 병렬운전 형태로 유지되어 동기화 스위칭 되면서 무정전 절체가 되는 절체스위치로, 정전 상태 발생 없이 비상전원의 사용이 가능하다.

문제 06

▸ 출제년도 : 04. 12. 18. 22. ▸ 점수 : 5점

가공전선로에서 전선 지지점에 고저차가 없을 경우 330 [mm²] ACSR선이 경간 500 [m]에서 이도가 8.6 [m]이다. 전선의 실제길이는 약 몇 [m]인지 구하시오.

•계산 : •답 :

답안작성

계산 : $L = S + \frac{8\,D^2}{3S} = 500 + \frac{8 \times 8.6^2}{3 \times 500} = 500.39[m]$

답 : 500.39[m]

문제 07 ▸ 출제년도 : 98. 22. ▸ 점수 : 8점

푸시버튼 스위치 PB1, PB2, PB3에 의하여 직접 제어되는 계전기 A, B, C가 있고, 출력으로는 전등 R, Y, G가 있다. 동작표와 논리식을 보고 미완성 회로를 그리시오.

동작표

입력			출력		
A	B	C	R	Y	G
0	0	0	0	0	1
0	0	1	0	0	1
0	1	0	0	0	1
0	1	1	0	1	0
1	0	0	0	1	0
1	0	1	1	0	0
1	1	0	1	0	0
1	1	1	1	0	0

1) 출력 램프 R에 대한 논리식 : $R = A \cdot C + A \cdot B = A \cdot (B + C)$

2) 출력 램프 Y에 대한 논리식 : $Y = \overline{A} \cdot B \cdot C + A \cdot \overline{B} \cdot \overline{C}$

3) 출력 램프 G에 대한 논리식 : $G = \overline{A} \cdot \overline{B} + \overline{A} \cdot \overline{C} = \overline{A} \cdot (\overline{B} + \overline{C})$

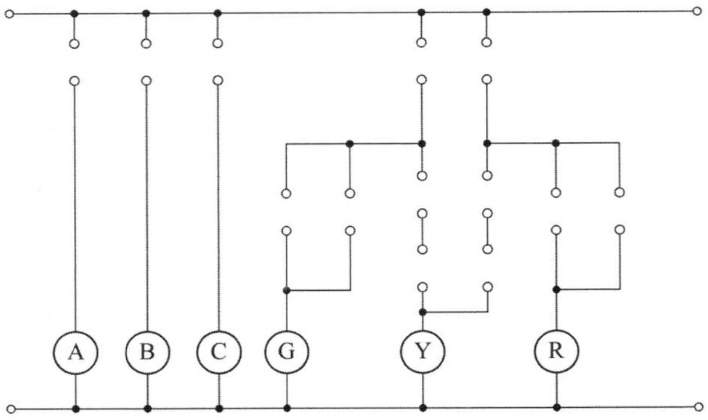

답안작성

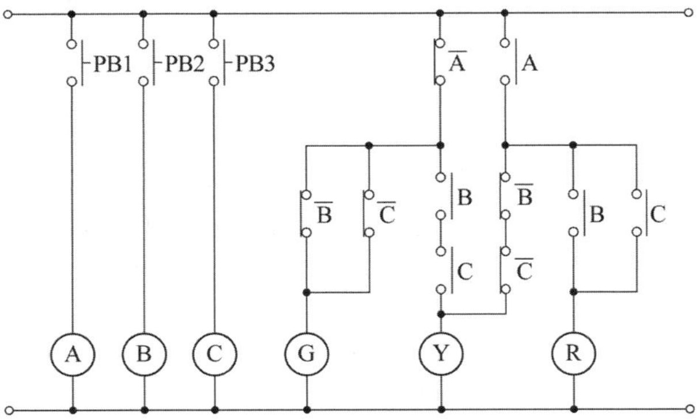

문제 08

▸ 출제년도 : 10. 14. 22. ▸ 점수 : 4점

KS C 0301에 따른 옥내 배선의 그림기호를 보고 각각의 명칭을 쓰시오.

그림기호					
				S	B
명 칭					
①	②	③	④	⑤	⑥

답안작성

① 리모콘 스위치　② 셀렉터 스위치　③ 조광기

④ 리모콘 릴레이　⑤ 개폐기　⑥ 배선용 차단기

문제 09

▸ 출제년도 : 22. ▸ 점수 : 4점

한국전기설비규정에 따른 과전류차단기로 저압전로에 사용하는 주택용 배선차단기의 과전류트립 동작시간 및 특성에 관한 표이다. 빈칸에 알맞은 내용을 쓰시오.

정격전류의 구분	시 간	정격전류의 배수 (모든 극에 통전)	
		부동작 전류	동작 전류
63[A] 이하	60분	(①)배	(②)배
63[A] 초과	120분	(①)배	(②)배

답안작성

① 1.13　② 1.45

해 설

KEC 212.3.4 보호장치의 특성

① 과전류트립 동작시간 및 특성(주택용 배선차단기)

정격전류의 구분	시 간	정격전류의 배수 (모든 극에 통전)	
		부동작 전류	동작 전류
63[A] 이하	60분	1.13배	1.45배
63[A] 초과	120분	1.13배	1.45배

② 과전류트립 동작시간 및 특성(산업용 배선차단기)

정격전류의 구분	시 간	정격전류의 배수 (모든 극에 통전)	
		부동작 전류	동작 전류
63[A] 이하	60분	1.05배	1.3배
63[A] 초과	120분	1.05배	1.3배

문제 10 ▸ 출제년도 : 05. 07. 13. 22. ▸ 점수 : 9점

다음 조건을 참고하여 타임차트와 미완성 도면을 완성하시오.

[조건]

① 푸시버튼 PB1 또는 PB2를 누르면 해당 푸시버튼의 전등 L_1 또는 L_2가 점등되고 동시에 BZ(부저)가 일정시간 동작하고 타이머 T의 설정시간 후 L_1 또는 L_2와 BZ가 동시에 정지한다.
L_1이 점등되고 있을 때 PB2를 눌러도 L_2는 점등되지 않는다. L_2가 점등되고 있을 때에도 PB1을 눌러도 L_1은 점등되지 않는다.

② 정지한 후 다시 PB1 또는 PB2를 누르면 해당 푸시버튼의 전등 L_1 또는 L_2가 점등되고 동시에 BZ(부저)가 일정시간 동작하고 타이머 T의 설정시간 후 L_1 또는 L_2와 BZ는 동시에 정지한다.

(1) 타임차트

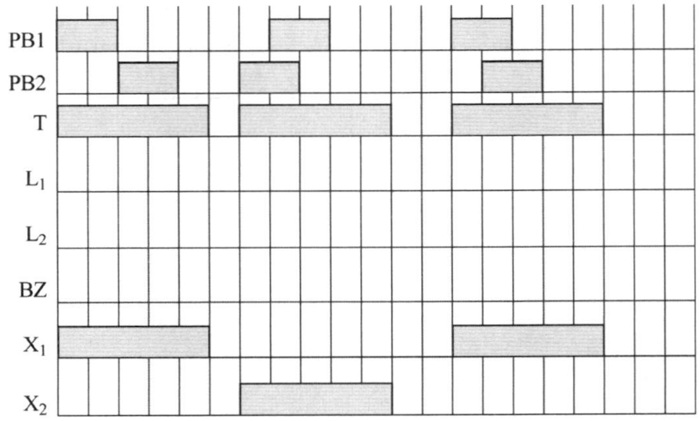

① T는 타이머의 설정시간이다.
② X_1, X_2는 회로 동작을 위한 릴레이이다.

(2) 미완성 도면

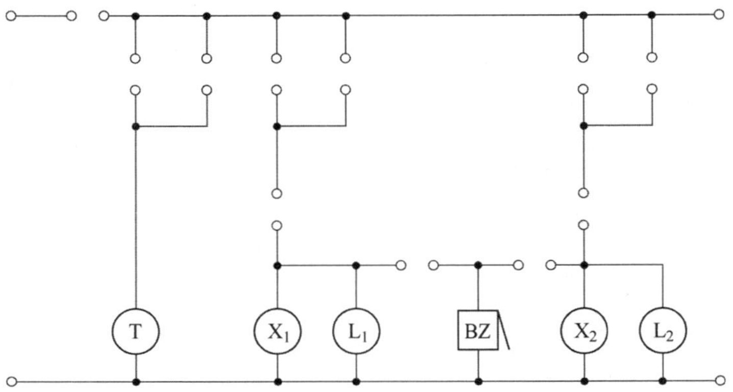

답안작성

(1)

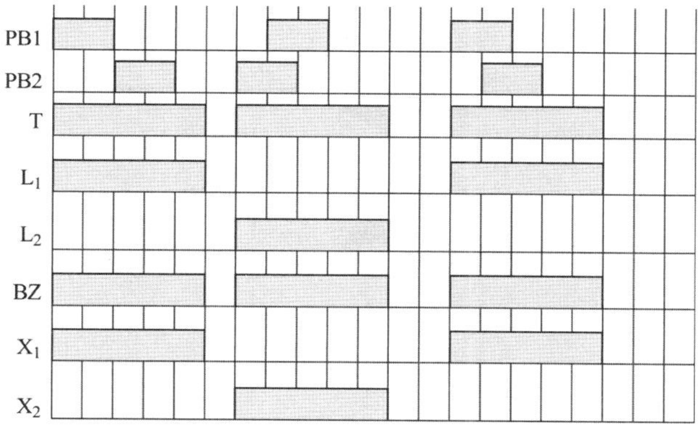

(2)

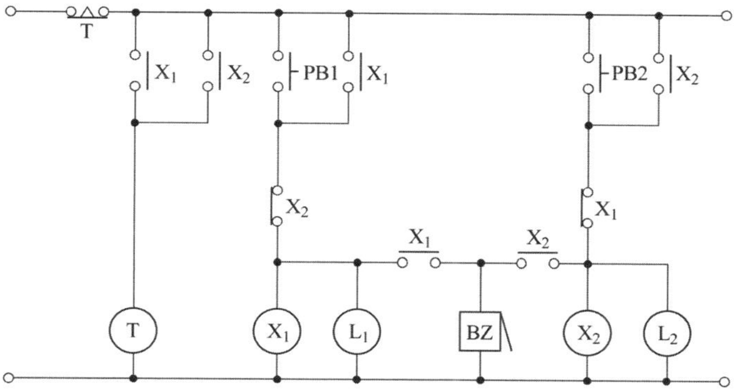

문제 11 ▸ 출제년도 : 22. ▸ 점수 : 6점

한국전기설비규정에 따른 저압 연접 인입선의 시설에 관한 내용이다. 빈칸에 알맞은 내용을 쓰시오.

> 가. 인입선에서 분기하는 점으로부터 (①)[m]를 초과하는 지역에 미치지 아니할 것.
> 나. 폭 (②)[m]를 초과하는 도로를 횡단하지 아니할 것.
> 다. (③)를 통과하지 아니할 것.

답안작성

① 100 ② 5 ③ 옥내

해 설

KEC 221.1.2 연접 인입선의 시설

저압 연접(이웃 연결) 인입선은 221.1.1의 규정에 준하여 시설하는 이외에 다음에 따라 시설하여야 한다.

가. 인입선에서 분기하는 점으로부터 100[m]를 초과하는 지역에 미치지 아니할 것.

나. 폭 5[m]를 초과하는 도로를 횡단하지 아니할 것.

다. 옥내를 통과하지 아니할 것.

문제 12 ▸ 출제년도 : 17. 22. ▸ 점수 : 6점

다음과 같은 전열 콘센트 평면도를 보고, 물음에 답하시오.

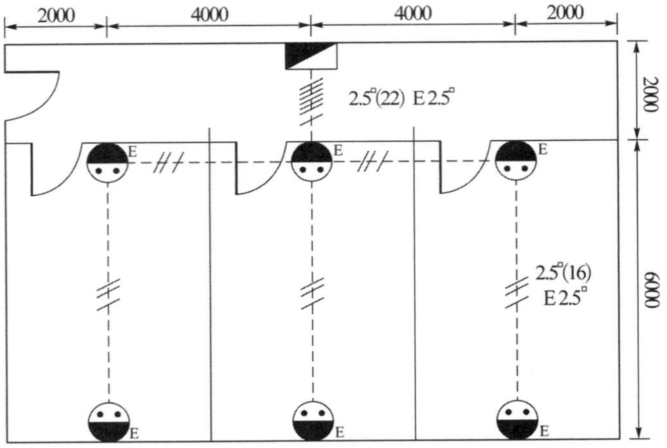

[조건]

1. 콘센트(15[A], 2구용)는 콘크리트에 매입하며, 높이는 바닥에서 50[cm]이다.
2. 분전반의 크기는 가로×세로×높이=300×600×100[mm] 이며, 분전반설치는 상단 1800[mm]로 한다.
3. 선에 표시된 사선은 가닥수(접지선 포함)를 표시한 것이다.
4. PVC 박스 내 전선의 여장은 10[cm]로 하며, 분전반의 여장은 50[cm]로 한다.
5. 전선관은 합성수지전선관을 적용한다.
6. 전선의 규격은 HFIX 2.5[mm^2]를 적용한다.
7. 도면에서 위첨자 '□'은 단위 [mm^2]를 표시한 것이다.
8. 전선 및 전선관의 재료할증률은 5[%]를 적용한다.
9. 제시된 자료 이외에는 고려하지 않는다.
10. 계산은 소수점 셋째자리에서 반올림하여 둘째자리까지 산출한다.

(1) 전열 콘센트를 시설하기 위한 배관(22C)의 길이[m]를 산출하시오.
- 계산 : • 답 :

(2) 전열 콘센트를 시설하기 위한 배관(16C)의 길이[m]를 산출하시오.
- 계산 : • 답 :

(3) 전열 콘센트를 시설하기 위한 배선(전선)의 길이[m]를 산출하시오.
- 계산 : • 답 :

답안작성

(1) 계산 : $(1.2+2+0.5)\times1.05=3.89$ [m] 답 : 3.89 [m]

(2) 계산 : $[(0.5+4+0.5)\times2+(0.5+6+0.5)\times3]\times1.05=32.55$[m] 답 : 32.55 [m]

(3) 계산 : • 전선 3가닥인 곳

$(0.1+0.5+4+0.5+0.1)\times3\times2+(0.1+0.5+6+0.5+0.1)\times3\times3=96[m]$

• 전선 7가닥인 곳

$(0.5+1.2+2+0.5+0.1)\times7=30.1[m]$

∴ 합계 $=(96+30.1)\times1.05=132.41$ [m]

답 : 132.41 [m]

해 설

① 분전반에서 콘센트까지의 전선관 길이 $=1.2+2+0.5=3.7$ [m]

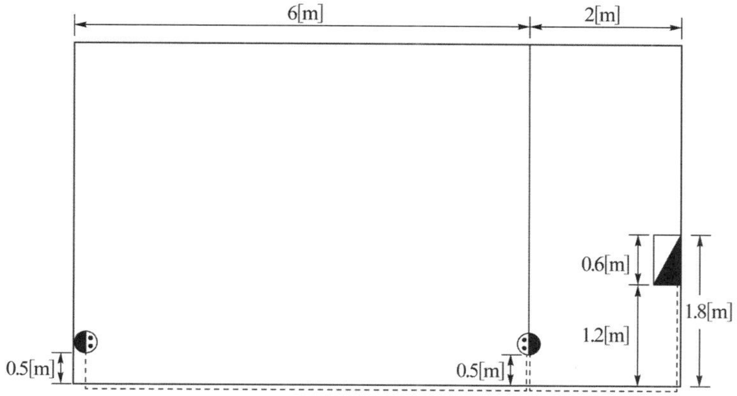

② PVC 박스 내 전선의 여장 : 0.1 [m]

③ 분전반의 여장 : 0.5 [m]

④ 콘센트가 분기되는 곳에는 들어가는 전선관과 나오는 전선관이 있어야 하므로, 분전반과 연결된 콘센트에는 총 4개의 전선관이 필요하다.

문제 13 ▸ 출제년도 : 22. ▸ 점수 : 8점

그림은 3상 유도전동기의 Y−△ 기동을 위한 결선도의 일부를 나타낸 것이다. 기동 시 및 운전 시의 전자개폐기 접점의 상태(ON, OFF) 및 접속 상태(Y결선, △결선)을 빈칸에 쓰시오.

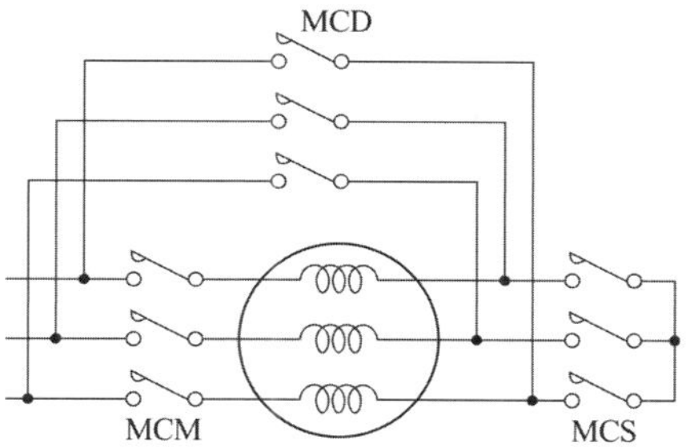

구분	전자개폐기 접점상태(ON, OFF)			접속상태
	MCS	MCD	MCM	
기동 시				
운전 시				

답안작성

구분	전자개폐기 접점상태(ON, OFF)			접속상태
	MCS	MCD	MCM	
기동 시	ON	OFF	ON	Y결선
운전 시	OFF	ON	ON	△결선

문제 14 ▸ 출제년도 : 09. 22. ▸ 점수 : 5점

그림은 3상3선식 적산전력량계의 결선도(계기용변압기 및 변류기를 시설하는 경우)를 나타낸 것이다. 미완성 부분의 결선도를 완성하시오. (단, 접지가 필요한 곳에는 접지표시를 하도록 한다.)

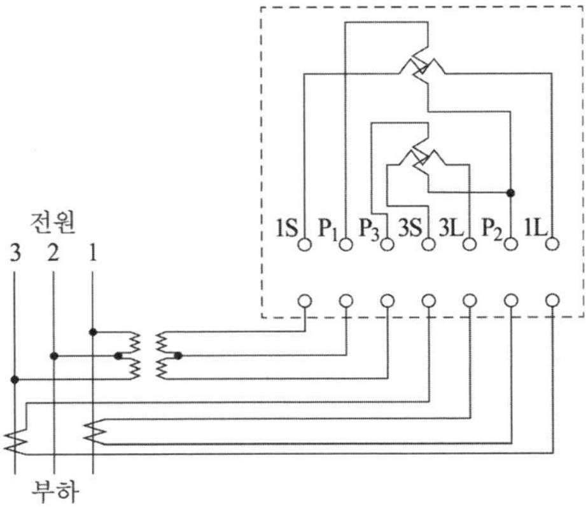

답안작성

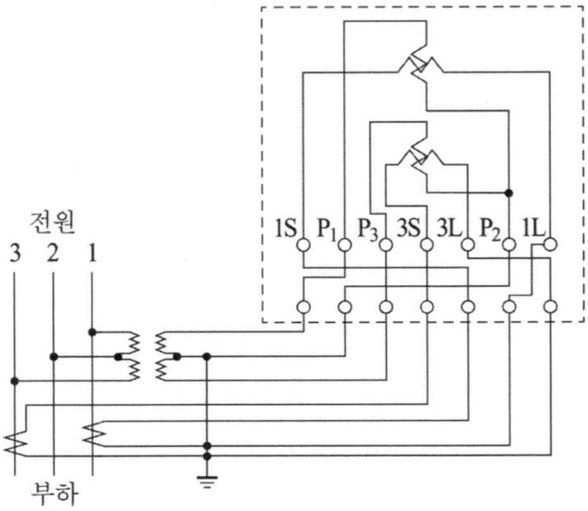

문제 15 ▸ 출제년도 : 08. 22. ▸ 점수 : 6점

송전 및 배전계통에서 무정전 공법의 종류를 크게 3가지로 구분하여 쓰시오.

답안작성

① 이동용 변압기 공법
② 바이패스 케이블 공법
③ 공사용 개폐기 공법

문제 16 ▸ 출제년도 : 14. 22. ▸ 점수 : 5점

그림은 인류스트랍의 설치 방법에 관한 그림이다. 각 번호 ①, ②, ③, ④, ⑤의 명칭을 쓰시오.

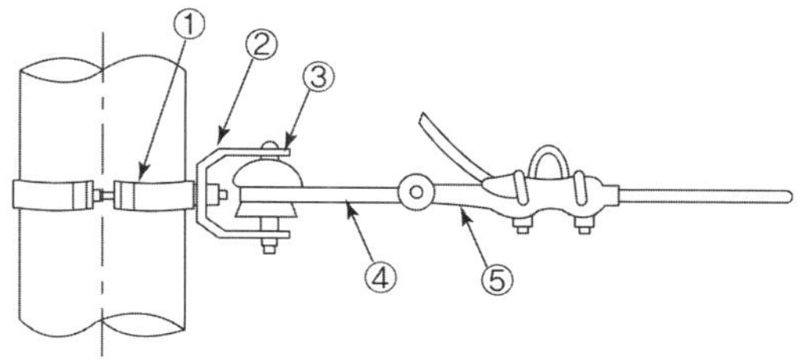

답안작성

① 랙크밴드 ② 랙크 ③ 저압인류애자
④ 인류스트랍 ⑤ 데드앤드크램프

해 설

인류스트랍은 다중접지 중성선이나 저압중성선이 AL전선인 경우 인류 및 내장개소에 설치한다.

문제 17 ▸ 출제년도 : 07. 22. ▸ 점수 : 5점

다음은 네온방전등을 옥내에 시설하는 경우이다. 다음 각 물음에 답하시오.

(1) 관등회로의 배선은 어떤 공사로 하는지 쓰시오.
(2) 관등회로의 배선에서 전선 지지점간의 최대 거리[m]를 쓰시오.
(3) 네온방전등에 공급하는 전로의 대지전압은 몇 [V] 이하로 하여야 하는지 쓰시오.
(4) 네온변압기는 어떤 관리법의 적용을 받는 것이어야 하는지 쓰시오.
(5) 관등회로의 배선에서 전선 상호간의 이격거리는 몇 [mm] 이상 이어야 하는지 쓰시오.

답안작성

(1) 애자공사
(2) 1 [m] 이하
(3) 300 [V]
(4) 전기용품 및 생활용품 안전관리법
(5) 60 [mm]

해 설

KEC 234.12 네온방전등

1. 네온방전등에 공급하는 전로의 대지전압은 300[V] 이하로 하여야 하며, 다음에 의하여 시설하여야 한다.
   (1) 네온관은 사람이 접촉될 우려가 없도록 시설할 것.
   (2) 네온변압기는 옥내배선과 직접 접촉하여 시설할 것.
2. 네온변압기는 「전기용품 및 생활용품 안전관리법」의 적용을 받은 것일 것
3. 관등회로의 배선은 애자공사로 다음에 따라서 시설하여야 한다.
   (1) 전선은 네온관용전선을 사용할 것.
   (2) 전선은 자기 또는 유리제 등의 애자로 견고하게 지지하여 조영재의 아랫면 또는 옆면에 부착하고 또한 다음과 같이 시설할 것.
      ① 전선 상호간의 이격거리는 60[mm] 이상일 것.
      ② 전선과 조영재 이격거리는 노출장소에서 표에 따를 것

표. 전선과 조영재의 이격거리

전압 구분	이격 거리
6 [kV] 이하	20 [mm] 이상
6 [kV] 초과 9 [kV] 이하	30 [mm] 이상
9 [kV] 초과	40 [mm] 이상

③ 전선지지점간의 거리는 1 [m] 이하로 할 것.
④ 애자는 절연성·난연성 및 내수성이 있는 것일 것.

문제 18 ▸ 출제년도 : 93. 06. 13. 16. 22. ▸ 점수 : 3점

그림과 같은 줄기초 터파기량을 산출하려고 한다. 줄기초 터파기량 계산식을 쓰시오.

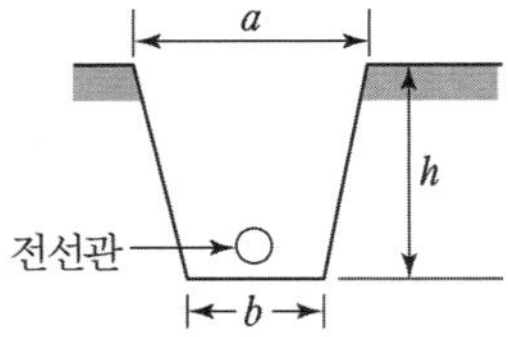

답안작성

터파기량 $V_o = \dfrac{a+b}{2} \times h \times$ 줄기초 길이

해 설

① 독립기초파기

터파기량 [A]$= \dfrac{h}{6}\{(2a+a')b+(2a'+a)b'\}$

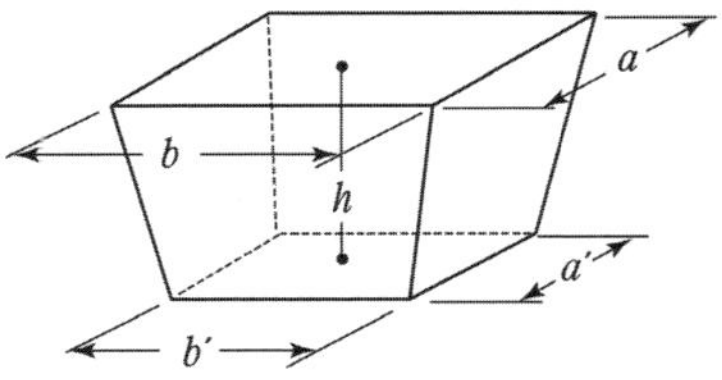

② 줄기초파기

터파기량 [A]$=\left(\dfrac{a+b}{2}\right)h \times$줄기초길이

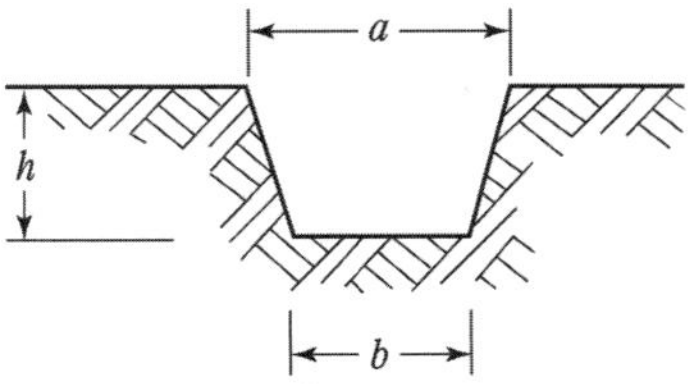

문제 19 ▸ 출제년도 : 92. 95. 11. 22. ▸ 점수 : 4점

바닥면적 200[m^2]의 교실에 2500[lm]의 40[W] 형광등을 시설하여 평균조도를 150[lx]로 하고자 한다. 설치해야할 형광등은 몇 개가 필요한지 구하시오.
(단, 조명률 50[%], 감광보상률 1.25이다.)

• 계산 : • 답 :

답안작성

계산 : $N = \dfrac{AED}{FU} = \dfrac{200 \times 150 \times 1.25}{2500 \times 0.5} = 30$[등]

답 : 30[등]

해 설

$FUN = AED$ 에서 $N = \dfrac{AED}{FU}$ 이며, 산출된 전등의 수 중 소수가 발생하면 절상한다.

여기서, F : 광원 1개당의 광속[lm], N : 광원의 개수[등]
E : 작업면상의 평균 조도[lx] A : 방의 면적[m^2]
D : 감광 보상률 U : 조명률[%]

국가기술자격검정 실기시험문제 및 답안지

2022년도 산업기사 일반검정 제 4 회

자격종목(선택분야)	시험시간	형별	수험번호	성 명	감독위원 확 인
전기공사산업기사	2시간 00분				

※ 다음 물음에 답을 해당 답란에 답하시오.(배점 : 100점)

문제 01 ▸ 출제년도 : 11. 22. ▸ 점수 : 6점

다음 그림은 고압 수전설비 진상콘덴서 접속 뱅크 결선도이다. 물음에 답하시오.

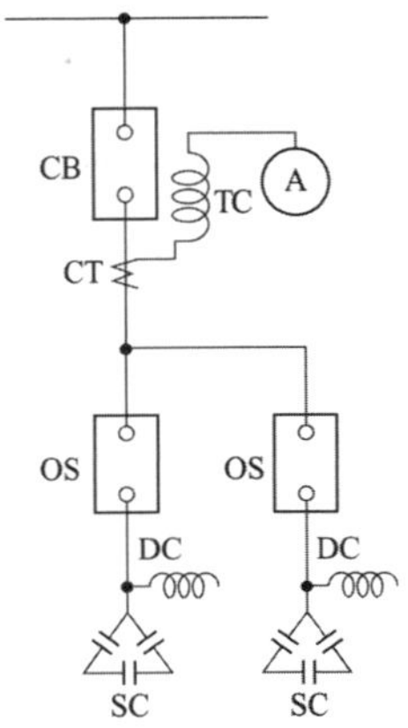

(1) 콘덴서 용량이 100 [kVA] 이하인 경우 CB 대신 사용가능 한 개폐기를 쓰시오.

(2) 콘덴서 용량이 50 [kVA] 미만인 경우 OS 대신 사용 가능한 개폐기를 쓰시오.

답안작성

(1) OS (유입 개폐기)

(2) COS (직결로함)

해 설

진상용 콘덴서 참고 접속도

콘덴서 총용량이 300 [kVA] 이하의 경우 전류계를 생략할 때

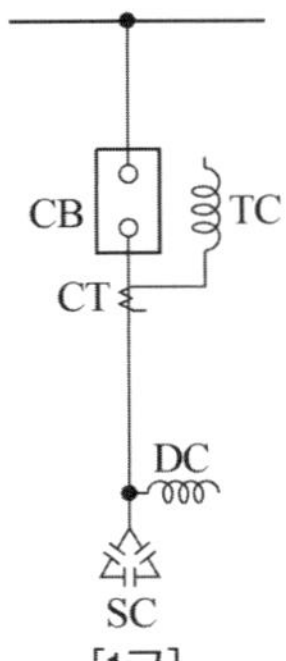

[1군]

콘덴서 총용량이 300 [kVA] 초과, 600 [kVA] 이하의 경우

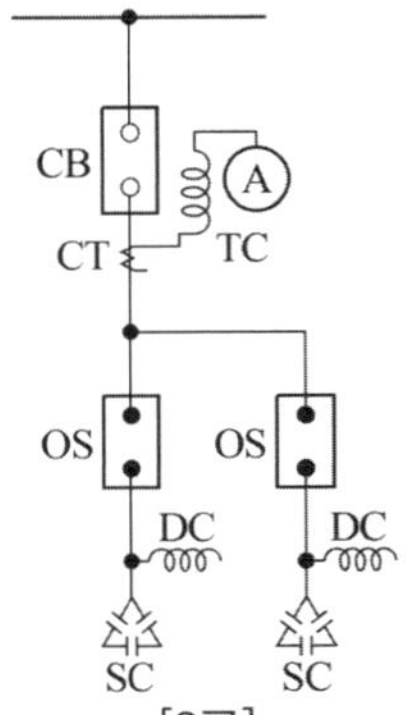

[2군]

콘덴서 총용량이 600 [kVA] 초과의 경우

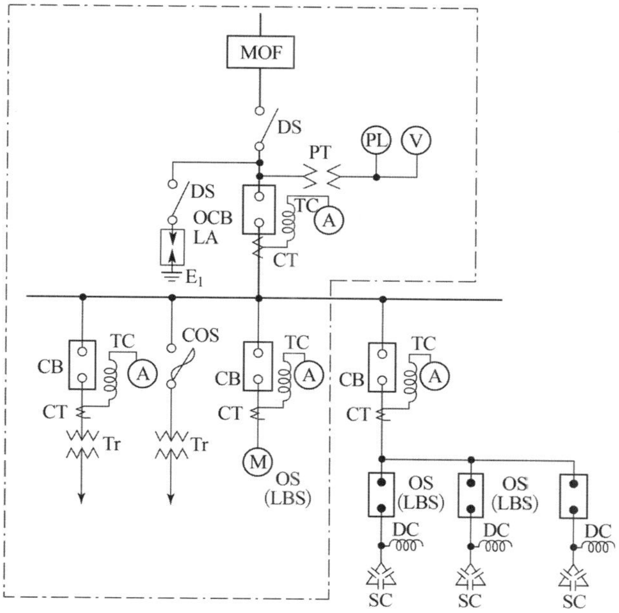

[3군]

[주] 콘덴서의 용량이 100 [kVA] 이하인 경우에는 CB 대신 OS 또는 유사한 것(인터럽터 스위치 등)을, 50 [kVA] 미만의 경우에는 COS(직결로 함)를 사용할 수 있다.

문제 02 ▸ 출제년도 : 22. ▸ 점수 : 5점

송전단 전압이 3300[V]인 고압 단상 배전선에서 수전단 전압을 3150[V]로 유지하고자 한다. 부하전력 1000[kW], 역률 0.8, 배전선 길이가 3[km]인 경우 이에 적당한 경동선의 굵기를 선정하시오. (단, 선로의 리액턴스는 무시한다.)

[경동선의 굵기]

150[mm^2], 185[mm^2], 240[mm^2], 300[mm^2], 400[mm^2]

• 계산 : • 답 :

답안작성

계산 : ① 부하전류 $I = \dfrac{P}{V\cos\theta} = \dfrac{1000 \times 10^3}{3150 \times 0.8} = 396.83[\text{A}]$

전압강하 $e = V_s - V_r = 3300 - 3150 = 2I\,(R\cos\theta + X\sin\theta)$

조건에서 선로 리액턴스(X)를 무시하면 $e = 2IR\cos\theta$ 이므로,

$\therefore$ 1선당 저항 $R = \dfrac{e}{2I\cos\theta} = \dfrac{3300 - 3150}{2 \times 396.83 \times 0.8} = 0.24[\Omega]$

② $R = \rho\dfrac{l}{A}$ 에서 $A = \rho\dfrac{l}{R}$ 이므로

$\therefore A = \dfrac{1}{55} \times \dfrac{3000}{0.24} = 227.27[\text{mm}^2]$

답 : 240[mm^2] 선정

해 설

- 경동선의 저항률 $\rho = \dfrac{1}{55}[\Omega \cdot \text{mm}^2/\text{m}]$
- 연동선의 저항률 $\rho = \dfrac{1}{58}[\Omega \cdot \text{mm}^2/\text{m}]$

문제 03

▸ 출제년도 : 08. 10. 22.　▸ 점수 : 5점

다음 동작설명을 참고하여 동작 회로도를 완성하시오.
(단, 배선용차단기를 삽입하고 사용되는 기구들의 기호명과 접점기호를 명시하시오.)

[동작설명]

① 배선용 차단기를 투입하고 S_3-OFF시 R_2 점등되고, PBS를 ON하면 타이머(T)가 여자되고(타이머 순시접점에 의한 자기유지) 타이머 설정시간 동안 R_3 점등, 설정시간 후 R_3 소등되고 R_4 점등된다.

② S_3-ON시 R_2, R_3, R_4 소등, 부저(BZ)동작, R_1 점등
(단, 전원은 단상 2선식 220 [V] 이다.)

[동작회로도]

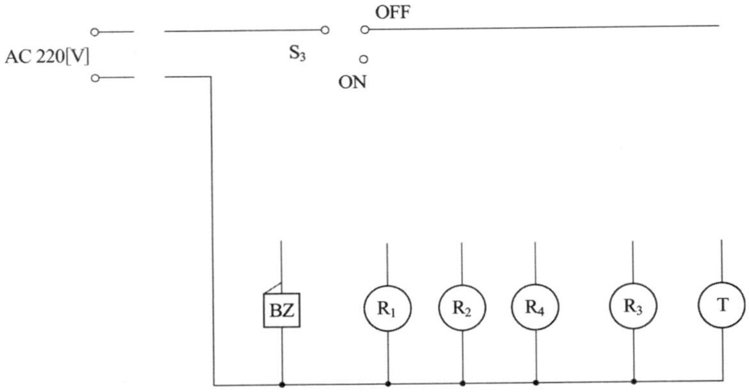

답안작성

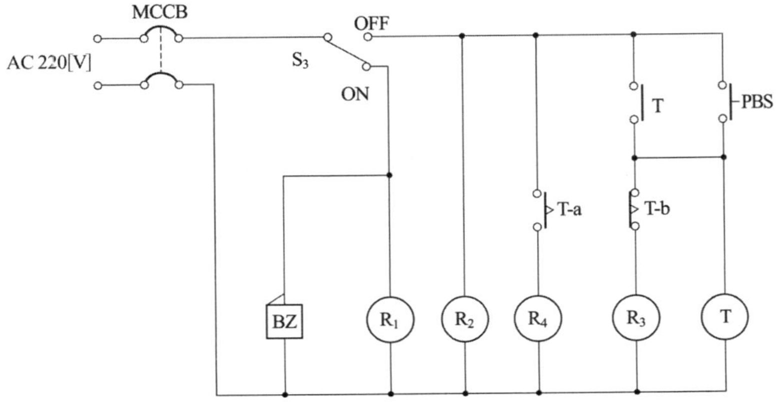

문제 04 ▸ 출제년도 : 22. ▸ 점수 : 5점

단상변압기 3대를 △-△로 결선하시오.
(변압기 외함 접지는 제외하며 변압기 2차측 접지 부분은 표시하시오. 단 변압기 2차측 전압은 220[V]라고 한다.)

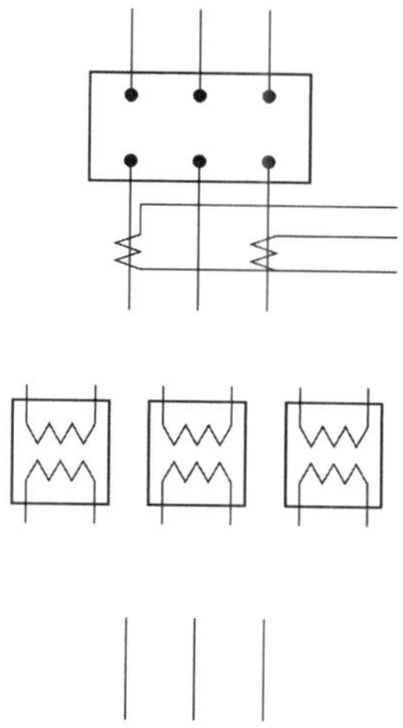

답안작성

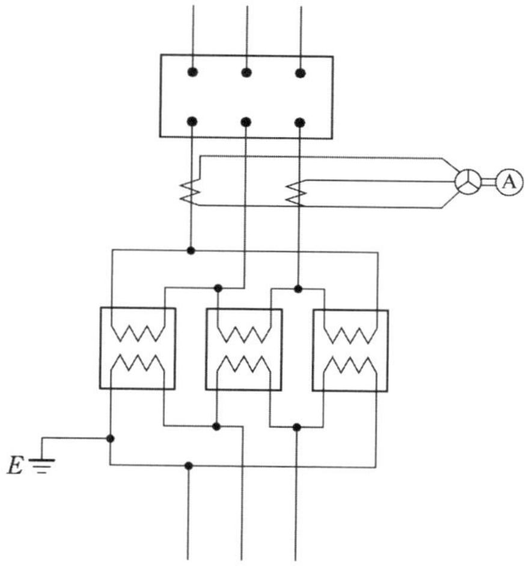

해 설

KEC 322.1 고압 또는 특고압과 저압의 혼촉에 의한 위험방지 시설
고압전로 또는 특고압전로와 저압전로를 결합하는 변압기의 저압측의 중성점에는 142.5의 규정에 의하여 계산한 값이 10[Ω]을 넘을 때에는 접지저항치가 10[Ω] 이하가 되도록 할 것.
(단, 사용전압이 35[kV] 이하의 특고압전로로서 전로에 지락이 생겼을 때에 1초 이내에 자동적으로 이를 차단하는 장치가 되어 있는 것 및 사용전압이 25 [kV] 이하인 특고압 가공전선로로서 중성선 다중접지식의 것으로서 전로에 지락이 생겼을 때 2초 이내에 자동적으로 이를 전로로부터 차단하는 장치가 되어 있는 것은 제외한다.)
다만, 그 접지공사를 변압기의 중성점에 하기 어려울 때에는 저압전로의 사용전압이 300[V] 이하인 경우에 한해 저압 측의 1단자에 시행할 수 있다.

문제 05 ▸ 출제년도 : 20. 22. ▸ 점수 : 4점

어느 도서지방의 3선3선식 6.6[kV] 공중배전선로를 50[km]로 2회선 건설하는데 필요한 전선의 길이를 구하시오.(단, 이도는 무시하고 할증은 반영한다.)

•계산 : •답 :

답안작성

계산 : 전선의 길이 $= 50 \times 3 \times 2 \times 1.05 = 315[\text{km}]$

답 : 315[km]

해 설

종 류	할증률[%]	철거손실률[%]
옥 외 전 선	5	2.5
옥 내 전 선	10	–
Cable (옥외)	3	1.5
Cable (옥내)	5	–
전선관 (옥외)	5	–
전선관 (옥내)	10	–
Trolley 선	1	–
동 대 , 동 봉	3	1.5

[해설] 철거손실률이란 전기설비공사에서 철거작업시 발생하는 폐자재를 환입할 때 재료의 파손, 손실, 망실 및 일부 부식 등에 의한 손실률을 말함.

문제 06 ▸ 출제년도 : 91. 98. 13. 20. 22. ▸ 점수 : 5점

그림과 같이 300 [mm^2]의 ACSR을 300 [m]의 경간에 가설하려 한다. 이 전선의 이도는 가설 후 실측을 해보니 10 [m] 이었다. 이도가 9 [m] 일 때 보다 전선이 얼마나 더 사용되었는지 구하시오.

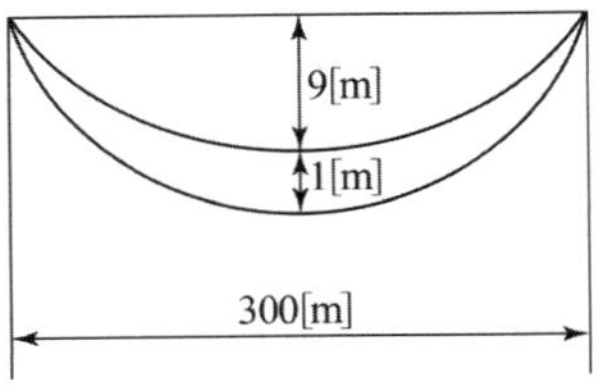

• 계산 :

• 답 :

답안작성

계산 : • 이도 10 [m]일 때 전선의 길이 $L_1 = 300 + \dfrac{8 \times 10^2}{3 \times 300} = 300.89$ [m]

• 이도 9 [m]일 때 전선의 길이 $L_2 = 300 + \dfrac{8 \times 9^2}{3 \times 300} = 300.72$ [m]

$\therefore\ L_1 - L_2 = 0.17[\text{m}]$

답 : 0.17 [m]

해 설

전선의 길이 $L = S + \dfrac{8D^2}{3S}$

문제 07 ▸ 출제년도 : 93. 94. 12. 22. ▸ 점수 : 6점

방의 크기가 가로 3 [m], 세로 7 [m]이고, 광원의 높이가 작업면에서 3 [m]인 경우, 조명률 산정에 필요한 실지수 K를 구하시오.

•계산 : •답 :

답안작성

계산 : 실지수 $K = \dfrac{X \cdot Y}{H(X+Y)} = \dfrac{3 \times 7}{3 \times (3+7)} = 0.7$

답 : 0.7

해 설

실지수(Room Index)의 결정 : 광속의 이용에 대한 방 크기의 척도로 나타낸다.

$$R.I = \frac{X \cdot Y}{H(X+Y)}$$

여기서, H : 작업면으로부터 광원의 높이[m]

X : 방의 가로 길이[m]

Y : 방의 세로 길이[m]

문제 08 ▸ 출제년도 : 22. ▸ 점수 : 6점

다음은 한국전기설비규정에 따른 저압 가공전선의 높이에 관한 내용이다. ( )안에 알맞은 숫자를 쓰시오.

> 저압 가공전선의 높이는 다음에 따라야 한다.
> 가. 도로[농로 기타 교통이 번잡하지 않은 도로 및 횡단보도교(도로 · 철도 · 궤도 등의 위를 횡단하여 시설하는 다리모양의 시설물로서 보행용으로만 사용되는 것을 말한다. 이하 같다)를 제외한다. 이하 같다]를 횡단하는 경우에는 지표상 (①)[m] 이상
> 나. 철도 또는 궤도를 횡단하는 경우에는 레일면상 (②)[m] 이상
> 다. 횡단보도교의 위에 시설하는 경우에는 저압 가공전선은 그 노면상 (③)[m] [전선이 저압 절연전선(인입용 비닐절연전선 · 450/750[V] 비닐절연전선 · 450/750[V] 고무 절연전선 · 옥외용 비닐절연전선을 말한다. 이하 같다) · 다심형 전선 또는 케이블인 경우에는 3[m] 이상

답안작성

① 6 ② 6.5 ③ 3.5

해 설

KEC 222.7 저압 가공전선의 높이

가. 도로[농로 기타 교통이 번잡하지 않은 도로 및 횡단보도교(도로 · 철도 · 궤도 등의 위를 횡단하여 시설하는 다리모양의 시설물로서 보행용으로만 사용되는 것을 말한다. 이하 같다)를 제외한다. 이하 같다]를 횡단하는 경우에는 지표상 6[m] 이상

나. 철도 또는 궤도를 횡단하는 경우에는 레일면상 6.5[m] 이상
다. 횡단보도교의 위에 시설하는 경우에는 저압 가공전선은 그 노면상 3.5[m][전선이 저압 절연전선(인입용 비닐절연전선 · 450/750[V] 비닐절연전선 · 450/750[V] 고무 절연전선 · 옥외용 비닐 절연전선을 말한다. 이하 같다) · 다심형 전선 또는 케이블인 경우에는 3[m]] 이상
라. "가"부터 "다"까지 이외의 경우에는 지표상 5[m] 이상. 다만, 저압 가공전선을 도로 이외의 곳에 시설하는 경우 또는 절연전선이나 케이블을 사용한 저압 가공전선으로서 옥외 조명용에 공급하는 것으로 교통에 지장이 없도록 시설하는 경우에는 지표상 4[m] 까지로 감할 수 있다.

문제 09 ▸ 출제년도 : 96. 99. 04. 22. ▸ 점수 : 9점

특고압 22.9 [kV]-Y로 수전하는 경우의 단선 결선도이다. 다음 물음에 답하시오.

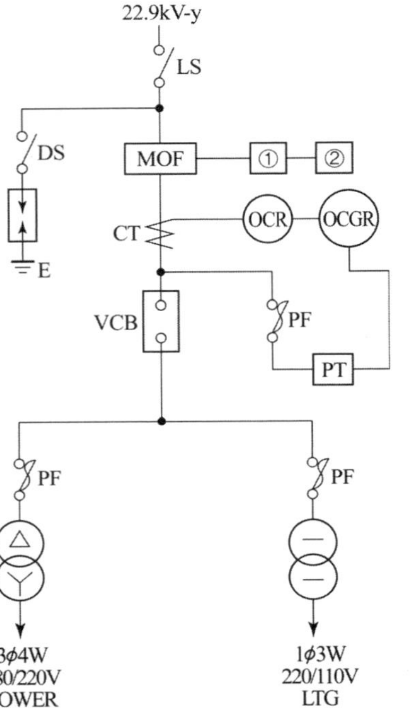

(1) 그림에 표시된 ①과 ②의 부분에는 어떤 기기가 필요한지 쓰시오.
(2) 그림에서 △-Y의 단선도를 복선도용으로 그리시오.
(3) OCR의 명칭을 쓰시오.

답안작성

(1) ① 최대 수요 전력량계
② 무효 전력량계
(3) 과전류 계전기

(2)

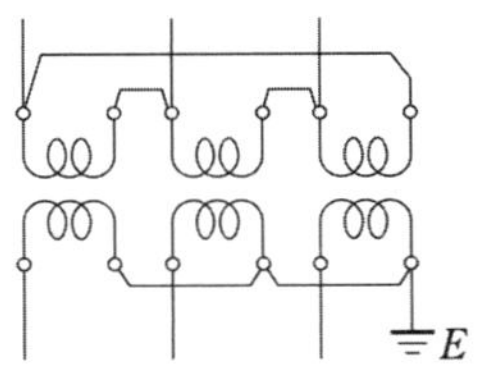

문제 10 ▸ 출제년도 : 93. 08. 22. ▸ 점수 : 6점

어느 공장의 수전용량이 955[kVA]에서 1500[kVA]로 증설하는데 재료비 70,000,000원, 노무비 60,000,000원 경비가 30,000,000원 일 때 일반관리비와 이윤을 구하시오.

시설 공사		전문 · 전기 · 통신 공사	
공사 원가	일반관리비율[%]	공사 원가	일반관리비율
50억원 미만 50억원~300억원 미만 300억원 이상	6 [%] 5.5 [%] 5 [%]	5억원 미만 5억~30억원 미단 30억원 이상	6 [%] 5.5 [%] 5 [%]

(1) 일반관리비

- 계산 : • 답 :

(2) 이윤

- 계산 : • 답 :

답안작성

(1) 계산 : 일반 관리비 $= (70,000,000 + 60,000,000 + 30,000,000) \times 0.06 = 9,600,000$[원]
　답 : 9,600,000[원]

(2) 계산 : 이윤 $= (60,000,000 + 30,000,000 + 9,600,000) \times 0.15 = 14,940,000$[원]
　답 : 14,940,000[원]

해 설

(1) 일반관리비 = (재료비 + 노무비+ 경비)×일반 관리 비율

(2) 이윤(공사의 경우) = (노무비+경비+일반관리비)×15[%]

문제 11 ▸ 출제년도 : 22. ▸ 점수 : 5점

다음 설명에 알맞은 축전지 충전방식을 (　　)안에 쓰시오.

충전방식	설 명
① (　　　　)	필요할 때마다 표준 시간율로 소정의 충전을 하는 방식
② (　　　　)	비교적 단시간에 보통 충전전류의 2~3배의 전류로 충전하는 방식
③ (　　　　)	전지의 자기방전을 보충함과 동시에 상용부하에 대한 전력공급은 충전기가 부담하도록 하되 충전기가 부담하기 어려운 일시적인 대전류 부하는 축전지로 하여금 부담하게 하는 방식
④ (　　　　)	부동충전방식에 의하여 사용할 때 각 전해조에서 일어나는 전위차를 보정하기 위하여 1~3개월마다 1회, 정전압(연축전지 2.4~2.5[V/cell], 알칼리축전지 1.45~1.5[V/cell])으로 10~12시간 충전하여 각 전해조의 용량을 균일화하기 위하여 행하는 방식
⑤ (　　　　)	자기방전량만을 항상 충전하는 부동충전방식의 일종

답안작성

① 보통 충전 ② 급속 충전 ③ 부동 충전 ④ 균등 충전 ⑤ 세류 충전

문제 12 ▸ 출제년도 : 94. 98. 03. 20. 22. ▸ 점수 : 5점

그림과 같은 3상 3선식 3300 [V] 배전선로에서 단상 및 3상 변압기에 전력을 공급하고자 한다. 선로의 불평형률[%]을 계산하시오.

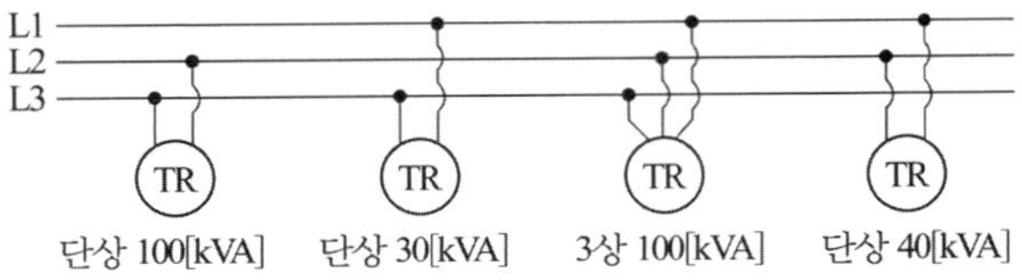

• 계산 • 답

답안작성

계산 : 불평형률$=\dfrac{100-30}{\dfrac{1}{3}(100+30+100+40)}\times 100 = 77.78[\%]$

답 : 77.78 [%]

해 설

3상에서 설비불평형률

불평형률$=\dfrac{\text{각 선간에 접속되는 단상부하 총부하 설비용량 [kVA]의 최대와 최소의 차}}{\text{총부하설비용량 [kVA]}\times 1/3}\times 100[\%]$

여기서, 설비불평형률은 30 [%] 이하이어야 한다.

문제 13 ▸ 출제년도 : 96. 99. 01. 02. 22. ▸ 점수 : 4점

3상 4선식 접속의 경우에 그림과 같이 전압선의 표시가 L1상, L2상, L3상, N상으로 표시되었다. L1, L2, L3, N의 전선의 색상을 쓰시오.

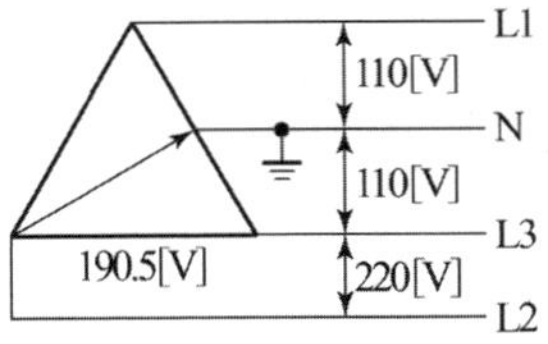

답안작성

• L1상 : 갈색 • L2상 : 검은색
• L3상 : 회색 • N상 : 파란색

해 설

KEC 121.2 전선의 식별

1) 전선의 색상은 표에 따른다.

상(문자)	색상
L1	갈색
L2	검은색
L3	회색
N	파란색
보호도체	녹색-노란색

2) 색상 식별이 종단 및 연결 지점에서만 이루어지는 나도체 등은 전선 종단부에 색상이 반영구적으로 유지될 수 있는 도색, 밴드, 색 테이프 등의 방법으로 표시해야 한다.

문제 14 ▸ 출제년도 : 04. 07. 20. 22. ▸ 점수 : 5점

예비 전원 설비로 이용되는 축전지에 대한 물음에 답하시오.

(1) 전지의 자기방전을 보충함과 동시에 상용부하에 대한 전력공급은 충전기가 부담하되, 충전기가 부담하기 어려운 일시적인 대전류 부하는 축전지가 부담하게 하는 충전방식이 무엇인지 쓰시오.

(2) 비상용 조명부하 200 [V]용 50 [W] 80등, 30 [W] 70등이 있다. 방전시간은 30분이고, 축전지는 HS형 110 [cell]이며, 허용 최저 전압은 190 [V], 최저 축전지 온도는 5 [℃]일 때 축전지 용량[Ah]을 구하시오.(단, 보수율은 0.8, 용량환산시간은 1.2이다.)

•계산 : •답 :

답안작성

(1) 부동 충전 방식

(2) 계산 : 축전지 용량

$$C = \frac{1}{L}KI = \frac{1}{0.8} \times 1.2 \times \left(\frac{50 \times 80 + 30 \times 70}{200}\right) = 45.75[\text{Ah}]$$

답 : 45.75 [Ah]

문제 15 ▸ 출제년도 : 22. ▸ 점수 : 4점

다음 설명에 알맞은 변압기 결선을 보기에서 선택하여 ( )안에 번호를 쓰시오.

[조건] ① △-△결선 ② △-Y, Y-△결선 ③ Y-Y결선 ④ V-V결선

변압기 결선	설 명
( )	단상 변압기 2대로 3상 전원을 공급할 수 있다.
( )	1, 2차 중성점을 접지할 수 있어 이상전압감소에 유리하다.
( )	기전력의 파형이 왜곡되지 않는다.
( )	1상분이 고장나면 나머지 두 대로 운전가능하다.

답안작성

변압기 결선	설 명
(④)	단상 변압기 2대로 3상 전원을 공급할 수 있다.
(③)	1, 2차 중성점을 접지할 수 있어 이상전압감소에 유리하다.
(②)	기전력의 파형이 왜곡되지 않는다.
(①)	1상분이 고장나면 나머지 두 대로 운전가능하다.

문제 16 ▸ 출제년도 : 11. 22. ▸ 점수 : 5점

다음의 옥내 배선용 그림 기호의 명칭을 쓰시오.

(1) [S] (2) [B] (3) [E] (4) [TS] (5) [Wh]

답안작성

(1) 개폐기 (2) 배선용차단기 (3) 누전차단기 (4) 타임스위치
(5) 전력량계(상자들이 또는 후드붙이)

문제 17 ▸ 출제년도 : 02. 22. ▸ 점수 : 5점

다음 그림에서 ①, ②, ③, ④, ⑤의 명칭을 쓰시오.

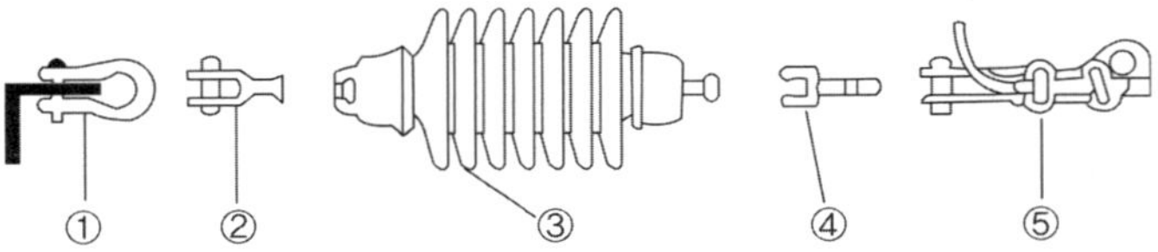

답안작성

① 앵카쇄클 ② 볼크레비스 ③ 현수애자 ④ 소켓아이 ⑤ 데드엔드클램프

문제 18 ▸ 출제년도 : 14. 22. ▸ 점수 : 4점

셀룰러덕트(Cellular Duct) 공사에서 셀룰러덕트의 판 두께에 관한 다음 표의 빈칸에 알맞은 숫자를 쓰시오.

덕트의 최대 폭	덕트의 최소 판 두께[mm]
150[mm] 이하	①
200[mm] 초과하는 것	②

답안작성

① 1.2 ② 1.6

해 설

KEC 232.33 셀룰러덕트공사
셀룰러덕트의 판 두께는 표에서 정한 값 이상일 것.

셀룰러덕트의 최대 폭[mm]	셀룰러덕트의 판 두께[mm]
150 이하	1.2 이상
150 초과 200 이하	1.4 이상
200 초과	1.6 이상

문제 19 ▸ 출제년도 : 19. 22. ▸ 점수 : 6점

3상3선식 6.6[kV]로 수전하는 수용가 수전점에서 50/5[A] CT 2대, 6600/110[V] PT 2대를 사용하여 CT 및 PT 2차 측에서 측정한 3상 전력이 500[W]일 때, 수전전력[kW]을 구하시오.

• 계산 : • 답 :

답안작성

계산 : 수전전력=측정전력(전력계 지시값)×PT비×CT비

$$=500\times\frac{6600}{110}\times\frac{50}{5}\times10^{-3}=300[\text{kW}]$$

답 : 300 [kW]

MEMO

D30-4

2023년도
전기공사산업기사 실기

- 23년 제 1 회 전기공사산업기사
- 23년 제 2 회 전기공사산업기사
- 23년 제 4 회 전기공사산업기사

국가기술자격검정 실기시험문제 및 답안지

2023년도 산업기사 일반검정 제 1 회

자격종목(선택분야)	시험시간	형별	수험번호	성 명	감독위원 확 인
전기공사산업기사	2시간 00분				

※ 다음 물음에 답을 해당 답란에 답하시오.(배점 : 100점)

문제 01 ▸ 출제년도 : 23. ▸ 점수 : 10점

그림은 3상4선식 중성점 다중 접지방식으로 22.9[kV]-Y 배전선로에서 수전하기 위한 단선 결선도이다. 단선 결선도를 보고 각 물음에 답하시오.

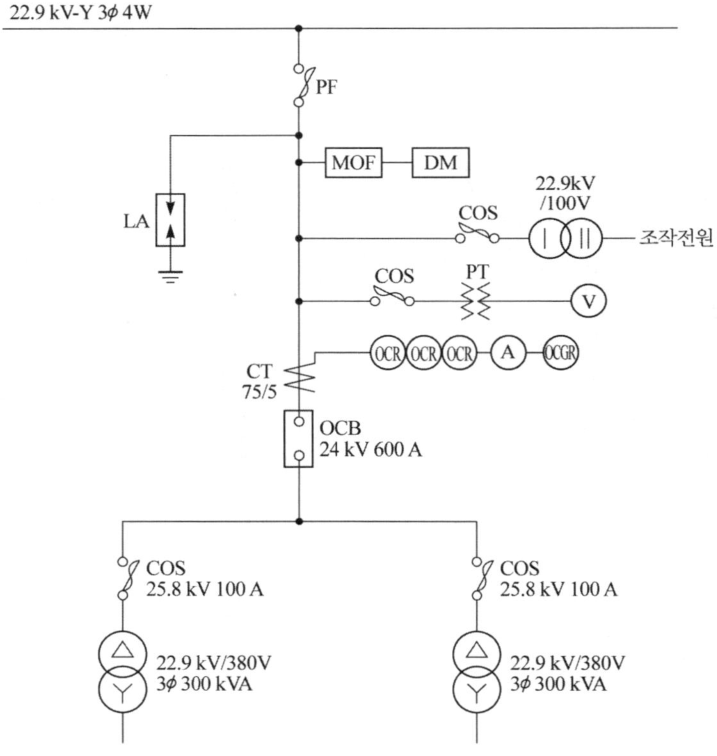

(1) OCGR의 명칭 및 LA의 정격전압[kV]을 쓰시오.

OCGR의 명칭	LA의 정격전압[kV]

(2) 계기용 변압변류기(MOF)의 변류비를 다음 표를 이용하여 선정하시오.
(단, 평균역률은 80[%]로 가정하며 전류의 과전류를 150[%]로 하고 전압변동은 고려하지 않는다.)

변류비 1차 정격전류 표					
15[A]	20[A]	30[A]	40[A]	50[A]	75[A]

• 계산 : • 답 :

(3) 계기용 변압변류기(MOF)의 복선도를 그리시오.

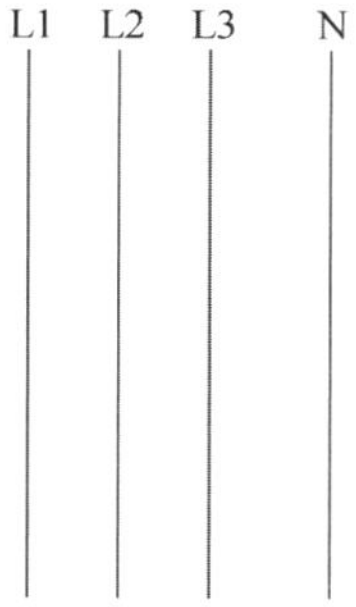

답안작성

(1)

OCGR의 명칭	LA의 정격전압[kV]
지락 과전류 계전기	18

(2) 계산 : $I = \dfrac{300+300}{\sqrt{3} \times 22.9} \times 1.5 = 22.69$[A]이므로 20/5 선정 답 : 20/5

(3)

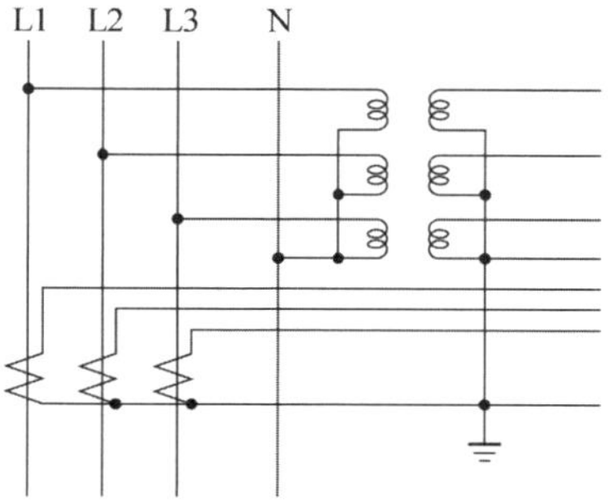

해 설

(1) ① OCGR : Over Current Ground Relay
② 피뢰기(LA) 정격전압

전력계통		피뢰기 정격 전압 [kV]	
전압 [kV]	중성점 접지방식	변전소	배전선로
345	유효접지	288	−
154	유효접지	144	−
66	PC 접지 또는 비접지	72	−
22	PC 접지 또는 비접지	24	−
22.9	3상 4선 다중접지	21	18

[주] 전압 22.9[kV] 이하의 배전선로에서 수전하는 설비의 피뢰기 정격전압 [kV]은 배전선로용을 적용한다.

문제 02 ▸ 출제년도 : 96. 00. 01. 13. 19. 23. ▸ 점수 : 5점

배전설계의 긍장이 50[m], 부하의 최대 사용 전류는 150[A], 배전설계의 전압강하는 6[V] 이내로 할 때, 3상 3선식 저압회로 사용전선의 공칭단면적을 계산하고 다음의 전선 규격에서 선정하시오. (단, 전선규격[mm^2]은 16, 25, 35, 50, 70, 95, 120에서 선정한다.)

•계산과정 •답

답안작성

계산 : 3상 3선식 회로에서의 전선의 단면적은

$$A=\frac{30.8LI}{1000e}=\frac{30.8\times 50\times 150}{1000\times 6}=38.5[\text{mm}^2]$$

답 : 50[mm^2]

해 설

① 전압강하 계산

전기 방식	전압 강하		전선 단면적
단상 3선식 직류 3선식 3상 4선식	$e_1=IR$	$e_1=\frac{17.8LI}{1000A}$	$A=\frac{17.8LI}{1000e_1}$
단상 2선식 및 직류 2선식	$e_2=2IR=2e_1$	$e_2=\frac{35.6LI}{1000A}$	$A=\frac{35.6LI}{1000e_2}$
3상 3선식	$e_3=\sqrt{3}IR=\sqrt{3}e_1$	$e_3=\frac{30.8LI}{1000A}$	$A=\frac{30.8LI}{1000e_3}$

② KSC IEC 전선규격

1.5, 2.5, 4, 6, 10, 16, 25, 35, 50, 70, 95, 120, 150, 185, 240, 300, 400, 500, 630[mm^2]

문제 03 ▸ 출제년도 : 23. ▸ 점수 : 4점

한국전기설비규정에 따라 금속제 가요전선관공사를 실시하고자 한다. 1종 가요전선관을 사용할 수 있는 조건을 2가지만 쓰시오.
(단, 옥내배선의 사용전압이 400[V] 이하인 경우이다.)

답안작성

① 전개된 장소이거나 점검할 수 있는 은폐된 장소
② 점검 불가능한 은폐장소에 기계적 충격을 받을 우려가 없는 조건일 경우

해 설

KEC 232.13 금속제 가요전선관공사
232.13.1 시설조건
1. 전선은 절연전선(옥외용 비닐절연전선을 제외한다)일 것.
2. 전선은 연선일 것. 다만, 단면적 10[mm^2](알루미늄선은 단면적 16[mm^2]) 이하인 것은 그러하지 아니하다.
3. 가요전선관 안에는 전선에 접속점이 없도록 할 것.

4. 가요전선관은 2종 금속제 가요전선관일 것. 다만, 전개된 장소이거나 점검할 수 있는 은폐된 장소(옥내배선의 사용전압이 400[V] 초과인 경우에는 전동기에 접속하는 부분으로서 가요성을 필요로 하는 부분에 사용하는 것에 한한다) 또는 점검 불가능한 은폐장소에 기계적 충격을 받을 우려가 없는 조건일 경우에는 1종 가요전선관(습기가 많은 장소 또는 물기가 있는 장소에는 비닐 피복 1종 가요전선관에 한한다)을 사용할 수 있다.

문제 04

▸ 출제년도 : 13. 16. 23. ▸ 점수 : 5점

다음의 시퀀스회로에서 A, B, C, D는 보조 릴레이 접점이고, X는 릴레이, L은 부하이다. 물음에 답하시오.

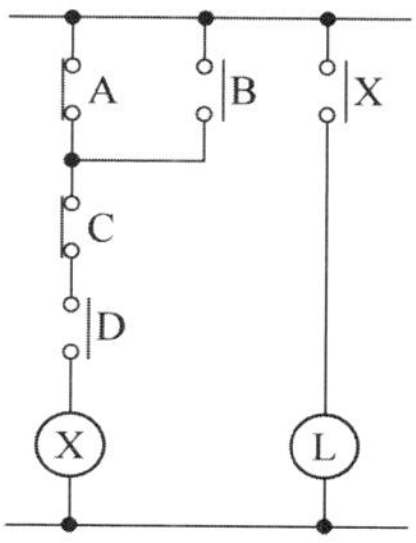

(1) 출력 X의 논리식을 쓰시오.

(2) 1입력 NOT 기호와 2입력 AND기호, 2입력 OR기호만을 사용하여 그림의 시퀀스회로를 무접점 논리회로로 그리시오.

답안작성

(1) $X = (\overline{A} + B)\overline{C} \cdot D$

(2)

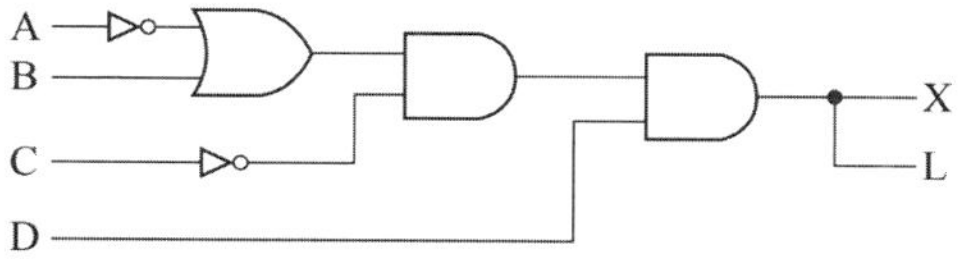

해 설

- b접점은 기호위에 bar를 붙인다. (예 : a접점 ; A, b접점 : $\overline{A}$)
- 접점의 병렬접속은 (OR)+, 접점의 직렬접속은 (AND)× 로 표시

문제 05 ▸ 출제년도 : 23. ▸ 점수 : 5점

논리식 $X = \overline{A}BC + A\overline{B}C + AB\overline{C}$에 대한 논리회로를 그리시오.
(단, 3입력 OR, 2입력 AND와 1입력 NOT 기호만을 사용한다.)

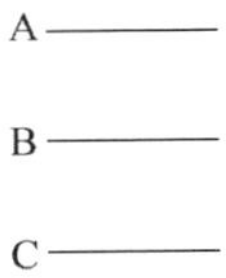

답안작성

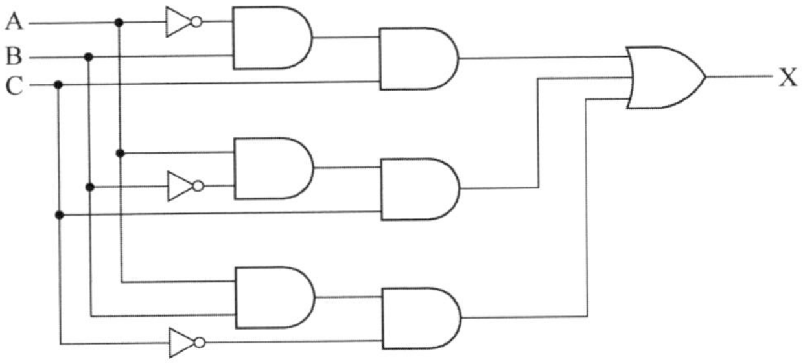

문제 06 ▸ 출제년도 : 23. ▸ 점수 : 4점

한국전기설비규정에 따른 태양광설비의 시설기준 중 태양전지 모듈의 시설에 관한 내용이다. ( )안에 알맞은 내용을 답란에 쓰시오.

> 태양광설비에 시설하는 태양전지 모듈(이하 "모듈"이라 한다)은 다음에 따라 시설하여야 한다.
> - 모듈의 각 직렬군은 동일한 단락전류를 가진 모듈로 구성하여야 하며 1대의 인버터(멀티스트링 인버터의 경우 1대의 MPPT 제어기)에 연결된 모듈 직렬군이 (①) 이상일 경우에는 각 직렬군의 출력전압 및 (②)이/가 동일하게 형성되도록 배열할 것

답안작성

① 2병렬 ② 출력전류

해 설

KEC 522.2.1 태양전지 모듈의 시설
태양광설비에 시설하는 태양전지 모듈(이하 "모듈"이라 한다)은 다음에 따라 시설하여야 한다.
가. 모듈은 자체중량, 적설, 풍압, 지진 및 기타의 진동과 충격에 대하여 탈락하지 아니하도록 지지물에 의하여 견고하게 설치할 것
나. 모듈의 각 직렬군은 동일한 단락전류를 가진 모듈로 구성하여야 하며 1대의 인버터(멀티스트링 인버터의 경우 1대의 MPPT 제어기)에 연결된 모듈 직렬군이 2병렬 이상일 경우에는 각 직렬군의 출력전압 및 출력전류가 동일하게 형성되도록 배열할 것

문제 07 ▸ 출제년도 : 16. 19. 23. ▸ 점수 : 5점

다음 단상 2선식 회로에서 인입구 A점의 전압이 220[V]일 때 B점에서의 전압을 구하시오. (단, 선로에 표기된 저항값은 2선 값이다.)

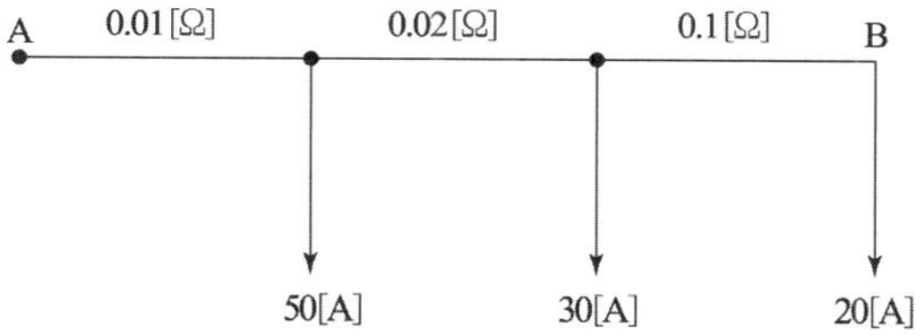

•계산 •답

답안작성

계산 : $V_B = V_A - IR$ [V]에서

$V_B = 220 - (50+30+20) \times 0.01 - (30+20) \times 0.02 - 20 \times 0.1 = 216$[V]

답 : 216[V]

해 설

• 단상 2선식에서 수전단 전압 $V_r = V_s - 2I(R\cos\theta + X\sin\theta)$에서
역률 $\cos\theta = 1$, 리액턴스 $X = 0$인 경우
$V_r = V_s - 2IR$

• 문제에서 주어진 "저항값은 2선값" 이라고 주어졌으므로 $2R$의 값이 0.01, 0.02, 0.1[Ω]이 된다.

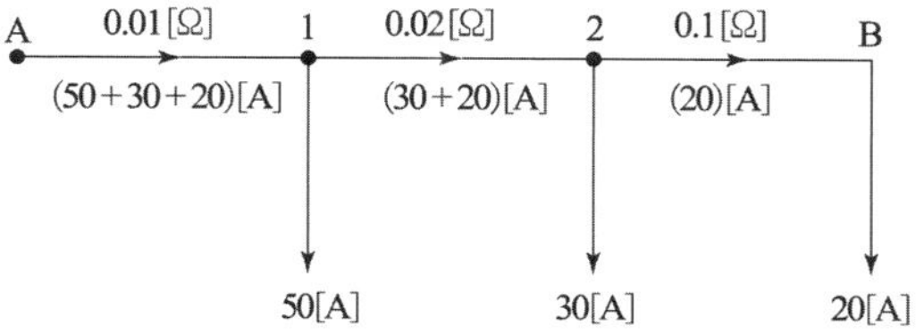

• $V_1 = V_A - 2IR = 220 - 100 \times 0.01 = 219$[V]
• $V_2 = V_1 - 2IR = 219 - 50 \times 0.02 = 218$[V]
• $V_B = V_2 - 2IR = 218 - 20 \times 0.1 = 216$[V]

문제 08 ▸ 출제년도 : 20. 23. ▸ 점수 : 3점

다음 철탑의 명칭을 쓰시오.

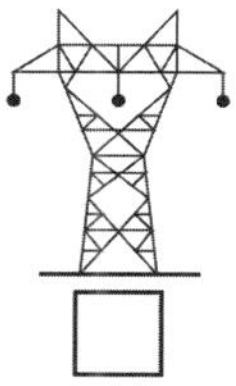

답안작성

우두형 철탑

문제 09 ▸ 출제년도 : 23. ▸ 점수 : 3점

다음 그림과 같이 4개의 전극을 일직선 상에 동일한 간격으로 설치하여 C_1, C_2에 교류 전류를 공급하고 P_1, P_2간의 전압을 측정하는 대지고유저항 측정법을 쓰시오.
(단, C_1, C_2, P_1, P_2은 각 전극을 나타낸다.)

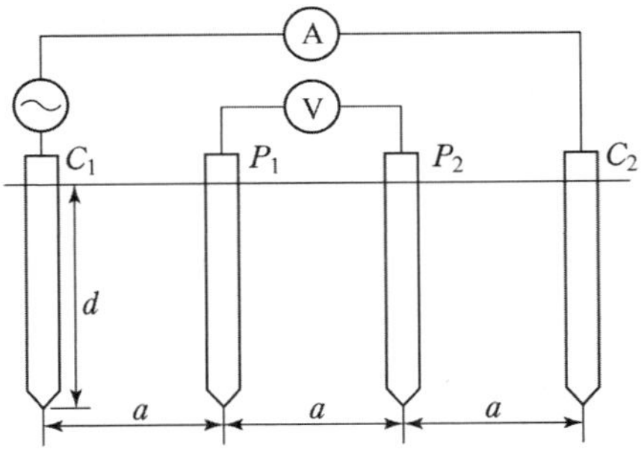

답안작성

워너의 4전극법

해 설

워너의 4전극법

측정하고자 하는 대지에 4개의 전극을 일렬로 일정간격(a), 일정깊이(d)로 매설하고, C_1, C_2 전극에 교류전류를 인가하여 그 전류치(I)를 측정하고, P_1, P_2전극에서 측정되는 접압(V)을 측정하여 저항(R)을 구하여 다음의 공식에 의해 계산한다.

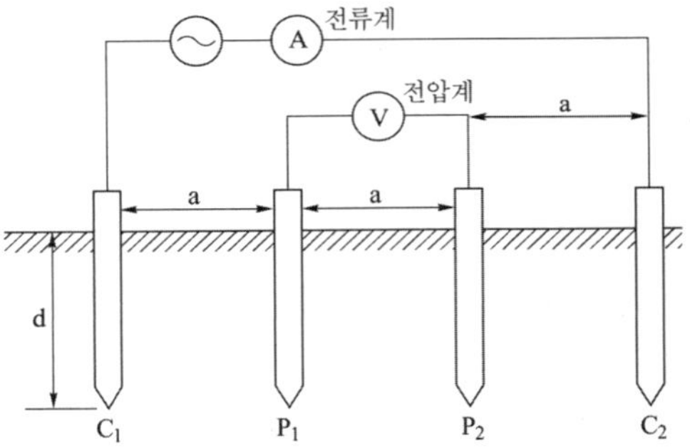

대지 고유저항 $\rho = 2\pi aR = 40\pi dR\,[\Omega \cdot \mathrm{m}]$

ρ : 흙의 저항율[$\Omega \cdot$ m]
a : 전극간의 거리(단, $a = 20d$)
R : 저항 값(V/I : 측정치)
d : 전극의 매설 깊이

문제 10 ▸ 출제년도 : 23. ▸ 점수 : 6점

전주외등 배선 시 단면적 2.5[mm^2] 이상의 절연전선 또는 이와 동등 이상의 절연성능이 있는 것을 사용하여 시설해야 한다. 이때 사용되는 공사방법 3가지를 쓰시오.
(단, 대지전압 300[V] 이하의 형광등, 고압방전등, LED등 등을 배전선로의 지지물 등에 시설하는 경우로 한국전기설비규정에 따른 공사방법을 쓰시오.)

답안작성

케이블공사, 합성수지관공사, 금속관공사

해 설

234.10 전주외등

234.10.1 적용범위

이 규정은 대지전압 300[V] 이하의 형광등, 고압방전등, LED등 등을 배전선로의 지지물 등에 시설하는 경우에 적용한다.

234.10.3 배선

배선은 단면적 2.5[mm^2] 이상의 절연전선 또는 이와 동등 이상의 절연성능이 있는 것을 사용하고 다음 공사방법 중에서 시설하여야 한다.

가. 케이블공사

나. 합성수지관공사

다. 금속관공사

문제 11

▸ 출제년도 : 23. ▸ 점수 : 4점

한국전기설비규정에 따른 저압 전기설비의 도체와 과부하 보호장치 사이의 협조를 위해 충족하여야 하는 "과부하에 대한 전선 또는 케이블을 보호하는 장치의 동작특성 조건식" 2가지는 ①~②와 같다. ( )안에 알맞은 내용을 다음 기호를 이용하여 쓰시오.

> I_B : 회로의 설계전류
> I_Z : 케이블의 허용전류
> I_n : 보호장치의 정격전류
> I_2 : 보호장치가 규약시간 이내에 유효하게 동작하는 것을 보장하는 전류

[과부하에 대한 전선 또는 케이블을 보호하는 장치의 동작특성 조건식]

(1) (①) $\le I_n \le$ (②)

(2) $I_2 \le 1.45 \times$ (③)

답안작성

① I_B ② I_Z ③ I_Z

해 설

KEC 212.4 과부하전류에 대한 보호

212.4.1 도체와 과부하 보호장치 사이의 협조

과부하에 대해 케이블(전선)을 보호하는 장치의 동작특성은 다음의 조건을 충족해야 한다.

$$I_B \le I_n \le I_Z$$

$$I_2 \le 1.45 \times I_Z$$

I_B : 회로의 설계전류

I_Z : 케이블의 허용전류

I_n : 보호장치의 정격전류

I_2 : 보호장치가 규약시간 이내에 유효하게 동작하는 것을 보장하는 전류

문제 12 ▸ 출제년도 : 04. 06. 23. ▸ 점수 : 5점

배전용 주상변압기의 보호를 위해 고압 및 저압측에 설치되는 것을 각각 쓰시오.

(1) 고압측

(2) 저압측

답안작성

(1) 고압측 : COS(컷 아웃 스위치)
(2) 저압측 : 켓치호울더

문제 13 ▸ 출제년도 : 23. ▸ 점수 : 4점

자가용 전기설비의 보호계전기에 관한 다음 물음에 답하시오.

(1) 2개 이상의 벡터량의 관계위치에서 동작하며, 전류가 어느 방향으로 흐르고 있는가를 판정하는 계전기를 쓰시오.

(2) 보호구간으로 유입하는 전류와 보호구간에서 유출되는 전류의 벡터차로 동작하는 계전기를 쓰시오.

답안작성

(1) 방향 계전기
(2) 차동 계전기

해 설

(1) 방향 계전기
2개 이상의 Vector량의 관계, 위상의 변화하는 양이 기준전기량에 대하여 어떠한 위상에 있는가 판단하여 동작하는 계전기로서 사고점의 방향성을 가진 계전기.

(2) 차동계전기
보호 계전기에서, 보호하여야 할 구간에 유입하는 전류와 유출하는 전류의 벡터 차이에 의해서 구간 내의 사고를 검지하여 동작하는 계전기, 유입·유출 두 전류의 비율에 따라 동작하는 것을 비율 차동형이라 한다.

문제 14 ▸ 출제년도 : 93. 95. 96. 00. 14. 23. ▸ 점수 : 5점

가로 20[m], 세로 30[m], 층고 2.5[m]인 실내의 조도를 계산하기 위한 실지수를 구하시오. (단, 작업 면의 높이는 1[m]이며 실지수 값은 숫자로 나타낸다.)

•계산 : •답 :

답안작성

계산 : 실지수 $R \cdot I = \dfrac{X \cdot Y}{H(X+Y)} = \dfrac{20 \times 30}{(2.5-1)(20+30)} = 8$

답 : 8

해 설

실지수(Room Index)의 결정 : 광속의 이용에 대한 방 크기의 척도로 나타낸다.

$$R.I = \frac{X \cdot Y}{H(X+Y)}$$

여기서, H : 작업면으로부터 광원의 높이[m]

X : 방의 가로 길이[m]

Y : 방의 세로 길이[m]

문제 15 ▸ 출제년도 : 23. ▸ 점수 : 6점

조명설비에서 배광에 따른 분류이다. 각각의 내용에 맞는 조명방식을 쓰시오.

(1) 발산광속 중 90~100[%]가 작업면을 직접 조명하는 방식으로 공장의 일반조명에 널리 사용된다.

(2) 발산광속 중 하향 광속이 60~90[%]가 되므로 하향 광속으로 작업면에 직사시키고 상향 광속으로 천장, 벽면 등에 반사되고 있는 반사광으로 작업면의 조도를 증가시키는 조명방식이다.

(3) 상향 광속과 하향 광속이 거의 동일하므로 하향 광속으로 직접 작업면에 직사시키고 상향 광속의 반사광으로 작업면의 조도를 증가시키는 조명방식이다.

답안작성

(1) 직접 조명

(2) 반직접 조명

(3) 전반확산 조명

해 설

배광의 형태에 따른 조명기구의 종류

조명방식	하향 광속[%]	상향 광속[%]	조명률[%]
직접 조명	100~90	0~10	약 75
반직접 조명	90~60	10~40	약 60
전반확산조명	60~40	40~60	약 50
반간접 조명	40~10	60~90	약 40
간접 조명	10~0	90~100	약 30

문제 16 ▸ 출제년도 : 23. ▸ 점수 : 6점

형광 램프의 기호 "FL 20 W" 의미를 쓰시오.

(1) FL의 의미 :

(2) 20의 의미 :

(3) W의 의미 :

답안작성

(1) FL의 의미 : 직관형광등

(2) 20의 의미 : 20[W]

(3) W의 의미 : 백색

해 설

FL	20	W
램프의 종류	소비전력	색상

문제 17 ▸ 출제년도 : 94. 98. 01. 03. 04. 07. 09. 14. 19. 23. ▸ 점수 : 4점

다음의 공사 원가에 관한 설명 중 (   )안에 알맞은 용어를 답란에 쓰시오.

> 공사 원가는 순공사 원가, (①), (②), 부가가치세로 구성되며 이 중 순공사 원가는 재료비, (③), (④)의 합계이다.

답안작성

① 일반관리비 ② 이윤 ③ 노무비 ④ 경비

해 설

공사 원가라 함은 공사 시공 과정에서 발생한 재료비, 노무비, 경비의 합계액을 말한다.(준칙 제13조)

- 총원가
  - 공사(제조) 원가
    - 재료비
      - 직접 재료비 : 주재료비, 부분 품비
      - 간접 재료비 : 소모 재료비, 소모 공구, 기구, 비품비, 포장 재료비(제조), 가설 재료비(공사) 등
    - 노무비
      - 직접 노무비 : 기본급, 제수당, 상여금, 퇴직급여 충당금
      - 간접 노무비 : 직접 노무비×간접 노무 비율
        (※ 간접 노무비율$=\dfrac{\text{간접 노무비}}{\text{직접노무비}}$)
    - 경비 : 전력비등 21개 비목
  - 일반 관리비 – 공사 또는 제조원가×일정률(6~14[%])
  - 이윤 – (노무비+경비+일반관리비)×일정률(제조 25[%], 공사 15[%])

※ 예정 가격 = 총원가 + 부가가치세(10[%])

문제 18 ▸ 출제년도 : 23. ▸ 점수 : 5점

전기부문 표준품셈에 따른 구내 입환별 할증률에 관한 표이다. ( )안에 알맞은 내용을 보기에서 골라 쓰시오.

[보기]

0[%], 5[%], 10[%], 15[%], 20[%], 25[%], 30[%], 35[%]
1, 2, 3, 4, 5, 6, 7, 8, 9, 10[선]

[구내 입환별 할증률]

구분	할증률	비 고
입환 작업이 특히 빈번한 구내	(①)[%]	구내배선이 (②)선 이상
기타 역구내	(③)[%]	구내배선이 5선 이상

답안작성

① 20 ② 6 ③ 10

해 설

[구내 입환별 할증률]

구분	할증률	비 고
입환 작업이 특히 빈번한 구내	20[%]	구내배선이 6선 이상
기타 역구내	10[%]	구내배선이 5선 이상

문제 19 ▸ 출제년도 : 05. 23. ▸ 점수 : 5점

다음 보기는 송전선로 공사의 단위 작업 내용이다. 보기를 작업순서에 맞게 번호로 나열하시오.

| 보기 | ① 긴선 ② 각입 ③ 타설 ④ 연선 ⑤ 조립 ⑥ 굴착

답안작성

작업순서 : ⑥ → ② → ③ → ⑤ → ④ → ①

문제 20 ▸ 출제년도 : 23. ▸ 점수 : 6점

배전선로의 배전방식 중 저압 네트워크 방식의 장점을 3가지만 쓰시오.

답안작성

① 무정전 공급이 가능해서 공급 신뢰도가 높다.
② 부하 증가에 대한 적응성이 좋다.
③ 전력 손실이 감소된다.

해 설

저압 네트워크 방식

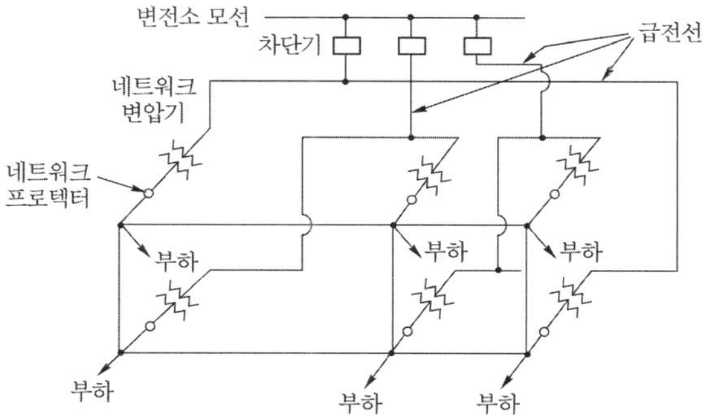

배전 변전소의 동일 모선으로부터 2회선 이상의 급전선으로 전력을 공급하는 방식으로, 어느 회선에 사고가 일어나더라도 다른 회선에서 무정전으로 공급할 수 있다.

장점 : ① 무정전 공급이 가능해서 공급 신뢰도가 높다.
② 플리커, 전압 변동률이 적다.
③ 전력 손실이 감소된다.

④ 기기의 이용률이 향상된다.
⑤ 부하 증가에 대한 적응성이 좋다.
⑥ 변전소의 수를 줄일 수 있다.

단점 : ① 건설비가 비싸다.
② 특별한 보호 장치를 필요로 한다.

국가기술자격검정 실기시험문제 및 답안지

2023년도 산업기사 일반검정 제 2 회			수험번호	성 명	감독위원 확 인
자격종목(선택분야)	시험시간	형별			
전기공사산업기사	2시간 00분				

※ 다음 물음에 답을 해당 답란에 답하시오.(배점 : 100점)

문제 01 ▸ 출제년도 : 23. ▸ 점수 : 5점

공칭방전전류의 의미를 설명하고 전압 22.9[kV-Y] 이하 (22[kV] 비접지 제외)의 배전선로에서 수전하는 설비에 설치된 피뢰기의 공칭 방전 전류[A]를 쓰시오.

(1) 의미

(2) 공칭방전전류[A]

답안작성

(1) 피뢰기 방전내량의 한계값

(2) 2500[A]

해 설

설치 장소별 피뢰기의 공칭 방전 전류

공칭 방전 전류	설치장소	적용 조건
10000[A]	변전소	1. 154[kV] 이상 계통 2. 66[kV] 및 그 이하 계통에서 뱅크 용량이 3000[kVA]를 초과하거나 특히 중요한 곳 3. 장거리 송전선 케이블(배전피더 인출용 단거리 케이블 제외) 및 콘덴서 뱅크를 개폐하는 곳
5000[A]	변전소	66[kV] 및 그 이하 계통에서 뱅크 용량이 3000[kVA] 이하인 곳
2500[A]	선 로	배전 선로

[주] 전압 22.9[kV-Y] 이하 (22[kV] 비접지 제외)의 배전선로에서 수전하는 설비의 피뢰기 공칭 방전 전류는 일반적으로 2500[A]의 것을 적용한다.

문제 02 ▸ 출제년도 : 12. 20. 23. ▸ 점수 : 5점

10[kVA]의 단상 변압기 3대를 △결선으로 급전하던 중 변압기 1대의 고장으로 나머지 2대로 V결선해서 급전하고 있다. 이 경우 부하가 27.5[kVA]라면 나머지 2대의 변압기는 몇 [%]의 과부하가 되는지 구하시오.(단, 소수점 이하는 버리시오.)

•계산 : •답 :

답안작성

계산 : V결선 출력 $P_V = \sqrt{3}P_1 = \sqrt{3} \times 10$[kVA]

따라서 과부하율 $= \dfrac{27.5}{\sqrt{3} \times 10} \times 100 = 158$[%]

답 : 158[%]

문제 03

▸ 출제년도 : 23. ▸ 점수 : 3점

가공전선로에서 특고압선 2조를 수평으로 배열하고자 할 때, 완철 사용 표준 길이[mm]를 쓰시오.

답안작성

1800[mm]

해 설

완금의 표준길이 (단위[mm])

가선조수	특고압	고압		저압
		중부하	경부하	
1조	900	−	−	−
2조	1,800	1,400	900	900
3조	2,400	1,800	1,400	1,400
4조	−	2,400	2,400	1,400
5 ~ 6조	−	2,600	2,600	

[주] 1) 1조 900은 경완철만 시공 가능
2) 개폐기나 피뢰기 등을 설치할 경우, 장경간 또는 특수 장주의 경우 및 공사상 불가피한 경우에는 길이를 증가할 수 있다.

문제 04

▸ 출제년도 : 89. 97. 00. 04. 07. 23. ▸ 점수 : 6점

경간 200[m]인 가공 송전선로가 있다. 전선 1[m]당 무게는 2.0[kg]이고 풍압 하중은 없다고 한다. 인장 강도 4000[kg]의 전선을 사용할 때 이도(D)와 전선의 실제 길이(L)를 구하시오. 단, 안전율은 2.2로 한다.

(1) 이도
- 계산 •답

(2) 전선의 실제길이
- 계산 •답

답안작성

(1) 이도

계산 : $D = \dfrac{WS^2}{8T} = \dfrac{2.0 \times 200^2}{8 \times 4000/2.2} = 5.5$[m] 답 : 5.5 [m]

(2) 전선의 실제 길이

계산 : $L = S + \frac{8D^2}{3S} = 200 + \frac{8 \times 5.5^2}{3 \times 200} = 200.4[\text{m}]$　　　답 : 200.4[m]

문제 05 ▸ 출제년도 : 16. 23.　▸ 점수 : 7점

전등을 3개소에서 점멸 가능한 복도 조명의 배선도이다. 다음 물음에 답하시오.

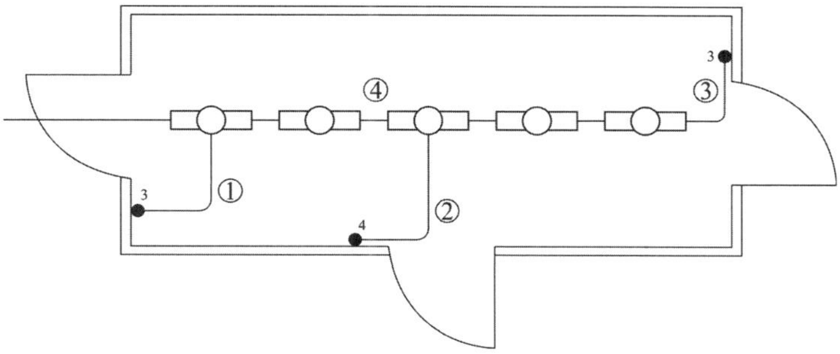

(1) 위 배선도에 표시된 ①, ②, ③, ④의 최소 배선수는 몇 가닥인지 쓰시오.
(단, 접지선은 제외한다.)

①	②	③	④

(2) KS C 0301에 따라 배선도에 사용된 다음 그림기호의 명칭을 쓰시오.

기 호	명 칭
(형광등 기호)	
●3	
─────	

답안작성

(1)

①	②	③	④
3	4	3	4

(2)

기 호	명 칭
(형광등 기호)	형광등
●3	3로 스위치
─────	천장 은폐 배선

해 설

(1)

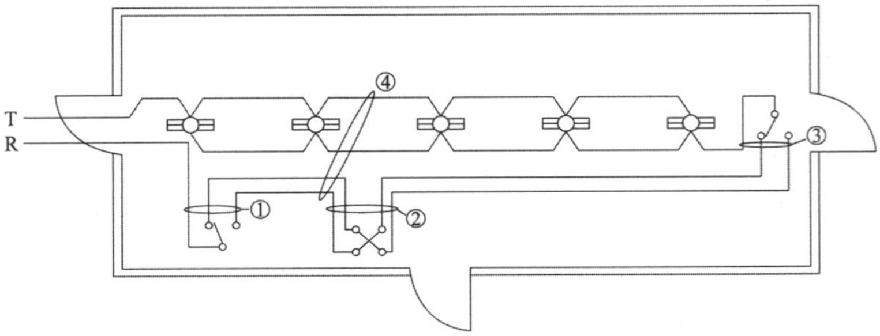

(2) 그림기호

명 칭	그림 기호	적 요
백열등 HID등	○	① 벽붙이는 벽 옆을 칠한다. ◐ ② 옥외등은 ⊗로 하여도 좋다. ③ HID등의 종류를 표시하는 경우는 용량 앞에 다음 기호를 붙인다. 수은등 H 메탈 할라이드등 M 나트륨등 N [보기] H400
형광등	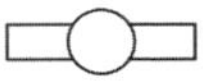	① 용량을 표시하는 경우는 램프의 크기(형)×램프 수로 표시한다. 또, 용량 앞에 F를 붙인다. [보기] F40 F40×2 ② 용량 외에 기구수를 표시하는 경우는 램프의 크기(형)×램프 수 – 기구 수로 표시한다. [보기] F40 – 2 F40×2 – 3
점멸기	●	① 용량의 표시 방법은 다음과 같다. • 10[A]는 방기하지 않는다. • 15[A] 이상은 전류값을 방기한다. [보기] $●_{15A}$ ② 극수의 표시 방법은 다음과 같다. • 단극은 방기하지 않는다. • 2극 또는 3로, 4로는 각각 2P 또는 3, 4의 숫자를 방기한다. [보기] $●_{2P}$ $●_{3}$ ③ 방수형은 WP를 방기한다. $●_{WP}$ ④ 방폭형은 EX를 방기한다. $●_{EX}$ ⑤ 타이머 붙이는 T를 방기한다. $●_{T}$
천장 은폐 배선	————————	① 천장 은폐 배선 중 천장 속의 배선을 구별하는 경우는 천장 속의 배선에 —·—·—·—·— 를 사용하여도 좋다. ② 노출 배선 중 바닥면 노출 배선을 구별하는 경우는 바닥면 노출 배선에 —··—··—··— 를 사용하여도 좋다. ③ 전선의 종류를 표시할 필요가 있는 경우는 기호를 기입한다.
바닥 은폐 배선	- - - - - -	
노출 배선	------------	

문제 06 ▸출제년도 : 10. 23. ▸점수 : 5점

부하 100 [kVA]에서 역률 60 [%]를 90 [%]로 개선하는데 필요한 전력용 콘덴서의 용량 [kVA]을 구하시오.

•계산 : •답 :

답안작성

계산 : $Q_c = 100 \times 0.6 \times \left(\frac{\sqrt{1-0.6^2}}{0.6} - \frac{\sqrt{1-0.9^2}}{0.9} \right) = 50.94[\text{kVA}]$

답 : 50.94[kVA]

해 설

콘덴서 용량

$$Q_c = P(\tan\theta_1 - \tan\theta_2) = P\left(\frac{\sin\theta_1}{\cos\theta_1} - \frac{\sin\theta_2}{\cos\theta_2} \right) = P\left(\frac{\sqrt{1-\cos^2\theta_1}}{\cos\theta_1} - \frac{\sqrt{1-\cos^2\theta_2}}{\cos\theta_2} \right)$$

여기서, P : 유효전력, $\cos\theta_1$: 개선 전 역률, $\cos\theta_2$: 개선 후 역률

문제 07 ▸출제년도 : 23. ▸점수 : 5점

다음은 한국전기설비규정에 따른 용어의 정의이다. 정의에 알맞은 용어를 빈칸에 쓰시오.

용 어	정 의
①	가공전선로의 지지물로부터 다른 지지물을 거치지 아니하고 수용장소의 붙임점에 이르는 가공전선을 말한다.
②	지중 전선로 · 지중 약전류 전선로 · 지중 광섬유 케이블 선로 · 지중에 시설하는 수관 및 가스관과 이와 유사한 것 및 이들에 부속하는 지중함 등을 말한다.
③	둘 이상의 전력계통 사이를 전력이 상호 융통될 수 있도록 선로를 통하여 연결하는 것으로 전력계통 상호간을 송전선, 변압기 또는 직류-교류변환설비 등에 연결하는 것을 말한다. 계통연락이라고도 한다.

답안작성

① 가공인입선
② 지중 관로
③ 계통연계

문제 08 ▸출제년도 : 03. 06. 23. ▸점수 : 5점

주어진 동작설명과 같이 동작될 수 있도록 시퀀스 제어회로를 완성하시오.
(단, 회로 작성 시 선의 접속 및 미접속에 대한 예시를 참고하여 작성하시오.)

[선의 접속과 미접속에 대한 예시]

접속	미접속

[동작설명]

1. 3로 스위치 S_{3-1}, S_{3-2}를 모두 ON 했을 때 램프 R1, R2가 직렬로 점등되고, S_{3-1}, S_{3-2}를 모두 OFF했을 때 램프 R1, R2가 병렬로 점등된다.
2. 누름버튼 스위치 PB를 누르고 있는 동안에는 램프 R3와 BZ가 병렬로 동작한다.

[시퀀스 제어회로]

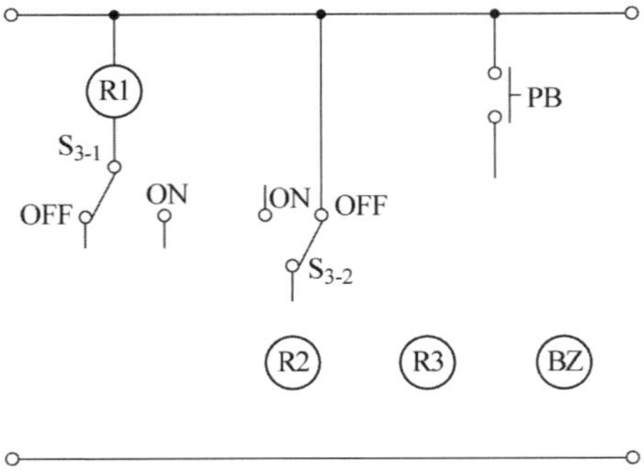

답안작성

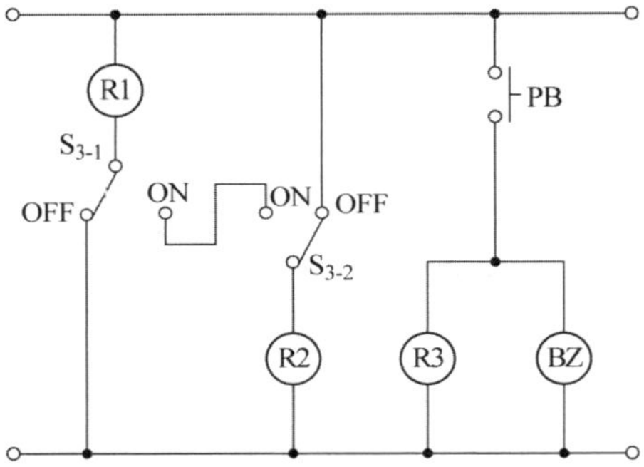

문제 09 ▸ 출제년도 : 14. 23. ▸ 점수 : 5점

용량(P)이 800[W]의 전열기에 동일 전압을 인가하고 전열선의 길이를 5[%] 작게 할 경우의 소비전력 P_a[W]를 구하시오.

•계산 : •답 :

답안작성

계산 : 최초의 전력을 P, 전열선의 길이를 l, 5[%] 적을 때의 전열선의 길이를 l_a, 전력을 P_a라 하면

$P \propto \frac{1}{l}$ 이므로

$$P_a = \left(\frac{l}{l_a}\right)P = \left(\frac{l}{0.95l}\right)P = \frac{1}{0.95} \times 800 = 842.11[\text{W}]$$

답 : 842.11[W]

해 설

$$P=\frac{V^2}{R}=\frac{V^2}{\rho\frac{l}{A}}=\frac{AV^2}{\rho l}\propto\frac{1}{l}$$

문제 10

▸ 출제년도 : 19. 23. ▸ 점수 : 6점

다음과 같이 단상 변압기 3대가 있다. Y－Y 결선, △－△ 결선을 그리시오.
(단, 회로 작성 시 선의 접속 및 미접속에 대한 예시를 참고하여 작성하시오.)

[선의 접속과 미접속에 대한 예시]

접속	미접속

Y–Y 결선	Δ–Δ
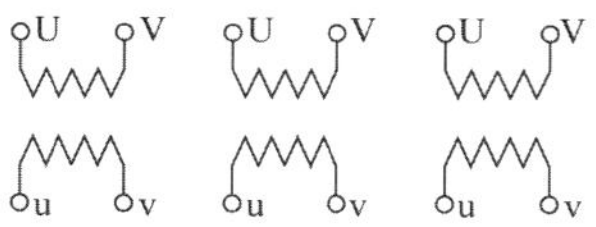	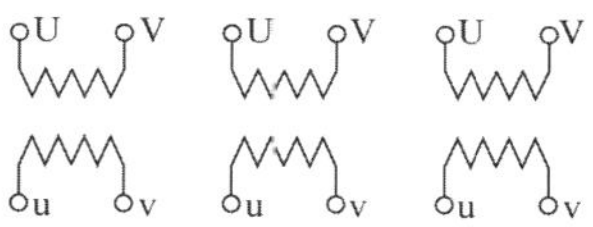

답안작성

(1) Y－Y 결선

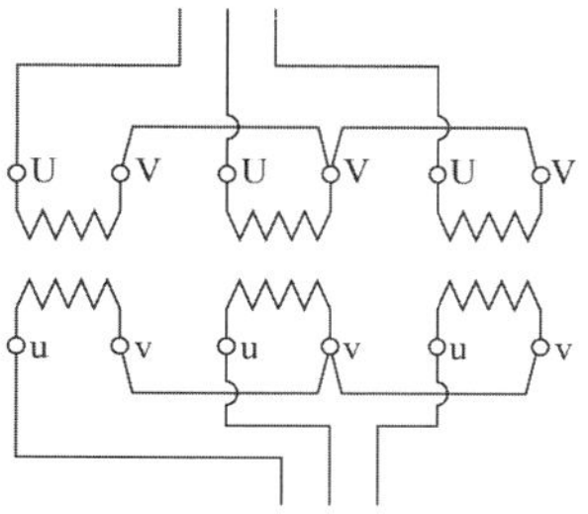

(2) △－△ 결선

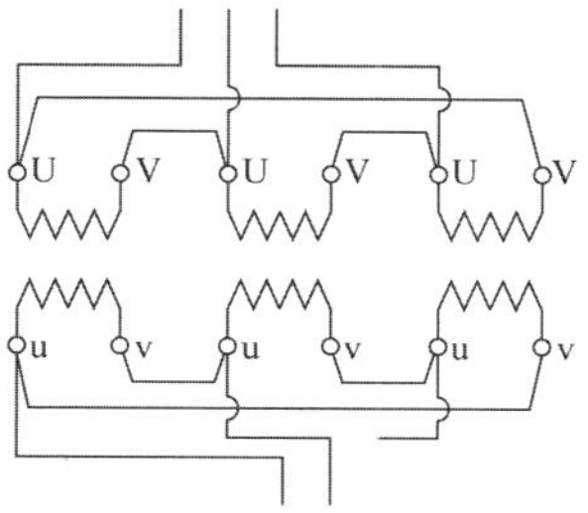

문제 11

▸ 출제년도 : 23. ▸ 점수 : 6점

KS C 0301(옥내 배선용 그림 기호)에 따른 다음 그림 기호의 명칭을 쓰시오.

기 호			
명 칭			

답안작성

기 호			
명 칭	누전 경보기	압력 스위치	스피커

문제 12 ▸ 출제년도 : 95. 98. 00. 01. 13. 23. ▸ 점수 : 6점

22.9[kV] 배전선로에서 노후로 인하여 애자를 교체하고자 한다. 다음 그림 및 표, 해설, 조건을 이용하여 각 물음에 답하시오.

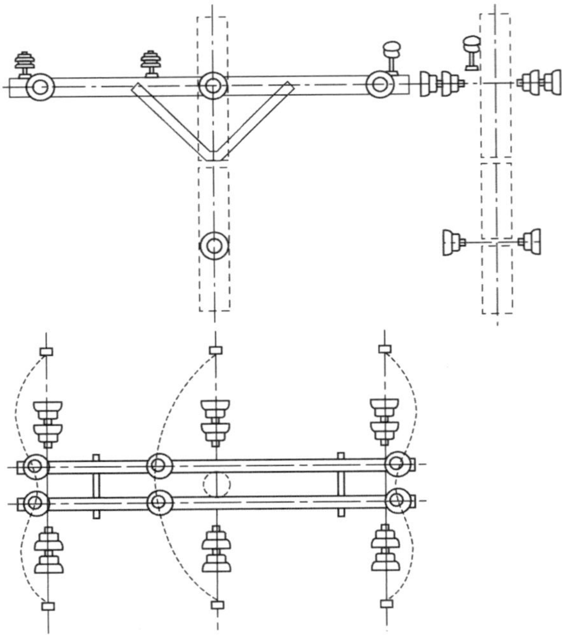

배전용 애자 설치 (단위 : 개)

종 별	배전 전공	보통 인부
라인포스트애자	0.046	0.046
현수애자	0.032	0.032
내오손결합애자	0.025	0.025
저압용인류애자	0.020	-

[해설] ① 애자 교체 150[%]
② 특고압 핀애자는 라인포스트애자에 준함
③ 철거 50[%], 재사용 철거 80[%]
④ 동일 장소에 추가 1개마다 기본품의 45[%] 적용
⑤ 기타할증은 제외한다.

[조건]

① 교체 수량 : 현수애자 14개, 특고압용 핀 애자 6개
② 간접 노무비는 15 [%]로 계산한다.
③ 노임단가는 배전전공 361209원, 보통인부 141096원이다.
④ 인공 산출 시 소수점 넷째 자리에서 반올림한다.
⑤ 인공에 노임단가를 적용하여 금액 산출 시 원단위 미만의 값은 절사한다.
⑥ 총 인건비 금액 산출 시 원단위 미만의 값은 절사한다.

(1) 배전전공 노임을 구하시오.

•계산 : •답 :

(2) 보통인부 노임을 구하시오.

•계산 : •답 :

(3) 총 인건비(직접노무비와 간접노무비의 합계)를 구하시오

•계산 : •답 :

답안작성

(1) 배전전공 노임

계산 : 인공 $= 0.032\times(1+13\times0.45)\times1.5+0.046\times(1+5\times0.45)\times1.5=0.553$ [인]

따라서 배전전공 노임 : $0.553\times361{,}209=199{,}748$ [원]

답 : 199,748 [원]

(2) 보통인부 노임

계산 : 인공 $= 0.032\times(1+13\times0.45)\times1.5+0.046\times(1+5\times0.45)\times1.5=0.553$[인]

따라서 보통인부 노임 : $0.553\times141{,}096=78{,}026$[원]

답 : 78,026[원]

(3) 총 인건비

계산 : 직접 노무비 $= 199{,}748+78{,}026=277{,}774$[원]

간접 노무비 $= 277{,}774\times0.15=41{,}666$[원]

따라서 총 인건비 $= 277{,}774+41{,}666=319{,}440$[원]

답 : 319,440[원]

문제 13 ▸출제년도 : 89. 94. 02. 15. 23. ▸점수 : 5점

가로등용 기초를 설치하기 위하여 아래 그림과 같이 굴착을 해야 한다. 이 때의 터파기 양[m^3]을 구하시오.

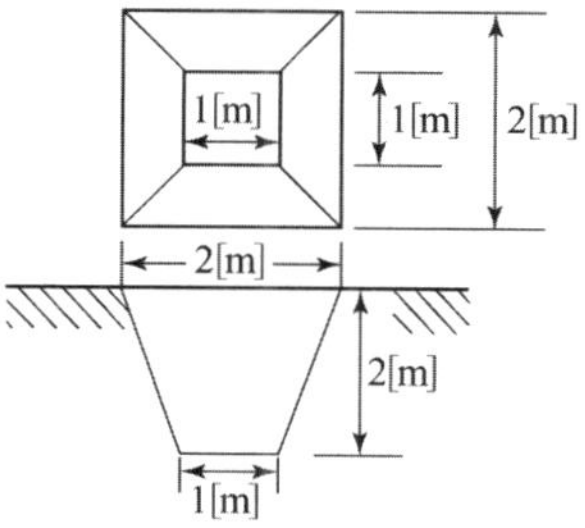

•계산 : •답 :

답안작성

계산 : 터파기양 $= \frac{2}{3}(1+\sqrt{1\times4}+4)=4.67[m^3]$ 답 : 4.67[m^3]

해 설

$V_0=\frac{H}{3}(A_1+\sqrt{A_1A_2}+A_2)$ 에서

$A_1=1\times1=1[m^2]$

$A_2=2\times2=4[m^2]$

문제 14 ▸ 출제년도 : 23. ▸ 점수 : 6점

다음은 KS C IEC 60364-5-54에 관련된 접지설비의 예이다. ①~③의 명칭을 답란에 쓰시오.

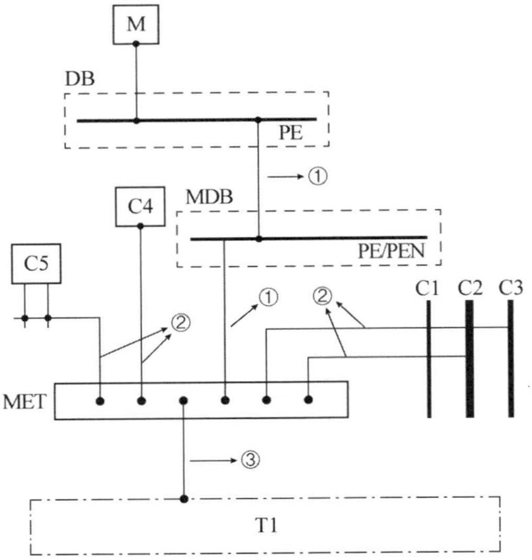

M : 노출도전부
DB : 분전반
MDB : 주배전반
MET : 주접지단자
C1 : 수도관, 외부로부터의 금속부
C2 : 배수관, 외부로부터의 금속부
C3 : 절연이음새를 삽입한 가스관, 외부로부터의 금속부
C4 : 공조설비
C5 : 난방설비
T1 : 콘크리트매입 기초접지극 또는 토양매설 기초 접지극

번 호	명 칭
①	
②	
③	

답안작성

번 호	명 칭
①	보호도체(PE)
②	주접지단자 접속용 보호등전위본딩도체
③	접지도체

문제 15 ▸ 출제년도 : 23. ▸ 점수 : 6점

자가용 전기설비에서 역률 향상을 위하여 설치하는 전력용(진상용) 콘덴서의 설치효과를 3가지만 쓰시오.

답안작성

① 전압 강하의 감소
② 설비용량의 여유 증가
③ 전력 손실 경감

해 설

역률 개선의 효과

① 변압기와 배전선의 전력 손실 경감

전력손실 $P_l = 3I^2R = 3\left(\dfrac{P}{\sqrt{3}\,V\cos\theta}\right)^2 R = \dfrac{P^2R}{V^2\cos^2\theta}$

따라서, 전력손실은 역률의 자승에 반비례하므로 역률을 개선하면 전력손실은 감소한다.

② 전압 강하의 감소

전압강하 $e = \sqrt{3}\,I(R\cos\theta + X\sin\theta) = \sqrt{3}\left(\dfrac{P}{\sqrt{3}\,V\cos\theta}\right)(R\cos\theta + X\sin\theta)$

$= \dfrac{P}{V}\left(R + X\dfrac{\sin\theta}{\cos\theta}\right) = \dfrac{P}{V}(R + X\tan\theta)$

따라서, 역률을 개선하면 분모인 $\cos\theta$는 증가하고 분자인 $\sin\theta$는 감소하게 되어 전압강하는 감소하게 된다.

③ 설비 용량의 여유 증가

부하의피상전력 $= \sqrt{(\text{부하의 유효전력})^2 + (\text{부하의 무효전력} - \text{콘덴서 용량})^2}$

이므로 콘덴서를 설치하면 부하의 피상전력이 감소하게 되어 동일한 전기공급 설비로서 더 많은 부하에 전기를 공급할 수 있게 된다.

④ 전기 요금의 감소

수용가의 역률을 90[%]를 기준으로 하여 90[%]보다 낮은 매 1[%]마다 기본요금이 1[%]씩 할증되고, 90[%]보다 높은 매 1[%] 마다 (95[%]까지 적용) 기본요금을 1 [%]씩 감해주는 제도가 있다. 따라서, 역률을 개선하면 전기 요금이 감소하게 된다.

문제 16 ▸ 출제년도 : 03. 05. 07. 23. ▸ 점수 : 3점

아날로그 멀티 테스터기로 교류(AC) 전압을 측정하려면 부하설비와 어떻게 연결하여 측정하는지 쓰시오.

답안작성

병렬

문제 17 ▸ 출제년도 : 94. 98. 00. 09. 23. ▸ 점수 : 3점

비교적 장력이 작고 타 종류의 지선을 시설할 수 없는 경우에 적용하는 그림과 같은 형태를 갖는 지선의 명칭을 쓰시오.

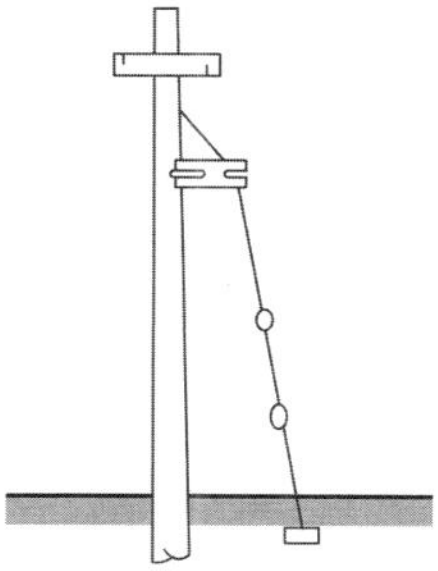

답안작성

A형 궁지선

해 설

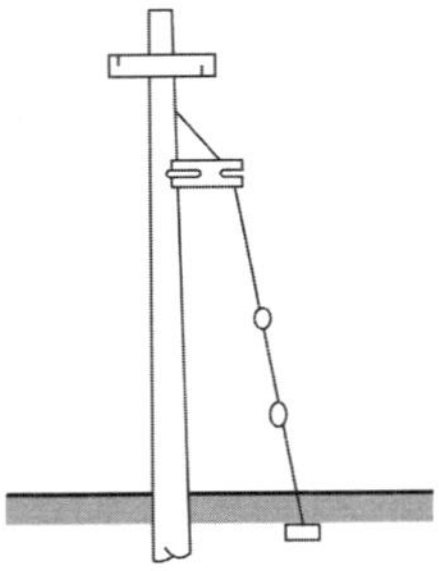

A형 궁지선

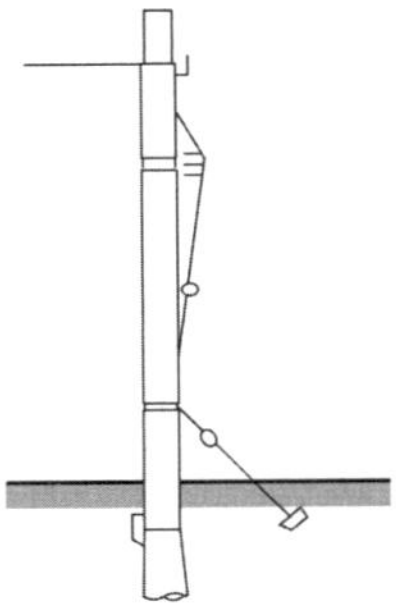

R형 궁지선

문제 18 ▸ 출제년도 : 14. 20. 23. ▸ 점수 : 4점

어떤 건물에서 22.9[kV]로 수전해서 저압으로 옥내 배선을 하고자 한다. 이 건물의 총 설비용량은 850[kW]이고, 수용률은 70[%]라고 할 때, 이 건물의 변압기용량을 표준용량에서 선정하시오. (단, 건물의 설비부하의 종합역률은 0.9이며, 표준변압기 용량[kVA]은 500, 750, 1000, 1500이다.)

• 계산 : • 답 :

답안작성

계산 : 변압기 용량 $= \dfrac{850 \times 0.7}{0.9} = 661.11[\text{kVA}]$

따라서 표준변압기 용량에서 750[kVA] 선정

답 : 750[kVA]

해 설

• 변압기 용량 $\geq$ 합성최대 수용전력$= \dfrac{\text{설비 용량[kW]} \times \text{수용률}}{\text{부등률} \times \text{역률}}$

• 부등률이 주어지지 않으면 1로 적용

문제 19 ▸ 출제년도 : 23. ▸ 점수 : 5점

다음 설명에 알맞은 금속관 공사에 사용되는 부속 재료의 명칭을 쓰시오.

(1) 관과 박스를 접속하는 경우 파이프 나사를 죄어 고정시키는데 사용되는 재료

(2) 금속관 상호 접속 또는 관과 노멀 밴드와의 접속에 사용되는 재료

(3) 노출 배관에서 금속관을 조영재에 고정시키는데 사용되는 재료

(4) 전등기구나 점멸기 또는 콘센트의 고정, 접속함으로 사용되는 재료

(5) 아웃렛 박스에 조명기구를 부착시킬 때 기구 중량의 장력을 보강하기 위하여 사용되는 재료

답안작성

(1) 로크너트
(2) 커플링
(3) 새들
(4) 아웃렛 박스
(5) 픽스쳐스터드와 히키

해 설

금속관 재료

부 품 명	특 징
로크너트	관과 박스를 접속할 경우 파이프 나사를 죄어 고정시키는데 사용되며 6각형과 기어형이 있다.
부싱	전선 관단에 끼우고 전선을 넣거나 빼는 데 있어서 전선의 피복을 보호하여 전선이 손상되지 않게 하는 것으로 금속제와 합성수지제의 2종류가 있다.
커플링	금속관 상호 접속 또는 관과 노멀 밴드와의 접속에 사용되며 내면에 나사가 나있으며 관의 양측을 돌리어 사용할 수 없는 경우 유니온 커플링을 사용한다.
새들	노출 배관에서 금속관을 조영재에 고정시키는데 사용되며 합성수지 전선관, 가요 전선관, 케이블 공사에도 사용된다.
노멀밴드	배관의 직각 굴곡에 사용하며 양단에 나사가 나있어 관과의 접속에는 커플링을 사용한다.
링 리듀우서	금속관을 아웃렛 박스의 노크아웃에 취부할 때 노크아웃의 구멍이 관의 구멍보다 클 때 사용된다.
픽스쳐 스터드와 히키	무거운 조명 기구를 박스에 취부 할 때 사용된다.
스위치 박스	매입형의 스위치나 콘센트를 고정하는데 사용되며 1개용, 2개용, 3개용 등이 있다.
아웃렛 박스	전선관 공사에 있어 전등 기구나 점멸기 또는 콘센트의 고정, 접속함으로 사용되며 4각 및 8각이 있다.

문제 20 ▸ 출제년도 : 12. 23. ▸ 점수 : 4점

다음은 전기설비기술기준에서 정하는 저압전로에서의 사용전압별 절연저항 값을 나타낸 표이다. (   )안에 알맞은 값을 쓰시오.
(단, 측정 시 영향을 주거나 손상을 받을 수 있는 SPD 또는 기타 기기 등은 측정 전에 분리가 가능한 경우이다.)

전로의 사용전압[V]	DC 시험전압[V]	절연저항[MΩ]
SELV 및 PELV	250	(②) 이상
FELV, 500[V] 이하	(①)	(③) 이상
500[V] 초과	1,000	(④) 이상

[주] 특별저압(extra low voltage : 2차 전압이 AC 50[V], DC 120[V] 이하)으로 SELV(비접지회로 구성) 및 PELV(접지회로 구성)은 1차와 2차가 전기적으로 절연된 회로, FELV는 1차와 2차가 전기적으로 절연되지 않은 회로

답안작성

① 500 ② 0.5 ③ 1.0 ④ 1.0

해 설

전기설비 기술기준 제52조 저압전로의 절연성능

전기사용 장소의 사용전압이 저압인 전로의 전선 상호간 및 전로와 대지 사이의 절연저항은 개폐기 또는 과전류차단기로 구분할 수 있는 전로마다 다음 표에서 정한 값 이상이어야 한다. 다만, 전선 상호간의 절연저항은 기계기구를 쉽게 분리가 곤란한 분기회로의 경우 기기 접속 전에 측정할 수 있다. 또한, 측정 시 영향을 주거나 손상을 받을 수 있는 SPD 또는 기타 기기 등은 측정 전에 분리시켜야 하고, 부득이하게 분리가 어려운 경우에는 시험전압을 250[V] DC로 낮추어 측정할 수 있지만 절연저항 값은 1[MΩ] 이상이어야 한다.

전로의 사용전압[V]	DC 시험전압[V]	절연저항[MΩ]
SELV 및 PELV	250	0.5
FELV, 500[V] 이하	500	1.0
500[V] 초과	1,000	1.0

[주] 특별저압(extra low voltage : 2차 전압이 AC 50[V], DC 120[V] 이하)으로 SELV(비접지회로 구성) 및 PELV(접지회로 구성)은 1차와 2차가 전기적으로 절연된 회로, FELV는 1차와 2차가 전기적으로 절연되지 않은 회로

국가기술자격검정 실기시험문제 및 답안지

2023년도 산업기사 일반검정 제 4 회

자격종목(선택분야)	시험시간	형별	수험번호	성 명	감독위원 확 인
전기공사산업기사	2시간 00분				

※ 다음 물음에 답을 해당 답란에 답하시오.(배점 : 100점)

문제 01 ▸ 출제년도 : 12. 14. 23. ▸ 점수 : 4점

다음의 작업구분에 맞는 각각의 직종명을 쓰시오. (예, 내선전공)

(1) 발전설비 및 중공업설비의 시공 및 보수

(2) 변전설비의 시공 및 보수

(3) 철탑 및 송전설비의 시공 및 보수

(4) 플랜트 프로세스의 자동제어장치, 공업제어장치 등의 시공 및 보수

답안작성

(1) 플랜트전공 (2) 변전전공

(3) 송전전공 (4) 계장전공

해 설

(1) 플랜트전공 : 발전소 중공업설비·플랜트설비의 시공 및 보수에 종사하는 사람

(2) 변전전공 : 변전소 설비의 시공 및 보수에 종사하는 사람

(3) 송전전공 : 발전소와 변전소 사이의 송전선의 철탑 및 송전설비의 시공 및 보수에 종사하는 사람

(4) 계장공 : 기계, 급배수, 전기, 가스, 위생, 냉난방 및 기타공사에 있어서 계기(공업제어장치, 공업계측 및 컴퓨터, 자동제어장치 등)를 전문으로 설치, 부착 및 점검하는 사람

문제 02 ▸ 출제년도 : 11. 14. 18. 23. ▸ 점수 : 5점

다음 전선의 약호를 보고 그 명칭을 쓰시오.

(1) ACSR (2) OW

(3) HFIX (4) DV

(5) MI

답안작성

(1) 강심 알루미늄 연선

(2) 옥외용 비닐절연전선

(3) 저독성 난연 폴리올레핀 절연전선

(4) 인입용 비닐절연 전선

(5) 미네랄 인슈레이션 케이블

문제 03 ▸ 출제년도 : 23. ▸ 점수 : 4점

다음 설명에 알맞은 애자를 아래 보기에서 고르시오.

| 보기 | 장간애자, 지지애자, 현수애자, 핀애자, 놉애자

①	고압용 애자는 살이 갓 모양의 자기편 또는 유리편을 2~3층으로 해서 시멘트로 접합하고, 철제 베이스로써 자기를 지지한 후 아연 도금한 핀을 받아서 원추형을 주철제 베이스를 통하여 완목 위에 고정시키고 있다. 저압용 애자는 자기편에서 유리편 내측에 핀을 직접 시멘트 접합한 것이 있다.
②	65[kV] 이상의 선로에 사용되며 경질 자기제의 위아래 연결 금구를 시멘트로 접착시켜 만든 것으로, 연결 금구의 모양에 따라 크레비스형과 불 소켓형으로 구분된다.
③	발·변전소나 개폐소의 모선, 단로기, 기타의 기기를 지지하거나 연가용 철탑 등에서 점퍼선을 지지하기 위해서 쓰이고 있는데 그 중 전선로용으로서는 라인포스트(LP 애자)가 그 대표적인 것이다.
④	많은 갓을 가지고 원통형의 긴 애자로, 구조의 특징상 열화 현상이 거의 없고 애자의 점검·보수가 용이하여 경비가 절감되며 비에 의한 세척효과가 좋고 오손특성이 양호하며 염진 피해에 대한 대책으로 사용된다.

답안작성

① 핀애자 ② 현수애자 ③ 지지애자 ④ 장간애자

문제 04 ▸ 출제년도 : 93. 96. 98. 99. 01. 07. 08. 23. ▸ 점수 : 5점

38[mm^2]의 경동연선을 사용해서 높이가 같고 경간이 300[m]인 철탑에 가선하는 경우 이도는 얼마인가? (단, 이 경동연선의 인장하중은 1480[kg], 안전율은 2.2이고 전선 자체의 무게는 0.334[kg/m]라고 한다.)

답안작성

계산 : $D = \dfrac{WS^2}{8T} = \dfrac{0.334 \times 300^2}{8 \times \dfrac{1480}{2.2}} = 5.59[\mathrm{m}]$

답 : 5.59[m]

문제 05 ▸ 출제년도 : 20. 23. ▸ 점수 : 4점

물체가 보인다는 것은 그 물체가 방사되는 광속이 눈에 들어온다는 것이다. 이와 같이 보이는 물체에서 눈의 방향으로 방사되는 단위 면적당의 광속을 무엇이라 하는지 쓰시오.

답안작성

광속발산도

문제 06 ▸ 출제년도 : 14. 18. 23. ▸ 점수 : 5점

극판형식에 의한 축전지의 분류표이다. 빈칸에 알맞은 내용을 쓰시오.

종 별	연축전지	알칼리축전지	니켈수소전지
형식명	크래드식(PS) 패이스트식(HS)	포켓식 소결식	GMH형
기전력 [V]	2.05 ~ 2.08	(①)	1.34
공칭전압 [V]	(②)	(③)	1.2
공칭방전율 [Ah]	(④)	5	(⑤)

답안작성

① 1.33 ② 2.0 ③ 1.2 ④ 10 ⑤ 5

문제 07 ▸ 출제년도 : 23. ▸ 점수 : 4점

한국전기설비규정에 따라 전로에 시설하는 기계기구의 철대 및 금속제 외함(외함이 없는 변압기 또는 계기용변성기는 철심)에는 접지공사를 하여야 하나 다음의 어느 하나에 해당하는 경우에는 접지를 생략 할 수 있다. 빈칸 ①~④에 알맞은 답을 아래 보기에서 찾아 써넣으시오.

| 보기 | 60[V], 110[V], 150[V], 220[V], 300[V], 절연대, 단일벽, 이중벽, 피뢰기, 서지보호장치, 1.5[kVA], 3[kVA], 5[kVA], 7.5[kVA], 10[kVA]

- 사용전압이 직류 (①) 또는 교류 대지전압이 (②) 이하인 기계기구를 건조한 곳에 시설하는 경우
- 철대 또는 외함의 주위에 적당한 (③)를 설치하는 경우
- 저압용 기계기구에 전기를 공급하는 전로의 전원측에 절연변압기(2차 전압이 300[V] 이하이며, 정격용량이 (④) 이하인 것에 한한다)를 시설하고 또한 그 절연변압기의 부하측 전로를 접지하지 않은 경우

답안작성

① 300[V] ② 150[V] ③ 절연대 ④ 3[kVA]

해 설

KEC 142.7 기계기구의 철대 및 외함의 접지

1. 전로에 시설하는 기계기구의 철대 및 금속제 외함(외함이 없는 변압기 또는 계기용변성기는 철심)에는 접지공사를 하여야 한다.
2. 다음의 어느 하나에 해당하는 경우에는 접지를 생략 할 수 있다.
   가. 사용전압이 직류 300[V] 또는 교류 대지전압이 150[V] 이하인 기계기구를 건조한 곳에 시설하는 경우
   나. 저압용의 기계기구를 건조한 목재의 마루 기타 이와 유사한 절연성 물건 위에서 취급하도록 시설하는 경우

다. 저압용이나 고압용의 기계기구를 사람이 쉽게 접촉할 우려가 없도록 목주 기타 이와 유사한 것의 위에 시설하는 경우
라. 철대 또는 외함의 주위에 적당한 절연대를 설치하는 경우
마. 외함이 없는 계기용변성기가 고무·합성수지 기타의 절연물로 피복한 것일 경우
바. 2중 절연구조로 되어 있는 기계기구를 시설하는 경우
사. 저압용 기계기구에 전기를 공급하는 전로의 전원측에 절연변압기(2차 전압이 300[V] 이하이며, 정격용량이 3[kVA] 이하인 것에 한한다)를 시설하고 또한 그 절연변압기의 부하측 전로를 접지하지 않은 경우
아. 물기 있는 장소 이외의 장소에 시설하는 저압용의 개별 기계기구에 전기를 공급하는 전로에 인체감전보호용 누전차단기(정격감도전류가 30[mA] 이하, 동작시간이 0.03초 이하의 전류동작형에 한한다)를 시설하는 경우
자. 외함을 충전하여 사용하는 기계기구에 사람이 접촉할 우려가 없도록 시설하거나 절연대를 시설하는 경우

문제 08 ▸ 출제년도 : 92. 96. 99. 13. 15. 23. ▸ 점수 : 5점

그림과 같은 분기회로 전선의 단면적을 산출하여 굵기를 산정하시오.
단, • 배전방식은 단상 2선식, 교류 100 [V]로 한다.
• 사용전선은 450/750 [V] 일반용 단심 비닐절연전선이다.
• 전선관은 후강전선관이며, 전압강하는 최원단에서 2 [%]로 한다.

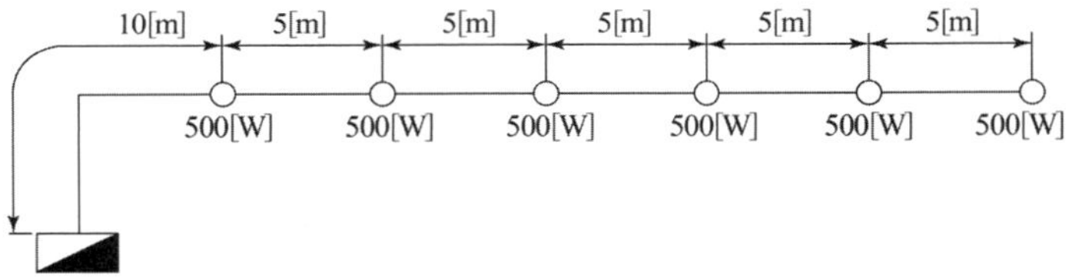

•계산 : •답 :

답안작성

계산 : 부하 중심점 $L = \dfrac{i_1 l_1 + i_2 l_2 + i_3 l_3 + \cdots + i_n l_n}{i_1 + i_2 + i_3 + \cdots + i_n}$

$$L = \frac{5 \times 10 + 5 \times 15 + 5 \times 20 + 5 \times 25 + 5 \times 30 + 5 \times 35}{5+5+5+5+5+5} = 22.5[\text{m}]$$

부하 전류 : $I = \dfrac{500 \times 6}{100} = 30[\text{A}]$

∴ 전선의 굵기 $A = \dfrac{35.6LI}{1000e} = \dfrac{35.6 \times 22.5 \times 30}{1000 \times 2} = 12.02[\text{mm}^2]$

답 : 16 [mm^2]

해 설

① 부하가 분포되어 있을 경우에는 부하 중심점을 찾아서 부하 중심점에 전체 부하가 집중되어 있다고 가정하고 계산
② KSC IEC 전선규격
1.5, 2.5, 4, 6, 10, 16, 25, 35, 50, 70, 95, 120, 150, 185, 240, 300, 400, 500, 630[mm^2]

문제 09 ▸ 출제년도 : 20. 23. ▸ 점수 : 5점

그림과 같이 저항 4[Ω]을 Y결선한 부하와 △결선한 부하가 있다. 이 회로에 교류 3상 평형전압 200[V]를 가하였을 때, 양 부하에 대한 소비전력[kW]의 합을 구하시오.
(단, 배선을 고려하지 않는다.)

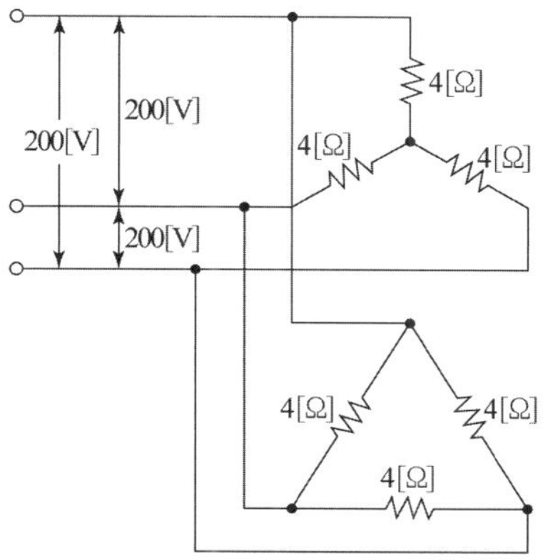

•계산 : •답

답안작성

계산 : $P_Y = 3\dfrac{E_Y^2}{R} = 3 \times \dfrac{\left(\dfrac{200}{\sqrt{3}}\right)^2}{4} \times 10^{-3} = 10[\text{kW}]$

$P_{\triangle} = 3\dfrac{E_{\triangle}^2}{R} = 3 \times \dfrac{200^2}{4} \times 10^{-3} = 30[\text{kW}]$

따라서, $P = P_Y + P_{\triangle} = 10 + 30 = 40[\text{kW}]$

답 : 40[kW]

문제 10 ▸ 출제년도 : 23. ▸ 점수 : 4점

"둘 이상의 전력계통 사이를 전력이 상호 융통될 수 있도록 선로를 통하여 연결하는 것으로 전력계통 상호간을 (①), (②) 또는 직류–교류변환설비 등에 연결하는 것을 말한다. 계통 연락이라고 한다."

답안작성

① 송전선 ② 변압기

해 설

KEC 112 용어 정의
"계통연계"란 둘 이상의 전력계통 사이를 전력이 상호 융통될 수 있도록 선로를 통하여 연결하는 것으로 전력계통 상호간을 송전선, 변압기 또는 직류–교류변환설비 등에 연결하는 것을 말한다. 계통연락이라고도 한다.

문제 11 ▸ 출제년도 : 00. 23. ▸ 점수 : 4점

선로전압이 22.9[kV]인 피뢰기의 정격전압은 몇 [kV]인지 작성하시오.
(단, 3상 4선식 다중접지이다.)

(1) 변전소

(2) 배전선로

답안작성

(1) 변전소 : 21[kV]

(2) 배전선로 : 18[kV]

해 설

피뢰기 정격 전압

전력 계통		피뢰기 정격 전압 [kV]	
전압 [kV]	중성점 접지 방식	변전소	배전 선로
345	유효접지	288	–
154	유효접지	144	–
66	PC접지 또는 비접지	72	–
22	PC접지 또는 비접지	24	–
22.9	3상 4선 다중접지	21	18

[주] 전압 22.9[kV-Y] 이하의 배전선로에서 수전하는 설비의 피뢰기 정격전압 [kV]은 배전선로용을 적용한다.

문제 12 ▸ 출제년도 : 23. ▸ 점수 : 6점

한국전기설비규정(KEC)에 의거하여 케이블덕팅 시스템의 종류 3가지를 쓰시오.

답안작성

플로어덕트공사, 셀룰러덕트공사, 금속덕트공사

해 설

KEC 232.2 배선설비 공사의 종류

공사방법의 분류

종류	공사방법
전선관시스템	합성수지관공사, 금속관공사, 가요전선관공사
케이블트렁킹시스템	합성수지몰드공사, 금속몰드공사, 금속트렁킹공사 [a]
케이블덕팅시스템	플로어덕트공사, 셀룰러덕트공사, 금속덕트공사 [b]
애자공사	애자공사
케이블트레이시스템 (래더, 브래킷 포함)	케이블트레이공사
케이블공사	고정하지 않는 방법, 직접 고정하는 방법, 지지선 방법

a 금속본체와 덮개가 별도로 구성되어 덮개를 개폐할 수 있는 금속덕트공사를 말한다.
b 본체와 덮개 구분 없이 하나로 구성된 금속덕트공사를 말한다.

문제 13 ▸ 출제년도 : 98. 00. 02. 15. 23. ▸ 점수 : 5점

분전반에서 40[m] 떨어진 회로의 끝에서 단상 2선식 220[V], 전열기 10000[W] 2대 사용 시 HFIX 전선의 굵기를 선정하시오. (단, 전압강하는 2[%] 이내로 하고, 전류감소계수는 없는 것으로 한다.)

HFIX 공칭단면적[mm²]							
2.5	4	6	10	16	25	35	50

•계산 : •답 :

답안작성

계산 : $A = \dfrac{35.6LI}{1000e} = \dfrac{35.6 \times 40 \times \dfrac{10000 \times 2}{220}}{1000 \times 220 \times 0.02} = 29.42[\text{mm}^2]$

답 : 35[mm²]

해 설

전기 방식	전압 강하		전선 단면적
단상 3선식 직류 3선식 3상 4선식	$e_1 = IR$	$e_1 = \dfrac{17.8LI}{1000A}$	$A = \dfrac{17.8LI}{1000e_1}$
단상 2선식 및 직류 2선식	$e_2 = 2IR = 2e_1$	$e_2 = \dfrac{35.6LI}{1000A}$	$A = \dfrac{35.6LI}{1000e_2}$
3상 3선식	$e_3 = \sqrt{3}IR = \sqrt{3}e_1$	$e_3 = \dfrac{30.8LI}{1000A}$	$A = \dfrac{30.8LI}{1000e_3}$

문제 14 ▸ 출제년도 : 17. 21. 23. ▸ 점수 : 5점

일반적으로 전력용 변압기의 절연유에 요구되는 성질을 5가지만 쓰시오.

답안작성

① 절연저항과 절연내력이 클 것
② 인화점이 높을 것
③ 응고점이 낮을 것
④ 점도가 낮고, 비열이 클 것
⑤ 열전도율이 클 것

해 설

변압기의 기름으로서 갖추어야 할 조건
① 절연 저항 및 절연내력이 클 것(30[kV]/2.5[mm] 이상)
② 절연 재료 및 금속에 화학 작용을 일으키지 않을 것
③ 인화점이 높고(130[℃] 이상), 응고점이 낮을 것(−30[℃] 이하)
④ 점도가 낮고(유동성이 풍부), 비열이 커서 냉각 효과가 클 것
⑤ 고온에서도 석출물이 생기거나 산화하지 않을 것
⑥ 열전도율이 클 것
⑦ 열 팽창계수가 작고 증발로 인한 감소량이 적을 것

문제 15 ▸ 출제년도 : 23. ▸ 점수 : 5점

다음과 같이 CT 3대를 결선하여 전류계로 3상 평형회로의 전류를 측정하였다. 전류계 1대가 측정한 전류값을 구하시오.

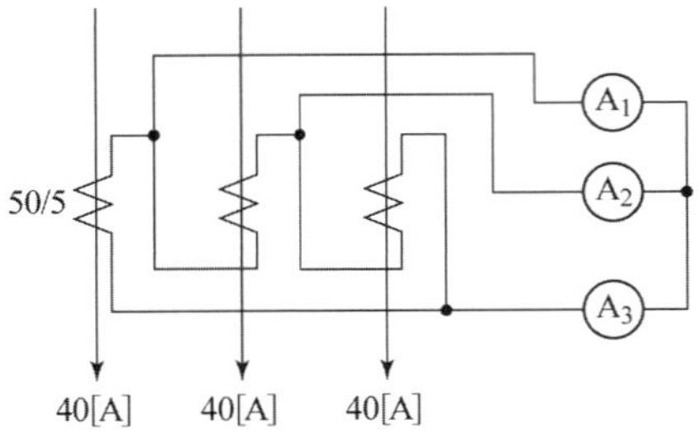

• 계산 • 답

답안작성

• 계산 : 전류계는 CT 2차 전류의 $\sqrt{3}$ 배를 지시한다.

전류계 1대에 흐르는 전류 $I = 40 \times \frac{5}{50} \times \sqrt{3} = 6.93[A]$

• 답 : 6.93[A]

해 설

△결선(30° 지결선) 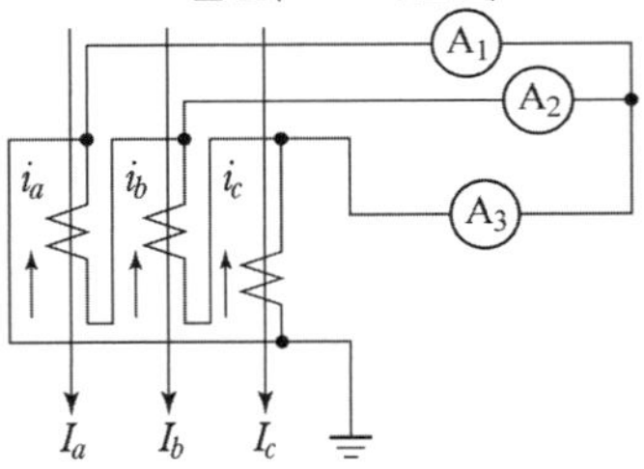	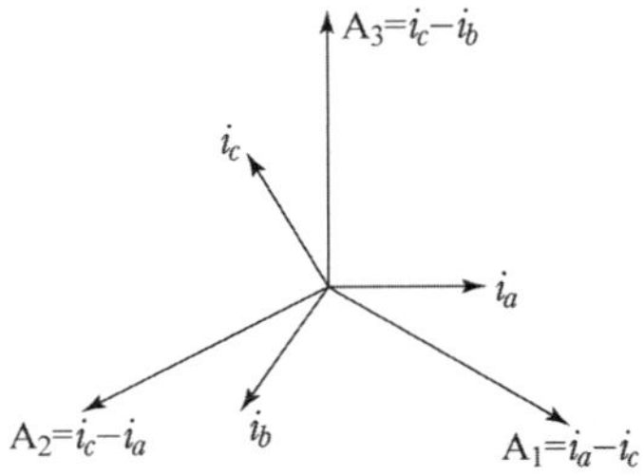
△결선(30° 진결선) 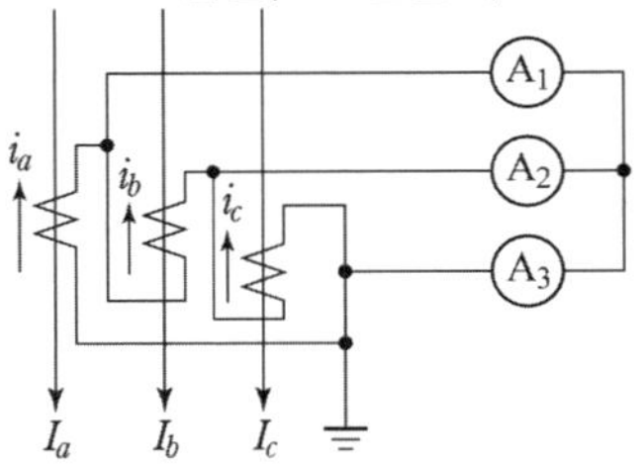	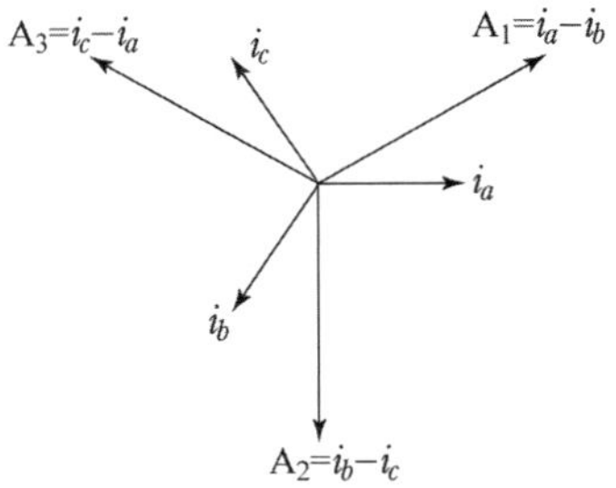
직렬접속 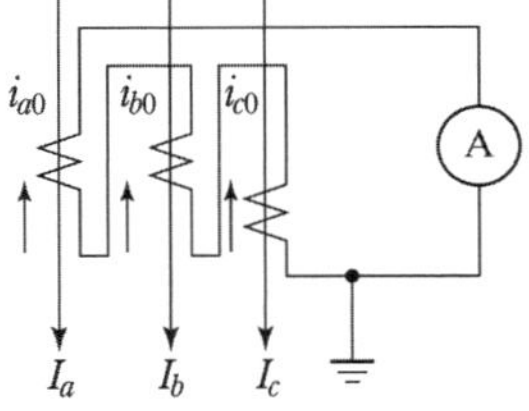	·각 CT에는 동상분 전류만 흐를 수 있다. · $A = i_{a0} + i_{b0} + i_{c0} = i_0 + i_0 + i_0 = 3i_0$

문제 16 ▸출제년도 : 97. 99. 16. 23. ▸점수 : 10점

6.6[kV] 300[mm^2] 3C 가교 폴리에틸렌 케이블 1[km]를 옥외 기존 전선관 내에 포설하려고 한다. 케이블에 대한 재료비와 인공과 공구손료를 구하시오.
(단, 케이블의 재료비는 52,540[원/m]이고, 이에 대한 노임 단가는 50,000[원]이다.)

전기재료의 할증률

종 류	할증률 [%]	종 류	할증률 [%]
옥외 전선	5	Cable (옥외)	3
옥내 전선	10	Cable (옥내)	5

전력 케이블 구내설치 (단위 : km)

P.V.C 고무절연 외장케이블류	케이블전공
저압 6 [mm^2] 이하 1C	4.62
10 [mm^2] 이하 1C	4.84
16 [mm^2] 이하 1C	5.28
25 [mm^2] 이하 1C	6.09
35 [mm^2] 이하 1C	6.58
50 [mm^2] 이하 1C	7.32
70 [mm^2] 이하 1C	8.46
120 [mm^2] 이하 1C	11.58
185 [mm^2] 이하 1C	15.33
240 [mm^2] 이하 1C	18.59
300 [mm^2] 이하 1C	21.55
400 [mm^2] 이하 1C	23.00
500 [mm^2] 이하 1C	24.83
630 [mm^2] 이하 1C	29.47
800 [mm^2] 이하 1C	34.94
1,000 [mm^2] 이하 1C	41.38

[해설] ① 부하에 직접 공급하는 변압기 2차 측에 포설되는 케이블로서 전선관, Rack, Duct, 케이블트레이, Pit, 공동구, Saddle 부설 기준, Cu, Al 도체 공용
② 10[mm^2] 이하는 제어용케이블 신설 준용
③ 직매식 80[%]
④ 2심은 140[%], 3심은 200[%], 4심은 260[%]
⑤ 연피벨트지 케이블 120[%], 강대개장 케이블은 150[%]
⑥ 가요성금속피(알루미늄, 스틸)케이블은 150[%]
(앵커볼트설치품은 별도계상)
⑦ 관내포설시 도입선 넣기 포함
⑧ 2열 동시 180[%], 3열 260[%], 4열 340[%], 4열 초과시 초과 1열당 80[%] 가산
⑨ 전압에 대한 가산율 적용
3.3[kV] ~ 6.6[kV] 15[%] 가산
22.9[kV] 30[%] 가산
⑩ 철거 50[%], 재사용 철거는 드럼감기품 포함 90[%]
⑪ 8자 포설은 본품의 120[%] 적용.

(1) 재료비

• 계산 : •답 :

(2) 인공

• 계산 : •답 :

(3) 공구손료

• 계산 : •답 :

답안작성

(1) 계산 : 재료비 $= 1000 \times 1.03 \times 52{,}540 = 54{,}116{,}200$[원] 답 : 54,116,200[원]

(2) 계산 : 인공 $= 1 \times 21.55 \times 2 \times (1 + 0.15) = 49.57$[인] 답 : 49.57[인]

(3) 계산 : 공구손료 $= 49.57 \times 50{,}000 \times 0.03 = 74{,}355$[원] 답 : 74,355[원]

해 설

(2) • 3C(3심)은 200[%]

• 압에 대한 할증율은 6.6[kV] 므로 15[%]

(3) 공구손료 = 직접 노무비×3[%]

문제 17 ▸ 출제년도 : 23. ▸ 점수 : 5점

다음 동작설명을 보고 보기에 주어진 접점만을 사용하여 아래의 시퀀스 제어도를 완성하시오. (단, 회로 작성 시 선의 접속 및 미접속에 대한 예시를 참고해서 작성하시오.)

[보기]

	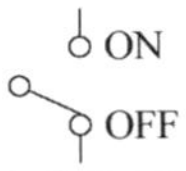	
C	S3	S1
콘센트	3로 스위치	단로 스위치

[선의 접속과 미접속에 대한 예시]

접속	미접속

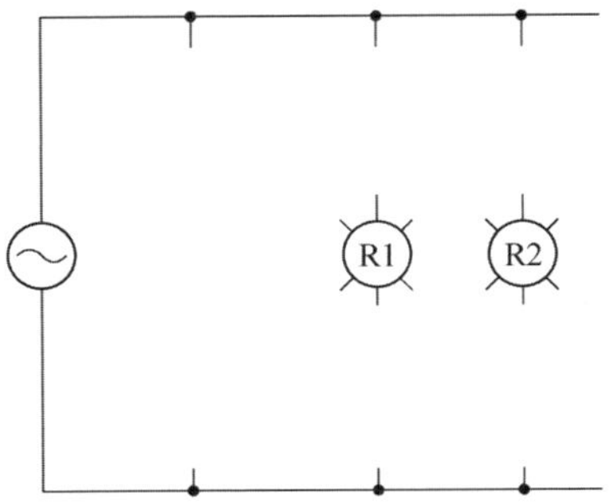

[동작설명]

1. S1, S3가 모두 OFF시 R1, R2 모두 소등이다.
2. S1이 ON이고 S3가 OFF이면, R1, R2가 병렬 점등된다.

3. S1이 OFF이고 S3가 ON이면, R1, R2가 직렬 점등된다.
4. S1이 ON이고 S3가 ON이면, R2가 점등된다.
5. 콘센트(C)에는 항상 전원이 인가된다.
6. R1, R2는 램프이다.

답안작성

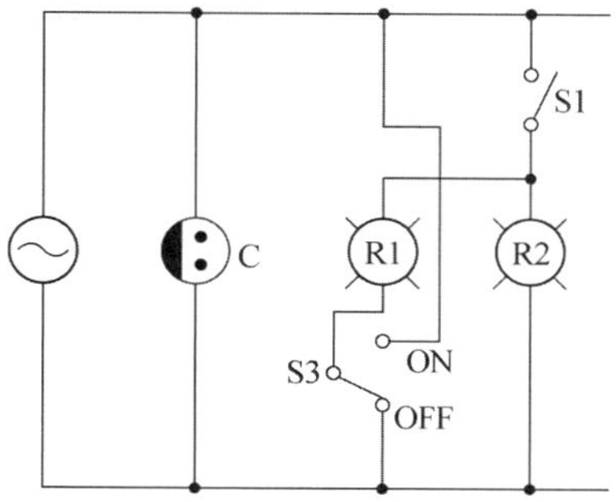

문제 18 ▸ 출제년도 : 23. ▸ 점수 : 6점

다음은 한국전기설비규정(KEC)에 따른 지중 전선로 시설에 관한 내용이다.
다음 각 물음에 답하시오.

(1) 지중 전선로를 관로식 또는 암거식에 의하여 시설하는 경우, 다음 괄호 안에 알맞은 내용을 쓰시오.

- 관로식에 의하여 시설하는 경우에는 매설 깊이를 (①)으로 하되, 매설 깊이를 충족하지 못한 장소에는 견고하고 차량 기타 중량물의 압력에 견디는 것을 사용할 것. 다만 중량물의 압력을 받을 우려가 없는 곳은 (②)으로 한다.
- 암거식에 의하여 시설하는 경우에는 견고하고 차량 기타 중량물의 압력에 견디는 것을 사용할 것.

(2) 지중 전선로에 사용하는 전선을 쓰시오.

(3) 지중 전선로를 직접 매설식에 의하여 시설하는 경우, 다음 매설깊이[m] 이상이어야 한다.

구 분	매설깊이[m]
차량 기타 중량물의 압력을 받을 우려가 있는 경우	③
기타 장소	④

답안작성

(1) ① 1.0 [m] 이상 ② 0.6 [m] 이상
(2) 케이블
(3) ③ 1.0 [m] ④ 0.6 [m]

해 설

KEC 334.1 지중전선로의 시설

1. 지중 전선로는 전선에 케이블을 사용하고 또한 관로식 · 암거식(暗渠式) 또는 직접 매설식에 의하여 시설하여야 한다.
2. 지중 전선로를 관로식 또는 암거식에 의하여 시설하는 경우에는 다음에 따라야 한다.
   가. 관로식에 의하여 시설하는 경우에는 매설 깊이를 1.0[m] 이상으로 하되, 매설 깊이를 충족하지 못한 장소에는 견고하고 차량 기타 중량물의 압력에 견디는 것을 사용할 것. 다만 중량물의 압력을 받을 우려가 없는 곳은 0.6[m] 이상으로 한다.
   나. 암거식에 의하여 시설하는 경우에는 견고하고 차량 기타 중량물의 압력에 견디는 것을 사용할 것.
3. 지중 전선로를 직접 매설식에 의하여 시설하는 경우에는 매설 깊이를 차량 기타 중량물의 압력을 받을 우려가 있는 장소에는 1.0[m] 이상, 기타 장소에는 0.6[m] 이상으로 하고 또한 지중 전선을 견고한 트로프 기타 방호물에 넣어 시설하여야 한다.

문제 19 ▸ 출제년도 : 94. 02. 12. 23. ▸ 점수 : 4점

그림은 콘센트의 종류를 표시한 옥내배선용 그림 기호이다. 각 그림기호는 어떤 의미를 가지고 있는지 설명하시오.

(1) T (2) EL (3) H (4) 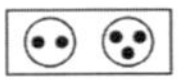

답안작성

(1) 걸림형 (2) 누전 차단기 붙이
(3) 의료용 (4) 비상용

해 설

명칭	그림 기호	적 요
콘센트		① 천장에 부착하는 경우는 다음과 같다.  ② 바닥에 부착하는 경우는 다음과 같다.  ③ 용량의 표시 방법은 다음과 같다. ·15 [A]는 방기하지 않는다. ·20 [A]이상은 암페어 수를 방기한다. [보기] 20A ④ 2구 이상인 경우는 구수를 방기한다. [보기] 2 ⑤ 3극 이상인 것은 극수를 방기한다. [보기] 3P ⑥ 종류를 표시하는 경우는 다음과 같다. 빠짐 방지형 LK 걸림형 T 접지극붙이 E 접지단자붙이 ET 누전 차단기붙이 EL

명칭	그림 기호	적 요
		⑦ 방수형은 WP를 방기한다. WP ⑧ 방폭형은 EX를 방기한다. EX ⑨ 의료용은 H를 방기한다. H

문제 20

▸ 출제년도 : 95. 00. 23. ▸ 점수 : 5점

아래의 논리회로를 보기에 주어진 접점만을 사용하여 시퀀스회로로 변환하여 미완성 도면을 완성하시오. (단, 회로 작성시 선의 접속 및 미접속에 대한 예시를 참고해서 작성하시오.)

[보기]

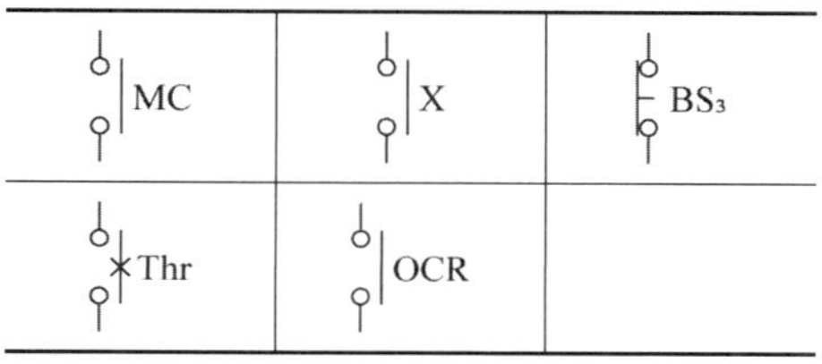

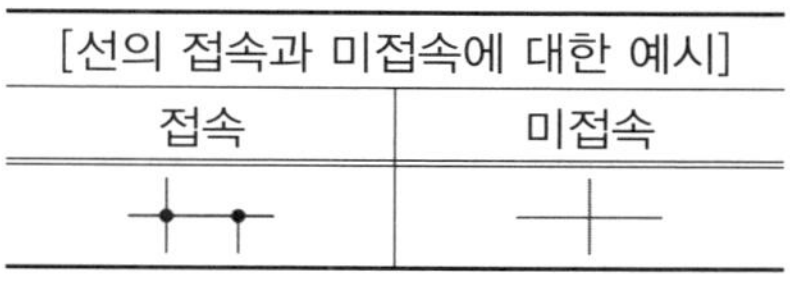

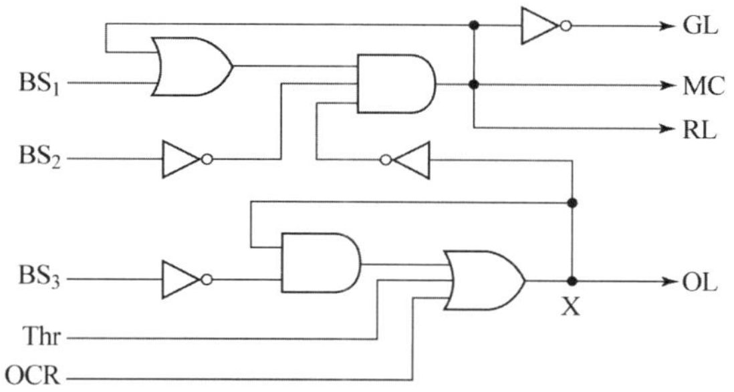

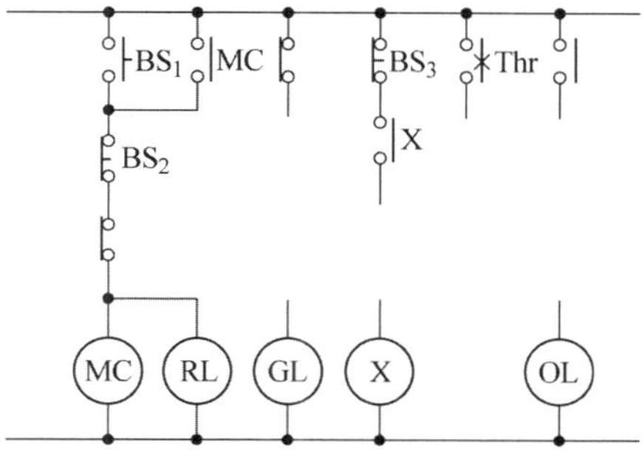

답안작성

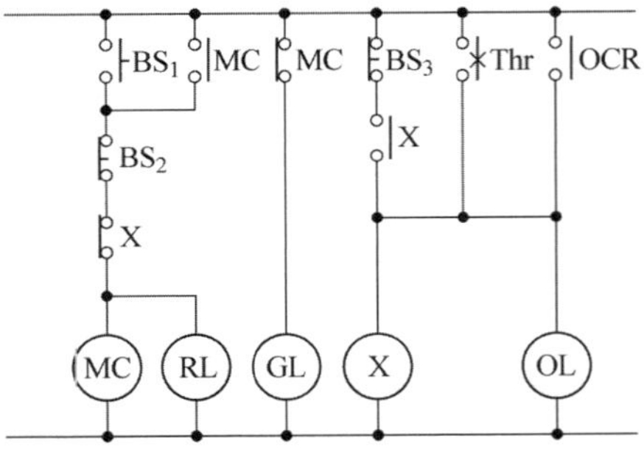

해 설

출력식 $X = \overline{BS_3} \cdot X + Thr + OCR$

$OL = X$

$MC = (BS_1 + MC) \cdot \overline{BS_2} \cdot \overline{X}$

$RL = MC$

$GL = \overline{MC}$

D30-4

2024년도 전기공사산업기사 실기

국가기술자격검정 실기시험문제 및 답안지

2024년도 산업기사 일반검정 제 1 회

자격종목(선택분야)	시험시간	형별	수험번호	성 명	감독위원 확 인
전기공사산업기사	2시간 00분				

※ 다음 물음에 답을 해당 답란에 답하시오.(배점 : 100점)

문제 01 ▸ 출제년도 : 24. ▸ 점수 : 6점

아래에 주어진 물가 자료를 참고하여 다음 물음에 답하시오.

〈물가 자료〉

[참고1] 전기용 나동선

전기용 연동선				전기용 경동선			
지름 [mm]	무게 [kg/km]	전기저항 20[℃] [Ω/km]	가격 [원/m]	지름 [mm]	무게 [kg/km]	전기저항 20[℃] [Ω/km]	가격 [원/m]
2.0	27.93	5.487	195	2.0	27.93	5.657	195
4.0	111.7	1.372	226	4.0	111.7	1.414	226
6.0	251.3	0.609	308	6.0	251.3	0.628	308
8.0	246.9	0.343	415	8.0	246.9	0.353	415
10.0	698.2	0.219	505	10.0	698.2	0.226	505

[참고2] 케이블

가교폴리에틸렌 절연 비닐시스 케이블 (단심)				가교폴리에틸렌 트리플렉스형 케이블 (단심)			
공칭단면적 [mm^2]	완성품 바깥지름 [mm]	도체저항 20[℃] [Ω/km]	가격 [원/m]	지름 [mm]	완성품 바깥지름 [mm]	도체저항 20[℃] [Ω/km]	가격 [원/m]
16	20	1.15	985	16	44	1.15	1005
25	21	0.727	1012	25	46	0.727	1112
35	22	0.524	1222	35	48	0.524	1758
50	23	0.387	1980	50	50	0.387	2005
70	25	0.268	2054	70	54	0.268	2405

(1) 전기용 경동선 4.0[mm], 2[km]와 연동선 4.0[mm], 3[km]의 구입비 합계[원]를 구하시오.

• 계산

• 답

(2) AC 440[V] 3상 3선식 동력배선에 25[mm^2] 케이블 150[m]를 구입하려고 한다. 가교폴리에틸렌 절연 비닐시스 케이블과 가교 폴리에틸렌 트리플렉스형 케이블의 구입비[원]를 구하시오. (단, 두 종류의 케이블 계산과정과 구입비가 모두 맞으면 정답 인정)

• 각 케이블의 구입비

구분	계산과정	구입비[원]
가교폴리에틸렌 절연 비닐시스케이블		
가교폴리에틸렌 트리플렉스형 케이블		

(3) "(2)"항에서 구한 각 케이블 구입비를 이용하여 경감액[원]을 구하고, 그 결과로 둘 중 더 저렴한 케이블을 선정하시오.

• 케이블 선정 및 경감액

계산과정	경감액[원]	케이블 선정

답안작성

(1) 계산 : • 경동선 4.0[mm], 2[km]구입비 = 226 × 2,000 = 452,000[원]
• 연동선 4.0[mm], 3[km]구입비 = 226 × 3,000 = 678,000[원]
• 구입비 합계 = 452,000 + 678,000 = 1,130,000[원]

답 : 1,130,000[원]

(2)

구분	계산과정	구입비[원]
가교폴리에틸렌 절연 비닐시스케이블	1,012 × 3 × 150 = 455,400	455,400
가교폴리에틸렌 트리플렉스형 케이블	1,112 × 3 × 150 = 500,400	500,400

(3)

계산과정	경감액[원]	케이블 선정
500,400 − 455,400 = 45,000	45,000	가교폴리에틸렌 절연 비닐시스케이블

해 설

(2) 3상3선식 이므로 3가닥의 전선이 필요하다.
[참고2]에 주어진 케이블 가격은 단심에 대한 가격이므로 3을 곱해야 한다.

문제 02 ▸ 출제년도 : 11. 24. ▸ 점수 : 6점

송전전력이 100[MW]이고 송전거리가 80[km] 일 때, 가장 경제적인 송전전압[kV]을 구하시오. (단, Still식에 의하여 구한다.)

•계산 : •답 :

답안작성

계산 : 송전전압 $V_s = 5.5\sqrt{0.6l + \frac{P}{100}} = 5.5 \times \sqrt{0.6 \times 80 + \frac{100 \times 10^3}{100}} = 178.05\ [\text{kV}]$

답 : 178.05 [kV]

해 설

Still의 실험식(경제적인 송전전압의 산정식)

$$사용\ 전압\ [\text{kV}] = 5.5\sqrt{0.6 \times 송전\ 거리[\text{km}] + \frac{송전\ 전력[\text{kW}]}{100}}$$

문제 03 ▸ 출제년도 : 92. 98. 02. 05. 06. 24. ▸ 점수 : 3점

금속관 노출배관공사에서 관을 직각으로 굽히는 곳에 사용하는 재료의 명칭을 쓰시오.

답안작성

유니버셜 엘보(Universal elbow)

해 설

명 칭	용 도
로그너트	금속관 배관 공사에서 복스에 금속관을 고정할 때 사용되며, 6각형과 톱니형이 있다.
부 싱	전선의 절연 피복을 보호하기 위하여 금속관 끝에 취부하여 사용
엔트런스캡	인입구, 인출구의 금속관 관단에 설치하여 옥외의 빗물을 막는 데 사용
터미널 캡 (서비스캡)	저압 가공 인입선에서 금속관 공사로 옮겨지는 곳 또는 금속관으로부터 전선을 뽑아 전동기 단자 부분에 접속할 때 사용 A형, B형이 있다.
스위치박스	매입형 스위치를 수용하거나 리셉터클의 아우트렛을 고정하기 위한 금속함
유니온커플링	금속관 상호 접속용으로 관이 고정되어 있을 때 사용
접지 클램프	금속관 공사시 관을 접지 하는데 사용
노멀밴드	배관의 직각 굴곡 부분에 사용
유니버셜 엘보	노출 배관 공사에서 관을 직각으로 굽히는 곳에 사용
새 들	노출 배관에서 금속관을 조영재에 고정시키는 데 사용되며 합성수지관, 가요관, 케이블 공사에도 사용된다.

문제 04 ▸ 출제년도 : 24. ▸ 점수 : 4점

한국전기설비규정 중 전로의 중성점 접지 내용에 따라 중성점 접지의 시설목적을 2가지만 쓰시오.

답안작성

- 이상 전압의 억제
- 대지전압의 저하

해 설

KEC 322.5 전로의 중성점의 접지
전로의 보호장치의 확실한 동작의 확보, 이상 전압의 억제 및 대지전압의 저하를 위하여 특히 필요한 경우에 전로의 중성점에 접지공사를 한다.

- 전로의 보호 장치의 확실한 동작의 확보 : 지락고장 시 접지계전기의 확실한 동작
- 이상 전압의 억제 : 뇌, 아크 지락, 기타에 의한 이상전압의 경감 및 발생 억제
- 대지전압의 저하 : 지락고장 시 건전상의 대지 전위상승을 억제, 전선로 및 기기의 절연레벨을 경감

문제 05

▸ 출제년도 : 12. 15. 21. 24. ▸ 점수 : 5점

전등설비 200[W], 전열설비 400[W], 전동기설비 300[W]인 수용가가 있다. 이 수용가의 최대 수용전력이 780[W]이라면 수용률은 얼마인가?

•계산 : •답 :

답안작성

계산 : $\text{수용률} = \dfrac{\text{최대 수용 전력}}{\text{설비 용량(접속부하)}} \times 100[\%]$

$= \dfrac{780}{200+400+300} \times 100 = 86.67[\%]$

답 : 86.67[%]

문제 06

▸ 출제년도 : 99. 15. 23. 24. ▸ 점수 : 5점

한국전기설비규정에 따른 용어의 정의 중 다음 설명이 뜻하는 용어를 쓰시오.

> 가공전선로의 지지물로부터 다른 지지물을 거치지 아니하고 수용장소의 붙임점에 이르는 가공전선

답안작성

가공인입선

해 설

- 가공인입선 : 가공전선로의 지지물에서 다른 지지물을 거치지 아니하고 수용장소의 인입선 접속점에 이르는 가공전선을 말한다.
- 지중인입선 : 지중전선로의 배전탑 또는 가공전선로의 지지물에서 직접 수용장소에 이르는 지중전선로를 말한다.
- 연접인입선 : 하나의 수용장소의 인입선 접속점에서 분기하여 지지물을 거치지 아니하고 다른 수용장소의 인입선 접속점에 이르는 전선을 말한다.

문제 07 ▸ 출제년도 : 24. ▸ 점수 : 4점

한국전기설비규정에 따른 지중전선 상호 간의 접근 또는 교차에 대한 설명 중 (　　)에 들어갈 숫자를 쓰시오. (단, 예외사항은 적용하지 않는다.)

> 지중전선이 다른 지중전선과 접근하거나 교차하는 경우에 지중함 내 이외의 곳에서 상호 간의 간격이 저압 지중전선과 고압 지중전선에 있어서는 (①)[m] 이상, 저압이나 고압의 지중전선과 특고압 지중전선에 있어서는 (②)[m] 이상이 되도록 시설하여야 한다.

답안작성

① 0.15　　② 0.3

해 설

KEC 334.7 지중전선 상호 간의 접근 또는 교차
지중전선이 다른 지중전선과 접근하거나 교차하는 경우에 지중함 내 이외의 곳에서 상호 간의 간격이 저압 지중전선과 고압 지중전선에 있어서는 0.15[m] 이상, 저압이나 고압의 지중전선과 특고압 지중전선에 있어서는 0.3[m] 이상이 되도록 시설하여야 한다.

문제 08 ▸ 출제년도 : 24. ▸ 점수 : 5점

다음 그림은 특고압 가공전선로 일부의 평면도이다. ①~⑤의 명칭을 빈칸에 쓰시오.

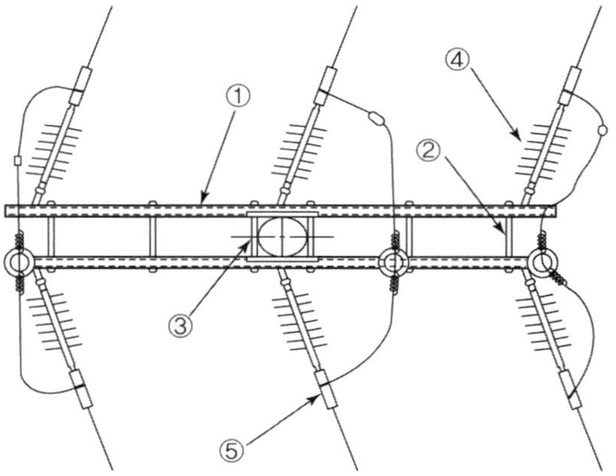

①		②		③	
④		⑤			

답안작성

①	완철	②	6각 볼트 너트(M 볼트)	③	완철 밴드
④	현수애자	⑤	압축형 인류크램프		

문제 09 ▸ 출제년도 : 24. ▸ 점수 : 8점

다음 유접점 시퀀스제어 회로에 대한 각 물음에 답하시오.

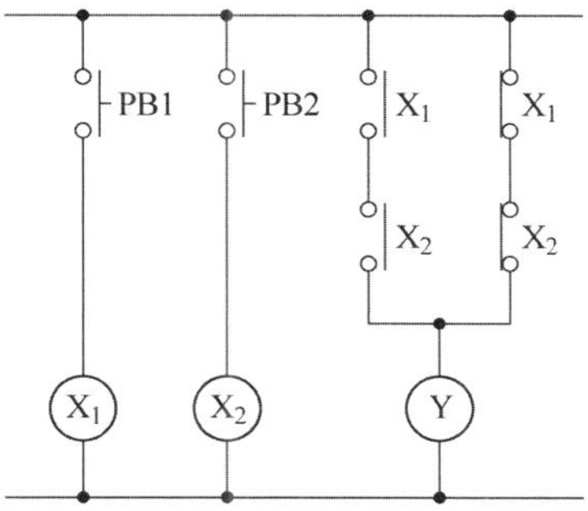

(1) 출력 Y를 입력 X_1, X_2에 대한 가장 간략한 논리식으로 쓰시오.

(2) "(1)"항의 논리식에 대한 진리표를 '0' 또는 '1'을 사용하여 완성하시오.
(단, 모든 값이 맞아야 정답 인정)

입 력		출 력
X_1	X_2	Y
0	0	
1	0	
0	1	
1	1	

(3) "(1)"항의 논리식을 논리소자를 이용하여 무접점회로(논리회로)로 그리시오.
(단, AND 2개와 OR 1개, NOT 2개만을 이용하며, 선의 접속과 미접속에 대한 예시를 참고하여 그리시오.)

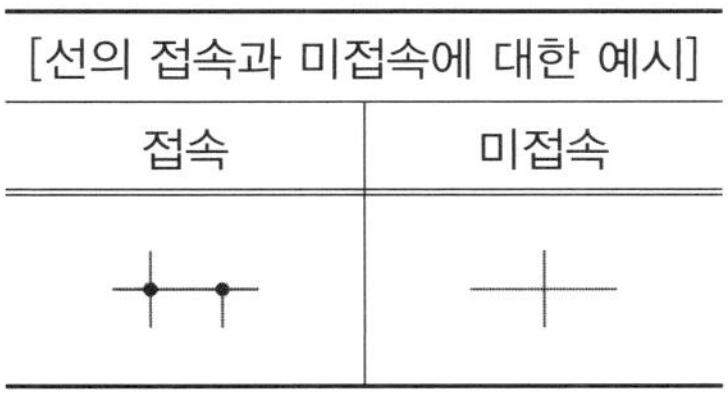

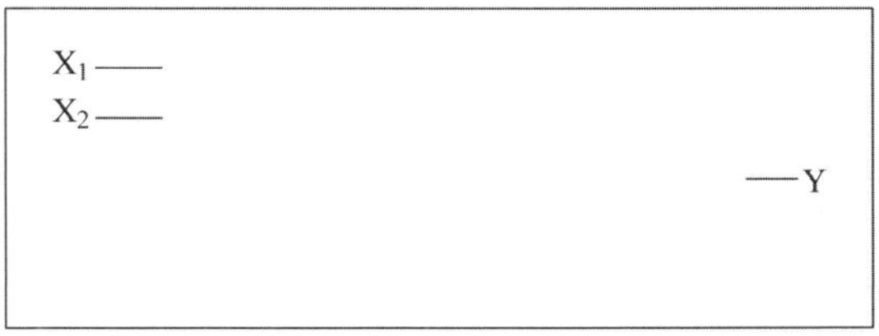

(4) 아래의 타임차트를 완성하시오.
(단, 누름버튼스위치 PB1, PB2와 신호는 누르는 동작을 의미하고, 보조 접점의 시간 지연은 무시한다. 또한, 모두 맞아야 정답인정)

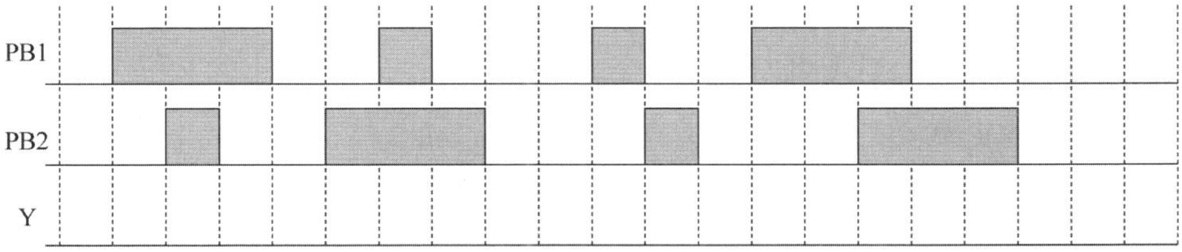

답안작성

(1) $Y = X_1X_2 + \overline{X_1}\,\overline{X_2}$

(2)

입 력		출 력
X_1	X_2	Y
0	0	1
1	0	0
0	1	0
1	1	1

(3)

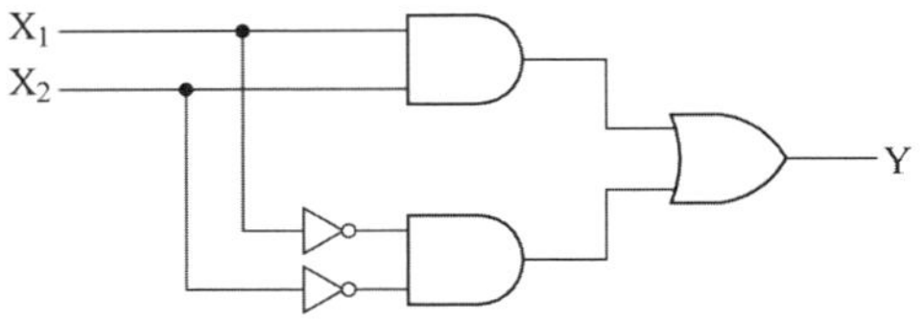

(4)

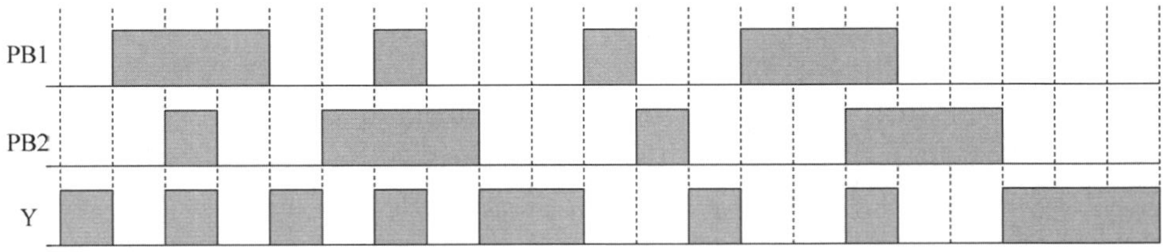

문제 10 ▸ 출제년도 : 24. ▸ 점수 : 8점

다음 설명에 알맞은 애자의 명칭을 보기에서 골라 빈칸에 각각 쓰시오.

[보기] LP애자, 현수애자, 인류애자, 핀애자

(①) : 전선의 직선부분에 쓰이며, 애자의 꼭지홈이나 옆홈에 바인드선으로 전선을 잡아맨다.

(②) : 특고압 배전선로의 지지물에서 내장이나 인류개소에 장력이 걸리는 전선을 고정하는데 사용하는 애자이고, 클레비스형과 볼 소켓형이 있다.

(③) : 저압 가공 배전선로의 내장개소 및 인류개소에서 저압전선과 인입선을 고정 및 지지하는데 사용된다.

(④) : 특고압 가공 배전선로의 지지물에서 전선을 지지 및 고정하는데 사용되는 장주용 애자이다.

답안작성

① 핀애자 ② 현수애자 ③ 인류애자 ④ LP애자

문제 11 ▸ 출제년도 : 16. 20. 24. ▸ 점수 : 4점

접지의 분류에서 다음 그림과 같은 접지공사 방법의 명칭을 쓰시오.

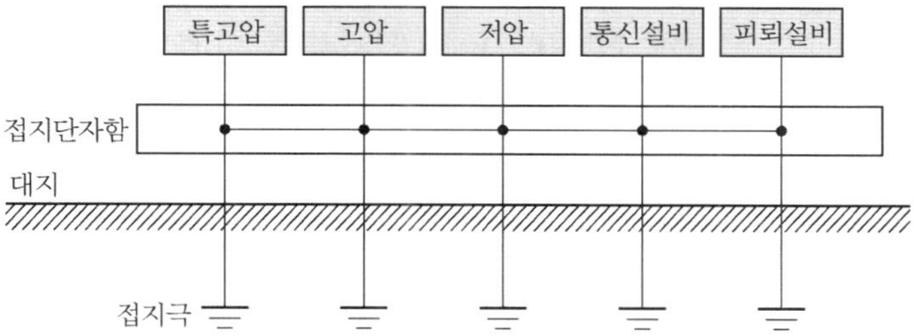

답안작성

통합접지

해 설

접지시스템의 시설 종류

(1) 단독접지 : 고압, 특고압계통의 접지극과 저압계통의 접지극을 독립적으로 설치하는 것

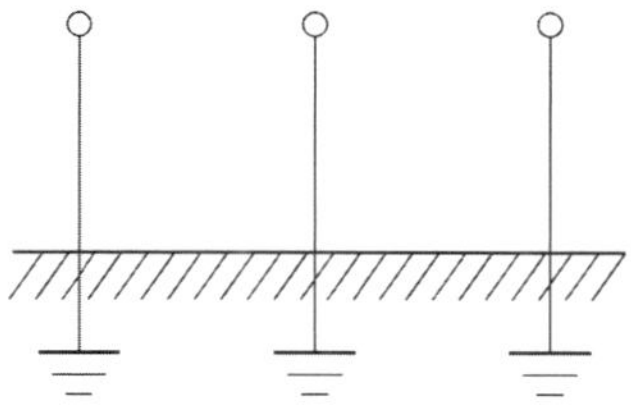

(2) 공통접지 : 등전위가 형성되도록 고압, 특고압계통과 저압접지계통을 공통으로 접지하는 것

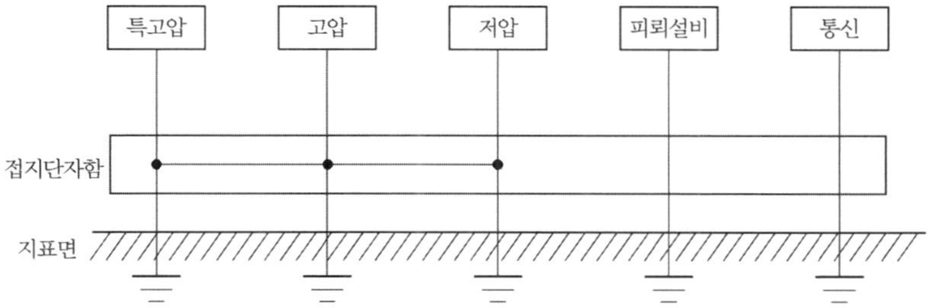

(3) 통합접지 : 전기설비 접지계통, 피뢰설비 및 전기통신설비 등의 접지극을 통합하여 접지시스템을 구성하는 것을 말하며, 설비 사이의 전위차를 해소하여 등전위를 형성하는 접지방식으로 서지보호장치를 시설하여야 할 필요가 있다.

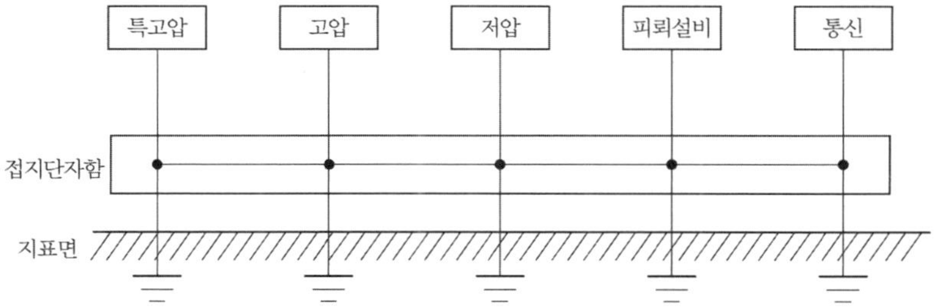

문제 12 ▸ 출제년도 : 10. 14. 21. 24. ▸ 점수 : 5점

어떤 전기설비에서 6600 [V]의 3상 회로에 변압비 33의 계기용변압기 2대를 그림과 같이 설치하였다면, 그때의 전압계 V_1, V_2, V_3의 지시값은 얼마인지 각각 구하시오.

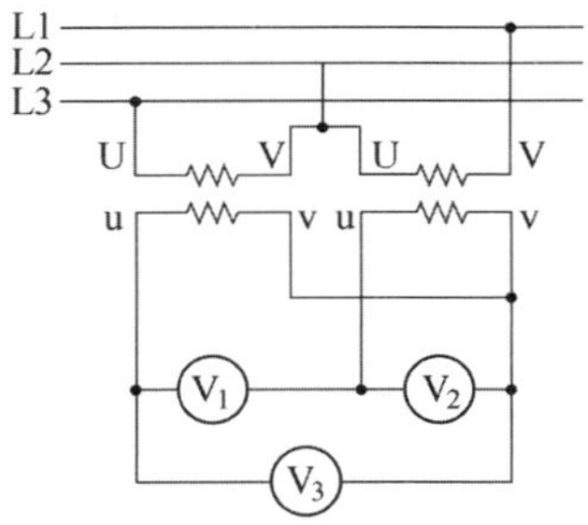

(1) $V_1 =$

(2) $V_2 =$

(3) $V_3 =$

답안작성

(1) $V_1 = \dfrac{6600}{33} \times \sqrt{3} = 346.41[\text{V}]$

(2) $V_2 = \dfrac{6600}{33} = 200[\text{V}]$

(3) $V_3 = \dfrac{6600}{33} = 200[\text{V}]$

해 설

V_1는 V_2와 V_3의 Vector 차전압 지시 즉, $V_1 = \sqrt{3}\,V_2 = \sqrt{3}\,V_3$

문제 13 ▸ 출제년도 : 15. 18. 21. 24. ▸ 점수 : 5점

거리가 1000[m]인 배전선로 공사에 있어서 단면적 22[mm^2]의 알루미늄선과 저항이 같은 경동선으로 교체하려고 할 때 그 전선의 공칭단면적[mm^2]을 아래의 표에서 산정하시오.

[조건] • 알루미늄선의 저항률 : $\dfrac{1}{35}[\Omega \cdot \text{mm}^2/\text{m}]$

• 경동선의 저항률 : $\dfrac{1}{55}[\Omega \cdot \text{mm}^2/\text{m}]$

전선의 규격[mm^2]	4,	6,	10,	16,	25,	35

• 계산 : • 답 :

답안작성

계산 : 저항 $R = \rho\dfrac{l}{A}$에서 단면적 $A = \dfrac{\rho l}{R}$

따라서, 저항 및 전선의 길이가 같은 경우 단면적 $A \propto \rho$ 이므로

$\therefore\ 22 : A = \dfrac{1}{35} : \dfrac{1}{55}$

$A = \dfrac{35}{55} \times 22 = 14[\text{mm}^2]$

답 : 16 [mm^2]

해 설

저항 $R = \rho \frac{l}{A} [\Omega]$

여기서, $\rho = \frac{1}{\sigma}$: 저항률 또는 고유저항$[\Omega \cdot mm^2/m]$

l : 전선의 길이[m]

A : 전선의 단면적$[mm^2]$

문제 14 ▸ 출제년도 : 20. 24. ▸ 점수 : 6점

고압 이상의 철주에 절연전선을 사용하여 접지공사를 그림과 같이 시공하고자 한다. 다음 물음에 답하시오.

(1) 위 그림의 접지극의 매설 깊이 (①)는 지표면으로부터 몇 [m] 이상인지 쓰시오.
(단, 예외의 조건은 고려하지 않는다.)

(2) 위 그림의 철주와 접지극의 이격거리 (②)는 몇 [m] 이상인지 쓰시오. (접지도체를 철주 기타의 금속제를 따라서 철주의 옆면에 시설하는 경우이다.)

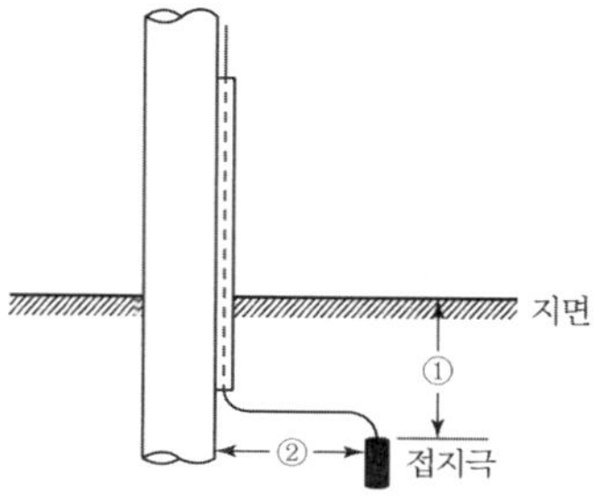

답안작성

(1) ① 0.75[m]

(2) ② 1[m]

해 설

(1) KEC 142.2 접지극의 시설 및 접지저항

① 접지극은 동결 깊이를 감안하여 시설하되 고압 이상의 전기설비와 변압기 중성점 접지공사에 의하여 시설하는 접지극의 매설깊이는 지표면으로부터 지하 0.75[m] 이상으로 한다.

② 접지도체를 철주 기타의 금속체를 따라서 시설하는 경우에는 접지극을 철주의 밑면으로부터 0.3[m] 이상의 깊이에 매설하는 경우 이외에는 접지극을 지중에서 그 금속체로부터 1 [m] 이상 떼어 매설하여야 한다.

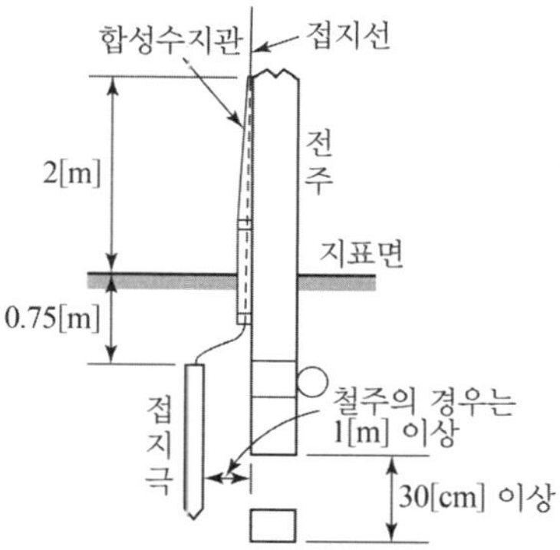

(2) KEC 142.3.1 접지도체

접지도체는 지하 0.75[m] 부터 지표 상 2[m] 까지 부분은 합성수지관(두께 2[mm] 미만의 합성수지제 전선관 및 가연성 콤바인덕트관은 제외한다) 또는 이와 동등 이상의 절연효과와 강도를 가지는 몰드로 덮어야 한다.

문제 15 ▸ 출제년도 : 97. 03. 10. 12. 17. 24. ▸ 점수 : 5점

어느 빌딩의 수전설비를 계획하려고 한다. 이 빌딩에 예측되는 부하밀도는 조명설비 20[VA/m²], 일반동력 35[VA/m²], 냉방설비 40[VA/m²]이다. 이 빌딩의 건평이 60,000[m²]일 경우 부하설비의 용량[kVA]을 구하시오.

•계산 : •답 :

답안작성

계산 : 조명설비 $= 20 \times 60{,}000 \times 10^{-3} = 1{,}200$[kVA]

일반동력 $= 35 \times 60{,}000 \times 10^{-3} = 2{,}100$[kVA]

냉방설비 $= 40 \times 60{,}000 \times 10^{-3} = 2{,}400$[kVA]

부하설비 $= 1{,}200 + 2{,}100 + 2{,}400 = 5{,}700$[kVA]

답 : 5,700[kVA]

문제 16 ▸ 출제년도 : 16. 20. 24. ▸ 점수 : 5점

154[kV] 3상 3선식 전선로에서 각 선의 대지정전용량이 각각 $C_a = 0.031[\mu F]$, $C_b = 0.030[\mu F]$, $C_c = 0.032[\mu F]$일 때 변압기의 중성점 잔류전압 [V]을 구하시오.
(단, 잔류전압의 소수점 아래는 절사하시오)

•계산 •답

답안작성

계산 : 잔류전압

$$E_n = \frac{\sqrt{C_a(C_a - C_b) + C_b(C_b - C_c) + C_c(C_c - C_a)}}{C_a + C_b + C_c} \times \frac{V}{\sqrt{3}}$$

$$= \frac{\sqrt{0.031(0.031 - 0.03) + 0.03(0.03 - 0.032) + 0.032(0.032 - 0.031)}}{0.031 + 0.03 + 0.032} \times \frac{154000}{\sqrt{3}}$$

$$= 1655.91[V]$$

답 : 1655[V]

문제 17 ▸ 출제년도 : 06. 13. 17. 24. ▸ 점수 : 4점

매입 방법에 따른 건축화 조명 방식을 4가지만 쓰시오.

답안작성

① 매입 형광등 방식
② 다운 라이트 (down light) 방식
③ 핀 홀 라이트 (pin hole light) 방식
④ 코퍼 라이트 (coffer light) 방식

해 설

건축화 조명의 개요
건축화 조명이란 건축물의 천정, 벽 등의 일부가 조명기구로 이용되거나 광원화 되어 건축물의 마감

재료의 일부로서 간주되는 조명설비 이다. 이에 대한 분류는 천정 매입방법, 천정면 이용방법 및 벽면 이용 방법으로 분류된다.

(1) 천정 매입방법

① 매입 형광등 : 하면 개방형, 하면 확산판 설치형, 반매입형등이 있다.

② 다운라이트(down light) : 천정에 작은 구멍을 뚫고 조명기구를 매입하여 빛의 빔방향을 아래로 유효하게 조명하는 방법

③ 핀 홀 라이트(pin hole light) : down-light의 일종으로 아래로 조사되는 구멍을 적게 하거나 렌즈를 달아 복도에 집중 조사되도록 한다.

④ 코퍼 라이트(coffer light) : 대형의 down light라고도 볼 수 있으며 천정면을 둥글게 또는 사각으로 파내어 내부에 조명기구를 배치하여 조명하는 방법

⑤ 라인 라이트(line light) : 매입 형광등방식의 일종으로 형광등을 연속으로 배치하는 조명방식

(2) 천정면 이용방법

① 광천정 조명 : 실의 천정 전체를 조명기구화하는 방식으로 천정 조명 확산 판넬로서 유백색의 플라스틱판이 사용된다.

② 루버 조명 : 실의 천정면을 조명기구화하는 방식으로 천정면 재료로 루버를 사용하여 보호각을 증가시킨다.

③ cove 조명 : 광원으로 천정이나 벽면상부를 조명함으로서 천정면이나 벽에서 반사되는 반사광을 이용하는 간접 조명방식으로 효율은 대단히 나쁘지만 부드럽고 안정된 조명을 시행할 수 있다.

(3) 벽면 이용방법

① 코너(coner) 조명 : 천정과 벽면 사이에 조명기구를 배치하여 천정과 벽면에 동시에 조명하는 방법

② 코니스(conice) 조명 : 코너를 이용하여 코오니스를 15~20 [cm] 정도 내려서 아래쪽의 벽 또는 커튼을 조명하도록 하는 방법

③ 밸런스(valance) 조명 : 광원의 전면에 밸런스판을 설치하여 천정면 이나 벽면으로 반사시켜 조명하는 방법

④ 광창 조명 : 지하실이나 무창실에 창문이 있는 효과를 내는 방법으로 인공창의 뒷면에 형광등을 배치하는 방법

문제 18 ▸ 출제년도 : 04. 05. 24. ▸ 점수 : 4점

KS 규격에 따라 다음 그림 기호에 맞는 배관의 종류(명칭)를 쓰시오.

 1.6(VE16)	 1.6(PF16)

답안작성

 1.6(VE16)	 1.6(PF16)
경질 비닐 전선관	합성수지제 가요관

해 설

배관의 표시
- 강제전선관은 별도의 표기없음
- VE : 경질 비닐 전선관
- F_2 : 2종 금속제 가요전선관
- PF : 합성수지제 가요관

문제 19 ▸ 출제년도 : 95. 96. 24. ▸ 점수 : 5점

그림과 같이 단상2선식 220[V]의 전원이 공급되는 전동기의 외함에 누전으로 인해 전기가 흐를 때 사람이 접촉하였다. 접촉한 사람에게 위험을 줄 수 있는 외함의 대지 전압 V_0[V]을 구하시오. (단, 변압기 중심점 접지저항 R_A는 10[Ω], 전동기 외함 접지 저항 R_B는 100[Ω] 이라하고, 변압기 및 선로의 임피던스 등 주어지지 않은 조건은 고려하지 않는다.)

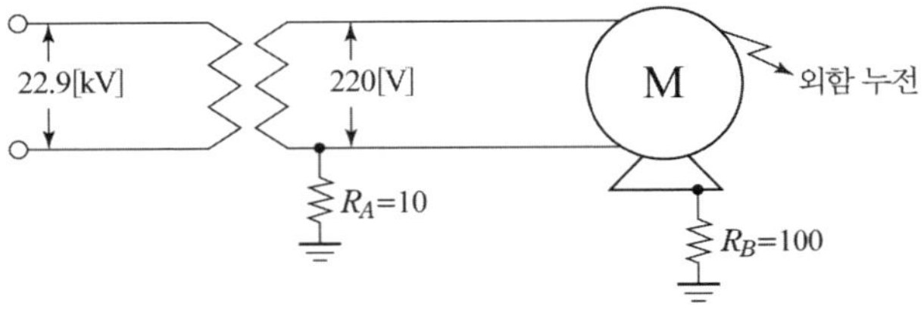

- 계산 :
- 답 :

답안작성

계산 : $V_0 = \dfrac{R_B}{R_A + R_B} \times V = \dfrac{100}{10+100} \times 220 = 200[V]$

답 : 200[V]

해 설

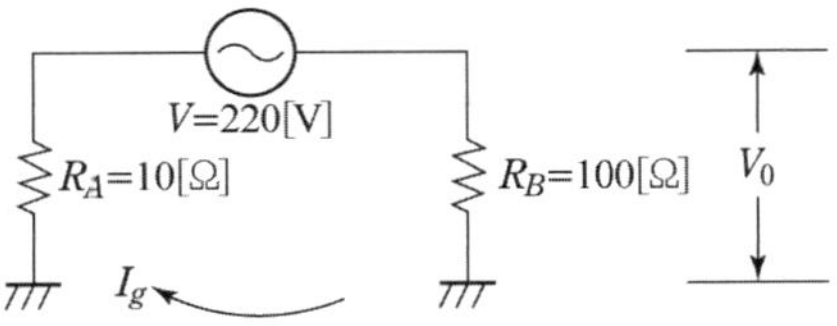

문제 20 ▸ 출제년도 : 24. ▸ 점수 : 3점

가로등 공사의 줄터파기 등 현장여건상 불가피하게 정규버킷대신 세미버킷을 사용하는 경우 버킷용량[m^3]은 굴삭기 규격[m^3]의 몇 [%]를 적용하는지 쓰시오.

답안작성

50[%]

해 설

기계 터파기(유압식 백호)

$$Q=\frac{3,600\times q\times k\times f\times E}{cm}$$

여기서, Q : 시간당 작업량[m^3/hr], E : 작업효율, q : 버킷용량[m^3], k : 버킷계수

f : 체적환산계수, cm : 1회 사이클 시간[초]

① 가로등 공사의 줄터파기 등 현장여건상 불가피하게 정규버킷 대신 세미버킷을 사용하는 경우 버킷 용량[m^3]은 굴삭기 규격[m^3]의 50[%]를 적용한다.

② 각종 계수 및 운전경비는 토목부문 표준품셈을 적용한다.

국가기술자격검정 실기시험문제 및 답안지

2024년도 산업기사 일반검정 제 2 회			수험번호	성 명	감독위원 확 인
자격종목(선택분야)	시험시간	형별			
전기공사산업기사	2시간 00분				

※ 다음 물음에 답을 해당 답란에 답하시오.(배점 : 100점)

문제 01 ▸ 출제년도 : 06. 10. 24. ▸ 점수 : 5점

다음 설명과 같은 조명방식의 명칭을 빈칸에 쓰시오.

가.	① 조명방식 : 벽면을 밝은 광원으로 조명하는 방식으로 숨겨진 램프의 직접광이 아래쪽 벽, 커튼, 위쪽 천장면에 쪼이도록 조명하는 방식이다. ② 특징 : 실내면을 황색으로 마감하고, 밸런스 판으로 목재, 금속판 등 투과율이 낮은 재료를 사용하고 램프로는 형광램프가 적정하다. ③ 용도 : 분위기 조명에 이용된다.
나.	① 조명방식 : 천장과 벽면의 경계구석에 등기구를 배치하여 조명하는 방식이다. ② 특징 : 천장과 벽면을 동시에 투사하는 조명방식이다. ③ 용도 : 지하도, 터널에 이용된다.

답안작성

가. 밸런스 조명(valance light)
나. 코너 조명

문제 02 ▸ 출제년도 : 00. 14. 17. 24. ▸ 점수 : 5점

그림과 같이 영상 변류기를 당해 케이블의 전원 측에 설치하는 경우, 케이블 차폐층의 접지선은 어떻게 시설하는 것이 옳은지 접지선을 그리시오.
(단, 케이블의 거리는 100[m] 이다.)

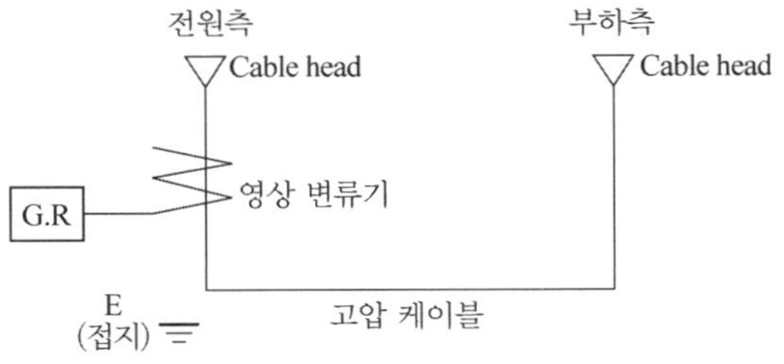

답안작성

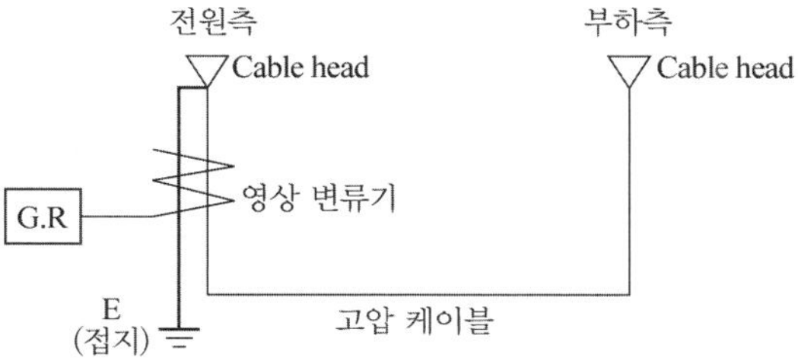

해 설

케이블 차폐 접지

(1) ZCT를 전원측에 설치시 전원측 케이블 차폐의 접지는 ZCT를 관통시켜 접지한다.

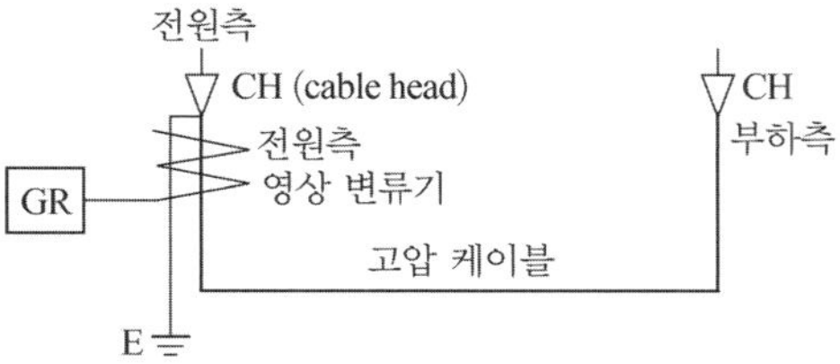

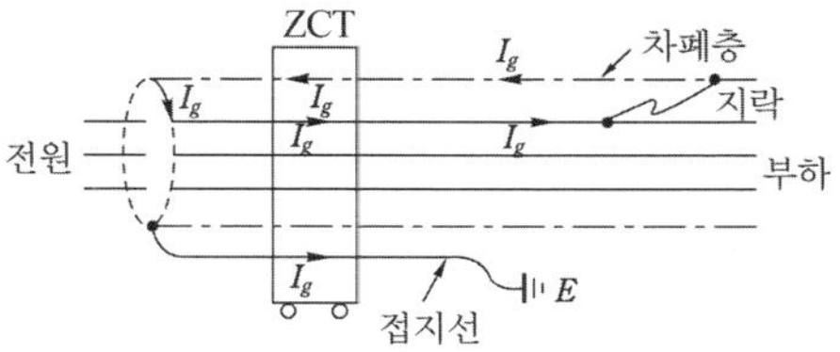

접지선을 ZCT 내로 관통시켜야만 ZCT는 지락전류 I_g를 검출할 수 있다.

$I_g - I_g + I_g = I_g$

(2) ZCT를 부하측에 설치시 케이블 차폐의 접지는 ZCT를 관통시키지 않고 접지한다.

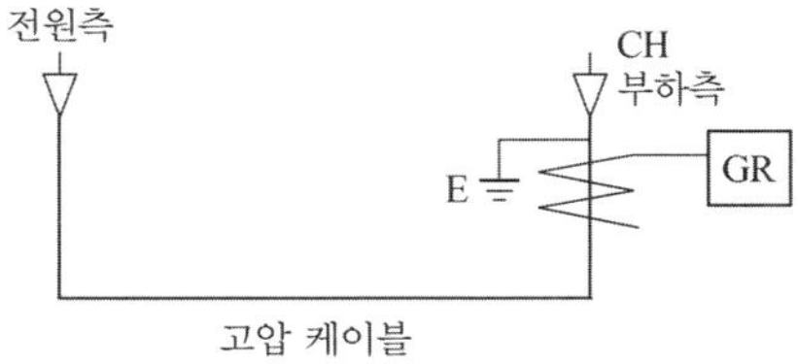

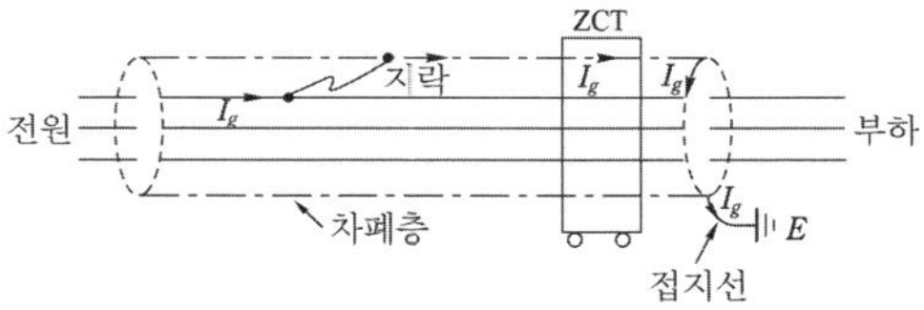

접지선을 ZCT 내로 관통시키지 않아야 지락전류 I_g를 검출할 수 있다.

문제 03 ▸ 출제년도 : 24. ▸ 점수 : 5점

비상조명등의 화재안전기술기준에 대한 내용이다. ①~⑤에 알맞은 내용을 (   )에 쓰시오.

> 가. 조도는 비상조명등이 설치된 장소의 각 부분의 바닥에서 (①)[lx] 이상이 되도록 할 것
> 나. 예비전원을 내장하는 비상조명등에는 평상시 점등 여부를 확인할 수 있는 (②)을(를) 설치하고 해당 조명등을 유효하게 작동시킬 수 있는 용량의 (③)와(과) (④)을(를) 내장할 것
> 다. 예비전원과 비상전원은 비상조명등을 (⑤)분 이상 유효하게 작동시킬 수 있는 용량으로 할 것

답안작성

① 1　② 점검스위치　③ 축전지　④ 예비전원 충전장치　⑤ 20

해 설

NFTC 304 비상조명등의 화재안전기술기준

가. 조도는 비상조명등이 설치된 장소의 각 부분의 바닥에서 1[lx] 이상이 되도록 할 것

나. 예비전원을 내장하는 비상조명등에는 평상시 점등 여부를 확인할 수 있는 점검스위치를 설치하고 해당 조명등을 유효하게 작동시킬 수 있는 용량의 축전지와 예비전원 충전장치를 내장할 것

다. '가'와 '나'에 따른 예비전원과 비상전원은 비상조명등을 20분 이상 유효하게 작동시킬 수 있는 용량으로 할 것. 다만, 다음의 특정소방대상물의 경우에는 그 부분에서 피난층에 이르는 부분의 비상조명등을 60분 이상 유효하게 작동시킬 수 있는 용량으로 해야 한다.

- 지하층을 제외한 층수가 11층 이상의 층
- 지하층 또는 무창층으로서 용도가 도매시장·소매시장·여객자동차터미널·지하역사 또는 지하상가

문제 04

▸ 출제년도 : 93. 08. 10. 24.　▸ 점수 : 6점

전기공사의 공사원가 비목이 다음과 같이 구성되었을 경우 일반 관리비와 이윤을 산출하시오.

> 재료비 소계 : 90,000,000원
> 노무비 소계 : 50,000,000원
> 경비소계 : 25,000,000원

(1) 일반관리비

　•계산 :　　　　　　　　　•답 :

(2) 이 윤

　•계산 :　　　　　　　　　•답 :

답안작성

(1) 일반 관리비 $= (90,000,000 + 50,000,000 + 25,000,000) \times 0.06 = 9,900,000$ [원]

(2) 이윤 $= (50,000,000 + 25,000,000 + 9,900,000) \times 0.15 = 12,735,000$[원]

해 설

① 일반 관리비

공사 원가	일반 관리 비율
5억원 미만	6 [%]
5억원～30억원 미만	5.5 [%]
30억원 이상	5 [%]

② 이윤(공사의 경우)

이윤 = (노무비+경비+일반관리비)× 15[%]

문제 05 ▸ 출제년도 : 24. ▸ 점수 : 5점

건축물 전기설비에서 저압 간선 케이블의 굵기를 산정하는데 고려해야할 요소를 3가지만 쓰시오.

답안작성

허용전류, 전압강하, 기계적 강도

문제 06 ▸ 출제년도 : 24. ▸ 점수 : 9점

다음 표에서 설명하는 금속관 공사에 필요한 부품 및 기구의 명칭을 빈칸에 쓰시오.

가		전로의 인입공사에서 전선을 옥외에서 옥내로 인입할 때 빗물의 침입을 방지하기 위해 전선관 끝에 취부하는 부품
나		매입배관 공사를 할 때 직각으로 굽히는 곳에 사용하는 부품
다		노출배관공사에서 관을 직각으로 굽히는 곳에 사용하는 부품
라		금속관을 아웃트렛 박스에 취부할 때 관보다 지름이 큰 관계로 로크너트만으로 고정할 수 없을 때 보조적으로 사용하는 부품
마		무거운 기구를 박스에 취부할 때 사용하는 부품
바		금속 전선관을 상호 접속할 때 관이 고정되어 있기 때문에 돌려서 접속할 수 없는 경우에 사용하는 부품
사		전선의 절연피복을 보호하기 위해서 금속관의 끝에 취부하는 부품
아		금속관 말단의 모를 다듬기 위한 기구
자		금속관과 박스를 접속할 때 사용하는 재료로 최소 2개를 사용

답안작성

가	엔트런스 캡	전로의 인입공사에서 전선을 옥외에서 옥내로 인입할 때 빗물의 침입을 방지하기 위해 전선관 끝에 취부하는 부품
나	노멀밴드	매입배관 공사를 할 때 직각으로 굽히는 곳에 사용하는 부품
다	유니버설 엘보	노출배관공사에서 관을 직각으로 굽히는 곳에 사용하는 부품
라	링 리듀우서	금속관을 아웃트렛 박스에 취부할 때 관보다 지름이 큰 관계로 로크너트만으로 고정할 수 없을 때 보조적으로 사용하는 부품
마	픽스쳐 스터드와 히키	무거운 기구를 박스에 취부할 때 사용하는 부품
바	유니온 커플링	금속 전선관을 상호 접속할 때 관이 고정되어 있기 때문에 돌려서 접속할 수 없는 경우에 사용하는 부품
사	부싱	전선의 절연피복을 보호하기 위해서 금속관의 끝에 취부하는 부품
아	리머	금속관 말단의 모를 다듬기 위한 기구
자	로크너트	금속관과 박스를 접속할 때 사용하는 재료로 최소 2개를 사용

해 설

명 칭	용 도
로그너트	금속관 배관 공사에서 복스에 금속관을 고정할 때 사용되며, 6각형과 톱니형이 있다.
부 싱	전선의 절연 피복을 보호하기 위하여 금속관 끝에 취부하여 사용
엔트런스캡	인입구, 인출구의 금속관 관단에 설치하여 옥외의 빗물을 막는 데 사용
터미널 캡 (서비스캡)	저압 가공 인입선에서 금속관 공사로 옮겨지는 곳 또는 금속관으로부터 전선을 뽑아 전동기 단자 부분에 접속할 때 사용 A형, B형이 있다.
스위치박스	매입형 스위치를 수용하거나 리셉터클의 아우트렛을 고정하기 위한 금속함
유니온커플링	금속관 상호 접속용으로 관이 고정되어 있을 때 사용
접지 클램프	금속관 공사시 관을 접지 하는데 사용
노멀밴드	배관의 직각 굴곡 부분에 사용
유니버셜 엘보	노출 배관 공사에서 관을 직각으로 굽히는 곳에 사용
새 들	노출 배관에서 금속관을 조영재에 고정시키는 데 사용되며 합성수지관, 가요관, 케이블 공사에도 사용된다.

문제 07 ▸ 출제년도 : 24. ▸ 점수 : 4점

전기설비기술기준에 따른 이웃 연결 인입선의 정의를 쓰시오.

답안작성

한 수용장소의 인입선에서 분기하여 지지물을 거치지 아니하고 다른 수용 장소의 인입구에 이르는 부분의 전선

해 설

전기설비기술기준 제3조 정의
"이웃 연결 인입선"이란 한 수용장소의 인입선에서 분기하여 지지물을 거치지 아니하고 다른 수용 장소의 인입구에 이르는 부분의 전선을 말한다. 여기에서 "인입선"이란 가공인입선[가공전선로의 지지물로부터 다른 지지물을 거치지 아니하고 수용장소의 붙임점에 이르는 가공전선(가공전선로의 전선을 말한다. 이하 같다)을 말한다] 및 수용장소의 조영물(토지에 정착한 시설물 중 지붕 및 기둥 또는 벽이 있는 시설물을 말한다. 이하 같다)의 옆면 등에 시설하는 전선으로서 그 수용장소의 인입구에 이르는 부분의 전선을 말한다.

문제 08 ▸ 출제년도 : 92. 97. 17. 20. 24. ▸ 점수 : 4점

한국전기설비규정에 따른 고압 및 특고압의 전로 중 피뢰기를 시설하여야 하는 곳을 4가지만 쓰시오.

답안작성

① 발전소·변전소 또는 이에 준하는 장소의 가공전선 인입구 및 인출구
② 특고압 가공전선로에 접속하는 배전용 변압기의 고압측 및 특고압측
③ 고압 및 특고압 가공전선로로부터 공급을 받는 수용장소의 인입구
④ 가공전선로와 지중전선로가 접속되는 곳

해 설

KEC 341.13 피뢰기의 시설

고압 및 특고압의 전로 중 다음에 열거하는 곳 또는 이에 근접한 곳에는 피뢰기를 시설하여야 한다.

① 발전소·변전소 또는 이에 준하는 장소의 가공전선 인입구 및 인출구

② 특고압 가공전선로에 접속하는 배전용 변압기의 고압측 및 특고압측

③ 고압 및 특고압 가공전선로로부터 공급을 받는 수용장소의 인입구

④ 가공전선로와 지중전선로가 접속되는 곳

문제 09

▸ 출제년도 : 99. 11. 15. 20. 24. ▸ 점수 : 5점

전원 공급점에서 40[m]의 지점에 60[A], 45[m]의 지점에 50[A], 60[m] 지점에 30[A]의 부하가 걸려 있을 때 부하 중심까지의 거리는 약 몇 [m]인지 구하시오.

•계산 : •답 :

답안작성

계산 : 부하 중심점까지의 거리

$$L = \frac{l_1 i_1 + l_2 i_2 + l_3 i_3}{i_1 + i_2 + i_3} = \frac{40 \times 60 + 45 \times 50 + 60 \times 30}{60 + 50 + 30} = 46.07[\text{m}]$$

답 : 46.07[m]

문제 10

▸ 출제년도 : 24. ▸ 점수 : 5점

옥내에 시설하는 저압 접촉전선을 절연 트롤리 공사에 의하여 시설하는 경우에는 표에 따라 시설하여야 한다. 다음 ( )에 들어갈 숫자를 쓰시오.

(단, 지지점 간격 표에 관한 예외 조건은 무시한다.)

표. 절연 트롤리선의 지지점 간격

도체 단면적의 구분	지지점 간격
(①) [mm^2] 미만	(②) [m] (굽은 부분 반지름이 (④) [m] 이하의 곡선 부분에서는 (⑤) [m])
(①) [mm^2] 이상	(③) [m] (굽은 부분 반지름이 (④) [m] 이하의 곡선 부분에서는 (⑤) [m])

①		②		③	
④		⑤			

답안작성

①	500	②	2	③	3
④	3	⑤	1		

해 설

KEC 232.81 옥내에 시설하는 저압 접촉전선 배선
절연 트롤리선 지지점 간의 거리는 다음 표에서 정한 값 이상일 것. 다만, 절연 트롤리선을 각 지지점에서 견고하게 시설하는 것 이외에 그 양쪽 끝을 내장 잡아 당김 장치에 의하여 견고하게 잡아 당기는 경우에는 6[m]를 넘지 아니하는 범위 내의 값으로 할 수 있다.

도체 단면적의 구분	지지점 간격
500[mm^2] 미만	2[m] (굽은 부분 반지름이 3[m] 이하의 곡선 부분에서는 1[m])
500[mm^2] 이상	3[m] (굽은 부분 반지름이 3[m] 이하의 곡선 부분에서는 1[m])

문제 11 ▸ 출제년도 : 89. 95. 10.11. 15. 24. ▸ 점수 : 5점

가로 20[m], 세로 30[m], 천장의 높이 4.5[m]인 사무실에 전등설비를 하고자 한다. 사무실의 실지수를 표에 나와있는 기호로 선정하시오.
(단, 높이는 작업대로부터의 높이를 기준으로 한다.)

[실지수와 분류 기호표]

실지수	5	4	3	2.5	2	1.5	1.25	1	0.8	0.6
기 호	A	B	C	D	E	F	G	H	I	J

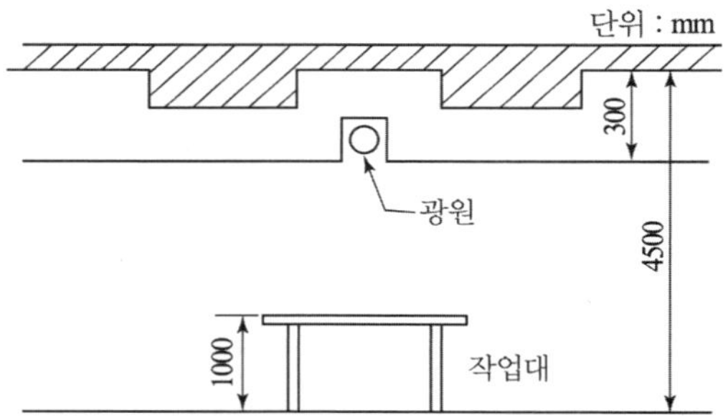

•계산 : •답 :

답안작성

계산 : $R.I = \frac{XY}{H(X+Y)} = \frac{20 \times 30}{(4.5-0.3-1)\times(20+30)} = 3.75$ 표에서 B 선정

답 : B

해 설

기호	A	B	C	D	E	F	G	H	I	J
실지수	5	4	3	2.5	2	1.5	1.25	1	0.8	0.6
범위	4.5이상	4.4~ 3.5	3.5~ 2.75	2.75~ 2.25	2.25~ 1.75	1.75~ 1.38	1.38~ 1.12	1.12~ 0.9	0.9~ 0.7	0.7이하

문제 12 ▸ 출제년도 : 24. ▸ 점수 : 6점

다음 그림은 변전설비의 단선결선도이다. 각 물음에 답하시오.

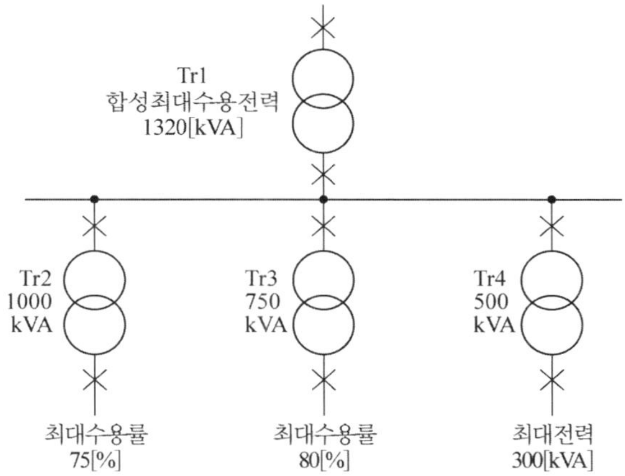

(1) 아래의 용어를 참고하여 부등률을 구하는 계산식을 쓰시오.

> 최대수용전력, 총 설비용량, 각 부하군의 최대 수용 전력의 합, 합성 최대수용전력, 부하의 평균전력, 최대 수용률, 상정 최대부하

(2) 변압기 Tr_1의 부등률을 구하시오.

• 계산 : •답 :

(3) 변압기 Tr_1의 표준용량[kVA]을 쓰시오.

답안작성

(1) $\text{부등률} = \dfrac{\text{각 부하군의 최대 수용전력의 합}}{\text{합성 최대수용전력}}$

(2) 계산 : $\text{부등률} = \dfrac{1000 \times 0.75 + 750 \times 0.8 + 300}{1320} = 1.25$

답 : 1.25

(3) 1500[kVA]

해 설

(1) $\text{부등률} = \dfrac{\text{각 부하군의 최대 수용전력의 합}}{\text{합성 최대 수용 전력}} = \dfrac{\sum\text{부하 설비 용량[kVA]} \times \text{수용률}}{\text{합성 최대 수용 전력}}$

$= \dfrac{\sum\text{부하 설비 용량[kW]} \times \text{수용률}}{\text{합성 최대 수용 전력} \times \text{역률}}$

(3) ① 단상변압기 표준용량[kVA]

1, 2, 3, 5, 7.5, 10, 15, 20, 30, 50, 75, 100, 150, 200, 300, 500, 750, 1000, 1500, 2000, 3000, 5000, 7500, 10000, 15000, 20000, 30000, 50000

② 3상 변압기 표준용량[kVA]

3, 5, 7.5, 10, 15, 20, 30, 50, 75, 100, 150, 200, 300, 500, 750, 1000, 1500, 2000, 3000, 4500, 5000, 6000, 7500, 10000, 15000, 20000, 30000, 45000, 50000, 60000, 90000, 100000

문제 13 ▸ 출제년도 : 19. 24. ▸ 점수 : 4점

그림과 같은 회로에서 전원을 개폐하고자 한다. 이 경우 단로기와 차단기의 조작 순서를 쓰시오.

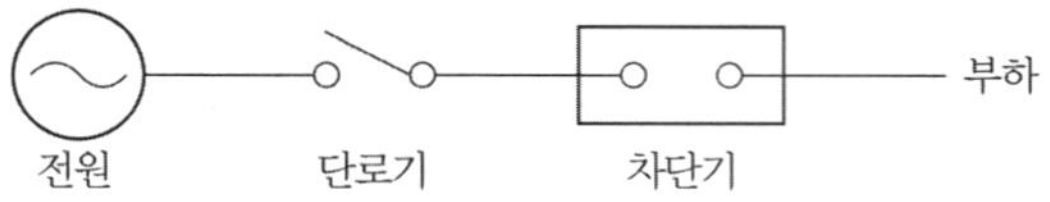

(1) 전원투입 순서 : (　　　　　　) → (　　　　　　)
(2) 전원차단 순서 : (　　　　　　) → (　　　　　　)

답안작성

(1) 전원투입 순서 : (단로기) → (차단기)
(2) 전원차단 순서 : (차단기) → (단로기)

해 설

단로기는 부하전류의 개폐능력이 없으므로 차단기와 인터록 관계가 있어야 한다. 인터록이란 차단기가 개로된 상태에서 단로기를 개방 또는 투입할 수 있도록 하는 것을 말한다.
따라서, 차단기 차단 후 단로기를 개로 하여야 하며, 개로 시 항상 부하측부터 개로하여야 한다.

문제 14 ▸ 출제년도 : 24. ▸ 점수 : 5점

다음 논리회로를 보고 최소 접점이 되도록 간략화 한 Y의 논리식을 쓰시오.

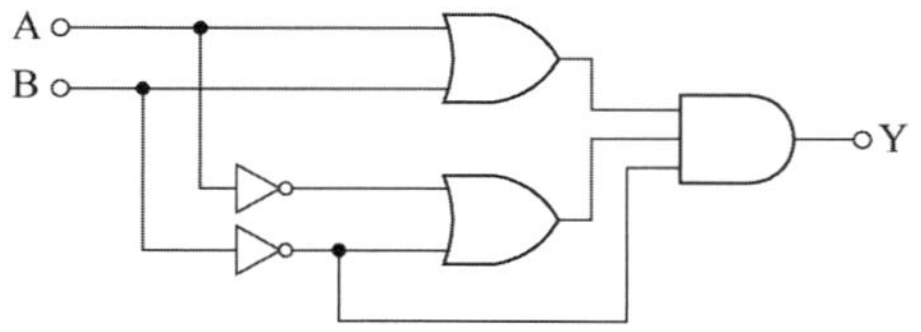

(1) 간략화 과정 :
(2) Y =

답안작성

(1) 간략화 과정 : $Y=(A+B)(\overline{A}+\overline{B})\overline{B}=(A\overline{A}+A\overline{B}+\overline{A}B+B\overline{B})\overline{B}$
$=A\overline{A}\overline{B}+A\overline{B}\overline{B}+\overline{A}B\overline{B}+B\overline{B}\overline{B}=A\overline{B}$

(2) $Y=A\overline{B}$

해 설

1) 분배 법칙
$A+(B\cdot C)=(A+B)\cdot(A+C)$
$A\cdot(B+C)=A\cdot B+A\cdot C$

2) 2진수(0과 1)에서
① $A+0=A$　　② $A\cdot 0=0$　　③ $A+\overline{A}=1$
$A+1=1$　　$A\cdot 1=A$　　$A\cdot\overline{A}=0$

3) De Morgan의 정리

$\overline{A+B}=\overline{A}\cdot\overline{B}$, $\overline{A\cdot B}=\overline{A}+\overline{B}$

4) 동일 법칙

$A\cdot A=A$, $\overline{A}\cdot\overline{A}=\overline{A}$

문제 15 ▸출제년도 : 16. 23. 24. ▸점수 : 4점

다음 복도 조명의 배선도에서 ①~④의 전선 가닥수를 쓰시오.
(단, "3"은 3로 스위치, "4"는 4로 스위치를 말한다.)

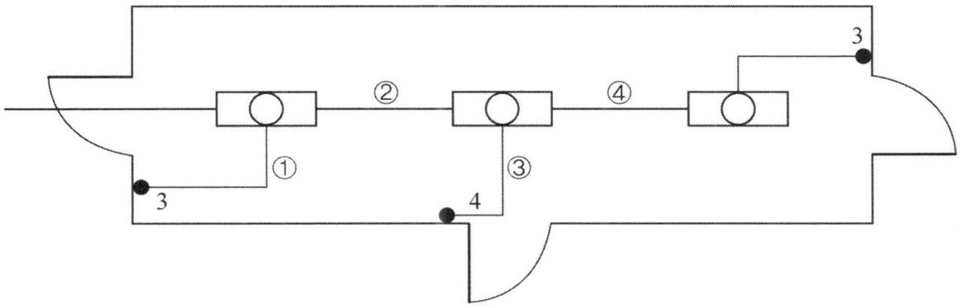

구 분	①	②	③	④
전선 가닥수				

답안작성

구 분	①	②	③	④
전선 가닥수	3	4	4	4

해 설

배선 실체도

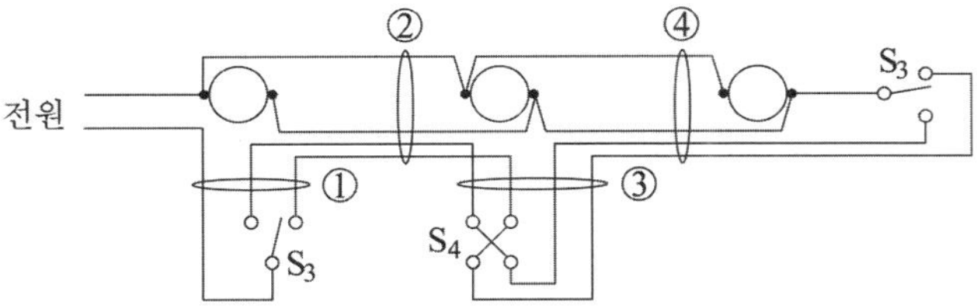

문제 16 ▸출제년도 : 96. 00. 24. ▸점수 : 5점

수전전압 13.2/22.9[kV−Y]에 진공차단기와 몰드변압기를 사용 시 이상전압을부터 변압기를 보호하기 위해 사용하는 기기의 명칭과 해당 기기의 설치위치를 쓰시오.

• 명칭 :

• 설치 위치 :

답안작성

- 명칭 : 서지 흡수기
- 설치 위치 : 진공차단기 후단과 몰드변압기 전단 사이

해 설

서지 흡수기(Surge Absorbor)

① 피뢰기와 같은 구조로 되어 있으나 적용 전압 범위만을 조정하여 적용시키는 일종의 옥내 피뢰기로서 선로에서 발생할 수 있는 개폐 서지, 순간 과도전압 등의 이상전압이 2차 기기에 악영향을 주는 것을 막기 위해 설치한다.

② 보호 대상기기(발전기, 변압기, 전동기, 콘덴서, 반도체 장비 계통)의 전단에 설치하며 대부분 개폐서지를 발생하는 차단기의 후단에 설치하고 2차측은 접지한다.

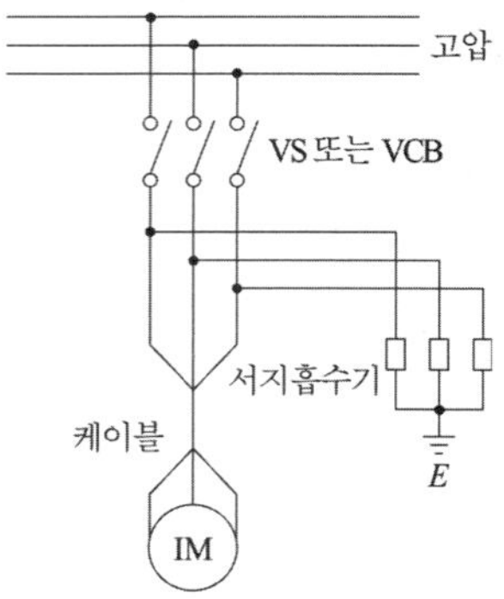

문제 17 ▸ 출제년도 : 14. 18. 21. 24. ▸ 점수 : 5점

송전 선로에서 페란티 현상을 설명하시오.

답안작성

무부하시 선로의 정전용량에 의한 진상 전류 때문에 수전단의 전압이 송전단의 전압보다 높아지는 현상

해 설

(1) 페란티 현상

무부하의 경우 선로의 정전용량 때문에 전압보다 위상이 90°앞선 충전 전류의 영향이 커져서 선로에 흐르는 전류가 진상이 되어 수전단 전압이 송전단 전압보다 높아지는 현상을 페란티 현상이라 한다.

(2) 페란티 현상 방지 대책

선로에 흐르는 전류가 지상이 되도록 한다.

- 수전단에 분로리액터를 설치한다.
- 동기조상기의 부족여자 운전

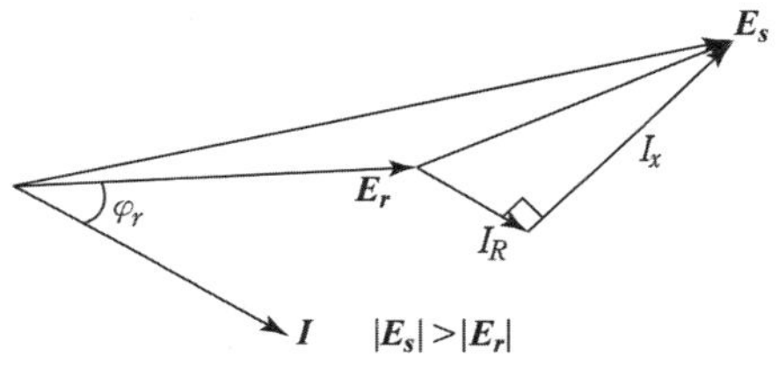

〈지상 전류가 흐를 경우의 벡터도〉

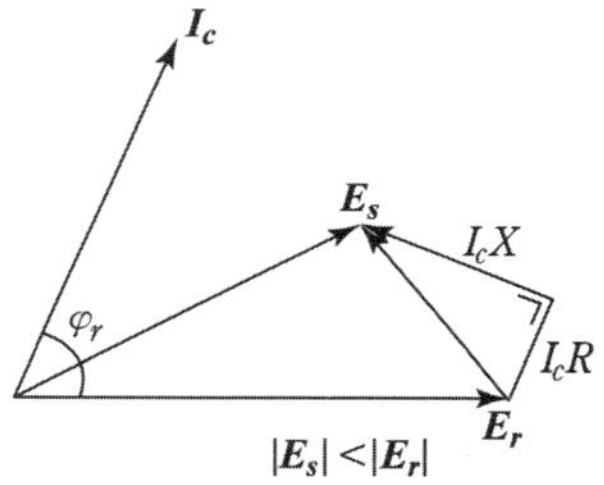

〈진상 전류가 흐를 경우의 벡터도〉

문제 18 ▸ 출제년도 : 20. 24. ▸ 점수 : 4점

경간이 60[m]인 전주에 이도를 1[m]로 하여 가공전선을 가설하고자 한다. 무게가 1[kg/m]인 가공전선에 요구되는 수평장력[kg]을 구하시오.(단, 안전율은 1로 한다.)

• 계산 : • 답 :

답안작성

계산 : $T = \dfrac{WS^2}{8D} = \dfrac{1 \times 60^2}{8 \times 1} = 450[\mathrm{kg}]$

답 : 450[kg]

해 설

이도 $D = \dfrac{WS^2}{8T}[\mathrm{m}]$

여기서, W : 전선의 중량 [kg/m], S : 경간(span) [m], T : 전선의 수평장력 [kg]

문제 19 ▸ 출제년도 : 24. ▸ 점수 : 5점

변압기의 기계적 보호장치를 3가지만 쓰시오.

답안작성

방압변, 충격압력계전기, 브흐홀쯔계전기

해 설

변압기에서 사용하는 기계적 보호장치

• 96P : 충격압력계전기
• 96D : 방압변
• 96G : 가스검출계전기
• 96B : 브흐홀쯔계전기
• 96T : OLTC 보호계전기

문제 20 ▸ 출제년도 : 13. 24. ▸ 점수 : 4점

알칼리축전지의 포켓식 및 소결식의 종류를 각각 2개씩 쓰시오.

(1) 포켓식

(2) 소결식

답안작성

(1) 포켓식 : 표준형, 완방전형
(2) 소결식 : 초급방전형, 극초급방전형

해 설

(1) 포켓식의 종류 : AL형(완방전형), AM형(표준형), AMH형(급방전형), AH-P형(초급방전형)
(2) 소결식의 종류 : AH-S형(초급방전형), AHH형(극초급방전형)

국가기술자격검정 실기시험문제 및 답안지

2024년도 산업기사 일반검정 제 3 회

수험번호	성 명	감독위원 확 인

자격종목(선택분야)	시험시간	형별
전기공사산업기사	2시간 00분	

※ 다음 물음에 답을 해당 답란에 답하시오.(배점 : 100점)

문제 01 ▸출제년도 : 98. 00. 04. 07. 08. 09. 20. 24. ▸점수 : 5점

단상 3선식 220/110[V] 전력을 공급받는 어느 수용가의 부하연결이 그림과 같은 경우 설비 불평형율을 구하시오. (단, 소수점 이하 첫째 자리에서 반올림 할 것)

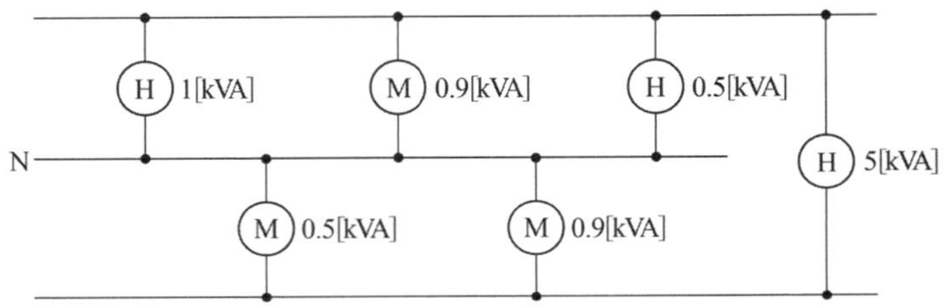

•계산 : •답 :

답안작성

계산 : 설비 불평형률 $= \dfrac{(1+0.9+0.5)-(0.5+0.9)}{\frac{1}{2}(1+0.9+0.5+0.5+0.9+5)} \times 100 = 23[\%]$

답 : 23 [%]

해 설

단상 3선식에서의 설비불평형률

$$설비불평형률 = \frac{중성선과\ 각\ 전압측\ 전선간에\ 접속되는\ 부하\ 설비용량[kVA]의\ 차}{총\ 부하\ 설비용량[kVA]의\ 1/2} \times 100[\%]$$

여기서, 불평형률은 40 [%] 이하이어야 한다.

문제 02 ▸출제년도 : 03. 17. 24. ▸점수 : 5점

경간 200[m]인 가공 전선로가 있다. 사용 전선의 길이는 경간보다 몇 [m] 더 길게 하면 되는지 구하시오. (단, 사용전선의 1[m]당 무게는 2.0[kg], 인장하중은 4000[kg]이고 전선의 안전율은 2로 하고 풍압하중은 무시한다.)

•계산 : •답 :

답안작성

• 계산 : $D=\dfrac{WS^2}{8T}=\dfrac{2\times 200^2}{8\times\dfrac{4000}{2}}=5$

$\therefore\ \Delta L=L-S=\dfrac{8D^2}{3S}=\dfrac{8\times 5^2}{3\times 200}=0.33[\mathrm{m}]$

• 답 : 0.33[m]

해 설

$L=S+\dfrac{8D^2}{3S}\qquad \therefore\ \Delta L=L-S=\dfrac{8D^2}{3S}$

여기서, L : 전선의 실제 길이[m], S : 경간[m], D : 이도(dip)[m]

문제 03

▸ 출제년도 : 24. ▸ 점수 : 5점

다음 유접점 회로도를 보고 물음에 답하시오.

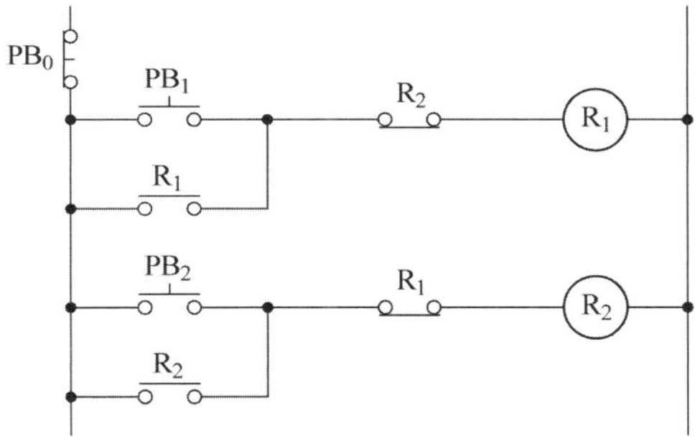

(1) R_1, R_2의 타임 차트를 완성하시오. (단, PB_0은 평상시 도통상태이다.)

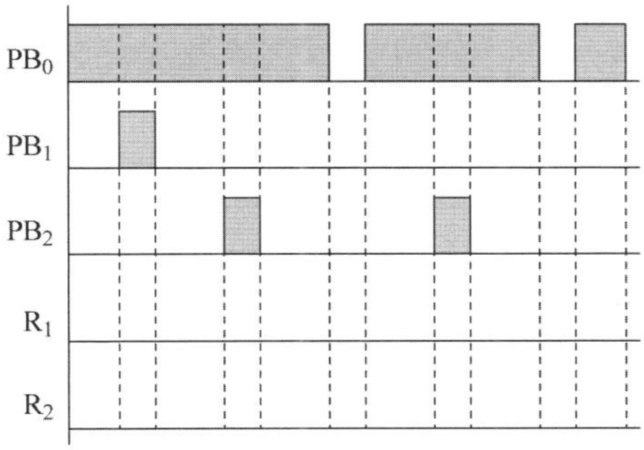

(2) R_1, R_2의 논리식을 최소 접점이 되도록 쓰시오.

- $R_1 =$
- $R_2 =$

답안작성

(1)

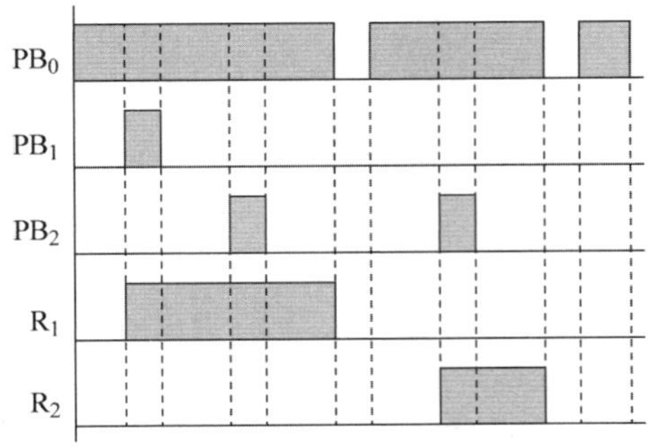

(2) • $R_1 = \overline{PB}_0(PB_1 + R_1)\overline{R_2}$ • $R_2 = \overline{PB}_0(PB_2 + R_2)\overline{R_1}$

문제 04 ▸ 출제년도 : 18. 21. 24. ▸ 점수 : 6점

다음은 전기설비의 방폭구조에 대한 기호 이다.
기호에 맞는 방폭구조의 명칭을 쓰시오.

기 호	방폭구조의 명칭
d	
o	
p	
e	
i	
m	

답안작성

기 호	방폭구조의 명칭
d	내압방폭구조
o	유입 방폭구조
p	압력방폭구조
e	안전증 방폭구조
i	본질안전 방폭구조
m	몰드 방폭구조

해 설

방폭구조의 기호

구 분		기 호
방폭구조의 종류	내압 방폭구조	d
	유입 방폭구조	o
	압력 방폭구조	p
	충전 방폭구조	q
	안전증 방폭구조	e
	본질안전 방폭구조	i
	비점화 방폭구조	n
	몰드 방폭구조	m

문제 05

▸ 출제년도 : 11. 14. 24. ▸ 점수 : 5점

전력용 커패시터 3개를 선간전압 3300[V], 주파수 60[Hz]의 선로에 △로 접속하여 60[kVA]가 되도록 할 때, 여기에 소요되는 커패시터 1개의 정전용량[μF]을 구하시오.

• 계산 : • 답 :

답안작성

계산 : $Q = 3EI_c = 3 \times 2\pi f\, CE^2 = 3 \times 2\pi f\, CV^2$

정전 용량 $C = \dfrac{Q}{6\pi f V^2} = \dfrac{60 \times 10^3}{6\pi \times 60 \times 3300^2} \times 10^6 = 4.87[\mu\text{F}]$

답 : 4.87[μF]

해 설

(1) Y결선

콘덴서 용량 $Q = 3EI_c = 3 \times 2\pi f\, C_s E^2 = 3 \times 2\pi f\, C_s (\dfrac{V}{\sqrt{3}})^2 = 2\pi f C_s V^2$

정전용량 $C_s = \dfrac{Q}{2\pi f V^2}$

(2) △결선

콘덴서 용량 $Q = 3EI_c = 3 \times 2\pi f\, C_d E^2 = 3 \times 2\pi f\, C_d V^2$

(∵ △결선에서는 상전압 E와 선간전압 V는 같다.)

정전용량 $C_d = \dfrac{Q}{6\pi f V^2}$

문제 06

▸ 출제년도 : 09. 24. ▸ 점수 : 5점

플리커 릴레이를 사용한 신호회로 공사이다. 동작설명을 참고하여 회로도를 그리시오. (단, 선의 접속과 미 접속에 대한 예시를 참고하여 그리시오.)

[동작설명]

① 배선용 차단기를 투입하고 S_1 스위치를 ON하면 FR이 여자되며, FR 설정시간 간격으로 R_1, R_2 가 교대 점멸된다.

② 배선용 차단기를 투입하고 S_{3-1}, S_{3-2} OFF 시 PB를 누르고 있는 동안 R_3, R_4 병렬점등, S_{3-1} ON하면 R_3 점등, S_{3-2} ON하면 R_4 점등

③ 전원은 단상 2선식 220[V]이다.

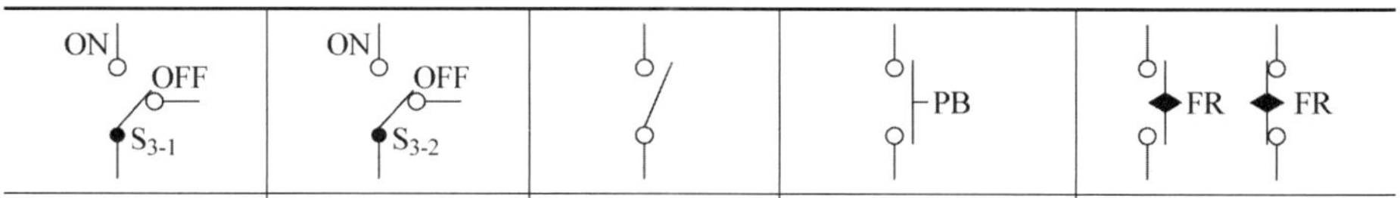

S_{3-1}	S_{3-2}	S_1	PB	FR
3로 스위치		단로 스위치	푸시버튼 스위치	플리커 릴레이

[선의 접속과 미접속에 대한 예시]	
접속	미접속

[동작회로도]

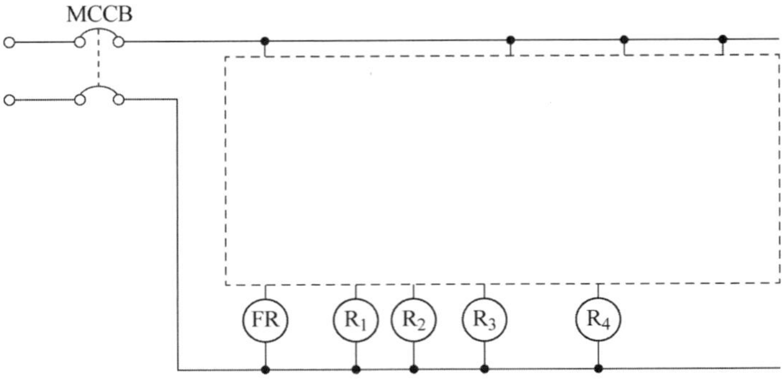

답안작성

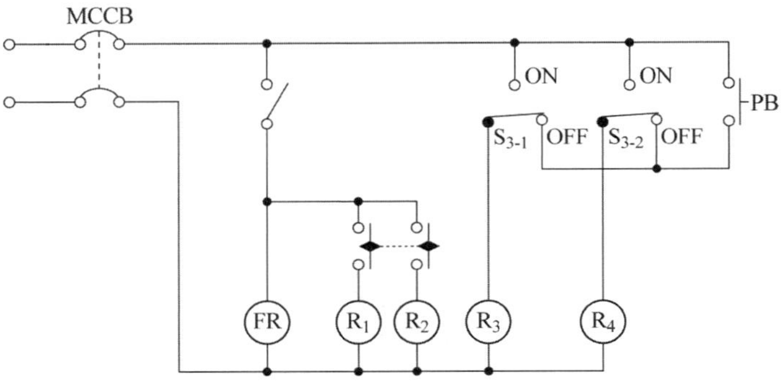

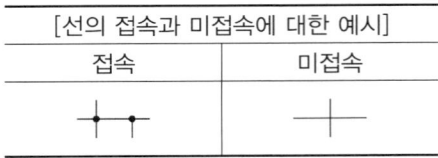

문제 07 ▸ 출제년도 : 15. 19. 24. ▸ 점수 : 6점

한류저항기(CLR)의 설치목적 3가지를 쓰시오.

답안작성

① 계전기를 동작시키는데 필요한 유효전류를 발생
② 오픈델타 회로의 각 상전압 중의 제3고조파 억제
③ 중성점 불안정 등 비접지 회로의 이상현상 억제

해 설

한류 저항기란 비접지 방식에서 GPT를 사용하고 SGR을 동작시키는 데 필요한 유효전류를 발생시키고 open delta 결선의 각 상의 제3고조파 전압 발생을 방지하고 중성점 이상 전위 진동 및 중성점 불안정 현상 등의 이상현상을 제거하기 위해 설치하는 저항을 말한다.

문제 08 ▸ 출제년도 : 07. 22. ▸ 점수 : 5점

다음은 네온방전등을 옥내에 시설하는 경우이다. 다음 각 물음에 답하시오.

(1) 관등회로의 배선은 어떤 공사로 하는지 쓰시오.

(2) 관등회로의 배선에서 전선 지지점간의 최대 거리[m]를 쓰시오.

(3) 네온방전등에 공급하는 전로의 대지전압은 몇 [V] 이하로 하여야 하는지 쓰시오.

(4) 네온변압기는 어떤 관리법의 적용을 받는 것이어야 하는지 쓰시오.

(5) 관등회로의 배선에서 전선 상호간의 이격거리는 몇 [mm] 이상 이어야 하는지 쓰시오.

답안작성

(1) 애자공사 (2) 1 [m] 이하

(3) 300 [V] (4) 전기용품 및 생활용품 안전관리법

(5) 60 [mm]

해 설

KEC 234.12 네온방전등

1. 네온방전등에 공급하는 전로의 대지전압은 300[V] 이하로 하여야 하며, 다음에 의하여 시설하여야 한다.
   (1) 네온관은 사람이 접촉될 우려가 없도록 시설할 것.
   (2) 네온변압기는 옥내배선과 직접 접촉하여 시설할 것.
2. 네온변압기는 「전기용품 및 생활용품 안전관리법」의 적용을 받은 것일 것
3. 관등회로의 배선은 애자공사로 다음에 따라서 시설하여야 한다.
   (1) 전선은 네온관용전선을 사용할 것.
   (2) 전선은 자기 또는 유리제 등의 애자로 견고하게 지지하여 조영재의 아랫면 또는 옆면에 부착하고 또한 다음과 같이 시설할 것.
      ① 전선 상호간의 이격거리는 60[mm] 이상일 것.
      ② 전선과 조영재 이격거리는 노출장소에서 표에 따를 것

표. 전선과 조영재의 이격거리

전압 구분	이격 거리
6[kV] 이하	20[mm] 이상
6[kV] 초과 9[kV] 이하	30[mm] 이상
9[kV] 초과	40[mm] 이상

      ③ 전선지지점간의 거리는 1[m] 이하로 할 것.
      ④ 애자는 절연성·난연성 및 내수성이 있는 것일 것.

문제 09 ▸ 출제년도 : 04. 15. 22. 24. ▸ 점수 : 5점

사용전압이 220[V]인 옥내배선에서 소비전력 40[W], 역률 60[%]인 형광등 30개와 소비전력 100[W]인 백열등 50개를 설치한다고 할 때 최소 분기 회로 수를 구하시오. (단, 16 [A] 분기 회로로 하며, 수용률은 100 [%]로 한다.)

• 계산 • 답

답안작성

계산 : ① 역률 60[%] 형광등

• 유효전력 $P = 40 \times 30 = 1200[\text{W}]$

• 무효전력 $P_r = \dfrac{40}{0.6} \times 0.8 \times 30 = 1600[\text{Var}]$

② 백열등(백열등은 저항부하 이므로 역률 100[%])

• 유효전력 $P = 100 \times 50 = 5000[\text{W}]$

따라서, 이 분기회로의 설비부하용량 P_a는

$$P_a = \sqrt{(1200+5000)^2 + 1600^2} = 6403.12[\text{VA}]$$

③ 분기회로수 $n = \dfrac{6403.12}{220 \times 16} = 1.82 \rightarrow$ 2회로

답 : 2회로

해 설

• 분기회로 수 $n = \dfrac{\text{설비용량[VA]}}{\text{사용전압[V]} \times \text{분기 회로전류[A]} \times \text{수용률}}$

• 분기회로수 산정 시 소수가 발생하면 무조건 절상하여 산출한다.

문제 10

▸ 출제년도 : 24. ▸ 점수 : 5점

고압 방전램프(HID Lamp)의 종류 3가지를 쓰시오.

답안작성

고압수은등, 고압나트륨등, 메탈할라이드 램프

해 설

고휘도(HID : High Intensity Discharge Lamp) 램프는 고압수은등, 메탈할라이드 램프, 고압나트륨등의 총칭이다.

문제 11

▸ 출제년도 : 02. 21. 24. ▸ 점수 : 5점

그림과 같이 전선 1조마다 50 [kgf]의 장력을 받는 전선 3조와 인류지선을 시설하고자 한다. 이 경우 지선이 받는 장력[kgf]을 구하시오.

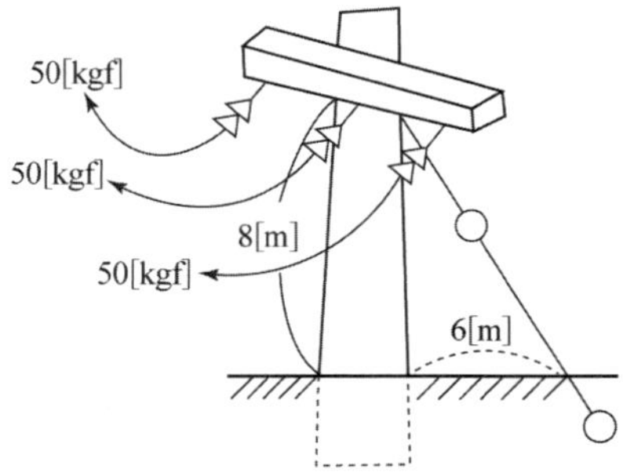

•계산 :

•답 :

답안작성

계산 : $T = T_0 \cos\theta$에서

$$T_0 = \frac{T}{\cos\theta} = \frac{(50 \times 3)}{\frac{6}{10}} = 250[\text{kgf}]$$

답 : 250 [kgf]

해 설

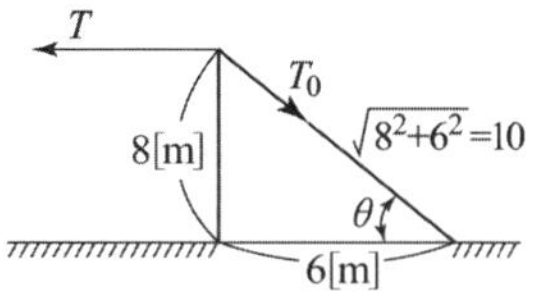

$$\cos\theta = \frac{T}{T_0} = \frac{6}{10}$$

$$\therefore\ T_0 = \frac{10}{6} \times T = \frac{10}{6} \times 50 \times 3 = 250[\text{kgf}]$$

문제 12 ▸ 출제년도 : 11. 15. 19. 24. ▸ 점수 : 5점

단상 2선식의 교류 배전선에서 전선 1가닥의 저항이 0.25[Ω]이다. 부하가 220[V], 8.8[kW], 역률이 1일 경우 급전점의 전압[V]을 구하시오.

•계산 : •답 :

답안작성

계산 : 부하전류 $I = \frac{P}{V} = \frac{8.8 \times 10^3}{220}[\text{A}]$

따라서 급전점의 전압 $V_s = V_r + 2IR = 220 + 2 \times \frac{8.8 \times 10^3}{220} \times 0.25 = 240[\text{V}]$

답 : 240[V]

해 설

- 부하전류 $I = \frac{P}{V} = \frac{8.8 \times 10^3}{220}[\text{A}]$
- 급전점의 전압 $V_s = V_r + 2I(R\cos\theta + X\sin\theta)$이고, 역률 $\cos\theta = 1$ 이므로 $\sin\theta = 0$ 이다.
  $V_s = V_r + 2I(R\cos\theta + X\sin\theta) = V_r + 2I(R \times 1 + X \times 0) = V_r + 2IR$

따라서 급전점의 전압 $V_s = V_r + 2IR = 220 + 2 \times \frac{8.8 \times 10^3}{220} \times 0.25 = 240[\text{V}]$

문제 13 ▸ 출제년도 : 95. 99. 00. 03. 10. 24. ▸ 점수 : 5점

평균 구면 광도 100[cd]의 전구 5개를 직경 10[m]의 원형 사무실에 점등할 때 조명률 0.4, 감광 보상률 1.6인 사무실의 평균조도[lx]를 구하시오.

•계산 : •답 :

답안작성

계산 : 평균조도 $E = \frac{FUN}{AD} = \frac{4\pi \times 100 \times 0.4 \times 5}{\left(\frac{10}{2}\right)^2 \pi \times 1.6} = 20[\text{lx}]$

답 : 20[lx]

해 설

$F = 4\pi I,\quad A = \left(\frac{d}{2}\right)^2 \pi$

문제 14 ▸ 출제년도 : 90. 16. 24. ▸ 점수 : 10점

콘크리트 전주(14[m]) 설치에 지형상 소운반(인력 운반)이 필요하여 이를 산출하고자 한다. 아래 조건을 참고하여 다음 물음에 답하여라.

[조건]

소운반 거리	950[m]
운반 도로	도로 상태 불량
전주 무게	1,500[kg]
1일 실작업 시간(목도)	360분

• 목도공 노임은 10350원이고 목도공은 1일 6시간 기준으로 한다.

[참고자료] 인력운반 및 적상하 시간기준

1) 인력 운반비 산출공식

(가) 기본공식

$$\text{운반비} = \frac{A}{T} \times M \times \left(\frac{60 \times 2 \times L}{V} + t\right)$$

여기서, A : 목도공의 노임[인부(지게)운반일 경우 보통인부의 노임][원]

M : 필요한 인력의 수 $\left(M = \dfrac{\text{총 운반량 [kg]}}{\text{1인당 1회 운반량 [kg]}}\right)$

(단, 1회 운반량은 25[kg/인])

L : 운반 거리[km] V : 왕복 평균 속도[km/hr]

T : 1일 실작업 시간 [분] t : 준비 작업 시간[2분]

(나) 왕복 평균속도

구 분	장대물, 중량물 등 인력운반, 왕복 평균속도 [km/hr]	인부(지게) 운반 왕복 평균속도 [km/hr]
도로 상태 양호	2	3
도로 상태 보통	1.5	2.5
도로 상태 불량	1.0	2.0
물논, 도로가 없는 산림지 및 숲이 우거진 지역	0.5	1.5

(1) 필요한 운반 인원수[인]를 구하시오.

•계산 : •답 :

(2) 전주 운반에 따른 인력운반비[원]를 구하시오.

•계산 : •답 :

답안작성

(1) 계산 : 필요한 인력의 수 $M = \dfrac{\text{총 운반량}}{\text{1인당 운반량}} = \dfrac{1{,}500}{25} = 60$[인]

답 : 60[인]

(2) 계산 : 운반비 $W = \frac{A}{T} \times M \times \left(\frac{60 \times 2 \times L}{V} + t \right)$에서

$$W = \frac{10,350}{360} \times 60 \times \left(\frac{60 \times 2 \times 0.95}{1.0} + 2 \right) = 200,100[\text{원}]$$

답 : 200,100[원]

문제 15 ▸ 출제년도 : 24. ▸ 점수 : 5점

20[℃]의 물 6[L]를 용기에 넣어 1[kW]의 전열기로 가열하여 물의 온도를 70[℃]로 높이는데 약 30분이 필요하다. 이때의 효율[%]을 구하시오.

• 계산 : • 답 :

답안작성

계산 : 전열기의 용량 $P = \frac{Mc(t_2 - t_1)}{860\eta t}$[kW]에서

전열기의 효율 $\eta = \frac{Mc(t_2 - t_1)}{860 \cdot t \cdot P} = \frac{6 \times 1 \times (70 - 20)}{860 \times \frac{30}{60} \times 1} = 0.6977 = 69.77[\%]$

답 : 69.77[%]

해 설

$M[l]$의 물을 t시간에 온도 t_1 [℃]에서 t_2[℃]까지 상승시키는 데 요하는 열량 Q[kcal]는 다음 식으로 계산된다. 여기서, c는 비열이다.

① 소요 열량 $Q = Mc(t_2 - t_1)$ [kcal]

② 소요 전력량 $P \times t = Mc(t_2 - t_1)/860\eta$ [kWh] 단, η : 전열기의 효율

③ 전열기의 소요 용량 $P = \frac{Mc(t_2 - t_1)}{860\eta t}$[kW]

문제 16 ▸ 출제년도 : 17. 24. ▸ 점수 : 3점

송전계통에 발생한 고장 때문에 일부 계통의 위상각이 커져서 동기를 벗어나려고 할 때 이것을 검출하고 그 계통을 분리하기 위해서 차단하지 않으면 안 될 경우에 사용하는 계전기를 쓰시오.

답안작성

탈조 보호 계전기(Step-Out Protective Relay, SOR)

문제 17 ▸ 출제년도 : 18. 22. 24. ▸ 점수 : 5점

수전단에 부하가 요구하는 무효전력과 원선도상에서 정해지는 무효전력과의 차에 해당하는 무효전력을 별도로 공급해 주기 위하여 사용하는 조상설비의 종류를 3가지만 쓰시오.

답안작성

동기조상기, 전력용 콘덴서, 분로리액터

해 설

송전선을 일정한 전압으로 운전하기 위해 필요한 무효전력을 공급하는 장치를 조상설비라 하며, 그 종류로는 동기조상기, 전력용콘덴서, 분로리액터, 정지형무효전력보상장치가 있다.

문제 18

▸ 출제년도 : 24. ▸ 점수 : 5점

직경 2.6[mm] 단선을 동등한 허용 전류의 연선으로 교체하고자 할 때 연선의 공칭 단면적[mm^2]을 구하시오.

•계산 : •답 :

답안작성

계산 : 직경 2.6[mm]단선의 단면적 $A = \frac{\pi}{4}d^2 = \frac{\pi}{4} \times 2.6^2 = 5.31[\text{mm}^2]$

따라서 공칭단면적은 6[mm^2] 이다.

답 : 6[mm^2]

해 설

전선의 공칭단면적[mm^2]		
1.5	2.5	4
6	10	16
25	35	50
70	95	120
150	185	240
300	400	500
630		

문제 19

▸ 출제년도 : 00. 14. 24. ▸ 점수 : 5점

송전선로에서 매설지선을 설치하는 주된 목적을 쓰시오.

답안작성

매설지선은 철탑의 탑각 접지저항을 감소시켜 역섬락을 방지한다.

판 권
소 유

D30-4

전기공사산업기사실기

발 행 / 2025년 3월 5일

저 자 / 검정연구회
펴 낸 이 / 이 지 연
펴 낸 곳 / 엔트미디어
주 소 / 서울시 강서구 강서로 47-8 302호
(화곡동 평인빌딩)
전 화 / 02) 2608-8339
팩 스 / 02) 2608-8314
등록번호 / 제839-91-00430

낙장 및 파본된 책은 구입서점이나 본사에서 교환해 드립니다.

ISBN : 979-11-92810-56-0 13560

값 / 39,000원